Houdini
Visual Effects

ビジュアルエフェクトの教科書

北川 茂臣 著

エムディエヌコーポレーション

はじめに

本書は3DCGソフト「Houdini」の学習を目的として書かれたものです。

Houdiniはカナダの Side Effects Software 社が開発している3DCGソフトで、モデリングからアニメーション、エフェクト、コンポジットと、3DCG制作のほぼすべての工程に対応しています。

特にエフェクトに関しては他のCGソフトと比較して機能が充実しており、ハリウッド映画のVFX制作現場では定番ソフトのひとつです。近年、日本でも導入が増えており、映画やゲームなど、すでに多くの作品で使用されています。本書では主にエフェクト、シミュレーションに重点を置き、作例を通してHoudiniについて学習していきます。

コンセプト

本書の特徴は、「つくる」という過程を通してHoudiniへの理解を深めていく点にあります。読者がみずから作例をつくることを通して、必要な知識や技術を習得できるように構成しています。実際に手を動かして「つくる」ことで新しい発見やひらめきがあるかもしれませんし、なにより自分で「つくる」のは楽しいことだと思います。作例を通して「つくる」楽しさを感じてもらえることを願っています。

どのような読者に向いているか

本書には「Houdiniの使い方」「主要なエフェクト（炎・煙・水・海など）のつくり方」「主要なノードの解説とネットワークの例」が記載されています。これらについて知りたい方には、本書は有用と思われます。

どのような読者に向いていないか

本書はエフェクト作成に特化した内容になっていますので、それ以外のこと（例えばモデリングやアニメーションについて）はあまり書かれていません。また、複雑なプログラミングを多用した作例も本書にはありません。そのため、これらについて知りたい方には、本書の内容は物足りないかもしれません。

2018年3月　**北川 茂臣**

目次 Contents

目次 Contents

カバーアートワークの解説を
著者運営サイト「No More Retake」に掲載

本書カバーに使用しているアートワークのメイキング記事を、
下記サイトで公開しています。

URL http://nomoreretake.net/

■ 使用バージョンについて

本書の内容はHoudiniFX 16.5.323、Windows版で動作確認をしています。
掲載画像にはHoudiniFX 15.5～16.5の画像が混在していますが、内容に影響はありません。

■ Houdiniの公式オンラインドキュメント

本書で解説した内容の補足や、未解説の内容については、下記、Houdiniの公式オンラインドキュメントを参照してください。

URL http://www.sidefx.com/ja/docs/

Point & Tips 一覧

■著者プロフィール

北川 茂臣 [きたがわ・しげおみ]

高知県出身。フリーランスHoudiniエフェクトアーティストとしてテレビ、映画を中心に活躍中。時折Houdini関連のセミナ講師もする。3DCG Tipsサイト「No More Retake」を運営者。Houdini関連情報多数掲載！

URL http://nomoreretake.net/

データダウンロード案内

本書で解説した作例に関するデータは、
以下URLからダウンロード可能ですので、ご利用ください。

https://dl.MdN.co.jp/3217303011/ (ディーエル)

データの内容

■ 作例の最終シーンデータ（拡張子.hip）

例）Ch1-3Node.hip …… P18～26「1-3 ノード」で解説したシーンデータ

■ 作例のレンダリング画像（拡張子.exr または.jpg）

※拡張子「.exr」は画像ファイル形式「OpenEXR」を表します。Adobe Photoshopなど、同形式を読み込み可能なソフトウェアが別途必要です

■ 作例のレンダリング動画（拡張子 .mp4 または.mov）

※ Windows Media Playerなど、動画ファイル形式「MP4」「MOV」を読み込み可能なソフトウェアが別途必要です

■ Houdini Digital Assetファイル（拡張子.hda）

例）stone.hda …… P106～115「2-6 作例5 デジタルアセット（石）」で解説したデジタルアセットデータ

【使用範囲の制限について】

Chapter 1

Houdiniの概要

Houdini（フーディーニ）は、「ノード」と呼ばれるさまざまな機能を内包した箱をつなげてネットワークを構築することで、あらゆる絵を生み出せます。ここでは、Houdiniについての基本的な情報、インターフェイス、基本操作などの説明を行い、いくつかのノードを組み合わせ、簡単なネットワークを構築する方法も学習します。

1-1 Houdiniの製品形態

Houdiniには、「Houdini Core」「Houdini FX」「Houdini Apprentice」「Houdini Indie」「Houdini Engine」という５種類の製品形態があります。本章のはじめに、まずはそれらの形態の違いについて解説します。

「Houdini Core」と「Houdini FX」

「Houdini FX」は、すべての機能が使えるいわば完全版です。それに対して「Houdini Core」は、シミュレーション系の機能に制限があります。パーティクル、炎と煙、水、といったダイナミクス系のエフェクトを作成することができません。ライセンスの形態にはいくつか種類があり、それによって料金が異なります（詳細はSide FXホームページを参照）。

Point 「Houdini Core」でダイナミクスを操作するには

「Houdini Core」の場合、ダイナミクスの作成はできませんが、Asset（次ページ 用語>参照）化されたものであれば、ダイナミクスの操作が可能です。

例えば、「Houdini FX」で作成された炎のAssetがあるとします。炎の挙動をコントロールするパラメータが用意されていれば、「Houdini Core」でも炎を調整することができるということです。

大規模なプロジェクトでは、エフェクトAsset開発は「Houdini FX」で行い、実際のカット作成やエフェクト量産の際は、そのAssetを用いて「Houdini Core」で作業することでライセンス費用を抑える、なんて話も耳にします。

「Houdini Apprentice」

「Houdini Apprentice」は無料体験版です。レンダリング解像度に制限がある、レンダリング画像にウォータマークが入る等の制限がありますが、HoudiniFXの機能をほぼすべて使うことができます。

なので、Houdiniをちょっと勉強してみたいという場合は、この「Houdini Apperentice」を使うことをおすすめします。

本書で紹介する作例はすべて、「Houdini Apperentice」で作成できるものとなっています。「Houdini Apprentice」はSideFXのホームページからダウンロードすることが可能です（インストールについてもサイトを参照してください →*http://www.sidefx.com/ja*）。

用語 Apprentice（アプレンティス）

「見習い」や「弟子」という意味です。

「Houdini Indie」

こちらは「Houdini Apprentice」の一部制限解除版とでもいいましょうか。無料ではなく、1年＄269、2年$399で利用可能です。大きな違いとしては、レンダリングの解像度制限が緩和され、4,096×4,096ピクセルまでレンダリングできます。また、条件付きですが商用利用も可能です。

「Houdini Engine」

これはHoudiniで作成したAsset（下記 用語 参照）を他のアプリケーションやゲームエンジンで使用できるようにしてくれます。

各アプリケーション用に、「Houdini Engine for Maya」「Houdini Engine for Unreal」といったプラグインが用意されています。

また、HoudiniのGUI（インターフェイス）は起動できませんが、バッチモードを用いて、他のPCでシミュレーションを行うなどの際にも利用します。

用語 Asset（アセット）

任意に構築されたノードネットワークをひとつにまとめて、再利用可能なノードにしたもののことです。これを利用することで、例えば、複雑怪奇なネットワークでも、調整に必要なパラメータを明示でき、いくつものプロジェクトで利用しやすくなります。複雑な部分を隠して、無駄な操作をしなくてもよい、洗練されたわかりやすい状態のノードになります。

「Houdini Education」

教育機関での使用を目的とした専用のライセンスとして「Education」が存在します。非商用フォーマットで保存される点を除いては、機能的には「Houdini FX」と同等の機能を扱えます。こちらは年間9,200円で利用可能です。

1-2 インターフェイスと基本操作

Houdiniのインターフェイスは、「Pane」（ペイン）と呼ばれるウィンドウに分割されています。そして、ペインを作業に応じて並べ替えたレイアウト情報を「Desktop」と呼びます。ここでは、デフォルトのDesktopである「Build」の内容を解説し、オブジェクトとカメラの基本操作について解説します。

インターフェイスの構成要素

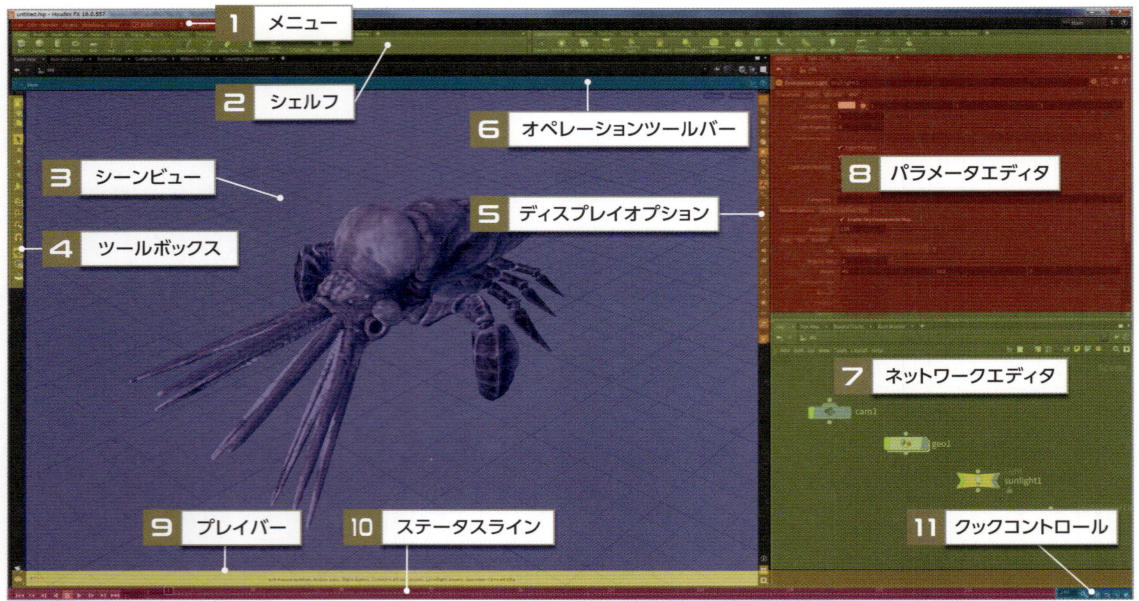

1 メニュー

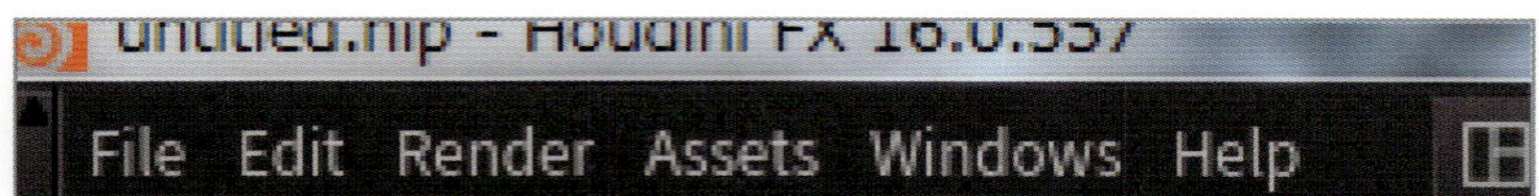

シーンファイルの保存や、ファイルのインポートなどのメニューにアクセスできます。

2 シェルフ

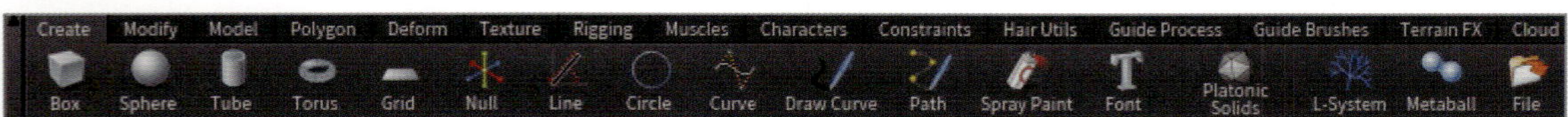

Houdiniの機能をパッケージ化（テンプレート化）したボタン群のことをシェルフと呼びます。カテゴリごとにタブで別れています。炎や水といった複雑な流体シミュレーションも、シェルフから楽につくることができます。

3 シーンビュー …… ジオメトリを3D空間で確認したり、変更を加えたりとインタラクティブな操作ができます。

4 ツールボックス

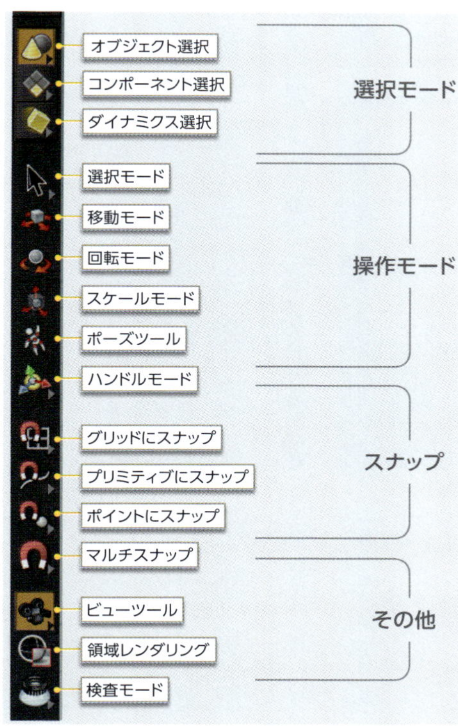

シーンビューの左側には、選択や移動、回転などの操作を行うツールがまとめてあります。各ツールが実際にどう動作するかは後のページで解説します。

5 ディスプレイオプション

表示オプションを変更できます。ライトの影響やポイント番号、法線方向などの表示・非表示を切り替えます。

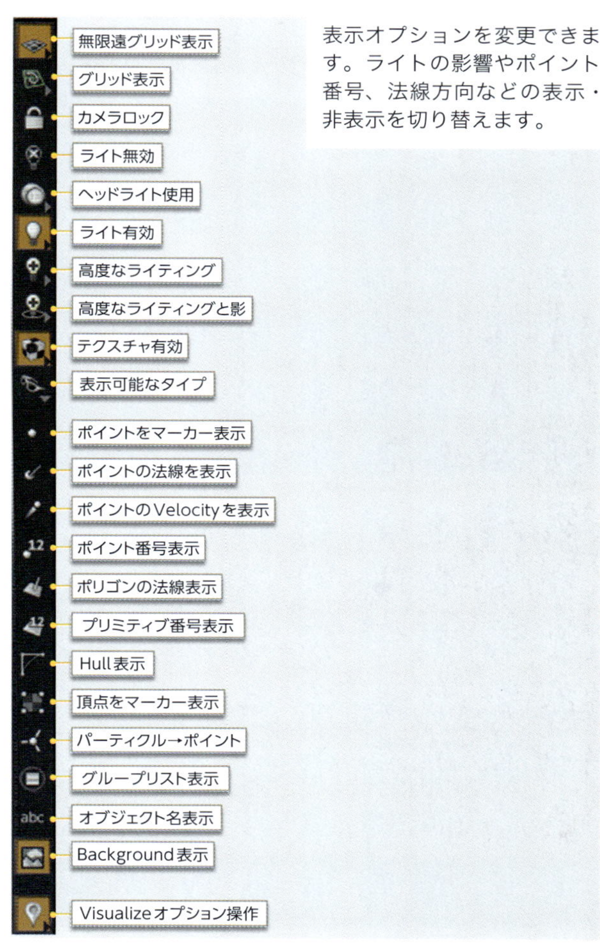

6 オペレーションツールバー …… 現在選択中のノードについて、簡易的な操作を行うことができます。

Point Desktopの切り替え

インターフェイスのレイアウト情報である「Desktop」は、デフォルトの「Build」以外にもたくさんあります。

Desktopを変更したい場合は、メインウィンドウ上部のDesktopメニューから任意のレイアウトを選んで変更します。

7 ネットワークエディタ …… ノードの作成、コネクションを行います。

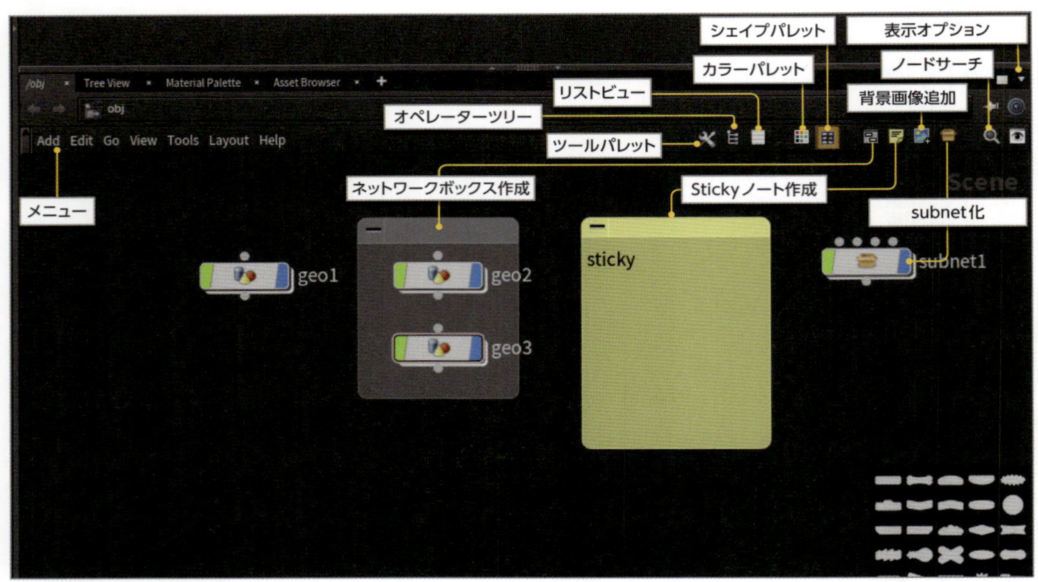

8 パラメータエディタ …… 選択したノードのパラメータの確認、操作ができます。

9 プレイバー …… アニメーションの再生を行います。

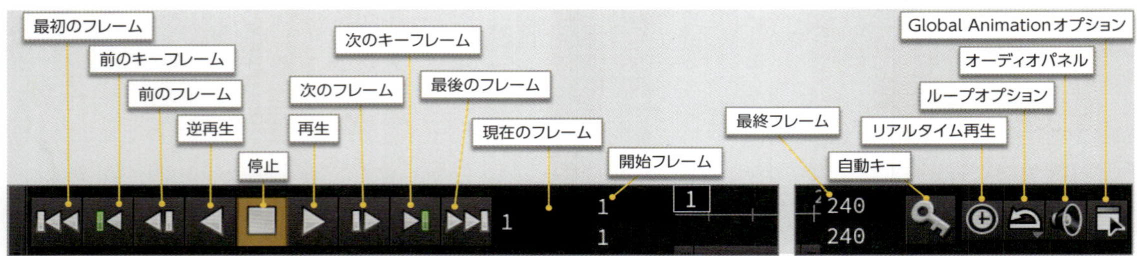

10 ステータスライン …… 処理状況の情報を表示します。

11 クックコントロール

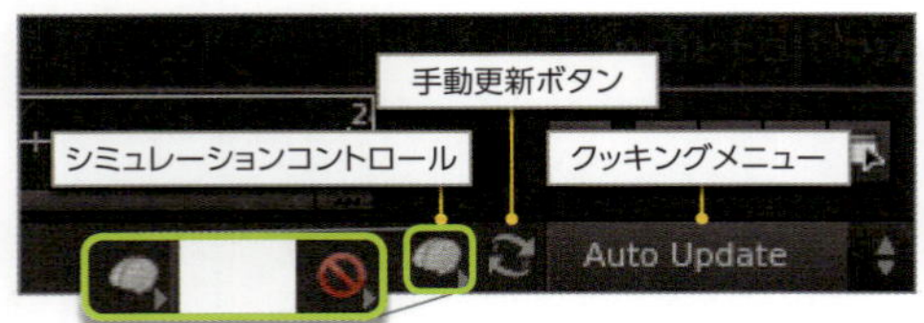

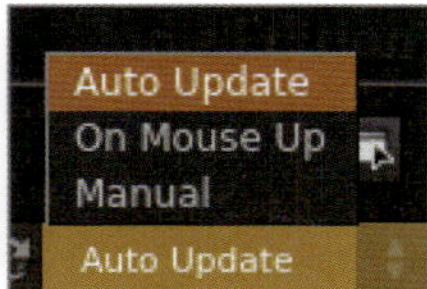

クッキング（ノードの処理）のタイミングをコントロールできます。クッキングメニューは「Auto Update（変更のたびに常に更新）」「On Mouse Up（マウスを離した時に更新。スライダなどパラメータ変更時には更新しない）」「Manual（手動更新ボタンで更新）」の3種類。シミュレーションコントロールボタンは、シミュレーション全体の有効・無効を切り替えます。シミュレーション計算を行わずに編集したいときなどに利用します。

Tips

ペインの追加と切り替え手順

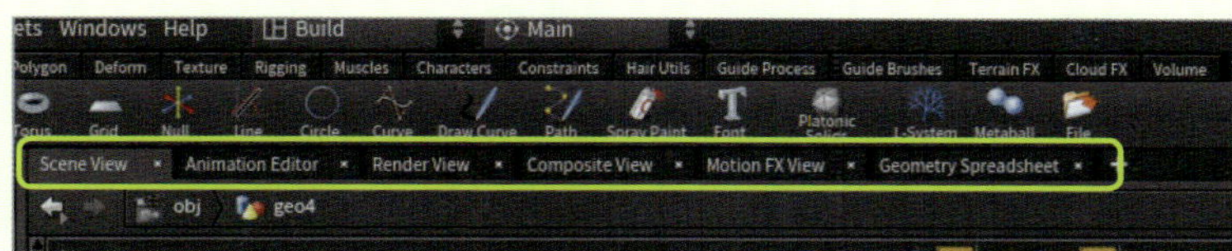

1 各ペインは機能ごとにタブで分けられています。

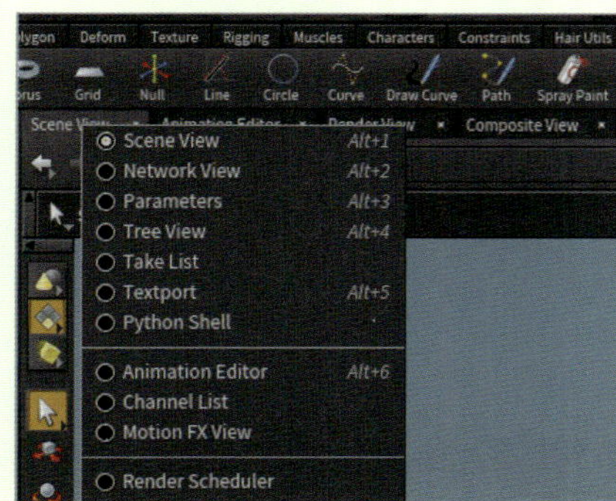

2 タブの内容を別のペインに 変更する場合は、そのペインのタブ上で右クリックをし、現れるメニューから目的のペインを選択します。

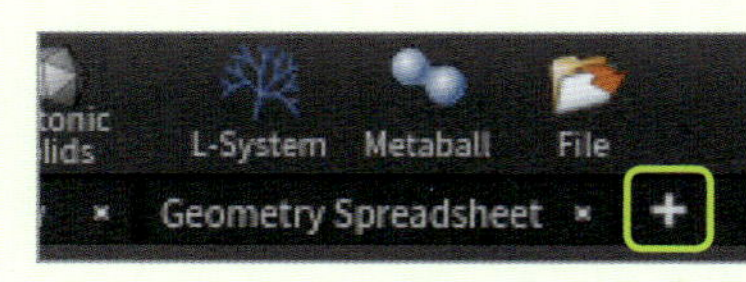

3 タブを追加する場合は、タブ並びの一番右にある＋アイコンをクリックして追加します。

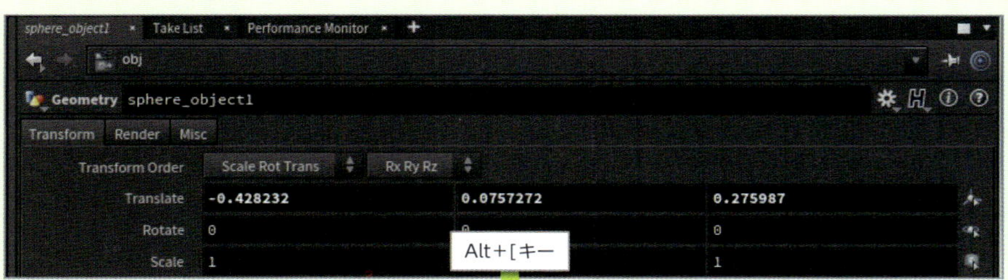

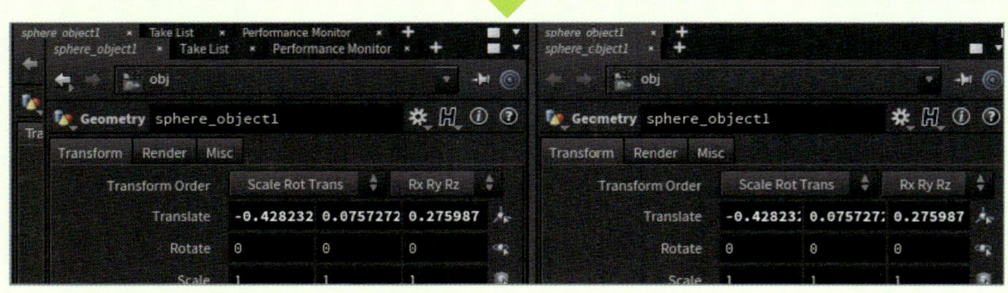

4 また、ペインは分割したり、別ウィンドウに分割したりもできます。

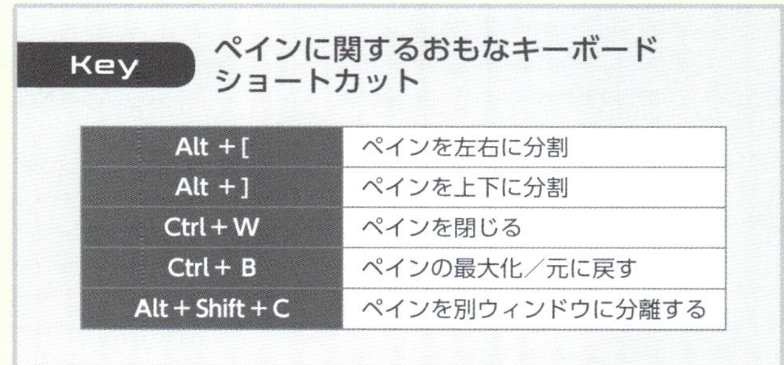

Key ペインに関するおもなキーボードショートカット

Alt ＋[	ペインを左右に分割
Alt ＋]	ペインを上下に分割
Ctrl＋W	ペインを閉じる
Ctrl＋ B	ペインの最大化／元に戻す
Alt＋Shift＋C	ペインを別ウィンドウに分離する

オブジェクトの基本操作

ツールボックスの各種操作ツール

シーンビュー上でのオブジェクトの操作はシーンビューの右側にあるツールボックス、またはキーボードショートカットを利用することで行えます。「ハンドルモード」は、選択したノード固有のハンドルを表示します。

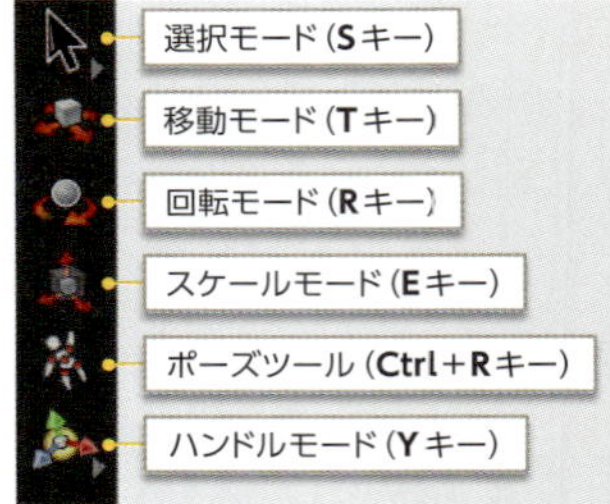

移動モード(Tキー)

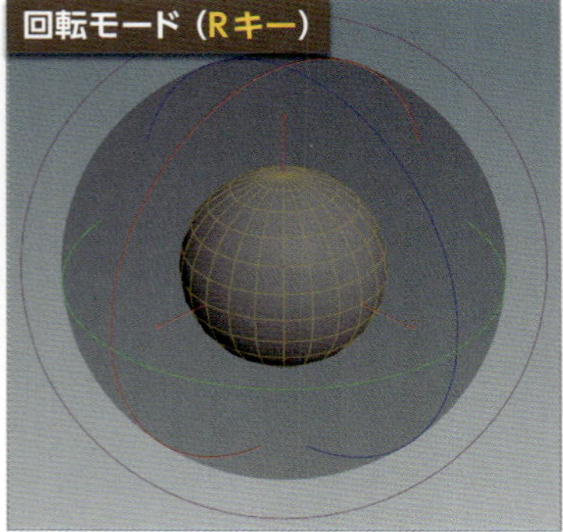
回転モード(Rキー)

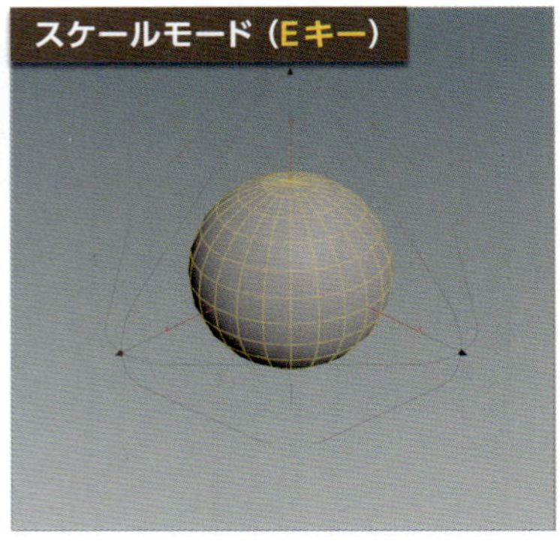
スケールモード(Eキー)

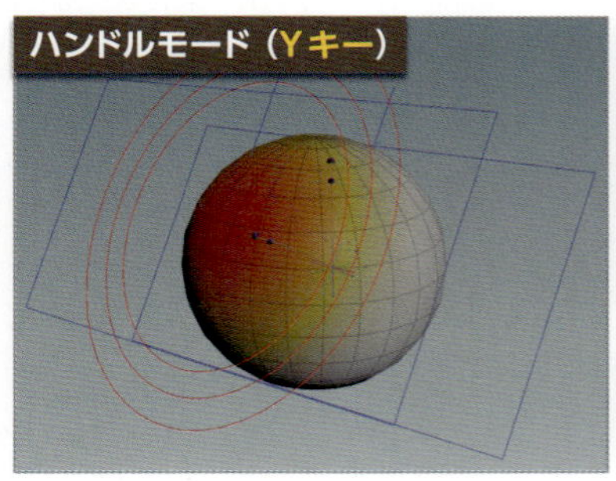
ハンドルモード(Yキー)

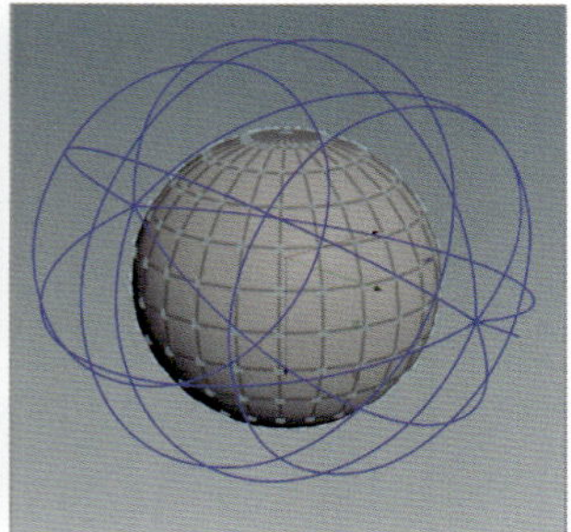

ハンドルモードでは、ノード固有のハンドルを用いて操作できます。例えば、左図は「Bend (SOP)」のハンドル、右図は「UV Project (SOP)」のハンドルです。ハンドルは他にもいろいろあります。

※ポーズツールは本書では使用しません。

ワイヤーフレーム表示とシェーディング表示の切り替え

ワイヤーフレームとシェーディングの表示切り替えも、よく使う基本操作のひとつです。キーボードショートカットを覚えておきましょう。

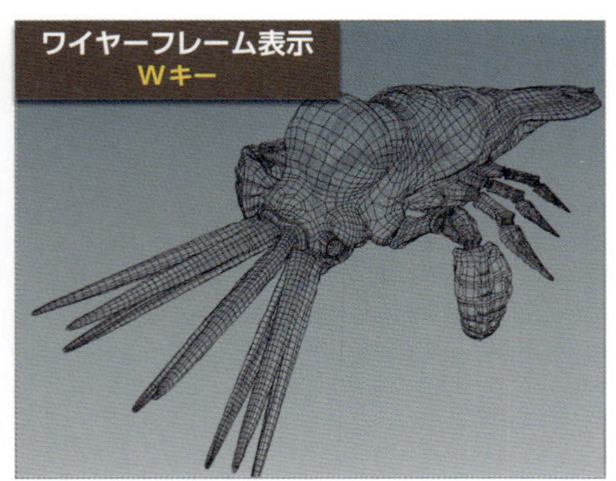
ワイヤーフレーム表示
Wキー

ワイヤーフレーム+シェーディング表示
Shift+W

カメラの操作

ドリー
スペース または Alt + 右ドラッグ

トラック
スペース または Alt + 中ドラッグ

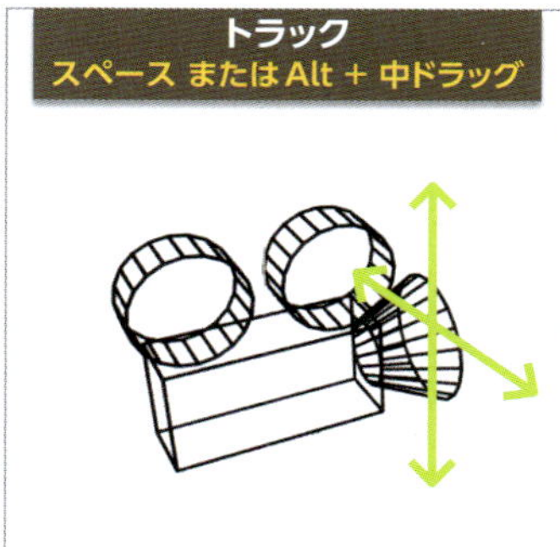

タンブル
スペース または Alt + 左ドラッグ

ホームポジション
スペース + H

選択したものをビューの中心にする
スペース + F

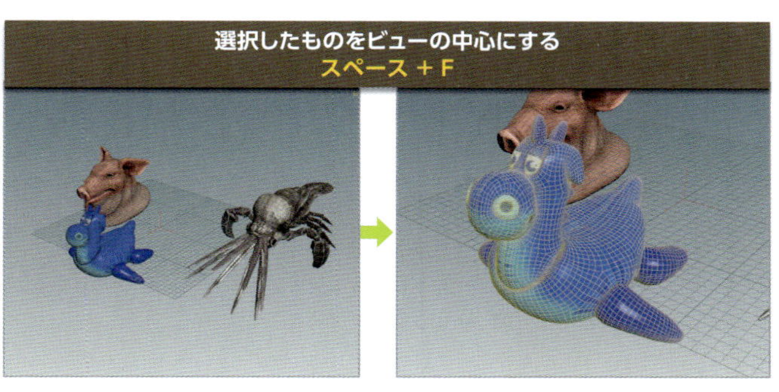

Point ビューツールでカメラ操作を簡素化

ツールボックスでビューツールをオンにすると、スペースキーやAltキーを押さなくとも、マウスのドラッグのみでカメラの操作が可能です。

Key ビューポートカメラに関するおもなキーボードショートカット

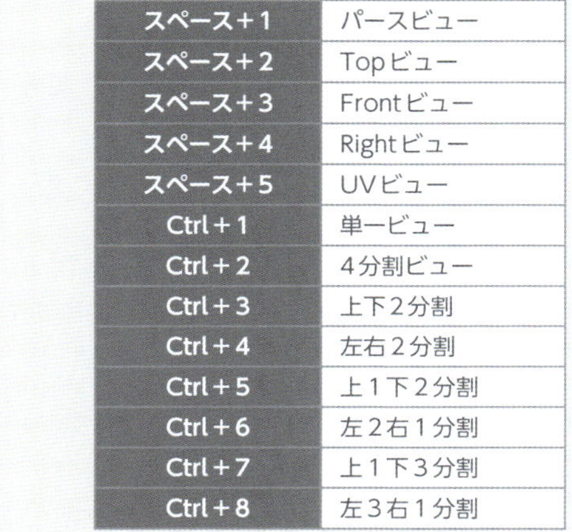

ショートカット	機能
スペース＋1	パースビュー
スペース＋2	Topビュー
スペース＋3	Frontビュー
スペース＋4	Rightビュー
スペース＋5	UVビュー
Ctrl＋1	単一ビュー
Ctrl＋2	4分割ビュー
Ctrl＋3	上下2分割
Ctrl＋4	左右2分割
Ctrl＋5	上1下2分割
Ctrl＋6	左2右1分割
Ctrl＋7	上1下3分割
Ctrl＋8	左3右1分割

Point カメラの切り替え

現在シーンビューで見ているカメラの名前は、シーンビューの右上に表示されます。カメラの切り替えも、ここで行います。

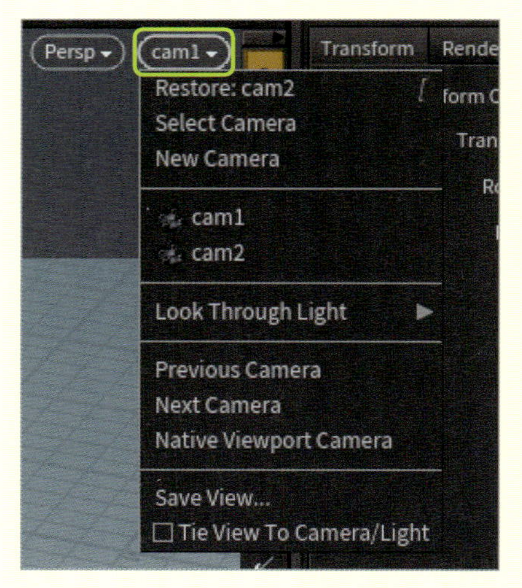

1-3 ノード

ここでは、Houdiniの操作でもっとも重要と言ってもよい「ノード」(Node)の基本的な操作方法を解説します。「ノードの作成」「ノードのフラグ(表示、バイパス)」「キーフレームアニメーションとプレビュー」「エクスプレッションの設定」といった各内容を、ステップバイステップで説明していますので、実際に操作して仕組みを理解してください。

ノードとは

ノードとは、いろんな機能の詰まった箱のようなものです。ノードには、たとえば「球を作成するノード」「色を付けるノード」「データを出力するノード」などなど、さまざまな種類があり、ノードを組み合わせてていくことで、多彩なものをつくり出すことができます。なお、ここで説明しているのはネットワークタイプ「SOP」(P20参照)のものです。

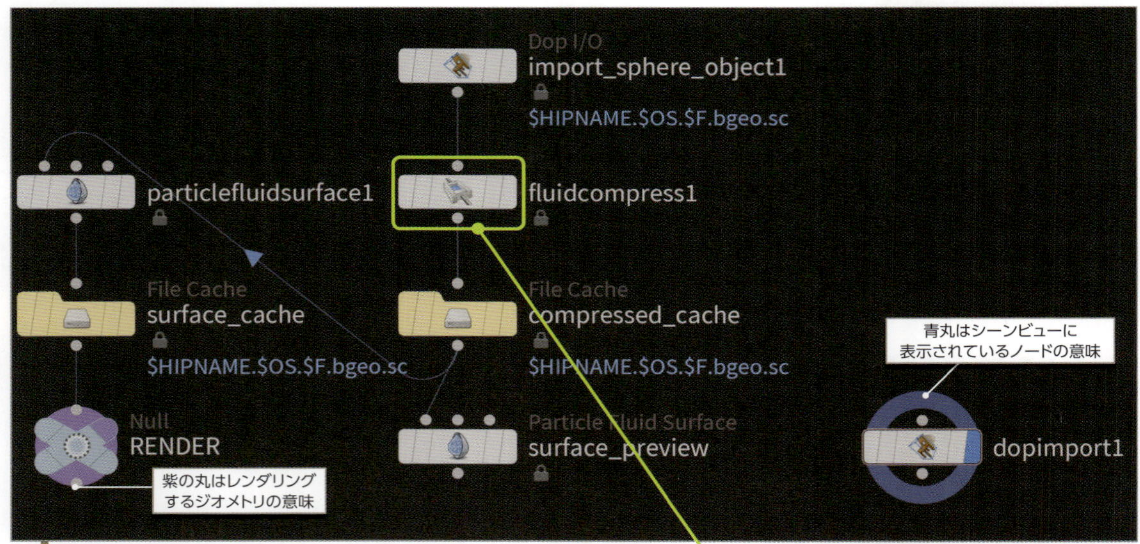

1 まずはノードの見方を押さえましょう。ひとつのノードの上下にはコネクタがついています。コネクタはノード同士をつなぐためのものです。基本的にノードのつながりはデータの流れを意味します(そうではないものもあります)。データは基本的に上から下、もしくは左から右に流れます。また、ノードには複数のフラグと呼ばれるものが存在します(フラグについては、次ページ以降で解説)。

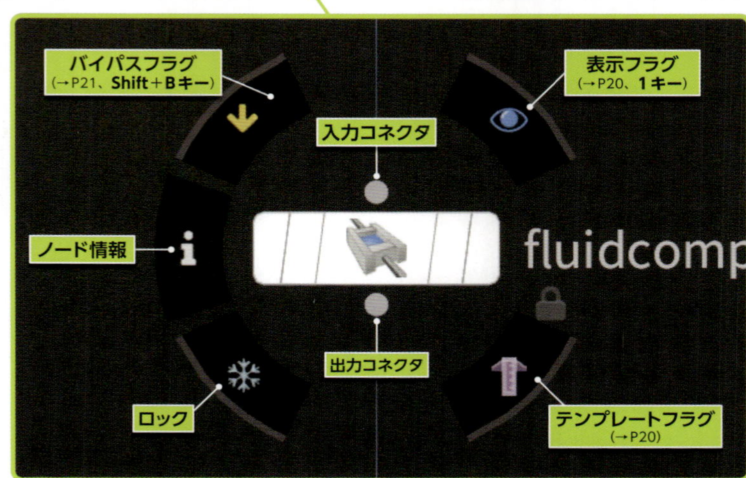

ノードの作成

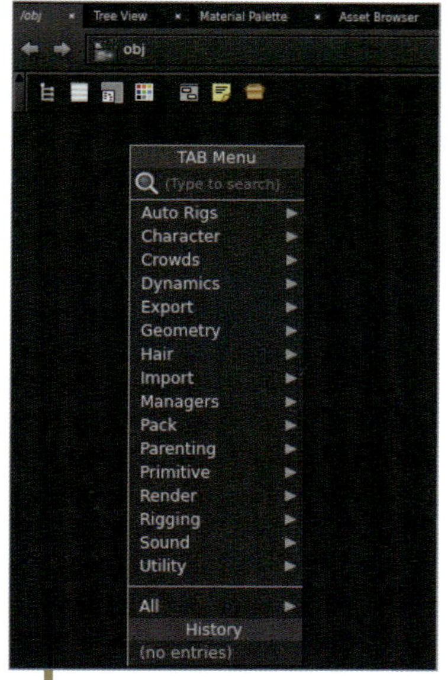

2 ネットワークエディタ上でTabキーを押すと、作成可能なノードのリスト「TAB Menu」が表示されます。種類ごとに分類されている中から選んでノードを作成するか、または上部の検索ウインドウでノード名をタイプして目的のノードを選び、作成します。

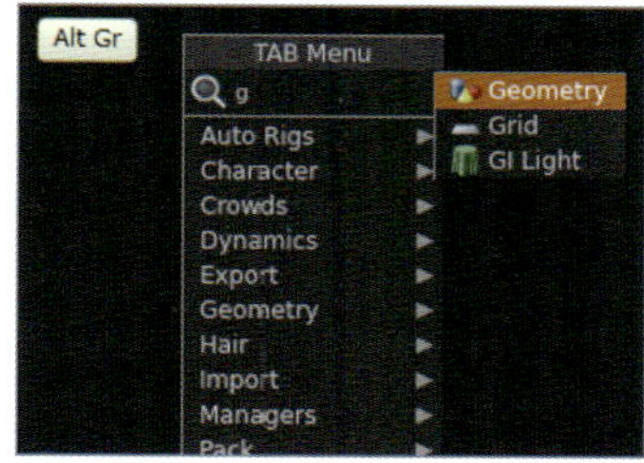

3 ここでは、名前入力でノードを作成します。「g」とタイプすると、gから始まるノードが候補として出てきます。続けて入力して候補を絞り、「Geometry」というノードを選んでください。これをネットワークエディタの好きな場所に置きます。

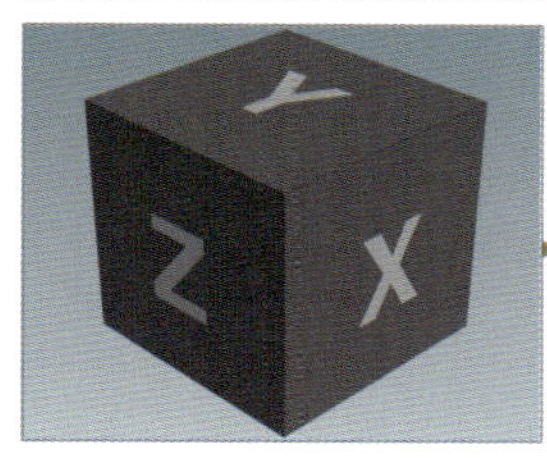

4 「geo1」という名前のノードが作成できました。シーンビューで見ると、箱のようなものができているのがわかります。このように、ノードはTAB Menuから作成します。

Point 「Geometry」ノードとは

「Geometry」はモデルを定義するノードで、Houdiniでモデルデータを扱う場合はほぼすべてこのノードの中に格納します。

「Geometry」ノードにはデフォルトで下記 5 の「file1」ノードが入っており、これは外部ファイル（例えば、他ツールで制作したキャラクターや背景など）を読み込むためのノードです。

なお、シーンビューに見えるXYZと描かれた箱は、「file」ノードがデフォルトで読み込む「default.bgeo」が表示されたものです。

ノードのフラグ

ノードのフラグとは、そのノードの状態を設定するボタンのことです。例えば、シーンビューに表示するノードを決めたり、そのノードの機能を一時的にオフにしたりといったことができます。

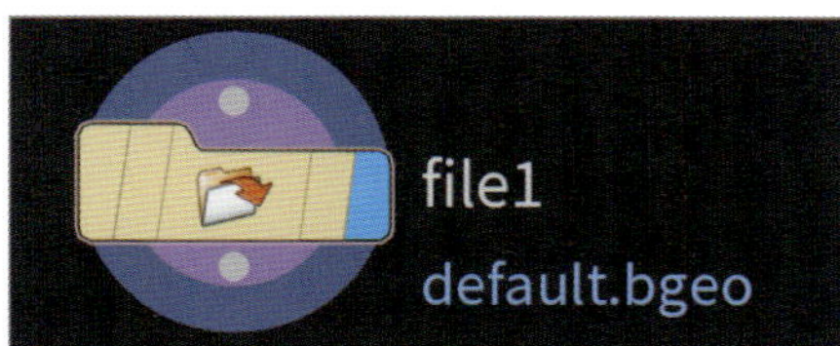

5 では、フラグの操作を実践してみましょう。まずは、4 で制作した箱では味気ないので、別のジオメトリに変更します。「geo1」ノードをダブルクリックすると、そのノードの中に入ることができます。すでに「file1」という名前のノードがあります（ノードの背後にある青と紫の丸の意味は 1 参照）。

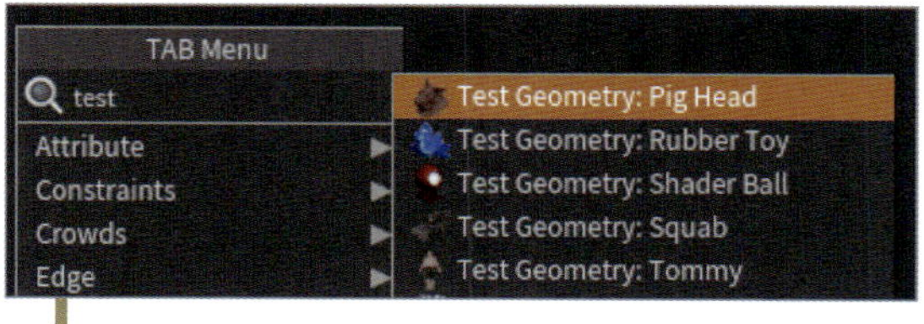

6 ここで、もうひとつ別のノードを作成します。TAB Menuで「test」と入力し、候補の中から「Test Geometry: Pig Head」を選び、作成します。これは、テスト用の豚の頭モデルです。

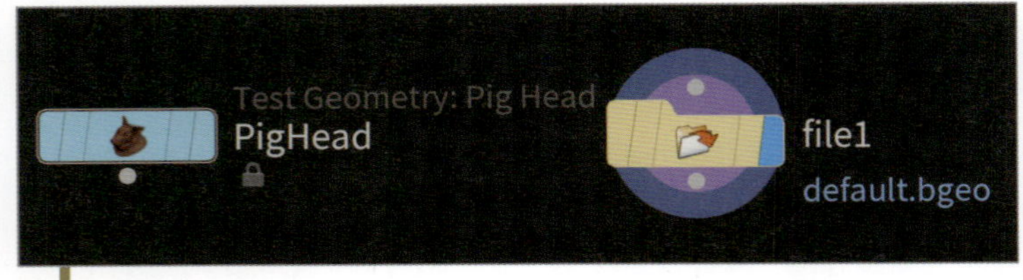

7 作成したノード名をクリックして、ノード名を「PigHead」に変更します。ここで、ノードは作成されましたが、シーンビュー上に豚は表示されていません。これは表示フラグが「PigHead」に立っていないからです。

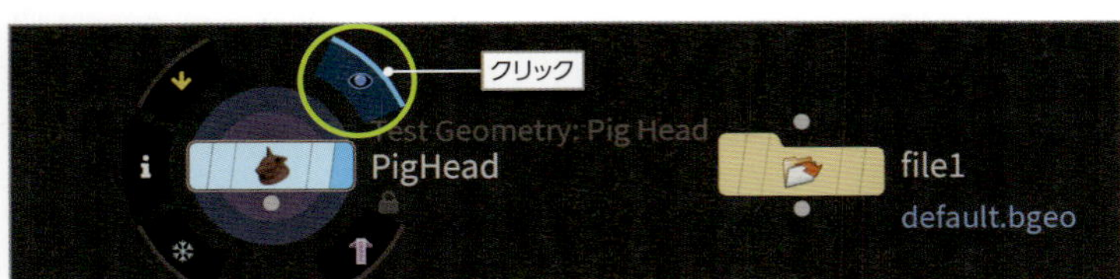

8 「PigHead」ノードにカーソルを合わせると、ノードリングが表示されます。右上の表示フラグをクリックしてみてください。「file1」ノードの青と紫の円が「PigHead」に移動し、シーンビューに豚が表示されました。

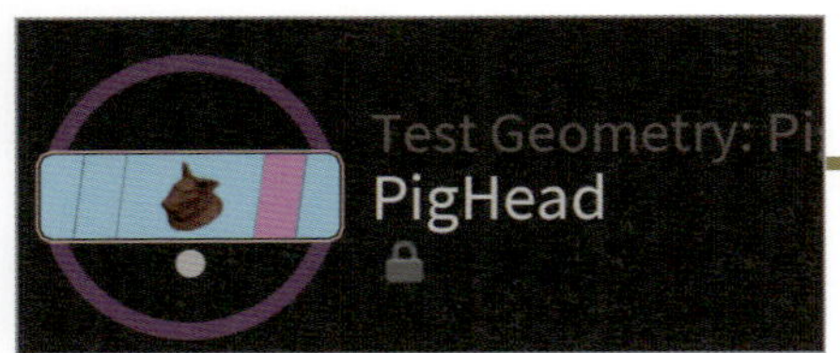

9 フラグには他にもいろいろあります。例えば、ノードリング右下にあるテンプレートフラグをオンにすると、ピンク色の円がノードに表示されます。これは表示フラグを変更せずに、一時的に他のジオメトリをワイヤーフレーム表示にできるので、ネットワークの途中の状態を確認したいときなどに重宝します。

ノードのコネクト

ノードに接続コネクタがある場合、そのノードは他のノードとつなぐことができます。基本的に、ノードの接続はデータの流れを意味します。ノードをつなぐことで、データにそのノードの機能を反映させていくことができます。ただし、ネットワークタイプによっては、ノードの接続は別な意味を持ちます。

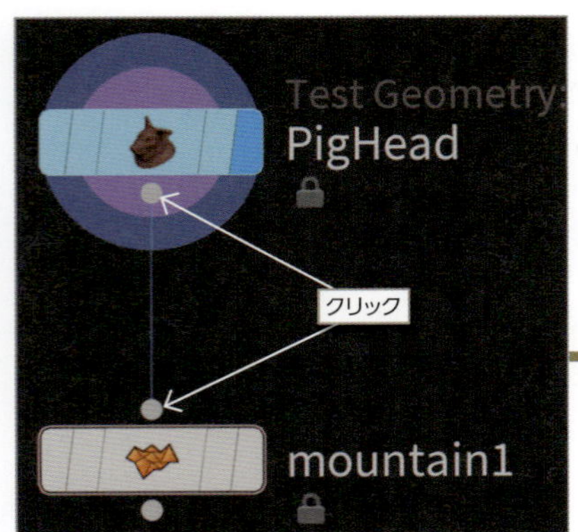

10 TAB Menuから「Mountain」ノードを選んで「mountain1」ノードをつくり、先ほど作成した「PigHead」ノードの下に配置します。「PigHead」ノードの下部にある出力コネクタをクリックすると、点線のラインが出てきます。そのまま「mountain1」ノードの上部にある入力コネクタをクリックすると、ふたつのノードがつながります。

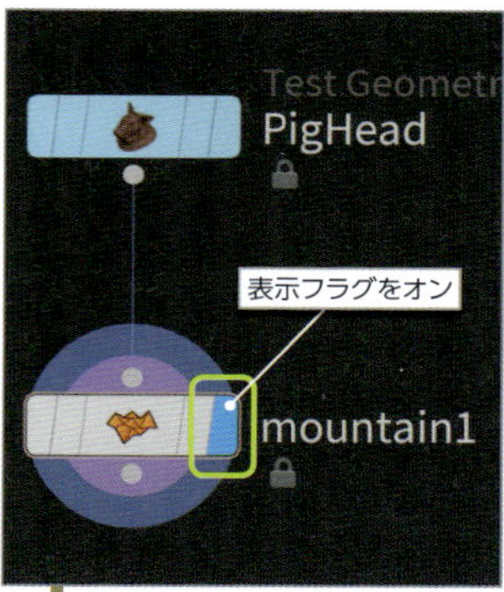

11 「mountain1」ノードの表示フラグをオンにすると、シーンビューの豚がぐしゃっと変形します。それは、この「Mountain」ノードがノイズのような変形を行うノードであるためです。デフォルトのままではノイズがキツすぎるので、パラメータエディタで「Height」を「1」から「0.5」に調整しておきます。

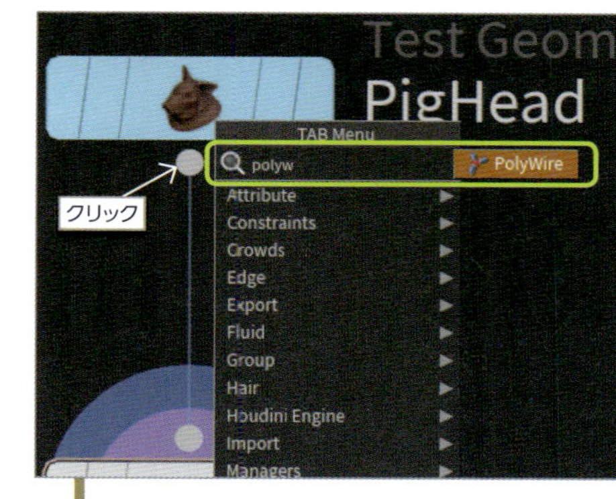

12 もうひとつノードを作成します。今度はノードの作成とコネクトを同時に行います。「mountain1」ノードの出力コネクタを右クリックすると、TAB Menuが出てきます。ここからノードを作成すると、コネクトされた状態で新しいノードを作成できます。「PolyWire」というノードを作成しましょう。

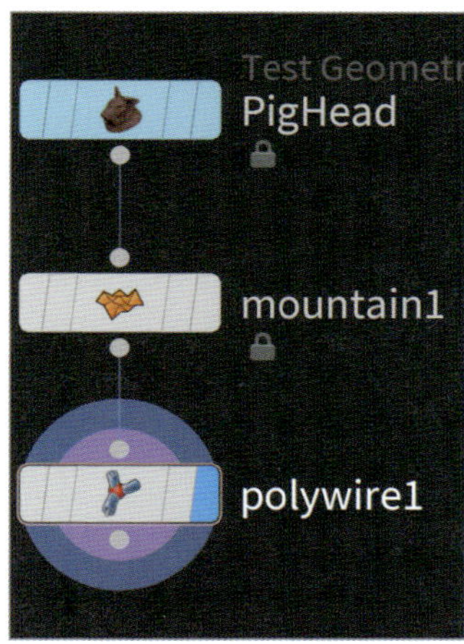

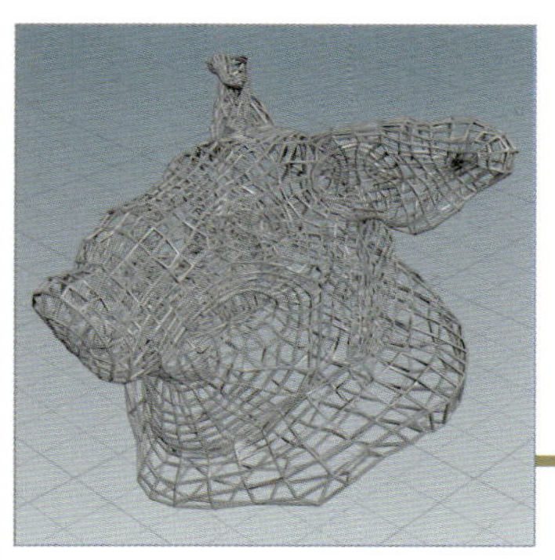

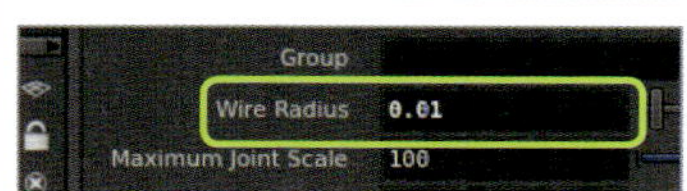

13 「PolyWire」ノードはポリゴンのエッジをTubeポリゴンにするノードです。「polywire1」の表示フラグをオンにすると、豚の形状が変わります。Tubeが太すぎると感じたため、パラメータエディタで「Wire Radius」を「0.01」に調整します。これでゆがんだ豚の骨組みができました。

バイパスフラグ

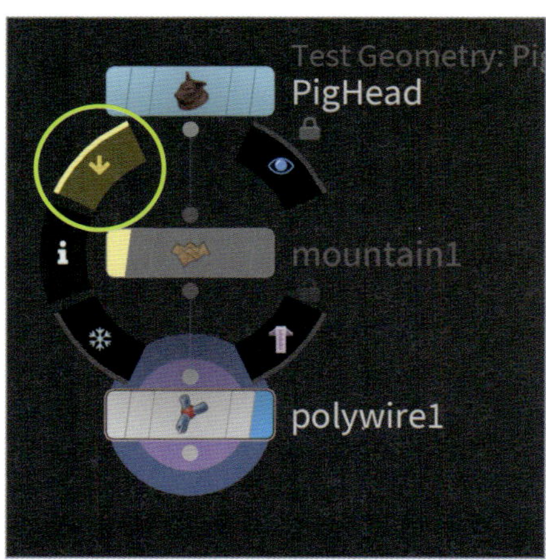

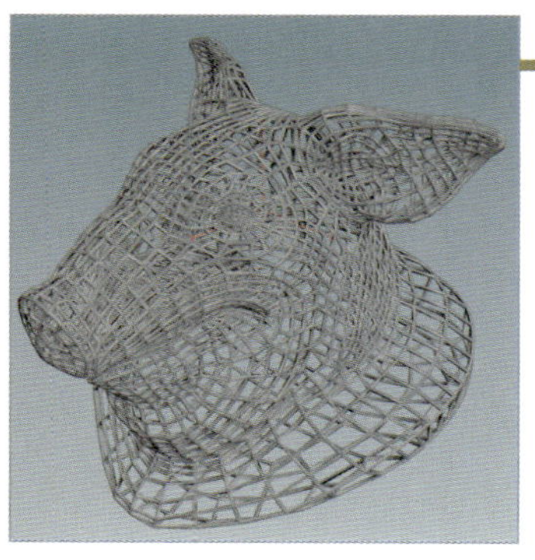

14 バイパスフラグは、そのノードの機能を一時的に無効にすることができるフラグです。ここでは、例として11で作成した「mountain1」ノードのバイパスフラグをオンにしてみました。豚にかかっていたノイズ効果がなくなったのがわかるかと思います。確認後は、フラグをオフにしておきましょう。

キーフレームアニメーション

続いて、先ほどのシーンに対して、キーフレームによるアニメーションを設定します。キーフレームとは、アニメーションの基点となるフレームのことで、キーフレーム間の値が補間されることによってアニメーションが作られます。

15 まず、アニメーションする範囲を決めましょう。画面右下にある、アイコンをクリックしてみます。「Global Animation Option」ダイアログが出てきます。

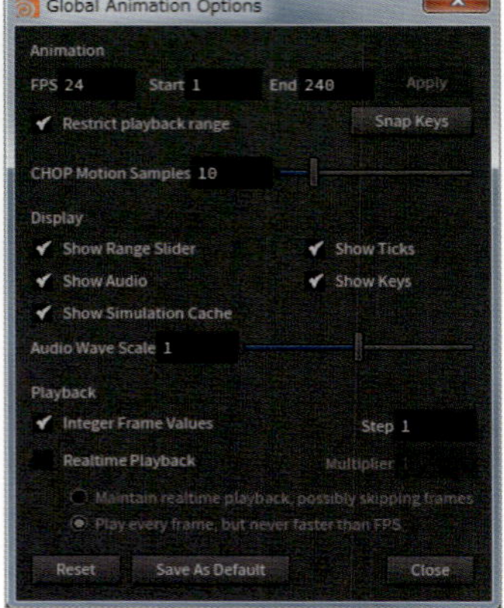

16 ここでアニメーションの終了フレーム「End」を「72」にし、全体を短くします。値を変更したら「Apply」→「Close」で閉じます。なお、左にある「FPS」は「Frame per Second」の略で、1秒間を何フレームに分割するかを意味しています。24fpsであれば、静止画24枚で1秒分となります。

17 では、先ほどつくった豚の骨組みモデルにノイズのアニメーションを付けてみましょう。まず、現在のフレームが、1フレーム目であることを確認します。

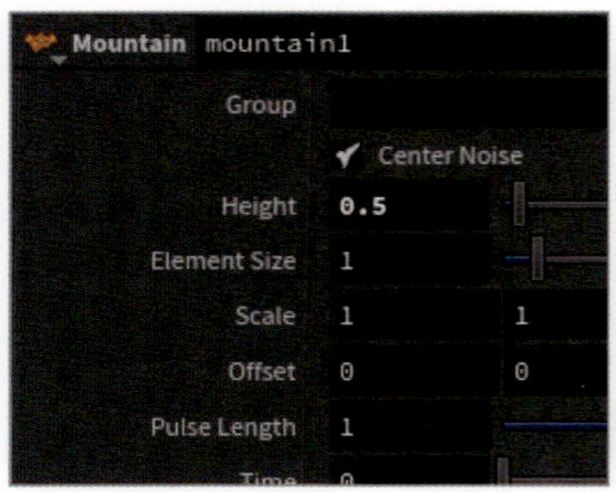

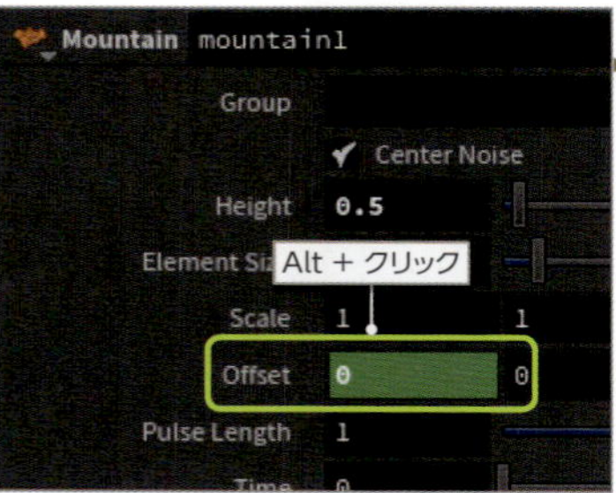

18 「mountain1」ノードの「Offset」パラメータにキーフレームアニメーションを追加します。Offsetパラメータは左からそれぞれXYZ方向のオフセットを表しています。ここではX方向のオフセットを変更しますので、Altキーを押しながらOffsetパラメータの一番左をクリックします。パラメータが緑色に変わり、これがキーフレームが打たれた状態です。

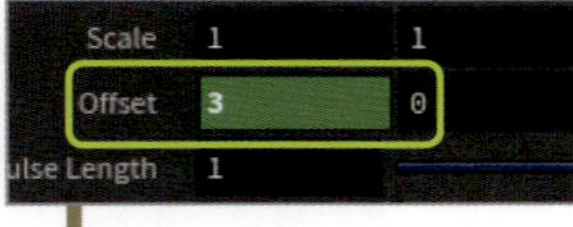

19 次に、フレームを[72]に移動します。Offsetパラメータの一番左（X方向）に「3」と入力し、Altキーを押しながらパラメータをクリックして再度キーを作成。これでOffsetのX方向に、「1フレーム：0」「72フレーム：3」のキーフレームが作成できました。

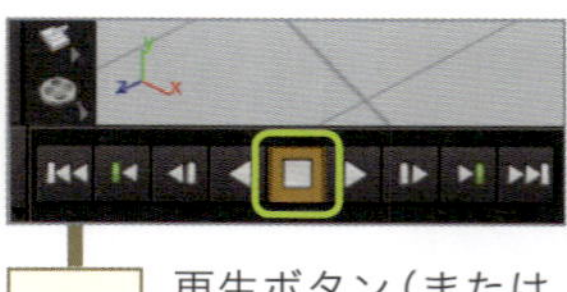

20 再生ボタン（または↑キー）で再生してみると、ノイズが動いているのがわかります。キーフレームとキーフレームの間は値が補間されます。

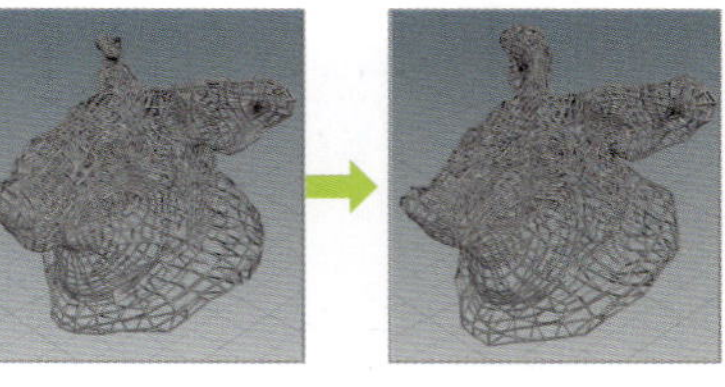

Point キーフレームを削除するには

キーフレームをひとつ削除するにはパラメータをCtrlキー＋クリック、すべて削除するにはCtrl＋Shiftキー＋クリックします。パラメータを右クリックして出るメニューからも削除可能です。

FlipBook 機能を使ったアニメーションプレビュー

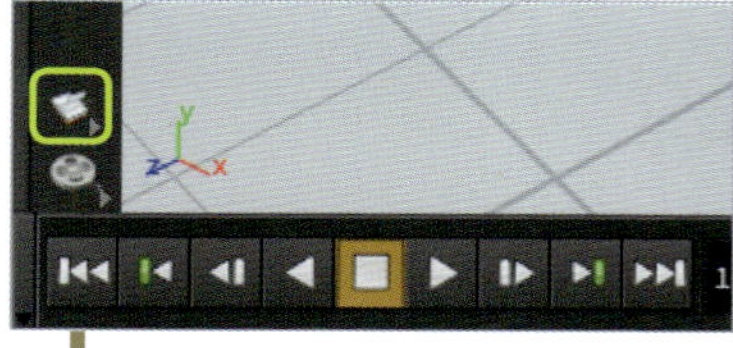

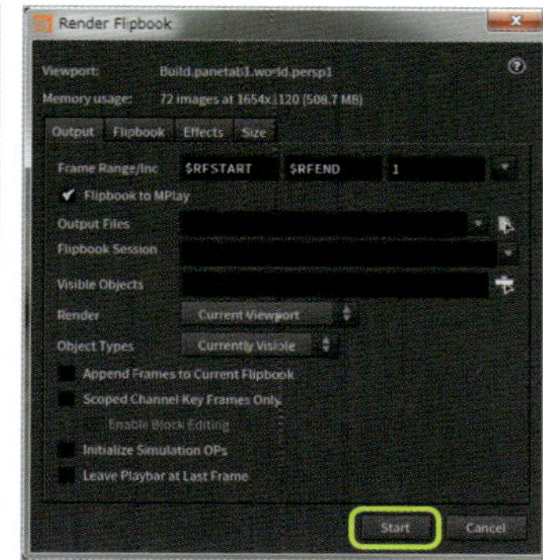

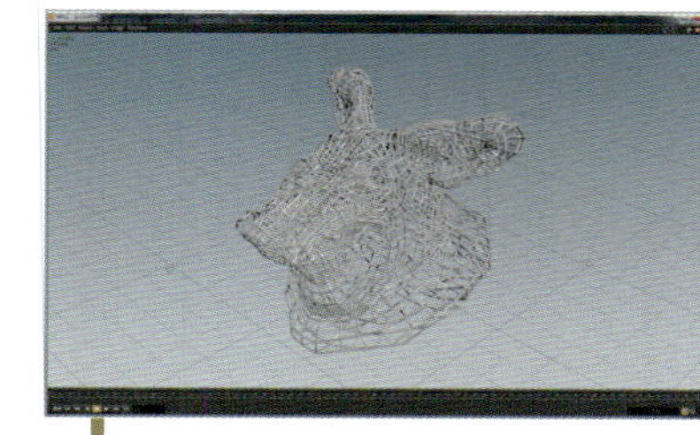

21 「FlipBook」機能を使うと、フレームごとにシーンビューをキャプチャし、再生することができます。シーンビューの左下にあるアイコンをクリックすると、右の設定ダイアログが出てきます。ここではデフォルト設定のまま「Accept」します。

22 すると別ウィンドウが立ち上がり、キャプチャが始まります。キャプチャが完了したら再生してみましょう。通常の再生よりもなめらかに再生してくれます。

エクスプレッション

次に、エクスプレッションによるアニメーションを行います。エクスプレッションというのは、動作を制御する簡単なプログラムのことです。ここでは、オブジェクトをひねる「twist」というノードを作成し、ひねりの強さをエクスプレッションで制御してみます。

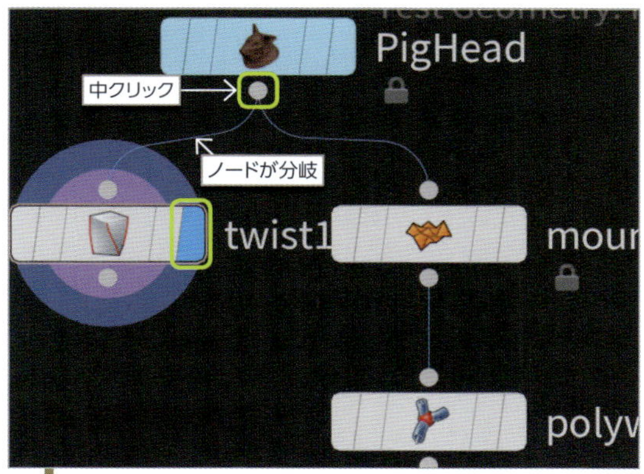

23 「PigHead」ノードの下に、新しく「twist」ノードを作成します。 12 とは違う方法でノードを作成してみましょう。「PigHead」ノードの出力コネクタを中クリックしてTAB Menuを開き、「twist」ノードを作成してください。この方法でノードを作成すると、図のように新しいノードが分岐して作成されます。表示フラグを「twist1」ノードに立てておきましょう。

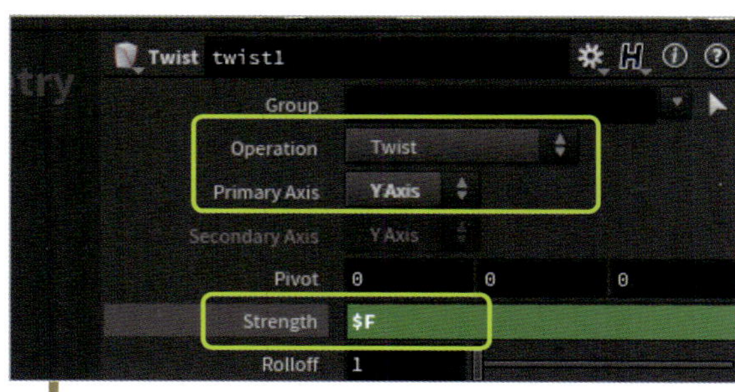

24 「twist1」ノードのパラメータを変更します。「Operation：Twist」「Primary Axis：Y Axis」として、さらにその下の「Strength」に「$F」と入力して、Enterキーを押します。すると、キーフレームを打ったときのように、パラメータが緑色に変わります。

Point 「$F」はフレーム番号を表す変数

「$F」というのは、フレーム番号を意味する変数（状況によって変化する不定数）です。この変数「$F」をパラメータ値に入力すると、フレームが進むにつれて、「Strength」が「1」「2」「3」……と変化します。

25 再生してみます。フレームが進むにつれ、ブタが徐々にねじれてゆきます。少し速度を変更してみましょう。「$F」を「$F*5」に変更してみてください。これで値が5倍になり、ひねりの動きも早くなります。他にも、例えば、「sin($F)*360」と書くと、sin関数の挙動を元に360度ひねる動きが付きます。

パラメータの参照

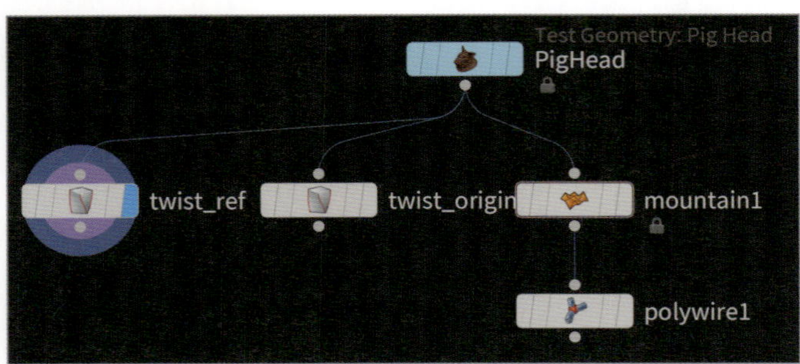

26 パラメータは他のパラメータの値を参照することができます。ここでは、新しく「twist」ノードを作成し、23でつくった「twist」のパラメータを参照してみます。TAB Menuから「twist」ノードを作成し、「PigHead」にコネクトしておきます。新しくつくったほうは名前を「twist_ref」、23でつくったものは「twist_original」に変更します。そして、「twist_ref」について、「Operation：Twist」「Primary Axis：X Axis」とパラメータを設定し、ひねりの向きを「twist_original」と変えておきましょう。

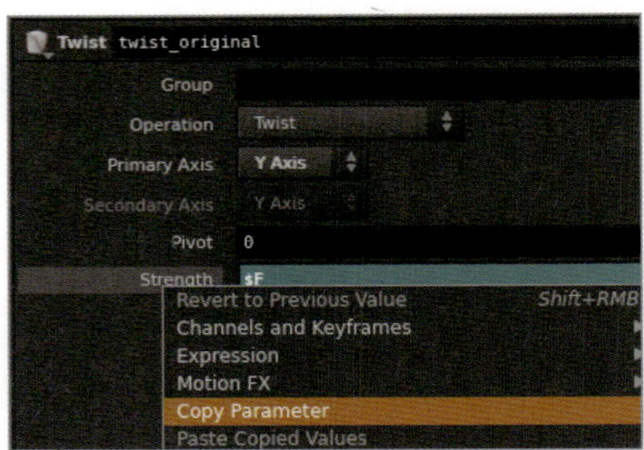

27 ノード「twist_original」を選択し、パラメータ「Strength」にマウスを合わせて、右クリック。出てきたメニューから「Copy Parameter」を選択します。これで値のコピーができました。

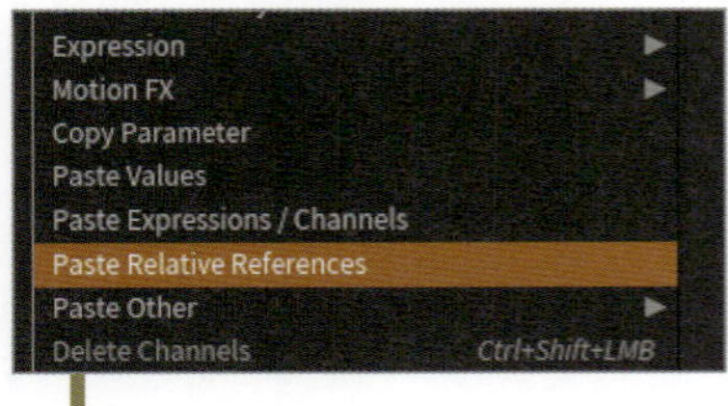

28 次に値をペーストします。ノード「twist_ref」を選択し、パラメータ「Strength」にマウスを合わせて右クリック。メニューから「Paste Relative References」を選びます。

29 パラメータ欄に「ch(".../twist_original/strength")」という記述が追加されました。これは、「twist_original」ノードのパラメータ「Strength」を参照している、という意味です。「ch( )」というのはパラメータを参照するエクスプレッション関数で、参照先のパス（次ページ**Point**）を指定することで、そのパラメータ値を参照できます。ここでは相対パスという方法で記述されています。

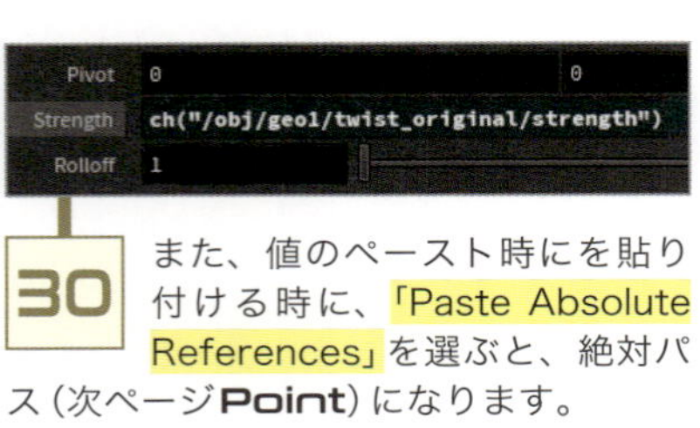

30 また、値のペースト時にを貼り付ける時に、「Paste Absolute References」を選ぶと、絶対パス（次ページ**Point**）になります。

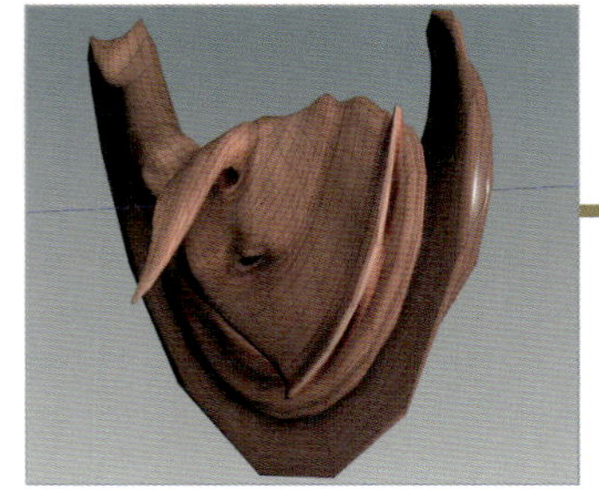

31 再生してみます。豚が縦にねじれていきます。「twist_original」と同じ強さのねじれが「twist_ref」にかかりながらアニメーションしているのが確認できます。このパラメータの参照は、今後も頻繁に使用します。

用語 絶対パスと相対パス

パスとは、ノードやパラメータがどこにあるのかを示す文字列で、主に参照に使います。パスは「/（スラッシュ）」で階層を区切って記述します。例えば、下図「/obj/geo1/null」は、/obj階層にある「geo1」ノードの中にある「null」ノードを示しています。

パスの記述方法には2種類あります。「絶対パス」と「相対パス」です。

絶対パスは、最上位の階層から目的のノードまでの場所を順を追って指定する方法です。絶対パスが示す場所は必ず1つに決まります（中図）。

相対パスとは、自分の場所を基準にして目的のノードがどこにあるのかを指定する方法です（下図）。相対パスが示す場所は、相対パスを設定するノードによって異なります。図中の「..」は、自分自身よりも1階層上を意味するものです。2階層上を表すときは「../../」と書きます。

相対パスの利点は、変更に強いことです。相対パスが目的地までたどるルートが変わらないならば、それ以外の場所や名前が変化しても、参照が切れることはありません。プロシージャルなデータをつくるために相対パスは必要不可欠です。

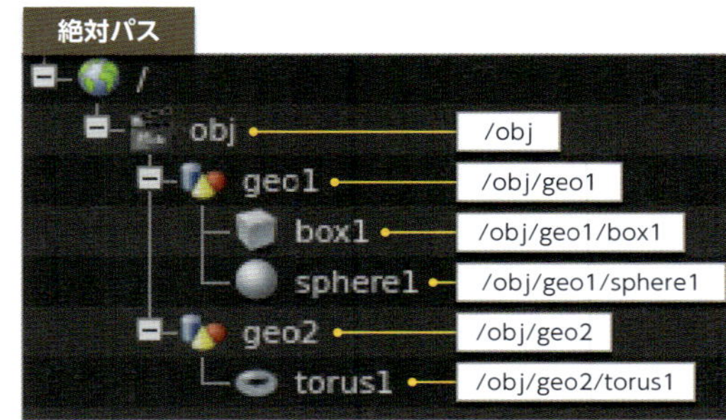

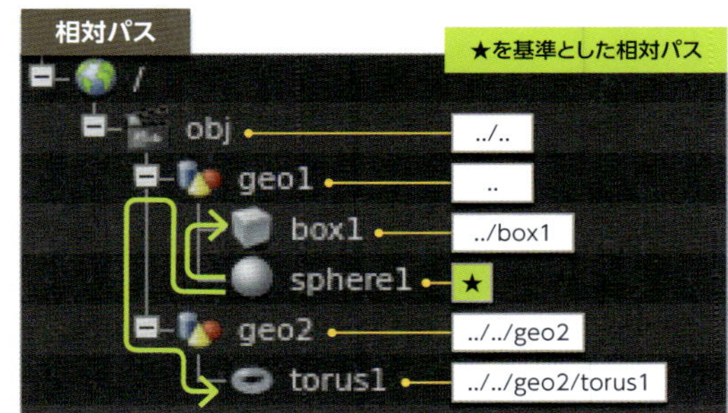

Point よく使うグローバル変数

変数には「グローバル変数」と「ローカル変数」の2種類があります。

グローバル変数は、シーン全体にかかわるもので、ファイル名や現在のフレーム番号などがそれにあたります。使用用途もさまざまで、例えば、「$F」という変数はパラメータを動かすことに使いましたが、出力時にフレーム番号を決めるのにも使います。

対してローカル変数は、ノードごと、個別に定義されていて、使える場所が限られています。

■ 時間

$F	フレーム番号（整数）
$F4	4桁のフレーム番号
$FF	フレーム番号（浮動小数点）
$FSTART	開始フレーム
$FEND	終了フレーム

■ 一般

$JOB	プロジェクトディレクトリ
$HIP	シーンファイルの保存場所
$HOME	ホームディレクトリ
$HFS	Houdiniのインストールディレクトリ
$HH	$HFS/houdini
$HIPFILE	シーンファイルのフルパス
$HIPNAME	シーンファイル名

■ チャンネル

$OS	ノード名

Point バリューラダーの活用

パラメータ欄で中クリックをすると、「バリューラダー」が現れます。中クリックしたまま、桁を選んで左右にマウスを動かすと、マウスだけでパラメータ値を変更できます。

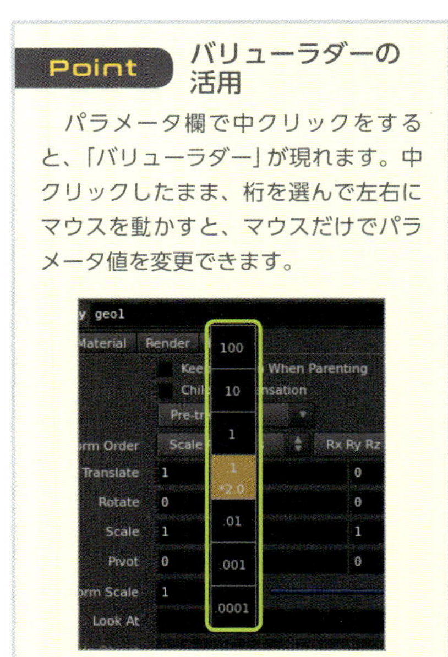

Radialメニュー

Radialメニューを使うと、ビュー上でさまざまな機能にアクセスできます。Radialメニューにはいくつか種類があり、それぞれショートカットキーが割り当てられており、そのキーを押すと表示されます。

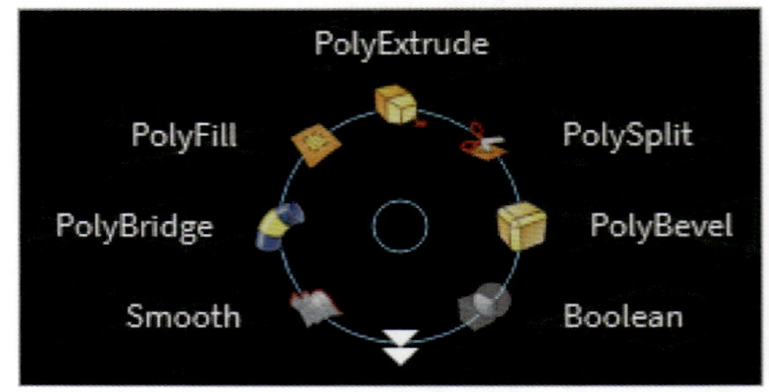

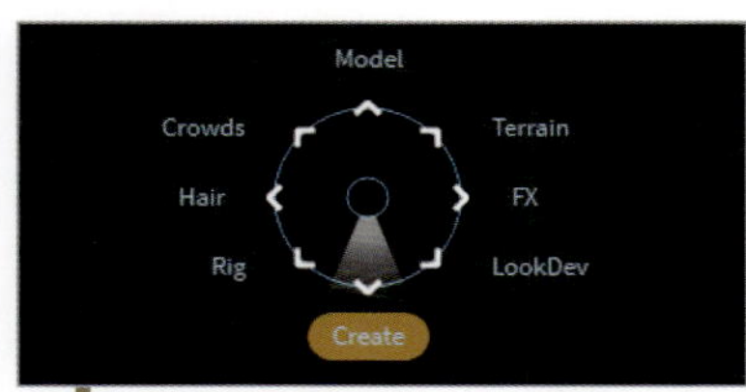

1 実際に使ってみます。シーンビュー上で、Cキーを押すと、図のようなRadialメニューが表示されます。メニュー下、の「Create」をクリックしてみましょう。

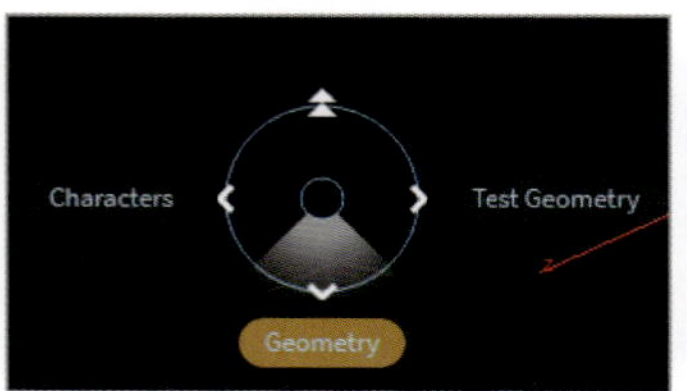

2 するとさらに別のRadialメニューが表示されます。ここでは下の「Geometry」を選んでください。

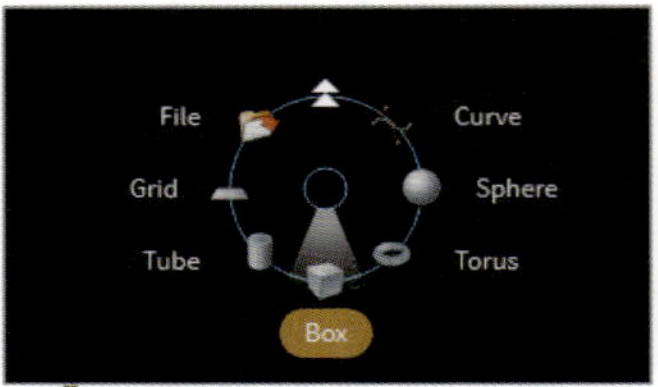

3 さらに別のメニューが現れるので、下の「Box」を選択します。

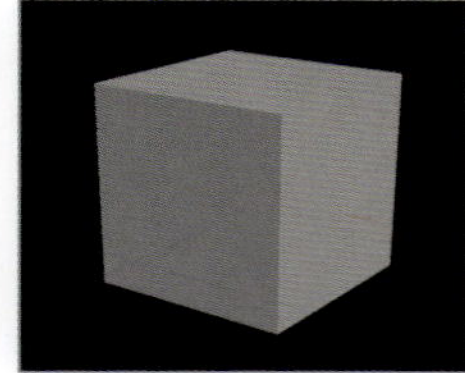

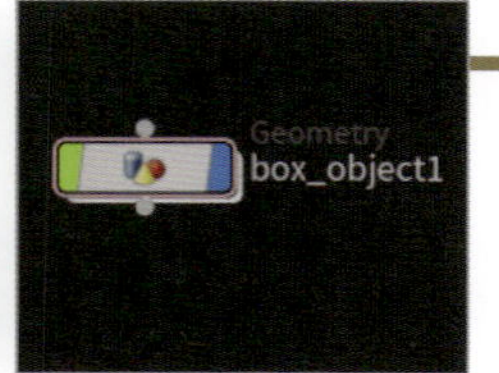

4 シーンビュー上をクリックするとBoxがつくられます。ネットワークエディタにもそのノードがつくられています。このように、Radialメニューを利用すると、シーンビューからさまざまな機能にアクセスでき、マウス操作のみでノードの作成・追加が可能です。

Point Radialメニューのショートカット

Radialメニューは複数あり、そのうちいくつかはデフォルトでショートカットキーが割り当てられています。

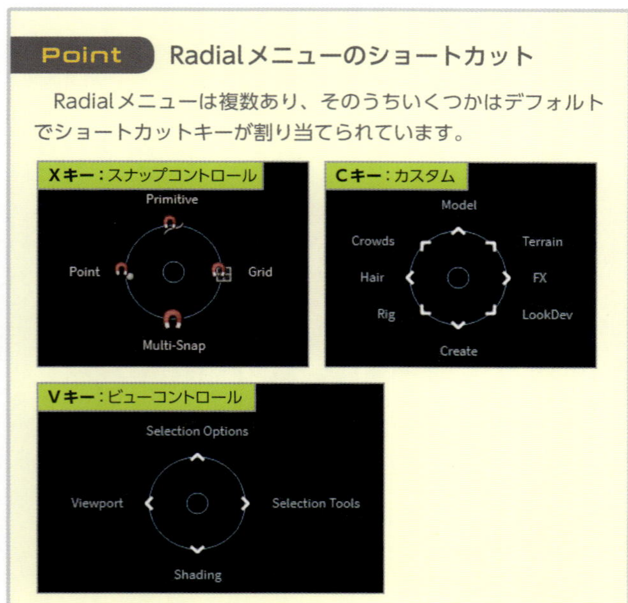

Point メニューのカスタマイズ

Cキーから呼び出すRadialメニューは割り当ての変更が可能です。Houdiniのウィンドウ上部リストから選択します。

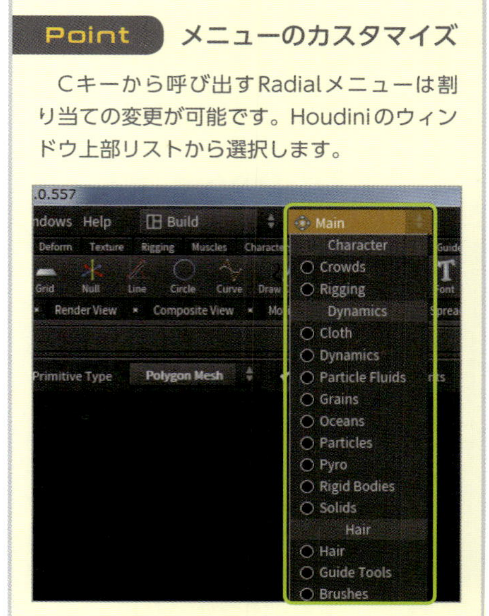

1-4 ネットワークエディタの操作

ノードの基本的な作成方法を理解できたところで、少し踏み込んで、ネットワークエディタ内でノードの表示を変えたり、整列したりする方法などについてまとめます。Houdiniでは、制作作業の多くをこのネットワークエディタ内でのノード構築に費やすため、ぜひここで一通り覚えておきましょう。

ネットワークエディタでのノードの基本操作

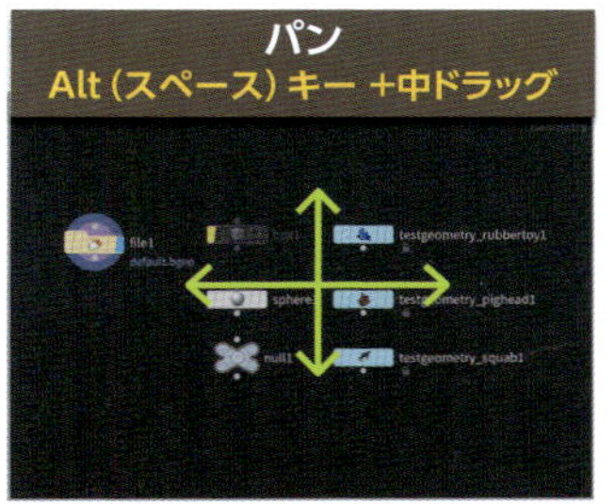

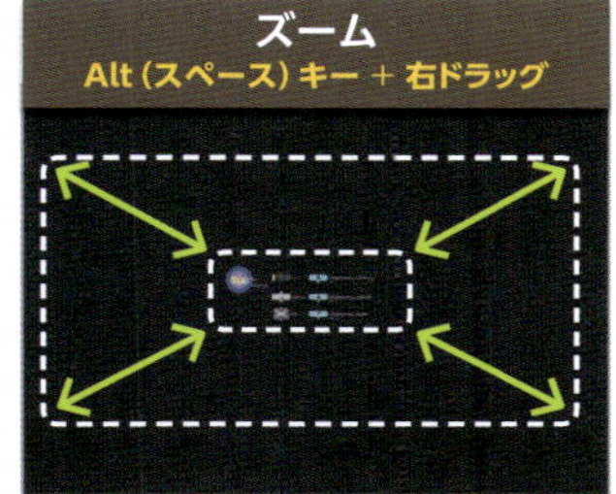

すべてのノードがエディタ内に収まるように
自動でパン&ズーム
Hキー

選択したノードがエディタ内に収まるように
自動でパン&ズーム
Gキー

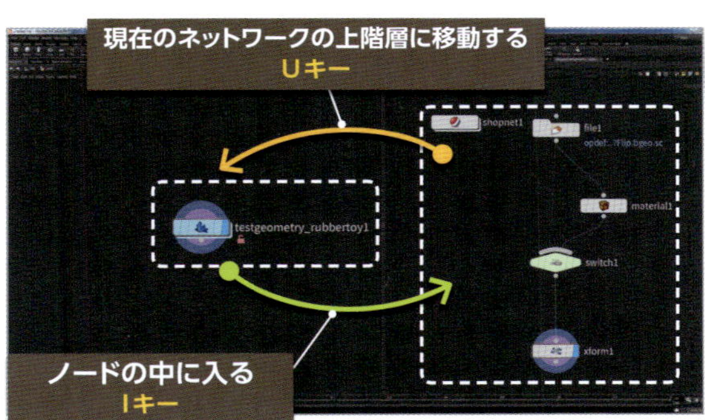

ノードをつなぐ・解除する

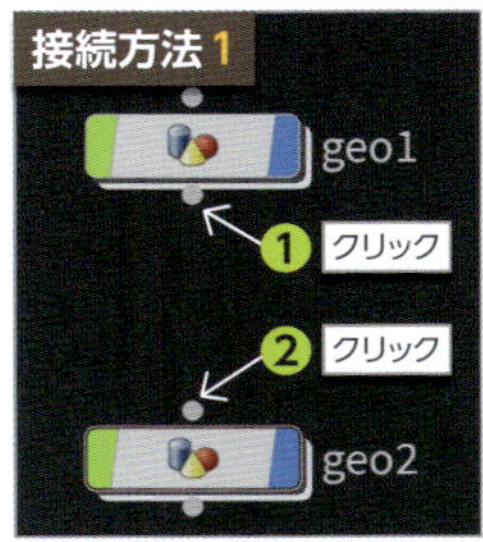

つなぎたいノードの入力コネクタと出力コネクタを**クリック**します。

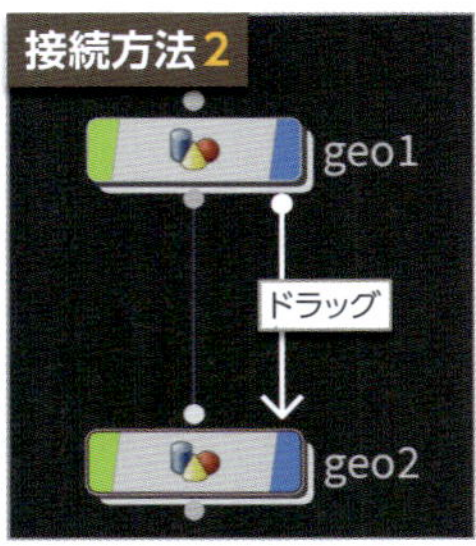

つなぎたいノードの入力コネクタから出力コネクタへ**ドラッグ**します。

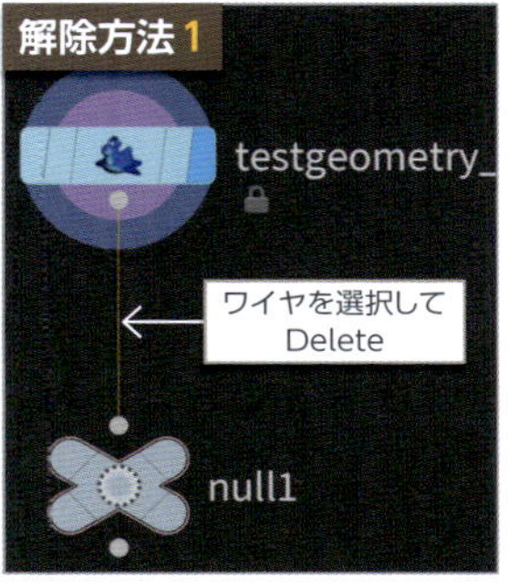

ワイヤを選択して**Deleteキー**を押します。

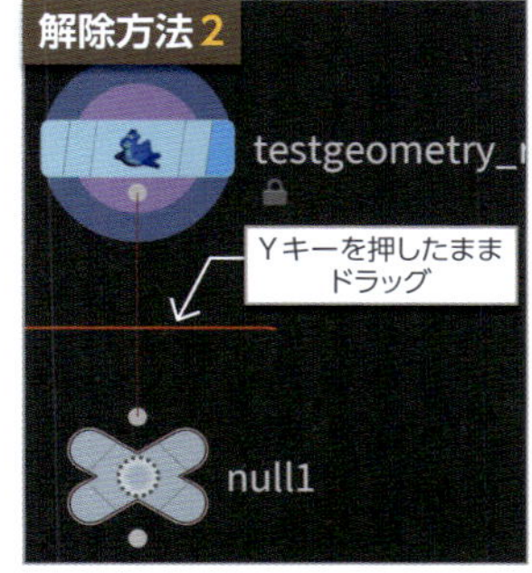

Yキーを押しながらワイヤを切るように**ドラッグ**します。

コネクトとノード作成を同時に行う

通常 出力コネクタを**クリック**して、TAB Menuからノードをつくります。

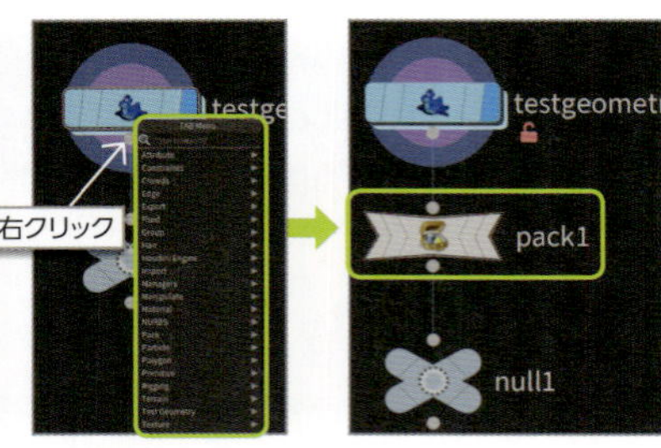

挿入 出力コネクタを**右クリック**して、TAB Menuを出現させノードをつくります。

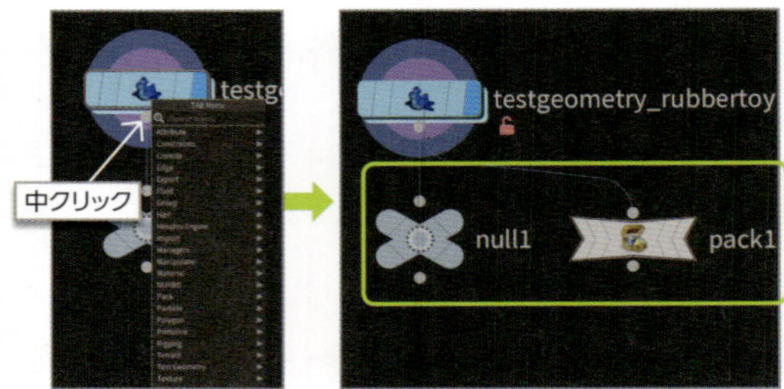

分岐 出力コネクタを**中クリック**して、TAB Menuを出現させノードをつくります。

既存のネットワークにノードを挿入する

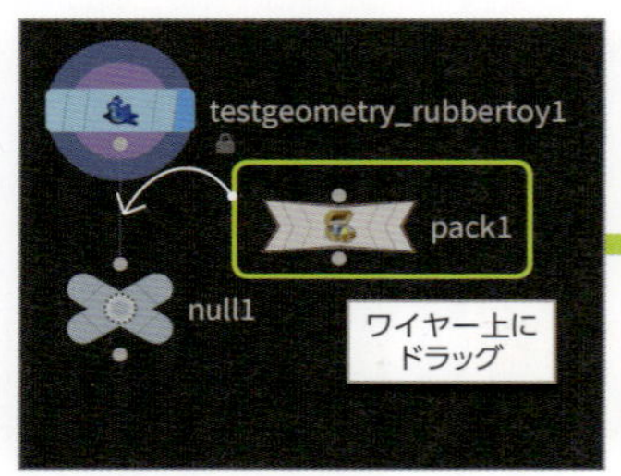

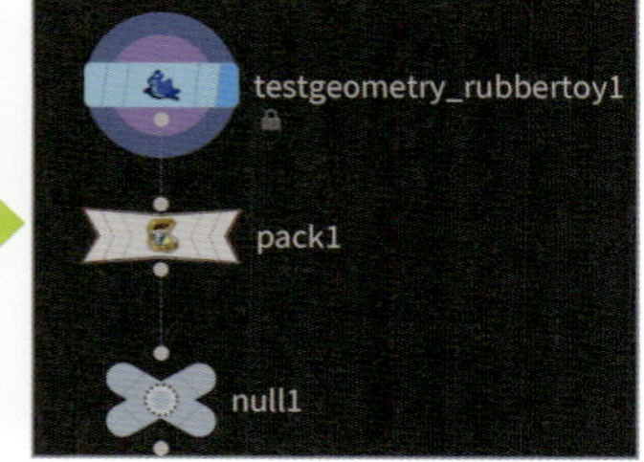

ネットワークのワイヤ上にノードを**ドラッグ**します。

ノードをコピーする

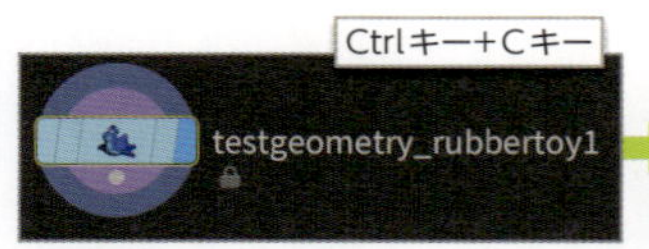

方法1 ノードを選択して**Ctrl+Cキー**でコピーし、**Ctrl+Vキー**でペーストします。

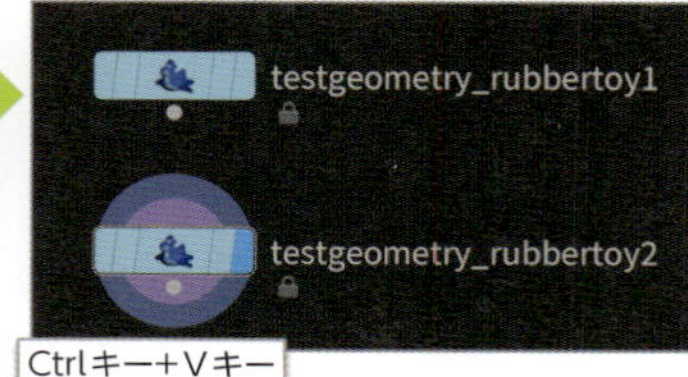

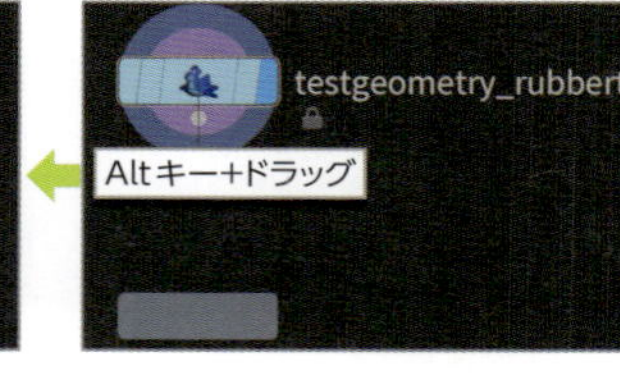

方法2 **Altキーを押し**ながらノードを**ドラッグ**します。

Point フラグのキーボードショートカット

特定のキーを押しながらノードをクリックすると、そのキーごとに割り当てられたフラグを立てることができます。ネットワークタイプによって少し異なりますが、多くは同じです。

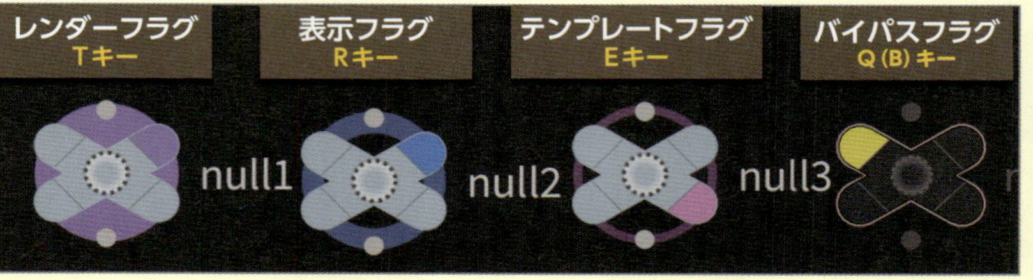

「ドット」でネットワークを整理する

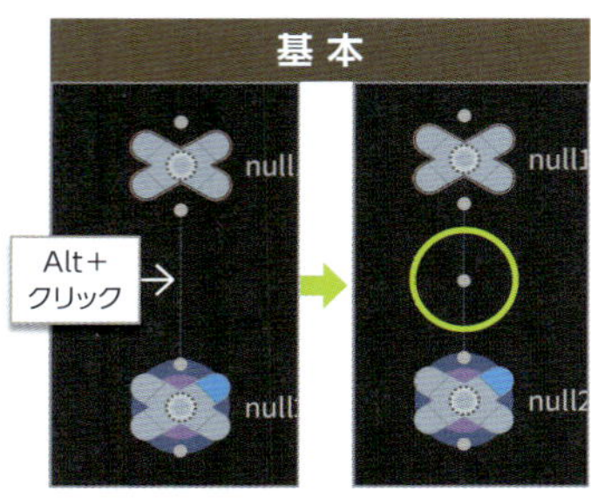

ドットを打ちたいワイヤ上で**Altキー＋クリック**します。

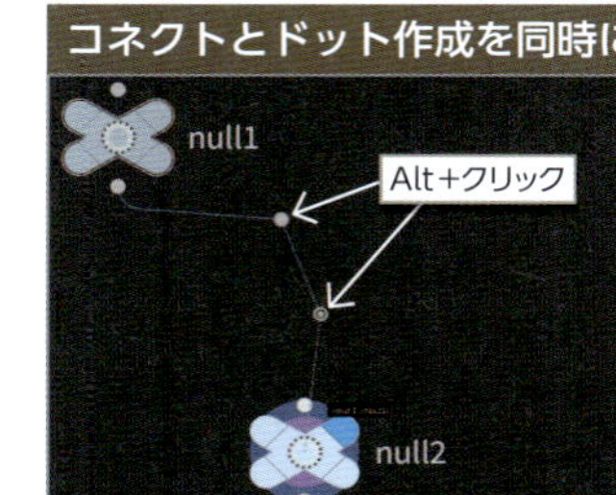

コネクタの出力をクリックしてから目的のコネクタにつなぐまでの間に**Altキー＋クリック**すると、コネクトとドット作成を同時に行えます。

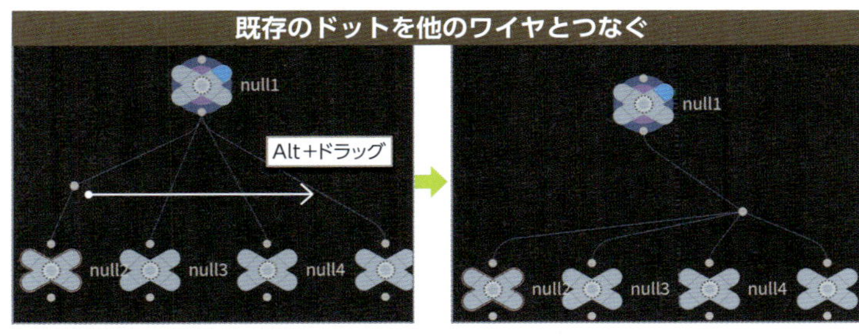

既存のドットを**Altキー＋ドラッグ**すると、横切ったワイヤをドットにつなげることができます。

ノードの整列・形状変更・色変更

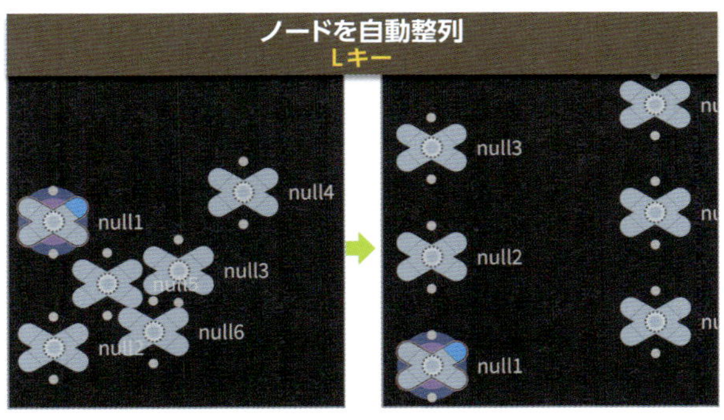

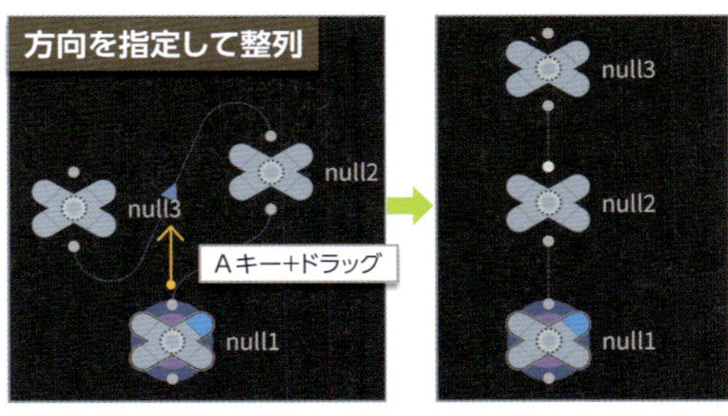

ノード上で**Aキー**を押しながら、整列したい方向に**ドラッグ**すると、その方向に整列できます。

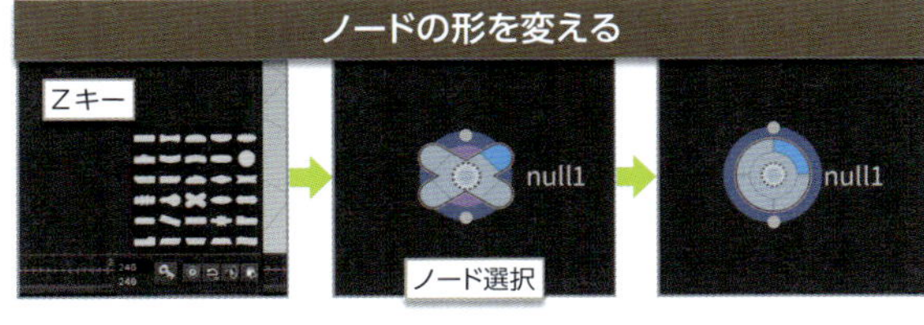

Zキーでシェイプパレットを表示し、形を変えたいノードを選択状態にして、シェイプパレットから形を選びます。

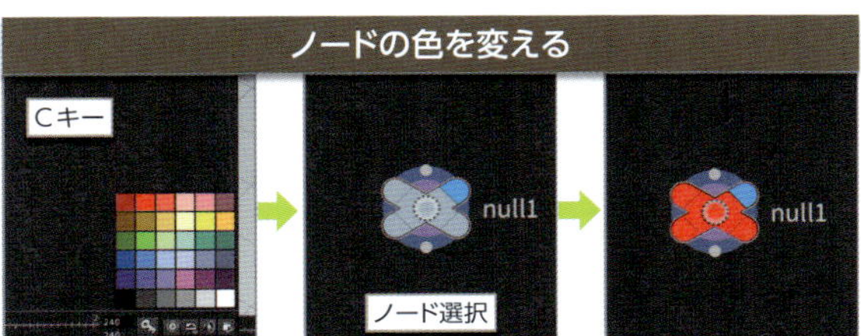

Cキーでカラーパレットを表示し、色を変えたいノードを選択状態にして、カラーパレットから色を選びます。

ネットワークの場所をキーに記憶する「クイックマーク」

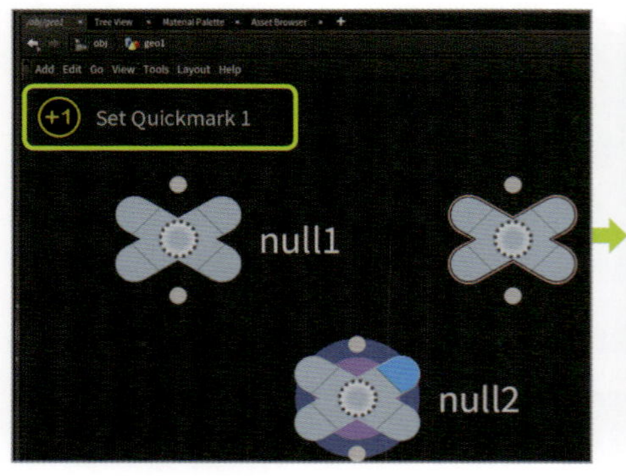

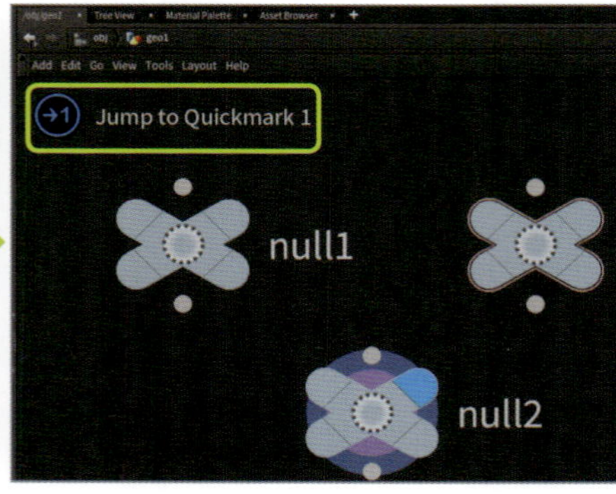

ネットワークの場所を、ショットカットキーに記憶できる機能です。Ctrl＋1～5キーでネットワークの場所を記憶し、1～5キーを押して記憶した場所にジャンプします。

ノードの状態を知らせる「バッジ」

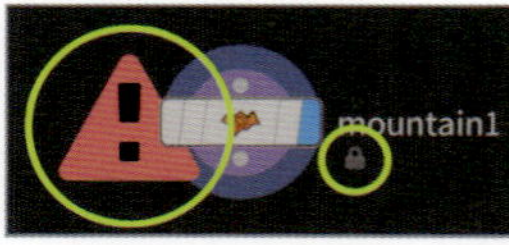

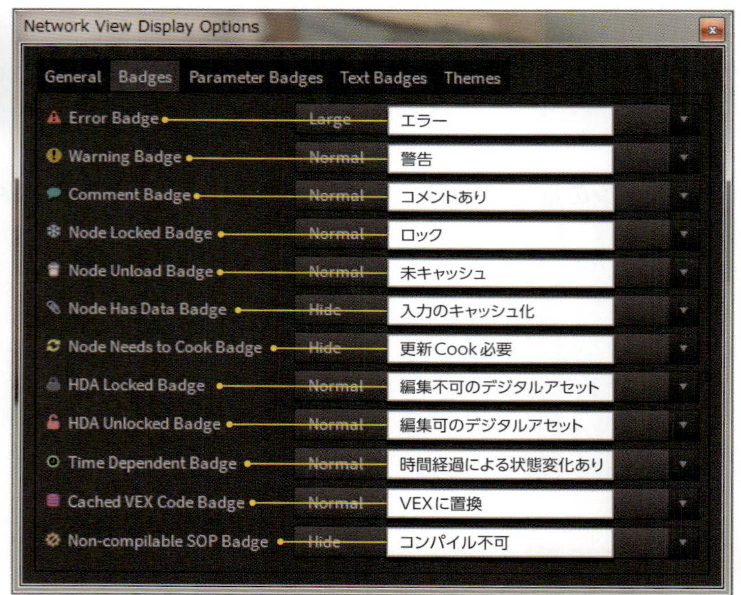

ノードの近くには「バッジ」と呼ばれる特別なアイコンが表示される場合があります。エラーや警告などいくつかの種類があり、それによってノードの状態を知ることができます。

Point ノードタイプ名の表示

ノードの名前がノードタイプ名と異なる場合、ノード名の上にノードタイプ名が表示されます。

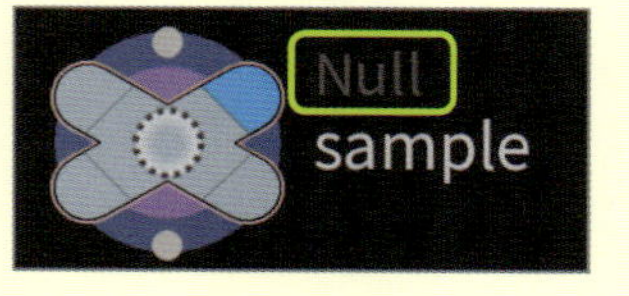

1-5 ネットワークタイプとフラグ

ノードは7種類のタイプに分けられ、それぞれ「OBJ」「SOP」「DOP」「VOP」「CHOP」「COP」「ROP」と呼ばれています。すべてのノードはいずれかのネットワークタイプに属しています。名前が同じノードでもネットワークタイプが異なれば別物です。ここでは、各ネットワークタイプについて個別に解説していきます。

ノードとネットワークタイプの関係

Houdiniでは、7種類のネットワークタイプがあり、ノードはいずれかのタイプに属している、ということをまずは押さえましょう。同名ノードでもネットワークタイプが違えば違うものとして扱われ、そのノードが持つ機能も違います。

また、ノードの接続もネットワークタイプによって意味合いが異なるため、そのノードがどのネットワークタイプのものであるかというのはとても重要です。現在操作しているノードがどのネットワークタイプのものであるかは、ネットワークエディタの右上に表示される「Scene」(OBJの場合)、「Geometry」(SOPの場合)などの表記でも判断できます。

本書では、今後ノードを表記する際、「ノード名(ネットワークタイプ名)」の形式にします。たとえば、「null(SOP)」「mantra(ROP)」といった表記です。

OBJ …… シーンの最上位階層

シーンの最上位階層です(「/obj」というパスで表されます)。この階層でのノードの接続は「親子関係」を意味します。このタイプに属するものとしては、ジオメトリ、ライト、カメラなどがあります。

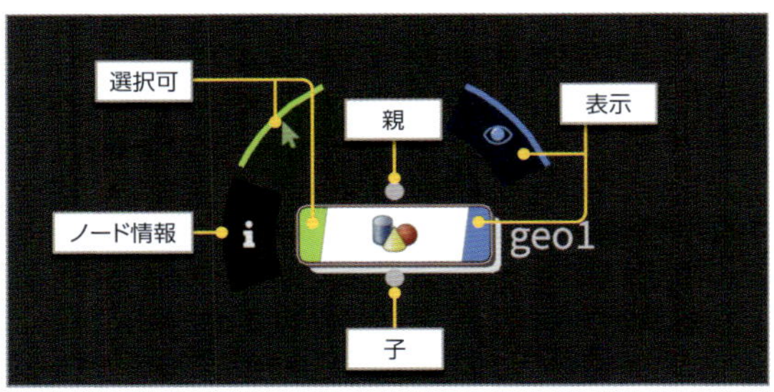

SOP …… ジオメトリの作成・編集

ジオメトリの作成、編集を行います。ポリゴンやカーブ、ボリュームなど、シーンビューに表示されるものはだいたい扱えます。ノードの接続は「データの流れ」を意味します。

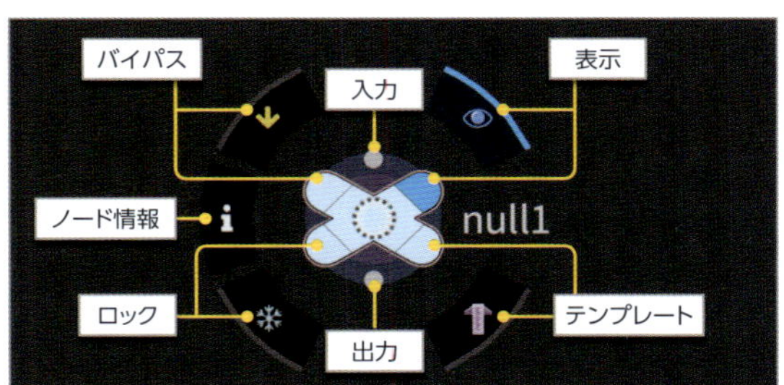

Point Houdini 16で変更になったネットワークタイプ

他に「POP」と「SHOP」というネットワークタイプも存在します。「POP」はパーティクルを扱うネットワークで、「SHOP」はマテリアルを扱うネットワークです。現在、どちらの機能も既存のネットワークタイプに統合されました。「POP」は「DOP」に組み込まれ、「SHOP」で行っていた操作は「VOP」で行うようになっています。「POP」「SHOP」は互換性のために存在しています。

DOP …… ダイナミクスの作成・編集

シミュレーションと呼ばれる処理に関するものを扱います。煙や炎、破壊、水、布といったものの挙動を計算できます。ここでのノードの接続は「データの流れ」を意味します。

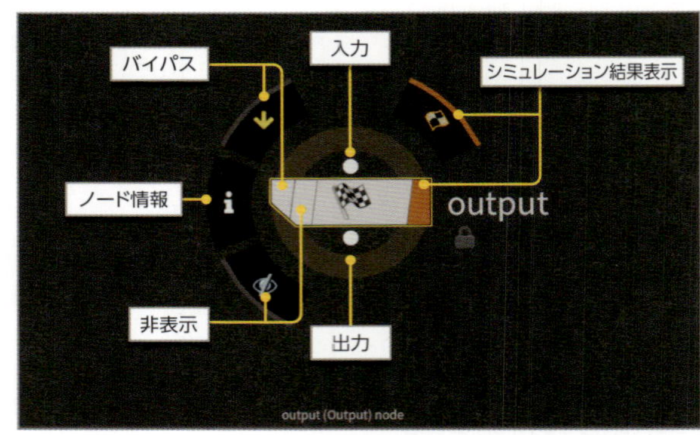

VOP …… ノードベースのプログラミング

Houdiniには「VEX」というプログラミング言語があります。「VOP」は、VEXというプログラムをノードで視覚化したものです。プログラムの関数をノードに置き換えたものと言い換えることもできます。ノードをコネクトして、プログラムを組むのと同等のことができます。用途はジオメトリの操作、シェーダーの構築など、多岐に渡ります。

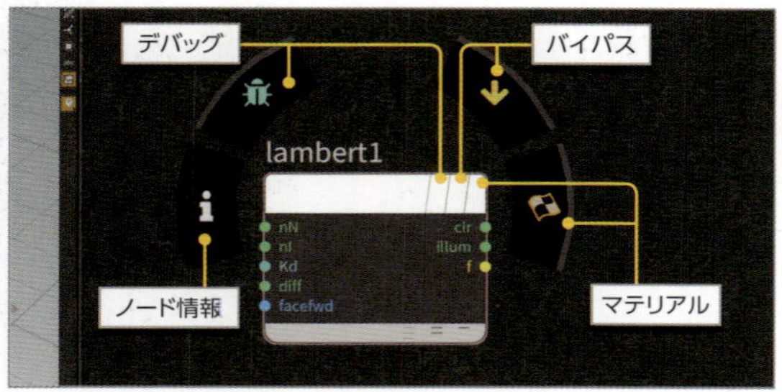

CHOP …… 波形データの作成・編集

波形データを作成、編集します。アニメーションカーブや、オーディオデータを編集したりできます。

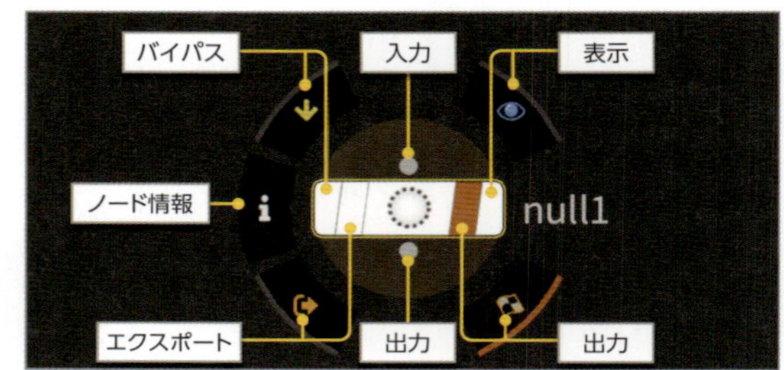

COP …… 2D画像の編集・合成

Compositing

2D画像の作成、編集、合成を行います。レンダリング画像を合成したり、色調整したりできます。

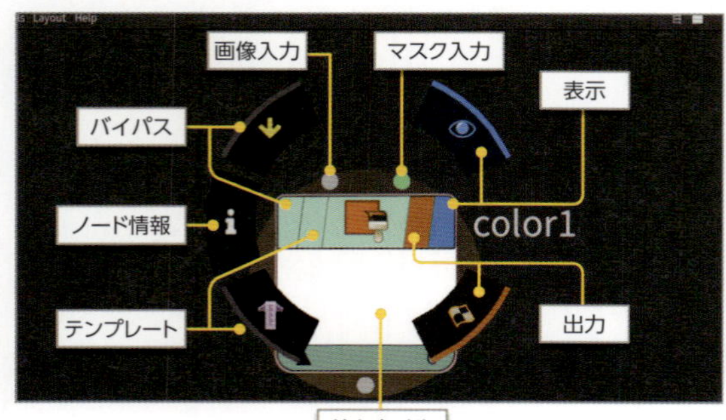

ROP …… レンダリング・キャッシュ出力

Outputs

出力に関する操作を行います。おもに、レンダリングやキャッシュ作成などののデータ出力を行います。

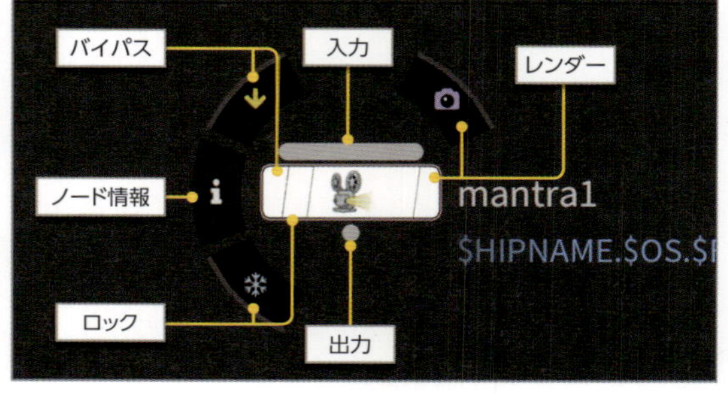

Chapter 2

ObjectとSOP

ここでは、Houdiniのもっとも基本的なネットワークタイプである「SOP」をメインに学習します。SOPとは、ポリゴンなどのジオメトリを扱うものの総称です。最初にSOPを扱ううえでの基礎知識を習得し、そのあとで実際に作例を制作しながらSOPに関するさまざまな知識やテクニック、さらにはHoudiniでの全体的な作業の流れまでを学びます。

2-1 ジオメトリの基礎知識

ここではジオメトリの中でも、主にコンポーネントとアトリビュートについて学習します。ジオメトリを扱うノードやネットワークは、総称して「SOP」と呼びます。SOPは他のすべてのネットワークにおいて重要な役割を担うだけでなく、上級者が使えば、見たこともない映像を生み出します。SOPはHoudiniの基本であると同時に、奥義であるといえます。

SOPを扱う前に押さえておくべき用語

SOPを扱う前に、まずは用語の確認から行います。

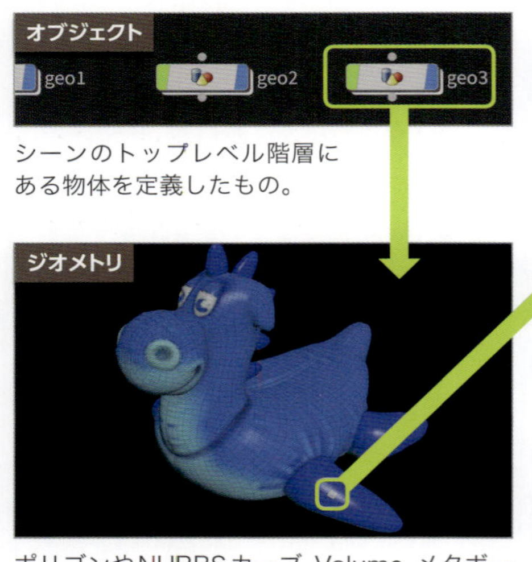

オブジェクト
geo1
geo2
geo3
ジオメトリ

オブジェクト：シーンのトップレベル階層にある物体を定義したもの。

ジオメトリ：ポリゴンやNURBSカーブ、Volume、メタボールなど。「Geometry (OBJ)」ノードに格納されます。

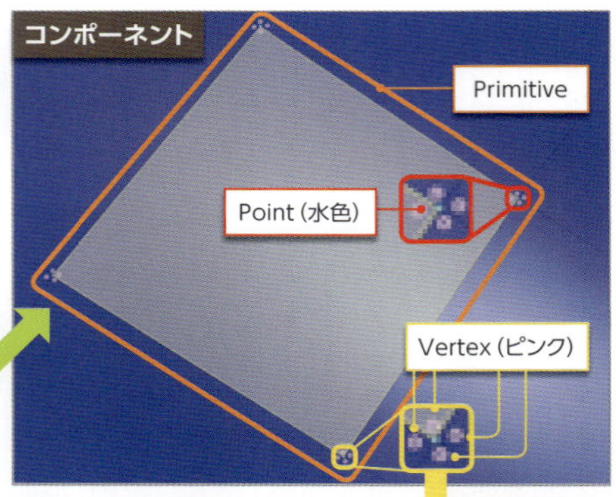

コンポーネント
Primitive
Point (水色)
Vertex (ピンク)

コンポーネント：ジオメトリを構成する要素。頂点や辺、各ポリゴンなど（詳細は下記）。

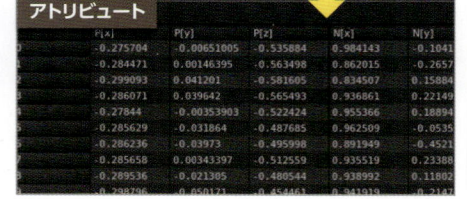

アトリビュート

	P[x]	P[y]	P[z]	N[x]	N[y]
0	-0.275704	-0.00651005	-0.535884	0.984143	-0.1041
1	-0.284471	0.00146395	-0.563498	0.862015	-0.2657
2	-0.299093	0.041201	-0.581605	0.834507	0.15884
3	-0.286071	0.039642	-0.565493	0.936861	0.22149
4	-0.27844	-0.00353903	-0.522424	0.955366	0.18894
5	-0.285629	-0.031864	-0.487685	0.962509	-0.0535
6	-0.286236	-0.03973	-0.495998	0.891949	-0.4521
7	-0.285658	0.00343397	-0.512559	0.935519	0.23388
8	-0.289536	-0.021305	-0.480544	0.938992	0.11802
9	-0.298796	-0.050171	-0.454461	0.941919	-0.2147

各コンポーネントの持つ情報。位置や法線、色情報など、任意の情報を持てます。

5種類のコンポーネント

コンポーネントには「Point」「Vertex」「Edge」「 Primitive」「Detail」の5種類があります。

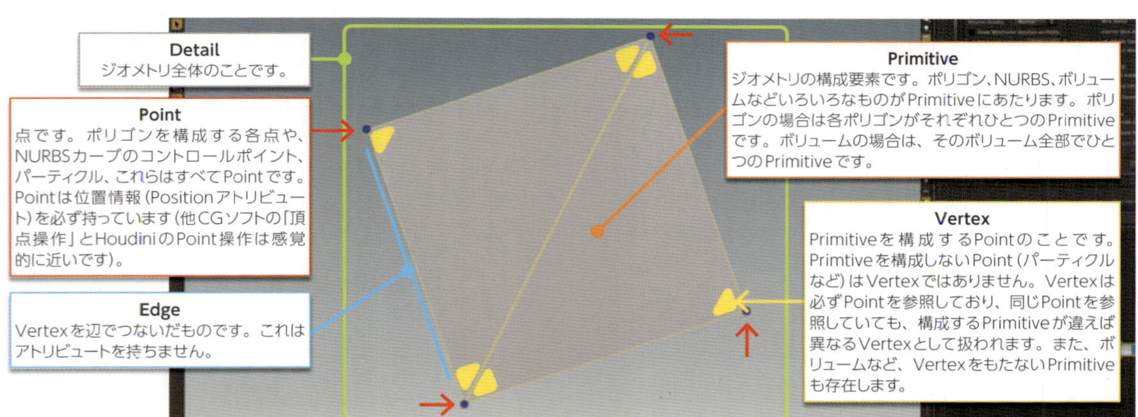

Detail
ジオメトリ全体のことです。
Point
点です。ポリゴンを構成する各点や、NURBSカーブのコントロールポイント、パーティクル、これらはすべてPointです。Pointは位置情報（Positionアトリビュート）を必ず持っています（他CGソフトの「頂点操作」とHoudiniのPoint操作は感覚的に近いです）。
Edge
Vertexを辺でつないだものです。これはアトリビュートを持ちません。
Primitive
ジオメトリの構成要素です。ポリゴン、NURBS、ボリュームなどいろいろなものがPrimitiveにあたります。ポリゴンの場合は各ポリゴンがそれぞれひとつのPrimitiveです。ボリュームの場合は、そのボリューム全部でひとつのPrimitiveです。
Vertex
Primitiveを構成するPointのことです。Primtiveを構成しないPoint（パーティクルなど）はVertexではありません。Vertexは必ずPointを参照しており、同じPointを参照していても、構成するPrimitiveが違えば異なるVertexとして扱われます。また、ボリュームなど、VertexをもたないPrimitiveも存在します。

コンポーネントの選択

シーンビューの左側にある選択ツール（Sキー）を選び、選択モードに切り替えます。その状態で2キーを押すとPoint選択モードになります。3キーでEdge、4キーでPrimitive選択です。選択したコンポーネントはシーンビューで移動・回転などもできます。

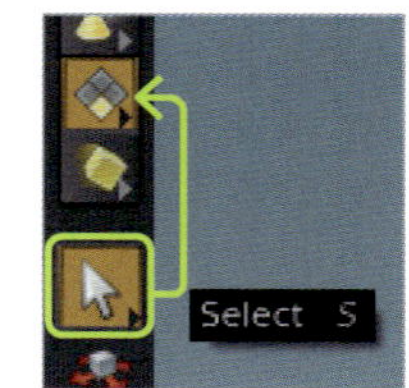

選択ツールのすぐ上にあるボタン群の真ん中のボタンで、現在の選択モードを確認できます。図はPrimitiveの選択モードです。

アトリビュート

コンポーネントのうち「Point」「Vertex」「Primitive」「Detail」はアトリビュートを持つことができます。アトリビュートとは各コンポーネントが持つ情報のことです。それぞれのアトリビュートとその値は、ペインから「Geometry Spreadsheet」を選択し表示して確認できます 1、2。

基本的に、アトリビュートは必要に応じて自由に、ノードを用いて追加できます。アトリビュートとして追加するデータにはいくつかの決まった型があり、代表的なものは4つです 3。

アトリビュートは、自由な名前とデータ形式で追加できるのが基本ですが、いくつかのアトリビュート名は特別な意味を持ちます 4。それらのアトリビュートが存在すると、Houdiniはそれに応じた処理を行います。

例えば、「P」というアトリビュート名はポイント位置を意味し、3D空間上にポイントを配置するのに使われます。他にも特別な意味を持つアトリビュートはいろいろあります。これらアトリビュートを操作編集していくことが、Houdiniでの作業の主なところです。

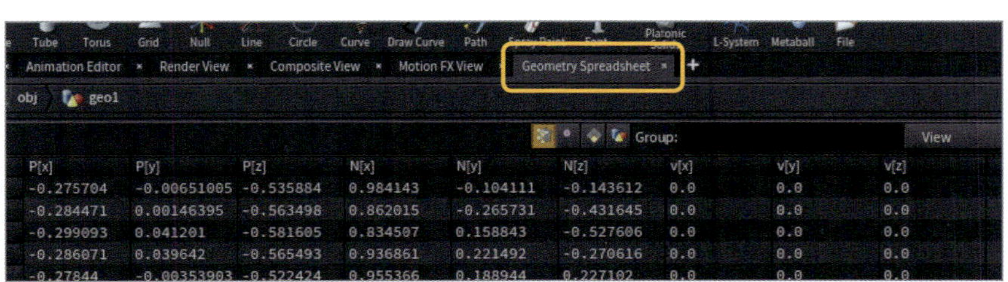

1 「Geometry Spreadsheet」ペインで各アトリビュートとその値の確認できます。デフォルトのDesktopレイアウトでは、「Scene View」ペインの並びにあります。

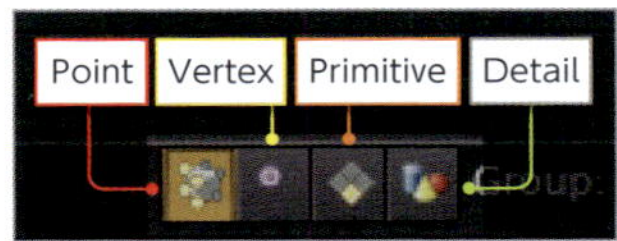

2 表示するアトリビュートのコンポーネントタイプを「point」「vertex」「primitive」「detail」から選べます。

データタイプ	内容	数値例	使用例
integer (int)	整数	2、－51	通し番号（id）、条件判定、フレーム番号
float	浮動小数点	3.1415	距離、パーティクルのlife
vector	3次元ベクトル	{1,2,5}、{－1,0,3}	位置、色、法線方向など
string	文字列	/obj/geo1	パス

3 追加できるアトリビュートデータには型があり、代表的なものはこの4つです。

名前	データタイプ	内容
P	vector	ポイントの位置情報
v	vector	Velocity（速度）。モーションブラーなどに使われます
N	vector	Normal（法線）。面やカーブの法線を意味します
Cd	vector	色情報を意味します

4 特別な意味をもつアトリビュート名のうち、代表的なものです。

2-2 作例1 DNAのようならせん

難易度 ★

作例としてDNAのジオメトリを作成します。ここではHoudiniでの制作過程を一連で学習するため、DNAジオメトリの作成（SOP）、質感の割り当て（material）、カメラ・ライトの作成（OBJ）、レンダリング出力（ROP）、出力イメージの編集（COP）までを行います。サンプルファイルはDNA01.hipです。

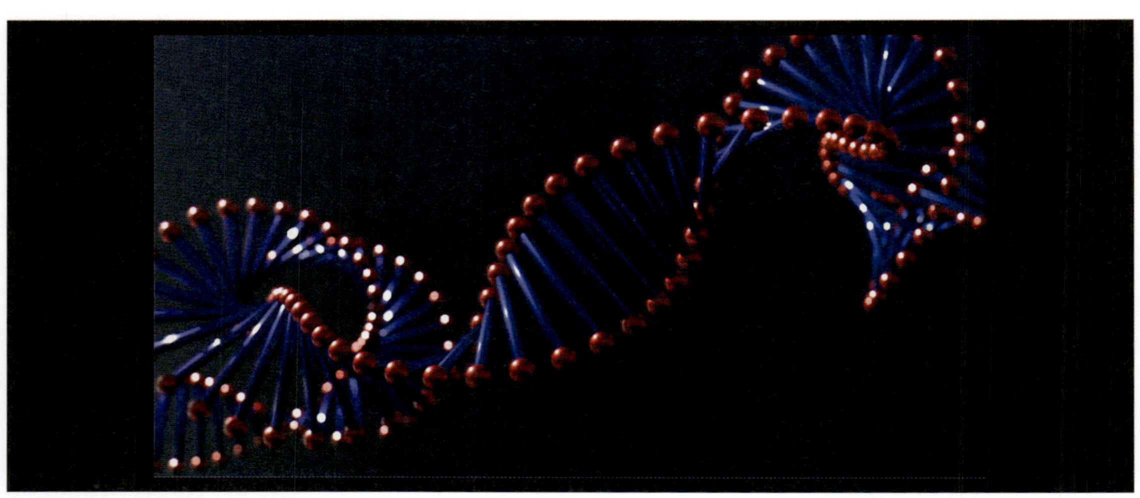

STEP 制作手順

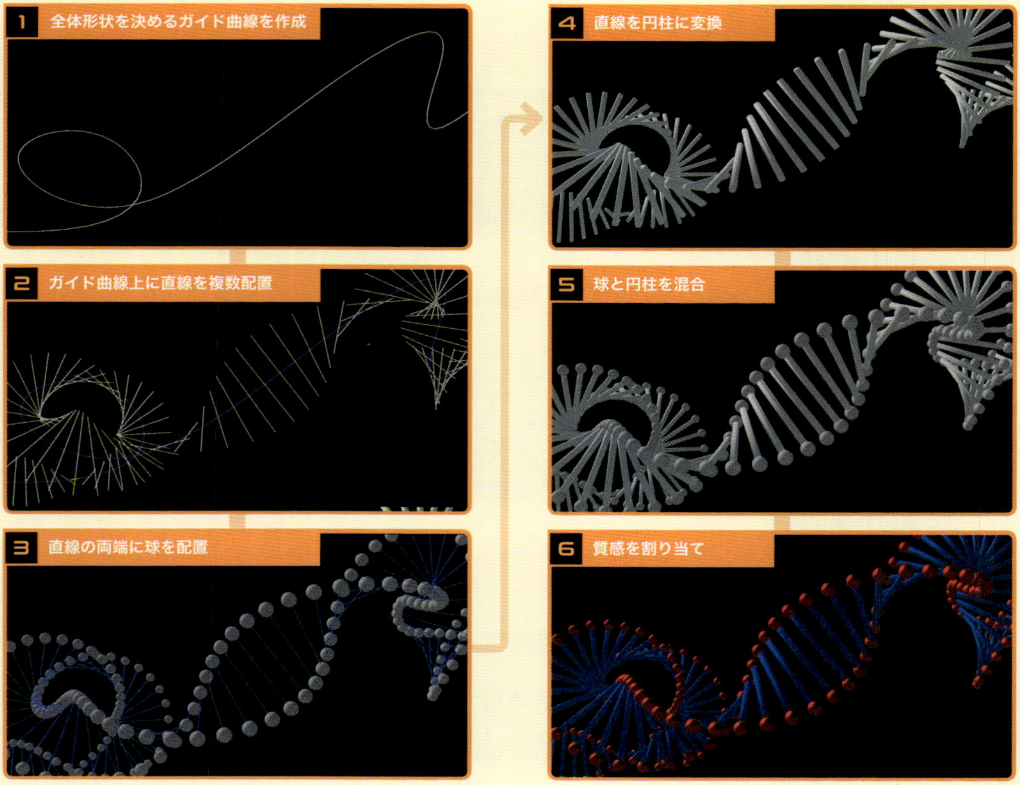

1 全体形状を決めるガイド曲線を作成

2 ガイド曲線上に直線を複数配置

3 直線の両端に球を配置

4 直線を円柱に変換

5 球と円柱を混合

6 質感を割り当て

NETWORK 
完成したネットワークの全体図

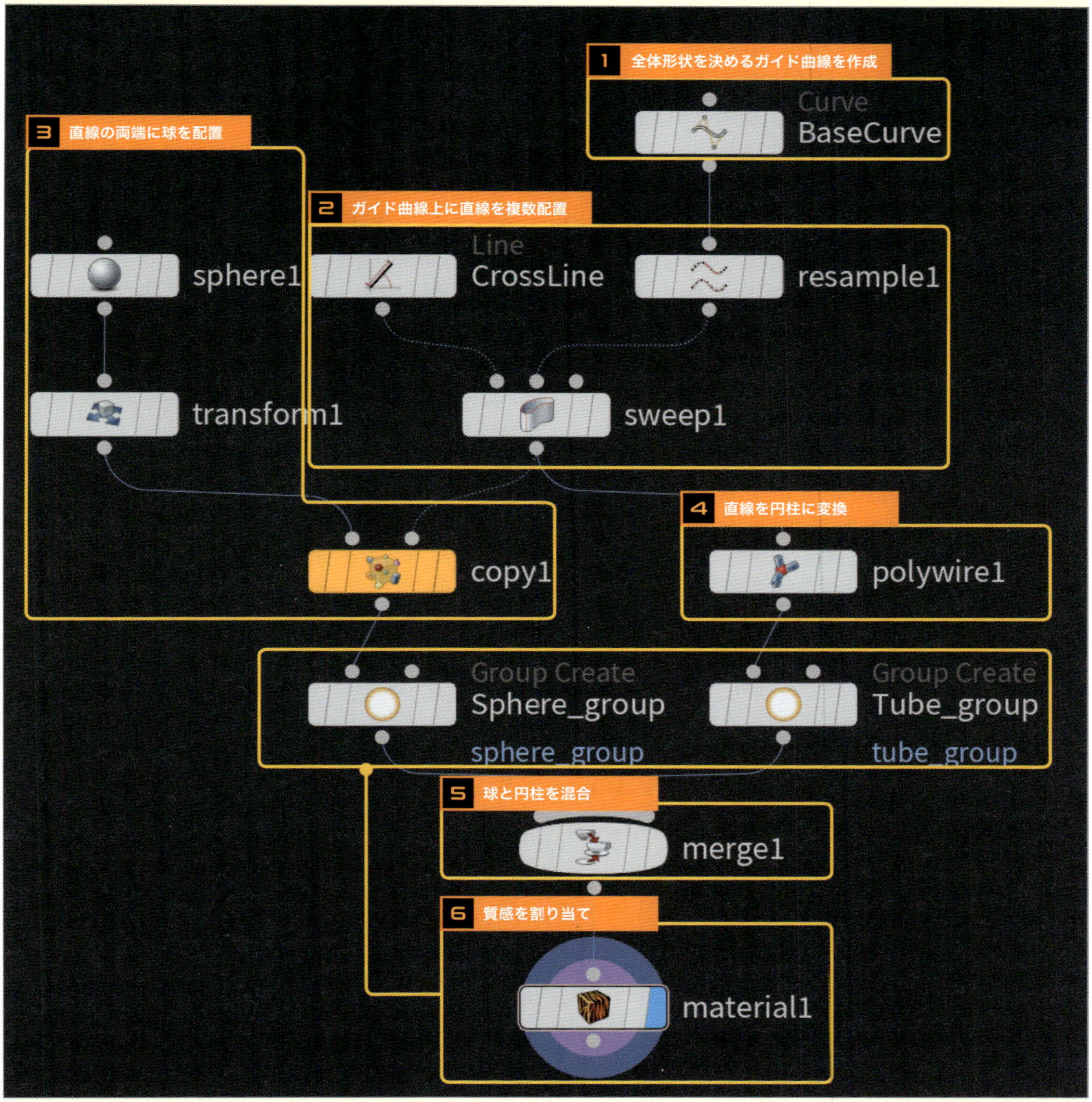

1 全体形状を決めるガイド曲線を作成
Curve
BaseCurve

2 ガイド曲線上に直線を複数配置
Line
CrossLine
resample1
sweep1

3 直線の両端に球を配置
sphere1
transform1
copy1

4 直線を円柱に変換
polywire1

Group Create
Sphere_group
sphere_group

Group Create
Tube_group
tube_group

5 球と円柱を混合
merge1

6 質感を割り当て
material1

■主要ノード一覧（登場順）

Geometry (OBJ)	P38
Curve (SOP)	P38
Line (SOP)	P39
Sweep (SOP)	P39
Resample (SOP)	P40
Sphere (SOP)	P41
Transform (SOP)	P41

Copy Stamp (SOP)	P41
PolyWire (SOP)	P42
Merge (SOP)	P42
Principled Shader (VOP)	P43
Material (SOP)	P44
Group Create (SOP)	P45
Grid (SOP)	P46

Bend (SOP)	P46
Mantra (SOP)	P48
File (COP)	P50
Depth of Field (COP)	P50
Defocus (COP)	P50
Composite (ROP)	P52

■主要エクスプレッション関数一覧（登場順）

ch()	P40

全体形状を決めるガイド曲線を作成する

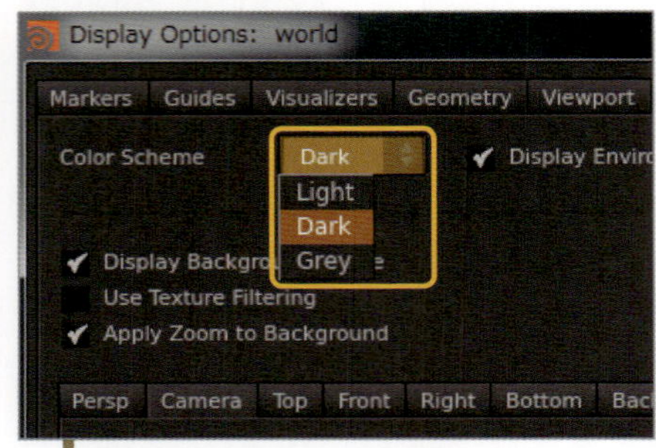

1　新規シーンの状態から始めます。作業を始める前に、これから作成する曲線を白で表示して見やすくするため、シーンビューの背景色を変更します。シーンビュー上でDキーを押して、「Display Options」ダイアログを表示します。「Background」タブに切り替えて、「Color Scheme」を「Light」→「Dark」に変更します。

2　TAB Menuから「Geometry (OBJ)」を作成して、名前を「DNA01」とします。この中にDNAのジオメトリをつくっていきます。

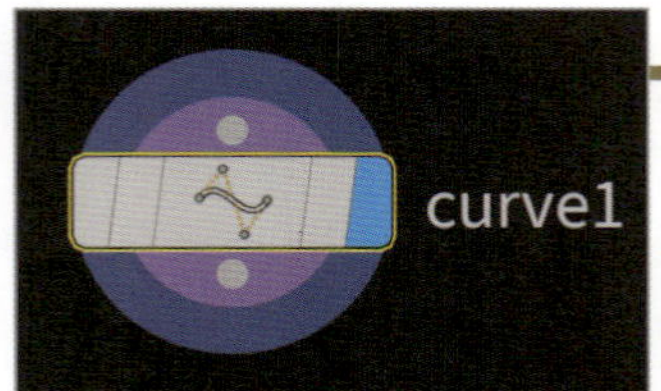

3　「DNA01」ノードをダブルクリック（またはIキー）でノードの中に入ります。すでにある「File (SOP)」は削除して、TAB Menuから「Curve (SOP)」を作成します。「Curve (SOP)」は名前の通り、カーブを作成するノードです。ノード名を「BaseCurve」に変更しておきます。

4　「BaseCurve」を選択した状態で、シーンビューの左側にあるハンドルアイコンを選択、ハンドルモードにします。これで、シーンビュー上をクリックしてカーブの制御点を作成できるようになります。

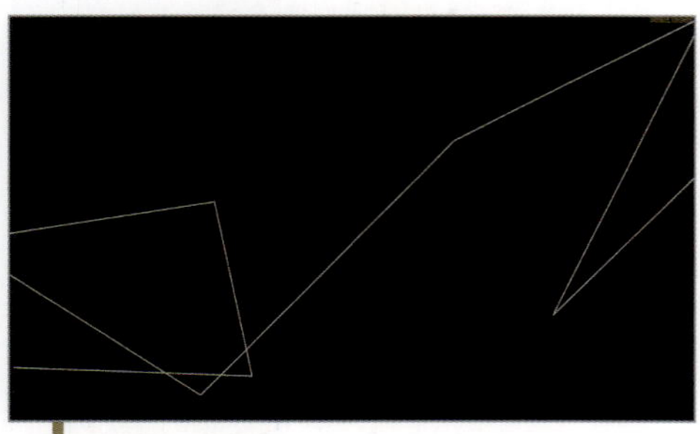

5　制御点を複数つくり、曲線を作成しましょう。ここでは9個の制御点を作成しました。なお、「BaseCurve」の「Coordinates」パラメータに直接図と同じ座標を入力すると、本作例と同じカーブになります。座標は「,」記号で3つに区切りXYZ座標を表します。

6　できあがった線はカクカクしていて曲線になっていません。そこで、「BaseCurve」のパラメータ「Primitive Type」を「Polygon」→「NURBS」に変更します。これで滑らかな曲線となり、ベースになるガイド曲線ができあがりました。

ガイド曲線上に直線を複数配置する

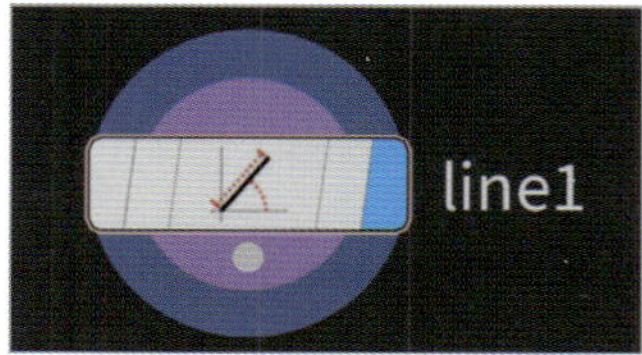

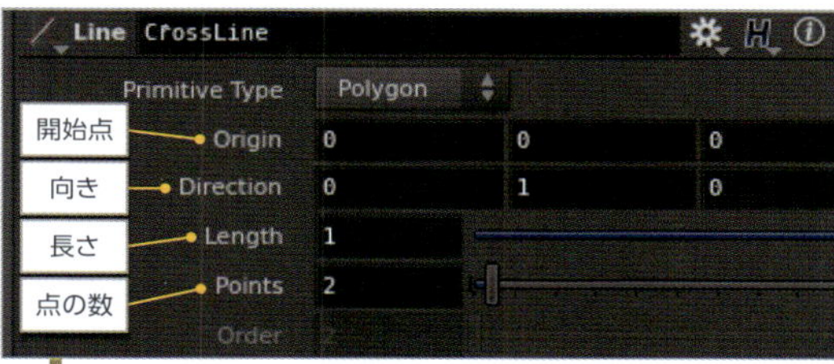

7 ベースカーブに交差させる直線を作成します。TAB Menuから「Line (SOP)」を作成し、名前を「CrossLine」とします。この「Line (SOP)」は直線をつくるノードです。パラメータはデフォルトのままにしますが、「Points：2」であることを確認しておきます。

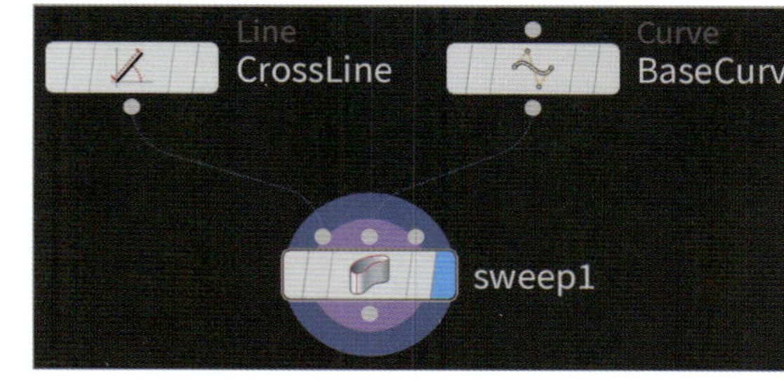

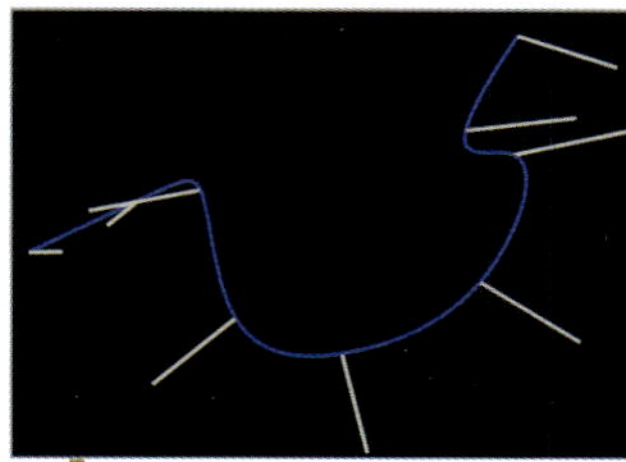

8 「BaseCurve」をガイドに「CrossLine」を複製配置します。まずはTAB Menuから「Sweep (SOP)」を作成します。「Sweep (SOP)」を使うと、ガイドとなるカーブに直交するように、指定したジオメトリを複製配置できます。「Sweep (SOP)」には入力が3つあり、図のように一番左に「CrossLine」を、真ん中に「BaseCurve」にコネクトし、表示フラグを「sweep」に立てます。すると、「BaseCurve」上に制御点の数だけ「CrossLine」が複製配置されます。

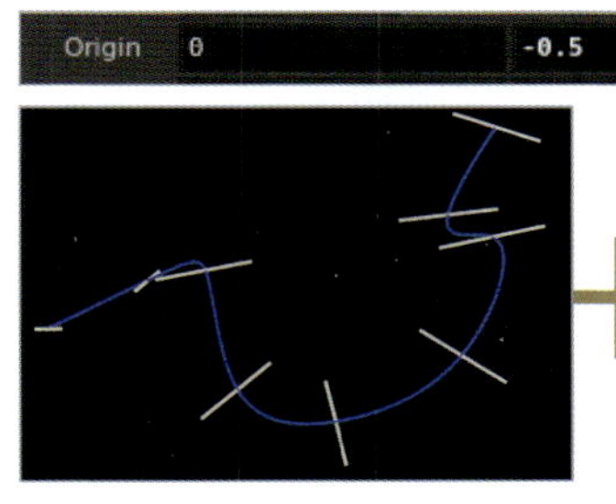

9 「CrossLine」の複製位置を調整します。パラメータ「Origin：Y」を「0」→「－0.5」に変更します。すると「CrossLine」の中心で「BaseCurve」と交わるようになりました。この「－0.5」は「CrossLine」の「Length」（長さ）の半分のマイナス値に相当します。ただしこれでは「CrossLine」の長さを変更すると「BaseCurve」との交点が中心から再びズレてしまいますので、長さを変えても交点がずれないように、エクスプレッションで制御します（次ページ）。

Point 「Sweep (SOP)」の機能

ここで使用した「Sweep (SOP)」は、ガイドとなるカーブに断面となるジオメトリを配置し、そこからサーフェスを生成することを目的としたノードです。作例ではジオメトリの配置を目的に使用しました。

パラメータのOutputタブにある「Skin Output」を「Off」以外にすると、サーフェスを生成できます（作例では使用していません）。

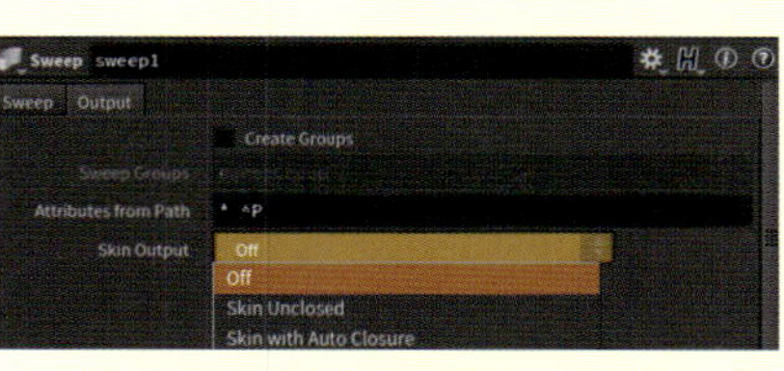

Skin Output：**Off**

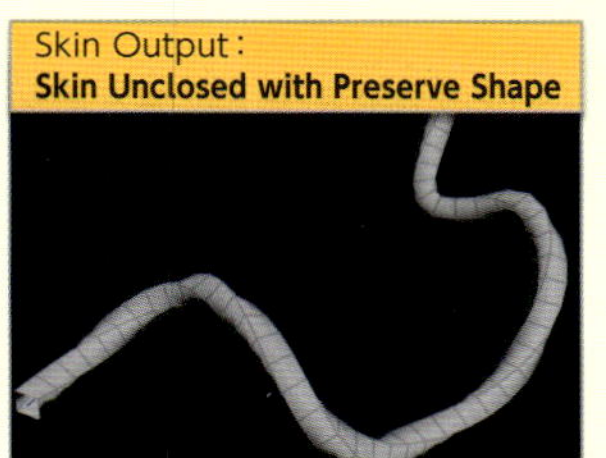
Skin Output：**Skin Unclosed with Preserve Shape**

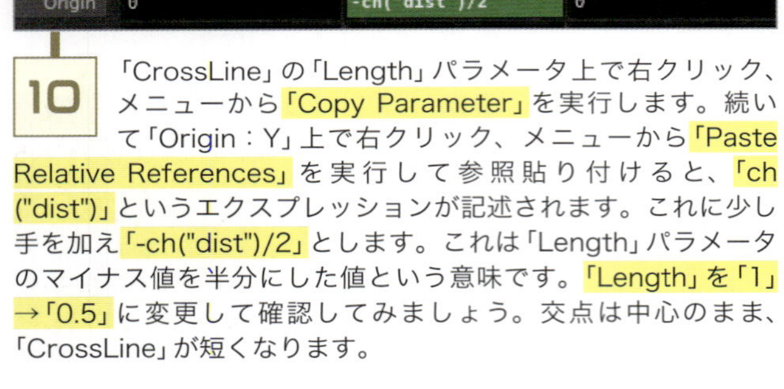

10

「CrossLine」の「Length」パラメータ上で右クリック、メニューから「Copy Parameter」を実行します。続いて「Origin：Y」上で右クリック、メニューから「Paste Relative References」を実行して参照貼り付けると、「ch("dist")」というエクスプレッションが記述されます。これに少し手を加え「-ch("dist")/2」とします。これは「Length」パラメータのマイナス値を半分にした値という意味です。「Length」を「1」→「0.5」に変更して確認してみましょう。交点は中心のまま、「CrossLine」が短くなります。

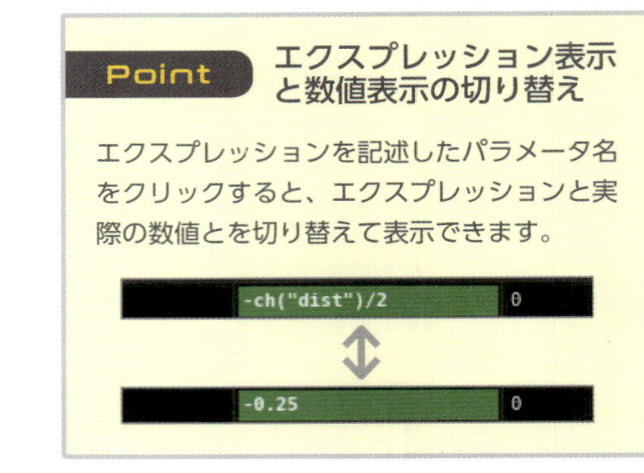

Point エクスプレッション表示と数値表示の切り替え

エクスプレッションを記述したパラメータ名をクリックすると、エクスプレッションと実際の数値とを切り替えて表示できます。

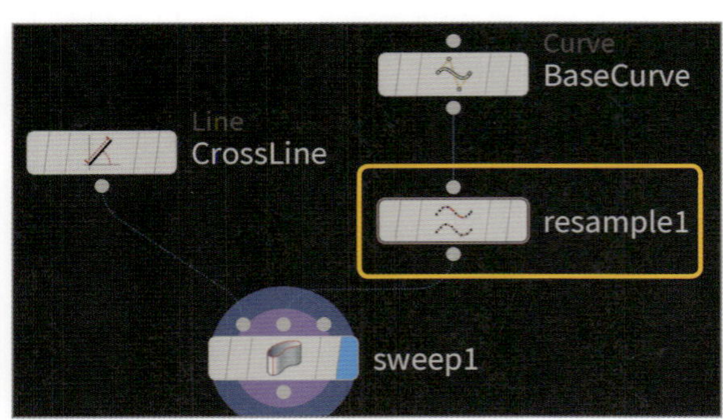

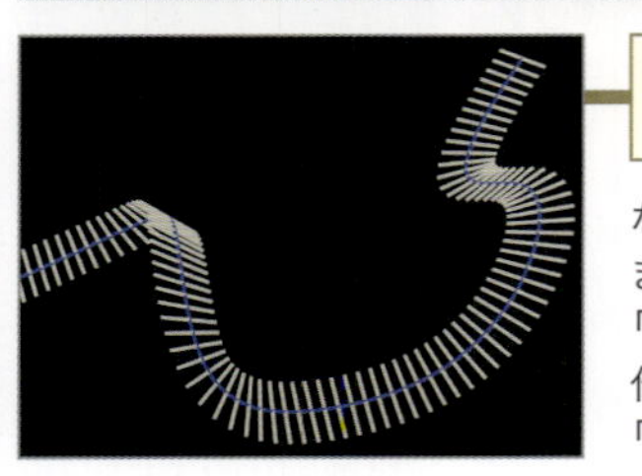

11

現状だと複製された「CrossLine」の数が少ないので、これを増やします。TAB Menuから「Resample (SOP)」を作成し、「BaseCurve」と「Sweep」の間に挿入します。すると、複製された「CrossLine」の数が一気に増えました。この「Resample (SOP)」は、入力されたジオメトリを均一の長さのセグメントにサンプリングし直すノードです。

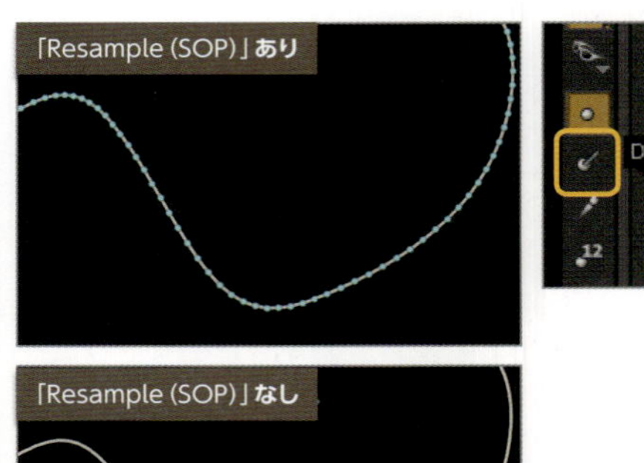

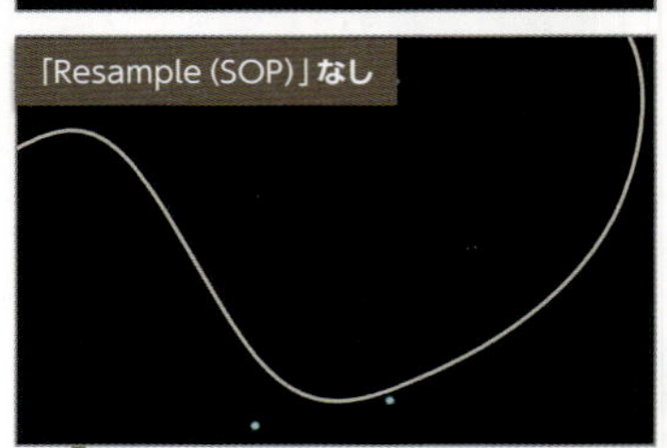

12

「Resample (SOP)」を加えることで、「BaseCurve」がどのように変化したか確認してみます。「Resample (SOP)」に表示フラグを立て、シーンビューの右側から「Display points：オン」にします。これはシーンビュー内のPointをマーカー表示するボタンです。Pointの位置や数などを確認するときに使います。

ひねりを加えて先端に球を配置する

	Transform Using Attributes
Scale	1
Twist	15
Roll	0

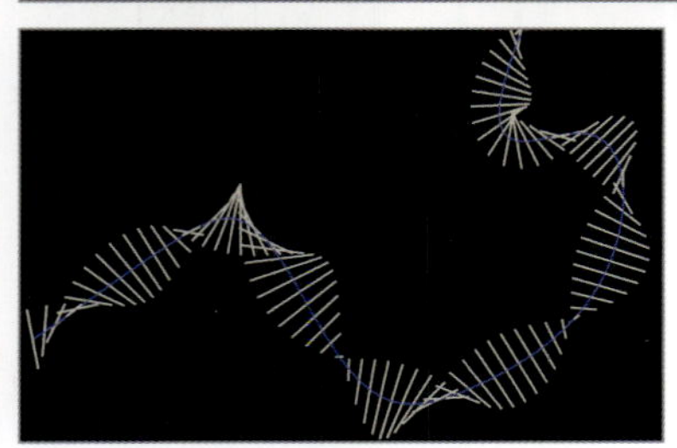

13

DNAらしくひねりを加えます。「Sweep (SOP)」のパラメータ「Transform Using Attributes」をオフにすると、その下にあるパラメータが編集可能になるので、「Twist」を「15」に変更します。なお、「Transform Using Attributes」がオフの場合、「Scale」「Twist」「Roll」パラメータで複製配置したオブジェクトを操作できます。逆にオンの場合は、3つのパラメータが使えない代わりに「BaseCurve」ノードの持つアトリビュートを利用してより複雑な操作が可能です。ここでは簡単に制御するため、オフにする方法を使いました。

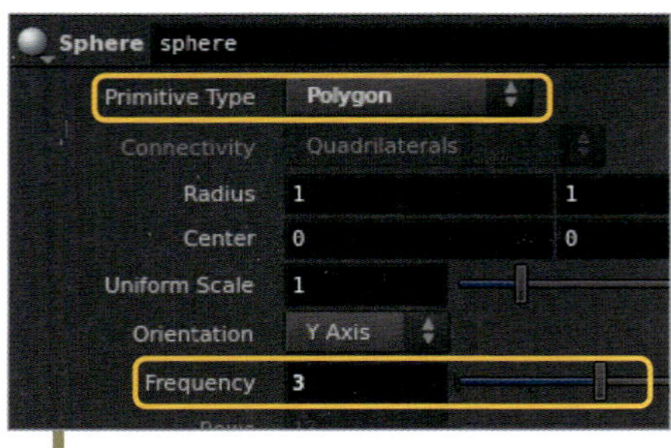

14 各「CrossLine」の先端に球を配置します。TAB Menuから「Sphere (SOP)」を作成して、パラメータを「Primitive Type：Polygon」「Frequency：3」に変更します。

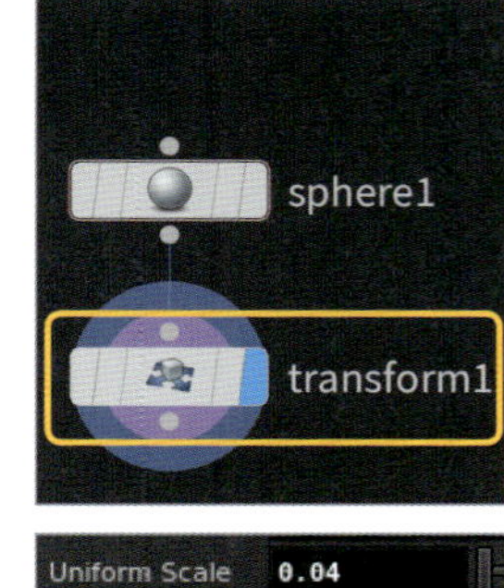

15 そのままでは球が大きいので、サイズを変更します。TAB Menuから「Transform (SOP)」を作成し、「Sphere (SOP)」の下にコネクトします。続いてこの「Transform (SOP)」のパラメータ「Uniform Scale」を「0.04」に変更し、球を小さくします。「Transform (SOP)」は入力に対して移動・回転・スケールなどを行えるノードです。「Uniform Scale」を操作すると、全体的にスケールをかけることができます。

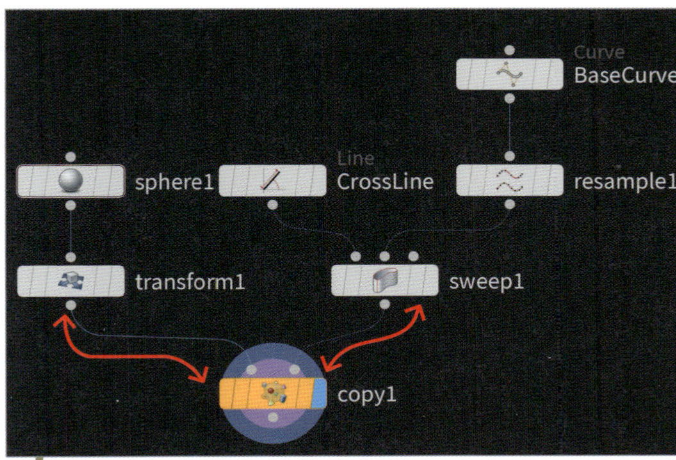

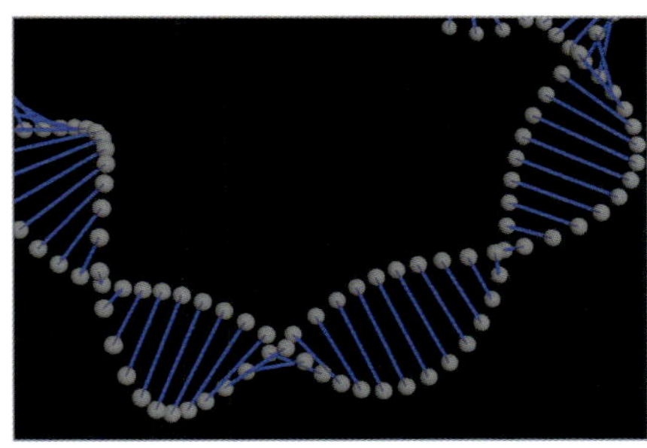

16 TAB Menuから「Copy Stamp (SOP)」を作成して、左右2つの入力をそれぞれ図のようにつなぎます。これで「CrossLine」の両端に球を配置できました。

Point 「Copy Stamp (SOP)」にある左右2つの入力の役割

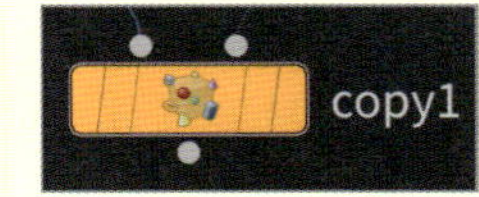

ここで使用した「Copy Stamp (SOP)」は、入力ジオメトリの複製を行うノードですが、同時に配置も行えるため、使用頻度がとても高いです。この「配置も行う」というのが非常に便利です。

2つある入力は、左が「何をコピーするか」、右が「どこにコピーするか」という意味を持ちます。コピー先の具体的な場所はPointです。作例で「CrossLine」の両側に球が配置されたのは、Pointがラインの始点と終点にしか存在しないからです。 7 で「Points：2」であることを確認したのは、「Copy Stamp (SOP)」を使った時に、ラインの両端にだけ球が配置されるようにするためです。そのため、例えば「CrossLine」の「Points」値を増やしてゆくと、ラインの間にも球がコピーされていきます。

なお、「Copy Stamp (SOP)」にはもうひとつ「Stamp」という強力な機能がありますが、こちらはChapter 2-3で解説します。

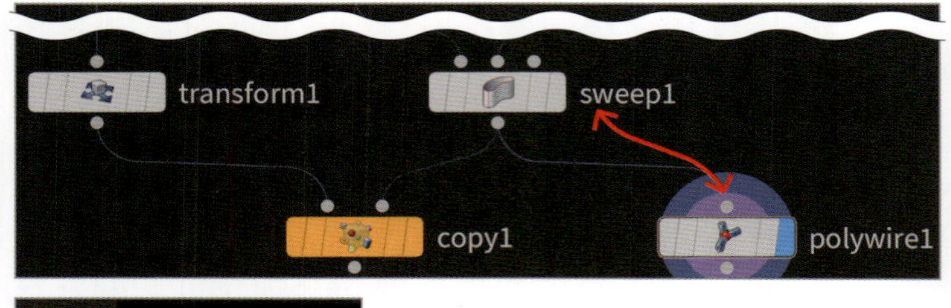

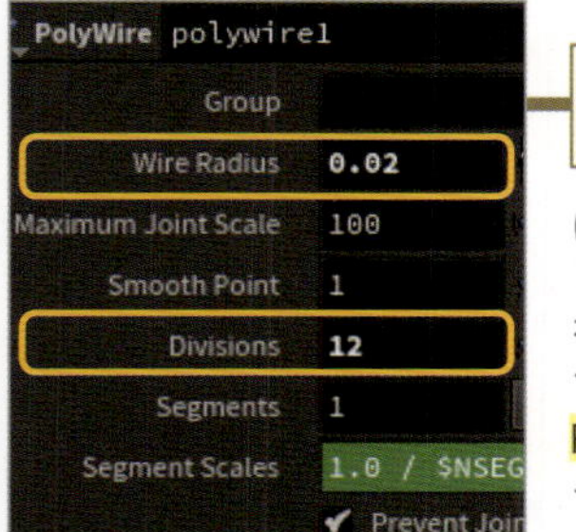

17 「CrossLine」を円柱に変換します。TAB Menuから「PolyWire (SOP)」を作成、その入力を「Sweep (SOP)」にコネクトします。「PolyWire (SOP)」はポリゴンのラインからポリゴンチューブ(円柱)を生成するノードです。デフォルトのチューブは太すぎて角があるので、「Wire Radius：0.02」「Divisions：12」とパラメータを調整します。

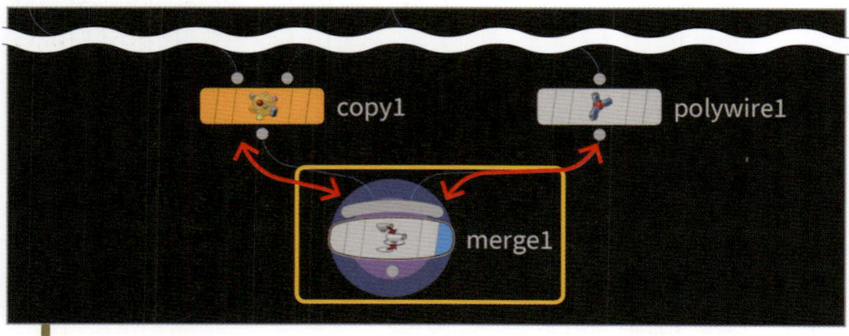

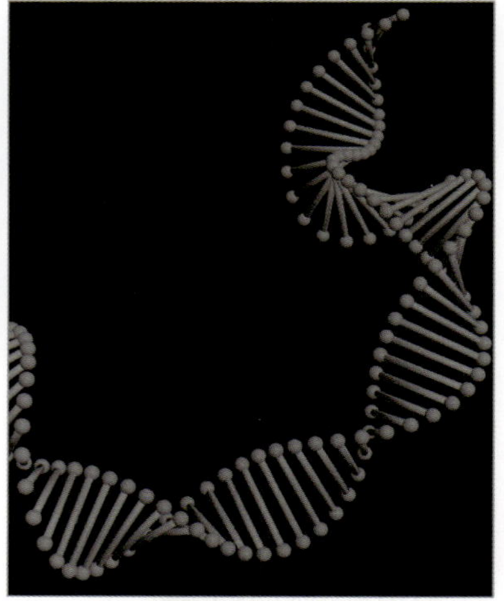

18 16と17で作成した球と円柱を結合します。TAB Menuから「Merge (SOP)」を作成し、「Copy Stamp (SOP)」と「PolyWire (SOP)」の両方を入力にコネクト、「Merge (SOP)」の表示フラグを立てます。この「Merge (SOP)」は、複数のジオメトリをまとめてひとつのジオメトリとして扱うノードで、使用頻度が高いです。

Point ノードのWarning表示

18で「Merge (SOP)」に黄色の「！」アイコンが表示されています(左上図)。これは「Warning」(注意)です。ノードリングから「Node Info」を選択することで(右上図)、Warningの内容を見ることができます(下図)。

作例の場合は、円柱のジオメトリには「uv」というアトリビュートがありますが、球にはそれがないためにWarningが出ています。本作例を進めるうえでは問題はないため放置します。

ノード上でマウスの中ボタンをクリックすると表示される情報はWarningだけではありません。コンポーネント数、持っているアトリビュート、使用メモリ、処理にかかった時間などなど、いろいろな情報を知ることができます。

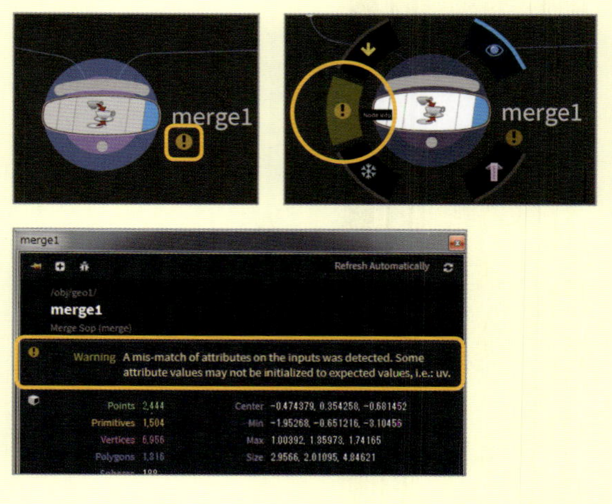

マテリアルを作成して質感を付ける

ここからは、マテリアルを作成して、球と円柱に質感を付けていきます。ここまでは主にSOP系のノードを使ってジオメトリを作成してきましたが、質感については「/mat」階層にある「VOP」という別系統のノードを扱います。

19 まずは「/mat」階層に移動します。ネットワークエディタ上部の階層パスで「obj」部分をクリック（またはUキー）でobj階層まで上がります（左図）。そこで再度objの部分をクリックすると、「Other Networks」メニューが現れるので、「mat」を選択します（中図）。これで完了です。ネットワークエディタ上部のパス表記が「mat」に変わります（右図）。

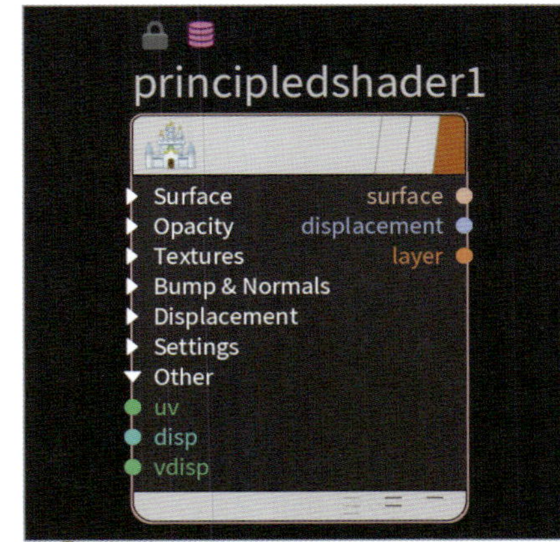

20 TAB Menu から「Principled Shader (VOP)」を作成します。これはさまざまな質感作成に対応したマテリアルで、質感設定のプリセットも豊富です。

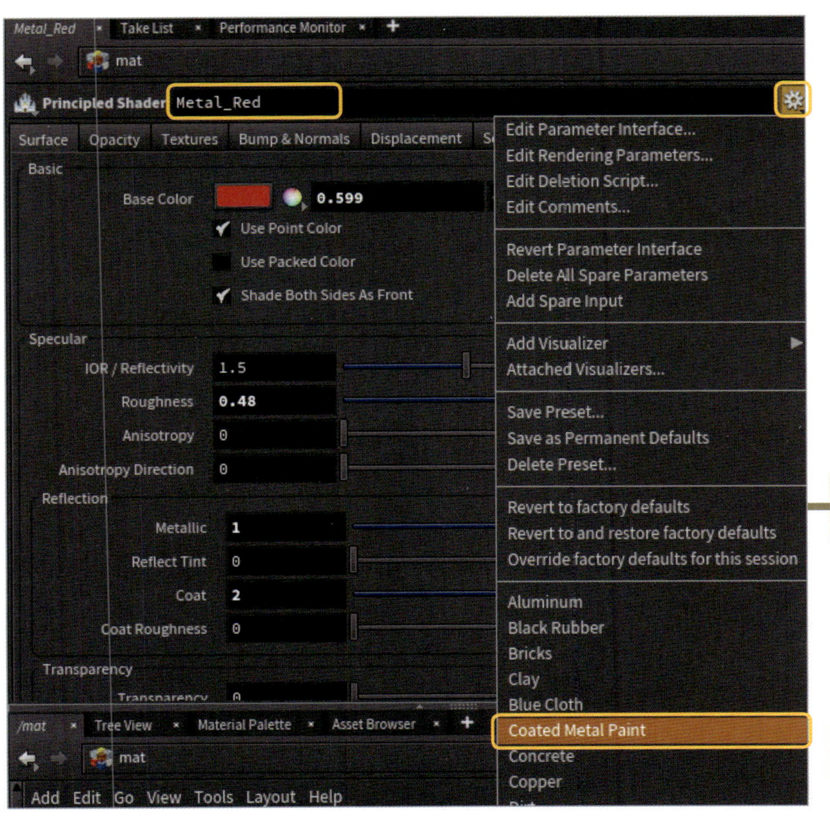

21 「Principled Shader (VOP)」にプリセットを適用します。パラメータエディタ右上にあるギアアイコンをクリックするとメニューが現れます。メニュー内、「Aluminium」以降がプリセットです。ここでは、赤いメタリックな質感の「Coated Metal Paint」を使用します。ノードの名は「Metal_Red」に変更しておきます。

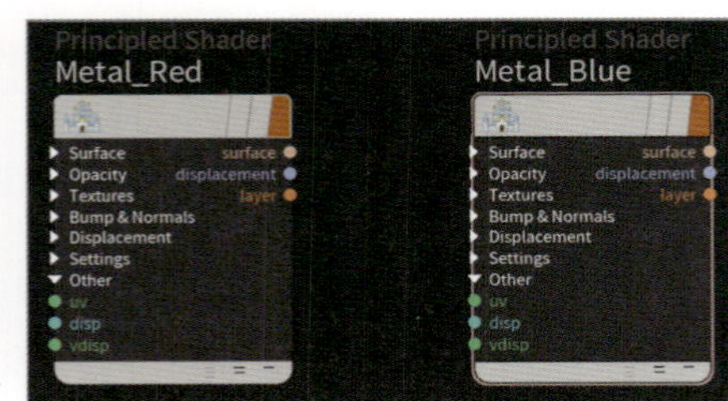

22 作成した「Principled Shader(VOP)」を複製して、もうひとつマテリアルを作ります。ノードを選択してAltキー＋ドラッグで複製し、名前を「Metal_Blue」に変更します。

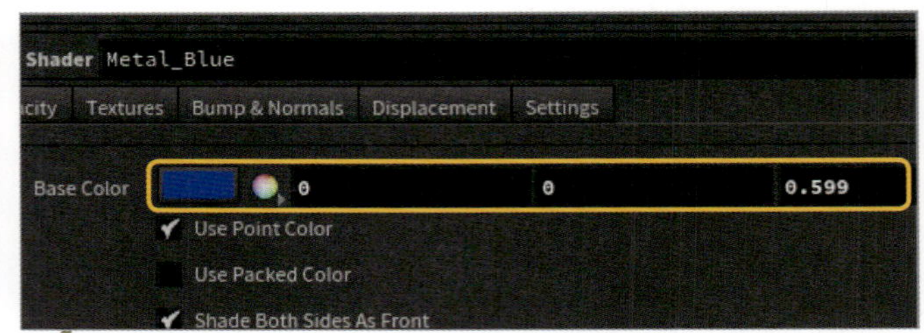

23 続いて、パラメータの「Surface」タブ→「BaseColor」を「0.599　0　0」→「0　0　0.599」に変更して、青いメタリックカラーにします。

24 必要なマテリアルは作成したので、「/obj/DNA01」階層に戻ります。パス表示の右にある▼を押すとプルダウンメニューが現れ、そこから戻れます。もちろん19で行った方法でも戻れます。

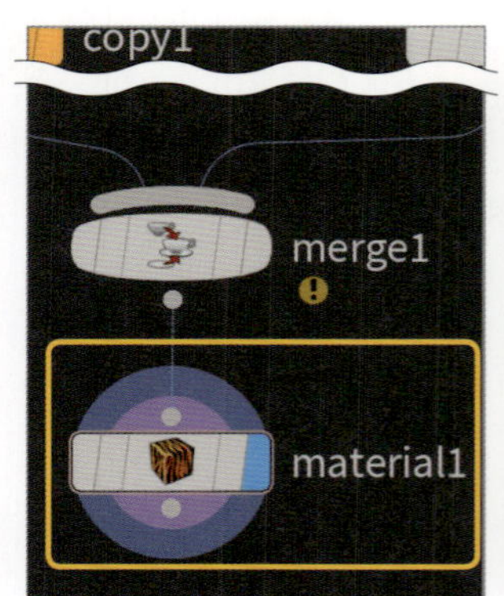

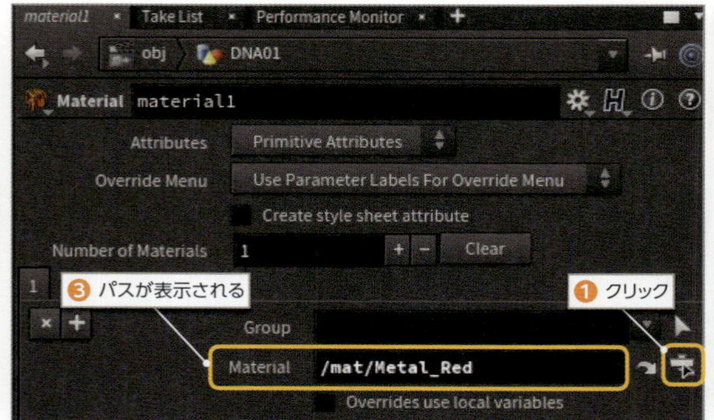

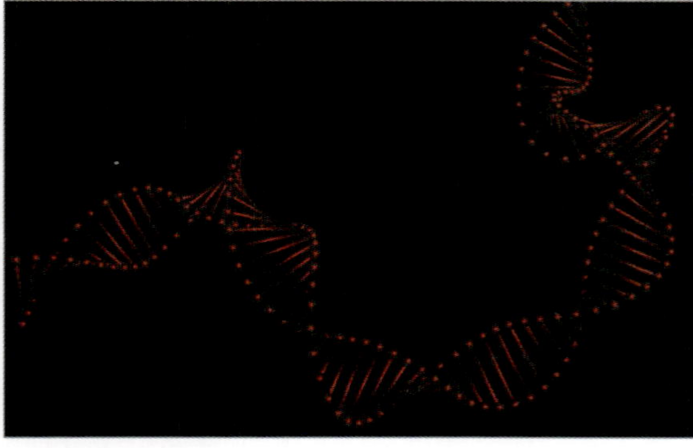

25 マテリアルを割り当てます。TAB Menuから「Material (SOP)」を作成し、「Merge (SOP)」の下にコネクトします。この「Material (SOP)」はオブジェクトに(複数の)マテリアルを割り当てるときに使うノードです。パラメータ内「Material」右端のアイコンをクリックすると、「Choose Operator:」ダイアログが出てくるので、先ほど作成した「Metal_Red」マテリアルを選択します。すると「Material」欄に指定マテリアルのパスが表示されます。「Material (SOP)」に表示フラグを立てると、シーンビューのDNAジオメトリにマテリアルが適用され、赤くなりました。

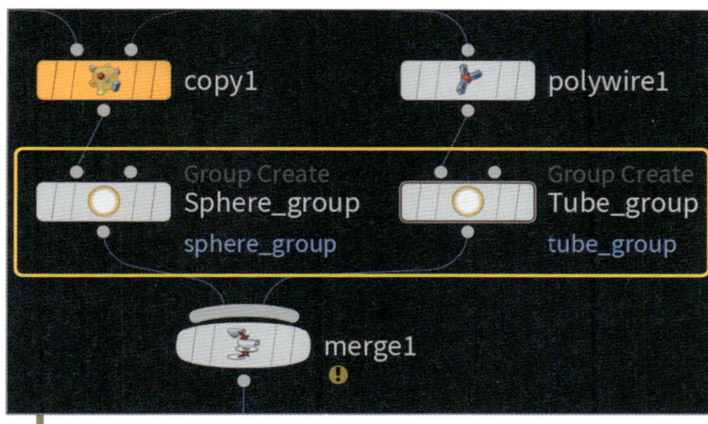

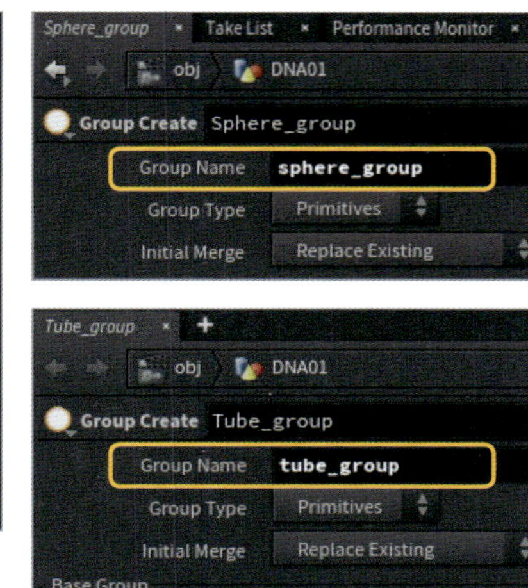

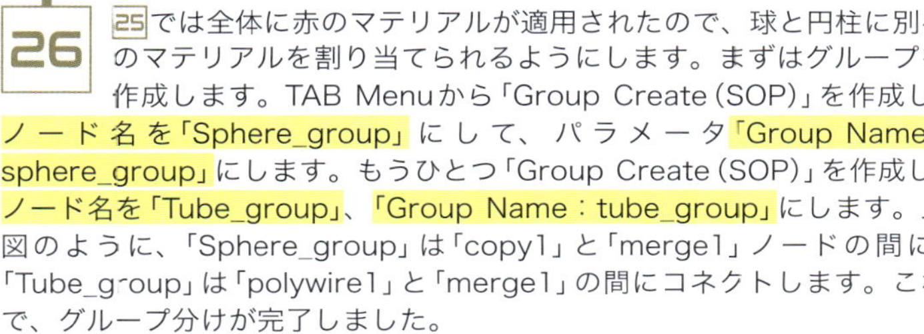

26 25では全体に赤のマテリアルが適用されたので、球と円柱に別々のマテリアルを割り当てられるようにします。まずはグループを作成します。TAB Menuから「Group Create (SOP)」を作成し、ノード名を「Sphere_group」にして、パラメータ「Group Name：sphere_group」にします。もうひとつ「Group Create (SOP)」を作成し、ノード名を「Tube_group」、「Group Name：tube_group」にします。上図のように、「Sphere_group」は「copy1」と「merge1」ノードの間に、「Tube_group」は「polywire1」と「merge1」の間にコネクトします。これで、グループ分けが完了しました。

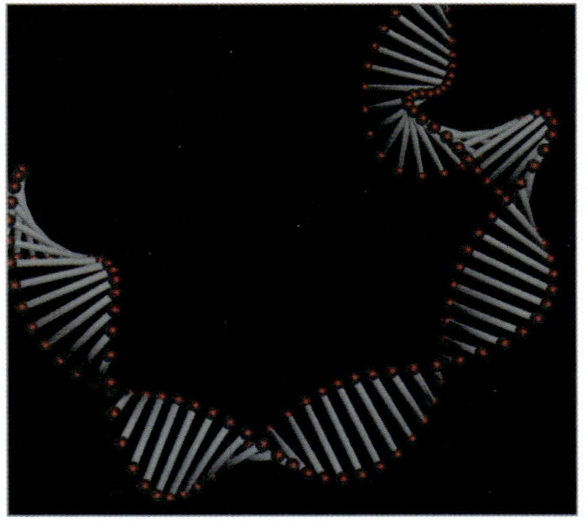

27 球と円柱それぞれに異なるマテリアルを割り当てます。「Material (SOP)」を選択し、「Group」パラメータでマテリアルの適用先を設定します。▼ボタンを押してプルダウンメニューから「sphere_group」を選択すると、DNAの球の部分にだけ「Metal_Red」マテリアルを適用できました。

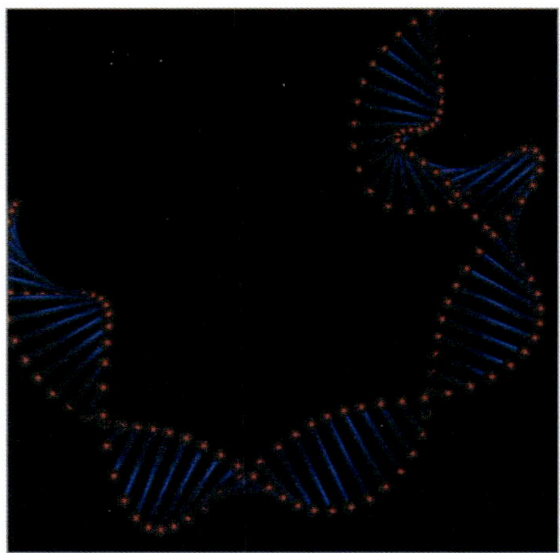

28 円柱部分にもマテリアルを適用します。「Material (SOP)」のパラメータ「Number of Materials」値を「1」→「2」に変更すると、その下の数字の書かれたタブがふたつになりました。できた「2」のタブを選択して、「Group：tube_group」「Material：Metal_Blue」を指定、円柱部分が青くなりました。これでDNAジオメトリは完成です。

簡易的な背景をつくる

ここからは、レンダリングに向けてシーンの準備を行っていきます。まずは簡易的な背景を用意します。

下準備として、「/obj」階層に戻って、TAB Menuから「Geometry(OBJ)」ノードを作成しておきます。名前は「BG」に変更してください。

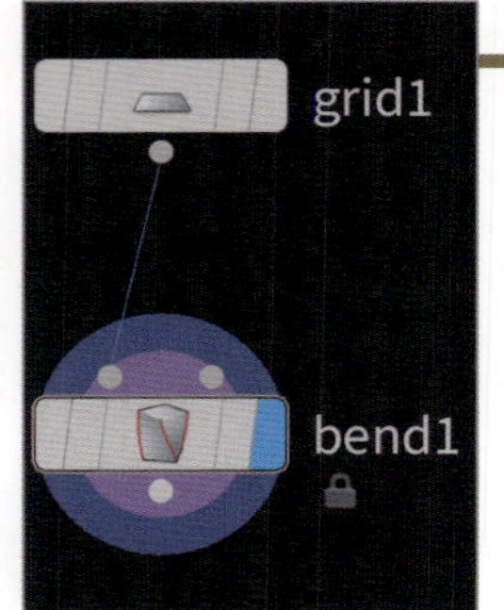

29 「BG」ノードをダブルクリック（またはIキー）、ノード内に入ります。すでにある「File(SOP)」を削除して、TAB Menuから「Grid(SOP)」と「Bend(SOP)」を作成、図のようにコネクトします。「Grid(SOP)」は平面を作成するノードで、「Bend(SOP)」は曲げるノードです。

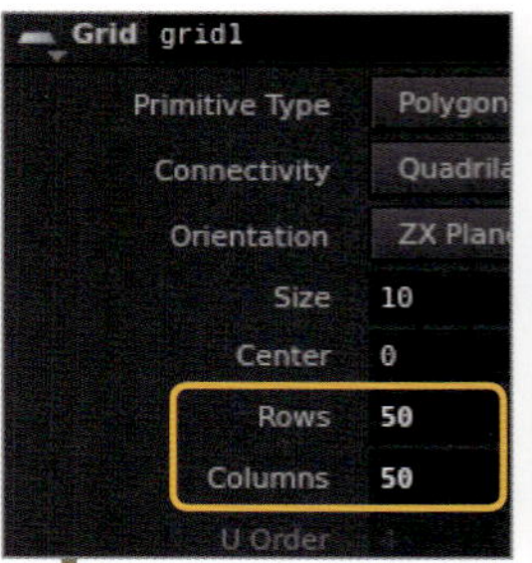

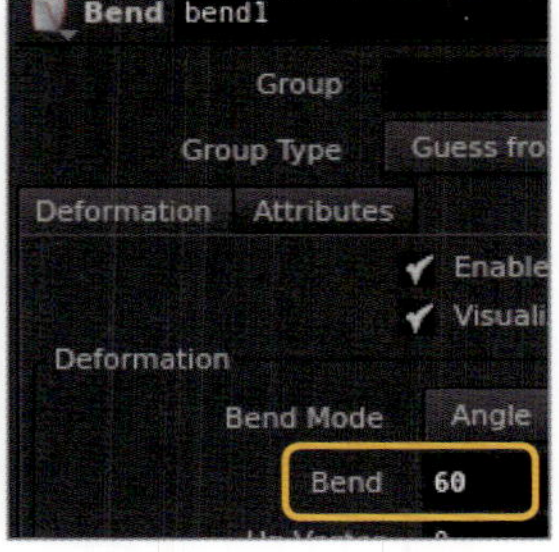

30 各ノードのパラメータを変更します。「Grid(SOP)」の「Rows」「Colums」を共に「50」にして分割数を増やします。「Bend(SOP)」は「Bend：60」にして、入力した「Grid(SOP)」を曲げます。これで曲がった板ができました。

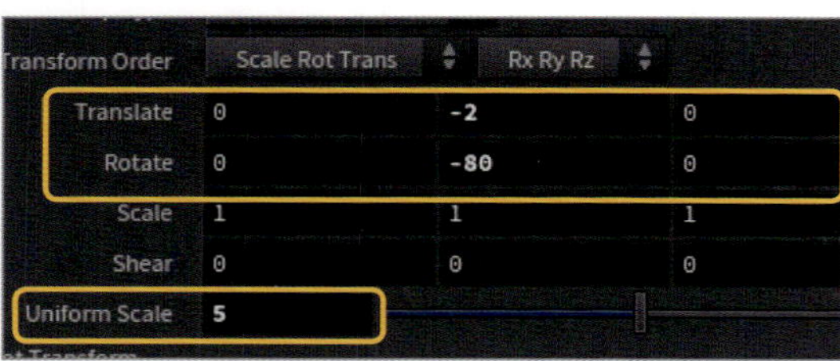

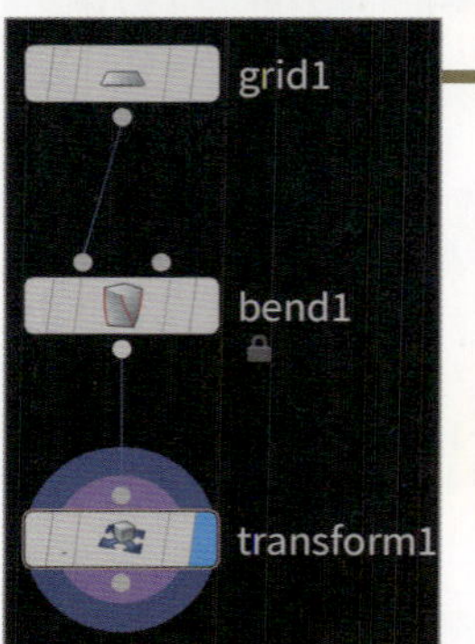

31 TAB Menuから「Transform(SOP)」を作成します。「Bend(SOP)」の下にコネクトして表示フラグを「Transform(SOP)」に立てます。パラメータは「Translate：0　－2　0」「Rotate：0　－80　0」「Uniform Scale：5」に変更して、DNAジオメトリの背後に来るように配置します。

32 「BG」にマテリアルを適用します。19～23で行ったように、「/mat」階層に移動してTAB Menuから「Principled Shader(VOP)」を作成、ノード名を「BG_Material」とします。今回はプリセットは使わず、「Base Color」を黒に変更しておきます。

33 マテリアルを適用します。DNAジオメトリでは「Material(SOP)」でマテリアルを適用しましたが、今回は「Geometry(OBJ)」ノードに直接マテリアルを割り当てます。このノードはもともとマテリアル割り当てのパラメータを備えています。「/obj」階層に戻り、「BG」ノードを選択します。パラメータ「Render」タブ→「Material」に、「BG_Material」マテリアルを指定して背景の完成です。

ライトをつくる

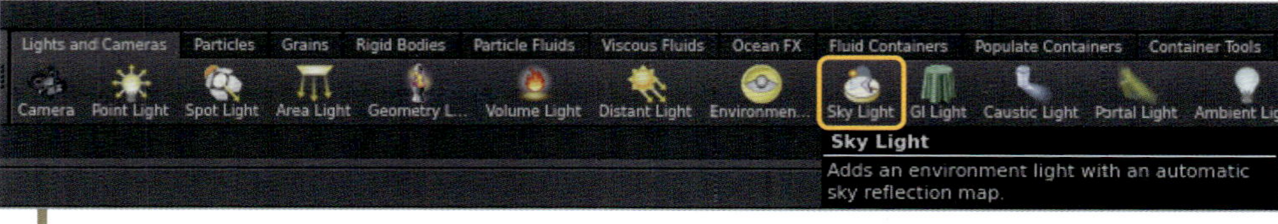

34 「/obj」階層でライトを作成します。ライトにはさまざまな種類がありますが、今回は「Sky Light」を使用します。シェルフ→「Lights and Cameras」タブ→「Sky Light」をクリックします。

35 「/obj」階層に新しくノードがふたつ作成され、シーン内が照らされました。これは空を再現してくれるライトです。「sunlight1」ノードが太陽の光源を、「skylight1」ノードが空の環境を再現します。ここではデフォルトのまま使用します。

カメラをつくる

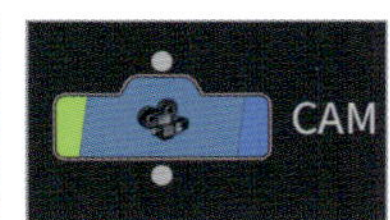

36 シェルフ→「Lights and Cameras」タブ→「Camera」を選択後、シーンビューをクリックすると、カメラを作成できます。作成したノード名を「CAM」とします。

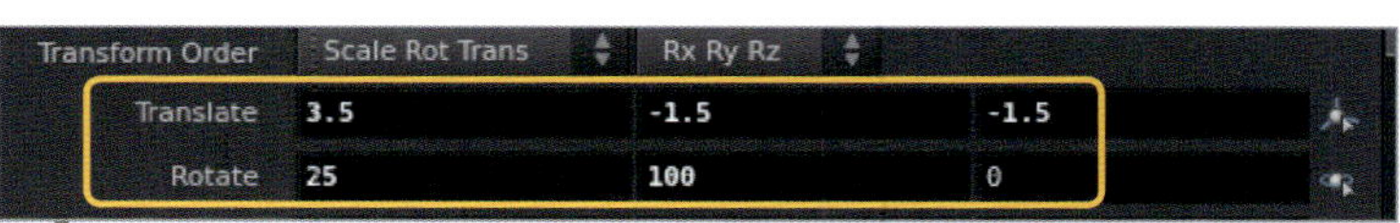

37 パラメータを変更してカメラ位置を設定します。ここでは「Translate：3.5　－1.5　－1.5」「Rotate：25　100　0」としました。

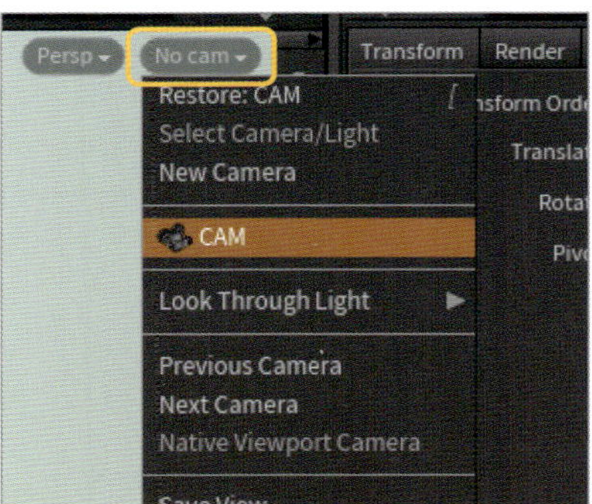

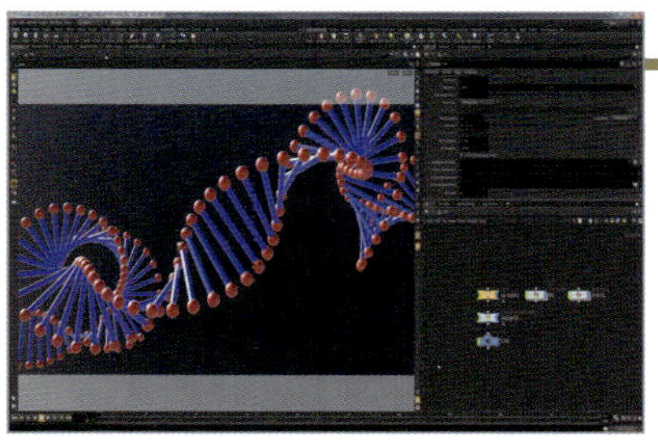

38 シーンビューをCAM視点に変更します。シーンビューの右上「No cam」となっている部分をクリックして、先ほどつくった「CAM」を選択します。シーンビューが右図のようにカメラからの視点に切り替わります。

Point ビューとカメラ位置の同期

37の場合、ビュー上で視点を操作してカメラ位置を変更することも可能です。ただ、そのままビューを操作すると、カメラ視点から外れてしまうので、シーンビュー右側の鍵アイコンで「ロック」して、ビューの操作とカメラ位置を同期するようにしてから操作します。

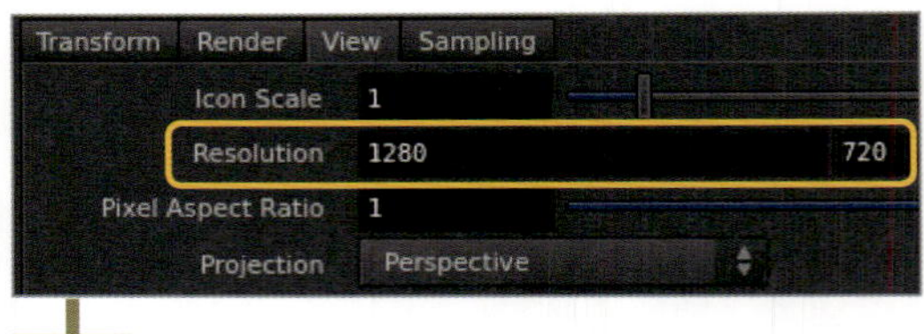

39 出力画像の解像度を設定します。Houdiniではレンダリングする画像の解像度の設定はカメラで行います。「CAM」ノードのパラメータ、「View」タブ→「Resolution：1280　720」と設定します。

レンダリングする

レンダリング（画像出力）もノードを使います。出力に関する作業は「ROP」ネットワークで行います。

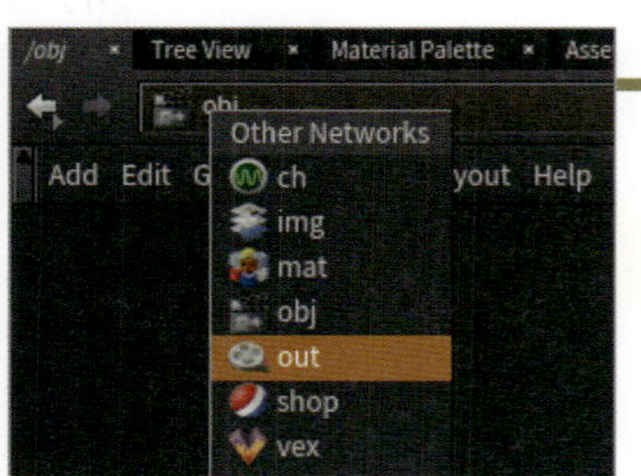

40 19で「/mat」に移動したときと同様、ネットワークエディタ上部の階層パスで「obj」部分をクリック、メニューから「out」を選択して「/out」に移動します。この階層がROPネットワークです。

41 ネットワークを移動したら、TAB Menuから「Mantra（SOP）」を作成します。これはHoudiniに搭載されている標準レンダラです。「Mantra（ROP）」のノード名を「DNA01」に変更しておきましょう。

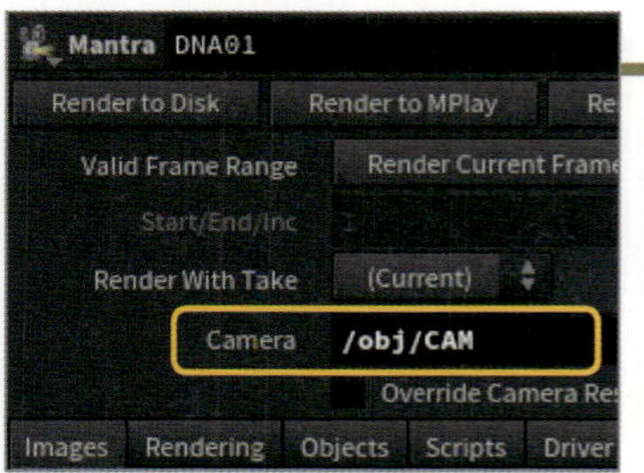

42 作成した「DNA01」ノードで、使用カメラと出力先を設定します。「Camera」パラメータでレンダリングに使うカメラを指定します。ここでは「/obj/CAM」を設定します。

Camera　/obj/CAM
Override Camera Resolution
Images　Rendering　Objects　Scripts　Driver
Output Picture　$HIP/../images/$OS/$OS.$F4.exr
Output Device　Infer from filename

「Output Picture」のデフォルトエクスプレッション

現在開いているシーンのパス　ノード名

$HIP/render/$HIPNAME.$OS.$F4.exr

現在のシーンファイル名　4桁のフレーム番号

43 次に、「Output Picture」で出力先とファイルフォーマットを指定します。デフォルトではエクスプレッションで「$HIP/render/$HIPNAME.$OS.$F4.exr」となっています。「$」の付いた文字は変数で、右上図のような意味を持っています。これを少し変更して、「$HIP/../images/$OS/$OS.$F4.exr」と記述してください。「..」は一階層上のフォルダを指します。図示すると右下図のようになります。これで指定した場所にレンダリング画像がつくられます。

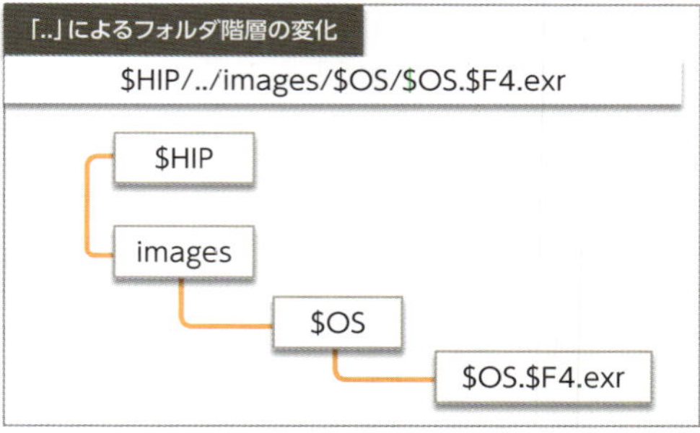

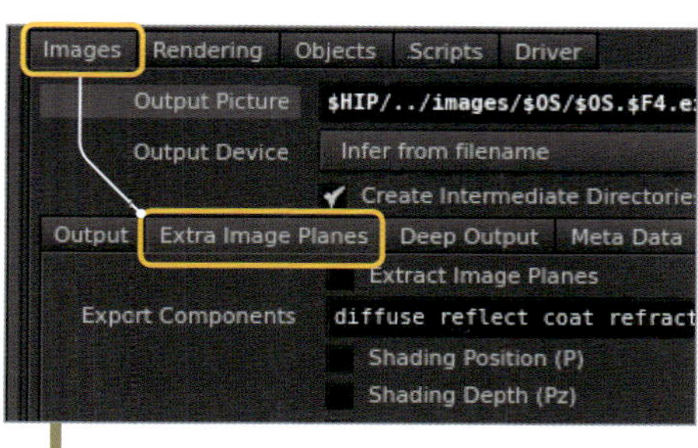

44 レンダリングイメージにZ深度の情報を追加します。このZ深度はあとで被写界深度をつくるのに使用します。「DNA01」ノードの「Images」タブ→「Extra Image Planes」タブに移動します。

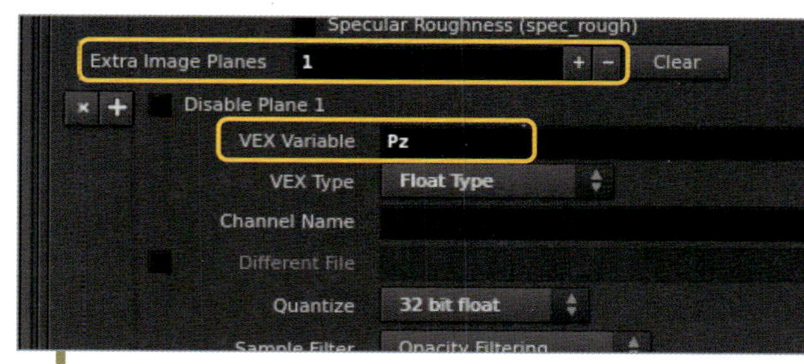

45 このタブの中に、タブと同名の「Extra Image Planes」パラメータがあるので、これを「0」→「1」に変更します。追加されたパラメータ「VEX Variable」のプルダウンメニューから「Pz」(position-z)を選択。これで、レンダリングイメージにZ深度情報が追加されます(Z深度のほかにも、法線情報やライト別の結果、ID情報などを必要に応じて出力できます)。

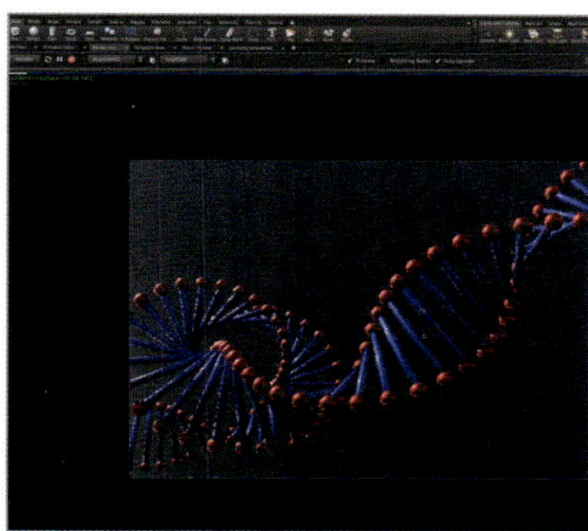

46 出力前に「Render View」ペインを利用してレンダリングの確認を行います。「Render View」は「Scene View」などのペインタブの並びにあるので、クリックして切り替えます。使用Mantraノードとカメラを指定して「Render」ボタンを押すと、レンダリングが始まります。

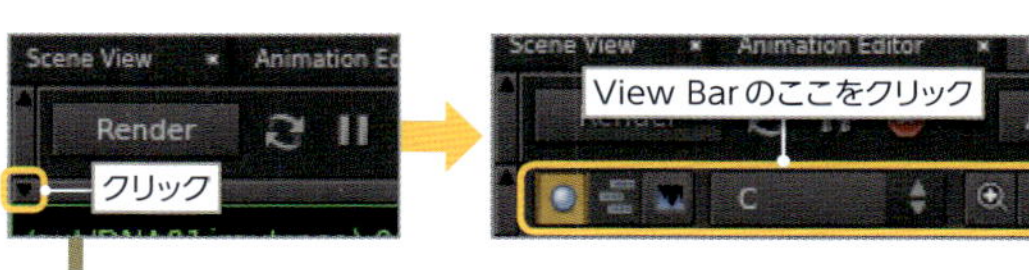

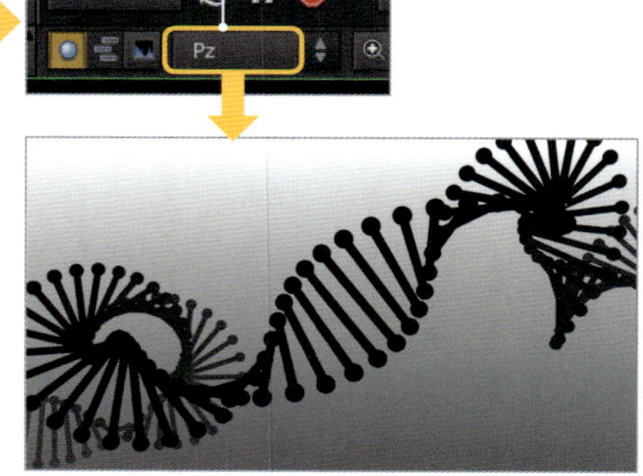

47 44で追加したZ深度情報もレンダリングされているか確認します。「Render View」の「Render」ボタンのすぐ下にあるセパレータをクリックすると、「View Bar」が表示されるので、「C」と書いてある部分から「Pz」を選択すると、Z深度情報のレンダリング結果が表示されます。

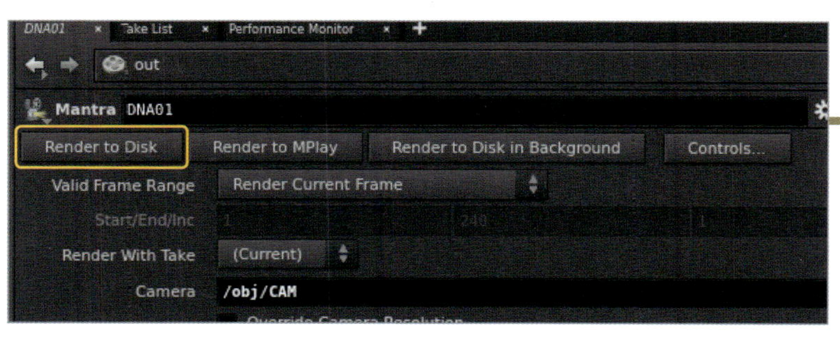

48 ここまでの確認で問題がなければ、実際に画像を出力します。「DNA01」ノードのパラメータ上部にある「Render to Disk」ボタンを押して、レンダリング出力を実行します。レンダリングが終わると、指定場所にイメージファイルがつくられます。

画像を編集する

出力した画像に対して、Houdini上で被写界深度の効果を付けます。画像編集には「COP」というタイプのネットワークを使用します。

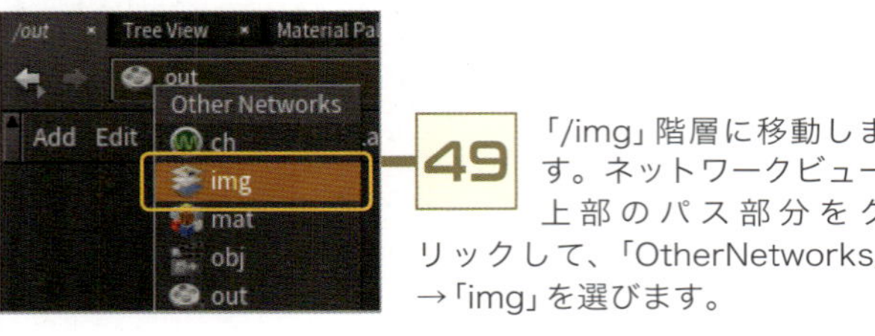

49 「/img」階層に移動します。ネットワークビュー上部のパス部分をクリックして、「OtherNetworks」→「img」を選びます。

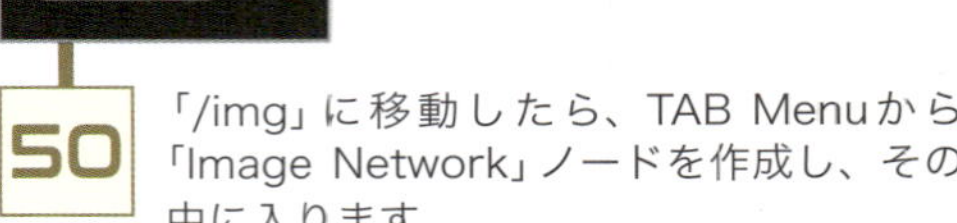

50 「/img」に移動したら、TAB Menuから「Image Network」ノードを作成し、その中に入ります。

51 はじめに必要なノードを全部つくってしまいましょう。TAB Menuから「File (COP)」「Depth of Field (COP)」「Defocus (COP)」、計3つのノードを作成します。

52 「COP」ネットワークの作業を確認するためには、「Composite View」ペインを使用します。デフォルトでは「Render View」の隣にあります。

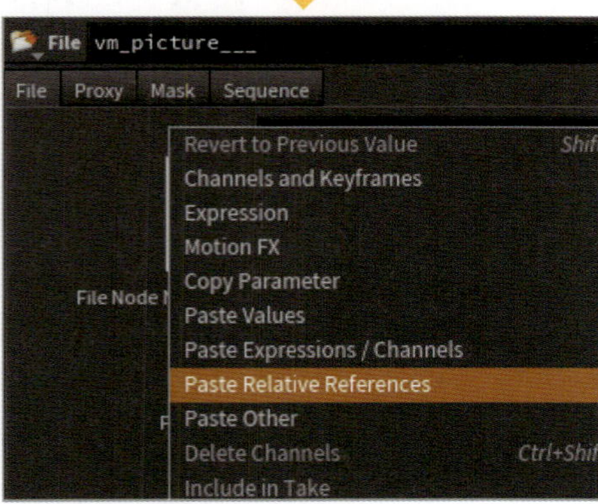

53 「File (COP)」に画像を読み込みます。直接ファイルを指定してもよいですが、ここでは「Mantra (ROP)」の出力先を参照して、ファイルを読み込みましょう。画像出力に用いた「Mantra (ROP)」(ここでは「/out/DNA01」)の「Output Picture」パラメータの値を、右クリックメニューの「Copy Parameter」でコピーし、「File (COP)」ノードの「File」パラメータに「Paste Copied References」で参照貼り付けします。貼り付けると「File (COP)」のノード名が自動で「vm_picture___」に変わりますが、そのままでよいです。

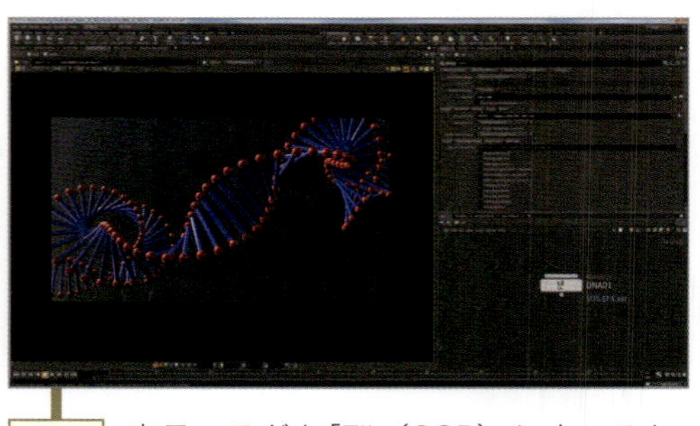

54 表示フラグを「File (COP)」に立てると、「Composite Vew」に読み込んだ画像が表示されます。

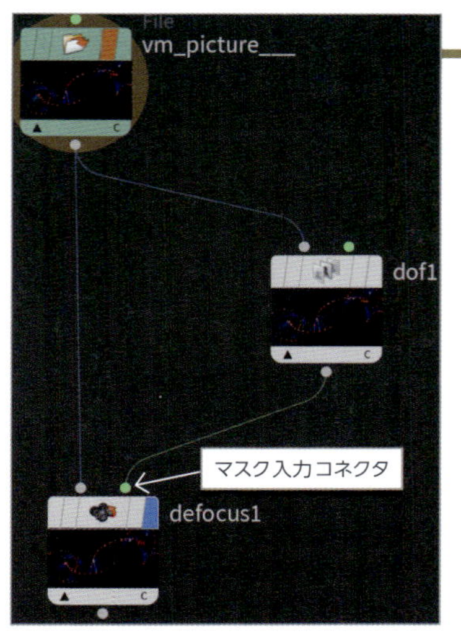

55 ノードをコネクトしていきます。「vm_picture___」ノードを「defocus1」ノードと「dof1」ノードの左側の入力にコネクト。次に「dof1」ノードの出力を「defocus1」ノードの右側の入力（マスク入力を意味します）にコネクトします。

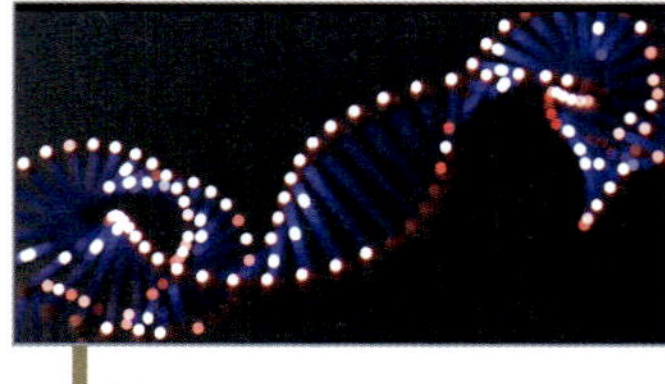

56 表示フラグを「Defocus (COP)」に立ててComposite Viewを確認すると、全体がピンボケしているので、以降で調整します。

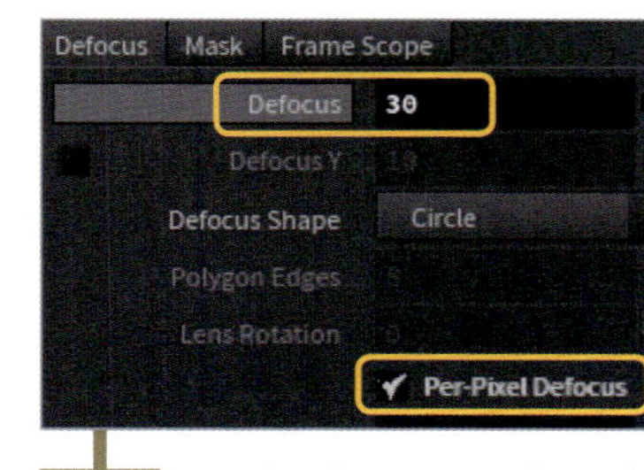

57 まずは「Defocus (COP)」のパラメータを変更します。「Defocus」タブ→「Defocus：30」「Per-Pixel Defocus：オン」でピンぼけ量を増やします。

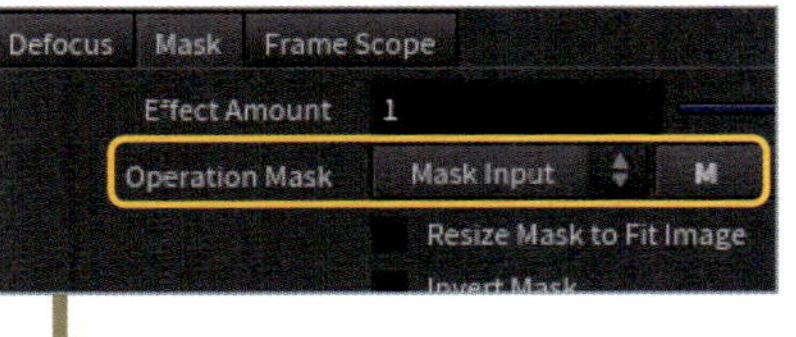

58 また、マスクを使うため、「Mask」タブ→「Operation Mask：Mask Input、M」に設定します。

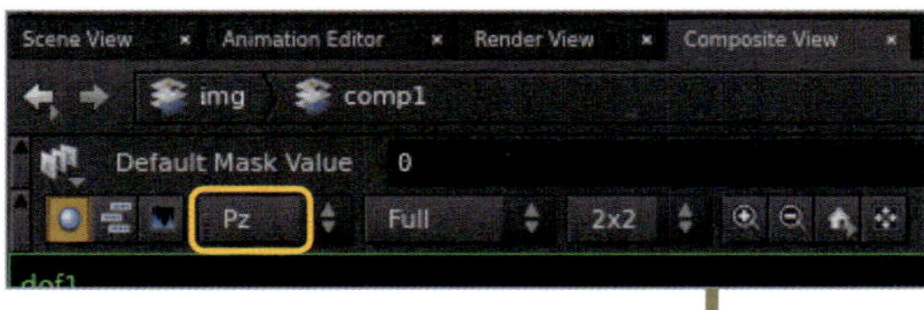

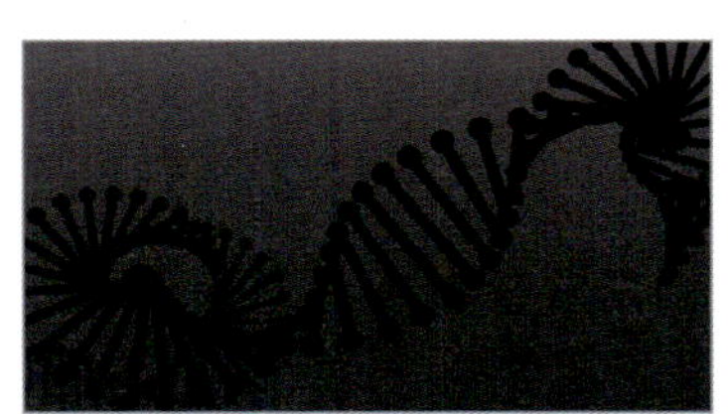

59 次に「Depth of Field (COP)」のパラメータを調整します。このノードに表示フラグを立てて、47同様に隠れている「View Bar」から「Pz」チャンネルを選択して表示します。

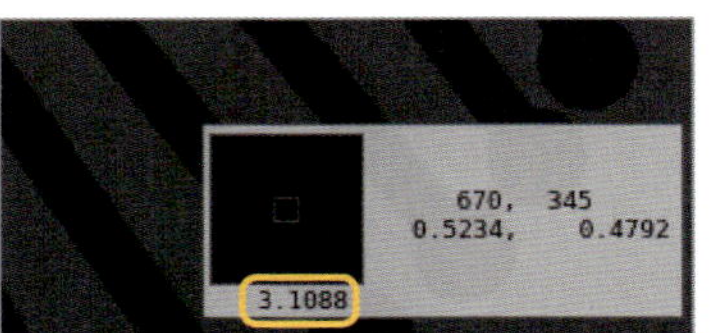

60 続いて「Composite View」上で右クリックしてメニューから「Inspect」を選択します。これは画像の色や輝度などの情報を表示できるオプションです。画像の上でマウスカーソルを移動すると、その位置のピクセルの情報を表示します。上図オレンジ枠部分がZ深度です。

61 調べたZ深度の数値を使って焦点を合わせます。「Depth of Field (COP)」ノードのパラメータ「Focus Distance」に60で調べた数値「3.1」を設定して、焦点をそこに合わせます。また、「Depth Adjust：1.25」に設定します。

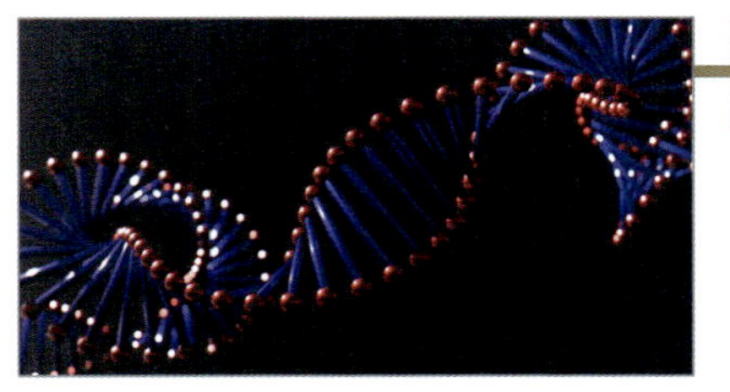

62 59で変更した「Pz」チャンネル表示を、元の「C」チャンネル表示に戻します。表示フラグを「Defocus (ROP)」に立てると、47よりも手前にピントが合った画像になりました。

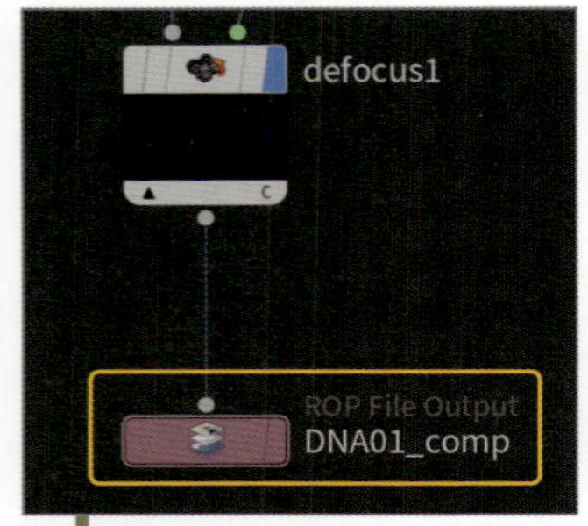

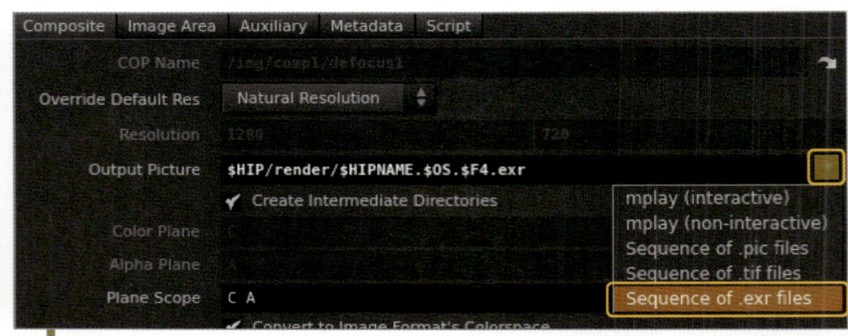

63 編集した画像を出力します。TAB Menuから「ROP File Output（COP）」を作成して名前を「DNA01_comp」に変更、「Defocus（COP）」の出力にコネクトします。

64 「DNA01_comp」を選択して、「Output Picture」パラメータで任意の出力先とファイルフォーマットを指定します（右端の▼からプリセットが出てきます。ここでは図のプリセット「Sequence of.exr files」を選択）。

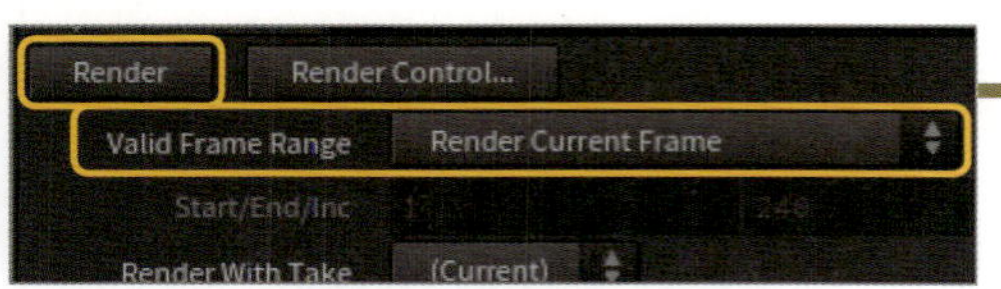

65 出力先の指定後、「Valid Frame Range：Render Current Frame」として「Render」ボタンをクリック。これで被写界深度付きの画像が出力できます。作例はこれで完成です（完成画像はP36）。

Point ROPネットワークで出力を管理

出力について、63とは違う方法、ROPネットワークで出力を管理する方法を紹介します。「/out」階層（「Mantra（ROP）」のある場所）に移動して、TAB Menuから「Composite（ROP）」を作成、名前を「DNA01_comp」に変更します。このノードは指定したCOPノードの結果を出力できます。

「DNA01_comp」のパラメータを設定します。「COP Name」に作成済みの「Defocus（COP）」を指定します（❶）。「Output Picture」には、43の「DNA01」（Mantra（ROP））と同じエクスプレッションを貼り付けます（❷）。「Valid Frame Range：Render Current Frame」に変更し、レンダリング画像は1枚だけ生成するようにします（❸）。最後に「Render」ボタンで画像を出力します（❹）。

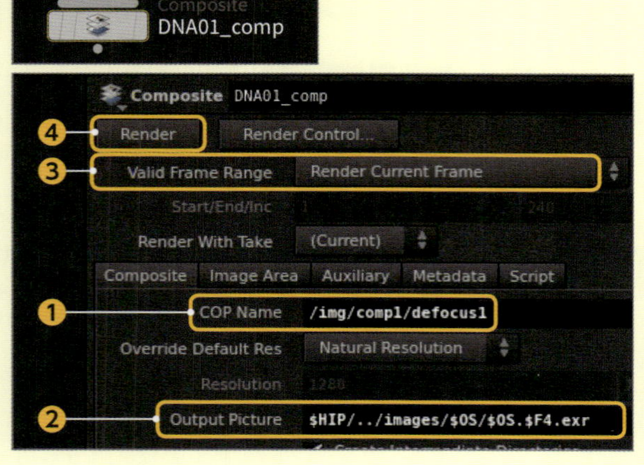

Point ROPネットワークのノード処理順

ROPネットワークでは、ノードをコネクトすることで、各ノードを順に処理できます。

例えば、作例で使用した「Mantra（ROP）」と「Composite（ROP）」を図のようにコネクトしておき、「Composite（ROP）」の「Render」ボタンを押すと、「Mantra（ROP）」→「Composite（ROP）」の順で実行、つまりレンダリングから画像編集までを一度に行えます。

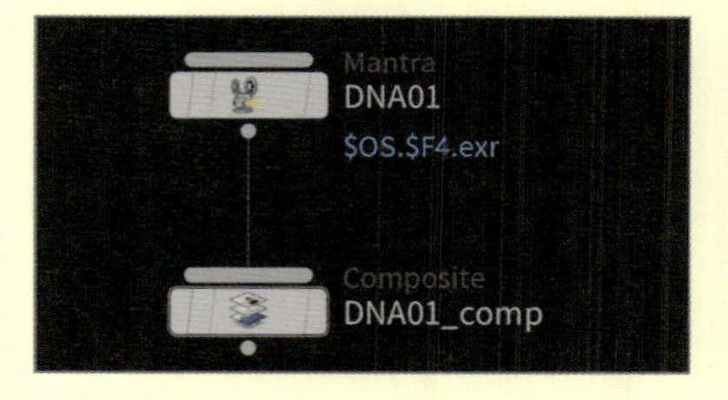

Point エクスプレッションを使う利点

ここで「Output Picture」にエクスプレッションを使っているのは、同じ記述ルールで済むにもかかわらず、使用するシーンやノードによって、自動的に異なる場所に出力できるからです。

2-3 作例2 先端に変化のあるDNA

難易度 ★★

作例1で作ったDNAジオメトリに少し手を加えて、次のようなDNAジオメトリを作成したいと思います。各先端のモデルを4種類の中からランダムに用いるようにします。ついでにアニメーションもつけ、質感も変えてみたいと思います。

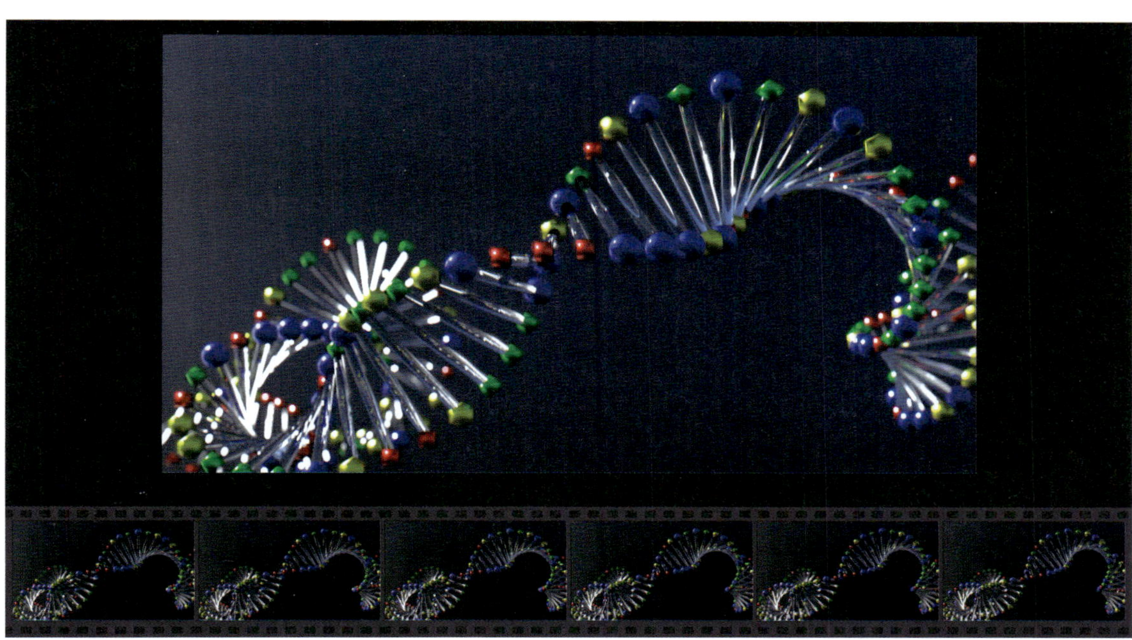

STEP 制作手順

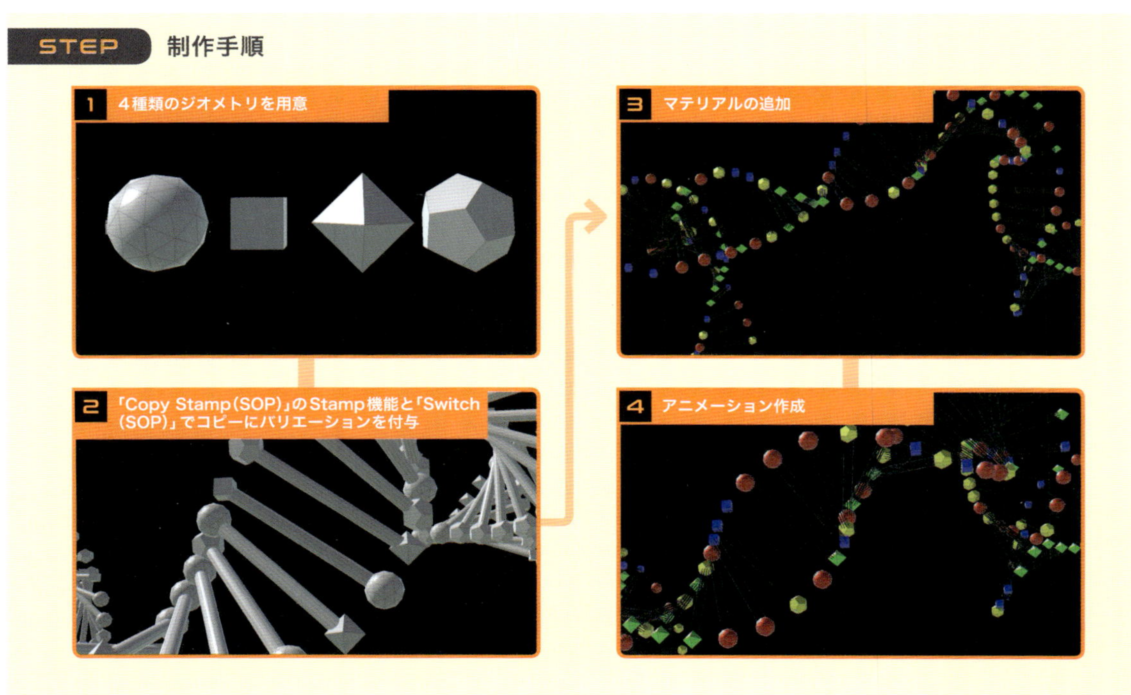
1 4種類のジオメトリを用意
2 「Copy Stamp(SOP)」のStamp機能と「Switch(SOP)」でコピーにバリエーションを付与
3 マテリアルの追加
4 アニメーション作成

NETWORK 完成したネットワークの全体図

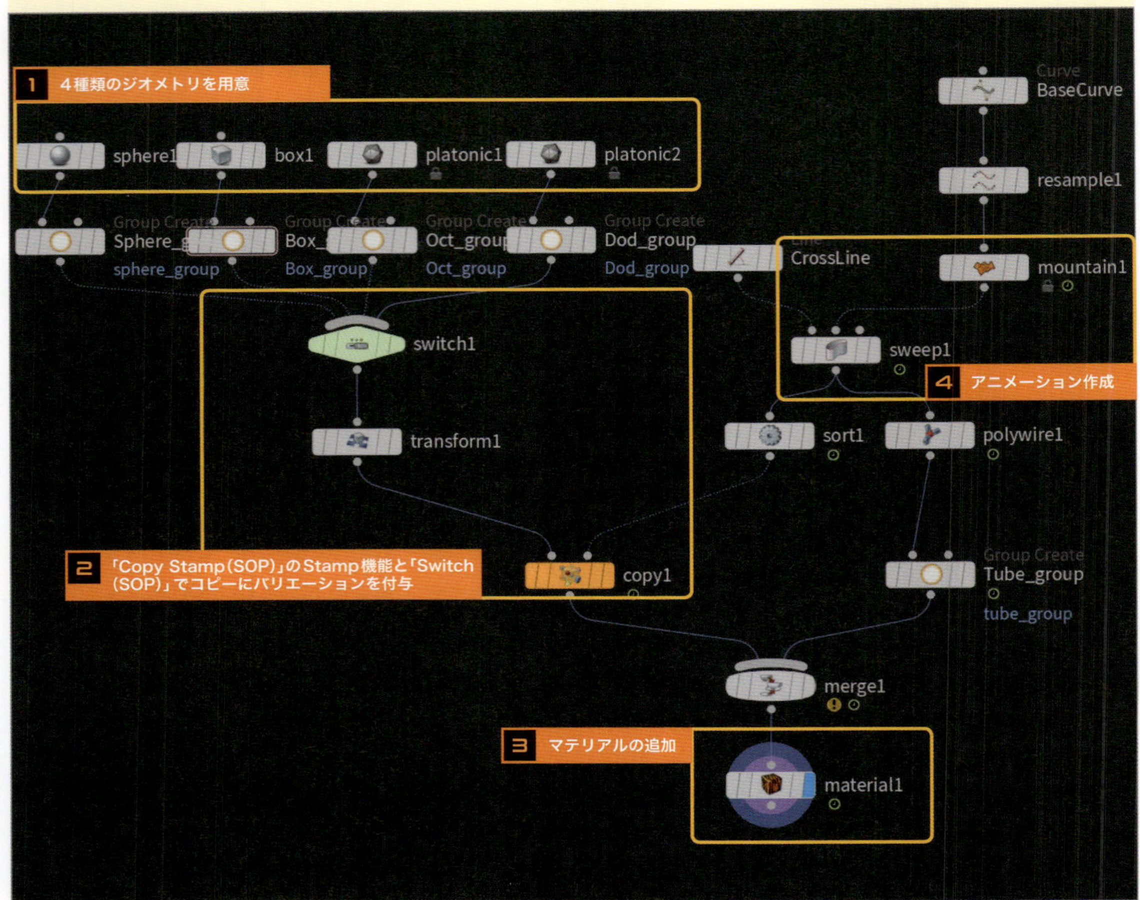

■主要ノード一覧（登場順）

Platonic Solid (SOP)	P55
Copy Stamp (SOP)	P55
Switch (SOP)	P55
Sort (SOP)	P57
Mountain (SOP)	P59

■主要エクスプレッション関数

stamp ( )	P56

形状を追加する

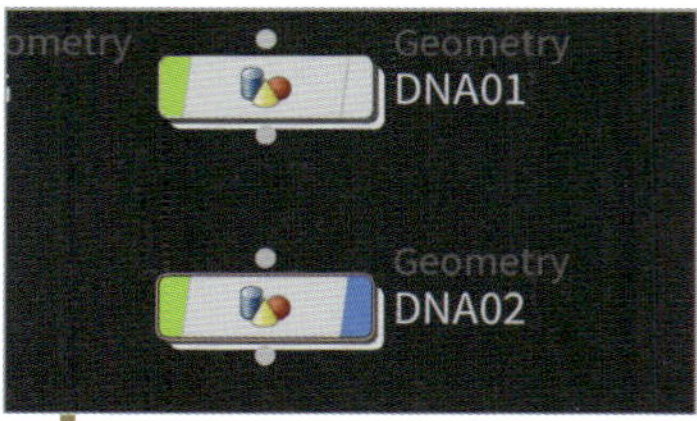

1 作例1のデータから作業を始めます。「/obj」階層の「DNA01」ノードを複製して名前を「DNA02」にします。「DNA01」は表示フラグをオフにして、「DNA02」ノードをダブルクリック(もしくはIキー)で中に入り、編集します。

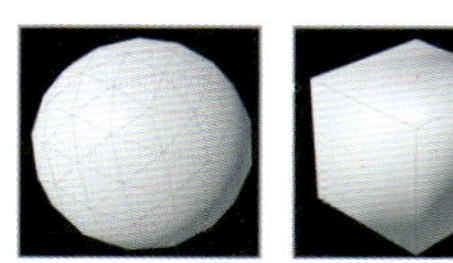

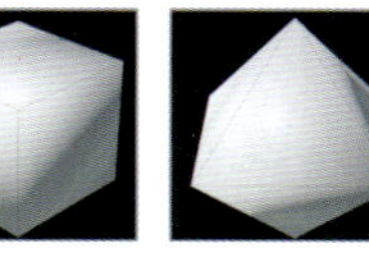

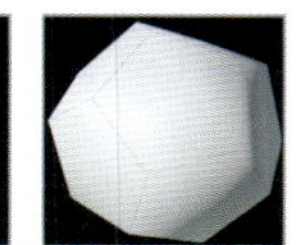

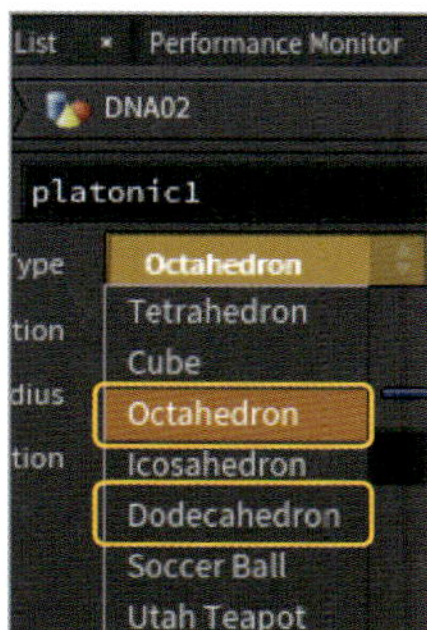

2 DNAの先端に配置するジオメトリを追加します。TAB Menuから「Box(SOP)」をひとつ(左から2番目)、「Platonic Solids(SOP)」をふたつ作成します。「Platonic Solids(SOP)」は多面体を作成できるノードです。「Platonic Solids(SOP)」の「Solid Type」パラメータをひとつは「Octahedron」に(左から3番目)、もうひとつを「Dodecahedron」に変更します(右端)。これで、作例1でつくった球(左端)と合わせて4種類のジオメトリができました。

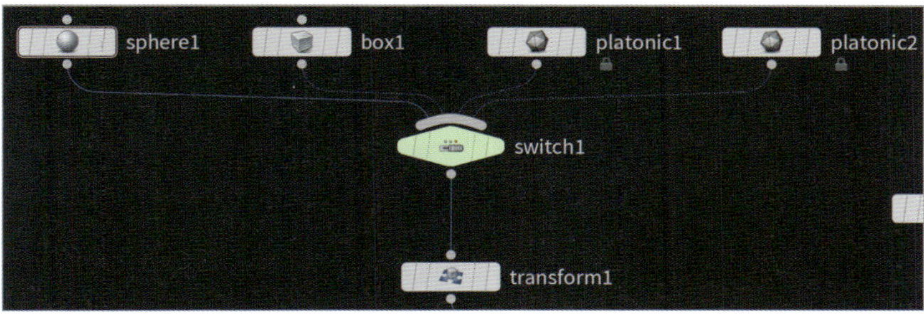

3 TAB Menuから「Switch(SOP)」を作成し、図のように作成した4つのジオメトリノードとコネクトします。続いて、この「switch1」の出力を既存の「transform1」ノードの入力にコネクトします。

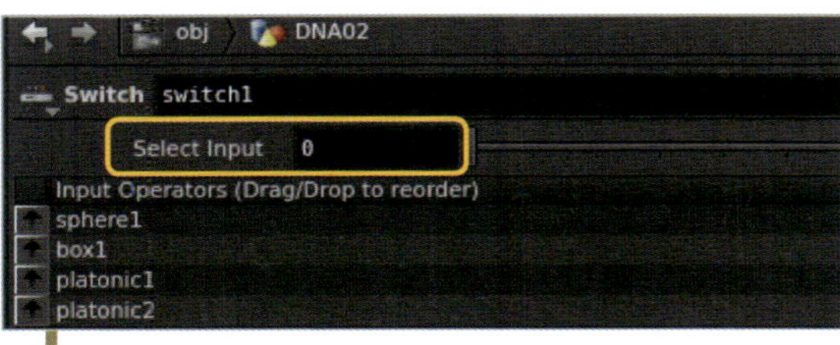

4 「Switch(SOP)」は出力ジオメトリの切り替えに用いるノードです。パラメータ「Select Input」の数字を変更することで、その番号にコネクトされたものを出力します。コネクトの順番はすぐ下のリストに表示されています。

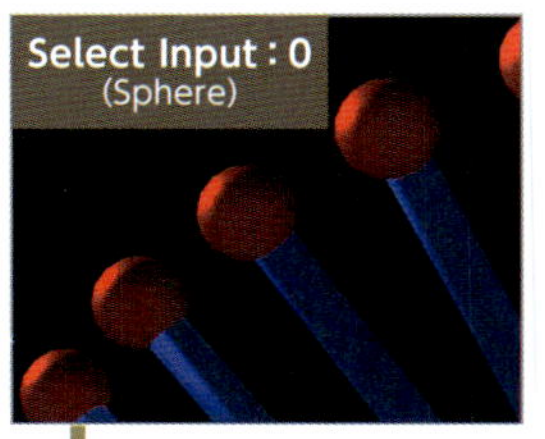

5 「Select Input」値を変更すると出力ジオメトリが変更され、結果DNAの先端に配置され、ジオメトリも変わります。

「Copy Stamp(SOP)」のStamp機能で先端の形状を変更する

ここまでの手順では、DNA先端のジオメトリをすべて一律で入れ替えることができましたが、一律ではなく、コピーされるポイントごとに異なるジオメトリを利用するようにしたいと思います。そのために、「Copy Stamp(SOP)」のStampという機能を使います。

このStampはエクスプレッションの関数です。これを使うと、コピーにバリエーションや変化を持たせることができます。非常に強力かつ使用頻度の高い機能です。少々複雑ですが、大事な機能です。まずは実際に使ってみます。

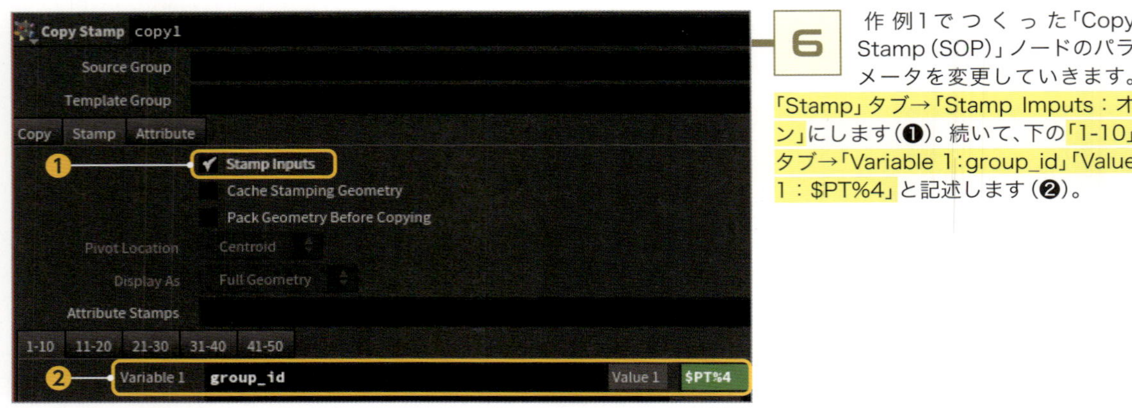

6 作例1でつくった「Copy Stamp (SOP)」ノードのパラメータを変更していきます。「Stamp」タブ→「Stamp Imputs：オン」にします(❶)。続いて、下の「1-10」タブ→「Variable 1：group_id」「Value 1：$PT%4」と記述します(❷)。

7 次に、「Switch (SOP)」の「Select input」パラメータにエクスプレッション「stamp("../copy1", "group_id",0)」を記述します。

Point Stamp機能の働き

6と7で設定した内容を補足します。

❶の「Stamp Inputs」は、オンにしておくと、「Copy Stamp (SOP)」がStamp変数を処理するようになります。平たく言うと、「Stampを使うときはオンにする」です。

❷で設定したのが、Stamp変数の変数名とその値です。値の方には簡単なエクスプレッションを組みました。「$PT」というのはポイント番号です。演算子「%」は割り算の余りを意味します。なので、「$PT%4」は「ポイント番号を4で割った余り」となります。4で割った余りなので、結果は「0」「1」「2」「3」のどれかになります。

❸では、「Copy Stamp (SOP)」で設定したStamp変数を「Switch (SOP)」で利用するために、エクスプレッションを組んでいます。「stamp()」はStamp変数を取得するエクスプレッション関数です。記述の仕方は次のようになります。

stamp(スタンプ変数を設定したノードのパス，変数名，変数がない場合のデフォルト値)

この作例の場合、Stampを用いたことで、「Switch (SOP)」にはコピーごとに0～3の数字が順に適用されます。つまり、コピー先のポイント番号ごとに、コピーされるジオメトリを切り替えるということです。

ここで行ったように、Stamp機能を使う場合は、「Copy Stamp (SOP)」でのStamp設定と、Stamp変数の値を使いたいノード、この両方を設定する必要があります。

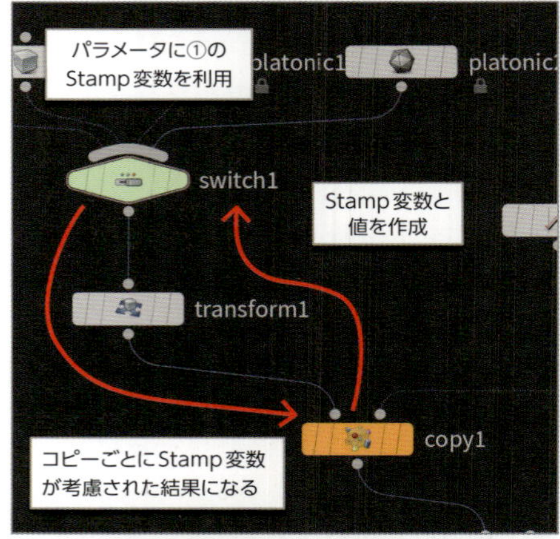

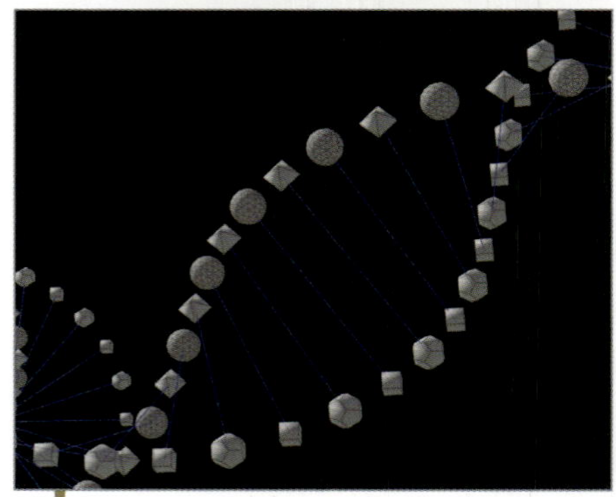

8 これでコピーにバリエーションを持たせられました。

Stamp機能による配置をランダム化する

このままでもよいのですが、現状だと配置に規則性があります。これはStamp変数の値を$PT%4にしたことによる規則性です。先ほども書きましたが$PTはポイント番号を意味していて、このジオメトリのポイント番号が規則的に並んでいるため、配置も規則的になるのです。

そこで、このポイント番号をランダムに並び替えることで、Stampによる配置をランダムにします。

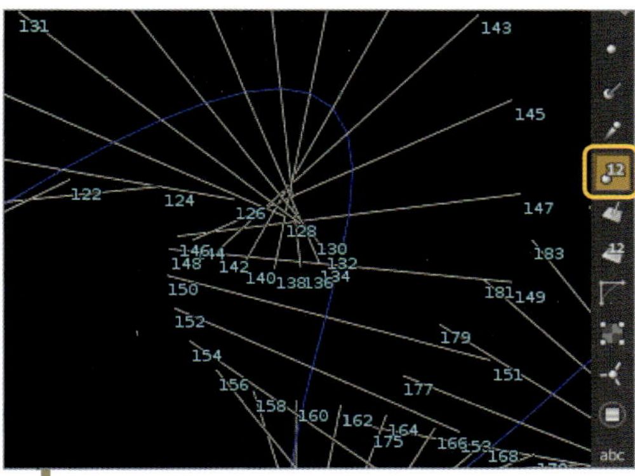

9 シーンビューでポイント番号を確認してみましょう。表示フラグを「Sweep (SOP)」に立てて、シーンビュー右側の「Display point numbers」ボタンをオンにします。すると、シーンビュー上のPointにポイント番号が表示されます。ポイント番号が規則的に並んでいるのがわかります。

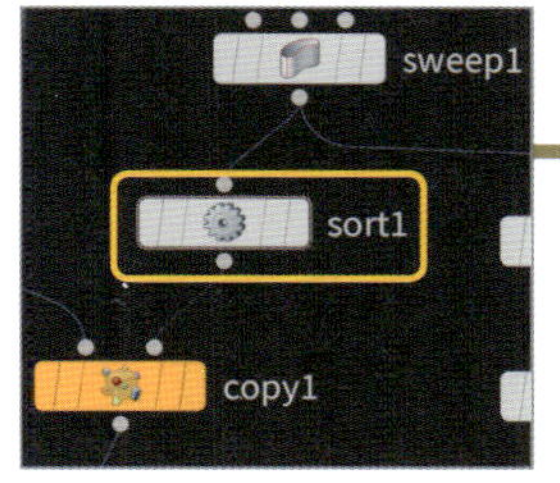

10 TAB Menuから「Sort (SOP)」を作成し、「Sweep (SOP)」と「Copy (SOP)」の間にコネクトします。この「Sort (SOP)」はPoint (またはPrimitive) の順番を並び替えるノードです。

11 「Sort (SOP)」で「Point Sort : Random」に設定します。シーンビューでポイント番号がランダムになったことが確認できると思います。これでコピーされるジオメトリもランダムになりました。なお、「Seed」値を変更すると、ランダムのパターンを変更できます。

先端のジオメトリに別個の質感をつける

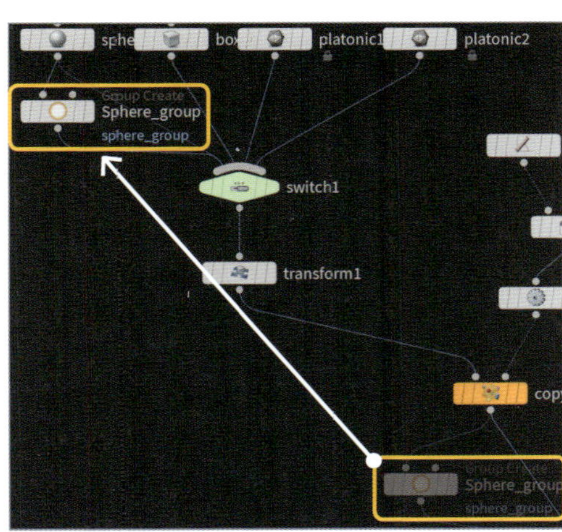

12 2でつくったジオメトリにそれぞれ別の質感を付けます。そのために、まずそれぞれのグループを作成します。「Sphere_group」はすでにあるので、このノードの場所を「Sphere (SOP)」のすぐ下にコネクトし直します。すでにコネクトされたノードを外すには、そのノードを選択してマウスでフルフルとすばやくドラッグして振ります。

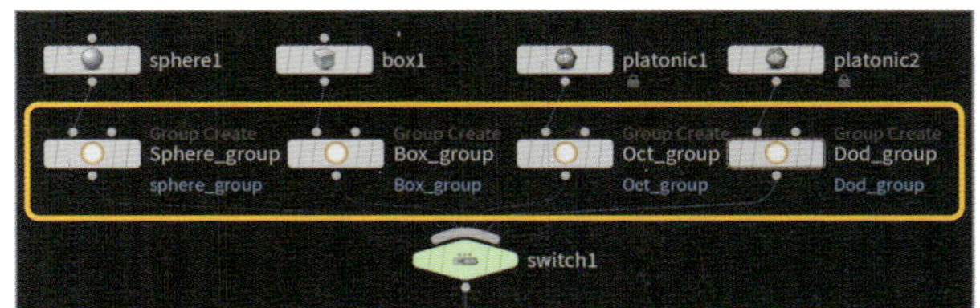

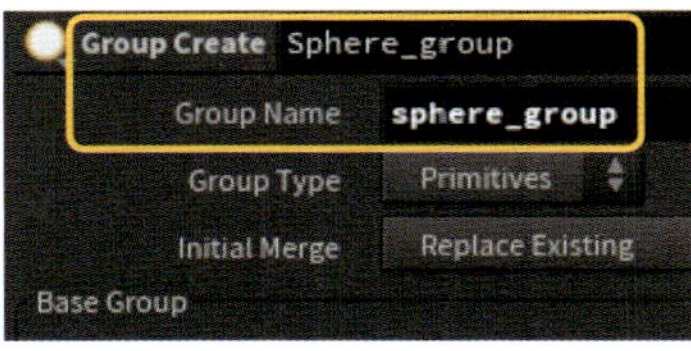

13 他の3つのジオメトリの下にもそれぞれ「Group Create (SOP)」をつくります。後で参照しやすいようにノード名、グループ名共に名前を付けておきます。ここでは「Box_group」「Oct_group」「Dod_group」としました。

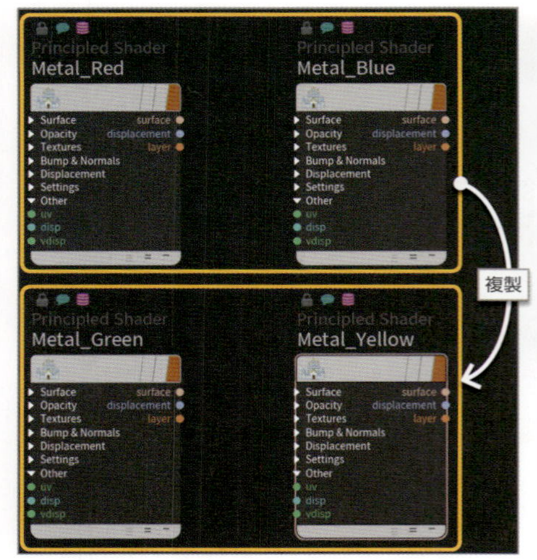

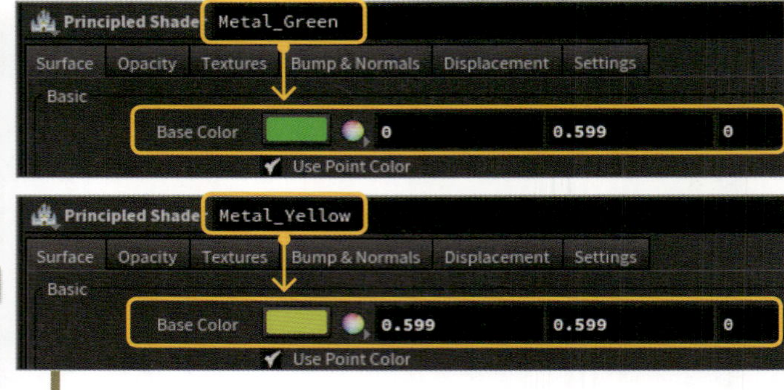

14 マテリアルを作成します。「/mat」階層に移動します。作例1で「Metal_Red」と「Metal_Blue」のマテリアルを作成してあるので、これらを複製して「Metal_Green」と「Metal_Yellow」とし、それぞれの「BaseColor」を緑と黄色にします。

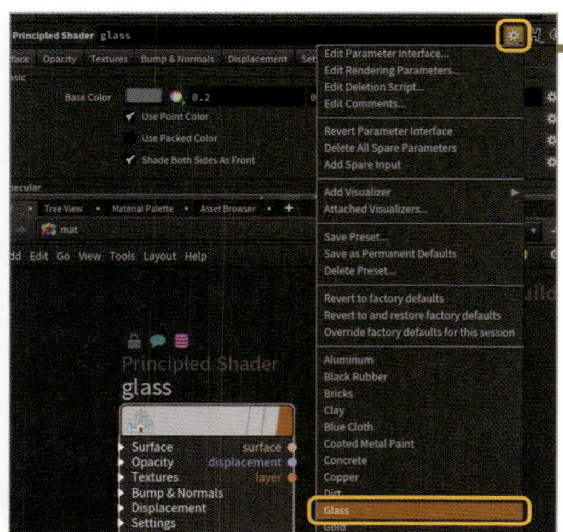

15 さらにもうひとつ、ガラス質のマテリアルを作成します。「Metal_Red」を複製して、名前を「glass」に変更します。次にパラメータウィンドウ右上のギアアイコンからプリセットリストを表示し、その中から「Glass」を選択します。これで必要なマテリアルは用意できました。

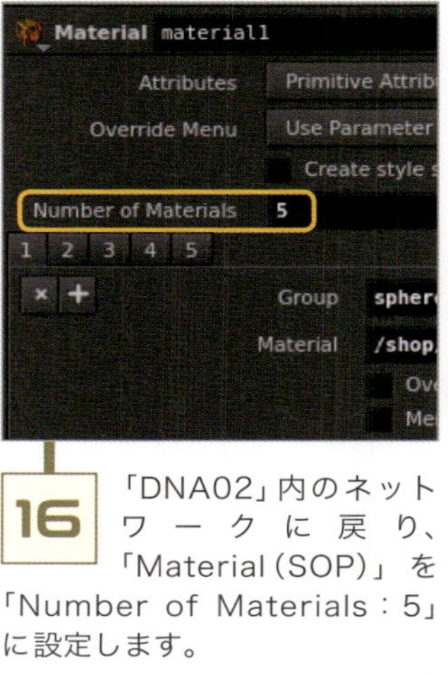

16 「DNA02」内のネットワークに戻り、「Material (SOP)」を「Number of Materials：5」に設定します。

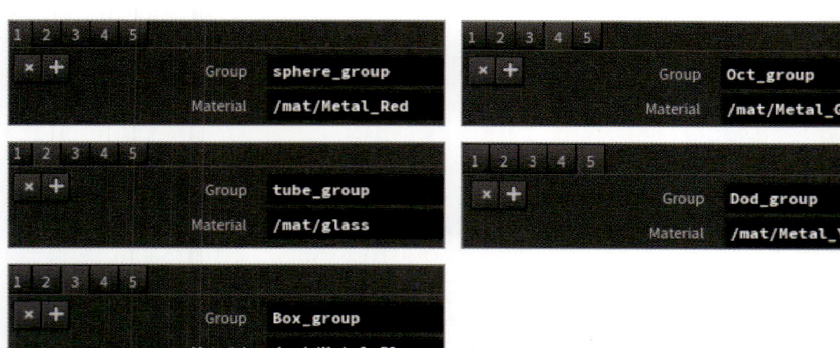

17 続いて、作例1での作業と同様に、図のように、各グループにマテリアルを割り当てます。これで質感は完了です。

簡単なアニメーションをつける

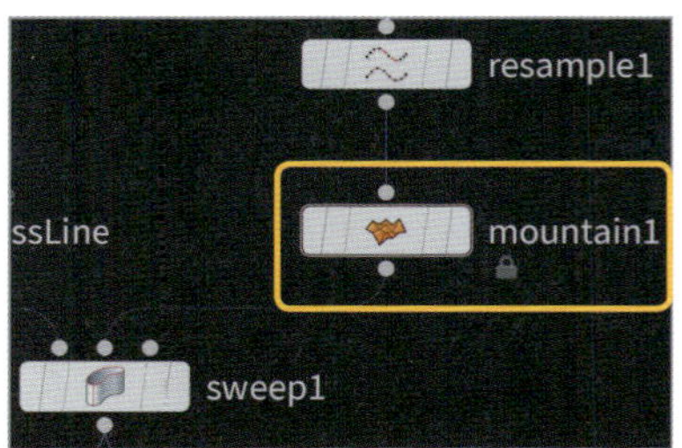

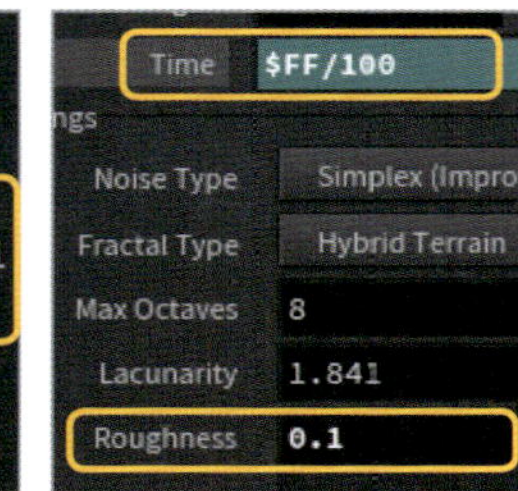

18 DNAがうねうねと動く簡単なアニメーションをつけましょう。TAB Menuから「Mountain (SOP)」を作成し、「Resample (SOP)」と「Sweep (SOP)」の間にコネクトします。「Mountain (SOP)」のパラメータは、「Time：$FF/100」「Roughness：0.1」に設定します。

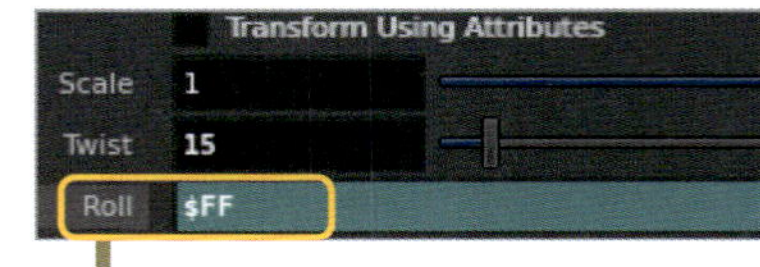

19 「Sweep (SOP)」のパラメータ「Roll」にもエクスプレッション「$FF」を追記します。これでアニメーションは完成です。再生してみるとDNAがうねうねと動きながら自転します。

Point 「$FF」はフレーム数を表す変数

フレームが進むとパラメータ値がフレーム番号で更新されます。

レンダリングする

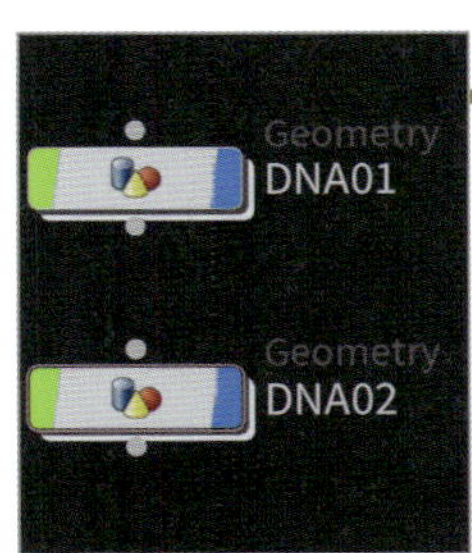

20 「/obj」階層に戻ります。シーンには2種類のDNAオブジェクトが存在しますが、非表示にしておいた「DNA01」を再表示します。

21 続いて「/out」階層に移動して、作成1でつくった「Mantra (ROP)」の「DNA01」ノードを複製、名前を「DNA02」とします。このノードを作例の出力に用います。ひとまず設定はそのままで。出力先はエクスプレッションで記述されているので、同じ記述でも作例1とは異なる場所に出力されます。

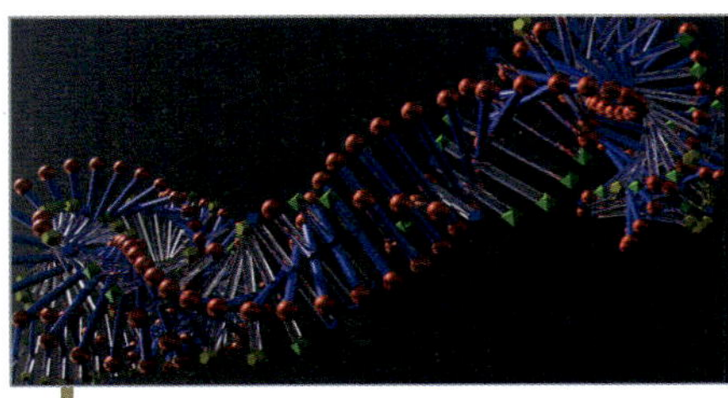

22 「Render View」でレンダリングしてみると、作例1のDNAと、ここでつくったDNAが両方出力されます。「/obj」階層で「DNA01」を非表示にすればレンダリングされないのですが、以降では別な方法で調整します。

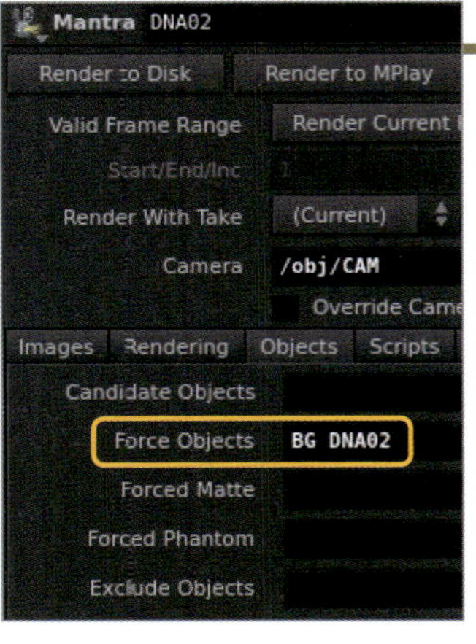

23 「DNA02」の「Mantra (ROP)」のパラメータでレンダリングするオブジェクトを明示します。「Objects」タブ→「Candidate Objects：*」の「*」を削除して、「Force Objects」に「BG」「DNA02」のふたつを指定します。この方法でレンダリングするオブジェクトを指定すると、余分なものはレンダリングされませんし、逆に作業中にオブジェクトを非表示にしてしまっても、必ずレンダリングされます。どの「Mantra (ROP)」がどのオブジェクトをレンダリングするかを明示する。これが大切です。

24 作例1では静止画1枚をレンダリングしましたが、ここでは複数フレームのレンダリングを行います。「DNA02」で「Valid Frame Range：Render Frame Range」に設定すると、その下にあるレンダリング範囲がアクティブになります。デフォルトでエクスプレッションが組まれています。パラメータ名をクリックすると、エクスプレッション表記と実際の値の表記を切り替えて確認できます。「$FSTART」「$FEND」はそれぞれシーンの開始フレームと終了フレームです。

Point

「Force Objects」に複数のノードを指定するには

ノード一覧から複数のノードを指定するには、Ctrlキーを押しながら選択します。

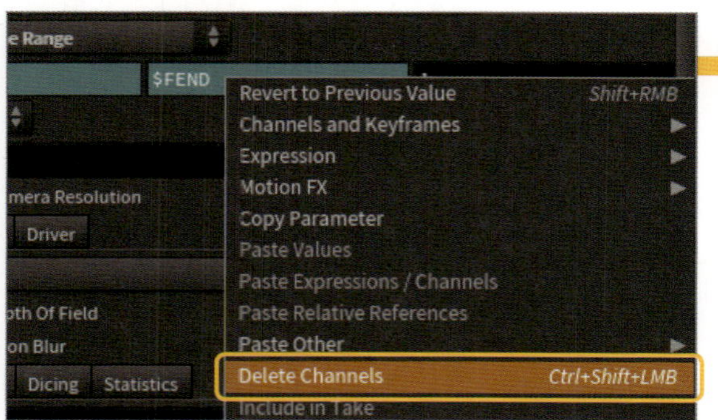

25 ここで、終了フレームを「30」に変更します。すでに設定されているエクスプレッションを削除するために、「$FEND」パラメータ上で右クリックし、メニューから「Delete Channels」を選びます。エクスプレッションが削除されれば、任意の数字を入力できるので、「30」と入力します。これで1～30フレームまでレンダリングされます。

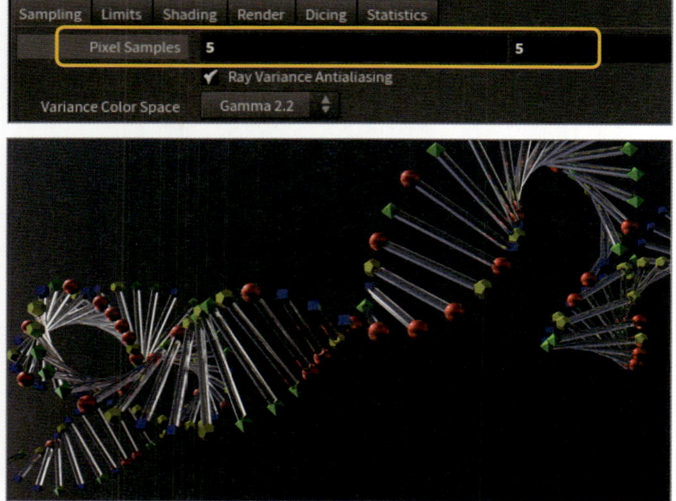

26 「DNA02」のパラメータで「Sampling」タブ→「Pixel Samples」を「3　3」から「5　5」に上げます。「Pixel Samples」値を上げるときれいな画質になりますが、そのぶんレンダリングにかかる時間が増えます（時間がかかりすぎる場合は「Pixel Samples：3　3」のままにします）。「Render to Disk」ボタンを押してレンダリングを実行します。

レンダリングがすべて完了したら、30枚の連番ができているはずです。これに対して、作例1のように被写界深度を付けたり、色を調整したりと、自由に編集してみましょう。これでこの作例は完成です。

2-4 作例3 成長するDNAらせん

難易度 ★★★

作例１のデータを変更して、次のような成長するDNAジオメトリを作成してみたいと思います。

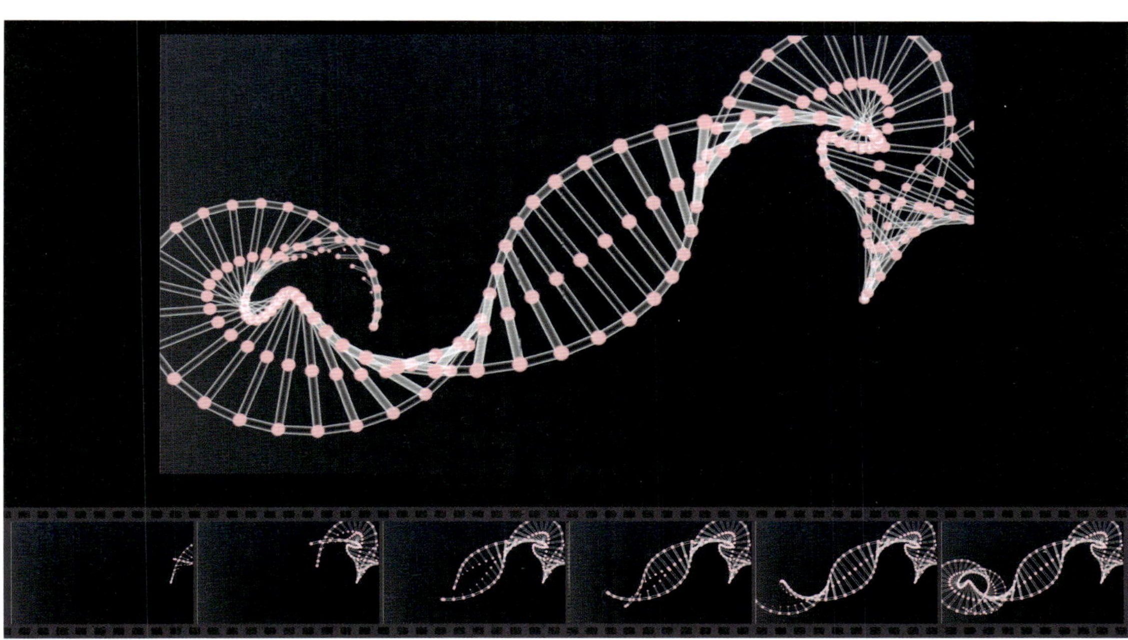

STEP 制作手順

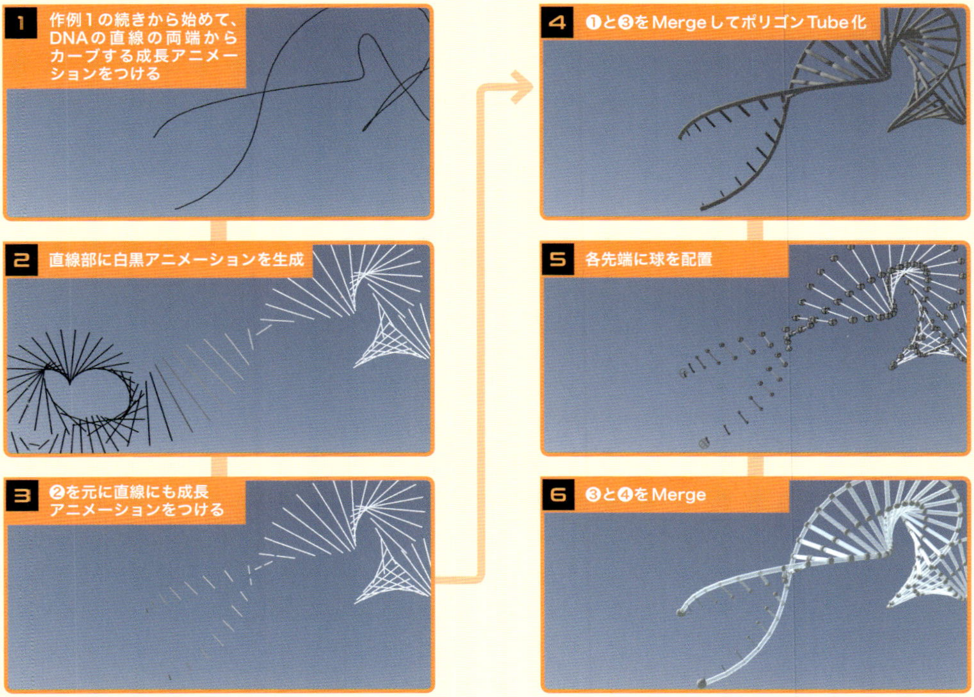

1 作例１の続きから始めて、DNAの直線の両端からカーブする成長アニメーションをつける

2 直線部に白黒アニメーションを生成

3 ❷を元に直線にも成長アニメーションをつける

4 ❶と❸をMergeしてポリゴンTube化

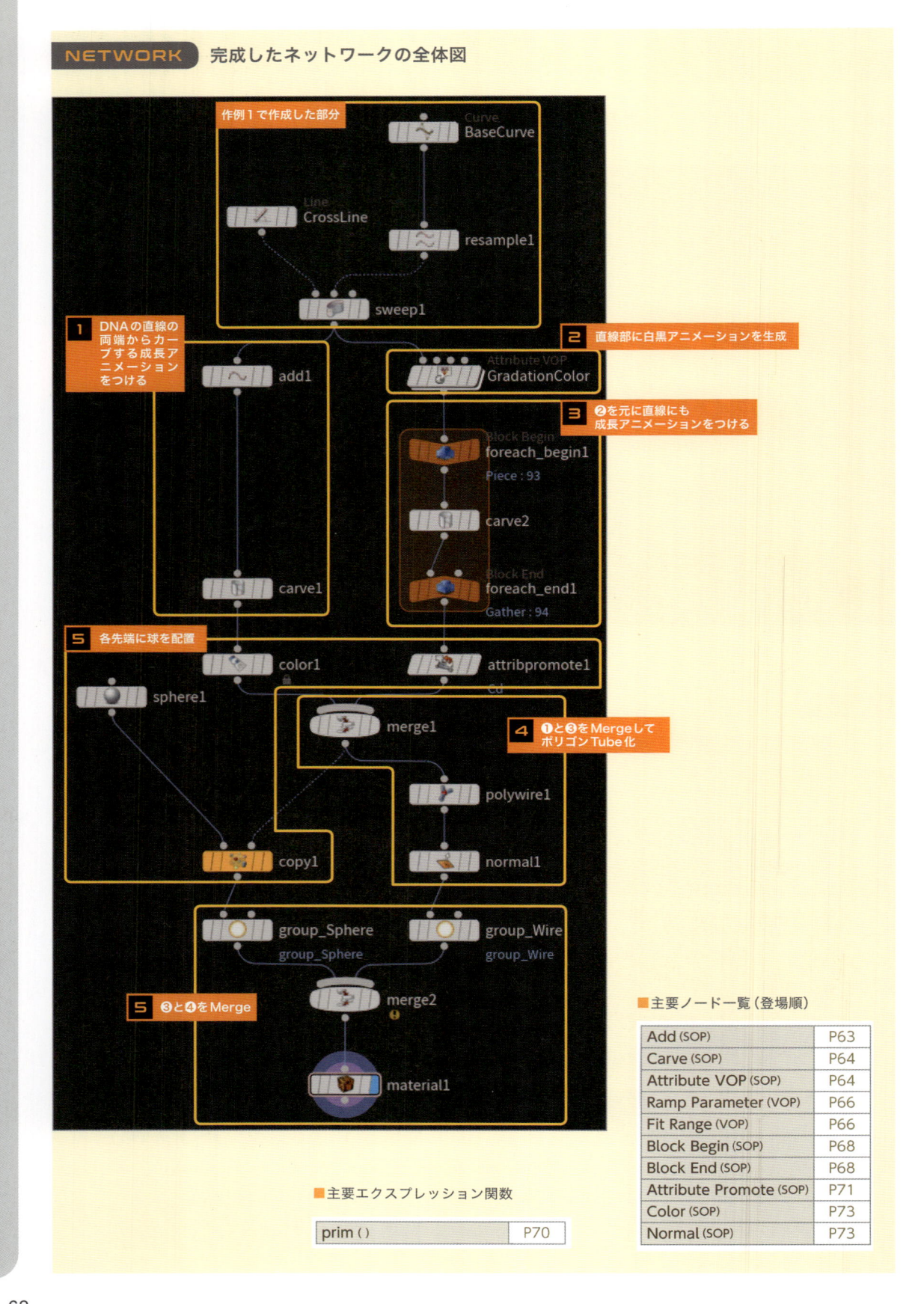

5 各先端に球を配置

6 ❸と❹をMerge

NETWORK 完成したネットワークの全体図

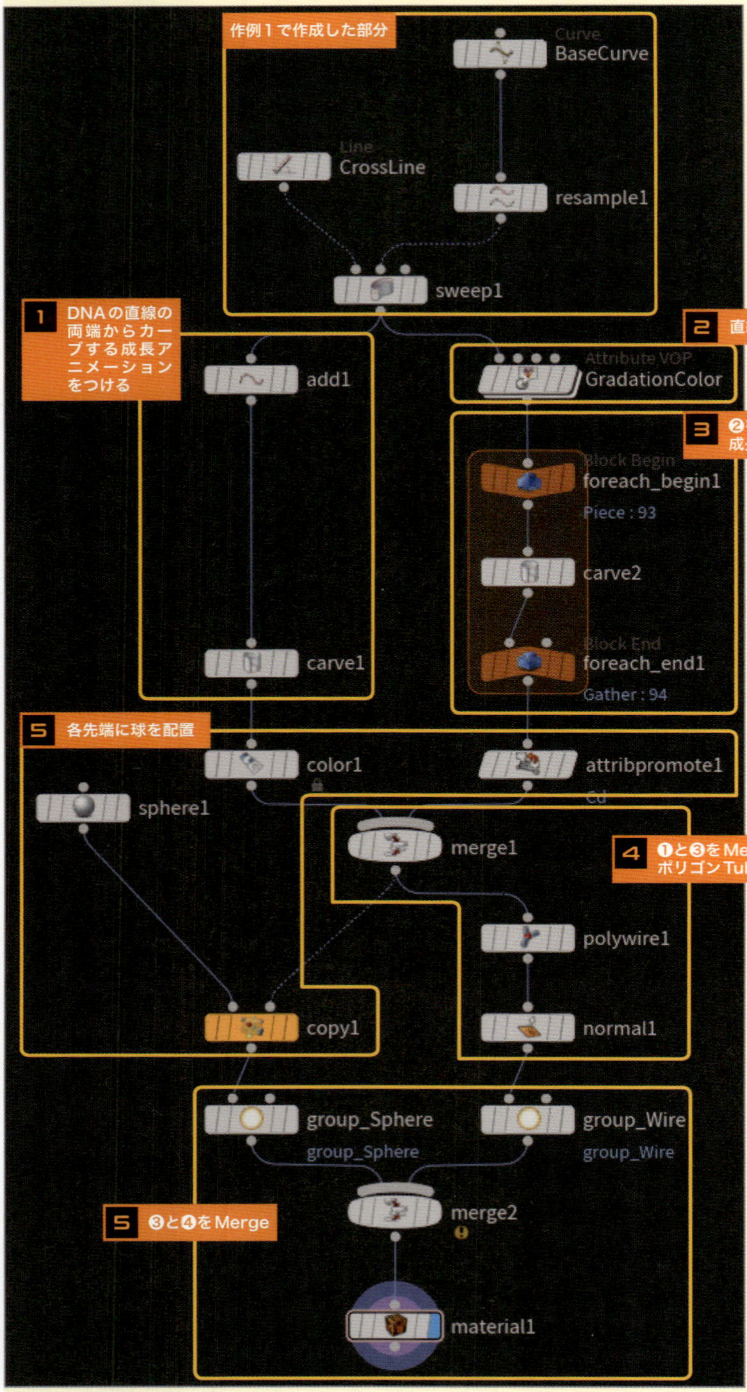

作例１で作成した部分
Curve BaseCurve
Line CrossLine
resample1
sweep1

1 DNAの直線の両端からカーブする成長アニメーションをつける
add1
carve1

2 直線部に白黒アニメーションを生成
Attribute VOP GradationColor

3 ❷を元に直線にも成長アニメーションをつける
Block Begin foreach_begin1
Piece : 93
carve2
Block End foreach_end1
Gather : 94

5 各先端に球を配置
color1
attribpromote1
Cd
sphere1

4 ❶と❸をMergeしてポリゴンTube化
merge1
polywire1
copy1
normal1

group_Sphere
group_Sphere
group_Wire
group_Wire

5 ❸と❹をMerge
merge2
material1

■主要エクスプレッション関数

prim ( )	P70

■主要ノード一覧（登場順）

Add (SOP)	P63
Carve (SOP)	P64
Attribute VOP (SOP)	P64
Ramp Parameter (VOP)	P66
Fit Range (VOP)	P66
Block Begin (SOP)	P68
Block End (SOP)	P68
Attribute Promote (SOP)	P71
Color (SOP)	P73
Normal (SOP)	P73

作例1のデータを整理して2本のカーブをつくる

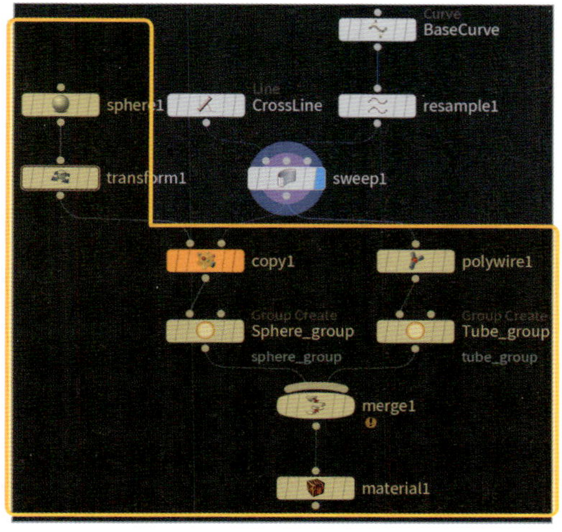

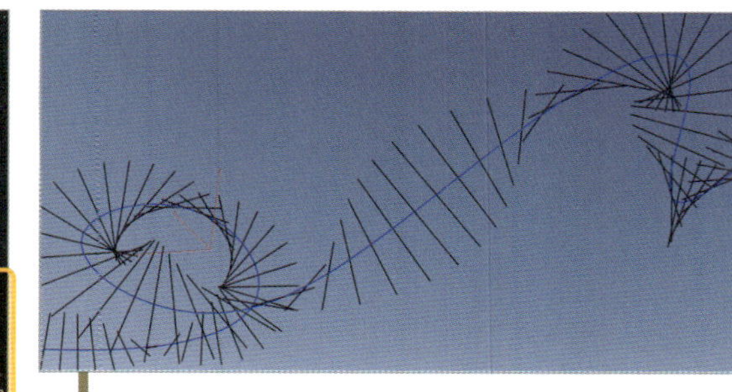

1 作例1のデータから作業を開始します。「/obj」階層の「DNA01」ノードをコピーして名前を「DNA03」とします。複製した「DNA03」ノードの中に入り、図のオレンジ枠で囲んだノードをすべて削除します。その結果、「Sweep（SOP）」で複製した「CrossLine」群が残ります。

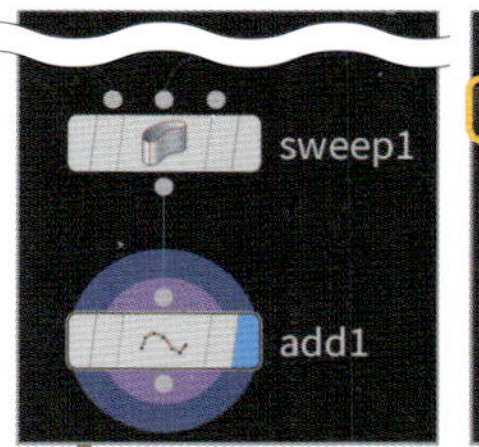

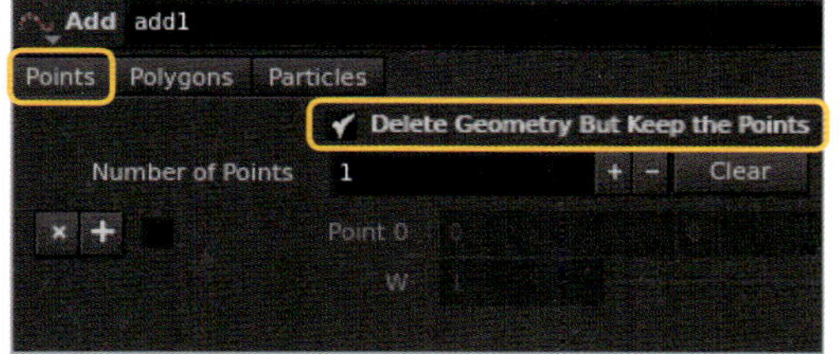

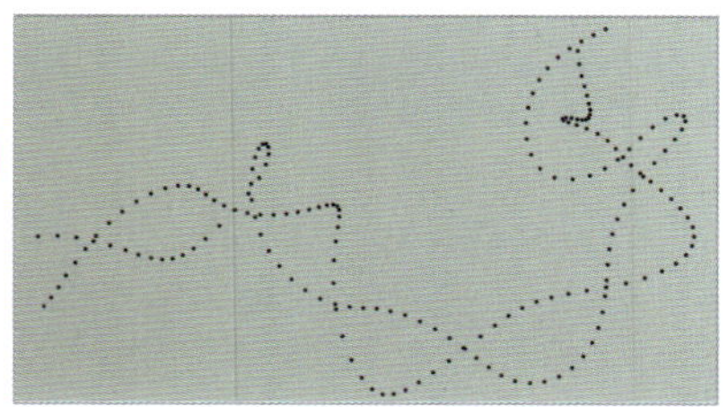

2 「CrossLine」の両端を結んで2本のカーブを生成します。TAB Menuから「Add（SOP）」を作成し、「Sweep（SOP）」の下にコネクトします。この「Add（SOP）」は点やポリゴンを生成するノードで、ポイントを結んでポリゴンのラインを生成できます。続いて「Points」タブ→「Delete Geometry But Keep the Points：オン」にします。これで点だけを残して直線を消すことができます。

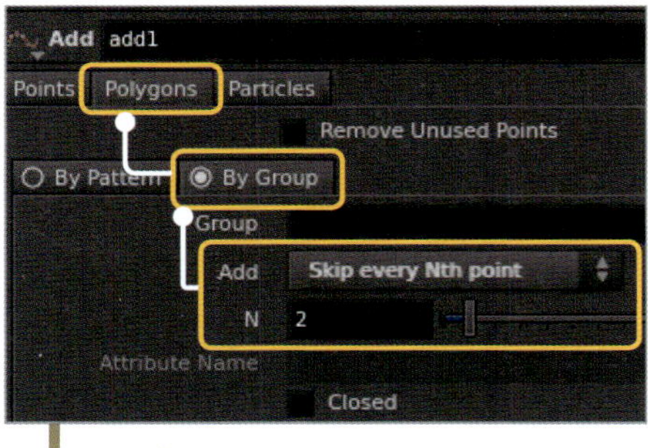

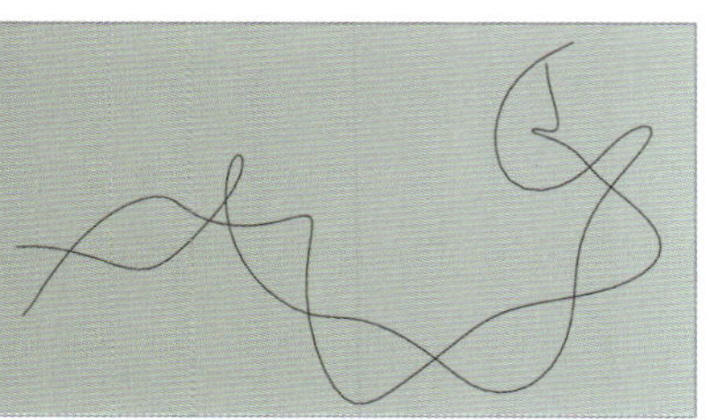

3 続いて、生成されたポイントをつなぎます。「Pclygons」タブ→「By Group」タブ→「Add：Skip every Nth point」にして、「N：2」にします。これは「Skip every 2nd point」つまり2つのポイントごとにラインが生成されます。別の言い方をすると、偶数ポイントのラインと奇数ポイントをつなげたラインが生成される、ということです。

結果、図のような2本のカーブができました。

2本のカーブに成長アニメーションをつける

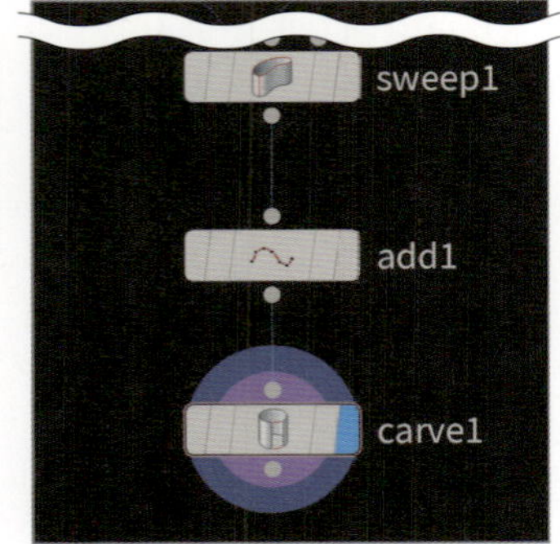

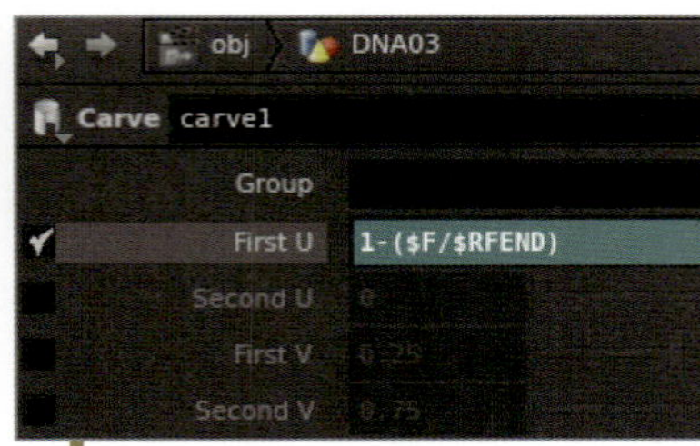

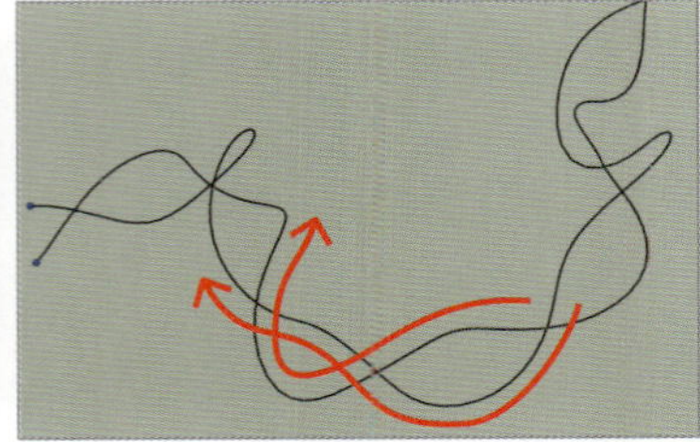

4 この２本のカーブに成長アニメーションを付けます。TAB Menuから「Carve (SOP)」を作成し、「Add (SOP)」の下につなぎます。この「Carve (SOP)」はプリミティブをスライスし、その一部を切り取ることのできるノードです。

5 パラメータ「FirstU」の数値を変更すると、カーブの一部が切り取られて、延びたり縮んだりして見えます。この「FirstU」にエクスプレッションを記述して、アニメーションさせます。まずはパラメータ欄に「$F/$RFEND」と記述してみてください。「$F」は現在のフレーム、「$RFEND」は最終フレームです。現在、開始1、終了240なので、「FirstU」にはシーン中のフレーム番号を0〜1の範囲で表した値が入ります。ここで再生すると、カーブが短くなるアニメーションが付くので（0→1）、「1-($F/$RFEND)」と書き直してこの動きを逆にします（1→0）。これで最終フレームにかけてカーブが延びるアニメーションがつきました。

6 全体の尺が少し長いので半分にします。画面右下のアイコン（上図）をクリックして「Global Animation Options」を表示し、「End：120」に変更して「Apply」します。再生すると、カーブのアニメーションも尺に合わせて少し速くなります。これは**5**でエクスプレッションを使ってアニメーションを記述したためです。最終フレームの変更によって、アニメーションも自動で変更されます。カーブ部分の成長アニメーションはこれで完成です。

直線部分に白黒のカラーアニメーションをつける

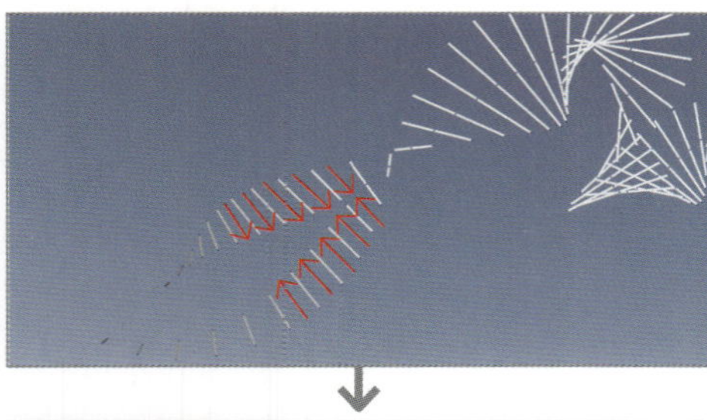

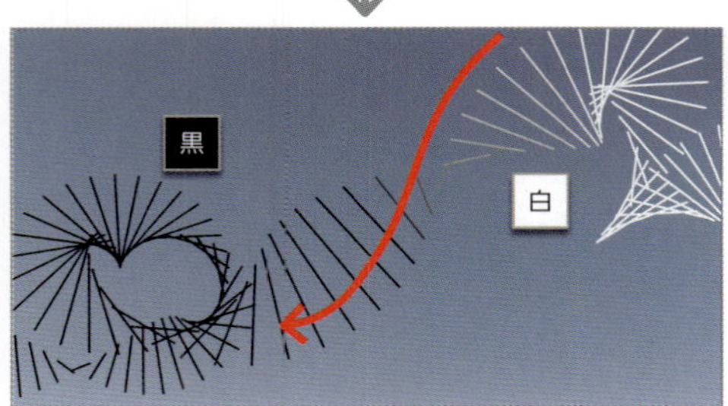

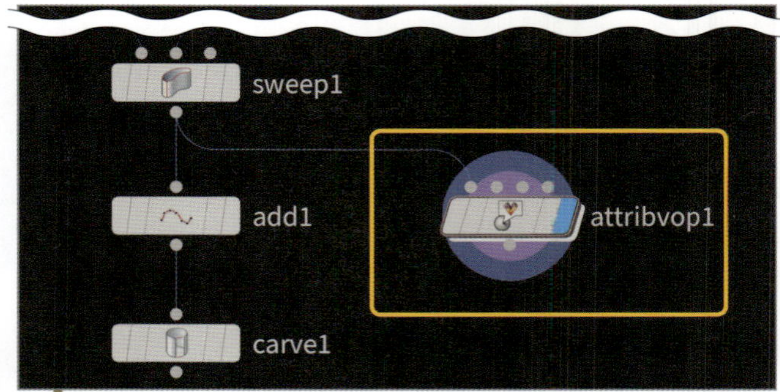

7 続いて、直線部分に両側から延びて中心で合流するアニメーションをつけます（左図）。そのためにまず、直線群が徐々に白くなる色情報のアニメーションを作成します。TAB Menuから「Attribute VOP (SOP)」を作成し、図のように「Sweep (SOP)」の下にコネクトします。

Point VOPとは

VOPというのはこれまで扱ってきたSOPとは別のネットワークタイプで、VEXというエクスプレッション言語をノードを使って表したものです。

これまで扱ってきたノードは、どれも特定の機能を持ったものばかりでした（例えば「Line (SOP)」は直線を描く、「Copy Stamp (SOP)」は複製配置）。

それに対してVOPは、アトリビュートを自由に操作することで、必要な機能を自分でつくりあげていくことができます。VCPのノードには、掛け算や足し算ができるノード、ベクトルを扱うノード、条件を扱うノードなどがあります。これらを駆使して機能を組み立てます。そのため、少なからず数学的、プログラミング的なところがあり、初めは難しく感じるものの、実制作では非常に使用頻度が高く、避けては通れません。ここではごく簡単なVOPネットワークから構築していきたいと思います。

VOPはさまざまなネットワーク内で利用でき、この作例で使う「Attribute VOP (SOP)」はVOPの機能をSOP内で使用するときに用いるノードのひとつです。

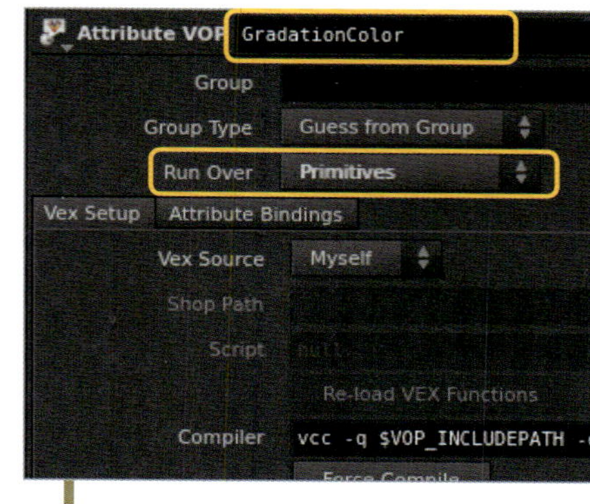

8 まず、作成した「Attribute VOP (SOP)」の名前を「GradationColor」に変更し、パラメータ「Run Over」を「Primitives」に変更します。これで、この「GradationColor」ノードは「Primitive」のアトリビュートを編集するようになりました（「Point」のアトリビュートを編集したいときは「Run Over：Points」にします）。

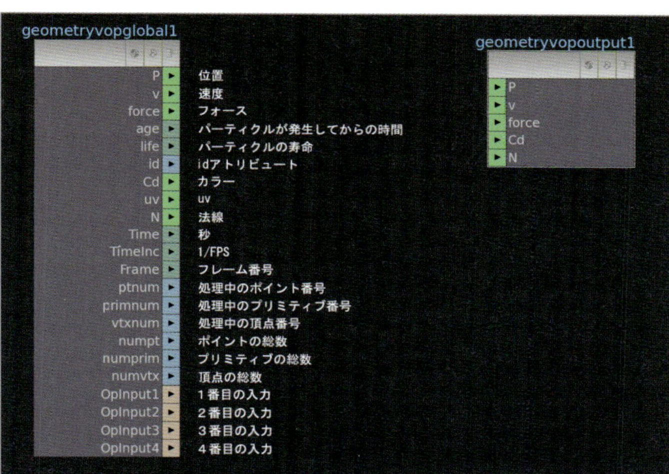

9 ダブルクリック（またはIキー）で「GradationColor」ノードの中に入ると、ノードがふたつあります。左が入力、右が出力です。入力側は「GradationColor」ノードに接続されたノードから、アトリビュートの値を取得できます。同様に出力は、VOP内での計算結果をアトリビュートに戻します。先ほど「Run Over：Primitives」に設定したので、入力出力共にプリミティブのアトリビュートになります。

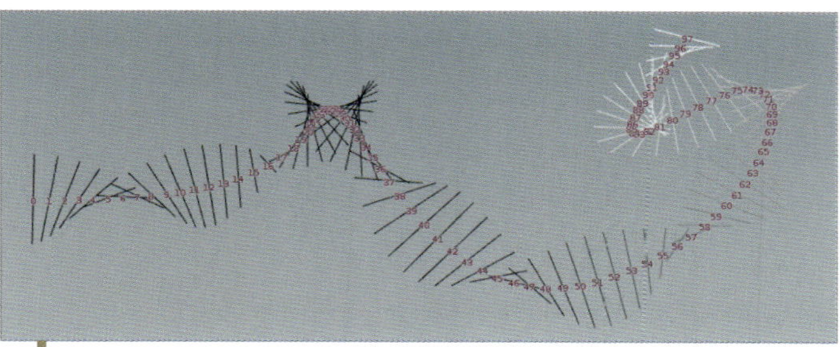

10 VOPのネットワークを構築する前に、どのようなプランで白黒のグラデーションを作成するか説明します。今回は、プリミティブ番号を色情報に対応させます。プリミティブ番号は各プリミティブごとに割り当てられた通し番号のようなものです。ここではDNAの直線1本1本がプリミティブなので、それぞれに番号が割り当てられています。

Point VOPネットワークは独特の構造

これまでのネットワークは上から下にデータが流れましたが、VOPは左から右に流れます。

なお、入力側の「geometryvopglobal1」ノードには、はじめから多数のアトリビュートがありますが、最初からこれらすべてが存在するわけではなく、よく使うアトリビュートにアクセスしやすくなっている、くらいにとらえるのがよいでしょう。

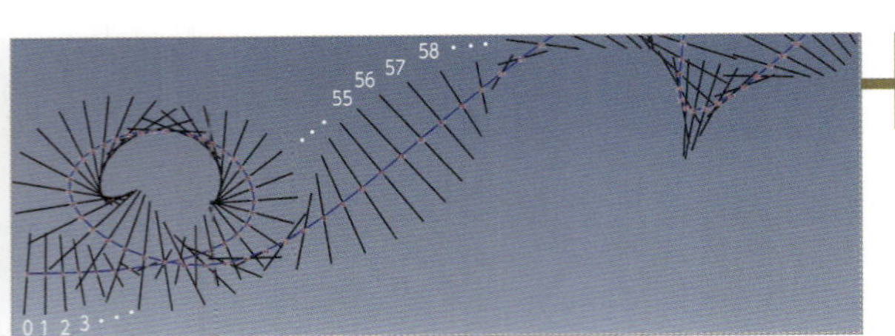

11 プリミティブ番号はシーンビューでも確認できます。シーンビュー右側の「Display Primitive numbers」ボタンを押すと表示できます（左図）。確認すると、プリミティブ番号はDNA直線群の端から順番に、0、1、2ときれいに並んでいます（右図）。

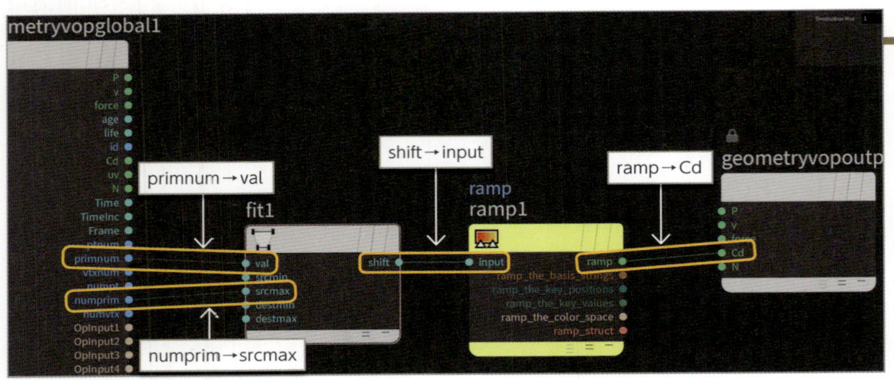

12 「Gradation Color」の中で、TAB Menuから「RampParameter (VOP)」と「Fit Range (VOP)」ノードを追加。続いて、図のように4箇所をコネクトします。

13 「RampParameter (VOP)」は、0～1の範囲の入力に対して、任意の色や数値を対応させて出力できるノードです。左図のようなUIが親階層のノードに自動でつくられるのも特徴です。Ramp Typeは色をコントロールする「RGB Color Ramp」（上）と数値をコントロールする「Spline Ramp(float)」（下）のふたつがあります。ここでは色を扱うので「RGB Color Ramp」を使います。

Point 「Fit Range (VOP)」について

「RampParameter (VOP)」を適切に使うためには、入力値は0～1の範囲内にしなくてはなりません。そこで、ある範囲の数値を別の範囲の数値に置き換える「Fit Range (VOP)」ノードを用いて、プリミティブ番号を0～1の範囲の数字に置き換えています。

例えば「1～100の範囲にある50という数字を、-1～1の範囲に置き換えると0に相当する」という具合です。

ここでは「Fit Range (VOP)」の「val」に「primnum（プリミティブ番号）」が、「srcmax」に「numprim（プリミティブの総数）」がコネクトされています。

パラメータを見ると、「Source Min」「Source Max」「Destination Min」「Destination Max」が、それぞれ入力と出力の数値の範囲を表します。「Source Max」がグレーで操作できないのは「numprim」の値がコネクトされているからです。

現状設定での「Fit Range (VOP)」の処理を意訳すると、「0～プリミティブ総数の範囲の数値（処理中のプリミティブ番号）を0～1の範囲に置き換えて出力」です。この0～1を使って「Ramp Parameter (VOP)」が白黒のグラデーションを作成し、それを「Cd」（カラー）に出力しています。

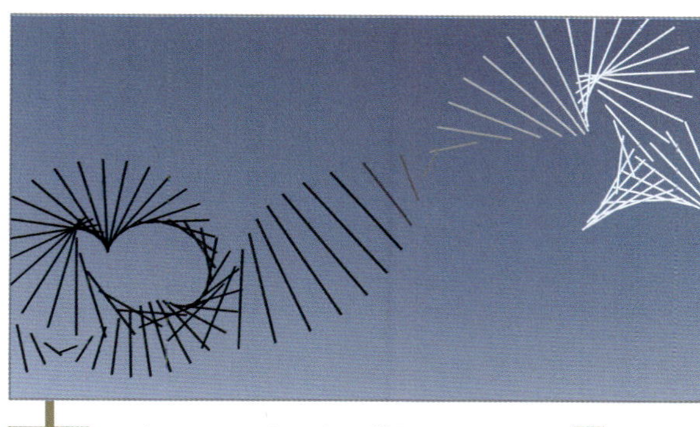

14 Uキーでいったん上の階層に戻ります。[8]で作成した「GradationColor」ノードを選択して表示フラグを立てると、シーン内のDNA直線群に白黒のグラデーションが付いているのが確認できます。

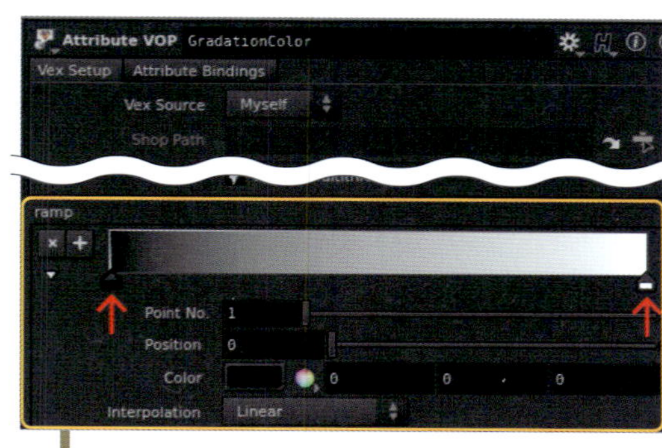

15 [12]での操作により、「GradationColor」のパラメータ下部に、新しく「ramp」が追加されています。グラデーションの両脇にある白と黒のアイコンをドラッグするとグラデーションを操作できます。これを使えば、端から徐々に色が変わるアニメーションが付けられそうですね。

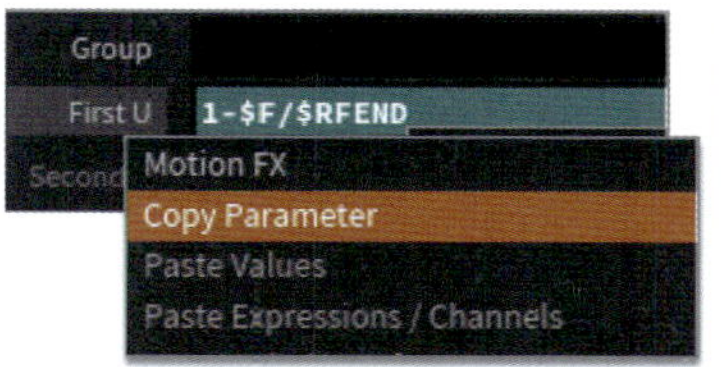

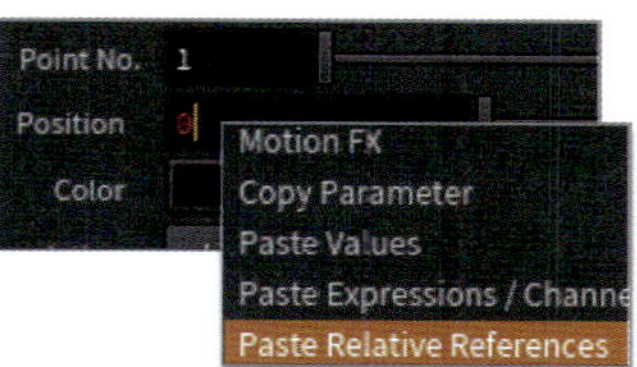

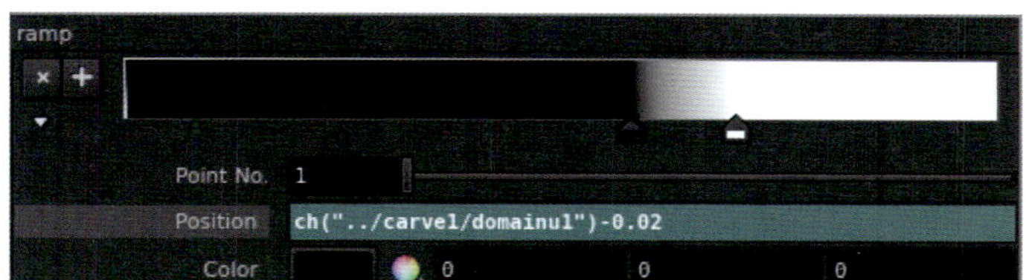

16 色の変わるタイミングは[6]でつくったカーブの成長アニメーションに合わせたいので、その時に使ったエクスプレッションをここでも使います。[5]の「FirstU」パラメータを右クリックメニューからコピー。続いて「GradationColor」の「ramp」でグラデーションの黒いアイコンをクリック、その下の「Position」に右クリックメニューから「Paste Relative References」で貼り付けます。記述の最後に「-0.02」と追記して、「ch("../carve1/domainu1")-0.02」とします。

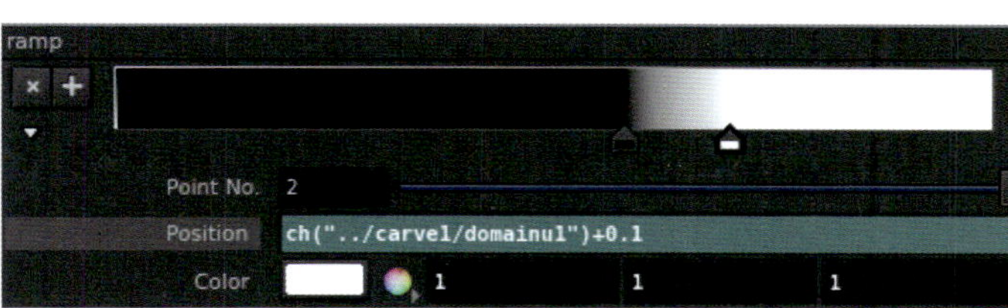

17 同様に白いアイコンをクリック、「Position」にエクスプレッションを貼り付けます。こちらも少し編集して「ch("../carve1/domainu1")+0.1」とします。

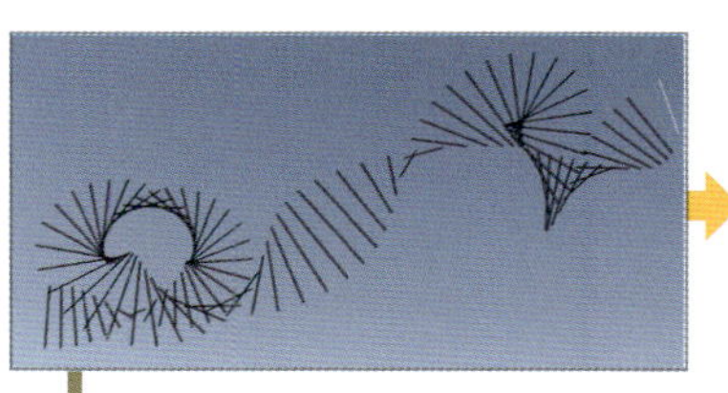
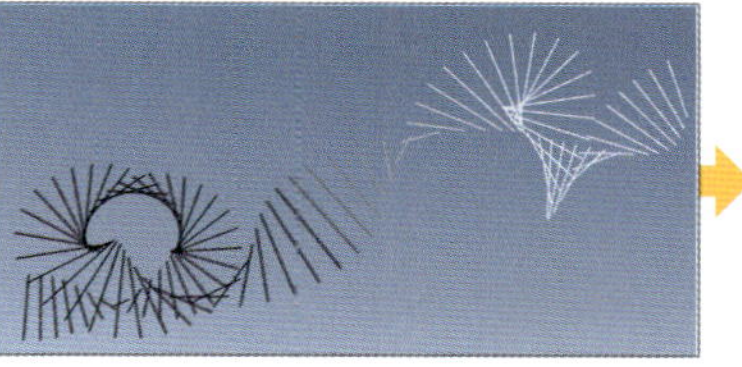
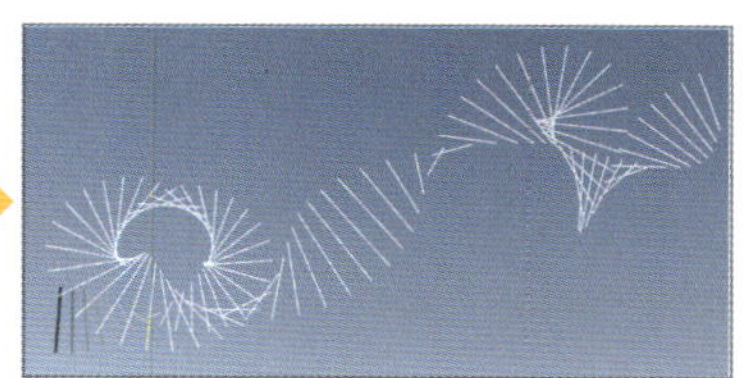

18 再生すると、黒から白へアニメーションします。

白黒アニメーションの情報から成長アニメーションを作成する

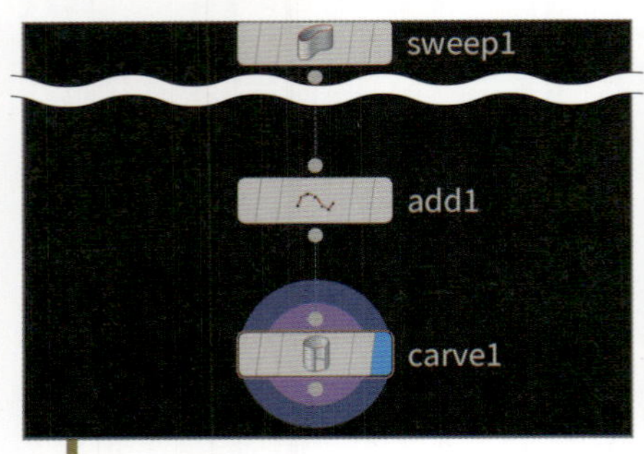

19 白黒アニメーションを元に、直線の成長アニメーションをつくります。ラインが、白いほど長く、黒いほど短くなるよう設定します。まずはTAB Menuから「Carve (SOP)」を作成し、「GradationColor」の下にコネクトします。

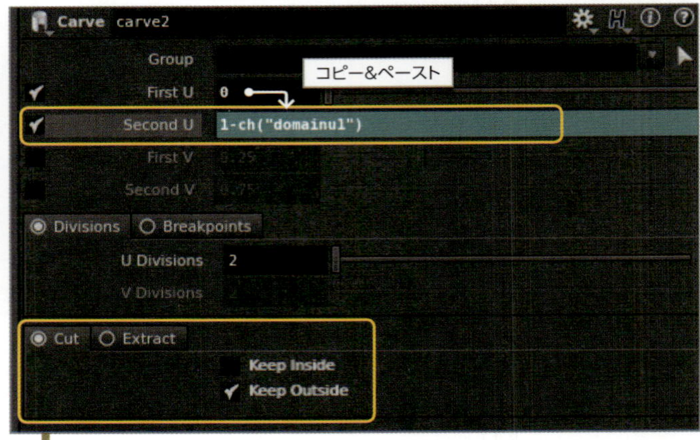

20 作成した「Carve (SOP)」の「First U」値をコピーします(右クリックメニュー→「Copy Parameter」)。次に「Second U」にチェックを入れ、コピーした値を貼り付けます(右クリックメニュー→「Paste Relative References」)。できたエクスプレッションを変更し「1-ch("domainu1")」とします。この設定で「First U」値を適当に変更すると、「Second U」値が0～0.5の範囲で直線の両端を削り取られ、伸び縮みして見えます。この逆の結果がほしいので、「Cut」→「Keep Inside:オフ」「Keep OutSide:オン」にします。

21 これで、直線の両側から延びる動きになりました。

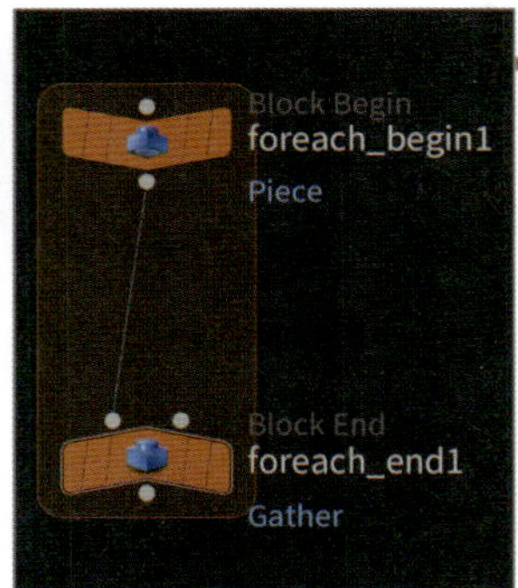

22 ここからは、18の白黒アニメーション情報を利用して各直線の長さを変え、アニメーションを付けます。まずはループ処理で個別に直線の長さを調整します。TAB Menuから「For-Each Point」を選ぶと、「Block Begin (SOP)」と「Block End (SOP)」がペアで作成されます。このノードは、このペアの中に挿入したノードを繰り返し処理します(ループの型については次ページ)。

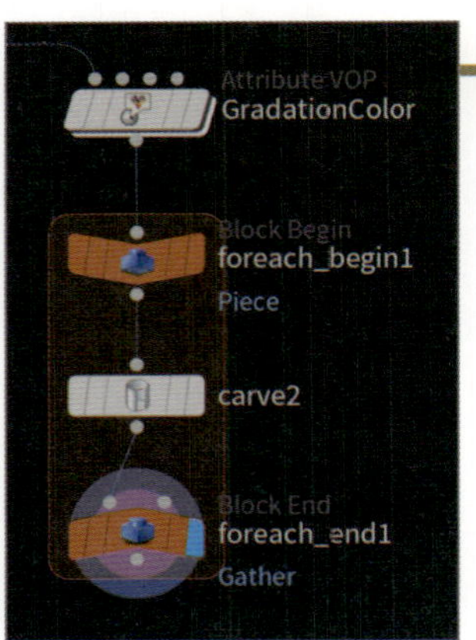

23 「Block Begin (SOP)」の入力に「Gradation Color」をコネクトし、「Block Begin (SOP)」と「Block End (SOP)」の間に19でつくった「Carve (SOP)」を挿入します。

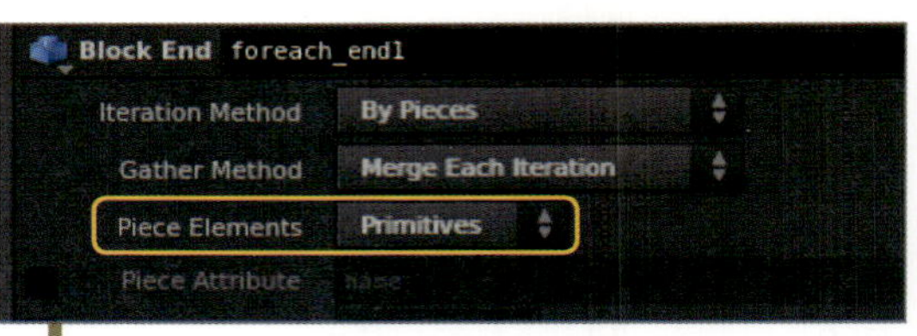

24 パラメータの設定を行います。「Block End (SOP)」を「Piece Elements:Primitives」に変更します。これで全直線に対して個別に処理が行われることになります。

Tips

SOPで使う2つのループ処理「蓄積型」と「バラバラ型」

作例を進める前に、ループ処理について理解しておきましょう。ループ処理とは特定の処理を何度も繰り返すことです。少し難しく感じるかもしれませんが、非常に強力で使用頻度も高いです。

SOPでのループ処理は大きく分けて2種類あります。「同じジオメトリに対して何度も処理するタイプ（例：ひとつの形状に何度もスムースをかけて滑らかにする）」がひとつで、これを便宜上「蓄積型」と呼びます。

もうひとつは「ジオメトリの各ピースに対してそれぞれ処理するタイプ（例：たくさんある破片それぞれに対して処理を行う）」で、こちらを「バラバラ型」と呼ぶことにします。

どちらも、パラメータ設定が異なるだけで同じ「Block Begin（SOP）」と「Block End（SOP）」をペアで使用しています。

TAB Menuから「For Loop～」を選ぶと「蓄積型」、「For-Each～」を選ぶと「バラバラ型」の設定になります。この作例では後者のループ処理を使います。

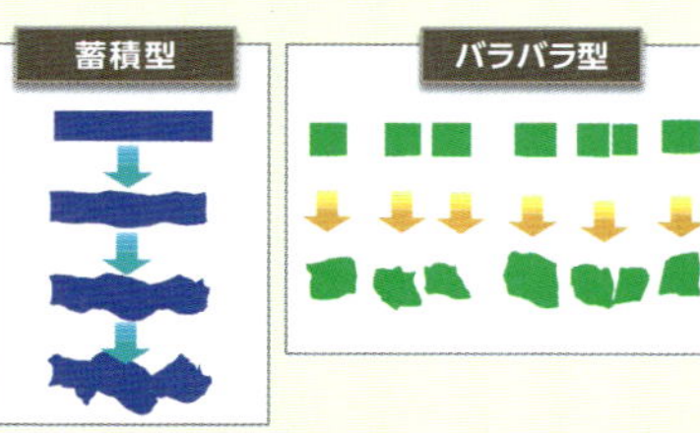

同じジオメトリに対して何度も処理する「蓄積型」とジオメトリの各ピースに対してそれぞれ処理する「バラバラ型」。

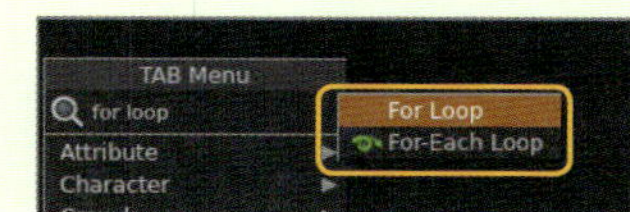

TAB Menuから「For Loop」を選ぶと「蓄積型」、「For-Each Loop」を選ぶと「バラバラ型」です。

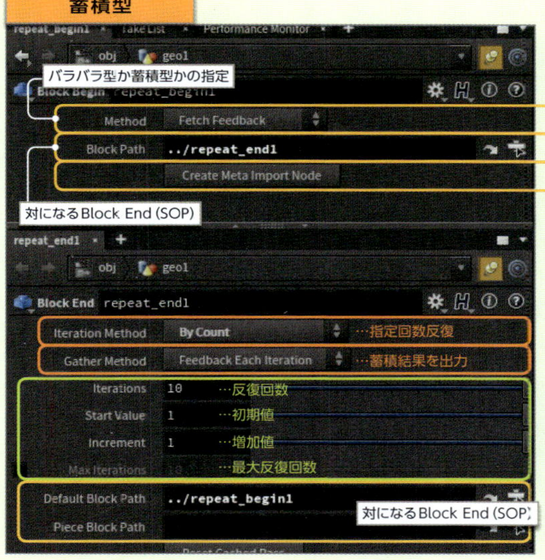

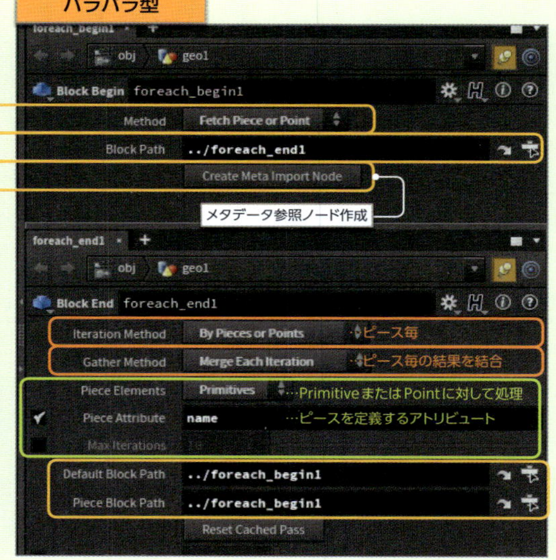

パラメータ設定は型によって一部違いがあります。

Point　両者を組み合わせることも可能

ここでは「蓄積型」と「バラバラ型」を紹介しましたが、ふたつを組み合わせたタイプも作成可能です。特定のジオメトリを各ピースで処理できるということで、例えばトーラス形状を複数の球体で削り取るなんてことができます。

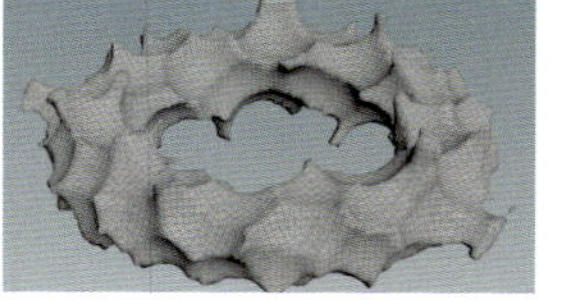

25 次に「Carve (SOP)」のパラメータにエクスプレッションを記述して、カラー情報を元に各直線の長さが変わるようにします。「FirstU」に「prim("../foreach_begin1/", 0 , "Cd",0)*0.5」と記述します。「prim( )」は、指定したノードのプリミティブアトリビュートを取得するエクスプレッションです。

prim(ノードのパス, プリミティブ番号, アトリビュート名, インデックス)

という書き方で使います。記述内容を意訳すると、「パスが"../foreach_begin1/"のノードの0番目のプリミティブの、カラーアトリビュートの0番目の値（この場合RGBのR）を取得してその値を0.5倍する」となります。

Point このエクスプレッションの補足

左のエクスプレッションについて別の言い方をすると、「Block Begin (SOP)」に入力されたプリミティブのカラー（赤）アトリビュートを取得するとなります。

カラーアトリビュートは赤緑青の3つで1セットの情報ですが、今回は白〜黒のグラデーションで赤緑青の3つとも同じ値なので、赤だけを使えばこと足りる、ということです。

24 で行ったバラバラ型のループ設定で、「Block Begin (SOP)」にはループ処理ごとにプリミティブ（直線）が1本ずつ入力されます。ループ中はプリミティブが1個しかないので、プリミティブ番号0を指定すれば、現在ループ処理中のプリミティブが指定できます。そのプリミティブごとにカラーアトリビュートを取得して、「Carve (SOP)」のFirstUの値を決めるのに使うということです。

カラーアトリビュートはアニメーションするようにつくってあるので、それを参照している「Carve (SOP)」のアトリビュート「FirstU」もアニメーションします。最後に0.5倍しているのは、これまでの設定で「FirstU」値が0〜0.5の範囲で、直線がくっつくからです。

26 参照するエクスプレッションが書けたら再生してみましょう。白黒のアニメーションに合わせて直線が成長しています。

Point エクスプレッションについてはマニュアルで確認を

エクスプレッションの関数の記述方法についてはマニュアルを参考にするとよいでしょう。

Houdiniの「Help」メニュー→「Show Help Pane」またはSideFXのサイトから「Documents」のリンクをたどりマニュアルページに行きます。

トップページにある「Expression functions」のリンク先に関数の一覧があり、そこで各関数の記述ルールを確認できます。

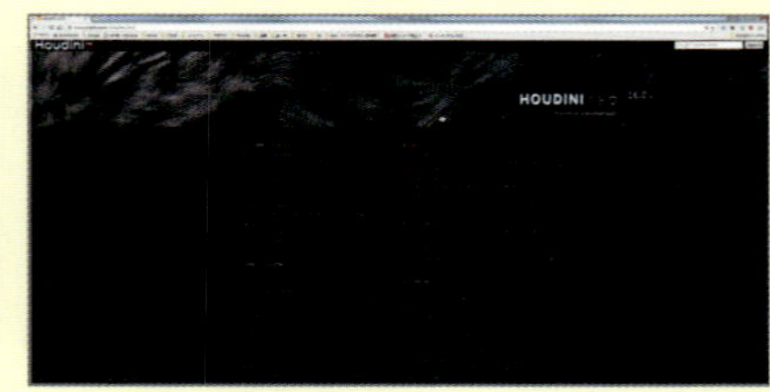

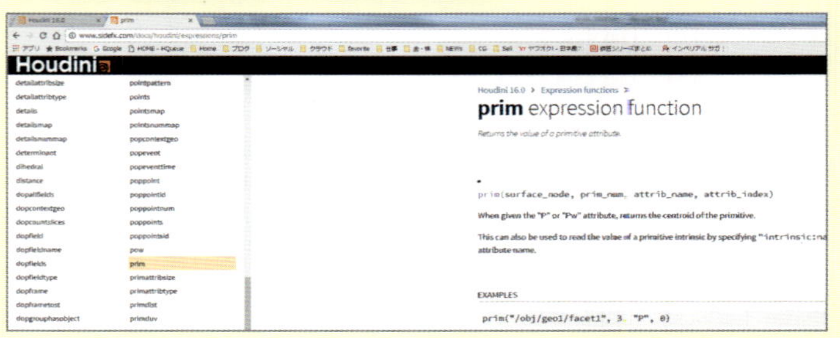

カーブと線の太さも成長アニメーションの要素にする

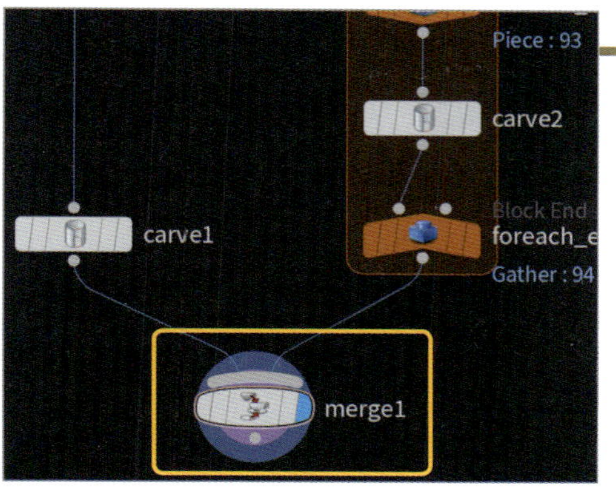

27 6でつくったカーブと26でつくった直線をマージします。TAB Menuから「Merge (SOP)」を作成し、「Carve (SOP)」と「Block End (SOP)」にコネクトします。

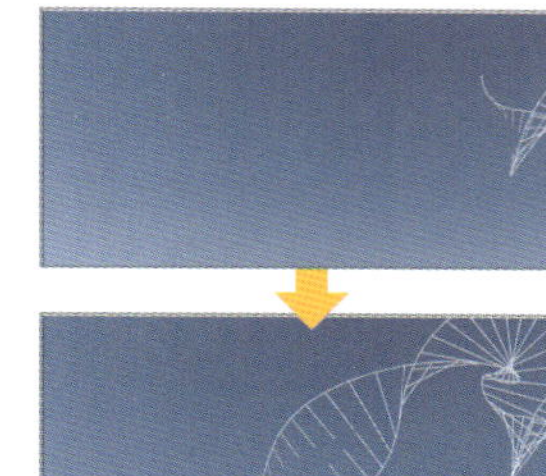

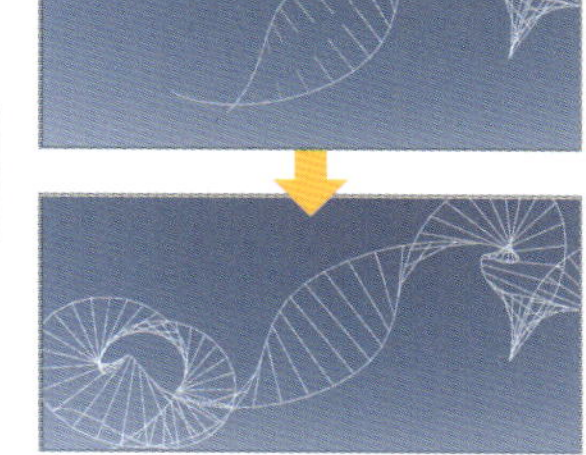

28 再生してみましょう。「Base Curve」と「CrossLine」両方の成長アニメーションのベースができました。

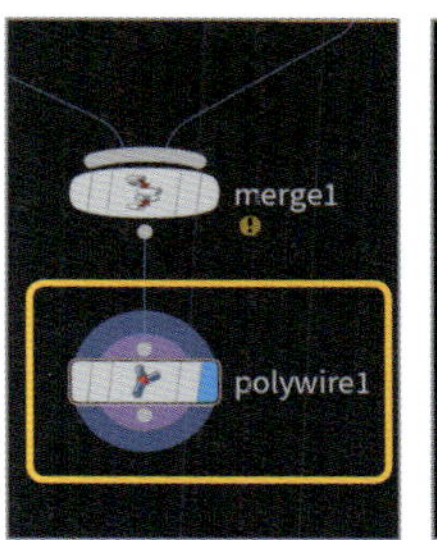

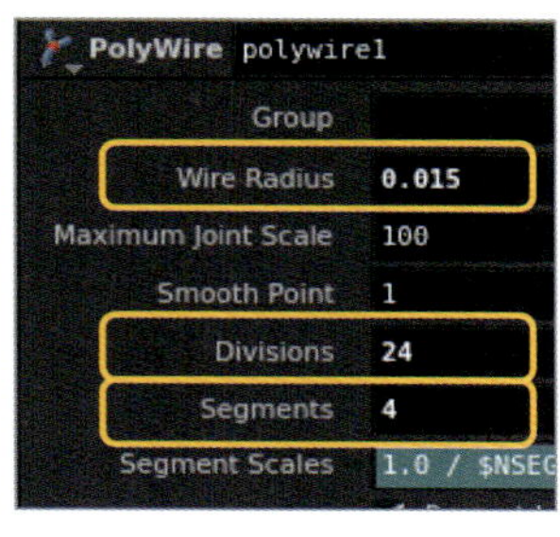

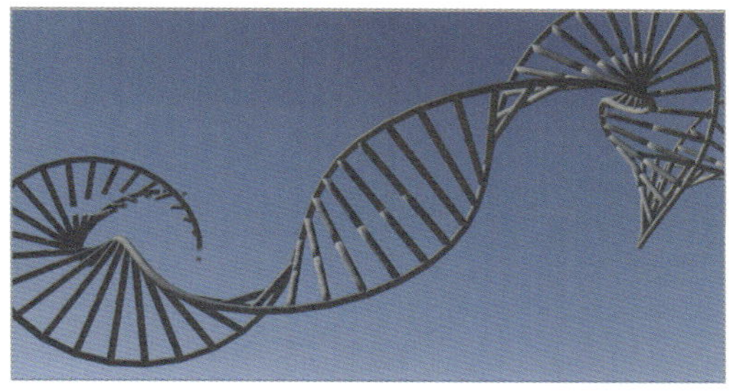

29 厚みを付けます。TAB Menuから「PolyWire (SOP)」を作成し、「Merge (SOP)」の下にコネクトします。そのままでは太すぎるので、「Wire Radius：0.015」「Divisions：24」「Segments：4」に設定します。

30 もうひと工夫加えて、「CrossLine」の太さにも白黒アニメーションの影響を与え、発生しはじめは細く、次第に太くなるようにします。先ほどはforループを使いましたが、今回は「PolyWire (SOP)」に標準で用意されている、カラー情報をポイントごとに取得できるローカル変数$CRを利用します。図のように「Wire Radius:0.015*$CR」と記述します。しかし変化はありません。それは、PolyWireが対応する変数「$CR」はポイントのアトリビュートなのに対して、現在あるのはプリミティブの「$CR」アトリビュートのためです。

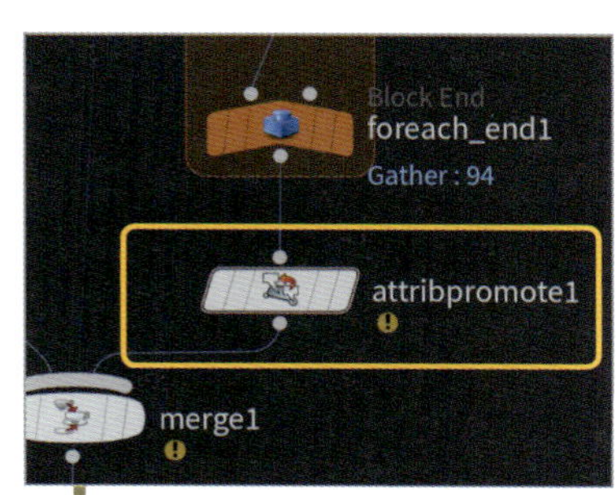

31 そこで、「PolyWire (SOP)」がローカル変数「$CR」を取得できるように、プリミティブにあるカラーアトリビュートをポイントに移し替えます。TAB Menuから「Attribute Promote (SOP)」を作成し、「Block End (SOP)」と「Merge (SOP)」の間に挿入します。

Point 変数「$CR」の動き

ここで出てくる「$CR」はカラーアトリビュートRGBのうち、赤 (ColorRedでCR) を指します。ラインが黒の場合は$CR=0、白の場合$CR=1となります。

Tips

Attribute Promote（SOP）の概要

「Attribute Promote（SOP）」は、任意のアトリビュートを別のコンポーネントレベルのアトリビュートに昇格（または降格）できるノードです。

作例では、プリミティブのアトリビュート「Cd」をポイントのアトリビュートに移行します。今回のようなプリミティブからポイントへの移行では、プリミティブを構成するポイントすべてに同じ値が入ります。

もしこれが逆に、ポイントからプリミティブへのアトリビュート移行となる場合は、ひとつのプリミティブを構成するポイントが複数あるので、プリミティブのアトリビュート値をどのように決定するか指定する必要が出てきます。これはパラメータ「Promote Method」として、平均値・最大値・合計などいろいろな方法が用意されています。

今回はプリミティブからポイントへの移行のため、プリミティブを構成するポイントすべてに同じ値が入ります。

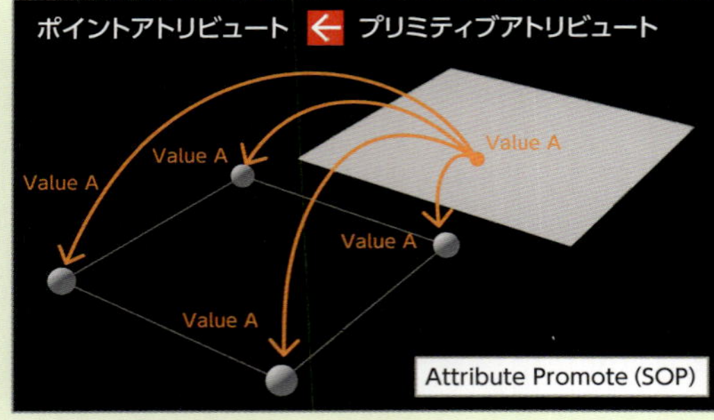

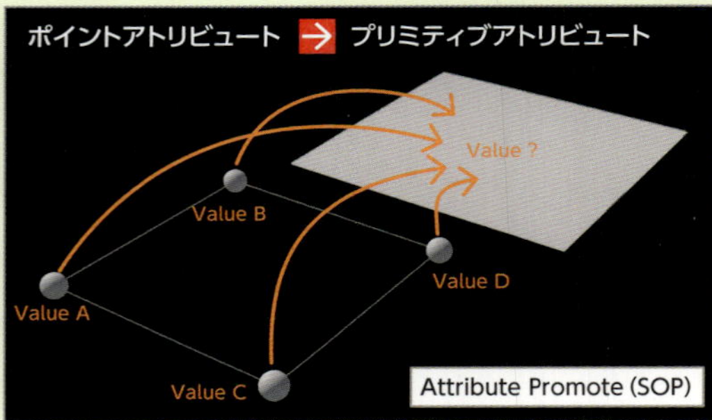

ポイントからプリミティブへ移行する場合は、プリミティブのアトリビュート値の決定方法を別途指定する必要があります。

Point 移行したアトリビュートの名前を変更する

移行後にアトリビュート名を変更する場合は、「Change New Name：オン」にして「New Name」に新しい名前を書きます。「Delete Original：オン」の時に、オリジナルのアトリビュートが削除されます。

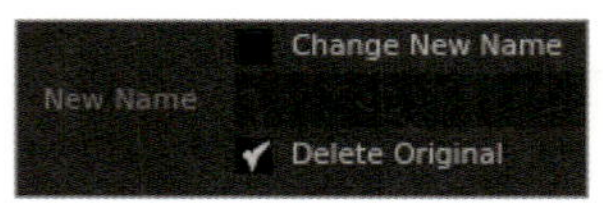

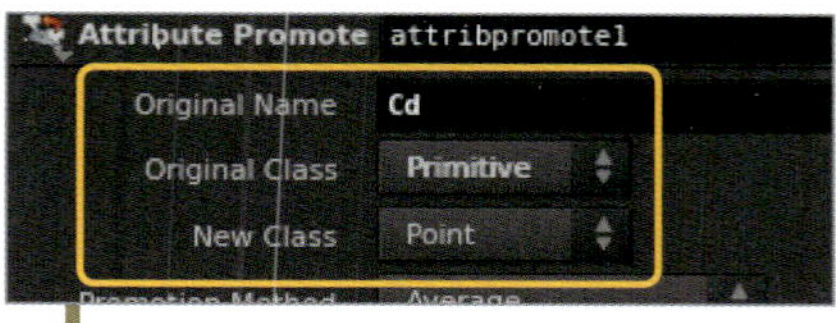

32 「Attribute Promote (SOP)」のパラメータを設定します。「Original Name：Cd」「Original Class：Primitive」にして、「New Class：Point」であることを確認します。そのほかはデフォルトです。これでプリミティブアトリビュート「Cd」がポイントアトリビュートに移行できました。

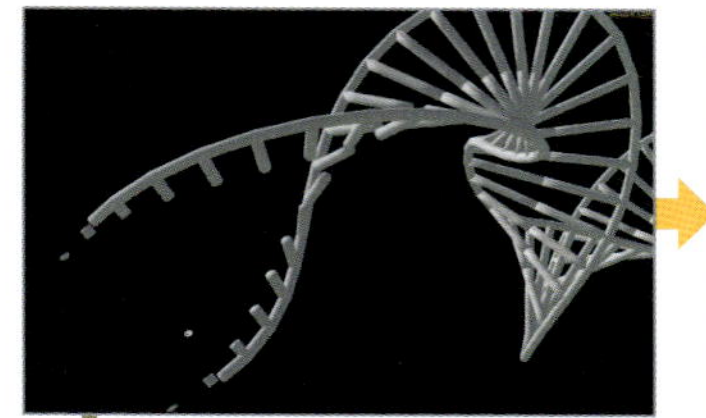

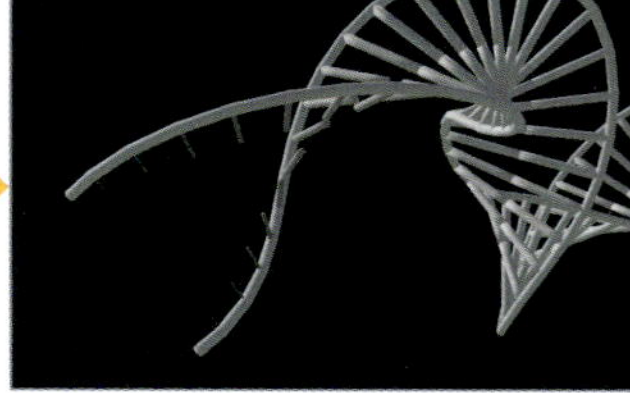

33 アトリビュートをプロモートしたことで30のエクスプレッションが機能します。「PolyWire (SOP)」に表示フラグを立ててシーンビューを見てみると、DNAの先頭付近の「CorssLine」が細くなっています。「Attribute Promote (SOP)」のバイパスフラグをオンオフして変化を確認してみてください。

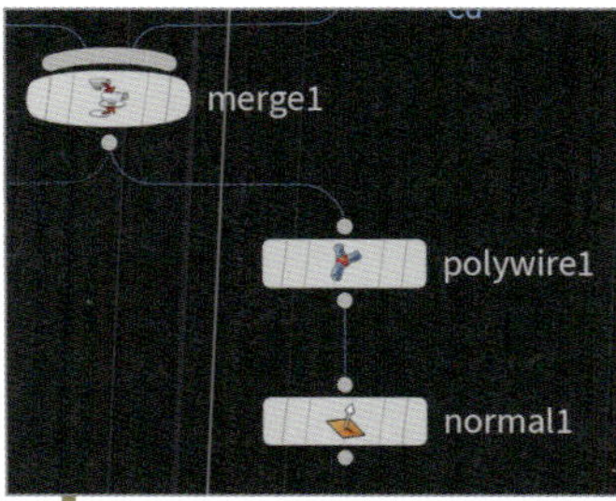

34 法線を定義します。TAB Menuから「Normal (SOP)」を作成し、「Poly Wire (SOP)」の下にコネクトします。「Normal (SOP)」は法線を計算して、法線アトリビュート(N)を追加するノードです。

Point Merge (SOP) に出ているWarning

「Merge (SOP)」 にWarningが出ているはずです。作例1と同様、これはマージしたジオメトリでアトリビュートが一致していないためです。「CrossLine」には「Cd」(カラー) があるのに、「BaseCurve」にはないということです。

このWarningは、「Color (SOP)」を「BaseCurve」に挿入すると消えます。

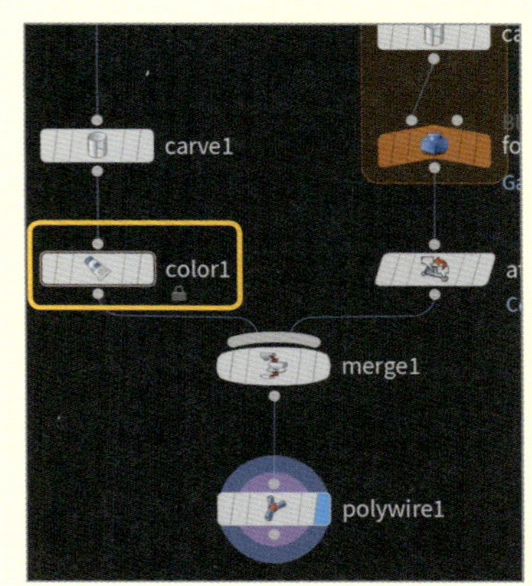

DNAの先端と節に球を配置する

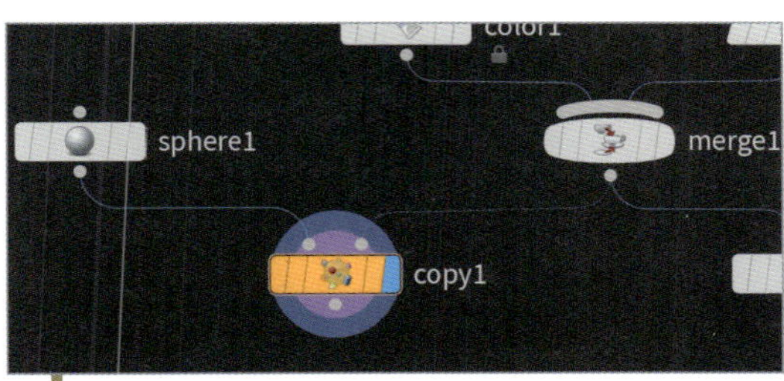

35 DNAの先端と節に球を配置します。まずは必要なノードをつくってしまいます。TAB Menuから「Sphere (SOP)」と「Copy Stamp (SOP)」を作成。図のように「Copy Stamp (SOP)」の「Input1」を「Sphere (SOP)」に、「Input2」を27でつくった「Merge (SOP)」にコネクトします。「Copy Stamp (SOP)」の複製配置の位置はPointベースなので、DNAの先端と節の部分がコピー先になります。

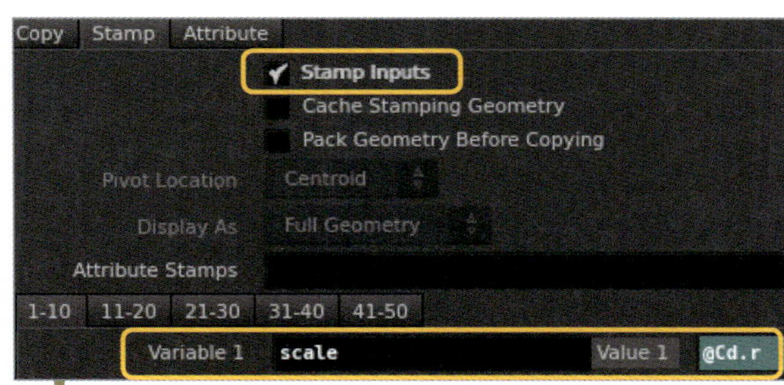

36 「Copy Stamp (SOP)」のStamp機能を使って、Sphereの大きさを発生時は小さく徐々に大きくなるようにします。これも18でつくった白黒アニメーションの情報を元にします。まず「Stamp」タブ→「Stamp Inputs：オン」にして、次に「Variable1：Scale」「Value1：@Cd.r」と記述します。

Point

エクスプレッションで@を使うと??

これまでの工程ではカラー赤アトリビュートの参照に「$CR」と記述してきました。それとは別の方法として、今回のように頭文字に@マークを使うことでアトリビュートの値を参照できます。「@Cd.r」はColorアトリビュートの中の赤を意味します。

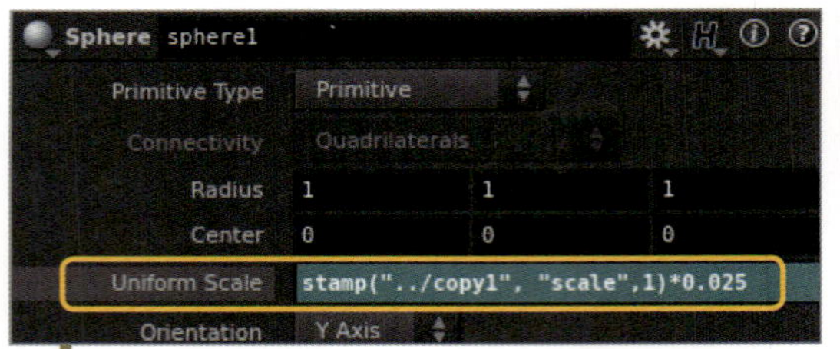

37 「Sphere (SOP)」に作例2でも使ったStampのエクスプレッションを記述します。「Uniform Scale」に「stamp("../ccpy1", "scale",1)*0.025」と書きます。コピー時に「stamp( )」の値が「Copy Stamp (SOP)」で指定した値に置き換わります。この場合は「@Cd.r*0.025」になります。「@Cd.r」値はコピー先のポイントごとに異なるので、コピーされたSphereのサイズもコピー先のポイントごとに変わります。これで球をDNAの先端と節に配置できました。

質感をつけてレンダリングする

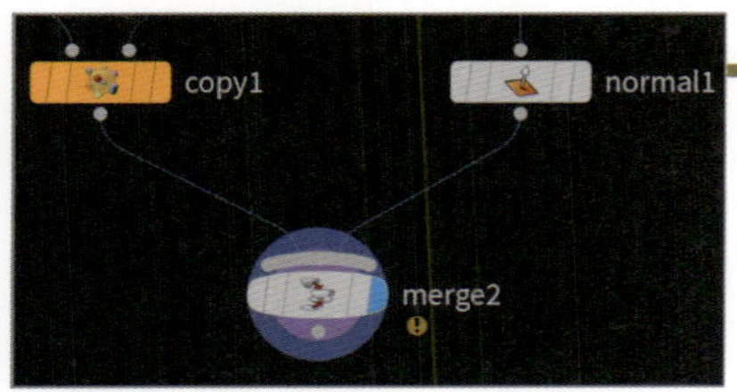

38 34と37の結果を結合します。TAB Menuから「Merge (SOP)」を作成し、「Copy Stamp (SOP)」と「Normal (SOP)」のふたつの下にコネクトします。

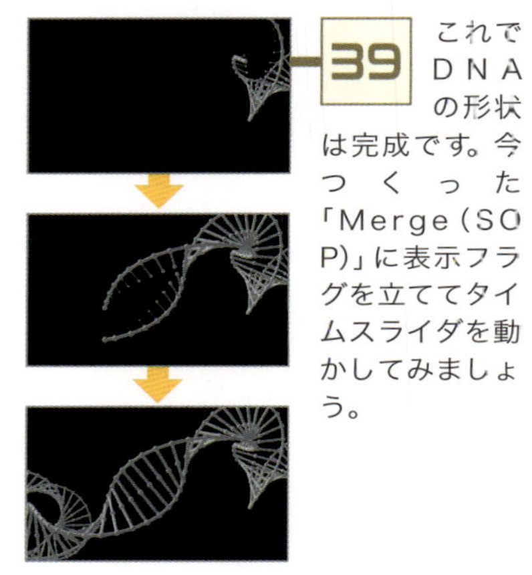

39 これでDNAの形状は完成です。今つくった「Merge (SOP)」に表示フラグを立ててタイムスライダを動かしてみましょう。

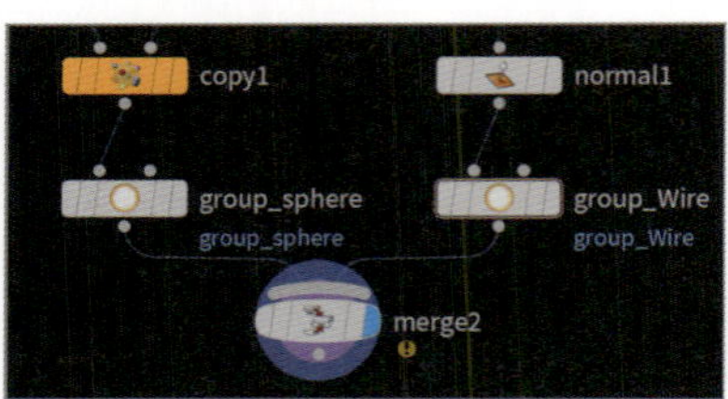

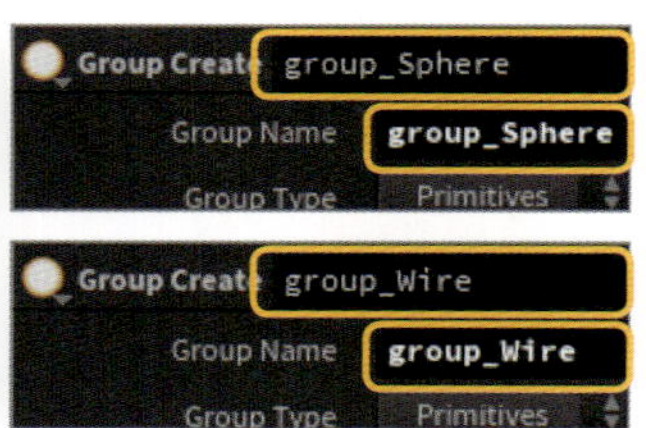

40 質感をつけます。まずはこれまで同様、グループごとのマテリアル指定です。「Group Create (SOP)」をふたつ作成し、それぞれ38で作成した「Merge (SOP)」と「Normal (SOP)」の間、「Merge (SOP)」と「Copy Stamp (SOP)」の間に挿入します。続いてノード名とパラメータを図のように変更します。

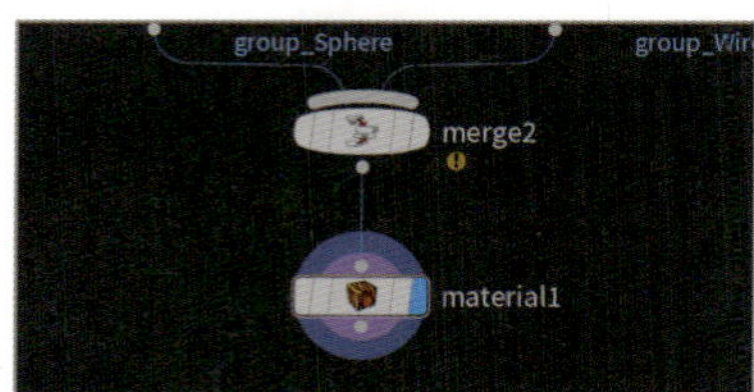

41 TAB Menuから「Material (SOP)」を作成し、ネットワーク最後の「Merge (SOP)」の下にコネクトします。

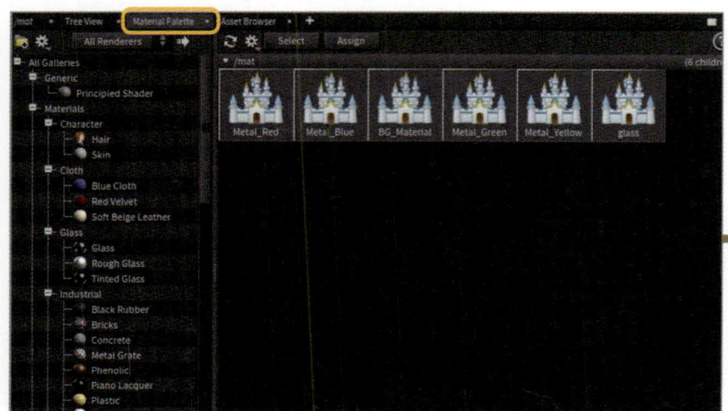

42 「Material Palette」機能を使って新しいマテリアルをつくります。ネットワークエディタ上部の「Material Palette」タブを選択し、図のウィンドウが表示されます。左側には「ギャラリー」と呼ばれるマテリアルのプリセットが、右側にはこのシーン内にあるマテリアルが並んでいます。

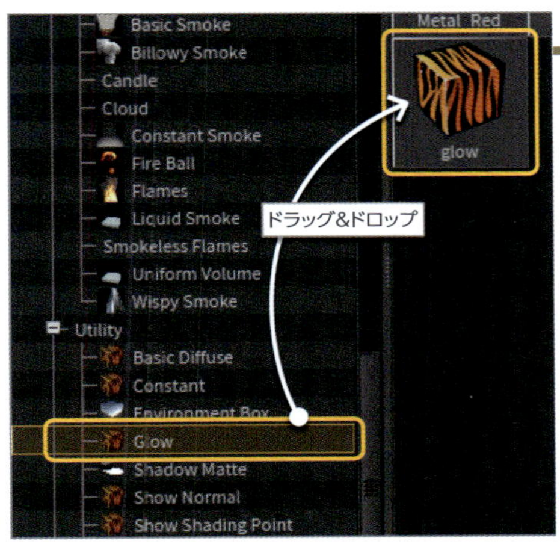

43 左側、ギャラリーのリスト下方にある「Glow」プリセットを選んで、右側にドラッグ&ドロップします。これでこのマテリアルがシーンに追加されました。この「glow」マテリアルは、ぼんやり発光したように見えるマテリアルです。

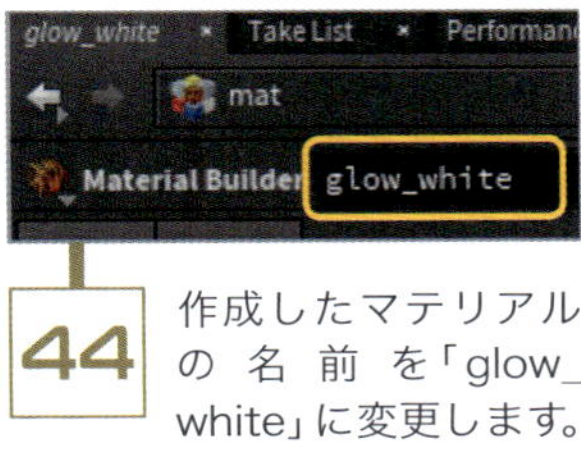

44 作成したマテリアルの名前を「glow_white」に変更します。

45 43の手順でもう1つ「Glow」マテリアルを作成、名前を「glow_red」とします。

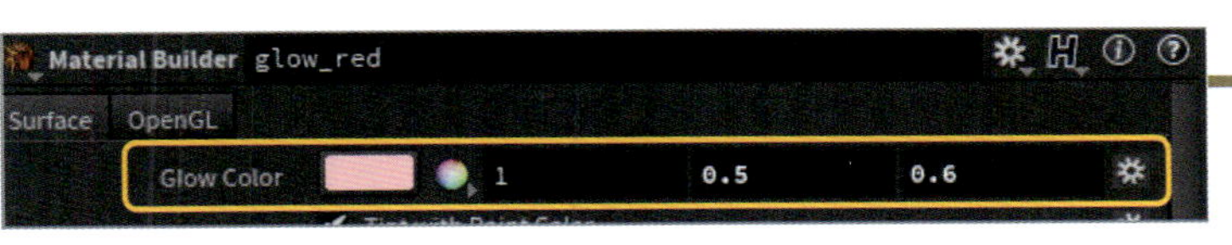

46 「glow_red」を「Glow Color：1　0.5　0.6」に設定、少し赤くします。

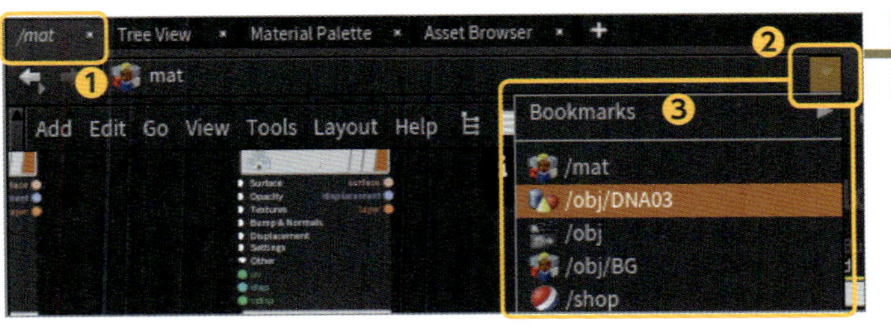

47 作成したマテリアルがどのようなものか、一度割り当ててみます。いったん、元の階層（/obj/DNA03）に戻ります。「/mat」タブを選択してネットワークエディタに戻り、▼ボタン（❷）を押して、メニューから「/obj/DNA03」を選んで移動します。

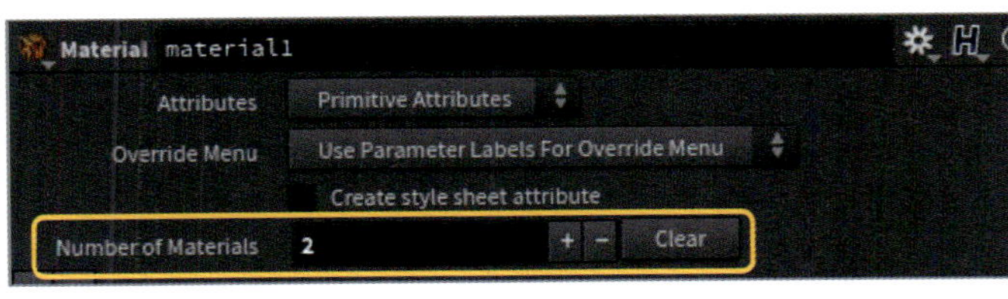

48 マテリアルを割り当てていきます。ノード「material1」を選択して、パラメータを「Number of Materials：2」に設定（マテリアルを2つ割り当てられるように）します。

49 ひとつ目のマテリアルは「Group：group_Wire」「Materal：/mat/glow_white」と指定します。

50 ふたつ目は「Group：group_Sphere」「Materal：/mat/glow_red」とします。

51 レンダリング用に「Mantra（ROP）」を作成します。「/out」ネットワークに移動し、作例1でつくった「Mantra（ROP）」の「DNA01」ノードをAltキー＋ドラッグで複製します。複製したノード名を「DNA03」に変更します。

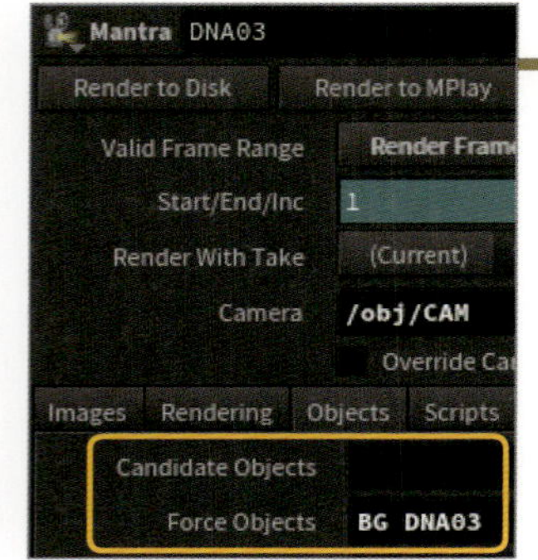

52 「Mantra (ROP)」の「DNA03」ノードのパラメータを設定します。「Objects」タブ→「Candidate Objects」から「*」を削除して、「Force Objects」に「BG」と「DNA 03」を設定します。これで「DNA03」では、作例1の背景(BG)と、ここで作成したDNAをレンダリングできます。

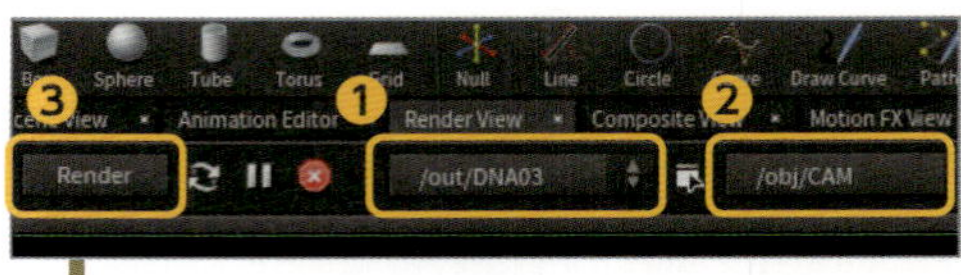

53 レンダリングして結果を確認します。シーンビュー上部のタブを「Render VIew」に切り替え、図のようにレンダリングするノード「/out/DNA03」と、レンダリングに用いるカメラ「/obj/CAM」を指定します。続いて「Render」ボタンでレンダリングを実行します。

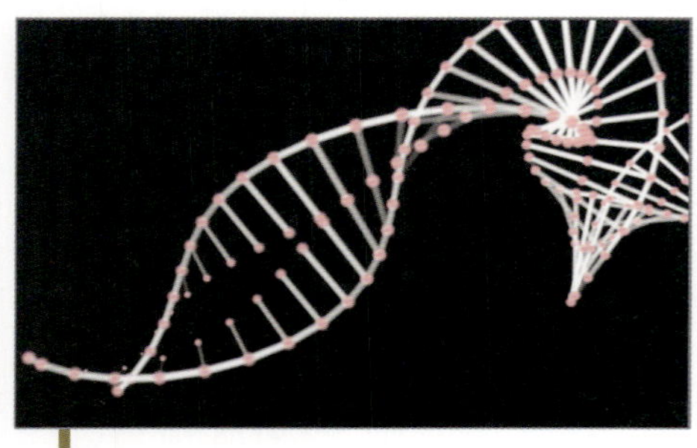

54 ここでは60フレーム目をレンダリング。「Glow」マテリアルの効果で、ぼんやりとした輪郭になりました。

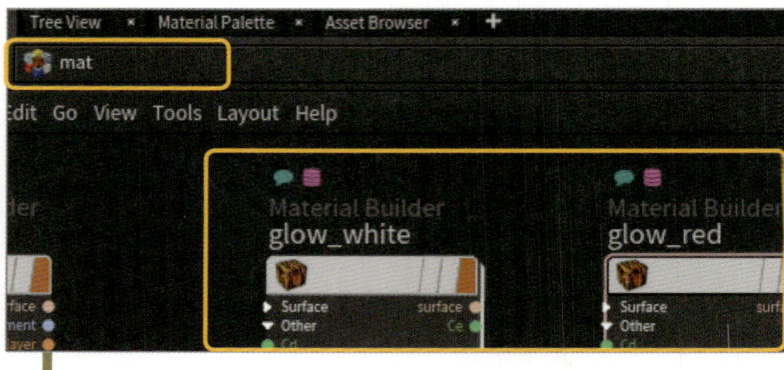

55 マテリアルを調整して、もう少し締まった絵にします。「Render View」はそのままで、ネットワークエディタで「/mat」階層に移動します。ノードの中に、ギャラリーから作成したマテリアル「glow_white」と「glow_red」があります。

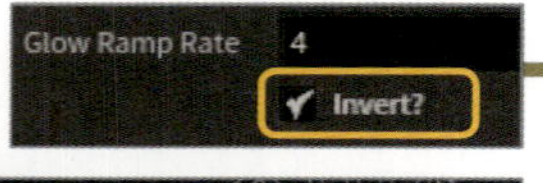

56 「glow_white」ノードのパラメータ「Invert?」をオンにします。「Render View」のレンダリング画像が更新され、「Glow」効果が反転し、外側が濃く、内側が薄い見た目になりました。

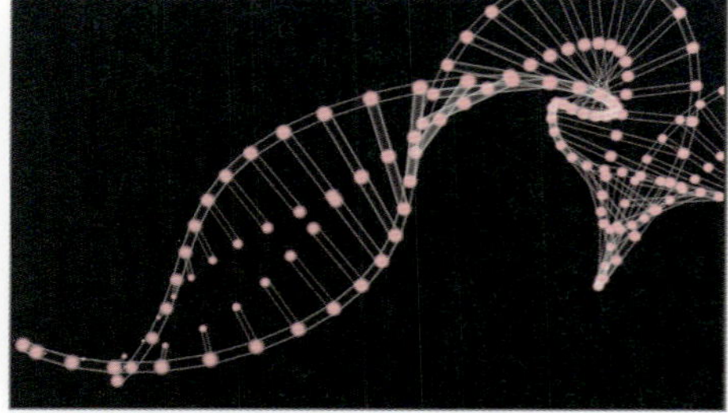

57 少しカッチリしすぎているので、もう少し調整します。「glow_white」ノードで「Glow Ramp Rate：2」に設定して、減衰具合を少し柔らかくします。

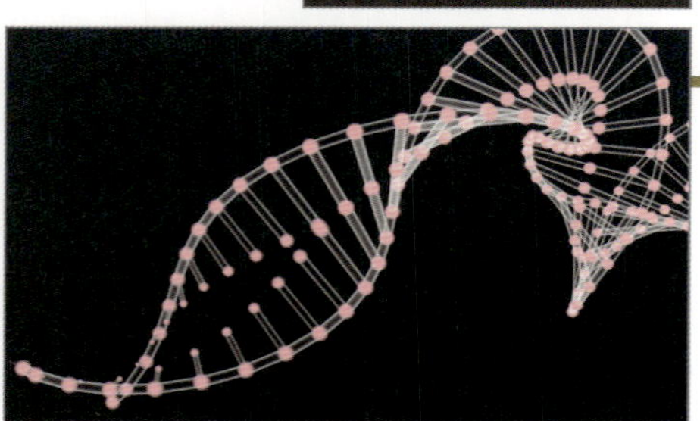

58 「glow_red」ノードは「Glow Ramp Rate：2」「Invert?：オフ」に設定して、少しカッチリした輪郭にします。これでマテリアルの調整ができました。

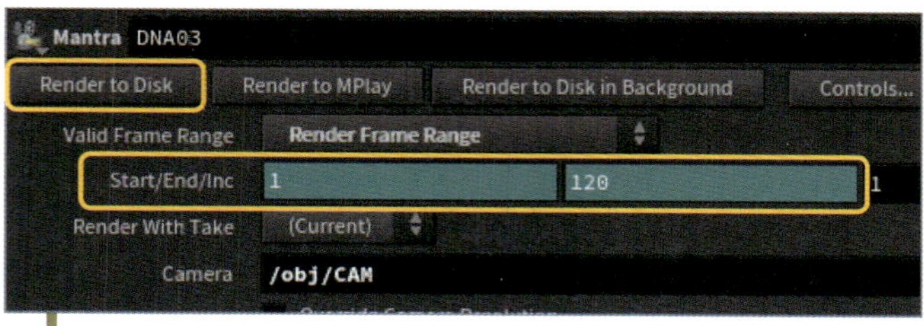

59 シーンが完成したので、全フレームをレンダリングします。「/out」階層に移動し、「DNA03」ノードのパラメータを確認します。パラメータ「Valid Frame Range」が「Render Frame Range」であることを確認し、「Start/End/Inc」でレンダリングフレームを指定します。最後に「Render to Disk」ボタンを押して全フレームのレンダリングを開始します。もし時間がかかるようなら、解像度を小さくしてもよいかもしれません。

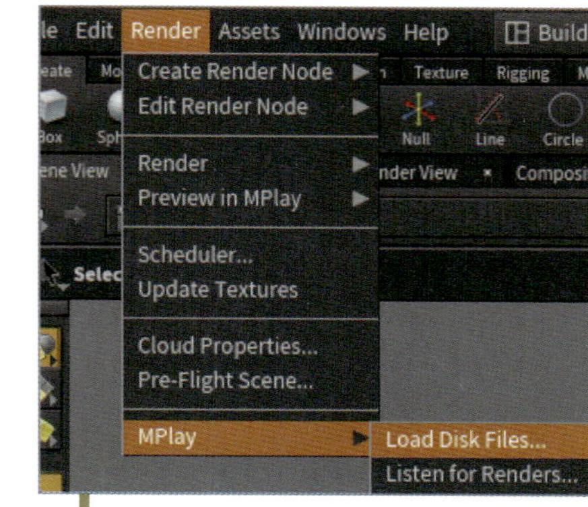

60 レンダリングが完了したら、MPlayにシーケンス画像を読み込んで再生してみます。Renderメニュー→「MPlay」→「Load Disk Files」を選択し、レンダリングしたファイルを読み込みます。

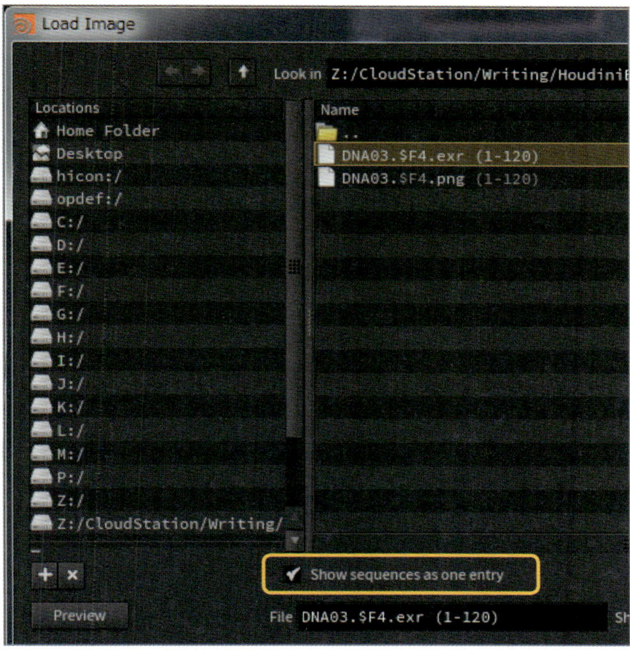

61 作例1の時と同じ出力先の設定のままなので、「$HIP/../images/$OS/$OS.$F4.exr」、この場所に出力されています。画像を読み込む際、設定の「Show sequences as one entry」をオンにしてからファイルを選択します。こうすることでファイルの表示が一連でまとまり、画像をシーケンスで読み込めます。

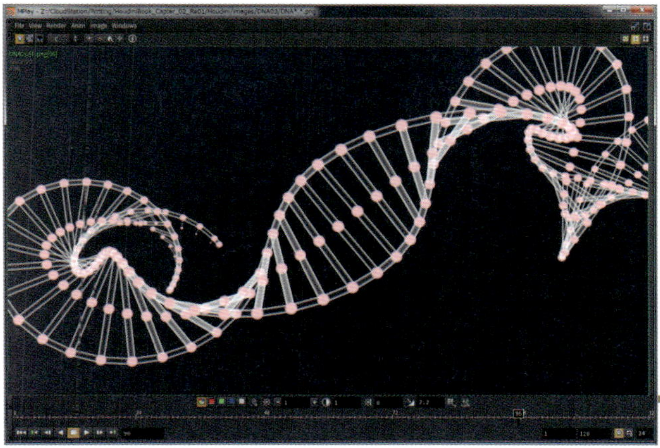

62 画像を読み込むと、別ウィンドウが立ちあがり、画像を連番で再生できます。これでこの作例は終了です。

2-5 作例4 雷

難易度 ★★★

この作例では雷ジオメトリを作成します。今回は、基本的なネットワークを構築したあとで、その後、作ったネットワークをループ処理とサブネット化によってスリムにより汎用的にしたいと思います。

STEP 制作手順

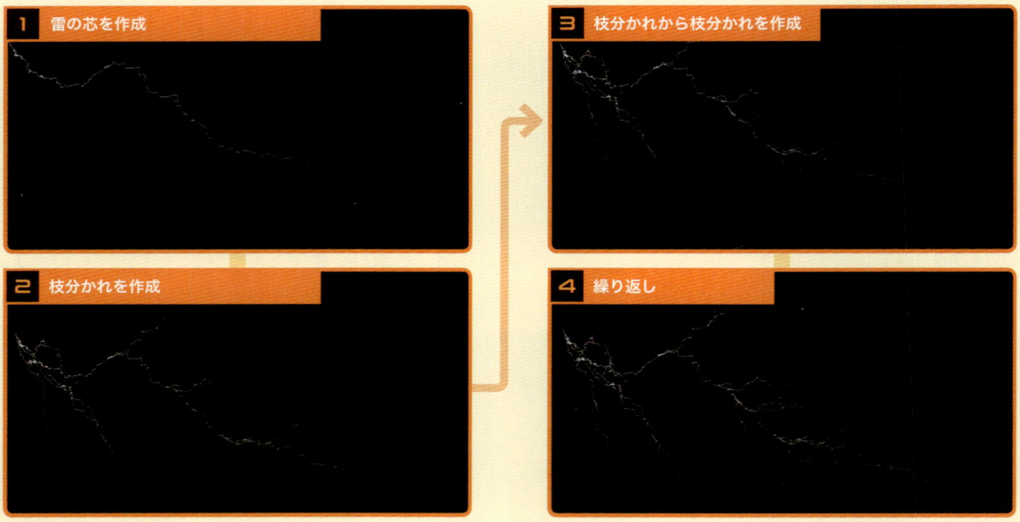

1 雷の芯を作成

2 枝分かれを作成

3 枝分かれから枝分かれを作成

4 繰り返し

NETWORK 完成したネットワークの全体図

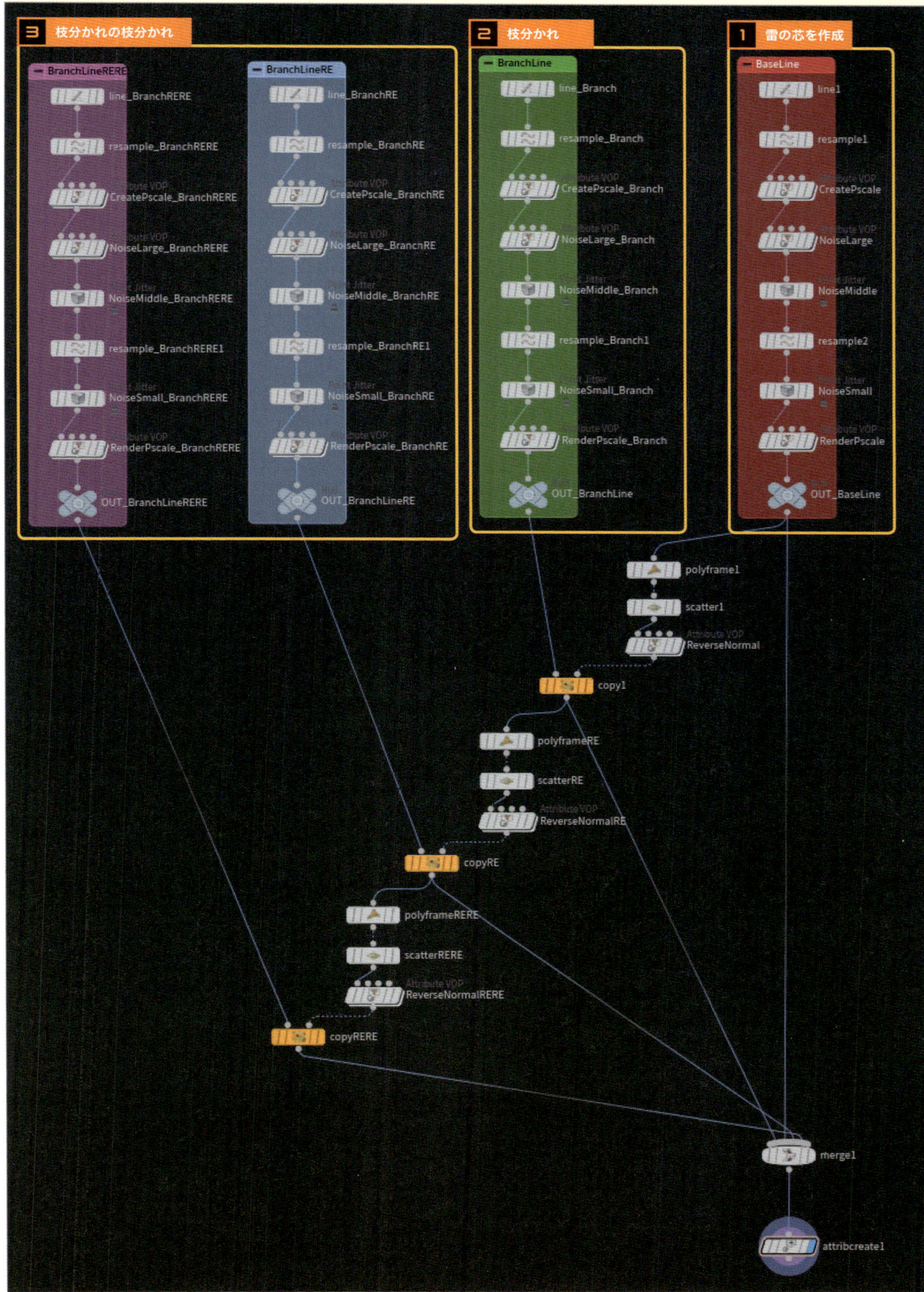

NETWORK

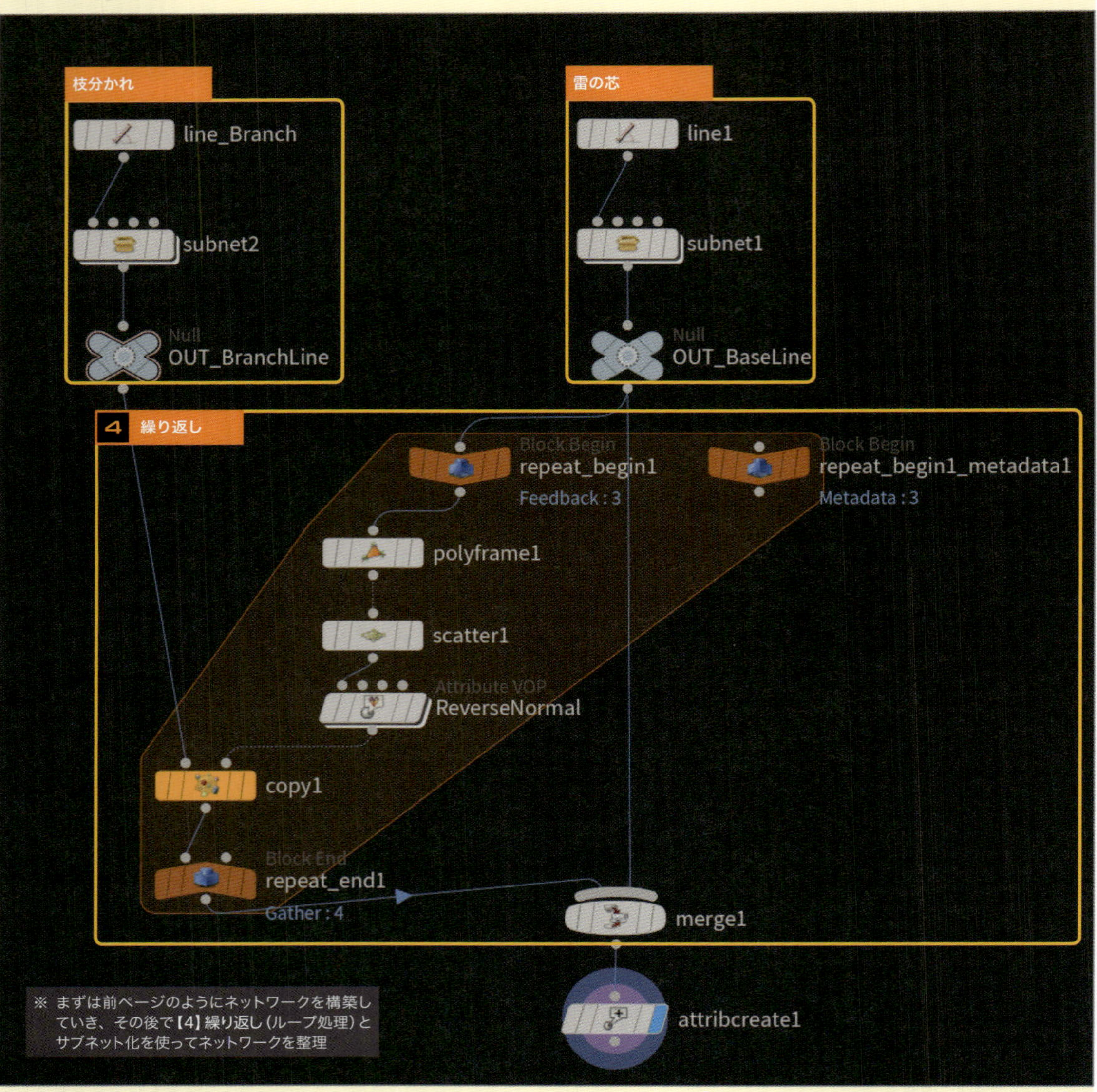

■主要ノード一覧（登場順）

Line (SOP)	P81
Resample (SOP)	P81
Attribute VOP (SOP)	P81
Turbulent Noise (VOP)	P81
Add (VOP)	P81

Bind (VOP)	P82
Point Jitter (SOP)	P86
Null (SOP)	P89
Scatter (SOP)	P91
Poly Frame (SOP)	P92

Constant (VOP)	P93
Atrribute Create (SOP)	P97
Blur (COP)	P103
Composite (COP)	P103

■主要エクスプレッション関数一覧（登場順）

stamp ( )	P94
detail ( )	P102

ノイズのかかったラインをつくる

1 まずは、雷の芯となるラインを作成します。「/obj」階層で「Geometry(OBJ)」を作成し名前を「Lightning」と変更します。

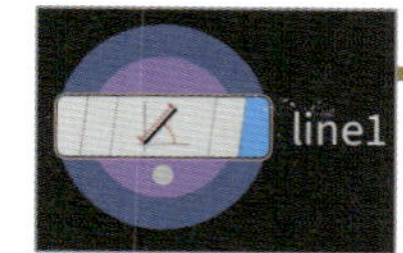

2 作成したノードの中に入り「File(SOP)」を削除。代わりにTAB Menuから「Line(SOP)」(直線を作成するノード)を作成します。

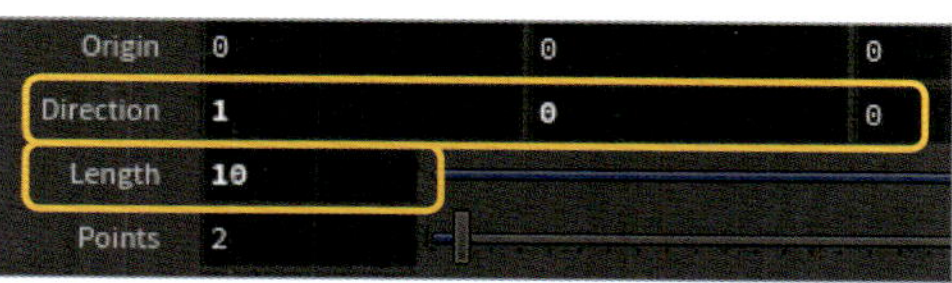

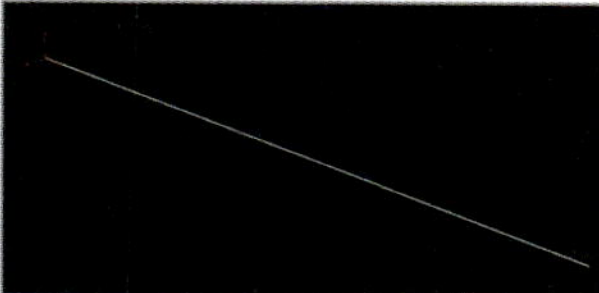

3 作成した「Line(SOP)」のパラメータを「Direction：1　0　0」「Length：10」と設定します。これでX方向に長さ10のラインができました。

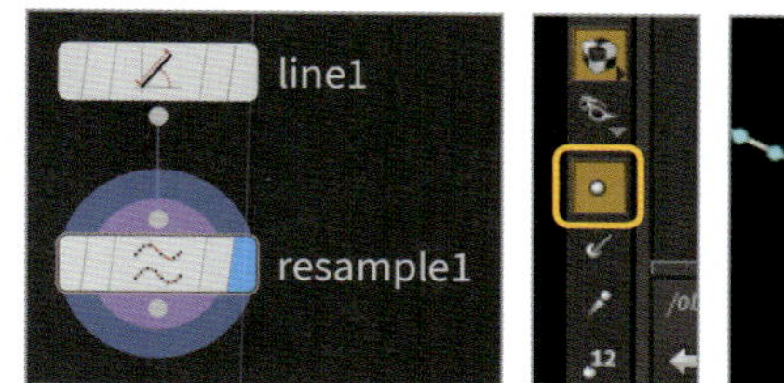

4 TAB Menuから「Resample(SOP)」を作成し、先ほど作った「Line1」ノードの下にコネクト。パラメータはデフォルトのままです。ビュー上の見た目に違いはありませんが、Pointをマーカー表示するとより細かいセグメントで分割されているのがわかります。

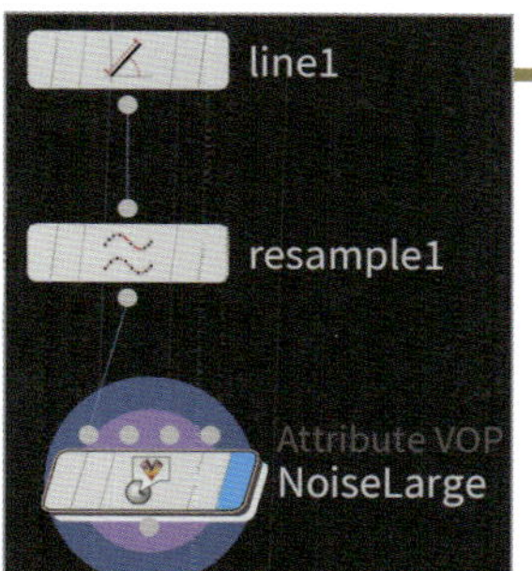

5 「line1」にノイズ形状を追加します。TAB Menuから「Attribute VOP(SOP)」を作成し「resample1」ノードの下にコネクト、ノード名を「NoiseLarge」に変更します。先の作例でも使いましたが、「Attribute VOP(SOP)」はアトリビュートの編集にVOPを用いる際に使います。これを使って大きめのノイズ形状をつけます。

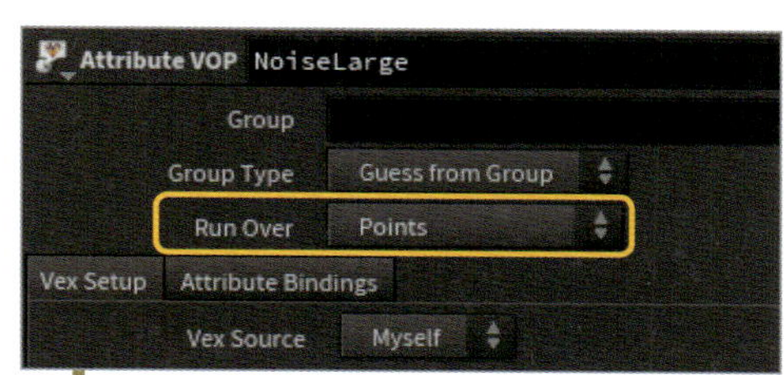

6 「NoiseLarge」ノードのパラメータ「Run Over」が「Points」になっていることを確かめておきます。これは、どのタイプのアトリビュートを操作するか意味するものです。例えば「Primitive」の場合はプリミティブアトリビュートを操作することを意味します。

Point Attribute VOPの設定違い3種

TAB Menuから作成できる「Point VOP」「Primitive VOP」「Vertex VOP」の3つのノードは、すべて「Attribute VOP(SOP)」の設定違いです。パラメータ「Run Over」がそれぞれ「Point」「Primitive」「Vertex」に設定されています。扱うデータによって使い分けます。

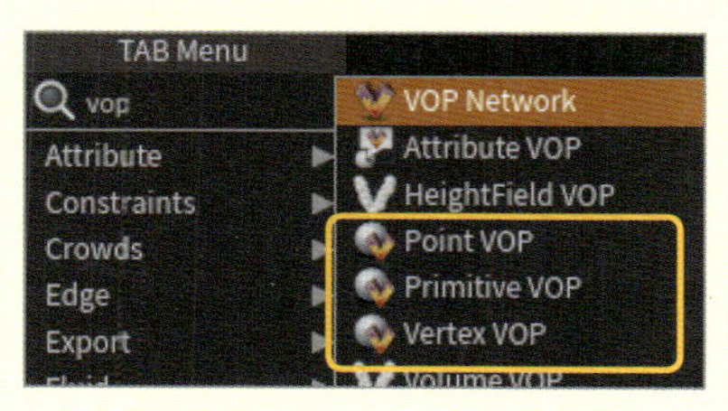

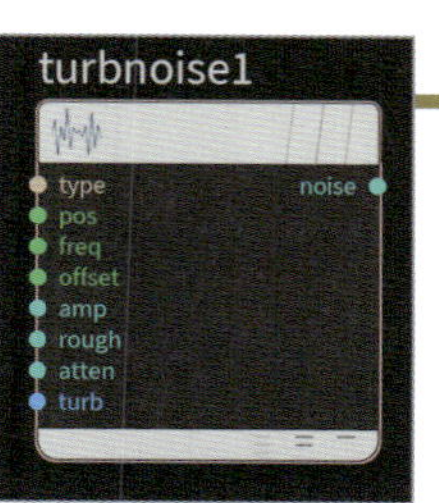

7 「NoiseLarge」の中にVOPネットワークを構築して、ラインにノイズをかけます。まず、Iキー(もしくはノードをダブルクリック)で「NoiseLarge」の中に入り、TAB Menuから「Turbulent Noise(VOP)」(乱流ノイズをつくるノード)を作成します。

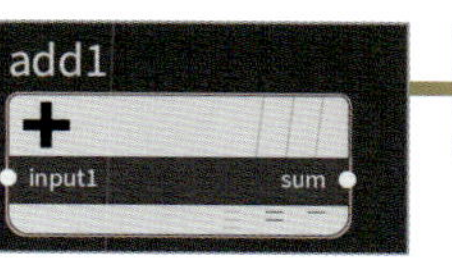

8 もうひとつ別ノードを作成します。TAB Menuから「Add(VOP)」(足し算を行うノード)を作成します。

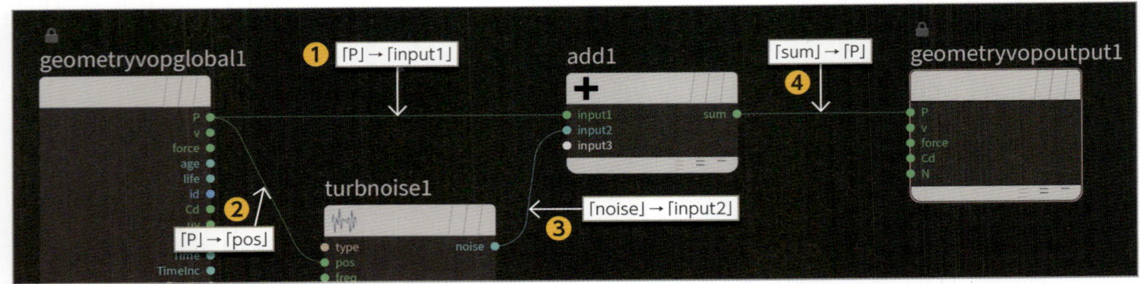

9 これら作成したノードを図のネットワークのようにつなぎます。

Point このネットワークについて

構築したネットワークについて少し解説します。「Turbulent Noise (VOP)」は入力のポイント位置に応じたノイズ値を出力しています。「Turbulent Noise (VOP)」自体には形を変更する機能はありません。あくまでノイズの数値をつくるだけです。そのため、その数値を使って形状を変える処理が必要です。

そこで「Add (VOP)」を使います。ラインの現在位置にノイズの値を足すことで形を歪めるわけです。「Add (VOP)」の「input1」にコネクトされた「P」値はラインのポイントごとの位置になります。そこに「Turbulent Noise (VOP)」でつくった値を足すことで、ラインの形状にノイズの変化をつけています。

この"数値を足し合わせて形状を変える"という感覚は、Houdini (特にVOP) を使ううえで大切です。

10 シーンビューで確認すると、ラインにノイズかかっています。ただし、いろいろな角度から見てみると、ノイズが1方向にしかかかっておらず、平面的に見えます。これは「Turbulent Noise (VOP)」で生成されたノイズが一次元だからです。XYZの3軸すべてに同じノイズ値が足し合わされたため、このような結果になっています。

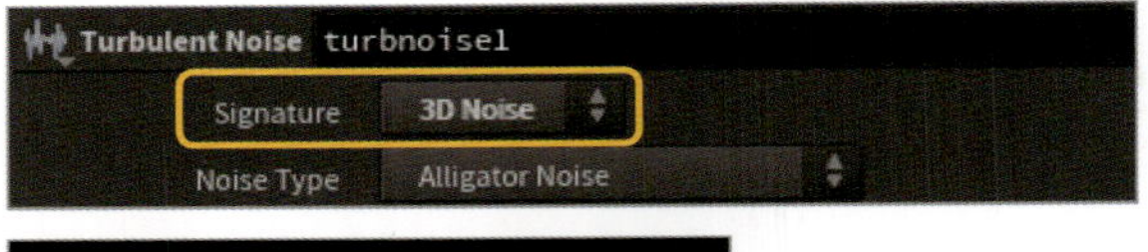

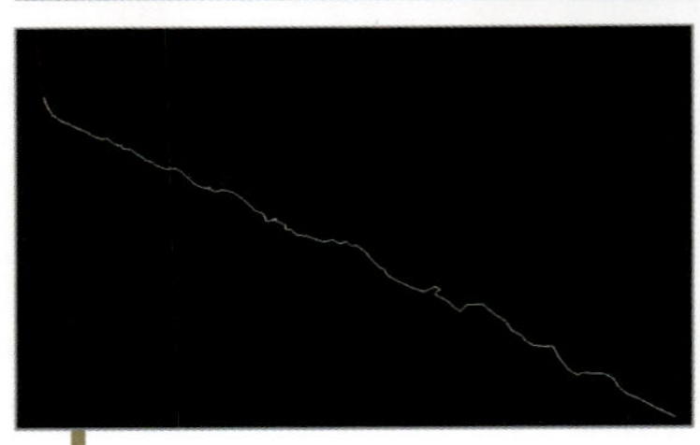

11 そこで、3軸バラバラのノイズ値にして空間的なノイズにします。「turbnoise1」のパラメータ「Signature」を「3D Noise」に変更すると、「Turbulent Noise (VOP)」で生成されるノイズが三次元ベクトルになります。再度シーンビューで確認すると、平面的だったノイズが空間的になりました。

ノイズ値を「Geometry Spreadsheet」で確認する

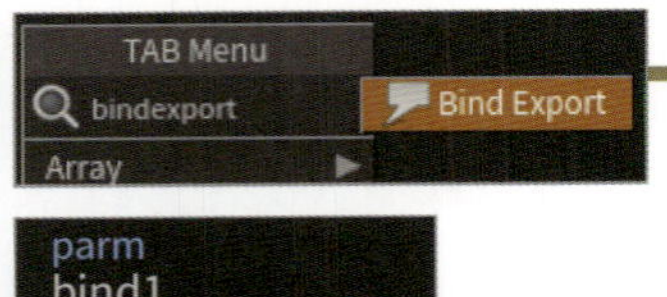

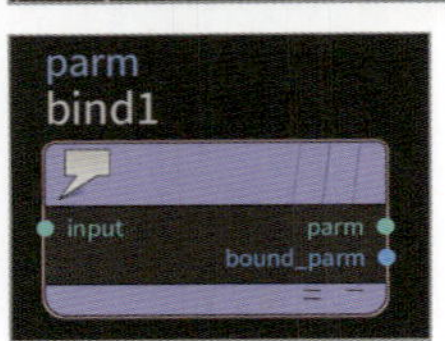

12 少し脱線して、「Turbulent Noise (VOP)」で生成されたノイズ値がどんな数値か、「Geometry Spreadsheet」で確認します。「Geometry Spreadsheet」で確認できるのはアトリビュートの値なので、まずノイズ値を別アトリビュートとして設定します。

VOPネットワーク内で、TAB Menuから「Bind Export」とタイプして、アトリビュート出力設定の「Bind (VOP)」を作成します。これはVOP内の数値を任意の名前のアトリビュートとして設定したり、逆にアトリビュートをVOP内に読み込むときに使うノードです。

Point「Bind (VOP)」の機能

「Bind (VOP)」にはアトリビュートの読み込みと書き出しの機能があり、それぞれ設定済みのノードをTAB Menuから作成できます。

「Bind」はアトリビュート入力（読み込み）、「Bind Export」はアトリビュートの出力（作成）設定の「Bind (VOP)」となります。違いはパラメータでノードは同じものです。パラメータの詳細はマニュアルを参照してください。

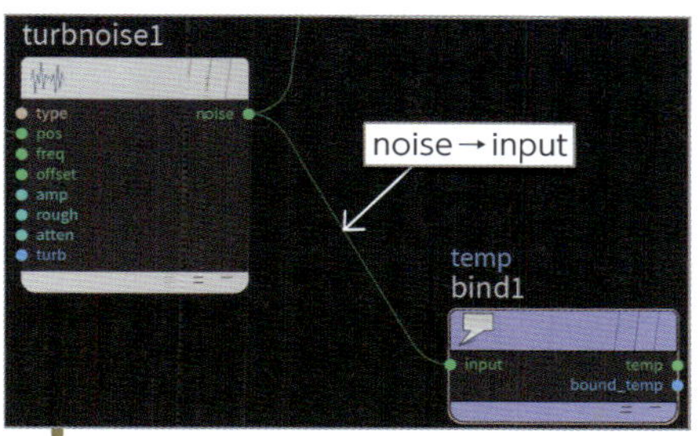

13 「bind1」を「turbnoise1」の出力「noise」にコネクトし、パラメータのNameを「temp」にします。これで「turbnoise1」の出力を「temp」というアトリビュート名で作成できました（ネットワークの全体図は 9 を参照）。

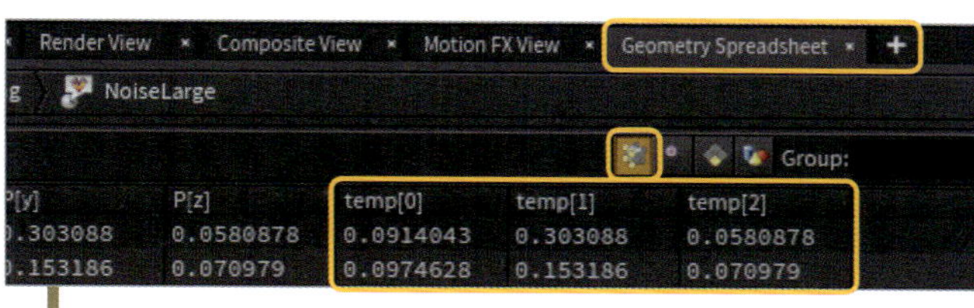

14 シーンビュー上部にあるタブから「Geometry Spreadsheet」を選択して、アトリビュート表示がポイントアトリビュートであることを確認します。「temp」という名前で数値リストが並んでおり、これが「turbnoise1」で生成されたノイズ値です。また、この「temp」値と変形前のラインの「P」（位置）値とを足し合わせたものが、現在表示されている「P」値です。「Turbulent Noise (VOP)」のタイプやパラメータを変えてみて、数値変化を見てみるのもいいでしょう。確認後はペインを「Scene View」に戻し、「bind1」ノードも削除します。

根元と先端でノイズのかかり具合を変更する

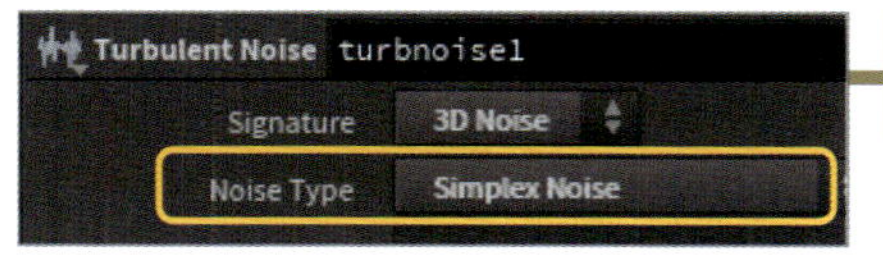

15 本編に戻り、ノイズの調整を続けます。「Turbulent Noise (VOP)」にはノイズの種類が複数あり、それぞれノイズの形や生成される値の範囲が違います。ここでは、比較的0を中心にしたノイズ値を生成してくれる「Simplex Noise」に設定します。

0 アトリビュート [pscale] 1

16 これから、根元の方はあまりノイズがかからないようにネットワークに手を加えていきます。ノイズ制御用に新しく「pscale」というアトリビュートをつくり、その数値でノイズ量を制御します。いったんUキーで「Attriubte VOP (SOP)」の外に出ます。

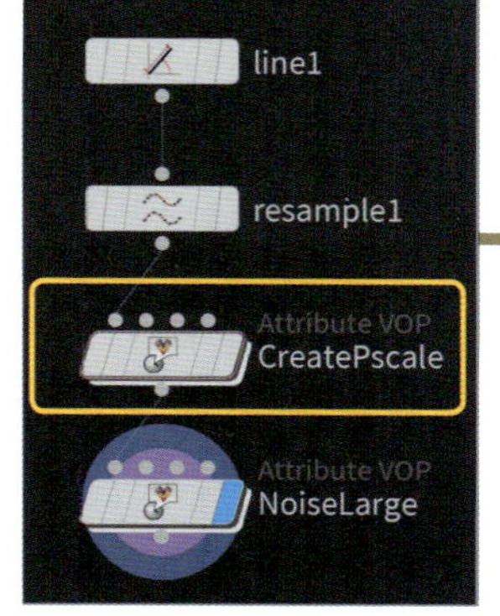

17 TAB Menuから「Attribute VOP (SOP)」を作成、名前を「CreatePscale」とし、「resample1」と「NoiseLarge」の間にコネクトします。表示フラグは下の「NoiseLarge」ノードに立てたままです。

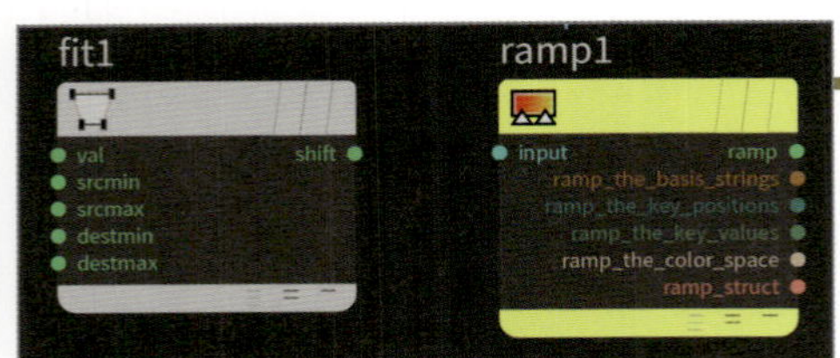

18 作成した「CreatePscale」ノードの中に入り、TAB Menuから「Fit Range (VOP)」と「Ramp Parameter (VOP)」を作成します。

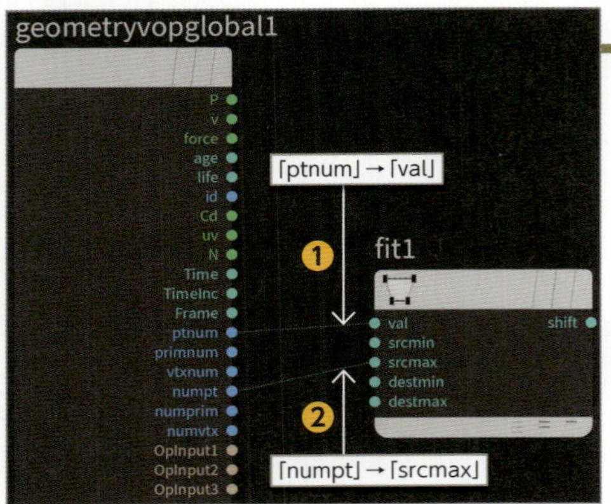

19 作成したノードを図のようにコネクトします。「ptnum」は現在処理中のポイント番号を、「numpt」はポイントの総数を意味します。

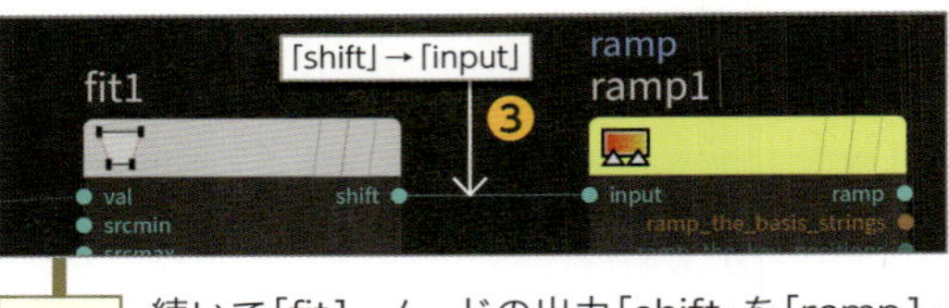

20 続いて「fit1」ノードの出力「shift」を「ramp1」ノードの入力「input」にコネクトします。

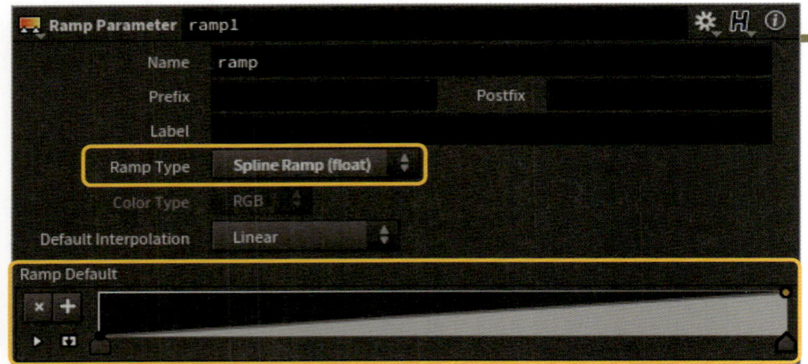

21 「ramp1」ノードのパラメータ**「Ramp Type」を「Spline Ramp (float)」に変更**します。デフォルトではこの値は「RGB Color Ramp」になってい て、入力値に対応した色を作成できますが、「Spline Ramp (float)」では、入力値に対応した数値を作成できます。

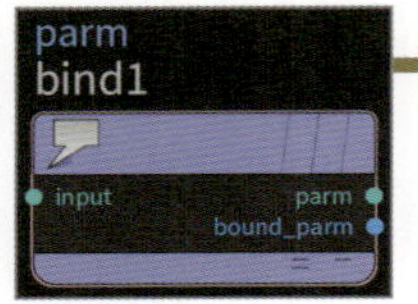

22 アトリビュートの出力用にもうひとつノードを作成します。TAB Menuか ら「Bind Export」を選択し、出力設定の「Bind (VOP)」をつくります。

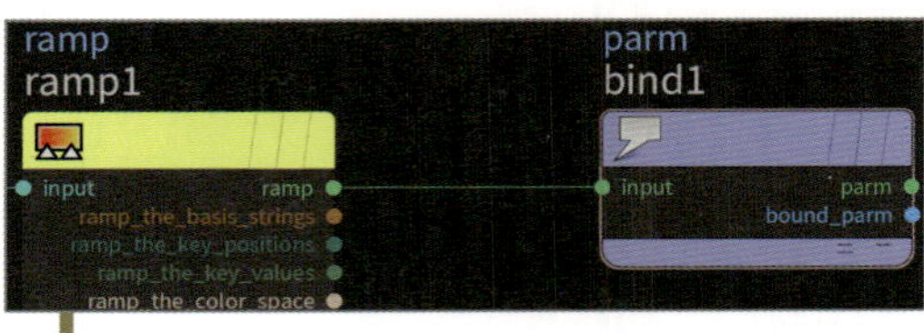

23 「bind1」ノードの出力と「ramp1」ノードの入力をコネクトします。

24 次に、「bind1」の**「Name」を「pscale」に変更**します。

Point pscaleは特別なアトリビュート

先の作例でも使いましたが、この「pscale」というアトリビュートは特別な意味を持つアトリビュートです。

Houdiniは「pscale」という名前のアトリビュートを見つけると、それをポイントの大きさを意味するものと判断します。本来ポイントの大きさを意味する「pscale」ですが、ここではそれをノイズの強さにも利用しようというわけです。

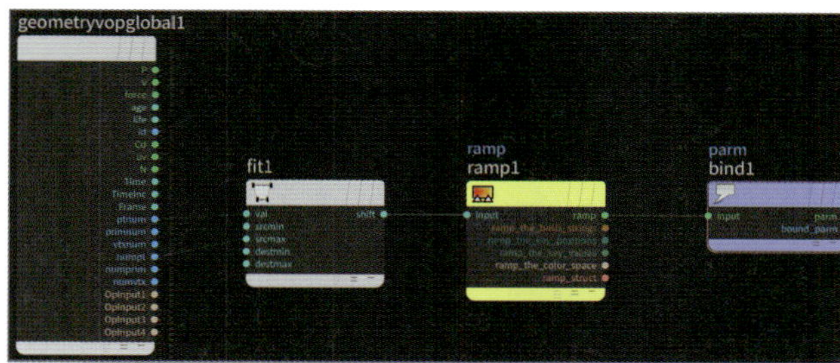

25 「CreatePscale」ノードのVOPネットワーク全体図です。ネットワーク自体は作例3(P66)で登場したVOPとほぼ同じです。入力のポイント番号を0〜1の範囲に置き換え(「Fit Range(VOP)」)、その0〜1に対応した新しい数値を割り当て(「Ramp Parameter(VOP)」)、最終的にその数値を「pscale」アトリビュートとして設定しています(「Bind(VOP)」)。

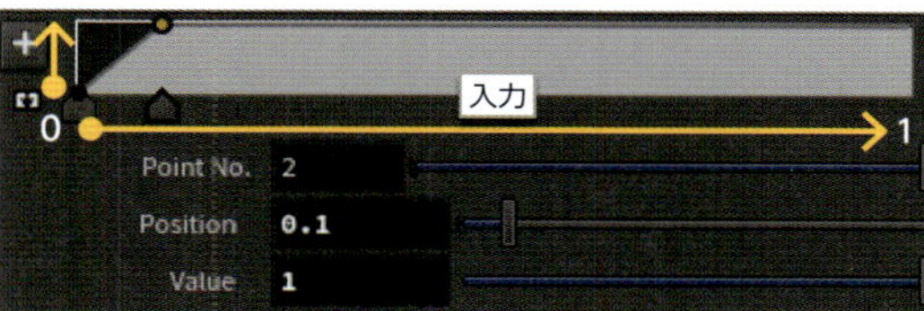

26 「Ramp Parameter(VOP)」が割り当てる値を作成します。UキーでVOPネットワークから出て、「CreatePscale」ノードに追加された「ramp」パラメータを編集します。ここでは「Point No.1」を「Position:0」「Value:0」に、「Point No.2」を「Position:0.1」「Value:1」と設定します。これで「Fit Range(VOP)」が生成した0〜1の値に応じて図のカーブで表される値が生成されました。

Point パラメータ設定の補足

ここでの設定内容を言い換えると、「ポイント番号の始め1割に相当するものには0〜1で徐々に増加する値を割り当て、それ以降のポイントにはすべて1を割り当てる」ということになります。

この値を「pscale」というアトリビュートとして出力しているので、つまりこれで根元のみ「pscale」値が小さくなったということです。

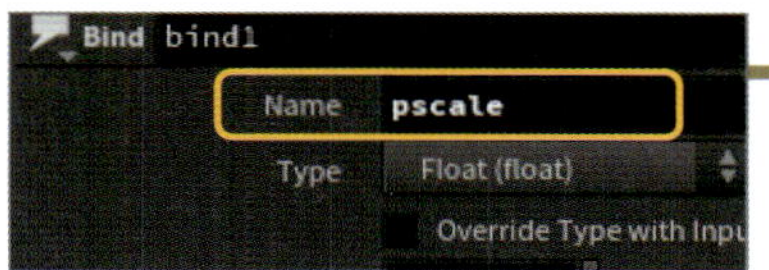

27 作成した「pscale」の値を用いてノイズの量を調整します。「Noise Large」ノードの中に入り、TAB Menuから「Bind(SOP)」(Exportではないほう)を作成、パラメータ「Name」に「pscale」と記述します。これで「Bind(SOP)」は先ほど作成した「pscale」アトリビュートの値を取得します。

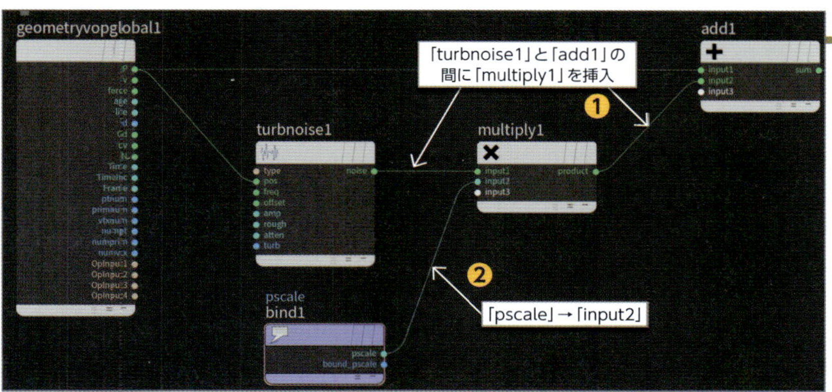

28 次にTAB Menuから「Multiply(VOP)」(かけ算を行うノード)を作成します。作成した「multiply1」ノードを図のようにコネクトします。これで「turbnoise1」でつくったノイズ値と「pscale」値がかけ算されます。「pscale」値は、根元近くは0、それ以外は1という値なので、根元近くはあまりノイズがかからないというわけです。

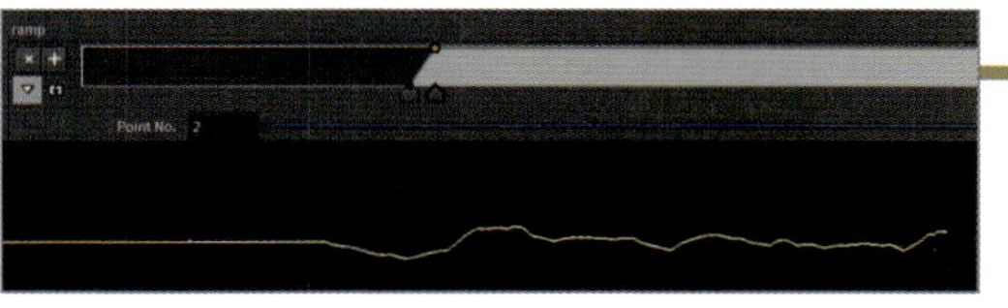

29 ノイズのかかり方を確認します。いったんUキーで上の階層に戻ります。「CreatePscale」ノードの「ramp」パラメータのカーブを変更すると、ノイズのかかり方が変化します。例えば、図のようなカーブにすると、ノイズのかかりもそれに応じたものに変化しているのがわかります。変化が確認できたら、「ramp」パラメータは元の形状に戻しておきます。

ノイズの形状に動きをつける

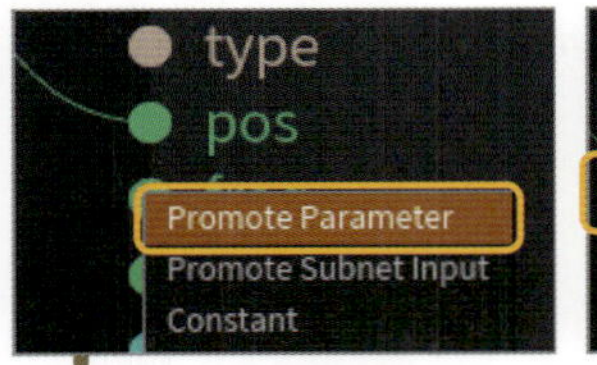

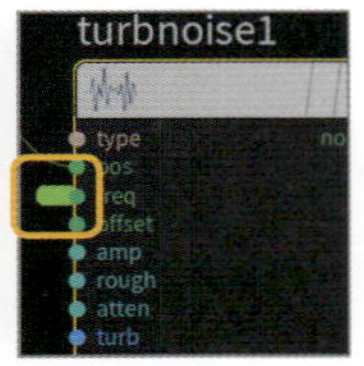

30 ノイズの形状に簡単な動きをつけます。VOP内のノードのパラメータにアニメーションをつける場合、「パラメータのプロモート」という処理が必要です。まずは、実際にやってみます。
再度「NoiseLarge」ノードの中に入ります。「turbnoise1」ノードのパラメータ「freq」上で中ボタンクリックするとメニューが出てくるので、その一番上にある「Promote Parameter」を選びます。するとノードの入力に栓のようなアイコンが付きます（ペグ）。これがプロモートされたパラメータを意味します。

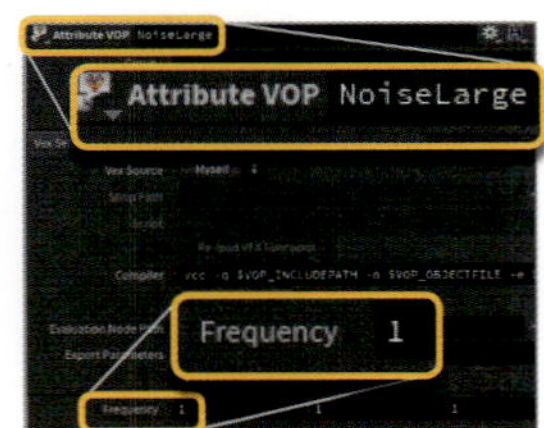

31 プロモートされると、そのパラメータはVOPネットワークの外にも追加されます。この場合、このVOPネットワークの親ノード「NoiseLarge」のパラメータに追加されます。プロモートしたパラメータは、キーフレームやエクスプレッションなどで操作可能です。

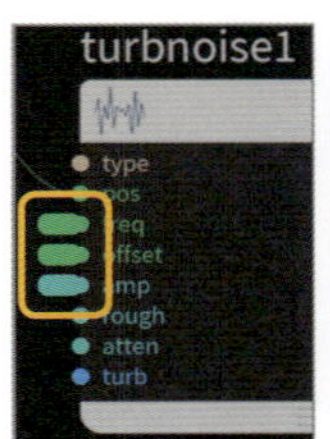

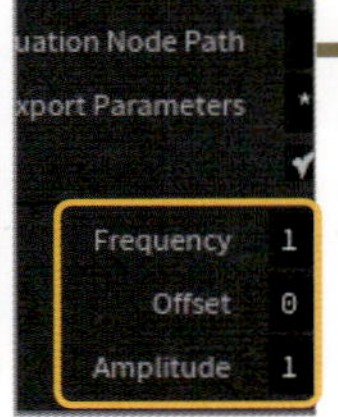

32 「turbnoise1」ノードの「offset」「amp」パラメータも同様にプロモートします。Uキーで上の階層に戻り、「NoiseLarge」ノードにプロモートしたパラメータが追加されているのを確認します。

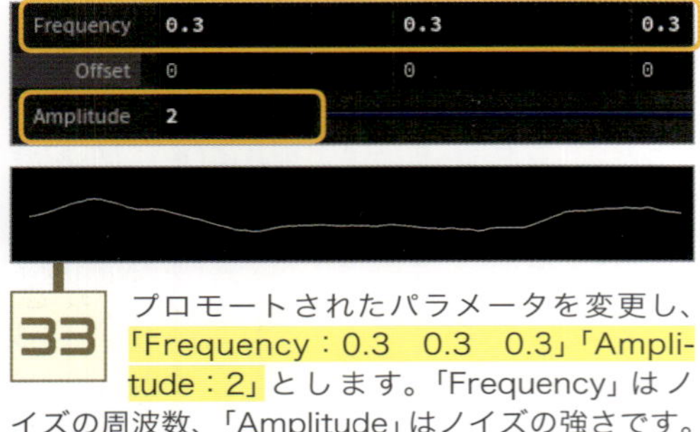

33 プロモートされたパラメータを変更し、「Frequency：0.3　0.3　0.3」「Amplitude：2」とします。「Frequency」はノイズの周波数、「Amplitude」はノイズの強さです。この設定で先ほどよりもノイズの形状が大きいラインになりました。

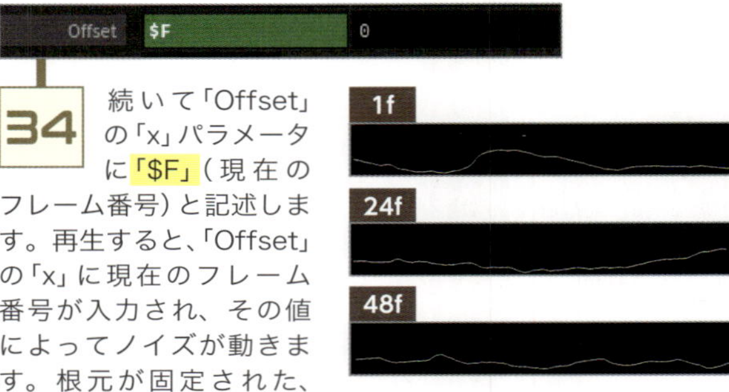

34 続いて「Offset」の「x」パラメータに「$F」（現在のフレーム番号）と記述します。再生すると、「Offset」の「x」に現在のフレーム番号が入力され、その値によってノイズが動きます。根元が固定された、雷っぽい動きになりました。

中くらいのノイズを足す

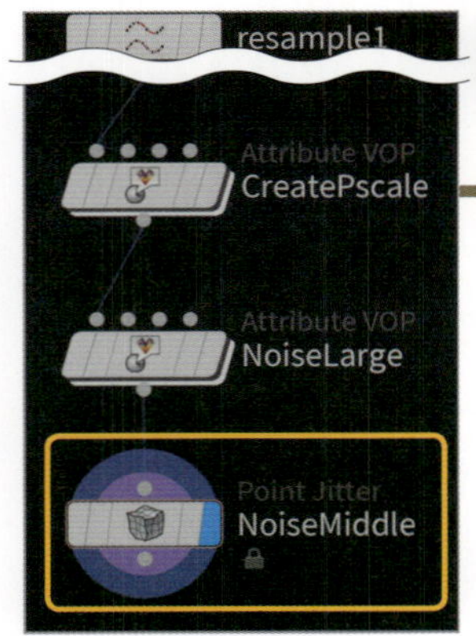

35 大きなノイズ形状はできたので、次に少し小さめのノイズを足します。TAB Menuから「Point Jitter（SOP）」（ポイントの位置をランダムにずらすノード）を作成し、ネットワークの一番下にコネクト、名前を「Noise Middle」とします。シーンビューを見ると確かにポイントがランダムに移動していますが、せっかくつくった雷の形状が崩れてしまいました。

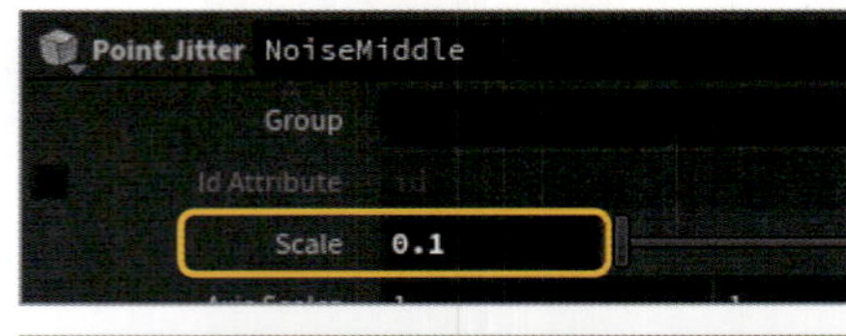

36 パラメータを調整して影響を弱めます。「NoiseMiddle」ノードのパラメータ「Scale」を「0.1」に設定。これで元の雷の形状を保ちつつ、ラインが少しだけジャギジャギになりました。

37 もうひとつ、パラメータの「Use PScale」をオンにします。これは、「Point Jitter (SOP)」の影響量に「pscale」アトリビュートの値を用いる、という設定です。「pscale」は、これまでもノイズの影響量の調整に使っており、同じアトリビュートがここでも使えます（むしろここで利用するために、先の工程でアトリビュート名を「pscale」にしました）。設定の結果、根元付近の細かなノイズだけがなくなります。これで中くらいのノイズが追加できました。

細かなノイズを加えて雷の芯を完成させる

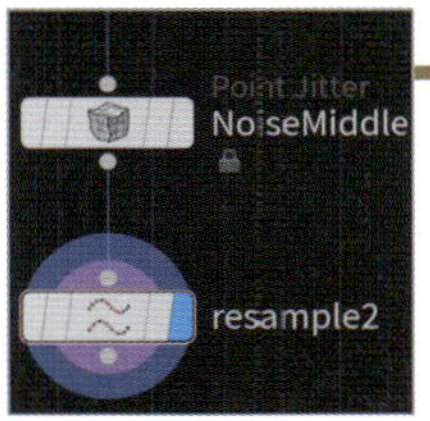

38 これまでの工程を繰り返して、もうひと回り小さいノイズを加えます。まず、TAB Menuから「Resample (SOP)」を作成し、ネットワークの一番下にコネクトします。

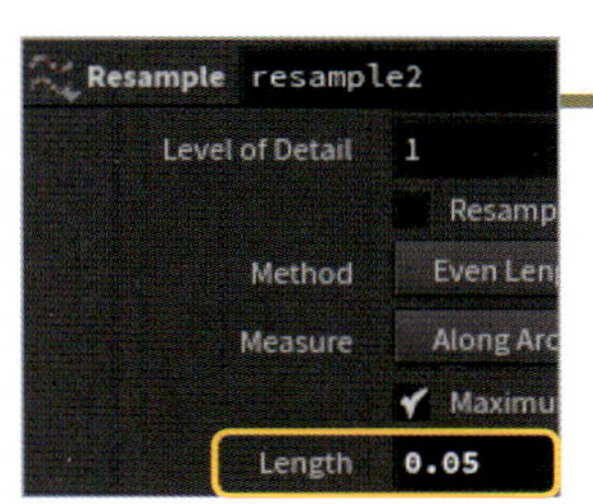

39 「resample2」ノードのパラメータ「Length」を「0.05」に変更します。これでラインが先ほどよりさらに細かいセグメントに分割されました。

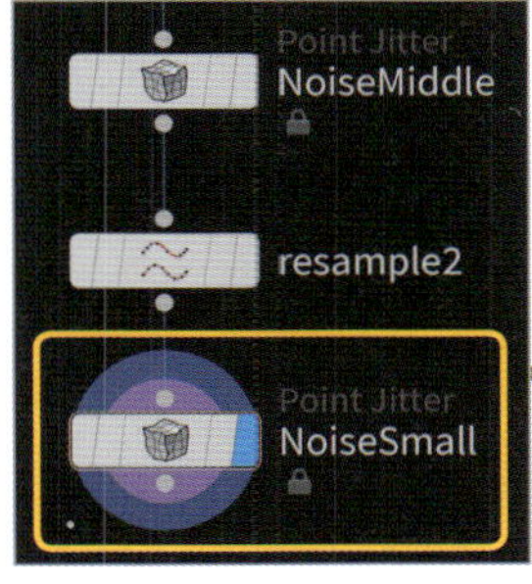

40 続いてTAB Menuから「Point Jitter (SOP)」を作成し、「resample2」ノードの下にコネクト、ノード名を「NoiseSmall」とします。

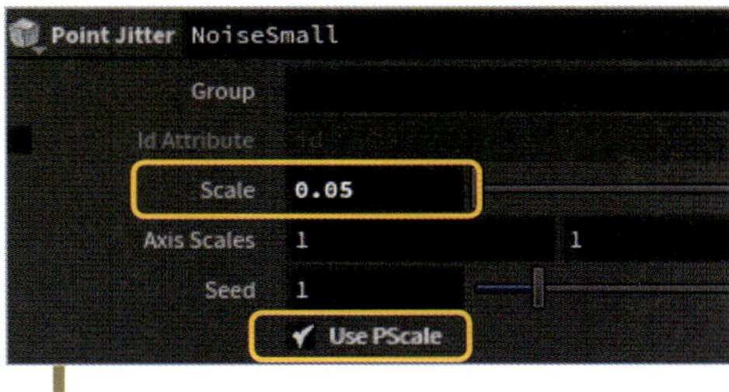

41 「NoiseSmall」ノードのパラメータ「Scale」を「0.05」に、「Use PScale」をオンにします。これで、さらに細かなノイズが追加されました。

42 ノイズの追加は以上です。

根元と先端で太さと色が変化するように調整する

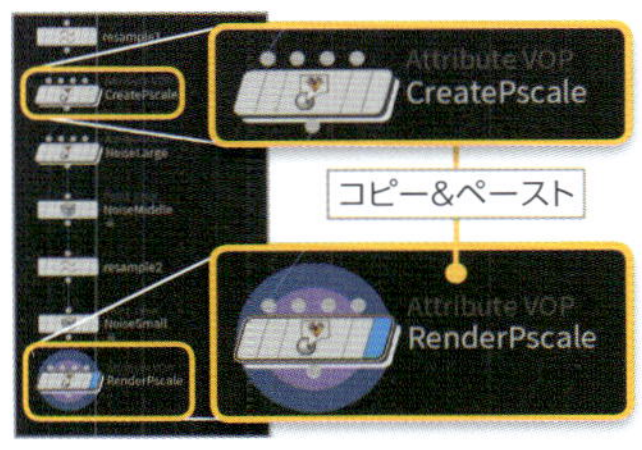

43 後工程のレンダリングに向けて「pscale」を操作し、ラインを根元から先端にかけて細く、色も白から黒く変化するようにします。これまで使ってきた「pscale」はノイズの制御用でしたが、それを上書きしてレンダリング用の「pscale」アトリビュートを作成します。まずは、先の工程でつくった「CreatePscale」ノードをコピー＆ペーストしてネットワークの一番下にコネクト、名前を「RenderPscale」とします。

44 「RenderPscale」の「ramp」パラメータを図のように先細りにします。これで根元が太く、先に行くほど細くなります。

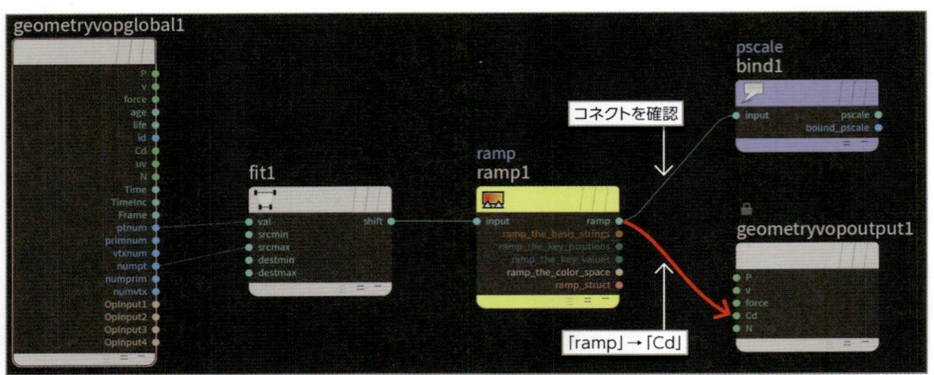

45 色の設定も行います。「RenderPscale」ノードの中に入り、図のように「ramp」と「Cd」をコネクトします(「geometryvopoutput1」ノードはこのVOPネットワークに初めからある出力用ノード)。念のため「ramp1」ノードの出力「ramp」と「bind1」ノードの入力「input」がコネクトされていることも確認しておきます 。

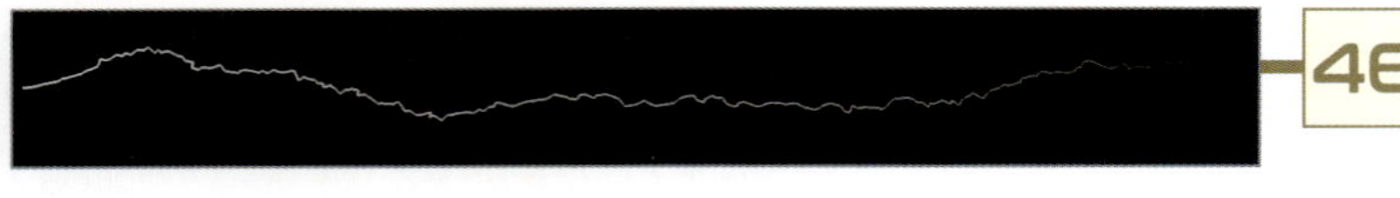

46 シーンビューで、ラインの根元が白く、先端が黒いことを確認します。これで雷の芯は完成です。

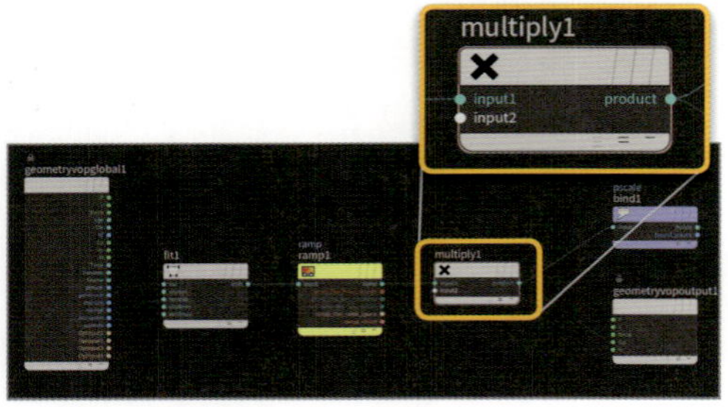

47 VOPの中身も少し変更します。値全体を調整できるように、TAB Menuから「Multiply (VOP)」を作成、図のように「ramp1」とふたつの出力系ノード間に挿入します。

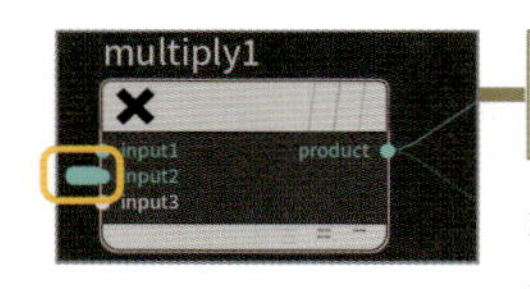

48 作成した「multiply1」ノードの入力「input2」をプロモートし(中クリック→メニューから「Promote Parameter」)、パラメータをVOPの外に出します。「input2」に図のようなペグが付いたらプロモート完了です。

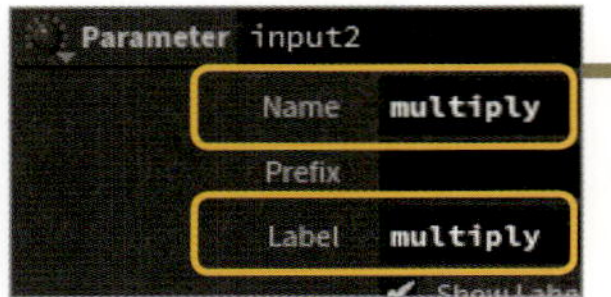

49 「multiply1」の「input2」についたペグを選択すると、プロモートしたパラメータが表示されます。「Name」と「Label」の両方を「multiply」に変更します。

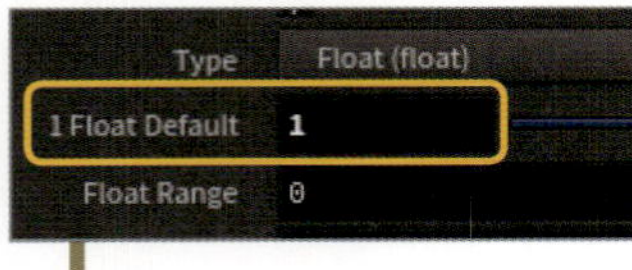

50 その下にある「1 Float Default」値(そのパラメータの初期値)を「1」に設定します。これで初期値1で「multiply」という名のパラメータがプロモートされました。

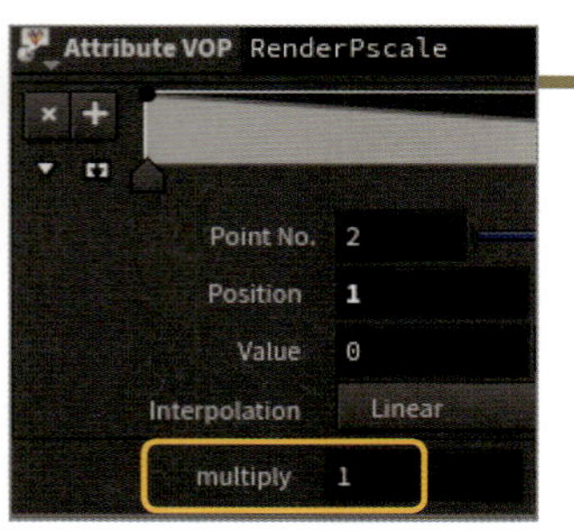

51 Uキーを押して上の階層に戻ります。ノード「Render Pscale」のパラメータのいちばん下に、先ほどプロモートしたパラメータ「multiply」が追加されています。この数値を変更することでアトリビュート「pscale」と「Cd」の全体量を調整できるようになりました。このパラメータは後で使います。

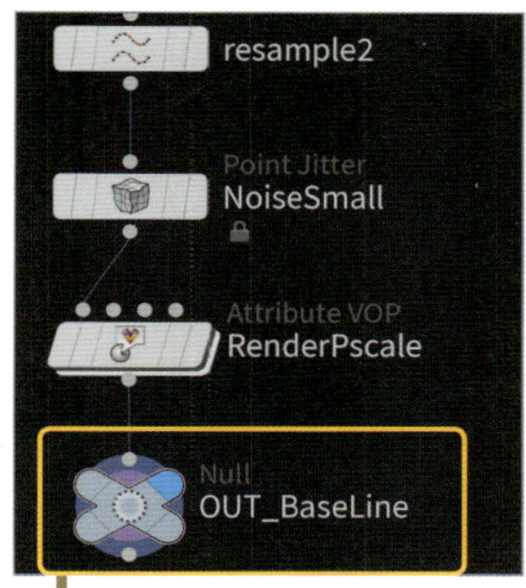

52 TAB Menuから「Null (SOP)」を作成、ノード名を「OUT_BaseLine」にしてネットワークの最後にコネクトします。「Null (SOP)」は“何もしない”ノードです。入力データをそのまま出力します。ここでは雷の芯となるラインの作成作業の最後という意味で「Null (SOP)」を置きます。今後これを「ベースライン」と呼ぶことにします。

53 作成したネットワークを見やすくまとめます。ネットワーク上のノードをすべて選択して、ネットワークエディタの上部にある、「Create Network Box」ボタンをクリック（またはShift＋Oキー）します。

Point 便利な「Null (SOP)」

「Null (SOP)」の“何もしない”という機能は実に便利です。例えば入出力や参照元、作業の節目などを表すのに重宝します。

他のネットワークから参照する場合など、「Null (SOP)」で作業の区切りを明示し、それを参照するようにしておけば、たとえ「Null (SOP)」より上流のネットワークが変更されたとしても、必ずその結果を参照し続けられます。

もし特定の機能を持つノードを参照していた場合、そのノードの機能が必要なくなって消してしまったら、参照が切れてしまいます。「Null (SOP)」を使えば、そういう事態を防げます。

他にもネットワークの見た目を整理するためや、そもそも何も表示させないために使います。

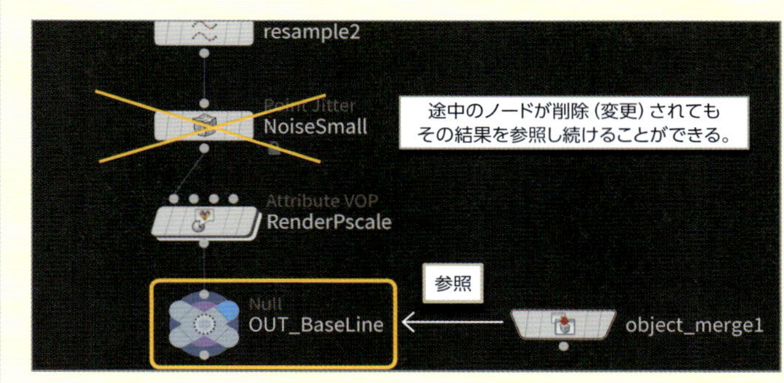

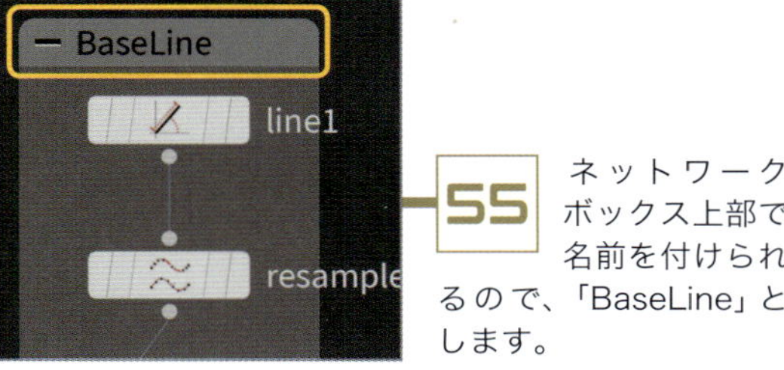

54 選んだノードが四角い枠（ネットワークボックス）で囲まれました。この枠を選択して動かすと、中に含まれるノードすべてが追随します。また、ボックス左上の「ー」アイコンをクリックすると、折り畳んで小さく表示できます。

55 ネットワークボックス上部で名前を付けられるので、「BaseLine」とします。

ベースラインを元に枝分かれ用のラインをつくる

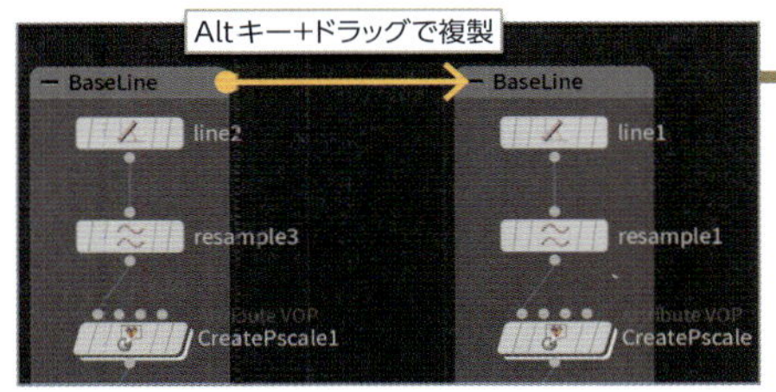

56 ここまで作成したベースラインを元に、枝分かれ用のラインを作成します。まずは、55で作成したネットワークボックス上部のラベル部分をつかみ、Altキー＋ドラッグで複製します。

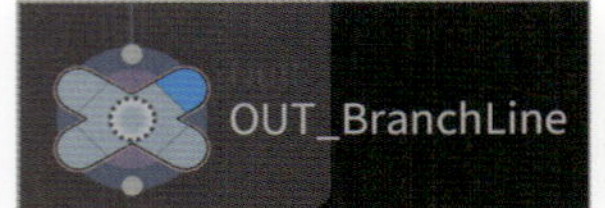

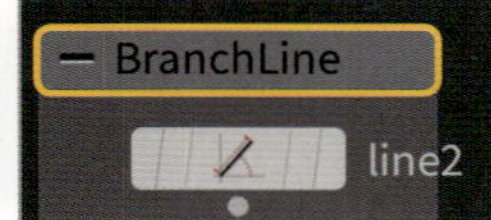

57 元の「ベースライン」に対して、複製したものを「枝ライン」と呼ぶことにします。「枝ライン」のネットワーク最後にある「Null (SOP)」の名前を「OUT_BranchLine」にします。また、ネットワークボックスの名前も「BranchLine」とします。

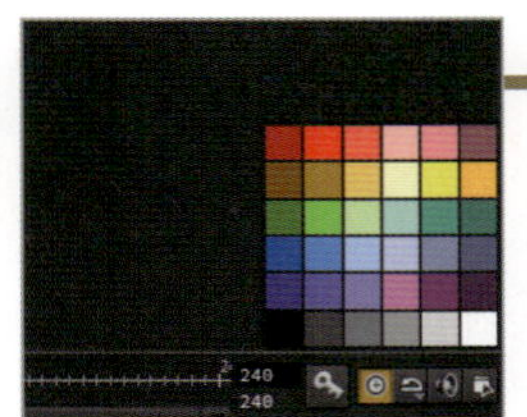

58 判別しやすいように、ふたつのネットワークを「Color Picker」で色分けします。ネットワークエディタ上でCキーを押し、右下にカラーパレットを表示します。

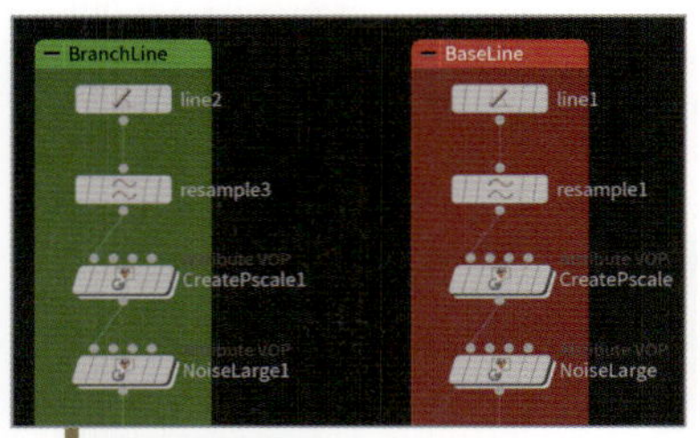

59 「ベースライン」のネットワークボックスを選択し、カラーパレットで赤を選択します。同様に「枝ライン」を緑色に変更します。変更後は再度Cキーを押してパレットを消します。

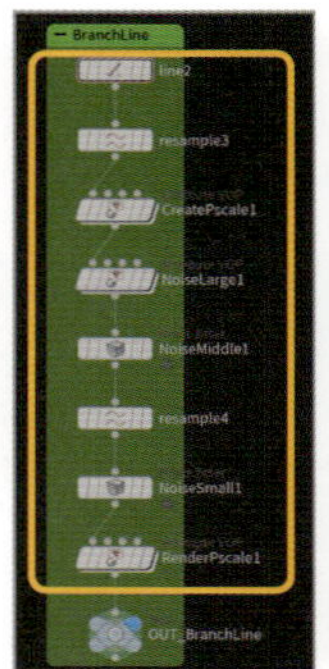

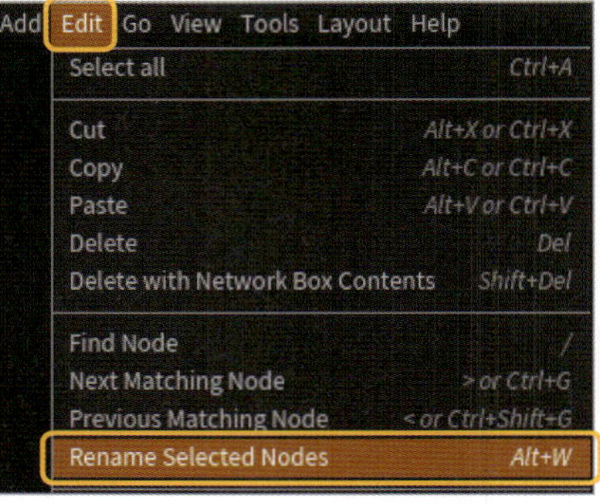

60 複製したノードを一括でリネームします。「枝ライン」にある、一番下「OUT_BranchiLine」以外（図のオレンジ枠部分）を選択します。その状態でネットワークエディタのEditメニュー→「Rename Selected Nodes」を選択します。

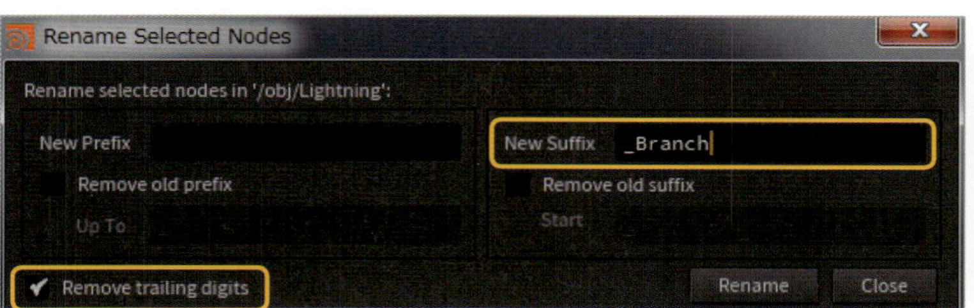

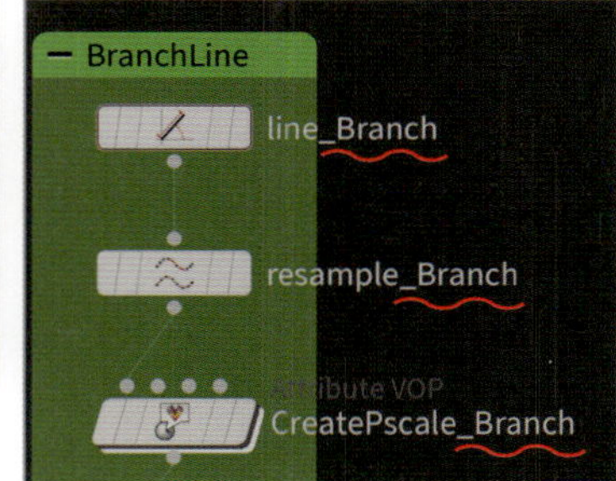

61 「Rename Selected Nodes」ウィンドウが現れるので、「New Suffix」に「_Branch」と記述します。Suffixは名前に付ける接尾辞のことです。続いて同ウィンドウの「Remove trailing digits」をオンにします。オフの場合、名前の最後に自動で連番が割り振られますが、今回は不要ですのでオンにします。設定後「Rename」ボタンでノード名が一括変更されます。

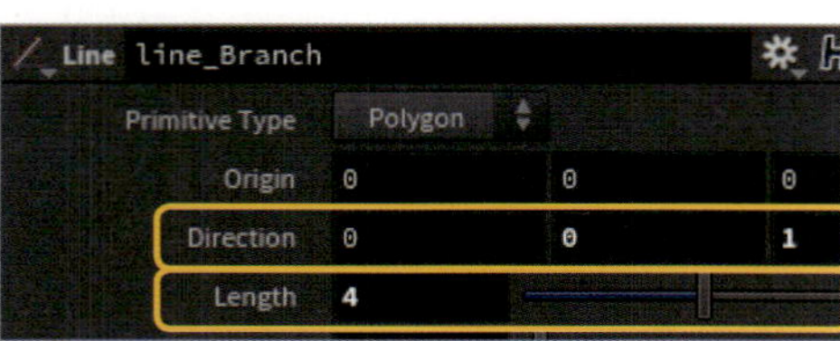

62 「枝ライン」を少し修正します。まず、「枝ライン」のネットワーク一番上にある「line_Branch」ノードを選択、Z軸方向を向くよう「Direction：0　0　1」とし、「Length：4」とします。

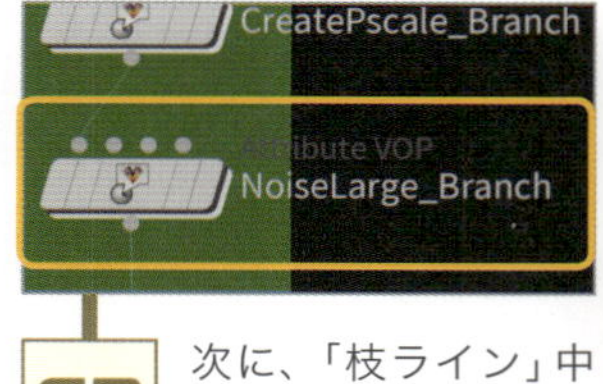

63 次に、「枝ライン」中ほどの「NoiseLarge_Branch」ノードのパラメータ「Amplitude」を「3」にして、ノイズのかかり具合を強くします。

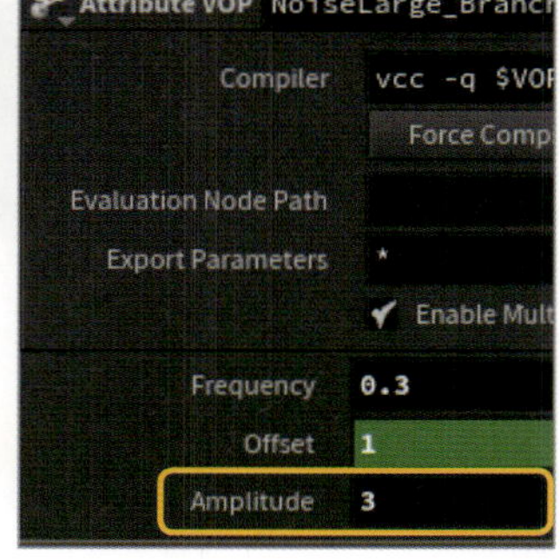

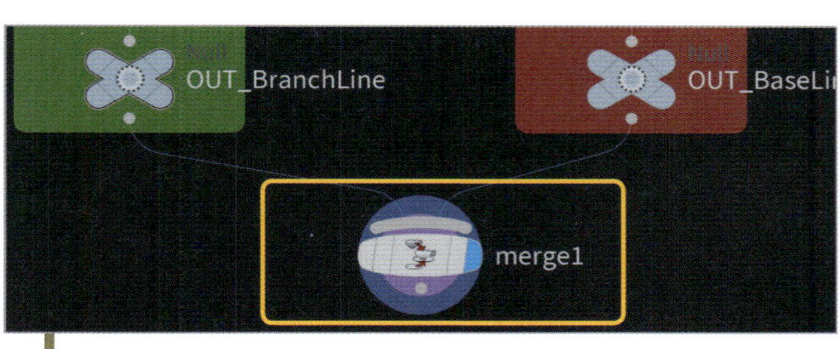

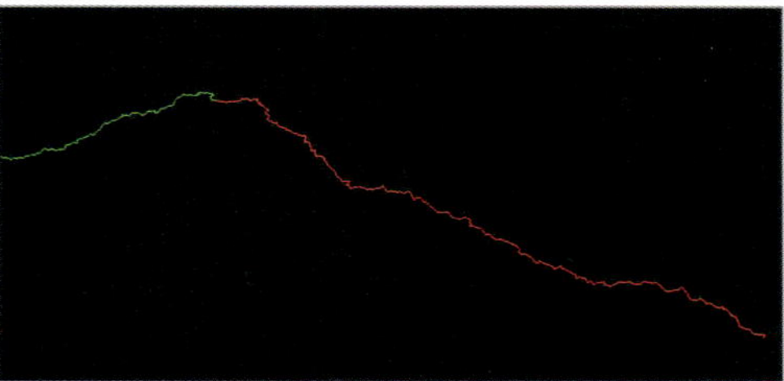

64 変更結果を確認します。TAB Menuから「Merge (SOP)」を作成し、「OU‾_BaseLine」と「OUT_BranchLine」をコネクト。「merge1」に表示フラグを立てると、シーンビューでは「ベースライン」と「枝ライン」がおおよそ直交するように配置されます（図はわかりやすいように、ベースラインを赤、枝ラインを緑で表示）。確認後は「merge1」を削除します。

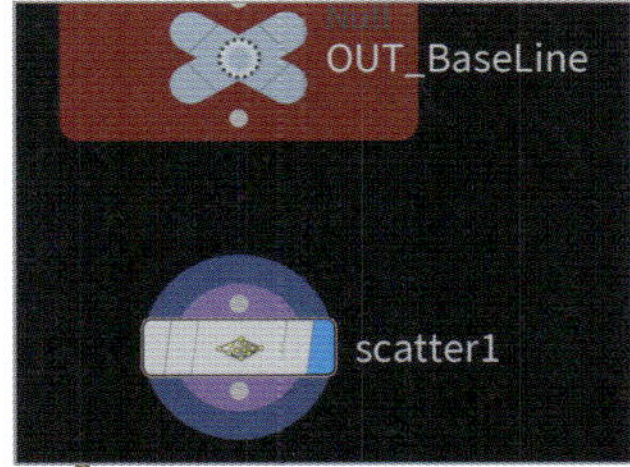

65 「枝ライン」を「ベースライン」上に複製して配置します。TAB Menuから「Scatter (SOP)」（入力されたサーフェスやボリューム内にポイントをランダムに配置するノード）を作成し、「ベースライン」の「OUT_BaseLine」ノードの下にコネクトします。

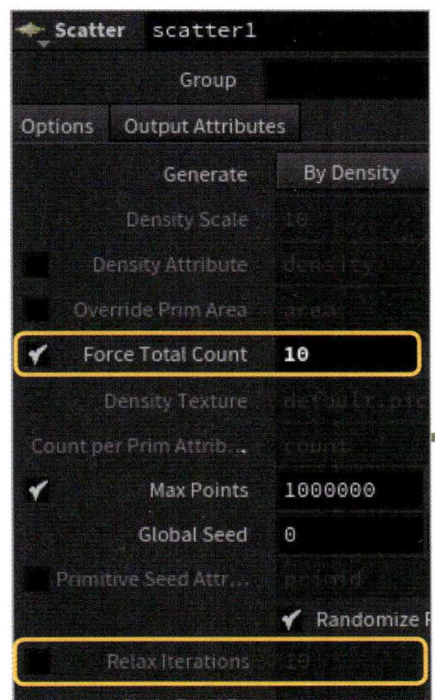

66 デフォルトではポイントの数が多すぎるので、少し減らします。まずは「Force Total Count」を「10」にします。これで生成されるポイントが10個（つまり枝が10本）となります。次に「Relax Iterations」をオフにします。これが有効だとポイント間隔が比較的均等になりますが、今回はランダムにしたいのでオフです。

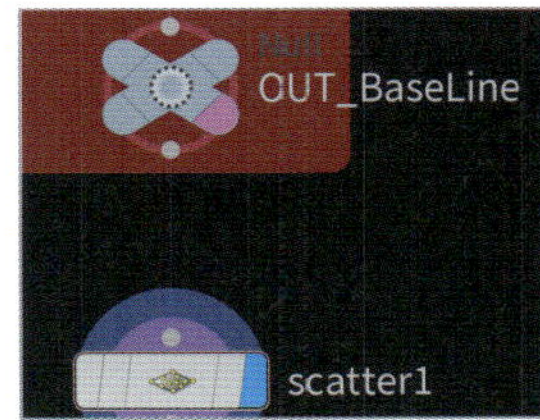

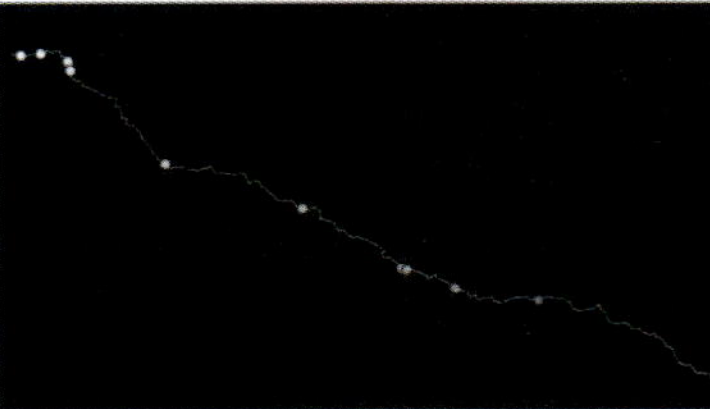

67 「枝ライン」の作成中も「ベースライン」が見えるように、「ベースライン」の「OUT_BaseLine」ノードにテンプレートフラグを立てます。これでシーンビューに「ベースライン」が薄く表示されます（図はわかりやすいようにポイントを大きく表示）。

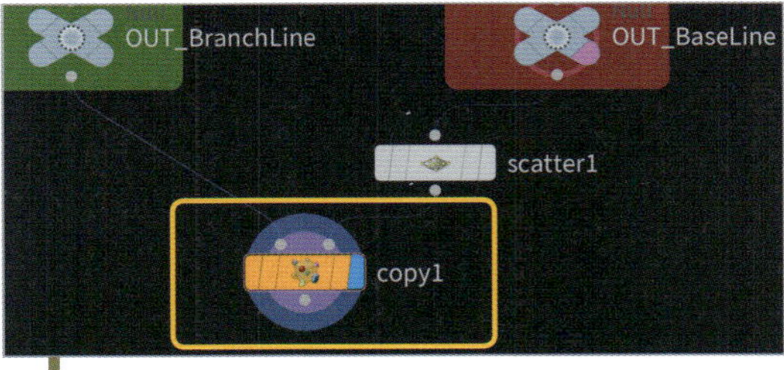

68 配置した点を起点に「枝ライン」を複製します。TAB Menuから「Copy Stamp (SOP)」を作成し、図のように入出力をコネクトします。

69 シーンビューで「枝ライン」が「scatter1」のポイント位置に複製されているのを確認します。しかし向きが一律で雷らしくありません。

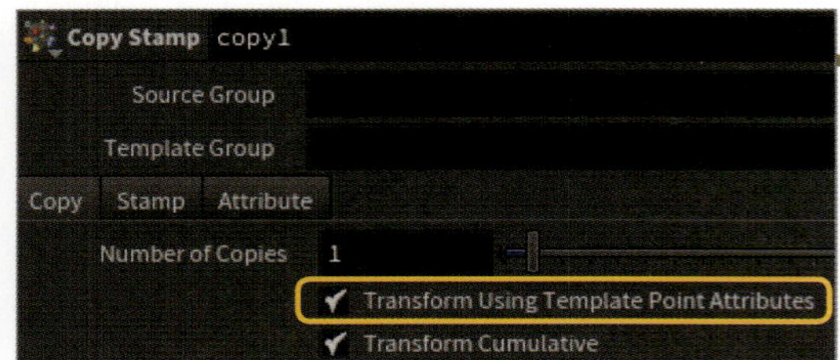

70 まず「copy1」ノードのパラメータで、「Copy」タブ→「Transform Using Template Point Attributes：オン」となっていることを確認します。オンになっていると、コピー先のアトリビュートを考慮して配置してくれます。例えば、法線情報（アトリビュート：N）があると、コピー時にその向きを考慮します。そこで次は法線情報を作成します。

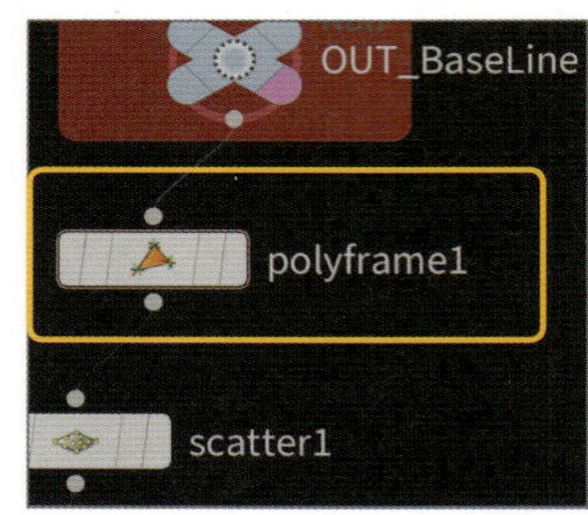

71 TAB Menuから「PolyFrame(SOP)」を作成し、ノード「OUT_Base Line」と「scatter1」の間に挿入します。このノードはポイントや頂点に対して法線、接線、従法線ベクトルを作成できるノードです。

72 「polyframe1」ノードのパラメータを変更します。「Normal Name」横のチェックをオフに、「Tangent Name」を「N」にします（Tangentは接線のこと）。ここで指定したアトリビュート名「N」は"法線"を意味しますが、コピー時に「ベースライン」の"接線"の方向を反映してほしいので、あえて接線のアトリビュート名を書き換えました。これによりHoudiniは接線の情報を法線Nとして扱い、「Copy Stamp (SOP)」は法線Nの向きを反映してコピーを行うので、結果、接線方向を反映したコピーがつくられます。

Point

「Copy Stamp (SOP)」はコピー時に「pscale」アトリビュート値を考慮する

「Copy Stamp (SOP)」はコピー時にさまざまなアトリビュートを考慮してくれます。この作例でつくった「pscale」アトリビュートもそうです。

「Copy Stamp (SOP)」は「pscale」値によってコピーの大きさを変えてくれます。69でコピーされた「枝ライン」がベースラインの根元ほど長く、先端にいくほど短いのは、コピー元のポイントに「pscale」アトリビュートがあり、それがコピー時に考慮されているからです。

なお、コピー元のポイントをつくる「Scatter (SOP)」は、標準で元のポイントアトリビュートを継承する設定になっています。そのため、この「pscale」は「ベースライン」で設定された「pscale」です。

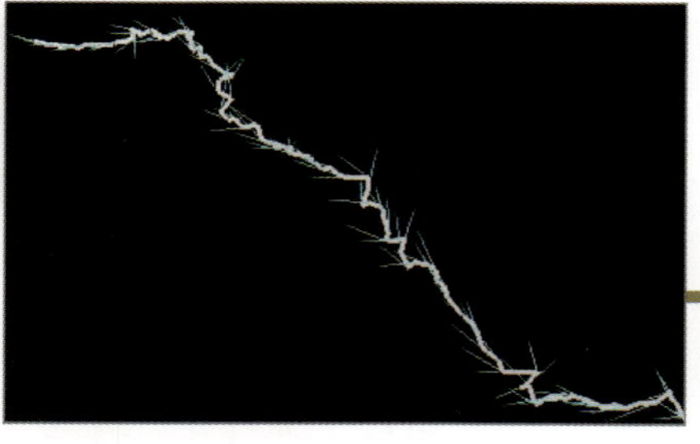

73 作成したアトリビュートNをシーンビューで確認します。「polyframe1」ノードに表示フラグを立て、シーンビュー右側の「Display Normal」ボタンを押します。接線ベクトルが法線ベクトルとして表示されます。

Point

「法線」「接線」「従法線」

ここで使った「PolyFrame (SOP)」は、「法線(Normal)」「接線(Tangent)」「従法線(Bitangent)」という3つのアトリビュートを作成できます。

「法線」は面に対して垂直なベクトル、「接線」は面に1点で接触するベクトル、「従法線」は法線と接線の両方に直交するベクトルです。このうち、法線ベクトル(N)はHoudiniではよく使うアトリビュートのひとつです。

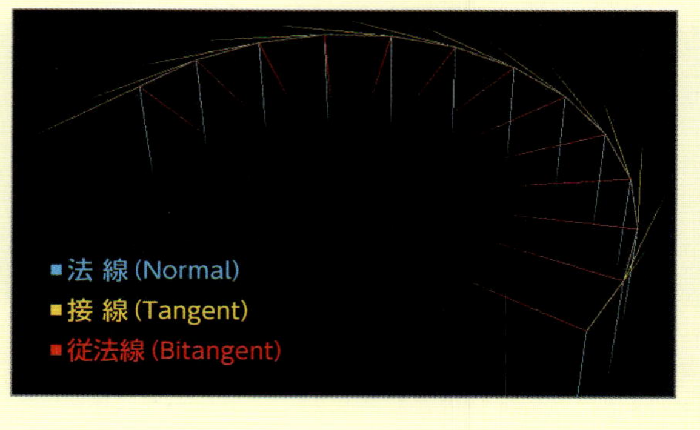

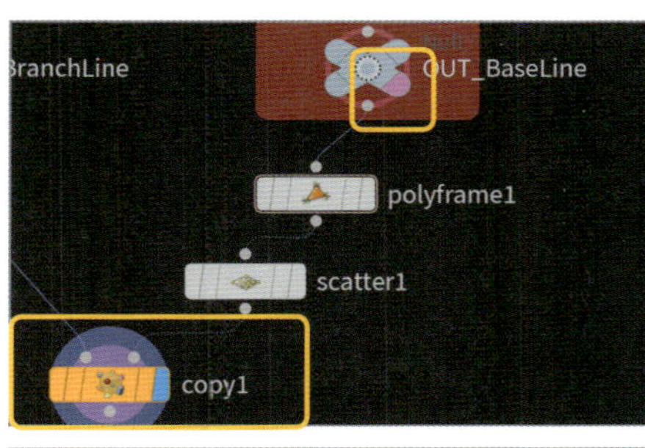

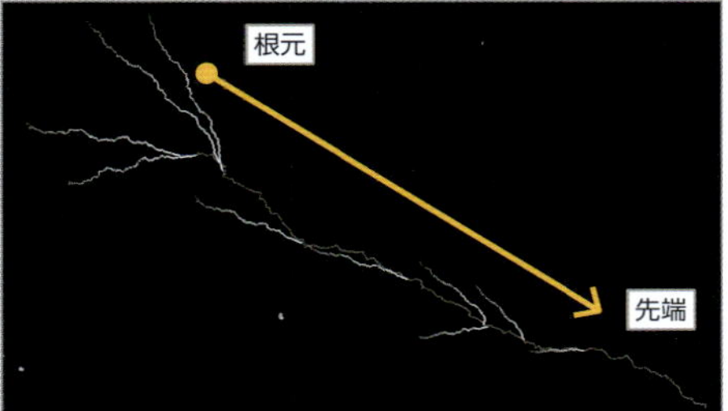

74 「Copy Stamp (SOP)」の表示フラグと「ベースライン」の「OUT_Base Line」のテンプレートフラグを立て、雷の全体像を確認します。ベースラインの方向を考慮してコピーされています。しかし、「枝ライン」の向きがベースラインの向きと逆です。

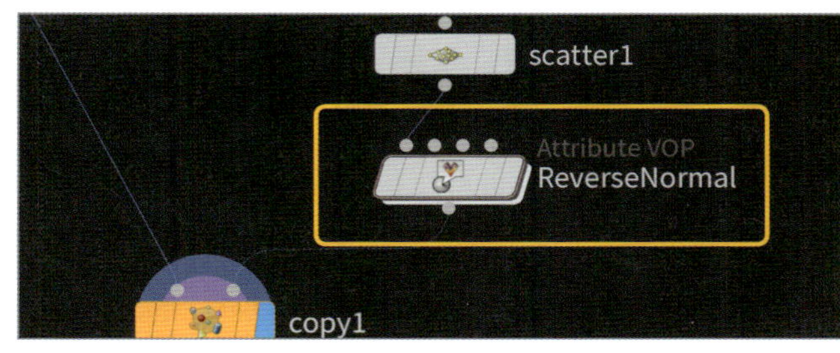

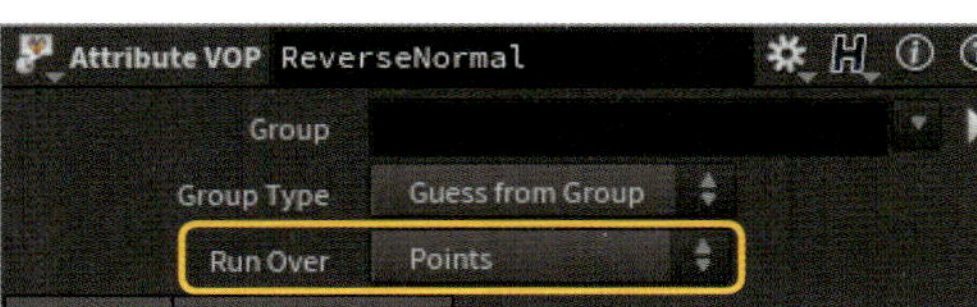

75 コピー方向を反転させるため、VOPを使って法線情報を反転します。TAB Menuで「Point VOP」とタイプして「Attribute VOP (SOP)」を作成し、ノード名を「Reverse Normal」に設定、「scatter1」と「copy1」の間に挿入します。この方法で作成した「Attribute VOP (SOP)」は、パラメータ「Run Over」が「Points」になっています。つまり、ポイントアトリビュートを編集できる設定でノードがつくられるということです。

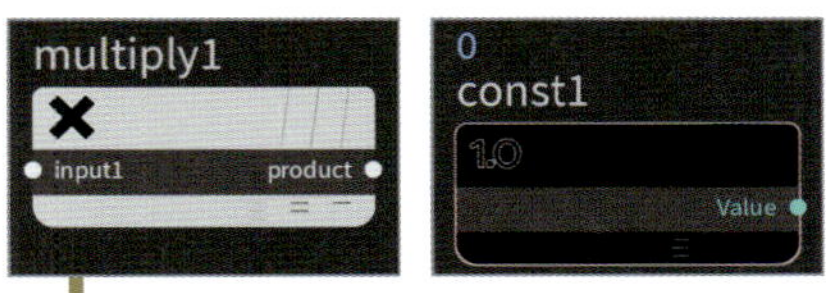

76 「ReverseNormal」ノードの中に入ります。まず、TAB Menuから「Multiply (VOP)」と「Constant (VOP)」を作成します。

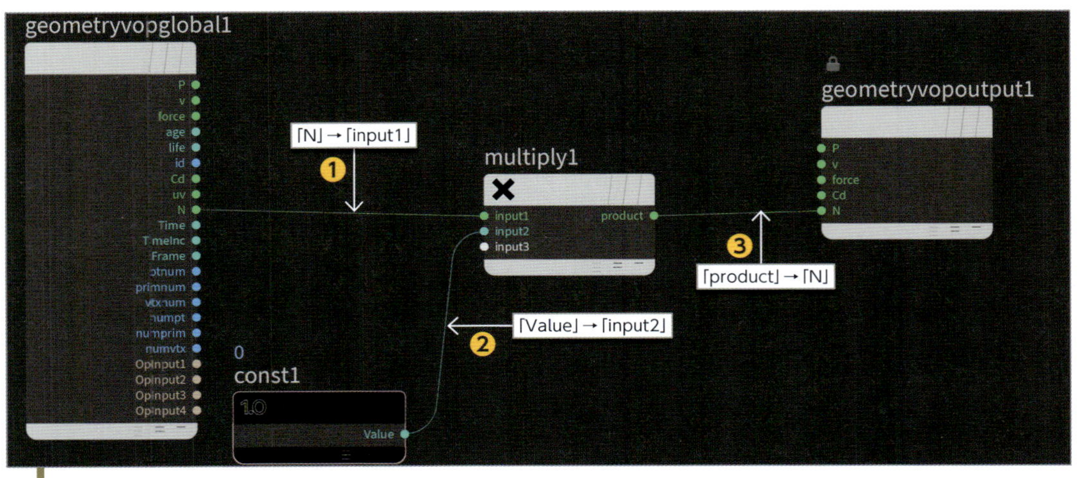

77 作成したノードを図のようにコネクトします。

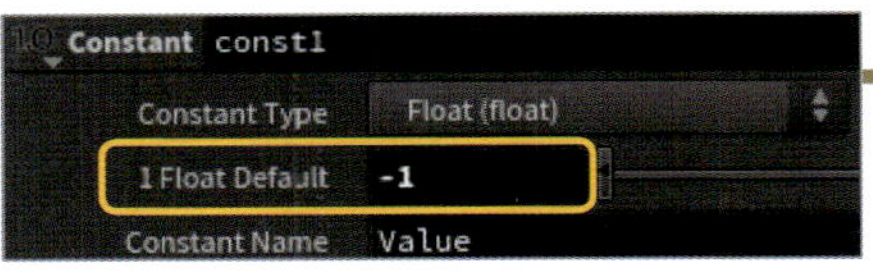

78 「Constant (VOP)」は定数を出力するノードです。整数、浮動小数、ベクトルなどの定数を出力できます。ここではデフォルトの浮動小数点 (Float) を使用します。パラメータ「1 Float Default」を「-1」にします (アトリビュートNに「-1」を掛け算する)。

79 UキーでVOPの外に出ます。シーンビューでは法線の反転がコピー方向に影響を与えたのが確認できます。

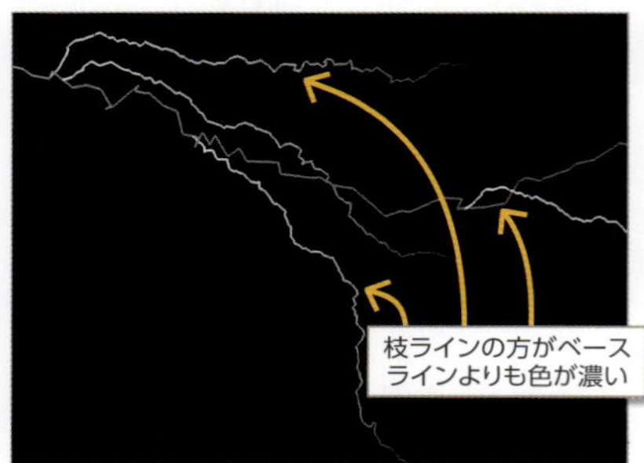

81 シーンビューで、コピーされた「枝ライン」の色をよく見ると、「ベースライン」の先端は色が薄いのに、そこに配置された「枝ライン」は色が濃く、色の差が少し目立ちます。

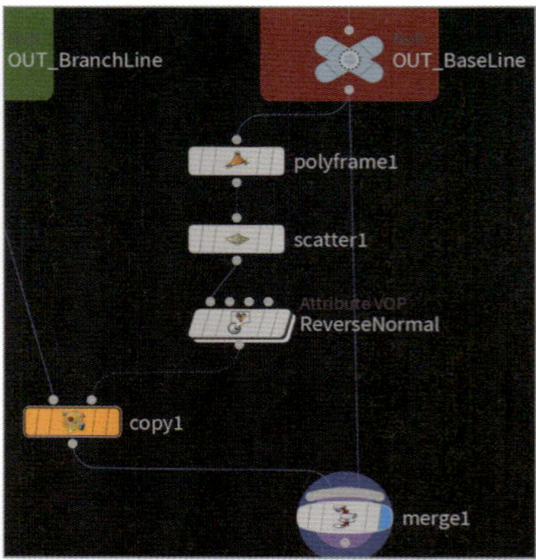

80 「ベースライン」と「枝ライン」を統合します。TAB Menuから「Merge (SOP)」を作成し、「OUT_Base Line」と「copy1」をコネクトします。「OUT_Base Line」のテンプレートフラグはオフにして、「Merge (SOP)」の表示フラグを立てて、結果を確認します。タイムスライダを動かすと、雷がバチバチと動きます。

multiply 1

82 そこで、コピーする箇所と同じ色の濃さになるよう、調整します。試しに、「RenderPscale_Branch」ノードの「multiply」値（51でプロモートした調整用のパラメータ）を下げてみると、「枝ライン」の色が一律で薄くなります。この調整を各「枝ライン」で個別に行えば、コピーする「ベースライン」の場所と同じ色に調整できそうです。

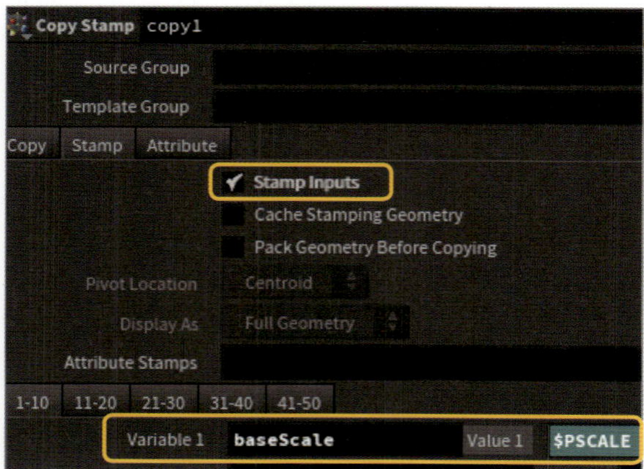

83 「Copy Stamp (SOP)」のStamp機能を利用します。まずは「copy1」のパラメータ「Stamp」タブ→「Stamp Inputs」をオンにします。次に「Variable1 : baseScale」「Value1 : $PSCALE」と記述します。

Point 「$PSCALE」の働き

「$PSCALE」はポイントのアトリビュート「pscale」を表すローカル変数です。ここでの「pscale」はコピー元のポイントのものです。「ベースライン」の「pscale」には色 (Cd) と同じ数値が入るので（45までの工程）、色が黒い箇所のポイントの「pscale」は小さな値になっています。Stamp機能により、コピー元のポイントごとに、この「pscale」値が「baseScale」という変数に代入されます。

multiply stamp("../copy1", "baseScale",1)

84 続いて、stampエクスプレッションを記述します。「RenderPscale_Branch」のパラメータ「multiply」に、stamp("../copy1", "base Scale",1)と記述します。これにより、先ほど「copy1」で設定した変数「baseScale」の値が、コピーごとに「multiply」の値として設定されます。これで「ベースライン」の先端ほど色が薄く（「pscale」が小さく）なりました。

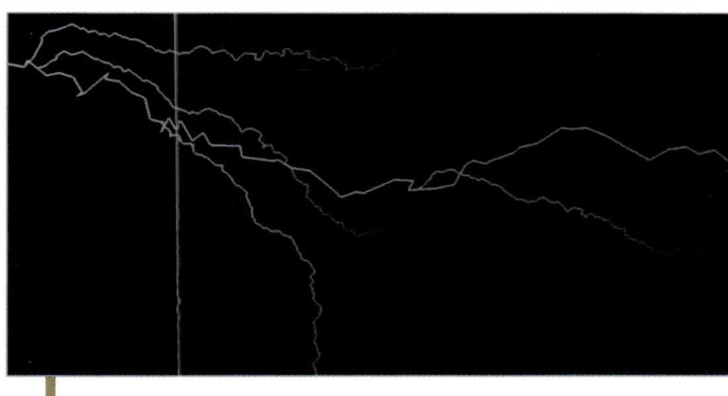

85 シーンビューを確認すると、色の差がなくなり、きれいにつながっています。これで「枝ライン」は完成です。

Challenge! 「枝ライン」の形状を変える

実は、ここで作成した個々の「枝ライン」は、サイズが異なるだけで、すべて同じ形状です。ですが、「Copy Stamp (SOP)」のStamp機能を使うことで、各「枝ライン」の形状にバラツキを持たせることができます。

例えば、「NoiseLarge_Branch」ノードの「Offset」パラメータに対して、コピーごとに異なる数値を入れれば、形状に変化を与えることができます。83〜84を参考にやってみてください。

「枝ライン」からさらに分岐する小枝ラインをつくる

これまで「ベースライン」上に「枝ライン」を複製配置するということをやってきましたが、この工程を「枝ライン」に対しても行えば、「枝ライン」上にさらに小枝ラインの分岐を作成できます。その手順を解説します。

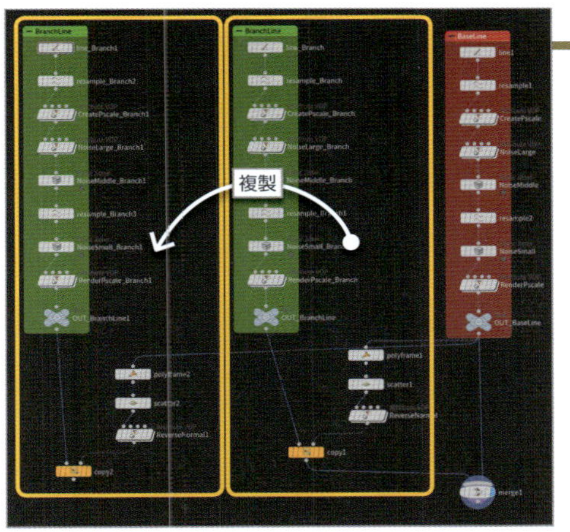

86 緑の「BranchLine」ネットワークボックスとコピー処理部分のノード4つ(「polyframe1」「scatter1」「Reverse Normal」「copy1」)を複製します。該当ノード(オレンジ枠部分)をすべて選択して、コピー&ペーストします。

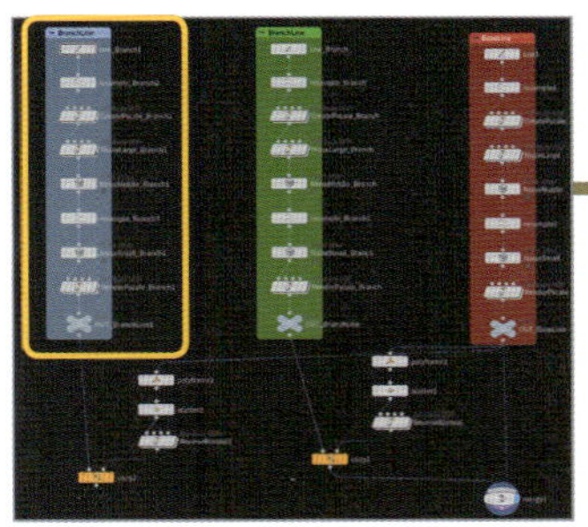

87 複製したネットワークボックスの色を変更します。ネットワークエディタ上でCキーを押してカラーパレットを表示、複製したネットワークボックスを選択して、カラーパレットから青を選びます。

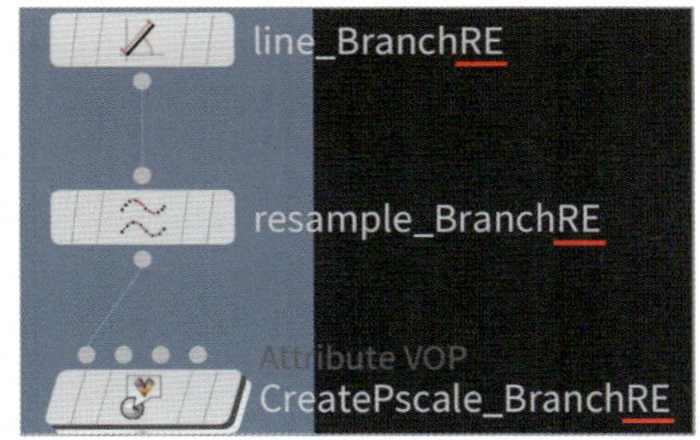

88 複製したノードの名前を変更します。複製したノードをすべて選択、Alt+Wキーで「Rename Selected Nodes」ウィンドウを呼び出します。「New Suffix : RE」「Remove trailing digits : オン」にして、「Rename」ボタンを押し、名前を一括変更します。

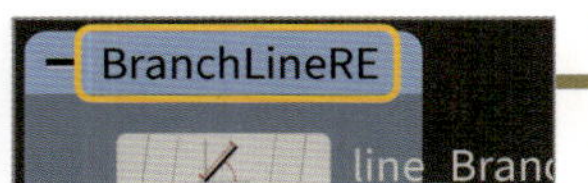

89 複製したネットワークボックスの名前を「BranchLineRE」とします。

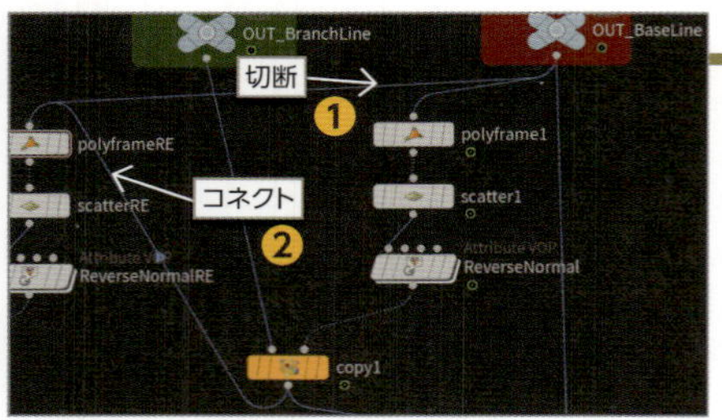

90 「OUT_BaseLine」と「polyframeRE」のコネクトを切断し、「copy1」の出力とコネクトし直します。

91 「copyRE」ノードに表示フラグ、「copy1」ノードにテンプレートフラグを立てると、「枝ライン」上に「小枝ライン」ができているのがわかります。

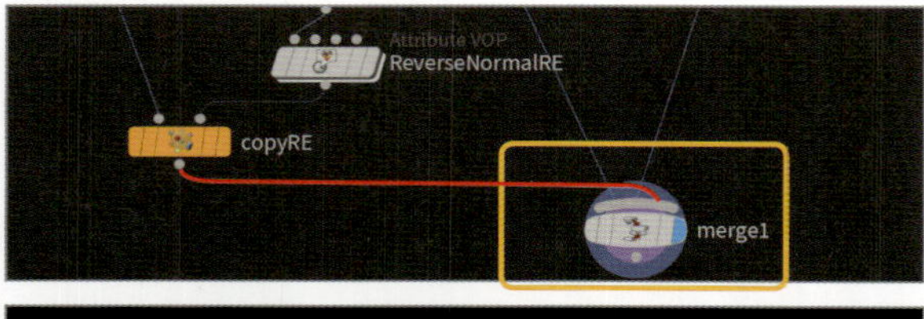

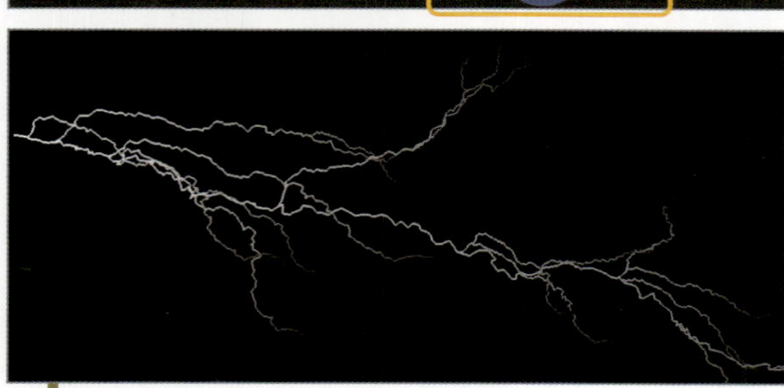

92 「copyRE」を「merge1」とコネクトして、他のラインと統合します。「merge1」に表示フラグを立てて結果を確認します。

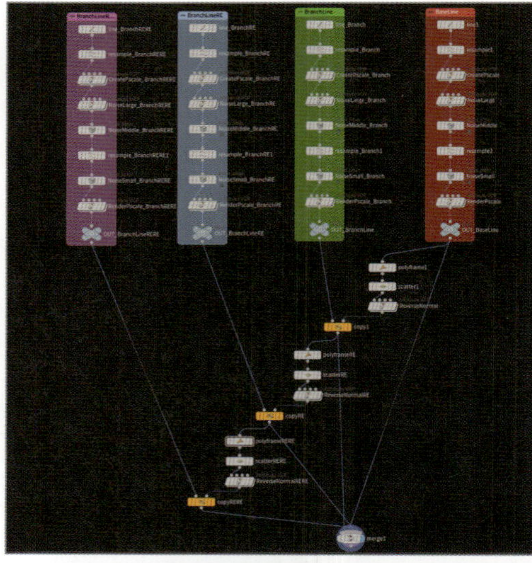

93 86～92で行った工程をもう一度繰り返すと「小枝ライン」から枝分かれした「孫枝ライン」を作成できます。これを繰り返し、どんどん枝の分岐を増やします。

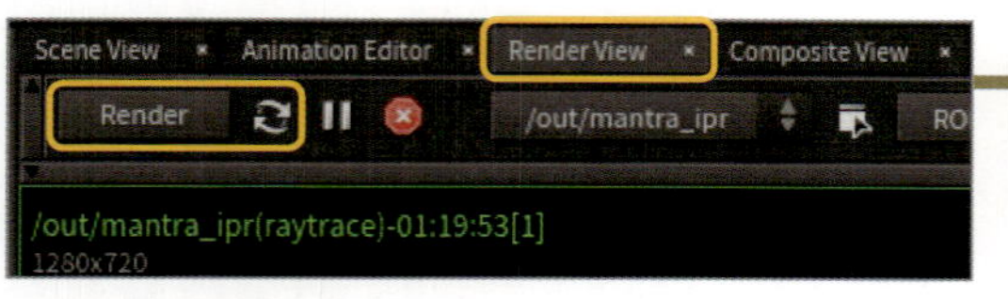

94 一度レンダリングしてみます。シーンビュー上部のタブから「Render View」ペインに切り替えます。カメラやレンダリング用の「Mantra (ROP)」ノードは作成していませんが、とりあえず「Render」ボタンを押します。

95 レンダリング結果は図の通りで、ずいぶん太くて雷らしくありません。

Point 「Mantra (ROP)」がない場合

「/out」ネットワークに「Mantra (ROP)」がない場合、「Render View」ペインで「Render」ボタンを押すと、自動で「/out」階層に「Mantra (ROP)」がつくられ、レンダリングが行われます。

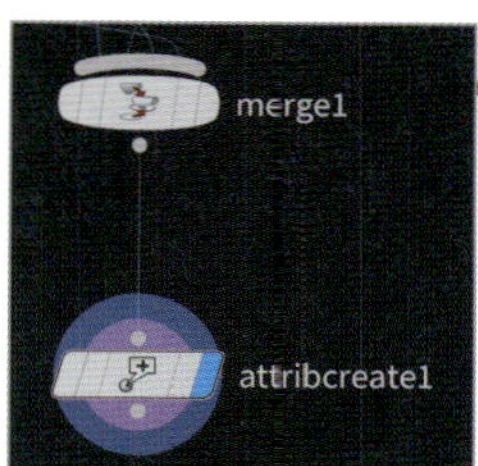

96 雷を細くします。TAB Menuから「Attribute Create (SOP)」を作成し、ネットワークの最後、「merge1」の下にコネクトします。

Point 「Attribute Create (SOP)」とは

「Attribute Create (SOP)」は名前の通り、アトリビュートを作成するノードです。自分で任意の名前と値のアトリビュートを作成できます。今回はこれで、ラインの太さを意味する「width」というアトリビュートを作成します。

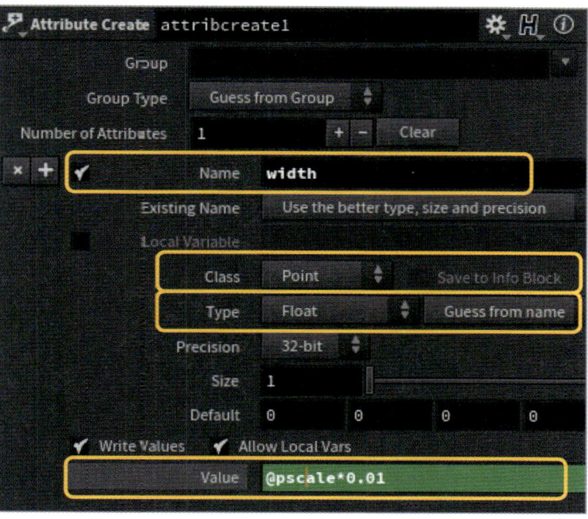

97 作成した「attribcreate1」のパラメータを設定します。「Class：Point」「Type：Float」であることを確認し、「Name：width」「Value：@pscale*0.01」と記述します。「@pscale」は「pscale」アトリビュートを意味します。「pscale」アトリビュートは、26で根元が太く先端ほど細くなるよう0～1の範囲で設定しました。その0.01倍が「width」アトリビュートの値となります。

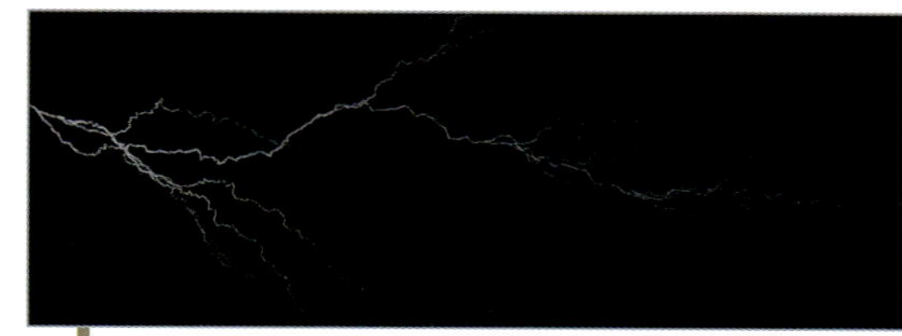

98 Mantraレンダラは、レンダリング時に「width」アトリビュートを見つけると、それをラインの太さと認識します。レンダリングすると、ラインが細くなり雷らしくなりました。ここまで雷の作例はひとまず完成です。先の作例「DNA」を参考に、被写界深度やブラーをかけてもおもしろいでしょう。

ネットワークの整理1：サブネット化する

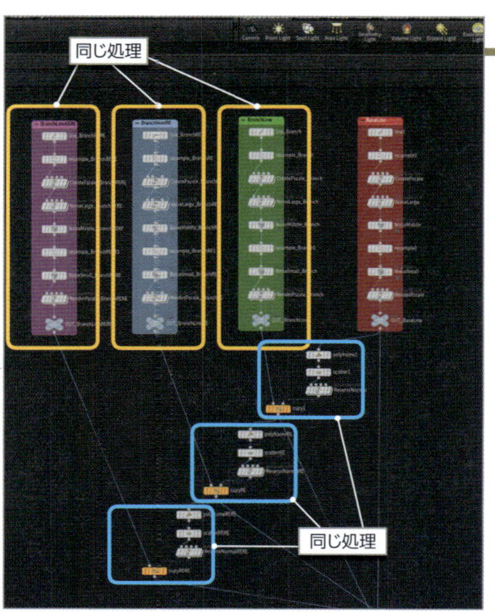

99 作例はひとまず完成しましたが、ネットワーク全体を見返すと、ラインにノイズをかける処理や、ライン上にポイントを配置してコピーする処理など、同じ処理をしている個所がいくつもあります。これらは「サブネット」と「forループ」を使うとすっきりまとめられるので、別ジオメトリで作成します。

100 「/obj」階層に戻り、「Lightning」ノードを複製、ノード名を「LightningLoop」に変更します。オリジナルの「Lightning」ノードは表示フラグをオフにします。

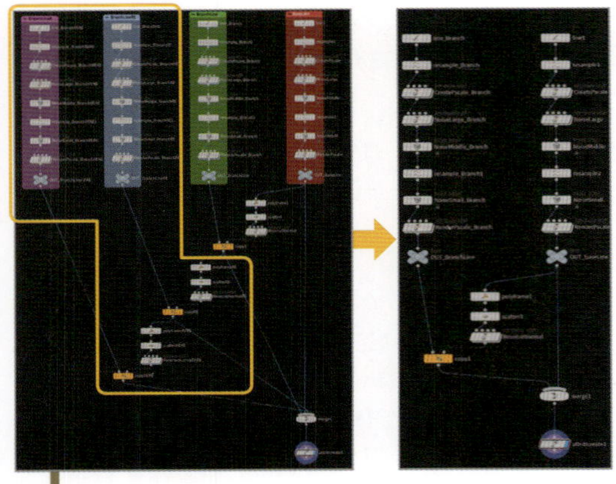

101 「LightningLoop」ノードの中に入り、図のオレンジ枠部分をすべて削除します。残すノードはネットワークボックス「BaseLine」「Branch Line」に属するノードと、「polyframe1」「scatter1」「ReverseNormal」「copy1」「merge1」「attribcreate1」ノードです。続いて、「ベースライン」と「枝ライン」のネットワークボックスも削除します。

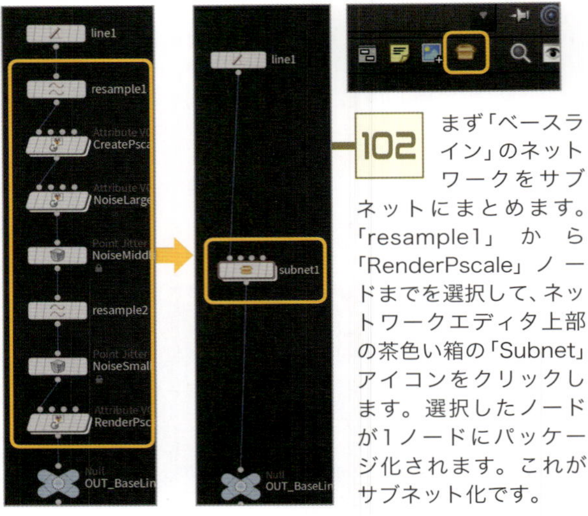

102 まず「ベースライン」のネットワークをサブネットにまとめます。「resample1」から「RenderPscale」ノードまでを選択して、ネットワークエディタ上部の茶色い箱の「Subnet」アイコンをクリックします。選択したノードが1ノードにパッケージ化されます。これがサブネット化です。

用語　サブネット

「サブネット」とは複数のノードをまとめて、ひとつのノードとして扱えるようにするものです。「サブネット」ノードの中には、格納したノードが入っています。

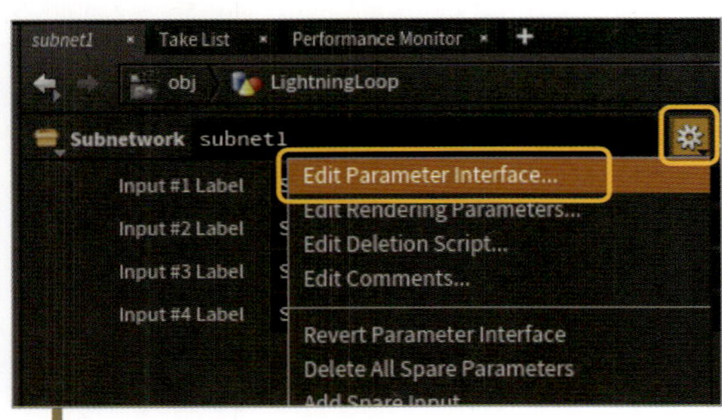

103 サブネットノードにはパラメータを作成でき、そのパラメータを用いてサブネット内のノードのパラメータを操作できます。「subnet1」ノードのパラメータ右上にあるギアアイコンをクリック、出てきたメニューから、「Edit Parameter Interface」を選択します。

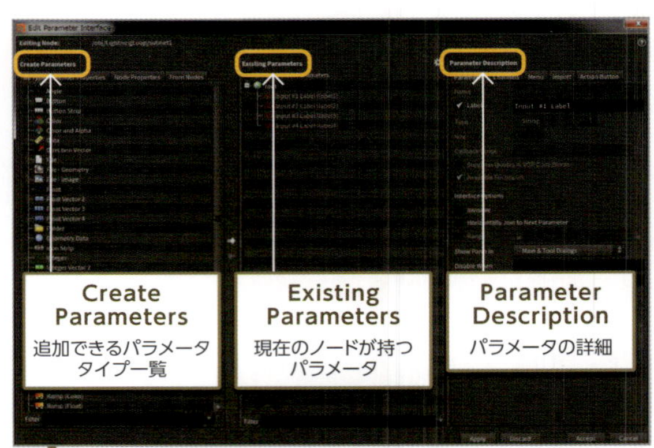

104 「Edit Parameter Interface」ウィンドウが開きます。これを使うことで、ノードに対して自由にパラメータを作成できます。ウィンドウは図のように3つの欄に分かれています。

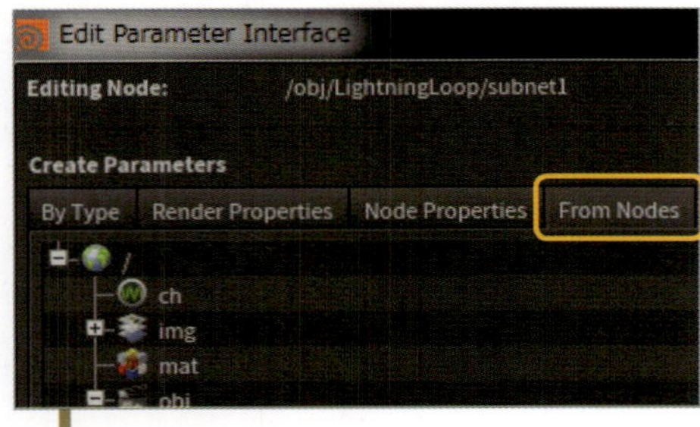

105 パラメータを追加します。「Create Parameters」欄の「From Nodes」タブを選び、表示を切り替えると、ツリービューでシーン内のノード一覧が表示されます。

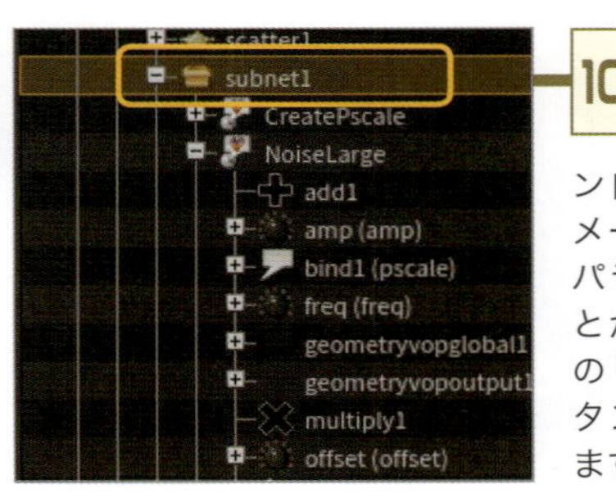

106 この「From Nodes」タブからパラメータを追加すると、シーン内の任意のノードのパラメータを「subnet1」ノードのパラメータとして表に出すことができます。ツリービューの「subnet1」左にある「+」ボタンを押し、リストを展開します。

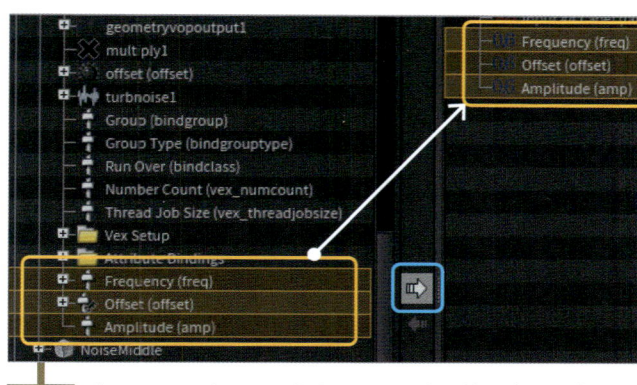

107 「subnet1」内のノードとパラメーター一覧の中から「NoiseLarge」ノードを見つけ、＋ボタンで展開します。そこにある「Frequency」「Offset」「Amplitude」（31～32でプロモートしたパラメータ）を選択します。続いて、一覧の右にある右向き矢印ボタンを押すと、選択したパラメータが中央の「Existing Parameters」欄に移動して、「subnet1」のパラメータになります。

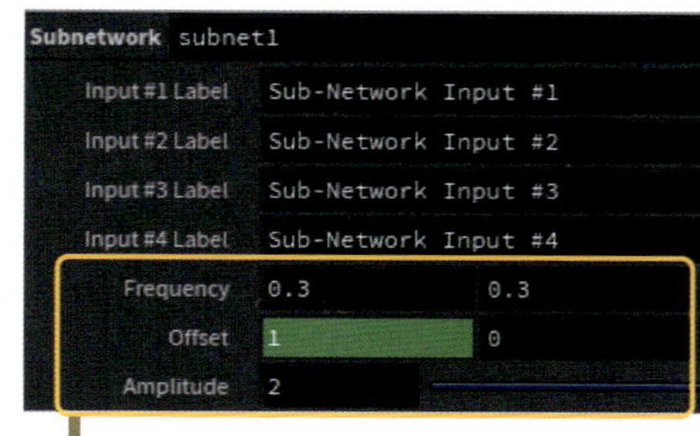

108 ウィンドウ右下にある「Apply」ボタンを押して確定します。これで「subnet1」ノードに「NoiseLarge」ノードの3つのパラメータが追加されました。

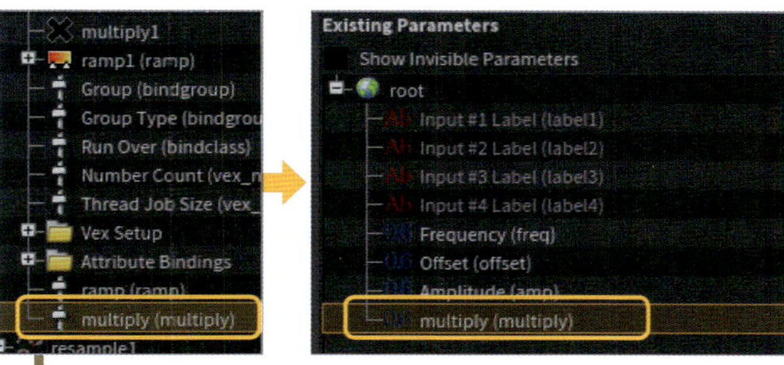

109 同様の手順で、「RenderPscale」ノードの「multiply」パラメータも「subnet1」ノードのパラメータに追加します。

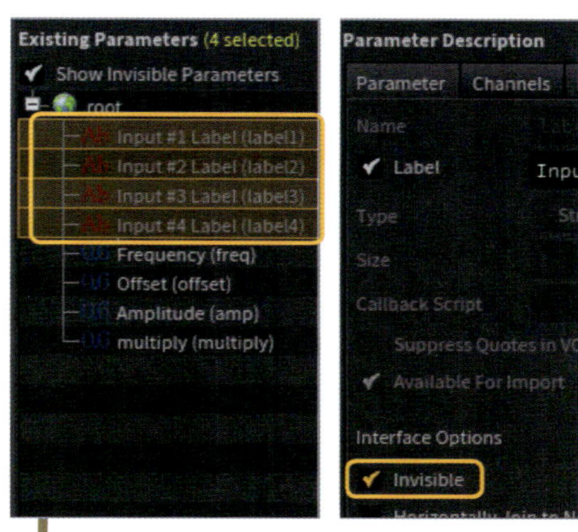

110 「Existing Parameters」欄にある「Input #1 Label」～「Input #4 Label」を選択して、右の「Parameter Description」欄で「Invisible：オン」（非表示）にします。できたらウィンドウ右下の「Accept」ボタンを押し、確定してウィンドウを閉じます。

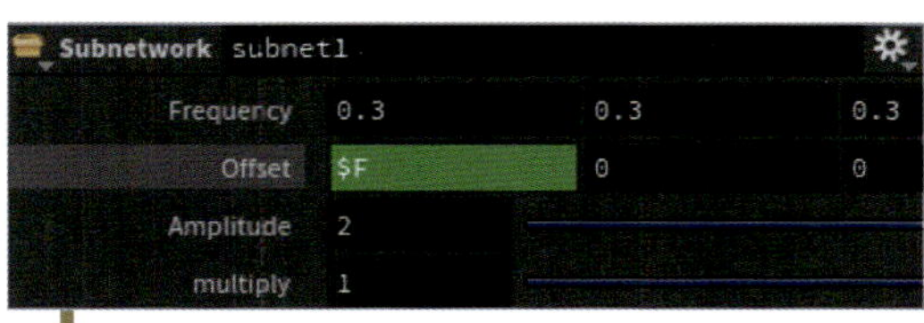

111 「subnet1」ノードのパラメータに先ほど追加したパラメータが表示されています。これらは「subnet1」内の元ノードとつながっており、パラメータを変更すると、元ノードのパラメータも変わります。これでこの「subnet1」ノードは、入力されたラインに雷ノイズをかける1個のノードになりました。

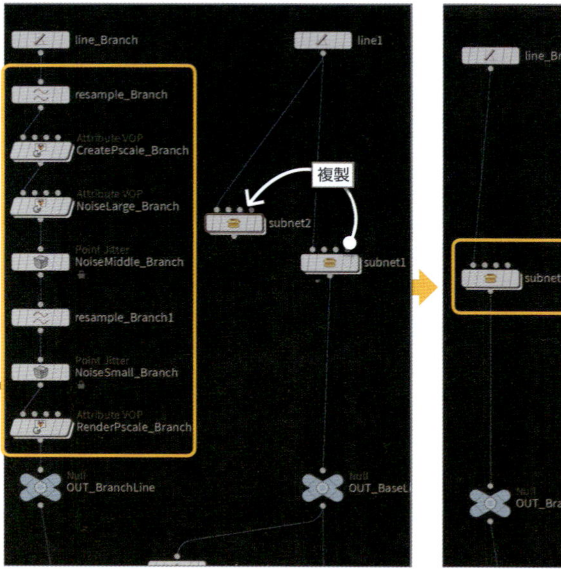

112 「枝ライン」のノードもサブネットに置き換えます。「subnet1」を複製して「subnet2」をつくり、図のオレンジ枠部分のノード（「resample_Branch」～「RenderPscale_Branch」）を削除、それらの代わりに「subnet2」をコネクトします。

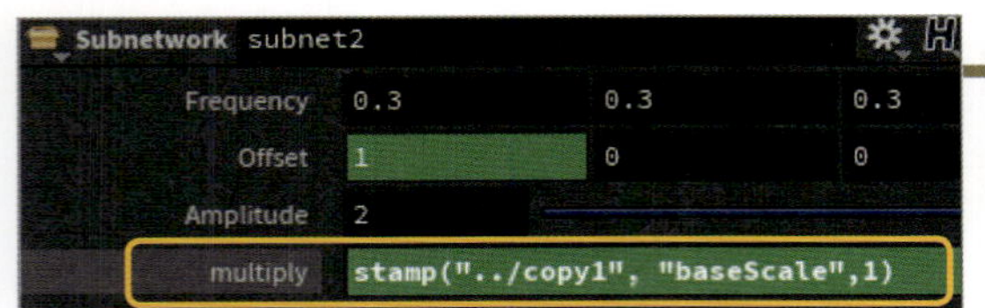

113 84で設定したstampのエクスプレッションを「subnet2」で設定し直します。パラメータ「multiply」 にstamp("../copy1", "base Scale",1) と記述します。

Point 追加できるパラメータの種類

作例では、「Edit Paramter Interface」ウィンドウの「Create Parameters」欄上部にある4つのタブのうち、シーン内のノードを用いてパラメータを作成できる「From Nodes」タブからパラメータを追加しました。ここで、その他のタブについても簡単に解説します。

❶「By Type」タブはパラメータの「種類」を選んで追加します。数値入力欄やボタンなどです。作成したパラメータに対して、自分で他のパラメータをリンクしたり、機能を割り当てたりします。UIをつくっていく感じです。

❷「Render Properties」タブでは、レンダリングに関するオプションパラメータを追加します。例えば、「Mantra (ROP)」に標準では表示されていないパラメータを追加できます。

❸「Node Properties」は②のオブジェクト版です。オブジェクトノードのオプションパラメータを追加できます。

①「By Type」と作例の「From Nodes」は使用頻度が高いように思います。

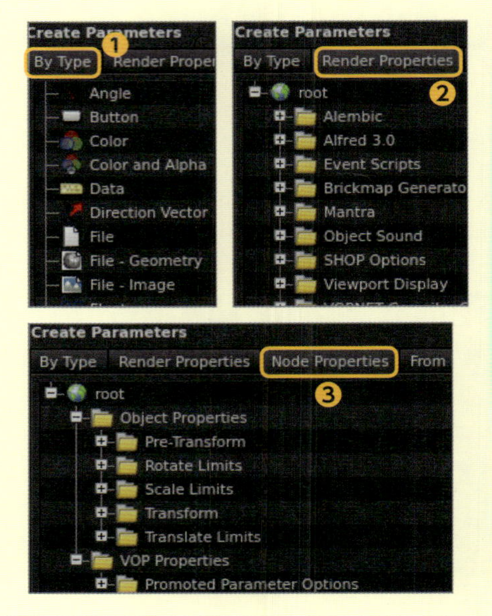

ネットワークの整理2：「For Loop」で処理を繰り返す

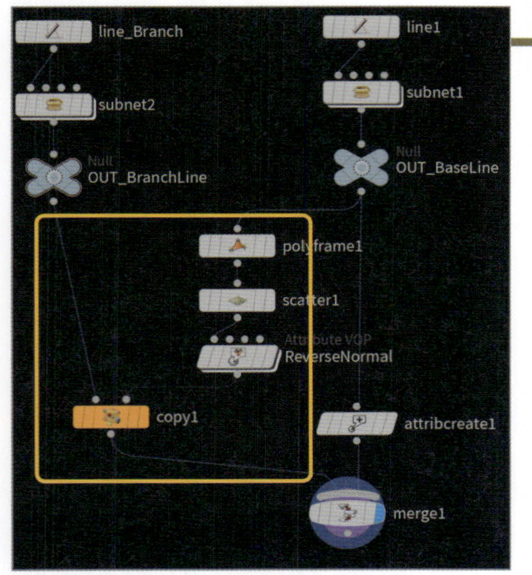

114 続いて、「For Loop」を使って枝分かれの処理を繰り返します。繰り返すのは図のオレンジ枠、枝をコピーしている部分です。

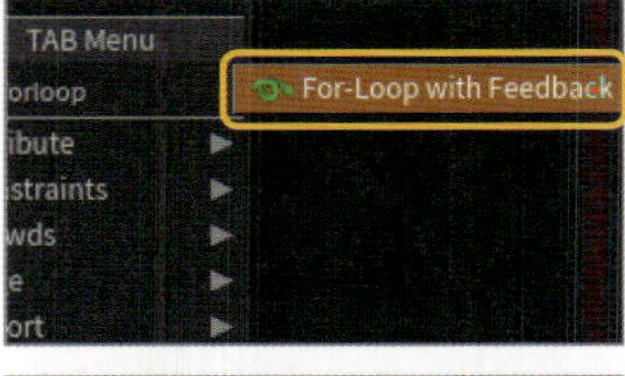

115 TAB Menuで「forloop」 とタイプして「For-Loop with Feedback」を選び、「Block Begin（SOP）」「Block End（SOP）」を一組作成します。

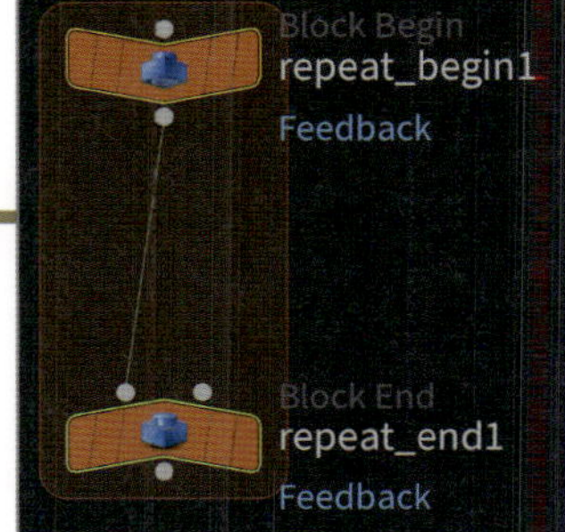

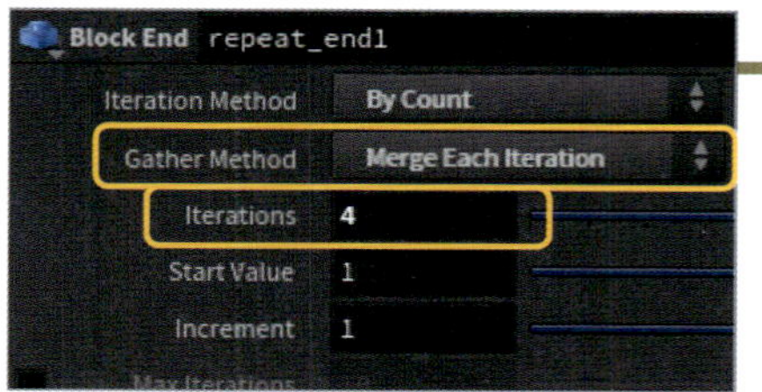

116 ノードをつなぐ前に「repeat_end1」のパラメータを変更しておきます。「Gather Method：Merge Each Iteration」「Iterations：4」とします。「Merge Each Iteration」はループごとの処理を最後にマージして出力する設定です。具体的には、ここでは「Iterations：4」なので、「ベースラインから枝ラインを作成」、「枝ラインから小枝ラインを作成」、「小枝ラインから孫枝ラインを作成」、「孫枝ラインからひ孫枝ラインを作成」という4回の処理を行い、その結果を最後にマージ（結合）して出力する、ということです。

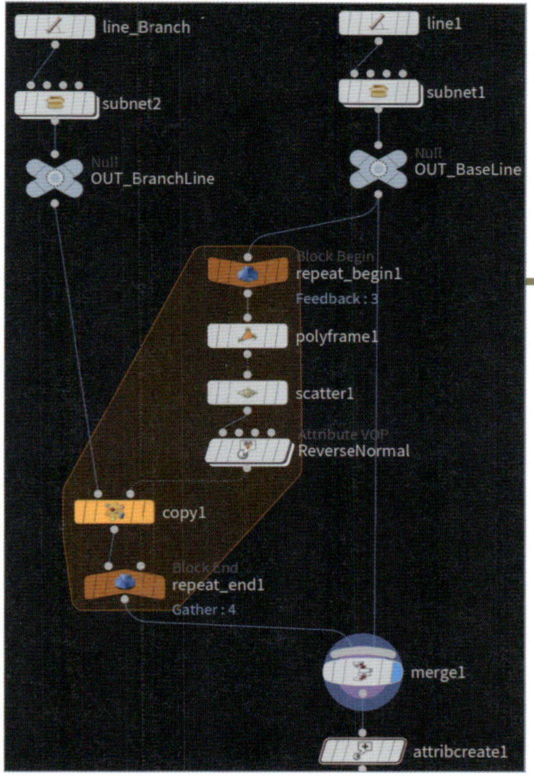

Point 先にパラメータ設定をする理由

コネクトより先にパラメータを設定したのは、「Iterations」の回数を減らして、コネクトしたときに必要以上にループ計算されるのを防ぐためです。

117 パラメータを変えたら、図のようにネットワークをコネクトします。コネクトは、「repeat_begin1」を「OUT_BaseLine」と「polyframe1」の間に、「repeat_end1」を「copy1」と「merge1」の間に挿入します。

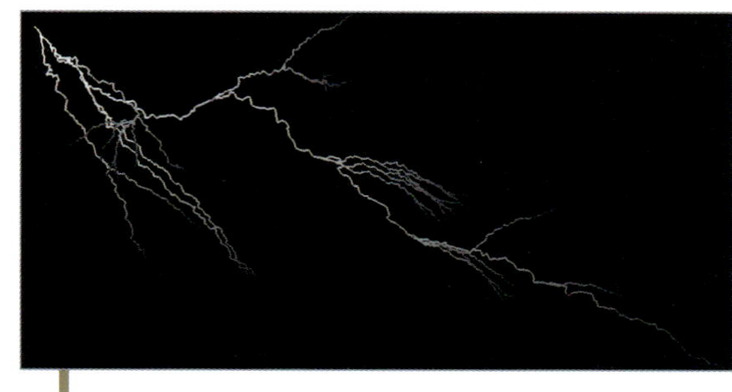

118 シーンビューで結果を確認します。

119 各枝の形状が似通っているので、バラつきを持たせるようパラメータを調整します。「subnet2」のパラメータ「multiply」に記述してあるエクスプレッションをコピーして、パラメータ「Offset」の「Y」にペーストします。これでコピーされる箇所によってオフセットされる値が少し変わります。

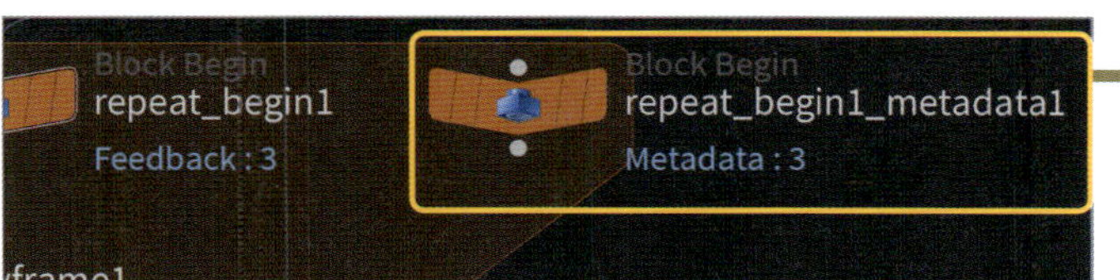

120 もうひとつ、今度はループの情報を元に変化を付けます。「repeat_begin1」のパラメータにある「Create Meta Import Node」ボタンを押すと、「repeat_begin1_metadata1」というノードが作成されます。

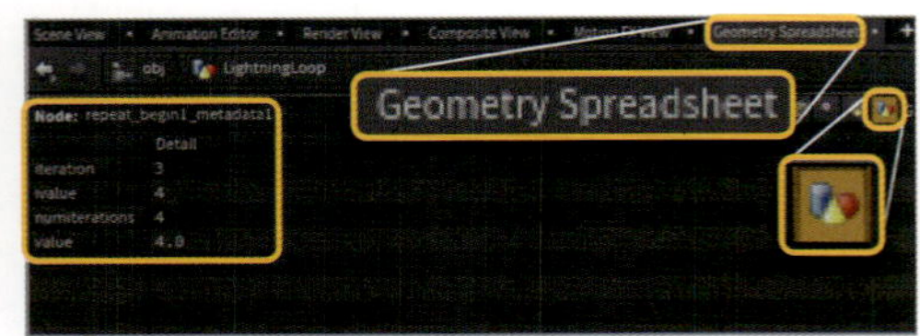

121 「repeat_begin1_metadata1」ノードは「Block Begin (SOP)」の設定違いで、このループに関する情報(最大ループ回数、今何回目のループかなど)をアトリビュートとして持っています。実際に確認するため、「repeat_begin1_metadata1」を選択して、シーンビューを「Geometry Spreadsheet」ペインに切り替え、右の「Detail」アイコンを押します。4つのループ情報(アトリビュート)が表示されます。

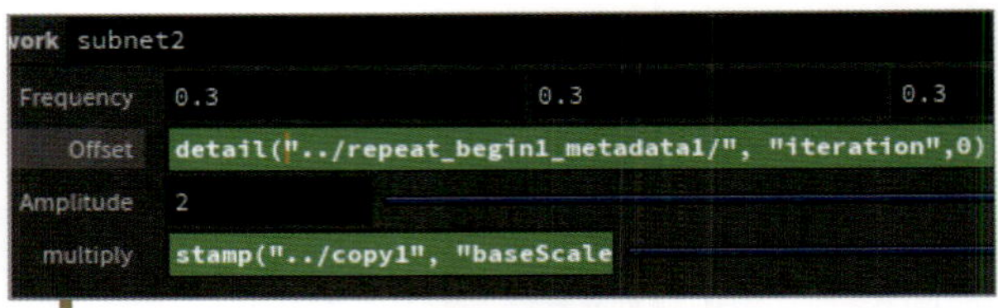

122 このノードから「今処理しているのが何回目のループか」つまり「Iteration」の情報を取り出し、それを使ってオフセットします。ノードが持つ「Detail」アトリビュートを取得するに「detail( )」関数を使用します。「subnet2」ノードのパラメータ「Offset」の「Z」(いちばん右の欄)にdetail("../repeat_begin1_metadata1/", "iteration",0)と記述すると、枝の形状が少し変化します。ループ処理の回数により「Offset」値が変化したということです。

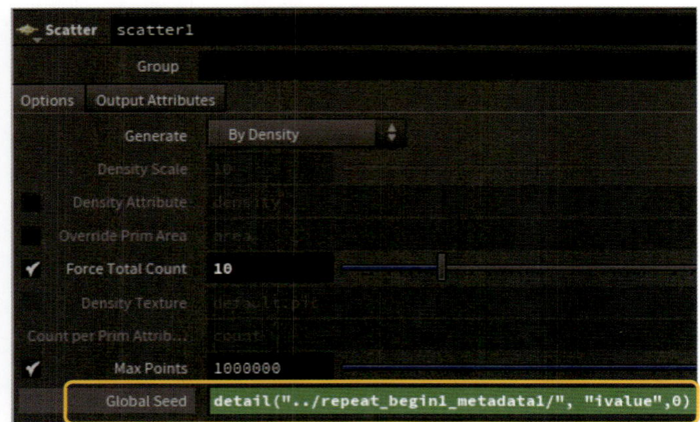

123 同じエクスプレッションを使い、枝のバラつきに変化を付けます。コピーのためのポイントをつくる「scatter1」ノードのパラメータ「Global Seed」にも
detail("../repeat_begin1_metadata1/", "ivalue",0)
と記述します。「Global Seed」はポイントの配置に関する値で、数値を変えると配置のされ方も変わります。ここではループ処理ごとにポイント配置が変わることになります。

124 結果を確認して完成です。さらに「repeat_end1」の「Iterations」値を変更すれば、枝分かれを増減できます。以前のようにネットワーク全体をコピーしなくてもよいので、編集が楽で汎用的なネットワークになりました。

125 レンダリング用にカメラを作成します。雷全体が画面に収まるようにレイアウトします。

レンダリング画像の加工1：レンダリング画像を生成する

126 最後に、COPを使い少しレンダリング画像を加工します。まずはレンダリング画像を出力します。「/out」階層に移動し、レンダリング確認時に自動で作成された「mantra_ipr」ノード名を「Thunder_REND」に変更します。

127 設定は現状のまま、「Thunder_REND」ノードのパラメータにある「Render to Disk」ボタンを押し、レンダリング画像を出力します。

128 レンダリング後、ネットワークエディタ上部のパス表記をクリック、リストから「/img」を選んで階層を移動します。

129 「comp1」ノードがあるので、その中に入ります。

130 「comp1」ノード内でTAB Menuから「File (COP)」（画像読み込み用ノード）を作成します。

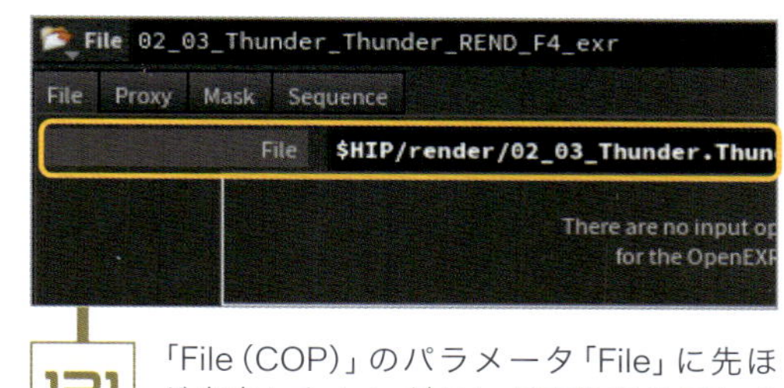

131 「File (COP)」のパラメータ「File」に先ほど出力したレンダリング画像を指定します。

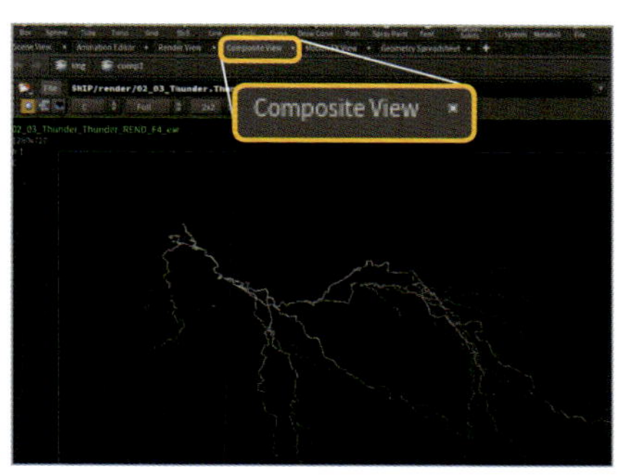

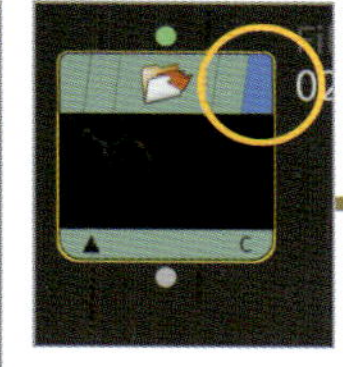

132 シーンビュー上部のタブから「Composite View」ペインに切り替えます。「File (COP)」ノードに表示フラグを立てると、ビューに読み込んだ画像が表示されます。

レンダリング画像の加工2：ブラーをかける

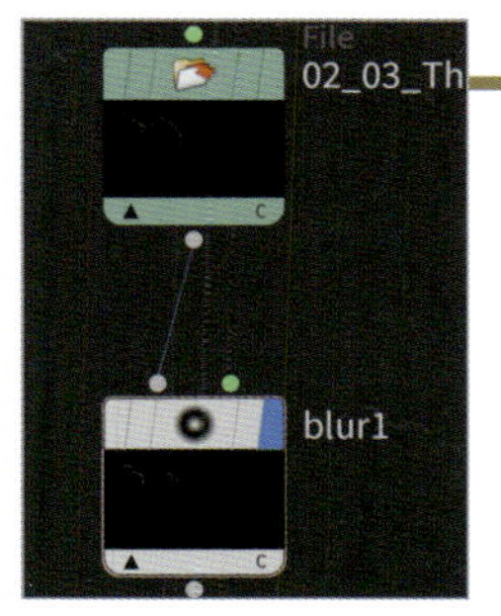

133 画像にブラーをかけます。TAB Menuから「Blur (COP)」を作成し、「File (COP)」ノードの下にコネクトします。

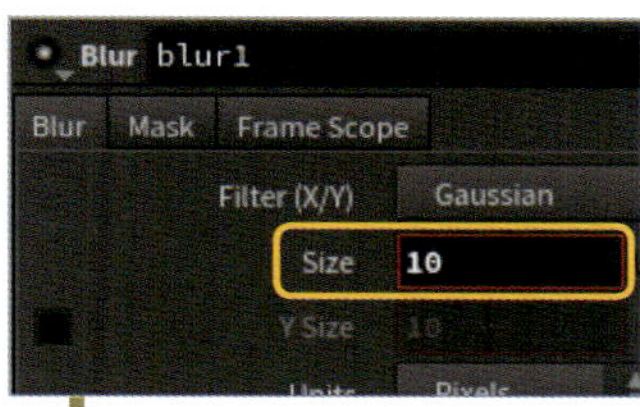

134 「blur1」ノードのパラメータ「Size」を「10」に設定し、「blur1」に表示フラグを立てると、ブラーがかかったのが確認できます。

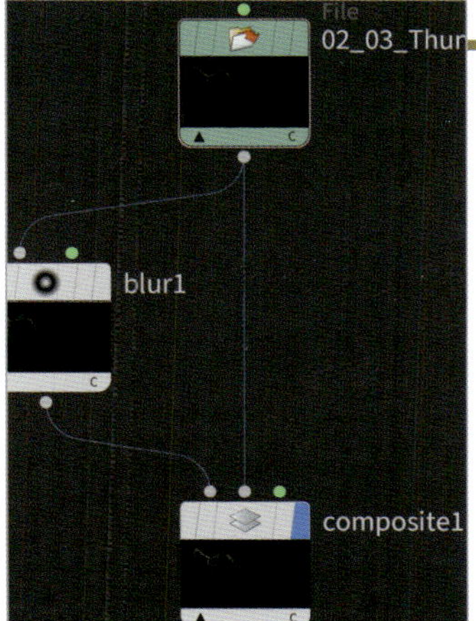

135 このままでは単にぼやけた画像なので、元のレンダリング画像とブラー画像を合成し、発光しているような表現にします。TAB Menuから「Composite (COP)」を作成し、図のようにコネクトします。「Composite (COP)」はふたつの画像を重ね合わせるノードです。

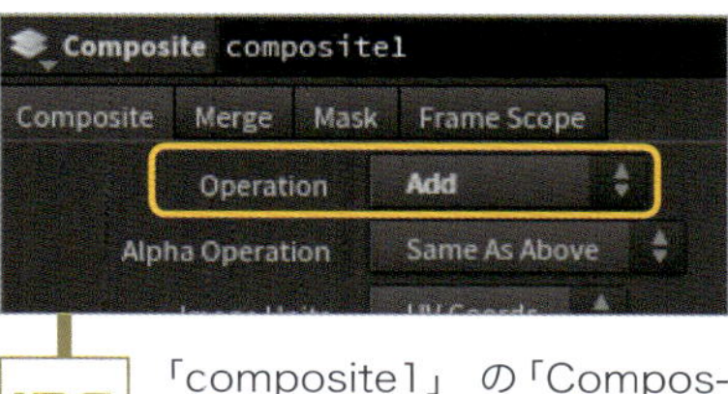

136 「composite1」の「Composite」タブ→「Operation」パラメータを「Add」（ふたつの画像を足し合わせる）に設定します。

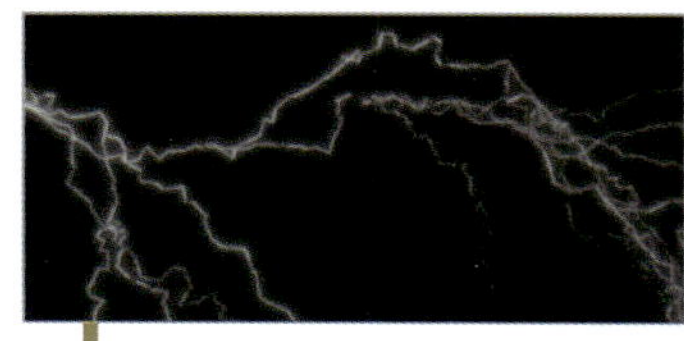

137 「composite1」に表示フラグを立てて結果を見ると、発光しているような見た目になりました。

レンダリング画像の加工3：色をつける

138 雷に着色します。TAB Menuから「Color Correct (COP)」を作成し、図のように、「File (COP)」と「blur1」の間に挿入します。

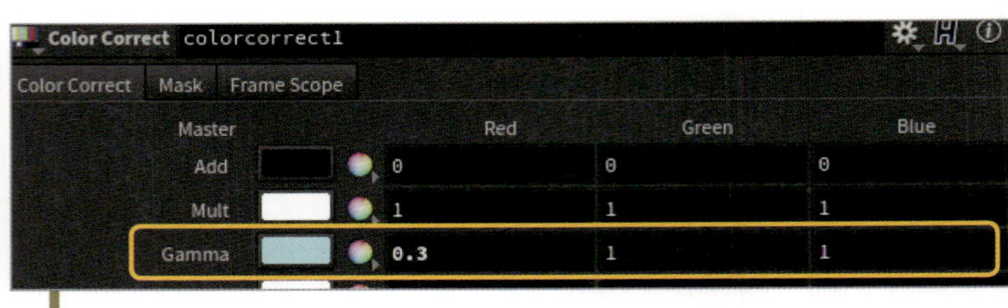

139 作成した「colorcorrect1」ノードのパラメータ、「Color Correct」タブ→「Gamma」を「0.3　1　1」と設定します。

140 「composite1」ノードに表示フラグを立てると、青い色がついたのが確認できます。

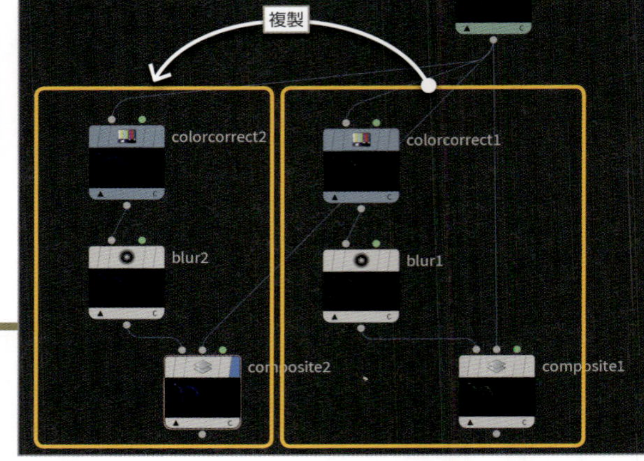

141 同様にしてもう一色追加します。「colorcorrect1」「blur1」「composite1」の3ノードを複製します。

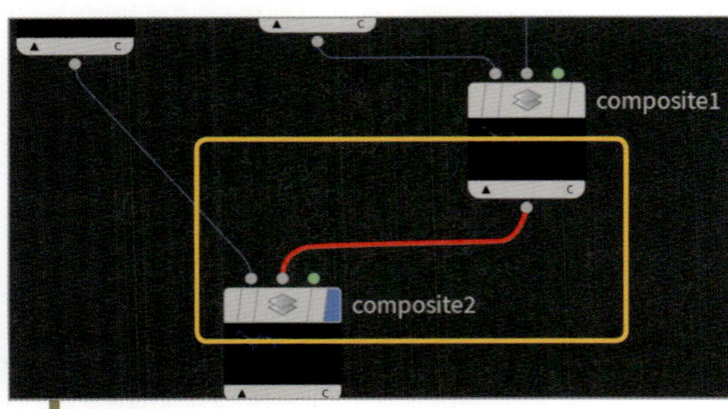

142 「composite2」ノードの真ん中の入力にノード「composite1」の出力をコネクトします。

143 「colorcorrect2」のパラメータ「Gamma」を「0.1　0.1　2」に変更します。

144 「composite2」ノードに表示フラグを立てて確認すると、さらに青みがかった結果になります。

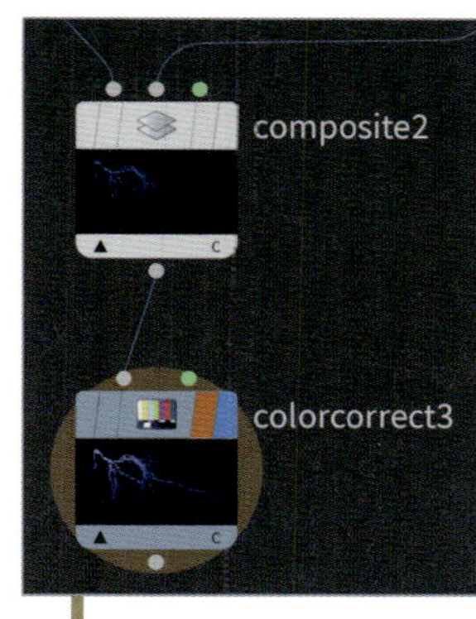

145 全体の調整を行います。TAB Menuから「Color Correct(COP)」を作成し、ネットワークの最後、「composite2」の下にコネクトします。

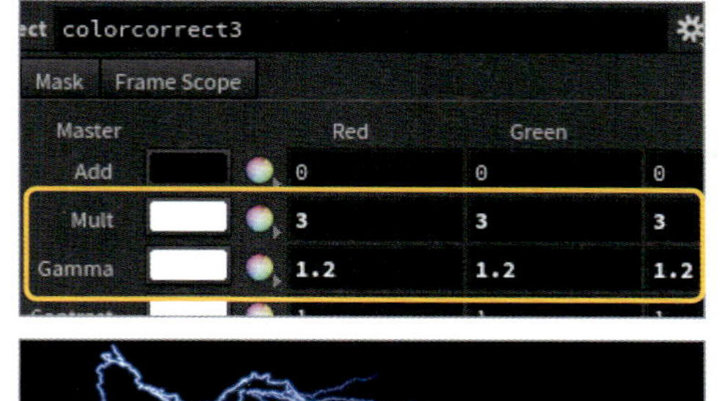

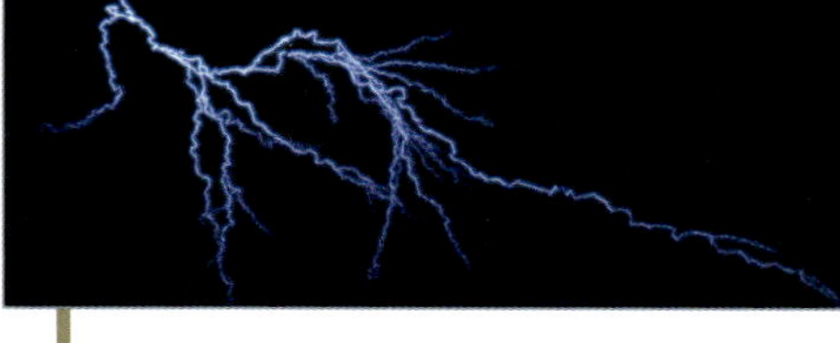

146 「colorcorrect3」のパラメータを変更します。「Mult：3　3　3」「Gamma：1.2　1.2　1.2」とすると、色が明るくより目立つようになります。

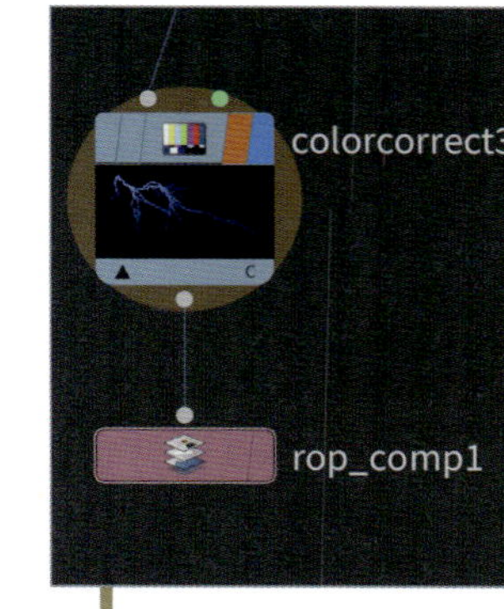

147 編集した画像を出力するため、TAB Menuから「ROP File Output(COP)」を作成し、ネットワークの一番下にコネクトします。

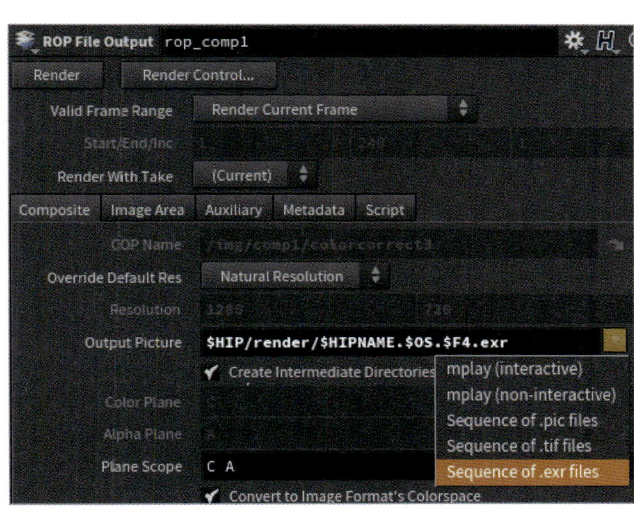

148 「rop_comp1」のパラメータ「Valid Frame Range」を「Render Current Frame」にし、「Output Picture」(出力先設定)はプリセットから「Sequence of .exr files」を選択します。

149 最後に「Render」を実行して画像を出力します。これでこの作例は終了です。

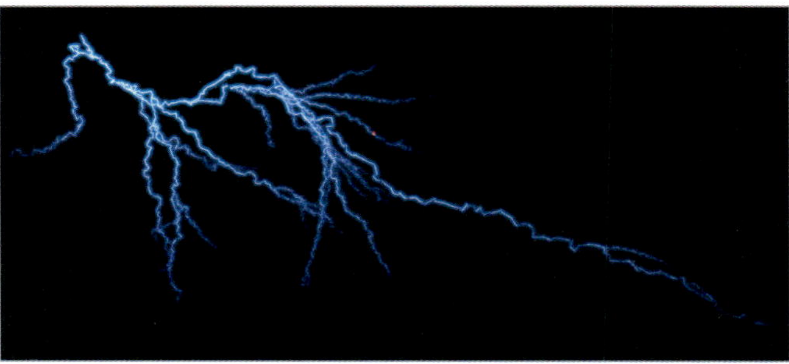

2-6 作例5 デジタルアセット（石）

難易度 ★★

この作例では、簡単な石のモデルを作成し、デジタルアセットにする方法を学習します。アセットとは、Houdiniで作成したネットワークを再利用可能なノードとして登録したものです。登録後は他のシーンからでも、TAB Menuからそのアセットを呼び出せるようになります。何度も使うジオメトリやよく行う処理などは、アセット化しておくと作業効率アップにつながります。

STEP 制作手順

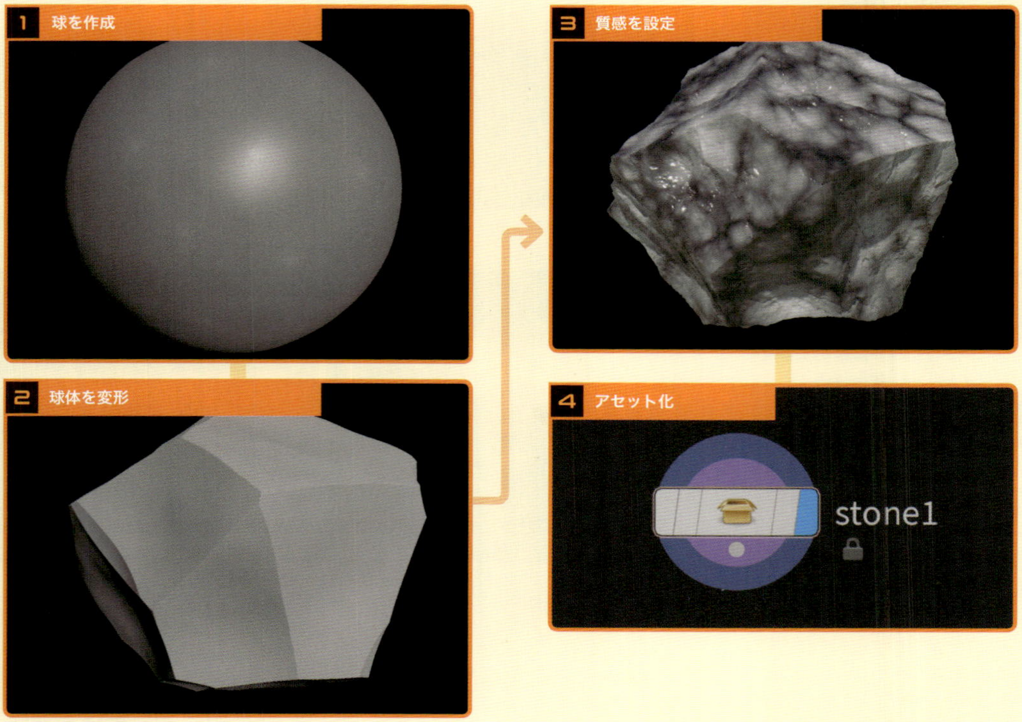

1 球を作成

2 球体を変形

3 質感を設定

4 アセット化

stone1

球を作成して「Worley Noise」で変形する

1 岩のモデルを作成します。「/obj」階層でTAB Menuから「Geometry (OBJ)」を作成し、名称を「Stone」とします。

2 ノードの中に入り、すでにある「file1」ノードを削除。代わりにTAB Menuから「Sphere (SOP)」を作成します。

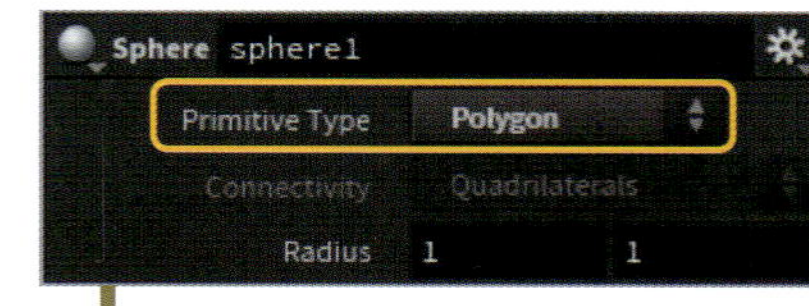

3 作成した「sphere1」のパラメータ「Primitive Type」を「Polygon」に設定。その他はデフォルトのままです。

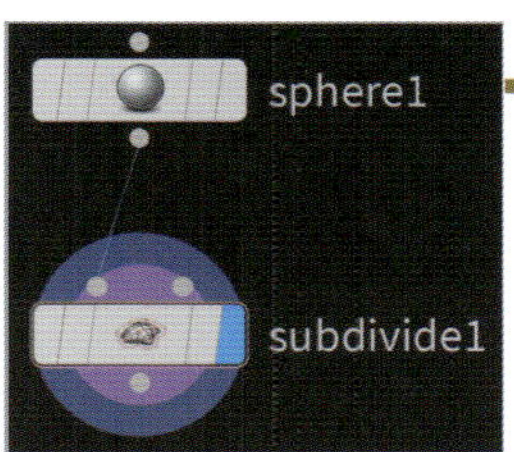

4 TAB Menuから「Subdivide (SOP)」を作成し、「sphere1」の下にコネクトします。

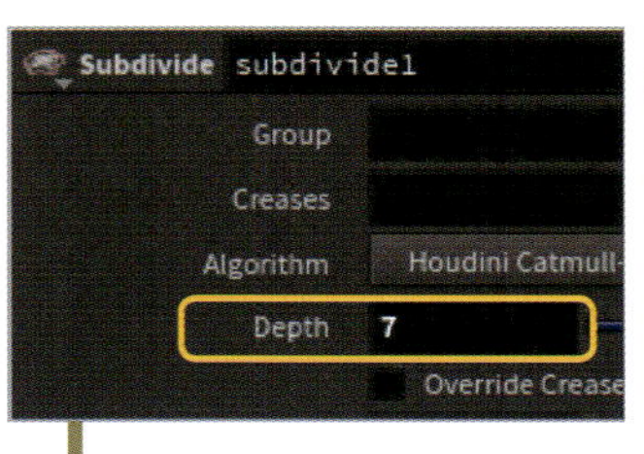

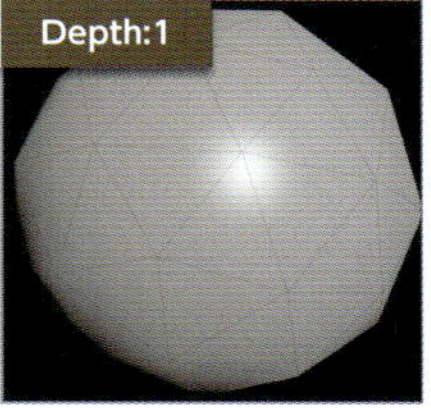

5 「Subdivide (SOP)」はポリゴンを滑らかに細分化するノードです。作成した「subdivide1」ノードのパラメータ、「Depth」値を「7」に変更すると、球の形状がより滑らかに細分化されたのがわかります。Depth値を上げると形状はきれいになりますが、そのぶん処理に時間がかかります。「7」で時間がかかるようなら「6」に下げて進めてください。

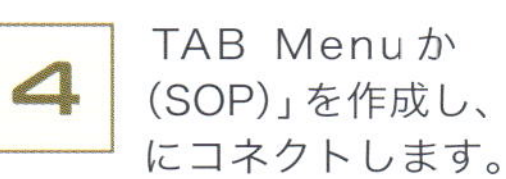

6 球の形状を変更していきます。TAB Menuから「Attribute VOP (SOP)」を作成し、「subdivide1」の下にコネクトします。作成した「attribvop1」ノードの中で石の形状をつくります。

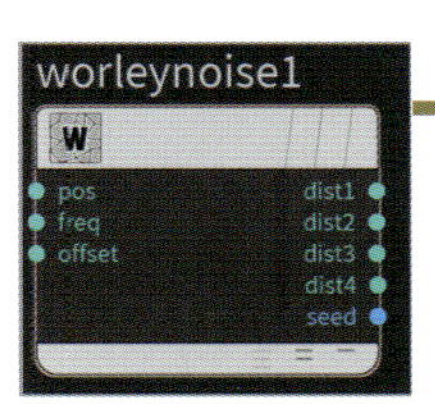

7 「attribvop1」の中に入り、TAB Menuから「Worley Noise (VOP)」を作成します。「Worley Noise (VOP)」はセルラーノイズとも呼ばれる、細胞のような見た目のノイズを生成します（9参照）。

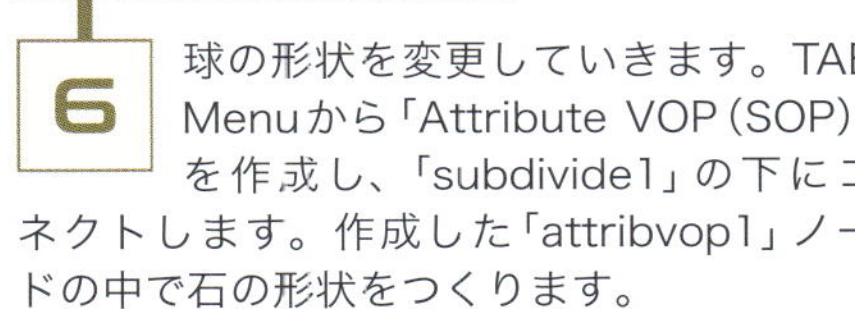

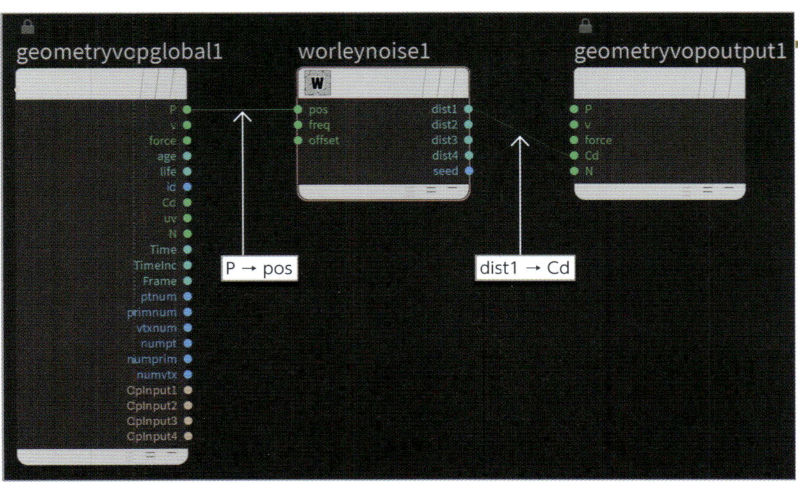

8 Worley Noiseの見た目を確認するため、図のようにノードをコネクトします。これはノイズの値を色にして出力する接続方法です。

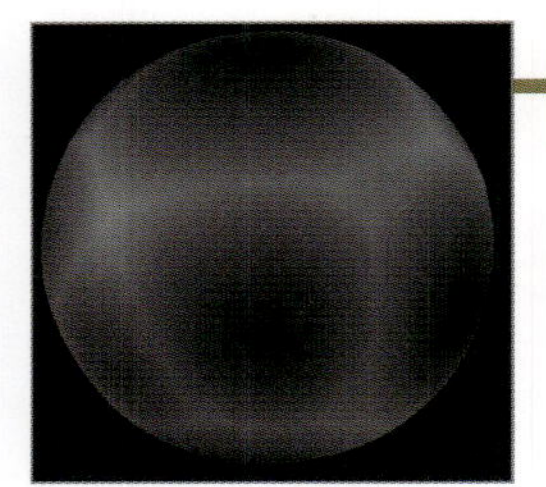

9 シーンビューを見ると、球に白黒模様が付いています。このようなノイズ模様をつくり出すのがWorley Noiseです。

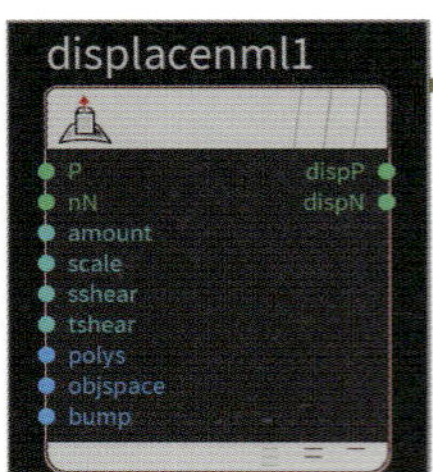

10 このノイズ模様を元にして球を変形させます。TAB Menuから「Displace Along Normal (VOP)」を作成します。これは法線方向にサーフェイス形状を変化させるノードです。

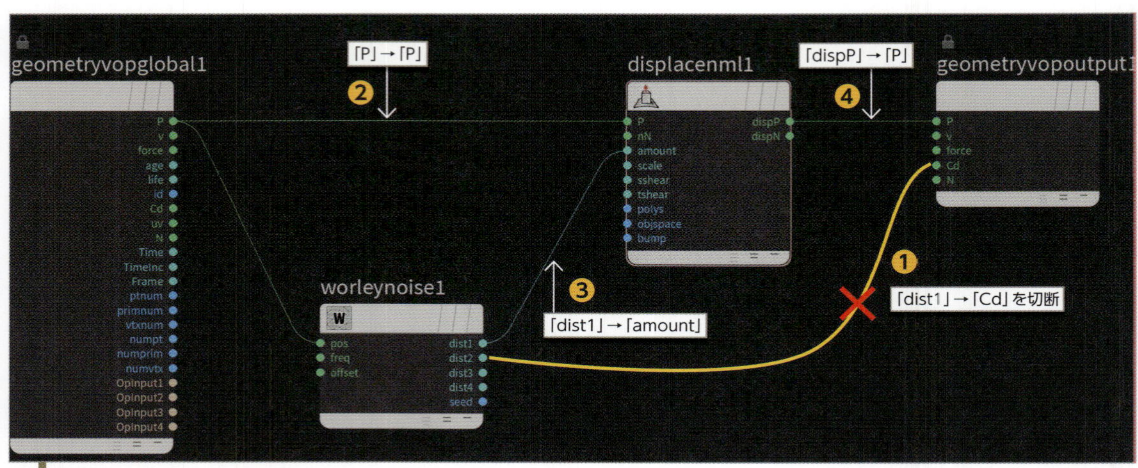

11 8のネットワークに対して、各ノードを図のようにコネクトします。

12 シーンビューを見ると、球が岩のように変形しています。これは球の各ポイントが「Worly Noise (VOP)」のノイズ値のぶんだけ法線方向に押し出された結果です。9の白い部分が押し出された、とイメージしてください。「displacenml1」の入力「amount」は押し出す量を表します。そこにコネクトされた「worleynoise1」のノイズが、変移量に使われているのです。

細かな凹凸をつける

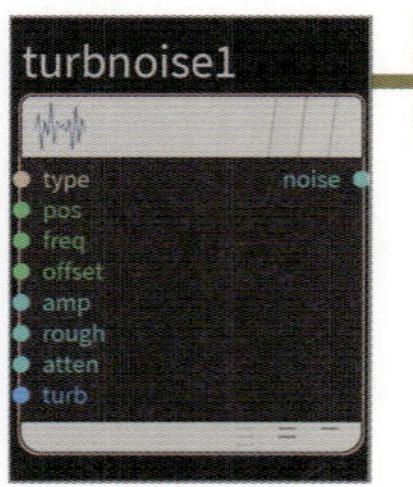

13 模様を追加して岩っぽくします。まずはTAB Menuから「Turbulent Noise (VOP)」(乱流ノイズを作成するノード)を作成します。

14 続いてTAB Menuから「Add (VOP)」を作成します。

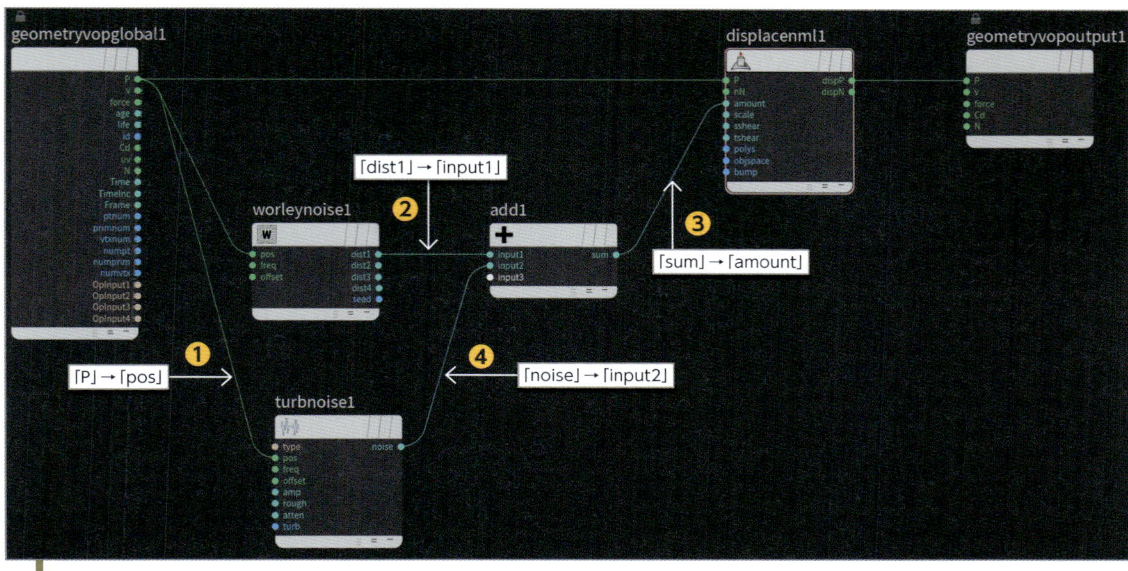

15 図のようにコネクトします。

16 「worleynoise1」と「turbnoise1」を足し合わせた値で球が変形しました。しかし、ノイズが効きすぎて岩っぽさが薄れています。

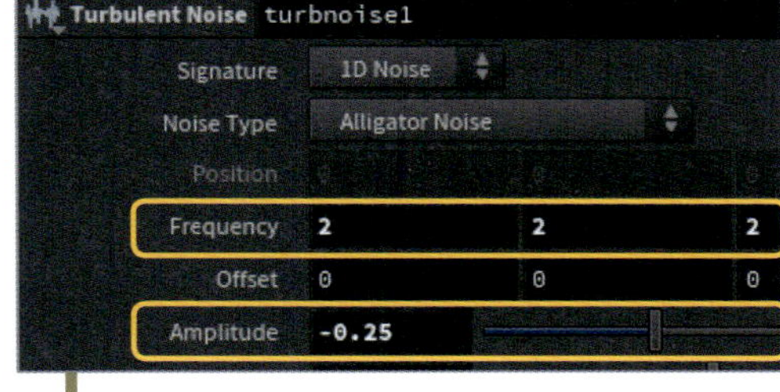

17 「turbnoise1」のパラメータを編集します。「Frequency：2　2　2」「Amplitude：－0.25」とします。ノイズが適量かかり、ほどよい形状になりました。

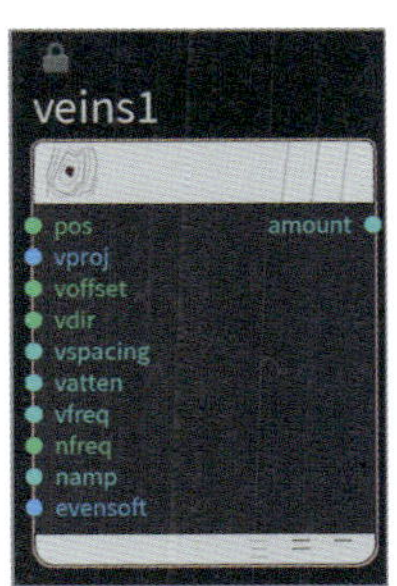

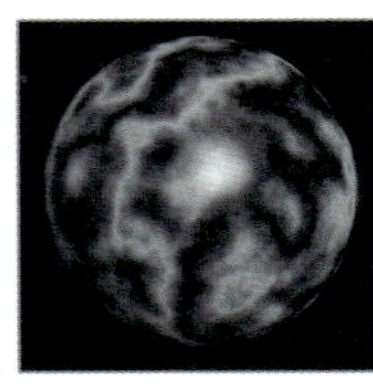

18 もう一種類ノイズを足し、模様をつくります。TAB Menuから「Veins (VOP)」を作成します。これは図のように筋のようなパターンを作成するノードです。

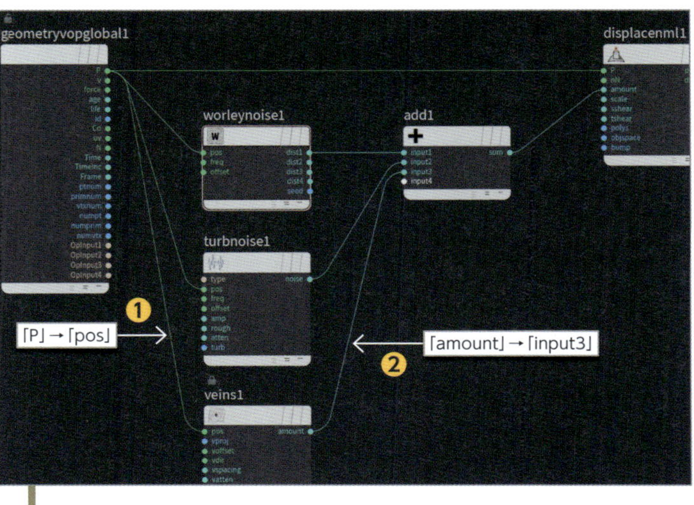

19 ノードを図のようにコネクトします。

20 結果を見ると、効果が強すぎてずいぶんと形状が変わってしまいました。

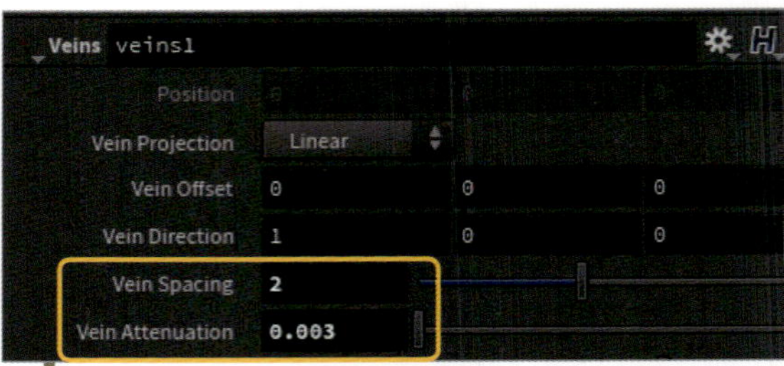

21 「veins1」ノードのパラメータを調整します。「Vein Spacing : 2」「Vein Attenuation : 0.003」とします。

22 変更結果を見ると、ノイズの効果は軽減されたものの、形状が少しふっくらしています。これは、「veins1」が現在の設定では「1」に近い値を生成するためです。この値が追加されることで、「displacenml1」でサーフェイス面が全体的に「おおよそ1」押し出され、膨らんでしまうのです。これが「0」に近い値になれば（つまり現在値から1を引けば）、全体が膨らまずに済みそうです。

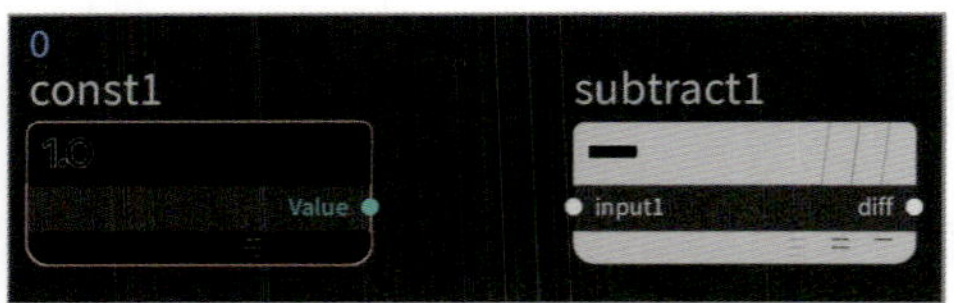

23 TAB Menuから「Constant (VOP)」（任意の数値を生成するノード）と「Subtract (VOP)」（引き算をするノード）を作成します。

「amount」→「input1」
「diff」→「input3」
「Value」→「input2」

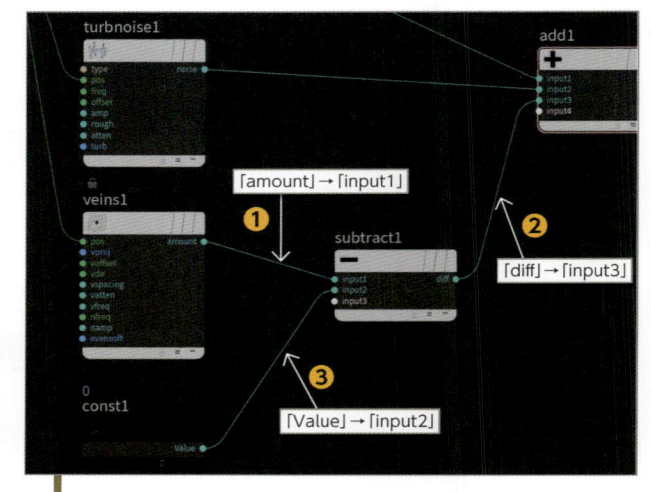

24 作成したノードを図のようにコネクトします。

25 「const1」ノードのパラメータを変更します。「Constant Type : Float (float)」であることを確認し、「1 Float Default : 1」に設定します。

26 結果を確認すると、ふっくらした感じがなくなり、石の表面に筋が走るようになりました。

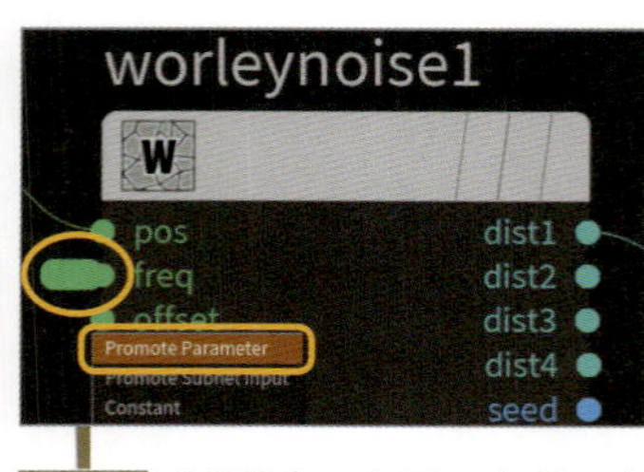

27 VOPネットワーク外でもパラメータが変更できるように、「worleynoise1」ノードのパラメータ「freq」「offset」をプロモートをします（中クリック→メニューから「Promote Parameter」）。

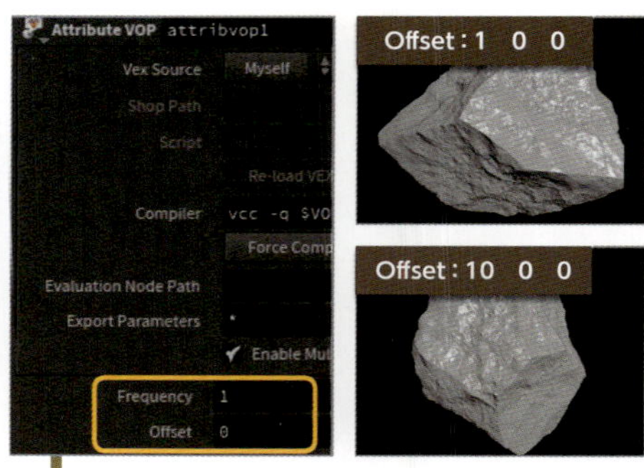

28 Uキーで上の階層に戻り、プロモートしたパラメータが「attribvop1」ノードのパラメータとなっていることを確認します。試しにプロモートした「Offset」を変更してみると、石の外観が変化します。

質感をつける

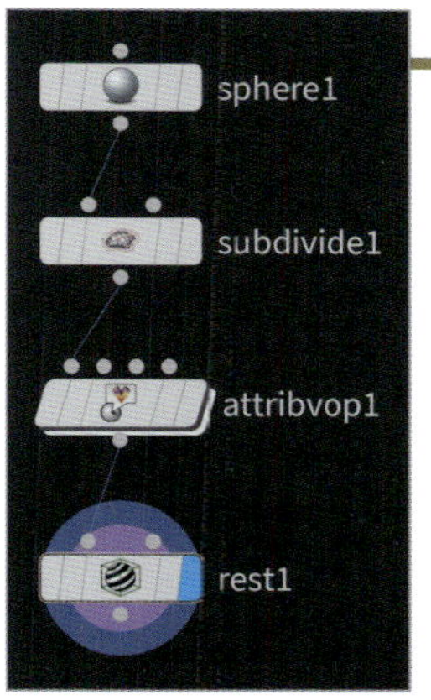

29 質感をつける前に、TAB Menuから「Rest Position（SOP）」を作成し、ノード「attribvop1」の下にコネクトします。これは静止位置を表す「rest」アトリビュートを作成するときに使います。restアトリビュートを利用すると、ジオメトリを移動変形した際にテクスチャがずれるのを防げます。

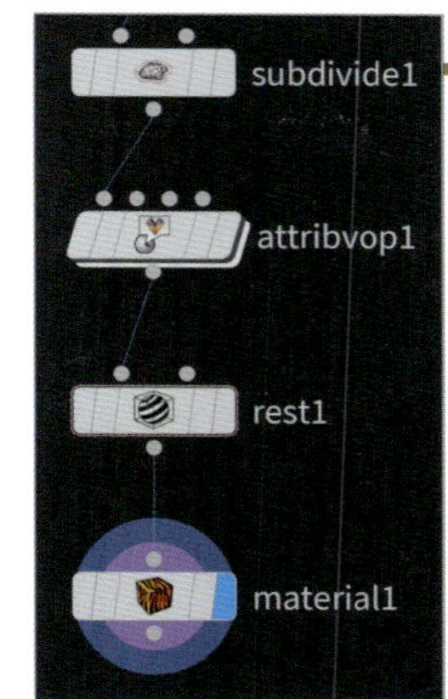

30 質感をつけます。まずはTAB Menuから「Material（SOP）」を作成し、「rest1」ノードの下にコネクトします。

31 続いてTAB Menuから「Material Network（SOP）」を作成します。これはマテリアルを作成できるネットワークをSOP内につくるノードです。

32 「matnet1」ノードの中に入り（ダブルクリックまたはIキー）、マテリアルを作成します。TAB Menuから「Principled Shader（VOP）」を作成、ノード名を「marble」とします。

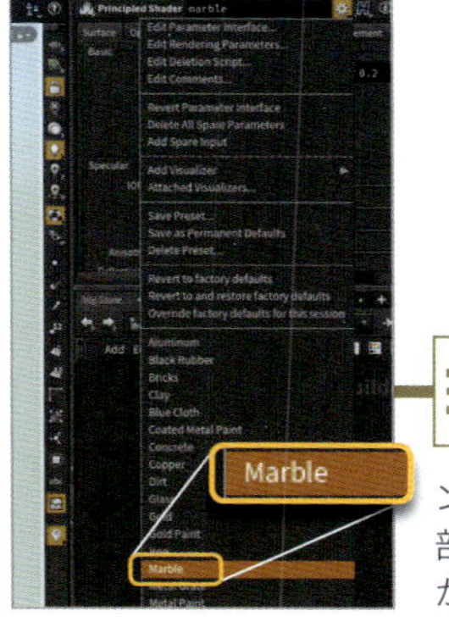

33 「principledshader1」を選択して、パラメータエディタ右上のギアアイコンをクリック、現れたメニュー下部にあるマテリアルのプリセットから「Marble」を選択します。

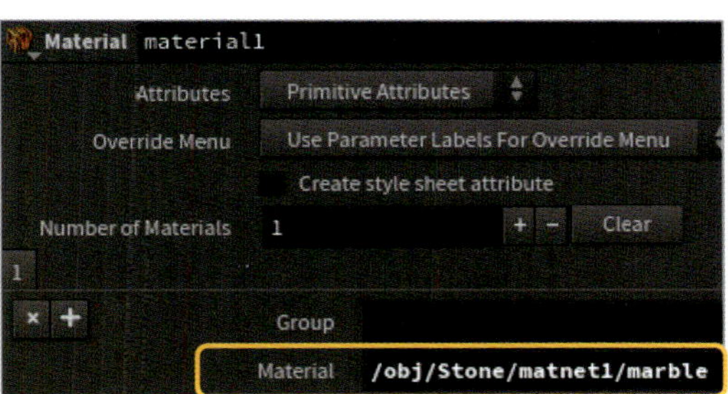

34 Uキーで上階層に戻り、「material1」のパラメータ「Material」に33でつくったマテリアルを割り当てます。

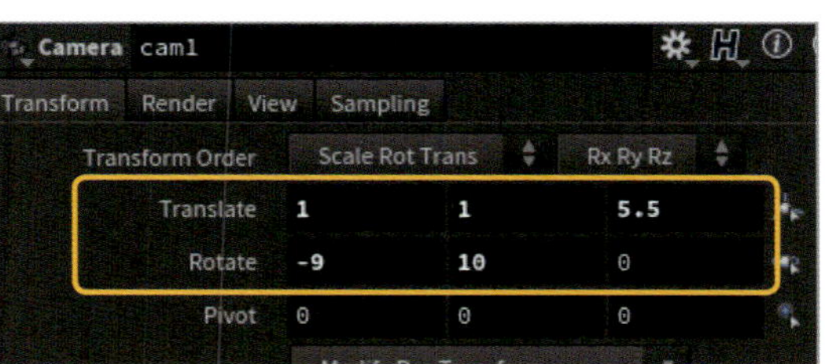

35 シーンにカメラを作成します。Uキーで「/obj」階層に戻り、TAB Menuから「Camera（OBJ）」を作成、石が視界に収まるくらいの場所にカメラを配置します。ここでは「Translate：1　1　5.5」「Rotate：−9　10　0」にしました。

36 次はライトです。シェルフ→「Lights and Cameras」タブ→「Sky Light」を選択して、「/obj」階層に「sunlight1」と「skylight1」を作成します。

37 現状確認のためレンダリングしてみます（「Render View」ペイン→「Render」）。大理石の質感がついています。

38 ノイズで模様をつけ、さらに大理石らしくします。マテリアルを格納している「matnet1」ノードの中に移動して、TAB Menuから「Turblent Noise (VOP)」を作成します。同じノードを13でも使用しています（石の形状にノイズを加えました）。

39 続いてTAB Menuから「Rest Position (VOP)」を作成します。これは29、「Rest Position (SOP)」で作成したrestアトリビュートを読み込めるノードです。

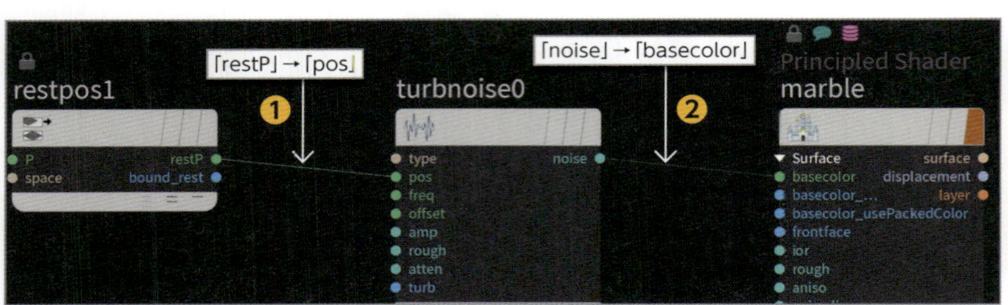

40 ノードを図のようにコネクトします。「marble」ノードの「basecolor」は「Surface」を展開して表示します。このコネクトにより、「turbnoise0」ノードでできたノイズ模様がマテリアル色に使われます。

41 レンダリングして結果を確認すると、質感にノイズ模様が追加されているのがわかります。

42 「Render View」右下のカメラアイコンをクリックしてください。後で比較できるように現在のレンダリング結果を一時的に保存しました。

43 模様をもう少し調整します。「/mat」階層でTAB Menuから「Turblent Noise (VOP)」をもうひとつ作成します。38ではノイズ模様を生成するのにこのノードを使いましたが、今度はそのノイズ模様をゆがめるのに使います。

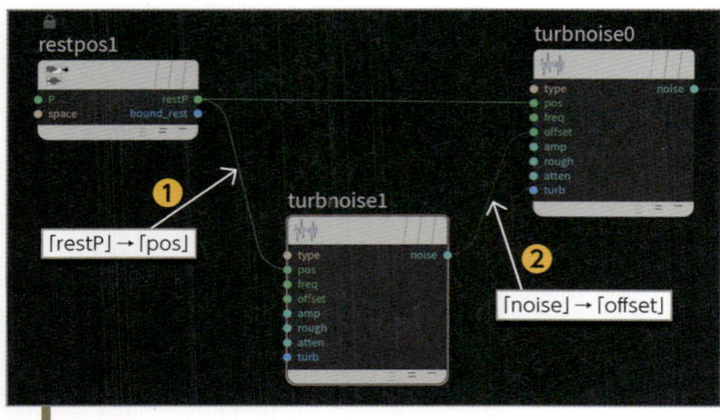

44 図のようにノードをコネクトします。

Point オフセットを不規則化

「Turblent Noise (VOP)」の「offset」は、ノイズをオフセットするパラメータです。「offset」の入力値で一律にオフセットされる、というのが基本的な挙動です。

ここでは、別の「Turblent Noise (VOP)」によってつくられたノイズを「offset」につなぐことで、オフセットを不規則化しています。より複雑な模様をつくり出すのが目的です。

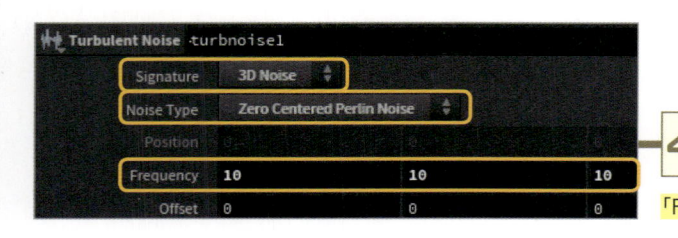

45 「turbnoise1」ノードのパラメータを変更します。「Signature：3D Noise」「Noise Type：Zero Centered Perlin Noise」「Frequency：10　10　10」と設定します。

46 レンダリングして確認すると、先ほどよりも複雑な模様になっています。これで石のオブジェクトは完成です。

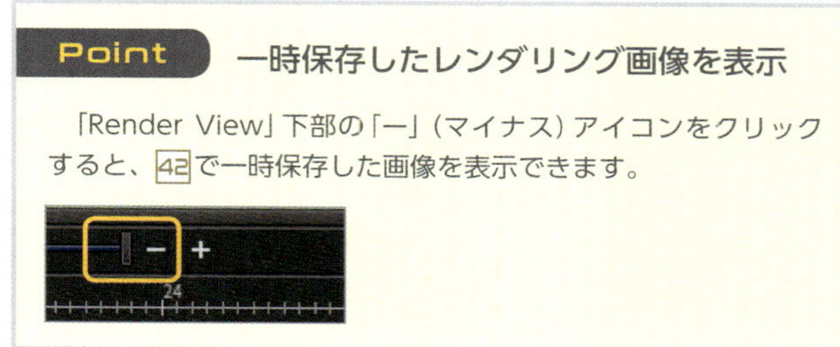

Point 一時保存したレンダリング画像を表示

「Render View」下部の「ー」(マイナス)アイコンをクリックすると、42で一時保存した画像を表示できます。

石をアセット化する

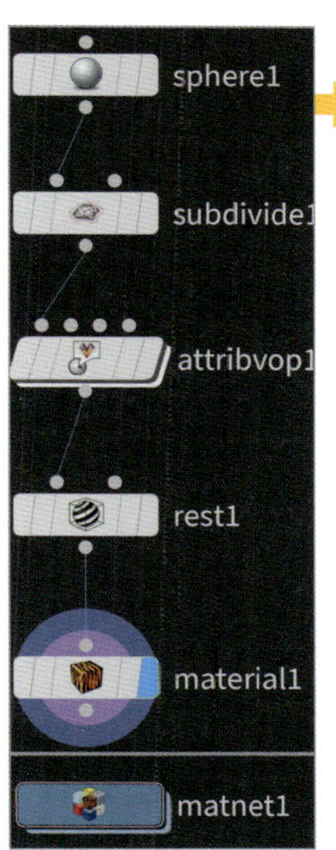

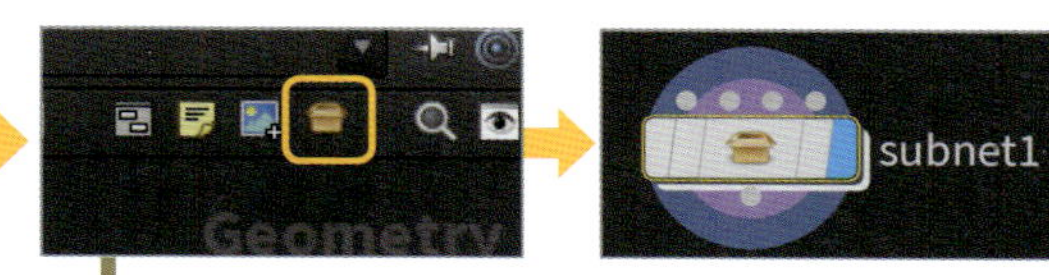

47 完成した石をアセット化します。まずUキーで上階層に戻り、ネットワークを構成する全ノード(「sphere1」「subdivide1」「attribvop1」「rest1」「material1」「matnet1」)を選択して、サブネット化します(ノードを選んでShift＋Cキー、またはネットワークエディタ上部のサブネットボタン)。

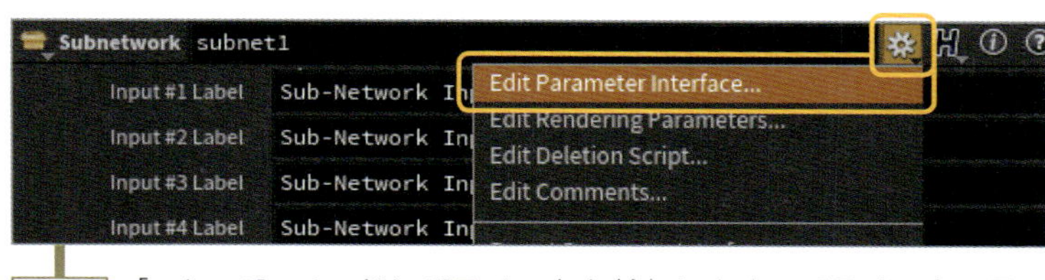

48 「subnet1」ノードにパラメータを付与します。パラメータエディタ右上にあるギアアイコンをクリックし、「Edit Parameter Interface」を選びます。

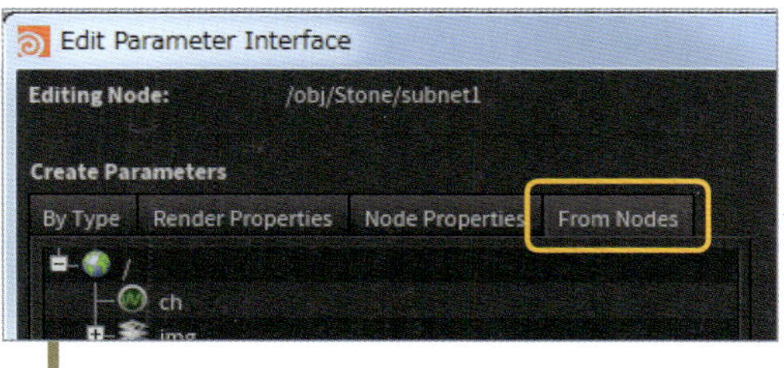

49 表示された「Edit Parameter Interface」ウィンドウの左枠「Create Parameters」のタブを「From Nodes」に切り替えます。

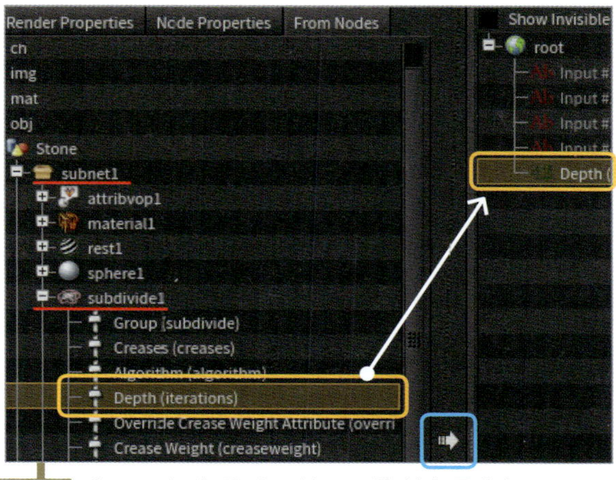

50 シーンにあるノードの一覧が表示されるので、「subnet1」→「subdivide1」ノード→「Depth」パラメータを選択、矢印ボタン(図内のオレンジ枠)を押して「Existing Parameters」エリアにパラメータを追加します。

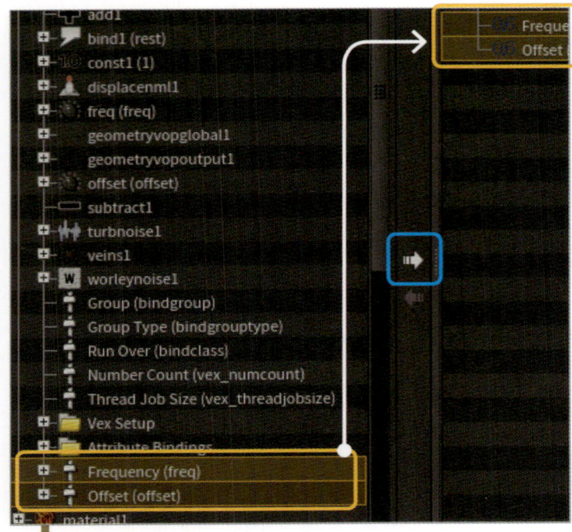

51 同様にして、「attribvop1」ノードの「Frequency」「Offset」パラメータも追加、ウィンドウ右下「Accept」ボタンで変更を反映します。

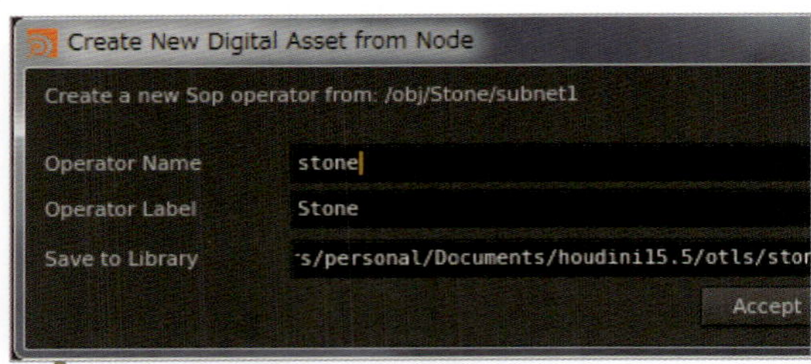

54 「Create New Digital Asset from Node」ウィンドウが現れます。ここで保存するアセットの名前や出力先を決定します。「Operator Name」に「stone」と記述すると、「Operator Label」「Save to Library」が自動で変更されます。設定後「Accept」ボタンを押して決定します。

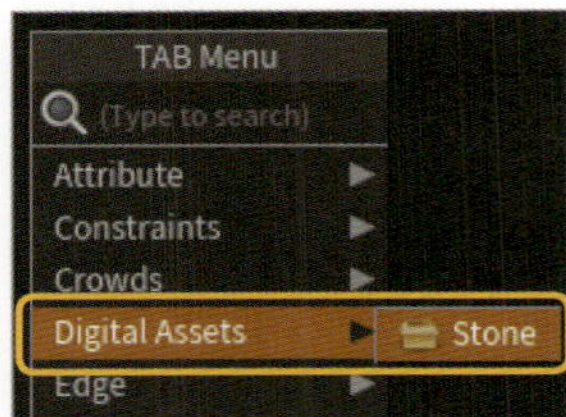

56 アセット化されたノードはTAB Menuから呼び出すことができます。任意のSOPネットワークでTAB Menuを開くと、「Digital Assets」という項目が追加されており、そこに作成した「Stone」というアセットが出てきます。以上でこの作例は終了です。

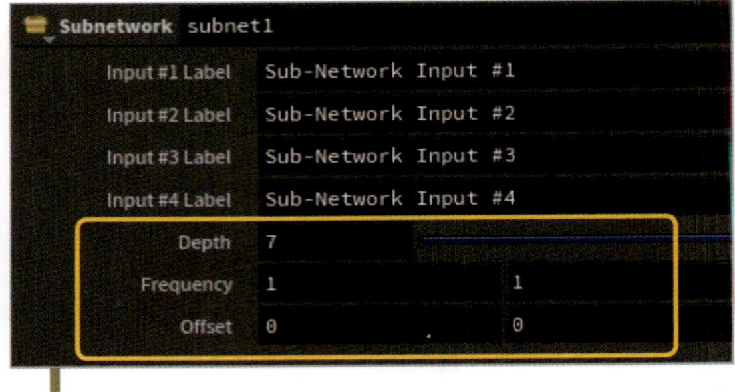

52 「subnet1」ノードにパラメータが追加され、内部の対応するノードのパラメータとリンクしました。パラメータの数値を変更すると、石の形状が変わるのがわかります。

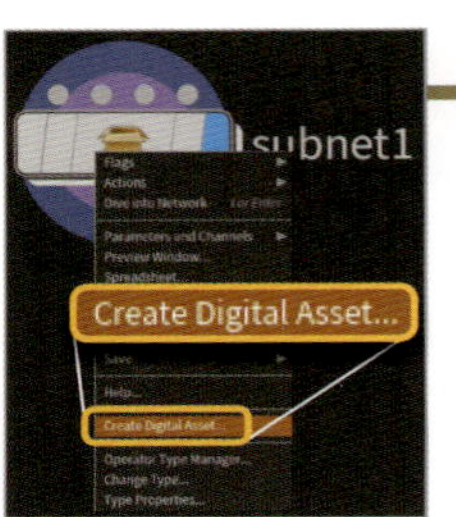

53 この「subnet1」をアセット化します。アセット化とは、自分でつくったカスタムノードをライブラリに登録して、簡単に呼び出せるようにすることです。「subnet1」を選択し、右クリックメニューから「Create Digital Asset」を選択します。

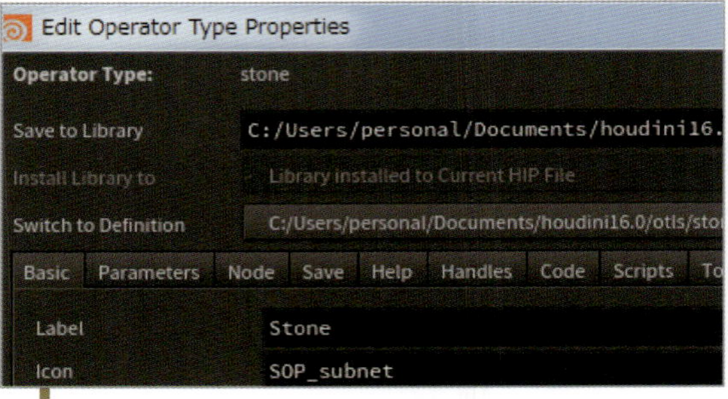

55 続いて「Edit Operator Type Properties」ウィンドウが現れます。ここで登録するアセットの詳細設定（ノードの入出力数、パラメータの編集、スクリプトの記述など）を行えます。これは後からでも変更できるので、ひとまず「Accept」ボタンで決定しておきます。これでアセット化は完了です。

Point アセットのロックとロック解除

アセットをTAB Menuから呼び出して作成すると、名前の下に鍵アイコンが表示されます(上図)。これはアセットがロックされている、つまり内部の編集不可ということを意味します。アセットの中に入ると、ノードがグレーアウトして編集できません。

編集可能にするには、ロックされたアセットを選択して、右クリックメニューから「Allow Editing of Contents」を選択します(中図)。

すると、鍵アイコンが開いた鍵アイコンに変化します(下図)。これが編集可能のサインです。ノードの中もいつも通りの色になっています。

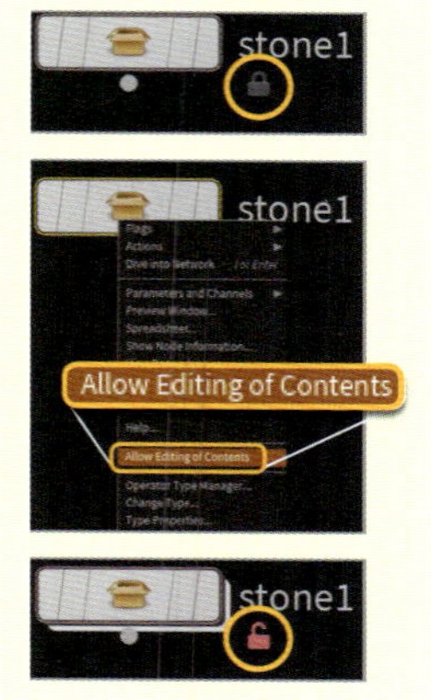

Point アセットのインストール

もし作成したアセットが読み込まれていない場合は、保存したアセットファイルを読み込むことで利用可能です。

HoudiniのAssetsメニュー→「Install Asset Library」を選択し、現れたウィンドウから「Digital Asset Library」でアセットファイルを指定して読み込みます。例えば他のマシン環境で54で保存したアセットファイル読み込めば、石のアセットが利用可能になります。

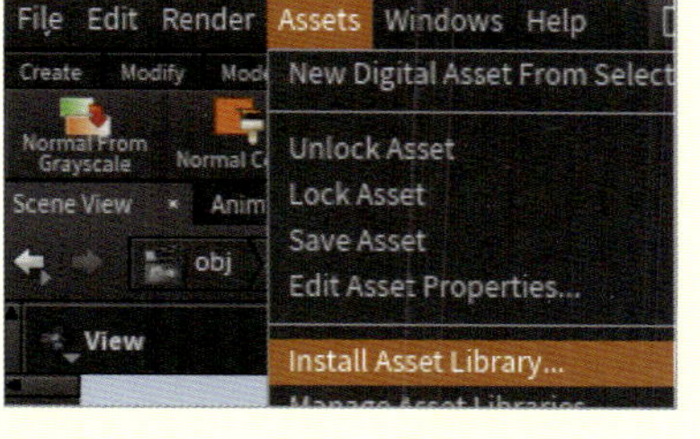

Point アセットのパラメータ編集

アセットを編集する場合は、編集したいアセットを選択して右クリックメニューから「Type Properties」を選びます。

すると55の「Edit Operator Type Properties」ウィンドウが現れます。ここでアセットのパラメータの追加や削除などの編集を行います。

また、パラメータの追加は「Edit Parameter Interface」(パラメータエディタにあるギアアイコンから表示できるウィンドウ)からも可能ですが、こちらは一時的なパラメータの追加で、新規アセットを作成してもそのパラメータは反映されません。
アセットのパラメータとして追加変更したい場合は、「Edit Operator Type Properties」から行います。

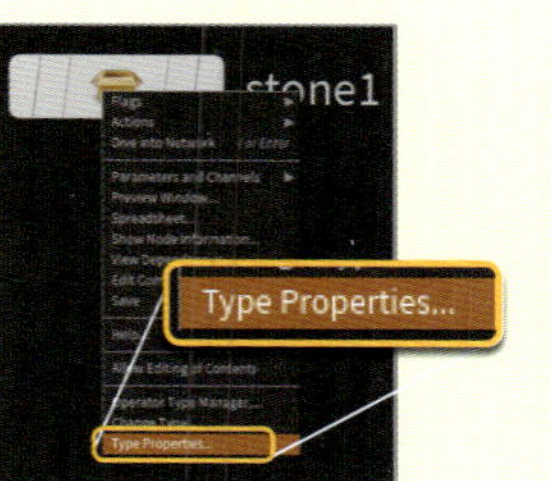

Tips

「IFD」ファイルを使ったレンダリングの分散

レンダリングする際、Houdiniを起動せずにコマンドからMantraを起動しレンダリングを実行する方法があります。この方法をうまく使うと、ひとつのシーンのレンダリングを複数のマシンに分散することが可能になります。レンダリングは時間のかかる工程なので、たくさんのマシンに分散できれば、それだけ短い時間で終えられ、作業効率が上がります。

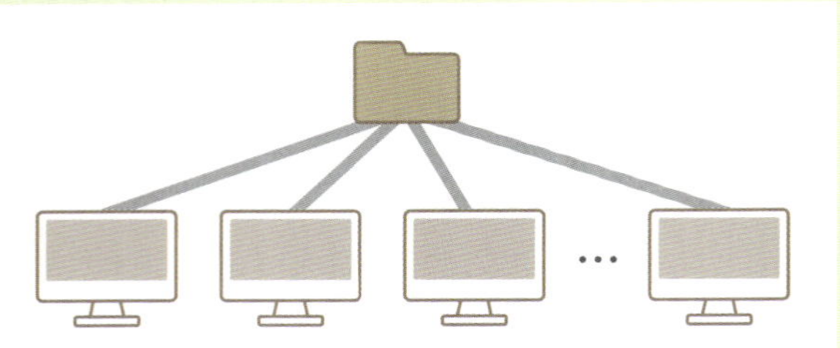

そのために必要なのが「IFD」というフォーマットのファイルです。これは「Instantaneous Frame Description」の略で、このファイルにはMantraがレンダリングに必要なシーンファイルの情報がすべて含まれています（例えばカメラ、ライト、ジオメトリ、シェーダー情報など）。

このIFDファイルをレンダリングしたいフレームぶんだけ出力して、複数のPCに分けてコマンドからMantraを実行すれば、レンダリングの分散が可能になるというわけです。

ライセンスの観点から見ても、IFDを使ってのレンダリングは重要です。通常、Houdiniを起動してレンダリングを行う場合、使えるマシンの台数は購入したライセンス数が上限です。しかし、いったんIFDファイルを介した場合、台数無制限でMantraレンダリングを行うことが可能です。

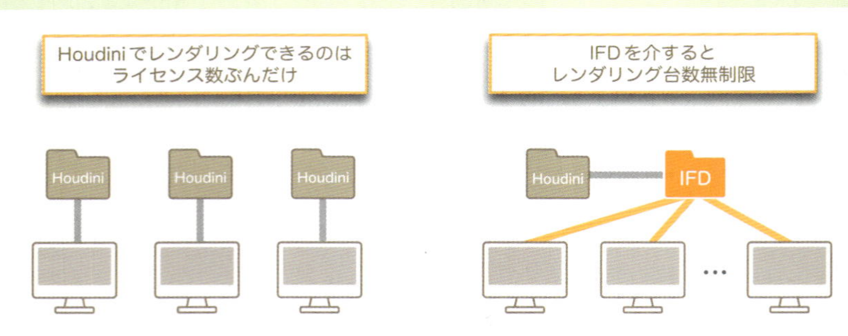

もう少し詳しく説明します。

❶ **IFDファイルの出力には、Houdini（もしくはHoudini Engine）のライセンスが必要**

❷ **Houdiniの商用ライセンスでは台数無制限のMantraレンダリングが可能**

①②より、いったんIFDファイルを作成してしまえば、それを介してマシン台数無制限のレンダリングができるということです。

ただし注意点として、IFDファイルが出力できるのはHoudiniの商用ライセンスのみです。Indie、Apperenticeライセンスでは、IFDファイルを出力することはできません。

実際にIFDを作成する方法と、それを用いたレンダリングの方法はP216で解説します。

Chapter 3

シミュレーション

この章からは、シミュレーションについて学びます。まずはシミュレーション操作された点群、「パーティクル」について学習します。パーティクルはシミュレーションの基本であると同時に、非常に応用範囲が広く、この手法だけでもさまざまなものを作成できます。ここでは、簡単なパーティクルの作成を通してシミュレーションの基本を習得してから、いくつかの作例を通して、より深くパーティクルの使い方に触れ、同時に応用の仕方も学んでいきます。

3-1 パーティクルシミュレーションの基礎知識

難易度 ★

パーティクルとはシミュレーションで操作された粒(Point)のことです。ここでは、球体からパーティクルが発生する、簡単なパーティクルシミュレーションの作成を通して、シミュレーションの基本的な知識を学習していきます。

パーティクルの発生源を作成する

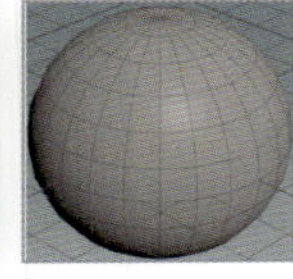

1 シェルフの「Create」タブ→「Sphere」から球を作成します。Ctrlキー＋シェルフボタンクリックで、座標の原点に作成します。この球をパーティクルの発生源にします。

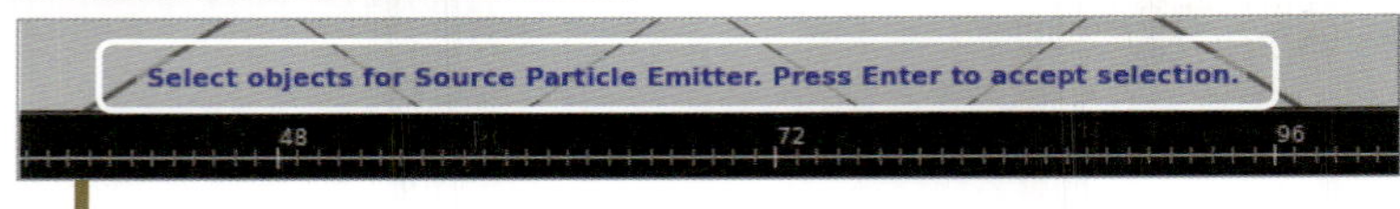

2 シェルフの「Particles」タブ→「Source Particle Emitter」を選択。シーンビューの下に「パーティクルの発生源にするオブジェクトを選択せよ」という内容メッセージが表示されるので、これに従いシーンビューで球を選択してEnterキーを押します。

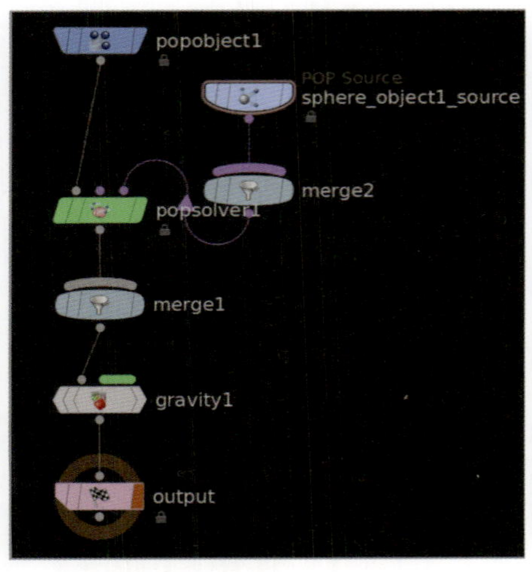

3 すると、いくつかの新しいノードが作成され、ネットワーク階層も自動的に移動しました。移動先のネットワークはDOPと呼ばれるタイプのものです。再生すると、球からたくさんの粒が落ちているのが確認できます。球を発生源とするパーティクルが作成されました。

DOPネットワークの構造を押さえる

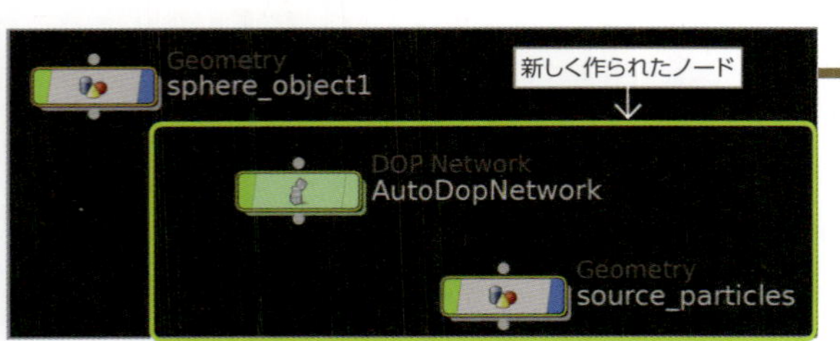

4 Uキーで上の「/obj」階層に戻ると、2つの新しいノードが追加されています。中央の「Auto DopNetwork」が3で移動した「DOP Network (OBJ)」というタイプのノードです。その下の「source_particles」は何度も登場した「Geometry (OBJ)」で、SOPネットワークを格納します。この中にDOPで実行したシミュレーション結果を読み込んでいます。

Point 「DOP Network (OBJ)」ノード

このタイプのノードは、内部でダイナミクスシミュレーションを行えます。ダイナミクスシミュレーションとは力学、物理法則のシミュレーションのことです。Houdiniでのシミュレーションは、主にDOPというタイプのネットワークで行われます。DOPでシミュレーションできるものには、パーティクルの他にも、煙、炎、剛体、布、水などいろいろあります。

ここまでの作例で扱ってきたのは主にSOPタイプのネットワークでしたが、このDOPはSOPとは異なるルールでネットワークが機能・構築されます。

5 「source_particles」ノードの中に入ると「import_source」ノードがあります。これは「DOP I/O (SOP)」というタイプのノードで、DOPネットワークで行なったシミュレーション結果をSOPに取り込むことができます。SOPに読み込むことでシミュレーション結果をSOPのジオメトリとして扱うことができ、SOPの機能を使って編集が可能になります。DOPで行なったシミュレーション結果は、ほとんどの場合SOPに読み込んで使います。確認後Uキーで上の階層に戻ります。

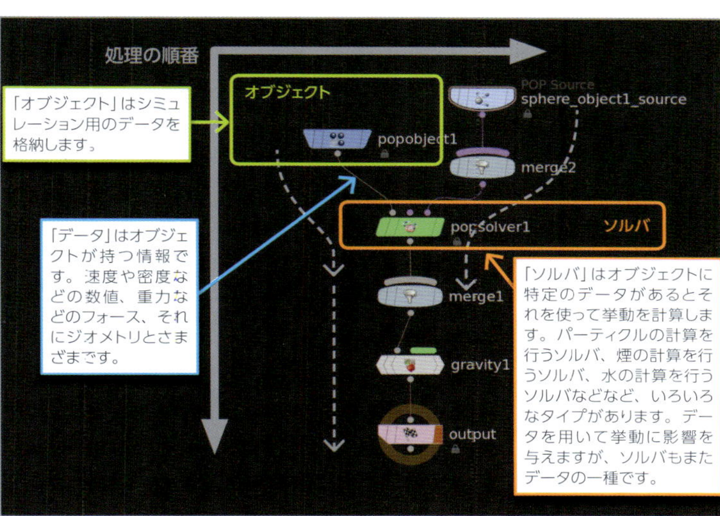

6 実際にDOPネットワークの中身を確認していきます。「Auto DopNetwork」ノードの中に入り、Lキーでネットワークを整列します（3との配置の違いに注目）。各ノードの説明の前に、まずはDOPネットワークに関する3つの用語を把握します。ダイナミクスシミュレーションは基本的に、「オブジェクト」に格納された「データ」を「ソルバ」が計算することで実行されます。

POP Object (DOP) ノード

一番左上にある「popobject1」は、パーティクル用のオブジェクトを作成する「POP Object (DOP)」というタイプのノードです。このノードでつくられるオブジェクトはパーティクルをシミュレーションするための初期データを持っています。中に入ると、複数のノードで構築されていることがわかります（現状中身の理解までは必要ありません。複数で構築されていることだけ理解しておいてください）。

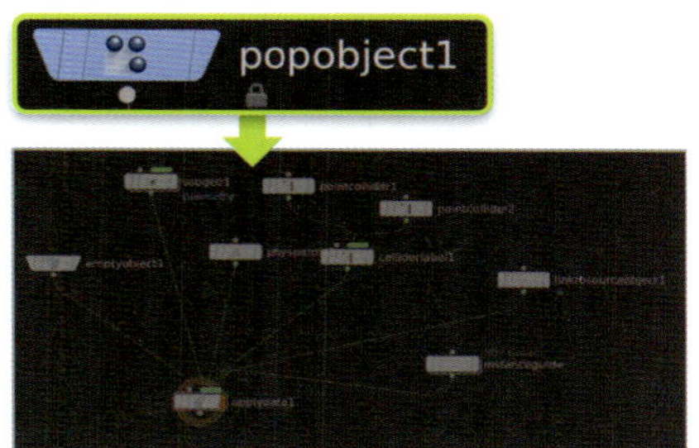

POP Slover (DOP) ノード

「popobject1」の右下にコネクトが伸びている「popsolver1」ノードは、パーティクルの挙動を計算する「POP Solver (DOP)」というソルバノードです。これも複数のノードで構築されています。これらノードの中は、さらに複数のノードによって構築されているものもあり、非常に複雑です（同じく中身の理解までは必要ありません）。

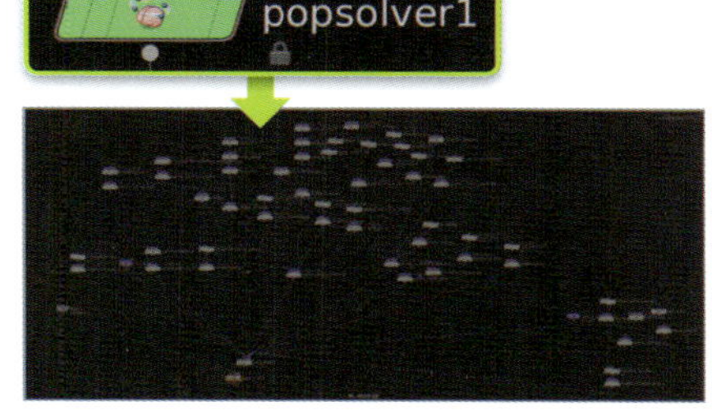

Merge (DOP) ノード

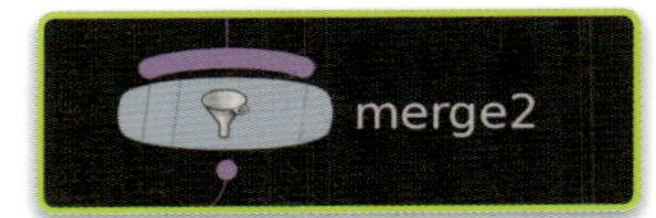

「popsolver1」の下にある「merge1」ノードです。SOPネットワークにもあった「Merge (SOP)」とは少し機能が異なります。DOPでのMergeは、主にリレーションシップ(関係性、あるオブジェクトが他のオブジェクトに影響を与えること)を作成するときに使います。例えば、「パーティクルが地面と衝突する」といったことです。

パーティクルを地面と衝突させる

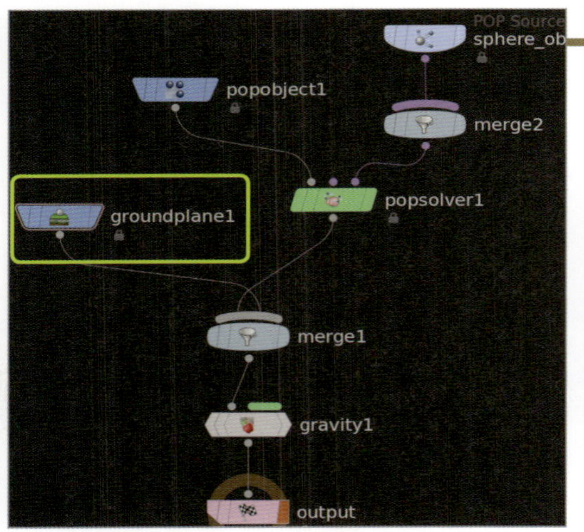

7 実際に試してみます。TAB Menuから「Ground Plane (DOP)」を作成します。これは無限平面を作成するノードで、主に衝突用の地面に用います。これにパーティクルを衝突させます。作成した「groundplane1」を「merge1」にコネクトします。

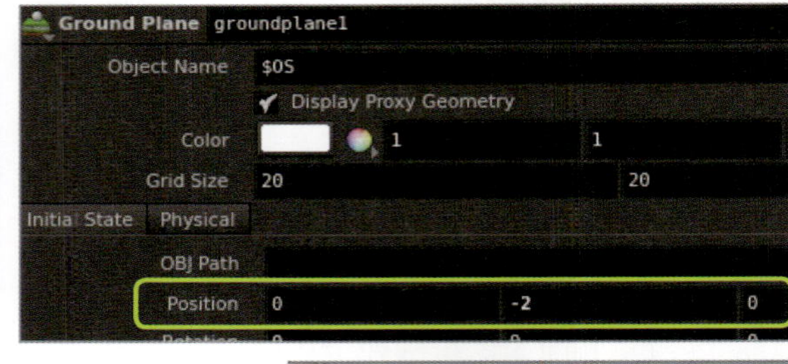

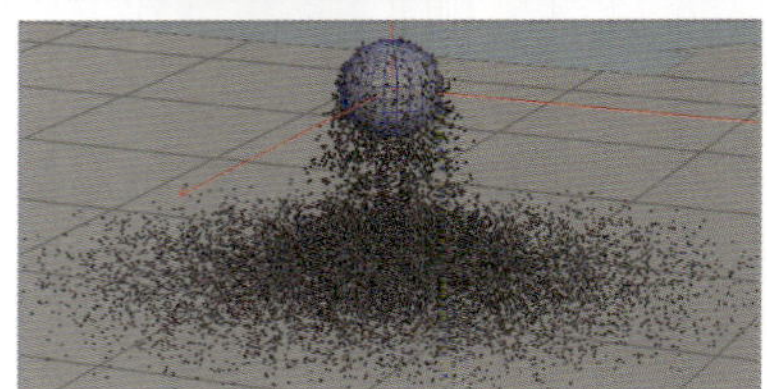

8 このままでは、地面の位置がパーティクルの発生位置と重なってしまうので、地面の位置を調整します。「groundplane1」のパラメータ「Initial State」タブ→「Position」を「0　－2　0」に変更し、Y軸方向に下げます。再生するとパーティクルが地面に衝突します。

POP Source (DOP)

次に「popsolver1」の右のコネクトの一番上にある「sphere_object1_source」、これはジオメトリからパーティクルを次々と生成させる「POP Source (DOP)」というノードです。ここでは球が発生源に設定されているので、ここで生成されたパーティクルの粒はジオメトリデータとして、先ほどの「popobject1」に格納されます。このノードではパーティクルの発生に関する調整ができます。

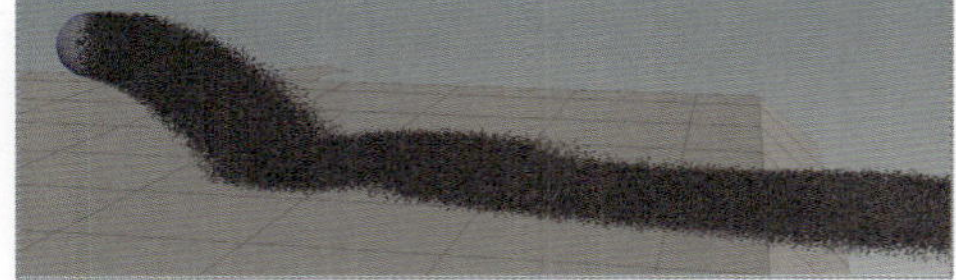

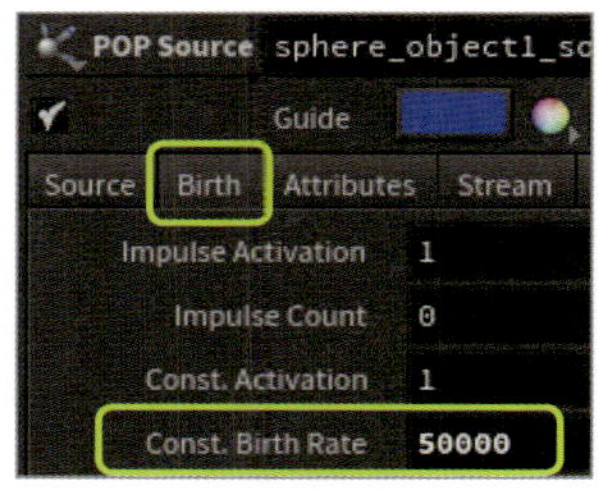

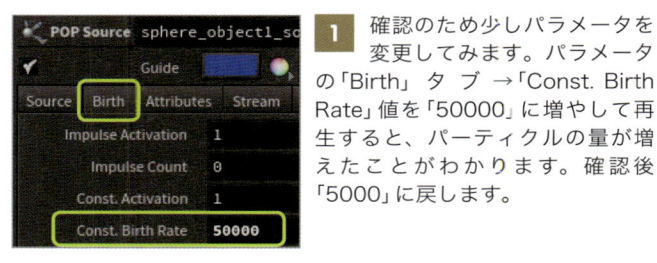

1 確認のため少しパラメータを変更してみます。パラメータの「Birth」タブ→「Const. Birth Rate」値を「50000」に増やして再生すると、パーティクルの量が増えたことがわかります。確認後「5000」に戻します。

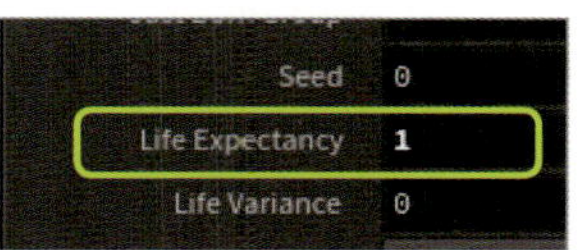

2 今度は「Life Expectancy：1」にして再生。先ほどよりもパーティクルが速く消失します。確認後「100」に戻します。

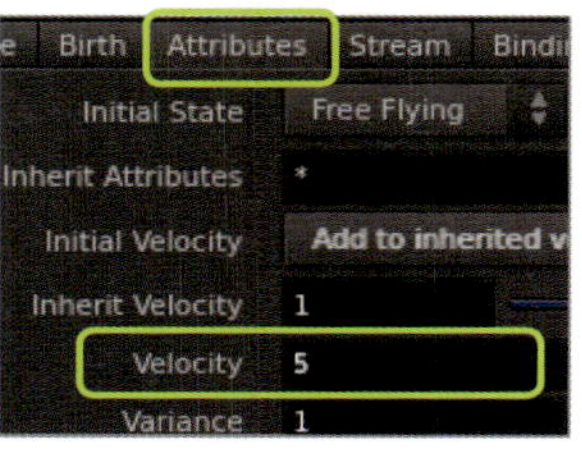

3 次は、「Attributes」タブ→「Velocity」値を「5　0　0」に変更。パーティクルの発生時にX軸方向に5という速度値を設定したことになります。再生すると下に落ちていたパーティクルが右に向かって発生します。

Point パラメータを変更したら再計算

シミュレーションの設定を変更したら必ずスタートフレーム（デフォルトは1）から再生します。これはシミュレーションの計算が開始フレームから順に行われるためです。1フレーム目の位置と速度を使って2フレーム目の位置と速度が決まり……といった具合です。何かパラメータを調整した場合は、シミュレーションのスタートフレームから再度計算しなければ、変更結果が反映されません。

Point メモリへのキャッシュ

シミュレーションを再生すると、タイムスライダの一部が青くなります。これはそのフレームでメモリにキャッシュが取られたことを意味し、2回目以降の再生が速くなります。これがオレンジ色の場合は、メモリ上にキャッシュが取られた後、シミュレーションの設定が変更されたことを意味します。最新の状態を見るためには、開始フレームに戻り、始めからシミュレーションし直す必要があります。

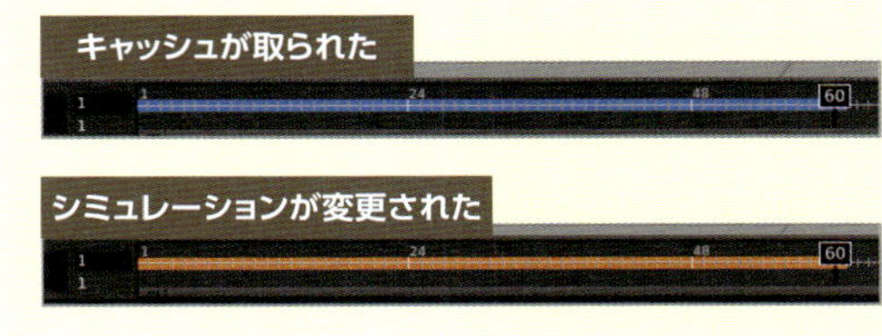

Gravity Force (DOP) ノード

ネットワークの下の方にある「gravity1」ノードは、重力を作成します。パーティクルが落下するのはこの力が働いているためです。この重力の情報のことを「フォース」と呼び、データの一種です。「gravity1」ノードのバイパスフラグをオンにして一時的に機能を停止すると、重力が働かなくなり、パーティクルは下に落ちなくなります。フォースは重力の他にも、風や抵抗力、磁力などいろいろあります。

Output (DOP) ノード

ネットワークの一番下にある「output」ノードは、シミュレーションの終端を意味する「Output (DOP)」というノードです。通常、このノードのOutputフラグをオンにすることで、上流でのシミュレーション結果を表示できます。

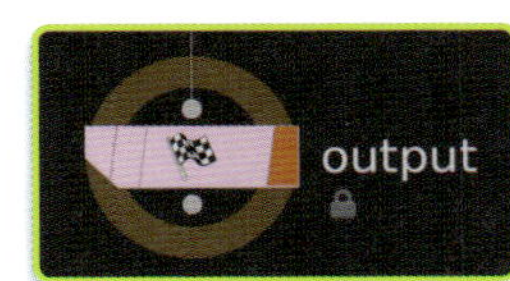

全体の流れを確認する

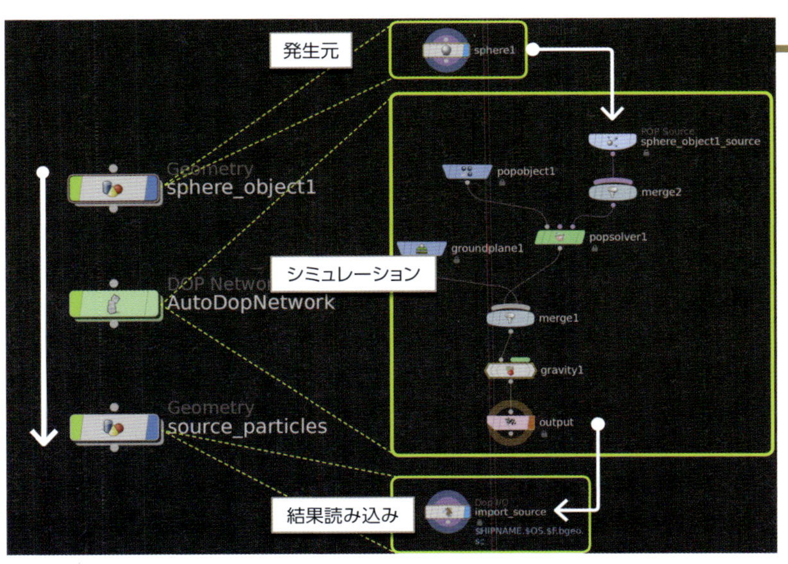

9 最後に、もう一度全体の流れを確認します。SOPのジオメトリを発生源にし、DOPネットワークでシミュレーションを行い、結果を再度SOPに読み込む。このネットワークの流れがパーティクルシミュレーションの基本です。

シェルフにはパーティクルの作成以外にも、パーティクル操作のためのツールがいくつも用意されています。例えば、「パーティクルに色をつける」とか、「風を吹かせる」といったことが簡単にできます。DOPネットワークでのノードのつなぎ方の参考にもなるので、ぜひ試してみてください。

Point シミュレーションの単位

シミュレーションでは単位が重要です。Houdiniでは1ユニット(Houdiniでの「1」という長さ)=1mに相当します。例えば、デフォルトで球体をつくった時、直径が1の球ができ、シミュレーションでは直径1mの球体として扱われます。また、重さは「キログラム」、時間は「秒」で計算されます。

Point 「POP」と「DOP」

古いバージョンのHoudiniでは、ダイナミクスシミュレーション(DOP)とパーティクルシミュレーション(POP)は別物でした。パーティクルシミュレーションは現在DOPネットワークで行われるようになりましたが、便宜上、依然POPと呼ばれています。ノード名にPOPと付くものはパーティクル操作のためのノードです。

Point Geometry Spreadsheetでデータを確認

シミュレーションの中にどんなオブジェクトがあり、それがどんなデータを持っているのかを確認するために「Geometry Spreadsheet」を使います。

ペインタブの中から「Geometry Spreadsheet」を選ぶと、これまでの制作過程で目にしたものとは少しレイアウトが異なります。左側には、シミュレーション内にあるオブジェクトとデータの一覧がツリー表示。その右側には、それらの詳細が表示されています。

この例でみると、「popobject1」というオブジェクトの持つデータとして「Colliders」「Forces」「Geometry」などがあります。試しに「Geometry」を選択すると、各ポイントの情報が表示されます。これまでの作例で見たSOPで扱ったようなアトリビュートも、シミュレーションの中ではデータのひとつというわけです。

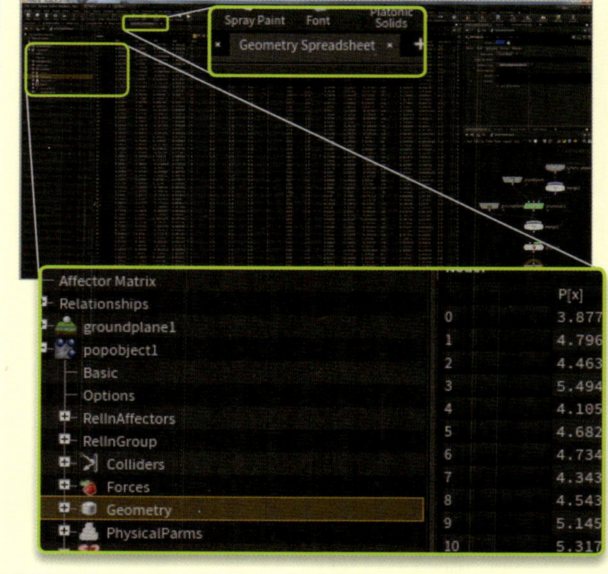

Point Cache Managerでキャッシュを管理

Windowsメニュー→「Cache Manager」ウィンドウを使うと、キャッシュの最大・最小サイズを変更したり、現在の使用サイズの確認ができます。ウィンドウ内は項目ごとに分かれていて、例えば、図の「/obj/AutoDopNetwork」の「Max」値を増やすと、「/obj/AutoDopNetwork」でシミュレーション計算する際のキャッシュの最大値を増やすことができます。

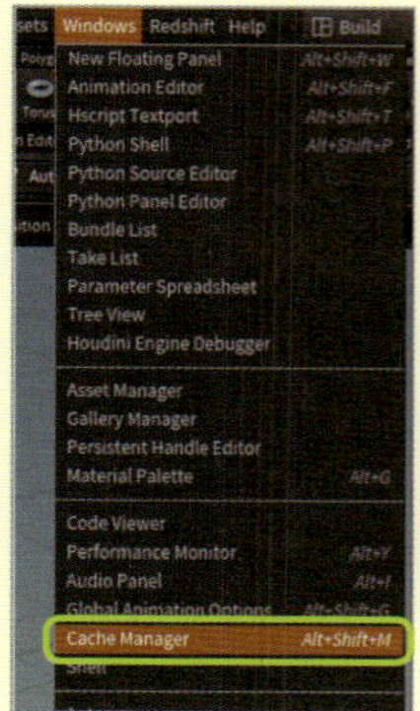

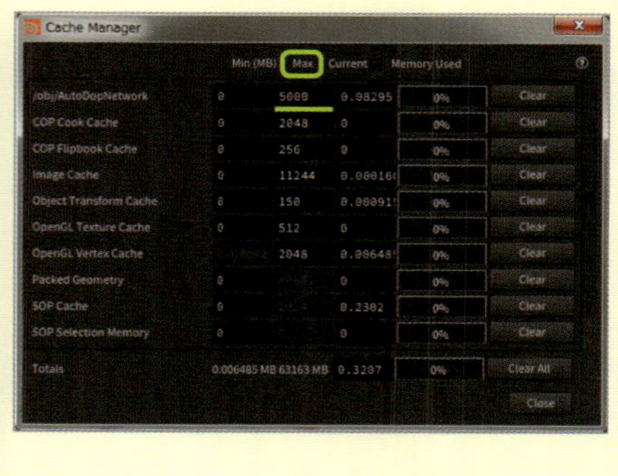

3-2 作例1　火花

難易度 ★★

この作例では、パーティクルを使って、火花エフェクトを作成します。「電動カッターで鉄板を切断した時に発生するような"火花"」という設定です。この作例では、シェルフを使わないパーティクルの作成、シミュレーションキャッシュの作り方、作成したシミュレーションデータのSOPでの活用を説明していきます。サンプルファイルは03_02_Spark.hipです。

STEP 制作手順

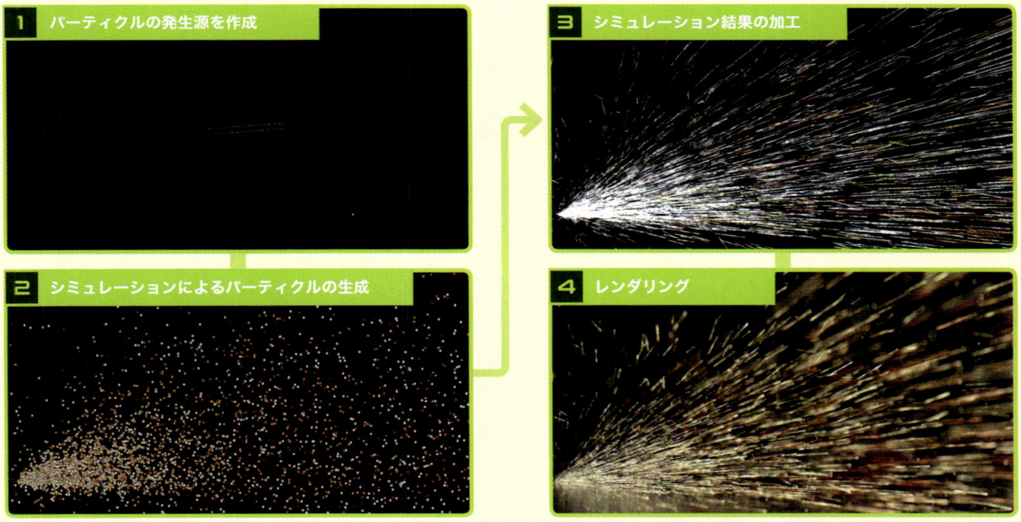

1 パーティクルの発生源を作成

2 シミュレーションによるパーティクルの生成

3 シミュレーション結果の加工

4 レンダリング

NETWORK 完成したネットワークの全体図

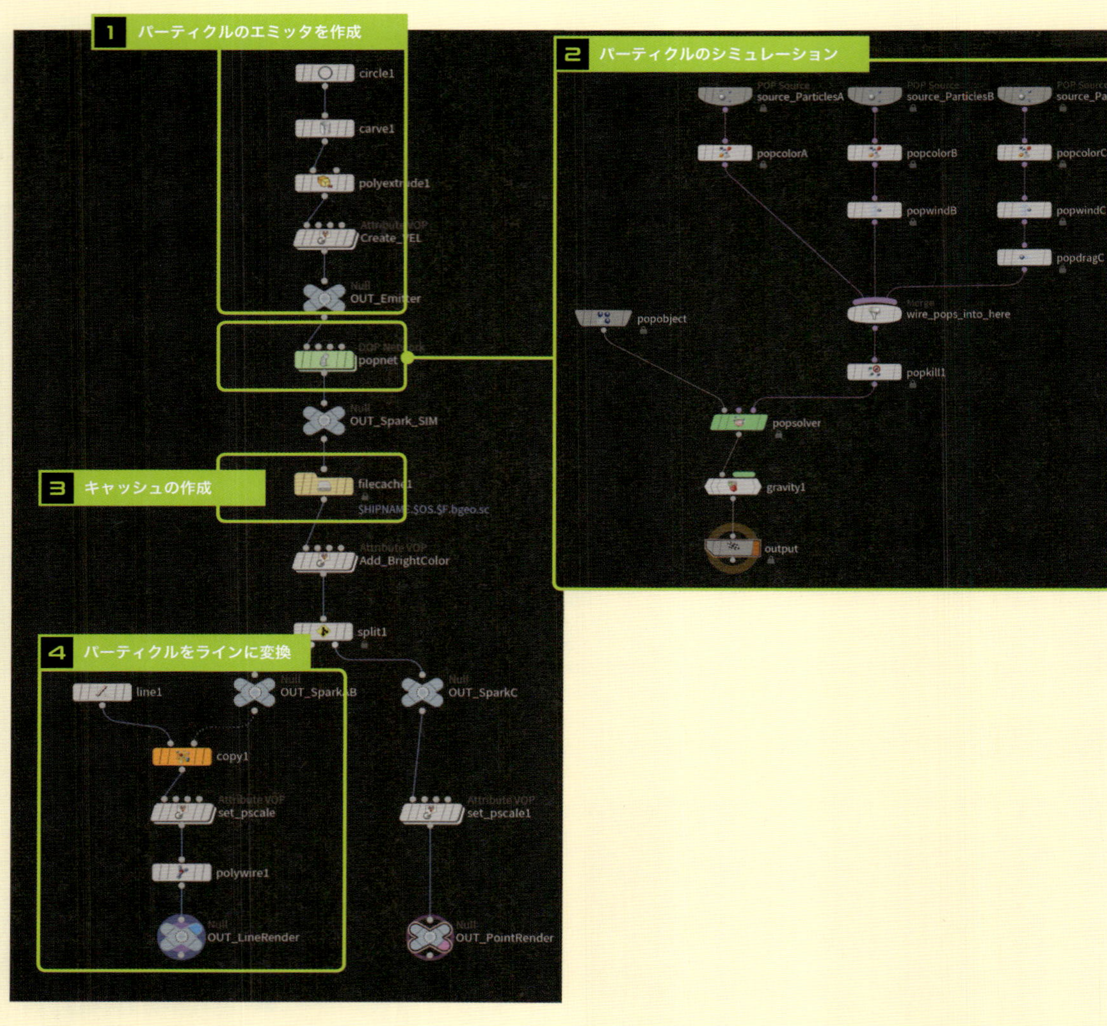

■主要ノード一覧（登場順）

Circle (SOP)	P125
Carve (SOP)	P125
Poly Extrude (SOP)	P125
DOP Network (SOP)	P126
POP Object (DOP)	P126
POP Solver (DOP)	P126
POP Source (DOP)	P126
Merge (DOP)	P126
Turbulent Noise (VOP)	P127

Attribute VOP (SOP)	P127
POP Color (DOP)	P128
POP Kill (DOP)	P129
POP Wind (DOP)	P130
Gravity Force (DOP)	P133
Modulo (VOP)	P134
Two Way Switch (VOP)	P134
Add (VOP)	P136
Constant (VOP)	P136

Multiply (VOP)	P136
Split (SOP)	P137
Line (SOP)	P138
Copy Stamp (SOP)	P138
PolyWire (SOP)	P139
Bind (VOP)	P139
Random (VOP)	P141
Multiply Constant (VOP)	P141

■主要エクスプレッション関数一覧（登場順）

length ()	P138
stamp ()	P138

パーティクルの発生源を作成する

1 ウィンドウ右下の「Global Animation Options」のアイコンをクリック、出てきたウィンドウで「End：90」と設定して、Applyボタンで反映します。

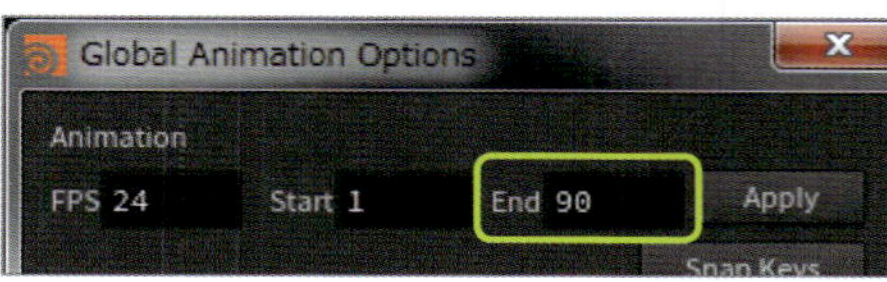

2 パーティクルの発生源から作成します。まず、TABMenuから「Geometry (OBJ)」を作成、ノード名を「work」とします。

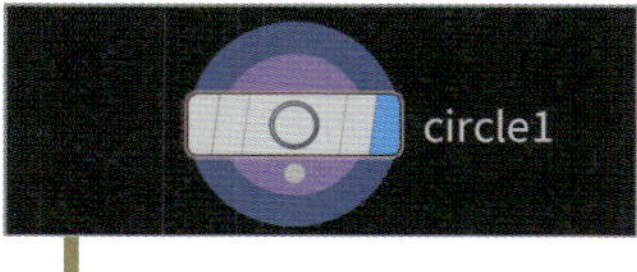

3 「work」ノードの中に入り、「file1」ノードを削除、TAB Menuから「Circle (SOP)」(円を作成するノード)を作成します。

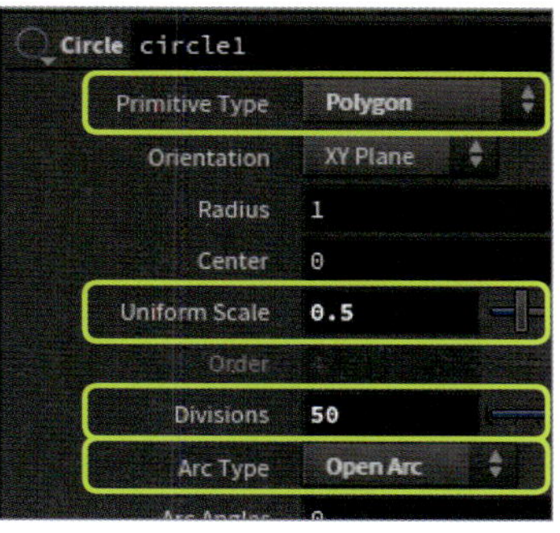

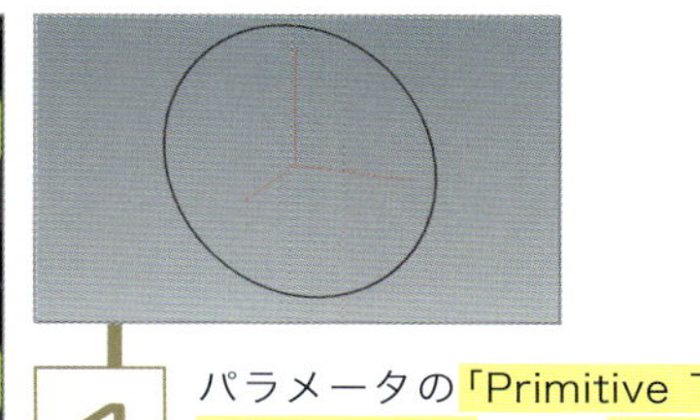

4 パラメータの「Primitive Type」を「Polygon」に、「Uniform Scale」を「0.5」に、「Divisions」を「50」、「Arc Type」を「Open Arc」に変更。この円がカッターになります。

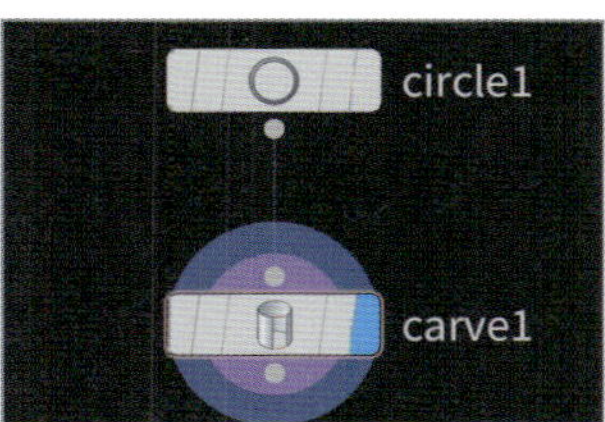

5 円の一部を切り取ります。TAB Menuから「Carve (SOP)」を作成して「circle1」の下にコネクトします。

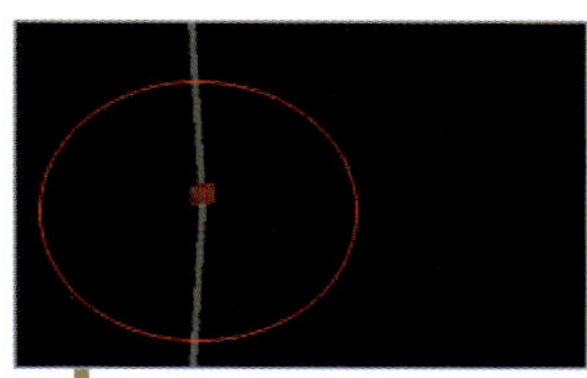

6 「carve1」のパラメータ、「Keep Inside」をオフに、「Keep Outside」をオンにします。これで削り取られる部分が逆転します。次に「First U：0.0005」と非常に小さな値に設定します。これで円から地面にごく近い領域以外が切り取られます。

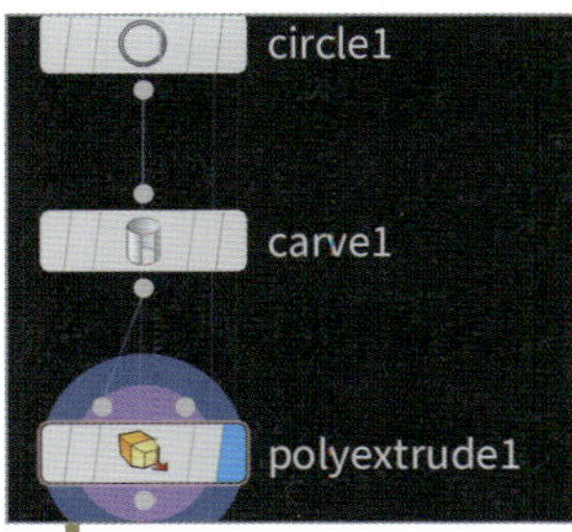

7 作成したカーブはパーティクルの発生源として小さすぎるので、幅を持たせます。TAB Menuから「PolyExtrude (SOP)」(ポリゴンを押し出し新たな面を作成するノード)を作成、「carve1」の下にコネクトします。

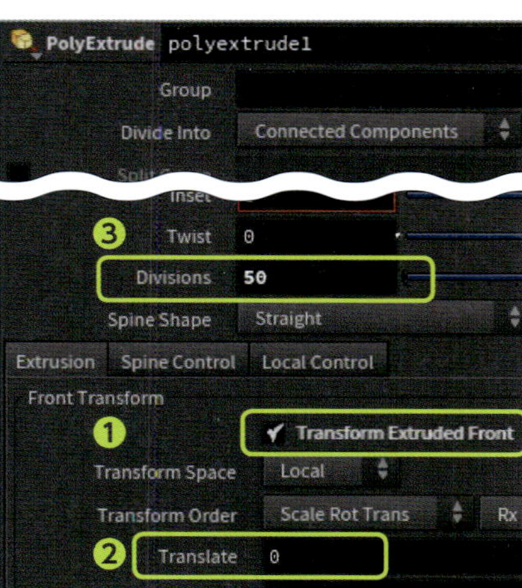

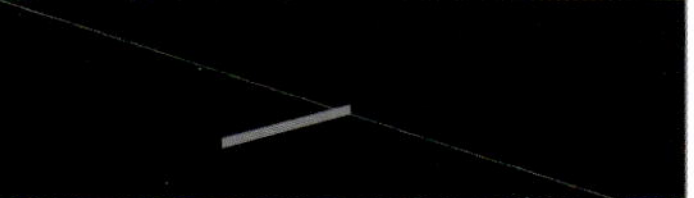

8 「polyextrude1」のパラメータを調整します。まずは「Transform Extruded Front：オン」にして、面の向きとは無関係に指定した方向に押し出せるようにします。これをオンにすると、「Translate」が現れるので、「0　0　0.025」に設定。カーブがZ軸方向に0.025だけ押し出されます。次に「Divisions：50」に増やし、押し出された面の分割数を増やします。これをパーティクルの発生源(以下、エミッタ)にします。

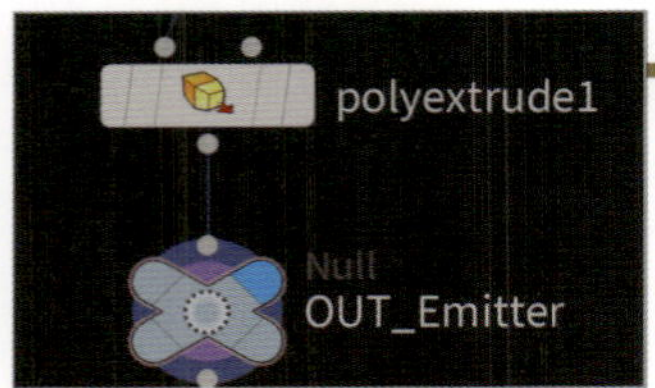

9 TAB Menuから「Null (SOP)」を作成し、「polyextrude1」ノードの下にコネクト。ノード名を「OUT_Emitter」とします。シミュレーション時にはこの「OUT_Emitter」というノードを参照します。こうすることで、後でエミッタに変更を加えることになっても、ここより上流を変更すれば、シミュレーション側は変更結果を参照し続けられます。

シミュレーションのための「DOP Network」ノードを作成する

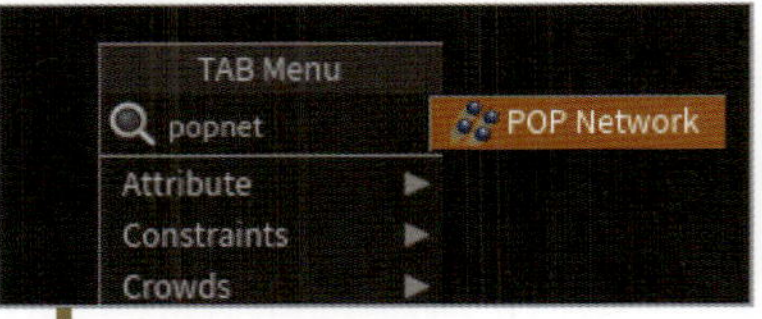

10 シミュレーションのためのノードを作成します。**Chapter 3-1**とは違い、シェルフは使わず、TAB Menuから「POP Network」を作成します。この「popnet」というノードは、パーティクルの発生に必要な複数のノードを最初から内包した「DOP Network (SOP)」です。

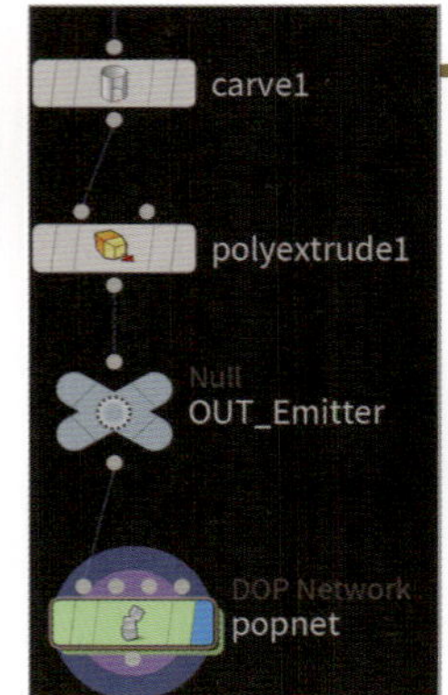

11 パーティクルを発生させるためには、この「popnet」ノードをエミッタと関連付ける必要があります。「popnet」ノードの1番目の入力と「OUT_Emitter」ノードの出力をコネクトします。

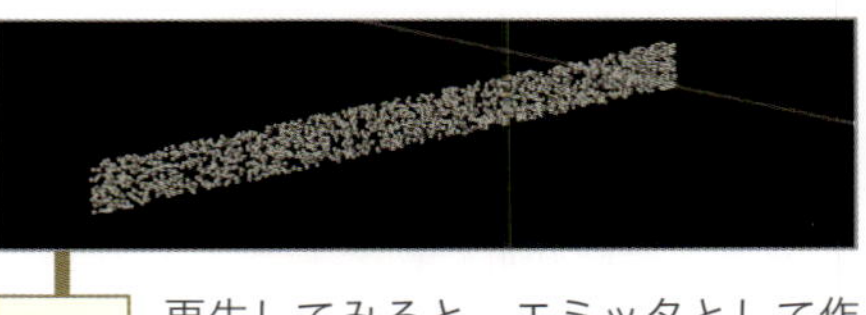

12 再生してみると、エミッタとして作成したジオメトリの場所にたくさんのパーティクルが発生しています。ただし発生しているだけで、動きません。

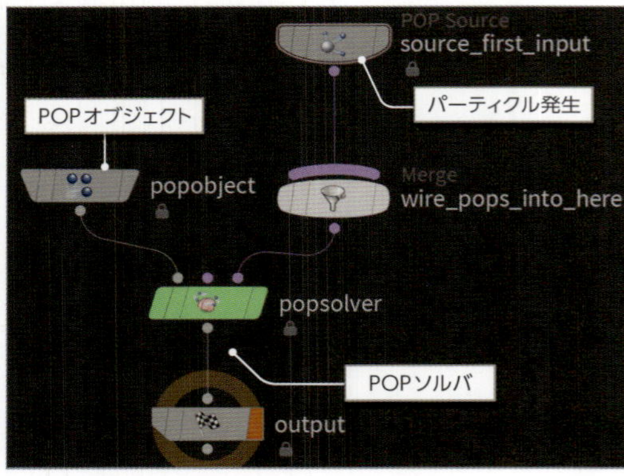

13 パーティクルに動きを加える前に「popnet」ノードの中を確認します。**Chapter 3-1**で作成したシェルフによるネットワークの構成とほぼ同じです。

11でノードをコネクトしただけでパーティクルが発生するようになりましたが、その理由は、ネットワーク右上の「source_first_input」ノードにあります。これは「POP Source (DOP)」というノードで、パーティクルの発生を制御します。

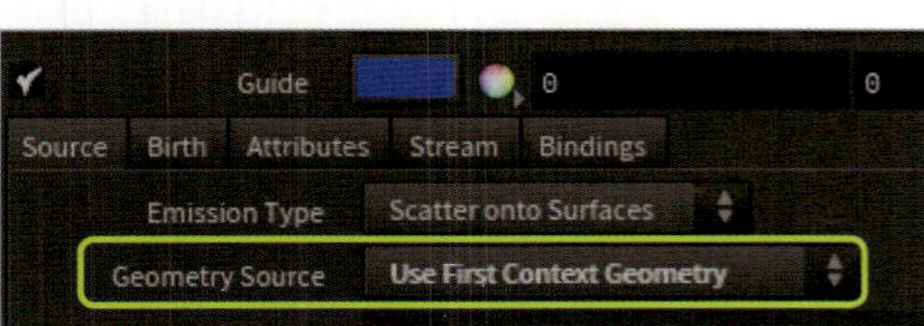

14 「source_first_input」のパラメータ、「Source」タブ→「Geometry Source」は、エミッタとして使うジオメトリを指定するパラメータです。現在「Use First Context Geometry」(1番目の入力を使う)となっており、このネットワークを格納している「popnet」ノードの入力のことを指しています。そのため、このパラメータを「Use Second Context Geometry」などに変更すると、パーティクルが発生しなくなります。

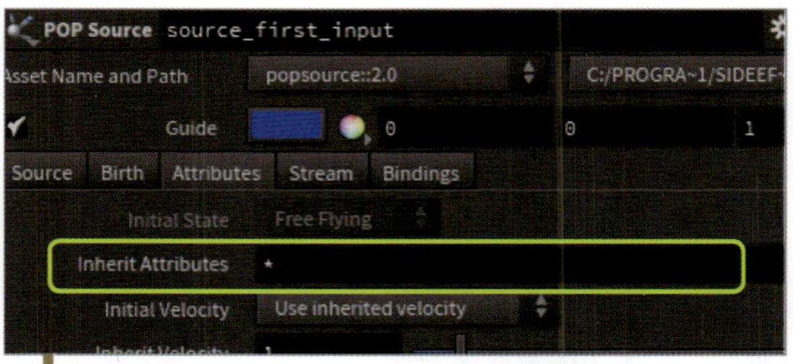

15 発生したパーティクルはエミッタのアトリビュートを継承します。「Attributes」タブ→「Inherit Attributes」(「Inherit」とは継承の意味)には「*」(全部の意味)とあります。つまり、エミッタが持つアトリビュート全部を生成されるパーティクルが継承します。

継承されたアトリビュートがシミュレーションにとって意味のあるものであれば、シミュレーション結果に影響を与えることができます。例えば速度「v」はそのひとつで、エミッタに「v」アトリビュートを持たせると、パーティクルを動かせます。

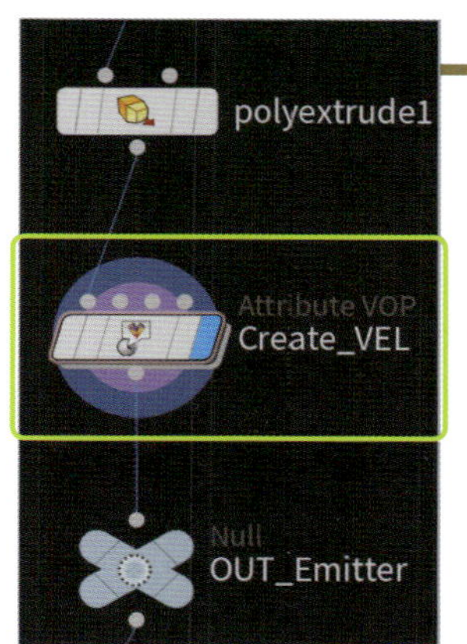

16 エミッタに速度情報を追加します。UキーでいったんDOPネットワークを抜けます。TAB Menuから「Point VOP」と検索して「Attribute VOP (SOP)」を作成、ノード名を「Create_VEL」とし、「polyextrude1」と「OUT_Emitter」の間に挿入します。

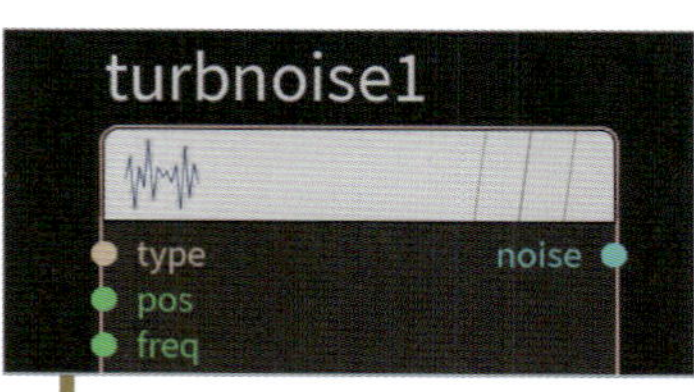

17 「Create_VEL」ノードの表示フラグを立てて、中に入ります。TAB Menuから「Turbulent Noise (VOP)」を作成します。

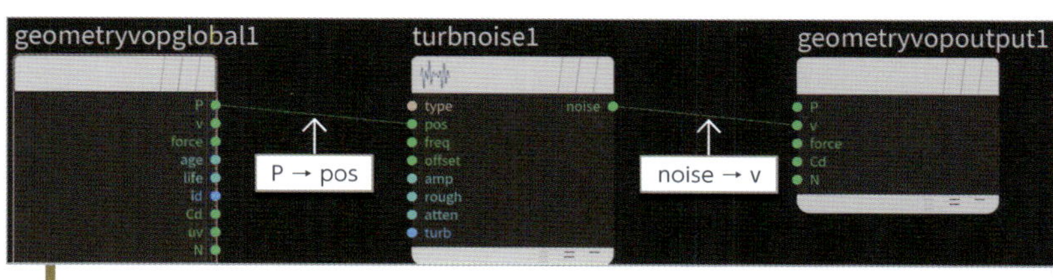

18 各ノードを図のようにコネクトします。

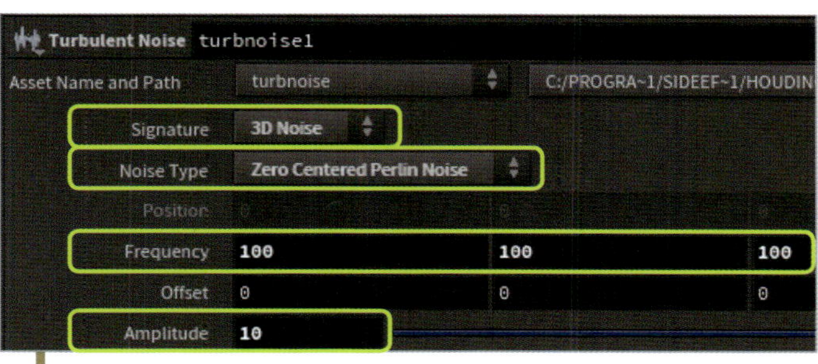

19 「turbnoise1」のパラメータを変更します。「Signature：3D Noise」「Noise Type：Zero Centered Perlin Noise」「Frequency：100　100　100」「Amplitude：10」に設定します。この設定で、「0」を基準とした非常に模様の細かい3Dノイズパターンが作成できます。これを「geometryvopoutput1」ノードの「v」に出力したことで、作成したノイズの値が速度アトリビュートとして設定されます。

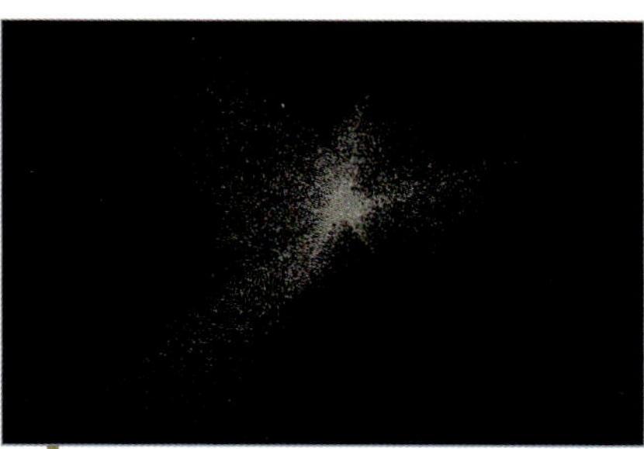

20 Uキーで上階層に戻り、「popnet」に表示フラグを立て再生。パーティクルが動いています。このようにエミッタに速度情報を持たせると、それを初速としパーティクルを動かすことができます。

パーティクルを調整する

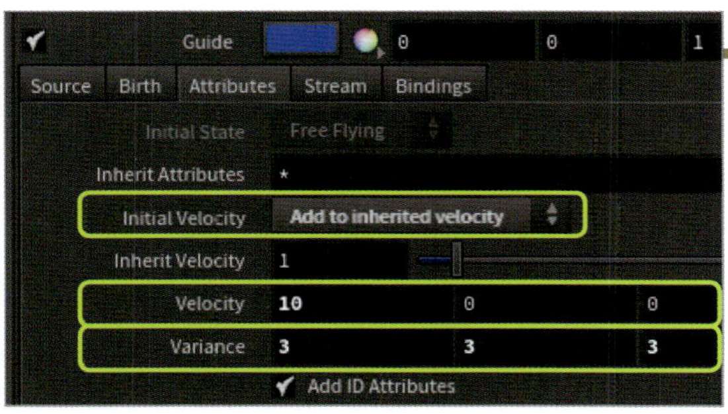

21 今度はシミュレーション内で速度を追加します。「popnet」ノードの中に再度入ります。「source_first_input」ノードのパラメータ「Attributes」タブ→「Initial Velocity」を「Add to inherited velocity」にします。これはエミッタの速度に任意の速度値を追加する設定です。
「Initial Velocity」を変更したことで、その下にあるパラメータ「Velocity」(速度)と「Variance」(バラつき)が設定可能になります。「Velocity：10　0　0」「Variance：3　3　3」とします。

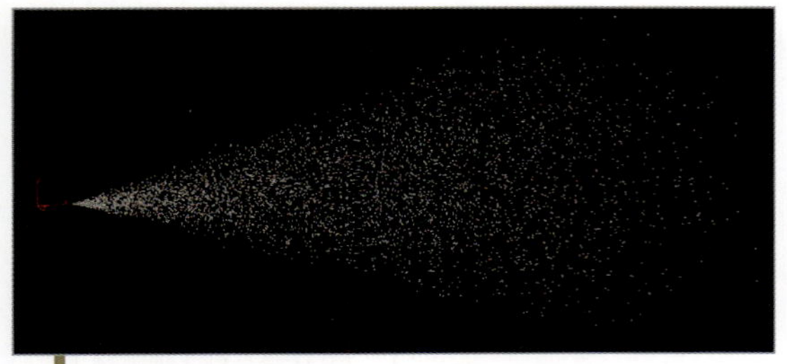

22 再生すると、パーティクルがX軸方向に向かって放射されます。

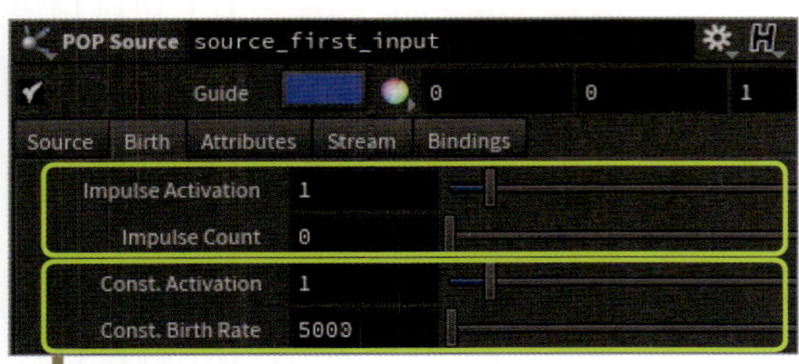

24 パーティクルの発生量に関するパラメータは「Birth」タブ内の4つ（赤枠内）です。
「Impulse Activation」が有効（0以外）の場合、「source_first_input」ノードが処理されるたびに、「Impulse Count」で設定した数のパーティクルが放出されます。現在「Impulse Activation」は有効ですが「Impulse Count」が0なので、この設定によるパーティクルは放出されません。
「Const. Activation」が有効（0以外）の場合、毎秒「Const. Birth Rate」で指定した数のパーティクルが放出されます。現在「Const. Activation」が有効なので、1秒間に「Const. Birth Rate」で指定された5,000個のパーティクルが発生します。

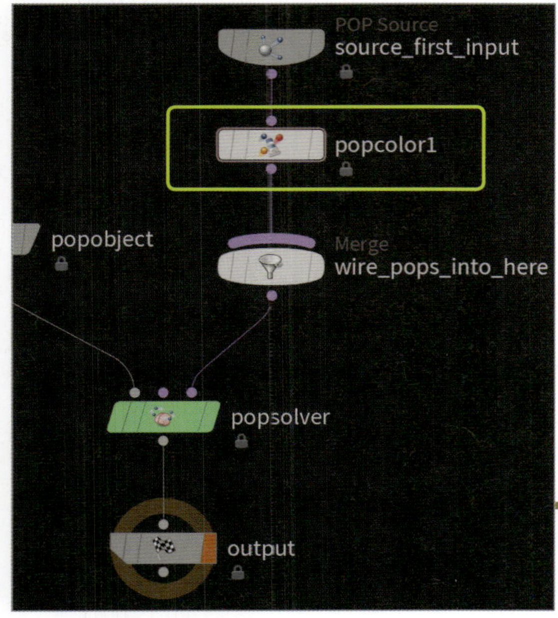

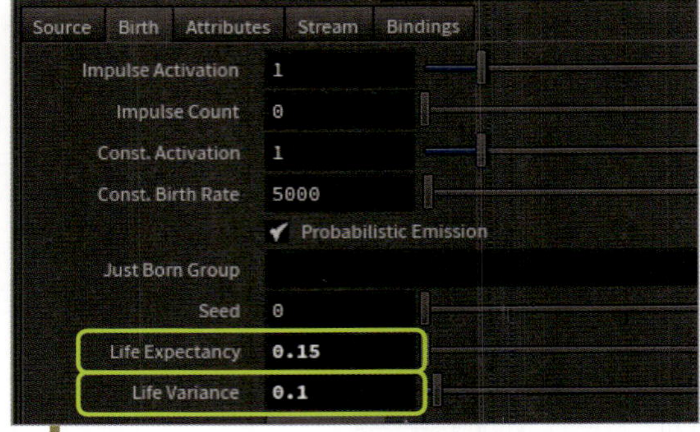

23 パーティクルのLife（消滅するまでの時間）を設定します。「source_first_input」ノードのパラメータ、「Birth」タブ→「Life Expectancy」（存在する時間）を「0.15」に、「Life Variance」（バラつき）を「0.1」にします。このパラメータの単位は「秒」なので0.15秒間存在して消えますが、前後0.1秒でバラつきが出ます。再生すると、先ほどよりも早くパーティクルが消失します。

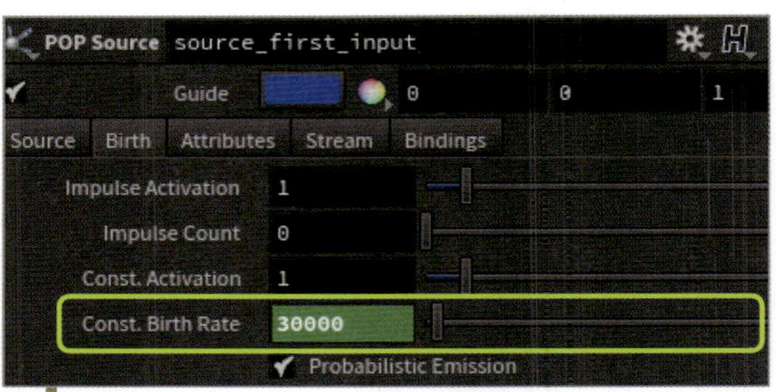

25 「Const. Birth Rate」にキーフレームを打ち、パーティクル量を制御します。タイムスライダを31フレームに移動し、「Const. Birth Rate：30000」に設定。「Const. Birth Rate」のパラメータをAltキー＋クリックして、キーフレームを作成します（パラメータが緑色になります）。
次に40フレームに移動し、「Const. Birth Rate：0」に設定、同様にキーフレームを作成します。再生すると、30フレームから放出が少なくなり、40フレームで放出が止まります。

26 パーティクルに色を付けます。TAB Menuから「POP Color（DOP）」ノードを作成、「source_first_input1」と「wire_pops_into_here」の間に挿入します。「POP Color（DOP）」ノードはパーティクルに色をつけるためのノードです。

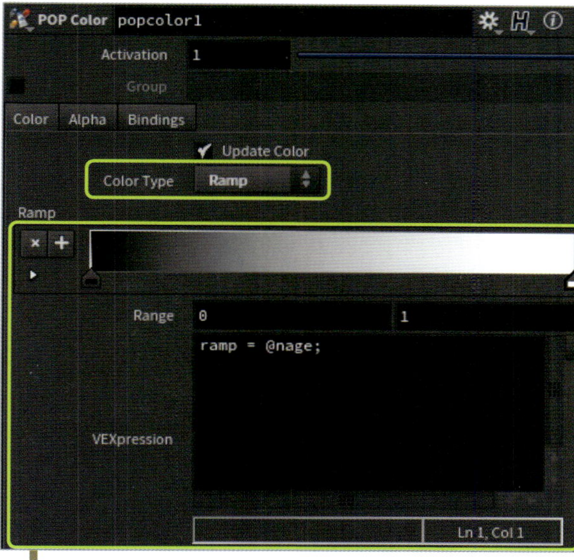

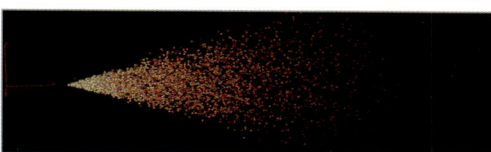

27 「popcolor1」のパラメータ、「Color」タブ→「Color Type」を「Ramp」に変更します。下にRampグラデーションのパラメータが表示され、その下に「Range」と「VEXpression」があり、どの範囲の何の値を基準にしてグラデーションを付けるのかを記述できます。
デフォルトでは「VEXpression」に「ramp = @nage;」と記述されています。「@nage」はパーティクルの寿命を0～1の範囲で表したアトリビュートです。パラメータの「Range」が「0, 1」なので、「@nage」の値0～1の範囲で色のグラデーションがつくられます。
これは「パーティクルの発生時には黒、消失時には白という色グラデーションがつくられる」ということです。

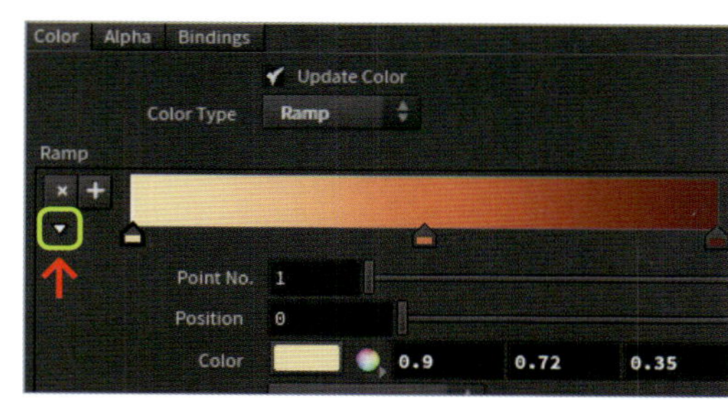

28 色を変更します。Rampグラデーションの「×＋」ボタンのすぐ下にある▽を押すと、グラデーション色の詳細が表示されます。これを左から薄いオレンジ(0.9, 0.72, 0.35)→オレンジ(0.8, 0.17, 0.05)→濃いオレンジ(0.156, 0.01, 0)に設定します。再生すると、パーティクルの発生から消失にかけて色がついています。

Point Rampの途中に色を追加する

Rampパラメータで色を途中に追加する場合は、グラデーションの追加したい位置をクリックします。逆に削除したい場合はその色のアイコン△を選んで下にドラッグ、またはDeleteキーを押します。

下半分のパーティクルを消去する

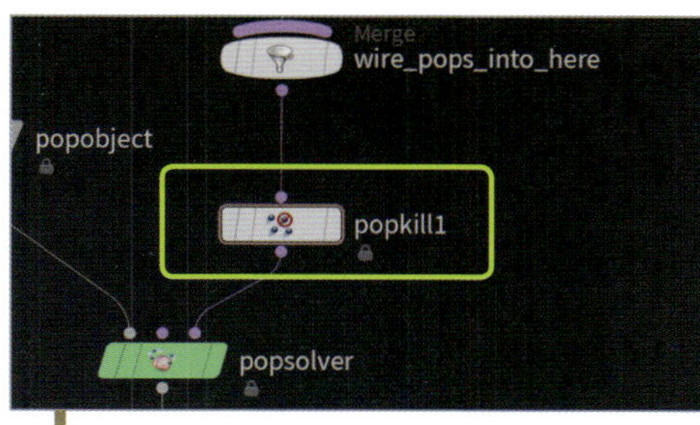

29 現在パーティクルは円錐状に横に放射されています。このうち下半分、－Y方向のパーティクルを消します。TAB Menuから「POP Kill (DOP)」(パーティクルを削除するノード)を作成し、「wire_pops_into_here」と「popsolver」の間にコネクトします。このノードでは「何を削除するか」条件を決めることができます。ここでは簡単なエクスプレッションでパーティクルを削除します。

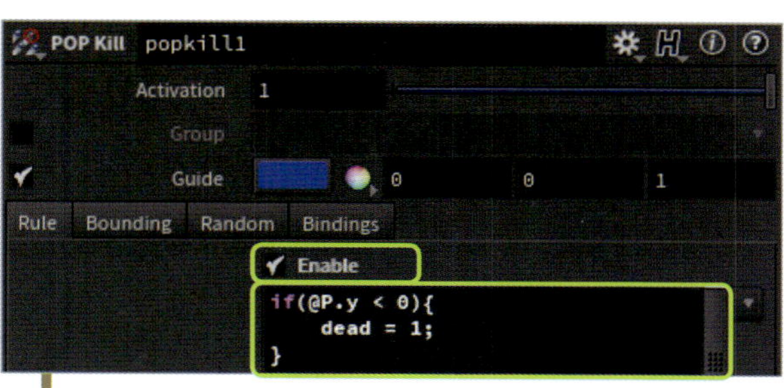

30 「popkill1」のパラメータ、「Rule」タブ→「Enable」をオンにします。デフォルトでは「dead = 1;」(すべてのパーティクルを削除)と記述されています。これを図のように書き換えます。
1行目の「if(@P.y < 0)」が削除する条件です。これは「if文」という条件文で、if()の中の条件を満たした時、以降の{ }で囲われた処理を行います。このコードの意味は、「もし各パーティクルの位置Y座標が0より下のものがあれば削除する」です。

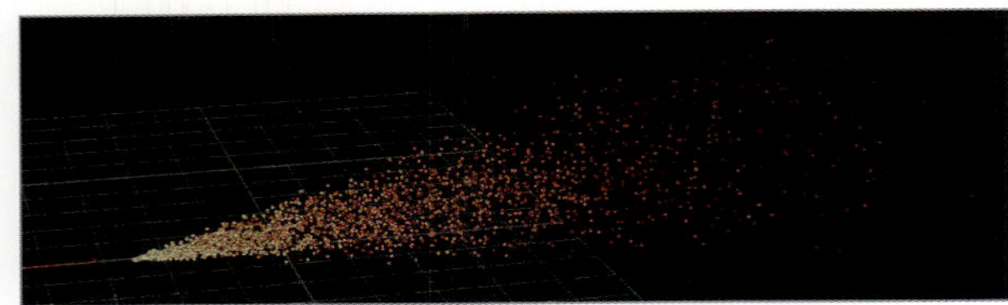

31 これで条件に該当するパーティクルが削除されます。再生すると高さが0より下にあるパーティクルが削除され、少し火花っぽくなりました。

ノードを複製して別のパーティクルを作成する

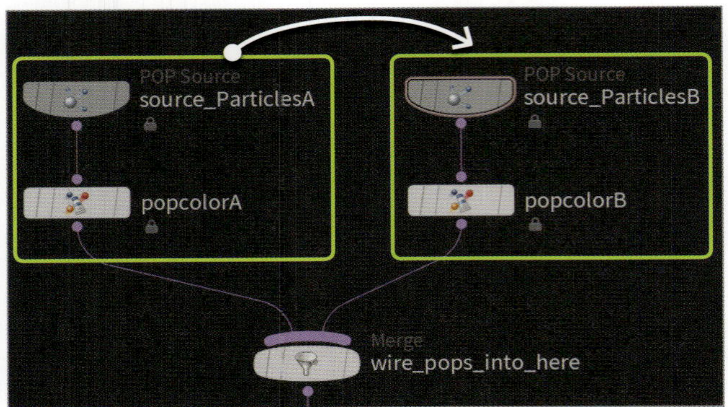

32 ここまで発生させたパーティクルとは別に、少し設定を変えた別パーティクルをつくってみます。「source_first_input」と「popcolor1」を選択し、コピー＆ペーストして複製します。複製したノードは図のように「wire_pops_into_here」にコネクトします。次にノード名を図のように変更し、コピー元は末尾を「A」に、複製は「B」に変更し区別します。

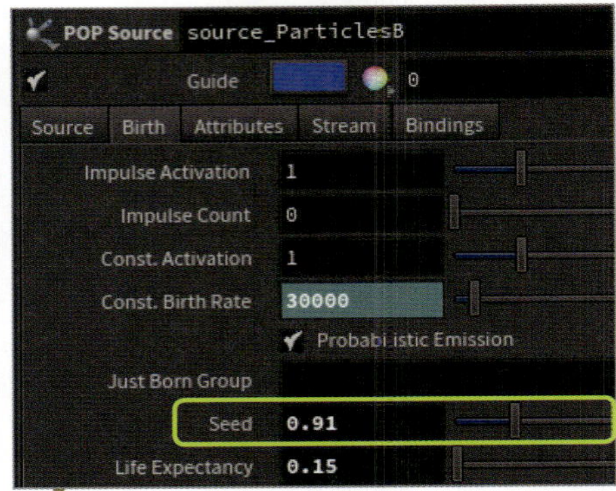

33 「source_ParticlesB」のパラメータ、「Birth」タブ→「Seed」（発生に関する乱数）を適当な値に変更します。「source_ParticlesA」から発生するパーティクルと位置が重ならないようにするための変更です。

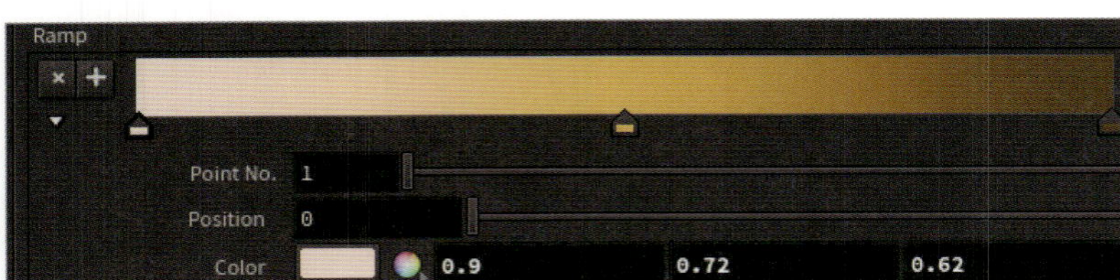

34 「popcolorB」の色を変え、黄色がかったグラデーションにします。グラデーションのポイントは3点、左から「0.9, 0.72, 0.62」「0.78, 0.43 , 0.06」「0.156, 0.08, 0」としました。

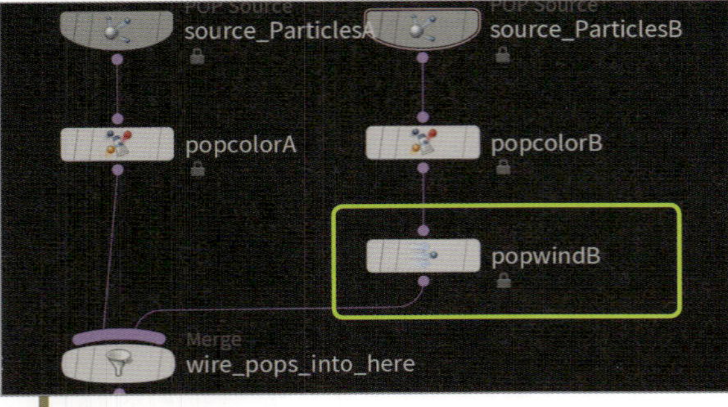

35 複製したノードの挙動に少しランダムな要素を追加します。TAB Menuから「POP Wind（DOP）」（パーティクルに風を適用するノード）を作成し、「popcolorB」の下に挿入、名前を「popwindB」とします。このノードにより、方向性を持たせた風と、ノイズの乱流の動きを追加できます。今回は乱流ノイズの方を追加します。

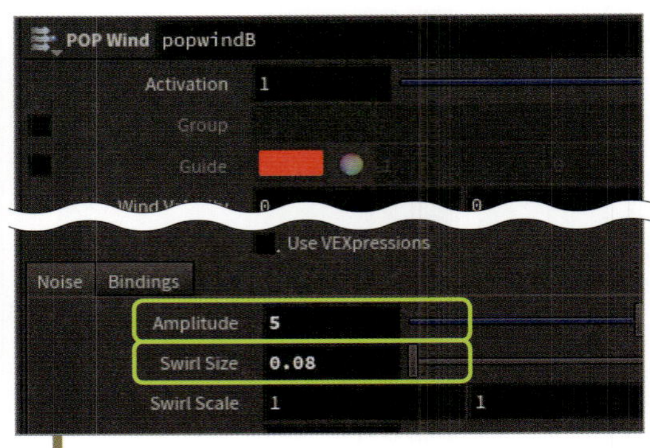

36 「popwindB」のパラメータ、「Noise」タブ→「Amplitude」（ノイズの強さ）を「5」に、「Swirl Size」（ノイズパターンのサイズ）を「0.08」に設定します。再生すると、風の影響で周囲に広がる黄色いパーティクルが追加されます。

さらに別のパーティクルを作成する

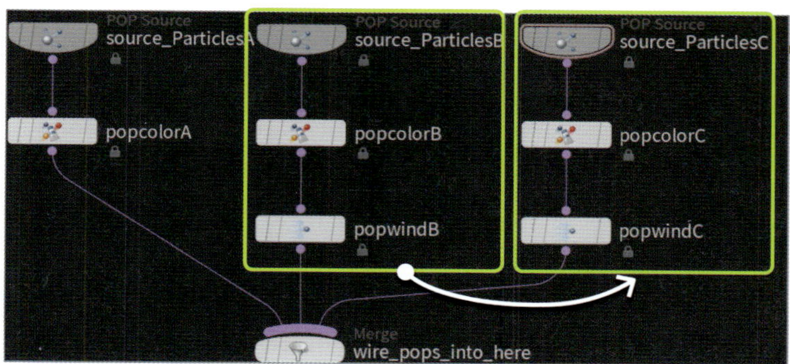

37 もう1種類、別のパーティクルを発生させます。「source_ParticlesB」、「popcolorB」、「popwindB」(緑枠)を複製、ノード名の末尾を「C」に変更します。作成したノードは図のように「wire_pops_into_here」にコネクトします。

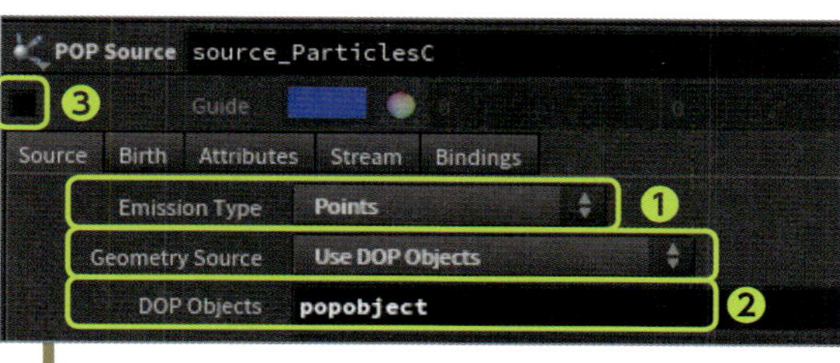

38 これまでは「SOP」で作成したエミッタからパーティクルを発生させましたが、「パーティクルからパーティクルを発生させる」こともできるので、それで舞う火の粉のようなものをつくります。
「source_ParticlesC」ノードのパラメータ、Sourceタブ→「Emission Type」を「Points」に、「Geometry Source」を「Use DOP Objects」に変更します(❶)。
「Geometry Source」の変更により「DOP Objects」パラメータが現れました。ここにDOP Objects名を記述することで、そのオブジェクトからパーティクルを放出できます。ここではパーティクル自身から放出させるので、「popobject」と記述します(❷)。
これで、パーティクル自身が発生源となってパーティクルが生成されるようになりました。エミッタ表記とパーティクルが重なって見づらいので「Guide」をオフにしておきます(❸)。

Point オブジェクト名の定義

ここで記述した「popobject」とはパーティクルのオブジェクト名です。Chapter 3-1でも触れましたが、オブジェクトとはシミュレーション用のデータ(ここではパーティクルのデータ)を格納しているものです。

この作例の場合、オブジェクトは、「popobject」ノードでつくられており、オブジェクト名もそこ(パラメータの「Object Name」)で定義しています。デフォルトでは「$OS」と記述されています。

「$OS」とは、そのノードの名前を表すエクスプレッション変数です。この場合、ノード名「popobject」がオブジェクト名として使われている、ということになります。38で指定したDOP Objects名はこの名前です。

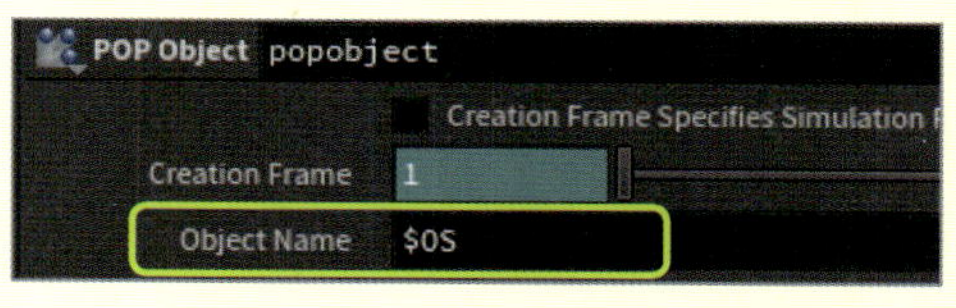

39 「source_ParticlesC」ノードのパラメータ、「Brith」タブ→「Life Exprectancy」を「1」に、「Life Variance」を「0.35」に増やします。これでパーティクルが消失するまでの時間が少し長くなります。

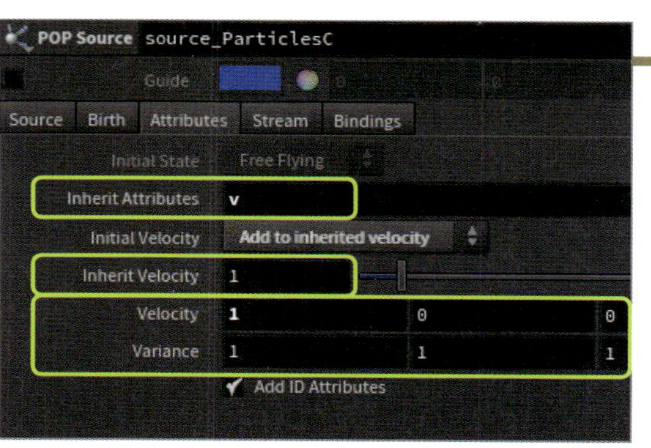

40 次に、「Attributes」タブ→「Inherit Attributes」に「v」と記述します。これは発生元となるパーティクルから速度情報を継承するという意味です。デフォルトの「*」では全アトリビュートを継承するので、先ほど設定したLifeなどが上書きされてしまいます。
続いて、「Inherit Velocity:1」「Velocity:1 0 0」「Variance:1 1 1」と変更しておきます。

41 「popwindC」ノードのパラメータも変更します。「Amplitude」を「1」に変更して、ノイズのかかり具合を弱めます。

火の粉の動きに抵抗と重力を加える

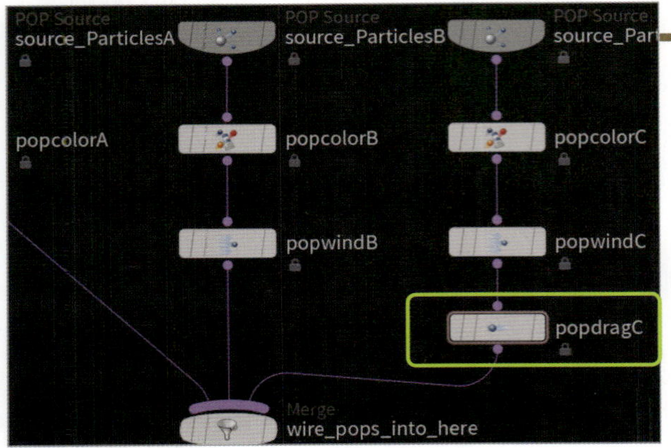

42 火の粉の動きに抵抗を加えます。TAB Menuから「POP Drag（DOP）」を作成し、名前を「popdragC」とし、「popwindC」の下に挿入します。「POP Drag（DOP）」は動きに抵抗を加える（動きを抑える）働きがあります。

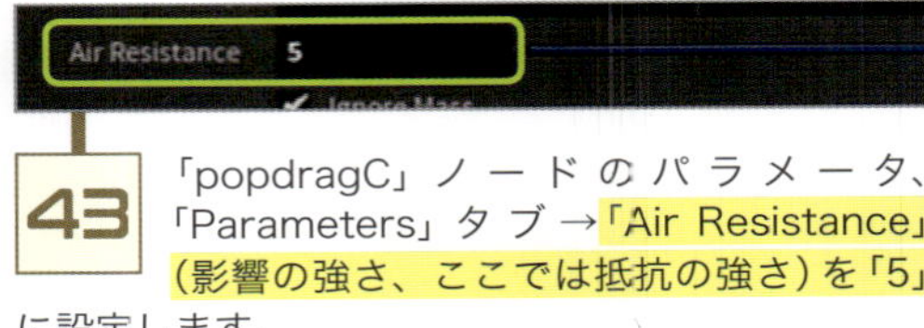

43 「popdragC」ノードのパラメータ、「Parameters」タブ→「Air Resistance」（影響の強さ、ここでは抵抗の強さ）を「5」に設定します。

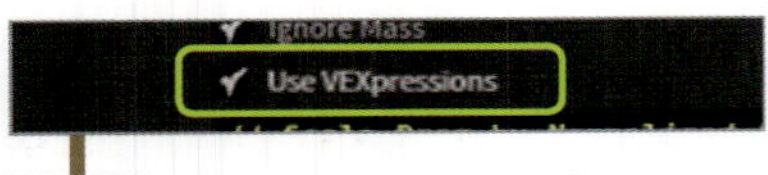

44 現状、全体に一律で「popdragC」の影響がかかってしまうので、エクスプレッションで発生から消失にかけて徐々に抵抗を強くします。パラメータの「Use VEXpressions」をオンにして、エクスプレッションの記述ができるようにします。

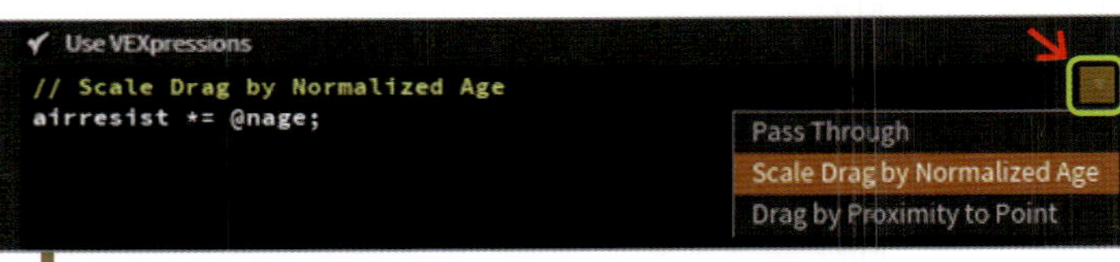

45 いくつかのノードには、エクスプレッションの例文が用意されています。「POP Drag（DOP）」ノードにもサンプルがあります。記述欄右の▼アイコンを押して、サンプルから「Scale Drag by Normalized Age」を選択。するとエクスプレッション欄に、

```
// Scale Drag by Normalized Age
airresist *= @nage;
```

と記述されます。これは「Air Resistance」の設定値に「@nage」値（27参照）をかけるという意味です。パーティクル発生時は抵抗が0、徐々に強くなり、消失時に「Air Resistance」の「5」の抵抗がかかります。

Point 「*」の意味

「airresist *= @nage」にある「*=」というのは「airresist = airresist * @nage」という記述を省略したものです。この「*=」という書き方をすると、パラメータの数値を考慮しつつ、エクスプレッションで操作できます。

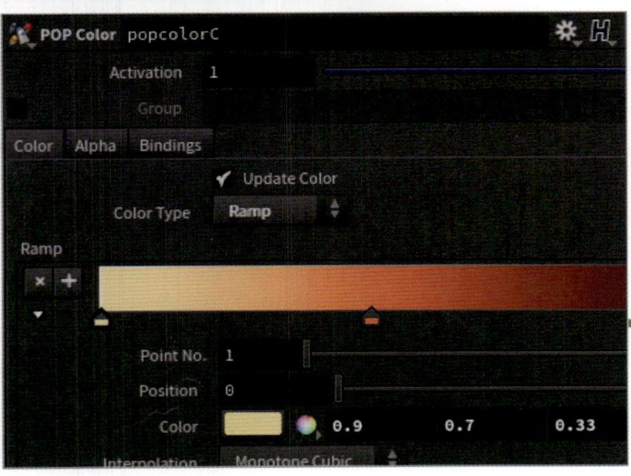

46 再生して確認すると、火花パーティクルから発生した火の粉が舞っています。ここでは、「popcolorC」ノードで色を少し変更しました。Rampのグラデーションを、左から薄い黄色（0.9, 0.7, 0.33）、オレンジ（0.8, 0.17, 0.05）、濃い赤（0.156, 0.01, 0）とします。

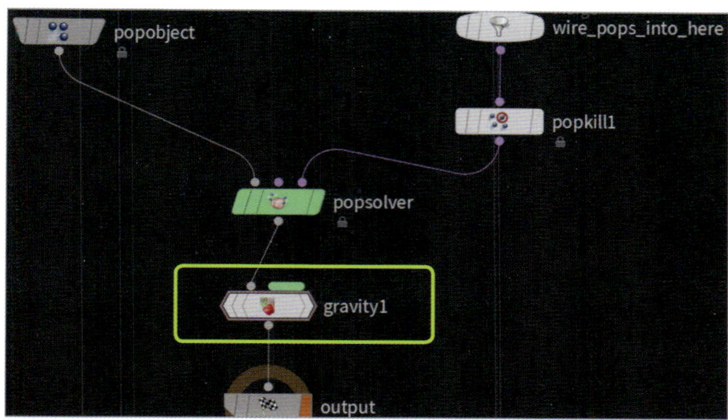

47 最後に重力を追加します。TAB Menuから「Gravity Force (DOP)」を作成し、「popsolver」の下に挿入します。再生すると、火の粉のパーティクルが重力の影響を受けているのが確認できます。これで火花のパーティクル作成は完了です。

シミュレーション結果をSOPで加工する

Uキーで DOPネットワーク階層から出ます。シミュレーション結果をSOPで加工するには、DOPの情報をSOPに読み込む必要があります。Chapter 3-1でシェルフを使ってパーティクルを作成した際は、「Dop I/O」ノードを使ってDOPの情報をSOPに取り込みましたが、ここでは別の方法を使います。

「popnet」ノードに表示フラグが立っていることを確認します。現状、シーンビューにパーティクルが表示されていますが、これはこの「popnet」のもつ機能によるものです。「popnet」つまり「DOP Network (SOP)」ノードには、DOPネットワークを格納する機能のほかに、DOPオブジェクトをSOPに読み込む機能があります。

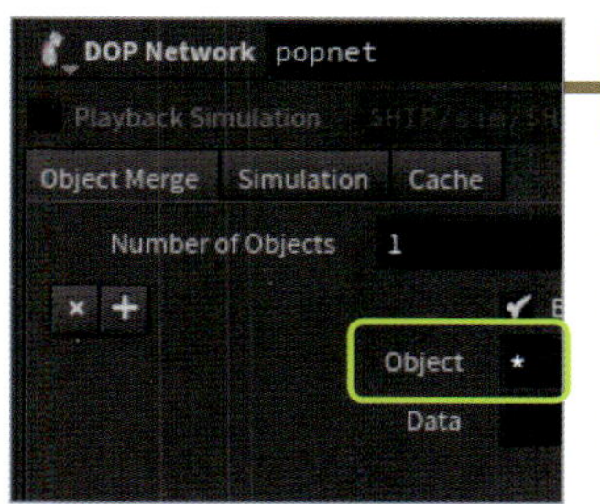

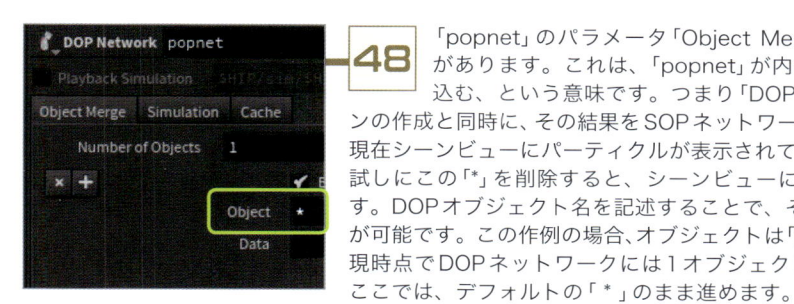

48 「popnet」のパラメータ「Object Merge」タブ→「Object」には「*」と記述があります。これは、「popnet」が内包する全オブジェクトをSOPに読み込む、という意味です。つまり「DOP Network (SOP)」はシミュレーションの作成と同時に、その結果をSOPネットワークに読み込んでいるということです。現在シーンビューにパーティクルが表示されているのはこの機能によるものです。試しにこの「*」を削除すると、シーンビューにパーティクルが表示されなくなります。DOPオブジェクト名を記述することで、そのオブジェクトのみを読み込むことが可能です。この作例の場合、オブジェクトは「popobject」です(P131 Point参照)。現時点でDOPネットワークには1オブジェクトしかなく、結果は変わらないため、ここでは、デフォルトの「 * 」のまま進めます。

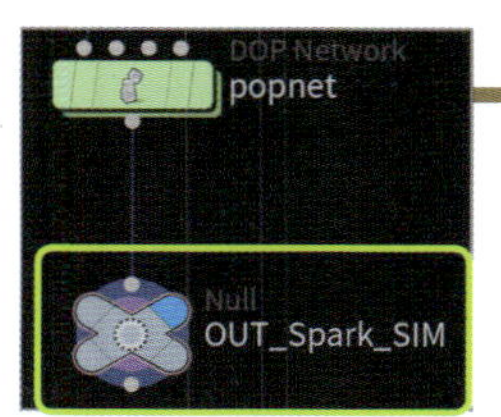

49 TAB Menuから「Null (SOP)」を作成、「popnet」の下にコネクト、名前を「OUT_Spark_SIM」とします。

50 加工前にシミュレーション結果のキャッシュを作成します。ここでいう「キャッシュ」とはシミュレーション結果を別ファイルに保存することです。一度キャッシュを作成すれば、次からは再度シミュレーションすることなく、その結果を参照できます。
TAB Menuから「File Cache (SOP)」を作成し、「OUT_Spark_SIM」の下にコネクトします。この「File Cache (SOP)」はキャッシュファイルの作成と読み込みができるノードです。

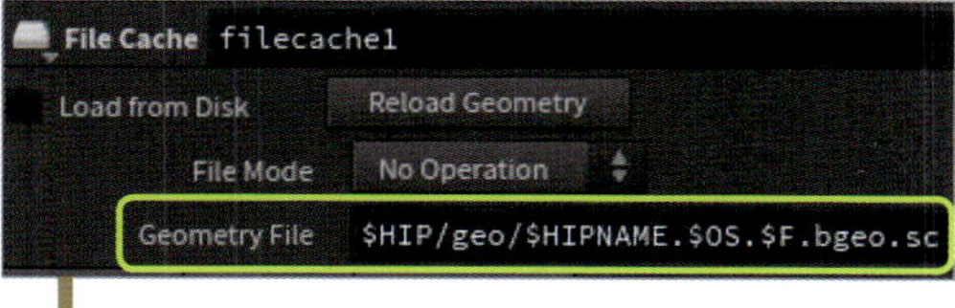

51 パラメータ「Geometry File」がキャッシュファイルの出力先です。

52 デフォルトで「$HIP/geo/$HIPNAME.$OS.$F.bgeo.sc」と記述されています。『$HIP』はシーンファイルの場所、「$HIPNAME」はシーン名、「$OS」はそのノードの名前、「$」はフレーム番号です。図はこの保存先をツリー表記で表したものです。

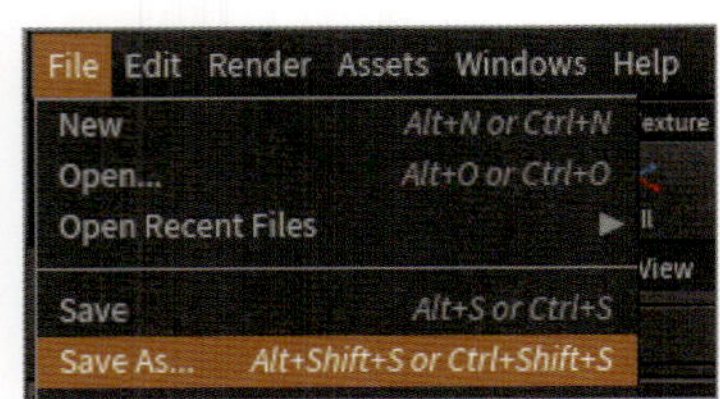

53 この表記の場合、シーンファイルの場所を使って出力場所を指定しています。そのため、Fileメニュー→"Save As"で任意の場所にシーンファイルを保存しておきます。

54 「Save to Disk」ボタンを押すと、「idialog」ウィンドウが表示され、キャッシュファイルが出力が進行します。

55 出力が完了したら、今度はそれを読み込みます。「filecache1」のパラメータ「Load from Disk」をオンにします。

キャッシュファイルを使って火花を加工する

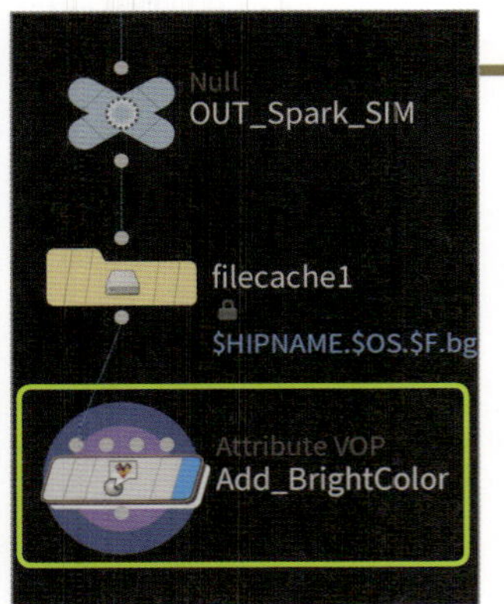

56 作成したキャッシュファイルを使って、もう少し火花っぽく加工します。ここからはSOPの作業です。まずは現在のポイントの半分に対して、色をより明るくします。TAB Menuから「Point VOP (SOP)」ノードを作成、「filecache1の下にコネクトします。名前を「Add_BrightColor」します。

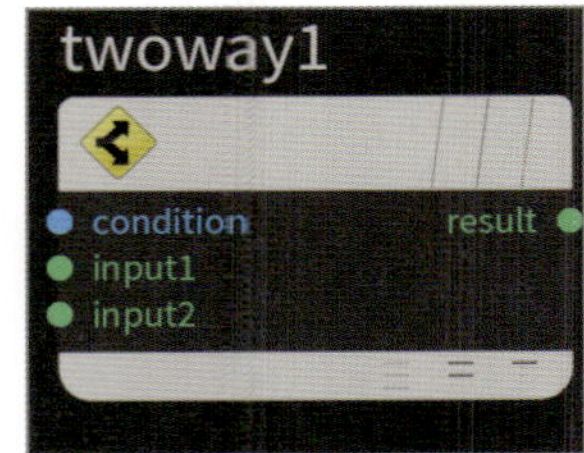

57 ノードの中に入ります。TAB Menuから「Two Way Switch (VOP)」を作成します。これは「condition」の条件により2種類の出力(「input1」「input2」)を選べるノードです。「condition」は真偽(0か1)で判定し、デフォルトでは「condition : 1」で「input1」が出力され、「condition : 0」で「input2」が出力されます。

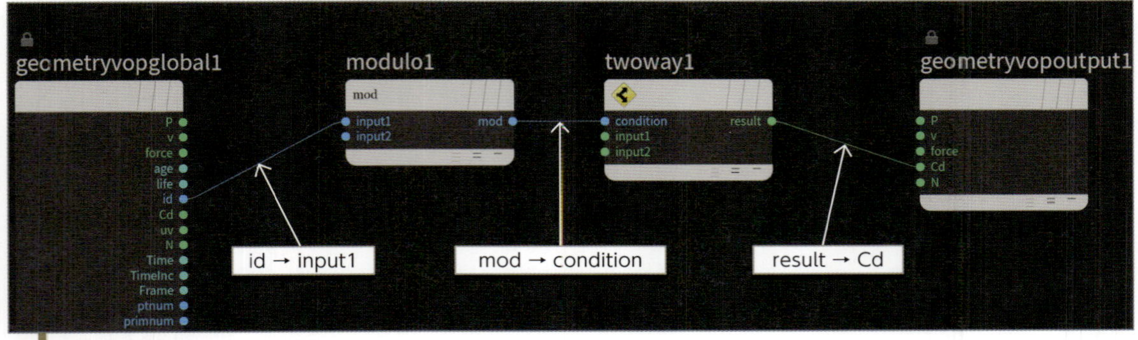

58 条件をつくります。TAB Menuから「Modulo (VOP)」を作成し、図のようにコネクトします。

Tips

ROPネットワークを使ったキャッシュ管理方法

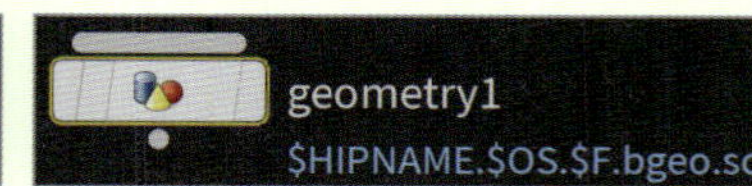

キャッシュファイルを作成できるノードは他にもあります。本筋からは脱線しますが、ここではふたつのノードによる方法を紹介します。

ひとつ目の「ROP Output Driver (SOP)」ノードは出力のみを行うノードで、読み込みはできません。作例で使用した「File Cache (SOP)」ノードはファイルの出力と入力を行えましたが、実はノード内部にこの「ROP Output Driver (SOP)」が入っています。「File Cache (SOP)」ノードは「ROP Output Driver (SOP)」を拡張したノードと言えます。ネットワーク上で明示的に出力を示す場合などは「ROP Output Driver (SOP)」を使う方がわかりやすいかもしれません。

ふたつ目の「Geometry (ROP)」ノードは**Chapter 2**の作例で最初に作成する「Geometry (OBJ)」ノードと名前が同じですが、それとは別物で、ROP系のノードです。ROP系ノードは出力にかかわるもので、例えば先の作例でレンダリングに使った「Mantra (ROP)」などがそのタイプのノードです。この「Geometry (ROP)」は、「/out」階層で、TAB Menuから作成できます。「Geometry (ROP)」を使う利点は、キャッシュ出力をROPネットワークで管理できることです。複雑なシーンでは、ネットワークの多階層・複数場所でキャッシュを作成することもあるので、ネットワークの場所に移動するのはとても大変ですが、このノードを使えば、それらを1カ所のROPネットワーク内で管理できます。

例として、「Geometry (ROP)」と「File Cache (SOP)」によるキャッシュの入出力方法を紹介します。

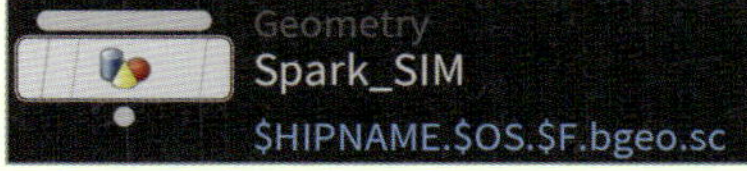

1 本作例に追加する形で進めます。まず「/out」階層に移動して、TAB Menuから「Geometry (ROP)」を作成、名前を「Spark_SIM」とします。

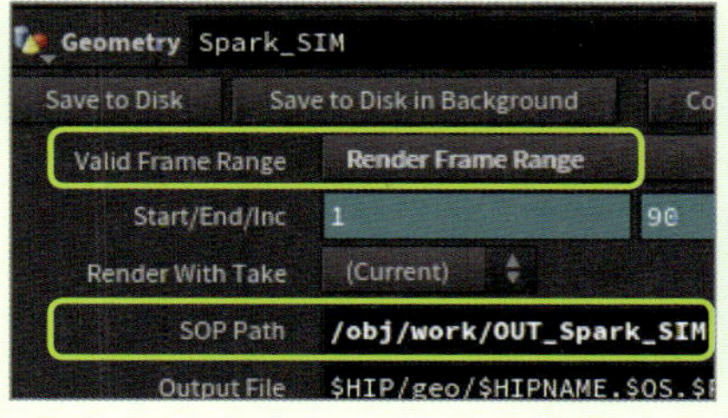

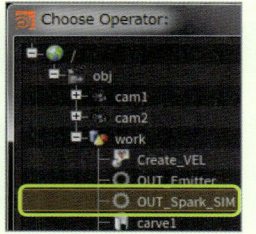

2 パラメータ「Valid Frame Range」を「Render Frame Range」にし、「SOP Path」でキャッシュを作成したいSOPノード(ここでは**Chapter 3-2**の「OUT_Spark_SIM」ノード)を指定します。

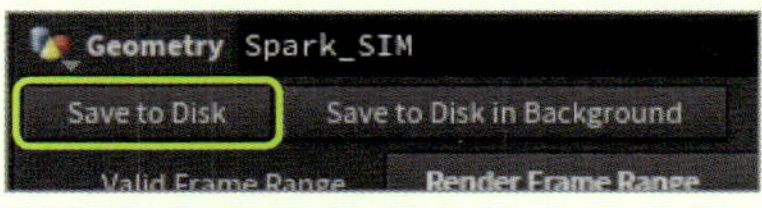

3 「Save to Disk」ボタンでキャッシュファイルを出力します。

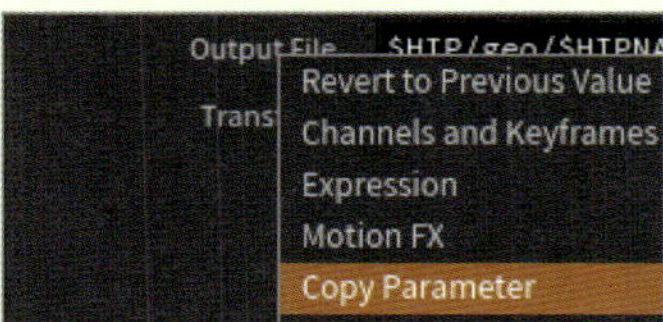

4 作成したキャッシュファイルを読み込みます。パラメータ「Output File」を右クリックし、メニューから「Copy Parameter」を実行します。

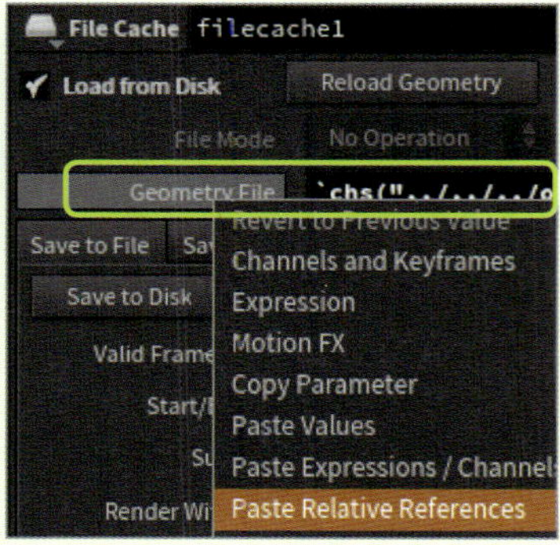

5 SOPネットワークに移動し、**Chapter 3-3**で作成した「File Cache (SOP)」のパラメータ「Geometry File」を右クリック、メニューから「Paste Relative References」を実行して参照貼り付けします。最後に、パラメータ「Load from Disk」がオンになっていることを確認します。これで「Geometry (ROP)」で作成したキャッシュを「File Cache (SOP)」が読み込めました。

6 一連のデータの流れをまとめました。一度このネットワークをつくってしまえば、以降「Spark_SIM」ノードで作成したキャッシュファイルは自動で「filecache1」に読み込まれます。もし複数箇所でキャッシュファイルを作成するような場合でも、この構成をつくればひとつのROPネットワーク内で管理できます。このキャッシュの取り方は、よく使われる方法だと思います。

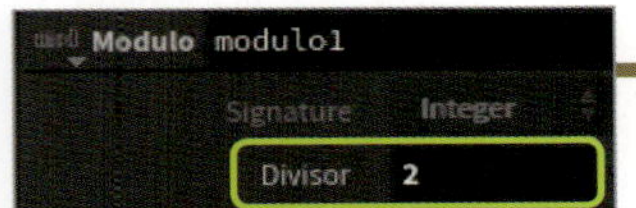

59

この「Modulo（VOP）」は割り算結果の「余り」を求めるノードです。パラメータ「Divisor」が割る数で、ここでは「2」にします。コネクトと設定の意味は、『各ポイントのポイントアトリビュート「id」を2で割った余りを「Two Way Switch（VOP）」の条件にする』です。

「id」は、ポイントごとに割り振られる整数の通し番号のようなもので、パーティクル作成時につくられます（値は「Geometry Spreadsheet」で確認可能）。任意の整数を2で割ると余りは必ず0か1なので、2択値が「Two Way Switch（VOP）」の条件値として使えるわけです。

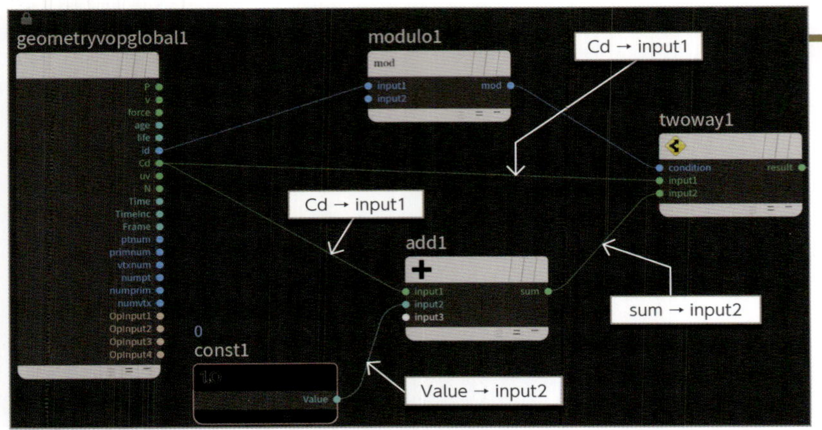

60

続いて、ふたつの条件によってそれぞれ出力する値を設定します。ひとつはパーティクルの色そのまま、もうひとつは少し明るくした色を出力します。TAB Menuから「Add（VOP）」と「Constant（VOP）」を作成して、ネットワークを図のようにコネクトします。

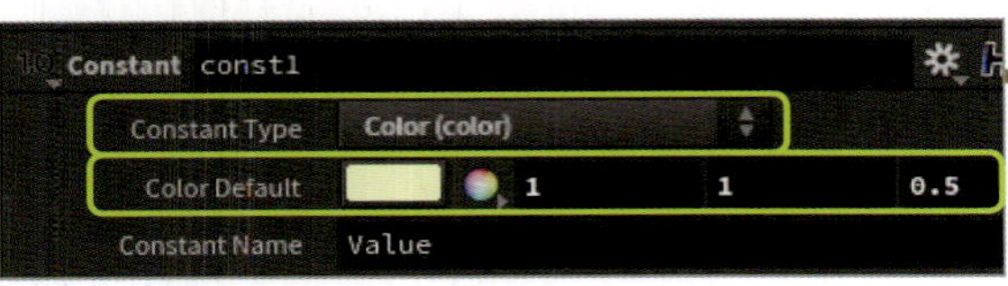

61

「const1」のパラメータ「Constant Type」を「Color(color)」にして、色情報を設定できるようにします。続いて「Color Default：1　1　0.5」とします。これで元のパーティクル色の値にここで指定した色の値が足し算され、条件別で色を調整できます。

VOPで色の調整を行う

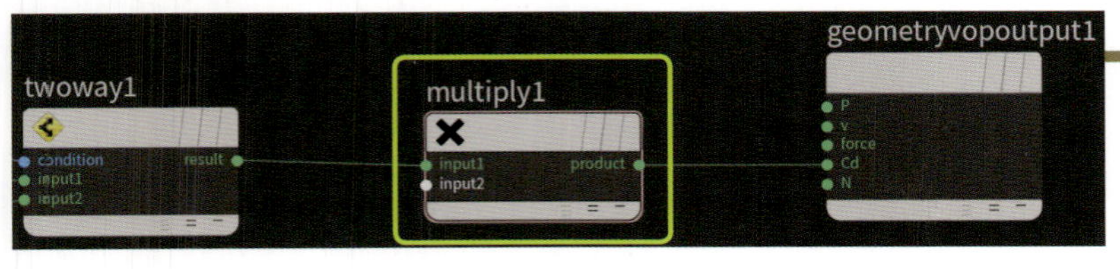

62

最後に全体の色の明るさを調整できるようにします。TAB Menuから「Multiply（VOP）」（かけ算を行うノード）を作成、「twoway1」と「geometryvopoutput1」の間に挿入します。

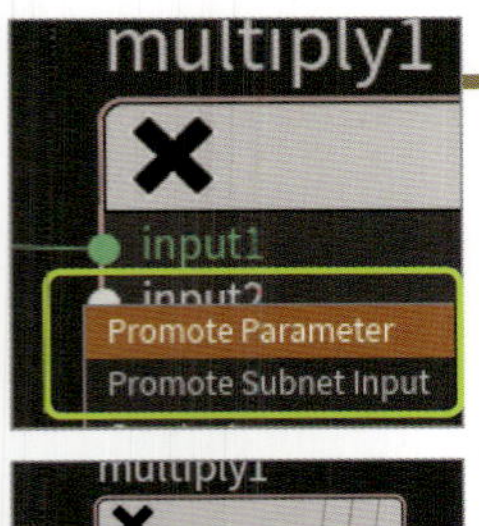

63

「multiply1」ノードの入力「input2」をプロモートします。「input2」にマウスカーソルを合わせて中クリック、表示されるメニューから「Promote Parameter」を選択。すると「input2」にペグがつきます。これがプロモートできた印です。

Point　パラメーターのプロモート

VOPノードのパラメータのプロモートは以前の作例でも登場しましたが、パラメータをVOPネットワークの外に出す（この場合は「Add_BrightColor」ノードのパラメータとする）ことです。パラメータをプロモートすることで、値の変更が必要になった際にVOPネットワークに入り、そのパラメータを探す必要がなくなります。また、調整するパラメータを明示する意味もあります。

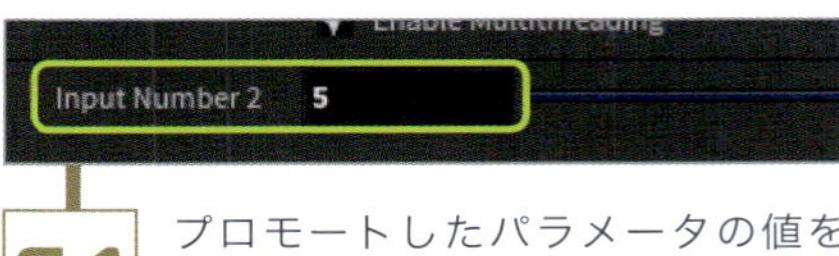

64 プロモートしたパラメータの値を設定します。UキーでVOPネットワークの外に出ます。「Add_BrightColor」のパラメータ下部に出ている、プロモートしたパラメータ「Input Number 2」値を「5」に設定。これで、最終的に色の値が5倍になって出力されます。

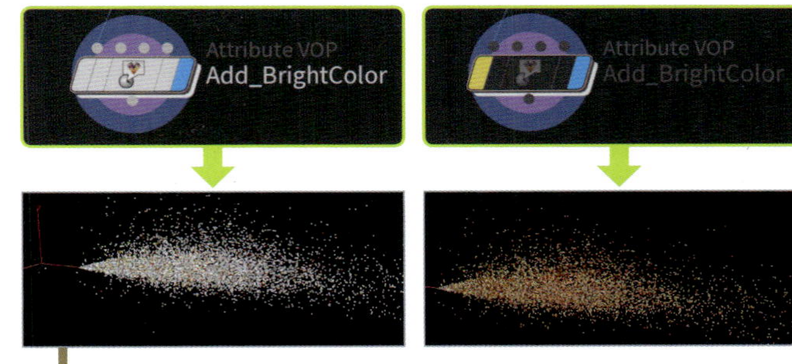

65 VOPでの色調整はこれで完了です。全体の半分のパーティクルに対して明るい黄色が足し算され、その結果を5倍の明るさにしました。「Add_BrightColor」のバイパスフラグをオン／オフして結果を確認します。確認後はオフに戻します。

火花と火の粉をふたつに分ける

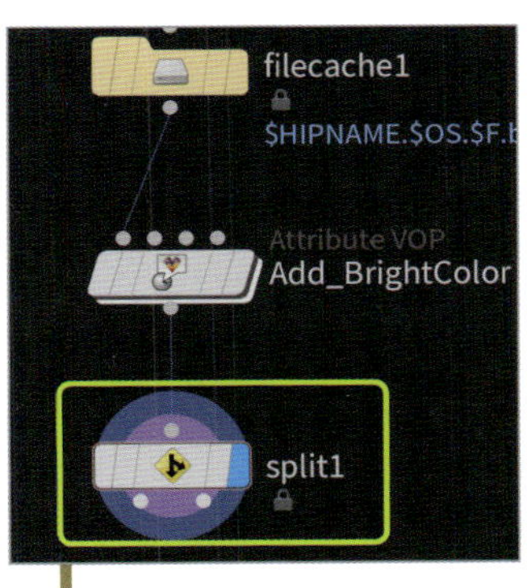

66 次に、SOP内でパーティクルを火花と火の粉に分けます。Tab Menuから「Split (SOP)」を作成、ネットワーク最下部「Add_Bright Color」の下にコネクトします。

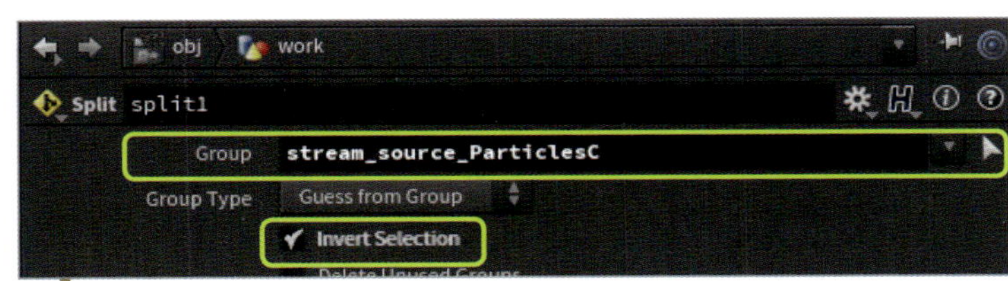

67 「Split (SOP)」ノードには出力がふたつあり、パラメータ「Group」で選ばれたものとそれ以外を分けて出力します。「Group」横の▼ボタンを押して、「stream_source_ParticlesC」を選択し、「Invert Selection」をオンにします。これによりデータが分離され、「split1」の右側からはグループ「stream_source_ParticlesC」に含まれるデータが、左側からはそれ以外が出力されます。

Point 「POP Source(DOP)」によるグループの自動生成

67で指定した「stream_source_ParticlesC」グループについて、ここまでの工程ではグループを作成していません。このグループはDOP内でパーティクル作成時、「POP Source (DOP)」が自動生成したものです。ここで指定したのは「popnet」内「source_ParticlesC」ノードが作成したグループです。

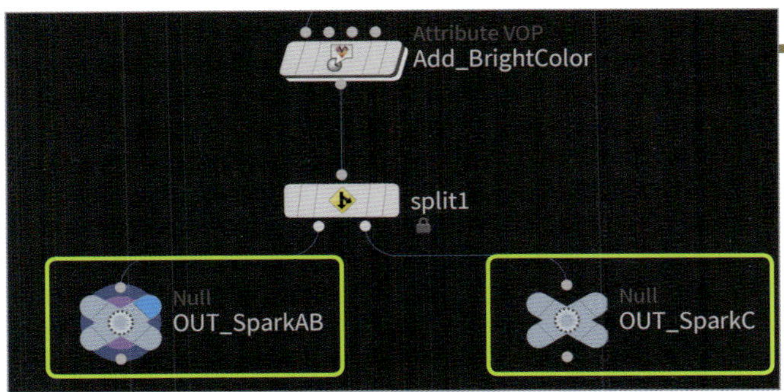

68 確認用にTAB Menuから「Null (SOP)」をふたつ作成し、「split1」の出力にそれぞれコネクトします。左にコネクトした「Null (SOP)」の名を「OUT_SparkAB」、右の名を「OUT_SparkC」とします。それぞれに表示フラグを切り替えると、「Split (SOP)」で分離したパーティクルが確認できます。

火花のパーティクルをラインに変更する

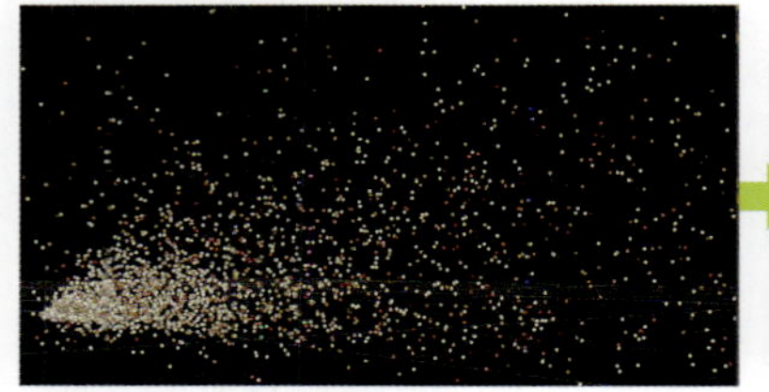

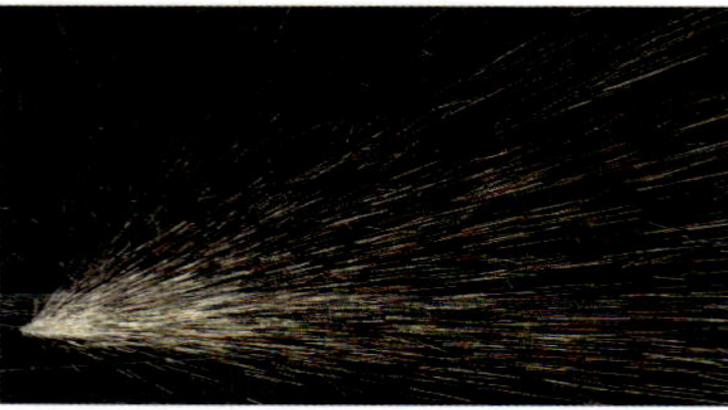

69 ここからは「OUT_SparkAB」を加工して図のように火花のパーティクルをラインに変えます。「Copy Stamp (SOP)」ノードでパーティクルの各点にラインを配置することで加工します。

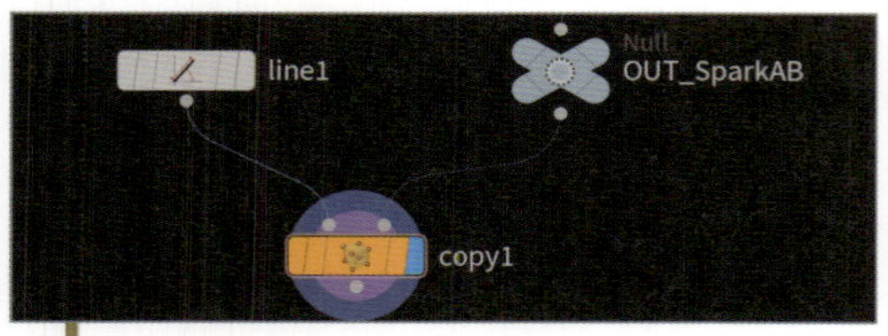

70 TAB Menuから「Copy Stamp (SOP)」と「Line (SOP)」を作成、「line1」の出力を「copy1」左入力に、「OUT_SparkA」の出力を「copy1」右入力にコネクトします。

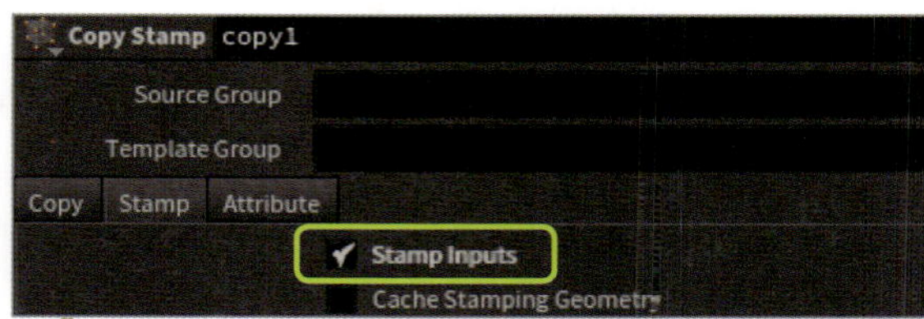

71 「Copy Stamp (SOP)」のStamp機能を使い、パーティクルのスピードでラインの長さを変えます。「copy1」のパラメータ「Stamp」タブ→「Stamp Inputs」をオンにして、Stamp機能を使えるようにします。

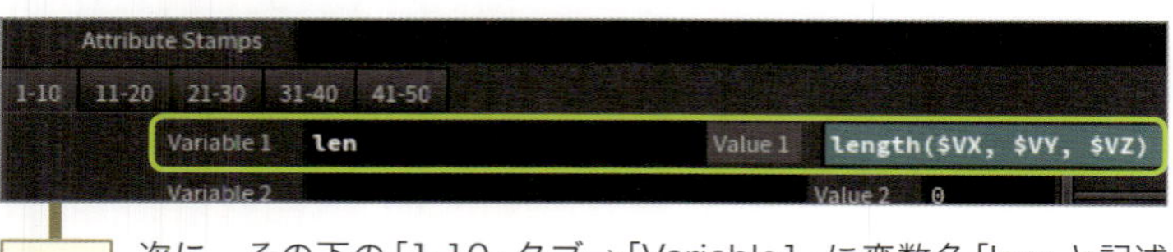

72 次に、その下の「1-10」タブ→「Variable1」に変数名「len」と記述します。その値である「Value 1」には

length($VX, $VY, $VZ)

と記述します。エクスプレッション関数「length()」はベクトルの長さを求めます。「$VX」「$VY」「$VZ」は速度ベクトルのXYZ軸ごとの値です。つまり「length($VX, $VY, $VZ)」と記述することで速度ベクトルの大きさ、つまり速さを求めることになります。

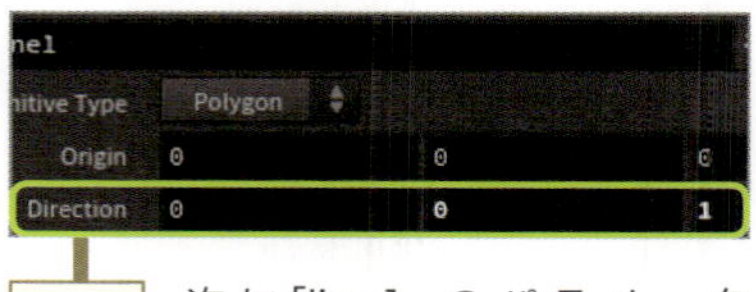

73 次に「line1」のパラメータ「Direction」値を「0 0 1」にしてラインの向きを変更します。これで、コピーされるラインの向きがパーティクルの進行方向になります。

74 次にパラメータ「Length」にstamp関数を記述します。パラメータ欄に

stamp("../copy1/", "len", 0) * 0.005

と記述します。「stamp("../copy1/", "len", 0)」では先ほど「copy1」で指定したスタンプ変数「len」を指定しています。「len」の値は「length($VX, $VY, $VZ)」で各ポイントの速さです。つまりこのエクスプレッションは、各パーティクルの速さを0.05倍した値がラインの長さになるということです。

75 これでパーティクルごとにラインを配置できました。ただし、ラインの色がすべて白です。

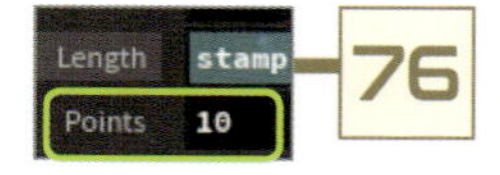

76 最後に、「Points：10」にしてラインの分割数を増やします。

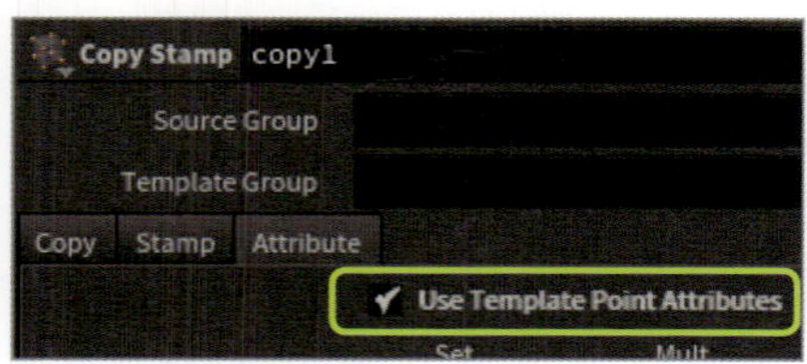

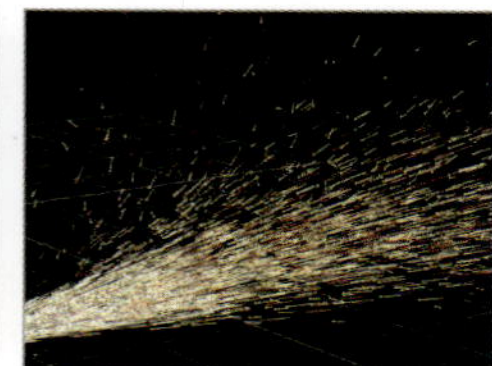

77 コピーしたラインがパーティクルの色を継承するように、「copy1」のパラメータ「Attribute」タブ→「Use Template Point Attributes」（テンプレート＝配置位置として使っているポイントのアトリビュートを利用）をオンにします。

ラインを太くする

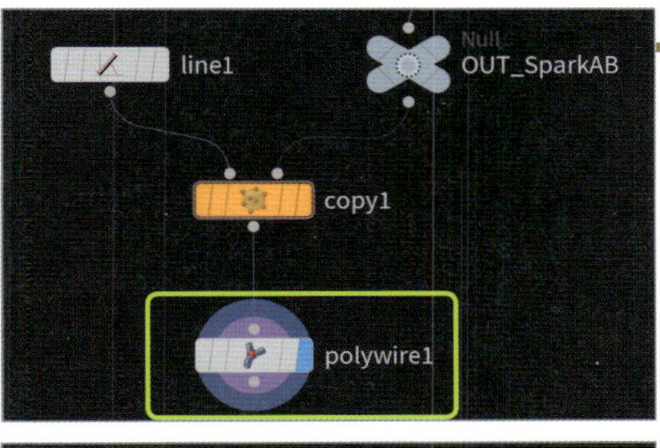

78 コピーしたラインに太さを持たせます。TAB Menuから「PolyWire (SOP)」を作成、「copy1」ノードの下にコネクト。暫定的にパラメータ「Wire Radius」値を「0.0003」とします。ポリゴンでほんのわずかに厚みがつきました。

Point ラインの太さを不均等にする

「PolyWire (SOP)」ノードで付けたラインの厚みは均一です。不均等にする手順を紹介します。

① ポイントに「pscale」(ポイントサイズ)アトリビュートを追加
② 「pscale」値にランダムな値を設定
③ 「pscale」で「PolyWire」の太さ「Wire Radius」の値を制御

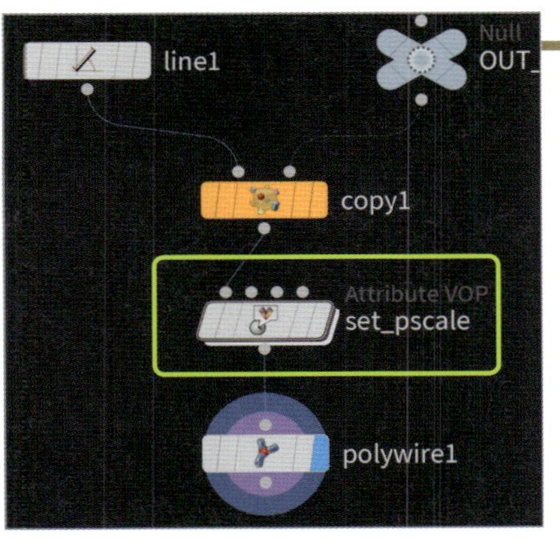

79 TAB Menuから「point vop」と検索し、「Attribute VOP(SOP)」を作成。ノード名を「set_pscale」にして、「copy1」と「polywire1」の間に挿入します。

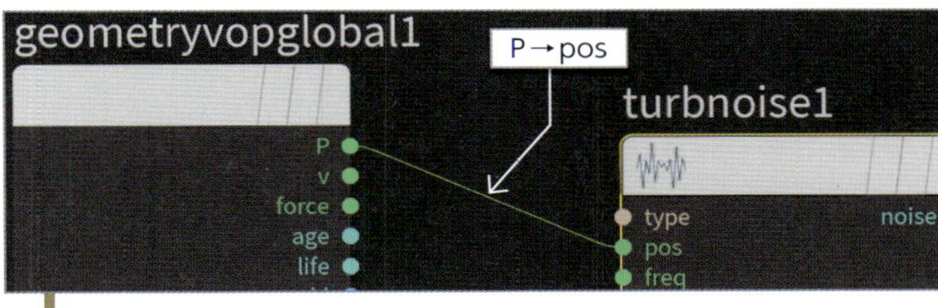

80 「set_pscale」ノードをダブルクリックして中に入ります。TAB Menuから「Turblent Noise (VOP)」(ノイズ値を生成するVOPノード)を作成、図のようにコネクトします。

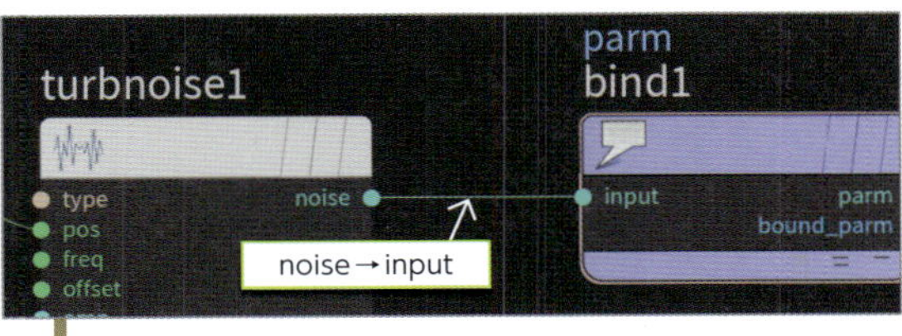

81 次に、TAB Menuで「bind export」と検索し、Export設定の「Bind (VOP)」ノードを作成。「turbnoise1」の出力「noise」を「bind1」の入力「input」とコネクトします。「Bind (VOP)」はアトリビュートの読み込みや書き出しに使うノードで、ここでは書き出し設定のものを作成しました。

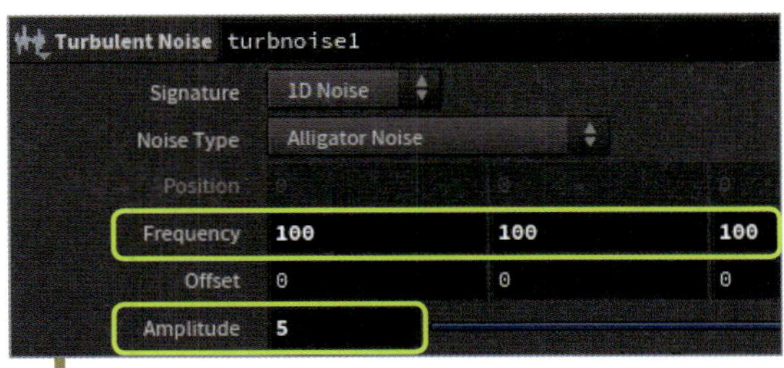

82 「turbnoise1」のパラメータ「Frequency」値を「100 100 100」に設定します。これで非常に細かいノイズパターンが生成されます。続いて「Amplitude」値を「5」に変更し、ノイズを強くします。

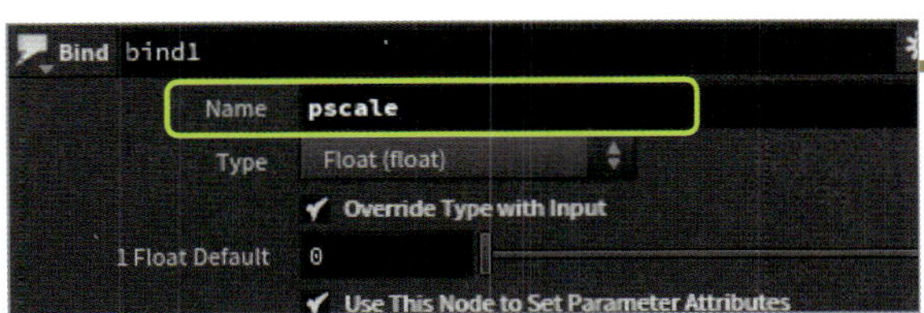

83 「bind1」のパラメータ「Name」に「pscale」と記述します。これで「turbnoise1」でつくられたノイズ値が入った「pscale」というポイントアトリビュートができます。

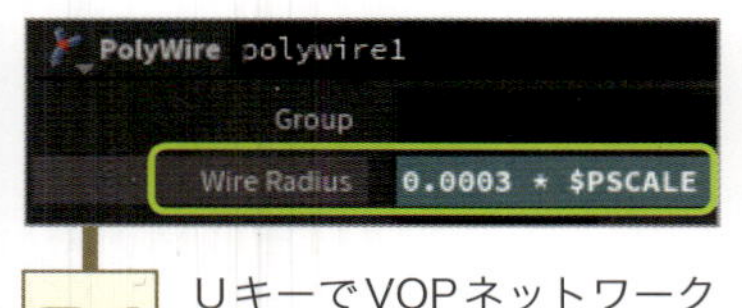

84 Uキーで VOPネットワークから上の階層に移動、「polywire1」のパラメータ「Wire Radius」に 0.0003 * $PSCALE と記述します。「pscale」で火花の太さを再設定しました。

85 シーンビューで結果を確認します。太さにむらができ単調さがなくなりました。これでラインの調整は完了です。

Point ローカル変数の使用

ここでは「$PSCALE」というエクスプレッションのローカル変数を使いました。ただし、ローカル変数は全ノードで共通に使えるわけではありません。ここで出てきた「$PSCALE」も、使えるノードと使えないノードがあります。

どのノードでどのローカル変数が利用可能かはマニュアルで確認します。マニュアルの各ノードのページの下にある「LOCALS」部分に、利用可能な変数が列挙されています。そこにない場合も、「○○○ノードと同じローカル変数が使える」といった記述があったりします。たとえば、「PolyWire (SOP)」は「Points (SOP)」と同じローカル変数が使えるため、マニュアルの「PolyWire (SOP)」ページでは記述が省略されています。

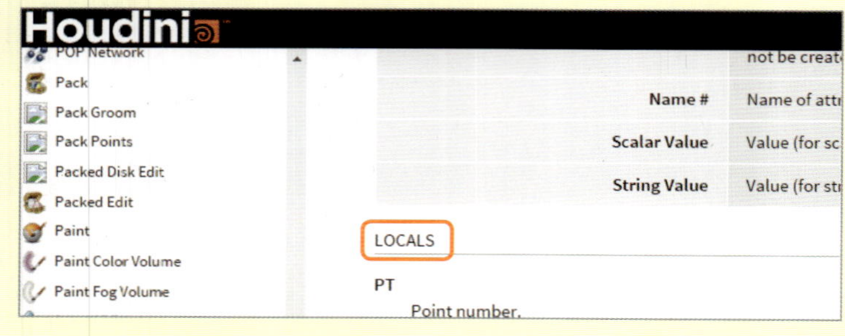

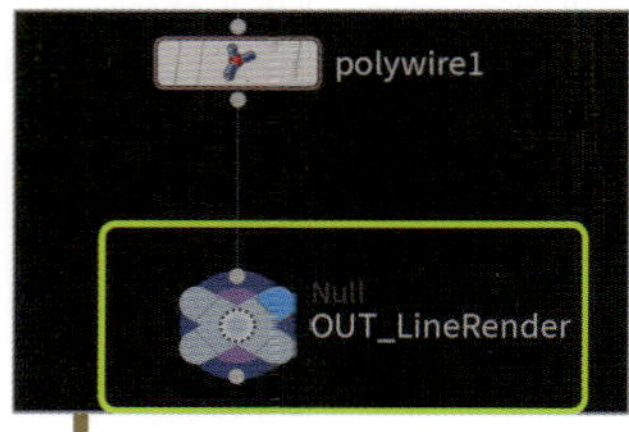

86 TAB Menuから「Null (SOP)」を作成し、「polywire1」の下にコネクト、名前を「OUT_Line Render」とします。これでポイントのラインへの置き換えは完了です。

粒状の火花を編集する

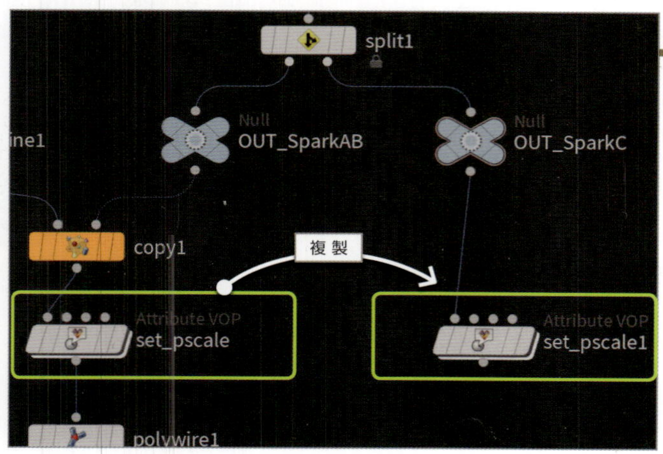

87 「split1」ノードでふたつに分けたもう片方の火花を編集します。ただし、こちらは粒のままレンダリングするので、粒の大きさを設定する程度の調整です。79 で作成した「set_pscale」ノードを Ctrl＋C キー→Ctrl＋V キーで複製、「OUT_SparkC」ノードの下にコネクトします。

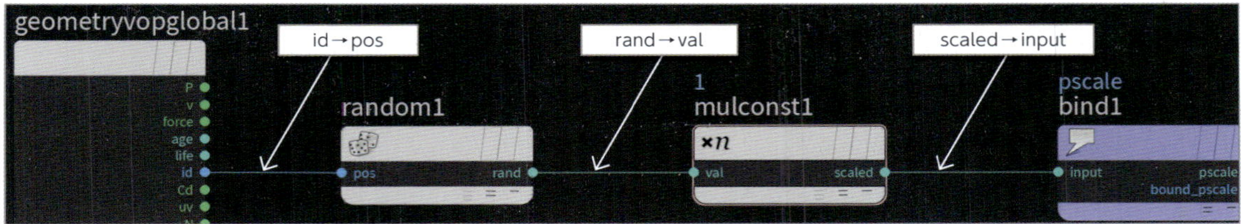

88 複製した「set_pscale1」ノードをダブルクリックして中に入ります。既存の「turbnoise1」ノードは削除。TAB Menuから、「Random (VOP)」と「Multiply Constant (VOP)」を作成し、図のようにコネクトします。

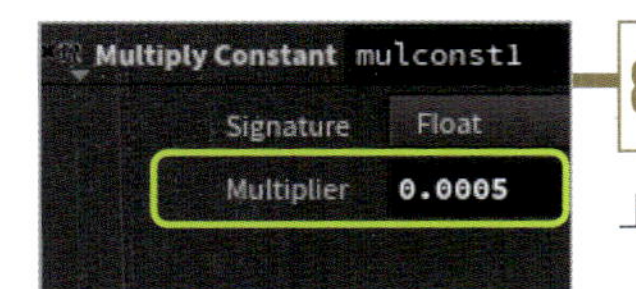

89 「mulconst1」ノードのパラメータ「Multiplier」値を「0.0005」に設定します。設定後、Uキーで上階層に移動します。

Point 「set_pscale1」内のネットワークについて

ここで構築したネットワークについて簡単に解説します。まず、「Random (VOP)」は0～1の範囲の乱数を生成するノードです。ここではパーティクル固有の番号idごとに乱数を発生させるのに利用しました。「Multiply Constant (VOP)」は掛け算を行うノードです。過去に登場した「Multiply (VOP)」ノードには入力がふたつありそれぞれ任意の値でしたが、「Multiply Constant (VOP)」ノードは入力がひとつでそれに対する係数を設定します。

つまり、「Random (VOP)」による0～1の範囲の乱数を0.0005倍して、それを「pscale」アトリビュートの値にしています。

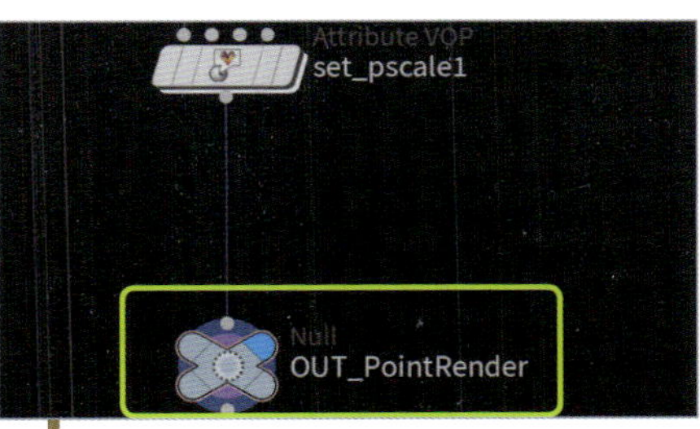

90 最後にTAB Menuから「Null (SOP)」を作成、「set_pscale1」の下にコネクト、名前を「OUT_PointRender」にします。これでSOPでの編集は完了です。

レンダリングの設定

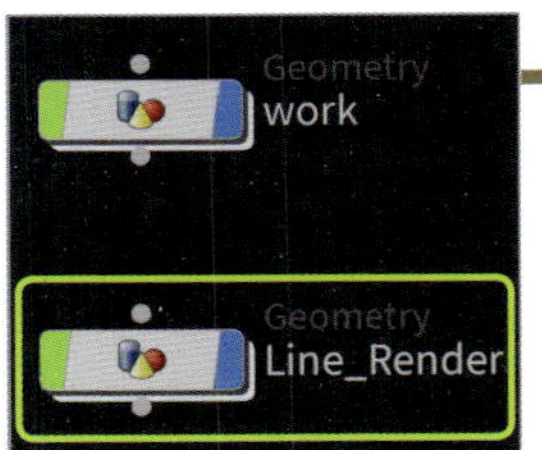

91 ここからは、レンダリングの準備をします。Uキーで「/obj」階層に上がり、TAB Menuから「Geometry (OBJ)」を作成、名前を「Line_Render」とします。このノードの中に作成した火花のラインを読み込みます。

92 「Line_Render」をダブルクリックして中に入ります。既存の「file1」を削除、TAB Menuから「Object Merge (SOP)」を作成します。これは任意のオブジェクトを読み込むことができるノードです。

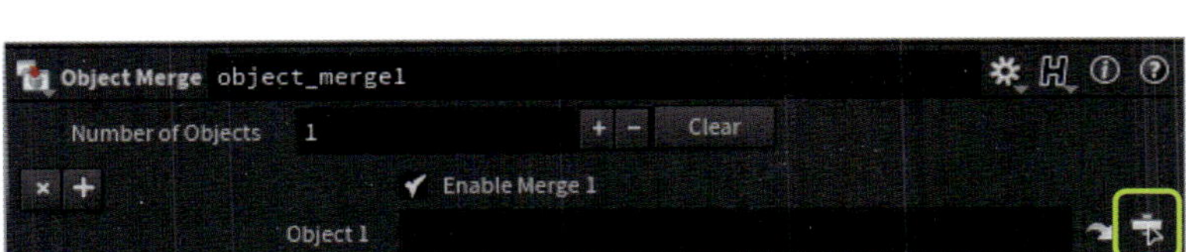

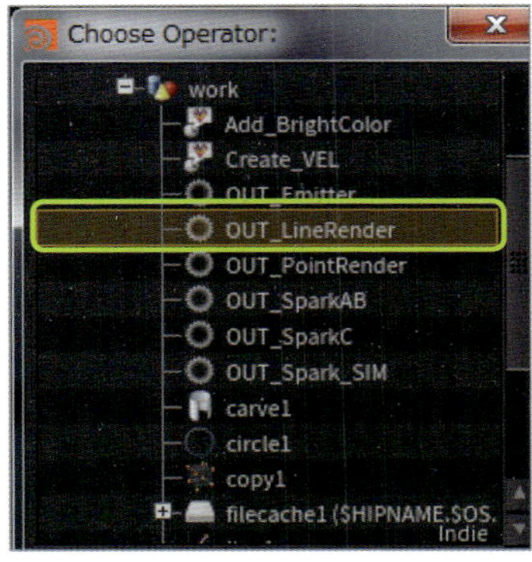

93 「object_merge1」のパラメータ「Object1」右端にあるアイコンをクリック、「Choose Operator」ウィンドウから86で作成した「OUT_LineRender」を選びます。すると「Object1」欄にパス「/obj/work/OUT_LineRender」が記述されます。火花のラインはこのノードをレンダリングします。

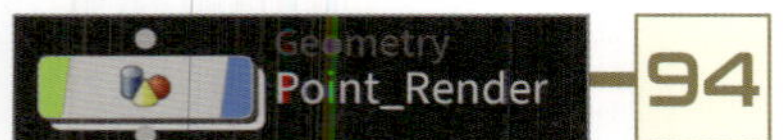

94 火の粉のパーティクルにも同様のことを行います。Uキーで「/obj」階層に移動、TAB Menuから「Geometry（OBJ）」を作成し、名前を「Point_Render」とします。

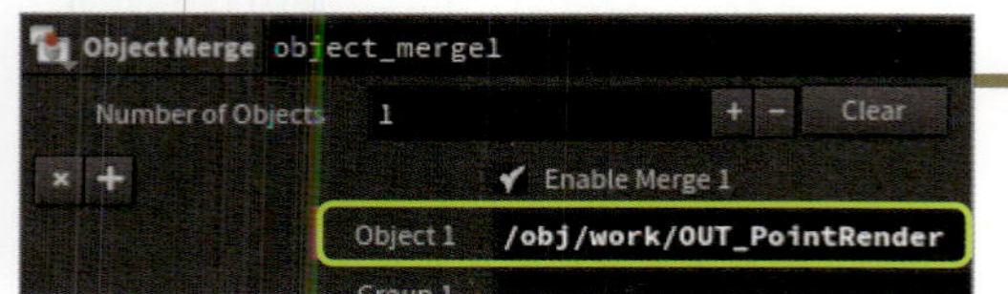

95 「Point_Render」の中に入り、既存の「file1」を削除、TAB Menuから「Object Merge（SOP）」を作成します。93と同様に操作して、「Object1」パラメータに「OUT_PointRender」を指定します。

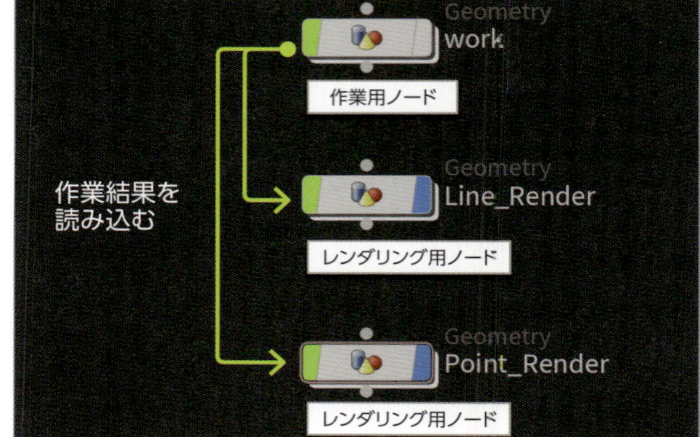

96 これらの工程には、作業用ノードとレンダリング用のノードを分ける意味があります。こうすることで、レンダリングする要素を明確にし、レンダーフラグの立て間違いによるレンダリングミスを防げます。

背景ノードを作成する

97 レンダリング用に簡単な背景を用意します。TAB Menuから「Geometry（OBJ）」を作成、名前を「BG」とします。ノードの中に入り、既存の「file1」を削除します。

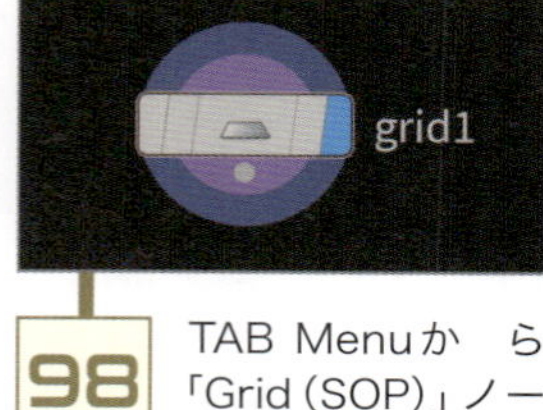

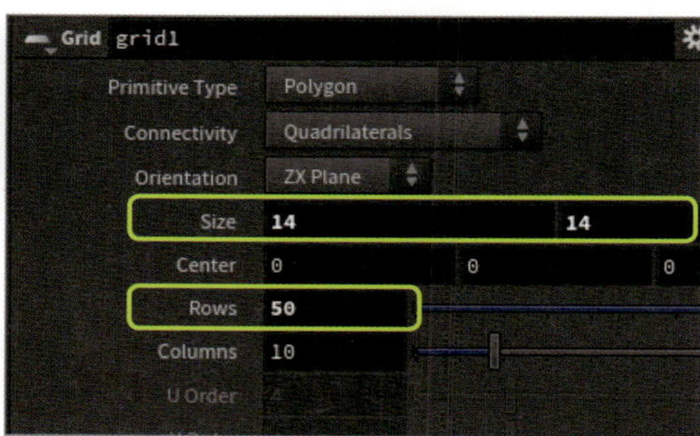

98 TAB Menuから「Grid（SOP）」ノードを作成、パラメータを「Size：14　14」「Rows：50」と設定します。

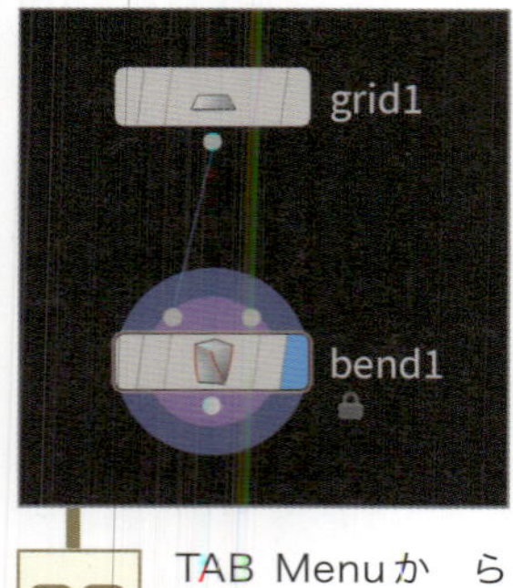

99 TAB Menuから「Bend（SOP）」（ジオメトリを曲げるノード）を作成し、「grid1」の下にコネクトします。

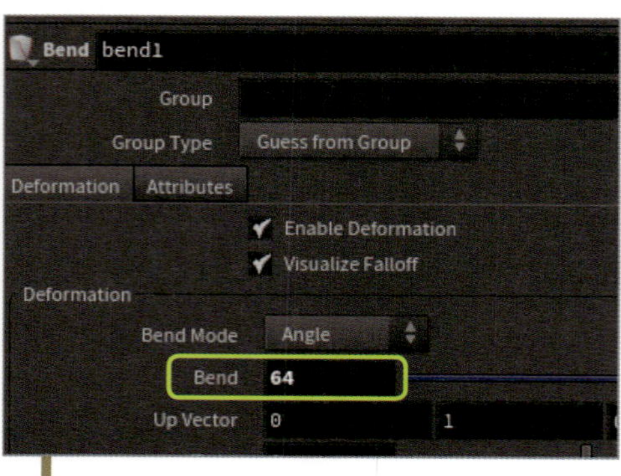

100 パラメータ「Bend」を「64」にします。これでグリッドが64°曲がります。

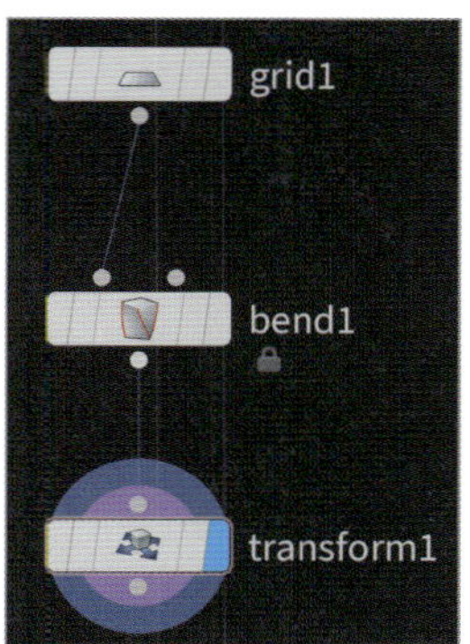

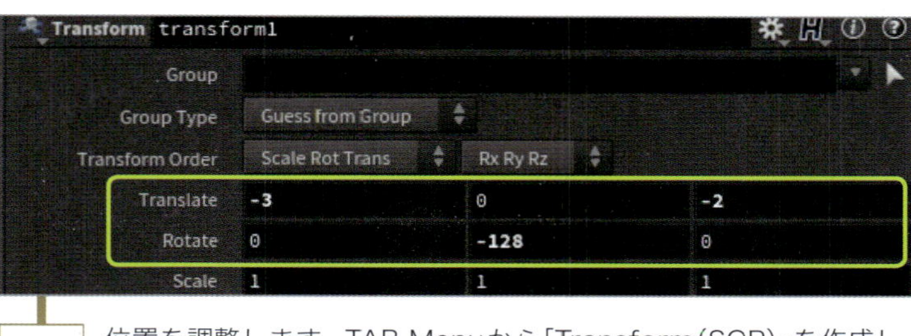

101 位置を調整します。TAB Menuから「Transform(SOP)」を作成し、「bend1」の下にコネクト。パラメータ「Translate」を「−3 0 −2」「Rotate：0 −128 0」に設定します。これで背景は完成です。Uキーで「/obj」階層に戻ります。

背景にマテリアルを適用する

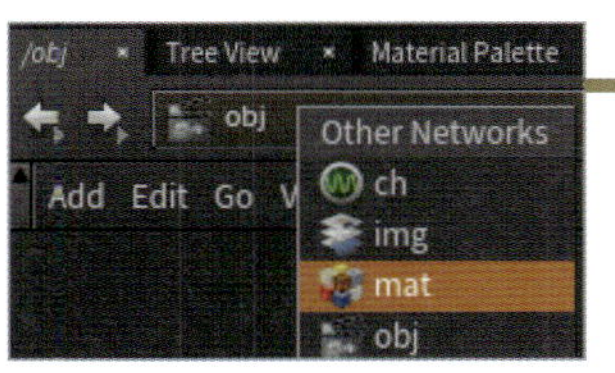

102 背景にマテリアルを適用します。ネットワークビュー上部をクリックして「mat」を選択、「/mat」階層に移動します。

103 TAB Menuから「Principled Shader(VOP)」を作成、名前を「BG_material」にします。

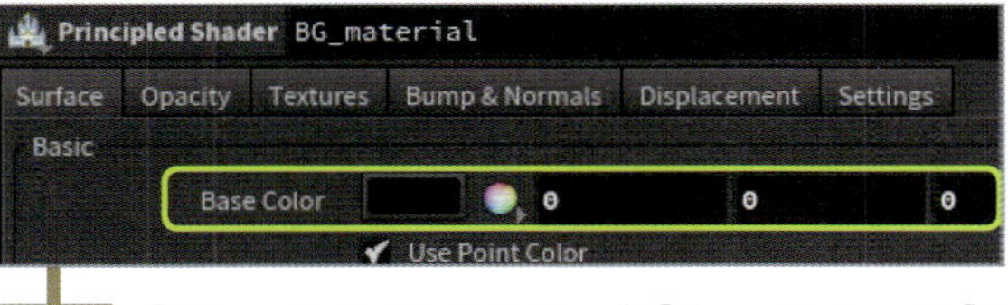

104 「BG_materialのパラメータ「Base Color」を「0 0 0」に設定します。

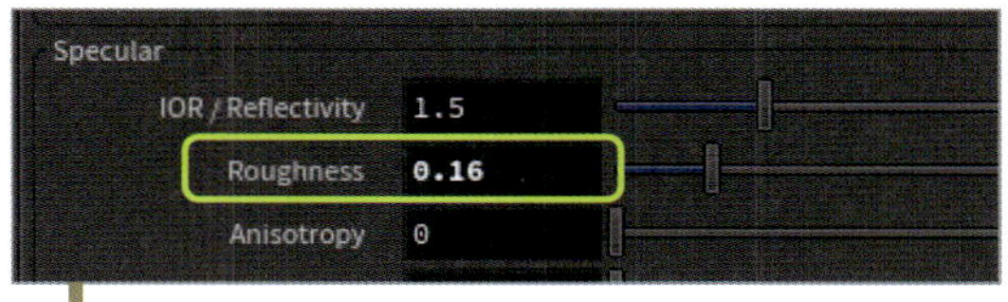

105 次に「Specular」→「Roughness」値を「0.16」にします。マテリアルの設定はこれで完了です。「/obj」階層に戻ります。

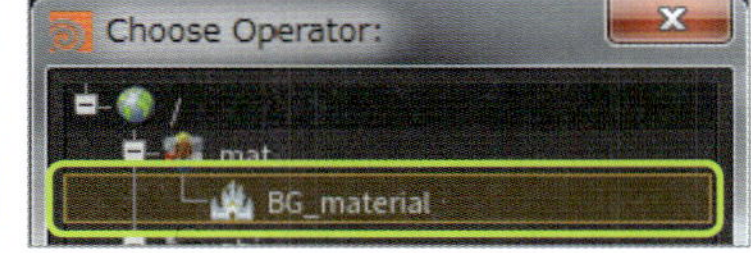

106 「/obj」階層で「BG」ノードのパラメータ「Render」タブ→「Material」右端のアイコンをクリック、「Choose Operator」ウィンドウから「BG_material」を選択、割り当てます。

レンダリングの実行と被写界深度処理

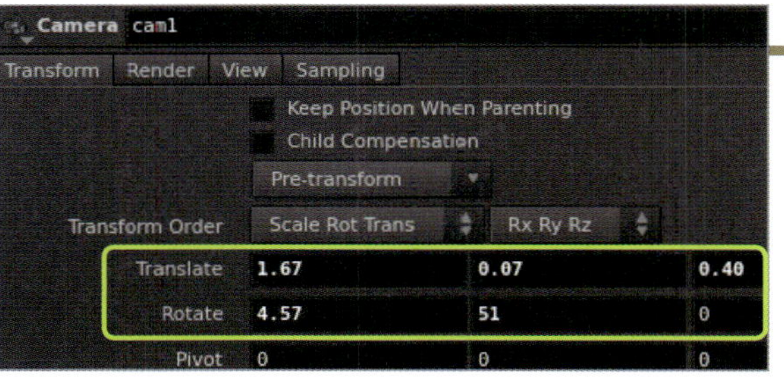

107 カメラを用意します。TAB Menuから「Camera(OBJ)」を作成、パラメータの「Transform」タブで「Translate：1.67 0.07 0.4」「Rotate：4.57 51 0」と設定し、図のようなカメラレイアウトにします。

108 レンダリングします。「/out」階層に移動し、TAB Menuから「Mantra (ROP)」ノードを作成、名前を「Spark_Render」とします。

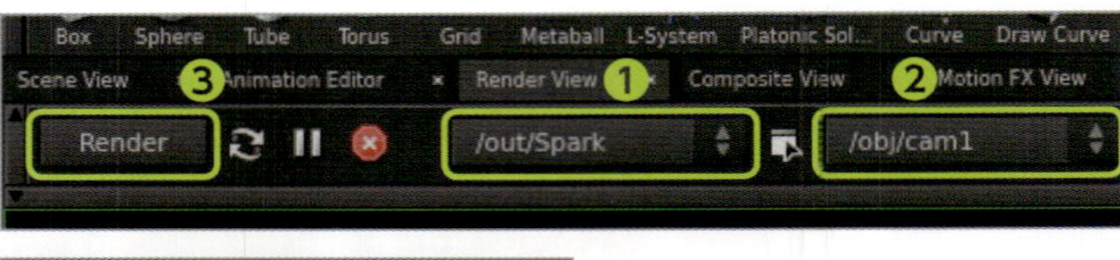

109 ひとまずこの設定でレンダリングしてみます。フレームを12フレームに移動します。「Render View」ペインに切り替え、❶「Mantra」ノードを「/out/Spark」に、❷カメラを「/obj/cam1」に設定し、❸「Render」を押します。

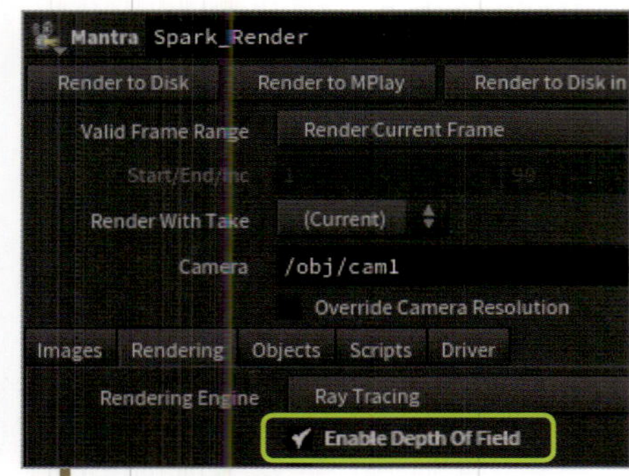

110 味気ないので被写界深度の効果を付けます。**Chapter 2**ではCOPネットワークで、レンダリング後の後処理として効果を付けましたが、今回はレンダリング時に行います。「Spark_Render」のパラメータ「Render」タブ→「Enable Depth Of Field」をオンにします。

111 先ほどよりレンダリングに少し時間がかかりますが、被写界深度の効果が出ました。しかし全体がボケてしまい、焦点が合っていません。

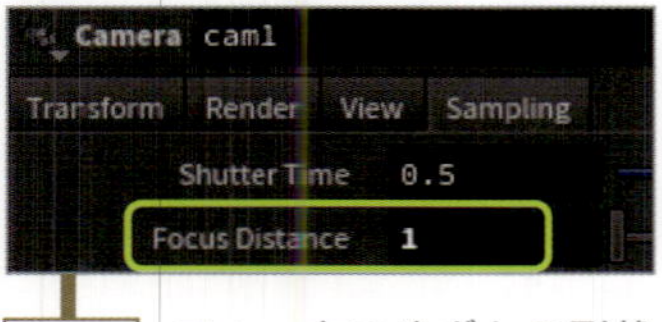

112 フォーカスやボケの形状の設定はカメラで行います。「/obj」階層に戻りノード「cam1」を選択します。パラメータ「Sample」タブ→「Focus Distance」値を「1」に設定します。カメラからの距離が1のところで焦点（フォーカス）が合います。

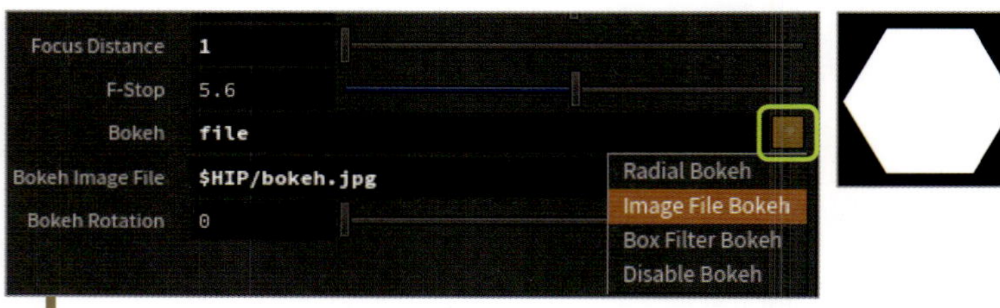

113 次に「Bokeh」欄右の▼を押し、リストから「Image File Bokeh」を選択します。するとその下の「Bokeh Image File」が設定可能になるので、「bokeh.jpg」（書籍のダウンロードデータで提供、右上図）を指定します。画像でボケの形状を定義できます。

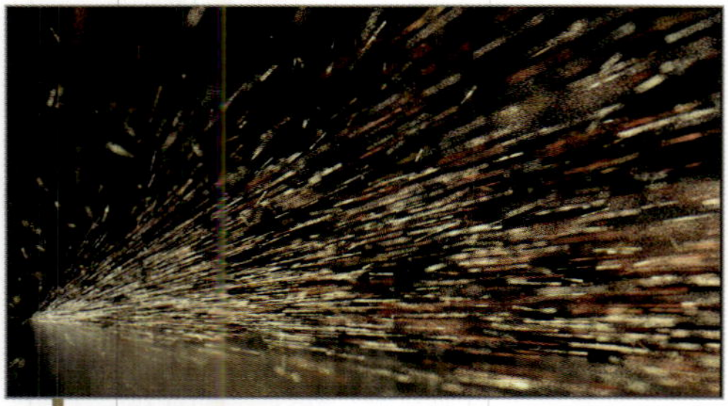

114 再度レンダリングして確認すると、火花の発生源付近がはっきりして、手前がボケました。

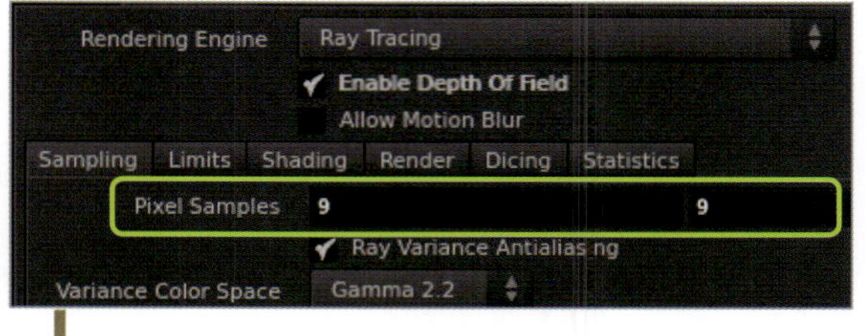

115 ボケた部分の画像が粗いので、レンダリングのサンプル数を上げます。「/out」階層に移動して、「Spark_Render」ノードのパラメータ、「Rendering」タブ→「Sampling」タブ→「Pixel Samples」値を「9 9」に変更します。

116 きれいになったのが確認できます。「Pixel Samples」値を上げると画質が向上しますが、計算時間も増えます。

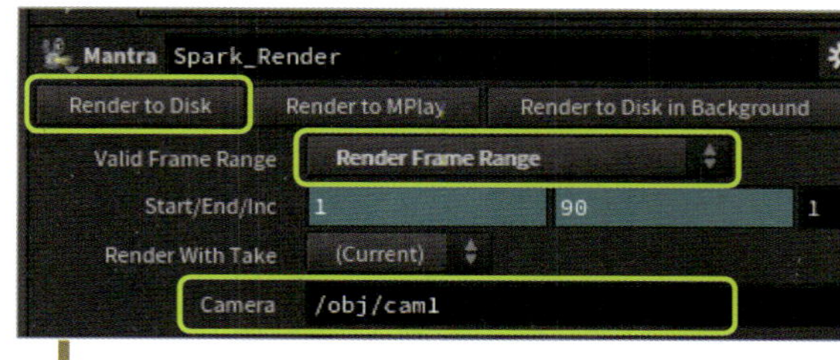

117 全フレーム出力します。「Spark_Render」ノードのパラメータ「Valid Frame Range」を「Render Frame Range」に変更します。次に、「Camera」が「/obj/cam1」になっていることを確認します。出力先を変更する場合は、「Output Picture」を変更します。できたら「Render to Disk」でレンダリングを実行します。

Point **レンダリングに時間がかかる場合は**

レンダリング完了まではおそらく数時間がかかります。時間がかかりすぎる場合は、115で設定した「Pixel Samples」値を下げると、画質は落ちますがレンダリング時間を短縮できます。

それでもレンダリングに時間がかかりすぎる場合は、レンダリングの解像度を下げます。「Spark_Render」ノードのパラメータ「Override Camera Resolusion」をオンにすると、カメラノードのレンダリング解像度の設定を上書きできます。上書きする設定は、その下のパラメータ「Resolusion Scale」で決めます。デフォルトでは「1/2(Half Resolusion)」、つまり半分の解像度に設定されています。

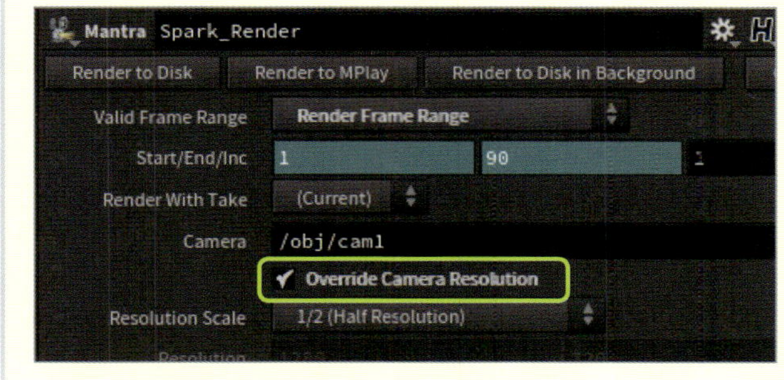

118 レンダリングが終わったら、連番画像を読み込んで確認してみましょう。Renderメニュー→「MPlay」→「Load Disk Files」を選びます。

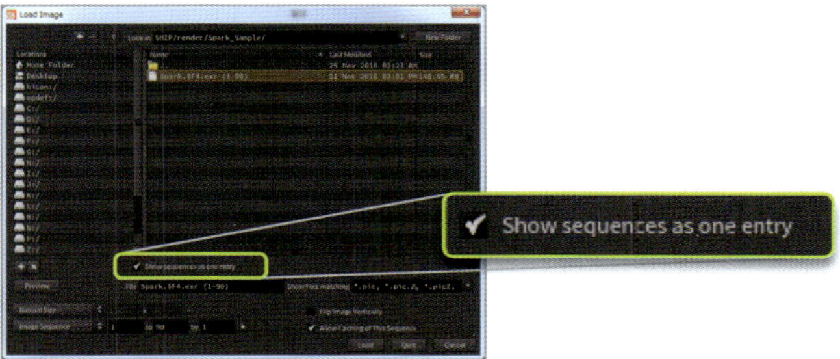

119 「Load Image」ウィンドウからレンダリングしたファイルを選択します。この時、図の赤枠部分の「Show sequences as one entry」をオンにしておきます。複数のファイルがシーケンス(連番)ファイルとして読み込まれます。「Load」ボタンを押して、ファイルを読み込みます。

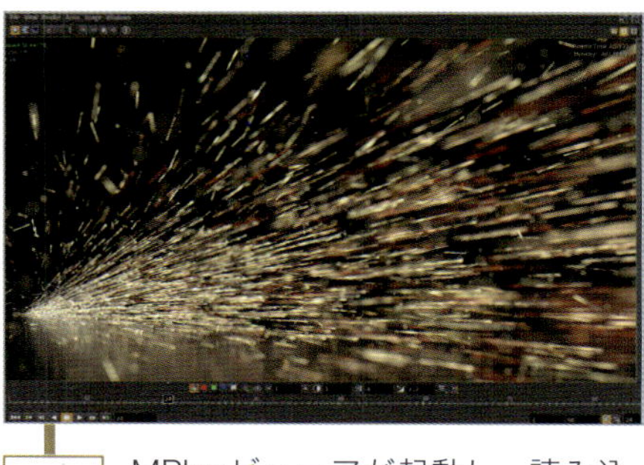

120 MPlayビューアが起動し、読み込んだ連番をアニメーションとして確認できました。以上で完成です。

3-3 作例2 尾を引く軌跡

難易度 ★★★

この作例では、パーティクルを使った応用例として、パーティクルが移動した軌跡をラインにしてみます。単に軌跡をつなげるだけでなく、時間経過によって太さが変化し、ランダムさを持ったラインをつくります。

STEP 制作手順

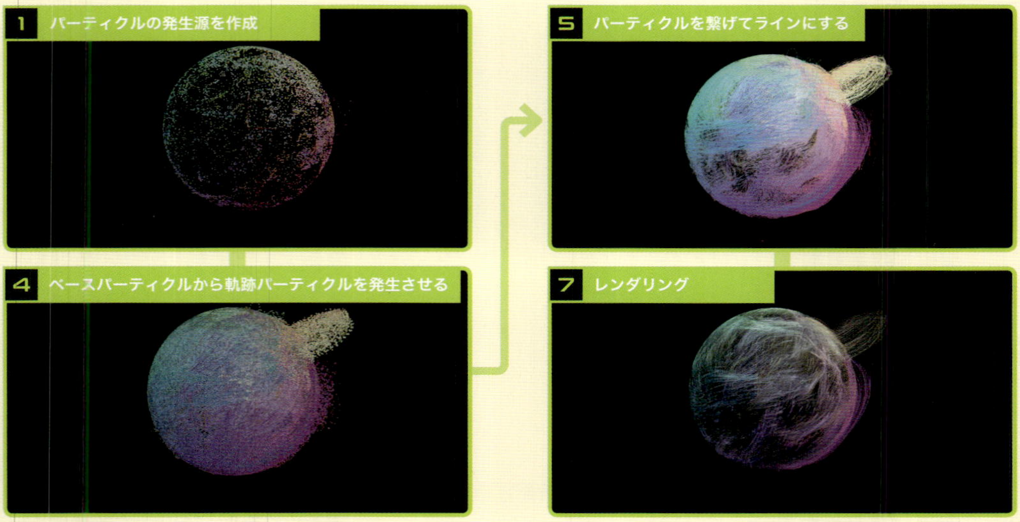

1 パーティクルの発生源を作成

4 ベースパーティクルから軌跡パーティクルを発生させる

5 パーティクルを繋げてラインにする

7 レンダリング

NETWORK 完成したネットワークの全体図

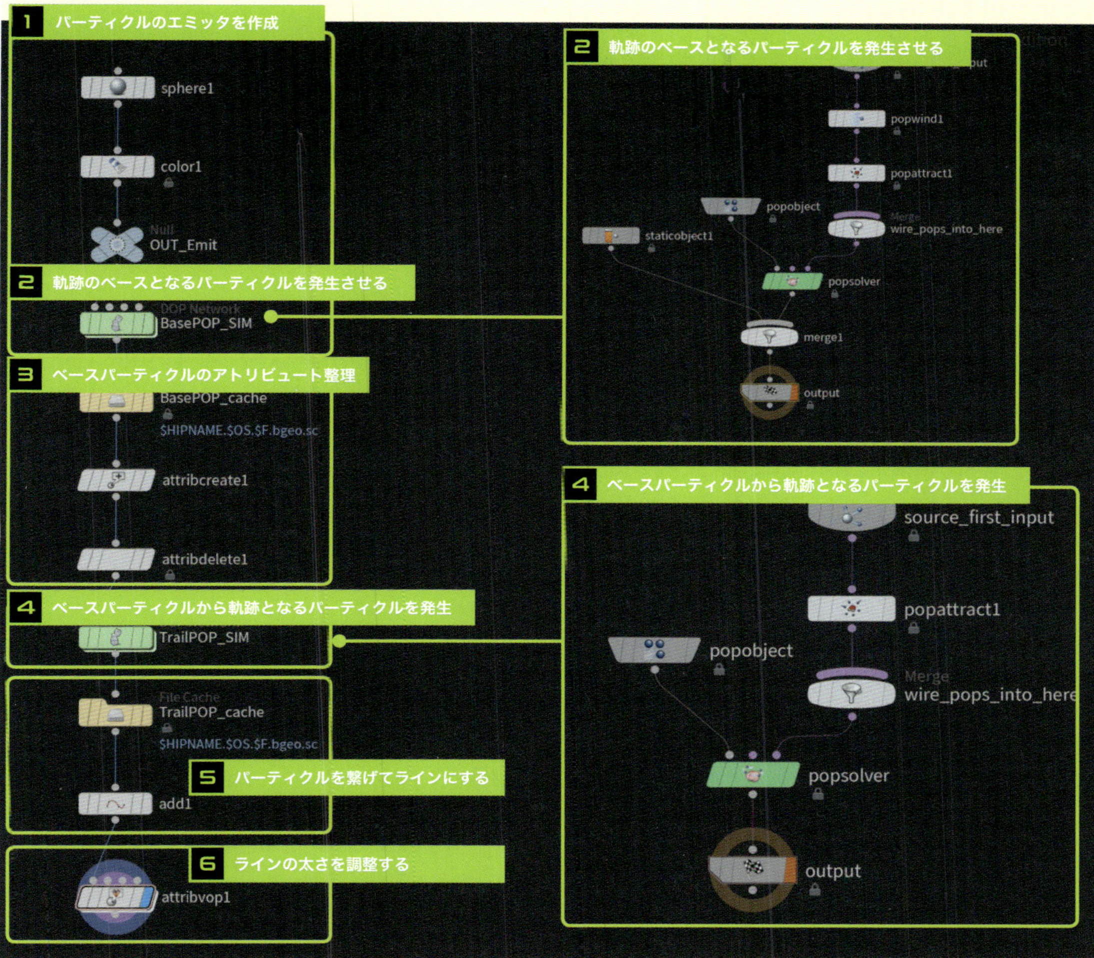

■主要ノード一覧（登場順）

Color (SOP)	P148
Null (SOP)	P148
DOP Network (SOP)	P149
POP Wind (DOP)	P150
POP Attract (DOP)	P151
Static Object (DOP)	P151
POP Object (DOP)	P155

Attribute Create (SOP)	P156
Attribute Delete (SOP)	P157
POP Source (DOP)	P159
File Cache (SOP)	P159
Add (SOP)	P160
Attribute VOP (SOP)	P160
POP Solver (DOP)	P173

■主要エクスプレッション関数

opinputpath()	P152

パーティクルの発生源を作成する

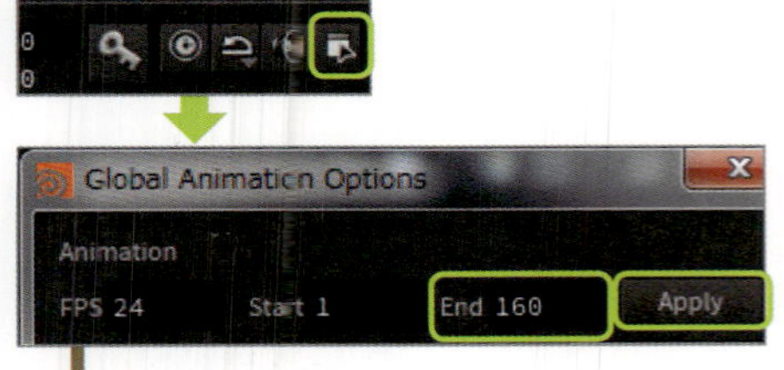

1 新規シーンを作成し、インターフェイス右下のアイコンをクリック、「Global Animation Options」を表示、「End」を「160」にして「Apply」ボタンで反映し、閉じます。タイムラインの最後のフレームが160になりました。

2 パーティクルが見やすいようにシーンビューの背景色を変更します。シーンビュー上にカーソルを置いてDキーを押し、「Display Option」を表示します。「Background」タブ→「Color Scheme」を「Dark」に変更して暗くします。

3 「/obj」階層でTAB Menuから「Geometry (OBJ)」ノードを作成、ノード名を「fxTrail」にします。ダブルクリックまたはIキーでノードの中に入り、中の「File (SOP)」ノードを削除します。

4 パーティクルの発生源となる、TAB Menuから「Sphere (SOP)」ノードを作成します。

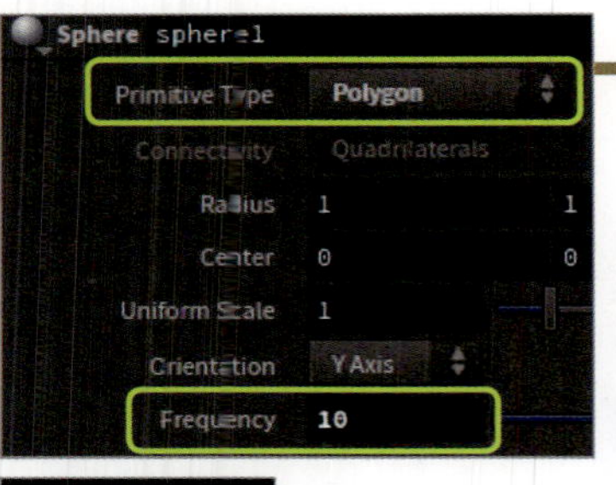

5 パラメータの「Primitive Type」を「Polygon」に、「Frequency」値を「10」にして、ポリゴンの分割数を増やします。

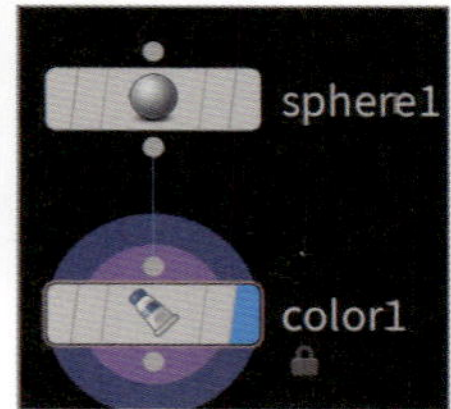

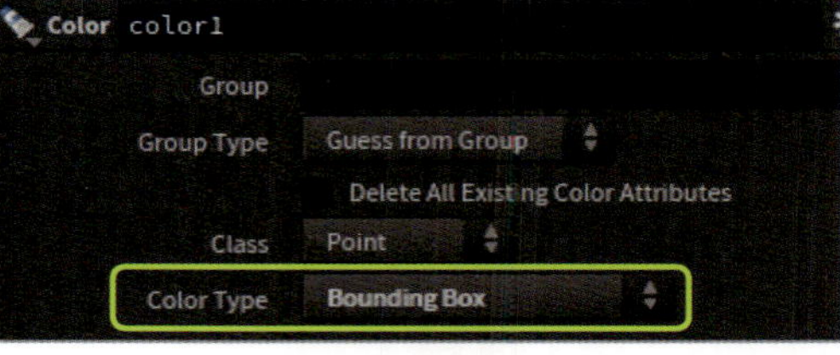

6 球に色をつけます。TAB Menuから「Color (SOP)」を作成し、「sphere1」ノードの下にコネクト。パラメータ「Color Type」を「Bounding Box」にします。

Point 「Bounding Box」で色を設定する

この設定にすることで、オブジェクトのバウンディングボックス(その図形をちょうど囲えるサイズの立方体)の各軸にRBG各色を0〜1の範囲で割り当てた色が適用されます。

シーンビューを確認すると、グラデーションカラーがついた球体になっています。この先の工程で、この色をパーティクルの色に継承させます。

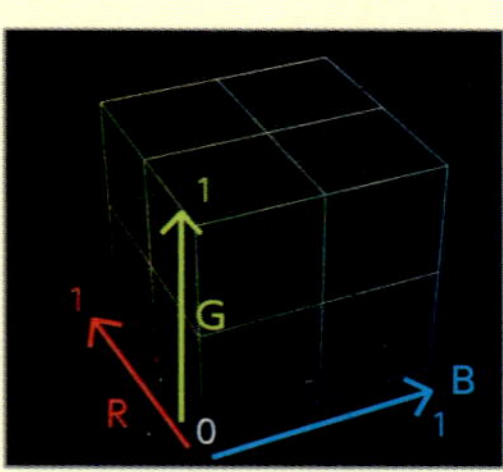

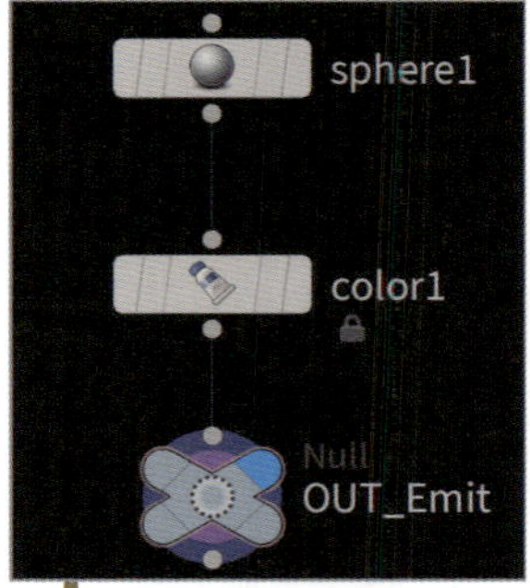

7 TAB Menuから「Null (SOP)」ノードを作成、名前を「OUT_Emit」とします。このノードを、ネットワークの一番下「color1」の下にコネクトします。これをパーティクルの発生源として以降参照します。

ベースとなるパーティクルを作成する

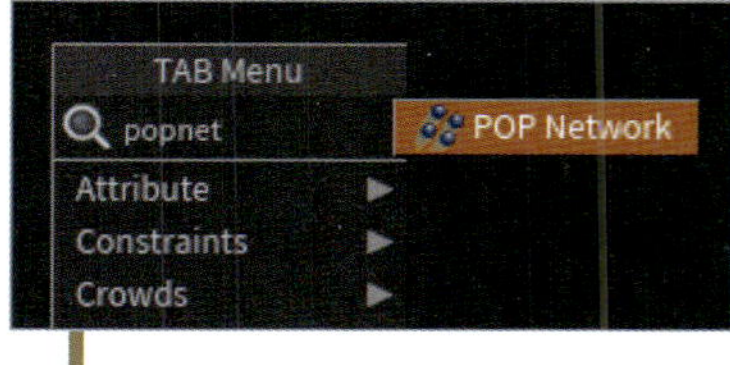

8 ここからは軌跡のベースとなるパーティクルを作成します。TAB Menuで「POP Network」と検索し「POP Network」を選びます。パーティクルの生成に必要なノードがあらかじめ組み込まれた状態のDOP Networkが作成されます。

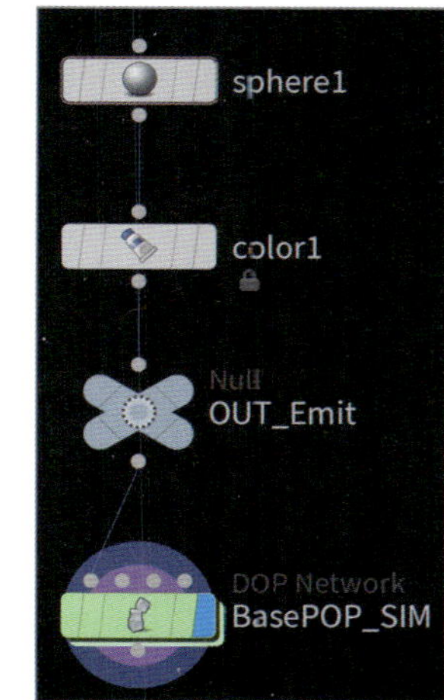

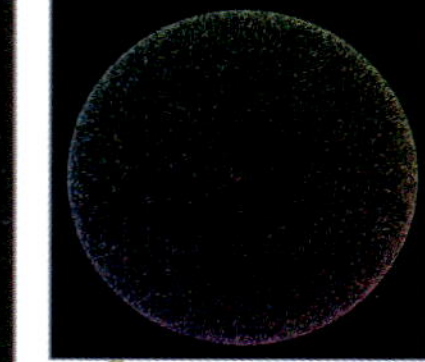

9 ノード名を「BasePOP_SIM」とし、「OUT_Emit」ノードの下にコネクト。このノードに表示フラグを立てて再生すると、球体の表面にパーティクルの粒が発生します。これはこのノード内ですでに「ノードの1番目の接続にコネクトされたジオメトリの表面からパーティクルを発生する」よう設定してあるためです。確認後1フレーム目に戻します。

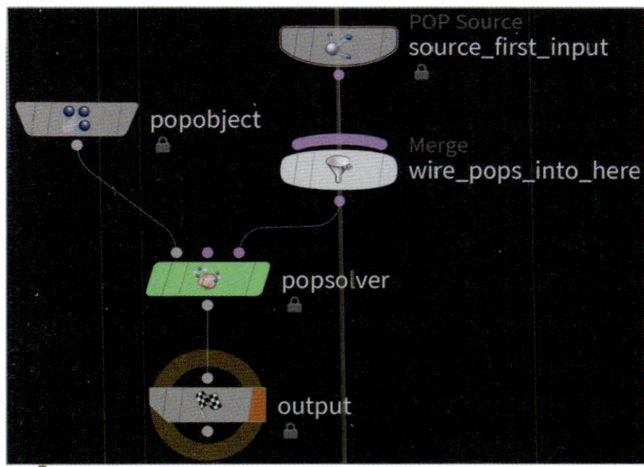

10 「BasePOP_SIM」ノードをダブルクリック(もしくはIキー)で中に入ります。中にはすでにパーティクルの発生に必要なノードが組み込まれています。

11 「source_first_input」ノードのパラメータ「Source」タブ→「Geometry Source」は「Use First Context Geometry」に設定されています。**Chapter 3-2**でも解説しましたが、このパラメータは、パーティクルの発生源を指定します。ここでは「Use First Context Geometry」、つまりこのネットワークの大本である「BasePOP_SIM」ノードの1番目のコネクタに接続されたジオメトリ(「OUT_Emit」ノード)を使用する設定です。

12 その上の「Emission Type」は「Scatter onto Surfaces」に設定されています。これはジオメトリの表面からパーティクルが発生する、という意味です。他の設定には「Points」「All Points」などがあり、決まったポイントの位置からパーティクルを発生させたい場合に使用します。今回は「Scatter onto Surfaces」のままにしておきます。

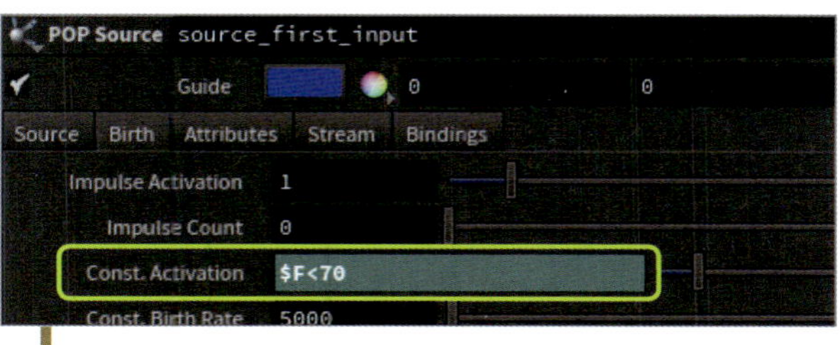

13 パラメータを調整します。「source_first_input」ノードの「Birth」タブ→「Const. Activation」に、「$F<70」とエクスプレッションを記述します。このエクスプレッションは条件式のようなもので、現行フレーム番号が70未満の場合は「1」を、70以上の場合は「0」の値を生成します。「Const. Activation」というパラメータは、値が0以外の値でパーティクルが発生するので、ここでは70フレームまでパーティクルが発生し、それ以降は発生しなくなります。

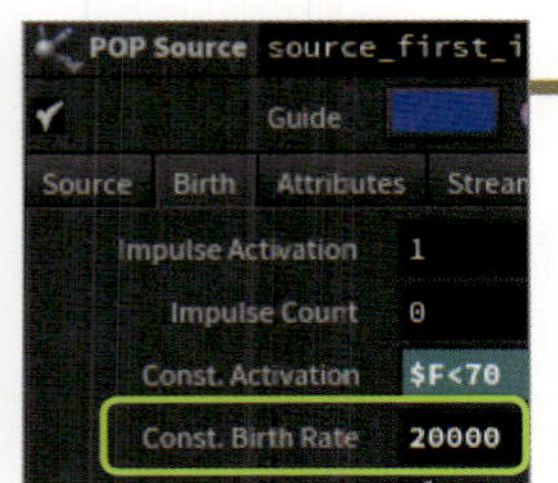

14 「Const. Birth Rate：20000」に設定し、１秒間に発生するパーティクルの数を増やします（作業環境によっては計算時間が長くなるため、その場合は減らしてみてください）。

15 次はパーティクルの寿命です。「Life Expectancy：3」「Life Variance：1」に設定します。これでパーティクルは発生から３秒±1秒の範囲で消滅します。再生して確認すると、最初より多数のパーティクルが発生し、最終フレーム近くになると消滅します。

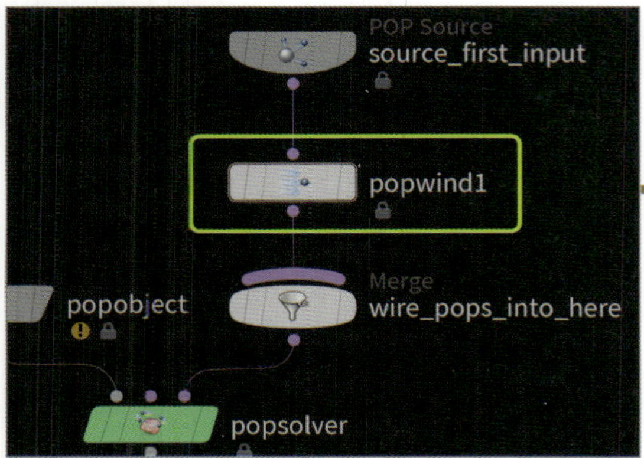

16 寿命を設定したパーティクルに動きを追加し、最終的にパーティクルが球体の表面をランダムに踊るような動きにします。まずはパーティクルをランダムに動かします。TAB Menuから「POP Wind（DOP）」を作成、図のように「source_first_input」と「wire_pops_into_here」の間にコネクトします。「POP Wind（DOP）」ノードはパーティクルに風の力を加えるノードです。指定した向きの風と、ノイズフィールドを生成できます。ここではノイズフィールドのみ使います。

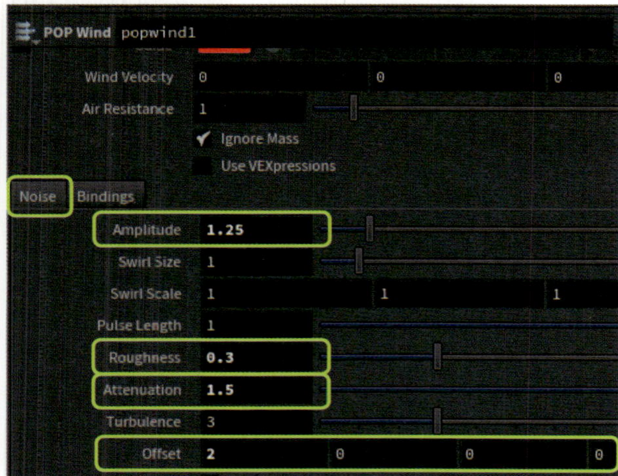

17 パラメータを設定します。「Noise」タブ→「Amplitude（ノイズの強さ）：1.25」「Roughness（ノイズの粗さ）：0.3」「Attenuation（減衰）：1.5」「Offset：2　0　0　0」に設定します。

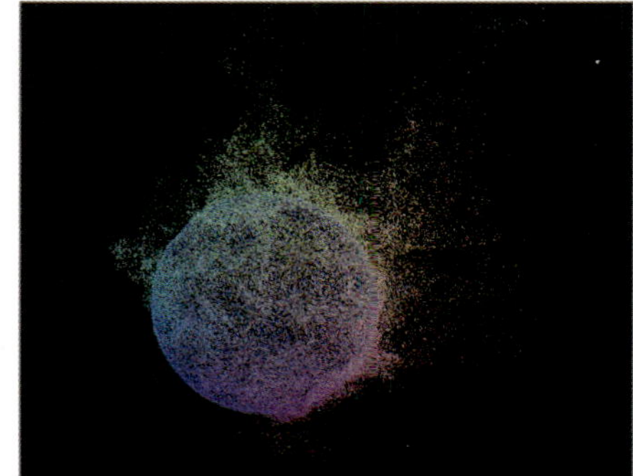

18 １フレーム目から再生すると、カラフルなパーティクルが飛んでいきます。

Point 「Real Time Toggle」をオンにする

シミュレーションを再生して確認する際、一度最後まで再生すると一時的にキャッシュが作成されタイムラインが青くなり、次から再生が早くなります。ここで作成しているパーティクル数くらいだと、実際の時間よりも早く再生されている可能性もあります。タイムライン右のアイコン「Real Time Toggle」をオンにすると、実時間に即したスピードで再生されます。

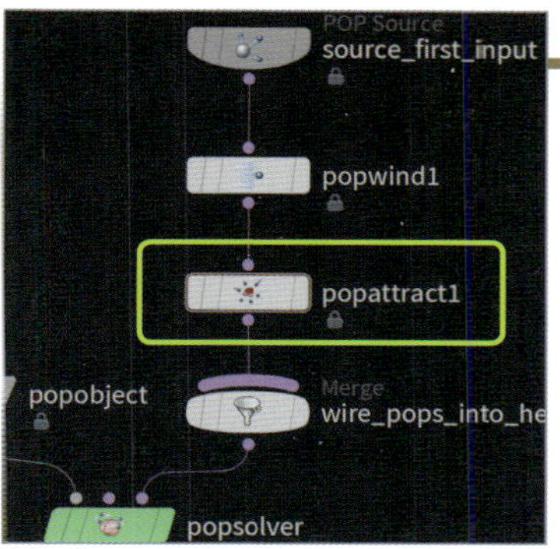

19 現状パーティクルは周囲に散っているので、拡散しないよう、球の中心へ向かって引っ張る力を加えます。TAB Menuから「POP Attract (DOP)」を作成、「popwind1」と「wire_pops_into_here」の間に挿入します。このノードは、パーティクルを指定した位置やジオメトリに引き寄せる力（フォース）を適用するノードです。

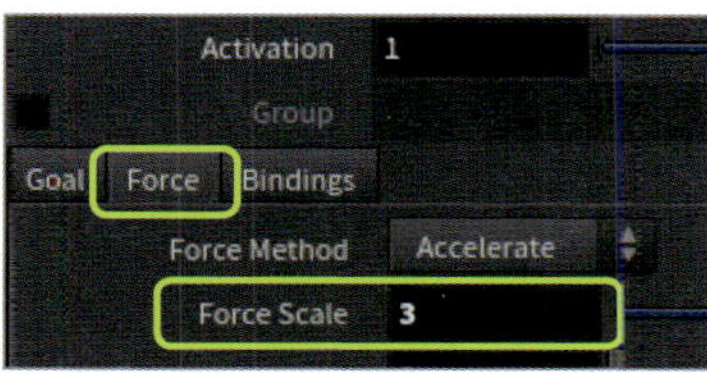

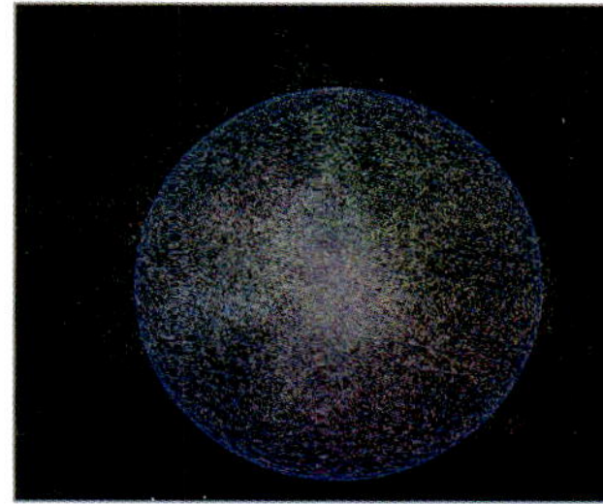

20 「popattract1」ノードの「Goal」タブのパラメータを確認します。デフォルトでは「Attraction Type：Position」に設定されており、その下の「Goal」で指定した位置（ここでは座標「0　0　0」、つまり原点）に向かってパーティクルが引き寄せられます。現状、球の中心も原点にあるので、再生すると、パーティクルに原点に集まるような動きが加わったのを確認できます。

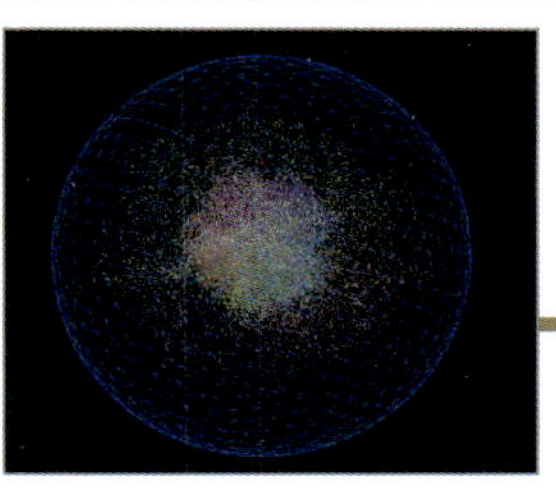

21 続いて「Force」タブで、どのくらいの力で引き寄せるかを設定します。「Force Scale：3」に変更して再生すると、先ほどよりも強い力でパーティクルが原点に向かって引き寄せられます。

Static（静止）オブジェクトをコリジョンにする

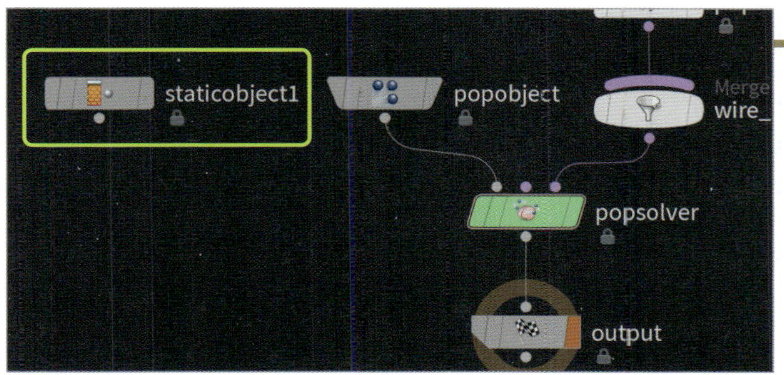

22 パーティクルが球の内側に来ないよう、パーティクル発生源の球体を衝突（コリジョン）オブジェクトに設定します。TAB Menuから「Static Object（DOP）」を作成します。このノードは、SOPジオメトリを基にシミュレーション内にStatic（静止）オブジェクトを作成します。Staticオブジェクトはシミュレーションによる他からの影響を受けませんが、他オブジェクトには影響を与えます。慣例としてStaticオブジェクトはネットワークの左側に配置します。

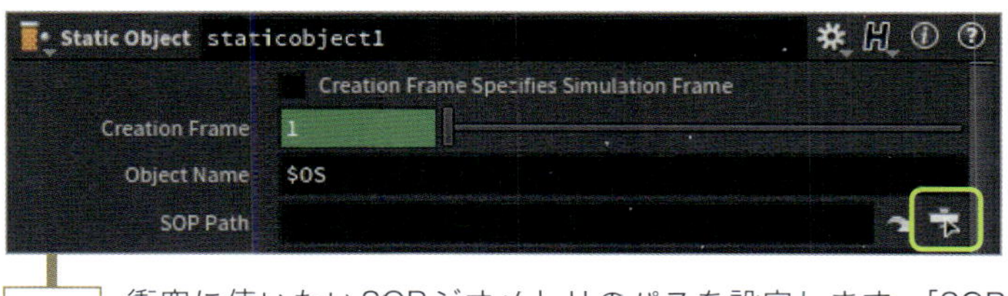

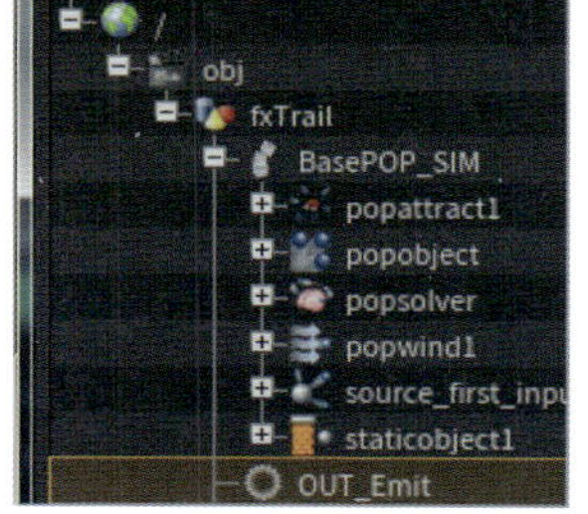

23 衝突に使いたいSOPジオメトリのパスを設定します。「SOP Path」欄右端のアイコンをクリックして、「Choose Operator」ウィンドウから「OUT_Emit」を選択し「Accept」します。「OUT_Emit」は 7 で作成した球のジオメトリの作成の最終ノードです。

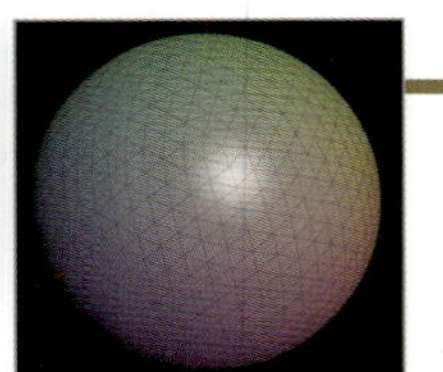

24 確認のために「staticobject1」ノードのoutputフラグをオンにします。するとシーンビューに色の付いた球体が現れます。これがパーティクルとの衝突用のコリジョンになります。確認後はoutputフラグを元の「output」ノードに戻します。

Point 指定ノードに入力されたノードのパスを取得する「opinputpath( )」エクスプレッション

「Choose Operator」ウィンドウからStatic Objectのジオメトリを指定コリジョンとしてする方法の他に、「opinputpath()」というエクスプレッションを用いる方法があり、こちらの方がより汎用的でよく使われます。この「opinputpath()」を使うと、「指定したノードに入力されたノードのパスを取得」できます。**1**のように、「opinputpath()」でノードBを指定すると、それに入力されているノードAのパスを取得できるということです。

この方法の利点は、入力されたノードAが別のノードCに変わったとしても、エクスプレッションが自動的にノードCのパスを取得してくれるので、改めてパスを設定しなくてもよいというところです。この作例でいえば、Static Objectを球体から別のものに変えたい場合、ノードをつなぎ直すだけでパスが変更できます。

エクスプレッションの記述方法は以下の通りです。

opinputpath("入力を検出するノードのパス"、何番目の入力)

作例では、パラメータ「SOP Path」欄に以下の記述をすることで**2**、作例で指定しているのと同じ「OUT_Emit」のパスを設定できます。

`opinputpath("..", 0)`

文字列を記述する箇所にエクスプレッションを書く場合は、エクスプレッションを「 ` 」(backtick)で囲みます。引数()内、".." は自分自身よりひとつ上の階層を意味します。その後ろの0は、何番目の入力かを意味します。番号は0から始まり1、2、3…と続きます。0番目はノードのいちばん左の入力です。

エクスプレッションが正しく書けているか確認するには、パラメータ部分を中クリックします。するとエクスプレッションの結果（この場合はパス）が表示されます。これで「BasePOP_SIM」ノードの0番目に入力されているノード（この場合「OUT_Emit」）のパスを取得することができます。例えば、「BasePOP_SIM」に接続しているノードを「OUT_Emit」から変更すると、何もしなくともエクスプレッションが自動でそのノードのパスを取得し、Static Objectが変更されます。

このエクスプレッションは使用頻度が高く、汎用的な仕組みをつくる上で欠かせません。

1

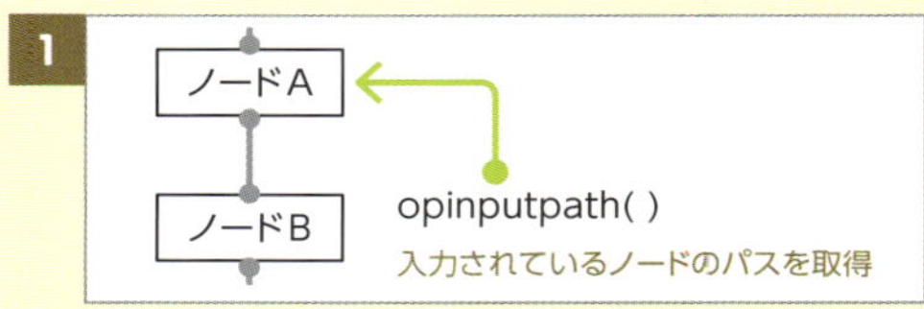

2

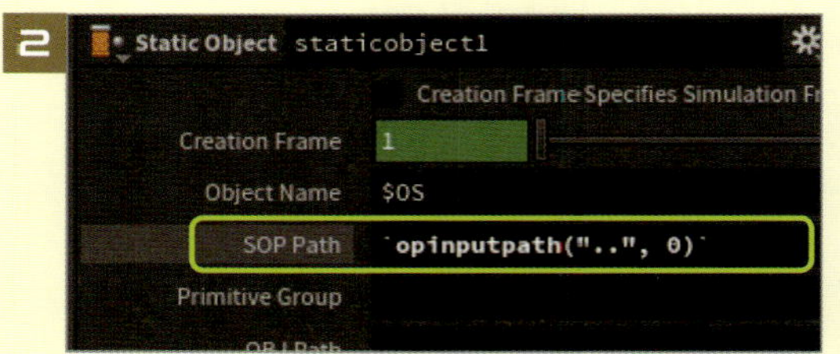

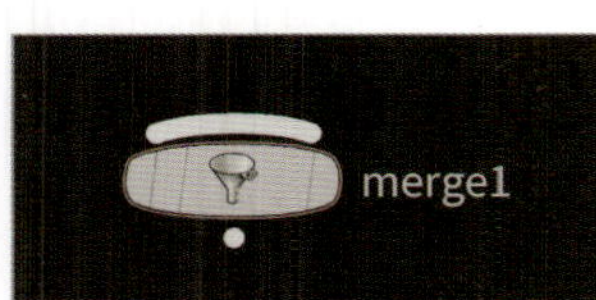

25 現状では「staticobject1」ノードは他のどのノードともつながっていないので、パーティクルには影響を与えません。影響を与えるためは「Merge (DOP)」ノードが必要です。

Point 「Merge (SOP)」と「Merge (DOP)」

これまでも何度か「Merge」という同名のノードが登場しましたが、ネットワークのタイプが異なれば、同じ名前でも機能が異なります。

これまで、SOPネットワークで「Merge (SOP)」ノードが、DOPでは「Merge (DOP)」が登場しました。「Merge (SOP)」ノードの機能はジオメトリの結合でしたが、「Merge (DOP)」ノードの機能は、複数のストリームとデータをひとつにまとめ、それらの間にリレーションシップ（関係性）を構築することです。少し難解に聞こえますが、ここでは「シミュレーションで、あるオブジェクトが他のオブジェクトの影響を与える（受ける）」という理解で大丈夫です。

この作例では、「Merge (DOP)」ノードを使うことで、パーティクルが球体のStaticオブジェクトの影響を受けるようにできます。

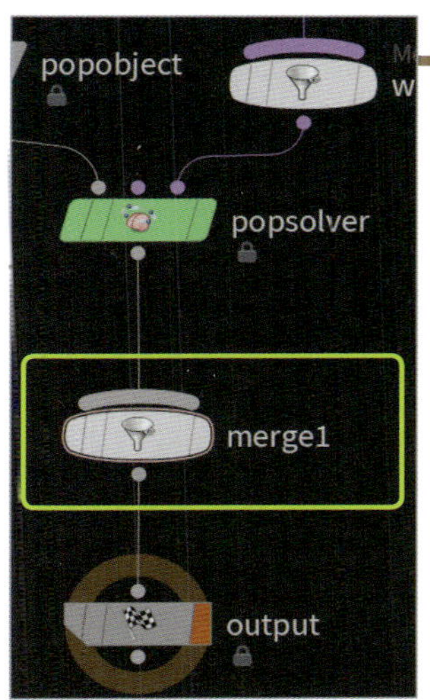

26 TAB Menuから「Merge (DOP)」を作成し、図のように「popsolver」と「output」の間に挿入します。

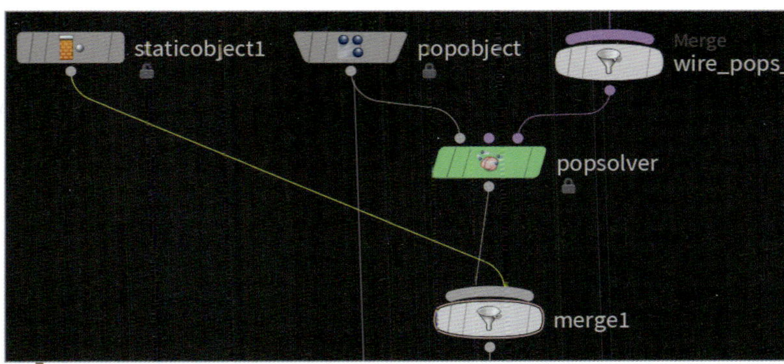

27 次に「staticobject1」を「merge1」にコネクト。ラインが交差するようにコネクションが構築されます。

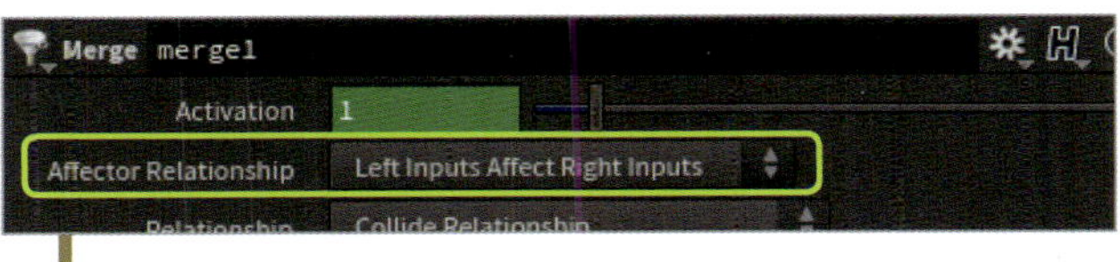

28 1フレーム目から再生してみると、コリジョン(衝突)の影響が確認できません。「Merge (DOP)」ノードによってリレーションシップ(関係性)を構築でき、パーティクルと球体との衝突が起きるはずが、起こりません。その原因は、「Merge (DOP)」ノードの設定とコネクションのつなぎ順にあります。
「merge1」ノードのパラメータ「Affector Relationship」は「Left Inputs Affect Right Inputs」(左の入力が右の入力に影響する)となっています。「merge1」ノードへの入力を確認すると、左が「popsolver」、右が「staticobject1」。「パーティクルがStaticオブジェクトに影響を与える」という関係性ですが、そもそもStaticオブジェクトは他からの影響を受けません。
やりたいのは「Staticオブジェクトがパーティクルに影響を与える」なので、コネクション順が逆だということがわかりました。

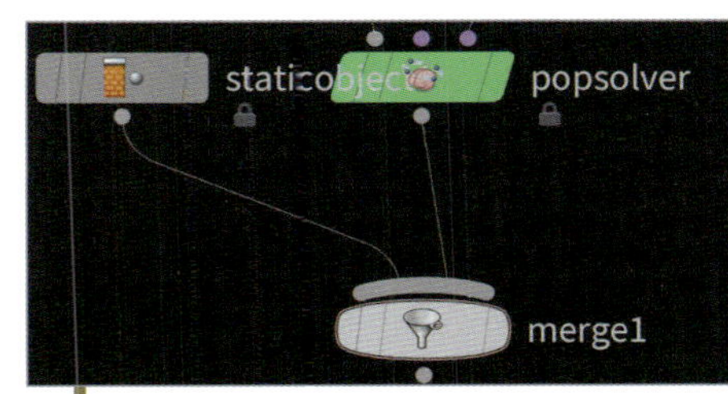

29 コネクション順を逆にします。「merge1」ノードを選択し、Shift＋Rキーを押すと、コネクションの順番が逆になります。
基本的に、何かをStaticオブジェクトに衝突させる場合、Staticオブジェクトは「Merge (DOP)」ノードのいちばん左につながるようにコネクトします。そのため、22のように、ネットワーク上で左側に配置することが多いです。

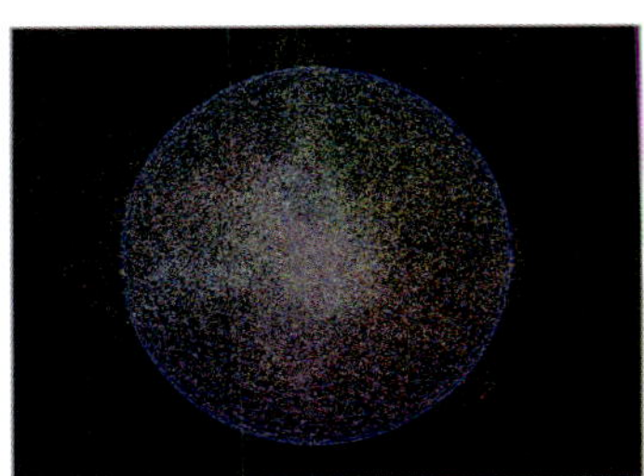

30 1フレーム目から再生すると、パーティクルが球体に衝突し、それ以上内側に入らなくなりました。多くのパーティクルは球体の上を滑りながら、時々そこから大きく外に離れ、そしてまた球体に引き寄せられています。

Point 見づらいときはワイヤーフレーム表示

コリジョン用の球体が邪魔でパーティクルが見づらければ、Wキーを押してワイヤーフレーム表示にすると確認しやすくなります。

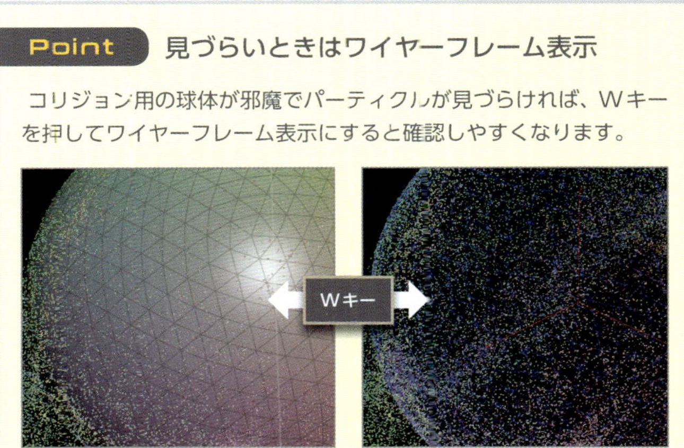

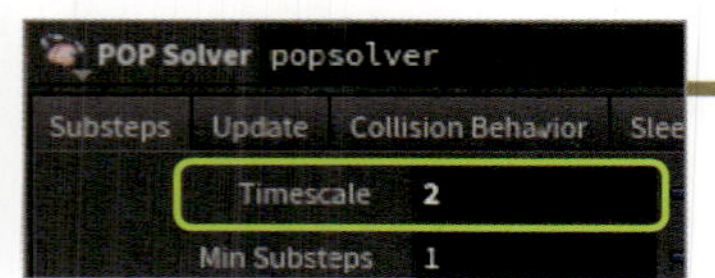

31 最後にシミュレーション全体の時間を早めます。「popsolver」を選択し、パラメータの「Substeps」タブ→「Timescale」を「2」に設定します。「Timescale」値を上げるとシミュレーション内の時間経過が速くなるような効果が得られます。これでベースとなるパーティクルは完成です。

コリジョンの球体を見やすくする

32 Uキーで「BasePOP_SIM」ノードの外に出ます。「BasePOP_SIM」に表示フラグを立っていることを確認、再生します。シーンビューには、パーティクルと衝突（コリジョン）用の球体、両方が表示されています。デフォルト設定では、「DOP Network」ノードは内部にある全オブジェクトを読み込むため、両方とも表示されます。

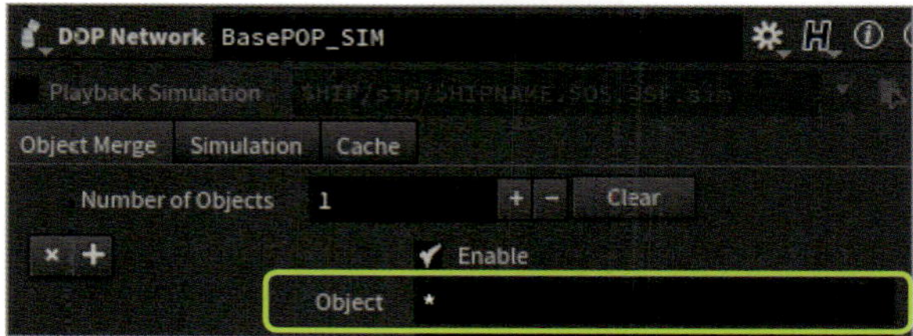

33 軌跡の作成に必要なのはパーティクルだけで、衝突用の球体は不要です。そこで、シミュレーション結果からパーティクルだけを読み込むように変更します。「BasePOP_SIM」のパラメータ、「Object Merge」タブ→「Object」には「*」、つまり「すべて」とあります。パーティクルだけ取り出したいので、オブジェクト名を記入しますが、まずはオブジェクト名を確認します。

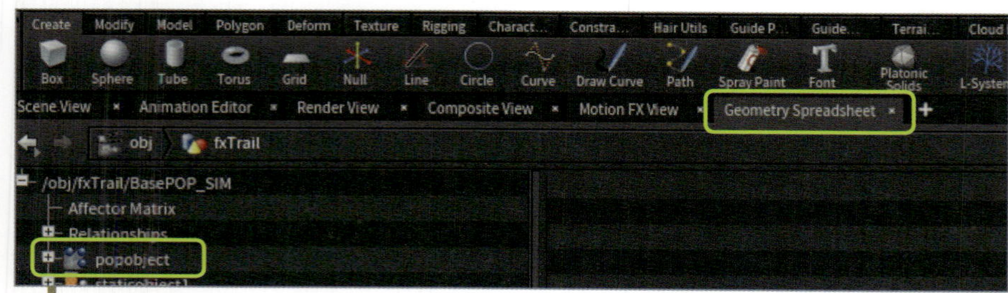

34 「BasePOP_SIM」ノードを選択し、シーンビュー上部から「Geometry Spreadsheet」タブに切り替えます。左側に「BasePOP_SIM」内にあるオブジェクトが表示されます。「popobject」と「staticobject1」というオブジェクトがありますが、このうち「popobject」がパーティクルのオブジェクト名です。確認後、シーンビューに切り替えます。

35 「BasePOP_SIM」のパラメータ「Object」欄に「popobject」と記述します。

36 すると、シーンビューらか球体が消え、パーティクルだけが表示されます。このように、DOPのシミュレーション結果をSOPに読み込む際は、何を取り出すか明示する必要があります。

Point 「POP Object」のオブジェクト名はデフォルトでノード名

シミュレーションオブジェクトの名前は、デフォルトではそのオブジェクトを作成したノードの名前がつきます。作例では、パーティクルのオブジェクトは「BasPOP_SIM」ノードの中にある「popobject」ノードでつくられ、「popobject」のパラメータ「Object Name」でオブジェクト名が決められます。

デフォルトでは「$OS」という変数が記述されており、これはそのノード名を意味します。そのため、ノード名がオブジェクト名として使われています。

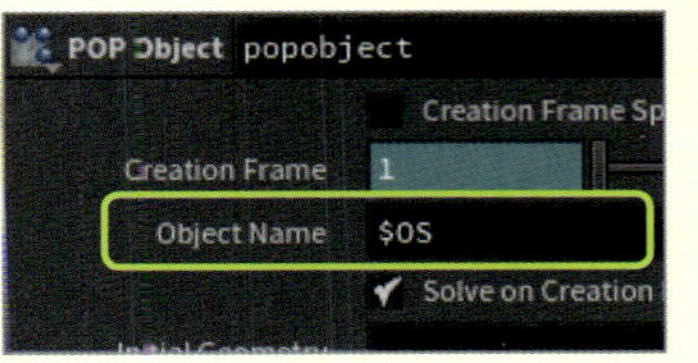

パーティクルをキャッシュする

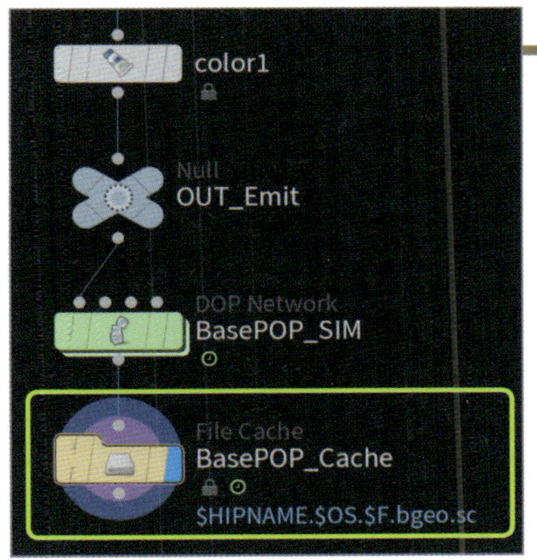

37 ベースパーティクルを一度キャッシュファイルに出力します。キャッシュファイルを作成しておくと、以降の作業でそれを使うことができ、何度もシミュレーションすることなく進められます。TAB Menuから「File Cache(SOP)」ノードを作成、名前を「BasePOP_cache」にし、「BasePOP_SIM」の下にコネクトします。

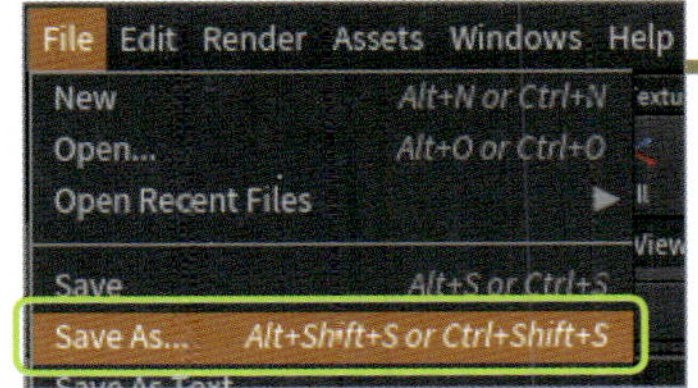

38 今回はデフォルトのまま出力します（任意の場所への出力でもかまいません）。デフォルトでは、キャッシュ出力先はシーンファイルの保存場所と同じになるので、シーンファイルを任意の場所に保存しておきます。

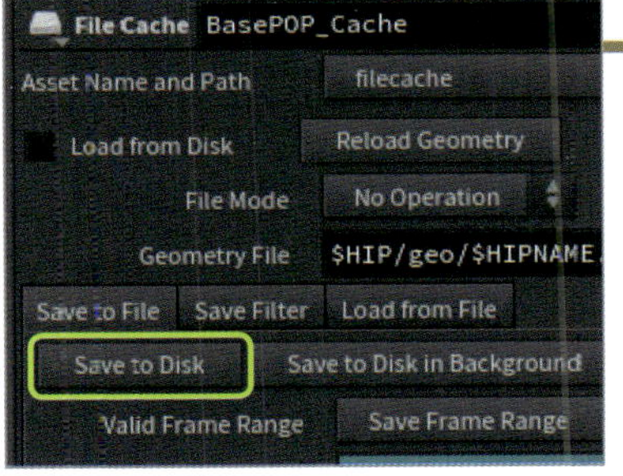

39 保存後、「BasePOP_cache」のパラメータ、「Save to File」タブ→「Save to Disk」を実行してキャッシュファイルを出力します。

40 出力後、キャッシュを読み込みます。「BasePOP_cache」のパラメータ「Load from Disk」をオンにします。
確認のため、「BasePOP_cache」ノードに表示フラグを立てて再生します。出力したキャッシュを読み込んでいるので再生時にシミュレーションする必要がなく、また再生速度も上がります。

アトリビュートを整理する

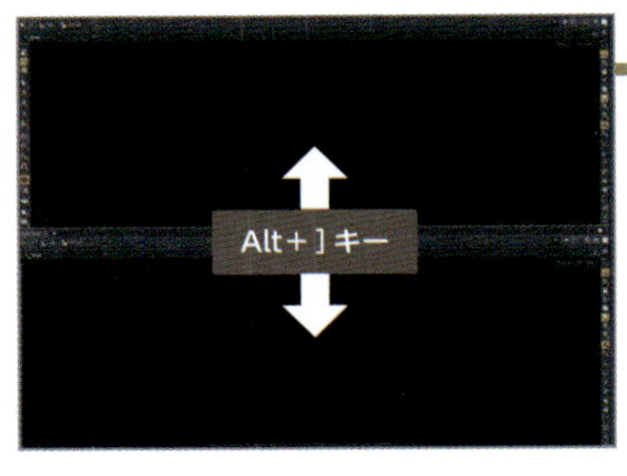

41 シミュレーションによってつくられたアトリビュートを整理します。以降、何度かアトリビュートの確認を行うので、シーンビューのペインを上下に分け、下ペインに「Geometry Spreadsheet」を表示します。シーンビュー上でAlt+]キーを押してウィンドウを上下に分割します。

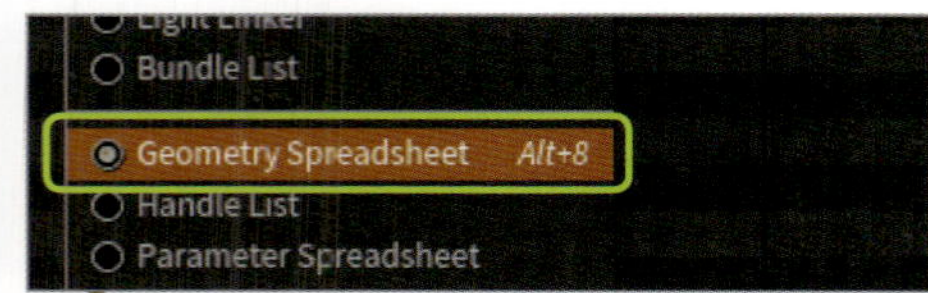

42 下ペインの「Scene View」タブを右クリックして、リストから「Geometry Spreadsheet」を選択します。

	P[x]	P[y]	P[z]	age
0	0.965661	-0.241467	-0.100769	3.92
1	0.214254	-0.928512	0.30012	3.92
2	0.75844	0.595995	0.267282	3.94
3	0.548802	0.744228	0.160161	3.95
4	0.253495	0.958801	0.13065	3.93
5	0.476641	0.649191	0.590406	3.95
6	-0.255284	0.938735	0.230734	3.92
7	-0.725088	-0.390364	-0.567152	3.93

43 「BasePOP_cache」の「Geometry Spreadsheet」を確認します。このノードを通過する時点でのPointアトリビュートが表示されます。主だったアトリビュートとして、位置「P」、パーティクルの年齢「age」、色の「Cd」、パーティクルの固有識別番号「id」、パーティクルの寿命「life」、速度の「v」などがあります。多くは「BasePOP_SIM」ノード内でシミュレーション時に作成されたものです。軌跡を作成するのに必要ないものも含まれているので、整理します。

Point ペインの分割とタブの一括操作

シーンビューなど、各タブペイン右上にある下矢印アイコンから、ペインの分割やタブの一括操作機能にアクセスできます。

Alt＋/キー　そのペインを閉じる（そのペイン内の全タブも同時に閉じる）
Alt＋[キー　ペインを左右に分割
Alt＋]キー　ペインを上下に分割

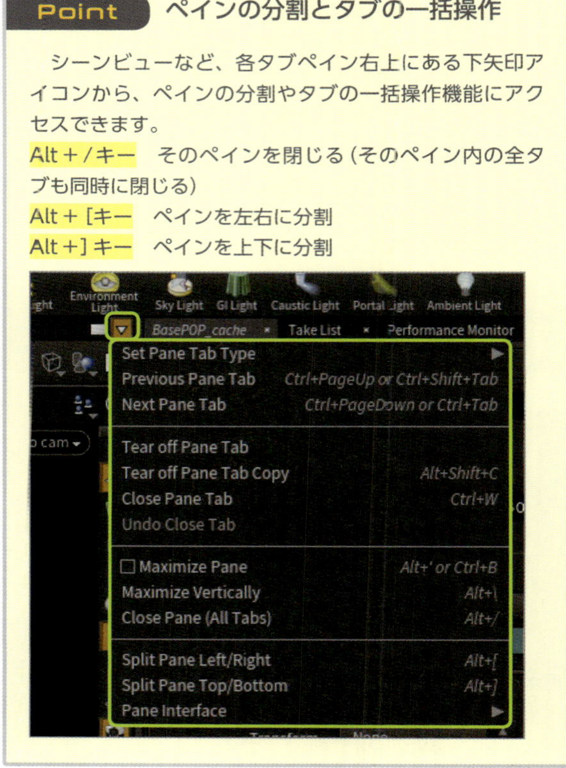

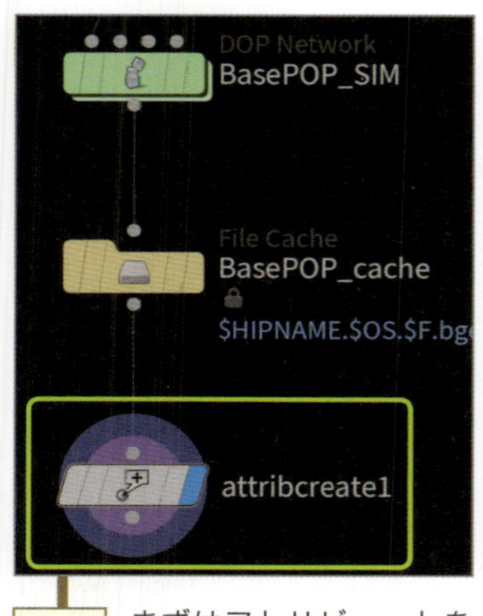

44 まずはアトリビュートを追加します。TAB Menuから「Attribute Create (SOP)」（アトリビュートを追加できるノード）を作成し、「BasePOP_SIM」の下にコネクトします。

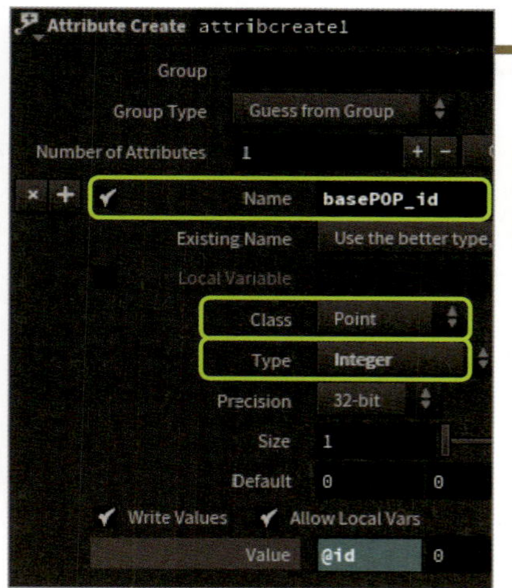

45 これからふたつのアトリビュートを追加します。まずひとつめです。パラメータを図のように設定します。「Name：basePOP_id」「Class：Point」「Type：Integer」「Value：@id」です。「basePOP_id」という名の、「@id」という整数値を持つポイントアトリビュートができました。

Point パラメータ欄でのアトリビュートの指定方法

「@id」は43でアトリビュートを確認した時にあった、ポイントアトリビュート「id」の値です。パラメータ欄では、「@」を頭文字に付けてアトリビュート名を書くことで値を取得できます。例えば、位置は「@P」、色は「@Cd」と記述します。ここでは「basePOP_id」という名前のアトリビュートをつくり、各ポイントごとに「id」値を入れています。

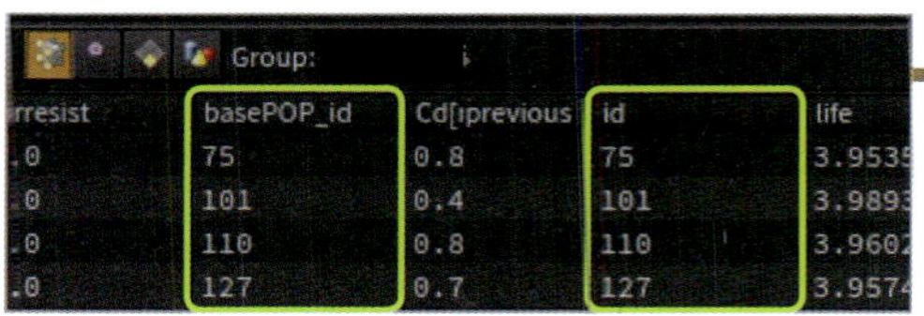

46 「attribcreate1」ノードを選択して「Geometry Spreadsheet」を再度確認します。「basePOP_id」アトリビュートが追加され、「id」と同じ値が入っていることが確認できます。

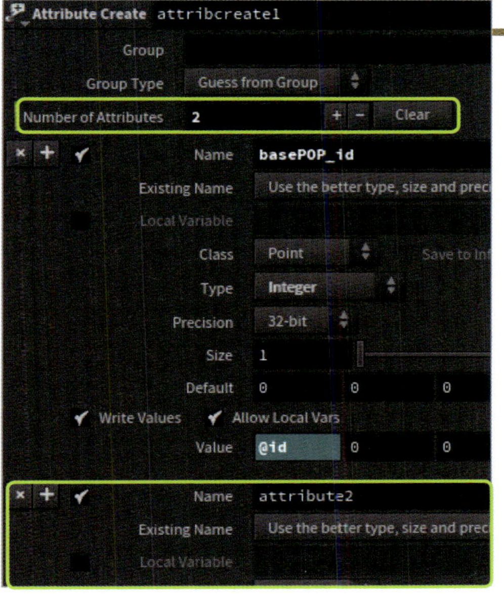

47 もうひとつアトリビュートを追加します。「attribcreate1」ノードのパラメータ「Number of Attributes」を「2」に変更します。すると、アトリビュートの設定欄が増えます。

48 増えたアトリビュートの項目を図のように設定します。「Name：basePOP_nage」「Class：Point」「Type：Float」「Value：@age/@life」です。「basePOP_nage」という名の、「@age/@life」という浮動小数点値を持つポイントアトリビュートができました。

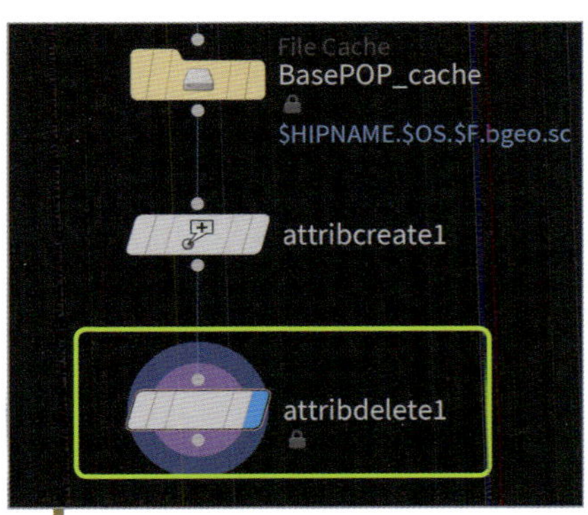

49 必要ないアトリビュートを削除します。TAB Menuから「Attribute Delete（SOP）」（アトリビュートを削除できるノード）を作成し、「attribcreate1」の下にコネクトします。

Point 「@age/@life」の意味

「@age」はパーティクルが発生してからの時間で、「@life」はパーティクルが消滅するまでの時間です。シミュレーション内では「@age」が「@life」の値を越えると消滅、つまり必ず@age>@lifeとなります。48で「@age/@life」を計算すると、パーティクルの発生から消滅までの時間を0～1の範囲の値で表すことができます。

Point 不要なアトリビュートを削除する目的

必要ないアトリビュートを削除することで、キャッシュファイルの容量を小さくできます。それによりファイルの読み書き時間が短くなり、作業がよりスムーズになります。作例では解説重視のためキャッシュ作成後にアトリビュートを削除しています。

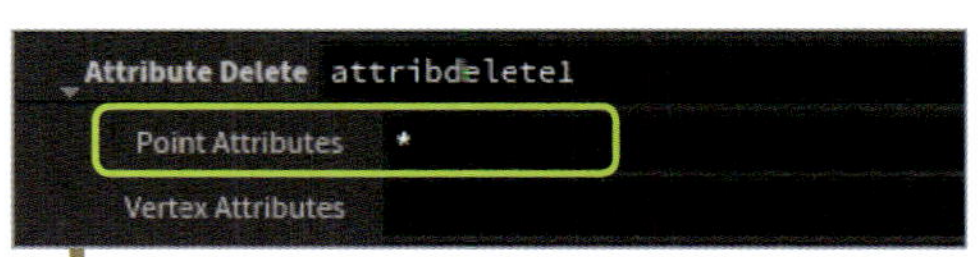

50 「attribdelete1」のパラメータ「Point Attributes」にひとまず、「*」と記述します。これはすべてのポイントアトリビュートを削除するという意味です。「Geometry Spreadsheet」でアトリビュートを確認すると、「P」だけ残してほとんどのアトリビュートがなくなっています（残っている「group:stream_source_first_imput」はグループを意味するアトリビュートで、「Attribute Delete（SOP）」では削除できません）。

51 全アトリビュートを削除したため、これまでに追加したぶんまで消えました。そこで記述を

* ^basePOP_id

に変更します。「Geometry SpreadSheet」を見ると、アトリビュートに「basePOP_id」が増えます。「^」はルールから除外する意味の記号です。つまりここの記述は「ポイントアトリビュートをすべて削除する。ただしbasePOP_idは削除しない」という意味になります。

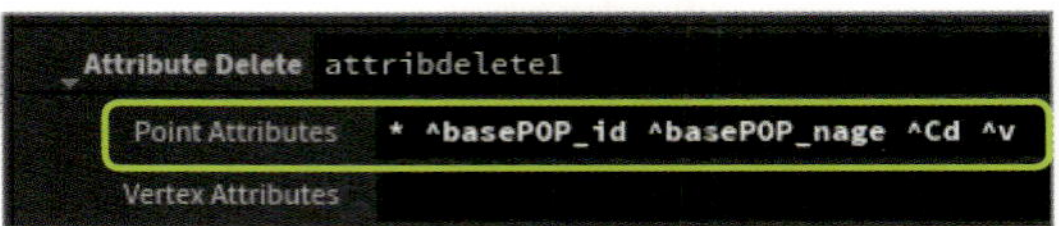

52 同様にして、アトリビュート「basePOP_nage」「Cd」「v」を削除ルールから除外します。パラメータ「Point Attributes」の最終的な記述は次の通りです。

* ^basePOP_id ^basePOP_nage ^Cd ^v

これで、次工程に必要なパラメータだけ残せました。

軌跡を作成する

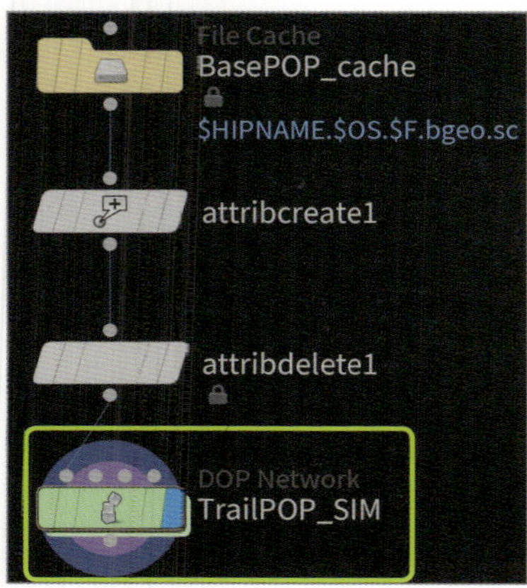

53 ベースとなるパーティクルから別のパーティクルを発生させて軌跡をつくります。TAB Menuから「POP Network」と検索、出てきた候補から「POP Network」を選び、ノードを作成します。ノード名を「TrailPOP_SIM」とし、「attribdelete1」の下にコネクトします。この状態では、再生してもパーティクルは一粒も発生しません。

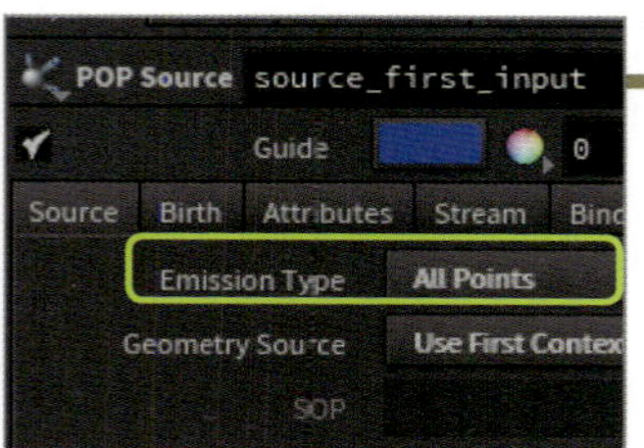

54 ダブルクリック（またはIキー）で「TrailPOP_SIM」ノードの中に入ります。パーティクル発生のための最低限のノードが組まれています。その中の「source_first_input」ノードのパラメータ、「Source」タブ→「Emission Type」を「All Points」に変更します。これで入力ジオメトリの全ポイントからパーティクルが発生します。

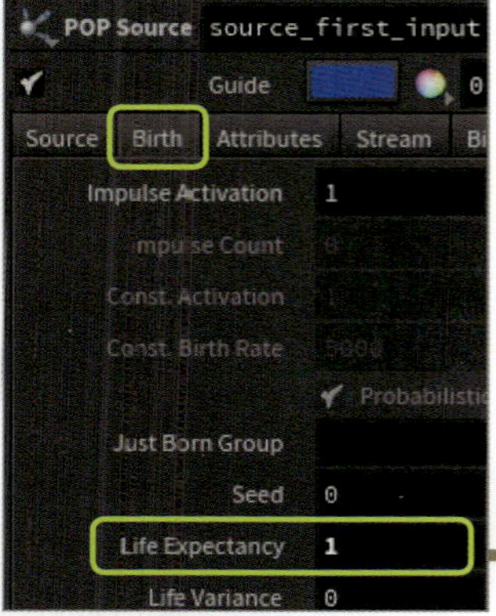

Point 「Emission Type」を変更した理由

「Emission Type」がデフォルトの「Scatter on Surface」の場合、「Surface（面）」からパーティクルを発生させようとします。ですが、作例では発生させられるSurfaceが存在しなかったため、パーティクルはつくられませんでした。そのため、「Point」から発生するように「Emission Type」を「All Points」に変更したのです。

55 続いて「Birth」タブ→「Life Expectancy」を「1」に変更、パーティクルの消失までの時間を短くします。再生して確認すると、大量のパーティクルが動き回り、軌跡に見えません。

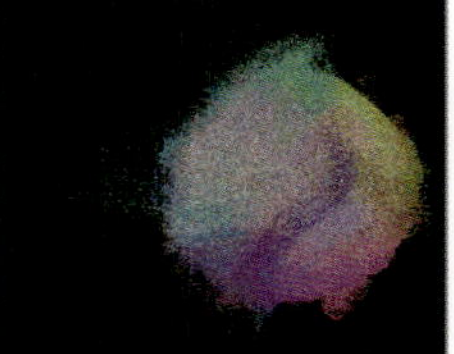

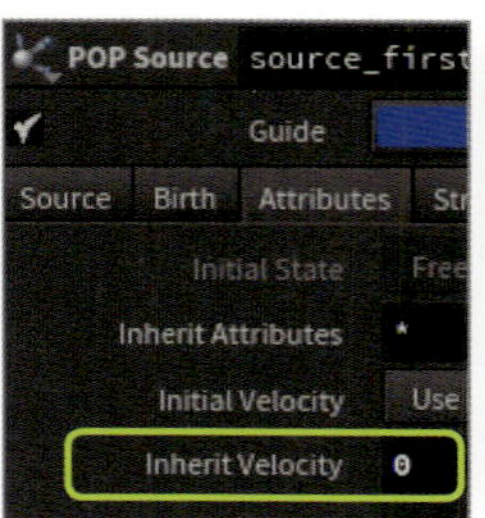

56 「Attributes」タブ→「Inherit Velocity」を「0」に変更します。これは、発生元の速度をどれくらい継承するかという数値です。「0」では速度は継承されません。再生して確認すると、ベースパーティクルの動いた跡に発生したパーティクルが残りの軌跡を描きます。

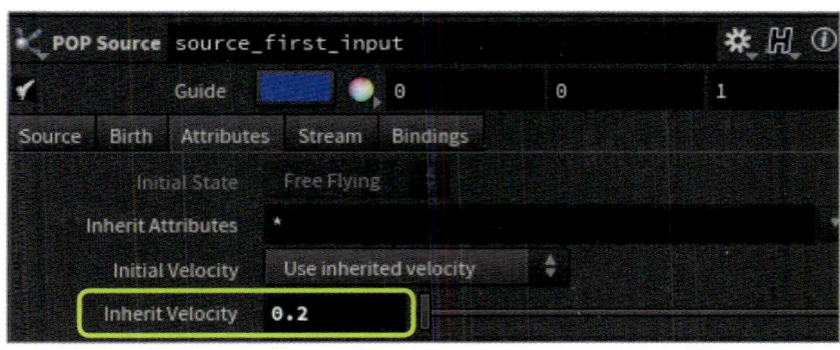

57 軌跡をほんの少しだけ動かしてみます。先ほど調整した「Inherit Velocity」値を「0.2」に変更します。再生すると、ベースパーティクルの速度を20%継承し、軌跡に動きが加わります。

Point アトリビュートの継承は計画的に

作例のアトリビュートの継承について補足します。パラメータ「Inherit Attributes」には現在、「*」（すべて）が記述されているので、パーティクルの発生源の持つアトリビュートがすべて継承されます。作成されたパーティクルに色がついているのも、発生元のポイントの色を継承しているためです。

しかし、すべてのアトリビュートを継承すればよいとは限りません。継承したために、意図しないシミュレーション結果になることもあります。例えば、「life」（寿命）を継承した場合、「POP Source（DOP）」ノードのパラメータで設定した「life」の値よりも、継承した値の方がシミュレーションで使われます。先の工程でアトリビュートを削除したのは、アトリビュートの整理だけが目的ではありません。パーティクル生成時に不要なアトリビュートが継承され、意図しないシミュレーション結果になるのを回避する目的もありました。「POP Source（DOP）」ノードを用いる場合、どういうアトリビュートを発生源から継承するのかは、気を付けておくポイントです。

作例中のアトリビュートの継承についてもうひとつ。パラメータ「Inherit Attributes」値が「*」なので、先の工程で追加したアトリビュート「basePOP_id」と「basePOP_nage」も継承されています。このふたつのアトリビュートは意図して継承させています。「basePOP_id」を継承することで、同一の「basePOP_id」の値を持つパーティクルは、同じポイントから発生したもの、つまり特定の軌跡を構成するポイントと判断できます。また、「basePOP_nage」を継承することで、軌跡パーティクルの「age」や「life」とは別に、ベースパーティクルの「age/life」値を各パーティクルが持つことができます。これらの値は後工程で活躍します。

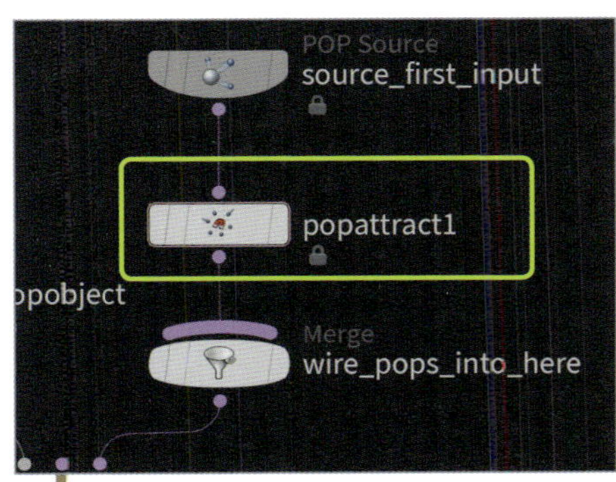

58 速度を少し継承したため、軌跡が少し球体の外へ向かっています。これに球体方向に引き寄せる力を加えます。TAB Menuから「POP Attract（DOP）」ノードを作成（19参照）、「source_first_input」と「wire_pops_into_here」の間に挿入します。このままだと球体に引き寄せる力が強すぎるので、「popattract1」のパラメータ、「Force」タブ→「Force Scale」値を「0.2」に変更します。少しだけ球の中心に向かう力が加わりました。これで軌跡のパーティクルは完成です。UキーでDOPネットワークから外に出ます。

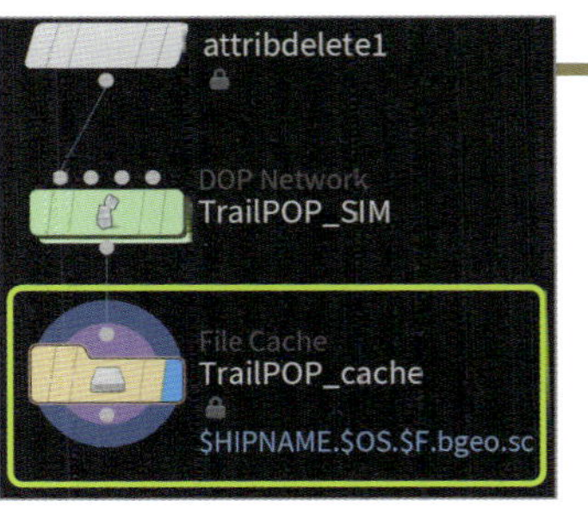

59 軌跡パーティクルを加工しますが、その前にシミュレーションのキャッシュを作成します。TAB Menuから「File Cache（SOP）」ノードを作成、名前を「TrailPOP_cache」に変更し、「TrailPOP_SIM」の下にコネクトします。

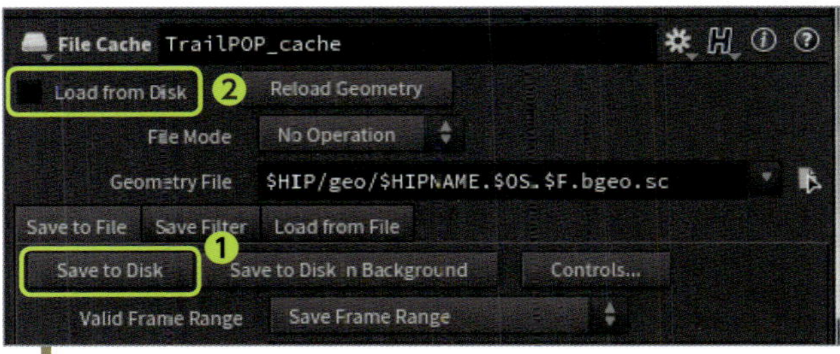

60 設定はデフォルトのまま、「Save to File」タブ→「Save to Disk」ボタンでキャッシュファイルを出力します。続いて「Load from Disk」をオンにして、キャッシュファイルを読み込みます。

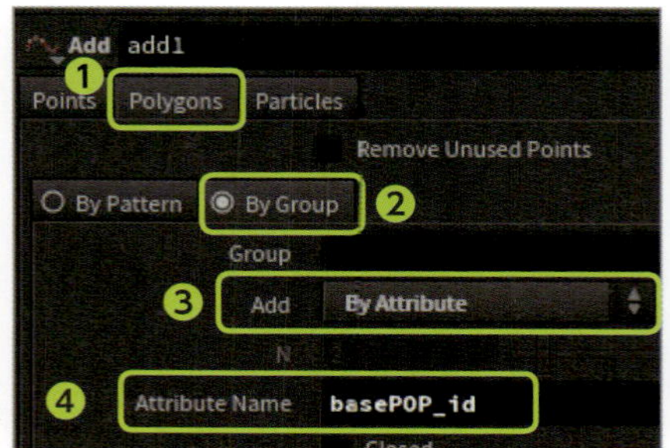

61 作成したパーティクルをつないでラインにします。TAB Menuから「Add (SOP)」(ポイントやポリゴンを作成するノード)を作成し、「TrailPOP_SIM」の下にコネクト。このノードでポイントをつなぎ、ポリゴンのラインを作成します。

62 「add1」のパラメータで「Polygons」タブに切り替えます。ここにはポリゴンの追加に関する項目があります。すぐ下の「By Pattern」「By Group」タブで、どのようなルールでポリゴンを追加するかを決めます。ここでは「By Group」タブを選び「Add : By Attribute」にします。すると「Attriubte Name」項目が設定可能になるので、ここに「basePOP_id」と記述します。
この結果、ポイントの中で同じ「basePOP_id」の値を持つポイントがつなげられ、ラインがつくられます(45で「basePOP_id」アトリビュートをつくりシミュレーションで継承させたのは、ここで使うためです)。42フレームぐらいまで進めて結果を確認すると、図のようなライン状の軌跡ができます。

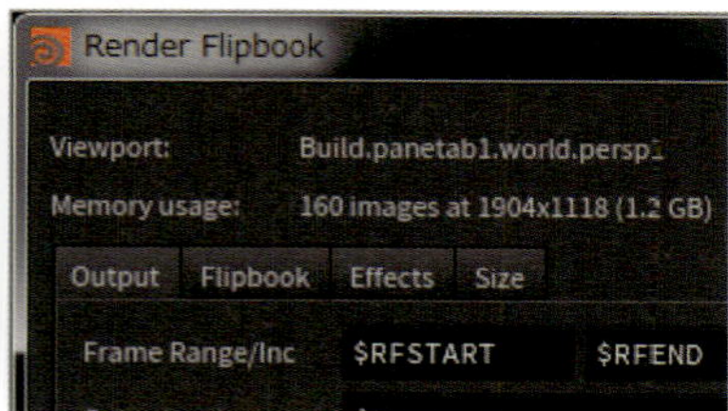

63 Flipbookでプレビューを作成し、動きを確認します。シーンビュー右下のアイコンをクリック、「Render Flipbook」ウィンドウを呼び出します。設定はそのままで「Accept」すると、Flipbookの作成が始まります。1フレームずつ再生し、最終フレームまでいけば完了です(少し時間がかかります)。終わったら再生し、動き回るラインができたことを確認します。

Mantraを使ったレンダリングの準備

64 レンダリングの準備をします。Houdiniの標準レンダラ「Mantra」はラインをそのままレンダリングできるので、まずは現状のままレンダリングしてみます。72フレームに移動し、シーンビューを操作してすべての軌跡を画面に収めます。ここではZ軸方向から見た構図にしました。次にシーンビュー上部から「Render View」タブに切り替え、左上の「Render」ボタンでレンダリングします。ラインがかなり太いので、細いラインに調整します。

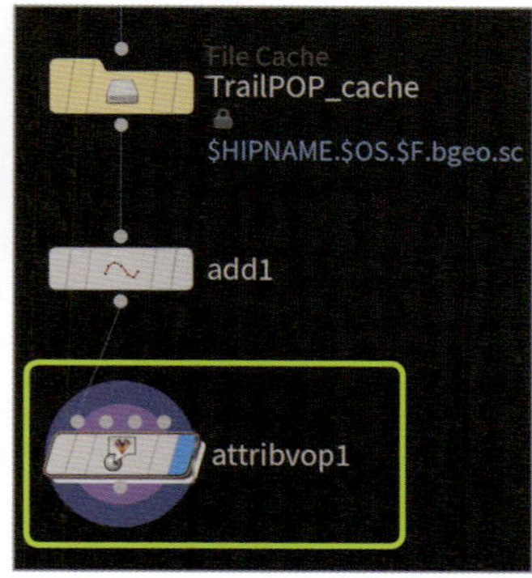

65 「Mantra」でラインの太さを反映するには、「width」アトリビュートを使います。TAB Menuから「Attribute VOP (SOP)」を作成、「add1」の下にコネクトします。なお、先の工程でアトリビュートの作成に「Attribute Create (SOP)」を使いましたが、ここでは後々アトリビュート値を操作したいので、「Attribute VOP (SOP)」を使います。

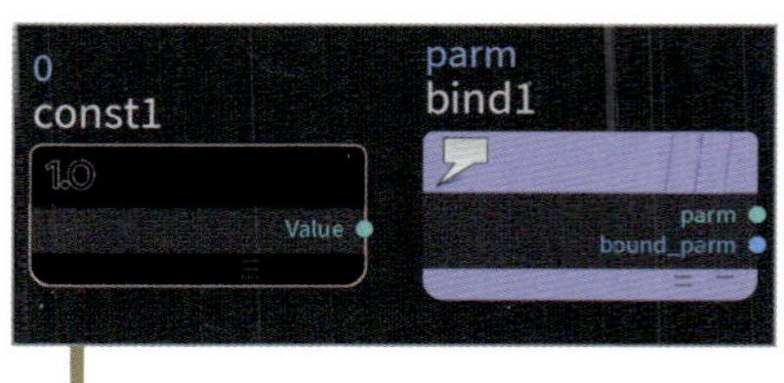

66 「attribvop1」をダブルクリック（またはIキー）してノードの中に入り、TAB Menuから「Bind (VOP)」（アトリビュートの読み書きをするノード）と「Constant (VOP)」（定数値を作成するノード）を作成します。

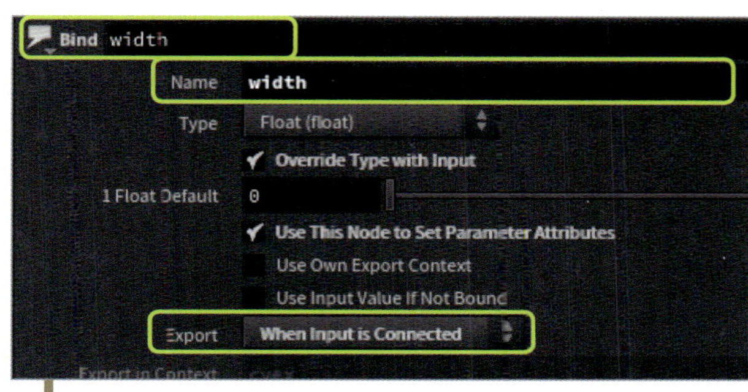

67 「bind1」ノードのパラメータを設定します。ノード名、「Name」を共に「width」とし、「Export：When Input is Connected」にします。「Bind (VOP)」は、「Export」を上記設定にすると、アトリビュートを書き出します。この設定により、ノードに入力「input」が表示されます。

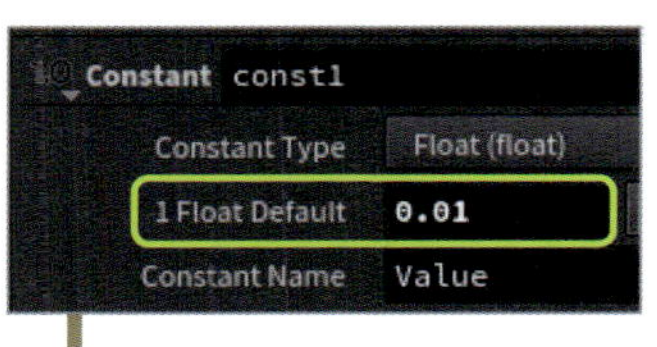

68 次に「const1」のパラメータ、「1Float Default」値を「0.01」に設定します。これでラインすべてに「width」アトリビュートが値「0.01」で追加されました。

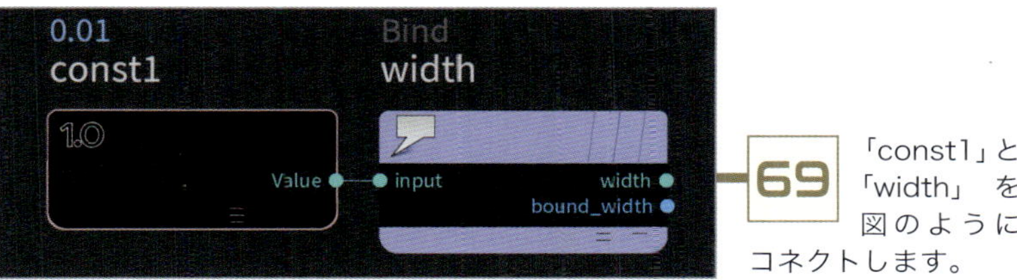

69 「const1」と「width」を図のようにコネクトします。

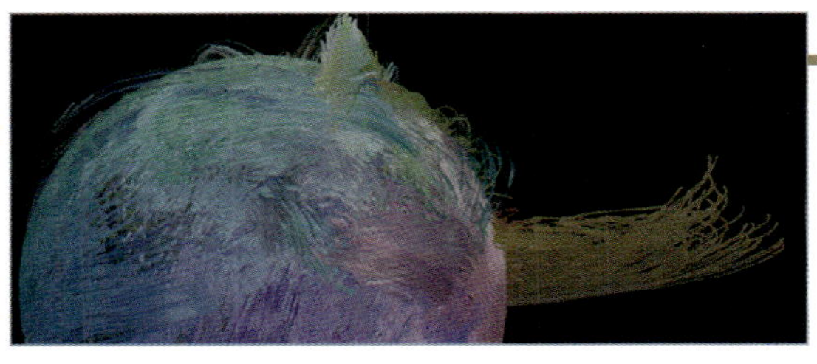

70 この状態で再度「Render View」に切り替えてレンダリング。先ほどよりもラインが細くなったのが確認できます。「width＝0.01」の太さです。

ラインの形状を調整する

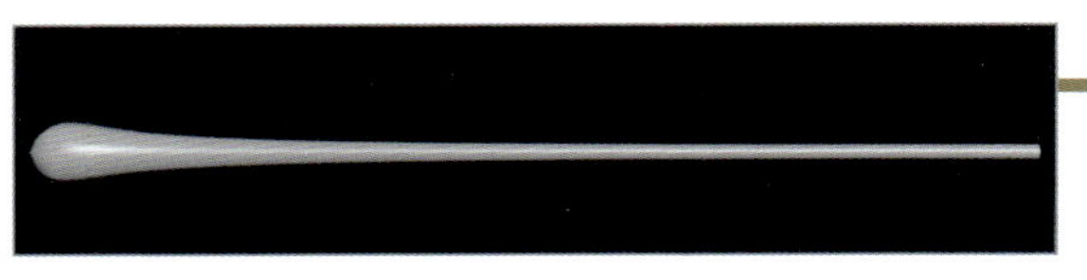

71 現状ラインの太さは一律なので、太さをコントロールする仕組みを「attribvop1」ノードの中で構築します。これから3つの調整を加えますが、まずひとつめは、図のように先端が太く末端が細くなるようにします。

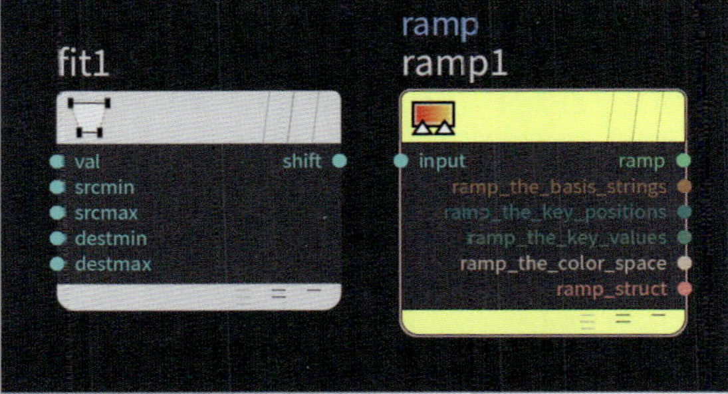

72 この形状をつくるため、アトリビュート「age」と「life」を利用します。このふたつは、「popnet_trail」ノードで軌跡のパーティクルを作成したときのものです。ラインになった後も各ポイントが各アトリビュートを保持しています。軌跡1本だけで考えると、根元（軌跡の発生元）では「age」は小さく、末端では大きくなります。この「age」値を「width」に関連付けることで、ラインの太さをコントロールします。その仕組みをつくるために、「Fit Range (VOP)」と「Ramp Parameter (VOP)」を使います。

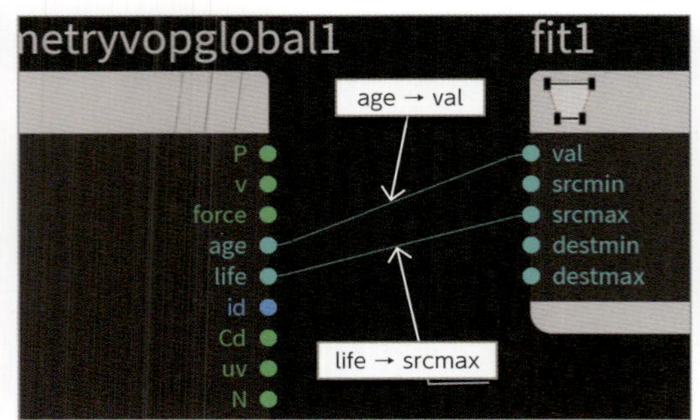

73 TAB Menuから「Fit Range (VOP)」を作成、図のように2箇所コネクトします。「fit1」のパラメータが「Destination Min：0」「Destination Max：1」であることを確認します。「Fit Range (VOP)」はある範囲の値を別の範囲の値に変換するノードです。今のコネクションで、0～lifeの範囲にある「age」値を0～1に変換します。

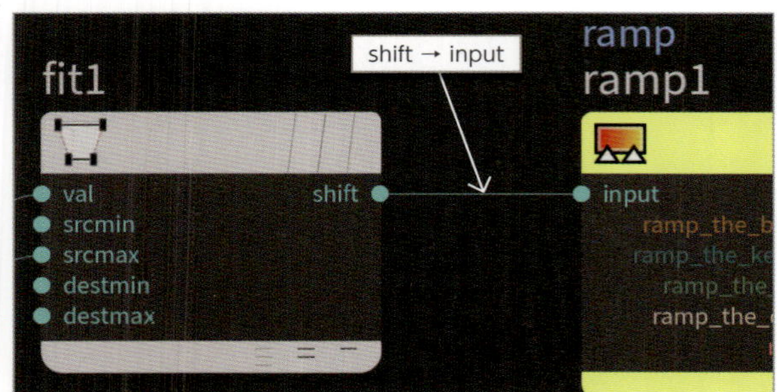

74 TAB Menuから「Ramp Parameter (VOP)」を作成し、図のようにコネクト。「Ramp Parameter (VOP)」は、0～1の範囲の値に対して、任意の値をマッピングできるノードです。

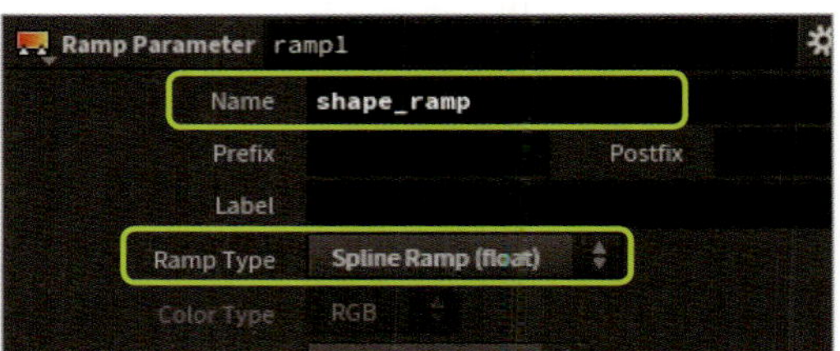

75 「ramp1」のパラメータを変更します。「Name：shape_ramp」「Ramp Type：Spline Ramp (float)」に変更します。これで0～1の範囲の入力に対して、任意のfloat値でマッピングした値を生成できます。Houdini16.5では、「Ramp Parameter」のデフォルト値がノードに直接表示されますが、あくまで標準値なので注意します。

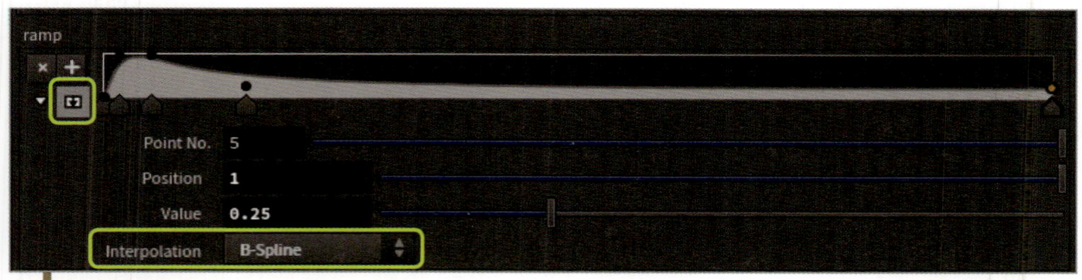

76 「ramp1」ノードの値をマッピングします。Uキーでいったん VOPネットワークの外に出て、「pointvop1」ノードを選択します。パラメータの下の方に、「shape_ramp」という名のRampパラメータが追加されているので、右記5つのポイントを打ち、図のような形状に変更します。図の緑枠部分のボタンをクリックして、カーブ表示部分を縦に拡大し、見やすくします。

Point No.	Position	Value	Interpolation
1	0	0	B-Spline
2	0.015	1	B-Spline
3	0.05	1	B-Spline
4	0.15	0.25	B-Spline
5	1	0.25	B-Spline

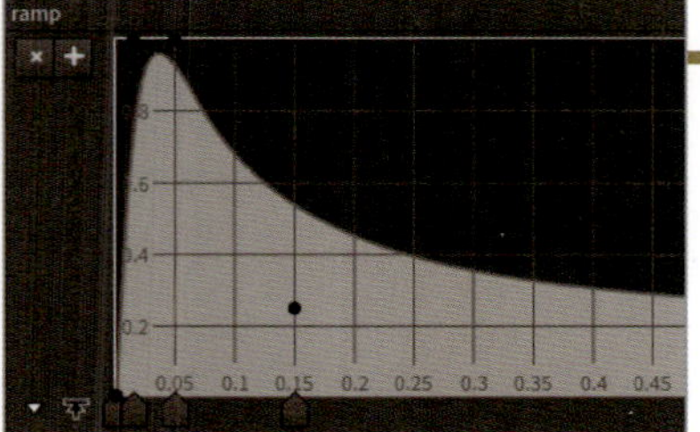

77 Rampパラメータは、横軸が入力値で左から右に0～1、縦軸がそれに対応した値 (0～1) です。73では「Fit Range (VOP)」ノードで0～lifeの範囲の「age」値を0～1に変換しました。それを「Ramp Parameter (VOP)」の入力にコネクトしたので、「age」値に応じてこのグラデーションカーブの該当箇所の値が返されます。

軌跡ラインの「age」値は、基本的に発生元が0で末端にいくほどlife値に近づくので、各軌跡ラインの先頭から末端にかけて、「Ramp Parameter (VOP)」のグラデーションカーブでつくった値が割り当てられます。この値をラインの太さ「width」に適用すればいい、というわけです。

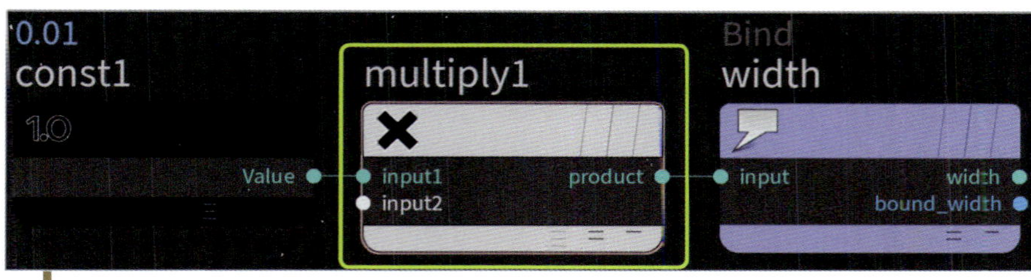

78 「pointvop1」ノードをダブルクリック(またはIキー)して再度ノードの中に入り、TAB Menuから「Multiply (VOP)」を作成、「const1」と「bind1」の間に挿入します。

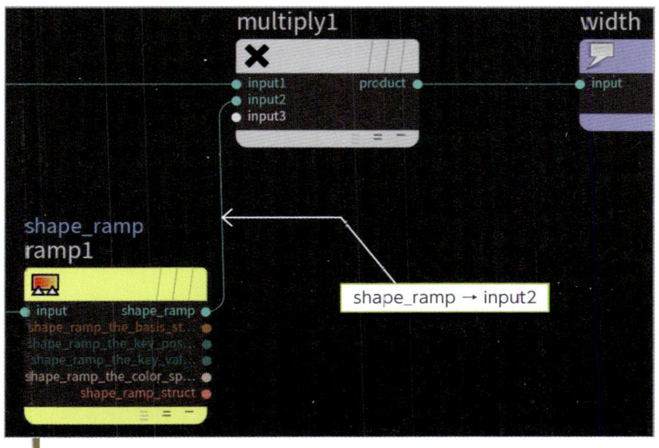

79 「ramp1」の出力「shape_ramp」を「multiply1」の入力「input2」にコネクト。これは太さの調整のためのコネクトです。「Ramp Parameter (VOP)」からの出力値は基本的に0～1なので、作例では値をそのまま「width」に使うには大きすぎます。68で設定した「0.01」くらいがちょうどよい太さなので、「0.01」値と「ramp1」でつくった値とを掛け算して、ちょうどよい太さまで値を小さくしています。

80 72フレームに移動し、レンダリングして確認すると、ラインが先ほどグラデーションカーブでつくった形状に変わりました。

ふたつ目の調整：太さを時間経過でコントロールする

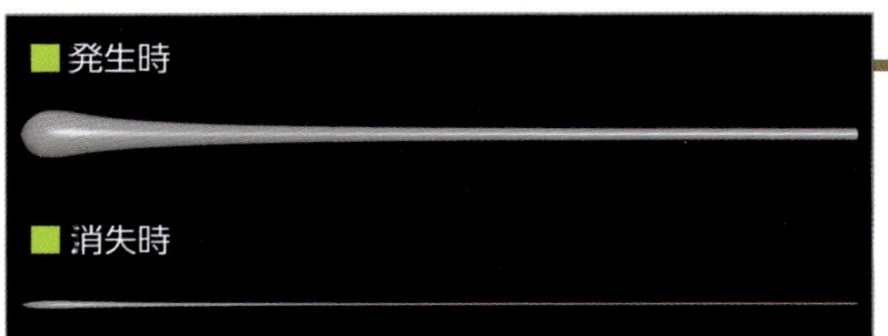

81 ではふたつ目の調整に取りかかります。ひとつ目は形状のコントロールでしたが、ふたつ目は全体の太さを時間経過でコントロールします。軌跡の発生時に最も太く、消失に近づくにつれて細くします。
これを行うために、48で作成したアトリビュート「basePOP_nage」を使用します(これを作成したのはここで使うためです)。「basePOP_nage」は軌跡の元となるパーティクルの「age」値を0～1の範囲に変換したものです(73で「Fit Range (VOP)」を使い求めた値と同等の意味)。「basePOP_nage」値は軌跡パーティクル作成時に継承されるので、各軌跡ラインは同じ「basePOP_nage」値を持ちます。
そしてこの値は、軌跡の発生時に0からどんどん増え、消失時に1になります。この「basePOP_nage」値に「Ramp Parameter (VOP)」で値をマッピングすると、発生から消失にかけて「width」値を小さくできます。

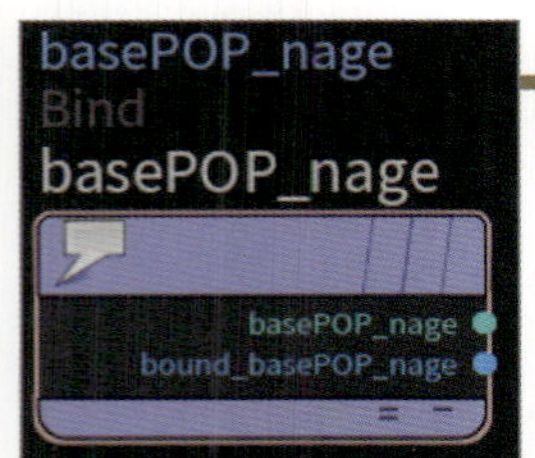

82 「attribvop1」ノードの中であることを確認し、TAB Menuから「Bind (VOP)」ノードを作成。ノード名とパラメータ「Name」を両方「basePOP_nage」に変更します。これでアトリビュート「basePOP_nage」値が読み込まれます。

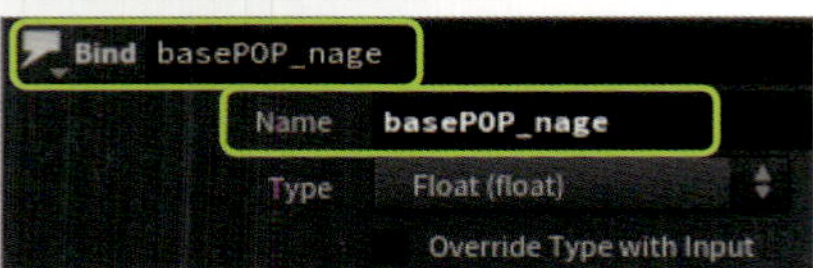

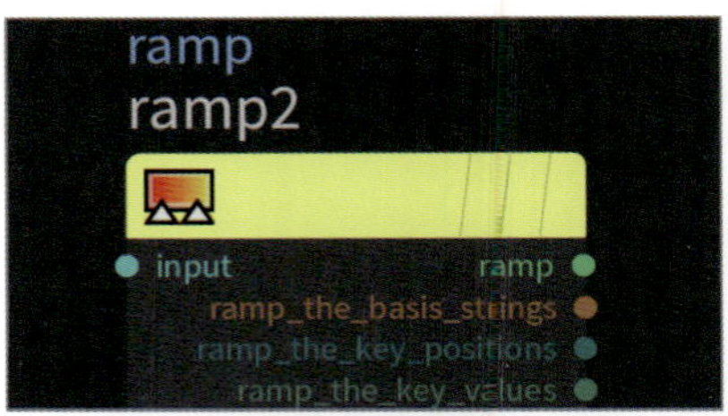

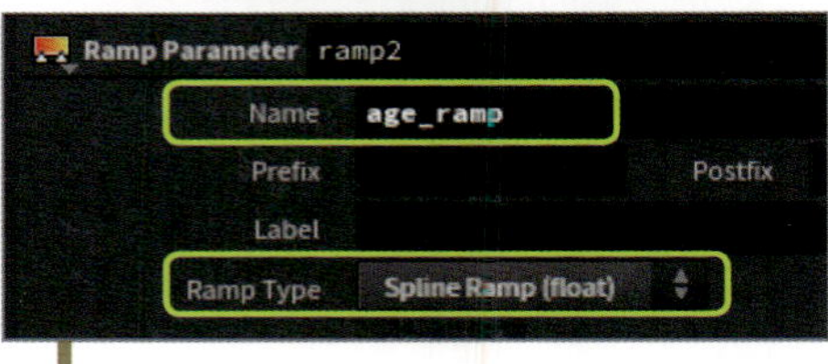

83 TAB Menuから「Ramp Parameter」ノードを作成。パラメータ「Name」を「age_ramp」に、「Ramp Type」を「Spline Ramp(float)」に変更します。

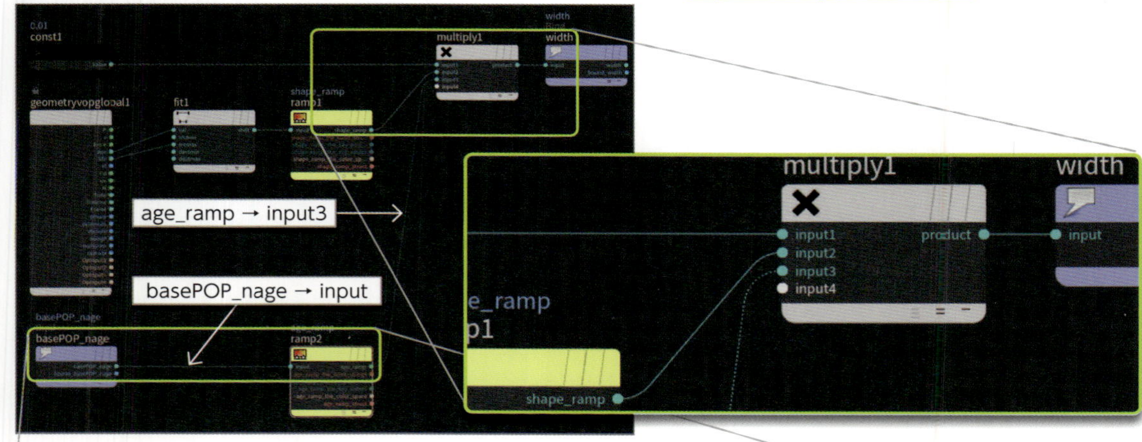

84 「basePOP_nage」の出力「basePOP_nage」を「ramp2」の入力「input」に、「ramp2」の出力「age_ramp」を「multiply1」の入力「input3」にコネクト。これで「basePOP_nage」に対応した値が「Ramp Paramter (VOP)」によってつくられ、それがこれまでの「width」値に掛け算されて反映されました。

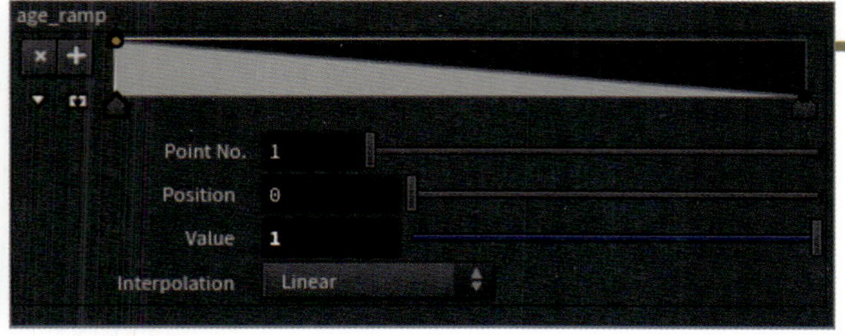

85 「basePOP_nage」ノードに対応したグラデーションカーブを設定します。Uキーでネットワークの外に出ると「pointvop1」ノードのパラメータ下部に「age_ramp」パラメータが追加されています。グラデーションカーブ横軸は軌跡発生時が0(細い)で消失時が1(太い)となっているので、これを図のように逆にし、発生から消失にかけて、ライン全体が細くなるようにします。

3つ目の調整：太さをランダムにする

86 3つ目の調整は、太さにランダムさを持たせます。各ラインに対して、0〜1の範囲のランダム値を作成して、これまでつくった値に掛けることで、「width」値にランダムさを持たせます。
「width」はポイントアトリビュートなので、各ポイントがどのラインに属するかを判別するために「basePOP_id」アトリビュートを利用します。「basePOP_id」はベースパーティクルのid番号で、軌跡パーティクルはそれを継承します。そのため、軌跡ラインの各構成ポイントはラインごとに同番号の「basePOP_id」を持つので、これをを元に乱数を生成します。
まずはアトリビュートを読み込みます。「pointvop1」ノードの中に入り、TAB Menuから「Bind（VOP）」を作成、ノード名、パラメータ「Name」の両方を「basePOP_id」にします。

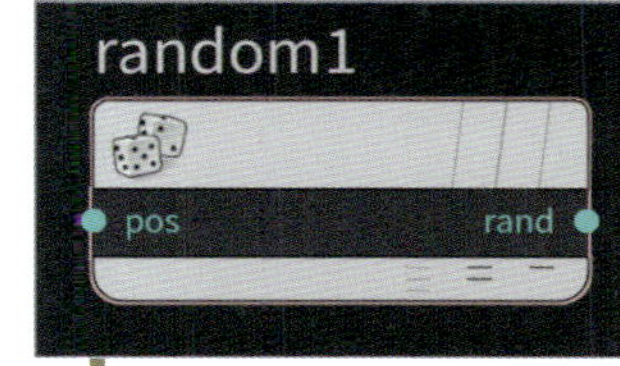

87 次にTAB Menuから「Random（VOP）」ノードを作成します。これは入力値に対して0〜1の範囲の乱数を作成するノードです。同一の値からは同一の乱数がつくられます。

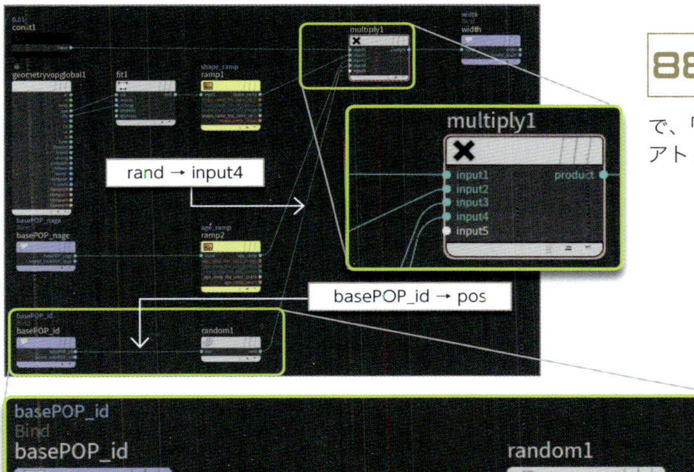

88 「basePOP_id」の入力を「random1」の出力に、「random1」の出力を「multiply1」の入力（input4）にコネクトします。これで、「basePOP_id」値から作成した乱数を「width」アトリビュートの値に反映させました。

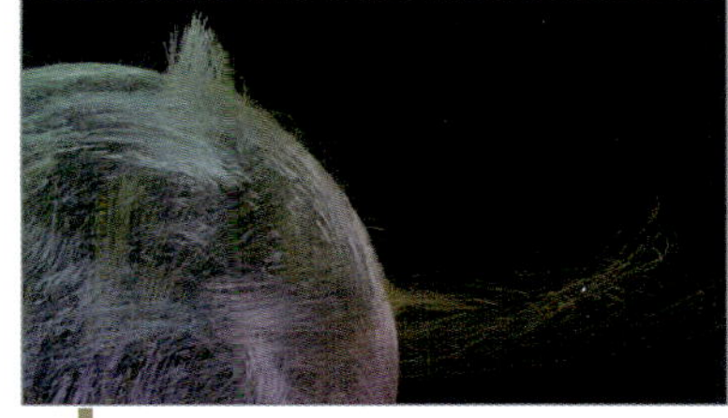

89 Render Viewに切り替え、ここでは72フレームをレンダリング。太さがランダムで、全体的に細いラインになりました。

マテリアルを割り当てる

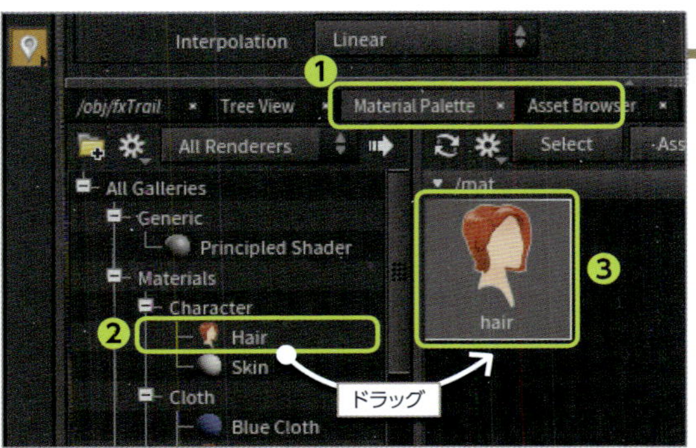

90 マテリアルを割り当てます。ネットワークビュー上部タブを「Material Palette」に変更、左側のマテリアルリストから「Hair」を選択して、右の作業ビューへドラッグします。

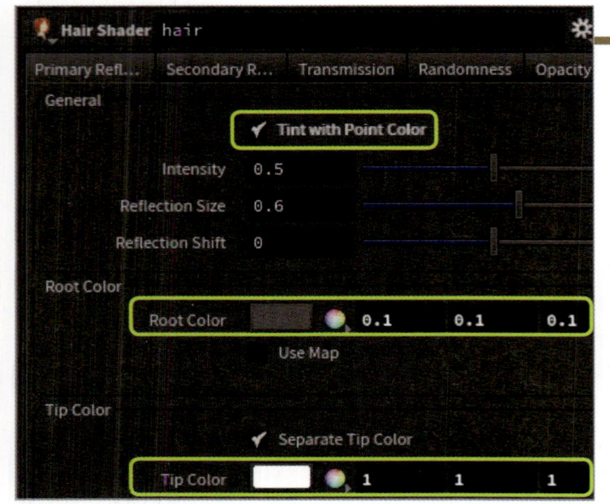

91 「hair」マテリアルのパラメータ、「Primary Reflection」タブ→「General」→「Tint with Point Color」をオンにし、ポイントアトリビュートの「Cd」(色)をマテリアルに反映します。続いてその下の「Root Color」を「0.1　0.1　0.1」に、「Tips Cclor」を「1　1　1」に変更してマテリアルは完成です。

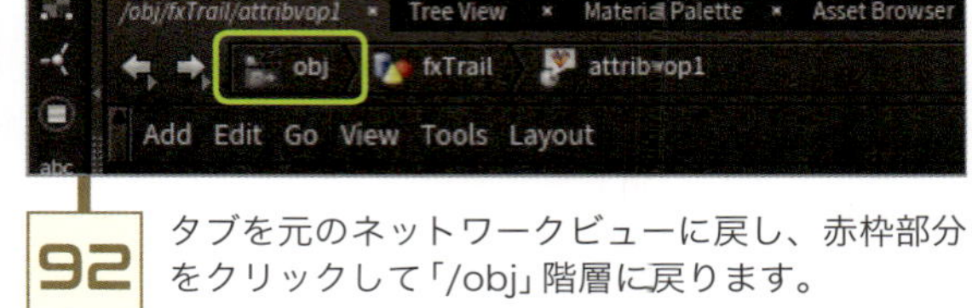

92 タブを元のネットワークビューに戻し、赤枠部分をクリックして「/obj」階層に戻ります。

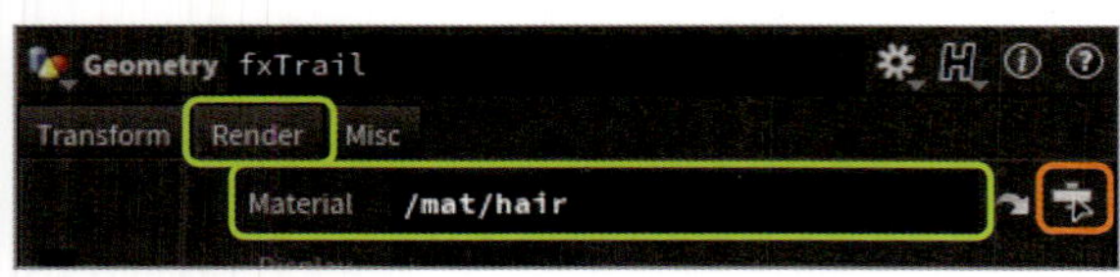

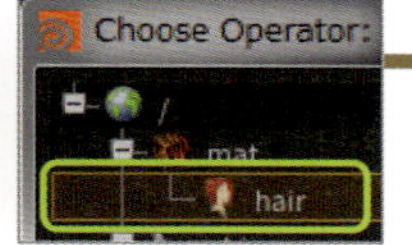

93 「fxTrail」ノードを選択、パラメータ「Render」タブ→「Material」欄右端のアイコンをクリックして「Choose Operator」ウィンドウを表示、「hair」マテリアルを選択して割り当てます。

カメラを設定する

94 「/obj」階層でTAB Menuから「Camera(OBJ)」ノードを作成します。

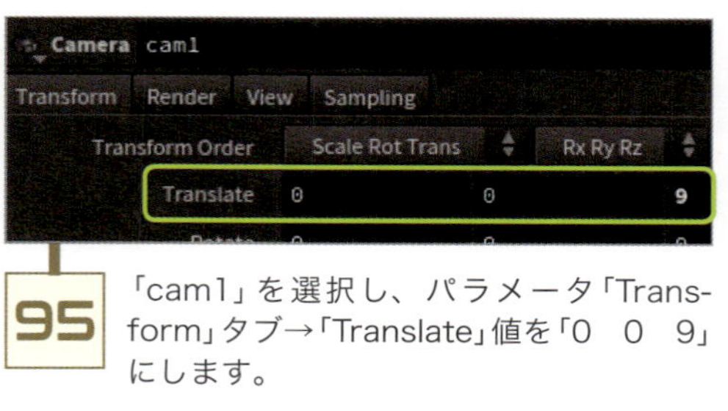

95 「cam1」を選択し、パラメータ「Transform」タブ→「Translate」値を「0　0　9」にします。

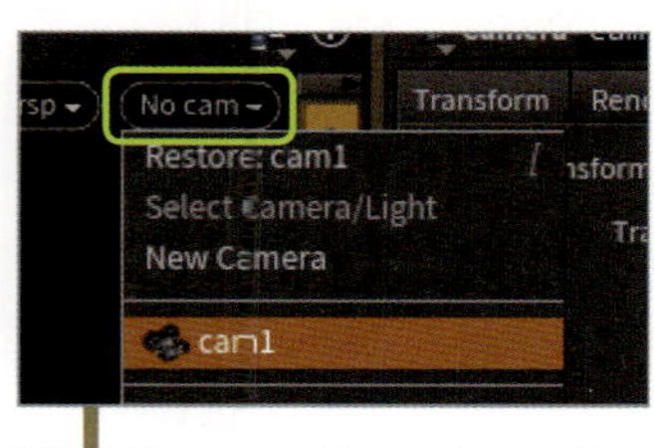

96 シーンビュー右上の「No cam」部分から「cam1」を選択、シーンビューをカメラからの見た目に変えて見え方を確認します。

ライトを設定する

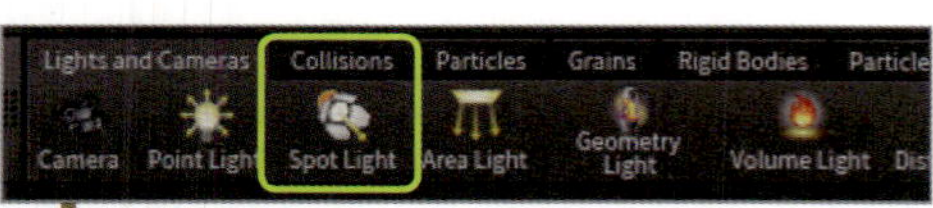

97 次はライトをシェルフから作成します。画面上部右側のシェルフを「Lights and Cameras」タブに切り替え、「Spot Light」をクリック。ライト作成モードになるので、シーンビューの適当な場所をクリックしてその場所にライトを作成します。

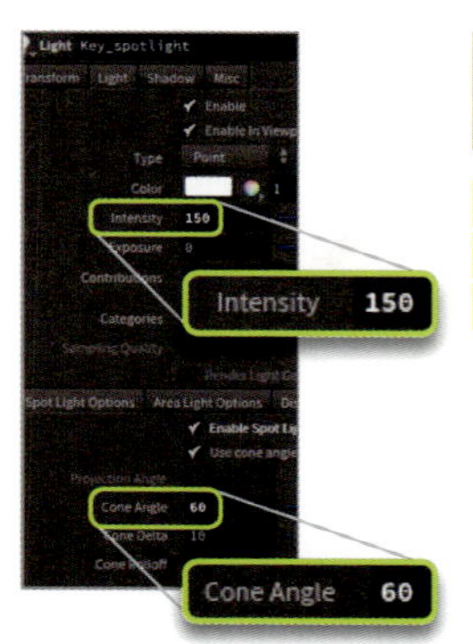

98 「spotlight」ノードを選択し、パラメータを3箇所設定します。「ノード名：Key_spotlight」「Light」タブ→「Intensity：150」、「Spot Light Options」タブ→「Cone Angle：60」にします。

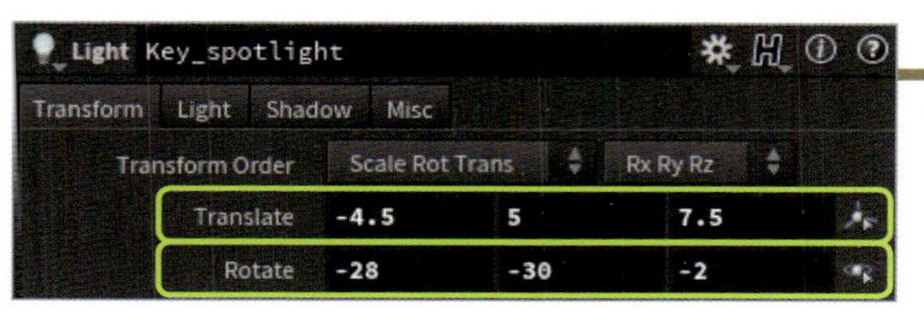

99 位置を調整します。パラメータ「Transform」タブ→「Translate」を「－4.5　5　7.5」、「Rotate」を「－28　－30　－2」に設定します。

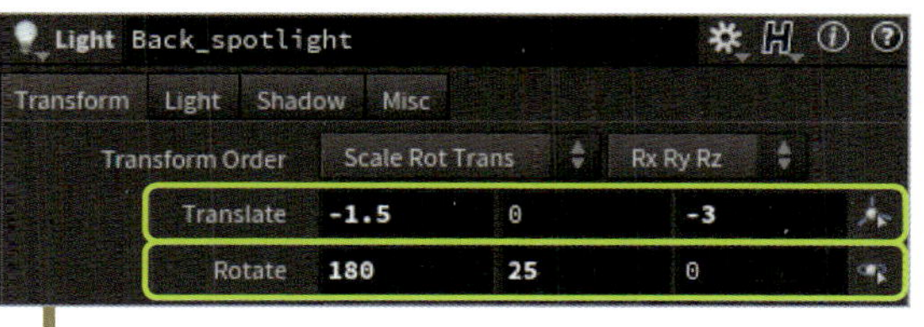

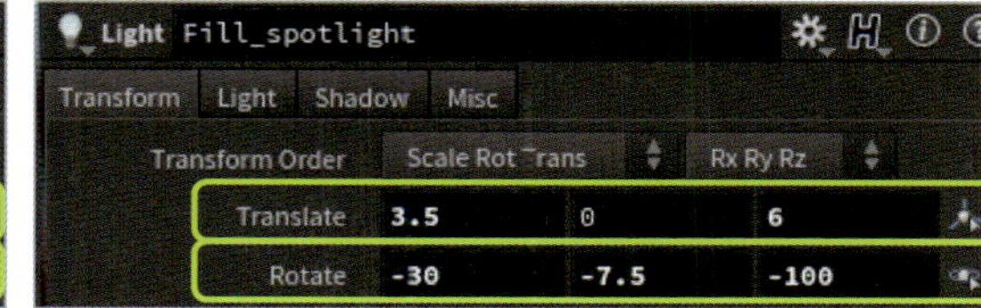

100 同様にして、右表のようにライトをもう2個つくります。

ノード名	「Light」タブ		「Transform」タブ					
	「Intensity」	「Cone Angle」	「Translate」			「Rotate」		
Back_spotlight	10	60	－1.5	0	3	180	25	0
Fil_spotlight	30	60	3.5	0	6	－30	－7.5	－100

レンダリングする

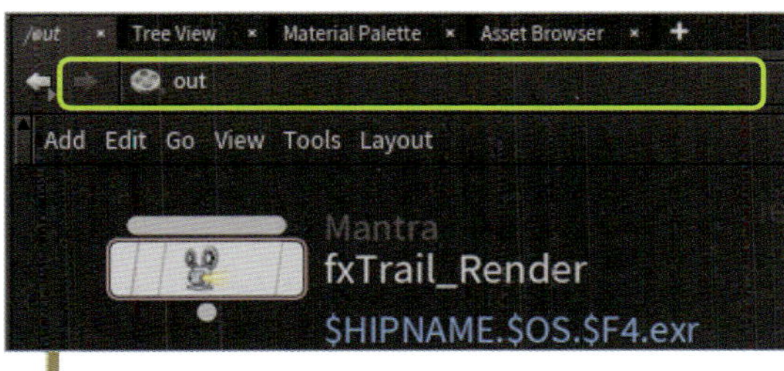

101 「/out」階層に切り替えると、すでに「mantra_ipr」ノードが存在します。これは「Render View」で確認用のレンダリングをした際に、自動でできたノードで、これをそのまま使います。ノード名を「fxTrail_Render」に変更します。

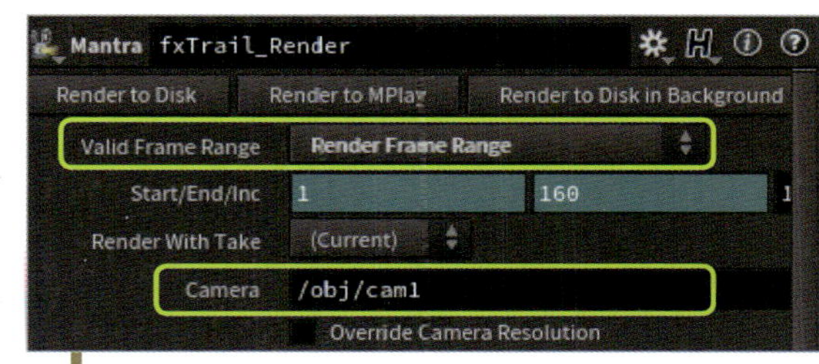

102 パラメータ「Valid Frame Range」を「Render Frame Range」に変更します。次に「Camera」に**94**で作成したカメラを指定します（デフォルトですでに指定済み）。

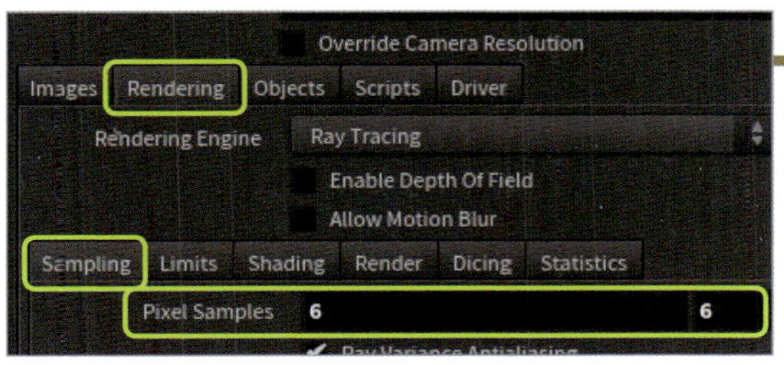

103 レンダリングの精度の設定を少し上げます。パラメータの「Rendering」タブ→「Sampling」タブ→「Pixel Samples」値を「6　6」に変更します（値を上げるときれいになりますが、レンダリング時間は増えます）。

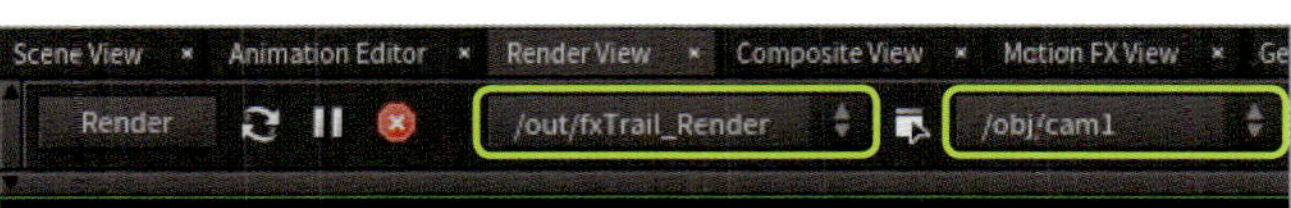

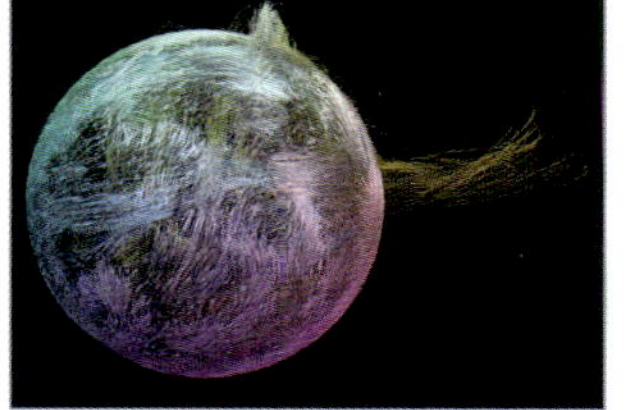

104 試しに1枚レンダリングしてみます。96フレームに移動して、「Render View」上で、設定した「mantra」ノードとカメラを選択します。「Render」ボタンでレンダリングを実行すると、図のような結果になりました。時間がかかりすぎる場合は「Pixel Samples」値を下げるか、レンダリング解像度を小さくします。

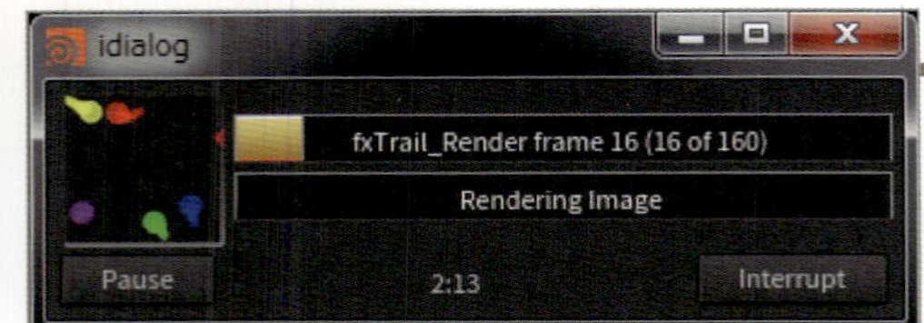

105 確認ができたので、全フレームをレンダリングします。「fxTrail_Render」ノードを選択し、パラメータの「Render to Disk」ボタンを押して、レンダリングを実行します。プログレッシブバーが表示されます。完了までには数時間かかると思います。

106 レンダリングが完了したら、ファイルを読み込んで再生してみます。「Render」メニュー→「MPlay」→「Load Disk Files」を選びます。

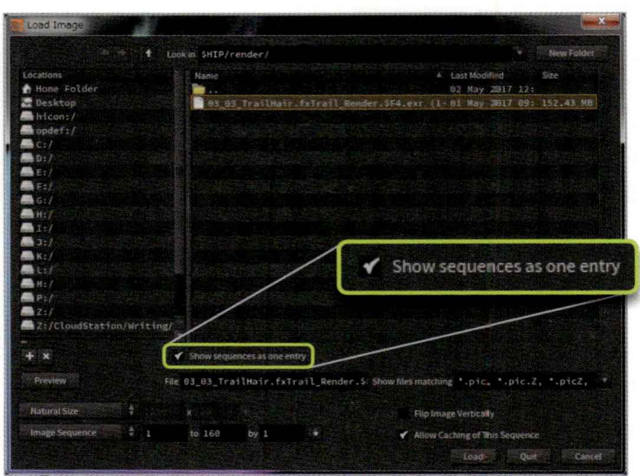

107 「Load Image」ウィンドウからレンダリングしたファイルを選択します。この時、下部の「Show sequences as one entry」をオンにして、複数ファイルが、シーケンス（連番）ファイルとして読み込まれるようにします。「Load」ボタンを押してファイルを読み込みます。

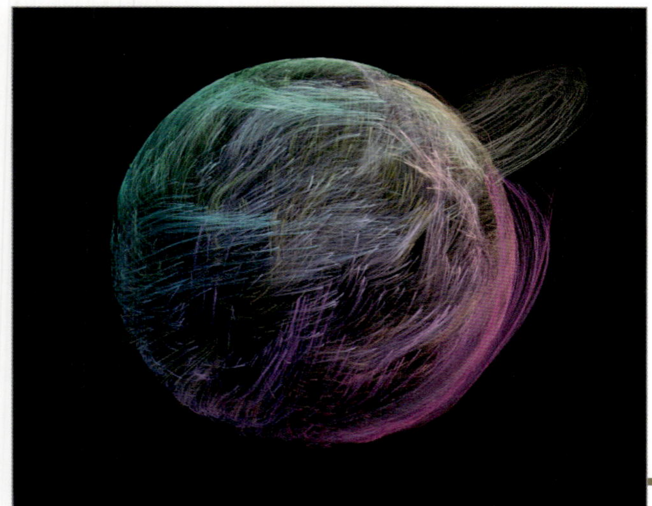

108 これで作例は完成です。

3-4 グループとストリーム

難易度 ★★★★

Chapter 3の最後は作例ではなく、主に機能解説です。パーティクルを扱う際の重要な概念、「グループ(Group)」と「ストリーム(Stream)」について解説します。

グループ(Group)

パーティクルのグループとは、パーティクルを特定の条件でまとめたものです。SOPの作例で何度か「Group(SOP)」というノードを使いましたが、それのパーティクル版です。特定の条件などでパーティクルをまとめて処理したい場合に、「POP Group(DOP)」ノードでグループを作成できます。

1 まず、シェルフから簡単なパーティクルを作成します。シェルフの「Particles」タブ→「Location Particle Emitter」をクリックします。その後シーンビューをクリックすると、クリックした場所からパーティクルが発生する仕組みを自動で作成できます。

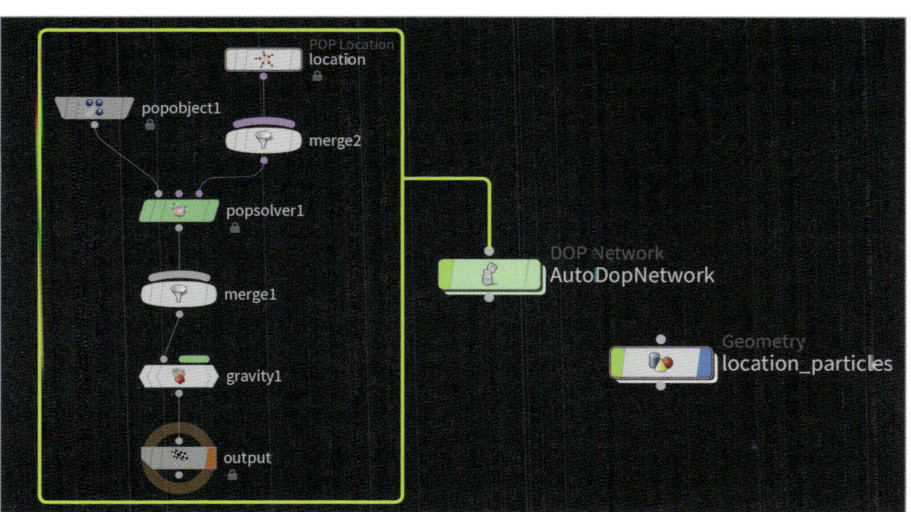

2 シェルフによりできた「AutoDopNetwork」ノードの中に自動で移動します。いったんUキーで「/obj」階層に戻ると、ここには「AutoDopNetwork」ノードと「location_particles」ノードがつくられています。「AutoDopNetwork」は内部でシミュレーションをしているDOPネットワークノードで、「location_particles」はそのシミュレーション結果を読み込んでいるノードです。確認後「AutoDopNetwork」ノードをダブルクリック(もしくはIキー)し、再度中に入ります。

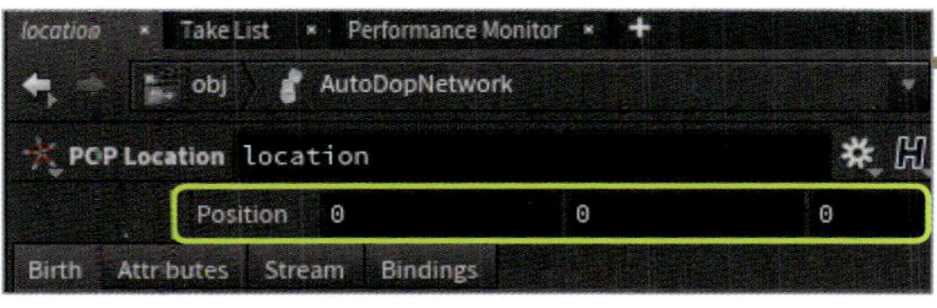

3 「location」ノードのパラメータ「Position」を「0 0 0」に変更し、パーティクルを原点から発生するようにします。これは「POP Location(DOP)」というタイプのノードで、空間上の任意の点をパーティクルの発生源とすることができます。パラメータは既出の「POP Source(DOP)」と殆ど同じです。

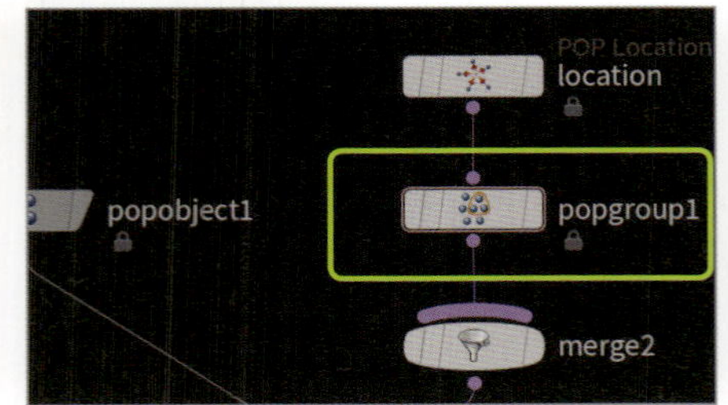

4 パーティクルをグループ分けします。TAB Menuから「POP Group (DOP)」ノードを作成し、図のように「location」と「merge2」の間に挿入します。このノードは指定条件でパーティクルのグループを作成できます。パラメータ「Group Name」に「groupA」と記述します。

5 グループの条件を設定します。「popgroup1」ノードのパラメータ「Rule」タブ→「Enable」をオンにすると、その下の「VEXpression」が記述可能になります。ここに記述したエクスプレッションはパーティクルごとに評価され、条件に合致したパーティクルがグループに属します。すでに、「ingroup = 1」という記述があり、全パーティクルがグループに含まれます。

6 記述を「ingroup = @P.x>0;」と変更します。右辺「@P.x>0」の結果が左辺の「ingroup」値になります。右辺の条件式では、各パーティクルの「P.x（X座標の位置）」が0より大きい場合1を返し、それ以外は0を返します。つまり、@P.xが0より大きな値を持つパーティクルは「groupA」に属するようになります。

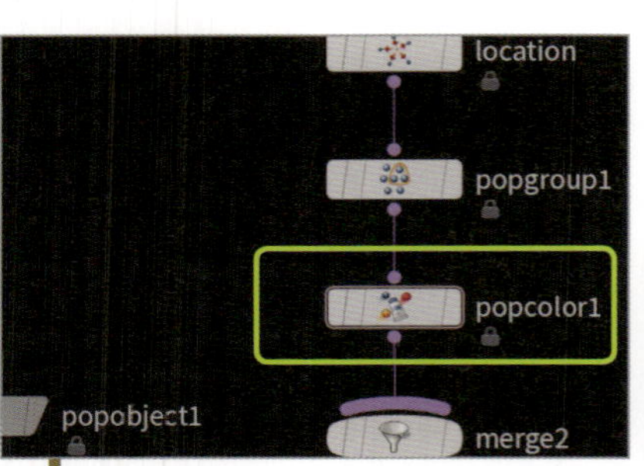

7 groupAに属するパーティクルのみ色を赤くします。TAB Menuから「POP Color (DOP)」ノードを作成し、「popgroup1」と「merge2」の間に挿入します。

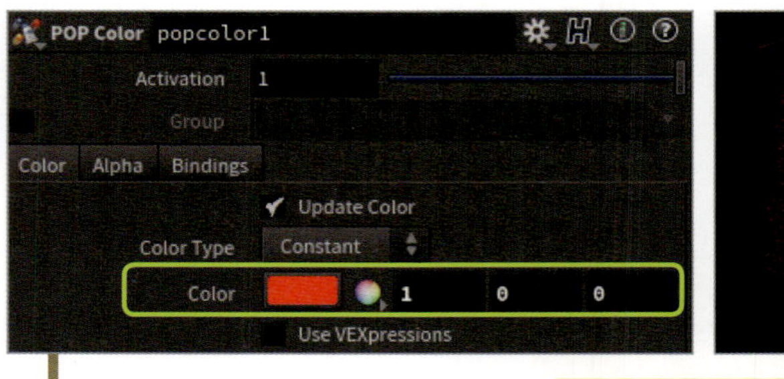

8 「popcolor1」ノードのパラメータ「Color」を「1　0　0」と赤くします。確認のために再生すると、全パーティクルが赤くなります。これをグループにだけ適用します。

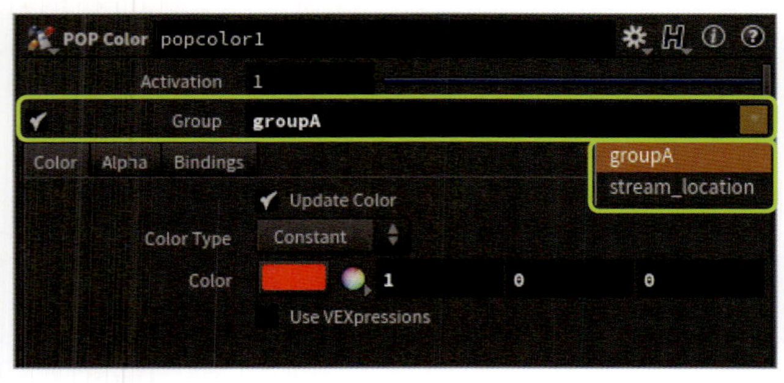

9 「popcolor1」ノードのパラメータ「Group」欄左のチェックをオンにして、「Group」を有効にします。欄右の▽から「groupA」を選びます（記述でも指定できます）。再生して確認すると、グループに属するパーティクルが赤くなりました。

このように、特定の条件でパーティクルをまとめて操作するのにグループを使います。特定パーティクルの動きを変更・削除できるようになります。

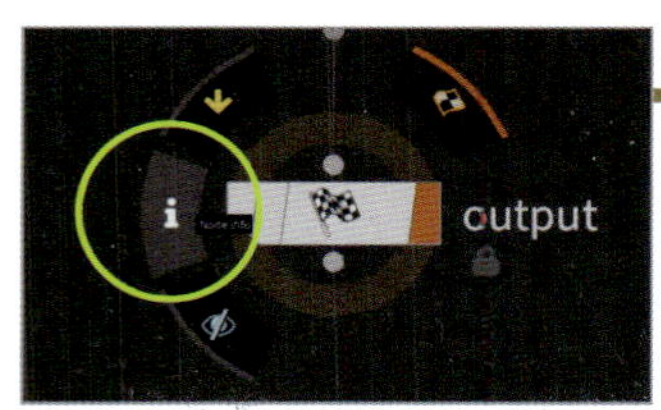

10 実際に、groupAに属しているパーティクルの数を確認します。24フレームに移動してパーティクルの発生状態にし、「output」ノードの上にマウスカーソルを置き、ノードリングから「Node info」ボタンを押してノードの情報を表示します。ウィンドウ中程より少し上に、ノードの持つアトリビュートが表示され、その一番下にグループの項目があります。ここでは「groupAに2,522個、stream_locationに5,006個のパーティクルが含まれている」という意味の表示があります。「groupA」は「popgroup1」ノードでつくったグループ、「stream_location」は「location」ノードでパーティクル作成時に自動でできる初期グループ（ストリーム）です。なので、「groupA」にはおおよそ全体の半分の数のパーティクルが含まれていることになります。

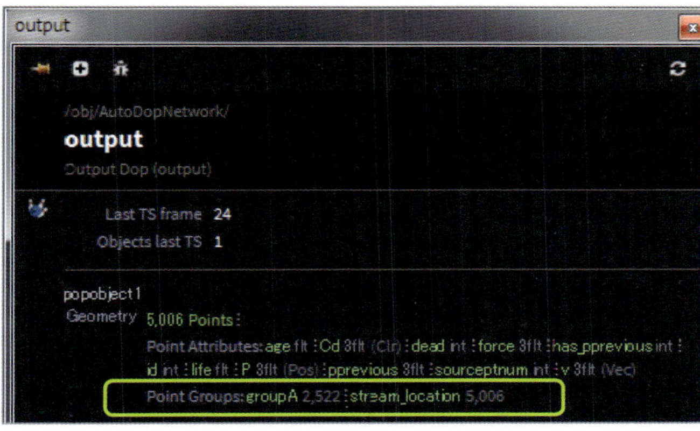

ストリーム（Stream）

ストリームとはシミュレーションで利用可能なグループの一種です。Chapter 3-2（火花）では「Split（SOP）」ノードでジオメトリを二分割しましたが、それに似ています。ストリームを使うと、パーティクルを分割して処理することが可能になります。これを使うことでノードが整理できるので、複雑なネットワークでは理解の助けになります。ストリームは「POP Stream（DOP）」ノードで作成できます。また、新規でパーティクルが発生した際にもストリームはつくられます。

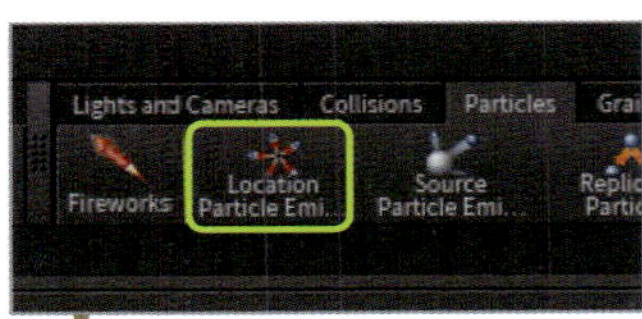

11 グループの解説でつくったのと同じものを、ストリームを使ってつくります。新規シーンから始めます。シェルフの「Particles」タブ →「Location Particle Emitter」をクリック。続いてシーンビュー上でパーティクルを発生させたい場所をクリックします。パーティクル発生に必要なノードが自動でつくられ、ネットワークビューの階層が自動で「AutoDopNetwork」ノードの中に移動します。

12 「location」ノードのパラメータ「Position」を「0　0　0」に変更し、パーティクルが原点から発生するようにします。ここまでは先のグループの説明と同じです。実はこの段階ですでにストリームが作成されています。基本的に新規でパーティクルを作成すると、それを格納するストリーム（グループ）が一緒に作成されます。パラメータの「Stream」タブで、ストリームの名前が決められます。デフォルトではノード名を表す「$OS」が設定されており、それの頭に「stream_」を付けたものがストリーム名となります（この場合「stream_location」）。

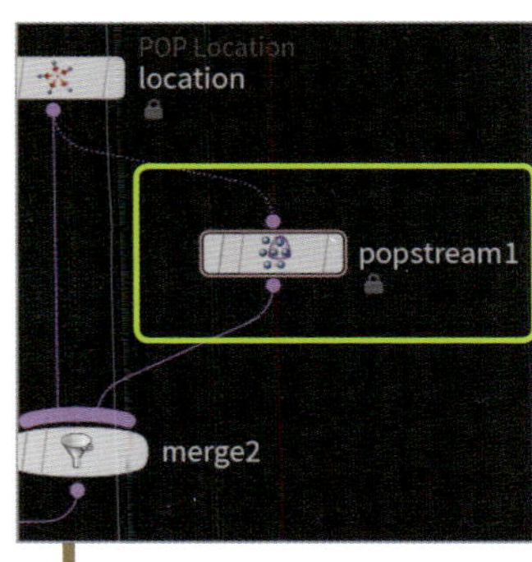

13 別ストリームを作成し、パーティクルの処理を分離します。TAB Menuから「POP Stream（DOP）」ノードを作成、図のように「location」から分岐して「merge2」で合流するようにコネクトします。

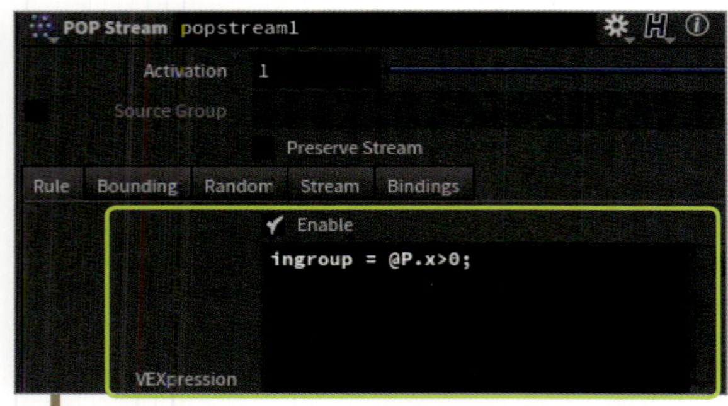

14 ストリーム分岐の条件を設定します。「popstream1」ノードのパラメータを見ると、先に紹介した「POP Group」と似たパラメータが並んでいます。グループの時と同様、「VEXpression」に
ingroup = @P.x>0;
と記述します。これで条件に当てはまるパーティクルは別ストリームに分離します。

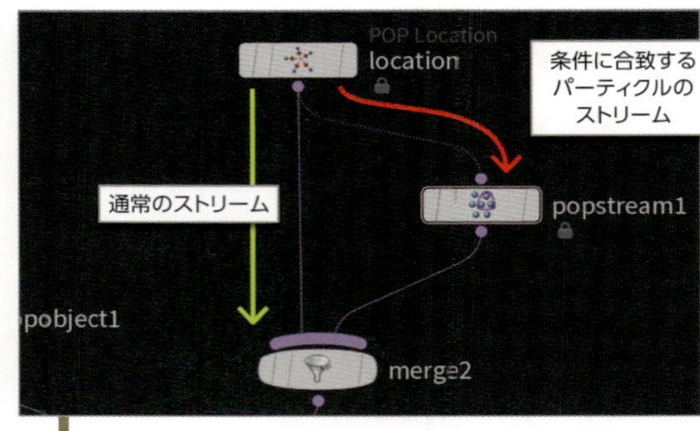

15 流れとしては、条件に一致するパーティクルの情報が「popstream1」ノードの方に流れてゆき、それ以外がそのまま下に流れていく感じでしょうか。分離したパーティクル情報は「merge2」ノードで合流します。

Point 「Merge (DOP)」によるストリームの合流

Chapter 3-3では「Merge (DOP)」ノードを互いに影響を与えるために使いましたが、このように「ストリームを合流させる」という機能もあります。また、ストリームはソルバの手前で合流している必要があります。そのためこの位置でのマージとなります。

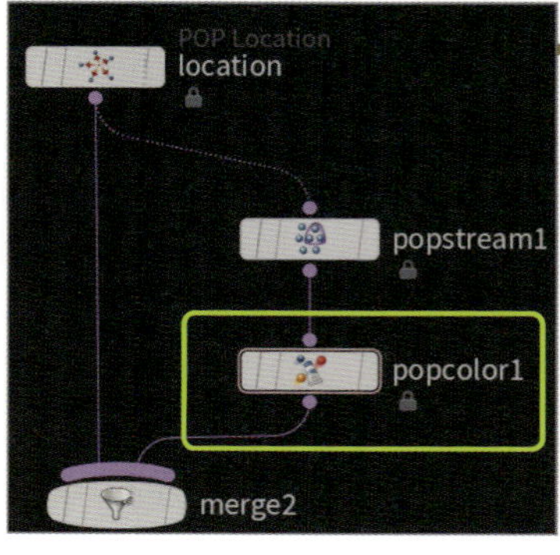

16 分離したストリームの方に色を付けて、シーンビューで確認できるようにします。TAB Menuから「POP Color」を作成し、「popstream1」と「merge2」の間に挿入します。

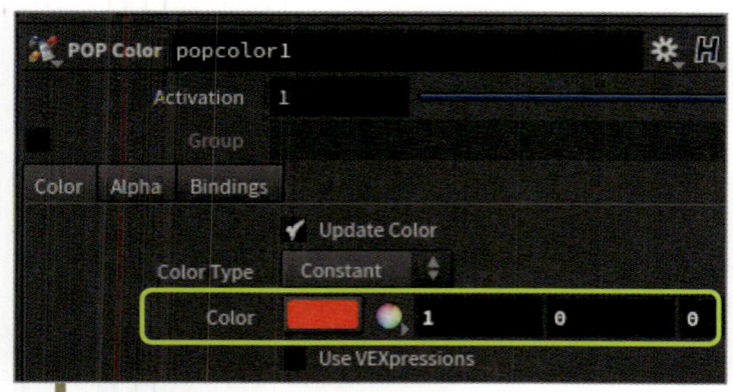

17 「popcolor1」のパラメータ「Color」を赤「1 0 0」に変更します。

18 再生すると、設定した条件に一致したパーティクルだけが赤くなります。グループの解説では、「POP Color」ノードを適用するグループを指定しましたが、ストリームで分岐した場合、「POP Stream」以下のノードはそのストリームにのみ適用されるので、ノードごとにグループを指定する必要はありません。これもストリームを使う利点のひとつでしょう。

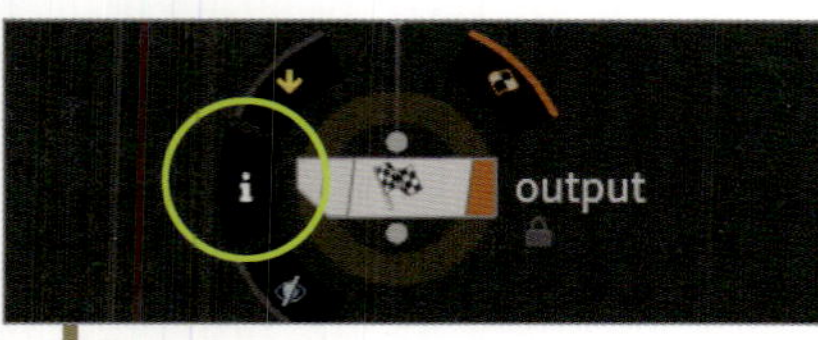

19 10と同様に、ストリーム分岐しているパーティクル数を確認します。24フレームでパーティクルの発生状態にし、「output」の「Node info」を選びます。

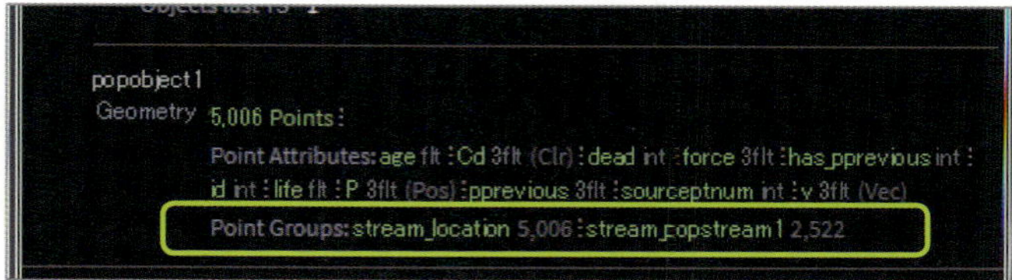

20 「stream_popstream1」は「popstream1」ノードで分岐させたストリームです。現状、2,522個のパーティクルがこの「stream_popstream1」というストリームに属していることがわかります。

Point ストリームの実体はグループ

ストリームの実態はグループです。ノードの中を見てみると、「POP Stream」ノードは「POP Group」によって構成されていることがわかります。ストリームはネットワークラインを分岐できるグループともいえます。また基本的にストリームを使ってできる処理はグループでも再現できます。

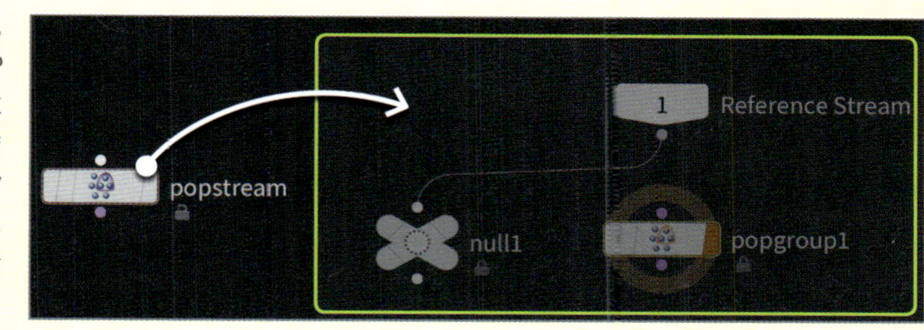

ストリームの練習問題

ストリームがどんな時に有効か、具体例も兼ねて、ひとつ練習問題を解いてください。次のような、条件によって次々とパーティクルの色や挙動が変わるシミュレーションは、どのようなネットワークになるでしょうか？

いろいろ条件分岐があって複雑ですが、これをつくるための知識は多くが既出のものです。いくつか、まだ紹介していない知識があるので、下と次ページの「Point」を参考に、つくり方を考えてみましょう。

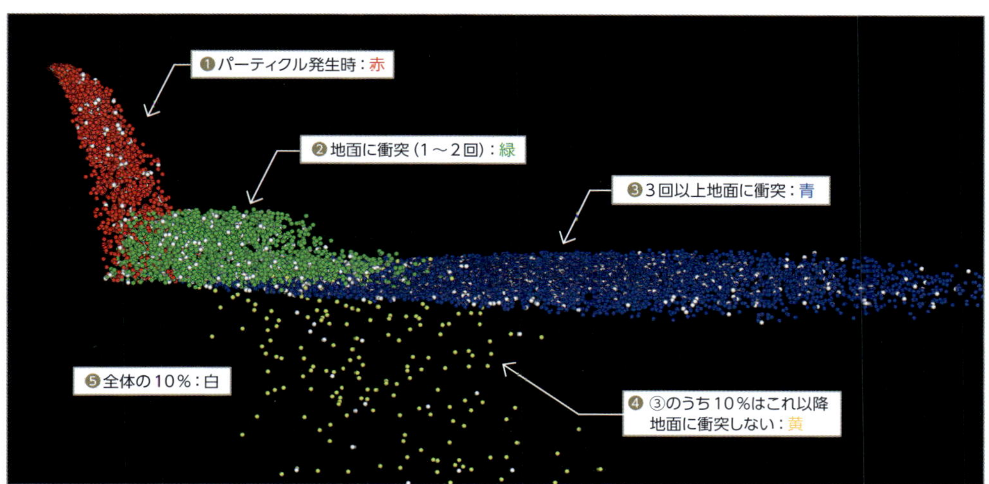

Point 衝突回数を知る

衝突回数を知るためには、「POP Solver (DOP)」ノードにある、パラメータ「Collision Behavior」タブ→「Add Hit Attributes」をオンにします。これにより、パーティクルに衝突に関するアトリビュートが付与されます。

「Geometry Spreadsheet」で確認すると、「hit～」というアトリビュートがいくつか追加されています。その中の「hittotal」が衝突回数の総数を記録したものです。

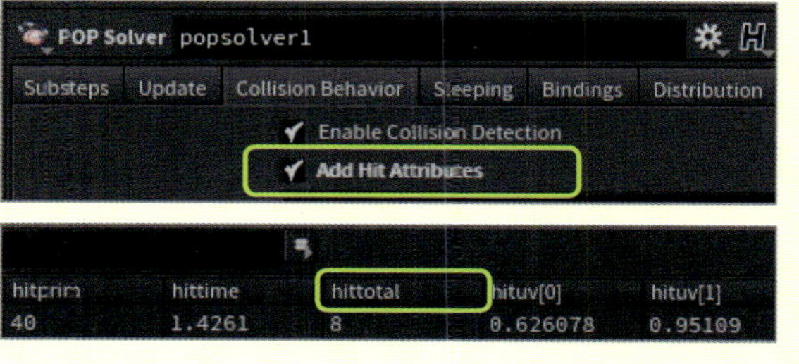

Point 衝突を無効にする

パーティクルの衝突を無効にするには「POP Collision Ignore (DOP)」ノードを使用するとよいです。このノードにコネクトされたパーティクルは衝突という行為をしなくなります。パラメータもほとんどなく、コネクトするだけで使えます。

Point 割合で選択

「POP Group (DOP)」を使うと、「全体の何%をグループに含める」ということができます。パラメータの「Random」タブで設定します。「Enable」をオンにすると機能し始め、「Chance」(割合)を「0.5」にすると全体の半分がランダムにグループに含まれます。また、「Seed」でランダムさを変化させられます。

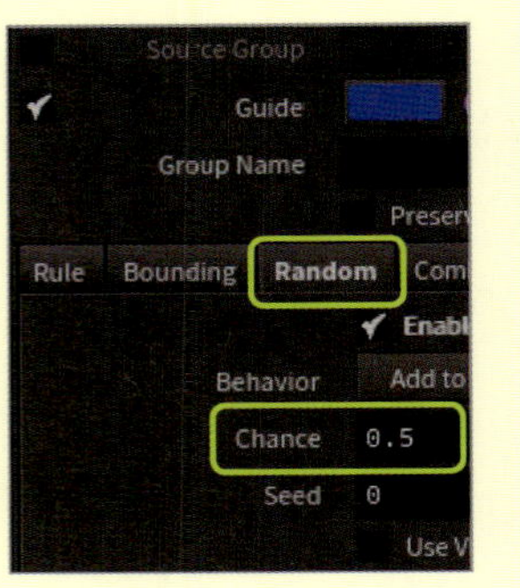

ストリームの練習問題：解答例1(グループを使った場合)

グループを使って直列にネットワークを組んだ場合、DOPネットワークの中身は下図のようになりました(シーンファイル：stream_Sample02.hip)。図中の数字は、前ページの問題図の数字と対応しています。

一見シンプルですが、どのグループがどのノードに影響しているのか、ネットワークから推測するのは大変です。これをストリームを使って整理すると、もう少し推測しやすいネットワークになります。

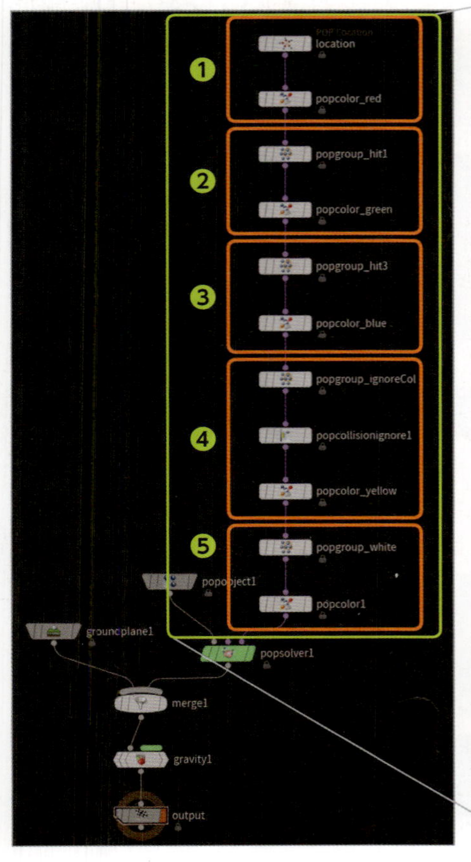

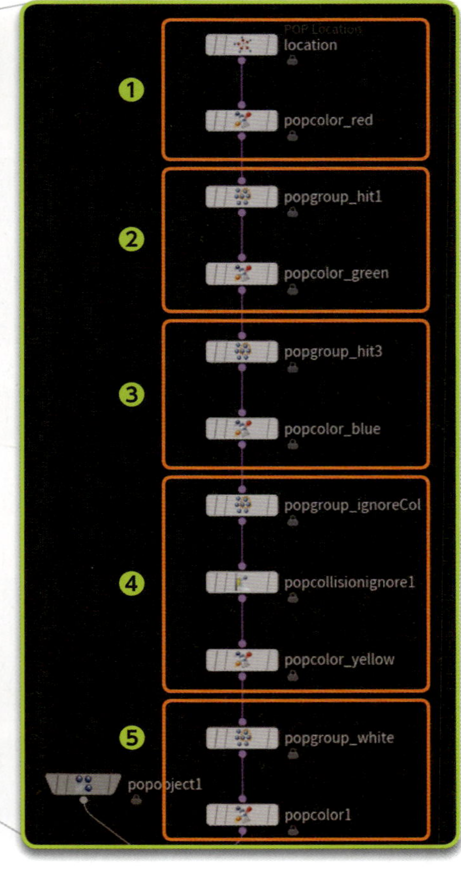

ストリームの練習問題：解答例２（ストリームを使った場合）

ストリームを使った場合、DOPネットワークは下図のようになりました（右ページの同一シーンファイル内に構築）。

こちらはネットワークがいろいろ分岐していて一見複雑そうですが、ネットワークの分岐から条件分岐があることが推測でき、その条件下の挙動も「POP Stream」ノード以下にまとまっているので、後で見返したときに理解しやすいでしょう。このようにストリームは複雑な条件分岐の管理に役立ちます。

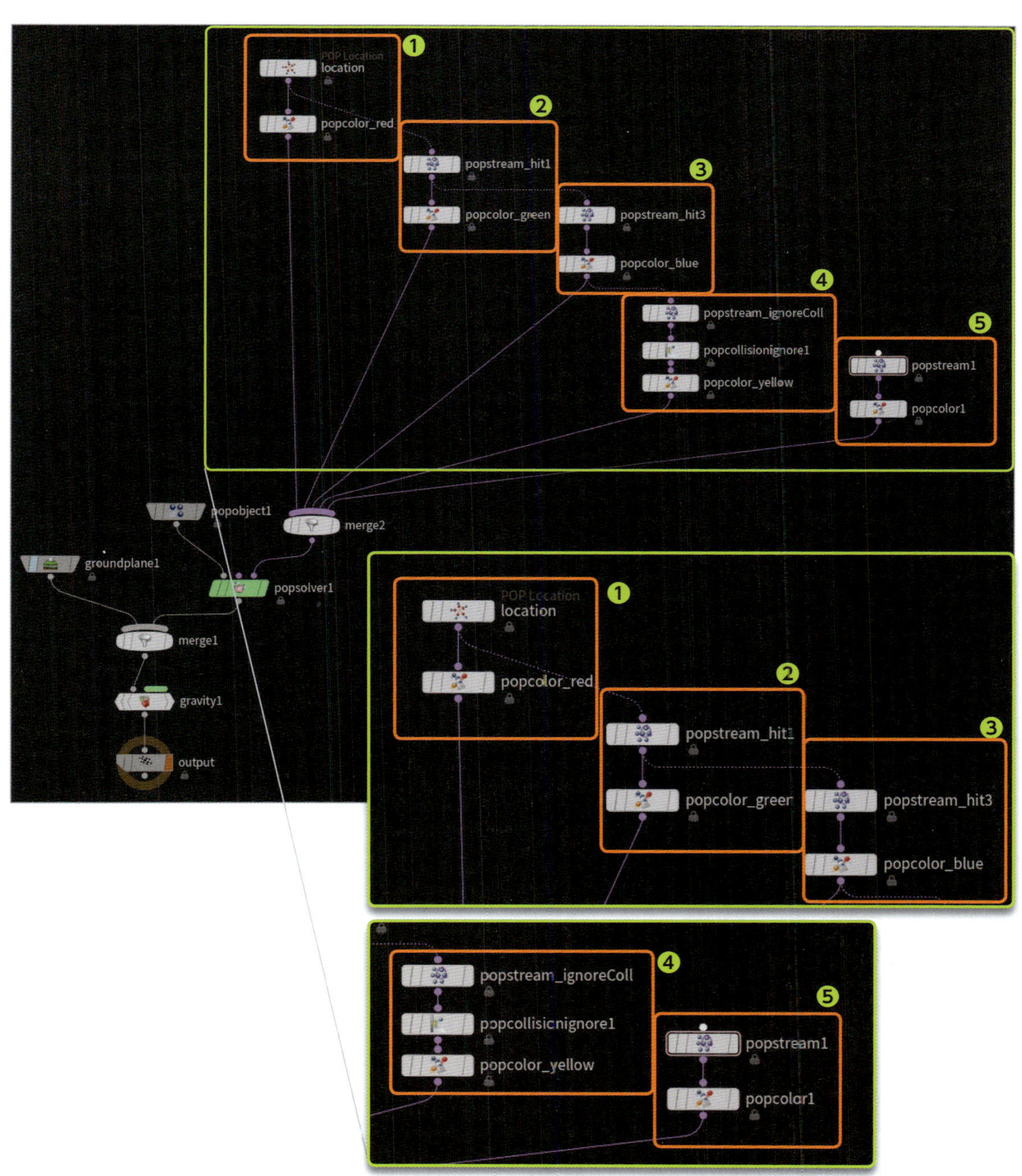

パーティクルが倍々に増える作例

もうひとつグループとストリームにまつわる作例を紹介します。右図のように、1粒のパーティクルが消滅時に2粒に分裂し、それらの消滅時にまたそれぞれが2粒に分裂して増える、倍々にパーティクルが増える作例です（サンプルムービー：stream_Sample03.mov）。

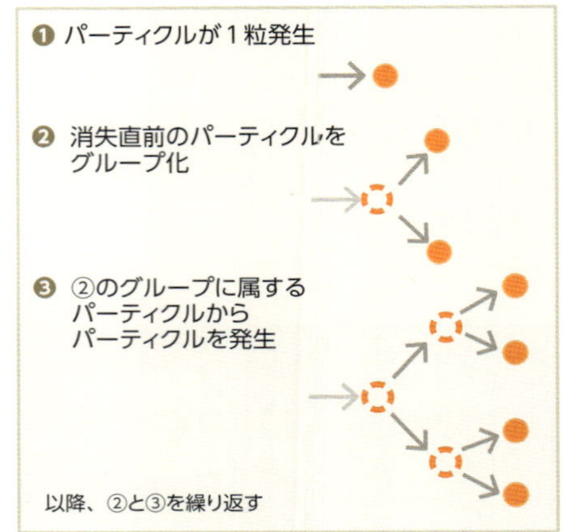

❶ パーティクルが1粒発生
❷ 消失直前のパーティクルをグループ化
❸ ②のグループに属するパーティクルからパーティクルを発生
以降、②と③を繰り返す

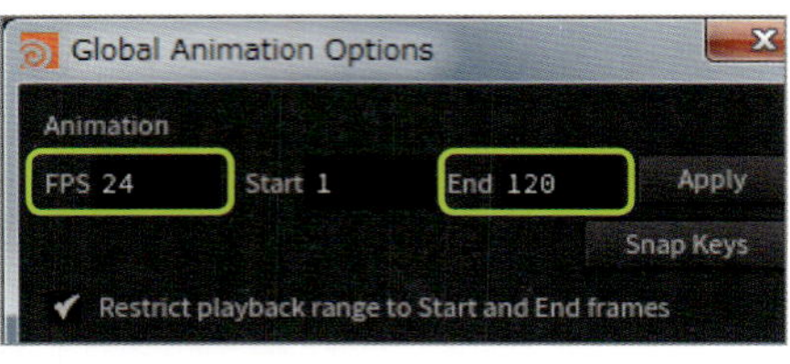

21 新規シーンから始めます。まずシーンセッティングとして、ウィンドウ右下のアイコンをクリックして「Global Animation Options」を表示します。「FPS：24」「End：120」に変更します。

22 パーティクルを見やすくします。シーンビューでDキーを押し、「Display Options」を表示します。「Background」タブ→「Color Scheme：Dark」に変更します。

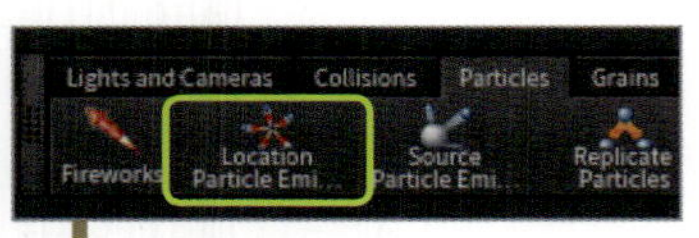

23 シェルフから簡単なパーティクルを作成します。シェルフの「Particles」タブ→「Location Particle Emitter」を選択、シーンビュー上でパーティクルを発生させたい場所をクリックします。パーティクル発生に必要なノードがつくられ、「AutoDop Network」ノードの中に自動で移動します。

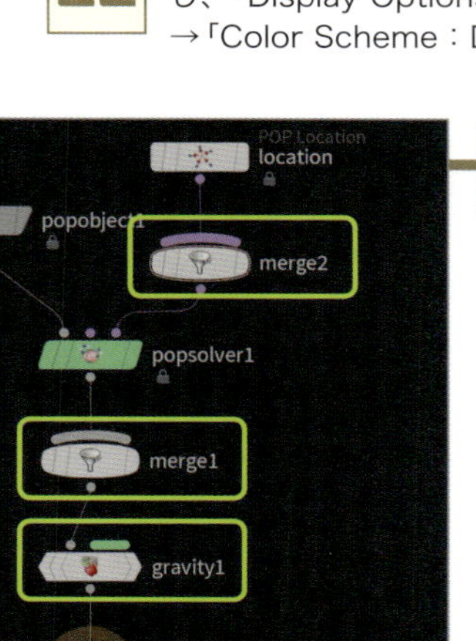

24 赤枠で囲んだ「merge1」「merge2」「gravity1」ノードは不要なので削除します。

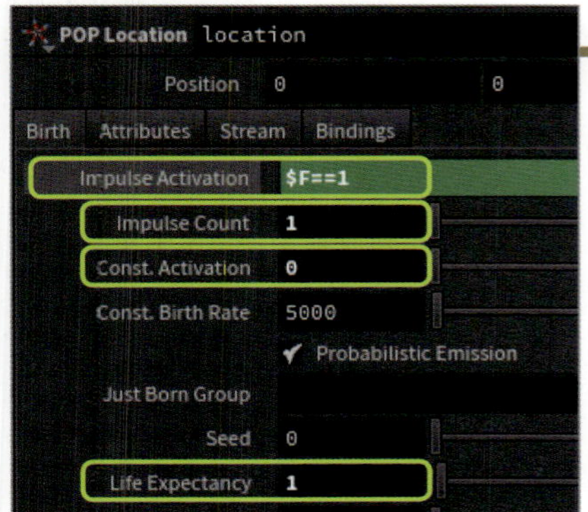

25 パラメータを変更してパーティクルが1個しかつくられないようにします。「location」ノードのパラメータ「Birth」タブ→「Impulse Activaion」に「$F==1」と記述します（「$F」はフレーム番号、つまりこのエクスプレッションは1フレーム目の意味）。
次に「Impulse Count：1」にします。これは、このノードが1回計算されるごとに作成されるパーティクルの数です。今回は1個だけなので「1」です。
その下、「Const. Activation：0」にします。これは1秒あたりに放出されるパーティクルのオンオフを制御するパラメータで、値が「0」の場合、このルールではパーティクルは作成されません。
最後にパーティクルの寿命を設定します。「Birth」タブ→「Life Expectancy：1」に設定します。これで、パーティクルをひとつだけ発生し1秒後に消失するようになりました。再生して確認してみましょう。

Point パーティクル表示を見やすく変更

シーンビューでパーティクルの粒が小さくて見づらければ、表示設定で大きくできます。シーンビューでDキーを押して「Display Options」を表示、「Geometry」タブ→「Point Size」を変更します（ここでは「10」）。

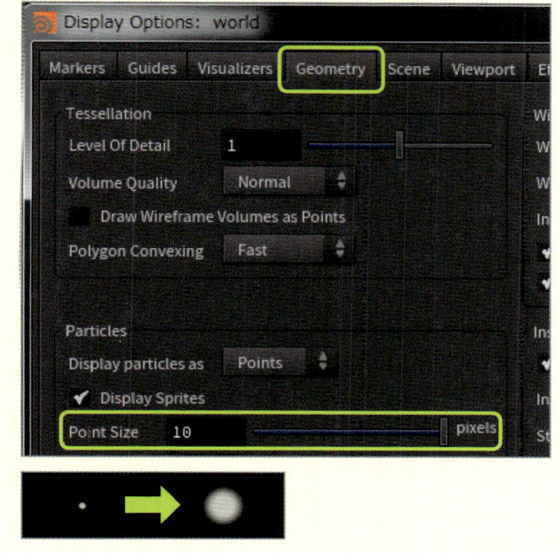

Point 「dead」アトリビュートの場所

「Geometry Spreadsheet」ではアトリビュートは基本的にアルファベット順に並んでいます（Pとグループ以外）。「dead」は比較的前の方にあります。

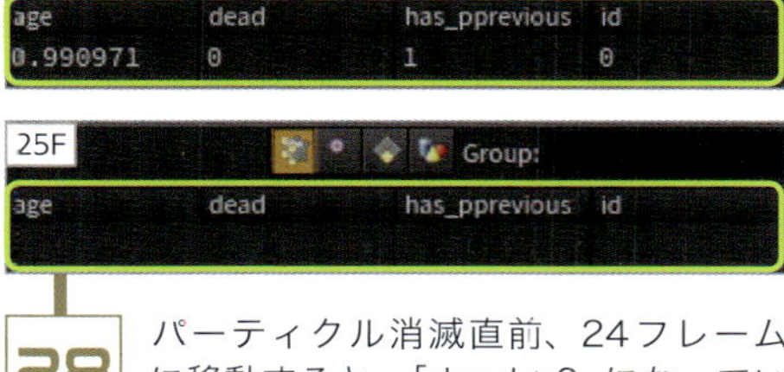

28 パーティクル消滅直前、24フレームに移動すると、「dead：0」になっています。次に、25フレーム目に進むと、パーティクルが消滅しアトリビュートも消えてしまいました。「dead：1」になったそのフレームでパーティクルも消滅しているのです。

26 パーティクルが消滅する瞬間に新しいパーティクルを発生させるには、「消滅の瞬間」を知る必要があります。これは各パーティクルの「dead」アトリビュートから知ることが可能です。「dead」値は普段は「0」で、「age」（パーティクルが発生からの時間）が「life」（パーティクルが存在していられる時間）値を越えた時に「1」になり、消滅します。「dead」値の変化を確認するため、シーンビュー上でAlt＋］キーを押してフレームを上下に分割、下のペインを「Geometry Spreadsheet」（Alt＋8キー）に切り替えます。

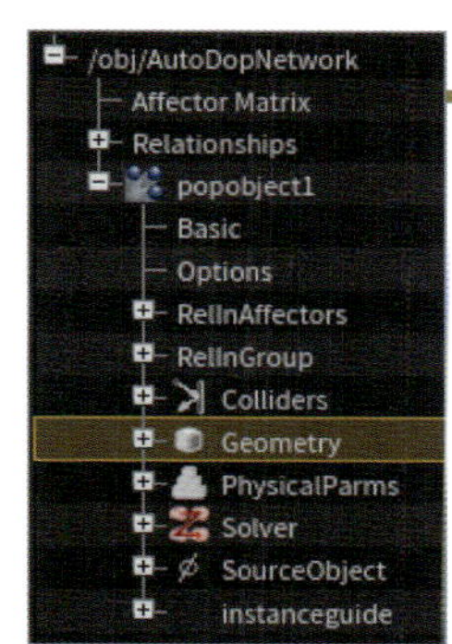

27 「Geometry Spreadsheet」内で「popobject1」→「Geometry」を選択し、パーティクルのアトリビュートを表示します。「dead」アトリビュートはパーティクルが発生した瞬間は存在せず、その次のフレームからは存在するので、2フレーム以降に進めておきます。

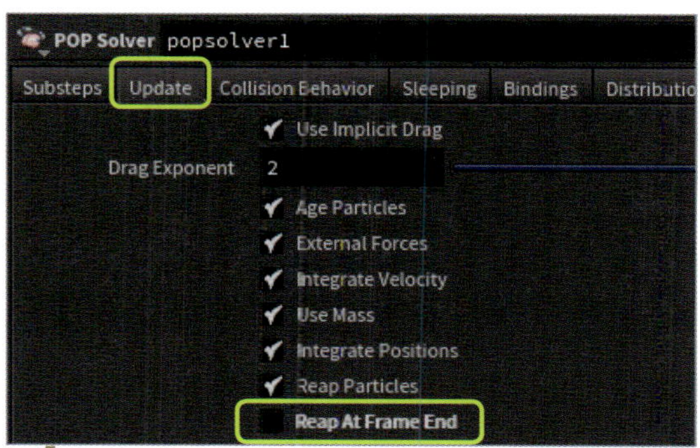

29 「dead：1」の状態を確認できるように、消滅のタイミングを変更します。「popsolver1」ノードの設定を変更することで消滅のタイミングを変更できます。「popsolver1」のパラメータ「Update」→「Reap At Frame End」をオフにします。これはパーティクルの消失タイミングに関するパラメータで、オフにするとパーティクルは「dead：1」になった次のフレームで消滅します。

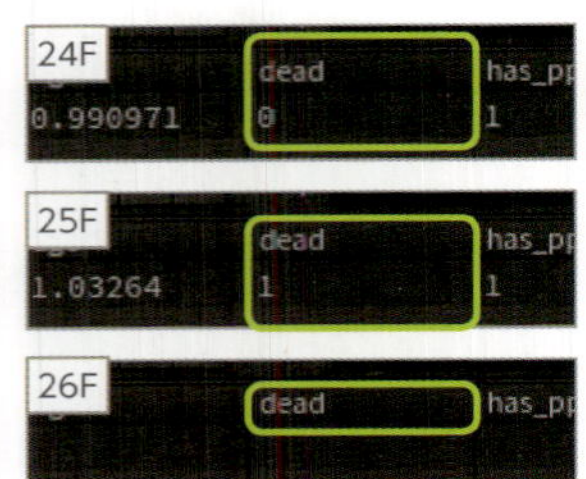

30 いったん1フレームに戻り、メモリのキャッシュをリセットしてから再度24フレームに移動して「Geometry Spreadsheet」を確認します。「dead：0」です。25フレームで「dead：1」になったのが確認できます。シーンビューではパーティクルがまだ存在しているのも確認できます。26フレームに移動すると、ようやくパーティクルが消滅しました。確かに「dead：1」になるとパーティクルが消滅することが確認できました。

Point 「Reap At Frame End」について

「Reap At Frame End」によるパーティクルの消滅タイミングは、厳密には図のようになります。

「Reap At Frame End」がオンの場合、パーティクルは「dead：1」になったら、そのフレームの最後の処理で消滅します。「Reap At Frame End」がオフの場合、パーティクルは「dead：1」になった次のフレームの最初の処理で消滅します。

ちなみに図の「Pre-Solver」と「Post-Solver」というのは、「POP Solver（DOP）」ノードのふたつの入力につながれた処理のことです。作例は「Reap At Frame End」がオン／オフどちらでも作成可能です。ここでは「dead：1」の状態を確認するためにオフにしましたが、「Reap At Frame End」がオンの方がよりスマートかもしれません。

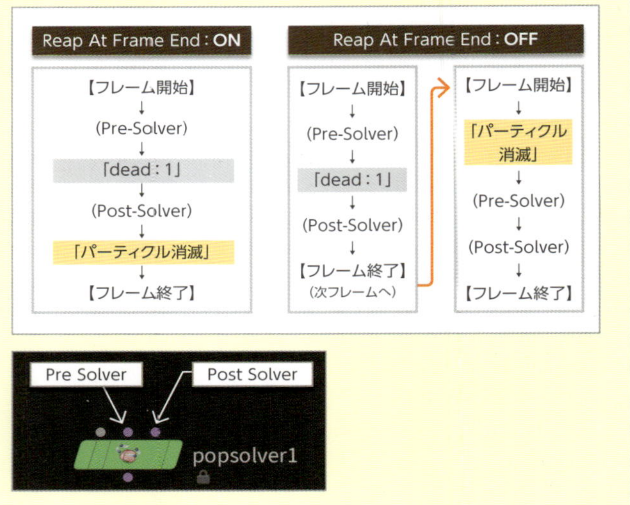

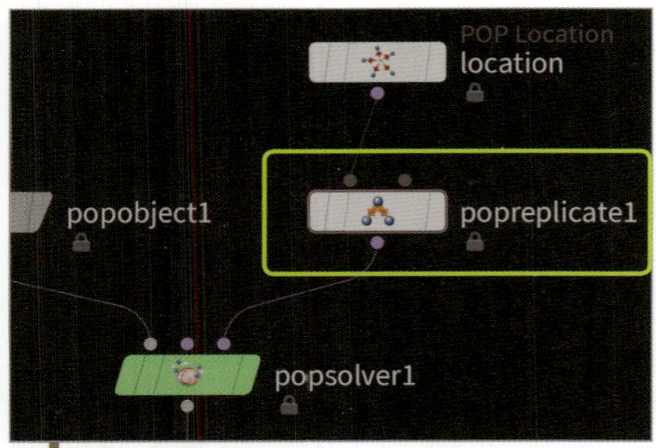

31 パーティクルが消滅する瞬間（「dead：1」）に新しくパーティクルが発生するようにします。パーティクルからパーティクルを発生させるには、「POP Replicate（DOP）」ノードを使います。TAB Menuから「POP Replicate（DOP）」を作成し、「location」と「popsolver」の間に挿入します（以降、最初に発生させたものを「パーティクル（親）」、そこから発生したものを「パーティクル（子）」と呼びます）。

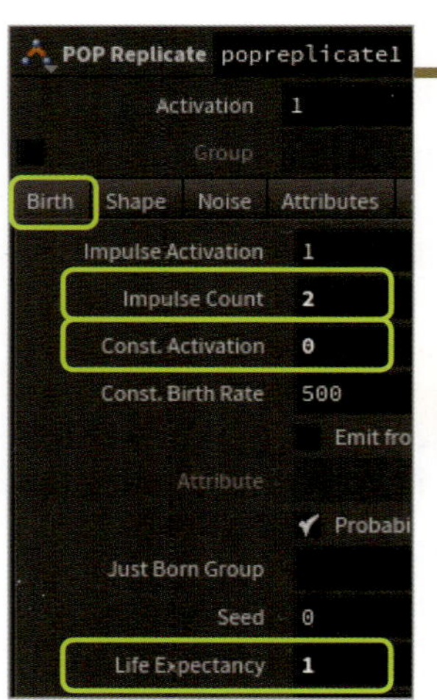

32 「POP Replicate（DOP）」のパラメータは、これまでパーティクルの発生に使ってきた「POP Source（DOP）」や「POP Location（DOP）」とほぼ同じです。まずは「Birth」タブ→「Impulse Count：2」「Const.Activation：0」「Life Expectancy：1」とします。これで、一回の計算で2個の「パーティクル（子）」が発生し、1秒後に消滅します。

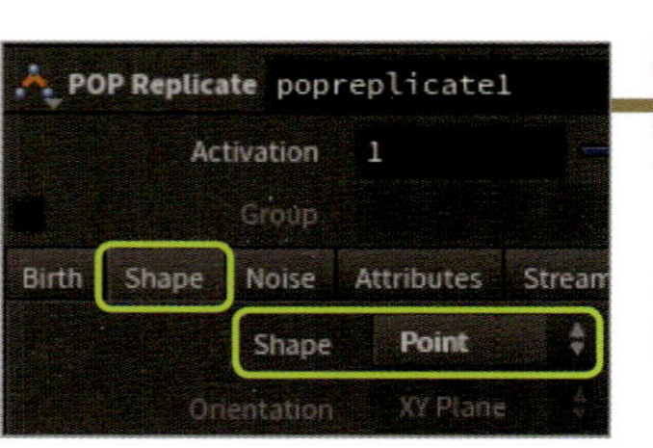

33 次に「Shape」タブ→「Shape：Point」とします。「Shape」が「Point」以外の場合、「パーティクル（親）」の各点を中心として、指定した形状の範囲内から「パーティクル（子）」が発生します。「Point」の場合、「パーティクル（親）」の位置から発生します。

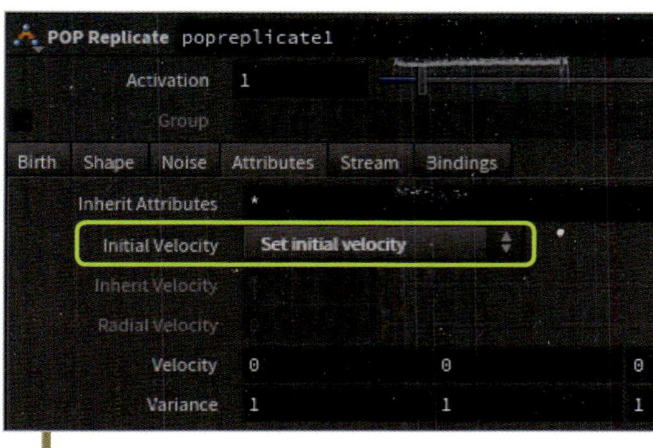

34 続いて「Attributes」タブ→「Initial Velocity：Set initial velocity」とします。これは、「パーティクル（親）」の速度は継承せず、初期速度を自分で指定する設定です。「Velocity」（速度）が「0　0　0」、「Variance」（ばらつき）が「1　1　1」なので、「パーティクル（子）」はランダムな方向に飛んでいきます。

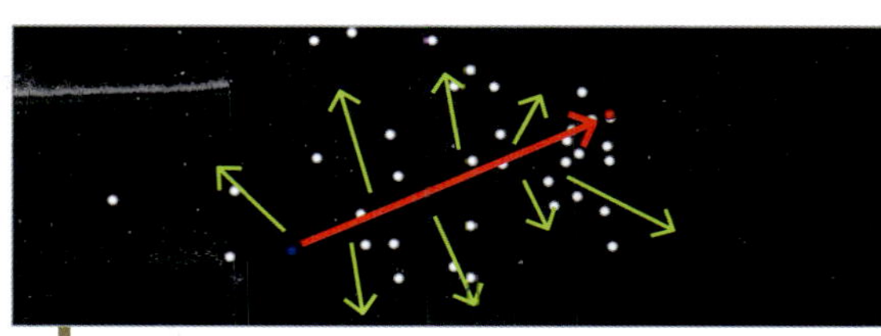

35 再生すると「パーティクル（子）」が多数発生します。これらは先ほどの1粒の「パーティクル（親）」から発生したものですが、現状だと常時発生しています。「パーティクル（親）」の消滅時のみ、新しく「パーティクル（子）」を発生させたいのですが、そうはなっていません。

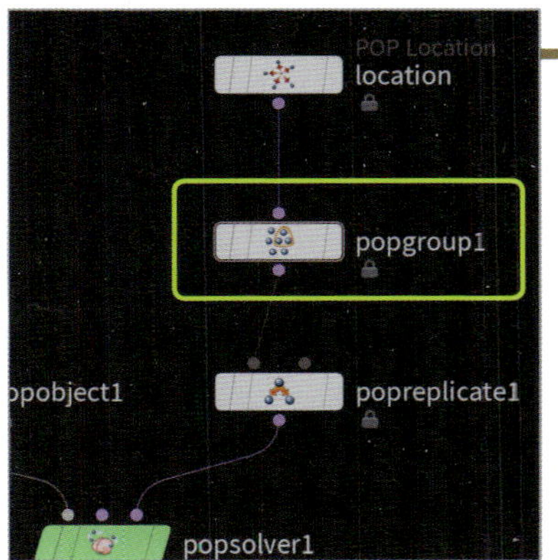

36 そこで、「1：新しくグループをつくる」「2：dead値　が1のパーティクルがそのグループに属するようにする」「3：グループに属するパーティクルからのみ新しくパーティクルが発生」という機能を組み込みます。
TAB Menuから「POP Group (DOP)」を作成し、「location」と「popreplicate1」の間に挿入します。

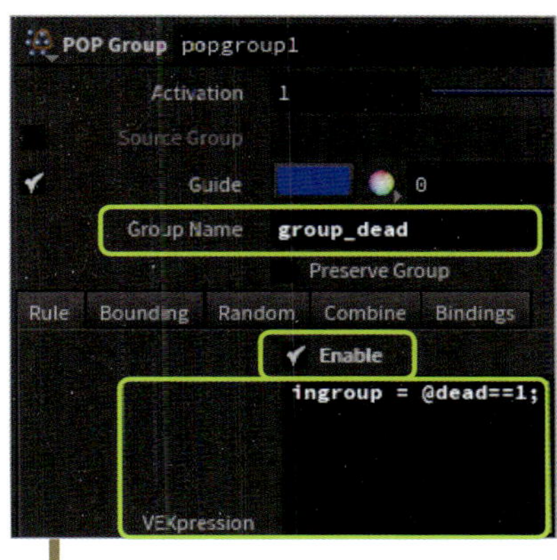

37 「popgroup1」のパラメータを変更します。まず、「Group Name：group_dead」「Rule」タブ→「Enable：オン」にします。VEXpressionが記述可能になるので、ingroup = @dead==1;と記述します。これで消滅寸前のパーティクルがグループ「group_dead」に属します。

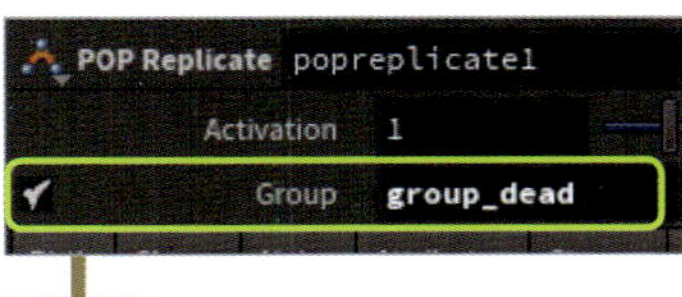

38 このグループに属するパーティクルに対してのみ、先ほどの「popreplicate1」ノードが作用するようにします。「popreplicate1」ノードを選択、パラメータ「Group」をオンにし、「group_dead」を指定します。

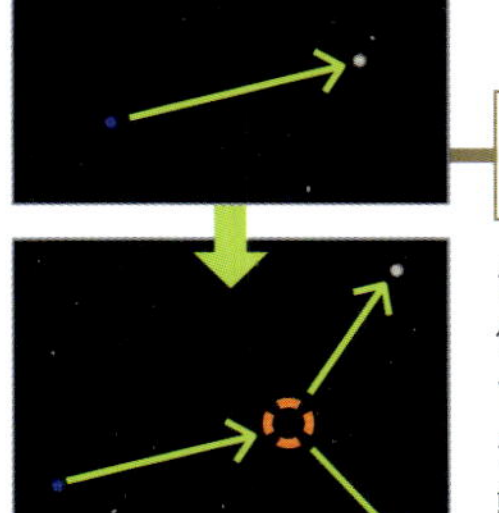

39 これで「groupA」に属するパーティクルからのみパーティクルが発生するようになりました。再生すると、最初に発生したパーティクルが消滅した瞬間、新しいパーティクルが2個発生するのが確認できます。しかし、分裂が1回で終わっています。「popreplicate1」で発生したパーティクルが別のストリームとして分離しており、分離したパーティクルからは消失時に新しいパーティクルが発生しなくなったためです。

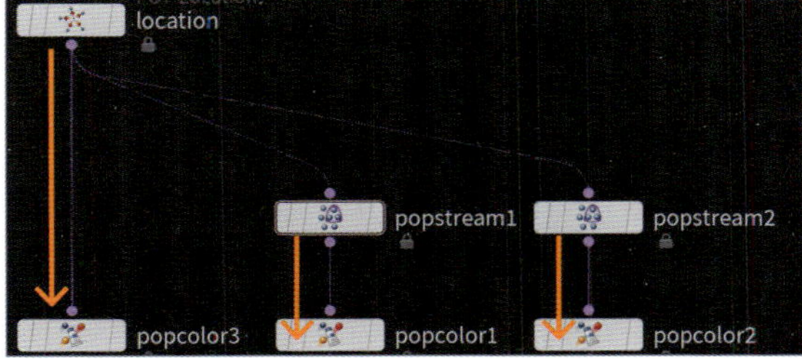

40 基本的に、新しくストリームが作成されると、その下にコネクトされているノードはそのストリーム内だけで有効です。別ストリームに分かれた時点で他のストリームにあるノードの影響は受けなくなります。例えば図のようなネットワークの場合、各「popcolor」ノードはそれぞれのストリームに対してのみ影響があり、他のストリームには影響しません。この情報をふまえて作例のネットワークの流れを追ってみます。

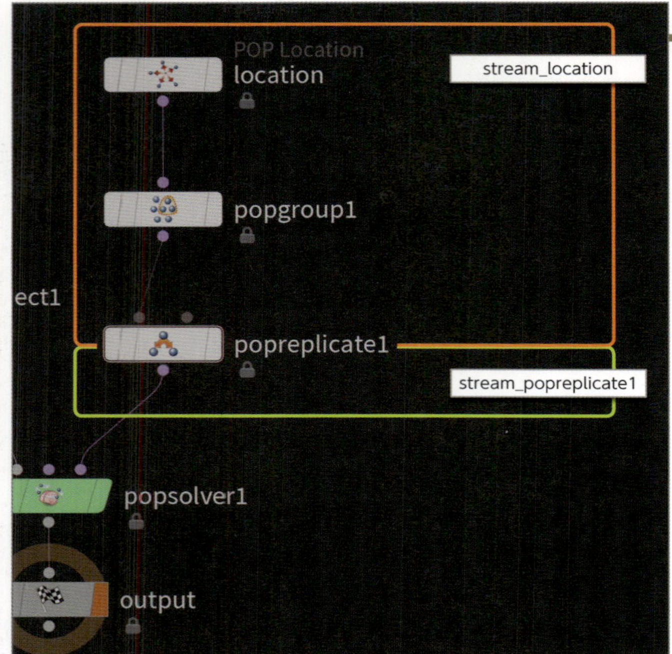

41 ネットワークの最初に「location」ノードでパーティクルがつくられた際、一緒に「stream_location」というストリームがつくられます（パーティクル発生時につくられるストリームについては12を参照）。続く「popgroup1」は「location」の下にあるので、実は最初のストリーム「stream_location」の影響下にあります。そのため、他のストリームには影響しません。
続く「popreplicate1」で、パーティクルからパーティクルが発生しますが、これもストリーム「stream_location」の影響下にあります。ただし、ここで注意点があります。新しい「パーティクル（子）」発生時、実はストリームが新しくつくられています。ストリーム名にはノード名が使用され「stream_popreplicate1」です。新しく発生した「パーティクル（子）」はこの「stream_poprelicate1」に属します。そのため、別ストリームにある「popgroup1」の影響を受けません。つまり「パーティクル（子）」消滅時にグループがつくられず、結果として「パーティクル（子）」から「パーティクル（孫）」が発生しないことになります。

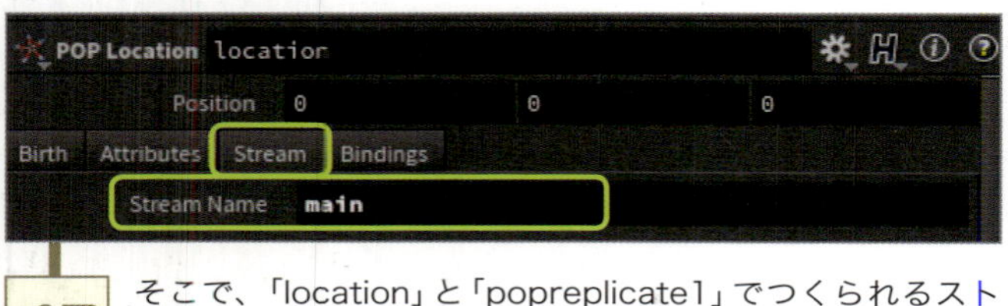

42 そこで、「location」と「popreplicate1」でつくられるストリームを同じものにして解決します。「location」ノードのストリーム名を変更します。パラメータ「Stream」タブ→「Stream Name」に「main」と記述します。

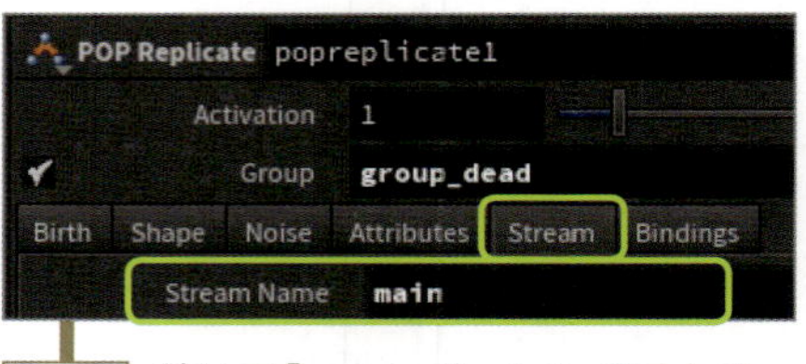

43 続いて「popreplicate1」のストリーム名です。同じく「Stream Name：main」と記述します。

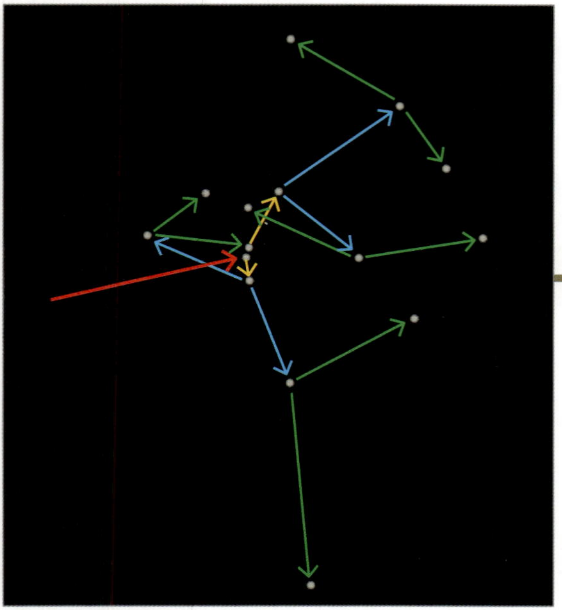

44 基本的にストリームは名前依存なので、名前が同じなら同じストリームになります。これで「パーティクル（子）」も「group1」ノードの効果を受け、消滅時に「パーティクル（孫）」が発生するようになります（サンプルムービー参照：stream_Sample03.mov）。
これで倍々に増えてゆくパーティクルのシミュレーションができました。複雑なパーティクルエフェクトを作成する際は、このストリームとグループを理解しておくと助けになります。

Chapter 4

剛体

硬い物体の落下や衝突などをシミュレーションする「剛体」について学習します。Houdiniを使ってさまざまなシミュレーションを行ううえで、この章で紹介する知識は応用範囲が広く、欠かせないものです。ここでは、剛体シミュレーションの基本を学び、その知識を応用して破壊のシミュレーション方法を習得できるように構成しています。

4-1 剛体シミュレーションの基礎知識

難易度 ★

剛体シミュレーションとは、固いオブジェクトの動きをシミュレーションすることです。Houdiniではそれを「Rigid Body Dynamics」（リジッドボディダイナミクス）と呼び、「RBD」と略されます（以下そのように表記）。どのようなものか、実際に簡単な落下シミュレーションを作成してみます。

テスト用のジオメトリを作成する

1 まずは、テスト用のジオメトリを作成します。「/obj」階層でTAB Menuから「Geometry（OBJ）」を作成、名前を「testPig」とします。ノードの中に入り、「File（SOP）」を削除します。

2 次にTAB Menuから「Test Geometry: Pig Head」を作成します。「testgeometry_pighead1」というノードがつくられ、シーンビューにブタの頭が現れます。これを落下させます。

3 オブジェクトをY方向に移動します。パラメータ「Translate」を「0　5　0」に変更します。

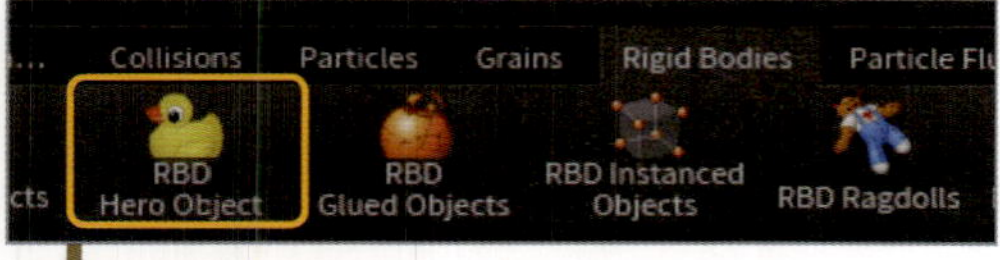

4 剛体シミュレーションに必要なネットワークを構築します。最初なので難しいことは考えず、シェルフ（ウィンドウ上部のツール群）を使って楽しみます。複雑な機能やネットワークも簡単な操作でつくれるようになっています。右側のシェルフから「Rigid Bodies」タブ→「RBD Hero Objects」をクリックします。これは「選んだオブジェクトをRBDオブジェクトにしてシミュレーションしてくれる」機能のシェルフです。

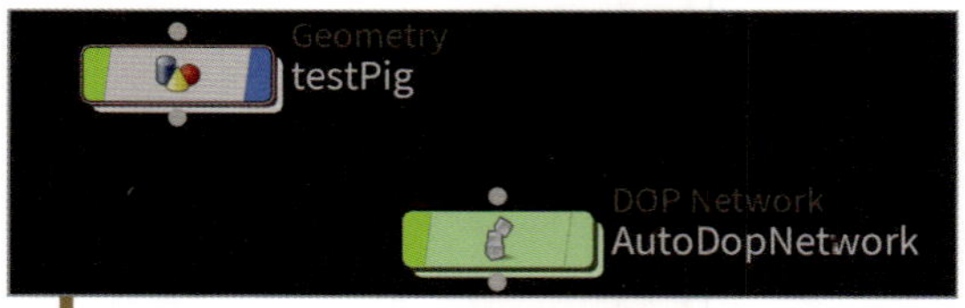

5 オブジェクト選択モードになるので、シーンビューのブタのジオメトリを選択し、Enterキーを押します。すると、「/obj」階層に新しく「AutoDop Network」ノードが追加されます。これはDOPネットワーク用のノード（つまりシミュレーション用のノード）で、この中で剛体シミュレーションが行われます。

6 ひとまず再生してみると、オブジェクトが落下するようになりました。ただしこのままではどこまでも落ちつづけてしまうので、地面を追加します。シェルフから「Collisions」タブ→「Ground Plane」をクリックします。

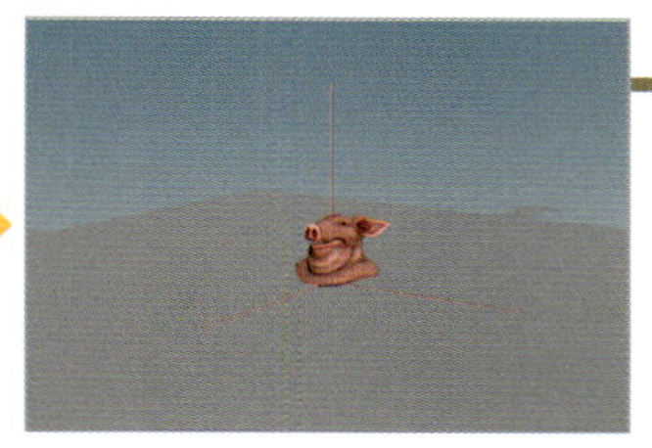

7 すると「groundplane_object1」ノードがつくられ、ビュー上に地面が現れます。ビュー上は四角い領域ですが、無限に広がる地面を意味します。再生すると、オブジェクトが地面に落下して地面に衝突するようになります。

8 これに球体を足して、もう少し複雑なシミュレーションにします。左側のシェルフから「Create」タブ→「Sphere」をクリックします。

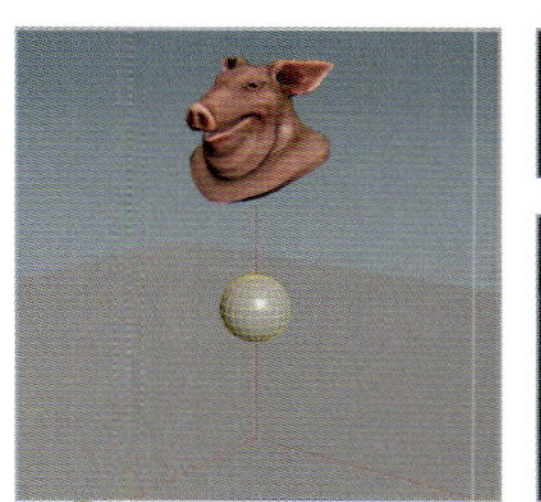

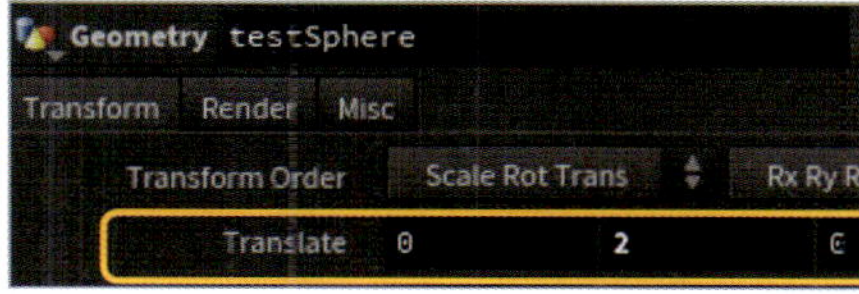

9 作成モードになるので、ブタと地面の間あたりをクリックして、球を作成します。「sphere_object1」ノードが作成され、ビュー上に球が追加されます。ノード名を「testSphere」に変更し、パラメータ「Translate：0　2　0」に設定します。

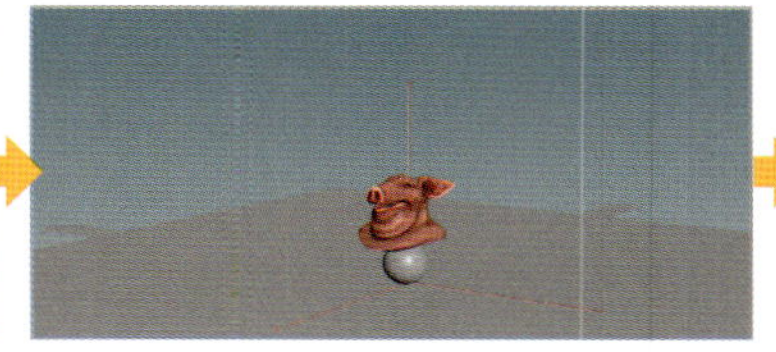
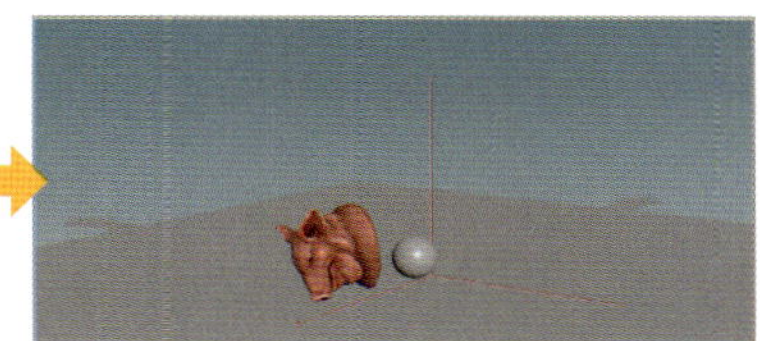

10 作成した球体もシミュレーションさせます。4と同様にシェルフの「RBD Hero Objects」を適用します。「/cbj」階層のノードには変化がありませんが、「AutoDopNetwork」ノードの中などに、シミュレーション用のノードが追加されます。再生すると、ブタが球体と衝突し、先ほどとは違った動きになります。シミュレーションなので、球の初期位置が少し違うだけで、結果も変わります。ブタや球体の位置をいろいろ変え、シミュレーション結果を確認しましょう。このように固いオブジェクトのシミュレーションをHoudiniでは「RBD」と呼びます。

ノードの役割を確認する

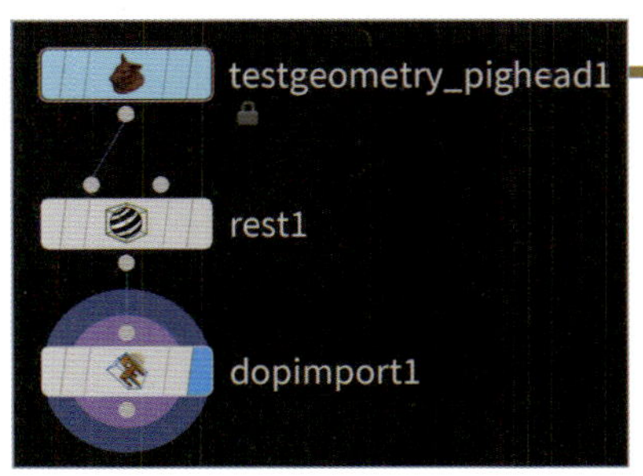

11 では、ここまででつくられたノードの役割を確認します。まずは「test_Pig」ノードの中に入ります。2で作成した「testgeometry_pighead1」以外に、4でシェルフの実行時に作成されたふたつのノードがあります（「testSphere」にも同様のノードが追加）。
「rest1」はシミュレーション前の初期位置を記録するノードで、主にシミュレーション後の結果にテクスチャを正しく適用するのに使われます。
その下の「dopimport1」は、シミュレーション結果を読み込んでいるノードです。シミュレーション結果はSOPネットワークに読み込む必要があります（**Chapter 3**参照）。いくつかある読み込み方のうち、ここではシミュレーション結果の動きをコネクトしたジオメトリに反映する方法がとられています。

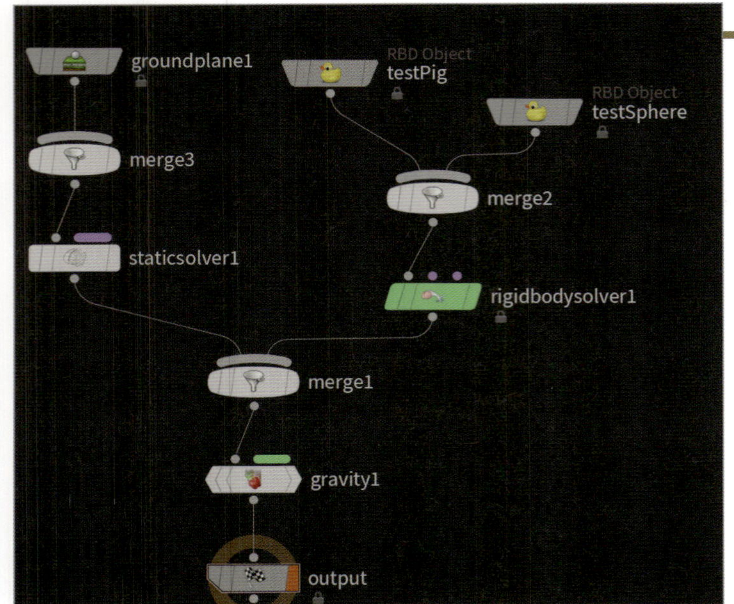

12 肝心のシミュレーションがどのように行われているか確認します。Uキーで「/obj」階層に戻ります。シミュレーションは基本的にDOPネットワーク内で行われ、「AutoDop Network」ノードがそれにあたるので、この中に入ります。ノードが混然としているので、Lキーで自動整列し、見やすく整理します。
ネットワーク全体を大まかに解説します。右側が剛体シミュレーション用のノードです。ダイナミクスシミュレーションは大きく分けて、「オブジェクト」(シミュレーション用のデータを格納するもの)と「ソルバ」(挙動を計算するもの)、そして「フォース」(風や重力など)で構成されています。

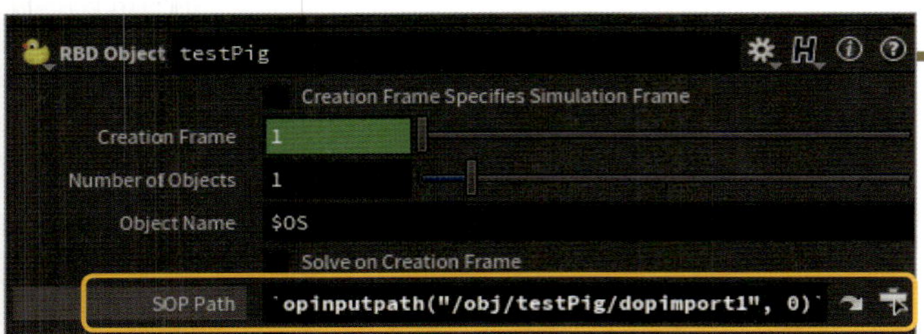

13 まず「testPig」「testSphere」ノードは、「RBD Object(DOP)」という剛体シミュレーション用のオブジェクトを作成します。これらRBD Objectは、SOPからジオメトリを読み込んでつくられています。パラメータに「SOP Path」項目があり、読み込むSOPジオメトリのパスが記述されています。

Point opinputpath()関数

「testPig」のパラメータ「SOP Path」には
`opinputpath("/obj/testPig/dopimport1", 0)`
というエクスプレッションが記述されています。opinputpath()関数は、「指定したノードに入力されたノードのパスを取得」できます(詳細は**Chapter 3-3**参照)。この場合は、"/obj/testPig/dopimport1"のパスが示すノードに入力しているノードのパスを取得します。「dopimport1」はシミュレーション結果を読み込んでいるノードです。
少しややこしいですが、処理の流れを追うと、図のように「dopimport1」に入力している「rest1」ノードの結果をDOPに取り込み、シミュレーション結果を「dopimport1」が読み込んでいる、となります。

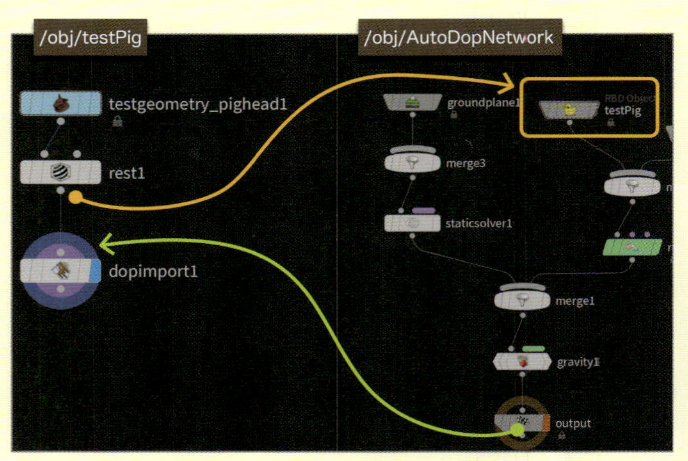

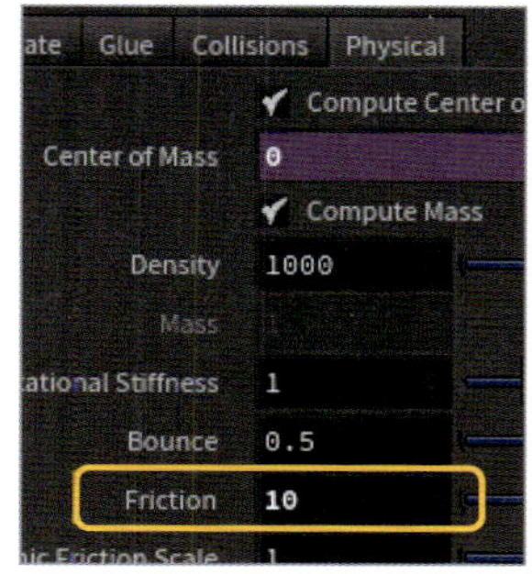
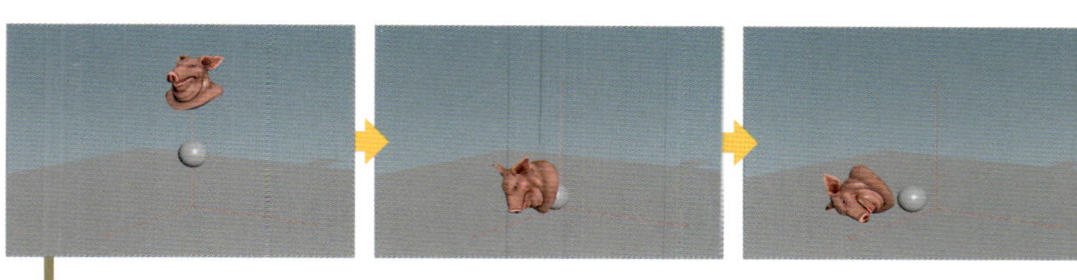

14 「RBD Object (DOP)」ノードでは剛体の「重さ」「摩擦」「衝突の精度」といった初期状態を設定できます。試しに、「testPig」のパラメータ「Physical」タブ→「Friction」(摩擦) 値を「10」に増やします。値を大きくすると摩擦が強くなります。再生すると、先ほどよりもブタが滑らなくなりました。

15 今度は逆に「Friction：0」にして再生します。摩擦がなくなり、どこまでも滑り続けます。「Physical」タブには他にも重さや弾み具合などを調整するパラメータが、「Initial State」タブには初期位置や初期速度に関するパラメータが、「Collisions」タブには衝突に関するパラメータがあります(詳細はマニュアルを参照)。

16 次にソルバ(挙動を計算するもの、ここでは「rigidbodysolver1」)です。これは「Rigid Body Solver (DOP)」というタイプのノードで、これが実際の剛体シミュレーション計算を行います。

17 ここではRDB Object「testPig」「testSphere」の挙動を計算します。剛体シミュレーションの計算方法にはいくつか種類があり、「Rigid Body Solver」は「Bullet」「RBD」という2種類の搭載エンジンから、いずれかを選択して計算します。パラメータ「Solver Engine」から使用するエンジンを指定します(デフォルトは「Bullet」)。

Point 「Bullet」「RBD」の違い

- **Bullet**：標準で使われるエンジン。高速で、破壊などのシミュレーションによく用いられる。
- **RBD**：Houdini独自のエンジン。他ふたつのエンジンよりは処理が遅いが、多くのシミュレーション機能をサポート、複雑なジオメトリ形状の衝突も扱える。

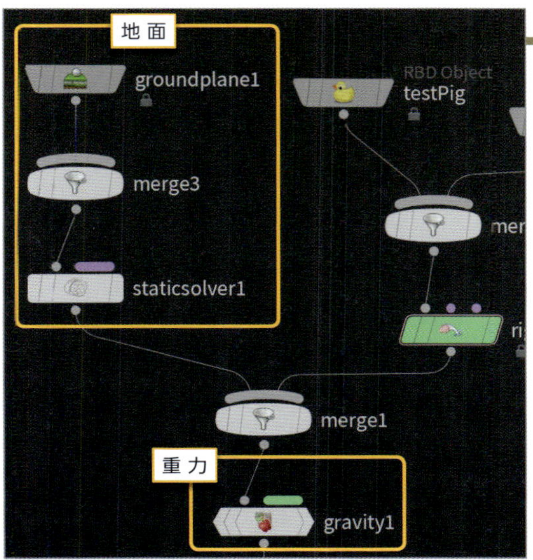

18 12のネットワークで未解説の箇所を補足します。ネットワーク左側には6で作成した衝突用の地面があります。衝突に関するものは、基本的にネットワーク左側に配置されます。
下にある「gravity」は、重力を意味するフォースです。このノードの影響でRBD Objectが落下しています。
ここまで、実際にシミュレーションを実行しながらHoudiniでの剛体シミュレーションについて解説しました。ここではシェルフを使いましたが、自分でひとつずつノードをつくり、コネクトして構築することも可能です。一見シェルフを使う方が簡単でよさそうに思えますが、自力でこれらネットワークを構築できれば、シェルフだけでは難しい表現も自在に作成できるようになります。

4-2 パックプリミティブ

難易度 ★

もうひとつ基本知識として「パックプリミティブ」(Packed Primitives)を解説します。これはジオメトリの状態のひとつで、ジオメトリ全体をひとつのプリミティブとして扱います。編集が制限される代わりにメモリを節約できるので、シミュレーションに限らずデータ量の多いジオメトリや膨大な数のコピーが必要な場合など、さまざまな場面で利用します。

パックプリミティブを使ってみる

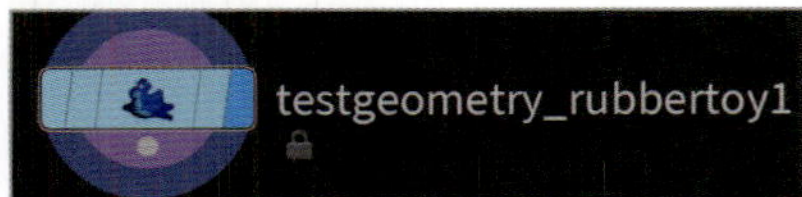

1 「/obj」階層でTAB Menuから「Geometry(OBJ)」ノードを作成、ノードの中に入り「File(SOP)」を削除します。代わりにTAB Menuから「Test Geometry: Rubber Toy」を作成します。このおもちゃのジオメトリをパック化します。

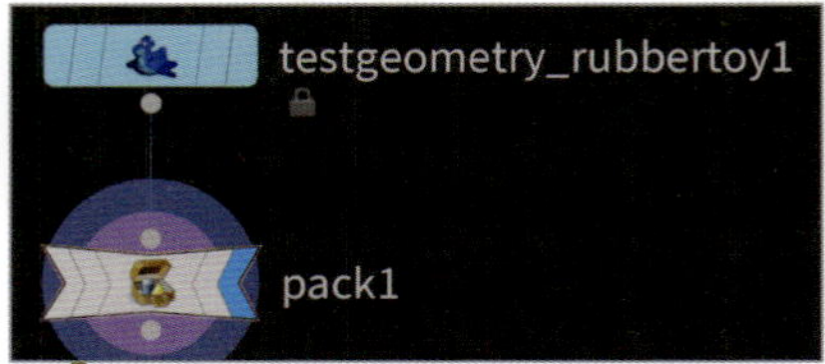

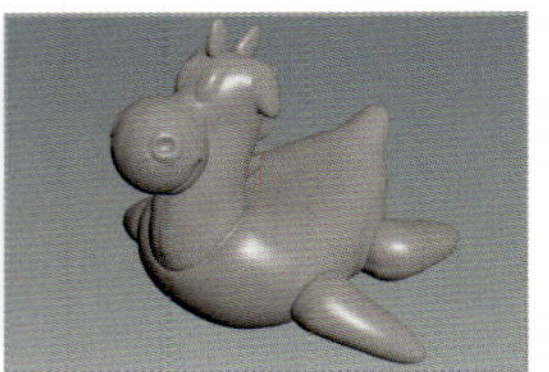

2 ジオメトリのパック化は簡単です。TAB Menuから「Pack(SOP)」を作成、コネクトします。これでジオメトリがパックプリミティブになりました。パックプリミティブになるとマテリアル情報もパック化されるので、ビュー上の表示からマテリアルがなくなります。

※執筆時のHoudini 16.5.323ではシーンビューの表示が更新されず、パック化してもシーンビューでの見た目はパック前、あるいはその逆ということが時々あります。

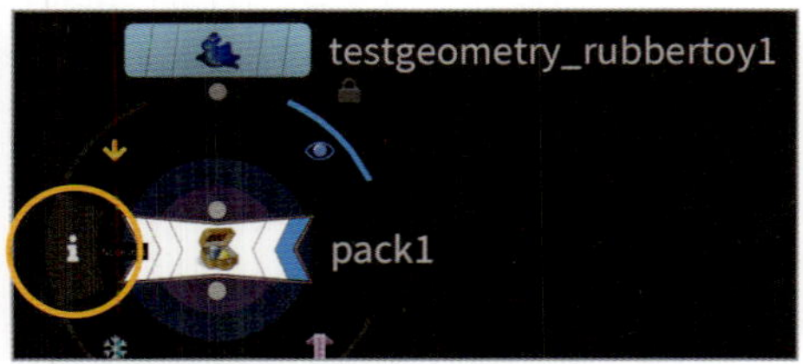

3 パックプリミティブになったことで何が変化したのか確認します。「pack1」のノードリングから「Node Info」を選択、表示されたウィンドウ左上にあるピンマークをクリックして表示を固定します。次に「testgeometry_rubbertoy1」も「Node Info」を選択、同様に表示を固定し、ふたつの情報を並べて比較します。

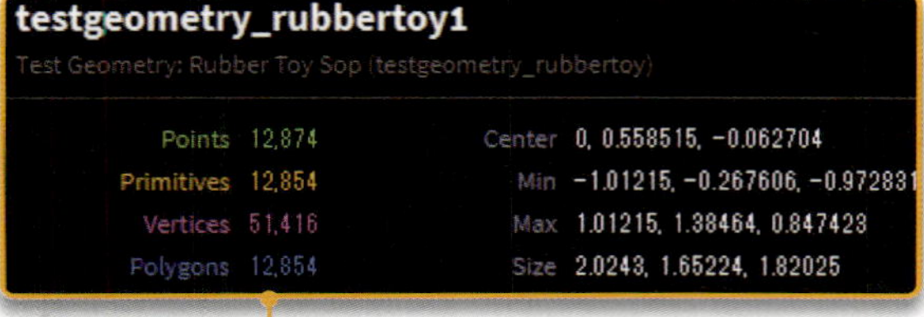

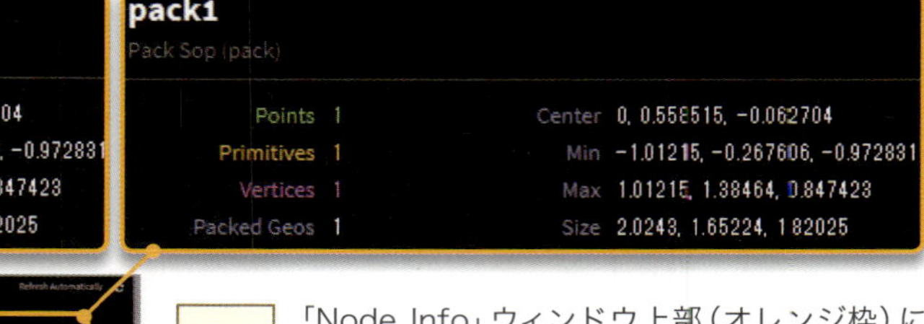

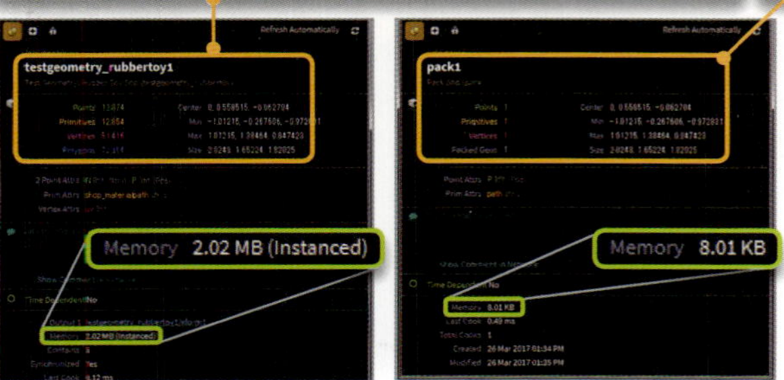

4 「Node Info」ウィンドウ上部(オレンジ枠)には、そのジオメトリを構成するポイントやプリミティブなどの数が表示されています。通常の状態ではそれなりの数があるのに対して、パック化されたジオメトリはすべて1です。本来はたくさんあるポイントもプリミティブも、パック化されればすべて1個として扱われます。また、緑枠部分にはそのノードで使われるメモリ量が表示されており、パック化した方が、はるかにメモリ量が少ないことがわかります。

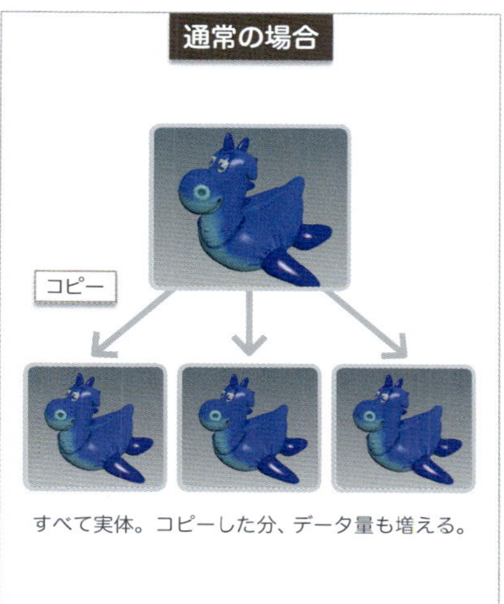

すべて実体。コピーした分、データ量も増える。

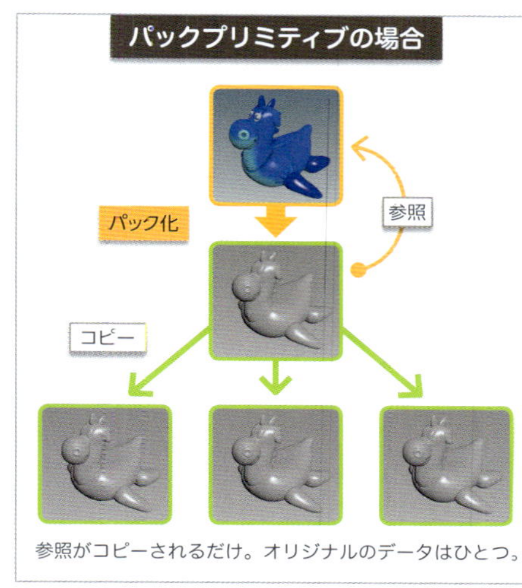

参照がコピーされるだけ。オリジナルのデータはひとつ。

5 もう少し詳しく述べると、パックプリミティブの実態は参照です。参照しているのは、ここの場合、メモリに格納された実際のジオメトリです。例えば、コピーがつくられる際、パックプリミティブは実際のジオメトリではなく参照という行為をコピーします。そのためデータはジオメトリをコピーした時と比べて少なくてすみます。

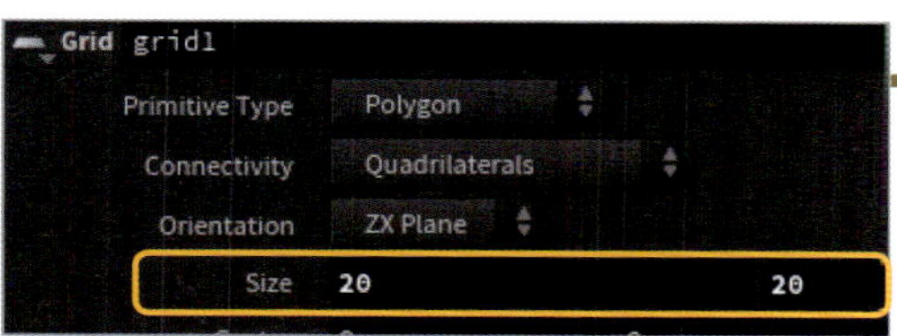

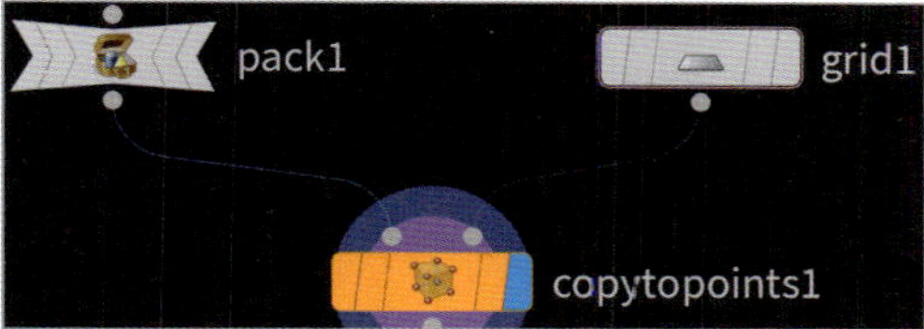

6 実際にパックプリミティブをコピーして、その挙動を試してみます。TAB Menuから「Grid (SOP)」を作成、パラメータ「Size」を「20　20」と大きくします。次にTAB Menuから「Copy to Pcints (SOP)」を作成、図のようにこのノードの左側入力に「pack1」を、右側入力に「grid1」をコネクトします。

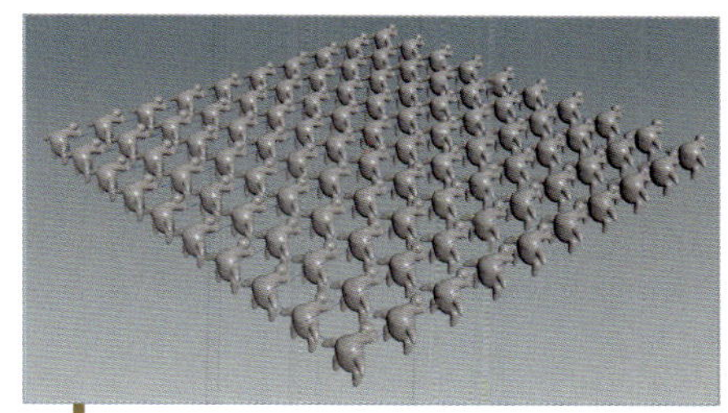

7 これでグリッドの各ポイントにジオメトリがコピーされました。縦横の分割が10×10のグリッドなので計100個コピーされました。

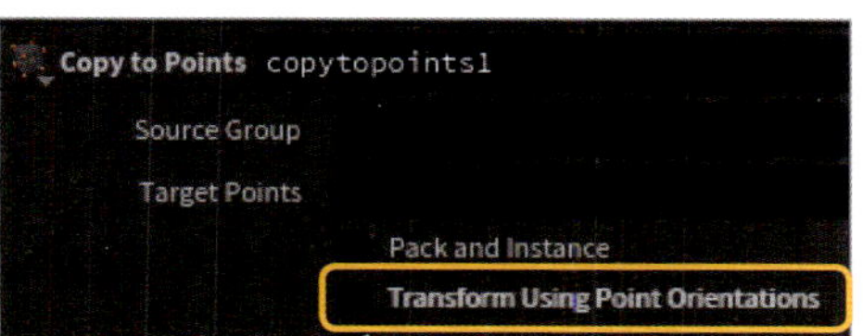

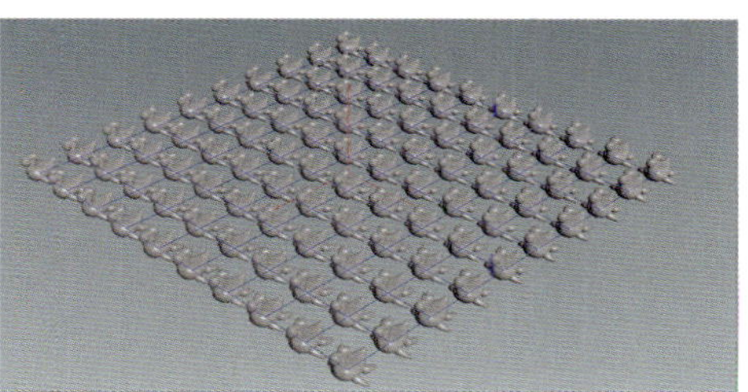

8 コピーされたジオメトリがおかしな向きを向いているのでそれを直します。「copytopoints1」のパラメータ「Transform Using Point Orientations」をオフにします。シーンビューでぐるぐるとカメラを回し、操作性を記憶しておいてください。

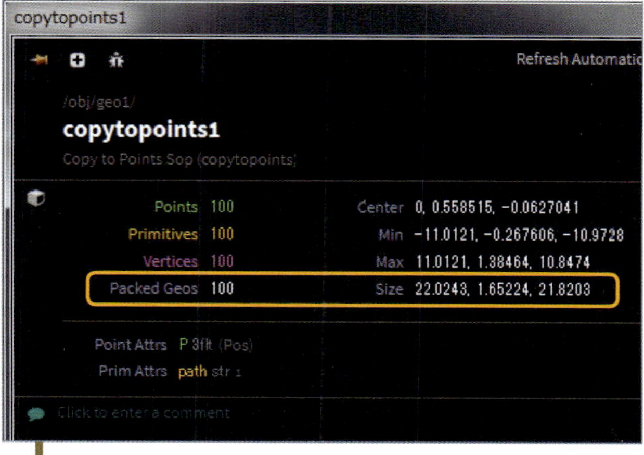

9 この状態で「copytopoints1」の「Node Info」を表示してみると、「Packec Geos」が「100」とあるので、現在100個のパックプリミティブがあることがわかります。

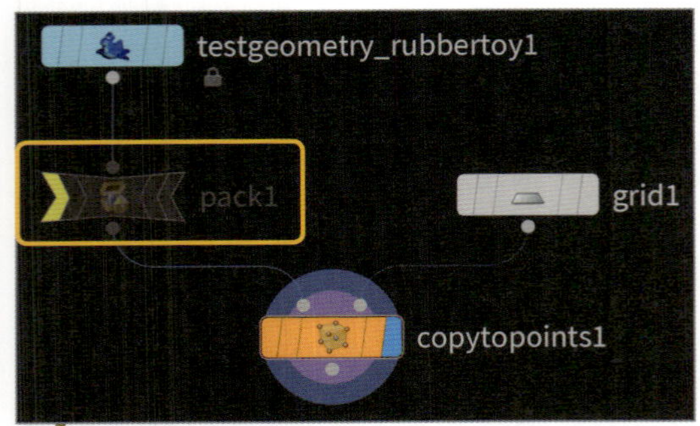

10 次に、「pack1」ノードのバイパスフラグを有効にし、ノードを無効にします。この状態でシーンビューをぐるぐると回し、いろんな角度から眺めてみます。8よりもずいぶん操作性が悪くなりました。違いが感じにくい場合は「grid1」のパラメータ「Rows」「Colums」（つまり分割数）を増やしてみてください。グリッドの分割数が増えるとコピーの数も増えます。

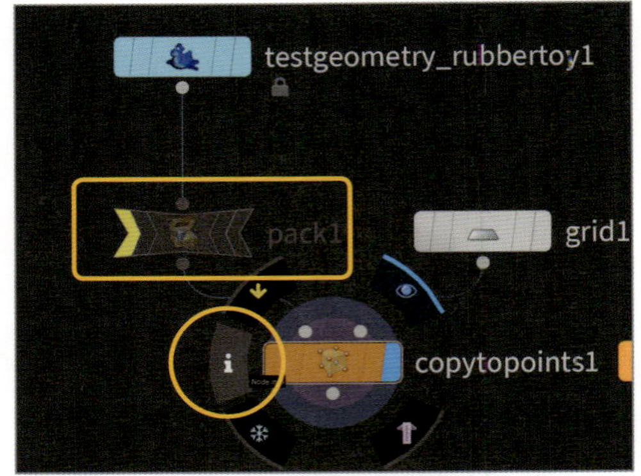

11 パックプリミティブ状態と通常状態でのメモリ消費量を比較します。「pack1」のバイパスフラグをオンにして、通常状態で「copytopoints1」のノードリングから「Node Info」を選択します。メモリ表示は239.72MBです。

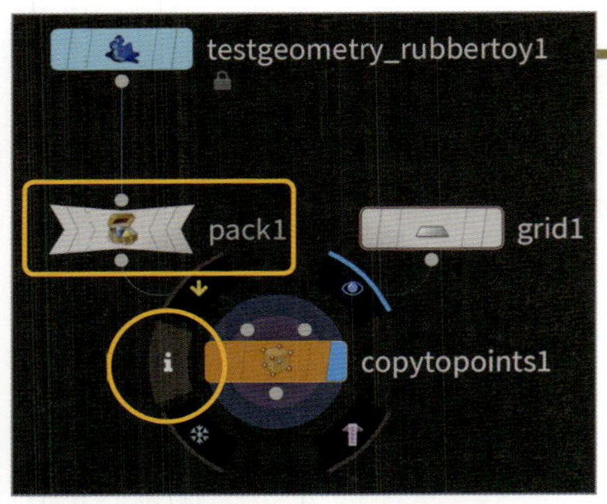

12 今度は「pack1」のバイパスフラグをオフにして、パックプリミティブ状態で確認します。メモリ表示は3.33MBで、11と比べるとメモリ使用量が1/80です。破壊など大量の破片を扱う剛体シミュレーションを行う場合、このパックプリミティブを使うと、効率よくシミュレーションを行えます。

Point パックプリミティブを編集するには

パックプリミティブを編集したいときは、「Unpack (SOP)」ノードでパック状態を解除する必要があります。

Point 「Copy to Points (SOP)」ノードのパック設定

「Copy to Points (SOP)」ノードでは、パラメータの「Pack and instance」をオンにしておくことで、「Pack (SOP)」ノードを使わずに自動でパック化できます。このパラメータをオンにすると、コピーされるのは実際のジオメトリではなく、パック化されたものになります。同様のパラメータは他のCopy (SOP) 系ノードにもあります。

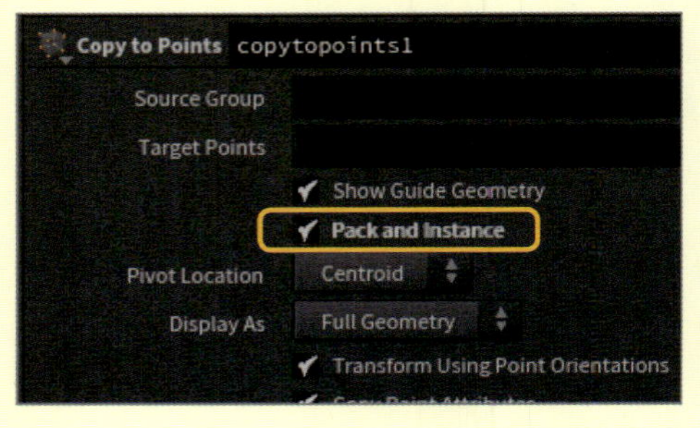

4-3 作例1 シンプルな破壊

難易度 ★

この作例では、おもちゃのジオメトリを地面に衝突して破壊するシミュレーションを作成し、それに関するノードやネットワークを学習します。大まかな流れは、「ジオメトリを破片に分割」「シェルフを使ってシミュレーションを作成」「シェルフを使わず自分でシミュレーションを作成」の3ステップです。

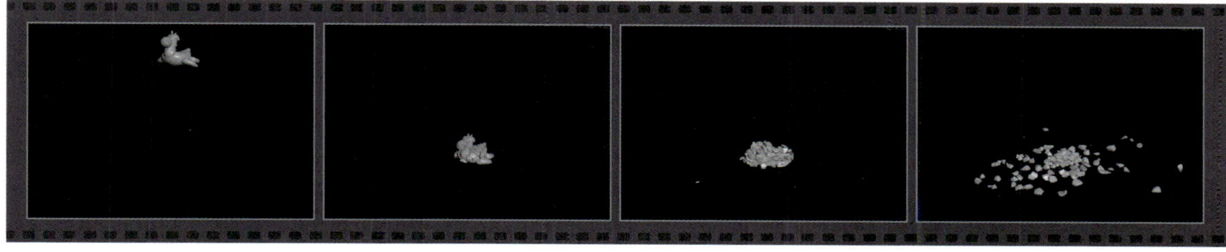

テスト用のジオメトリを破片に分割する

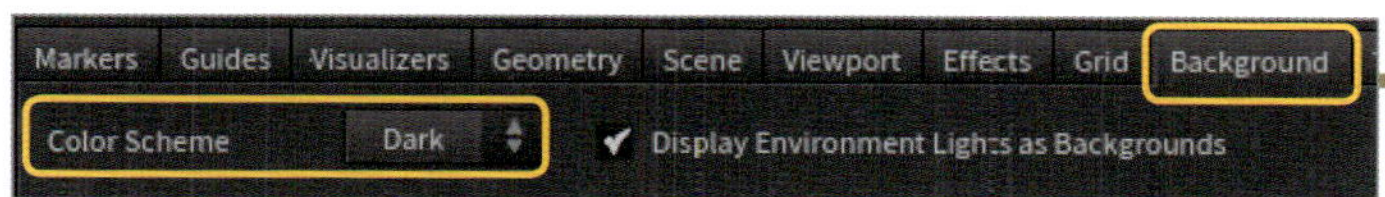

1 背景色を黒に変更します。シーンビューでDキーで「Display Options」を表示、「Background」タブ→「Color Scheme：Dark」にします。

2 まず破壊するジオメトリを用意します。「/obj」階層でTAB Menuから「Geometry (OBJ)」を作成、ノード名を「Work」とします。ノードの中に入り、既存の「File (SOP)」を削除します。

3 TAB Menuから「Test Geometry: Rubber Toy」を作成、ノード名を短く「TOY」に変更します。このジオメトリを破片に分割します。

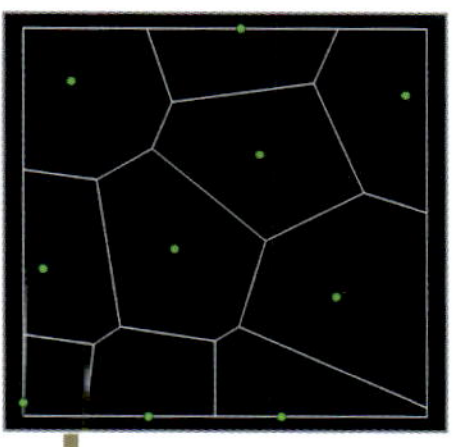

4 今回は「ボロノイ分割」という手法で分割します。これは基準点をもとに分割する方法で、近接する2点の二等分線によって領域が区切られます。実際にこの分割法で破片を分割します。

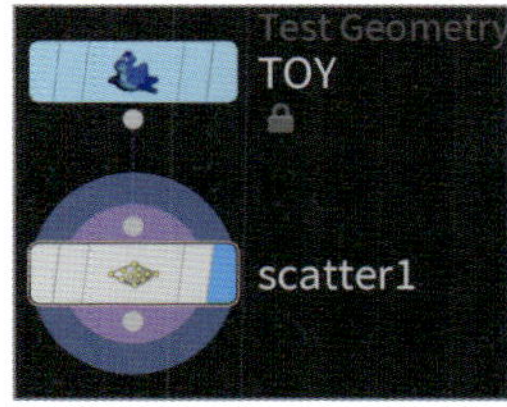

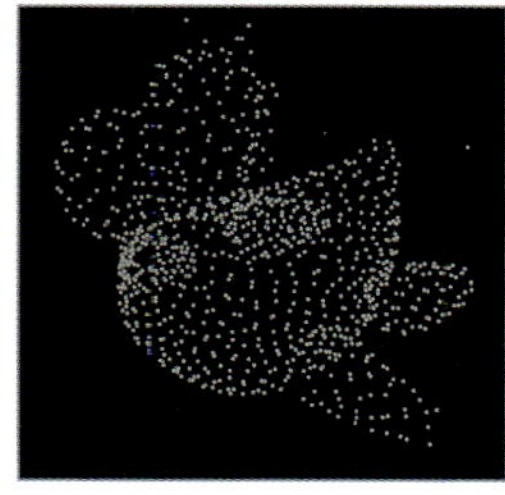

5 ボロノイ分割を行うためには、「分割のための基準点」が必要なので、その点をつくります。TAB Menuから「Scatter (SOP)」を作成します。これは入力したジオメトリにポイントを配置するノードです。これを「TOY」の下にコネクトすると、ジオメトリ表面にポイントが多数作成されます。ただし現状表面のみなので、内部にもポイントができるようにします。

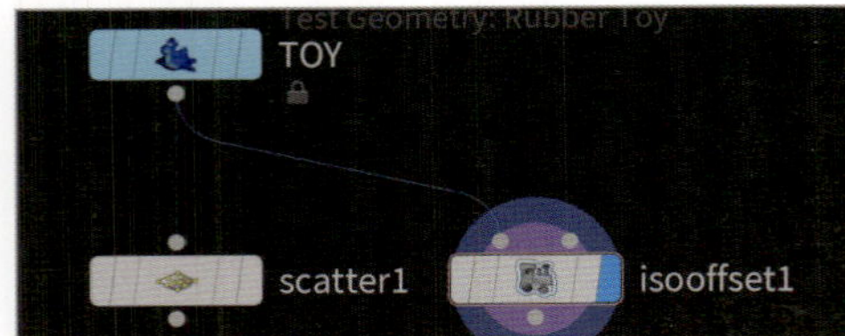

6

表面にのみポイントがあるのは、このポリゴンモデルの中身が空洞だからです。そのため、まずはポリゴンモデルを「ボリューム」(煙など不定形物を表現する際に用いる、中身の詰まった形式、詳細は**Chapter 5**参照)に変換します。TAB Menuから「Iso Offset(SOP)」を作成、「TOY」とコネクトします。表示フラグを「isooffset1」に立てシーンビューを見ると、ポリゴンがボリュームに変換されています。

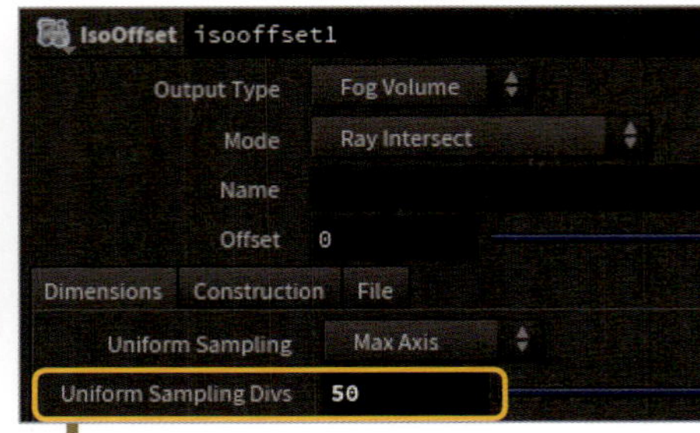

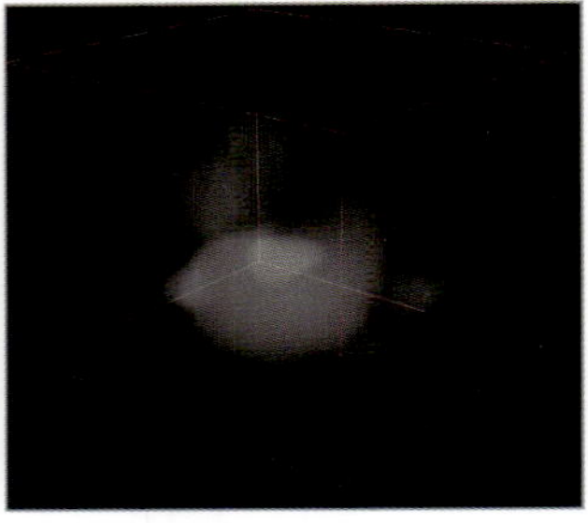

7

少々もやっとしすぎて元の形状がよくわかりません。これはボリュームの解像度が粗いためなので、精度を上げます。パラメータ「Dimensions」タブ→「Uniform Sampling Divs」を「50」に変更します。この数値を高くするほど解像度が上がります。シーンビューを見ると、先ほどよりボリュームが元の形状に近づきました。

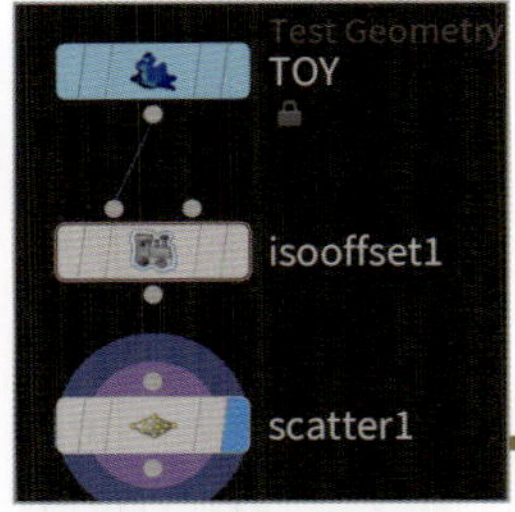

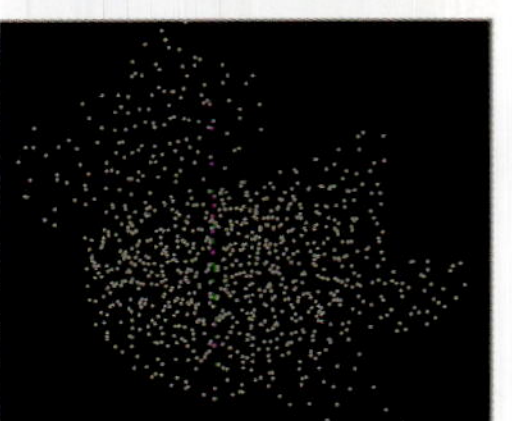

8

変換したボリュームに対して点を配置します。「scatter1」を「isooffset1」の下にコネクトし直します。今度は、形状の内側にも点が配置されました。

9

点の数が多いと分割時の処理に時間がかかるので、少し減らします。「scatter1」のパラメータ「Force Total Count」を「100」にします。

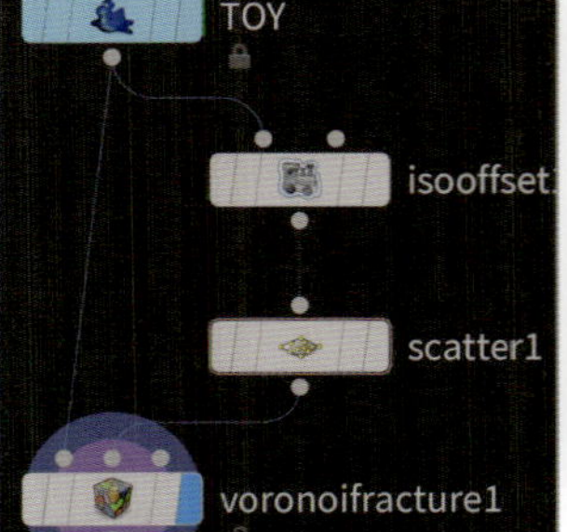

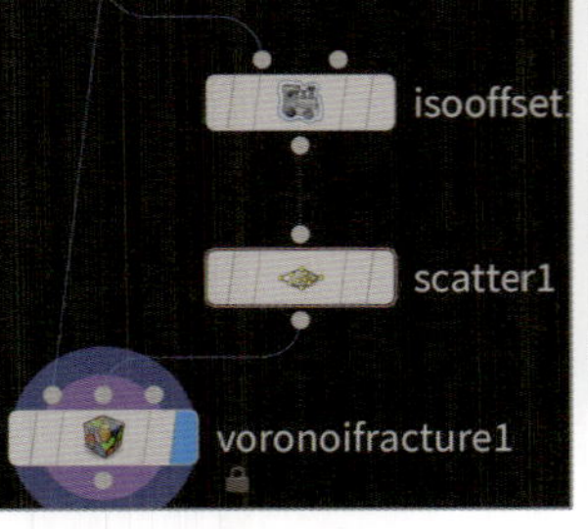

10

TAB Menuから「Voronoi Fracture(SOP)」を作成します。これがボロノイ分割を行うノードです。「Toy」を左入力に、「scatter1」を中央の入力にコネクトします。これでジオメトリがボロノイ分割されました。

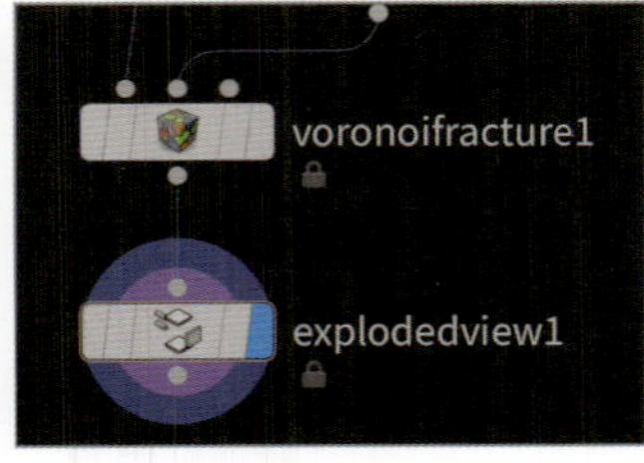

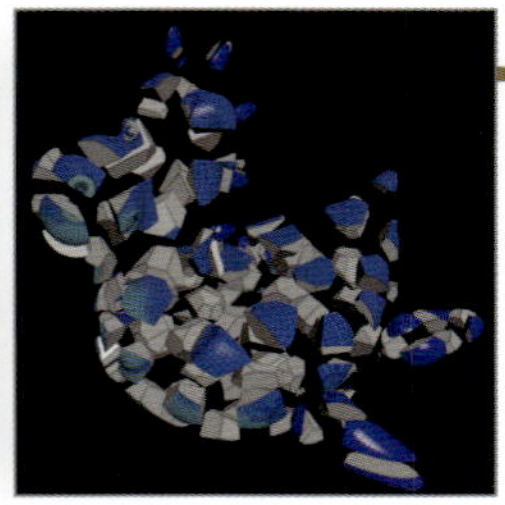

11

どのように分割されたか、各破片を見やすくします。TAB Menuから「Exploded View(SOP)」を作成し、「voronoifracture1」の下にコネクト。すると、破片が分離し、どのように分割されたか見やすくなりました。

Force Total Count = 10

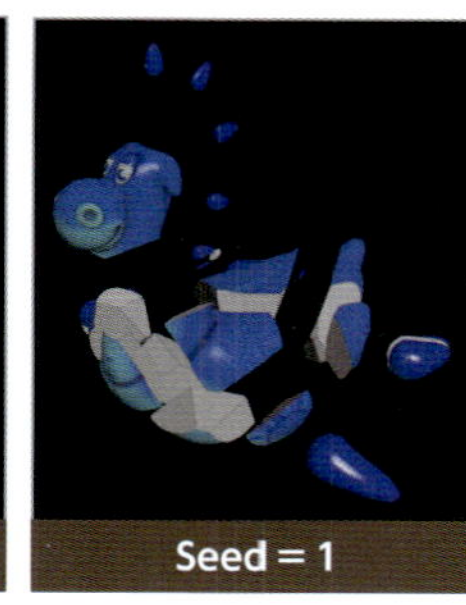
Seed = 1

Seed = 2

12 ボロノイ分割は点を基準に分割する方法です。点の数や配置が変われば破片の数や形状も変わります。例えば、「scatter1」のパラメータ「Force Total Count」値を「10」に変更すると、先ほどよりも作られる破片の数は少なく、個々の破片は大きくなります。また、パラメータ「Global Seed」の値を変更すると、点の配置がランダムに変わり、それによって分割される破片も変わります。

ボロノイ分割のためのポイント生成方法を変えてみる

13 ここで少し横道にそれて、ボロノイ分割で使われるポイントを変更したらどのような破片になるか、試してみます。5では「Scatter (SOP)」を用いましたが、他のノードでつくったポイントも分割に使えます。TAB Menuから「Box (SOP)」を作成します。これは単純に立方体をつくるノードですが、パラメータを変更すると、ポイントのみにもできます。

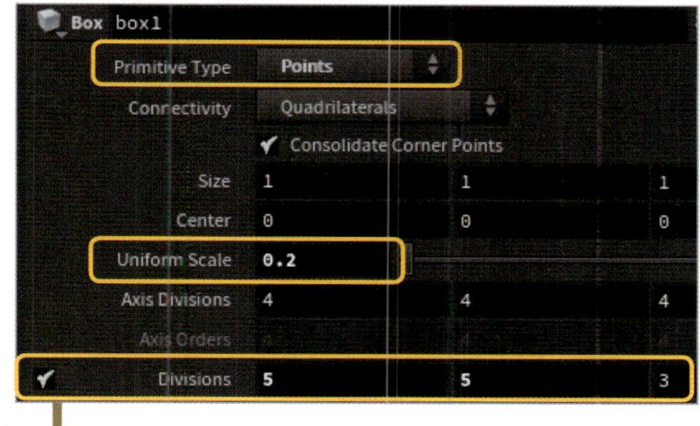

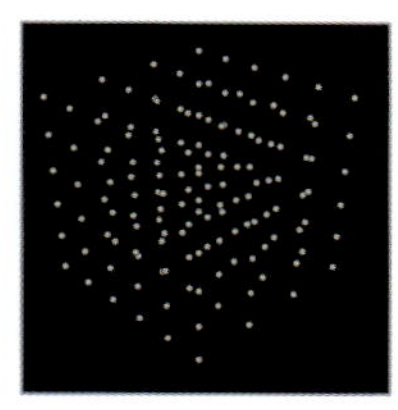

14 パラメータを変更します。「Primitive Type：Points」「Uniform Scale：0.2」「Divisions：オン、5　5　5」とします。これで立方体上に配置されたポイントがつくられます。

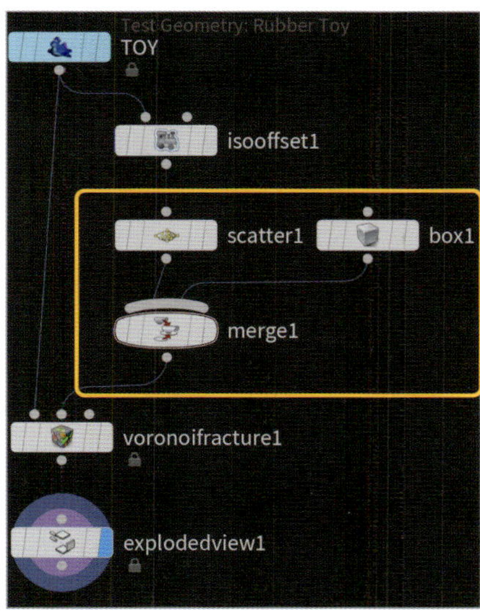

15 これをボロノイ分割のポイントに追加します。TAB Menuから「Merge (SOP)」を作成、「scatter1」と「voronoifracture1」の間に挿入します。続いて「box1」を「merge1」にコネクトします。この状態で「explodedview1」に表示フラグを立てて結果を確認すると、これまでの分割に加えて、「box1」のポイントによる分割で規則正しくスライスされた破片がつくられています。

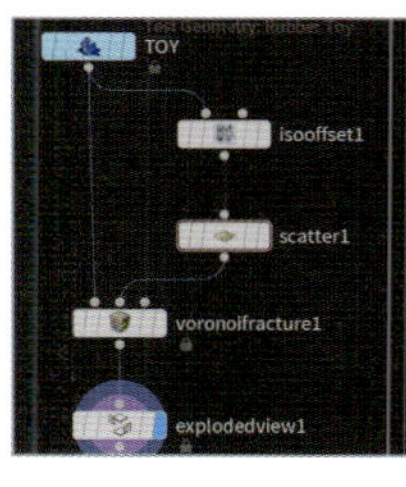

16 変化の確認が終わったら、ここでつくった「box1」「merge1」ノードを削除しておきます。また、「scatter1」のパラメータ「Force Total Count」値を「100」に戻しておきます。

位置を調整して破片を完成させる

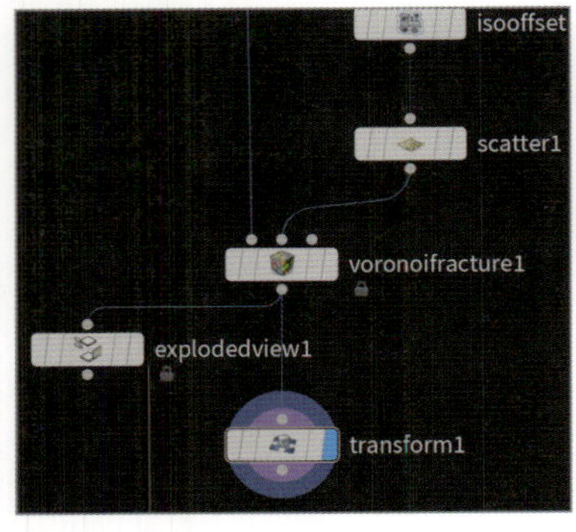

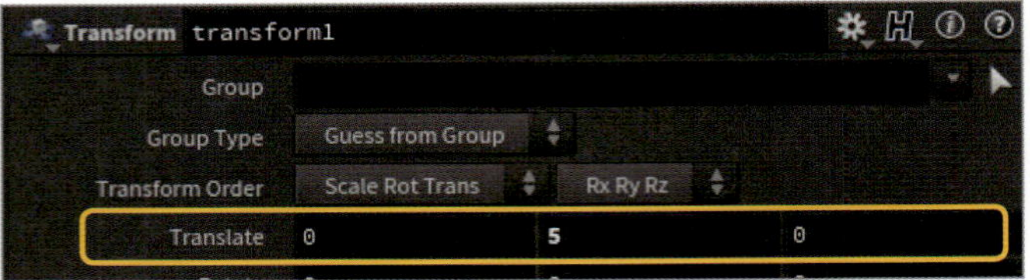

17 本筋に戻ります。破片を落下させるために、位置を調整します。TAB Menuから「Transform (SOP)」を作成、「voronoifracture1」の下にコネクトして、パラメータ「Translate」を「0　5　0」に設定、Y方向に5移動します。なお、「explodedview1」は確認用なので脇によけておきます。

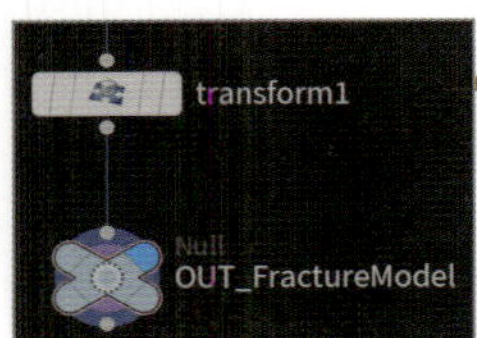

18 仕上げにTAB Menuから「Null (SOP)」を作成、「transform1」の下にコネクト、ノード名を「OUT_FractureModel」とします。ここでシーンファイルを保存しておきます(FIleメニュー→「Save As」から任意の場所に保存)。ここでは「04_03_Fracture01_model.hip(hiplc/hipnc)」という名前で保存しました。破片ができたので、次から破壊のシミュレーションを作成していきます。

あえてうまくいかない例を試す

破片シミュレーションを作成します。最初はどのようなノードを使いどのようなネットワークになるのかの確認がてら、シェルフを使って作成します。

Chapter 4-1では、シェルフの「RBD Hero Objects」を使いましたが、実は今回の破片のシミュレーションの場合、それはうまくいきません。ただ、どううまくいかないか知ることも大切ですので、ここではあえて使ってみることにします。

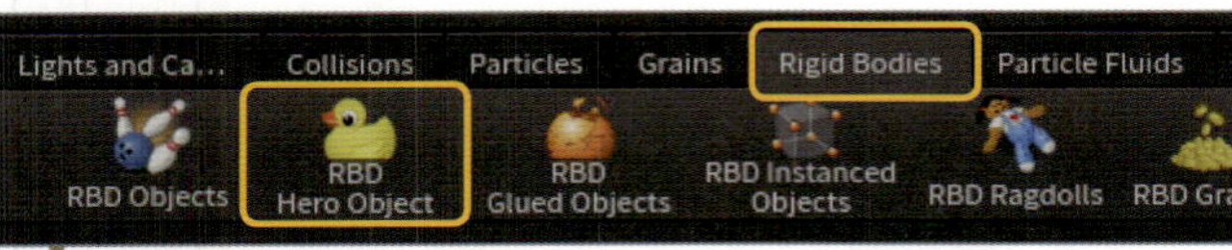

19 シェルフから「Rigid Bodies」タブ→「RBD Hero Objects」をクリックします。シーンビューでジオメトリを選択し、Enterキーで決定します。すると、**Chapter 4-1**で解説したのと同じシミュレーション用のノード群が現れます。

20 地面もつくっておきます。シェルフから「Collisions」タブ→「Ground Plane」をクリック。シミュレーション用の地面を作成します。

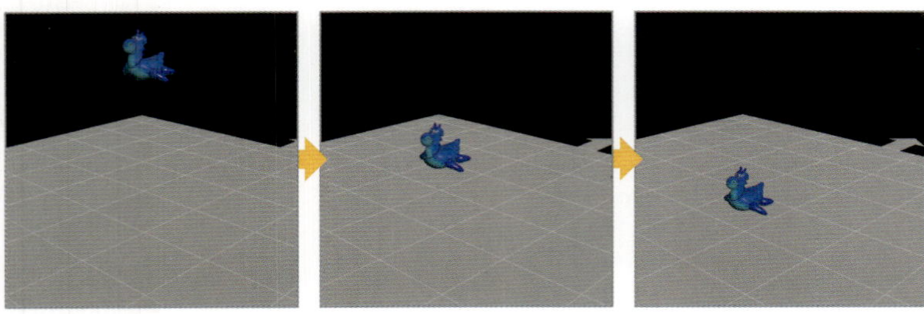

21 シミュレーションに必要なノードが揃ったので、再生して確認しますが、破片がバラバラになりません。このシェルフでつくられる「RBD Objcet (DOP)」というタイプのノード(/obj/AutoDopNetwork/内)は、基本的に1個のRBD Objectを作成するもので、複数の破片の挙動には向いていません。破片を個別にシミュレーションする場合、別のノードを使います。

「RBD Fractured Object」で破壊シミュレーションを作成する

今度は別のシェルフを使って破片をバラバラにシミュレーションしてみます。

直前までのシーンファイルはいったん破棄して、18で保存したシーンファイル「04_03_Fracture01_model.hip」を開きます。

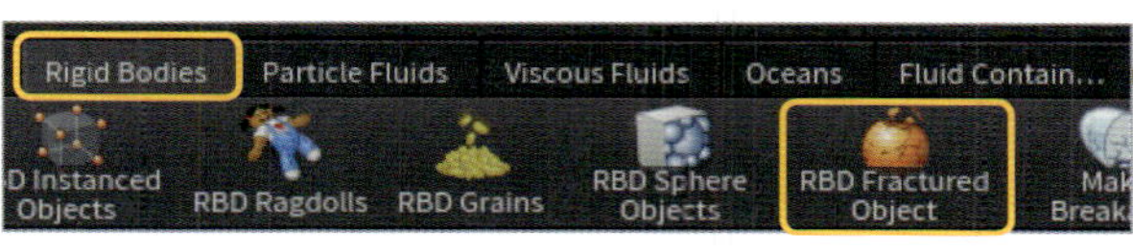

22 シェルフから「Rigid Bodies」タブ→「RBD Fractured Object」ボタンをクリックします。「Fracture」は「割れる」「砕ける」という意味です。

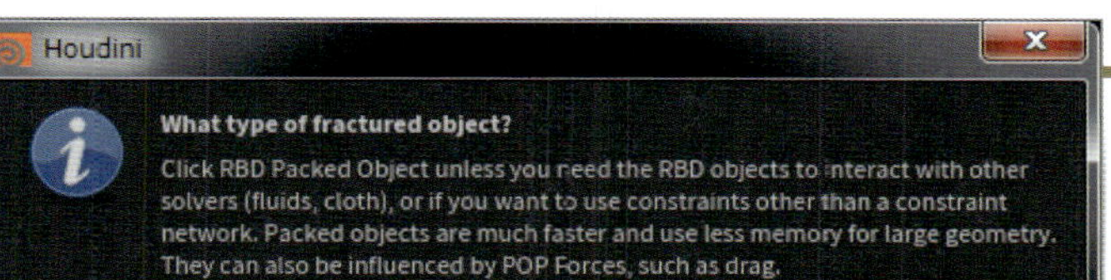

23 ウィンドウが現れるので、「RBD Fractured Object」を選択します。選択モードになるので、シーンビューでジオメトリを選択してEnterキー。必要なノードが自動でつくられます。
なお、「RBD Packed Object」を選ぶとパックプリミティブを使ったノードを組んでくれます。

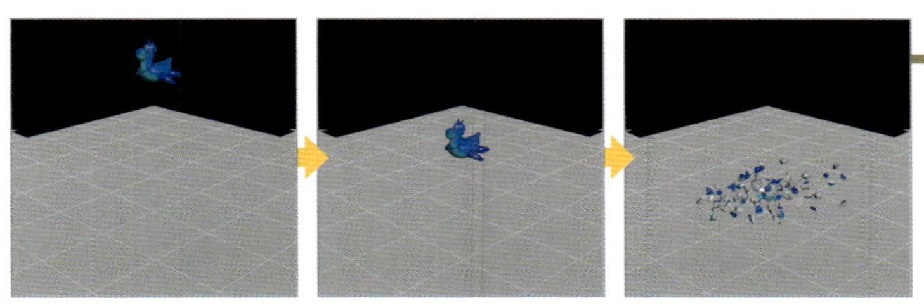

24 地面もつくっておきます。シェルフから「Collisions」タブ→「Ground Plane」を選択して、シミュレーション用の地面を作成します。再生して確認すると、先ほどよりはシミュレーションに時間がかかるものの、地面に落ちた破片がバラバラになりました。

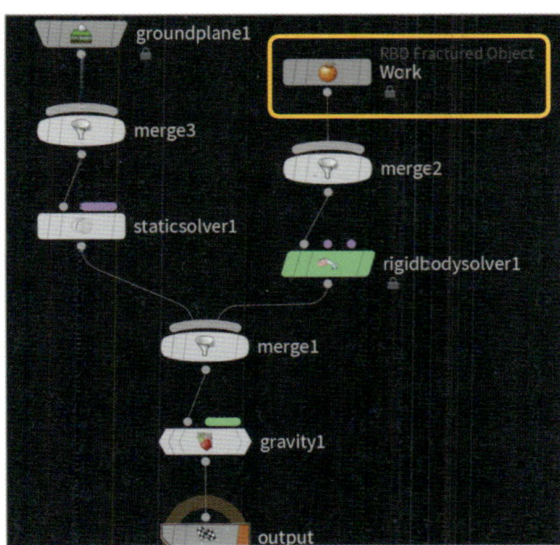

25 先のシェルフ「RBD Hero Objects」を使った場合との違いを確認します。「/obj」階層にある「AutoDopNetwork」ノードの中に入り、Lキーでノード配置を整理します。ネットワーク右上に「Work」という名の「RBD Fractured Objects (DOP)」ノードがあります。これは複数のRBD Objectを作成できるノードです。これを使うと、破片を個別にシミュレーションできます。

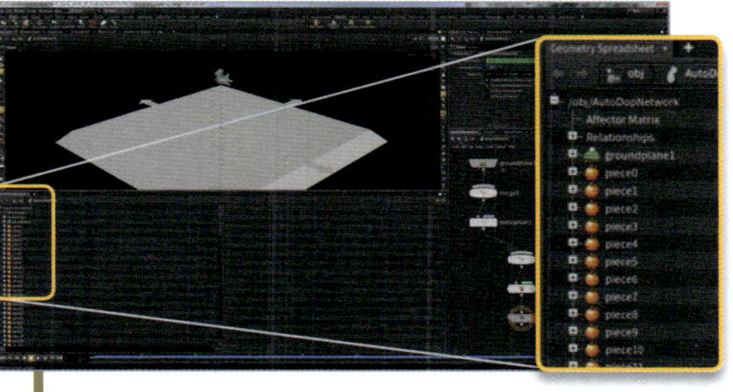

26 ノードはひとつしかないのに、複数のRBD Objectがつくられるのはなぜか、「Geometry Spreadsheet」で確認します。シーンビュー上でAlt+]キーを押して画面を上下に分割、下ペインにマウスカーソルを置きAlt+8キーを押して、「Geometry Spreadsheet」に切り替えます。
DOPネットワークでは、SOPの時とは表示が異なります。左側にDOPネットワーク内にあるオブジェクトとデータのリスト、右側にそのデータの内容が表示されます。
左側のリストに、オレンジ色のアイコンで「piece0」「piece1」「piece2」と並んでいるものがあります。これが「RBD Fractured Objects (DOP)」ノードがつくったRBD Objectです。破片の数だけあり、それぞれの挙動計算に使います。ちなみに、「RBD Objcet (DOP)」を使ったときは、このRBD Objectが1個だけでした。

パックプリミティブで破壊シミュレーションを作成する

破片のシミュレーション方法には、もうひとつパックプリミティブを用いた方法があります。その方法でもやってみます。再度シーンファイル「04_03_Fracture01_model.hip」を開いて、シミュレーション作成前から始めます。今度もシェルフを利用してつくります。

27 シェルフから「Rigid Bodies」タブ→「RBD Objects」ボタンをクリックします。選択モードになるので、シーンビューでジオメトリを選択し、Enterキーを押します。パックプリミティブを使ったシミュレーションに必要なノードが自動でつくられます。

28 先ほどと同様に、シェルフから「Ground Plane」で地面を作成し、再生して確認します。破片がバラバラになりました。しかも、24の時よりも高速に処理が終わりました。

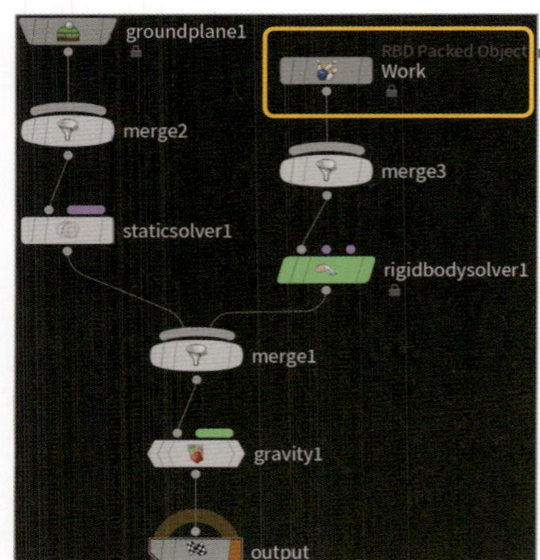

29 これまでのシミュレーションとの違いを見てみます。「/obj」階層の「AutoDopNetwork」ノードの中に入り、Lキーでノード配置を整理します。ネットワーク内のほとんどのノードは25と同じですが、左上の「Work」のみ、アイコンが違っています。これは「RBD Packed Object(DOP)」というタイプのノードで、パックプリミティブを使ってRBDオブジェクトを作成できるノードです。

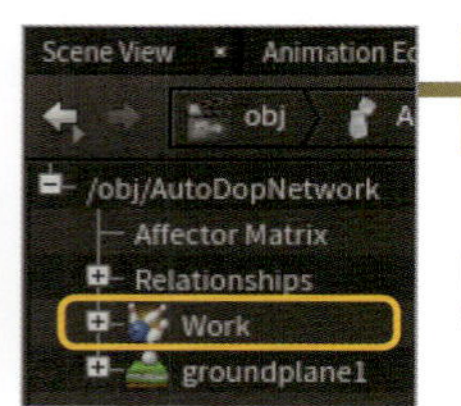

30 「RBD Fractured Object(DOP)」と何が違うのか、「Geometry Spreadsheet」で中のデータを確認します。リストの中に「Work」があり、これが「RBD Packed Object(DOP)」です。これひとつで破片すべてを表すことができます。

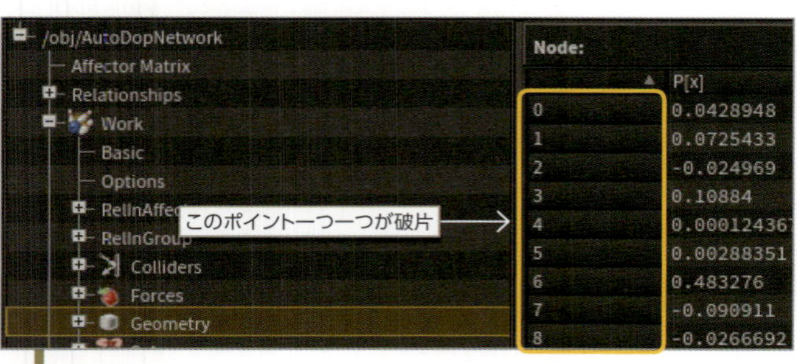

31 「Work」の左にある「+」アイコンをクリックしてリストを展開し、その中の「Geometry」を選択。すると、RBD Packed Objectが持つポイントアトリビュートが表示されます。この各ポイントがそれぞれの破片の情報を格納しています。これら各ポイントが先の「RBD Fractured Object(DOP)」でつくられた各RBD Objectに相当するのです。パックプリミティブはジオメトリを1ポイントかつ1プリミティブとして扱うので、各破片も同様に1ポイントかつ1プリミティブです。これにより、保持する情報量は少なくて済み、シミュレーションの処理も軽いです。

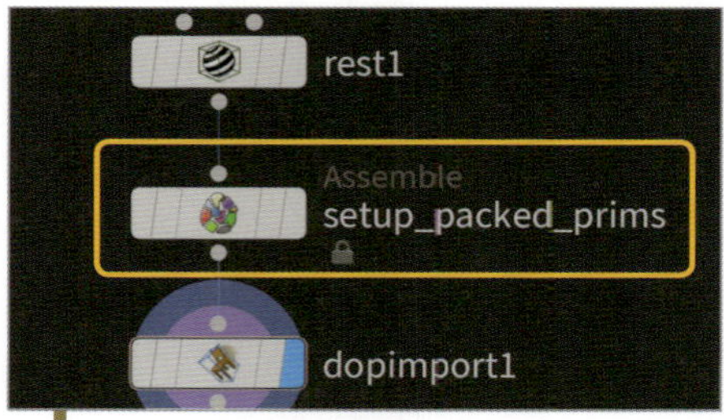

32 「RBD Packed Object(DOP)」を使うにはパック化されたジオメトリが必要ですが、シェルフによりすでにジオメトリをパック化するノードもつくられています。Uキーで上の階層に戻り、「Work」ノードの中に入ります。ネットワーク下から2番目に「setup_packed_prims」というノードがあります。これは「Assemble(SOP)」というタイプのノードで、これが各破片をパック化しています(詳しくは後述)。

シェルフを使わずにネットワークを構築する

「RBD Fractured Objects（DOP）」と「RBD Packed Object（DOP）」という、特徴の異なるノードでシミュレーションする方法を紹介しました。

「RBD Packed Object（DOP）」の方が、単純なシミュレーションの処理効率がよく、大量の破片をシミュレーションしたりするのに向いています。ただし使えるエンジンは「Bullet」のみです。

一方、「RBD Fractured Objects（DOP）」はシミュレーションの処理速度は遅いものの、エンジンは「RBD」と「Bullet」が使え、複雑な衝突も可能です（P185 POINT参照）。

多くの場合、シミュレーションの速い方が好まれるので、作例では以降「RBD Packed Object（DOP）」を使います。

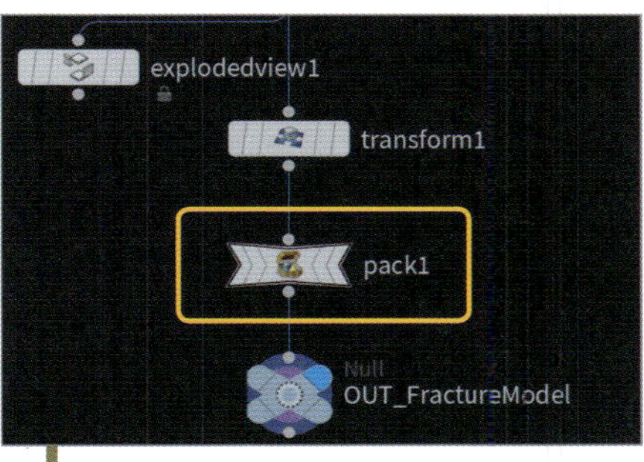

33 今度はシェルフを使わず、これらのネットワークを自分で構築します。シェルフを使わないならではのネットワークの組み方ができ、より深い理解にもつながります。18で保存したシーンファイル「04_03_Fracture01_model.hip」を開き「/obj」階層の「Work」ノードの中に入ります。パックプリミティブを用いたシミュレーションを行うので、まずはジオメトリをパック化します。TAB Menuから「Pack（SOP）」を作成、「OUT_FractureModel」と「transform1」の間にコネクトしてパック化します。

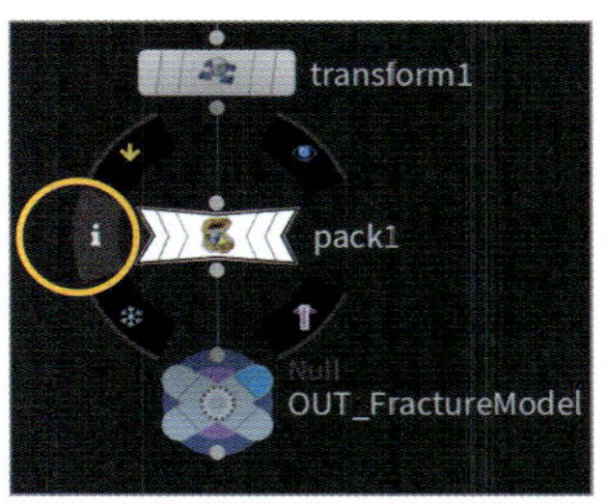

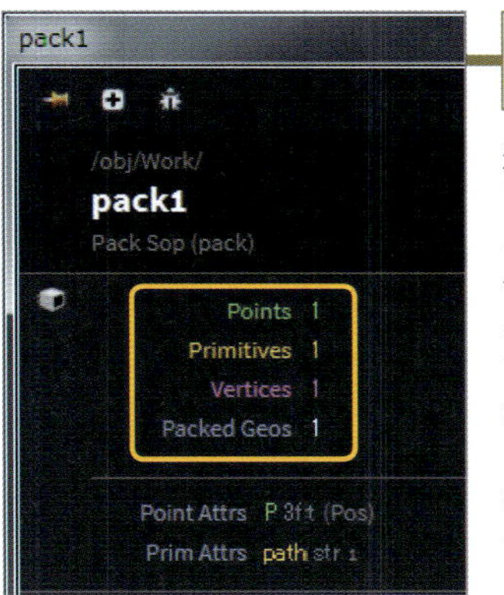

34 現状を確認します。「pack 1」のノードリングから「Node Info」を選択してウィンドウを見ると、「Packed Geos：1」（パックプリミティブ1個）となっています。今シーンビューに表示されているジオメトリ全部で1個のパックプリミティブということで、これは望ましくないです。破片をシミュレーションするためには、各破片を個別のパックプリミティブにする必要があります。

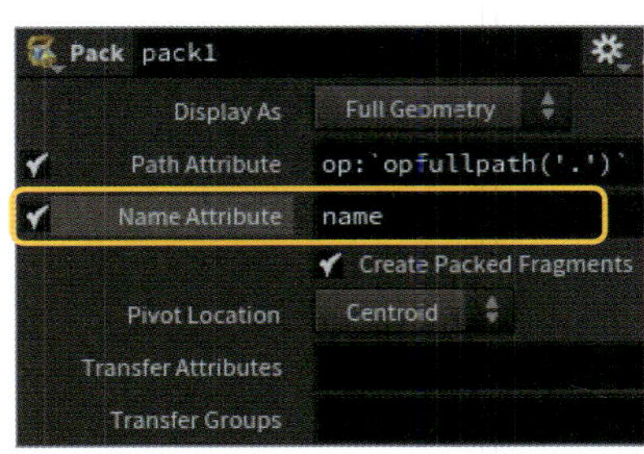

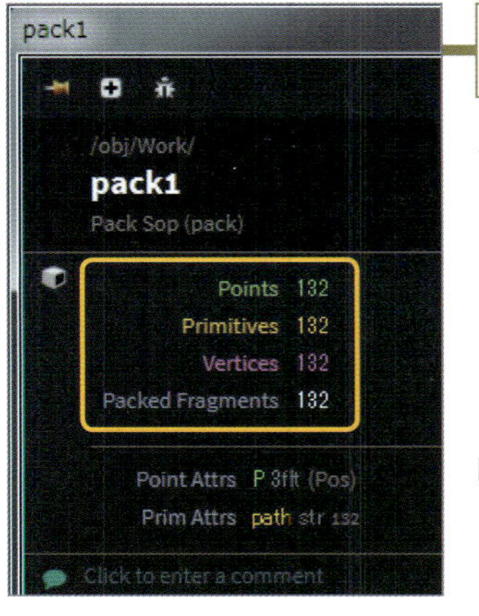

35 破片ごとにパックプリミティブを作成するために、「pack 1」のパラメータ「Name Attribute」をオンにします。パラメータ欄に「name」とありますが、これは同じ「name」アトリビュート値をもつプリミティブをパックするというオプションです。「name」アトリビュートの数だけパックプリミティブができます。「Node Info」を確認すると、今度は「Packed Fragments：132」とあり、パックプリミティブが132個あることがわかります。

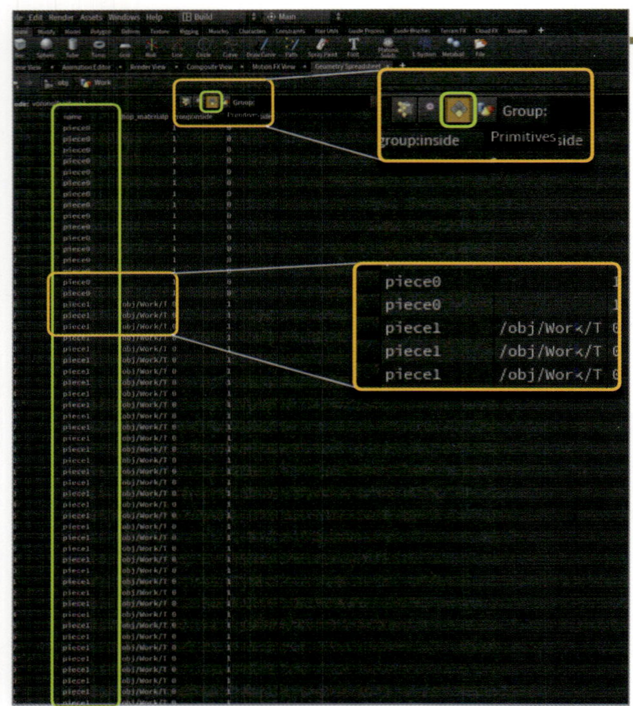

36 ここで指定した「name」アトリビュートとは、破片を識別するために各プリミティブに付けられた名前です。
「voronoifracture1」ノードにより破片に分割した際、同時に「piece#」(#には数字が入る)という名前が各プリミティブ(ポリゴン面)に付けられました。同じ破片を構成するものには同じ「name」アトリビュートが割り当てられ、それによりどのプリミティブがどの破片に属しているかがわかります。
「voronoifracture1」を選択して、「Geometry Spreadsheet」にアトリビュートを表示、プリミティブアイコンをクリックして、プリミティブアトリビュートを表示します。
いちばん左に「name」アトリビュートが表示されており、プリミティブごとに「Fiece0」や「Piece1」などと命名されています。「name」が同じものは同一の破片の一部であることを示しています。
35では、この「name」アトリビュートが同じプリミティブをまとめてそれぞれパックプリミティブにした、ということです。

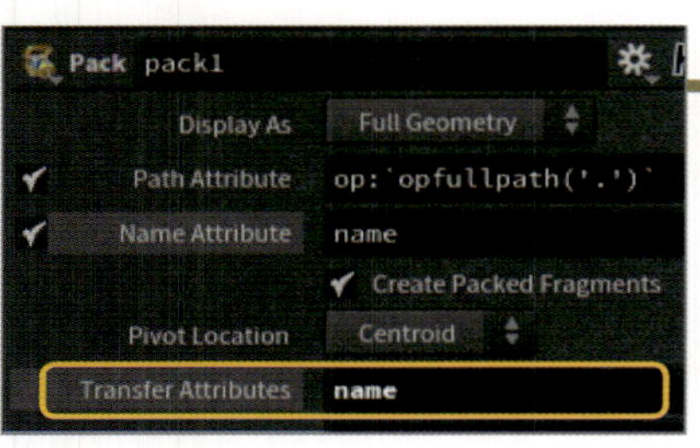

37 「pack1」ノードを選択して「Geometry Spreadsheet」を確認すると、パック化された状態でのアトリビュートが表示され、先ほどまであったアトリビュートの多くが表示されず、アクセスできません。「name」アトリビュートも同様の状態ですが、これは後工程のシミュレーションでも使用するので、参照できるようにします。
「pack1」のパラメータ「Transfer Attributes」に「name」と記述(または欄右端の▼からリスト選択)します。これで元のプリミティブからパック化されたプリミティブに、「name」アトリビュートが転送されました。

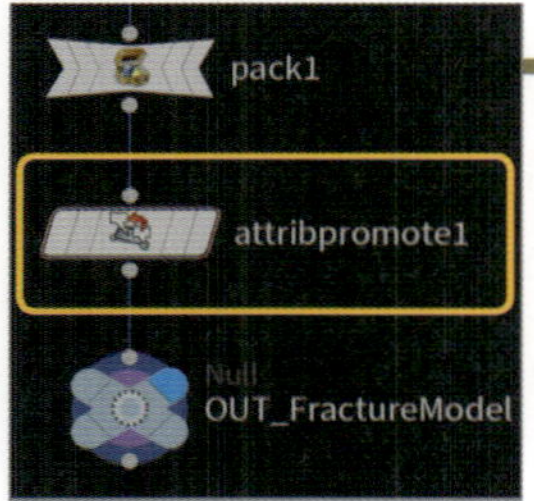

38 「name」アトリビュートはシミュレーション内で後ほど使う際に、プリミティブではなくポイントアトリビュートであることが望ましいです。そこで、現在プリミティブにあるアトリビュートをポイントのアトリビュートへ移動します。TAB Menuから「Attribute Promote」を作成、「pack1」と「OUT_FractureModel」の間に挿入します。

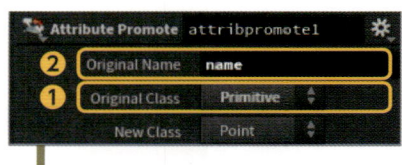

Attribute Promote attribpromote1
❷ Original Name name
❶ Original Class Primitive
New Class Point

39 「attribpromote1」のパラメータ「Original Class」を「Primitive」に変更します(❶)。次に「Original Name：name」とします(❷)。これでプリミティブにあった「name」アトリビュートがポイントのアトリビュートに変わりました。

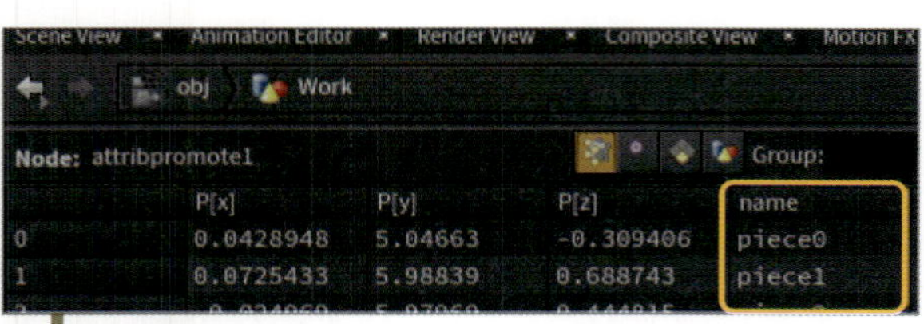

	P[x]	P[y]	P[z]	name
0	0.0428948	5.04663	-0.309406	piece0
1	0.0725433	5.98839	0.688743	piece1

40 結果を「Geometry Spreadsheet」で確認します。プリミティブアトリビュートから「name」アトリビュートが消え、ポイントの方に移動しています。これでシミュレーションの準備ができました。

Point 「Assemble (SOP)」について

シェルフのRBD Objectsを使った場合、ジオメトリのパック用に、ここで使った「Pack (SOP)」ではなく「Assemble (SOP)」というノードがつくられます。これはバラバラに分割されたジオメトリを、個別の破片として扱えるように必要な処理を行うノードで、さまざまな機能を持っています。たとえばパーツごとのパック化はもとより、「name」アトリビュートを付けたり、グループ化したりできます。

「Voronoi Fracture (SOP)」を使った分割では、デフォルトで「name」アトリビュートを作成してくれますが、それ以外の方法で分割した場合（例えば他の3Dソフトからデータを読み込むなど）、「Assemble (SOP)」ノードをひとつ使うことで各パーツごとに「name」アトリビュートを作成し、それを使ったパック化までを一度に行えます。

この作例の場合、33〜40の工程を「Assemble(SOP)」ひとつで行えます。置き換えた場合の手順を解説します。TAB Menuから「Assemble (SOP)」を作成し（1）、「transform1」の下にコネクトします（2）。

パラメータ設定では、まず「Create Name Attriubte」をオフにします（3）。これはネットワークの上流で「voronoifracture1」によって分割された際に、すでに「name」アトリビュートがつくられており、新しく「name」を付ける必要がないためです。

次にパラメータ「Create Packed Geometry」をオンにします。これでnameアトリビュートを基準にパック化します。また、各パックプリミティブのポイントには「name」アトリビュートも転送されています。

1

2

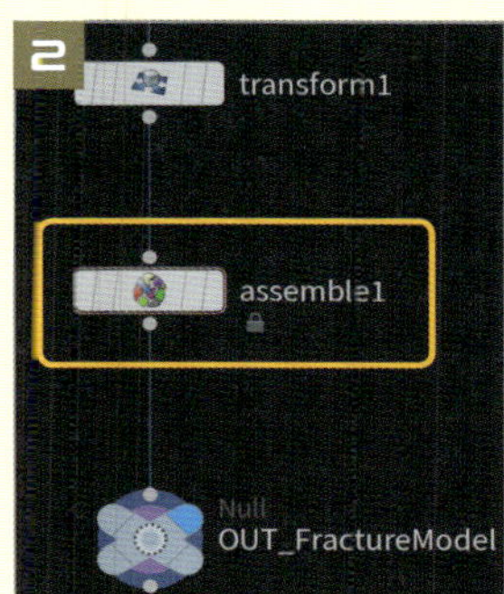

3

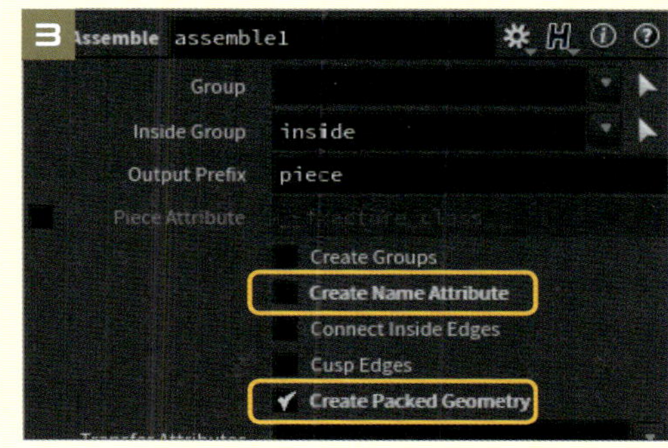

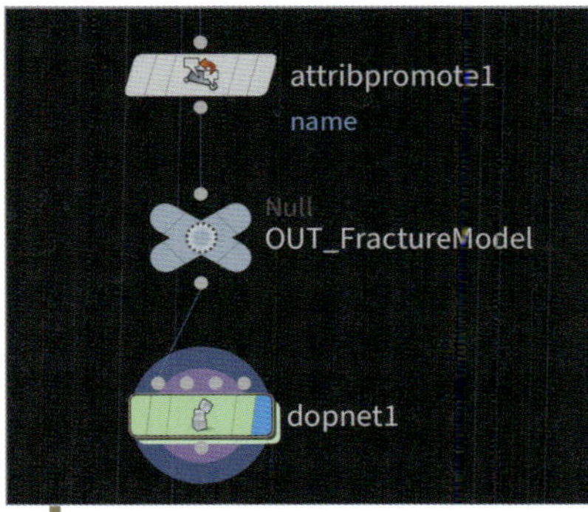

41 シミュレーションを作成します。TAB Menuから「DOP Network」を作成、「OUT_FractureModel」の下にコネクトします。このノードの中でシミュレーションを行います。シェルフでは「/obj」階層に「AutoDopNetwork」ノードがつくられましたが、ここではすべて、この「Work」ノードの中につくります。同一ネットワーク内で完結すれば全体の把握・管理がしやすくなるためです。作成したノードをダブルクリック（またはIキー）で中に入ります。

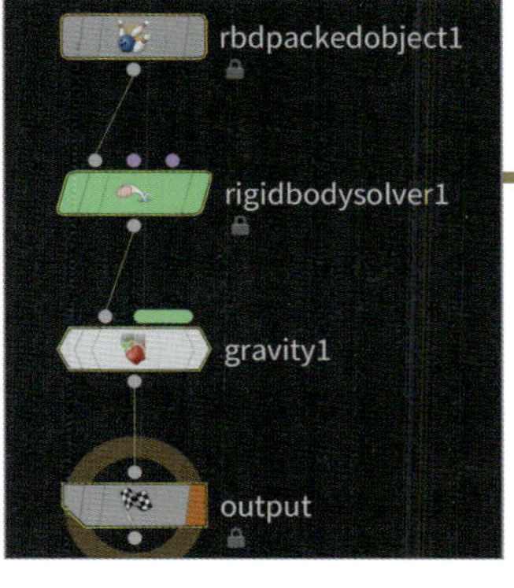

42 必要なノードをつくります。TAB Menuから「RBD Packed Object (DOP)」「Rigid Body Solver (DOP)」「Gravity Force (DOP)」を作成します。これらを図のようにコネクトします。現在、シミュレーションネットワーク内にジオメトリがないため、シーンビューには何も表示されていません。

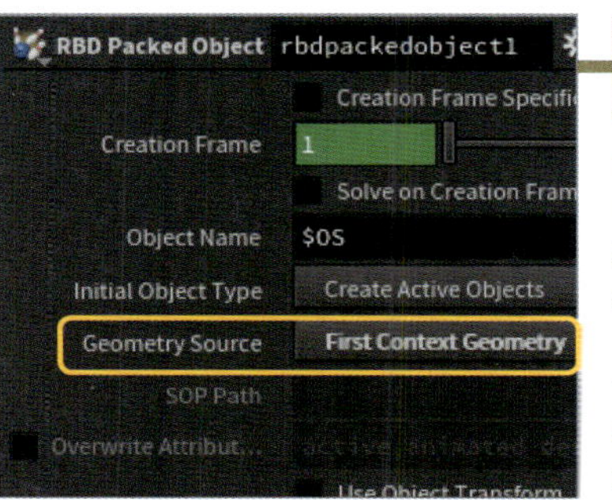

43 この中に、先ほどつくったパックプリミティブを読み込みます。「rbdpackedobject1」ノードのパラメータ「Geometry Source」を「First Context Geometry」（1番目にコネクトしたジオメトリ）にします。つまり「dopnet1」の入力の1番目（いちばん左）のコネクトが読み込まれます。

44 シーンビューに読み込まれたジオメトリが表示されます。再生すると落下していきます。

Point 「Bullet」エンジンかどうか確認

一応、「rigidbodysolver1」ノードのパラメータ「Solver Engine」が「Bullet」になっていることを確認しておきます。「RBD Packed Object (DOP)」での複数オブジェクトの表現は現状「Bullet」エンジンにしか対応していません。

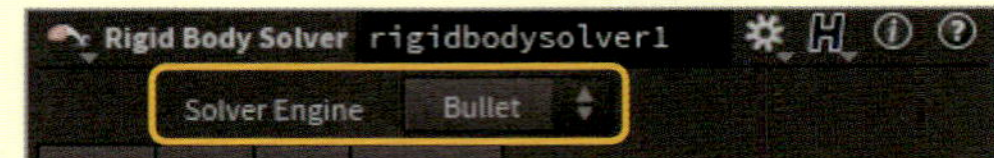

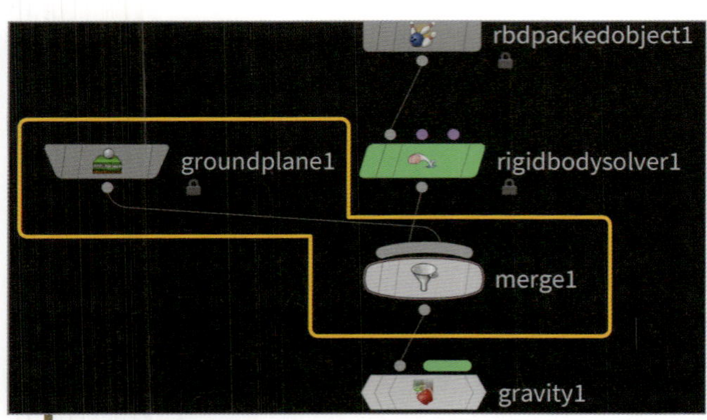

45 地面を追加します。TAB Menuから「Groud Plane (DOP)」と「Merge (DOP)」を作成します。作成した「merge1」を「gravity1」の上に挿入し、続いて「groundplane1」を「merge1」にコネクトします。

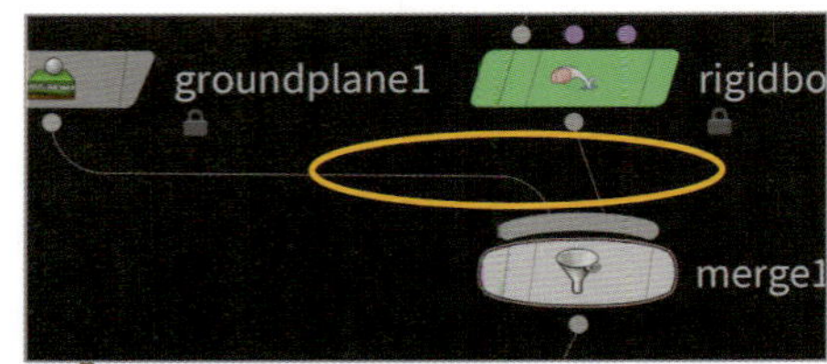

46 45で「merge1」に接続したワイヤが交差しています。「Merge (DOP)」では通常、左側が右側に影響を与える設定のため、地面が影響を受ける側になり、望むような衝突は起こりません。そこでコネクションの順番を反転します。「merge1」を選択してShift＋Rキーを押すと、図のように反転し、破片が地面の影響を受けるようになります。

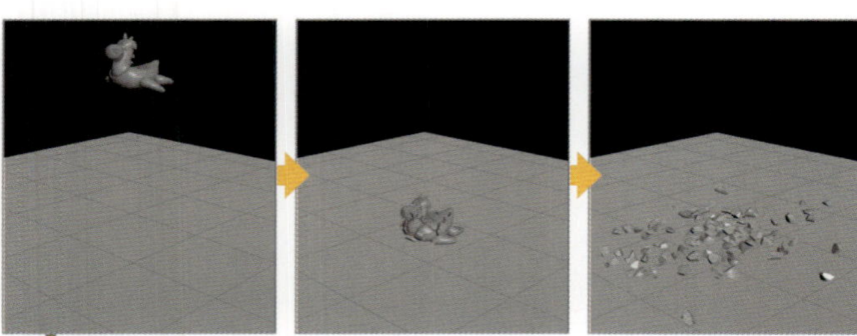

47 再生すると、破片が地面に当たりバラバラになりました。これで破片のシミュレーションができました。いったん、シーンファイルを「04_03_Fracture02_SIM.hip(.hiplc/hipnc)」という名前で保存します。

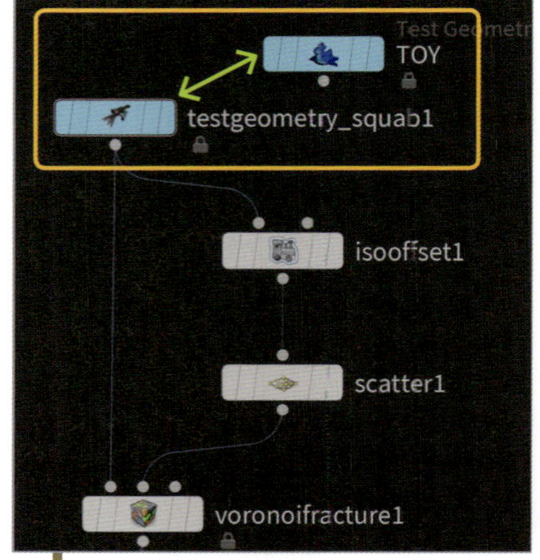

48 Houdiniの便利な点として、「汎用性の高いネットワークが組める」ということがあります。ここで言う汎用性の高いネットワークとは、異なる入力に対しても破綻なく動作するもののことです。この作例も汎用性の高いネットワークです。実際に、初めのジオメトリを異なるものに入れ替えてみます。
Uキーで上の階層「/obj/Work」に戻り、TAB Menuから「Test Geometry: Squab」を作成。図のように「TOY」と入れ替えます。

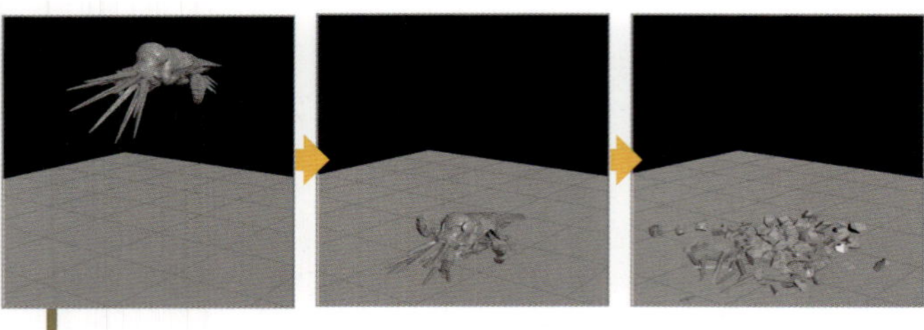

49 「dopnet1」に表示フラグを立てて、再生すると、入れ替えたジオメトリが粉々になりました。すべてのノードが意図したとおりに動作し、特に変更を加える必要なく動作しました。

4-4 作例2 部分的な強度の変更

難易度 ★★

4-3のシミュレーションに少し手を加え、割れやすい箇所と割れにくい箇所をつくります。「Glue Constraint」という機能を使うと、破片同士を接着して、一定以上の力が加えられない限りくっついたままになります。まずはシェルフを使って自動作成し、これがどういったものか確認し、その後、説明を交えながら、シェルフを使わずに作成します。

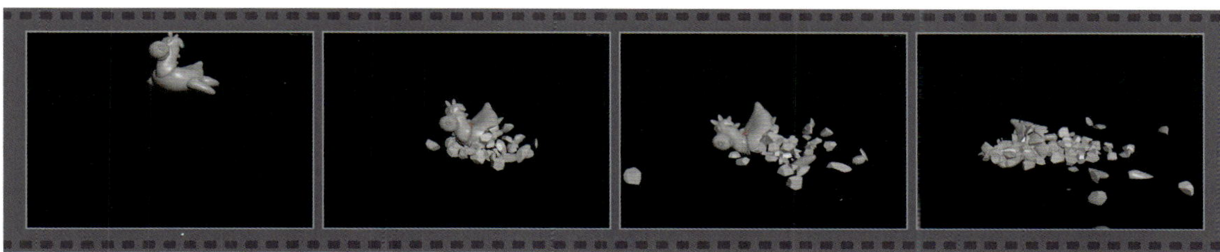

シェルフを使ってGlue Constraintを実装する

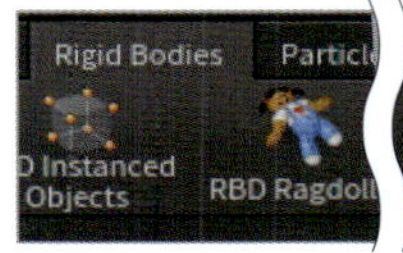

1 前ページ47で保存した「04_03_Fracture02_SIM.hip(.hiplc/hipnc)」を開きます。「/obj/Work/」の「dopnet1」ノードの中に入り、シェルフ「Rigid Bodies」タブ→「Glue Adjacent」を選びます。

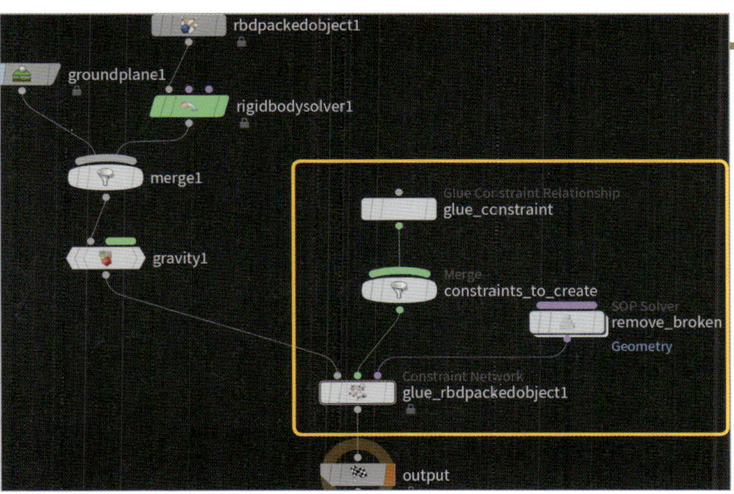

2 選択モードになるので、シーンビューでジオメトリを選択。すると、Glue Constraintに必要なノードが作成されます。Lキーを押してネットワークを整理します。オレンジ枠部分が新しくつくられたネットワークです。

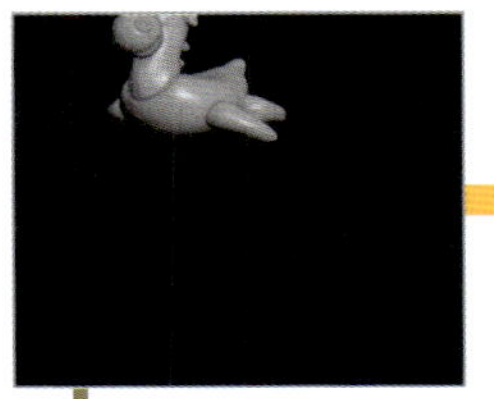

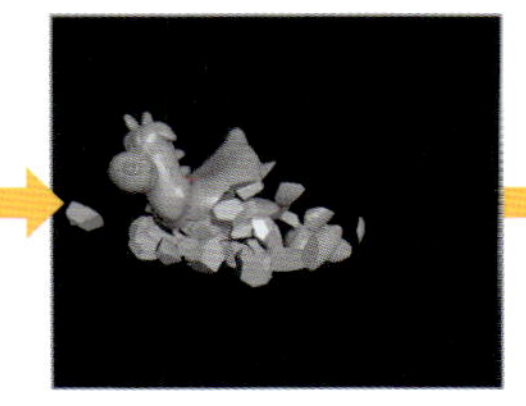

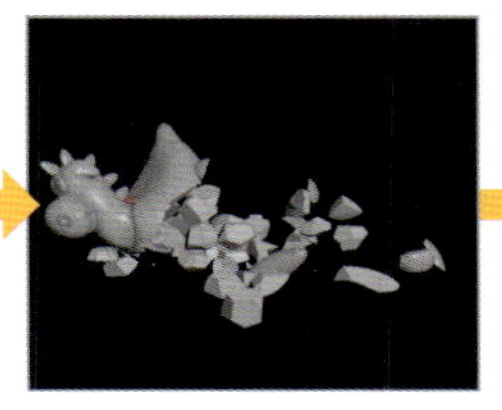

3 再生すると、地面に衝突した部分が壊れ、衝突から遠い部分は破片がくっついたままになっています。このようにGlue Constraintを使うと、破片に強度のような性質を持たせることができます。

Point オブジェクトを非表示にする

ここでは、地面と破片が同じ色なので、見やすいように地面を非表示にしました。「groundplane1」のノードリングから「Hidden」を選ぶことで、そのノードのオブジェクトを非表示にできます。

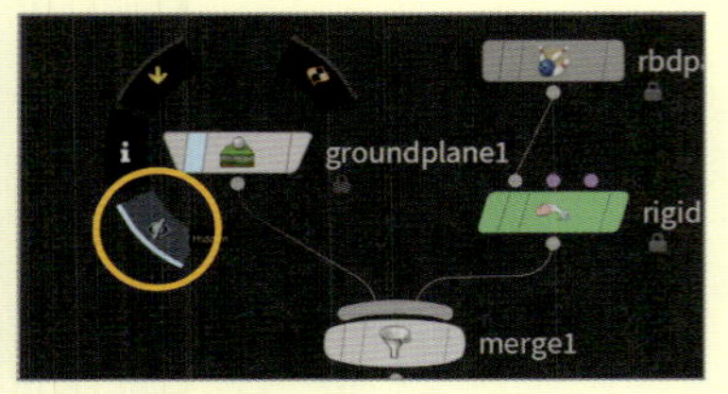

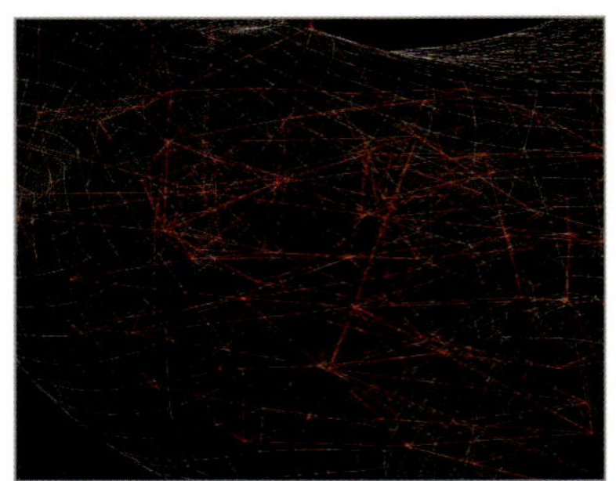

4 Glue Constraintは破片同士をラインでつなげています。Wキーでワイヤーフレーム表示にして、シーンビューでジオメトリに近寄ってみると、内部に赤い線が見えます。これが破片同士をつなげているGlue Constraintです。

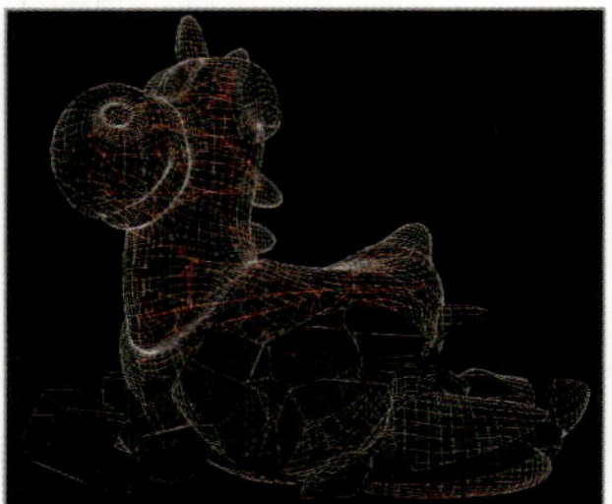

5 地面に衝突した瞬間までフレームを進めると、衝突した部分からはGlue Constraintの赤いワイヤーが消えています。衝突の力がGlue Constraintによる拘束の力を上回ったので、拘束が外れたのです。

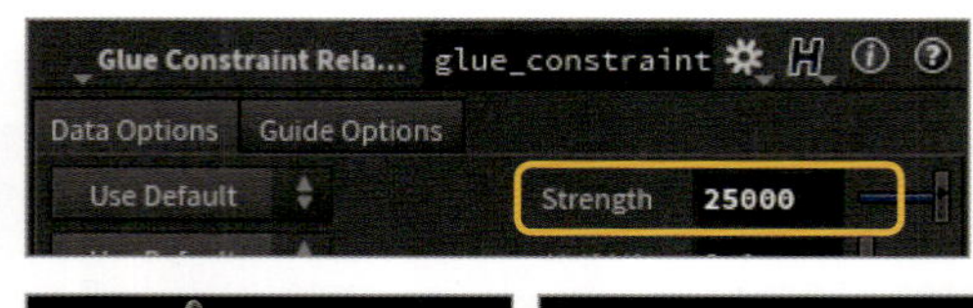

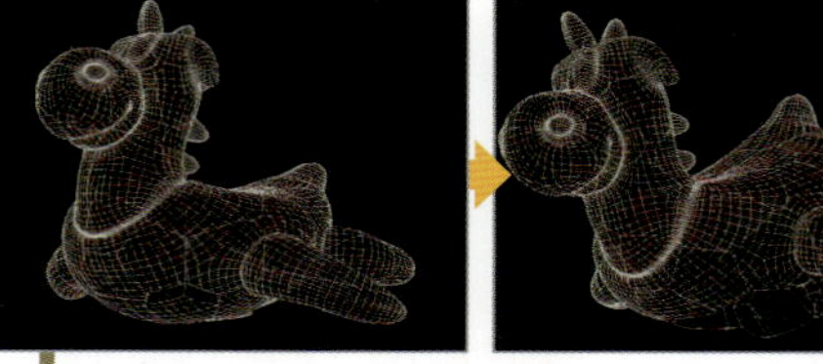

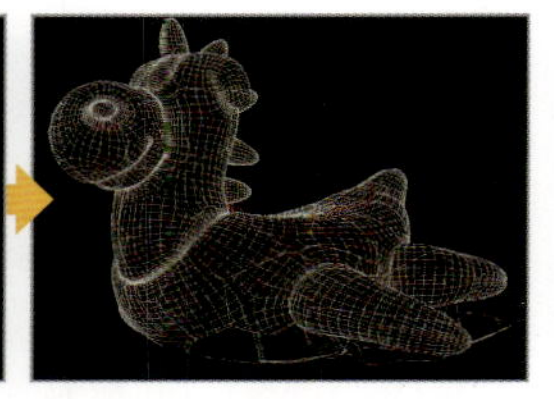

6 Glue Constraintの力を強めると、衝突してもあまり崩れなくなります。「glue_constraint」ノードのパラメータ「Strength」値を「25000」に増やすと、先ほどよりも崩れなくなりました。

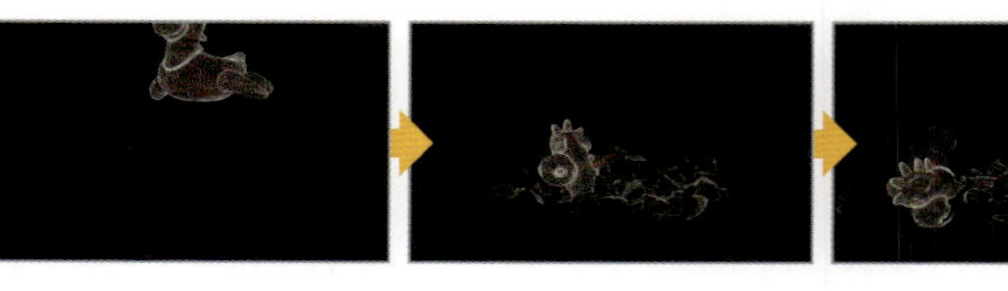

7 逆に「Strength」値を「1000」に減らすと、初めの結果よりも広い範囲で破片が崩れます。確認後は値を「10000」に戻します。

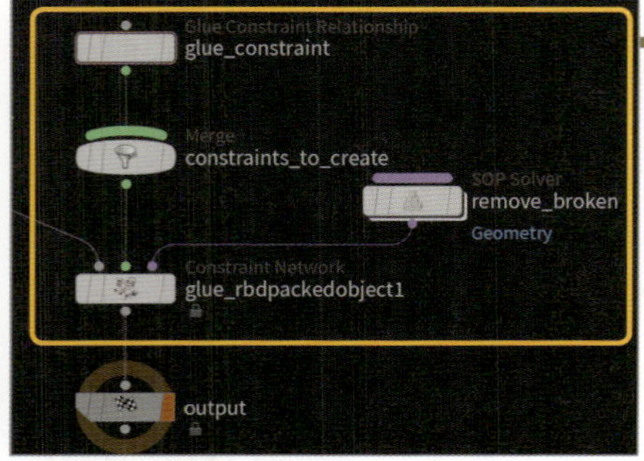

8 ノードについて解説します。「glue_constraint」は「Glue Constraint Relationship（DOP）」というタイプのノードです。拘束の強さを調整するなどができ、「Constraint Network（DOP）」（ここでは「glue_rbdpackedobject1」ノード）につなぐことで機能します。

Glue Constraintを表していた赤いワイヤーは、別のネットワークで作成された形状です。「Constraint Network（DOP）」は外部から拘束に使う形状を読み込み、オブジェクト同士の拘束関係を定義します。「remove_broken」は「SOP Solver（DOP）」というタイプのノードで、内部でSOPネットワークを組むことができます。さまざまな用途に使えるものですが、ここではシミュレーション中に意図的に拘束を外すのに利用できます。

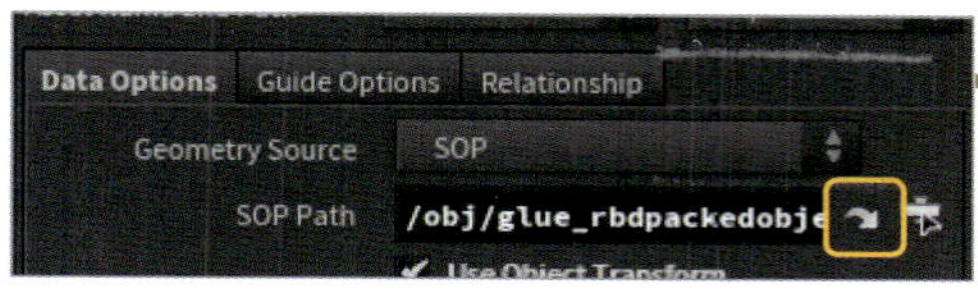

9

Glue Constraintを表す赤いワイヤーを作成したネットワークを確認します。「glue_rbdpackedobject1」のパラメータ「SOP Path」に、赤いワイヤーを作成しているネットワークへのパスが記述されています。欄右のアイコンをクリックして、パスの場所へジャンプします。

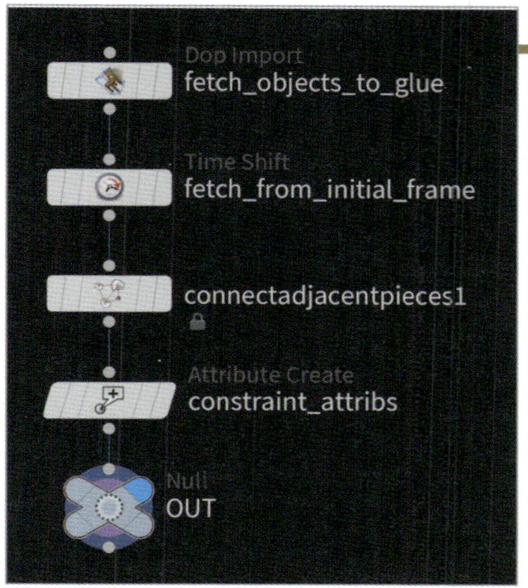

10

「/obj」階層の「glue_rbdpackedobject1」ノードの中に移動しました。これもシェルフで自動作成されたノードです。ここでConstraintで使われた赤いワイヤー形状がつくられています。

ノードを上から解説します。「fetch_objects_to_glue」は「Dop Import(SOP)」というタイプのノードで、指定したDOPネットワーク(ここでは「/obj/Work/dopnet1」)からオブジェクト(「rdbpackedobject1」、破片)を読み込みます。

「fetch_from_initial_frame」は「Time Shift(SOP)」というタイプのノードで、現在のフレームとは異なるフレームとして処理できるノードです。ここでは常にスタートフレームに固定するために使われています。

「connectadjacentpieces1」は「Connect Adjacent Pieces(SOP)」というタイプのノードで、隣接するパーツ間にラインを生成できます。実際にジオメトリからラインを生成しているのがこのノードです。

「constraint_attribs」は「Attribute Create(SOP)」というタイプのノードで、名前の通りアトリビュートをつくります。上の「Connect Adjacent Pieces(SOP)」でつくられたラインはそのままではただのラインです。詳細は後述しますが、Glue ConstraintでHoudiniがそのラインを拘束に使うものだと認識するためには、特定のアトリビュートを持っている必要があります。そのためのアトリビュートをここで作成します。

「OUT」は単なる「Null(SOP)」です。DOPネットワークからの参照先です。

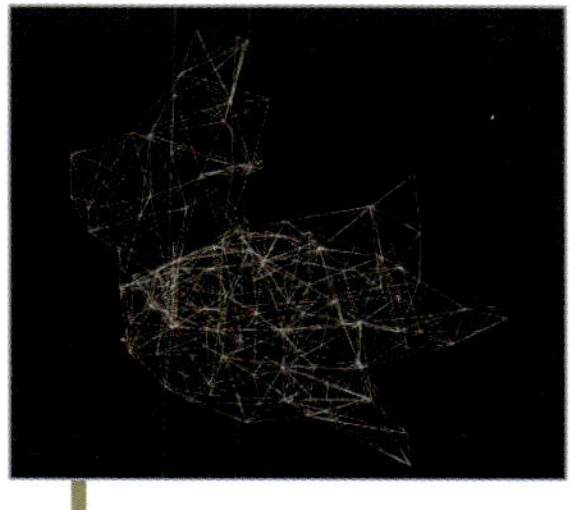

11

これら一連のノードの処理によって、Glue Constraintで利用可能な拘束用ラインがつくられます。

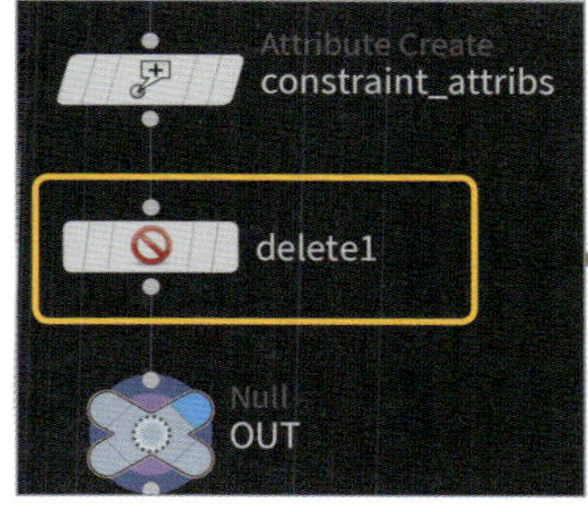

12

ここでつくられているラインがシミュレーションでのGlue Constraintに使われていることを確認するために、このラインの一部を削除してみます。TAB Menuから「Delete(SOP)」を作成、「constraint_attribs」と「OUT」の間に挿入します。

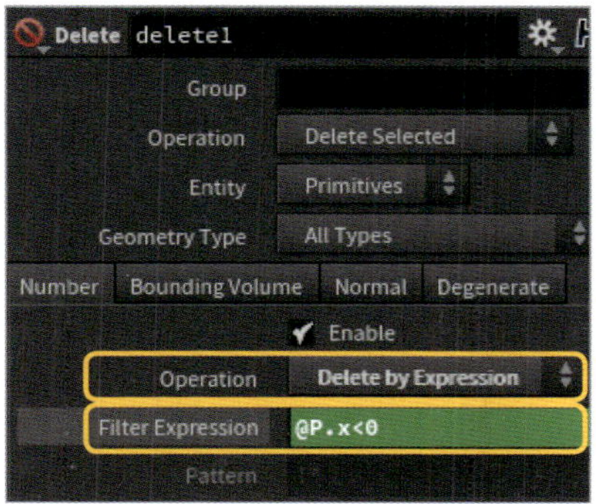

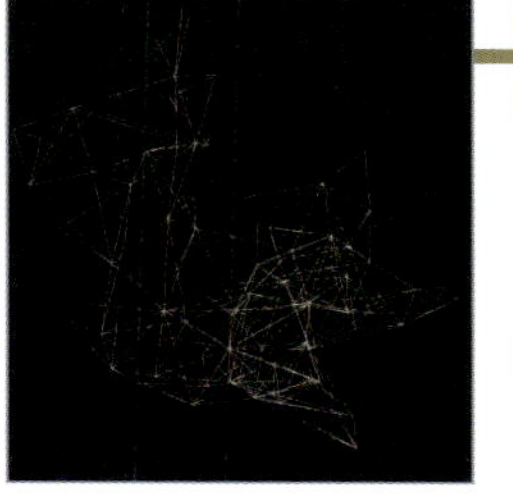

13

エクスプレッションでラインの片側を削除します。「delete1」のパラメータ「Number」タブ→「Operation」を「Delete by Expression」に変更。すると、その下の「Filter Expression」欄が記述可能になるので、

@P.x<0

と記述します。これは「位置のX座標が0以下であるか」という意味です。この条件を満たすものが削除されます。シーンビューを見ると、ラインの片側が削除されています。これで、ラインを削除した側はバラバラになるはずです。

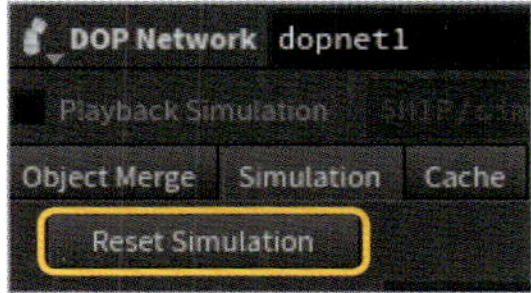

14

シミュレーションを確認する前に、いったん「/obj」階層の「Work」ノードの中に戻ります。「dopnet1」のパラメータ「Simulation」タブ→「Reset Simulation」ボタンを押して、シミュレーションをリセット、まっさらな状態にします。これは、パラメータや設定を変えてもシミュレーションが変化しない場合などに実行します。

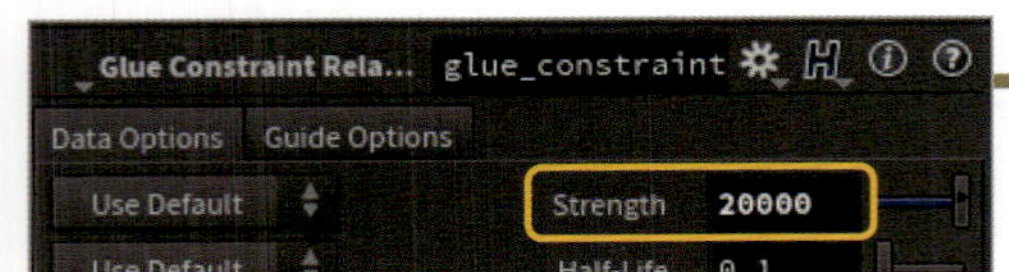

15 「dopnet1」に表示フラグが立っているのを確認し再生すると、なんとなくコンストレイントのラインを削除した片側が多く壊れている気もします。もう少し結果が顕著になるように、「dopnet1」の中に入り「glue_constraint」のパラメータ「Strength」を「20000」に設定します。

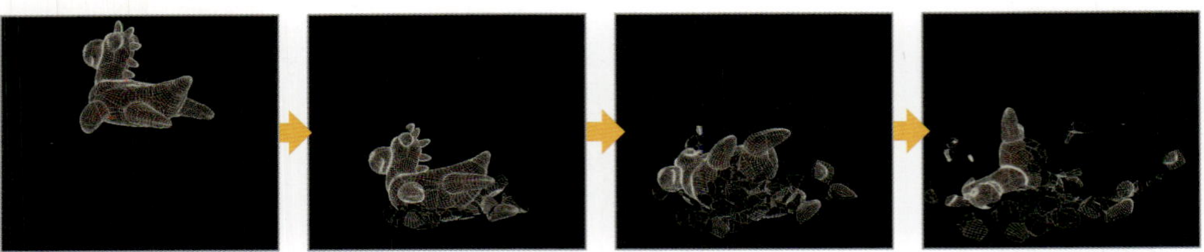

16 1フレーム目に戻ってから再生します。拘束されていない部分がバラバラになったのに対して、拘束されている部分の多くがくっついたままです。いったんシーンファイルを「04_04_Fracture03_glue.hip(.hiplc/hipnc)」という名前で保存します。

シェルフを使わずにGlue Constraintを実装する

今度はシェルフを使わずに自分でネットワークを構築しながら、各ノードや設定について学習します。P198の47で保存した「04_03_Fracture02_SIM.hip」を開きます。

シェルフの利用時は、新しいノードが多階層につくられましたが、今度はすべて「Work」ノードの中につくります。「Work」の中に移動します。

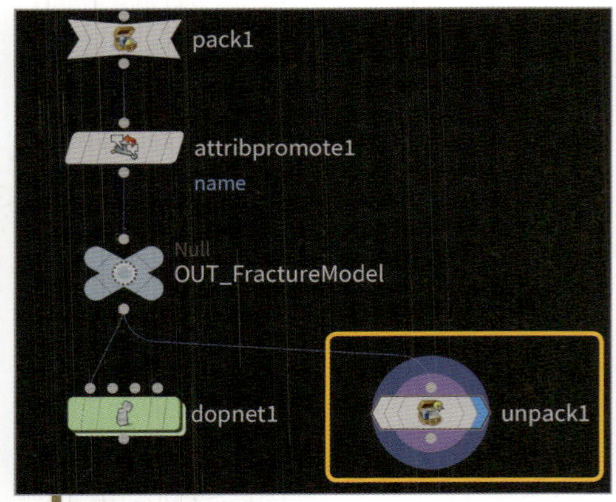

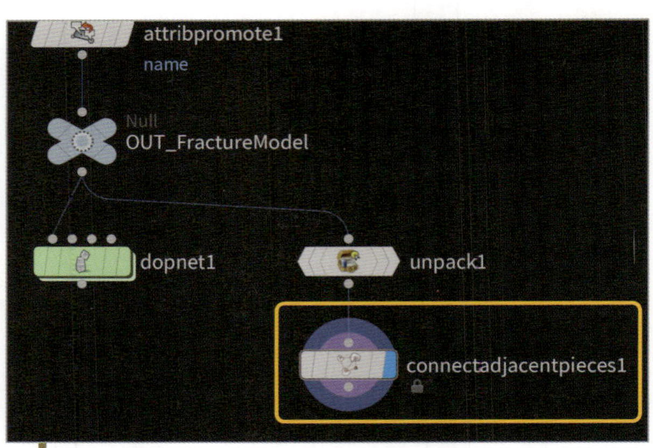

17 Glue Constraint用のラインから作成します。現在、各破片はパック化されていますが、パック状態のジオメトリを操作する場合は解除（アンパック）する必要があります。TAB Menuから「Unpack (SOP)」を作成、「OUT_FractureModel」の下に枝分かれするように配置します。

18 次に隣接する破片をつないでラインを生成します。TAB Menuから「Connect Adjacent Pieces (SOP)」を作成、「unpack1」の下にコネクトします。このノードひとつで、破片間にラインを生成できます。

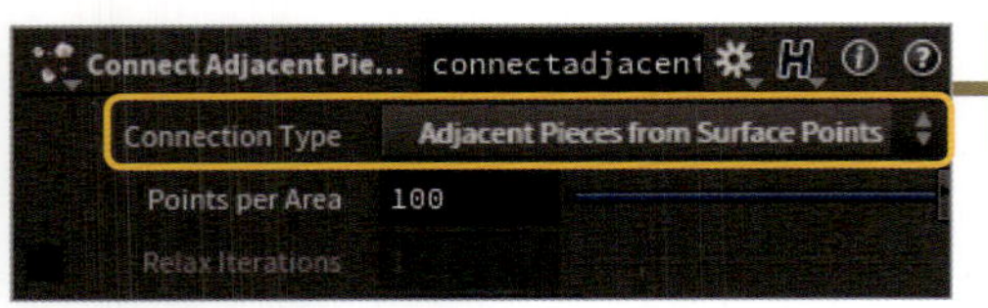

19 パラメータ「Connection Type」を「Adjacent Pieces from Surface Points」に変更します。これは「隣接する破片の重心をつなぐ」という設定です。他のパラメータで、隣接する破片を検出する際の検索範囲などが調整できます。

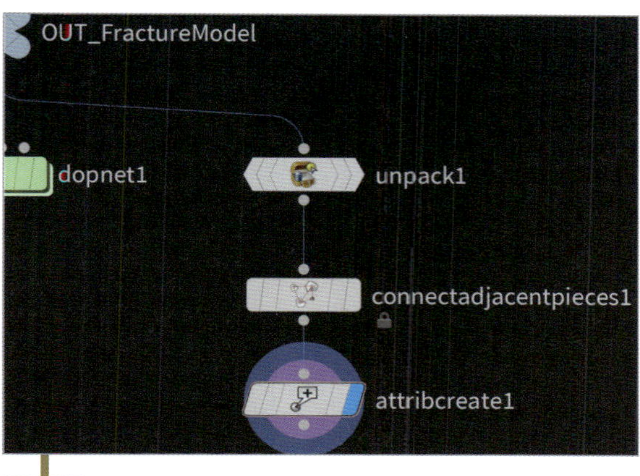

20 このラインをGlue Constraintに使うためには「constraint_name」と「constraint_type」というアトリビュートが必要です。これらを作成します。TAB Menuから「Attribute Create (SOP)」を作成、「connectadjacentpieces1」の下にコネクトします。

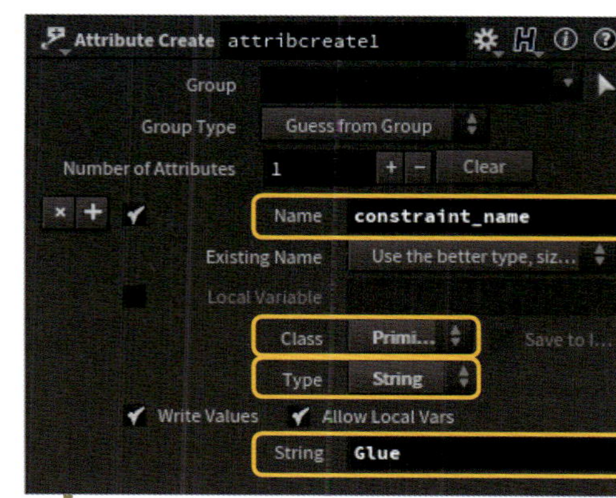

21 パラメータを設定し、まずは「constraint_name」アトリビュートを作成します。「Name：constraint_name」「Class：Primitive」「Type：String」「String：Glue」とします。「Glue」という名の「constraint_name」アトリビュートができました。

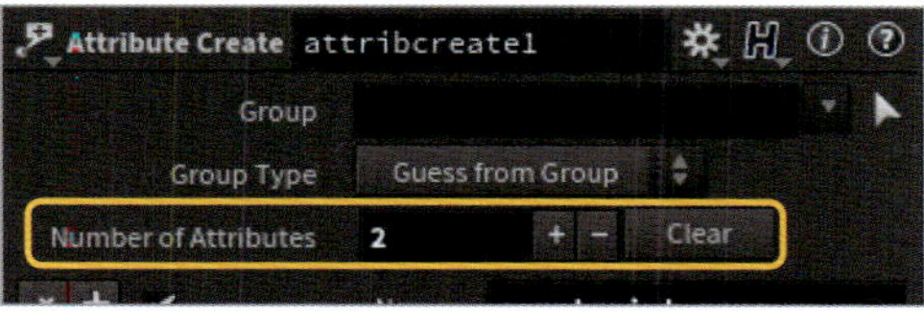

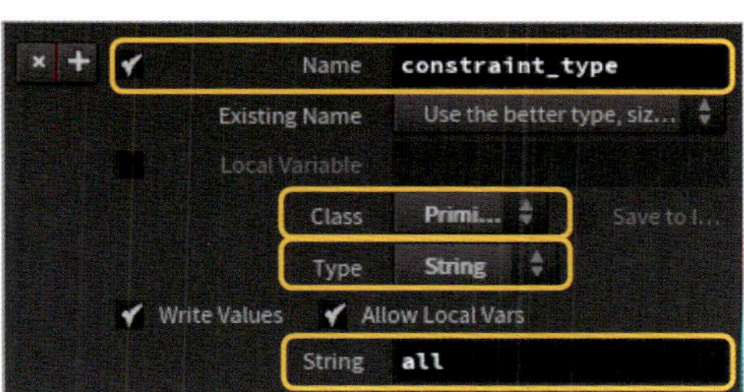

22 次は「constraint_type」を作成します。「Number of Attributes」を「2」に設定して、もうひとつ追加できるようにし、ふたつ目のアトリビュートを設定します。「Name：constraint_type」「Class：Primitive」「Type：String」「String：all」とします。「all」という名の「constraint_type」アトリビュートが作成できました。

Point 「constraint_type」の設定

「constraint_type」アトリビュートの値「all」。この設定は「すべて拘束」を意味します。ここでいう「すべて」とは位置と回転の両方です。
「all」の他には「position」（位置だけ拘束）と「rotation」（角度だけ拘束）という設定があります。例えば、ドアをシミュレーションでつくる時は、「position」に設定して、位置だけ拘束して自由に回転できます。この作例では、破片同士をくっつけたいので、「all」で位置と回転の両方を拘束します。

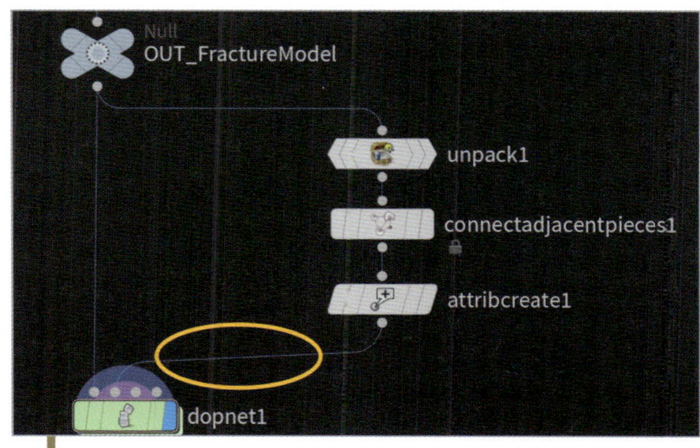

23 これで拘束用のラインができました。「attribcreate1」の出力を「dopnet1」の左から2番目の入力に接続します。

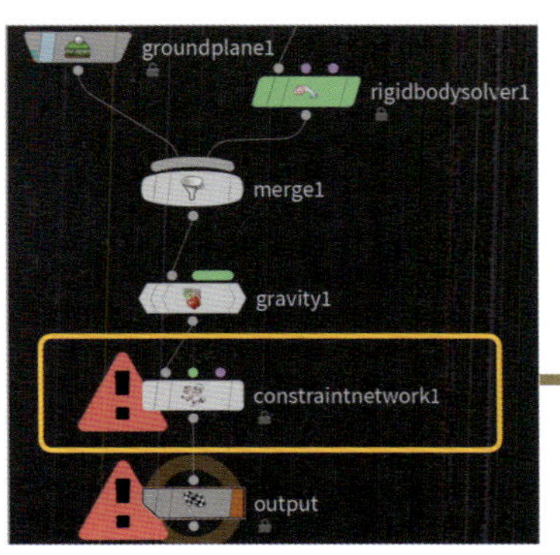

24 次はDOPネットワーク内で実際のGlue Constraintのノードをつくります。「dopnet1」の中に入り、TAB Menuから「Constraint Network (DOP)」を作成、「gravity1」と「output」の間に挿入します。「gravity1」は「constraintnetwork1」の左入力にコネクトします。エラーが表示されますが、これは機能するために必要なノードが足りていないためです。

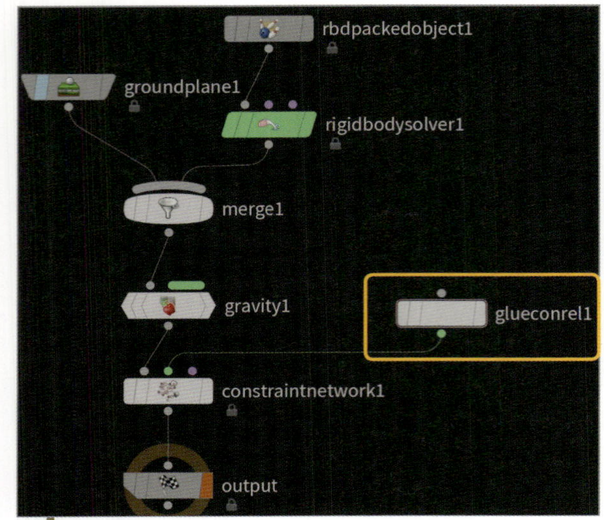

25 TAB Menuから「Glue Constraint Relationship (DOP)」を作成し、「constraintnetwork1」の中央の入力にコネクト。すると先ほどまでのエラー表記が消えます。この「Constraint Network (DOP)」と「Glue Constraint Relationship (DOP)」はセットで機能します。

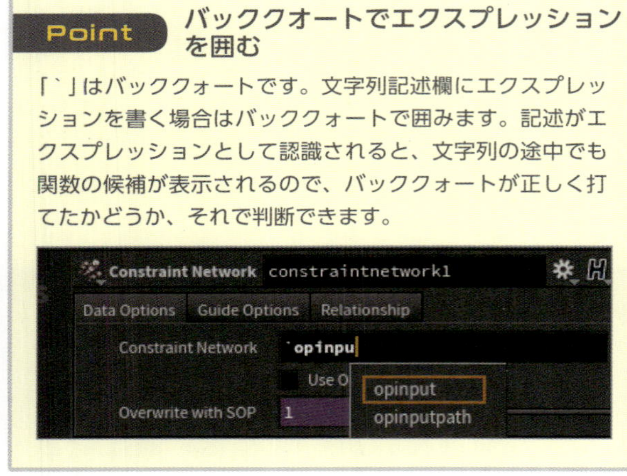

Point バッククオートでエクスプレッションを囲む

「 ` 」はバッククォートです。文字列記述欄にエクスプレッションを書く場合はバッククォートで囲みます。記述がエクスプレッションとして認識されると、文字列の途中でも関数の候補が表示されるので、バッククォートが正しく打てたかどうか、それで判断できます。

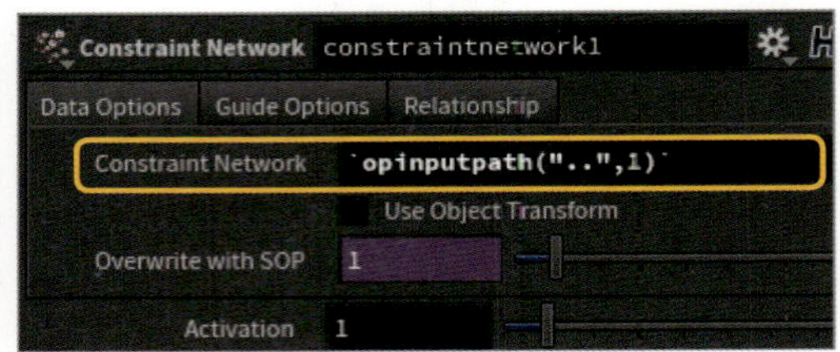

26 ネットワークをつくっただけでは破片は拘束されません。これに先につくったラインを読み込み、拘束用のラインとして認識させます。「constraintnetwork1」のパラメータ「Constraint Network」欄に

`` `opinputpath("..",1)` ``

と記述します。opinputpath( )は指定したノードに入力されたノードのパスを取得するエクスプレッション関数です。この場合、括弧の中の設定で、このネットワークの大元「dopnet1」の入力の2番目に接続されているノードのパスを取得したことになります。23でコネクトしたノードです。

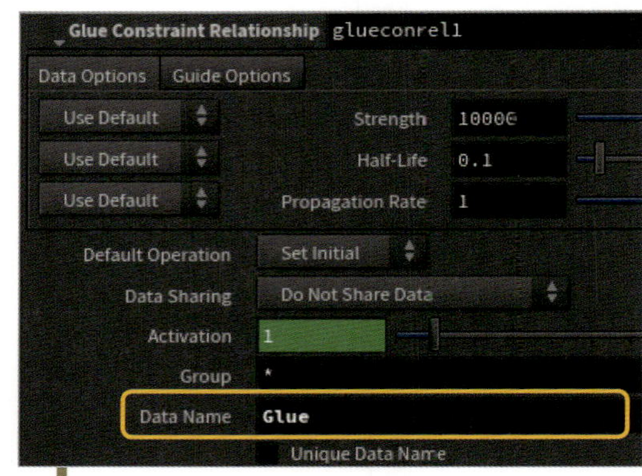

27 次に、「glueconrel1」のパラメータ「Data Name」に「Glue」と記述します。これは21で作成した「constraint_name」アトリビュートの値と一致させる必要があります。

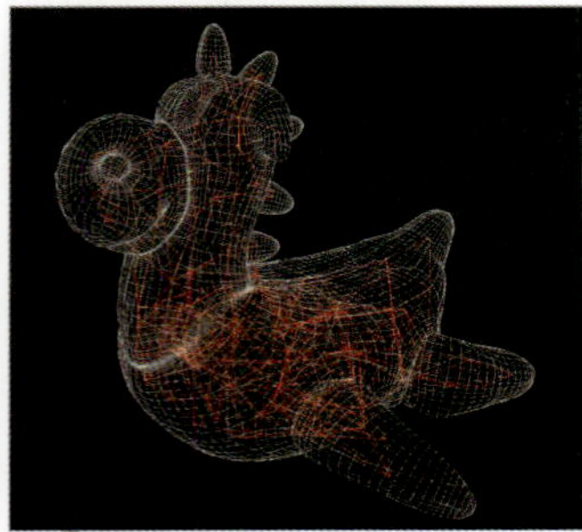

28 この状態でWキーでワイヤーフレームに切り替えてシーンビューを見ると、ジオメトリの内側にうっすらと赤い拘束用のラインが見えます。

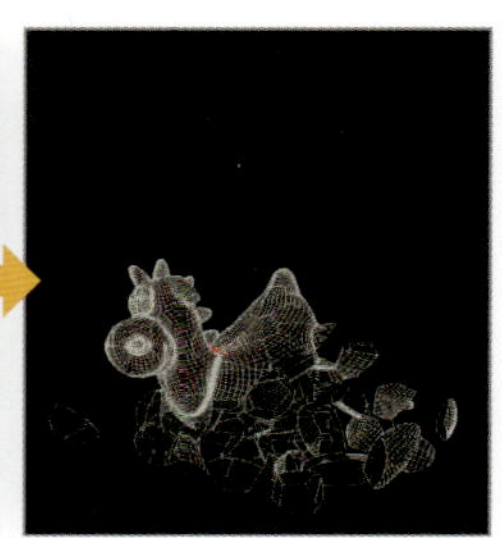

29 再生して確認すると、地面に衝突した部分は拘束が外れてバラバラになり、それ以外の部分は拘束が保たれています。これでGlue Constraintができました。

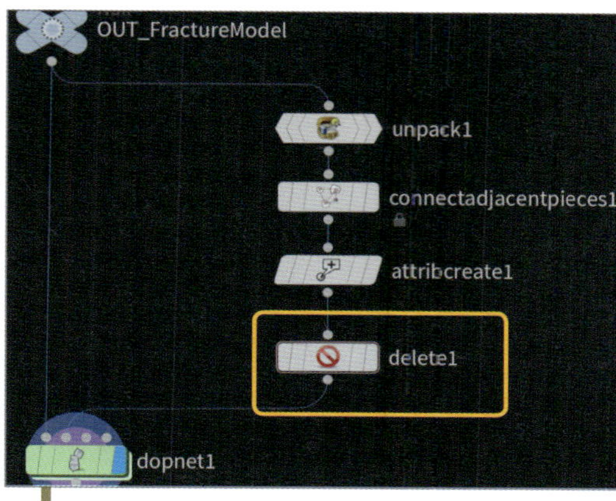

30 ひとまず完成しましたが、もう少し手を加えます。地面に衝突した後、80フレーム付近ですべての拘束を切り、破片をバラバラにします。12では「Delete(SOP)」で拘束を切りましたが、ここでもそれを使います。Uキーでいったん DOPネットワークから上の階層へ移動します。TAB Menuから「Delete(SOP)」を作成し、「attribcreate1」と「dopnet1」の間に挿入します。

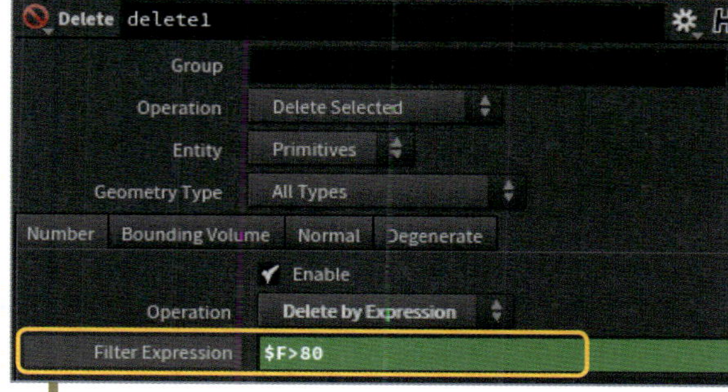

31 「delete1」のパラメータを変更します。パラメータ「Number」タブ→「Operation」を「Delete by Expression」に変更し、「Filter Expression」欄に
$F>80
と記述します。$F は現在のフレームです。このエクスプレッションで80フレームを過ぎるとすべて削除されます。ノード「delete1」に表示フラグを立ててその通りか確認します。

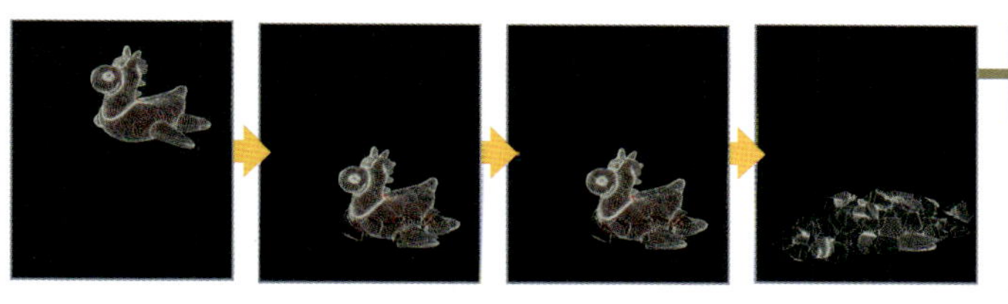

32 「dopnet1」に表示フラグを立てて結果を確認すると、80フレーム以降は意図したとおりバラバラになりましたが、衝突したときの挙動が先ほどまでとはまったく違い、衝突部分の破片がまだ拘束されているようです。求めていたのは「はじめの結果を維持しつつ80フレーム以降すべての破片がバラバラになる」というものでした。

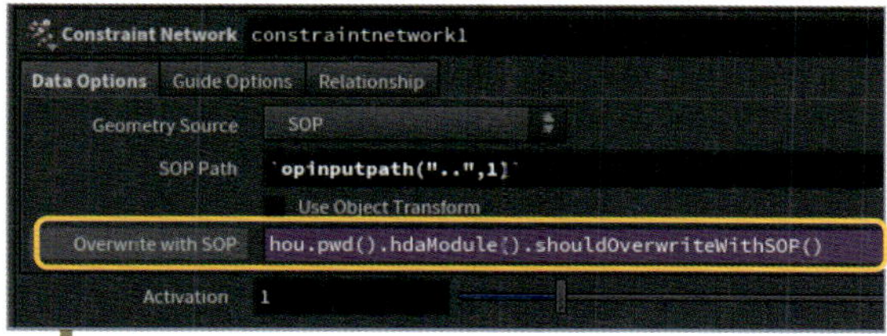

33 原因はSOPネットワークで拘束ラインを削除したことと、「Constraint Network(DOP)」の設定にあります。
「dopnet1」の中に入ります。「constraintnetwork1」のパラメータ「Overwrite with SOP」欄が「1」です。値が「1」の場合、SOPネットワークから拘束用のラインを読み込んで上書きします。
また、この欄の色は紫色です。これはPython(言語)による記述を意味します。パラメータ名部分をクリックすると記述内容の表示に切り替わります。
hou.pwd().hdaModule().shouldOverwriteWithSOP()
と記述されています。これは、このノードに組み込まれたPythonの関数を呼び出しているのですが、実はHoudini 16以前は記述内容が違っていました。

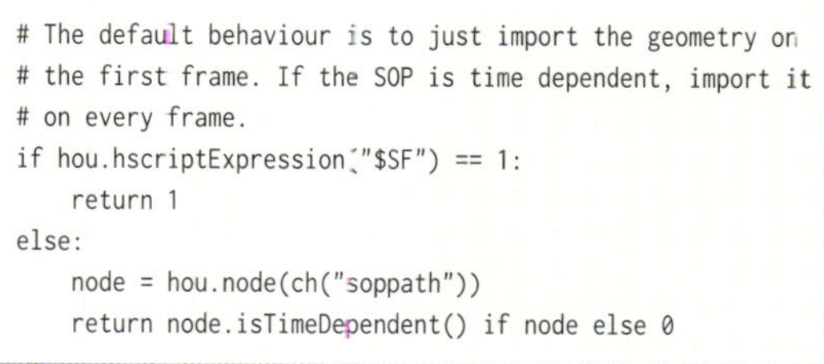

```
# The default behaviour is to just import the geometry on
# the first frame. If the SOP is time dependent, import it
# on every frame.
if hou.hscriptExpression("$SF") == 1:
    return 1
else:
    node = hou.node(ch("soppath"))
    return node.isTimeDependent() if node else 0
```

34 これが16以前の記述内容です。機能的には、現在設定されているPythonの関数と同じものですので、こちらを使って解説します。上から3行がコードの説明(コメント)で、4行目からが実際のコードです。コメントを意訳すると「最初のフレームでジオメトリをインポート。もしそのジオメトリが時間に依存する場合はフレームごとに読み込む」となります。
これを言い換えると、「SOPから読み込むジオメトリ(拘束用ライン)が変化しないなら、シミュレーションの最初にそのジオメトリを読み込み、以降そのジオメトリを継続して使う。逆に変化するなら、毎フレームそのジオメトリを読み込み更新してSOPでの変化を反映する」ということです。作例の場合、拘束用のラインは80フレームで消えるため、後者になります。

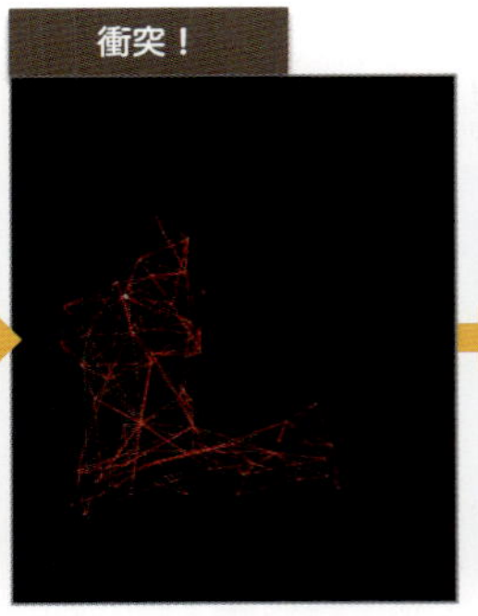

35 実際のネットワークに照らし合わせます。拘束用のラインは80フレームで消える設定で、時間によって変化しているといえるので、「constraintnetwork1」の「Overwrite with SOP」により拘束用のラインは毎フレームDOPに読み込まれ、更新されます。地面に衝突した瞬間、衝突した周辺は拘束ラインが切れバラバラになるものの、次のフレームでは拘束用ラインが再び読み込まれ、それにより拘束。これが現在の状態です。
問題は、拘束用ラインが切れた後、読み込んでいるSOPネットワーク側の拘束用ラインがシミュレーション内の拘束を上書きしていることです。任意のタイミングで拘束を外したいのに、それを行うことでシミュレーション自体が意図しないものに変わってしまっています。

Point ノードの時間依存「Time Dependent」

ノードが時間依存（フレームが進むにつれて状態が変化）する状態を「Time Dependent」と呼びます。そのノードの「Time Dependent」の状態は「Node Info」で確認できます。「Yes」であれば毎フレームその処理が計算されます。作例では、拘束用ラインを削除している「delete1」は「Time Dependent：Yes」です。
また、いったんネットワークの上流で「Time Dependent：Yes」になると、基本的にネットワークの下流も継承して「Yes」になります。意図せずこれが「Yes」になっている場合は、必要ない処理を毎フレーム計算している可能性があるので注意しましょう。「Time dependent」を「Yes」から「No」にする際は、「Time Shift（SOP）」を使ってフレームを固定するとよいです。

Time Dependent Yes

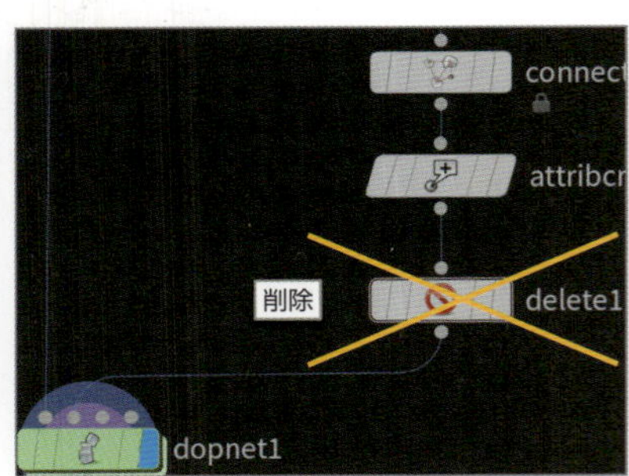

36 この問題の解決法は、SOPネットワークで行っている拘束ラインの削除を、シミュレーション内（つまりDOPネットワーク内）で行うことです。そうすればSOPネットワークの拘束用ラインの「Time Dependent」は「No」のままで済み、シミュレーションを上書きすることもなくなります。Uキーでいったん上の階層に戻り、「delete1」を削除します。

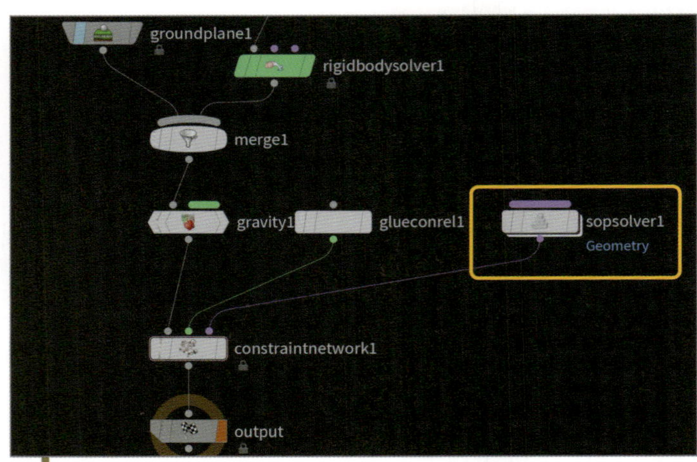

37 再度「dopnet1」の中に入ります。TAB Menuから「SOP Solver（DOP）」を作成、「constraintnetwork1」の右の入力にコネクトします。「SOP Solver（DOP）」はシミュレーション内でSOPネットワークのノードを使用して、ジオメトリを時間と共に変化させる時に使い、このノードの中でSOPネットワークを組むことができます。8の「remove_broken」もこの「SOP Solver（DOP）」です。

38 「sopsolver1」の中に入ると、ノードが4つ並んでいます。「relationship_geometry」ノードに表示フラグを立てると、シーンビューにはGlue Constraintに使っている拘束用ラインが表示されます。

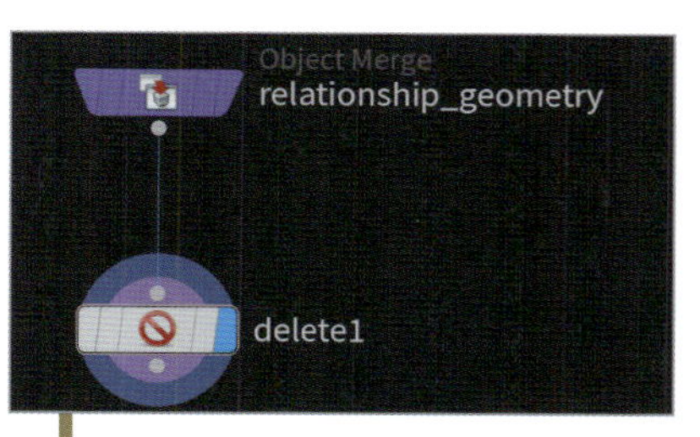

39 このネットワーク内では、通常のSOPネットワークと同じノードが使えます。TAB Menuから「Delete (SOP)」を作成、「relationship_geometry」の下にコネクトします。

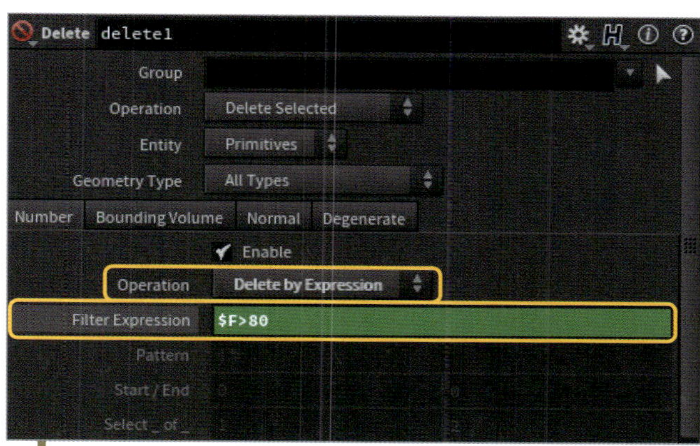

40 31と同じようにエクスプレッションを作成します。パラメータ「Operation」を「Delete by Expression」に変更し、その下の「Filter Expression」に

$F>80

と記述します。再生して確認すると、80フレーム以降、拘束用ラインが消えました。

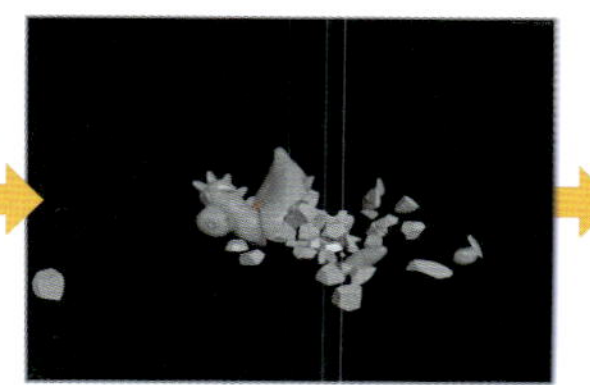

41 Uキーで上の階層に戻り、再生して結果を確認します。80フレームまでは普通にGlue Constraintによって破片が拘束され、80フレーム以降はすべての破片の拘束が解けバラバラになりました。
ここでは指定したフレームで一律に拘束を削除しましたが、「SOP Solver (DOP)」内でより複雑な条件で拘束用ラインを削除することで、さまざまな挙動をつくり出せます。

4-5 作例3 破片の置換

難易度 ★★

複雑な形状や、ポリゴン数の多いモデルをシミュレーションすると、非常に時間がかかり、またエラーも起こりやすいので、シミュレーションは単純な形状で行い、それを後から置き換えるフローが標準的です。ここでは、シミュレーション後の破片の置換方法を解説します。

シェルフで破壊シミュレーションを作成する

1 まずは、シェルフを利用して簡単な破壊のシミュレーションを作成します。「/obj」階層でTAB Menuから「Geometry (OBJ)」を作成、ノード名を「Replace Fracture」とします。

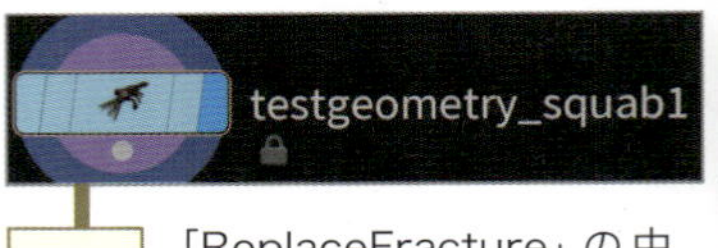

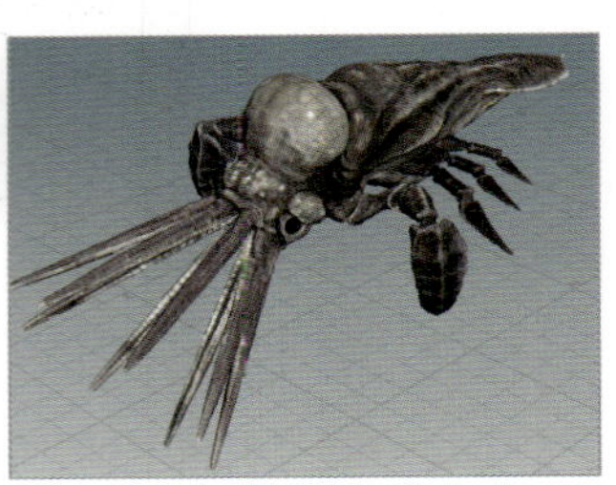

2 「ReplaceFracture」の中に入り、「file1」ノードを削除、TAB Menuから「Test Geometry: Squab」を作成します。このモデルを破壊します。

3 シェルフを利用してモデルをボロノイ分割します。ウィンドウ左上部のシェルフから「Model」タブ→「Shatter」を実行します。

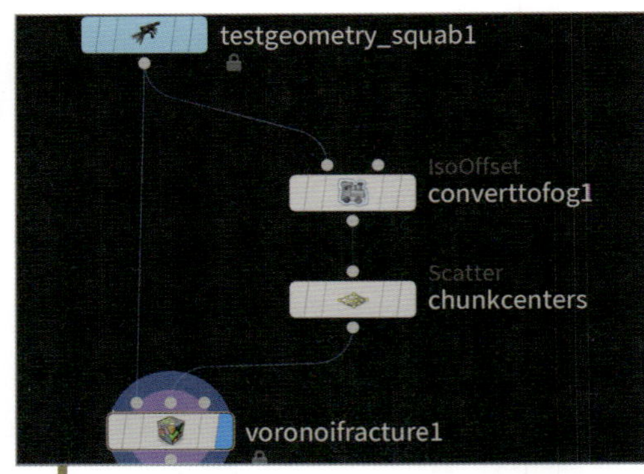

4 ノードがいくつか作成され、テストモデルが分割されます。ここで行われている処理は**Chapter 4-3**で行ったボロノイ分割と同じものです。

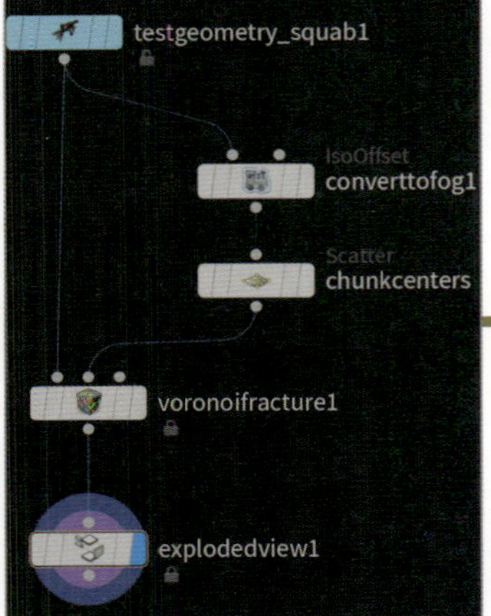

5 どのように分割されているかを確認します。TAB Menuから「Exploded View (SOP)」を作成、「voronoifracture1」の下にコネクトします。「explodedview1」に表示フラグを立てると、破片がバラバラになり、分割の様子を確認できます。

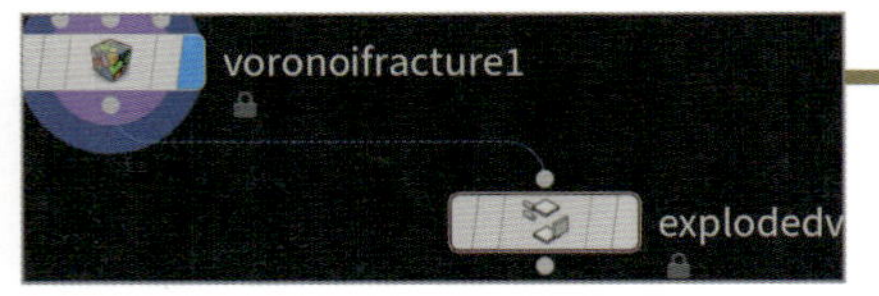

6 破片の確認ができたら、「voronoifracture1」に表示フラグを立て直します。「explodedview1」ノードは少し脇によけておきます。

7 シミュレーションを行う前に、少し下準備をします。現在のネットワークにTAB Menuから「DOP Network (SOP)」をつくります。つくったノードはどこともコネクトしないで置いておきます。

8 ウィンドウ右下、オレンジ枠部分を見ると、先ほど作成した「dopnet1」ノードが指定されています。ここでは、シミュレーション系のシェルフを実行した際に利用されるDOP Networkノードを指定できます。これがDOP Networkのノードを作成した理由です。
今、シーン内にはDOP Networkはひとつしかありませんが、複数存在する場合には、シェルフで利用するDOP Networkをここで切り替えられます。
また、シーン内にひとつもDOP Networkが存在しない場合は、「/obj」階層に新規で「DOP Network (OBJ)」が作成されます。（**Chapter 4-1**の「AutoDopNetwork」がそれです）。

9 シェルフから剛体シミュレーションを作成します。シェルフの「Rigid Bodies」タブ→「RBD Objects」を実行します。

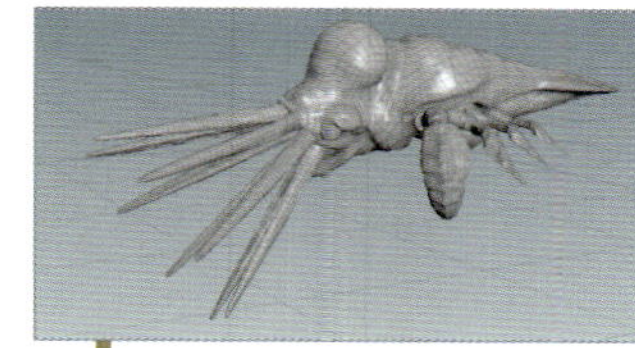

10 自動で「/obj」階層に移動し、オブジェクト選択モードになるので、シーンビューでモデルを選択してEnterキーを押します。シミュレーションに必要なノードが自動でつくられます。

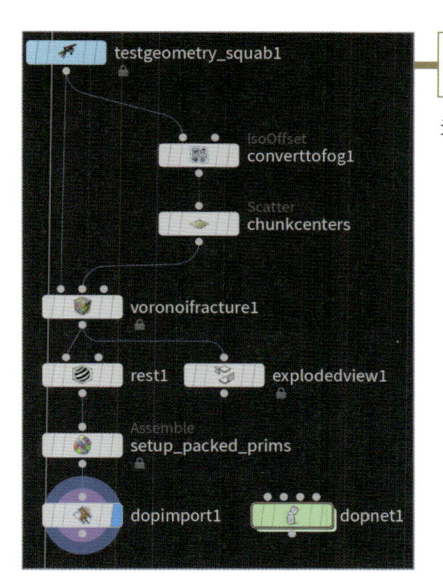

11 「ReplaceFracture」ノードの中に入ります。シェルフによってシミュレーション用にノードがいくつか追加されています。ここで作成されたのは、パックプリミティブを使った破片のシミュレーションのネットワークです（**Chapter 3-3**参照）。

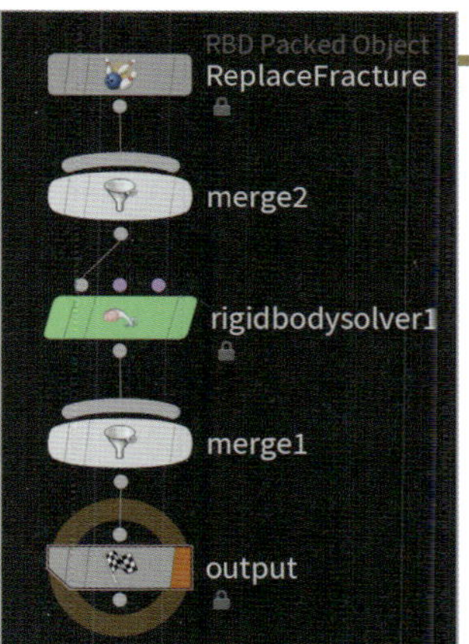

12 「dopnet1」の中に入ります。シェルフによってすでに剛体シミュレーションに必要なノードが作成されています（ネットワークの詳細は**Chapter 3-3**参照）。ここに、重力と地面を追加します。

13 まずは地面を作成します。シェルフの「Collisions」タブ→「Gound Plane」を実行します。

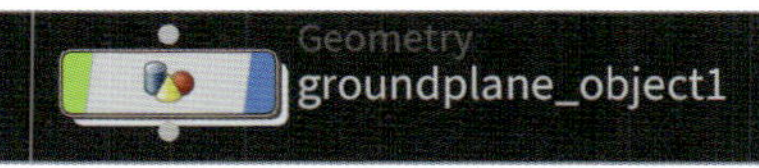

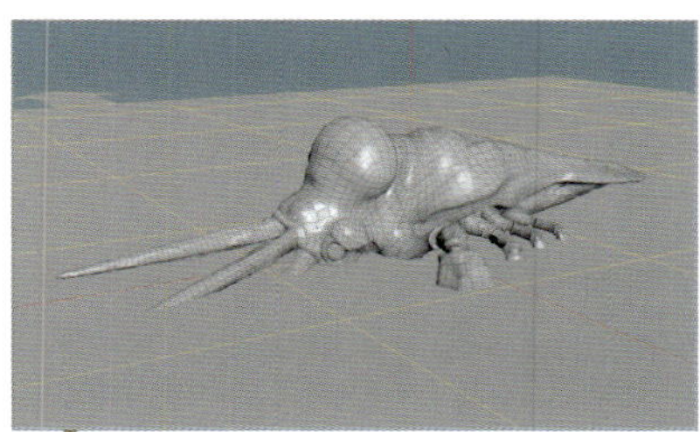

14 シミュレーション内に地面のオブジェクトが作成され、階層が「/obj」に移動します。この階層に「groundplane_object1」がつくられています。

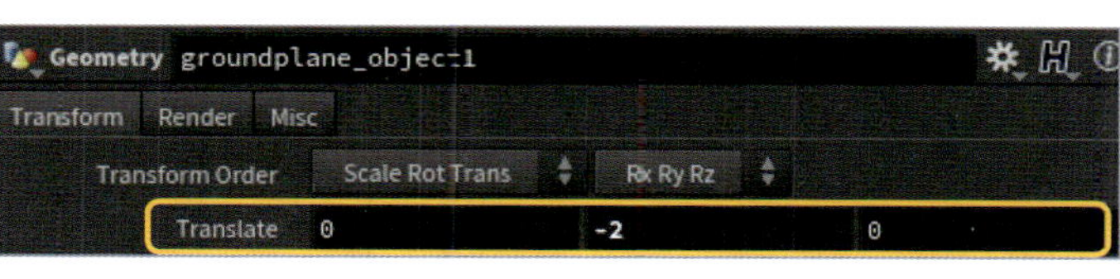

15 地面の位置を少し下げます。「groundplane_object1」を選択、パラメータ「Translate」値を「0　－2　0」に変更します。

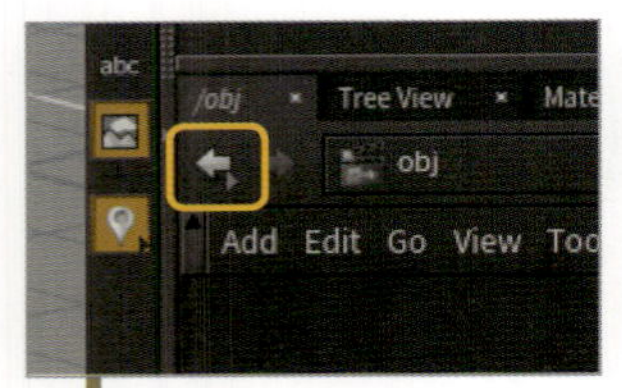

16 地面の位置変更後、ネットワークエディタ右上部の左矢印ボタンを押して、元のDOPネットワーク内に移動します。

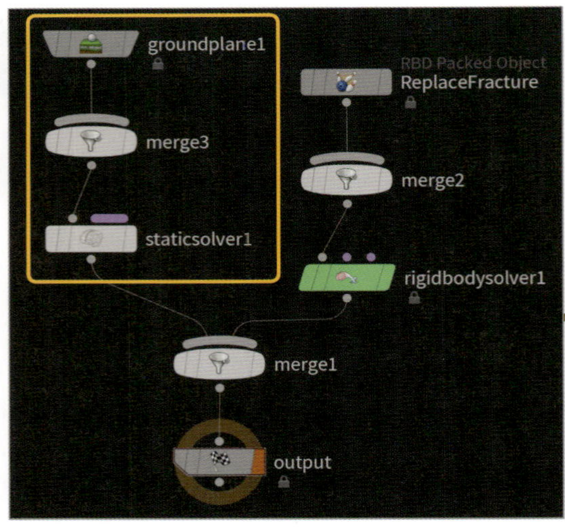

17 DOPネットワーク内でLキーでレイアウトを整えます。整理したネットワークの左側（オレンジ枠部分）がシェルフによって追加された地面のノード群です。

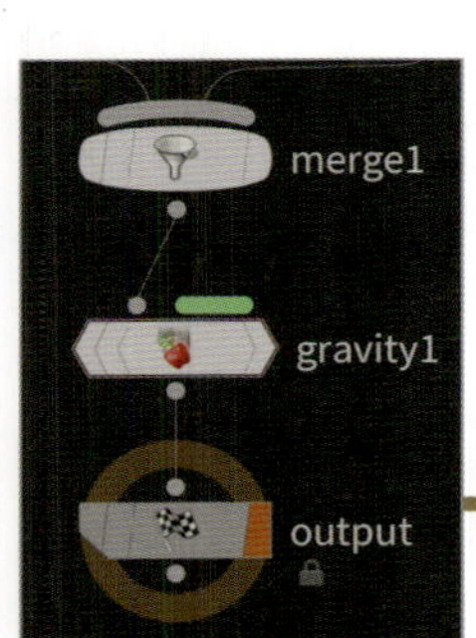

18 次に、重力を追加します。TAB Menuからノード「Gravity Force (DOP)」を作成、「merge 1」と「output」の間に挿入します。

19 再生すると、オブジェクトが地面に衝突してバラバラになるのが確認できます。このシミュレーション結果に対して、破片を入れ替えます。UキーでDOPネットワークの上階層に移動します。

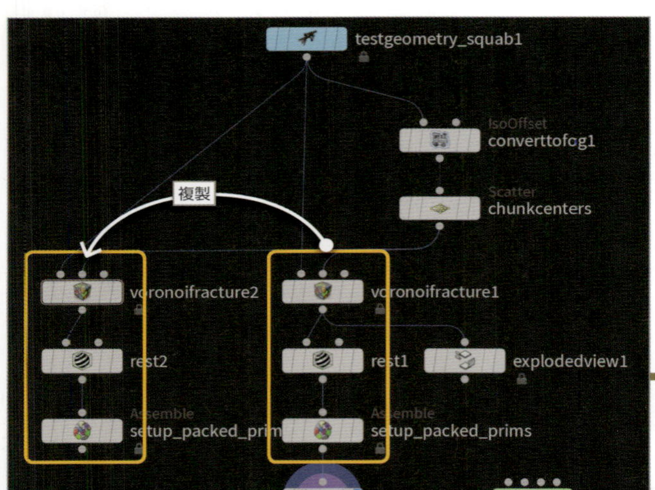

20 まずは、既存のノードを複製して、断面にディテールのある破片（入れ替える破片）を作成します。ネットワーク上のノード「voronoifracture1」「rest1」「setup_packed_prims」（オレンジ枠）を選択し、Altキー＋横方向にドラッグ（またはCtrl＋Cキー→Ctrl＋Vキー）でノードを複製します。

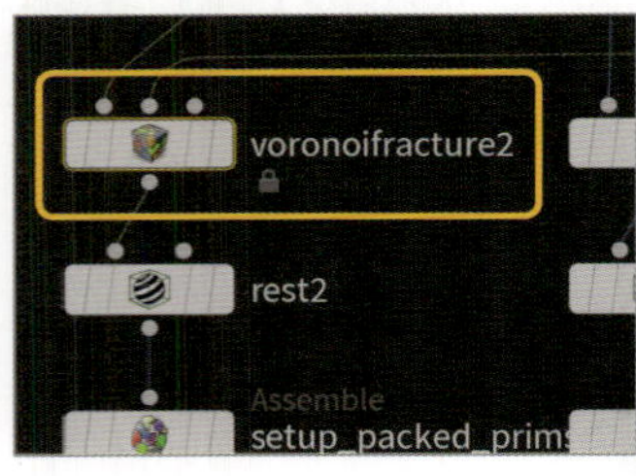

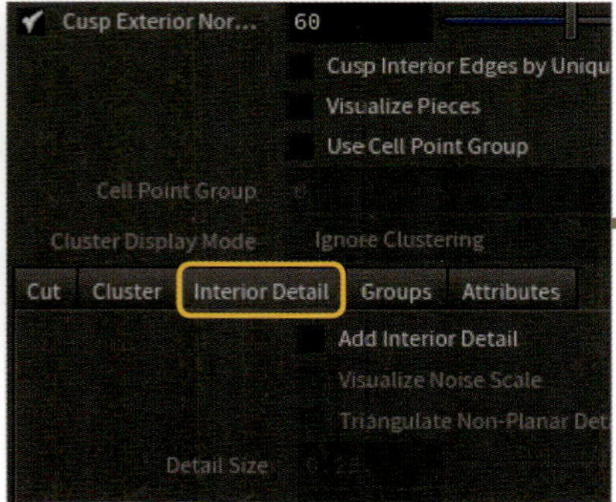

21 複製したノードの設定を変更して、ディテールのある破片を作成します。複製されたノード「voronoifracture2」を選択、パラメータの「Interior Detail」タブに移動します。ここには分割された断面に対する処理のパラメータがまとめられています。

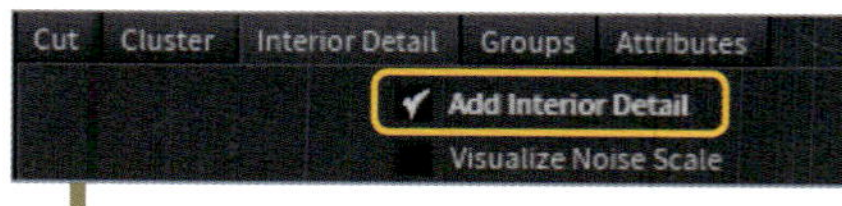

22 パラメータ「Add Interior Detail」をオンにします。これで、破片の断面にディテールが作成されます。

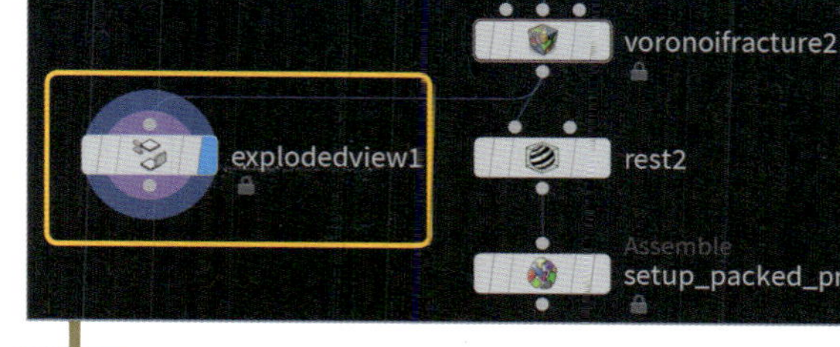

23 断面を確認します。5で作成した「explodedview1」ノードを、「voronoifracture2」の下に分岐するようにつなぎ直します。

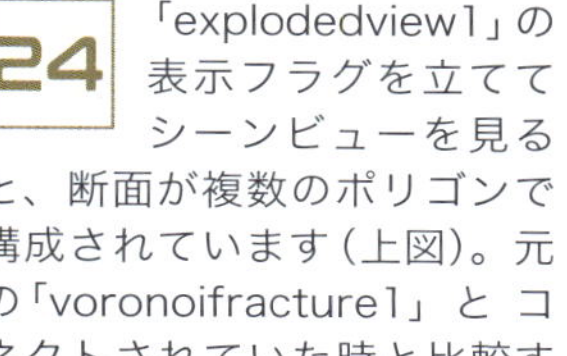

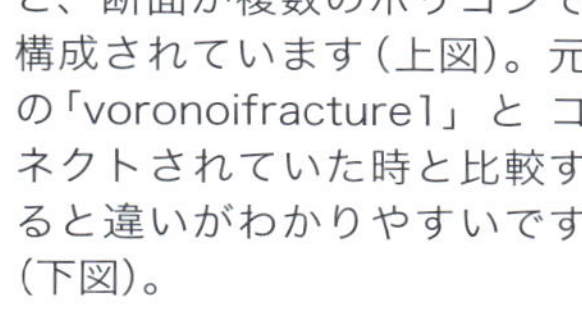

24 「explodedview1」の表示フラグを立ててシーンビューを見ると、断面が複数のポリゴンで構成されています（上図）。元の「voronoifracture1」とコネクトされていた時と比較すると違いがわかりやすいです（下図）。

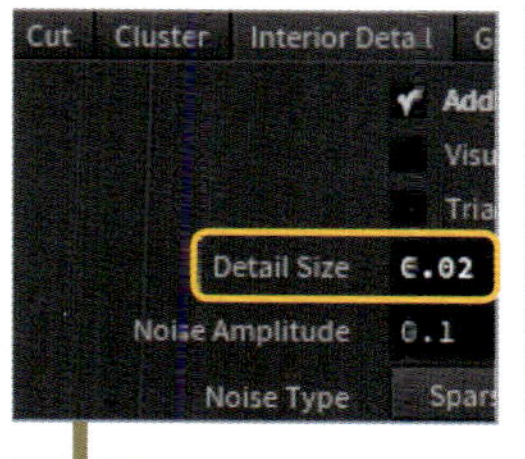

25 パラメータを調整して、ディテールをより細かくします。「voronoifracture2」を選択し、パラメータ「Interior Detail」タブ→「Detail Size」を「0.02」に変更します。シーンビューを見ると、断面が先ほどより細かいポリゴンで分割されています。

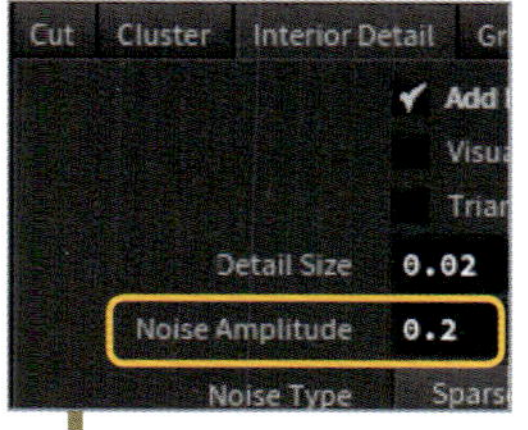

26 パラメータ「Noise Amplitude」を「0.2」に変更します。これは断面の変形に使われるノイズの強さです。シーンビューで確認すると、先ほどよりもノイズが強くかかっています。

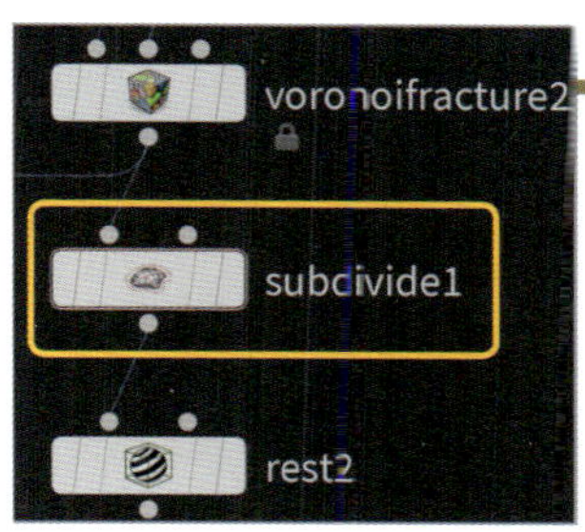

27 全体的にポリゴンを細分化します。TAB Menuから「Subdivide（SOP）」を作成、「voronoifracture2」と「rest2」の間に挿入します。「Subdivide（SOP）」はポリゴンを細分化し滑らかにするノードです。

28 「subdivide1」に表示フラグを立ててシーンビューを見ると、ポリゴンが細分化されています。しかしよく見ると、切断面まで滑らかになったせいですき間ができ、どこで割れるか丸わかりです。これを修正します。

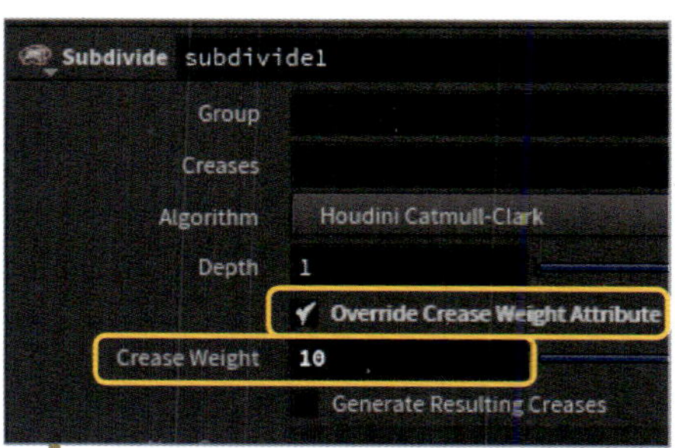

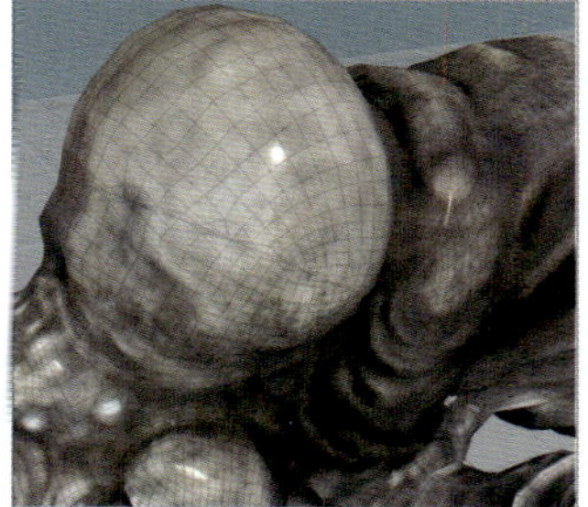

29 「subdivide1」のパラメータ「Override Crease Weight Attribute」をオンにし、その下にあるパラメータ「Crease Weight」値を「10」に設定します。この設定で、形状の鋭角さを保ちながらポリゴンを細分化できます。シーンビューを見ると、断面の鋭角さが取り戻され、破片と破片がぴったりくっついています。

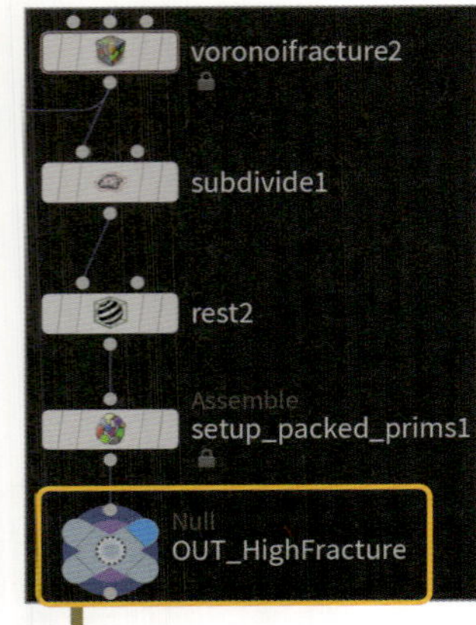

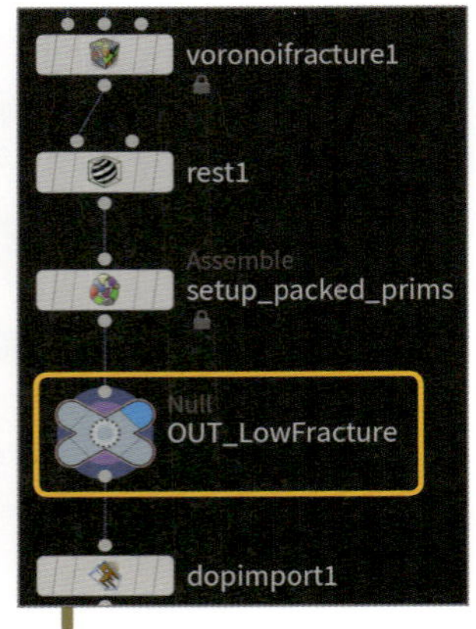

30 置き換える破片ができました。シミュレーションで使う破片と区別するためにNullノードを作成します。TAB Menuから「Null (SOP)」を作成、名前を「OUT_HighFracture」とします。これを「setup_packed_prims1」下にコネクトします。

31 シミュレーション用の破片の方にも同様にNullを追加します。こちらは名前を「OUT_Low Fracture」とし、「setup_packed_prims」と「dop import1」の間に挿入します。

32 シミュレーションした破片と断面にディテールを追加した破片を入れ替えます。TAB Menuから「Transform Pieces (SOP)」を作成します。このノードを使うと、破片を置換できます。

33 「Transform Pieces (SOP)」ノードを使ううえで必要なノードがもうひとつあります。TAB Menuから「Time Shift (SOP)」を作成します。これは指定した時間の状態にできるノードです。これで、シミュレーションの最初のフレームを取得します。

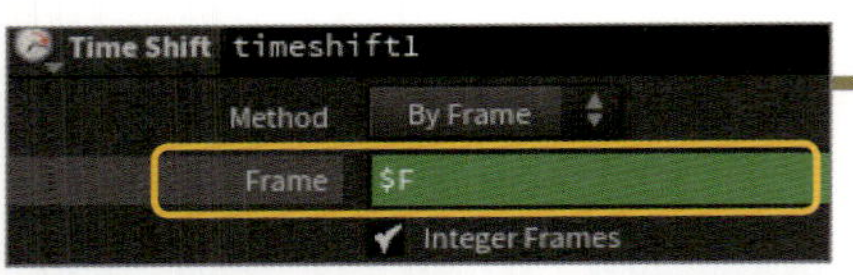

34 コネクトの前に、「timeshift1」のパラメータを変更します。「Frame」には現在、エクスプレッションが記述されていますので、まずはこれを削除します。パラメータを右クリックしてメニューから「Delete Channels」を選択します。

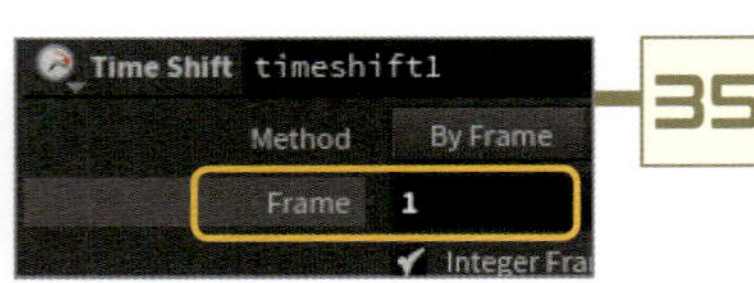

35 改めてパラメータ「Frame」を「1」に設定します。

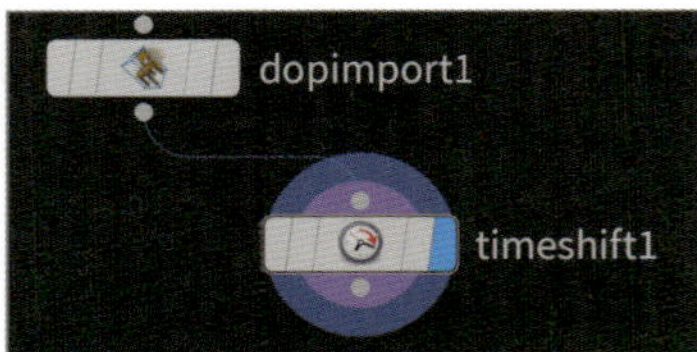

36 「timeshift1」を「dopimport1」の下にコネクトします。これで「timeshift」はシミュレーションの1フレーム目の状態であり続けます。

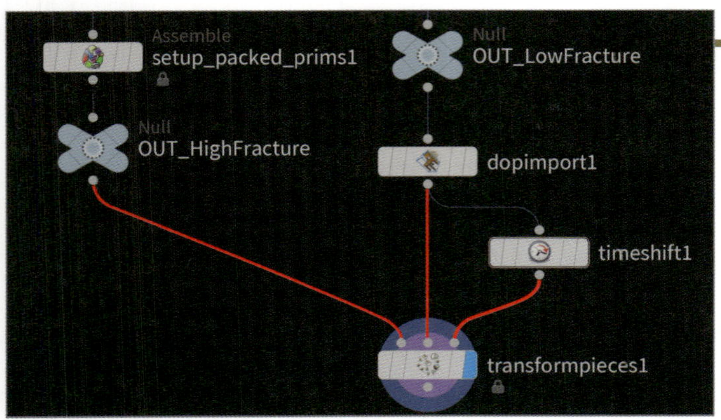

37 「transformpieces1」の左入力に「OUT_HighFracture」、中央入力に「dopimport1」、右入力に「time shift1」をコネクトします。

38 「transformpieces1」に表示フラグを立てて再生します。ディテールを追加した破片が動いていることが確認できます。

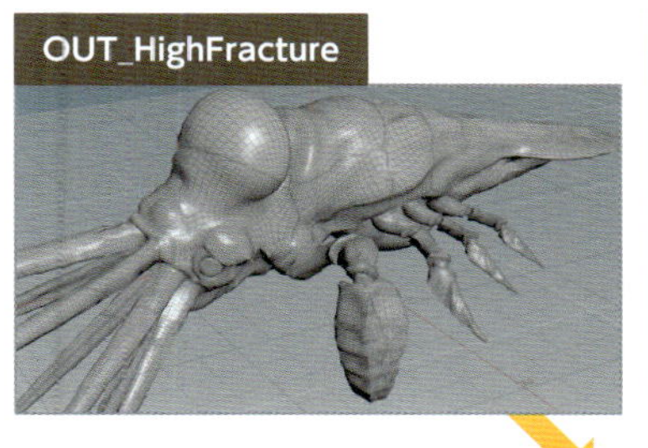

39 この「transformpieces1」ノードが機能するためには、3つの入力が必要です。1つ目は、置き換える破片モデル（左上図、Highモデル）。2つ目は、アニメーションしている置換先のポイント（中上図、シミュレーションLowモデル）。3つ目は、2つ目の初期状態（右上図、Lowモデル）。

2つ目と3つ目を比較して、どの破片がどのように変化したかを求め、それをもとに1つ目のモデルを移動しています。これで、シミュレーションした破片の入れ替えは完了です。

Tips

Transform Pieces (SOP) を使う場合の入力と設定

「Transform Pieces (SOP)」ノードのふたつ目と3つ目の入力で使われるのは、ジオメトリではなくポイントです。ここでは、モデルをパックプリミティブにしてシミュレーションをしています（本編 9～11）。そして、それが「dopimport1」によってSOPネットワークに読み込まれています。

パックプリミティブは、複数のポイントやプリミティブで構成されるモデルを1個のポイント1個のプリミティブとして扱います。ですので、シミュレーションされた破片は、それぞれが1個のポイントでありプリミティブなのです（Chapter 4-2参照）。図で表すとこうなります 1。

また、「dopimport1」ノードで「Node Info」を確認すると、各破片が1個ポイント1個のプリミティブとして扱われていることが数値で確認できます 2。シーンビューでの表示は大きさも形状もあるモデルですが、内部処理上はただのポイントなので、「Transform Pieces (SOP)」ノードの入力としても使えるのです。

パックプリミティブを用いない破壊のシミュレーションの場合、「dopimport1」ノードの設定を変更することで、「Transform Pieces (SOP)」で利用可能なポイントが出力されます。「dopimport1」のパラメータ「Import Style」を「Create Points to Represent Objects」に変更すると、シミュレーション結果がポイントとして出力されます 3。これを「Transform Pieces (SOP)」に利用できます。

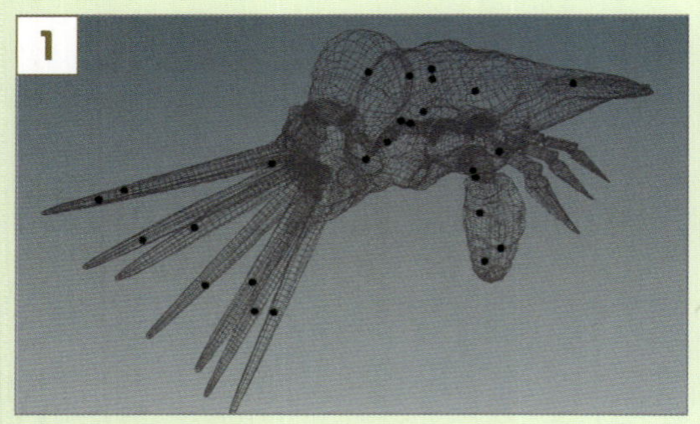

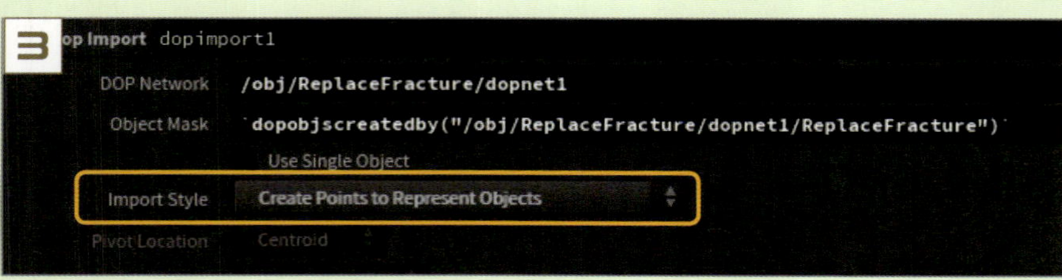

Tips

破片の置き換え時には「name」アトリビュートに注意

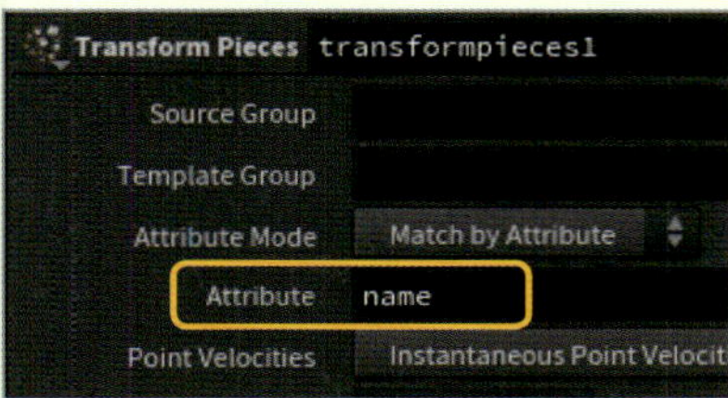

1 「どの破片をどの破片と置換するのか」を判断するために、「Transform Pieces（SOP）」はデフォルトで「name」というアトリビュートを使っています。この「name」アトリビュートは、破片ごとにつけられる識別用の名前です。「name」アトリビュートは「Voronoi Fracture（SOP）」にて破片分割時に作成されています（詳細はChapter 4-3の35参照）。この「name」アトリビュート値が同じものを、同一の破片と判断し、置換します。
この作例で破片を作成するのに使用したふたつの「Voronoi Fracture（SOP）」は、同じ破片の分割数・分割のされ方で、またその他の設定（「Interior Detail」以外）も同じなので、作成された「name」アトリビュートも同一です。そのため、「name」アトリビュートで置き換える破片を判断できます。

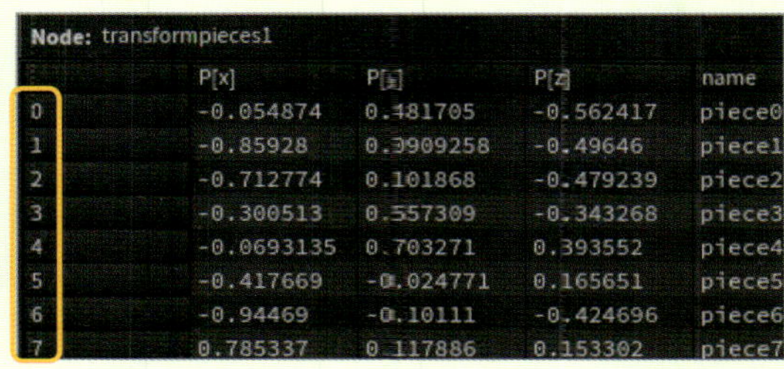

Node: transformpieces1

	P[x]	P[y]	P[z]	name
0	-0.054874	0.481705	-0.562417	piece0
1	-0.85928	0.3909258	-0.49646	piece1
2	-0.712774	0.101868	-0.479239	piece2
3	-0.300513	0.557309	-0.343268	piece3
4	-0.0693135	0.703271	0.393552	piece4
5	-0.417669	-0.024771	0.165651	piece5
6	-0.94469	-0.10111	-0.424696	piece6
7	0.785337	0.117886	0.153302	piece7

2 ここでは「name」アトリビュートですが、もちろん任意のアトリビュートを指定することもできます。また、「name」アトリビュートが存在しない、またはパラメータ「Attribute」が指定されていない場合はポイント番号を基準に置換されます。ポイント番号とは、「Geometry Spreadsheet」でポイントアトリビュートを表示したときのいちばん左にある通し番号です。

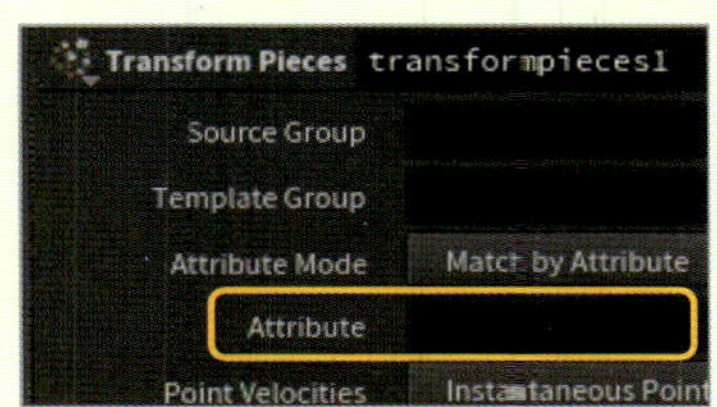

3 アトリビュートもポイント番号もバラバラな場合、正しい破片に置き換えられません。例えば本作例で、「transformpieces1」のパラメータ「Attribute」値「name」を消したとします。

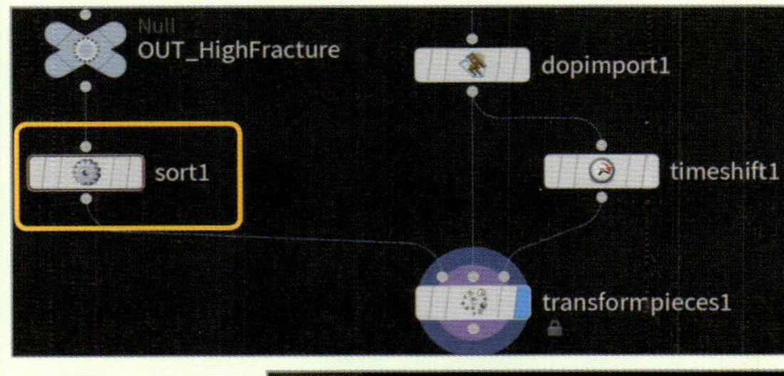

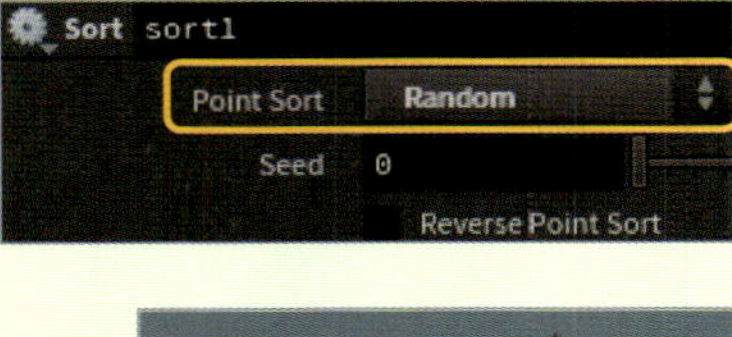

4 さらに、「OUT_HighFracture」と「transformpieces」」の間に「Sort（SOP）」ノードを作成・挿入します。この「Sort（SOP）」はポイントやプリミティブ番号の順番を変更できるノードです。このノードのパラメータ「Point Sort」を「Random」に変更し、ポイント番号の順番をバラバラにすると、入れ替えるべき破片との対応性が崩れ、意図しない破片同士が置換され、おかしな動きになってしまいます。

5 ポイント番号がバラバラでも、「name」アトリビュートが正しくつくられていれば、それを基準に置き換えが可能です。破片の置き換えを前提としたシミュレーションの場合、「name」アトリビュートの扱いに気を付けておく必要があります。

Tips

IFDファイルの生成とレンダリング

ここではP 116で紹介した、IFDを使ったレンダリングについて、作業手順の例を示します。

IFDファイルの作成

IFDファイルは「Mantra (ROP)」から作成できます。「Mantra (ROP)」のパラメータ「Driver」タブ→「Disk File」をオン(有効)にします。デフォルトでは、パラメータ「Disk File」のパスは
$HIP/mantra.ifd
と指定されています。シーンファイルと同じ階層にIFDファイルが作成される設定です。この状態でノードの「Render to Disk」ボタンを押すと、画像の代わりにIFDファイルが出力されます。

IFDを使ったレンダリング

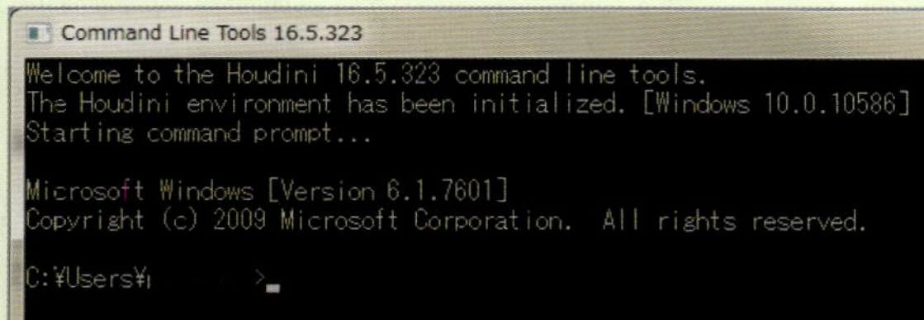

1 出力したIFDファイルを使ってレンダリングしてみます。コマンドラインシェルを開きます。ここでは、OSはWindowsで、Houdiniと一緒にインストールされる「Command Line Tools」を使用します。Command Line Toolsは、Windowsのスタートメニュー→「All Programs」→「Side Effects Software」→「Houdini x.x.x」→「Utilities」→「Command Line Tools」から起動します。

```
>mantra C:¥Users¥UserName¥Documents¥mantra.ifd
```

2 これは、環境変数とHoudiniプログラムパスを設定したコマンドラインシェルです。これを使ってコマンドでMantraを実行します。コマンドの書き方は、
mantra IFDファイルパス
です。例えば、マイドキュメントにIFDファイルを作成した場合、次のようになります。
mantra C:¥Users¥UserName¥Documents¥mantra.ifd

これを実行すると、指定したIFDファイルがレンダリングされ、画像がつくられます。ここで1個のIFDファイルをレンダリングに使いましたが、複数のフレームをレンダリングする場合、複数のIFDファイルが必要になります。
また、このmantraコマンドには、オプションがいろいろあります。コマンドラインシェルで
mantra -h
と実行すると、オプションコマンドと簡単な説明が見られます。

Point IFDファイル生成時間を短縮する

IFDファイルはレンダリングに必要な情報をすべて格納するため、複雑なシーンファイルのIFDは容量が大きくなる可能性があります。そうすると、IFDファイルの生成だけで膨大な時間とファイル容量を消費し、悪くすると、実際のレンダリングよりもIFDファイルの生成の方が時間がかかる、なんてこともあるかもしれません。それは非常にナンセンスです。
また、IFDの生成にはHoudiniのライセンスを消費するため、出力できるマシン台数に限りがあります。そのため、IFD生成に時間がかかると、作業工程のボトルネックになります。
そういう事態を避けるため、IFDファイル生成にかかる時間を短く、またファイル自体を軽くすることが求められます。そのためのテクニックがいくつかマニュアルに記載されています。「ファイルを圧縮する」「外部参照データはIFDに含めない」などです。
http://www.sidefx.com/ja/docs/houdini/render/ifd_workflows.html

Point Mantraを台数無制限に使用する

Houdini FXまたはHoudini Coreを購入すると5つのMantraトークンが付いてきます。Mantraトークンを無制限に使用する場合は、SideFXもしくは購入した代理店に申請する必要があります。

Chapter 5

ボリューム

ボリュームについて学習します。ボリュームを用いることで、炎や煙といった形の定まらないものをつくることができます。章の序盤ではボリュームについての基礎を学びます。中盤では、ボリュームを用いたシミュレーションの基礎を、そして終盤では応用として作例をいくつかつくります。
この章では、これまで登場しなかったボリュームに関する新しい言葉やルールがいろいろと出てきます。最初は難しく感じるかもしれませんが、ひとつひとつ理解していくことで、最終的にかっこいいボリュームシミュレーションがつくれるようになる……かもしれません。

5-1 ボリュームの基本

難易度 ★★

ボリュームは主にDOPシミュレーションやSOPネットワークで使用します。ここでは後者のSOPネットワークで基本的なボリュームを作成しながら、ボリュームについて解説します。

ボリュームを作成する

1 TAB Menuから「Geometry (OBJ)」を作成し、名前を「Volume_Sample」に変更します。そのノードの中に入り、既存の「File (SOP)」は削除しておきます。

2 TAB Menuから「Volume (SOP)」を作成します。これは標準的なボリュームを作成するノードです。

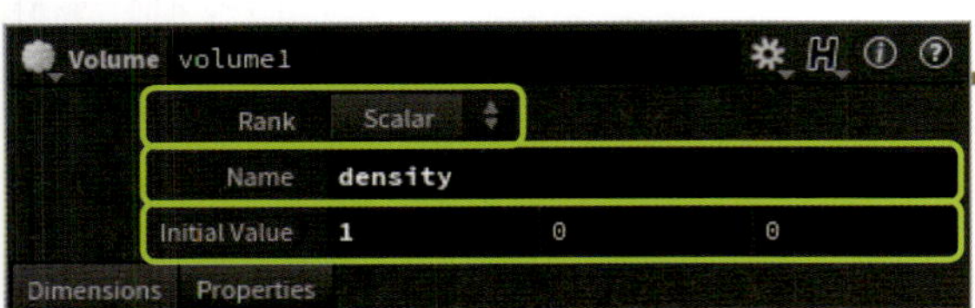

3 パラメータを設定します。「Rank」が「Scalar」であることを確認し、その下の「Name」に「density」と記述します。次に「Inital Value」を「1　0　0」と設定します。これで「density」という名前のデータを持ったボリュームがつくられます。

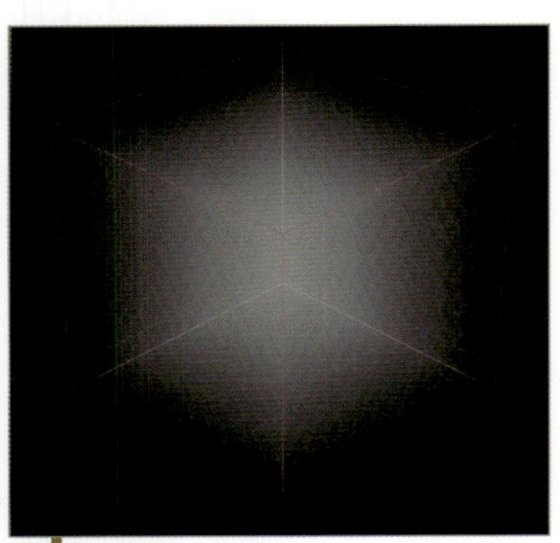

4 シーンビューを見ると、四角いモヤッとしたものが表示されています。このモヤッとしたものがボリュームです。

ボクセルのイメージ図

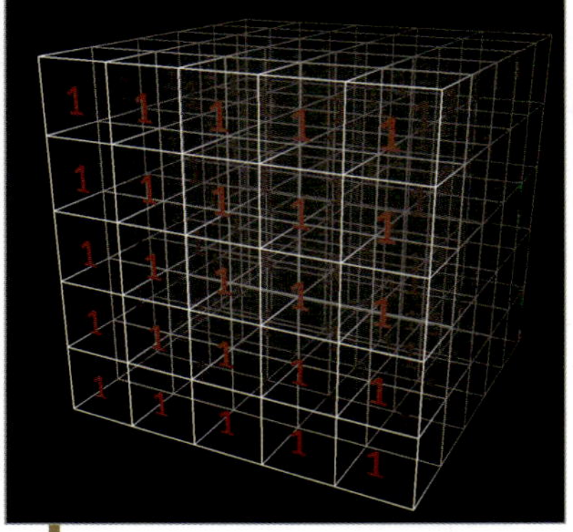

5 ボリュームは「ボクセル」という格子状の3次元ピクセルで構成されています。このボクセルにはさまざまな情報を格納できます。ここでは 3 で名前を「density」とし、Scalar型（数値をひとつだけ持つタイプ）を選択、値「1」をすべてのボクセルに持たせるように設定しています。この値を煙の濃さで表したのが、シーンビューに表示されているボリュームです。ボリュームの持つ情報には任意の名前をつけることができますが、ここでつけた「density」という名前は主にボリュームの濃さを表す場合に使います。

Point シェーディング表示

ワイヤーフレーム表示では枠しか表示されないので、シェーディング表示に切り替えます。また、ボリュームが見づらい場合は背景色を黒に変更します。

Point データの名前

基本的にボリュームの持つデータの名前は自由に決められますが、中には「density」のように特定の意味を持つ名前もあります。以下にその代表的なものを示します。

density	密度 (Scalar)
velocity	速度情報 (Vector / Float3)
temperature	温度 (Scalar)

Point ボリュームはポリゴンと扱いが違う

ボリュームはこれまで扱ってきたポリゴンと異なり、ひとつのボリュームをひとつのポイント&プリミティブとして扱います。また、ボリュームのボクセルは、ポイントにもプリミティブにも属さないのでGeometry Spreadsheetでは各ボクセルの数値の詳細を見ることはできません。

雲のようなノイズ模様を作成する

ボクセルの持つ情報を時間経過で変化させる(シミュレーションする)ことによって、煙や炎などの複雑な表現が可能になります。ただし、シミュレーションを行わなくともボリュームの持つ情報を変化させることはできます。ここでは、先に作成した四角いボリュームを操作して、下図の雲のようなノイズ模様を作成してみます。

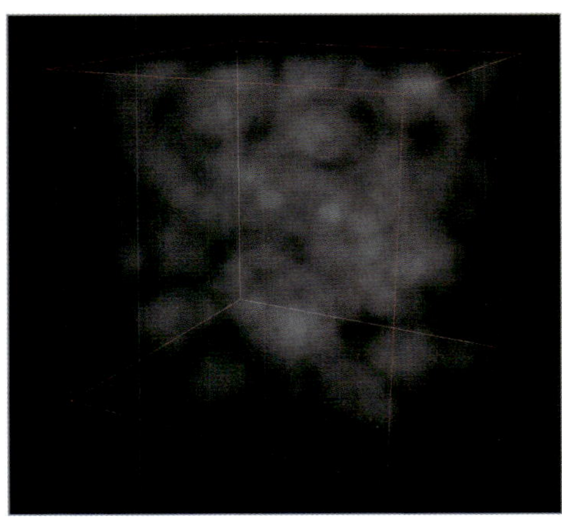

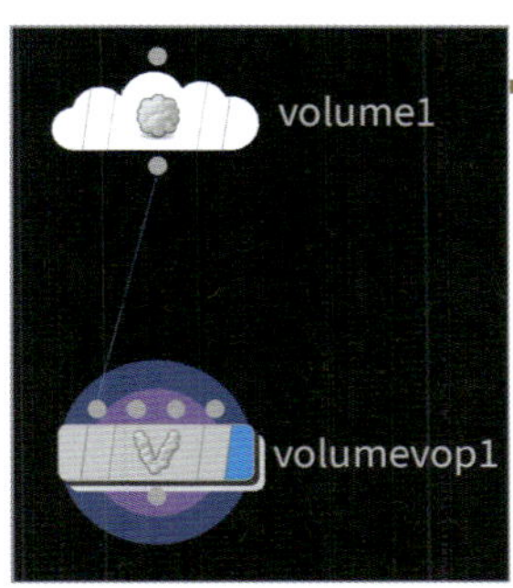

6 TAB Menuから「Volume VOP (SOP)」を作成し、「volume1」ノードの下にコネクトします。
これまでの作例では「Attribute VOP (SOP)」ノードを何度か使いましたが、「Volume VOP (SOP)」は、そのボリューム版です。ボリューム操作を行うためのVOPネットワークを内部に持つことができます。

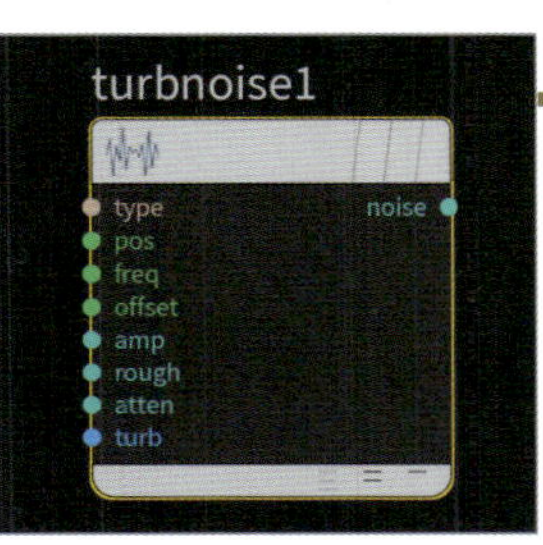

7 ダブルクリック(またはIキー)で「volumevop1」ノードの中に入ります。
TAB Menuから「Turblent Noise (VOP)」(ノイズを生成するノード)を作成します。

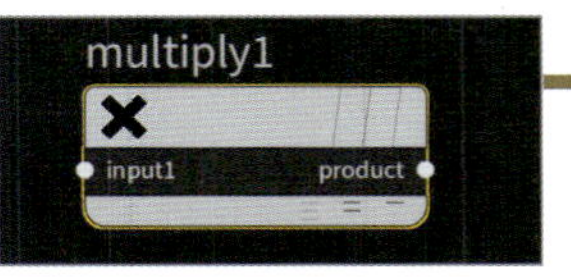

8 もうひとつノードを作成します。TAB Menuから「Multiply (VOP)」を作成します。

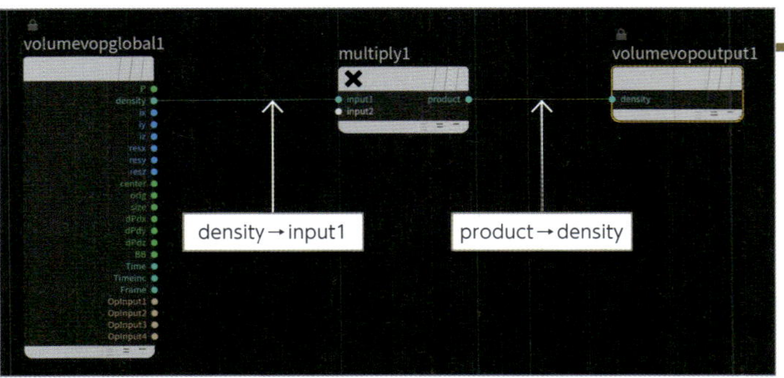

9 「multiply1」ノードを「volumevopglobal1」と「volumevopoutput1」の間に挿入します。

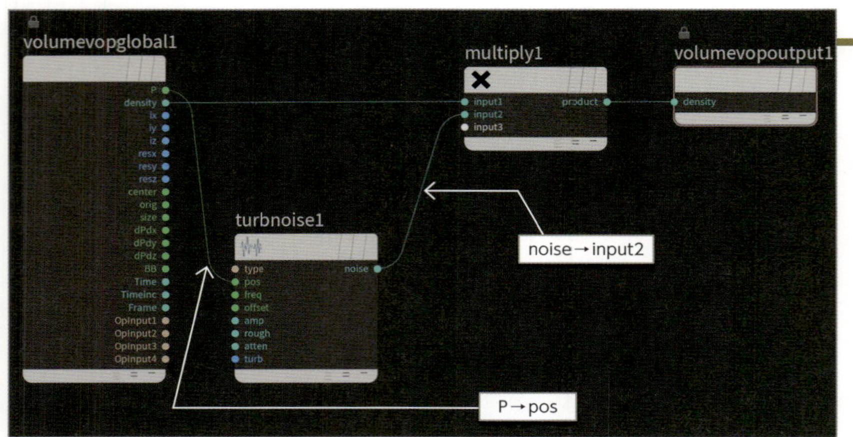

10 次に「turbnoise1」ノードの出力と入力を図のようにコネクトします。このネットワークでボクセルの持つ「density」の値(＝1)に、「turbnoise1」ノードが生成したノイズ値を掛けることで、「density」にノイズ模様を反映しています。

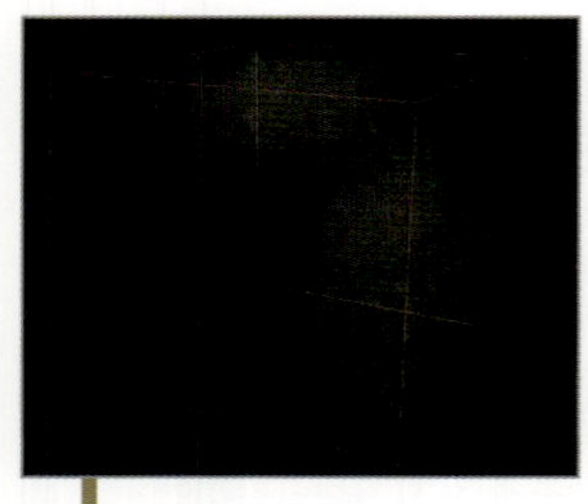

11 シーンビューを見ると、ボリュームが非常に薄く表示されています。これは「turbnoise1」ノードでつくられるノイズの数値が小さいためです。もう少し目立たせます。

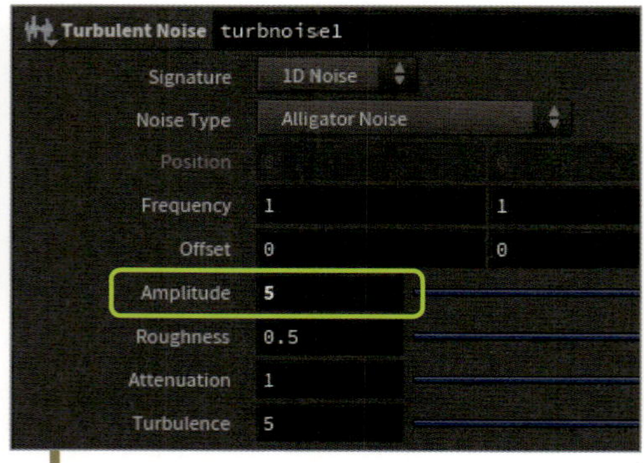

12 「turbnoise1」ノードの「Amplitude」(ノイズの強さ)を「5」に変更します。

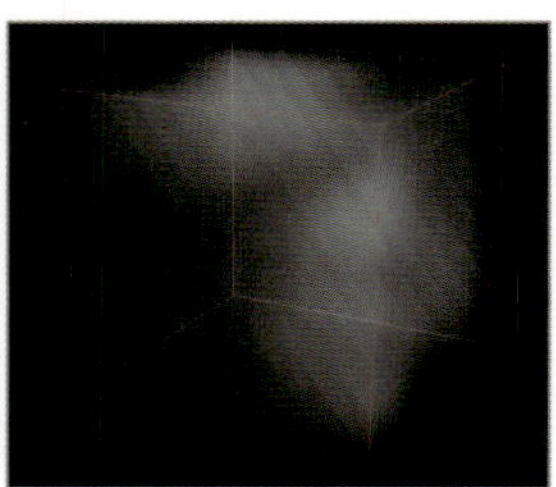

13 シーンビューを見ると、先ほどよりノイズ模様がはっきり現れました。

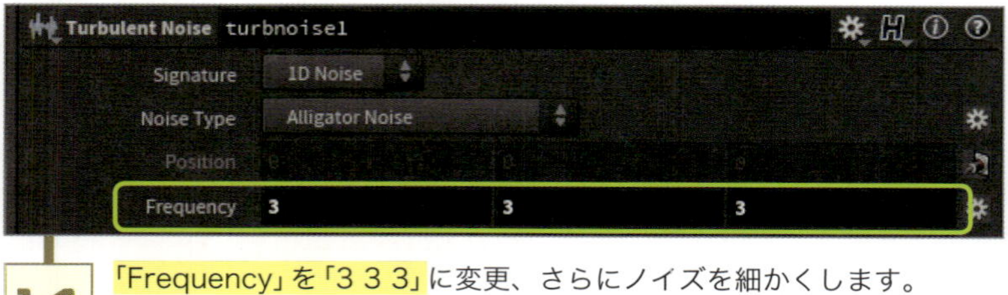

14 「Frequency」を「3 3 3」に変更、さらにノイズを細かくします。

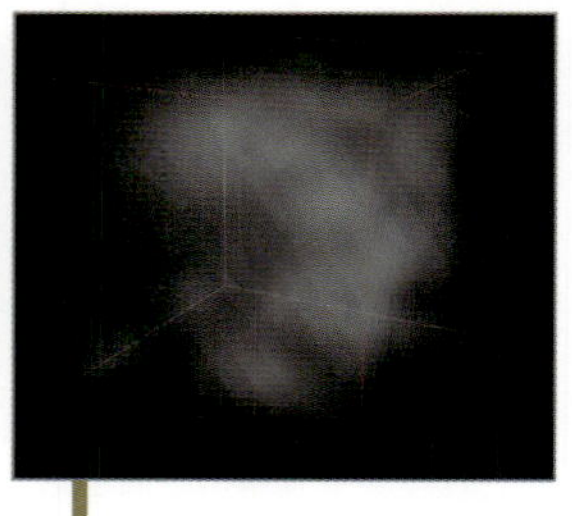

15 ノイズパターンが細かくなりました。

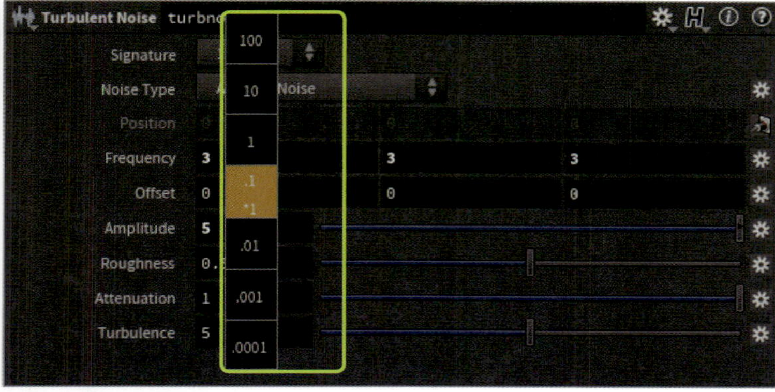

16 ノイズ模様を動かします。「turbnoise1」ノードのパラメータ「Offset」のX(一番左の欄)にカーソルを合わせてマウスの中ボタンを長押しし、バリューラダーが表示されたらマウスを右にスライドすると、「Offset」のX値が変化します。

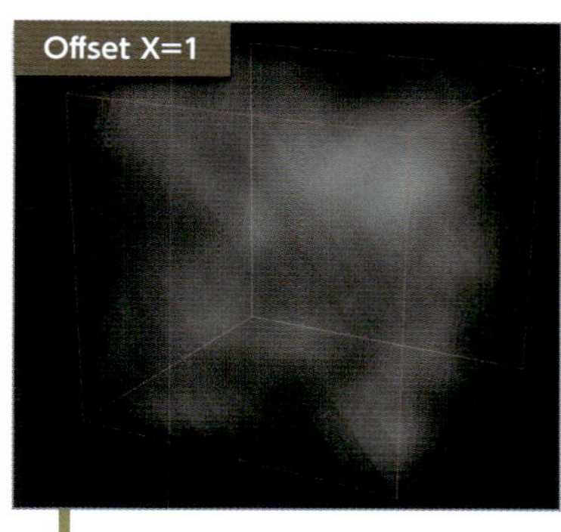

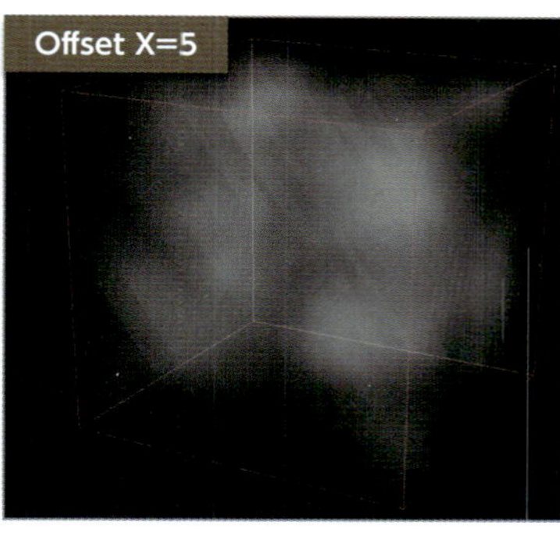

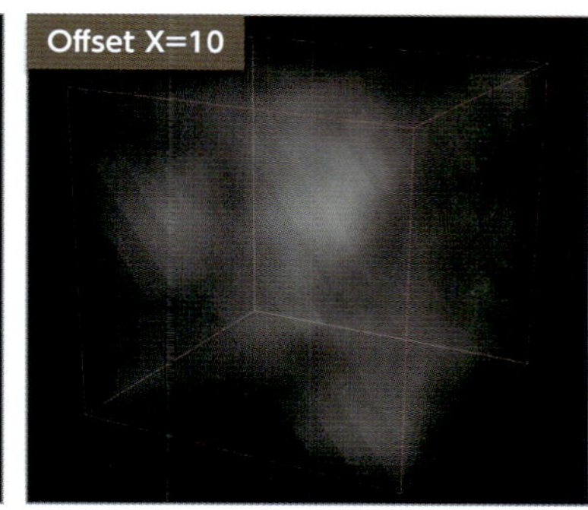

17 シーンビューを見ると、ノイズ模様がX方向に移動しています。このように、シミュレーションせずともボリュームの情報を操作できます。

ボクセルの分割数を増やす

ボクセルが細かく分割されているほど、より詳細な表現が可能になります。

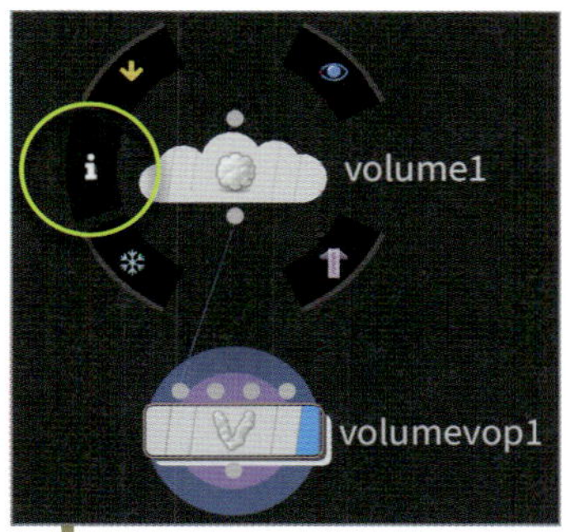

18 Uキー上の階層に移動、「volume1」ノードにマウスカーソルを合わせてリングメニューを表示し、「Node Info」を選択します。

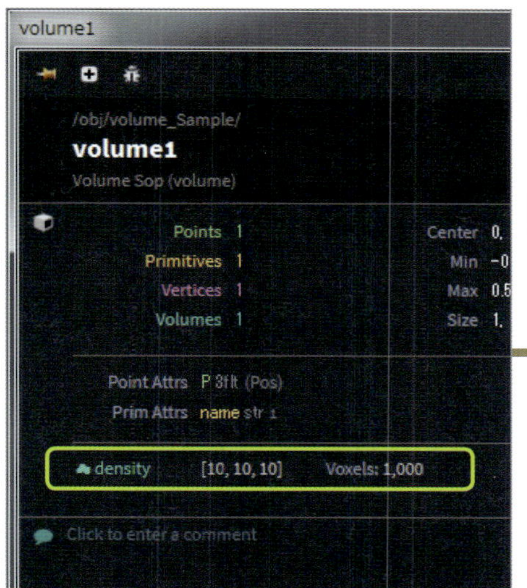

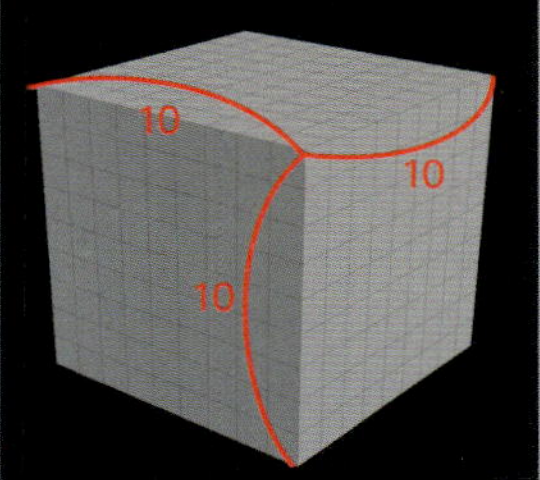

19 「Node Info」ウィンドウの中ほどに、「density：10 10 10」、「Voxels：1,000」とあります。これはボリュームがXYZ方向にそれぞれ10ボクセルずつに分割されており、全部で1,000ボクセルあるという意味です。

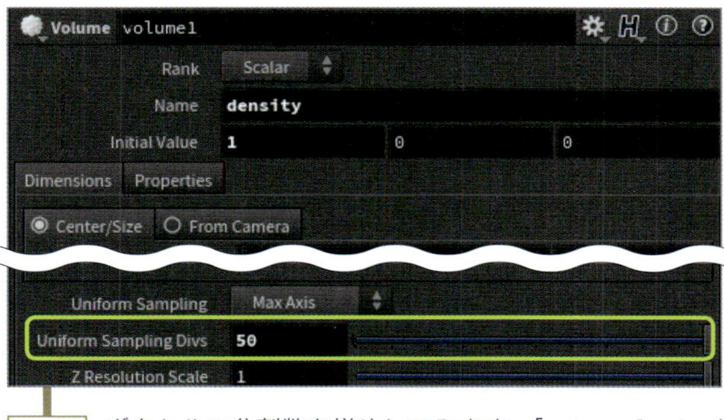

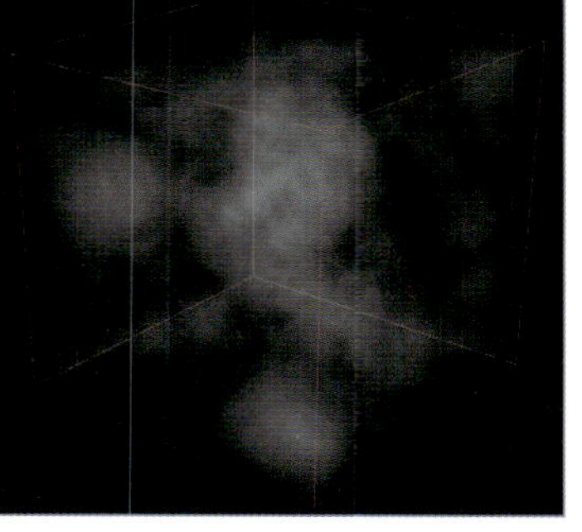

20 ボクセルの分割数を増やしてみます。「volume1」ノードのパラメータ「Uniform Sampling Divs」値を「50」に上げます。シーンビューを見ると、先ほどよりもノイズ模様がきれいになりました。

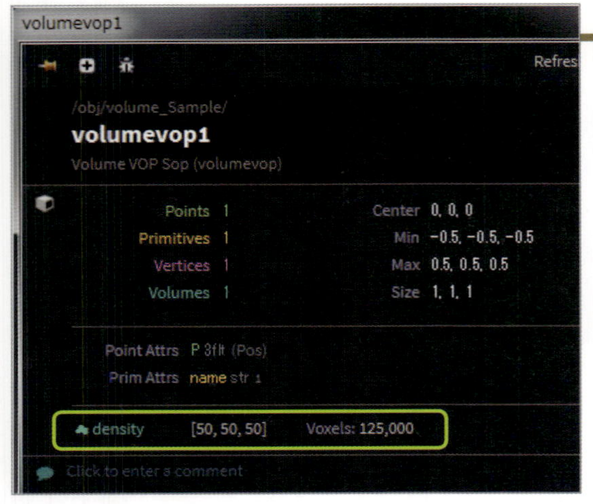

21 ボクセル数を確認してみます。「volume1」ノードのリングメニューから「Node Info」を選択します。「Node Info」には「density：50 50 50」、「Voxels 125,000」と表示されています。**19**の総ボクセル数は「1,000」でしたので、125倍にボクセル数が増え、そのぶんボリュームの解像度も上がったということです。
ボリュームの解像度はシミュレーションでも重要な要素となります。解像度を上げれば（ボクセル数を増やせば）絵はきれいになりますが、そのぶん計算するボクセルの数が増えるので処理に時間がかかります。
この状態のシーンファイルを保存しておきます（「File」→「Save」）。ファイル名は「Volume_Start.hip」とします。

Point ボリュームが持てるデータの型

ボクセルが持てる情報の型について解説しておきましょう。本節の例ではボクセルに「density」という名前で、Scalar（スカラー型）の情報を持たせました（左図）。Scalar型は各ボクセルに1個の数値を保持します。これは量や温度、強さなどを表すのに適しています。多くはこの型です。

もうひとつVector（ベクトル型）という型があります（右図）。これは3つの数値が1セットで表される型です。これは主に速度（velocity）の表現に使われます。ただし、速度の場合でもVectorを使わず個別のScalarで表すことが多くあります。

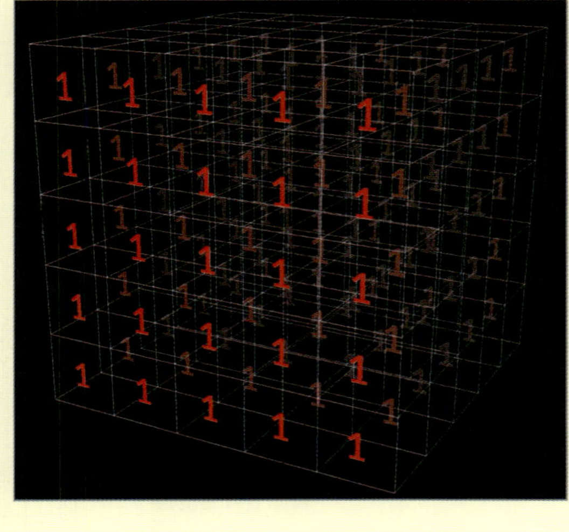

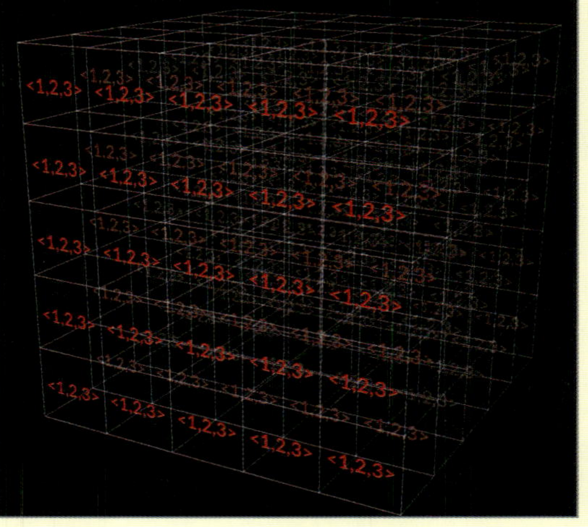

5-2 SDFボリューム

難易度 ★★★

Houdiniのボリュームには「SDF」という特殊なボリュームデータが存在します。SDFとは「Sign Distance Field」の略で、「符号付き距離フィールド」と訳せます。SDFボリュームは境界面までの距離を数値として保持しており、境界面を境にマイナスはボリュームの内側、プラスは外側を意味します。

SDFボリュームの情報

例えば、図のような球状のボリュームで考えると、ボリュームの境界面が0、それを挟んで内側にゆくほど数値はマイナスに進み、逆に外側にゆくほどプラス方向に値が増えます。つまり、SDFは境界面までの距離を記録していると言えます。また、別な表現をするとボリュームの深度情報を保持しているとも言えます。

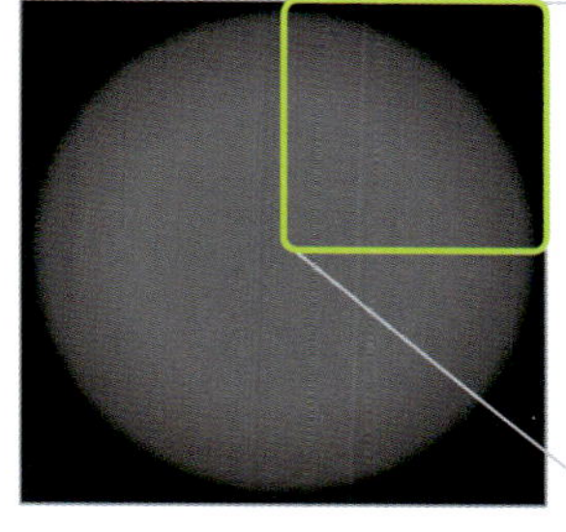

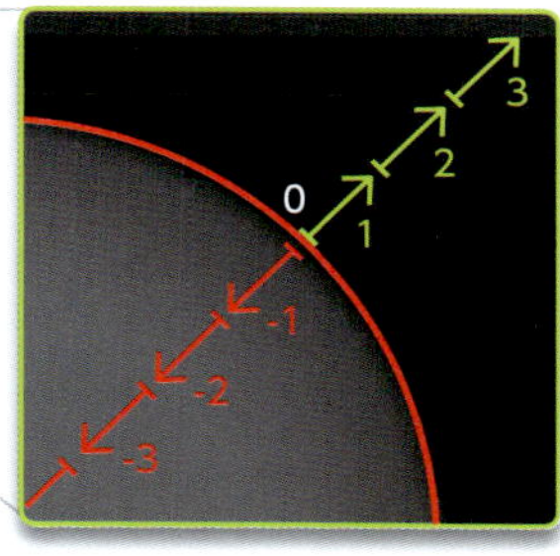

点描風のSphereを作成する

SDFを用いて図のような点群に深度によって色をつけることも可能です。ここでは中心ほど赤く、外側ほど青くしています。これを実際にやってみます。

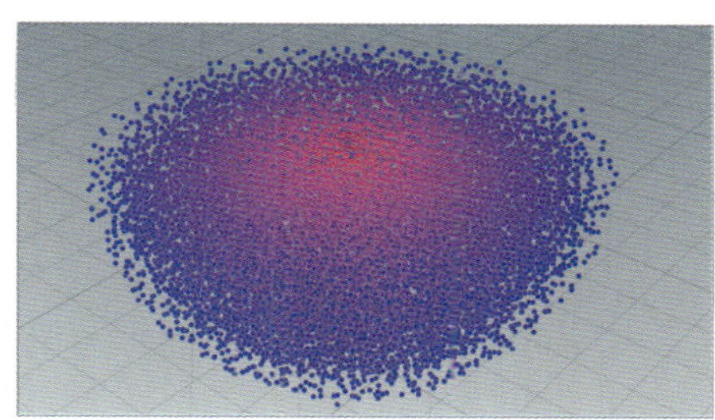

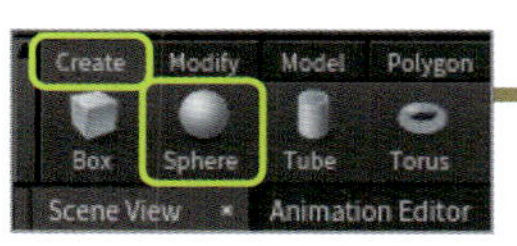

1 原点にSphereを作成します。左上のシェルフタブを「Create」に変更し、「Sphere」ボタンを押します。このとき、Ctrlキーを押しながらクリックすると、原点に作成することができます。

2 /obj階層に「sphere_object1」ノードが作成されています。このノードは「Geometry (OBJ)」です。ノードの中に入ると、「Sphere (SOP)」があります。

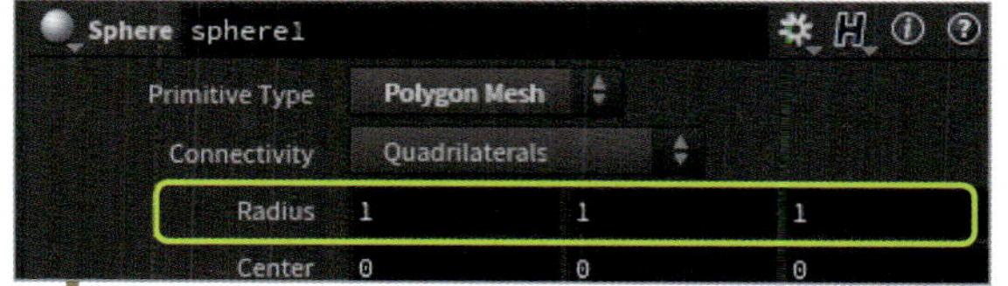

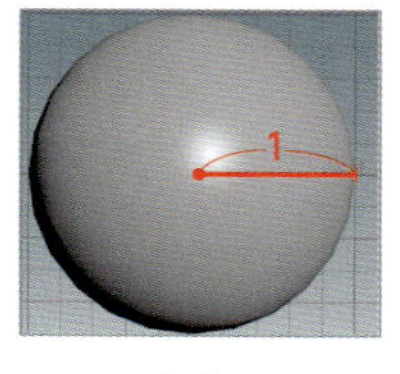

3 パラメータを調整します。「sphere1」ノードのパラメータ「Radius」を「1 1 1」に変更します。これで半径1の球ができました。この球を点群で満たします。

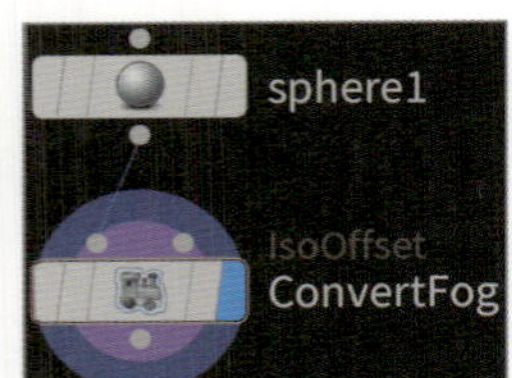

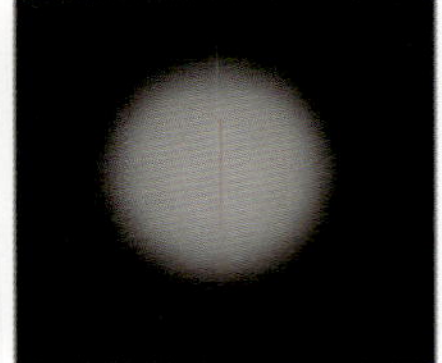

4 まず球をボリューム化します。TAB Menuから「IsoOffset(SOP)」を作成し、ノード名を「ConvertFog」に変更します。作成したノードは、「sphere1」ノードの下、左側の入力とつなぎます。「IsoOffset(SOP)」を用いると、ジオメトリの形状をボリュームに変換できます。シーンビューを見ると、球がボリューム化されたのが確認できます。

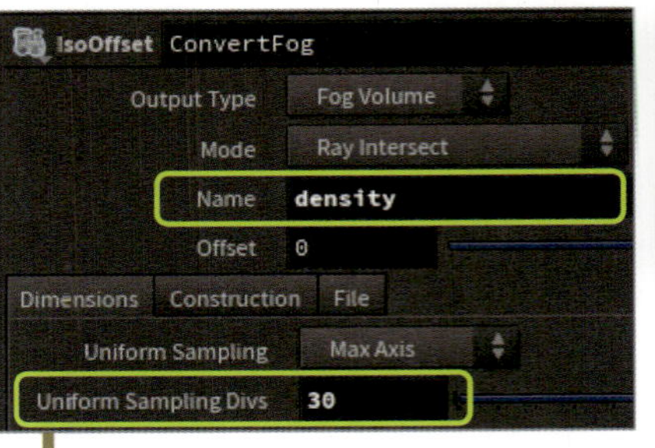

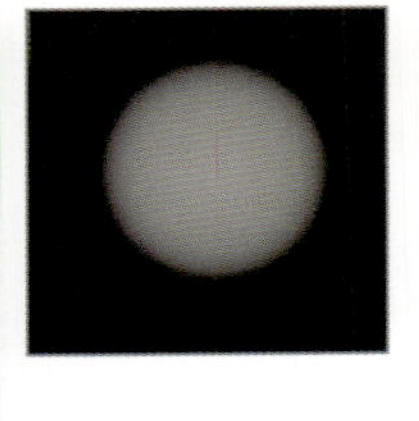

5 「ConvertFog」ノードのパラメータ「Name」に「density」と記述します。次に、「Uniform Sampling Divs」を「30」に変更し、ボクセル数を増やします。ボリュームがより鮮明になりました。

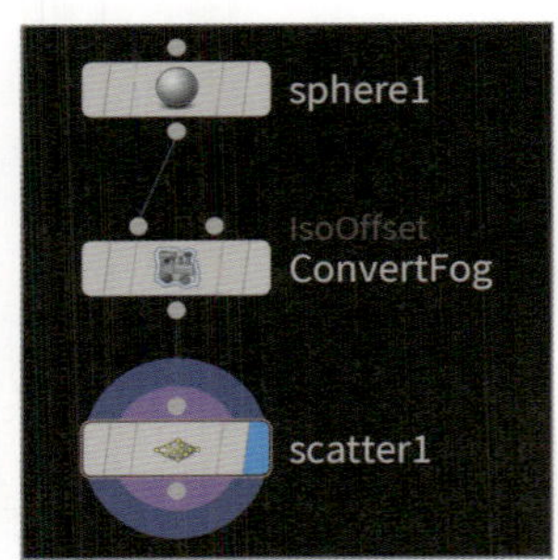

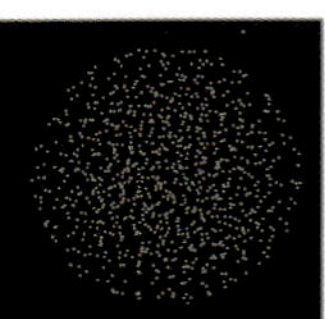

6 TAB Menuから「Scatter(SOP)」を作成し、「ConvertFog」の下にコネクトします。これで球を満たす形で点群が作成されました。

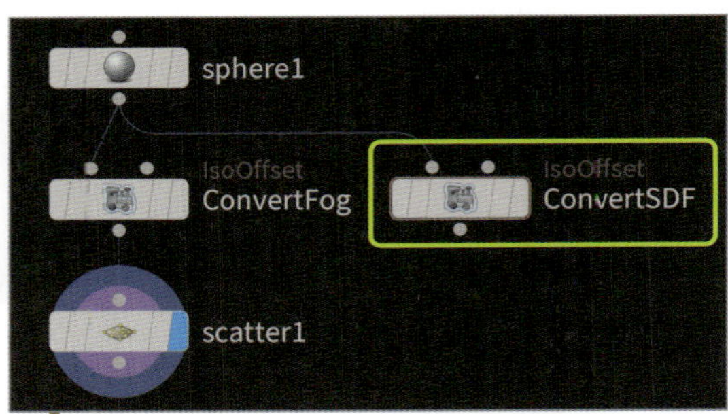

7 次にTAB Menuからもうひとつ「IsoOffset(SOP)」を作成します。このノードでSDFボリュームを作成できます。ノード名を「Convert SDF」に変更し、「sphere1」ノードの下に分岐するようにコネクトします。コネクトは左側の入力とつなぎます。

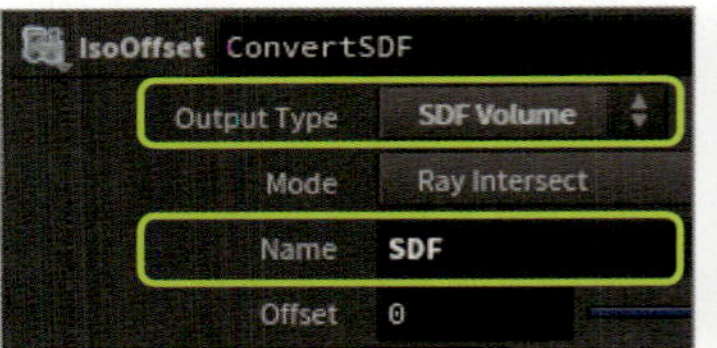

8 「ConvertSDF」ノードのパラメータ「Output Type」を「SDF Volume」に「Name」を「SDF」にします。表示フラグを立ててシーンビューを見ると、ここまで扱ったボリュームと比べて、ボリュームらしさがあまりないですが、これがSDFボリュームです。

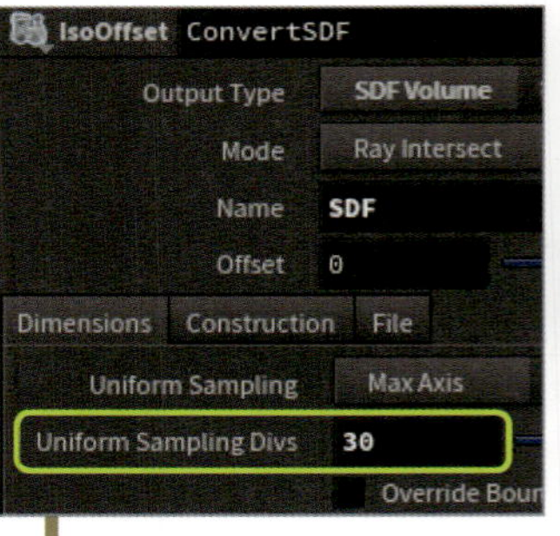

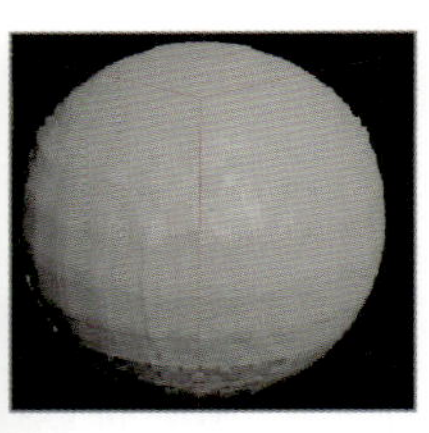

9 次に「Uniform Sampling Divs：30」とし、ボリュームの解像度（ボクセル数）を増やします。これでポイント群とSDFボリュームができました。

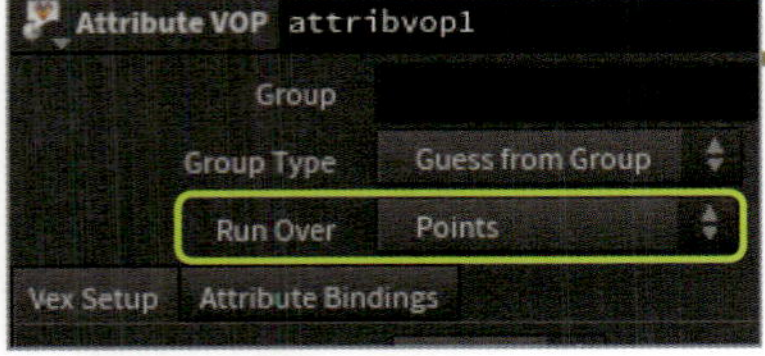

10 SDFボリュームの情報をもとにポイント群に色をつけます。TAB Menuから「Attribute VOP」を作成。この中でポイント情報を操作するので、パラメータの「Run Over」が「Points」になっているの確認します。先の作例では、ボリュームを操作するのに「Volume VOP(SOP)」のノードを使いましたが、ここではボリューム情報をもとにポイントを操作するので「Attribute VOP」を用います。

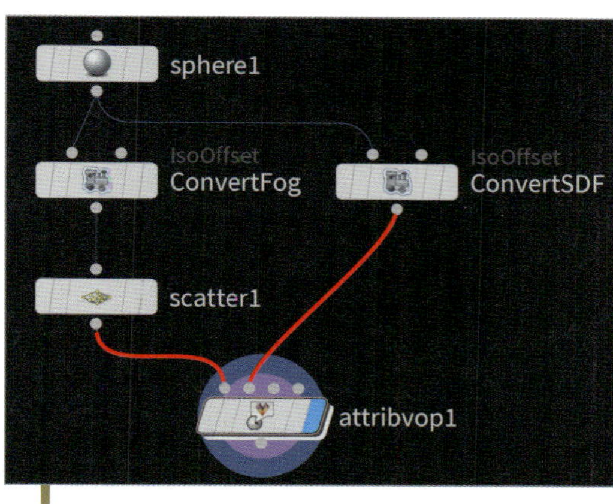

11 ノードをコネクトします。「attribvop1」ノードの一番左の入力に「scatter1」ノード、左から二番目の入力に「ConvertSDF」ノードをコネクトします。

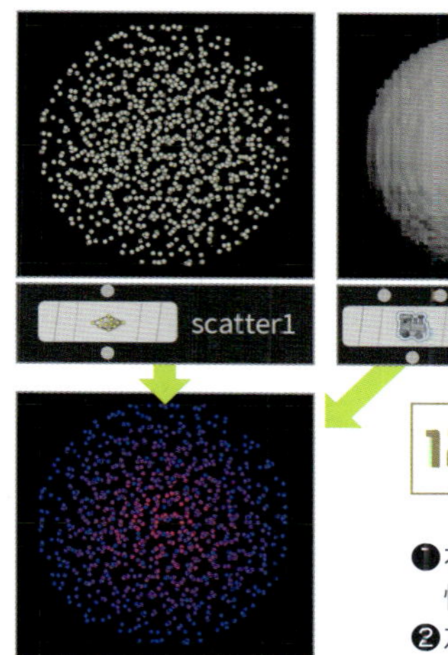

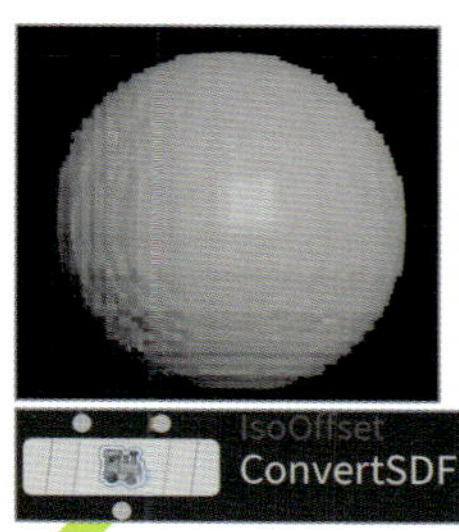

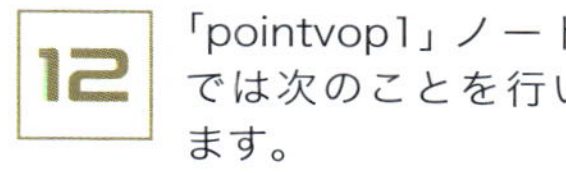

12 「pointvop1」ノードでは次のことを行います。

❶右側の入力からSDFの深度情報を取得。
❷左側の入力のポイントの色を、①の深度に応じた色に変更する。

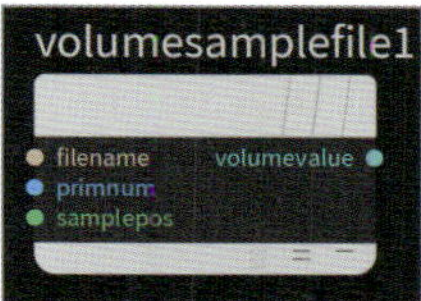

13 「pointvop1」ノードの中に入ります。TAB Menuから「Volume Sample (VOP)」を作成します。このノードではボリュームの情報を取得できるので、SDFボリュームから深度情報を取得します。

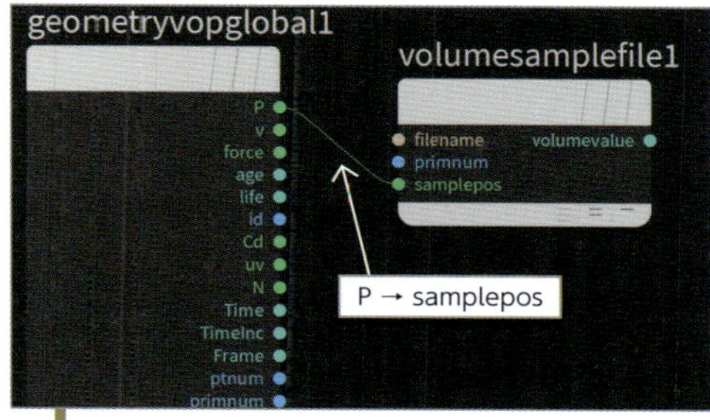

14 「geometryvopglobal1」ノードの出力「P」を「volumesamplefile1」ノードの入力「samplepos」にコネクトします。

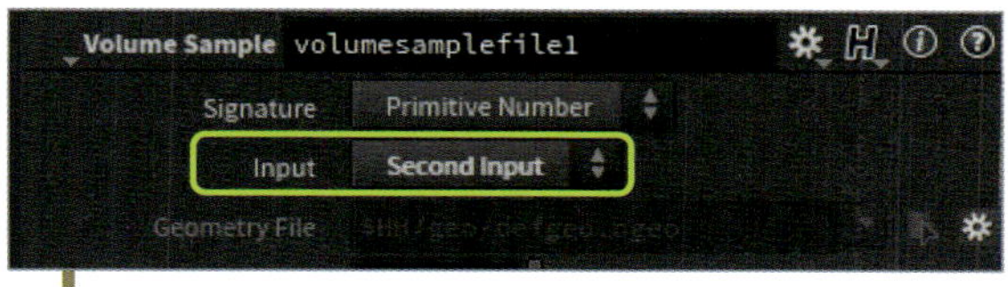

15 次に「volumesamplefile1」ノードのパラメータ「Input」を「Second Input」に変更します。これで、このノードは2番目の入力、つまり11でコネクトした「ConvertSDF」ノードが入力されたことになります。

Point Volume Sample (VOP)

ここで使用した「Volume Sample (VOP)」は、ボリュームデータとそれを検出する位置を指定することで、その位置のボクセル情報を取得できるノードです。

どのボリュームの情報を取得するかは15で行ったパラメータ「Input」の設定で指定し、どの位置にあるボクセルの情報を取得するかは、ノードの入力「samplepos」で指定します。14では入力「samplepos」に、「geometryvopglobal1」ノードの出力「P」を接続しました。この出力「P」は、このネットワークを格納している「pointvop1」ノードの1番目の入力、つまり「scatter1」ノードでつくられた各ポイントの位置です。

まとめると、ここで設定した「Volume Sample (VOP)」は、各ポイントの位置を基準に、それと同位置にあるSDFボリュームのボクセルから深度情報を取得する、ということです。

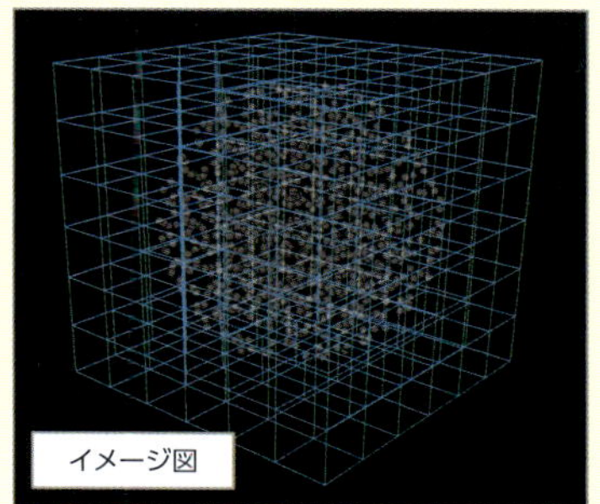

Tips

ボリュームが複数ある場合の設定

ここでは「Volume Sample (VOP)」のパラメータ「Primitive Number」(❶)は設定を変更しませんでしたが、ボリュームが複数ある場合は設定が必要です。

複数のボリュームとはどういう状態でしょうか？

これまでは常にひとつのボリュームのみを扱っていましたが、ボリュームは複数個まとめて持つことが可能です。例えば、図❷のネットワークのようにふたつの「Volume (SOP)」を「Merge (SOP)」でひとつにまとめたとします。片方は密度を意味する「density」、もう片方は温度を意味する「temperature」という名前でボリュームを作成したとします。

この状態で「merge1」ノードの「Node Info」を表示すると、図❸の緑枠部分のように「density」と「temperature」というふたつのボリューム情報が表示されます。これがボリュームを複数持っている状態です。ボリュームをレイヤーのようにして保持していると考えるとイメージしやすいかもしれません。

このようにボリュームが複数ある場合、「Volume Sample (VOP)」ノードは、パラメータ「Primitive Number」でプリミティブ番号を指定することで、どちらのボリュームから情報を取り出すかを判断します。プリミティブ番号は「Geometry Spreadsheet」のプリミティブアトリビュートで確認することができます(❹)。

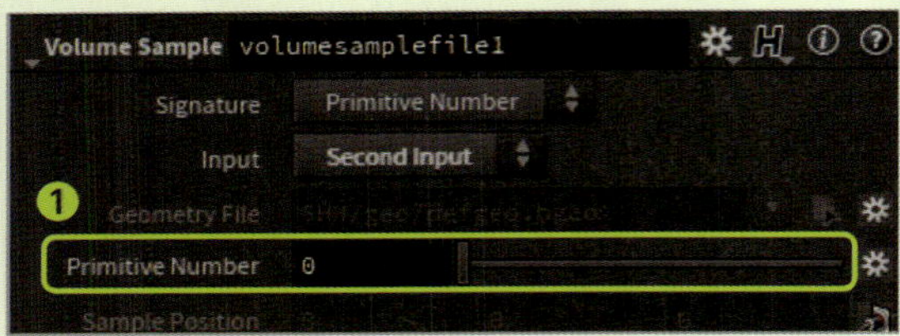

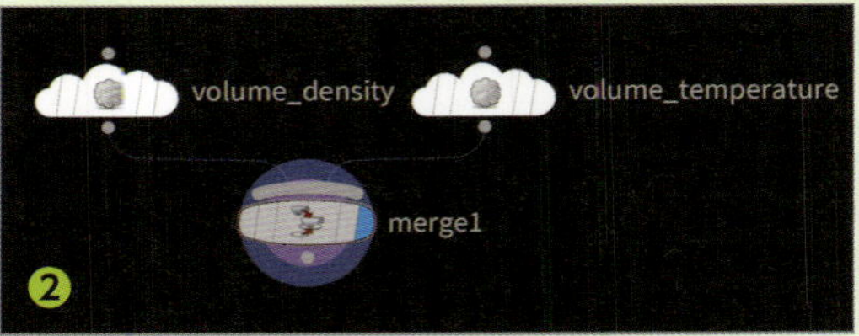

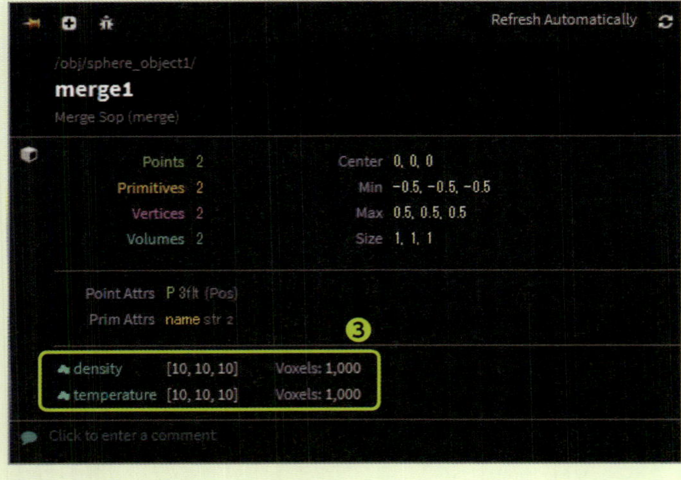

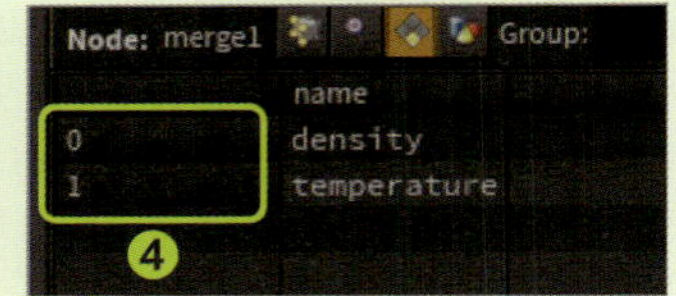

16 「volumesamplefile1」ノードによって深度の値が取得できましたが、その値はP223で説明したようにボリュームの内側はマイナス値なので、これをプラスの値にし、なおかつ値の範囲を調整します。「attribvop1」ノードの中でTAB Menuから「Fit Range (VOP)」を作成します。これは入力値を別の範囲の値にマッピングするノードです。

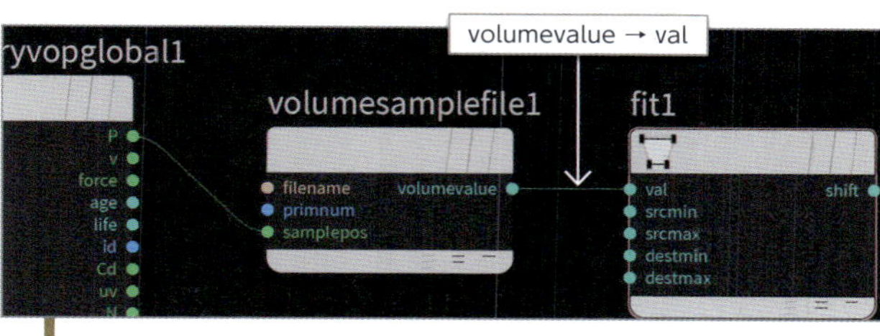

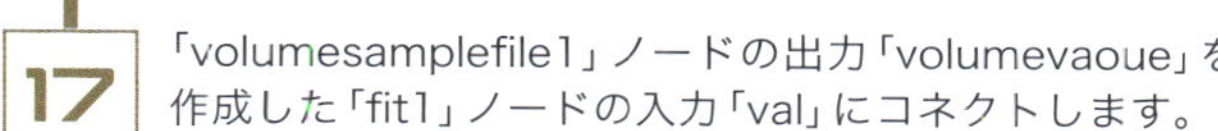

17 「volumesamplefile1」ノードの出力「volumevaoue」を作成した「fit1」ノードの入力「val」にコネクトします。

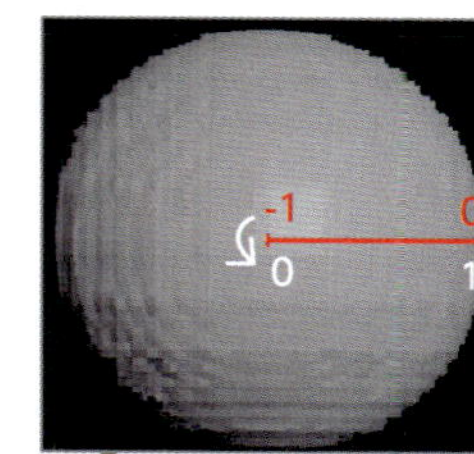

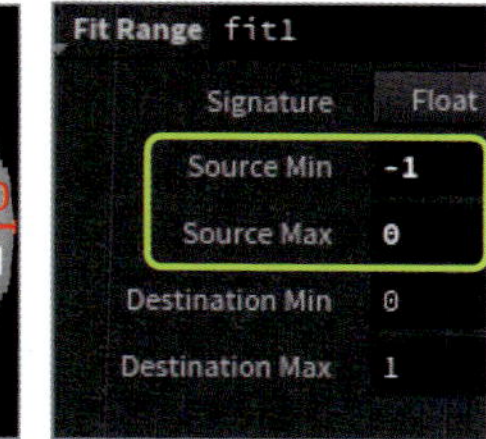

18 「fit1」ノードのパラメータを調整します。初めに述べたとおり、SDFボリュームの表面は0で、ボリュームの内側にいくほどその距離のマイナス値が値として入ります。現在、使っている球は半径1の球なのでSDFボリュームの中心の値は－1となります。この範囲の数値を0～1の数値にマッピングしたいので、パラメータ「Source Min」を「－1」に、「Source Max」を「0」に設定します（「Destination Min/Max」はそのまま）。これで「－1～0」の値が「0～1」の範囲の値に置き換えられます。

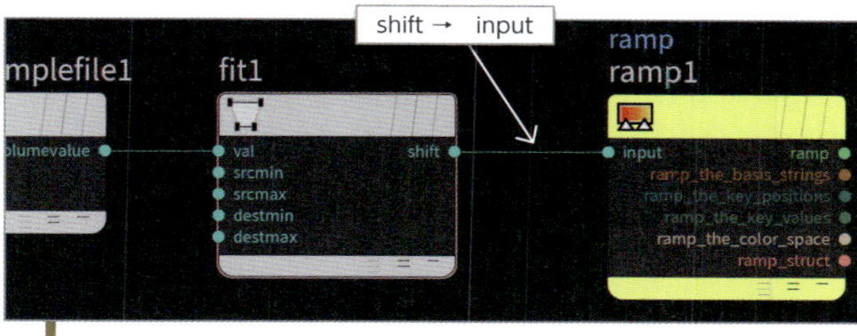

19 「fit1」ノードでつくられた0～1の値に対して色を割り当てます。TAB Menuから「Ramp Parameter (VOP)」を作成します。作成した「ramp1」ノードを、「fit1」ノードにコネクトします。

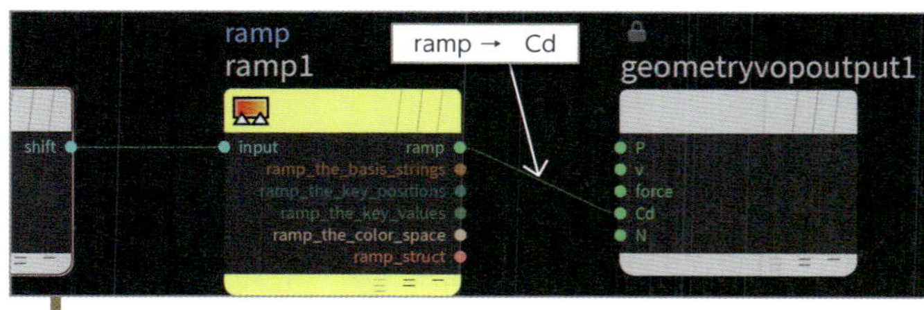

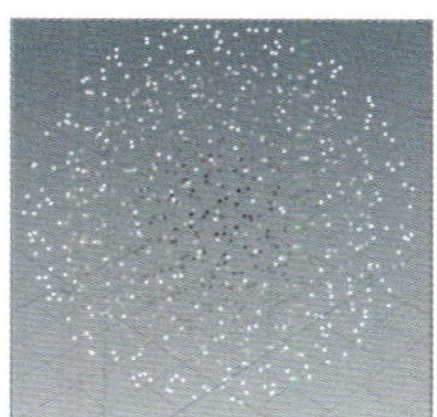

20 「ramp1」の出力「ramp」を「geometryvopoutput1」の入力「Cd」にコネクトします。これで、SDFボリュームの深度情報をもとにしてポイントに色がつきました。シーンビューを見ると、ポイントに白と黒の色がついています。

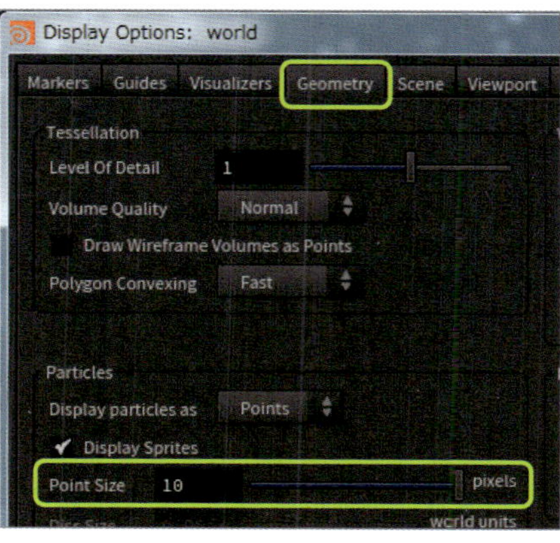

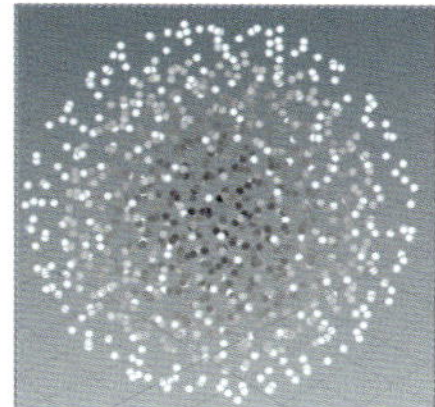

21 もう少しわかりやすいように各ノードを調整します。Uキーで上の階層に上がり、表示上のポイントサイズを大きくします。シーンビューでDキーを押し、「Display Options」を表示します。「Geometry」タブに切り替え、左下にあるパラメータ「Point Size」を10に変更します。これでポイントが大きく表示されます。

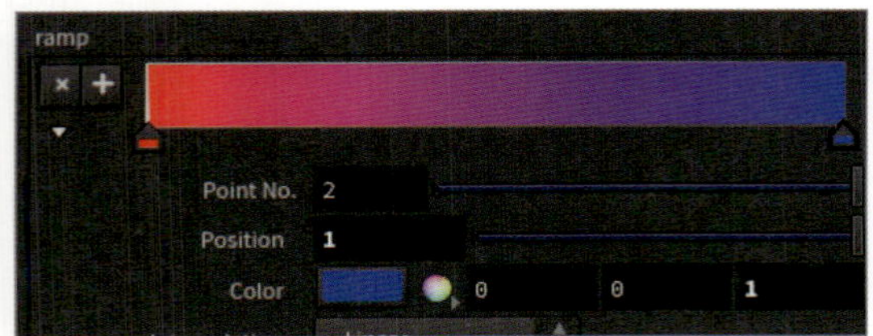

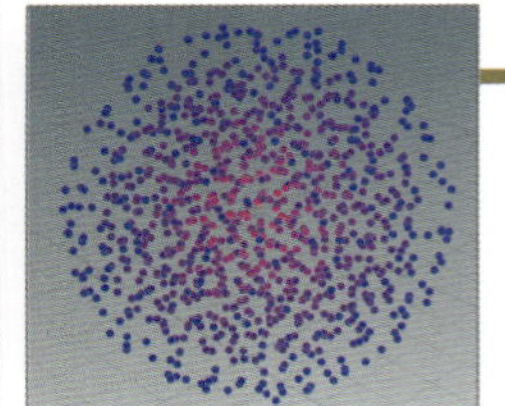

22 「attribvop1」ノードのパラメータ「ramp」を赤から青のグラデーションにします。「Point No.1」は「Position：0」「Color：1　0　0」、「Point No.2」は「Position：1」「Color：0　0　1」にします。

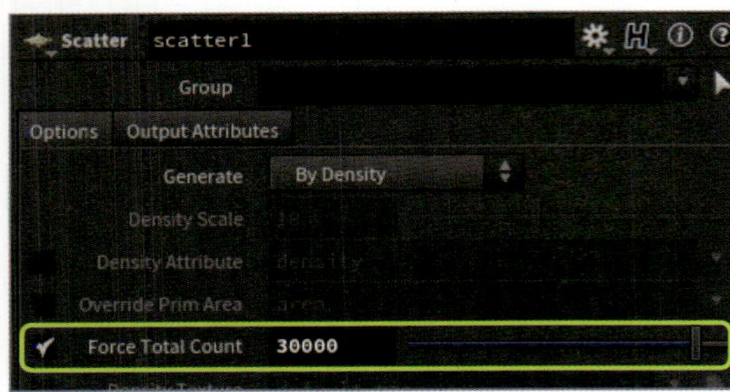

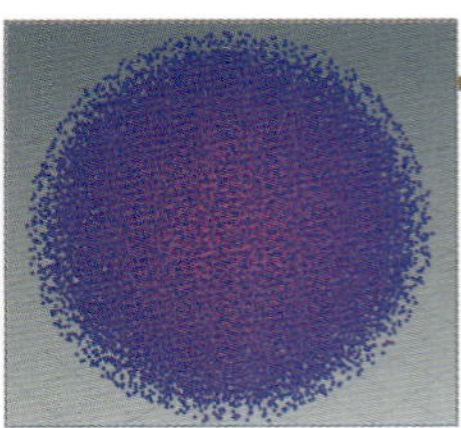

23 次に「scatter1」ノードのパラメータ「Force Total Count」を「30000」にし、ポイントの数を増やします。

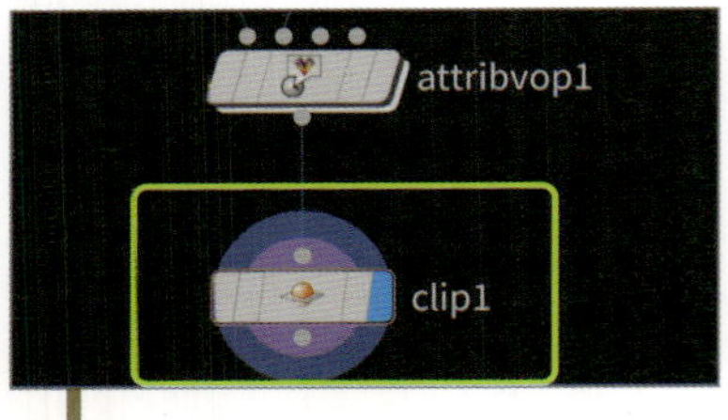

24 TAB Menuから「Clip（SOP）」（指定した軸の平面で片側を切り取るノード）を作成し、「attribvop1」ノードの下にコネクトします。

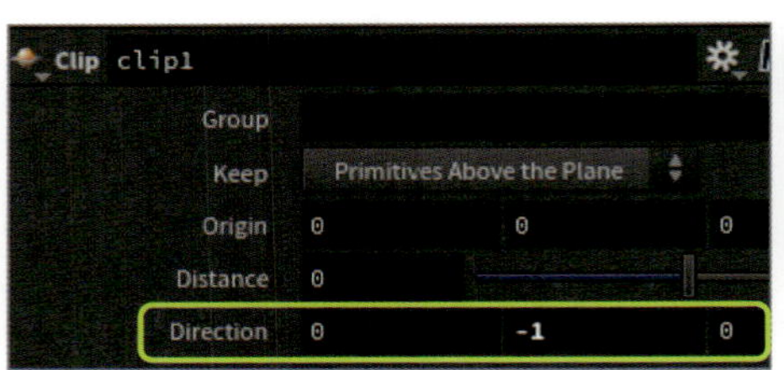

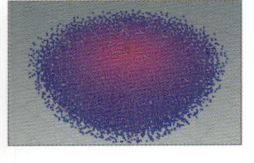

25 「Clip1」ノードのパラメータ「Direction」を「0　−1　0」に設定。これで球の上半分が切り取られ断面が見え、球の中心から外側にかけて赤から青へ変化しています。ここではSDFボリュームでポイントに色をつけましたが、他にも深度によってノイズの強さを調整したりなど、いろいろ使い道があります。

Point　もうひとつのボリュームタイプ「VDB」

ここまで扱ってきたボリュームは「Houdini標準」のボリュームですが、他にもうひとつ、「VDB」というボリュームが存在します。これは「OpenVDB」というライブラリを用いており、Houdiniに限らず他のソフトでも利用可能なボリュームタイプです。

VDBボリュームは、標準のボリュームと比べて空っぽのボクセルにはメモリを消費しないため、効率よくボリュームを作成できます。また、標準のボリュームでできるほとんどのことはVDBボリュームでも可能です。

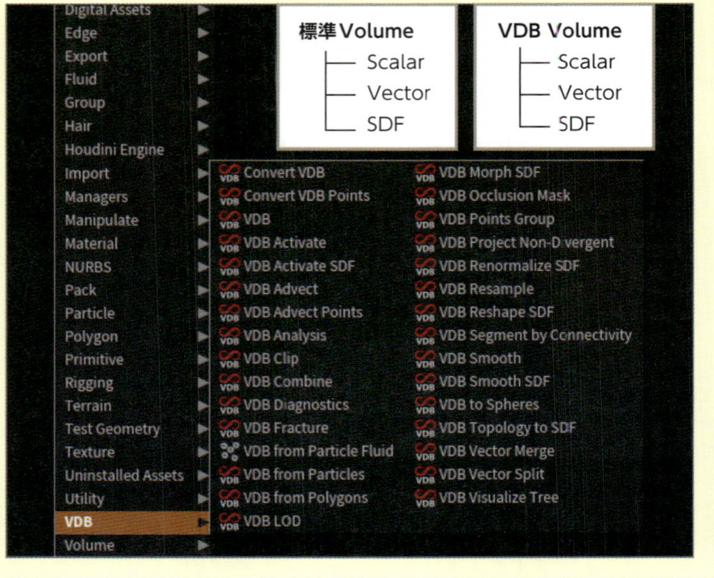

5-3 シンプルな煙

難易度 ★★

ここからは、ボリュームのシミュレーションを行います。次のような熱によって上昇するシンプルな煙のシミュレーションを作成します。

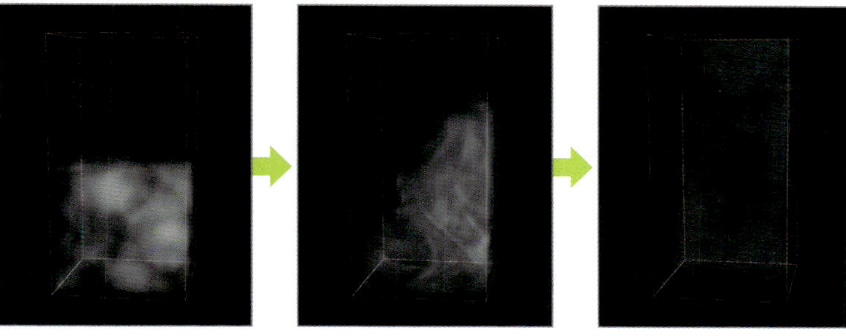

煙のシミュレーションを作成する

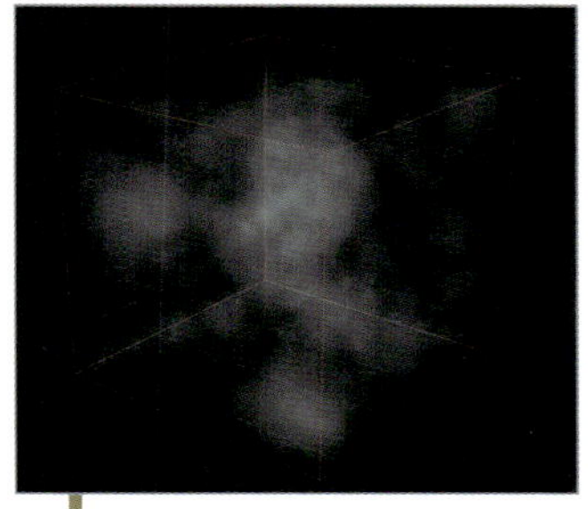

1 Chapter 5-1で作成したシーンファイル「Volume_Start.hip」を開きます。シーン内のノイズ模様のボリュームをシミュレーションで動かします。

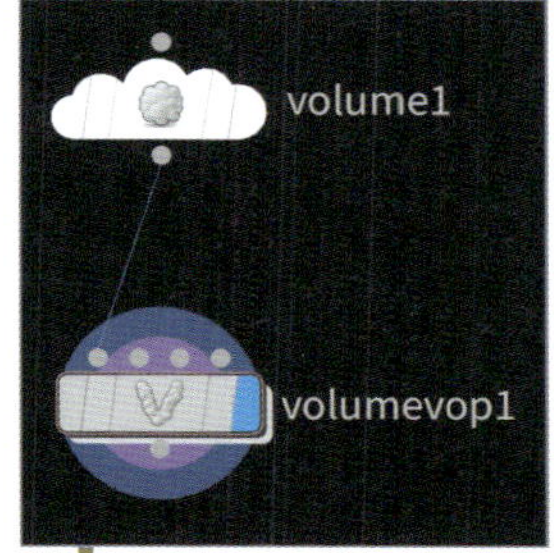

2 「/obj」階層の「Volume_Sample」ノードに入ります。これは「volume1」ノードに「density」ボリュームを作成し、「volumevop1」ノードで「density」ノードにムラをつけたものです。

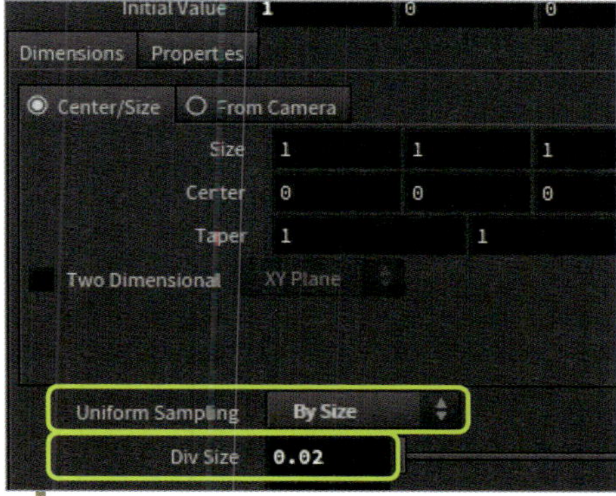

3 「volume1」ノードの「Dimensions」タブ→「Uniform Sampling」を「By Size」に変更。その下のパラメータが「Div Size」に変わるので値を「0.02」に設定します。これはボクセルの分割数で、一辺の長さを0.02のボクセルで分割する、という意味です。この設定にすると、ボリュームの大きさを変更してもボクセル1個のサイズは変わりません。

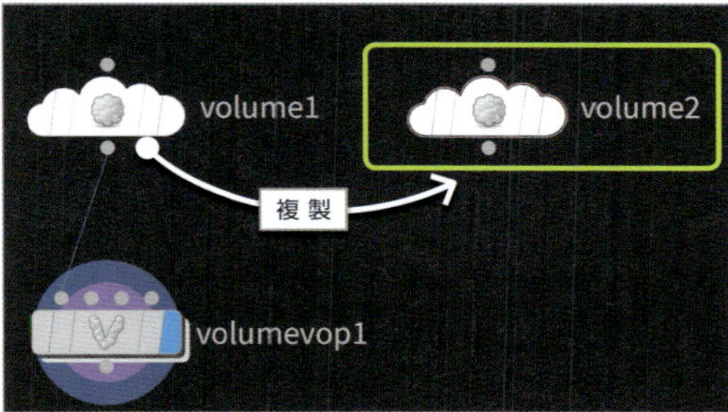

4 「volume1」ノードを複製して、「volume2」をつくります。複製は、ノードを選んでAltキーを押しながらドラッグ（またはCtrl＋Cキー、Ctrl＋Vキー）で行います。

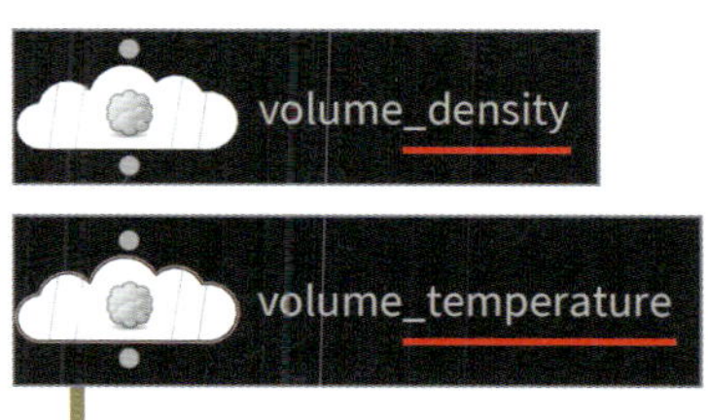

5 区別しやすくするため、ノード名を変更しておきます。「volume1」を「volume_density」、「volume2」を「volume_temperature」にします。

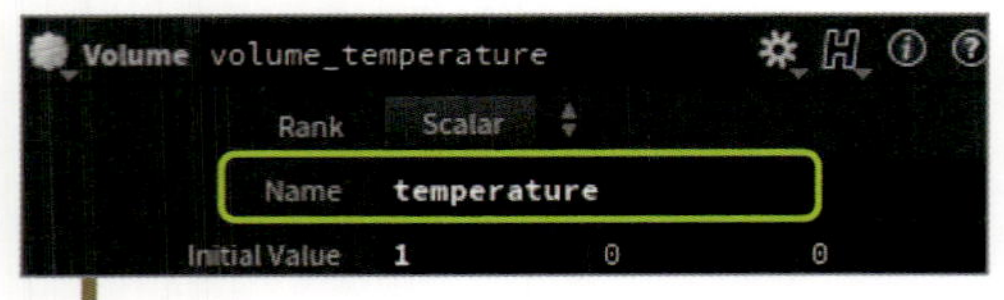

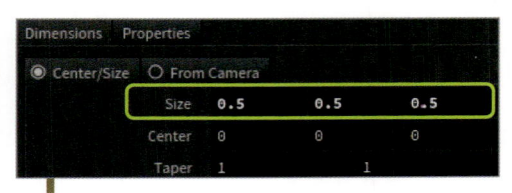

6 「volume_temperature」ノードを選択し、「Name」を「temperature」(温度)に変更します。煙のシミュレーションにおいて温度は重要なファクターです。

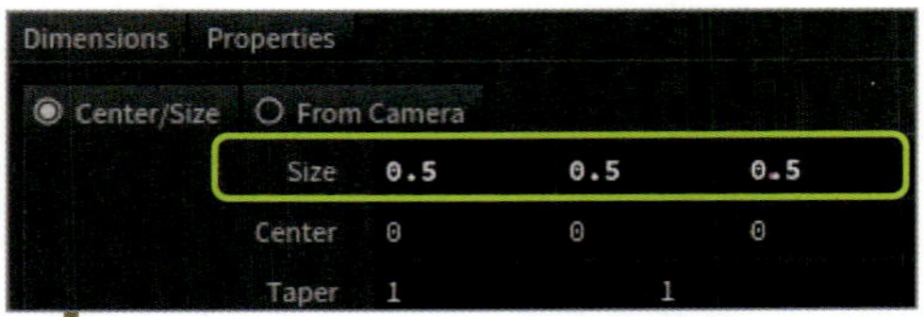

7 「volume_temperature」ノードの「Size」を「0.5　0.5　0.5」に変更します。一辺の長さが0.5の立方体のボリュームになりました。

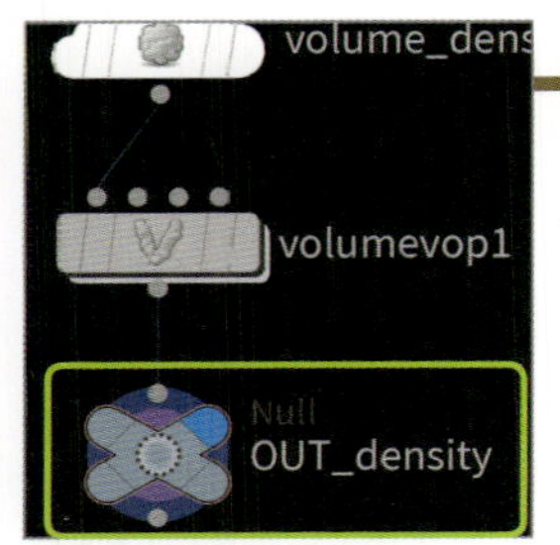

8 TAB Menuから「Null (SOP)」を作成し、名前を「OUT_density」に変更し、「volumevop1」ノードの下にコネクトします。

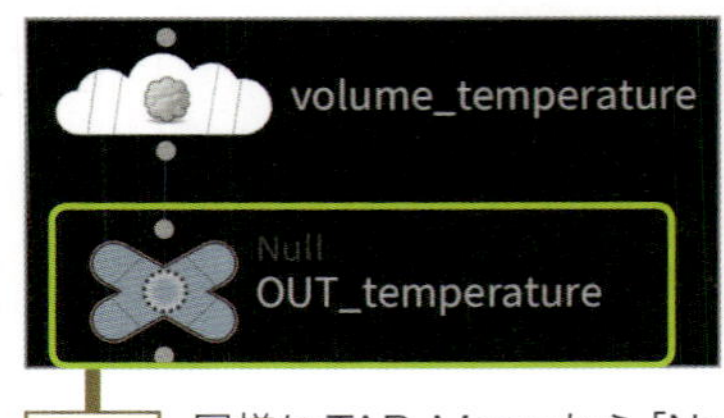

9 同様にTAB Menuから「Null (SOP)」を作成、名前を「OUT_Temperature」にして、「volume_temperature」ノードの下にコネクトします。

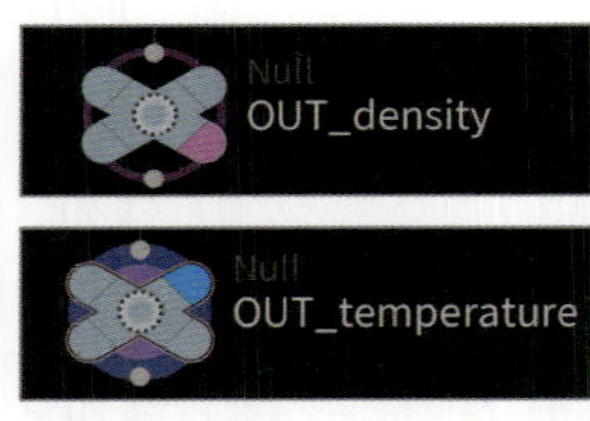

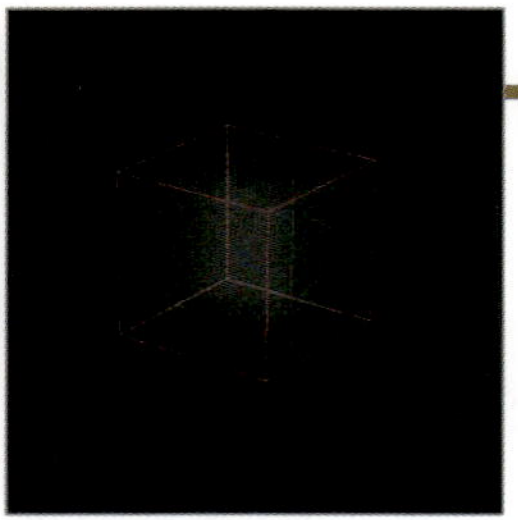

10 「OUT_density」ノードにテンプレートフラグ、「OUT_temperature」ノードに表示フラグを立ててシーンビューを見ると、ふたつのボリュームの大きさと位置の関係が確認できます。「density」ボリュームの内側に、ひと回り小さい「temperature」ボリュームが存在するような配置です。この「temperature」ボリュームを使って、「density」ボリュームを動かします。

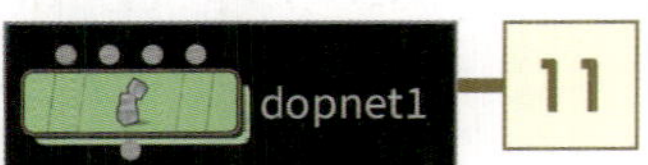

11 TAB Menuからシミュレーション用の「DOP Network (SOP)」ノードを作成します。

12 「dopnet1」ノードに入ると「output」ノードがあります。

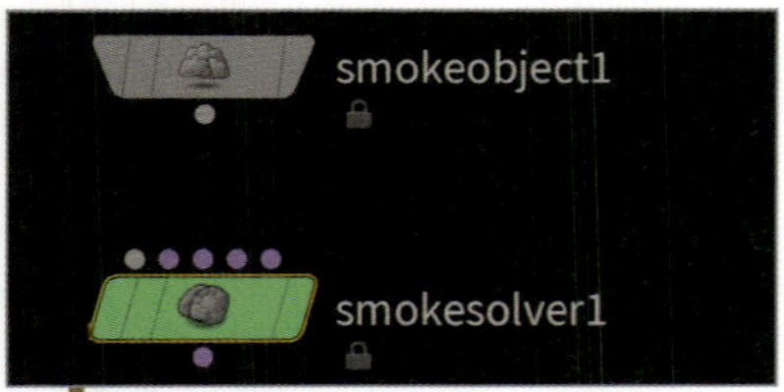

13 煙のシミュレーションに必要なノードを作成します。TAB Menuから「Smoke Object (DOP)」と「Smoke Solver (DOP)」を作成します。

「Smoke Objects (DOP)」は煙のシミュレーション用のオブジェクトを作成するノードです。ダイナミクスでのオブジェクトとは、シミュレーションに必要なデータを格納した器です。

「Smoke Solver (DOP)」は煙の挙動を計算するノード(以下ソルバ)です。ソルバはオブジェクトが持つデータを見て、それが自身にとって意味のあるデータの場合、そのデータを使って挙動の計算を行います。基本的にこのふたつのノードはセットで使われます。

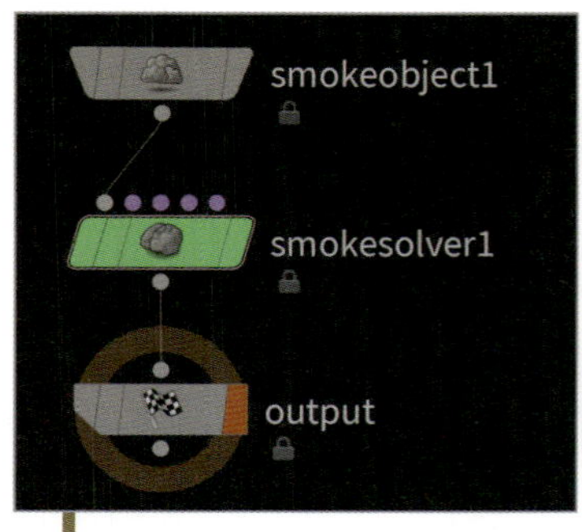

14 「smokeobject1」の出力を、「smokesolver1」の一番左の入力にコネクトします。「smokesolver1」の出力は「output」にコネクトします。

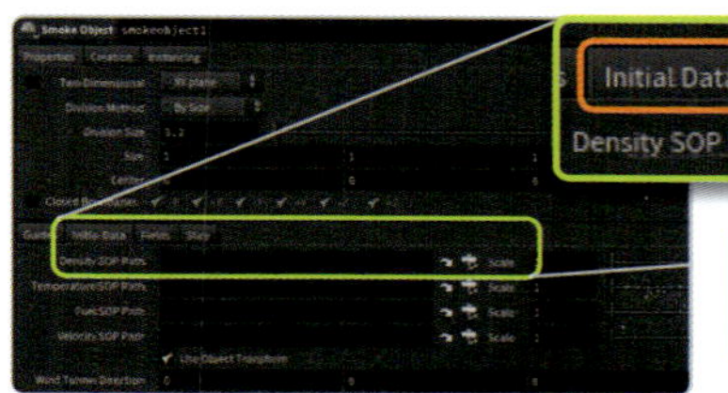

15 「smokeobject1」ノードの初期フィールドとして、作成したボリュームを読み込みます。「smokeobject1」ノードの初期フィールドに関するパラメータがまとまった「Initial Data」タブ→「Density SOP Path」欄の右にあるアイコンをクリックします。この「Initial Data」タブには初期フィールドに関するパラメータがまとまっています。

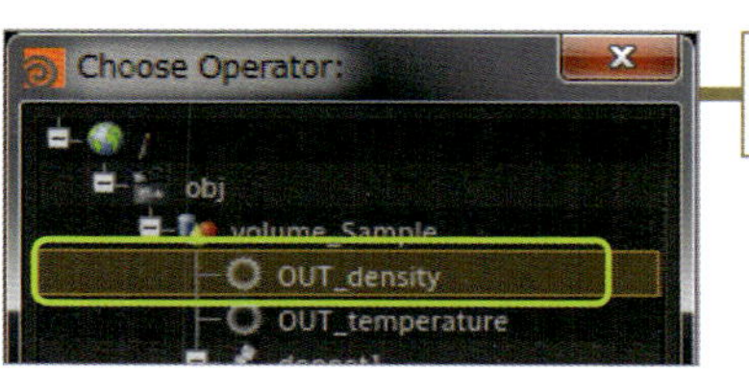

16 「Choose Operator」パネルから「OUT_density」を選択します。

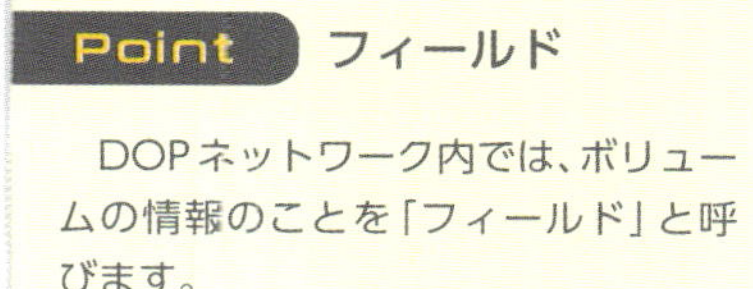

Point フィールド

DOPネットワーク内では、ボリュームの情報のことを「フィールド」と呼びます。

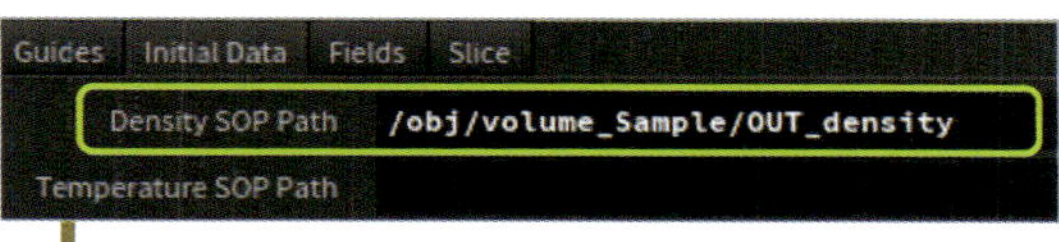

17 「Density SOP Path」に「OUT_density」のパスが記述されます。これで「OUT_density」ノードのボリュームが、シミュレーション用ボリュームのDensity（濃度）として読み込まれました。

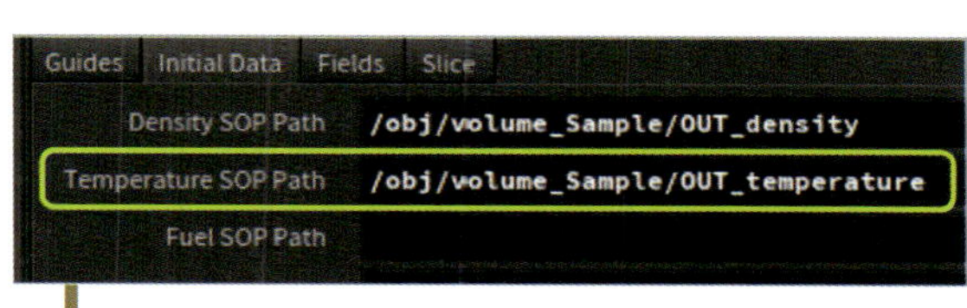

18 同様にして、「Temperature SOP Path」に「OUT_temperature」ノードを指定します。

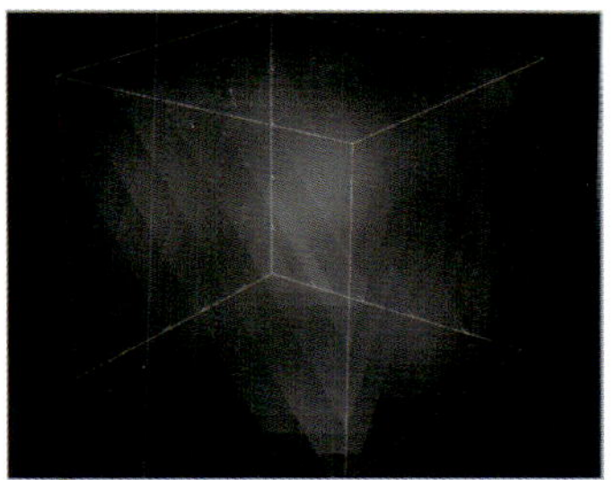

19 シーンビューを見ると、ボリュームが読み込まれていますが、かなり粗いです。これはシミュレーション内のSmokeオブジェクトのボクセル解像度が低いためです。

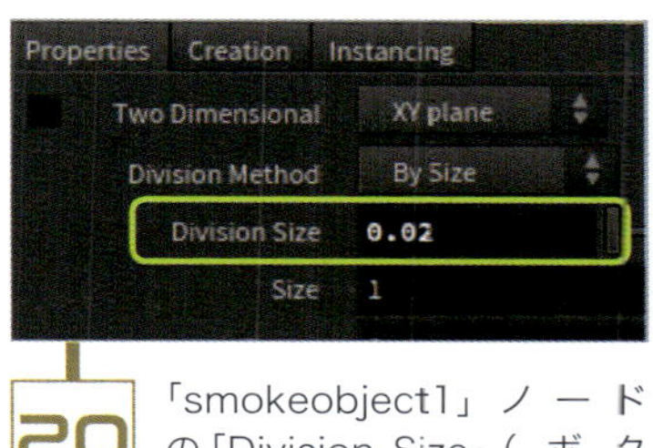

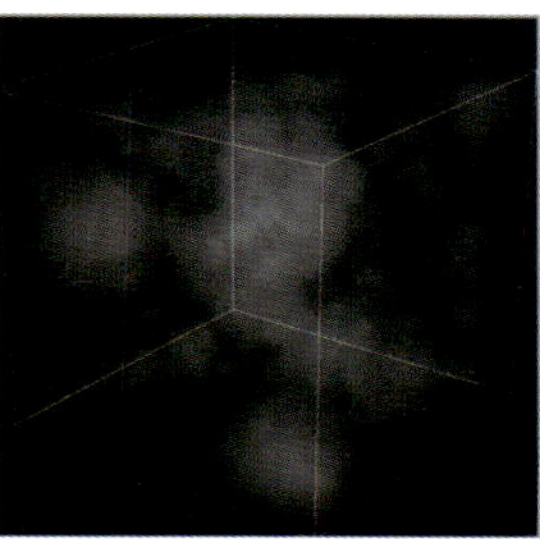

20 「smokeobject1」ノードの「Division Size」（ボクセル分割数）を、「OUT_density」のボクセル解像度と同じ「0.02」に変更します。すると、シーンビューに表示されたボリュームの解像度が上がります。

Point 「Density」フィールド以外の情報を見るには

ここまで、ふたつのボリュームを読み込みましたが、現在シーンビューに表示されているのは「Density」フィールドに設定したボリュームのみです。他のフィールド情報が見たい場合には、「Guides」タブ内の「Visualization」を表示します。

試しに「Density」をオフにして、「Temperature」をオンにすると、「Density」が煙状の表示だったのに対して、「Temperature」は板状に表示します。高温部から低温部にかけて、白→黄色→赤→黒と変化します。

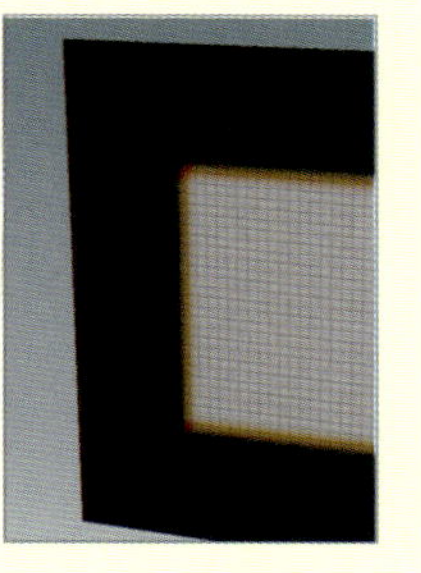

Buoyancy（浮力）を調整する

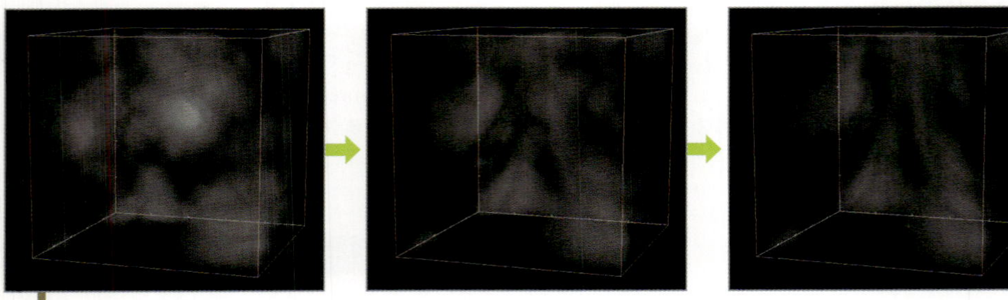

21 シミュレーション内に「Density（濃度）」フィールドと、「Temperature（温度）」フィールドが読み込まれました。この状態で再生してみましょう。煙の中心付近から煙が上昇しているのが確認できると思います。
煙が上昇しているのは、「Temperature」フィールドで温度の高い付近です。熱せられた空気が上昇するように、「Temperature」フィールドの影響を受けて、「Density」フィールドは移流します。
「Temperature」フィールドによって生じる上昇の力を「Buoyancy（浮力）」と呼びます。「Bouyancy」は「Velocity（速度）」フィールドに影響を与え、それによって更新された「Velocity」フィールドで「Density」フィールドが動かされます。シーンビューに表示されているはその結果です。

Point 「Temperature」フィールドの調整

シミュレーション中、「Temperature」フィールドがどのように変化するか、浮力はどのくらいの強さで働くのかといった調整は「smokesolver1」ノードで行うことができます。

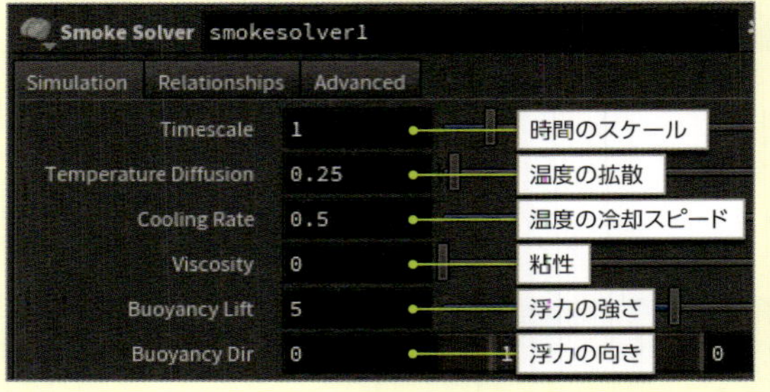

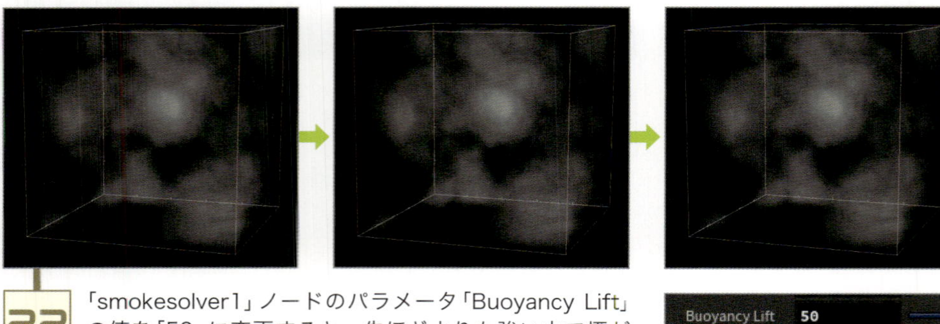

22 「smokesolver1」ノードのパラメータ「Buoyancy Lift」の値を「50」に変更すると、先ほどよりも強い力で煙が上昇します。他のパラメータも変更して変化を確認してみましょう（確認後は元の値に戻してください）。

Buoyancy Lift	50

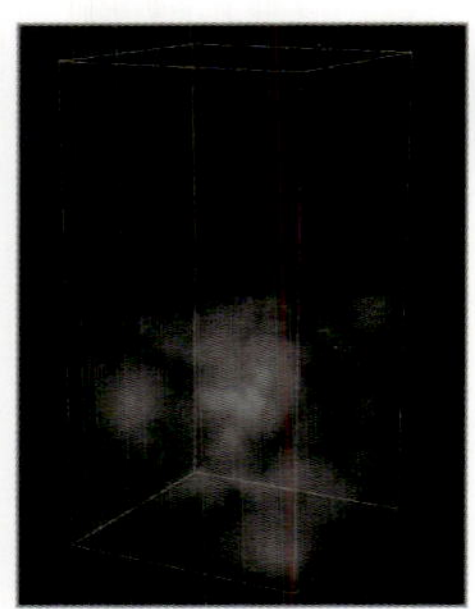

Size	1	2	1
Center	0	0.5	0

23 シミュレーションの領域を少し広げてみましょう。「smokeobject1」ノードを選択し、「Size：1　2　1」、「Center：0　0.5　0」とすると、シミュレーション領域が＋Y方向に広がります。

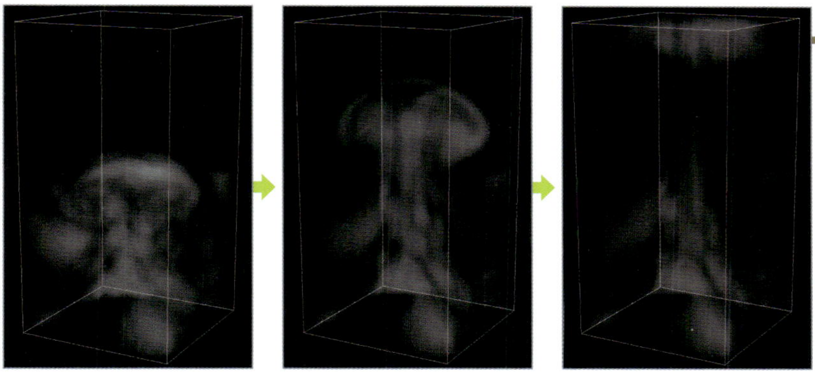

24 再生すると、広がった領域まで煙が移流しているのが確認できます。

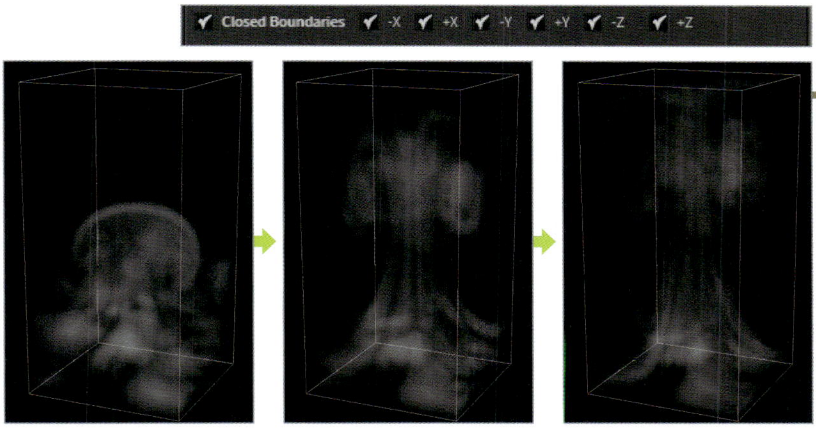

Closed Boundaries -X +X -Y +Y -Z +Z

25 「smokeobject1」ノードの「Closed Boundaries」を有効にします。これによって、煙はシミュレーション領域から外に出なくなり境界面で跳ね返ります。密室でシミュレーションしたような結果になります。

Velocity（速度）を調整する

さて、現在煙は「Temperature（温度）」フィールドがつくったBuoyancy（浮力）で動いています。これに別の力を追加して、煙を動かしたいと思います。追加する力は「Velocity（速度）」フィールドです。

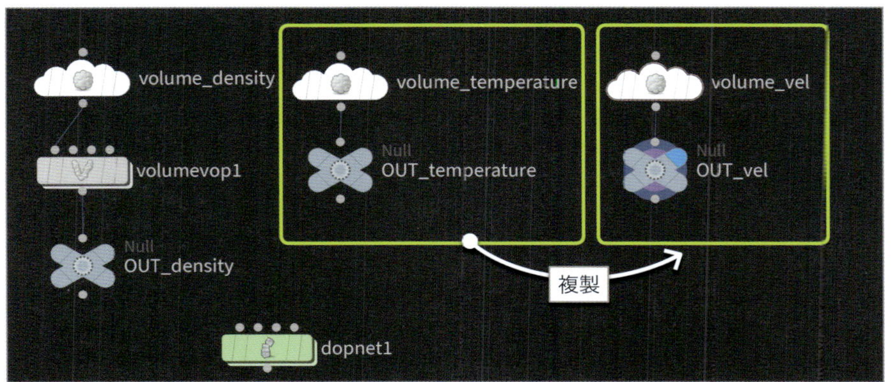

26 Uキーを押して、上の階層/obj/Volume_Sampleに移動します。ここに「Velocity（速度）」フィールド用のボリュームを作成します。「volume_temperature」と「OUT_temperature」ノード（図の緑枠）を複製し、ノード名をそれぞれ「volume_vel」と「OUT_vel」に変更しておきます。

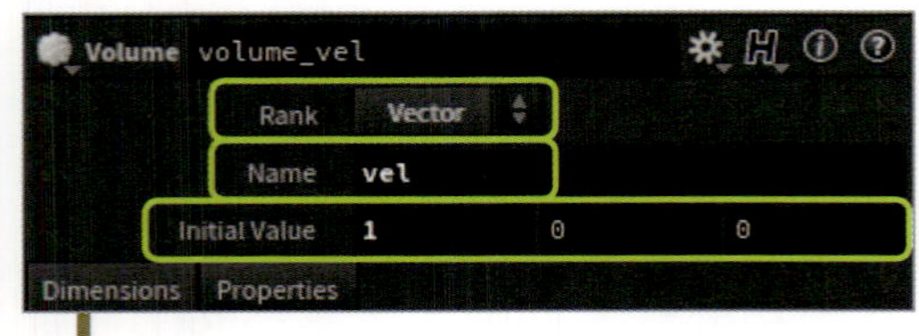

27 「volume_vel」ノードの「Rank」を「Vector」に変更します。「Name」に「vel」と入力し、「Initial Value」の値を「1　0　0」とします。+X方向に1の大きさの速度ベクトルを持つ「vel」ボリュームが作成できました。

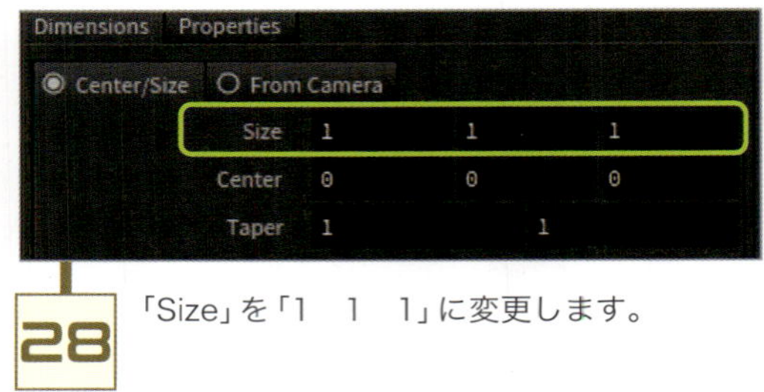

28 「Size」を「1　1　1」に変更します。

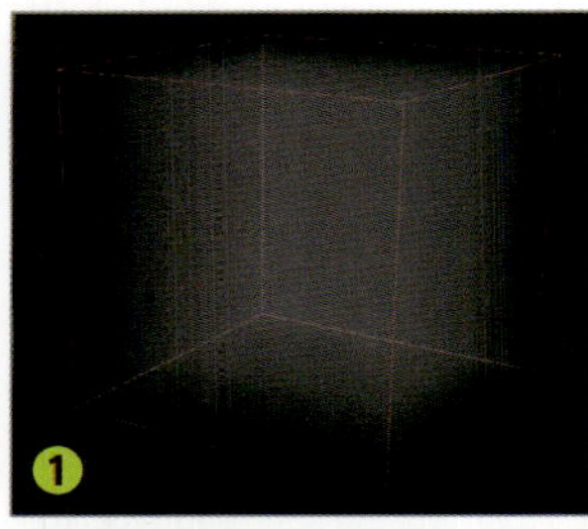

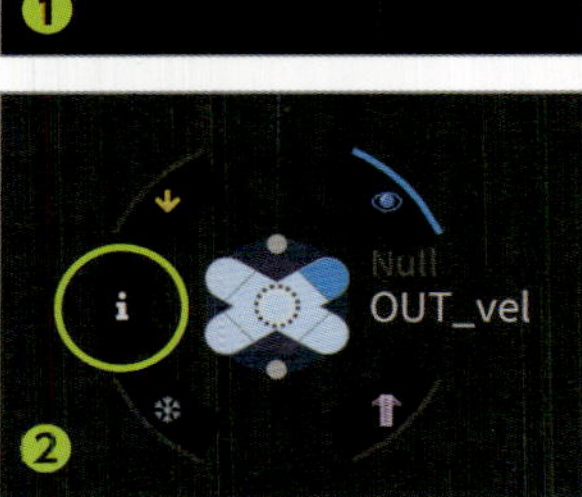

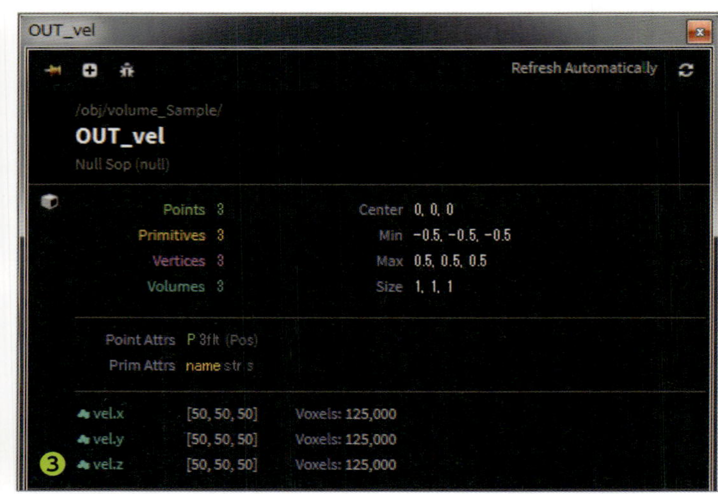

29 「OUT_vel」ノードに表示フラグを立ててシーンビューを見ると、四角いボリュームが表示されます(❶)。「OUT_vel」ノードの「Node Info」(❷)を見ると「vel.x/vel.y/vel.z」と3つボリュームがつくられていることがわかります(❸)。これをシミュレーションの「Velocity(速度)」フィールドに用います。

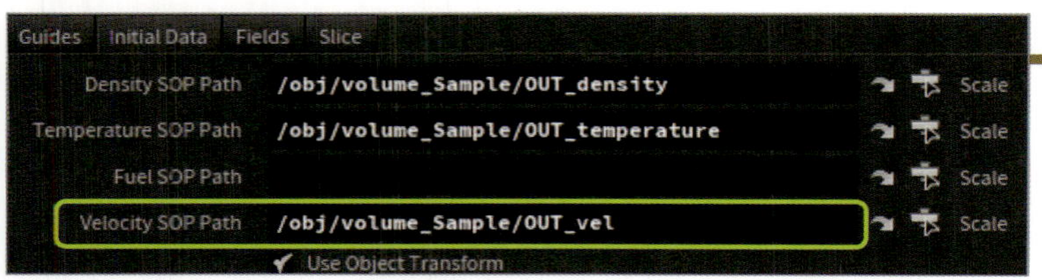

30 再度「dopnet1」ノードに入り、「smokeobject1」ノードを選択します。DensityやTemperatureを追加したときと同様、「Initial Data」タブを選び、「Velocity SOP Path」で「OUT_vel」をボリュームを指定します。「OUT_vel」ボリュームはこのシミュレーションの「Velocity」フィールドとして使用されます。ここで指定したのはInitial Data、つまり初期値なので、速度は初速度になります。

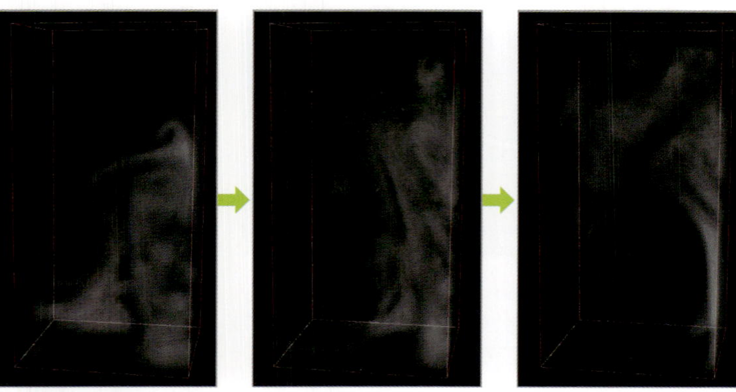

31 再生して結果を確認します。煙が+X方向に押し出されるようにして移流するのが確認できます。これは「Velocity」フィールドによって押された結果です。
このように「Velocity」フィールドを用いると、流体を直接動かすことができます。

乱流ノイズを加える

ここまではSOPネットワークでつくったボリュームを読み込んで操作しましたが、次はこのDOPネットワーク内にノードを追加して煙のシミュレーションを操作してみます。

32 TAB Menuから「Gas Turbulence (DOP)」(乱流ノイズを「Velocity」フィールドに追加するノード)を作成します。

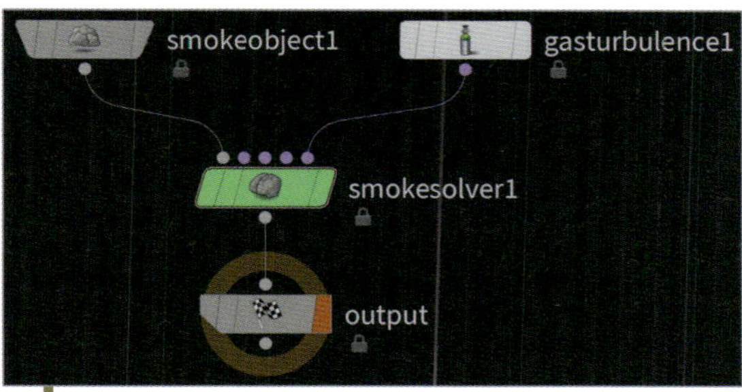

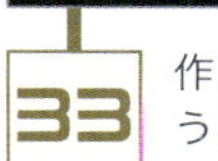

33 作成した「gasturbulence1」ノードを、図のように「smokesolver1」ノードの紫色のコネクタ(ここでは一番右)につなぎます。

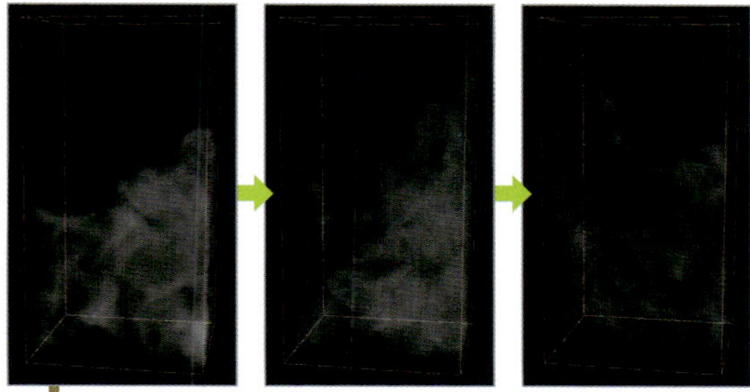

34 再生して確認しましょう。これまでの煙の動きにランダムな気流が追加されています。

キーフレームで調整する

少し効果が強いうえ、常に乱流ノイズがかかっているので、「gasturbulence1」ノードの「Turblence Settings」にある「Scale」の値にキーフレームを打って調整します。

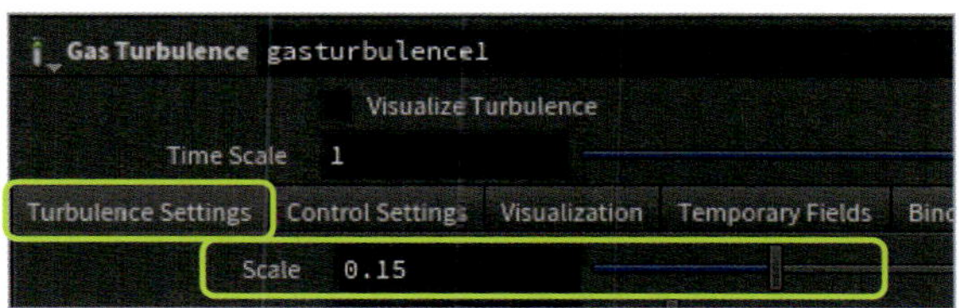

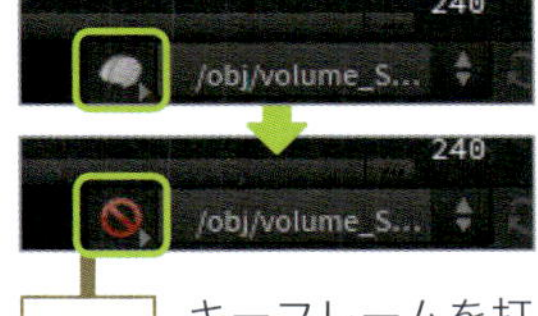

35 キーフレームを打つ前に、ウィンドウ右下のシミュレーションメニューボタンを押し、シミュレーションをいったんオフにします。キーフレームを打っている間はシミュレーション計算をしなくてすみます。

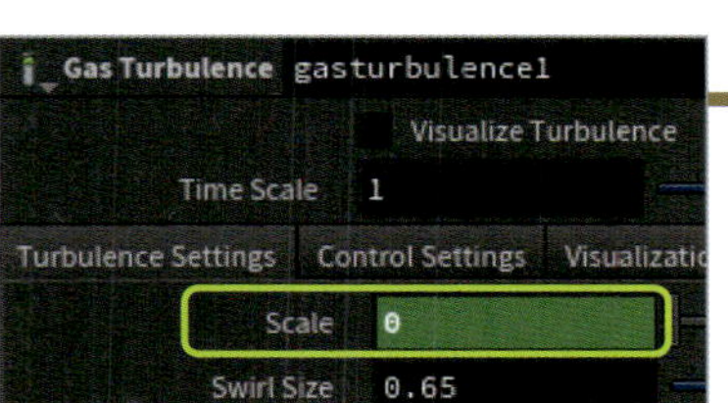

36 「gasturbulence1」ノードの「Turblence Settings」タブ→「Scale」値にキーフレームを設定します(Altキーを押しながらパラメータをクリックして作成)。キーフレームは「フレーム1:Scale＝0」「フレーム24:Scale＝0.15」「フレーム72:Scale＝0」の3つ作成します。

37 パラメータをShiftキー＋クリックして「Animation Editor」を表示し、そこでキーフレームを確認します。Editor上でSpace＋Hキーを押してキーフレームを全体表示にすると、キーフレームで作成した値は図のようなカーブになっています。

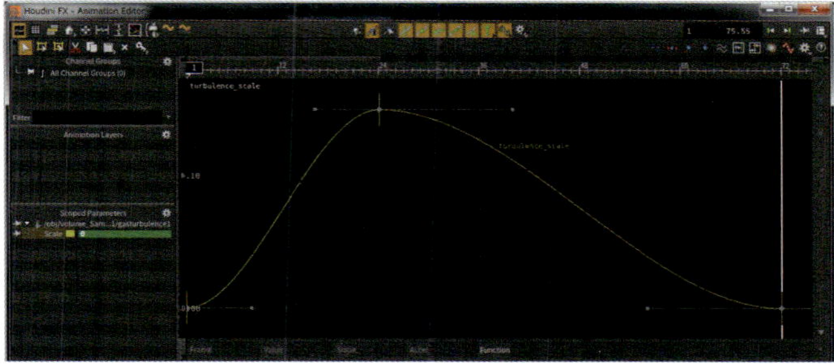

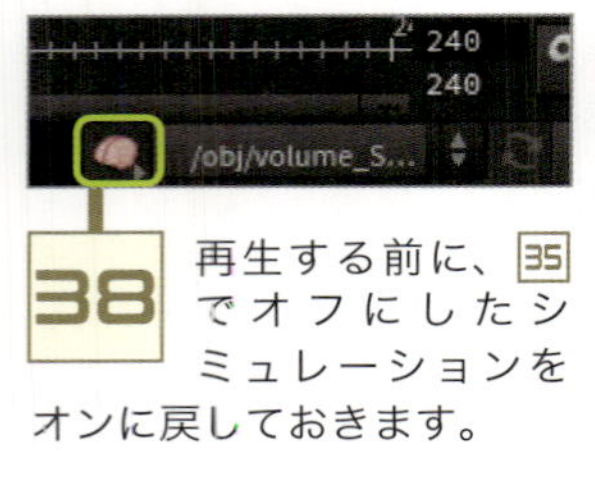

38 再生する前に、35でオフにしたシミュレーションをオンに戻しておきます。

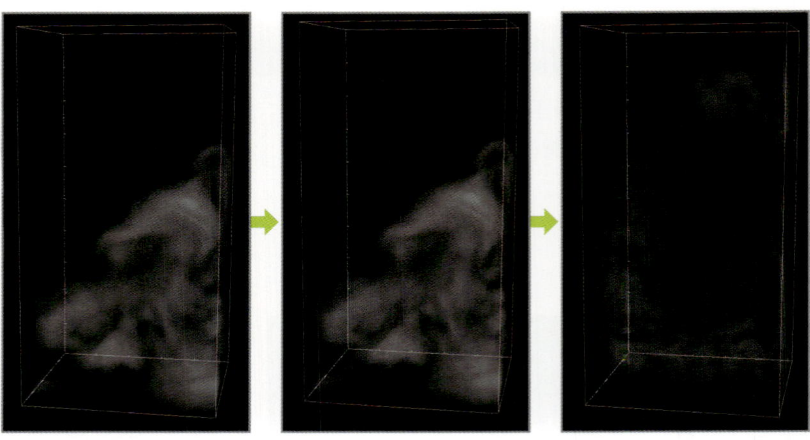

39 再生して結果を確認してみましょう。シミュレーションの最初に乱流ノイズの影響を強く受け、その後徐々に影響が弱まっていきます。

煙が徐々に消えるようにする

40 仕上げとして、シミュレーションが進むにつれて煙が薄くなり、最後には消えてなくなるようにします。TAB Menuから「Gas Dissipate（DOP）」ノードを作成します。「dissipate」とは「消す、散らす」といった意味で、このノードは指定したフィールドの値を時間経過で0に近づけます。
次に「Merge（DOP）」を作成、このノードを介して「gasdissipate1」をネットワークに追加します。

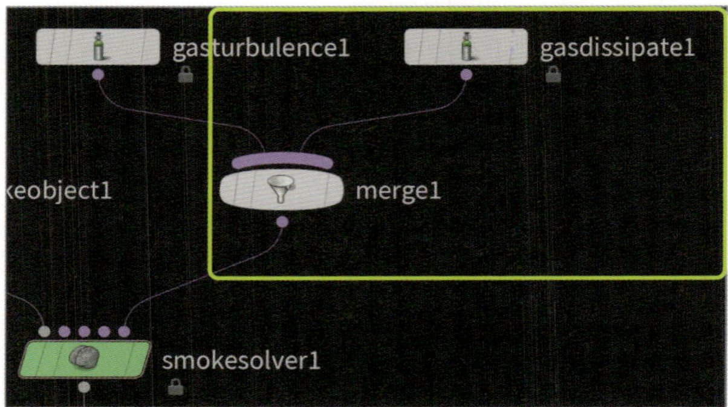

41 「merge1」を「gasturbulence1」の下に挿入し、続いて「gasdissipate1」を「merge1」の入力にコネクトします。

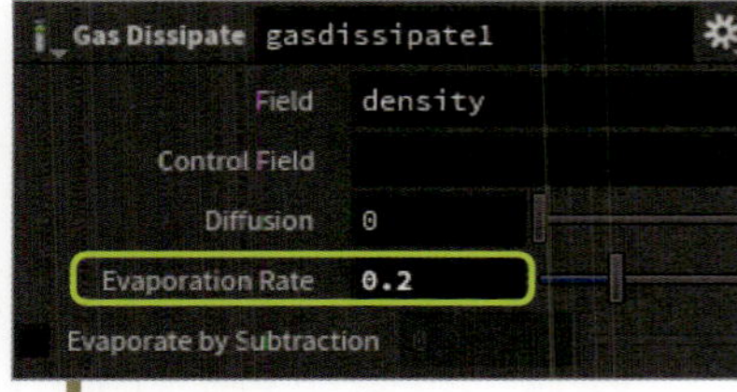

42 「gasdissipate1」ノードのパラメータを調整します。「Evaporaticn Rate」の値を0.2に設定します。Evapolationとは「発散」とか「消失」というような意味です。「0.2」は1秒間にフィールドの値の20%が消失することを意味します。どのフィールドの値が消失するかというと、パラメータの一番上にある「Field」で指定されたフィールドです。ここでは「density」が設定されています。

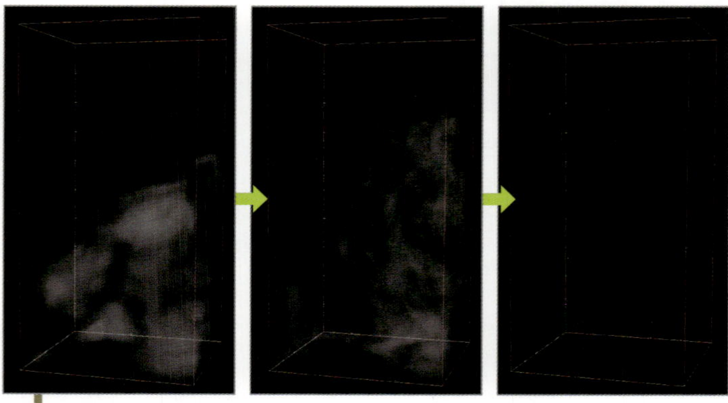

43 再生して結果を見てみましょう。煙が徐々に消えてなくなるようになりました。

DOP系ノードには他にも「Gas～」という名のノードがいくつもあり、これらは「マイクロソルバ」とよばれ、先に行ったようにシミュレーションの機能拡張や調整を行えます。

5-4 シェルフを使った煙

難易度 ★★

シェルフを使用すると、煙のシミュレーションを簡単に作成でき、つくられたノードのパラメータを変更してさまざまなタイプの煙にすることが可能です。煙のシミュレーションを理解するうえで、シェルフが作成するネットワークはよい教材になります。

PyroFXシェルフで煙の発生源をつくる

シェルフを使ったエフェクトは、ほとんどボタンひとつでつくれるので、非常に便利です。その反面、ほとんどが自動で作成されるため、どんなノードがつくられて何をしているのかを理解しなければ、調整やカスタマイズができません。そのため、この節では、シェルフによる煙シミュレーションのネットワークがどのようなものかを、ノードをたどりながら学習します。

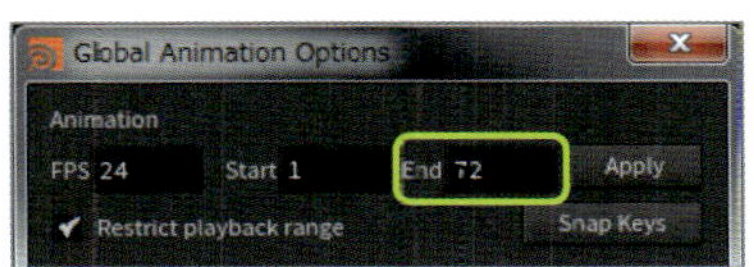

1 最初に、シーン尺を設定しておきます。ウィンドウ右下のボタンを押して、「Global Animation Options」を表示し、「End」を「72」に変更します。

2 まず煙の発生源を作成します。/obj階層であることを確認し、TAB Menuから「Geometry (OBJ)」を作成します。ノードの名前を「smoke_source」と変更します。

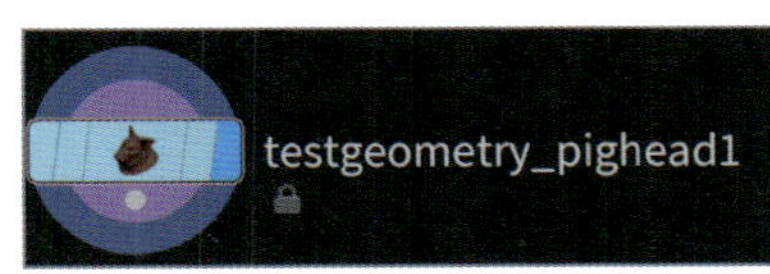

3 「smoke_source」ノードの中に入り、既存の「file1」ノードを削除します。TAB Menuから「Test Geometry：Pig Head」を作成し、煙の発生源にします。

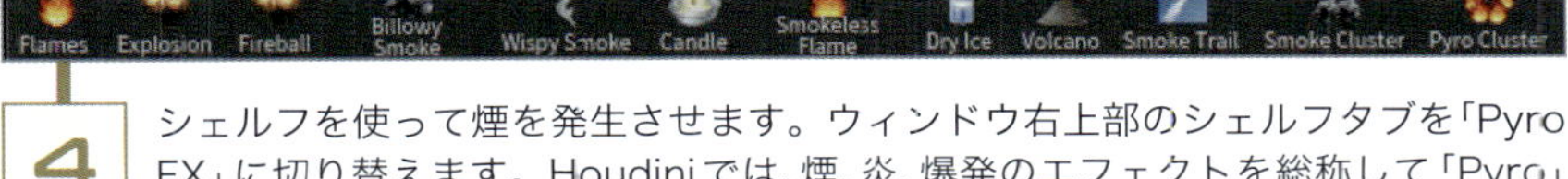

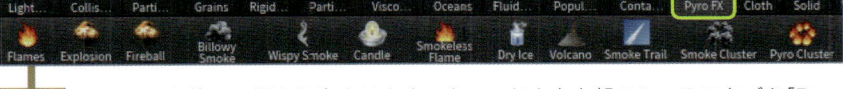

4 シェルフを使って煙を発生させます。ウィンドウ右上部のシェルフタブを「Pyro FX」に切り替えます。Houdiniでは、煙、炎、爆発のエフェクトを総称して「Pyro」と呼びます。このPyroFXシェルフには、主要なPyroエフェクトを簡単につくれるシェルフが登録されています。

5 PyroFXシェルフから「Billowy Smoke」を選択します。これは、濃いモクモクした煙を発生させるシェルフです。

Select the source of the billowy smcke. The source must be an object. Press Enter to accept selection.

6 シェルフボタンをクリックすると、オブジェクト選択モードになり、/obj階層に移動します。シーンビュー下部に「煙の発生源を選択してください。発生源はオブジェクトでなければなりません。Enterキーを押して選択を確定してください)」という意味のメッセージが表示されます。

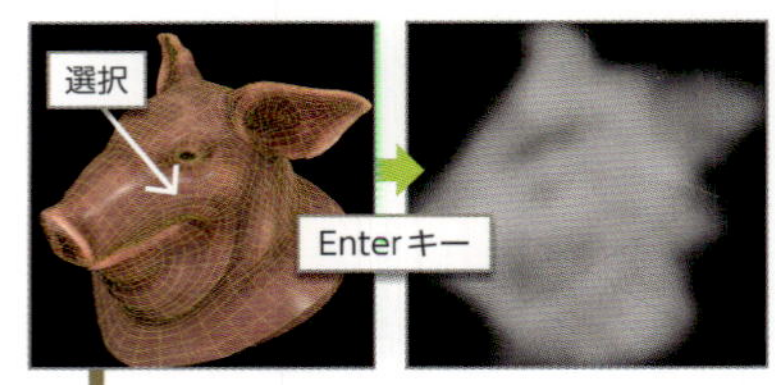

7 メッセージの指示に従い、シーンビューでモデルを選択し、Enterキーを押して確定させます。すると自動でノードがいくつか作成されます。シーンビューを見ると、テストモデルがボリュームに変わりました。

8 ネットワーク階層が/obj/pyro_simというノードに移動しています。ノードについては後ほど解説します。ここではUキーで/obj階層に上がります。/obj階層には最初に作成したノード以外にふたつのノードがあります。これらはシェルフによってつくられたノードです。

9 まずは、シェルフの結果を確認します。シーンビューを操作して、図のように四角い枠の全体が表示されるようにします。

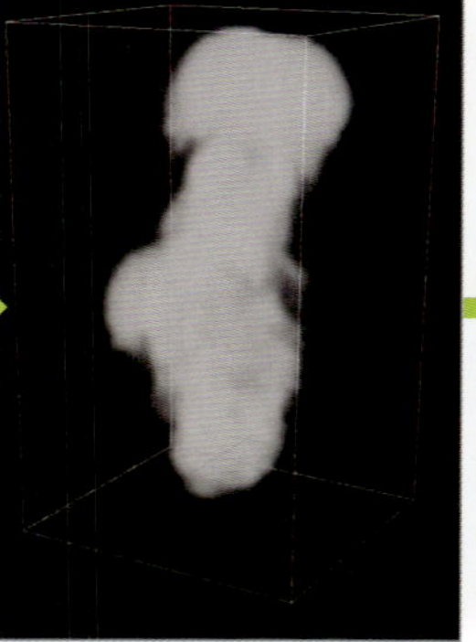

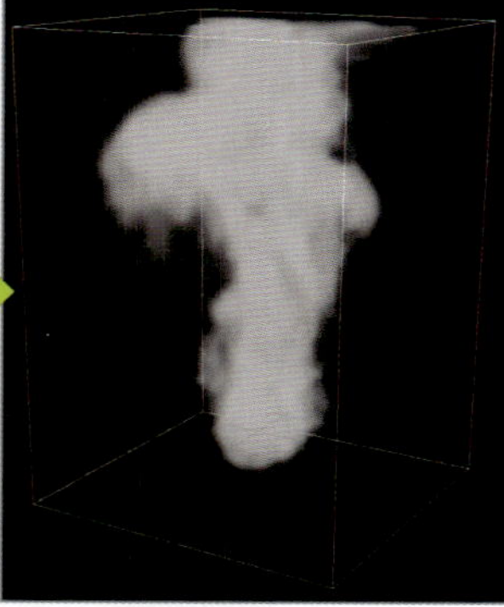

10 再生してみましょう。発生源からもくもくと煙が立ち上っています。このような煙を作成するのが、シェルフの「Billowy Smoke」です。この煙のシミュレーションはどのようなノード、ネットワークでつくられているのか見ていきましょう。

煙の発生源に関するノードを確認する

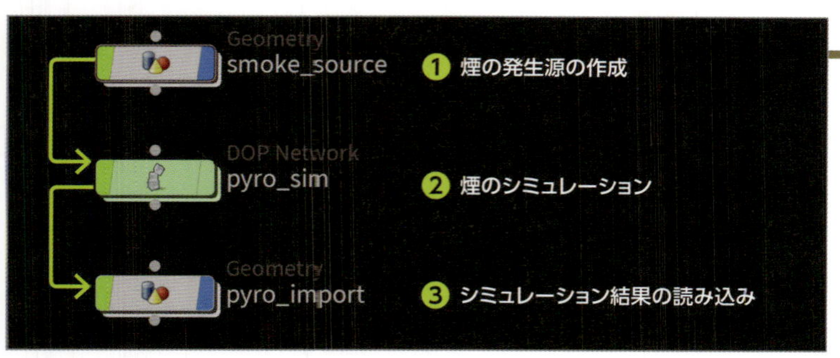

11 /obj階層には、❶「smoke_source」(煙の発生源の作成)、❷「pyro_sim」(煙のシミュレーション)、❸「pyro_import」(シミュレーション結果の読み込み)の3つのノードがあります。

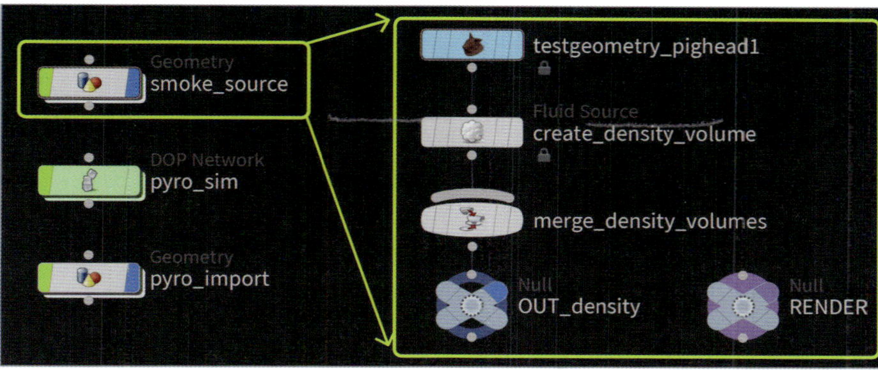

12 煙の発生源を作成している「smoke_source」ノードの中に入ります。2でテストモデルを格納したノードですが、シェルフによってノードがいくつか追加されています（図の緑枠部分）。

13 各ノードを確認する前に、設定を変更しておきます。シーンビュー右上の図のアイコンをクリックし、表示されるリストから「Hide Other Objects」を選択します。

Point 他階層のオブジェクトの表示

他階層のオブジェクトの表示状態のデフォルトは「Ghost Other Objects」で、「/obj」階層で表示状態のノードは、他の階層で作業していても常にうっすらとシーンビューに表示されます。「Hide Other Objects」は、現在作業している階層のノード以外はシーンビューに表示されなくなります。

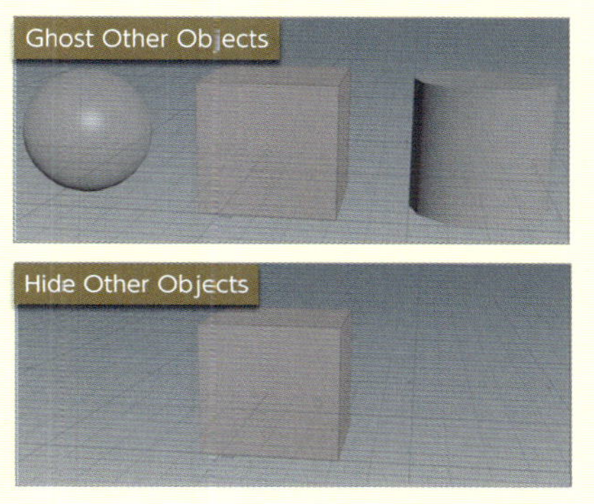

ジオメトリを流体ボリュームに変換する「Fluid Source (SOP)」

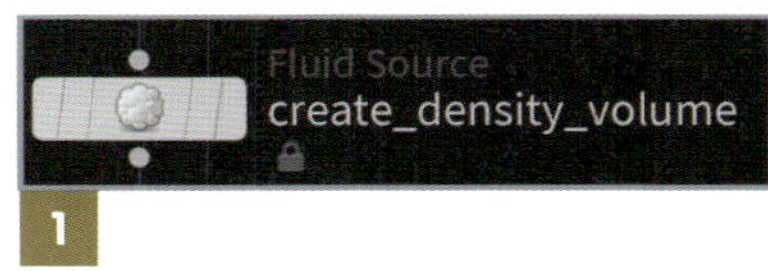

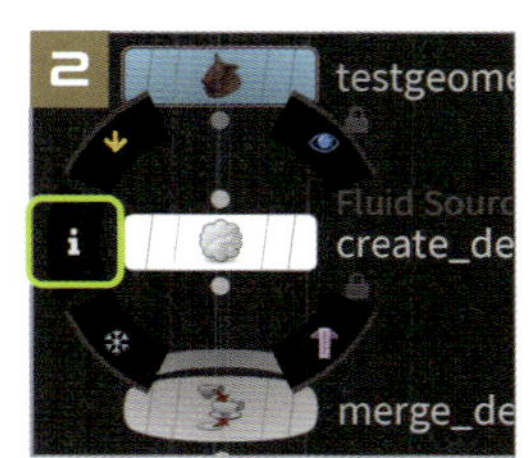

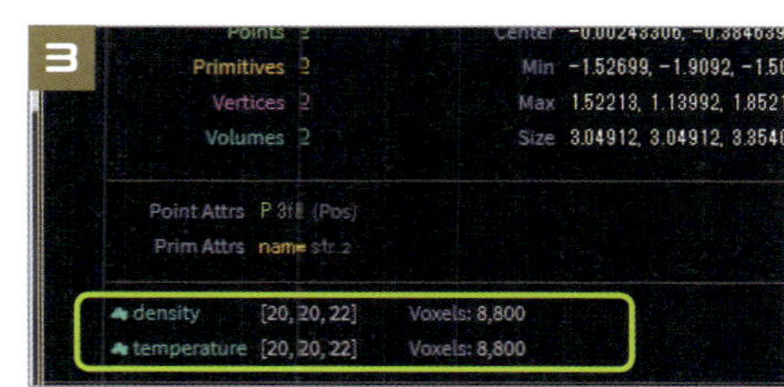

ネットワークにある「create_density_volume」ノードは、テストモデルを煙の発生源に変換しています（1）。これは「Fluid Source (SOP)」というタイプのノードで、ジオメトリを流体シミュレーションで使用するのに適したボリュームに変換できます。このノードひとつで、さまざまなタイプの流体シミュレーションで利用可能な発生源を作成できます。

Chapter 5-3では、シミュレーションで使うボリュームを「density（濃度）」、「temperature（温度）」、「velocity（速度）」とそれぞれ別々のノードで作成しましたが、このノードは一個で複数のボリュームを作成しています。「create_density_volume」のノードリングから「Node Info」を選択し（2）、情報を確認してみると、ウィンドウ中ほどにボリュームの情報があります（3）。そこにある「density」と「temperature」というふたつのボリュームが「create_density_volume」ノードでつくられたボリュームです。

「create_density_volume」ノードのパラメータ

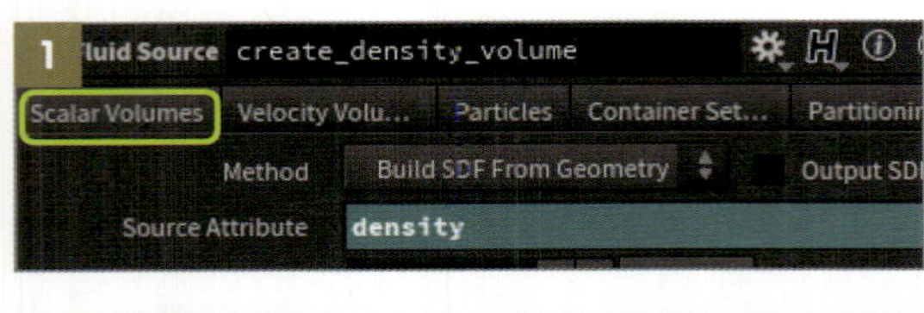

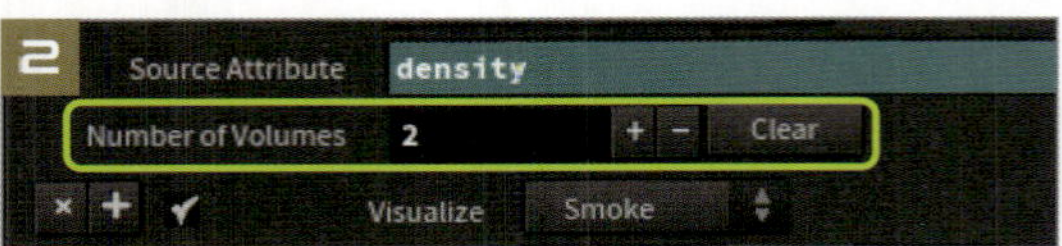

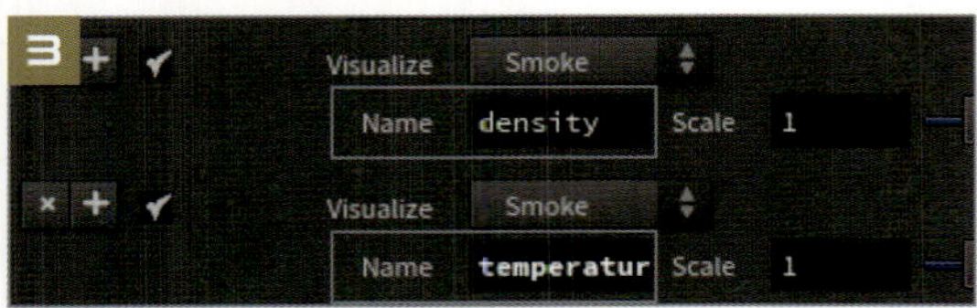

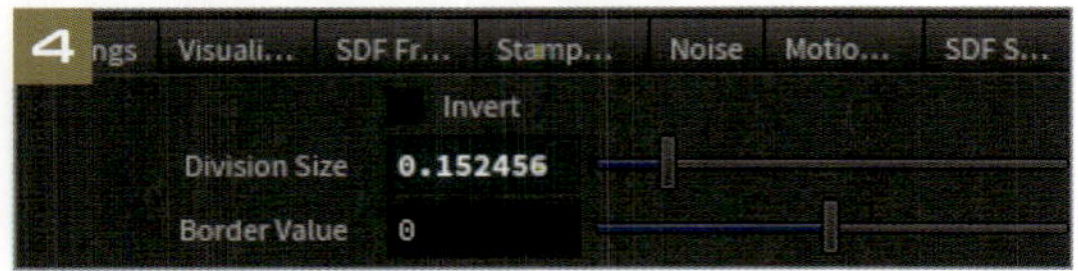

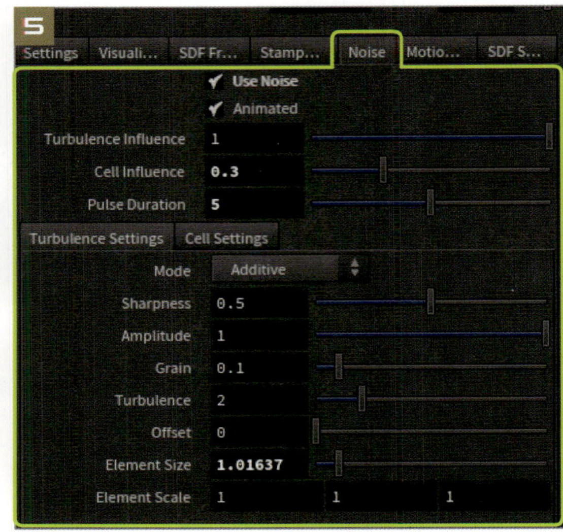

「create_density_volume」ノードのパラメータを見てみます。

「Scalar Volumes」タブ（1）には、Scalarタイプのボリューム作成に関する項目があります。「Number of Volume」値は「2」です（2）。これは作成するScalar型のボリュームの数です。この例ではふたつのScalarボリュームがつくられるという意味です。「Number of Volume」の下にはボリュームの名前などの情報が表示されます（3）。「density（濃度）」、「temperature（温度）」という名前のボリュームがつくられているということです。その下にある多数のパラメータタブは、作成されるボリュームの詳細な設定です。各パラメータは、各ボリューム（ここではふたつのボリューム）に共通して作用します。

「Settings」タブにある「Division Size」はボクセルの分割数、つまりボリュームの解像度です（4）。シェルフを使った場合、この値はジオメトリの大きさから自動で設定されます。また、値はシミュレーション内のノード（/obj/pyro_sim/pyro/）のパラメータとリンクしており、シミュレーション内のボリュームと発生源のボリュームの解像度が一致するよう設定されています。Houdiniではリンクされたパラメータは相互に編集可能なので、値を編集すると、シミュレーション内のボクセルの解像度も変わります。

「Noise」タブでは、発生源のボリュームにノイズを適用できます（5）。発生源を不均一にしたい場合に用います。各パラメータで、ボリュームに適用されるノイズの強さやサイズ、模様などを調整できます。発生源が変われば当然シミュレーション結果も変わってきます。「Use Noise」がオンで発生源にノイズがかかります。その下にある「Animated」がオンの場合、ノイズが動きます。

他にもここには、ノイズ調整用に多数パラメータがあります（詳細はマニュアルを参照）。

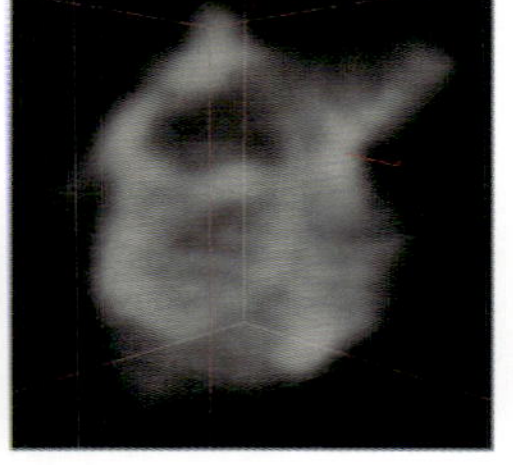

14 「Settings」タブ→「Division Size：0.1」にすると、発生源のボリュームが少し鮮明になります。この値を下げれば下げるほどきれいな煙ができやすい一方、計算時間がかかります。

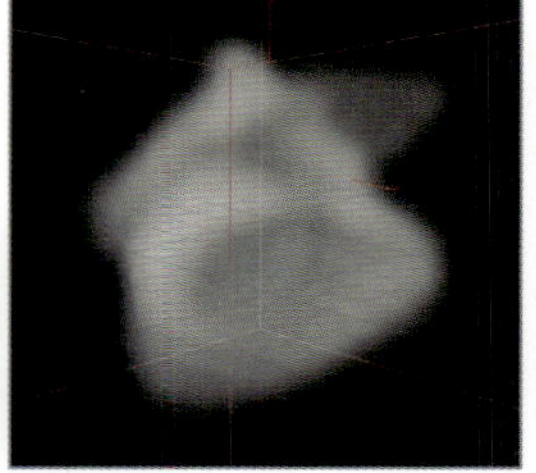

15 試しに「Use Noise」をオフにしてみます。ノイズがなくなり、均一なボリュームになりました。確認後はオンに戻します。

煙の発生源に関するその他のノード

「merge_density_volumes」ノードは「Merge (SOP)」で複数のノードの結果を結合するものですが(1)、現状「create_density_volume」ノードしかないので、特に機能していません。入力データをそのまま出力しています。
次にその下にある「OUT_density」は「Null (SOP)」で何もしないノードです(2)。他のノードからの参照用と、ネットワークの終わりを意味します。シェルフで作成した場合、これに表示フラグが立っているので、このノードまでの結果がシーンビューに表示されます。
「OUT_density」ノードの横には「RENDER」ノードがあります(3)。これも「Null (SOP)」です。「RENDER」ノードにはレンダーフラグが立てられていますが、ノードには何も接続されておらず、当然何もレンダリングされません。
実はこの「RENDER」ノードは「この階層にあるものを何もレンダリングさせない」ために存在します。この階層のノードは煙の発生源をつくるためのもので、実際の煙はシミュレーションでつくります。最終的にレンダリングしたいのは煙であって、発生源ではありません。そのため、この階層のものがレンダリングされないよう、何も接続されていない「Null (SOP)」にレンダーフラグが立っているのです。

シミュレーションに関するノードを確認する

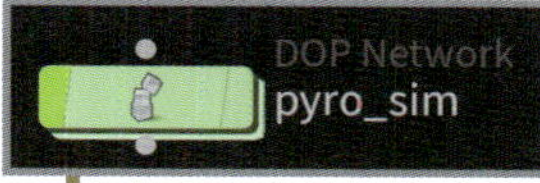

16 Uキーで「/obj」階層に上がります。ここにある「pyro_sim」ノードは「DOP Network (OBJ)」で、内部で煙のシミュレーションを行います。ダブルクリック(またはIキー)でノードの中に入ります。

「pyro_sym」ノード内のネットワーク

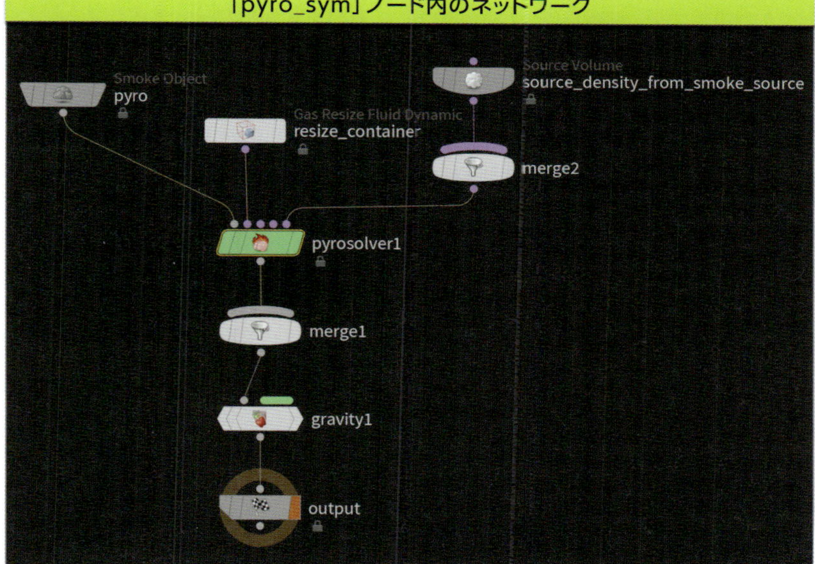

「Smoke Object (DOP)」ノード

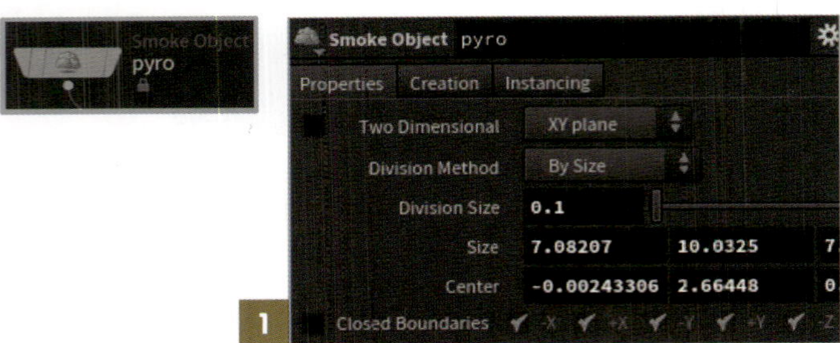

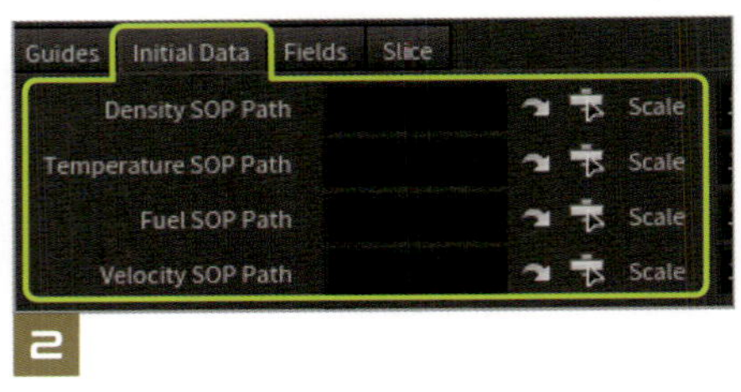

他の章(パーティクルや破壊)と同様、この煙のシミュレーションにも、シミュレーションに必要なデータを格納するオブジェクトノードと、そのデータを用いて挙動を計算するソルバノードがあります。

ネットワーク左上の「pyro」ノードがシミュレーション用のオブジェクトを作成している「Smoke Object (DOP)」ノードです。**Chapter 5-3**(煙のシミュレーション)で用いたのと同じものです。

「Smoke Object (DOP)」ノードのパラメータ「Division Size」は**Chapter 5-3**でも取り上げましたが、シミュレーションのボリューム解像度を決めています(1)。値を低くすればボクセルがより細かく分割され、きれいな結果になりますが、処理に時間がかかるようになります。

14で操作した「create_density_volume」ノードのパラメータ「Division Size」とリンクしているのがこのパラメータです。値を変更すると、発生源のボリュームの解像度も変化します。

Chapter 5-3では煙の初期状態としてSOPのボリュームを指定し、ボリュームをDOP Networkに取り込みましたが、こちらはどうなっているでしょう。

「Initial Data」タブの各Path設定項目には何も設定されていません(2)。このパラメータで指定されるのはあくまで初期状態なので(最初だけ読み込まれる)、ここでのような「常に」煙が発生するような場合は適していません。

発生源のボリュームデータは、別のノードでDOPネットワークに取り込まれています。

「Source Volume (DOP)」ノード

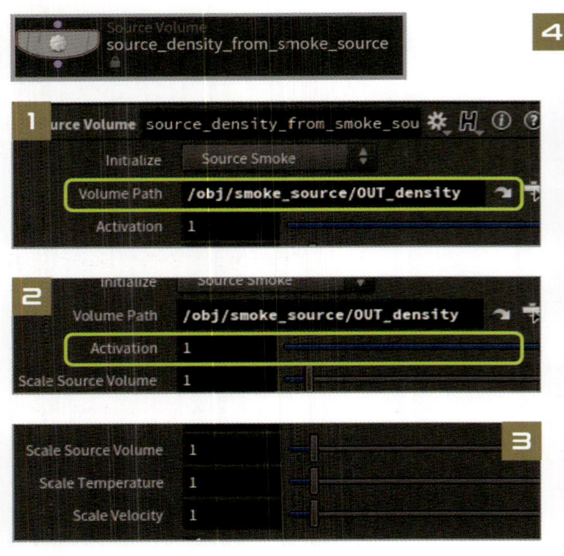

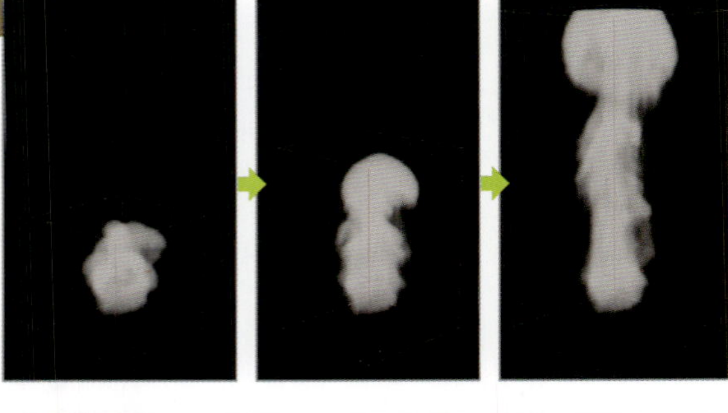

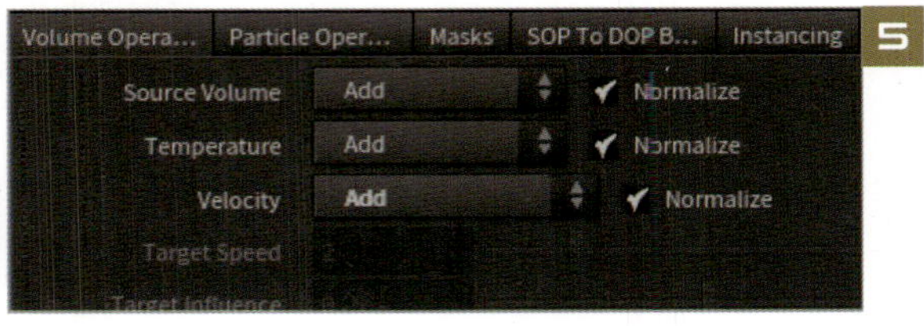

発生源からシミュレーション内にボリュームデータを供給しているのが、ネットワーク右上の「source_density_from_smoke_source」ノードです。これは「Source Volume (DOP)」というタイプのノードで、流体シミュレーションに必要なボリューム情報を読み込み、それをシミュレーション内のフィールド情報として割り当てています。このノードは煙以外、例えば水などの流体シミュレーションでも利用します。

「Source Volume (DOP)」ノードのパラメータ「Volume Path」に指定されているパスは、先の工程で確認した煙の発生源です(1)。ここで指定した発生源からボリューム情報がこのDOP Networkに供給されます。

「Activation」は値が「1」のときボリュームが取り込まれ、「0」のときは取り込まれません(2)。キーフレームを打つことで、煙の供給を途中で止めたりできます。

その下、「Scale Source Volume」、「Scale Temperature」、「Scale Velocity」は、各フィールドにボリュームを読み込む際の係数です（3）。例えば、「Scale Temperature」の値を10にすると、10倍の温度として読み込まれます。再生すると、煙の上昇スピードが速くなります（4）。これは温度が10倍になることでBuoyancy（浮力）も増すためです。

パラメータの下半分には多数のパラメータタブがあります（5）。これらの多くは、読み込んだボリュームの情報をどのようにシミュレーション内のフィールドに受け渡すかというものです。これらには、作成するエフェクトの種類（煙、炎、水など）によってある程度決まった設定があります。

Point 「Fluid Source (SOP)」と「Source Volume (DOP)」

流体の発生源を作成する「Fluid Source (SOP)」ノードと、それを取り込む「Source Volume (DOP)」ノードは、セットで使うことを想定されています。

流体シミュレーションでは作成するエフェクトの種類（煙や炎、水など）によって、「Fluid Source (SOP)」で作成すべきデータの種類や設定のいくつかは、ある程度決まっています。そして、それを読み込む「Source Volume (DOP)」ノードも作成するエフェクトに対応した読み込み設定を必要とします。

例えば、もし「Fluid Source (SOP)」で煙のシミュレーションに必要なボリュームをつくったとして、それを読み込む「Source Volume (DOP)」が水のシミュレーション用の設定になっていれば、望んだシミュレーションはできません。

とはいえ、このふたつのノードで、つくりたいエフェクトに応じていくつものパラメータ設定をひとつのミスもなくその都度行うのは大変です。そのため、それぞれのノードには設定のプリセットが用意されています。

「Fluid Source (SOP)」ノードにはパラメータタブ「Container Settings」に、「Source Volume (DOP)」ノードにはパラメータの一番上に、「Initialize」というパラメータがあり、この中にあるプリセットから同じものを選ぶことで、それぞれ適した設定を行ってくれます。

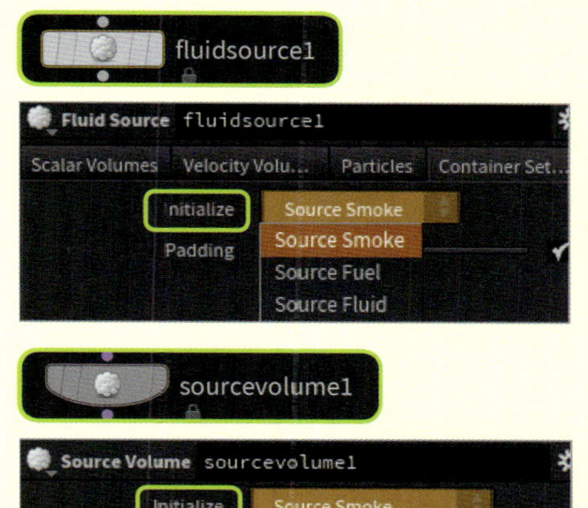

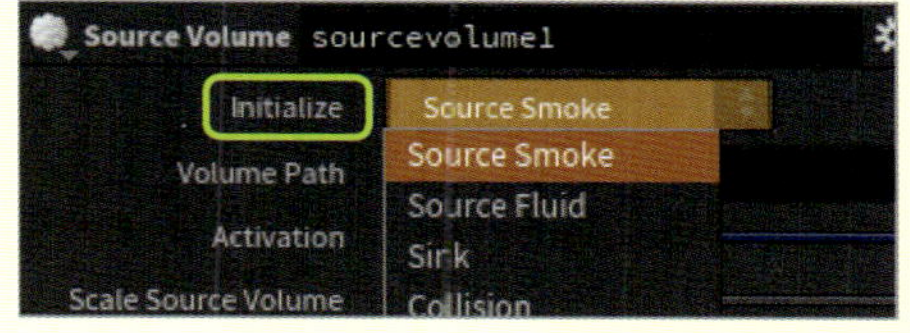

「Pyro Solver (DOP)」ノード①

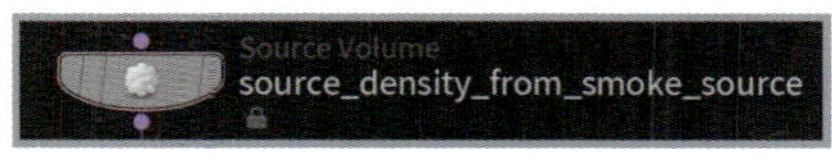

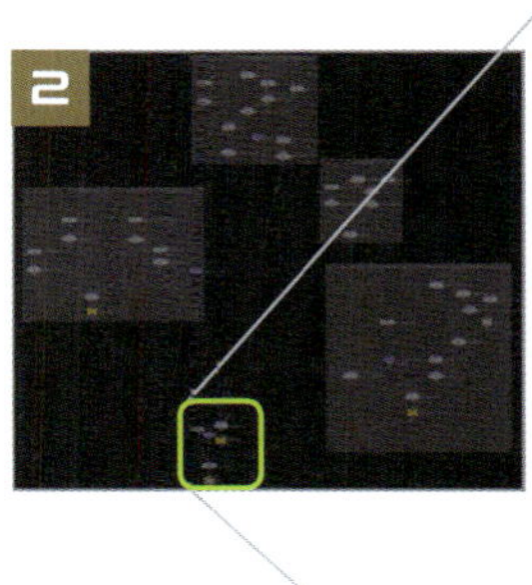

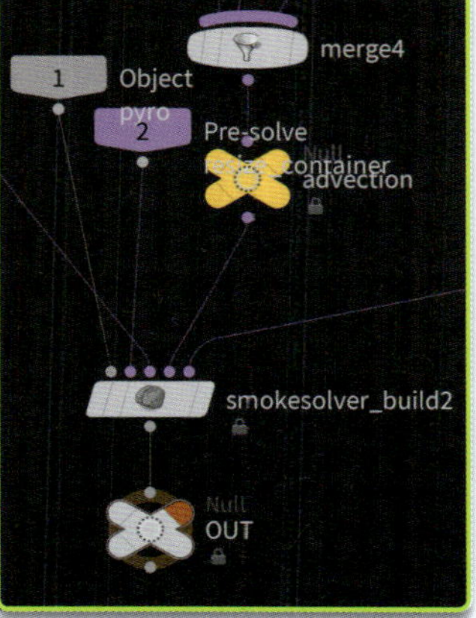

ネットワークの中心にある「pyrosolver1」は「Pyro Solver (DOP)」というタイプのノードで、煙の挙動を計算します（1）。**Chapter 5-3**では挙動計算に「Smoke Solver (DOP)」を用いましたが、このノードはそれを機能拡張したものです。

「pyrosolver1」ノードに入ると、非常にたくさんのノードがあります（2）。ネットワークの下部には「Smokesolver_build2」ノードがありますが、これは**Chapter 5-3**のソルバ「Smoke Solver (DOP)」ノードと同じものです。**5-3**では、煙にノイズを加える、消えやすくするといった操作に「マイクロソルバ」を利用しました。ここに接続されている多数のノードはそのマイクロソルバで、「Smoke Solver (DOP)」のシンプルな挙動にさまざまな追加効果を加えています。

これらマイクロソルバを初めからすべて把握し調整するのは大変です。そこでマイクロソルバの各パラメータを用途ごとに調整しやすくまとめたものが「Pyro Solver (DOP)」ノードのパラメータです。

「Pyro Solver (DOP)」ノード②

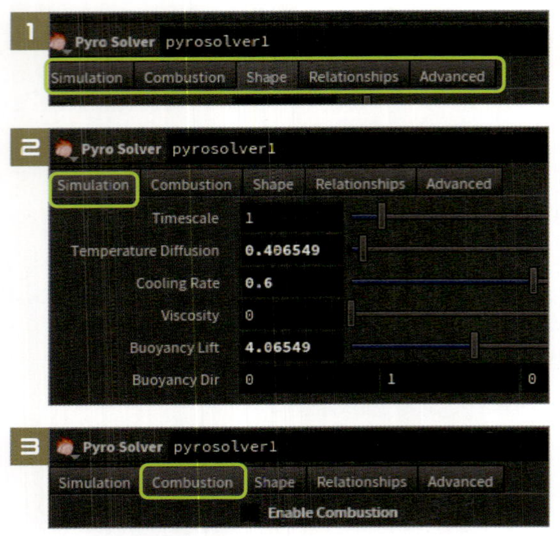

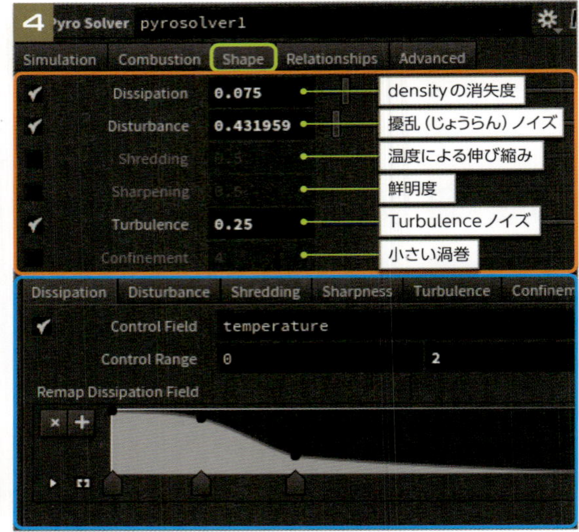

Uキーで上の階層に戻り、「pyrosolver1」ノードのパラメータを見てみます(1)。上部に複数のパラメータタブがあります。これらのパラメータの多くが、先ほど見たマイクロソルバをコントロールするものです。このパラメータの中で、煙のシミュレーションにおいて重要なものをいくつか解説します。

一番左の「Simulation」タブにあるパラメータは「Smoke Solver (DOP)」のパラメータと同じものです(2)。ここには、シミュレーション全体を通しての「Temperature(温度)」のコントロールなどのパラメータがまとまっています。Pyroシミュレーションにおいて、Temperatureは重要な要素です。これらのパラメータについては、**Chapter 5-3**の23を参照してください。

次の「Combustion」(燃焼)タブはパラメータが無効になっています(3)。これらは炎や爆発のエフェクト作成時に用います。煙のエフェクトでは使いません(**Chapter 5-6**で解説)。

「Shape」タブには、煙や炎の形状を制御に用いるパラメータがまとまっています(4)。煙のシミュレーションでは重要なパラメータで、煙を消えやすくする、ノイズを加えるなどができます。パラメータの上半分(オレンジ枠部分)にあるのがそれぞれの効果の強さです。下半分(青枠部分)に上の各パラメータ名によるタブがあります。下のパラメータで詳細を設定し、上のパラメータでそれらの影響度合いを決めるという流れです。

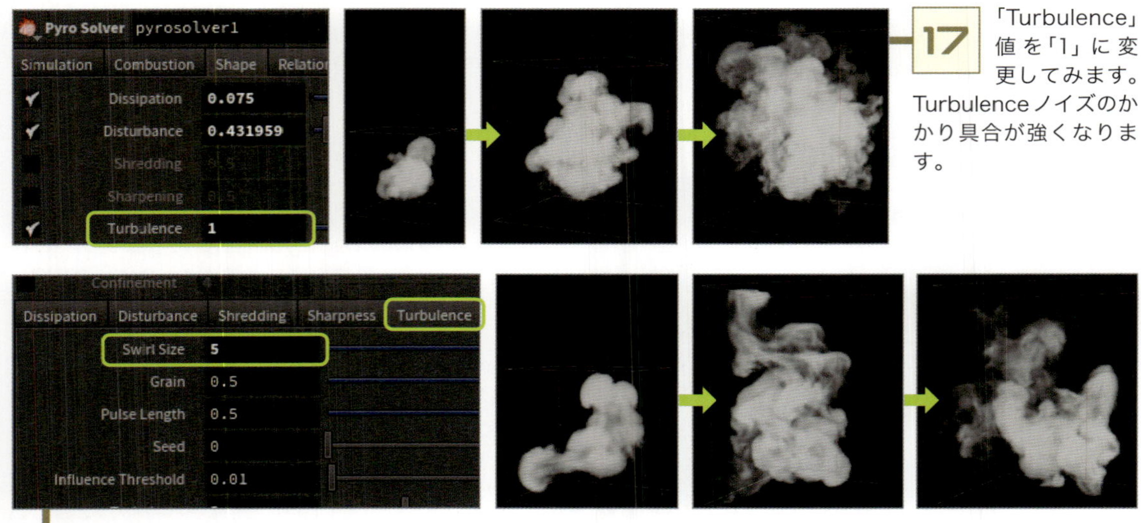

17 「Turbulence」値を「1」に変更してみます。Turbulenceノイズのかかり具合が強くなります。

18 パラメータ下半分にある「Turbulence」タブで詳細を設定します。「Swirl Size」はノイズパターンの大きさのようなものです。値を「5」に変更して再生すると、煙がより大きくうねります。

19 「Turbulence」タブの下にはさらにパラメータタブがあります。「Control Settings」タブでは、特定のフィールド情報をもとに、煙に与える影響をコントロールできます。デフォルトでは「Control Field」に「density(濃度)」が設定されています。これにより、density値を使ってTurbulenceの強さ(煙の濃い部分へのノイズを強弱)をコントロールできます。

20 「Control Settings」タブ→「Remap Control Field」をオンにすると「Control Field Ramp」(オレンジ枠)が調整可能になります。グラフは縦軸がノイズの強さ、横軸が「Control Field」の値です。左下を起点として、縦軸は上、横軸は右に行くほど高い値を意味します。「Control Field」に「density」が設定されているので、横軸は煙の濃さです。煙が濃いほど、ノイズが強くかかります。

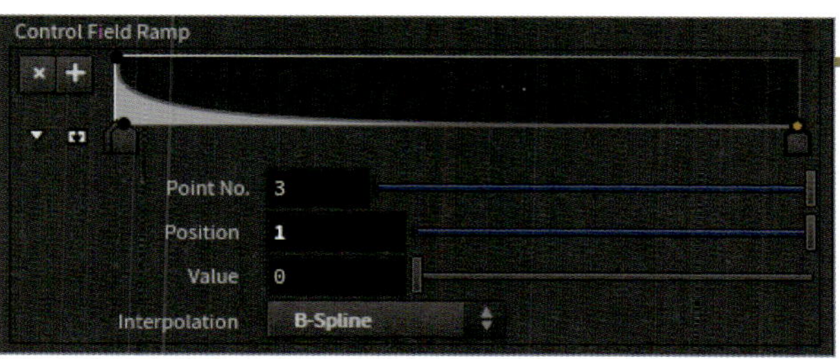

21 「Control Field Ramp」のパラメータを表のように設定します。これで「density」フィールドの値が小さい＝煙が薄い(消えかけの煙)ほど、ノイズが強くかかる設定になります。

Point No	Position	Value	Interpolation
1	0	1	B-Spline
2	0.01	0	B-Spline
3	1	0	B-Spline

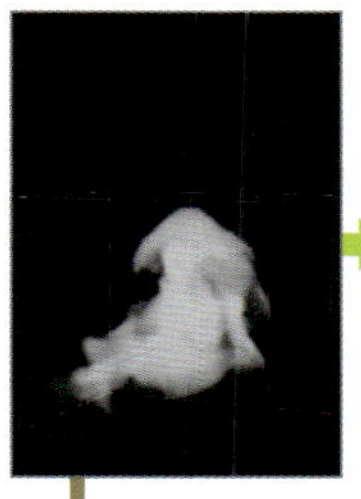
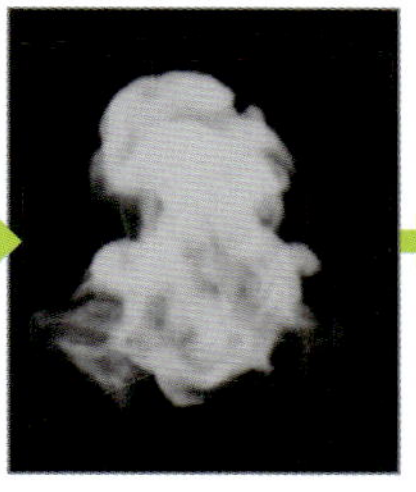
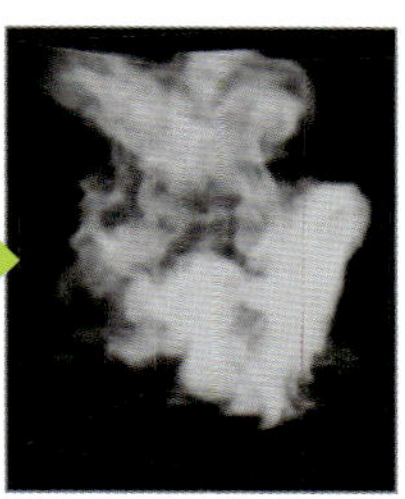

22 再生して結果を確認します。少し見にくいかもしれませんが、煙が薄くなるにつれ、ノイズの影響が強くなっています。

Point 他にもパラメータが多数

ここでは、「Pyro Solver (DOP)」について、「Turbulence」タブのパラメータを例に説明しましたが、他のパラメータでもシミュレーション内のフィールドによって影響を制御可能です。

本例のシーン内の「Dissipation」タブでは、「Temperature」フィールドでコントロールされ、温度が低くなるほど煙が消えやすくなる、と設定されています。

「Shape」タブにあるパラメータは、見た目に直結するものばかりです。他のパラメータもいろいろ変更してみてください。

「Gas Resize Fluid Dynamic (DOP)」ノード

「pyrosclver1」の上に接続された「resize_container」は「Gas Resize Fluid Dynamic (DOP)」というタイプのノードです。シミュレーション領域を必要な範囲に調整する機能を持ちます。

23 「resize_container」ノードのバイパスフラグを立てて、いったん機能をオフにしてみます。

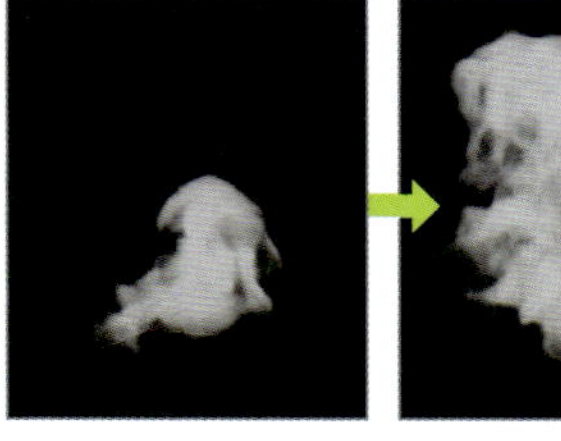

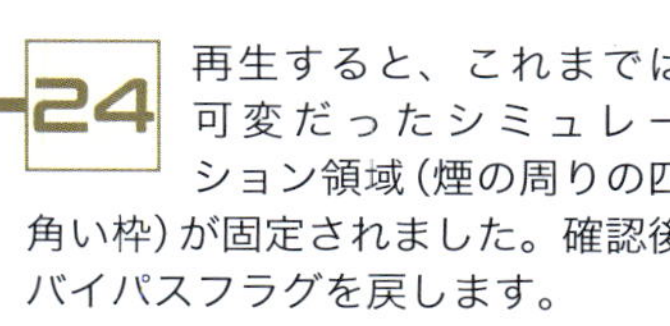

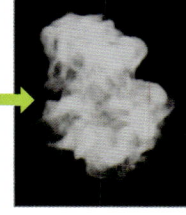

24 再生すると、これまでは可変だったシミュレーション領域(煙の周りの四角い枠)が固定されました。確認後バイパスフラグを戻します。

Point シミュレーション領域の変更

なぜシミュレーション領域を変更する必要があるのでしょうか？それは、処理を少しでも軽くするためです。流体シミュレーションは、基本的にシミュレーション領域が広いほど計算時間がかかります。必要な範囲にシミュレーション領域を限れば、そのぶん計算時間も短くて済みます。

「gravity1」ノードと「output」ノード

ネットワークの下の方にある「gravity1」はこれまでに何度も登場した重力を作成するノードです。
そして、一番下の「output」ノードはシミュレーションの終点です。

シミュレーション結果の読み込み：「pyro_import」ノード

シミュレーション系のノードはひと通り確認したので、次はシミュレーション結果の読み込みです。Uキーで上の階層に上がり、3つあるノードのうち、最後の「pyro_import」ノードが結果を読み込んでいます（1）。

煙のシミュレーションも他のダイナミクスシミュレーションと同様、シミュレーション結果をSOPネットワークに読み込む必要があります。そうしないと、シミュレーション結果の加工や質感設定などが行えません。

「pyro_import」ノードの中にはノードがふたつあります（2）。ひとつには表示フラグが、もうひとつにはレンダーフラグが立っています。

シーンビューに表示されているのは、表示フラグが立った「import_pyro_visualization」ノード（4）ですが、実際にレンダリングに用いられるのはレンダーフラグのついた「import_pyrofields」ノード（3）です。

1

2

「DOP Import (SOP)」ノード

表示フラグの立っている「import_pyro_visualization」は「DOP Import (SOP)」というタイプのノードで、DOPネットワークからシミュレーション結果を読み込むことができます。これまでのパーティクルや破壊のシミュレーションでも使われています（どちらもシェルフ使用時につくられています）。
このノードでは、DOPネットワークで、シーンビューに表示されているもの（Visualizationデータ）を読み込んでいます。

「Dop I/O (SOP)」ノード

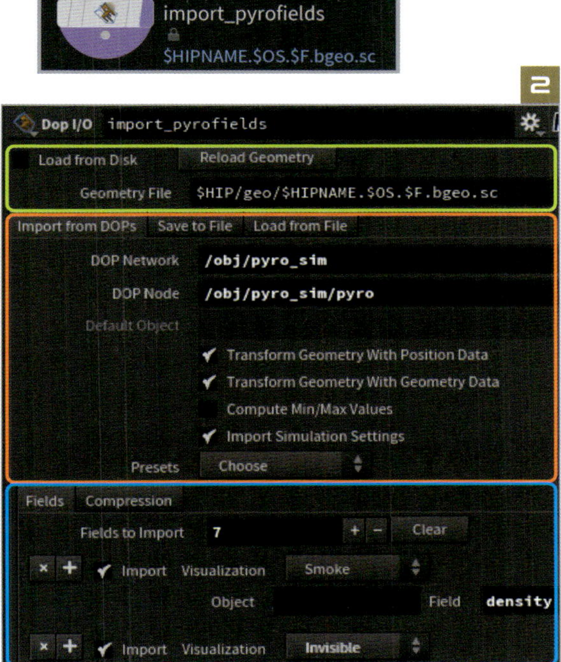

レンダーフラグの立っている「import_pyrofields」は、「Dop I/O (SOP)」というタイプのノードで(1)、これもDOPネットワークからフィールド情報を読み込んでいます。このノードは、前ページの「DOP Import (SOP)」を機能拡張したもので、複数のフィルード情報をDOPネットワークから読み込み、さらにそれをキャッシュファイルとして書き出し／読み込みが行えます。

「import_pyrofields」ノードのパラメータを見てみます(2)。このノードは読み込んだ情報をキャッシュファイルとして保存し、それを読み込むことができます(緑枠部分で入出力先を指定)。オレンジ枠部分では、どのDOP Networkのどのオブジェクトから読み込むのかを指定しています。

そして青枠部分では、読み込むフィールド情報を指定します。現在「density」「vel」「rest」「rest2」「temperature」「heat」「fuel」という7つのフィールド情報を読み込む設定になっています。ここで読み込んだフィールド情報をもとに、質感を設定しレンダリングを行います。

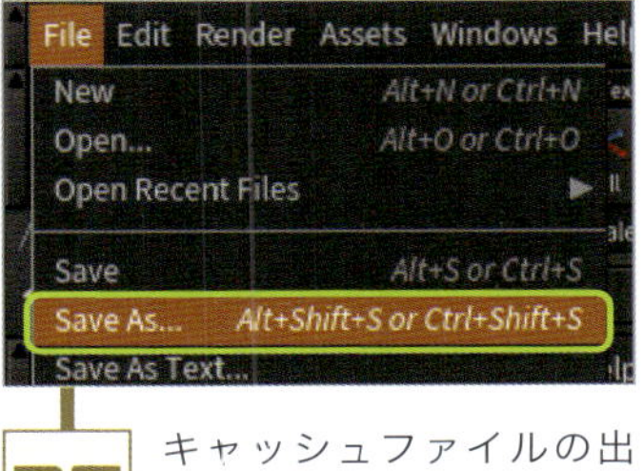

25 キャッシュファイルの出力先はデフォルトでシーンファイルの保存場所に設定されているので、先にシーンファイルを任意の名前で保存しておきます。

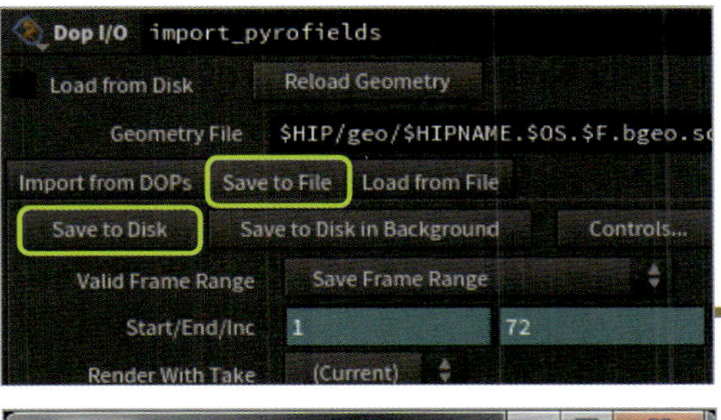

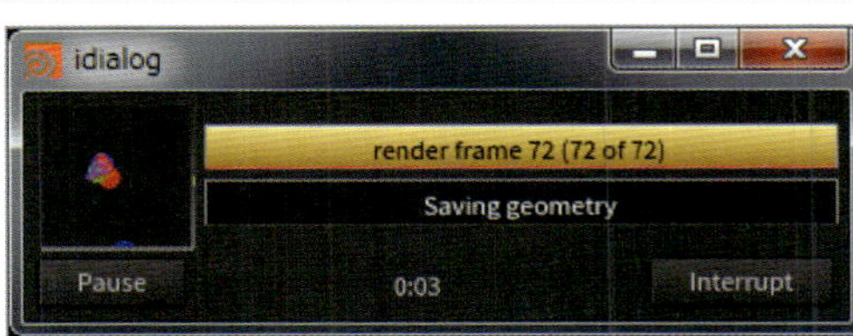

26 「Save to File」タブにはファイル出力に関する項目がまとまっています。ひとまず設定はそのままで、「Save to Disk」ボタンを押します。プログレッシブバーがいっぱいになったら完了です。

27 キャッシュファイルが作成できたら、パラメータ左上にある「Load from Disk」をオンにして、キャッシュファイルを読み込みます。

Tips DOPからの読み込み

直前のページでは、DOPネットワークからSOPネットワークに情報を読み込む「Dop Import (SOP)」「DOP I/O (SOP)」というノードが登場しました。同様の機能を持つノードは他にもあります。ここではその中から、「Dop Import (SOP)」「Dop Import Fields (SOP)」「DOP I/O (SOP)」について、その違いを説明します。

3つのノードは「Dop Import (SOP)」→「Dop Import Fields (SOP)」→「DOP I/O (SOP)」の順に機能拡張したものです。基本となる機能は「Dop Import (SOP)」のものです。

「Dop Import (SOP)」はDOPネットワークからSOPネットワークに情報を読み込むことができます。これまで本書でも、パーティクルを読み込んだり、破片を読み込んだり、煙を読み込んだりと、何度か登場してきました。

「Dop Import Fields (SOP)」は「Dop Import (SOP)」を拡張して、フィールド情報を読み込む機能を強化したものです。この「Dop Import Fields (SOP)」で複数のフィールド情報をまとめて読み込むことができます。ノードの中に深く潜ってゆくと、「Dop Import (SOP)」が使われていることが確認できます(❶)。

「DOP I/O (SOP)」は「Dop Import Fields (SOP)」に対して、ファイルの書き出し／読み込み機能が付いたものです。こちらもノードの中をのぞくと、それがネットワークで組まれている様子を見ることができます(❷)。

必要や用途に応じて、これら3つのノードを使い分けるとよいでしょう。

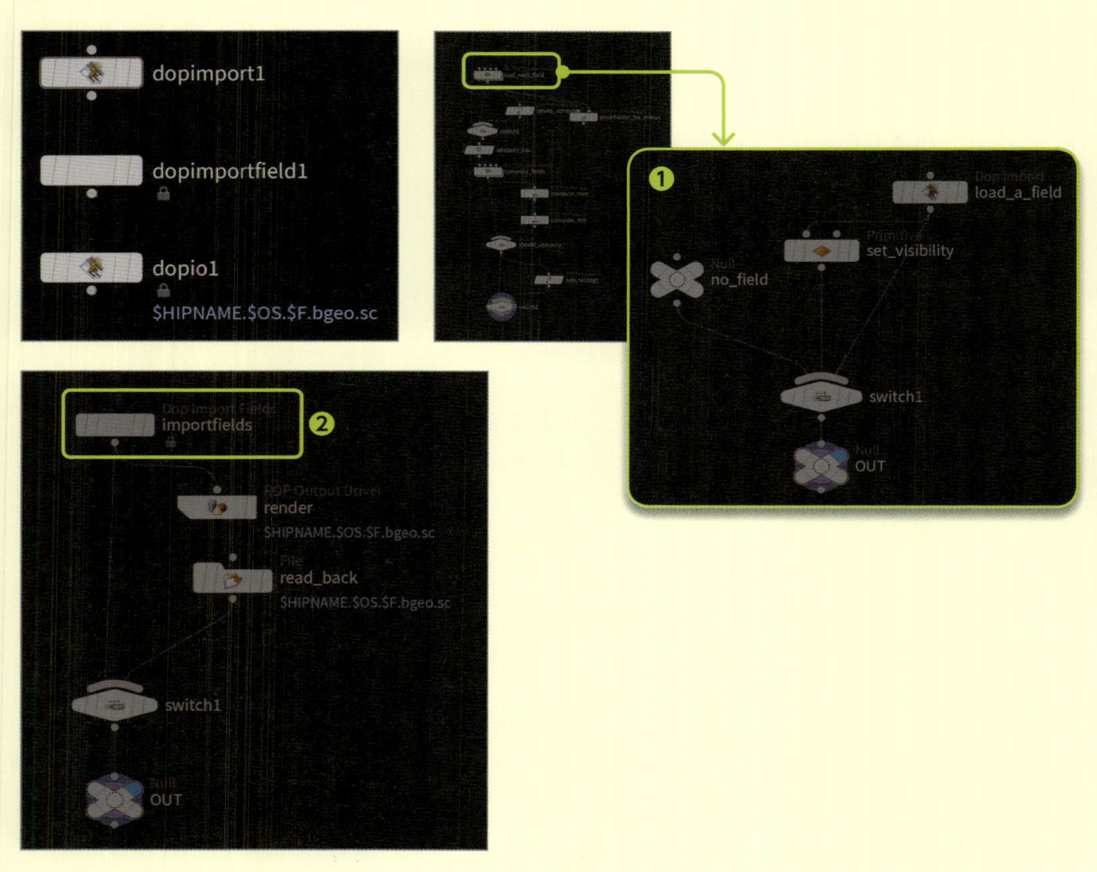

カメラ・ライトを作成する

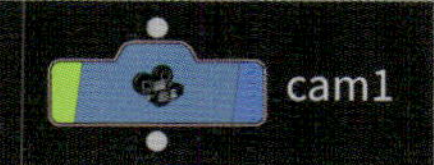

28 ここまで作成してきた煙をレンダリングするため、カメラとライトを作成します。最初はカメラです。Uキーで上の「/obj」階層に戻り、TAB Menuから「Camera(OBJ)」を作成します。

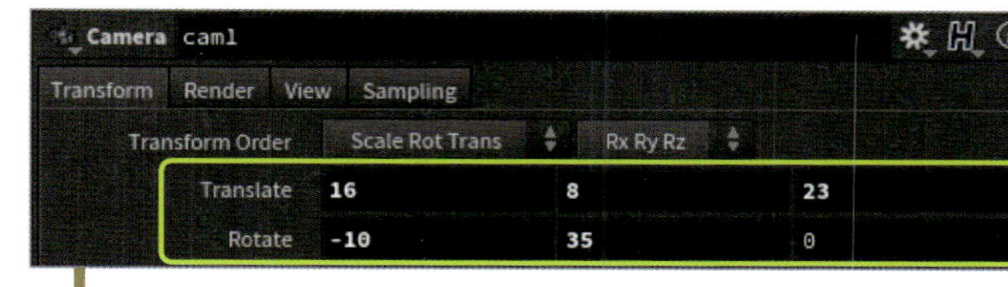

29 「cam1」ノードのパラメータで、「Translate：16　8　23」「Rotate：－10　35　0」と設定します。

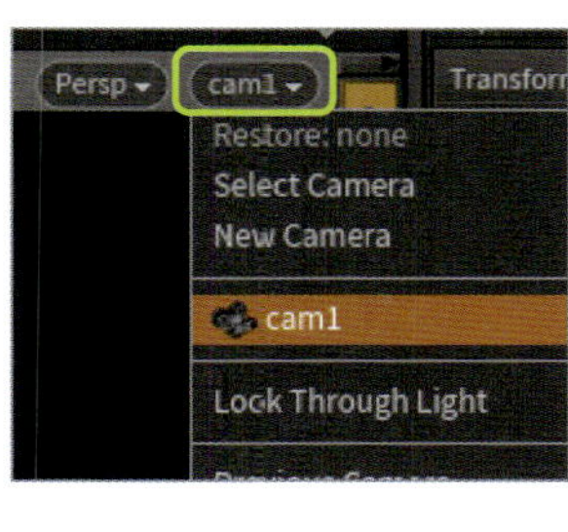

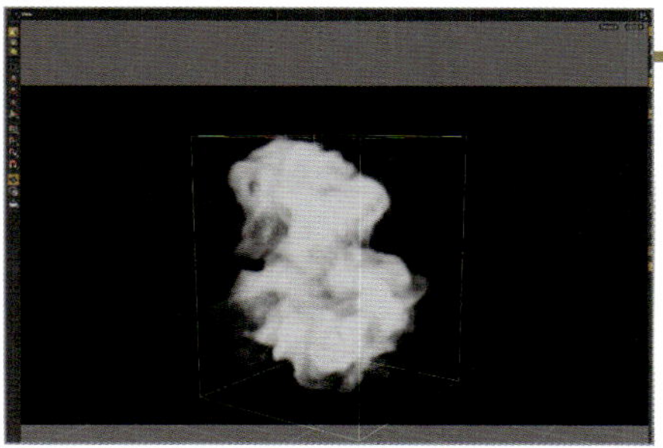

30 シーンビュー右上のカメラ設定で、作成した「cam1」(camera1)を選択します。シーンビューが図のような構図のカメラからのビューに変わります。

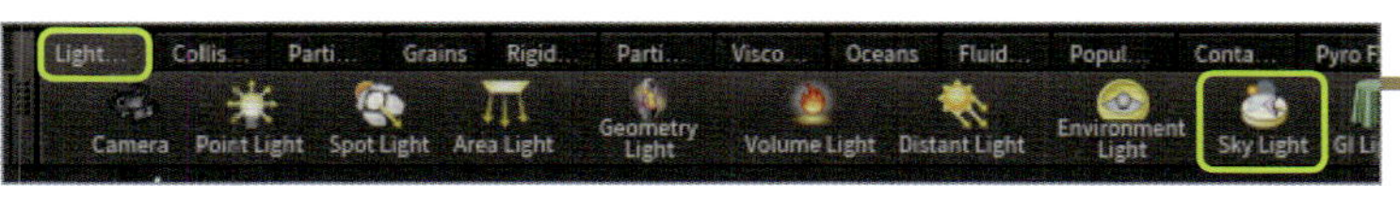

31 次にライトを作成します。ウィンドウ右上のシェルフから「Lights and Camera」タブ→「Sky Light」を選択します。

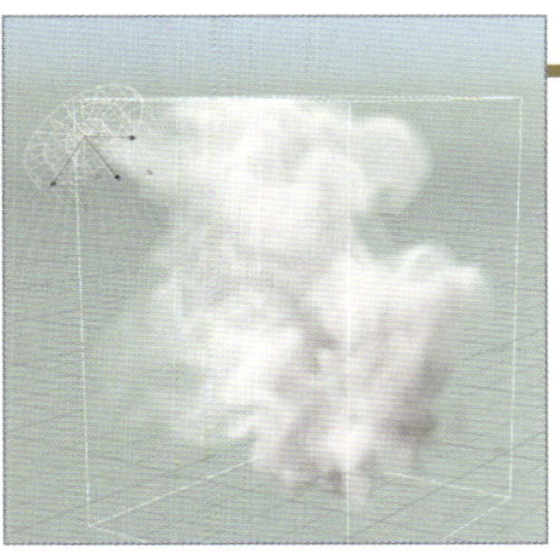

32 シーンに「sunlight1」ノードと「skylight1」が追加されます。太陽光用のライトです。

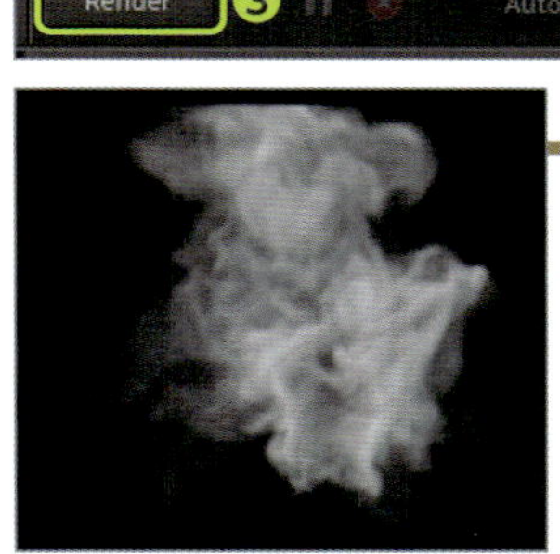

33 フレームを72フレームに移動しておきます。シーンビューを「Render View」タブに切り替え(❶)、カメラに「cam1」を指定し(❷)、「Render」ボタンを押します(❸)。図のような煙がレンダリングされます。

マテリアルを割り当てる

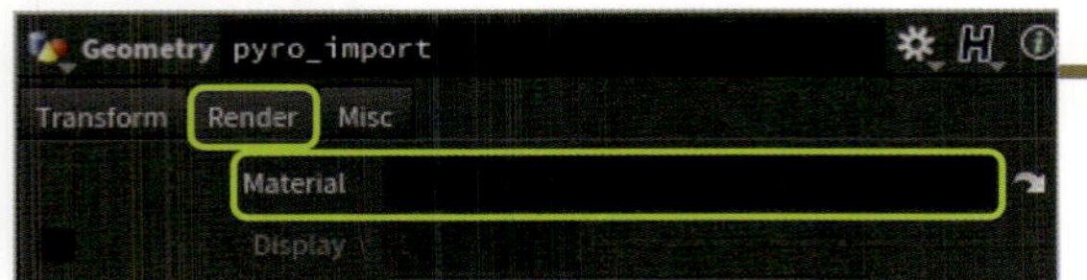

34 レンダリング後、ネットワークエディタで「pyro_import」ノードを見てみます。これがレンダリングされているノードですが、「Render」タブ→「Material」を見ると、実はマテリアル（質感）が割り当てられていないことがわかります。

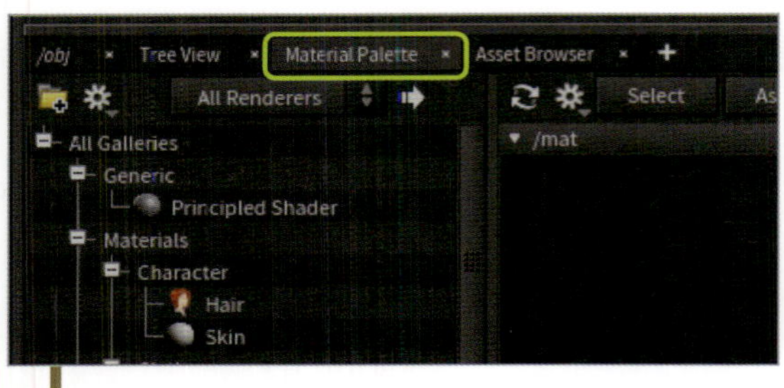

35 ネットワークエディタ上部のタブを「Material Palette」に切り替えます。

36 「Material Palette」左側のリストから「Billowy Smoke」を選択して、右側のエリアにドラッグ＆ドロップします。

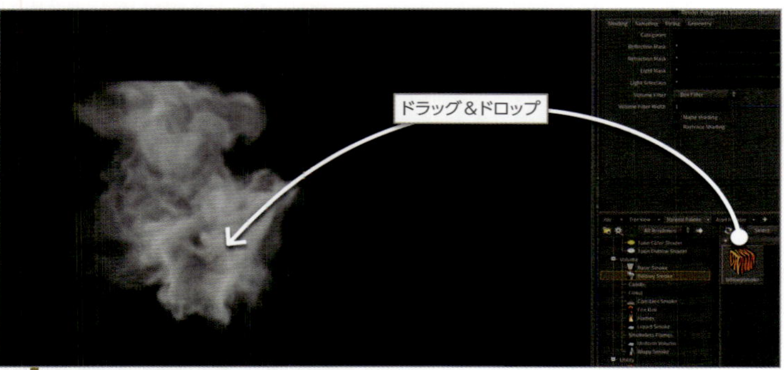

37 「Material Palette」で「billowysmoke」マテリアルを選択し、「Render View」でレンダリングされている煙の上にドラッグ＆ドロップします。

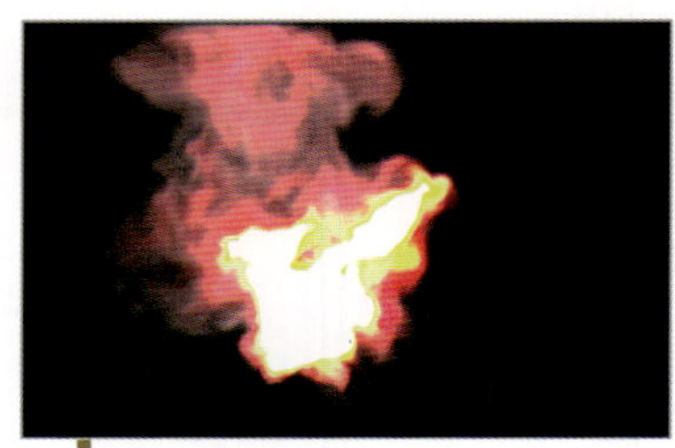

38 これでマテリアルが割り当てられました。再度レンダリングしてみると、赤く発光した煙がレンダリングされます。

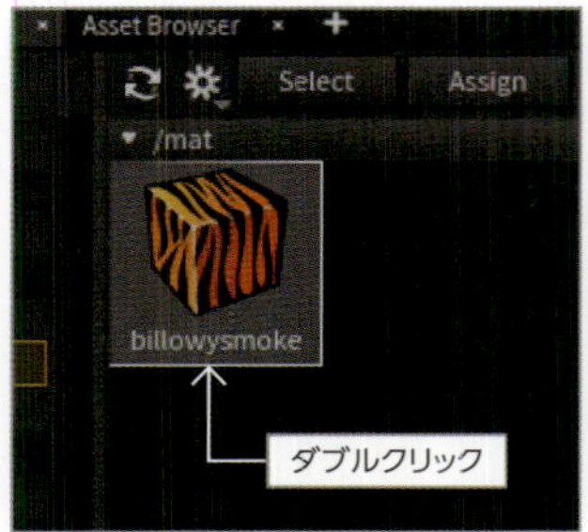

39 なぜこのような結果になったのでしょう？ 割り当てたマテリアルを見てみます。「Material Palette」で「billowysmoke」をダブルクリックすると、ネットワークエディタに切り替わり、作成したノードが表示されます。

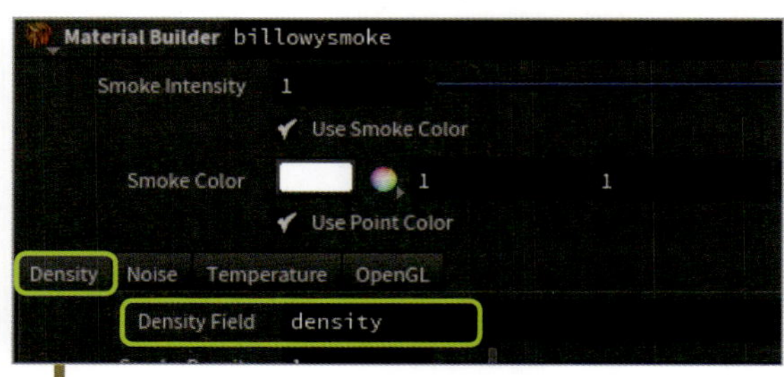

40 表示されている「billowysmoke」ノードを選択して、パラメータを見てみます。パラメータの上半分には、煙の基本的な色に関する項目があります。下半分は複数のタブでカテゴリごとに分けてあります。「Density」タブ→「Density Field」に「density」とありますが、これは「density」ボリュームを煙の濃さとして扱うという意味です。

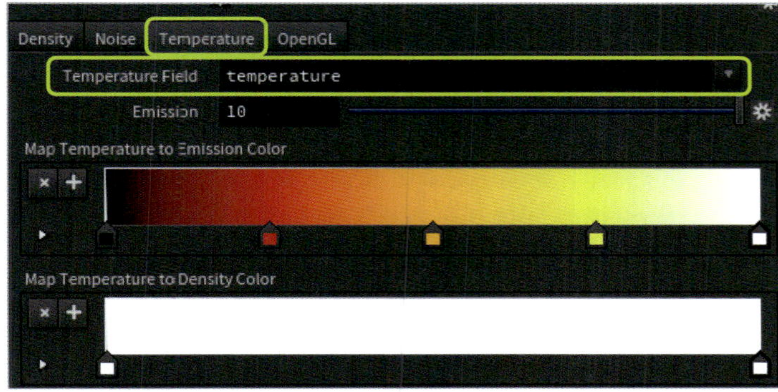

41 「Temperature」タブではtemperature（温度）情報に対して発光と色付けを行っています。レンダリング結果にある赤系の色は、ここの設定によるものです。

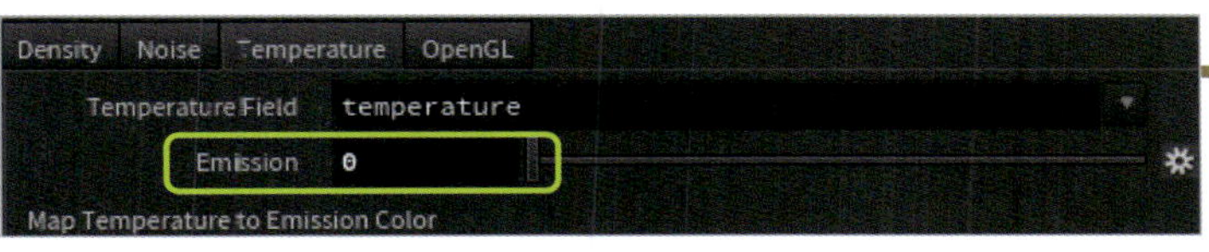

42 今回は普通の煙としてレンダリングしたいので、「Emission」を「0」にして、効果を無効にします。

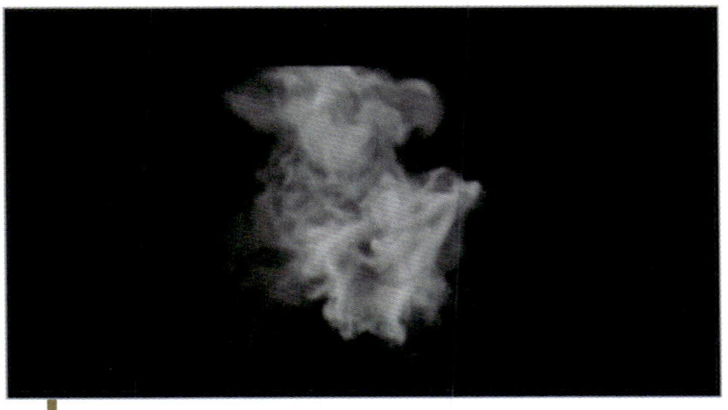

43 この状態でレンダリングすると、赤い発光がなくなり普通の煙の質感になります。

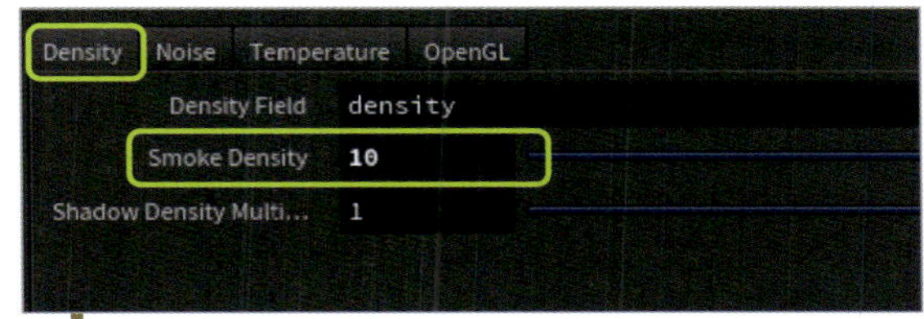

44 もう少し濃い煙にします。「Density」タブに戻り、「Smoke Density」を「10」に変更します。

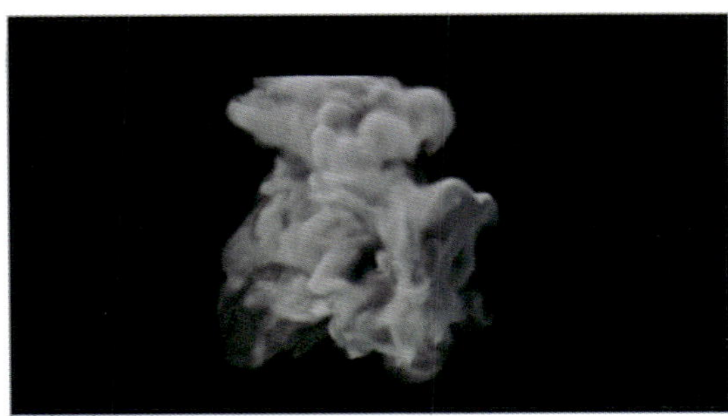

45 レンダリングすると、先ほどよりも濃い煙ができました。
ここでは「Material Palette」にある「Billowy Smoke」マテリアルを利用して、シミュレーション後のボリュームの色や濃度を調整しました。ボリュームのマテリアルは、「ひとつ以上のボリューム情報を使って色や透明度を設定したもの」と考えるとイメージしやすいでしょう。

5-5 シェルフを使った炎

難易度 ★★

ここでは、シェルフを用いて炎のシミュレーションを作成します。Chapter 5-3では「Density（濃度）」、「Temperature（温度）」といったフィールドを使ってシミュレーションを作成しました。今回の炎では、「Fuel（燃料）」や「Combustion（燃焼）」など、さらに多くのフィールドを使用します。

PyroFXシェルフで炎の発生源をつくる

1 新規シーンから始めます。最初に、シーン尺を設定しておきます。ウィンドウ右下のボタンを押して、「Global Animation Options」を表示し、「End : 72」に変更します。

2 炎の発生源を作成します。「/obj」階層でTAB Menuから「Geometry（OBJ）」を作成、名前を「fire_source」にします。

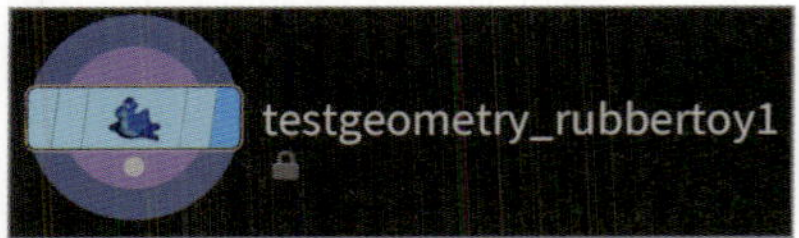

3 作成したノードの中に入り、既存の「file1」ノードを削除します。代わりに、TAB Menuから「Test Geometry : Rubber Toy」を作成します。このテストモデルを炎の発生源にします。

4 シェルフを使って炎を発生させます。シェルフタブを「Pyro FX」に切り替え、炎を作成する「Flames」シェルフを選択します。

5 オブジェクト選択モードになり、「/obj」階層に移動、シーンビュー下部にメッセージが表示されます。「燃やすオブジェクトを選択し、Enterキーを押して選択を確定してください」という意味です。

6 メッセージの指示に従いシーンビューでモデルを選択、Enterキーで確定します。すると自動でノードがいくつか作成されます。シーンビューを見ると、テストモデルがボリュームに変わります。

7 ネットワーク階層が「/obj/pyro_sim」というノードの中に移動しています。ノードについては後で解説するとして、Uキーで「/obj」階層に上がります。「/obj」階層には最初に作成した「fire_source」ノード以外に、シェルフによりつくられたふたつのノードがあります。

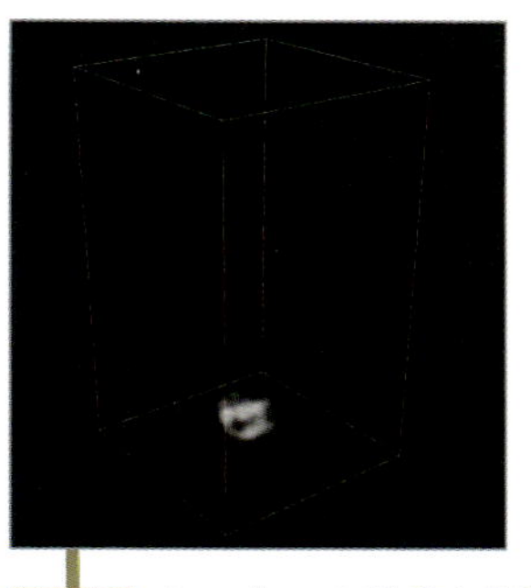

8 シェルフの結果を確認します。シーンビューを操作して、四角い枠の全体を表示します。

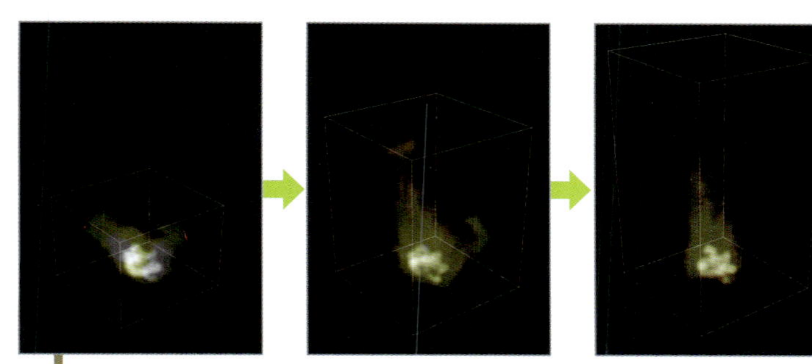

9 再生すると、発生源から炎が出ています。このような炎のエフェクトを作成するのが「Flames」シェルフです。以降、どのようなノード、ネットワークでつくられているのか、見ていきます。

炎の発生源を作成する「fire_source」ノードの全体像

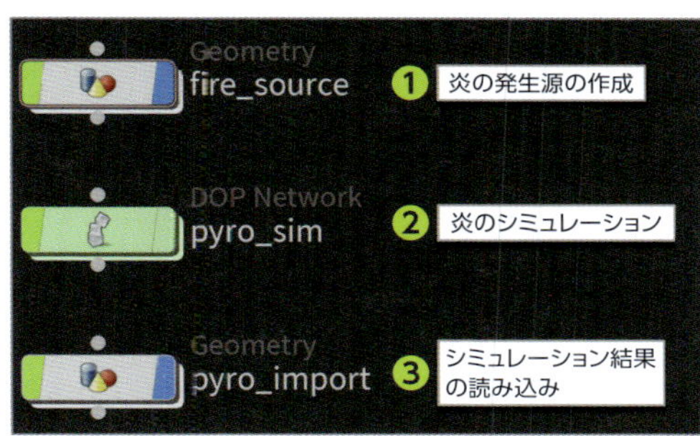

10 現在「/obj」階層には、❶「fire_source」（炎の発生源の作成）、❷「pyro_sim」（炎のシミュレーション）、❸「pyro_import」（シミュレーション結果の読み込み）の3つのノードがあります。このあたりは**Chapter 5-4**の煙と同じです。

11 ノードを確認する前に、シーンビューの他オブジェクトを非表示にします。シーンビュー右上、図のアイコンから「Hide Other Objects」を実行します。

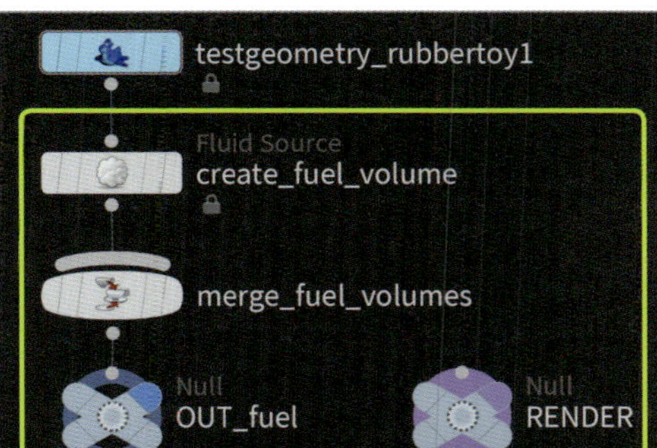

12 炎の発生源を作成している「fire_source」ノードの中に入ります。シェルフによりいくつかノードが追加されています（緑枠部分）。これらは、シェルフで煙を作成したときと同じものですが、設定が違います。

「fire_source」→「create_fuel_volume」ノード

13 「create_fuel_volume」ノードでは炎のシミュレーションに必要なボリュームを作成しています。ノード名にある「fuel」は燃料を意味し、つまりここでは、燃やすための燃料のボリュームを作成しています。

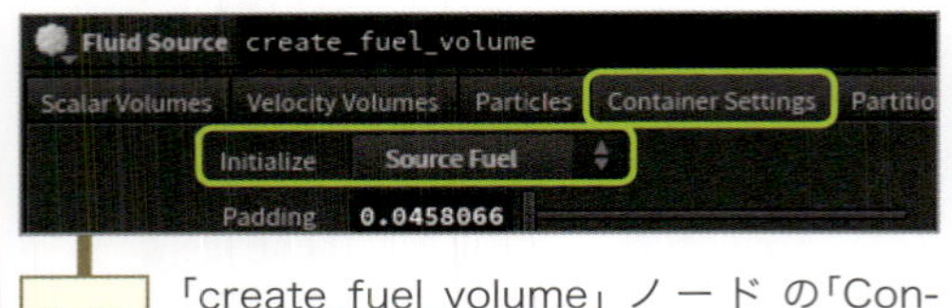

14 「create_fuel_volume」ノードの「Container Settings」タブ→「Initialize」には燃料のボリュームを作成するプリセット「Source Fuel」が設定されています。

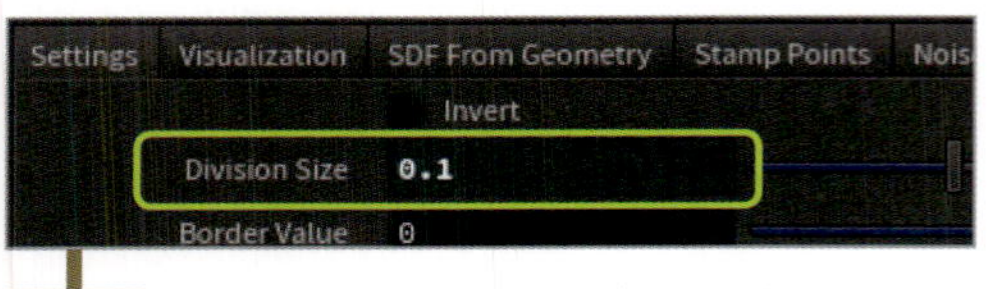

16 「Scalar Volumes」タブ下段の「Settings」タブのパラメータ「Division Size」値を「0.1」に変更します。この値はPCのスペックに合わせて増減してください。

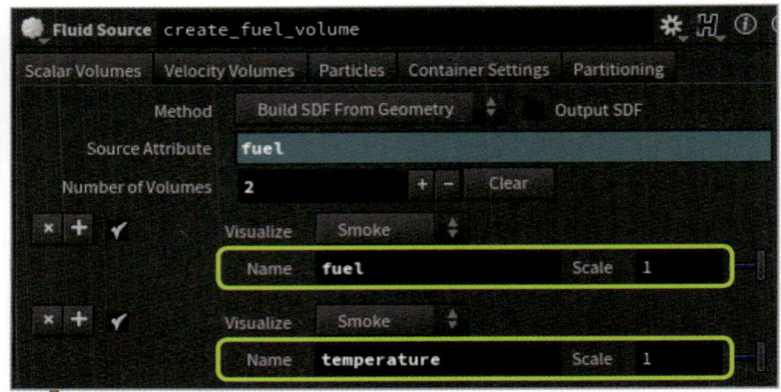

15 「Scalar Volumes」タブでは「fuel」と「temperature」というふたつのボリュームがつくられています。シェルフの煙をつくった際は、「temperature」と「density（濃度）」が作成されましたが、炎では、「density」の代わりに「fuel」を用います。「fuel」ボリュームをシミュレーションで燃焼させて炎をつくっています。

シミュレーションを行う「pyro_sim」ノードの全体像

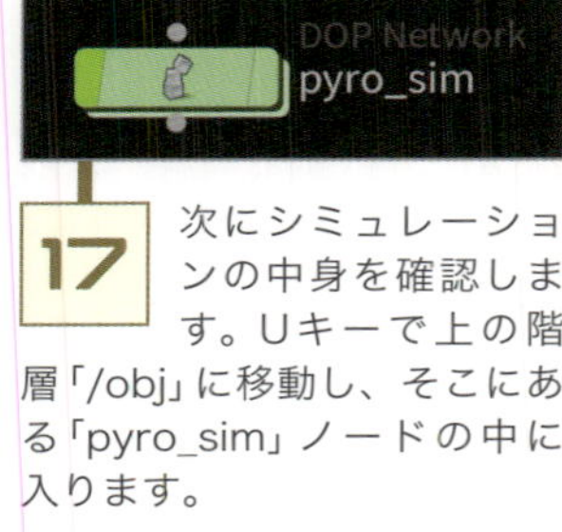

17 次にシミュレーションの中身を確認します。Uキーで上の階層「/obj」に移動し、そこにある「pyro_sim」ノードの中に入ります。

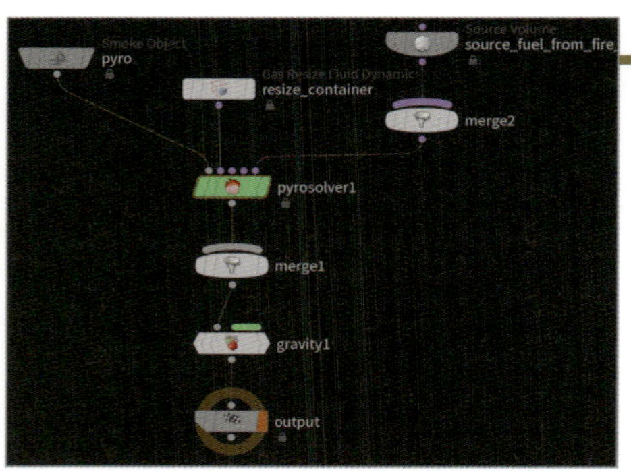

18 DOPネットワーク内のノードは、煙のシミュレーション（シェルフ）とまったく同じです。各ノードの設定で炎のシミュレーションになります。

19 ネットワーク右上の「source_fuel_from_fire_source」ノードで先ほどの「fuel」や「temperature」のボリュームをDOPネットワークに読み込んでいます。

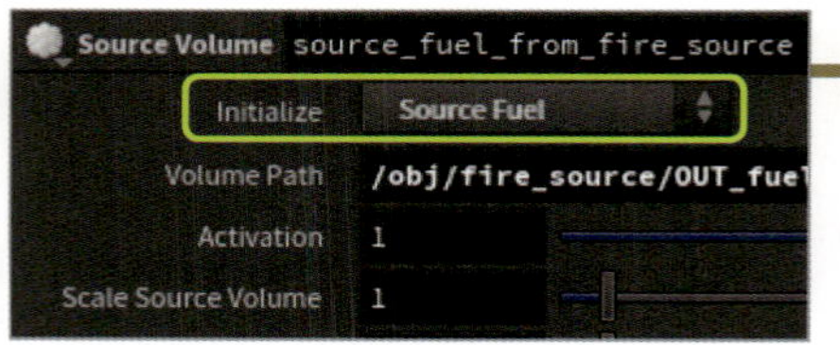

20 ノードを選択してパラメータを見ると、「Initialize」が、先と同様のプリセット「Source Fuel」に設定されています。

21 次に、「pyrosolver1」ノードのパラメータの「Combustion（燃焼）」タブに切り替えます。煙のシミュレーションでは無効でしたが、ここでは有効です。ここのパラメータを使い、Fuelを燃やして炎を発生させます。

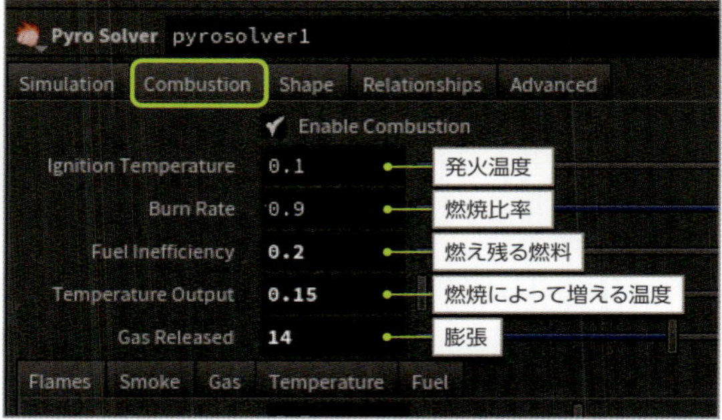

Pyroシミュレーションによる燃焼のプロセス

Pyroシミュレーションによるおおまかな燃焼のプロセス(1)を、順を追って見ていきます。

まず、SOPネットワークから「Fuel」と「Temperature」ボリュームがDOPネットワークに読み込まれます(2)。

「Fuel」のある場所で「Temperature」が特定の値を超えると発火(「Ignition」)。そこから「Burn(燃焼)」フィールドが発生します(3)。

「Burn」フィールドから「Heat(熱)」「Temperature」「Density」「Divergence(発散)」など、複数のフィールドが生成されます(4)。

「Temperature」フィールドは「Buoyancy(浮力)」を発生させ、「Buoyancy」は「Velocity(速度)」フィールドを更新します(5)。「Velocity」フィールドは他にも多くの要因(例えば、フォースや衝突など)で更新されます。この「Velocity」により「Density」や「Temperature」などのフィールドが移流します。

これらのプロセスを通して生成された「Heat」フィールドと「Temperature」フィールドを用いて色付けしたのが、シーンビューの炎です。

1

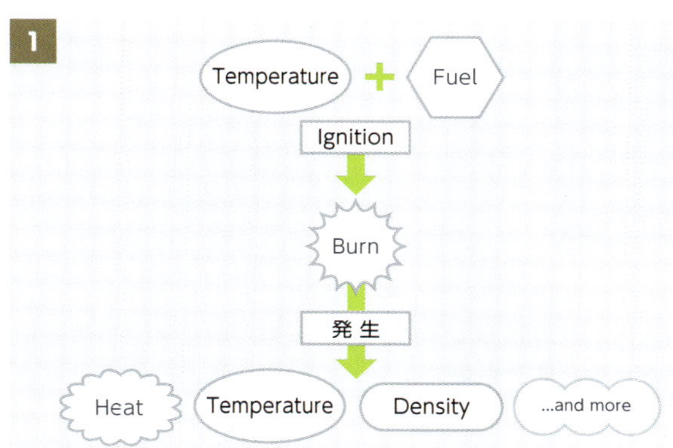

2

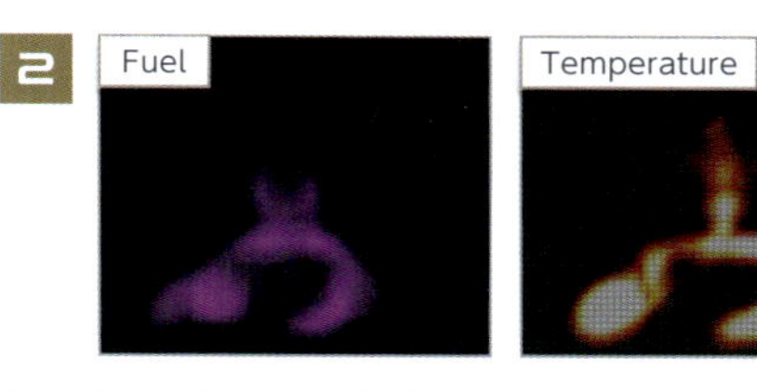

3

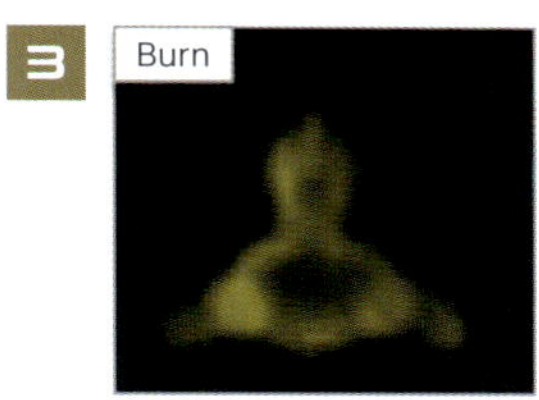

4

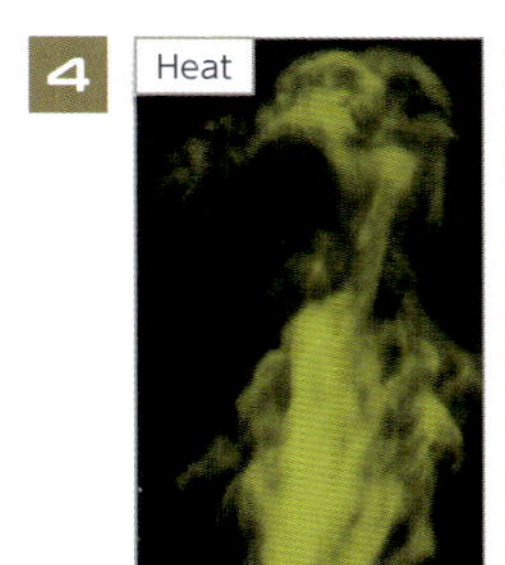

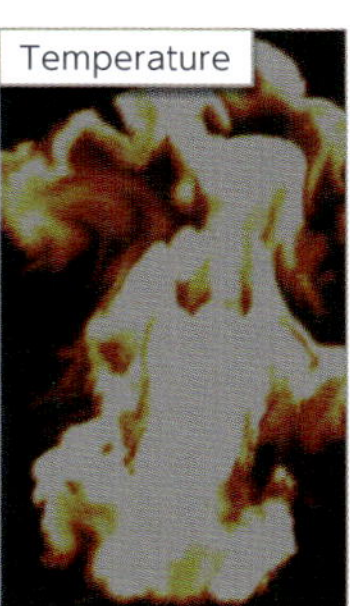

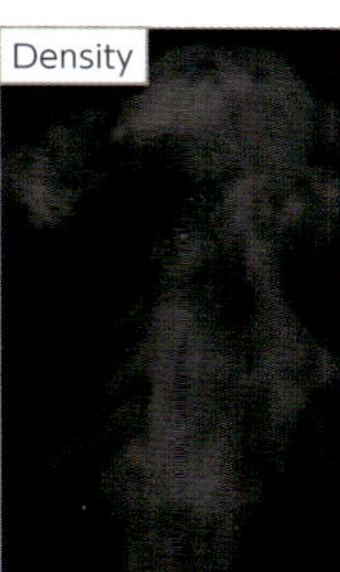

5

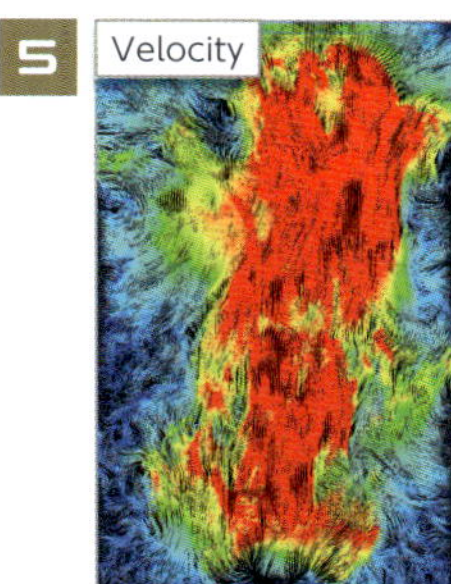

「Fuel」を燃焼させる「Combustion」のパラメータ

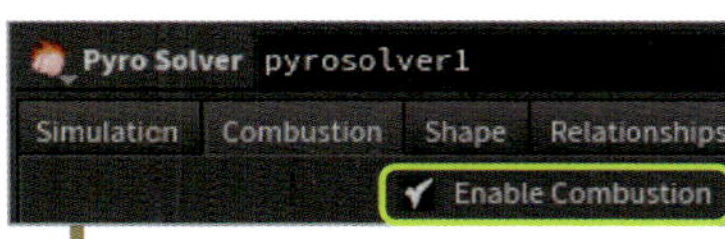

22 「pyrosolver1」ノード→「Combustion」の働きを見ていきます。まず、「Combustion」タブ→「Enable Combustion：オン」で、Fuelを用いた燃焼が発生します。

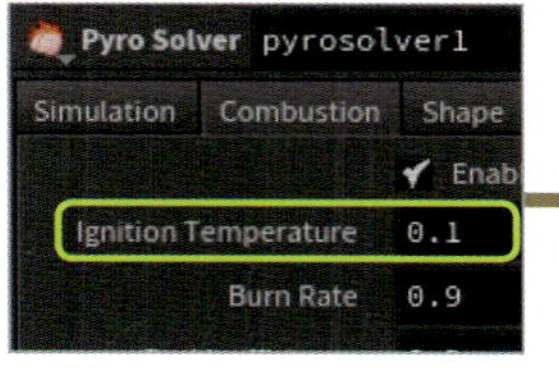

23 「Ignition Temperature」は発火温度です。「Temperature」がこの値を超えると、「Fuel」フィールドから「Burn」フィールドがつくられます。

24 効果を確認するため、「Ignition Temperature」の値を「10」に変更してみます。現在SOPから読み込まれるTemperatureの数値は、おおよそすべて10以下です。Temperatureが「Ignition Temperature」を上回らないので、この場合燃焼は起こりません。

25 再生しても何も起こりません。確認後は「Ignition Temperature」を「0.1」に戻します。

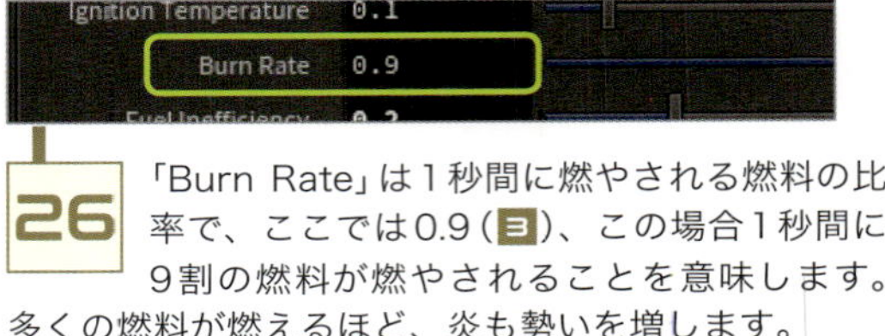

26 「Burn Rate」は1秒間に燃やされる燃料の比率で、ここでは0.9（3）、この場合1秒間に9割の燃料が燃やされることを意味します。多くの燃料が燃えるほど、炎も勢いを増します。

27 「Burn Rate」を「0.3」に下げると、使われる燃料が現状の1/3になり、生成される炎の規模も小さくなります。確認後は「0.9」に戻します。

「Combustion」→「Fuel Inefficiency」の動作を確認する

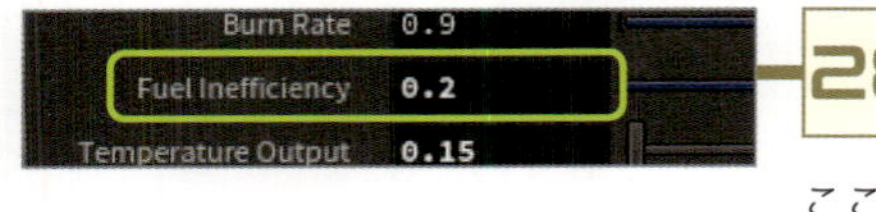

28 「Fuel Inefficiency」は「Fuel」の燃え残りです（4）。基本的に燃焼に使われた「Fuel」はそのぶん減ります。しかし、このパラメータ「Fuel Infficiency」で指定した割合のFuelは、燃焼後もなくなりません。ここでは「0.2」と設定されているので、燃焼後も2割のFuelが残ります。

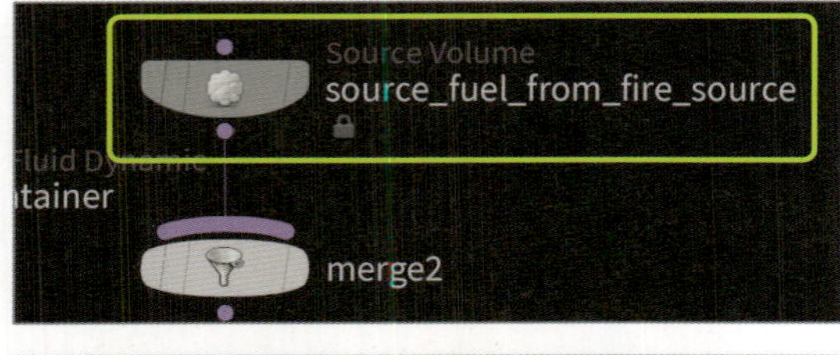

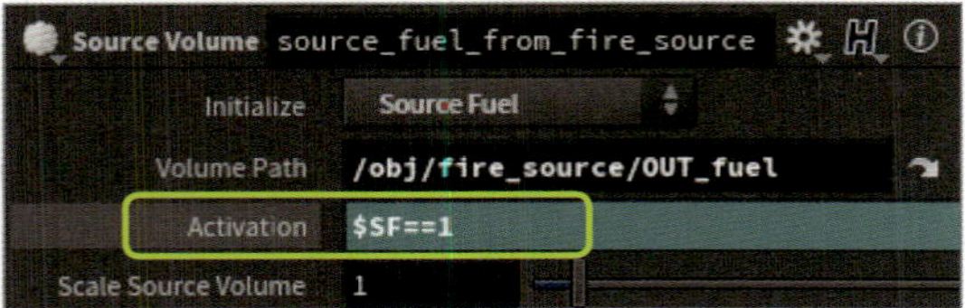

29 「Fuel Inefficiency」の挙動を確認します。現状FuelはSOPネットワークから常に供給されています。これではどのくらいFuelが燃え残ったのかわかりにくいのでこれを制限します。

「source_fuel_from_fire_source」ノードのパラメータ「Activation」に「$SF==1」と記述します。「$SF」とはシミュレーションフレームで、「$SF==1」は現在のフレームがシミュレーションの初めかどうかを判定する条件式です。この条件式に当てはまる場合は「1」を、当てはまらない場合は「0」を返します。

これにより、「Activation」はシミュレーションの最初のフレームのみ1に、それ以外は0になります。言い換えれば、シミュレーションの最初にSOPからFuelなどのボリュームを読み込み、そのあとは読み込まないということです。

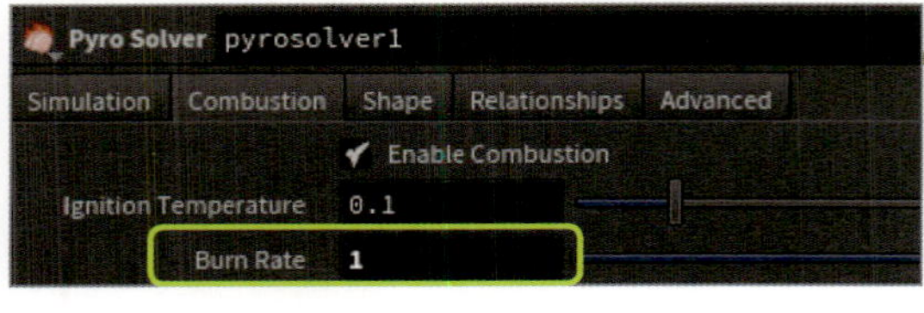

30 「pyrosolver1」ノードに戻ります。パラメータ「Burn Rate」を「1」に設定します。これで燃料がすべてが燃焼に使われます。

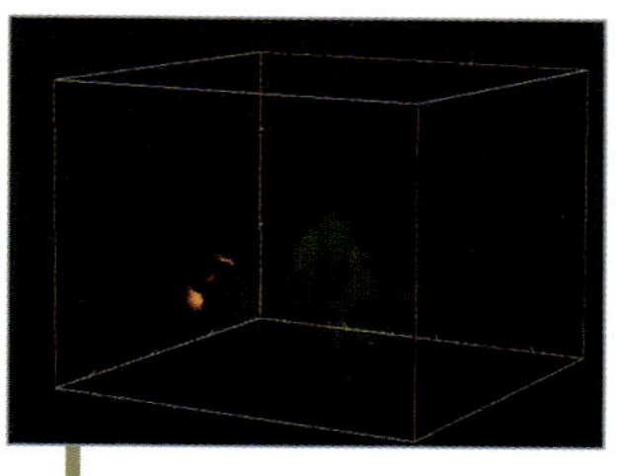

31 再生して結果を確認すると、1フレーム目に供給された燃料だけではほとんど炎が上がりません。

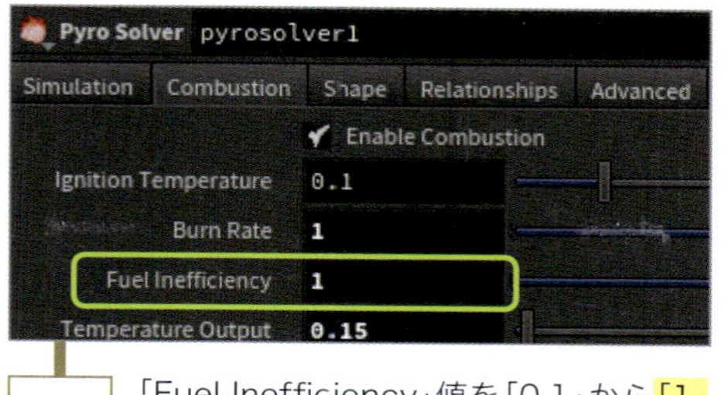

32 「Fuel Inefficiency」値を「0.1」から「1」に変更します。これで、燃焼後もFuelはすべて保持されます。使ってもなくならない夢の燃料です。

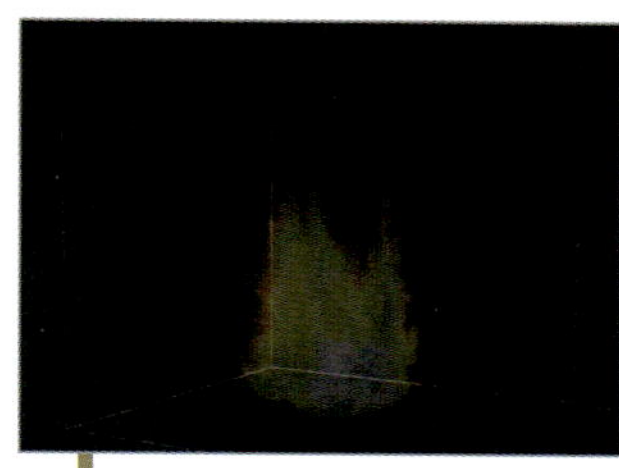

33 再生すると、燃料がなくならないため、今度は燃え続けています。

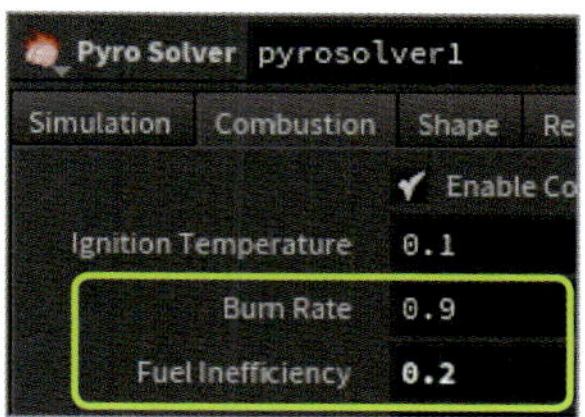

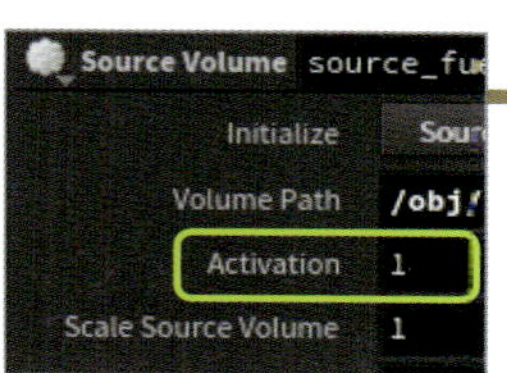

34 挙動の確認後、各パラメータを元の値「Fuel Inefficiency：0.2」「Burn Rate：0.9」に戻します。また、29 の「source_fuel_from_fire_source」ノードの「Activation」のエクスプレッションも削除し、値を「1」に戻します。

「Combustion」→「Temperature Output」「Gas Released」

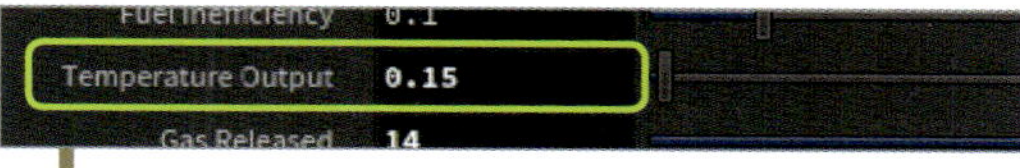

35 「Temperature Output」は燃焼によって上昇する「Temperature」フィールドの値です。この値を上げると燃焼によって生じる温度が上がり、「Buoyancy（浮力）」が強まるなどの影響が生じます。「Temperature」は流体ではその挙動をはじめ多方面に影響を及ぼします。

36 「Gas Released」は膨張です。この値が大きいほど、気体が外側に広がるような動きをします。爆発などの場合に設定します。

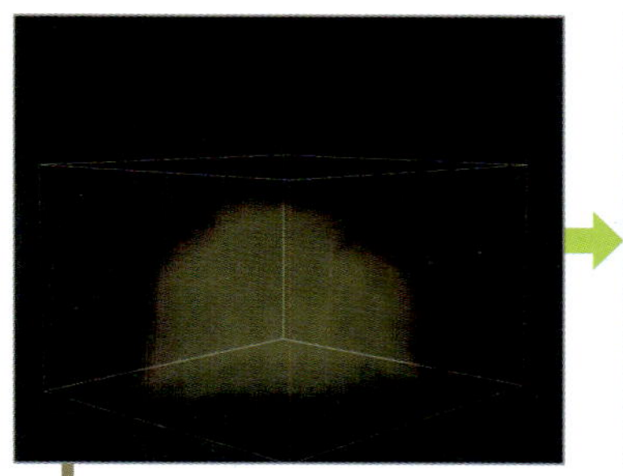

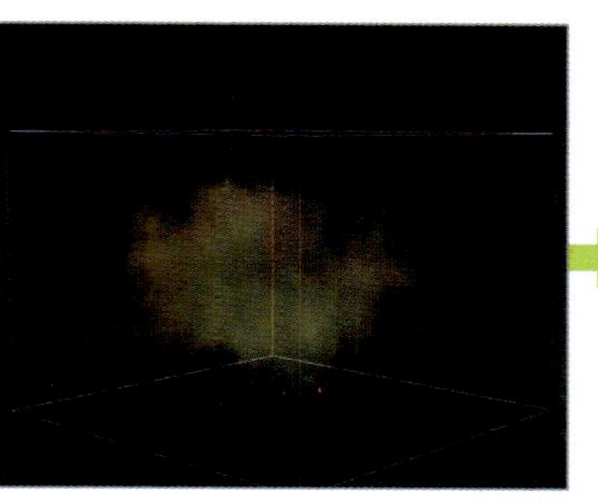

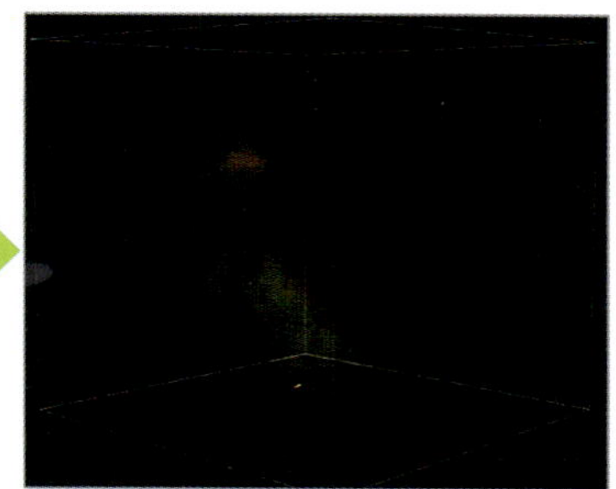

37 「Gas Released」の例として、簡単なキーフレームを打って、爆発のような挙動を付けてみます。9フレーム目に「Gas Released：100」、16フレーム目に「Gas Released：0」とキーフレームを作成します。再生して確認すると、最初に大きく膨らんで爆発のような挙動になります。このような動きをコントロールできるのが「Gas Released」です。確認後はキーフレームを削除し、値を「14」に戻します。

「Combustion」下半分にあるタブについて

「Combustion」タブの下半分には、さらにタブ分けされたパラメータがあります。ここでは主要なものとして「Flames」と「Smoke」を取り上げます。

「Flames」タブには、炎を制御するパラメータが用意されています。「Flame Height」は炎の高さで、値が高いほど背の高い炎になります（1）。

その下にある3つのパラメータはすべて炎の冷却度に関するもので、3つ合わせて1セットです（2）。

「Cooling Field」では炎の冷却に用いるフィールドを指定します。通常「temperature」フィールドが設定されます。

「Cooling Field Range」は、指定した範囲のフィールド値（ここでは「temperature」）に対して、その下のRamp値「Remap Heat Cool Field」がマッピングされます。

その「Remap Heat Cool Field」は、横軸は前述の「Cooling Field Range」で設定された範囲（この場合左端が0で右端が1）です。縦軸は冷却度で、上に行くほど強く冷却されます。図のグラフでは、「temperature」フィールドの値が低いほど、炎の冷却度が高いことを意味します。

「Smoke」タブでは、燃焼によって発生する煙を制御します（3）。Chapter 5-4のシェルフによる煙のシミュレーションでは、発生源から直接「density」のボリュームを読み込み、それをシミュレーションしました。ここでの炎と一緒に発生している煙は、Fuelが燃えることによって生じます。フィールド情報はどちらも「density」ですが、つくられる過程が違います。

「Emit Smoke」がオンの場合、燃焼によって「density」フィールドが発生します。オフの場合は燃焼による煙が発生しません。

「Create Dense Smoke」がオンの場合、燃焼によって発生する煙は濃い噴煙のようになります。

「Source」は「Burn」と「Heat」から選べます（4）。「Burn」は燃焼時に「Burn」フィールドから煙が発生し、「Heat」は「Heat」フィールドが一定の温度を下回った（冷えた）ところから煙が発生します。

「Heat Cutoff」と「Blend Amount」は、「Source」が「Heat」の場合に設定可能なパラメータです。「Heat Cutoff」は、「Heat」フィールドがこの値を下回った場合に煙が発生します。「Blend Amount」は、炎と煙のブレンド具合です。

「Pyro Solver（DOP）」ノードには他にも多数のパラメータがありますが、詳細はマニュアルを参照してください。

1

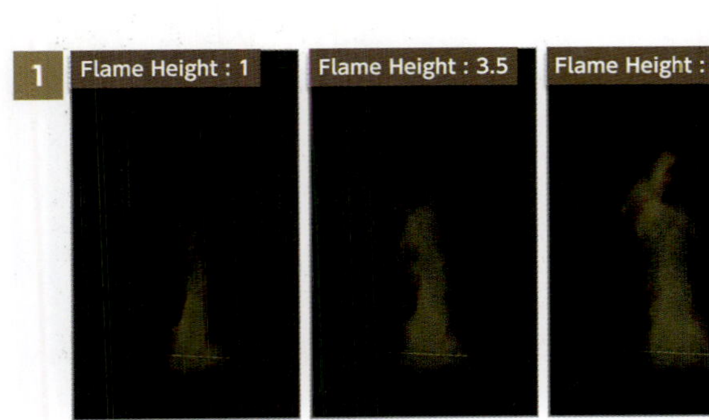

2

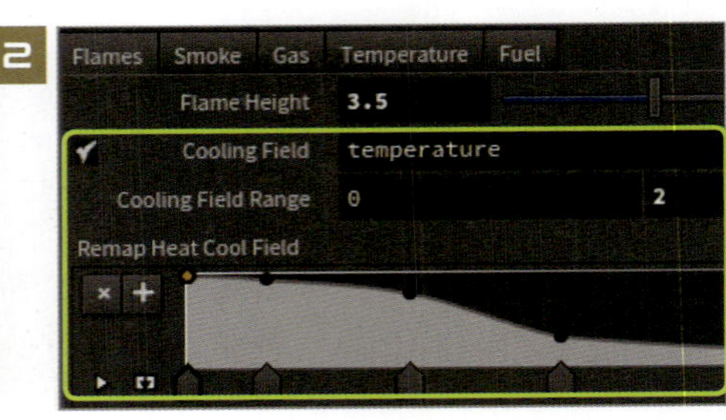

3

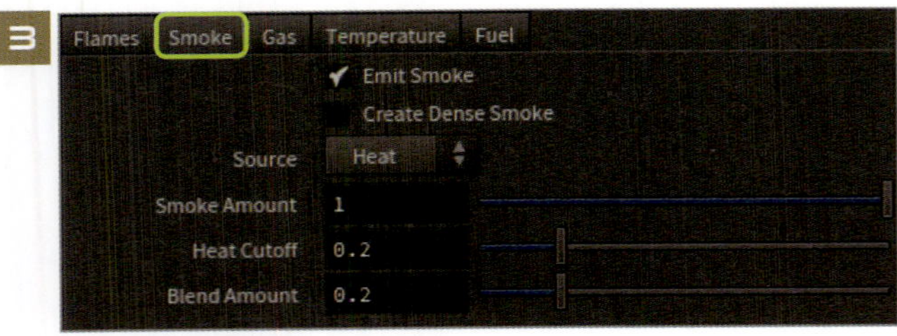

4

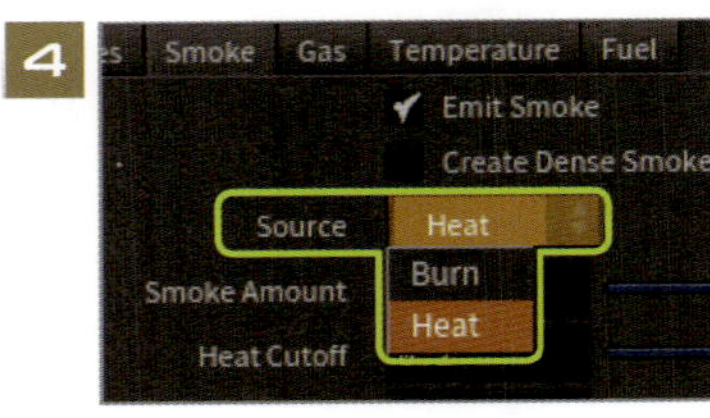

「Smoke Object (DOP)」ノードで炎を鮮明にする

38 最後にネットワーク左にある「pyro」ノードの設定を少し変更します。これは煙のシミュレーションでも使用した「Smoke Object (DOP)」ノードです。

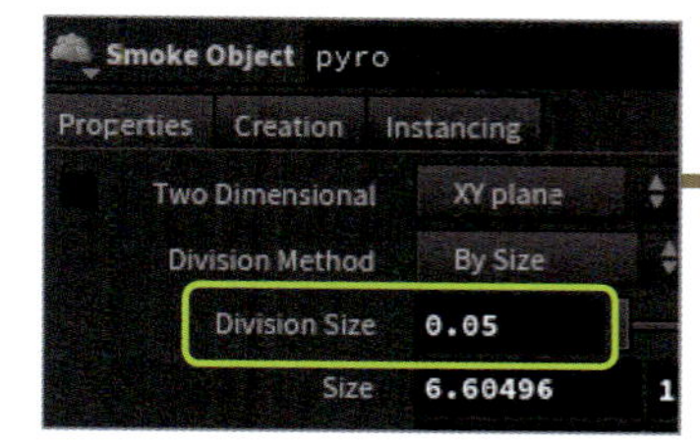

39 「pyro」のパラメータ「Division Size」値を「0.05」に変更します。計算時間は増えますが、より鮮明な炎がシミュレーションされます。

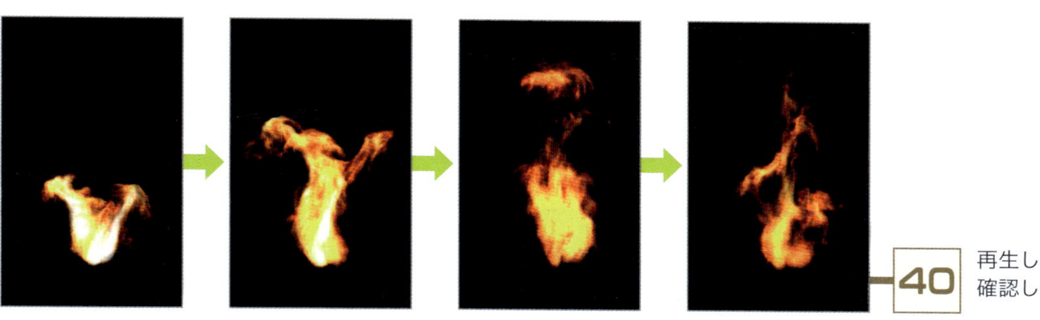

40 再生して結果を確認します。

キャッシュファイルの出力とテストレンダリング

ここまでで、炎のシミュレーションのプロセスと、主なパラメータを確認してきました。ここから、シミュレーション結果をレンダリングしてみたいと思います。その前に、シミュレーション結果をキャッシュファイルに出力します。

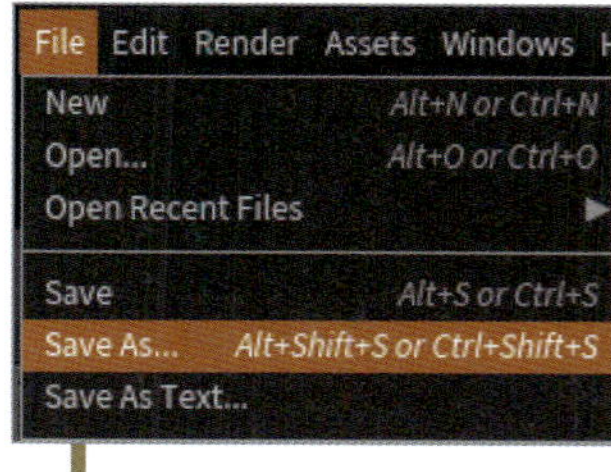

41 キャッシュファイルの出力先は、デフォルトでシーンファイルの場所を基準に設定されています。そこでいったん、任意のファイル名でシーンファイルを保存します。

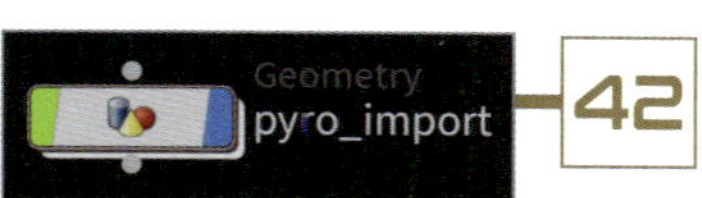

42 Uキーで「/obj」階層に上がり、「pyro_import」ノードの中に入ります。

43 「pyro_import」ノードには、煙のシミュレーション（シェルフ）と同様に、表示用とレンダリング用のノードが入っています。レンダリング用の「import_pyrofields」ノードを選択します。

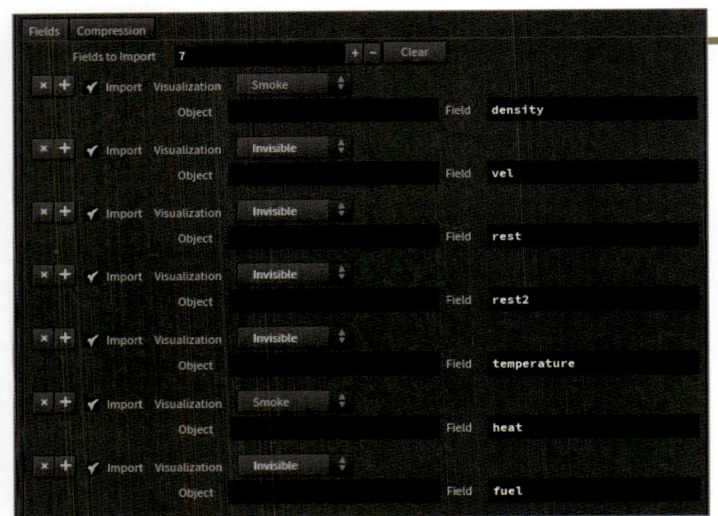

44 このノードは現状、DOPネットワークから7つのフィールド情報をSOPネットワークに読み込む設定になっています。これらの情報はレンダリングに使われます。

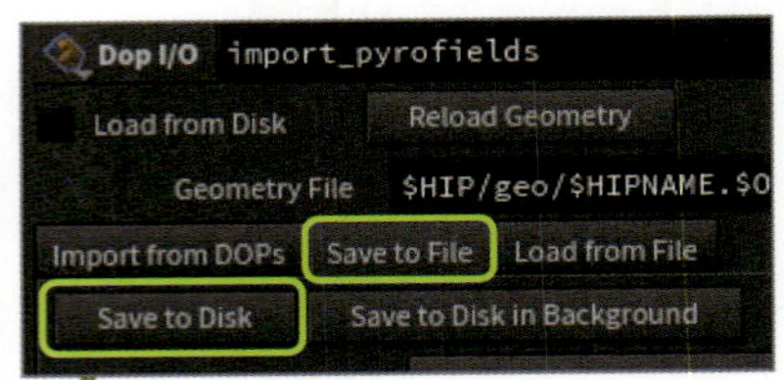

45 パラメータタブを「Save to File」に切り替えて、「Save to Disk」ボタンを押します。プログレッシブバーが満タンになったら出力完了です。

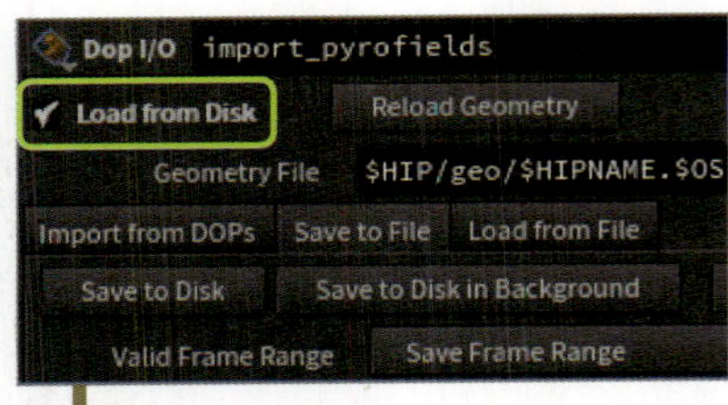

46 続いて、パラメータ上部にある「Load from Disk」をオンにして、キャッシュファイルを読み込みます。

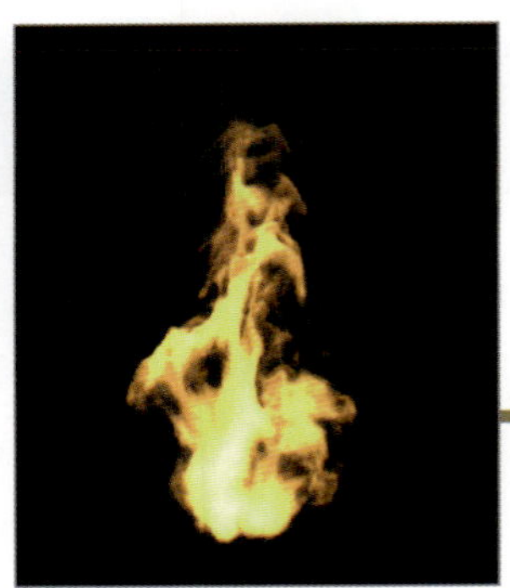

47 いったんレンダリングして結果を確認します。シーンビューをRender Viewに切り替えてレンダリング（ここでは72フレーム目）します。

デフォルトで割り当てられている炎のマテリアル

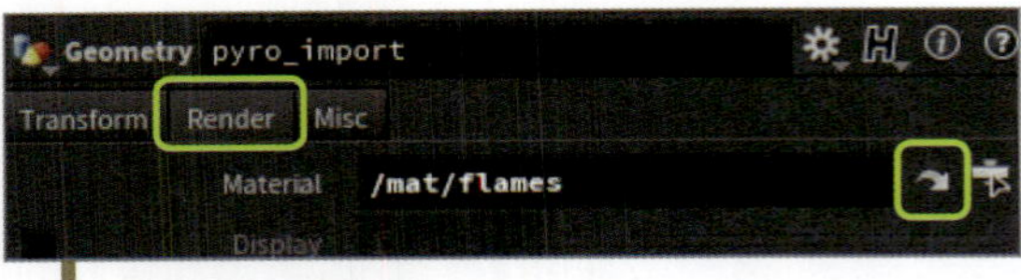

48 シェルフを使って作成した場合、デフォルトで炎のマテリアルが割り当てられています。確認のためUキーで「/obj」階層に上がり「pyro_import」ノードを選択、パラメータタブを「Render」に切り替えます。「Material」の「/mat/flames」が炎の質感を設定しているマテリアルです。図の矢印アイコンを押して、マテリアルのある階層に移動します。

49 移動先の「flames」ノードで、炎から煙まで質感付けができます。このマテリアルでは、質感を付けるのに、先ほどキャッシュファイルに保存したボリュームの情報を使用しています。

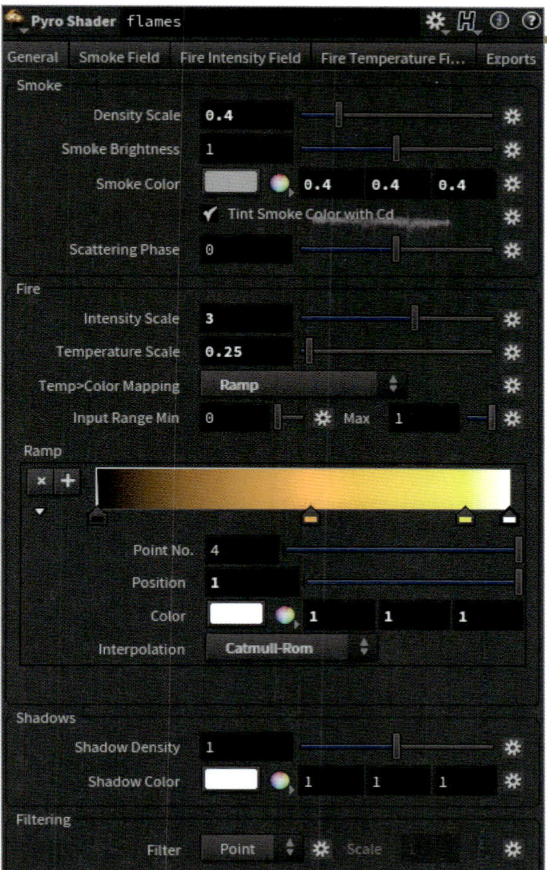

50 「General」タブのパラメータでは、炎と煙の基本的な色や濃さを設定できます。炎や煙などカテゴリごとにパラメータがまとめられています。

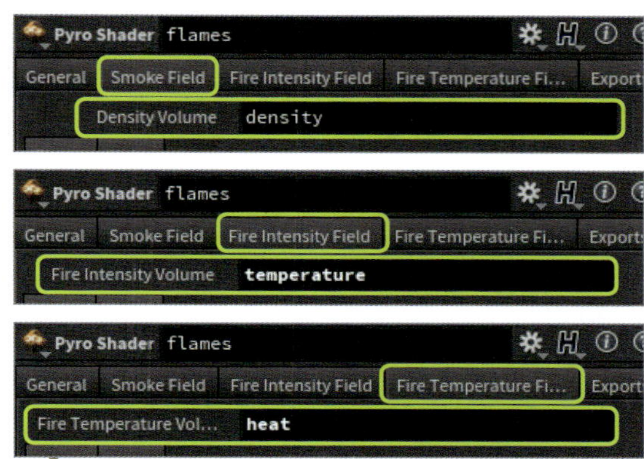

51 質感は主に「density」、「temperature」、「heat」の3つのボリューム情報でつくられています。
「density」は炎から発生する煙をレンダリングするのに使われます。「Smoke Field」タブの「Density Volume」には「density」とあり、煙の質感設定にdensityボリュームを用いることを示します。
「temperature」と「heat」のボリュームは炎のレンダリングに使われます。「Fire Intensity Field」タブの「Fire Intensity Volume」には「temperature」とあり、炎の強さ（明るさ）にtemperatureボリュームを用いることを示します。
「Fire Temperature Field」の「Fire Temperature Fi..」には「heat」とあり、炎の温度としてheatボリュームを用いることを示します。なお、この温度は炎の色の決定に使われます。

青い炎をつくる

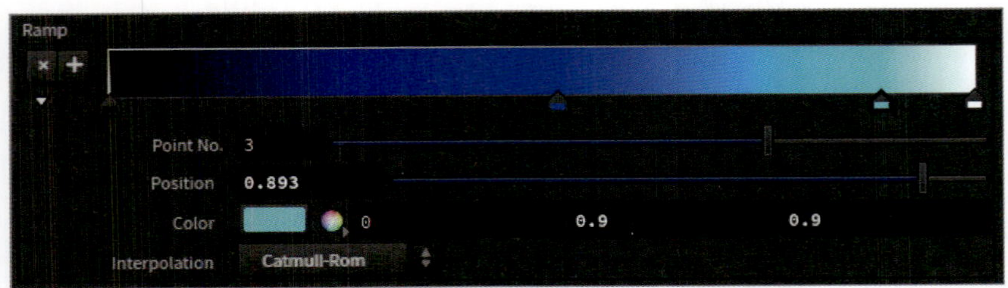

52 マテリアルのパラメータを変更して青い炎をつくってみます。「General」タブを選択し、中ほどにある「Ramp」の色を変更して、青いグラデーションにします。

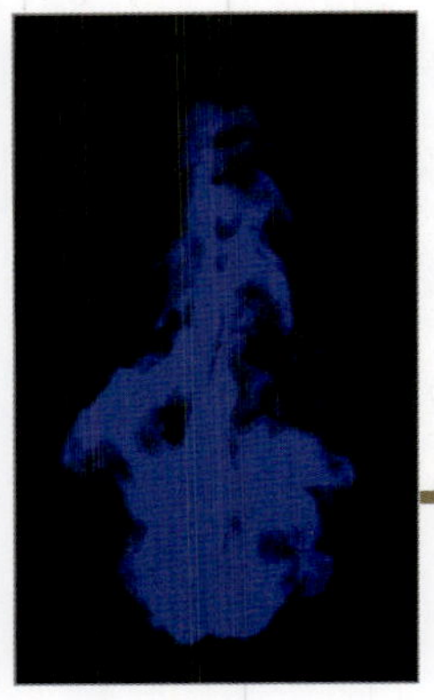

53 レンダリングして結果を確認すると、青で色がつぶれたようになってしまっています。

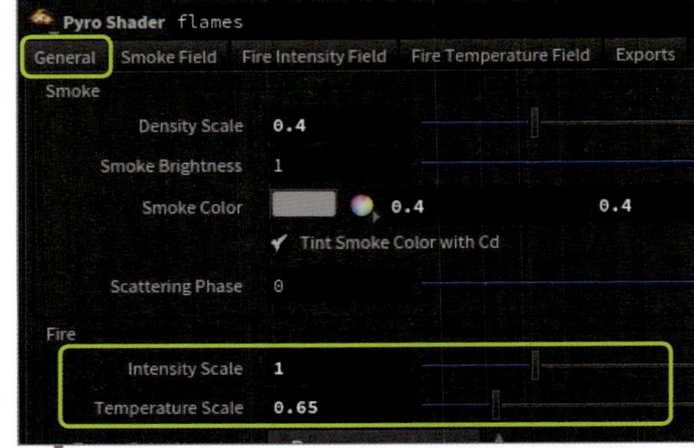

54 パラメータを調整してより炎らしくします。「General」タブで「Intensity Scale：1」に、「Temperature Scale：0.65」に設定します。

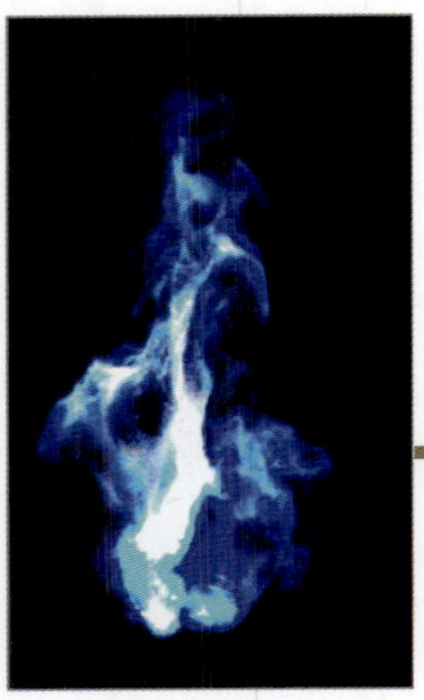

55 レンダリングして結果を確認します。よりリアルな青い炎となりました。いろいろな色に変更して遊んでみましょう。

5-6 色のついた煙

難易度 ★★★★

ここまで「Density（濃度）」「Temperature（温度）」「Fuel（燃料）」などのボリュームが登場し、シミュレーションに使われてきました。ですが、自分で任意のボリュームを作成し、それをシミュレーションに使うことも可能です。ここでは、「Cd（色）」という発生源の色情報を持ったボリュームを自分で作成し、それを流体シミュレーションで動かすことで、2色の煙が混ざるようなエフェクトを作成します。

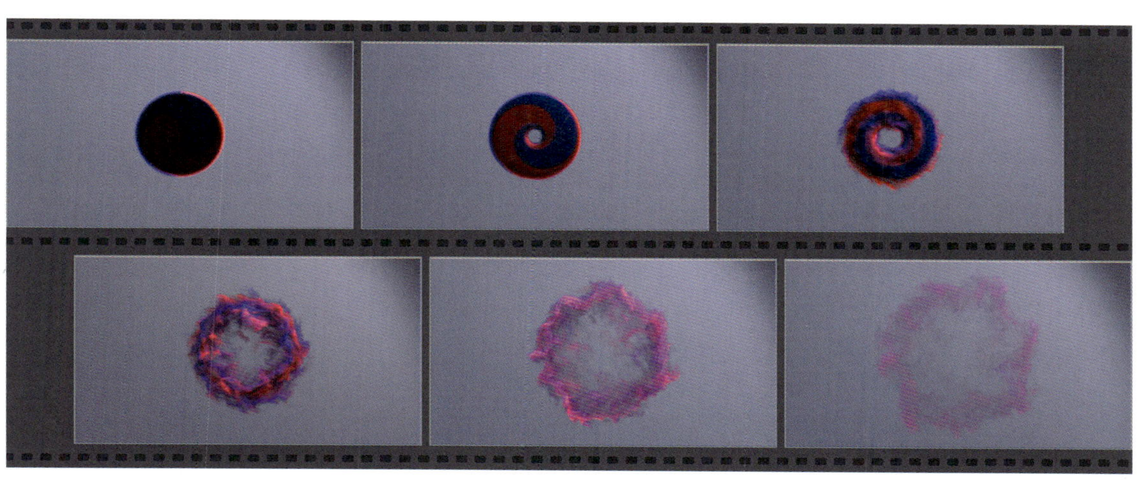

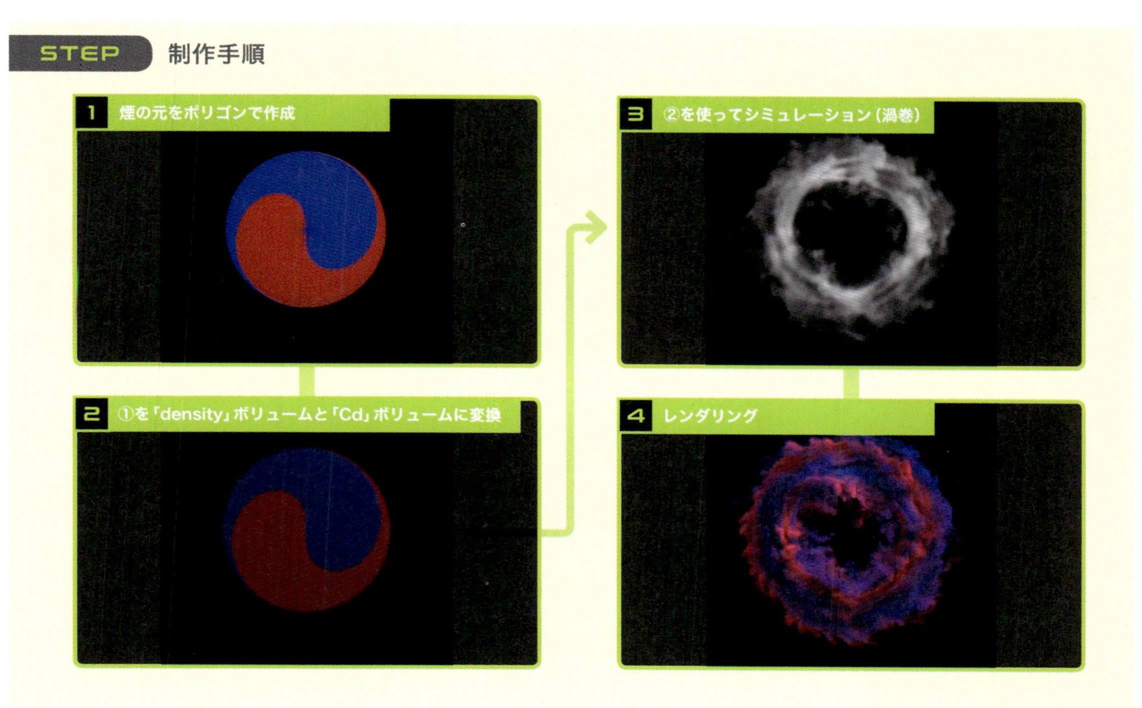
STEP 制作手順
1 煙の元をポリゴンで作成
2 ①を「density」ボリュームと「Cd」ボリュームに変換
3 ②を使ってシミュレーション（渦巻）
4 レンダリング

NETWORK 完成したネットワークの全体図

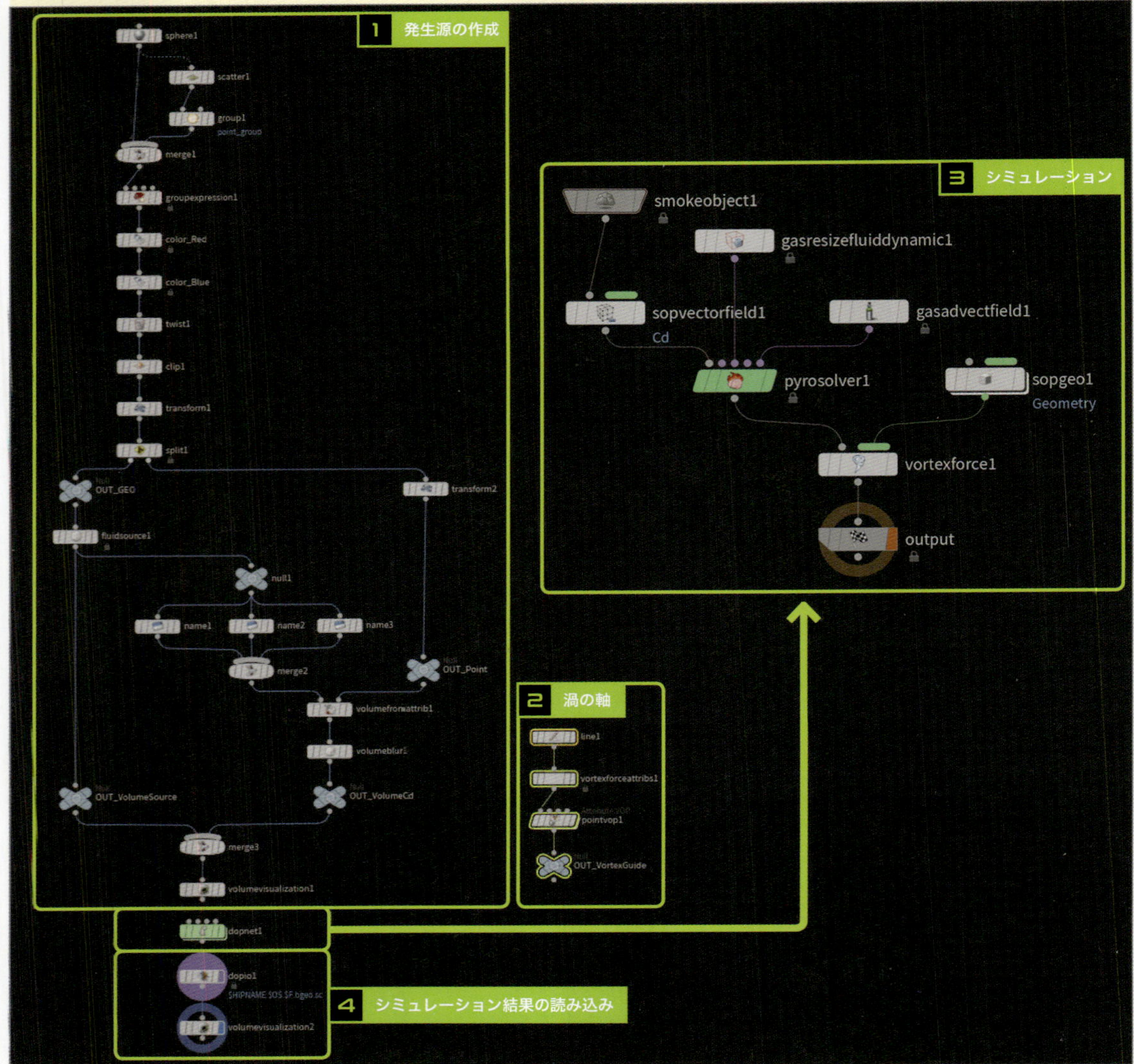

■主要ノード一覧（登場順）

ノード	ページ	ノード	ページ	ノード	ページ
Geometry (OBJ)	P265	Null (SHOP)	P269	Gas Resize Fluid Dynamics (DOP)	P279
Sphere (SOP)	P265	Fluid Source (SOP)	P269	Vortex Force (DOP)	P279
Scatter (SOP)	P265	Name (SOP)	P270	Line (SOP)	P280
Group Create (SOP)	P266	Volume from Attribute (SOP)	P271	Vortex Force Attributes (SOP)	P280
Merge (SOP)	P266	Volume Visualization (SOP)	P272	Attribute VOP (SOP)	P282
Group Expression (SOP)	P266	Volume Blur (SOP)	P273	Bind (VOP)	P282
Color (SOP)	P267	DOP Network (SOP)	P274	Multiply (VOP)	P282
Twist (SOP)	P267	Smoke Object (DOP)	P274	Dop I/O (SOP)	P284
Clip (SOP)	P268	Pyro Solver (DOP)	P274	Camera (OBJ)	P288
Transform (SOP)	P268	SOP Vector Field (DOP)	P276	Grid (SOP)	P289
Split (SOP)	P268	Gas Advect Field (DOP)	P278		

煙の元となる球を作成する

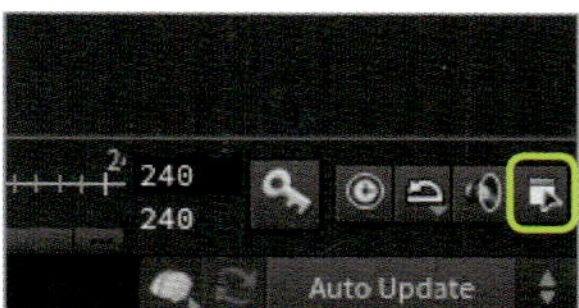

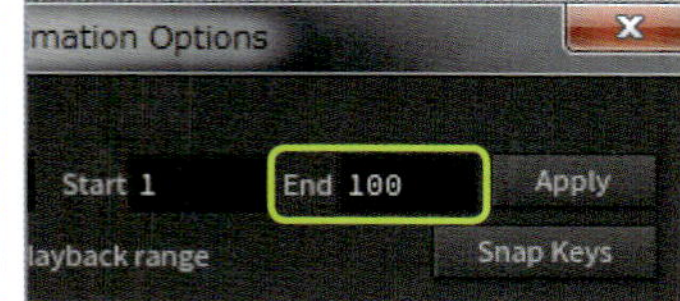

1 最初に、シーン尺を設定しておきます。ウィンドウ右下のボタンを押して「Global Animation Options」を表示し、Endを「100」に変更します。

2 「/obj」階層でTAB Menuから「Geometry (OBJ)」を作成、ノード名を「ColorSmoke」にします。このノードの中に入り、既存の「file1」ノードを削除します。

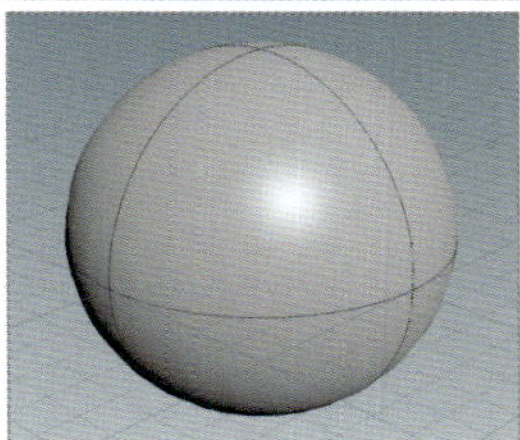

3 煙の元となる形状をつくります。TAB Menuから「Sphere (SOP)」を作成します。

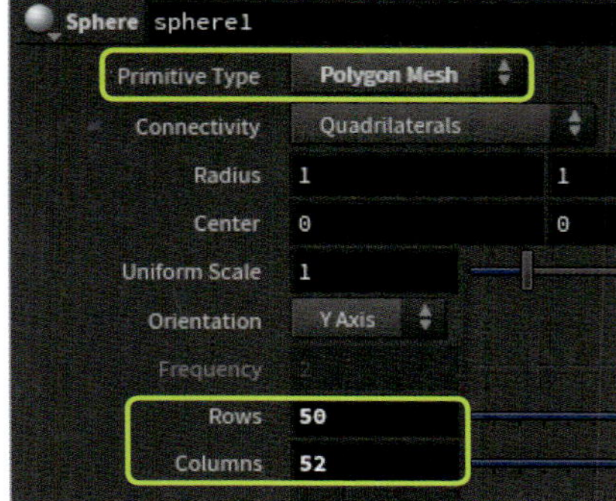

4 「sphere1」ノードのパラメータ「Primitive Type」を「Polygon Mesh」に変更します。するとその下のパラメータ「Rows」と「Columns」が設定可能になるので、「Rows：50」、「Columns：52」とします。図のようなポリゴンの球ができます。

球にポイントを作成する

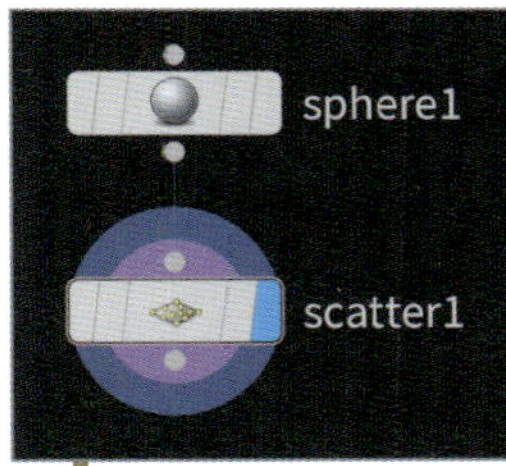

5 球の表面にポイントをばらまきます。TAB Menuから「Scatter (SOP)」を作成し、「sphere1」ノードの下にコネクトします。

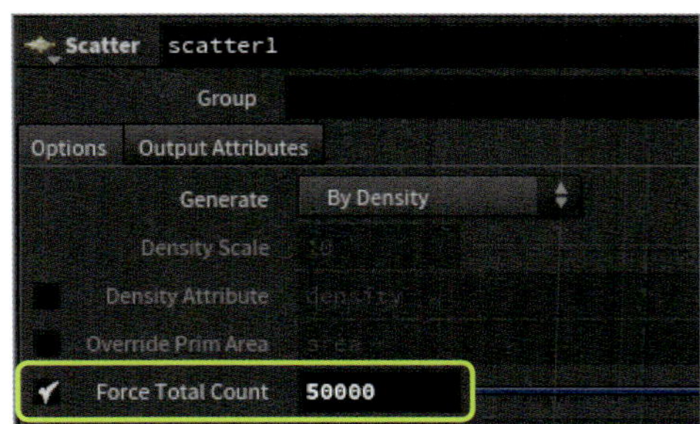

6 「scatter1」ノードのパラメータ「Force Total Count」を「50000」に変更して、ポイントの数を増やします。

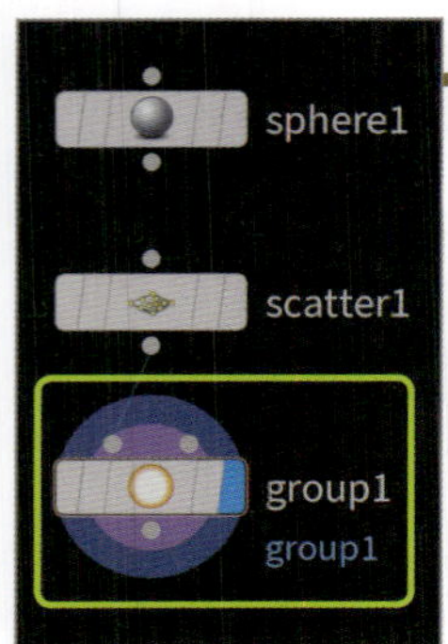

7 作成したポイントをすべてグループにします。TAB Menuから「Group Create(SOP)」を作成し、「scatter1」ノードの下にコネクトします。

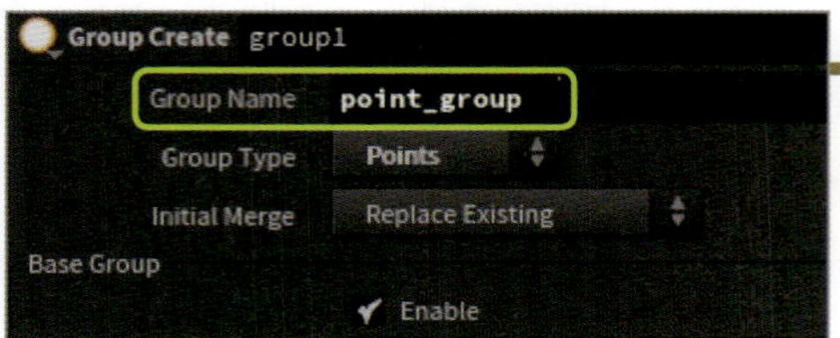

8 作成した「group1」ノードの設定を変更します。「Group Name」に「point_group」と記述し、「Group Type」を「Points」に変更します。これで、現在あるポイントはすべて「point_group」という名前のグループに所属しました。

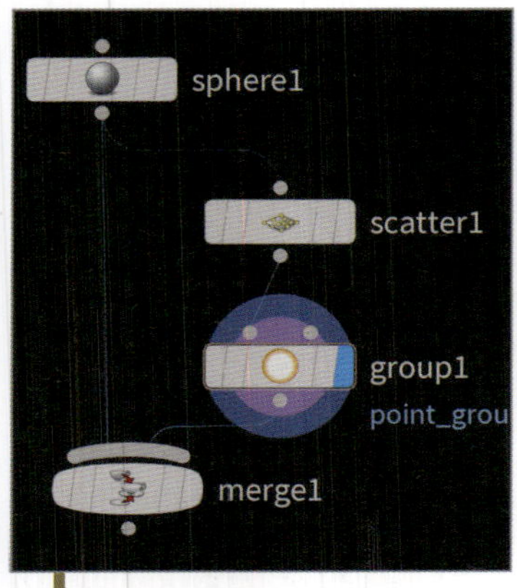

9 TAB Menuから「Merge(SOP)」を作成し、「sphere1」ノードと「group1」ノードをコネクトします。これで球のポリゴンと、その表面にばらまかれたポイントができました。ポリゴンは後の工程でボリュームに変換し、ポイントは色情報の取得に使います。

10 もうひとつグループを作成します。TAB Menuから「Group Expression(SOP)」を作成し、「merge1」ノードの下にコネクトします。これを使って球の片側半分をグループ化します。

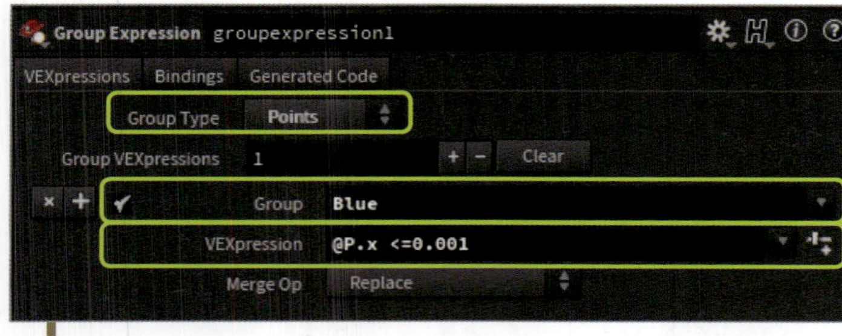

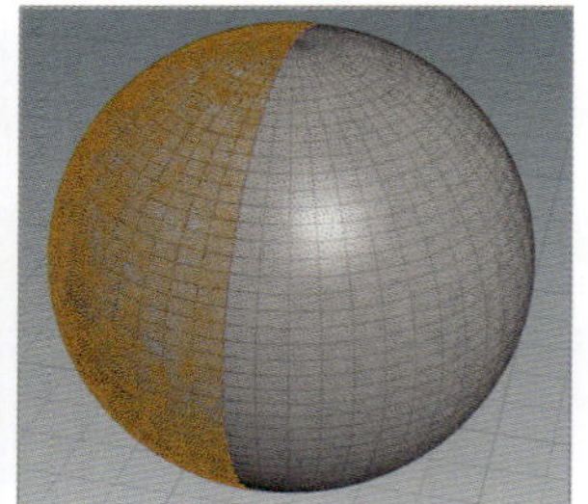

11 作成した「groupexpression1」ノードのパラメータを設定します。まず「Group Type」を「Points」に変更し、「Group」に「Blue」と記述します。これがグループ名です。次に、「VEXpression」に、「@P.x <= 0.001」と記述します。これで、－X側にあるおよそすべてのポイントが「Blue」という名前のグループに属します。

球に色を付ける

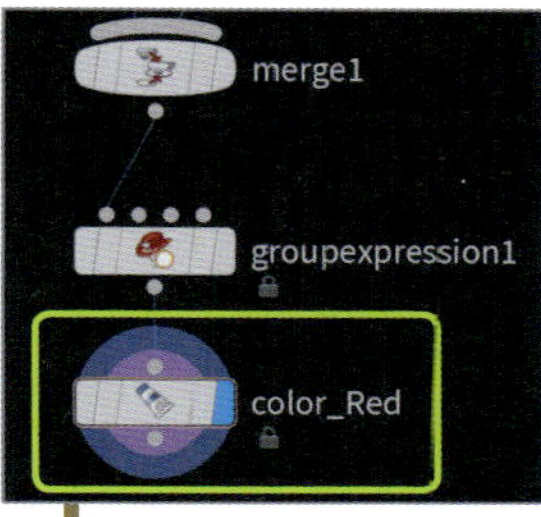

12 TAB Menuから「Color (SOP)」を作成、ノード名を「color_Red」に変更して、「groupexpression1」ノードの下にコネクトします。

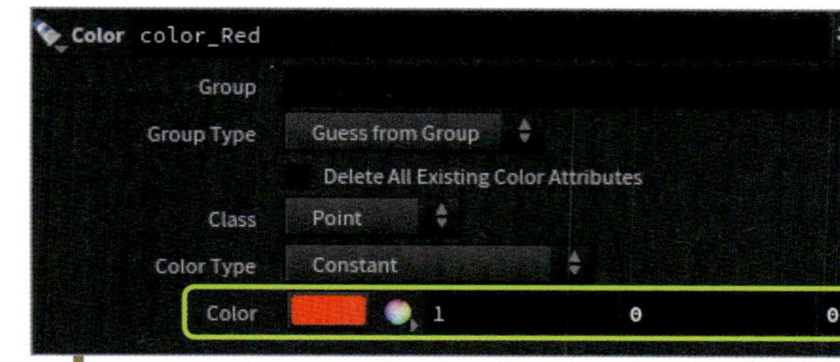

13 作成した「color_Red」ノードのパラメータを変更します。「Class」が「Point」に設定されていることを確認し、「Color」を「1　0　0」(赤)に設定します。これで全体に赤色が適用されます。

14 TAB Menuからもうひとつ「Color (SOP)」を作成。ノード名を「color_Blue」に変更し、「color_Red」ノードの下にコネクトします。

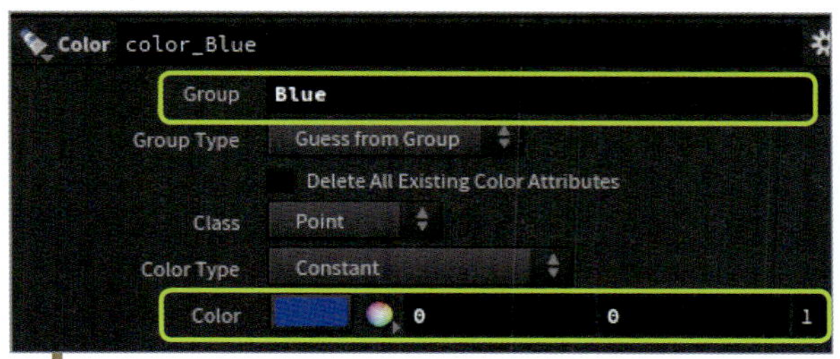

15 作成した「color_Blue」ノードのパラメータを変更します。まず、「Group」に「Blue」を設定します。次にパラメータ「Color」を「0　0　1」(青)に設定します。これでBlueグループに含まれる片側にのみ青色が適用され、図のように球の片側が赤、もう片側が青に色分けされました。

球をひねる

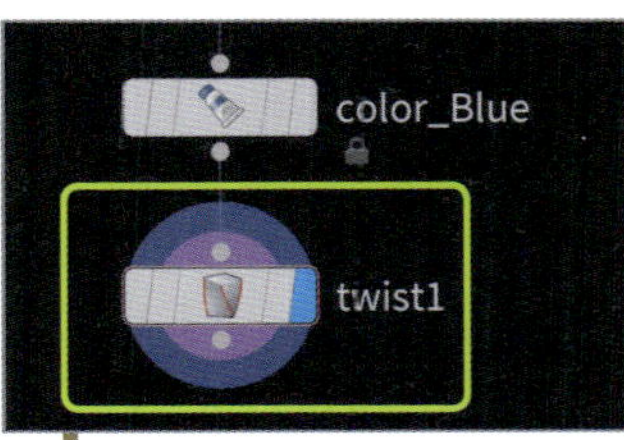

16 次に球をひねります。TAB Menuから「Twist (SOP)」を作成します。これはジオメトリを捻ったり曲げたりできるノードです。作成したノードを「color_Blue」の下にコネクトします。

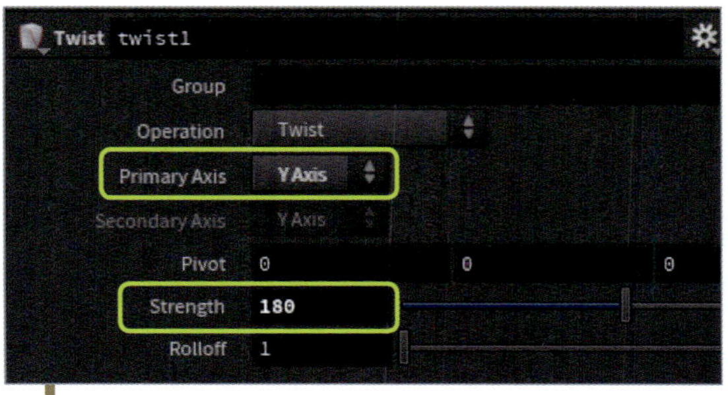

17 作成したノードのパラメータを設定します。「Primary Axis」を「Y Axis」に変更し、「Strength」を「180」に設定します。図のように球がねじれます。

球の上半分だけ切り取って平面につぶす

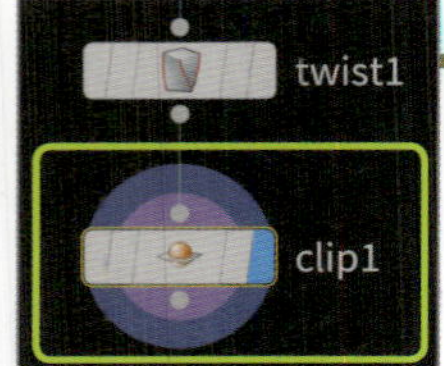

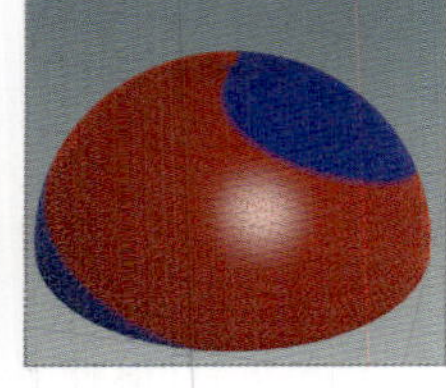

18 この球の上半分だけ切り取ります。TAB Menuから「Clip (SOP)」を作成します。これはジオメトリを平面で切り取り、片側を削除するノードです。作成したノードをネットワークの一番下にコネクトすると、下半分が切り取られ、半球になります。

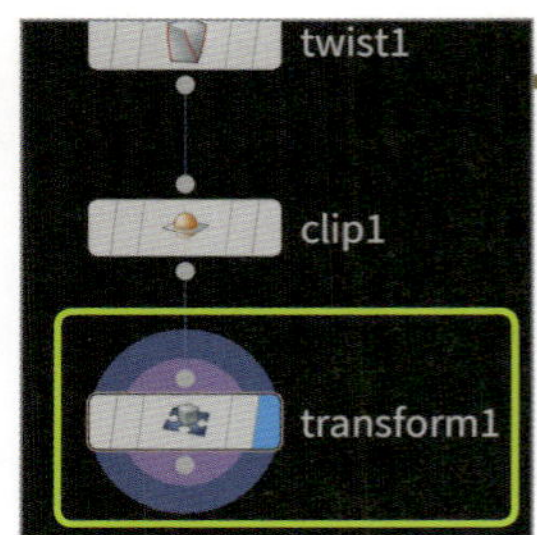

19 半球をY軸方向につぶして平面にします。TAB Menuから「Transform (SOP)」を作成し、「clip1」ノードの下にコネクトします。

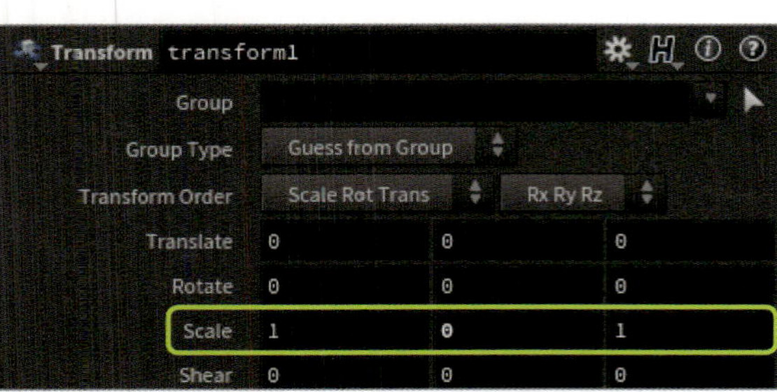

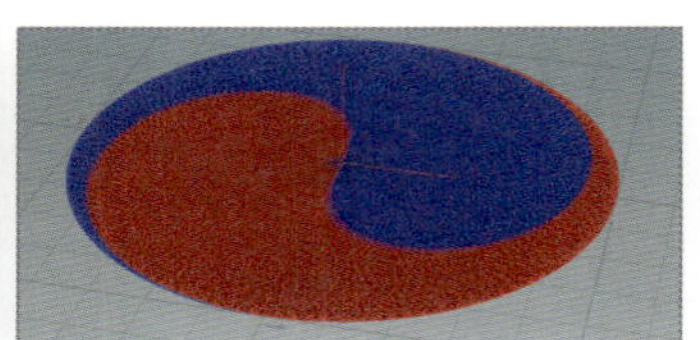

20 作成した「transform1」ノードのパラメータ「Scale」を「1　0　1」に変更します。すると半球がつぶれて、図のような板状の円になります。

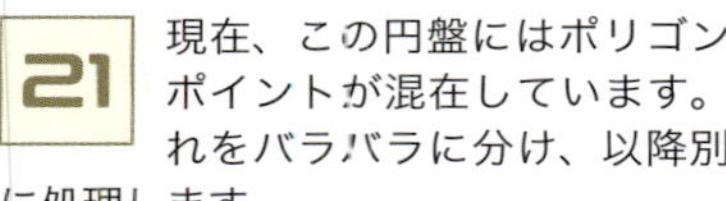

21 現在、この円盤にはポリゴンとポイントが混在しています。これをバラバラに分け、以降別々に処理します。

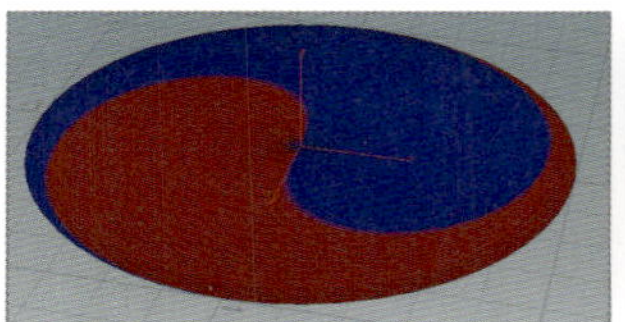

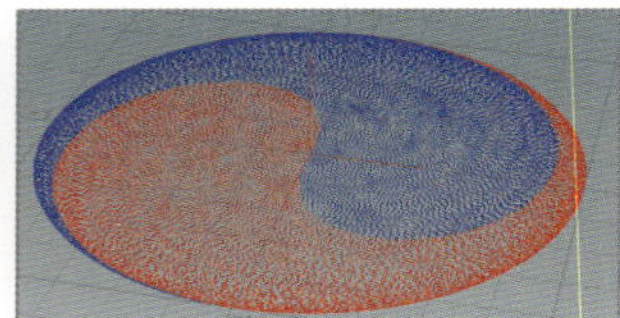

ポリゴンをボリュームに変換する

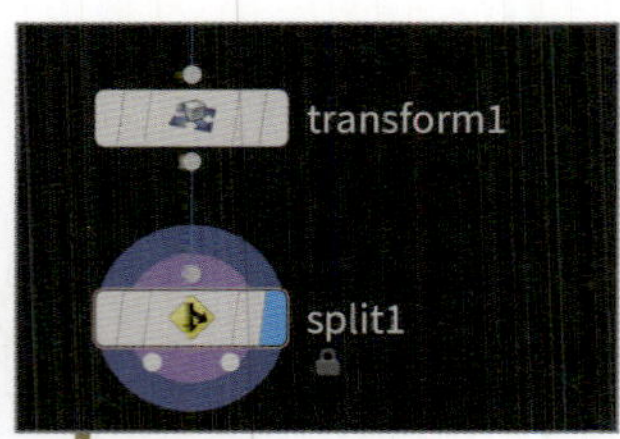

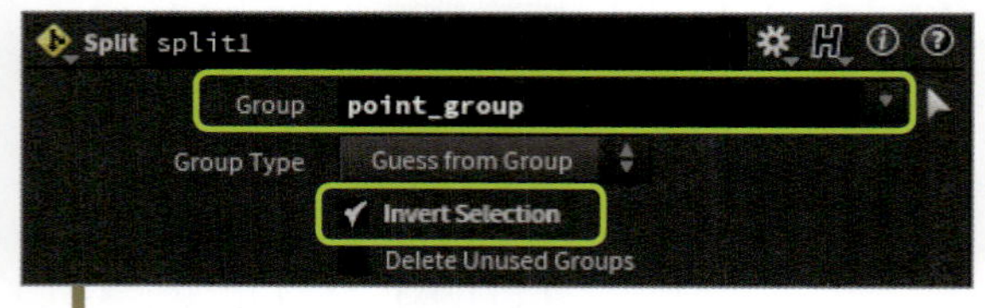

22 TAB Menuから「Split (SOP)」を作成して、「transform1」ノードの下にコネクトします。

23 作成したノードのパラメータを変更します。まず、「Group」に「point_group」を指定します。これは7 8の工程で作成したポイントだけのグループです。また、「Invert Selection」を有効にします。これで「split1」ノードの左側の出力からグループ「point_group」以外のものが、右側からグループ「point_group」に属するものが出力されます。

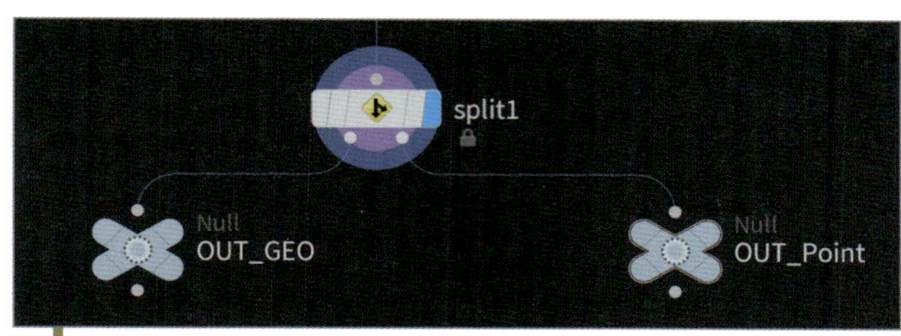

24 TAB Menuから「Null (SOP)」を作成、ノード名を「OUT_GEO」とし、「splite1」ノードの左側の出力にコネクトします。同様にもうひとつ「Null (SOP)」を作成し、ノード名を「OUT_Point」にして、「split1」ノードの右側の出力にコネクトします。

25 まず、ポリゴンをボリュームに変換します。TAB Menuから「Fluid Source (SOP)」を作成し、「OUT_GEO」ノードの下にコネクトします。

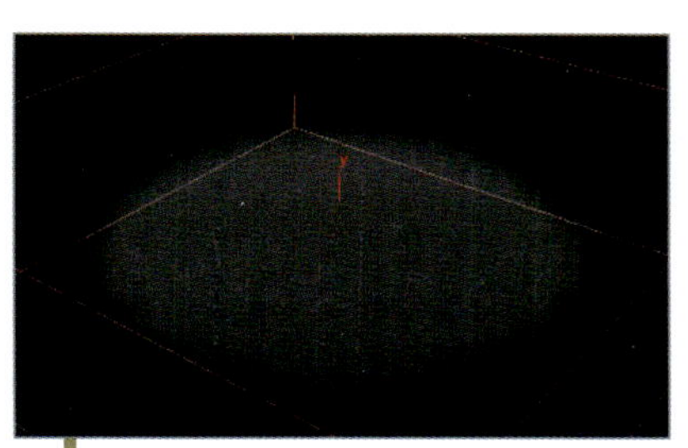

26 シーンビューを見ると、円盤がボリュームに変換されています。背景が明るくてボリュームが見づらい場合は、シーンビューでDキーを押して「Display Options」を表示し、「Background」タブ→「Color Scheme」を「Dark」に変更します（以降、背景色は見やすい色で作業してください）。

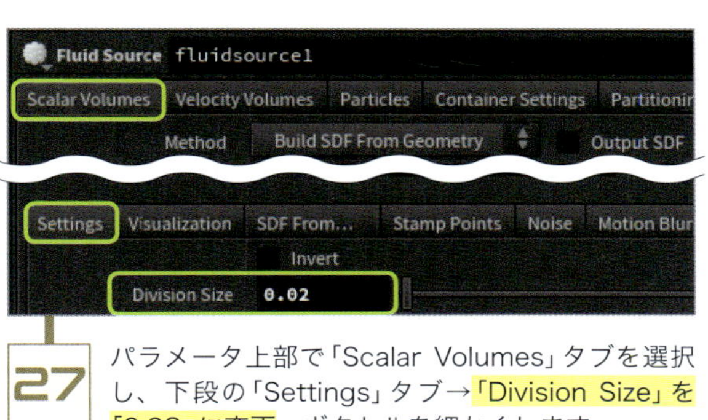

27 パラメータ上部で「Scalar Volumes」タブを選択し、下段の「Settings」タブ→「Division Size」を「0.02」に変更、ボクセルを細かくします。

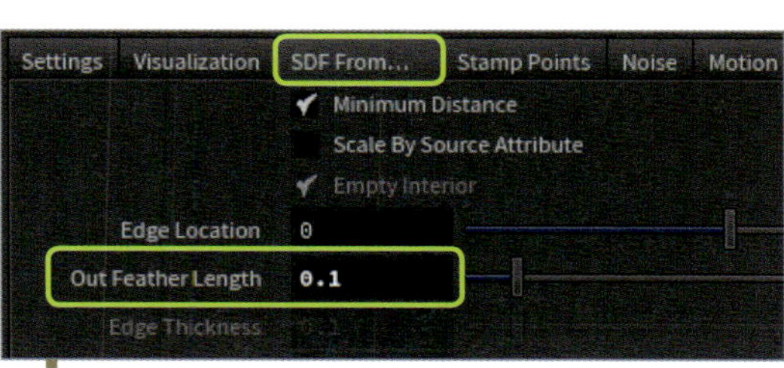

28 下段を「SDF From Geometry」タブに切り替え、「Out Feather Length」を「0.1」に変更します。これで円盤から「0.1」の範囲内にボリュームがつくられます。

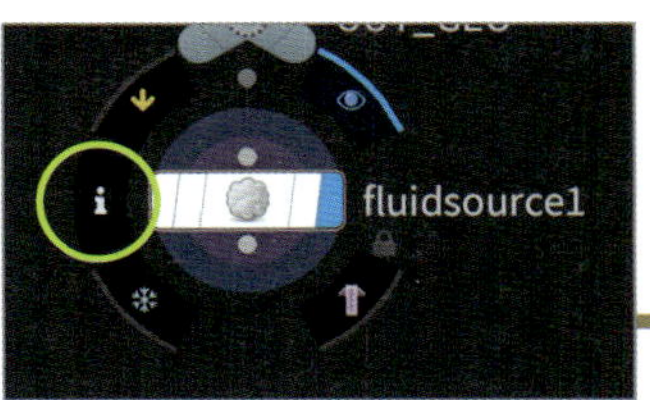

29 「fluidsource1」ノードのリングメニューから「Node Info」を選択し、現在の状態を確認します。表示された「Node Info」の中ほどにボリュームの情報を記載されています。「density」ボリュームが作成されていることがわかります。

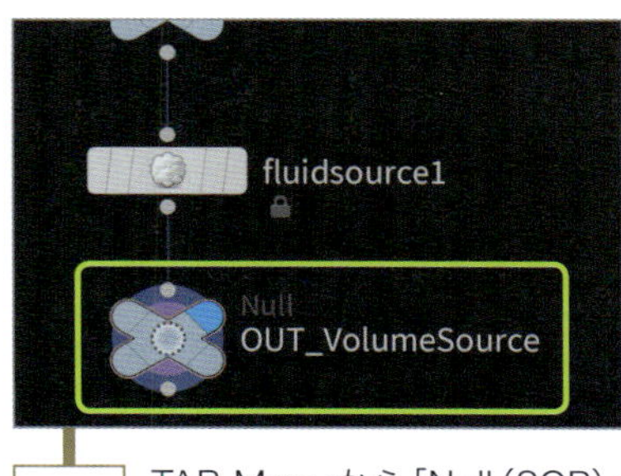

30 TAB Menuから「Null (SOP)」を作成、「fluidsource1」ノードの下にコネクト。ノード名を「OUT_VolumeSource」とします。

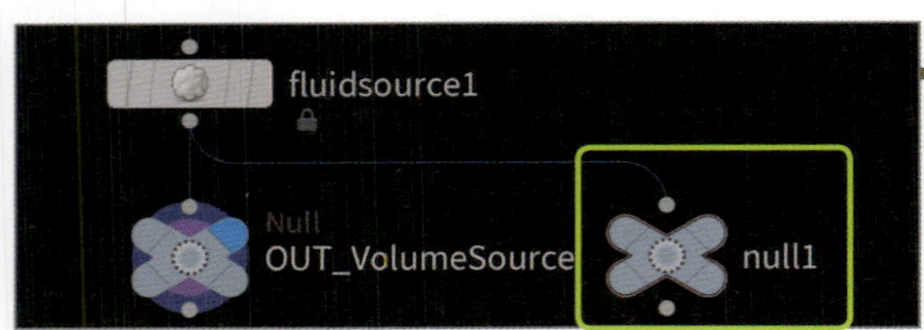

31 作成したボリュームのうち「density」ボリュームの情報を加工して、色情報「Cd」を格納するボリュームをつくります。TAB Menuから「Null (SOP)」を作成し、「fluidsource1」ノードの下に、分岐するようにコネクトします。

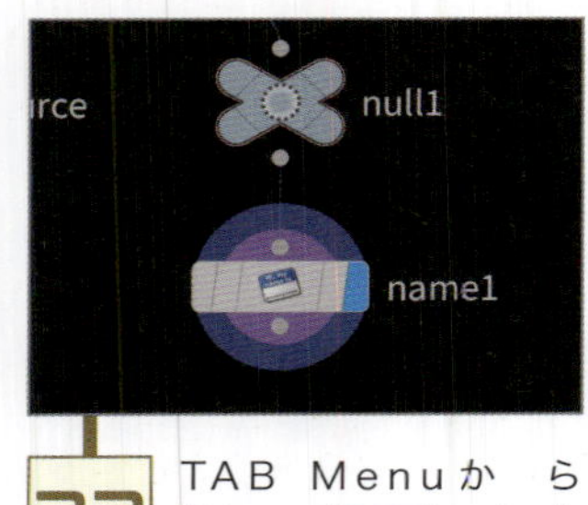

32 TAB Menuから「Name (SOP)」を作成し、「null1」ノードの下にコネクトします。これはNameアトリビュートの作成と変更に特化したノードです。

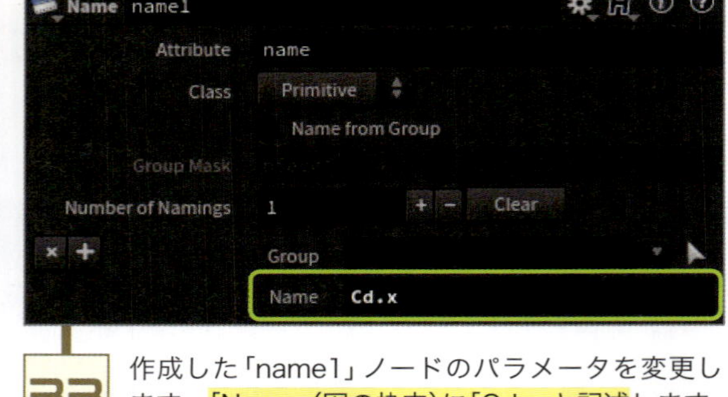

33 作成した「name1」ノードのパラメータを変更します。「Name」(図の枠内)に「Cd.x」と記述します。これでボリュームの名前が、「density」から「Cd.x」に変わりました。

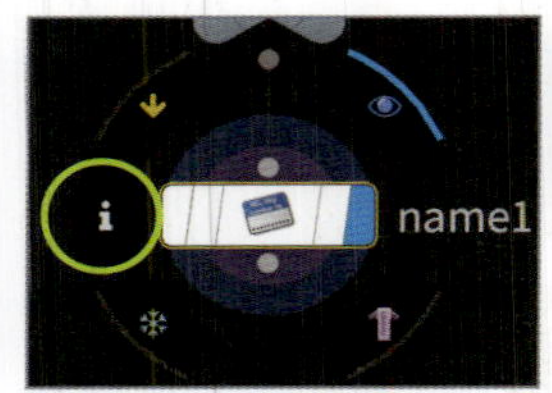

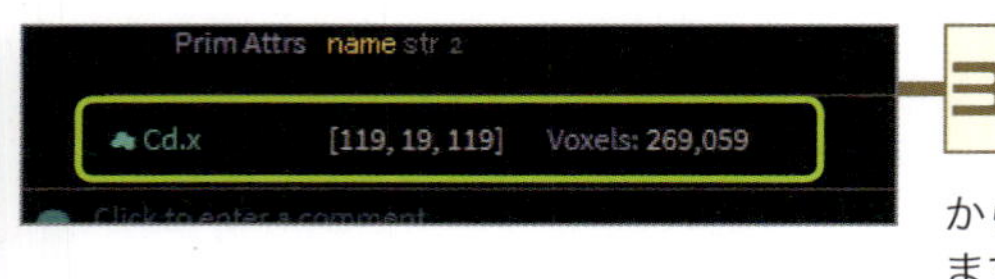

34 「name1」ノードの「Node Info」を表示して確認してみましょう。ボリュームの名前が「density」から「Cd.x」に変わっているのが確認できます。

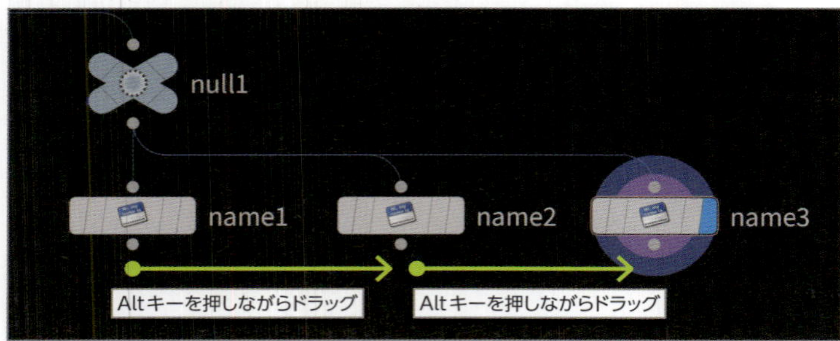

35 同様にして「Cd.y」と「Cd.z」という名前のボリュームを、「name1」ノードを複製して作成します。「name1」ノードを選択し、Altキーを押しながら横にドラッグして複製、「name2」ノードを作成します。もう一度複製して「name3」ノードも作成します。

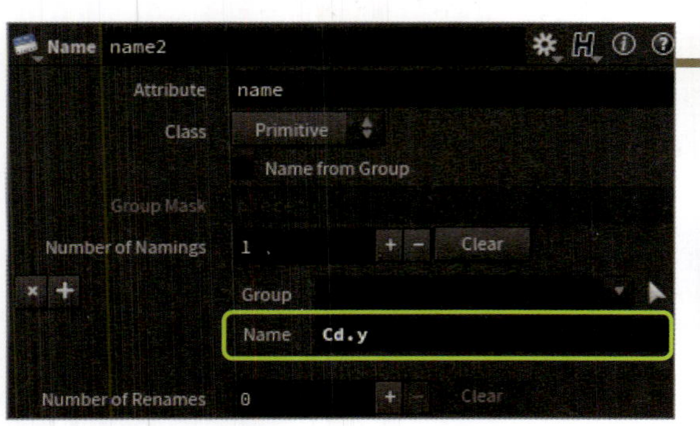

36 複製した「name2」ノードのパラメータ「Name」を「Cd.y」と変更します。

37 同様に、「name3」ノードのパラメータ「Name」を「Cd.z」と変更します。これで「density」ボリュームから「Cd.x」、「Cd.y」、「Cd.z」の3つのボリュームが作成されました。

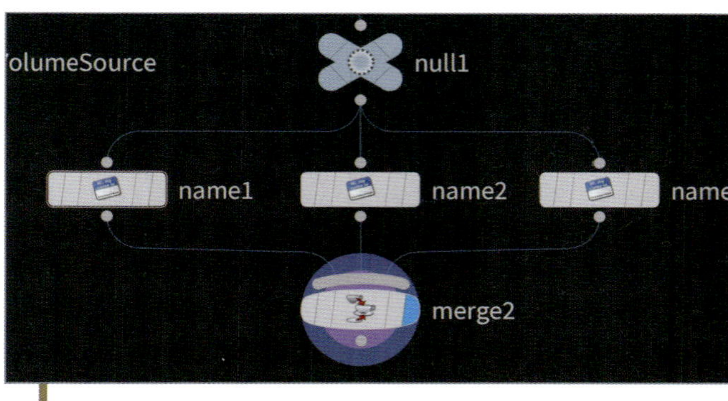

38 3つのボリュームをまとめます。TAB Menuから「Merge (SOP)」を作成し、「name1」「name2」「name3」の3つのノードをコネクトします。

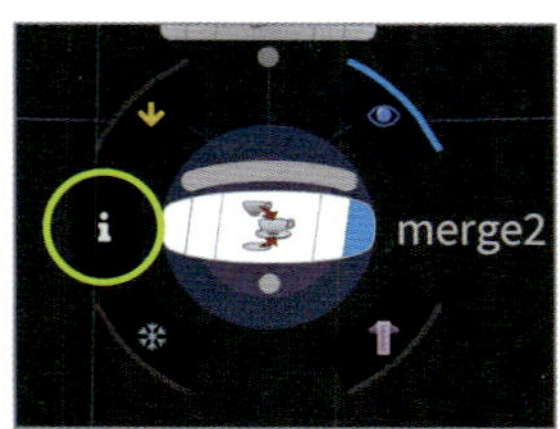

Cd.x	[119, 19, 119]	Voxels: 269,059
Cd.y	[119, 19, 119]	Voxels: 269,059
Cd.z	[119, 19, 119]	Voxels: 269,059

39 「merge2」ノードの「Node Info」を確認してみると、「Cd.x」、「Cd.y」、「Cd.z」の3つのボリュームがあることが確認できます。
これで色情報を格納するボリュームの器ができました。これに色情報をのせます。

色情報を設定する

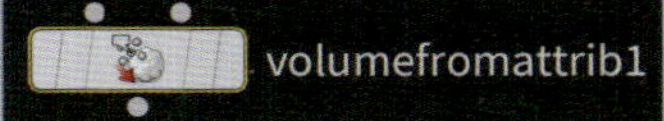

40 TAB Menuから「Volume from Attribute (SOP)」を作成します。これはポイントのアトリビュートの値を、ボリュームのボクセルにコピーすることのできるノードです。

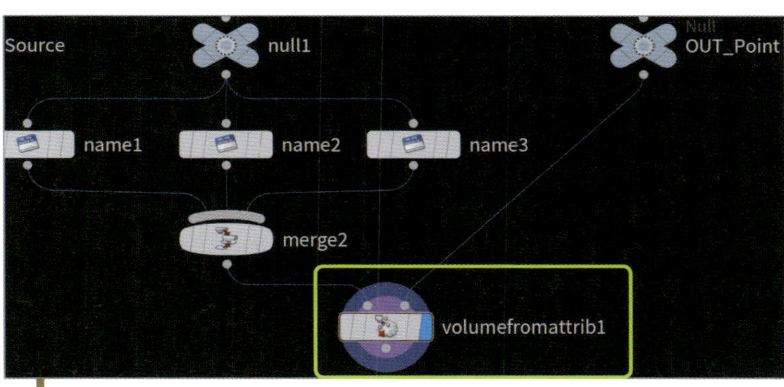

41 「volumefromattrib1」ノードの左側の入力に「merge2」ノードを、右側の入力に「OUT_Point」ノードをコネクトします。

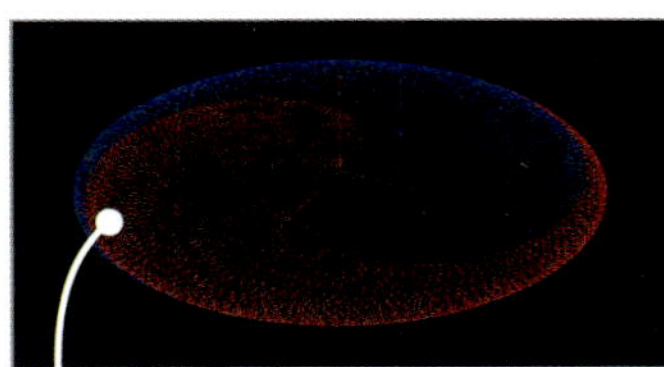

42 ここで右側の入力にコネクトした「OUT_Point」ノードは図のような色情報を持ったポイントです。このポイントの持つ色情報「Cd」をボリュームのボクセルにコピーします。

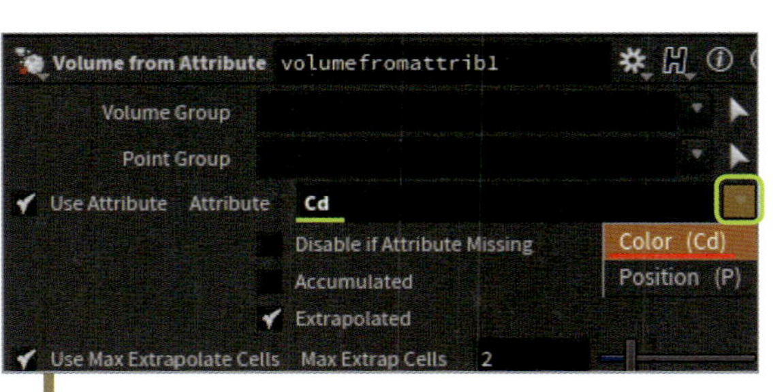

43 「volumefromattrib1」ノードのパラメータ「Attribute」の右側にある▼を押して、リストから「Color (Cd)」を選択します(「Attribute」欄に「Cd」と入力される)。これでポイントからボリュームへ「Cd」アトリビュートが転送されます。

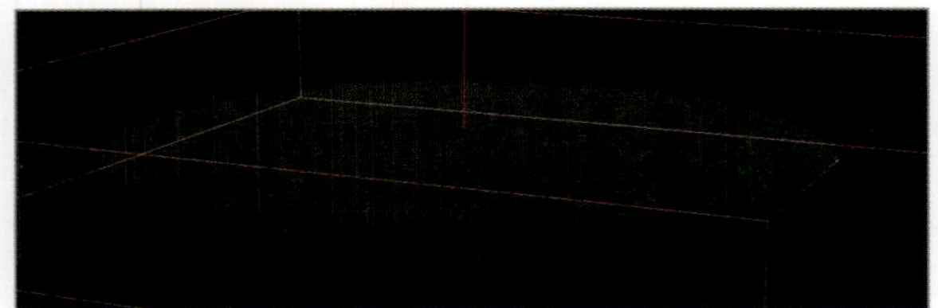

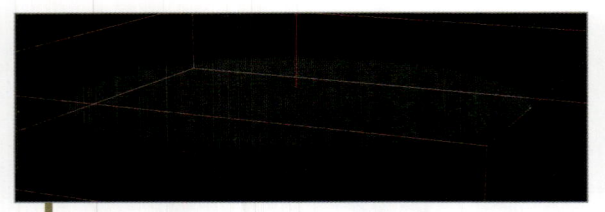

44 値はコピーされたものの、「volumefromattrib1」ノードに表示フラグを立ててシーンビューを見ても、色がついたようには見えません。色が確認できるようにします。

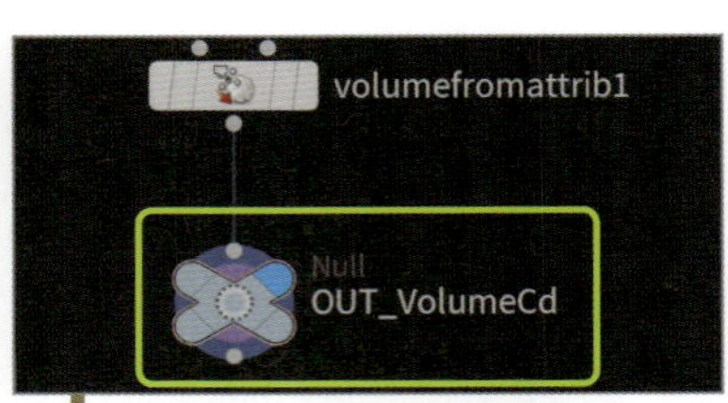

45 その前にTAB Meuから「Null (SOP)」を作成し、名前を「OUT_VolumeCd」と変更して、「volumefromattrib1」ノードの下にコネクトします。

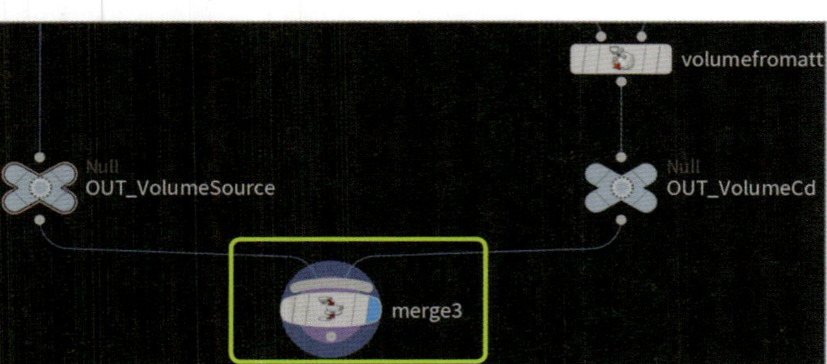

46 TAB Menuから「Merge (SOP)」を作成し、「OUT_Volume Source」ノードと「OUT_VolumeCd」をコネクトします。この「OUT_VolumeSource」ノードにあるボリュームと、「OUT_VolumeCd」にあるボリュームを使って、色情報を可視化します。

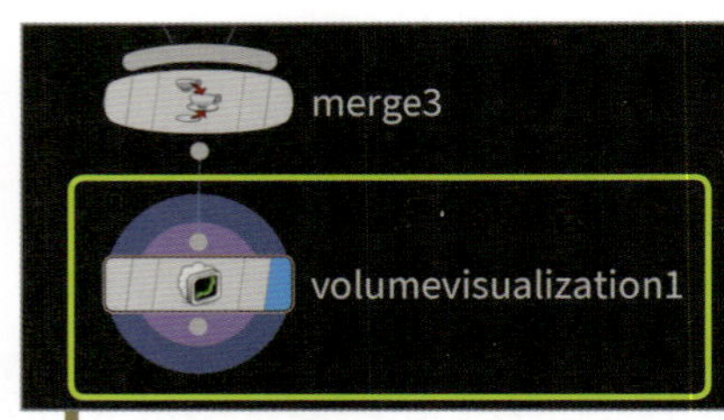

47 TAB Menuから「Volume Visualization (SOP)」を作成し、「merge3」ノードの下にコネクトします。「Volume Visualization (SOP)」を使うと、シーンビューでボリューム情報を可視化できます。

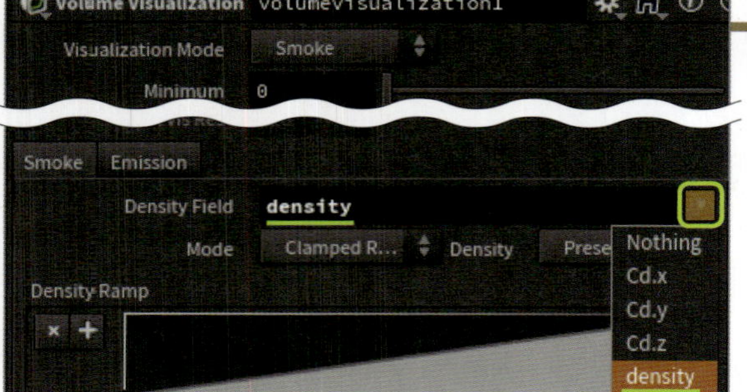

48 「volumevisualization1」ノードを選択して、「Smoke」タブ→「Density Field」右側にある▼を押してリストから「density」を選択します(パラメータ「Density Field」に「density」と記述される)。

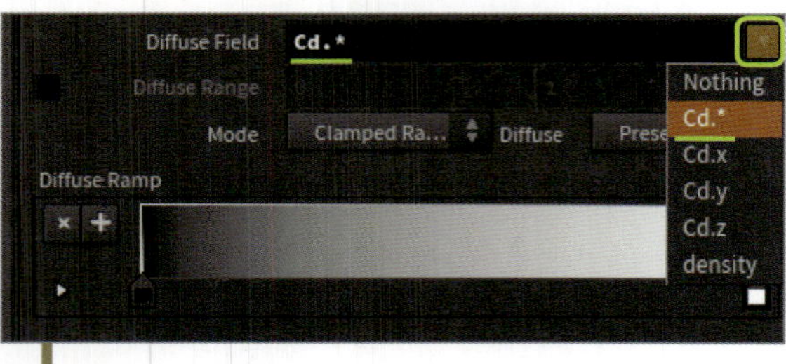

49 「Density Field」のさらに下、「Diffuse Field」右側にある▼を押してリストから「Cd.*」を選択します(「Diffuse Field」に「Cd.*」と記述される)。

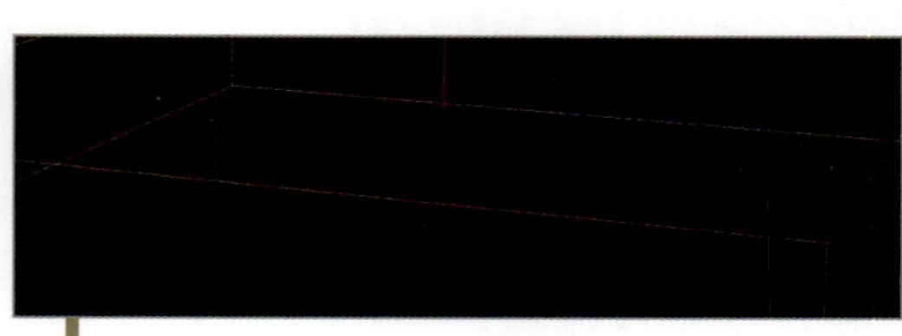

50 「volumevisualization1」ノードに表示フラグを立ててシーンビューを見ると、ボリュームに薄く色がついているのが確認できます。

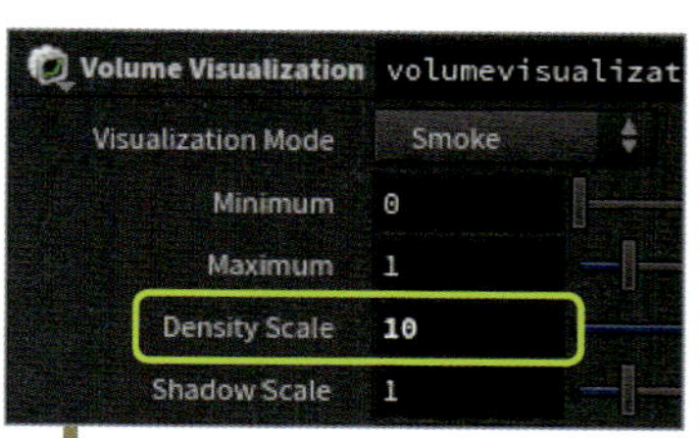

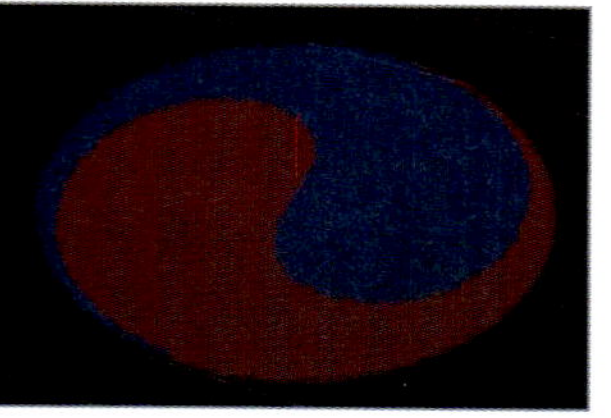

51 もう少し色を濃くして見やすくします。「volumevisualization1」ノードのパラメータ「Density Scale」を「10」に変更すると、表示上、煙の濃さが10倍になります。シーンビューを見ると、先ほどより濃く表示され、ポイントの色情報がボリュームにコピーされていることが確認できました。

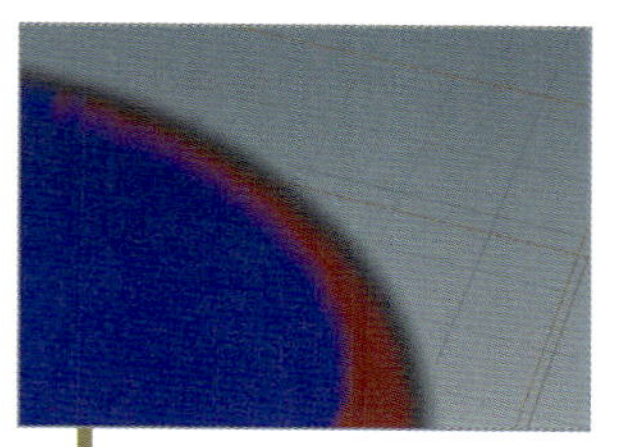

52 背景色を明るくして色のついたボリュームをよく見ると、円の淵が少し黒くなっています。これは、色をコピーしたポイント群よりも、ボリュームのほうが少し大きく、色情報が転送できなかった箇所があるためです。

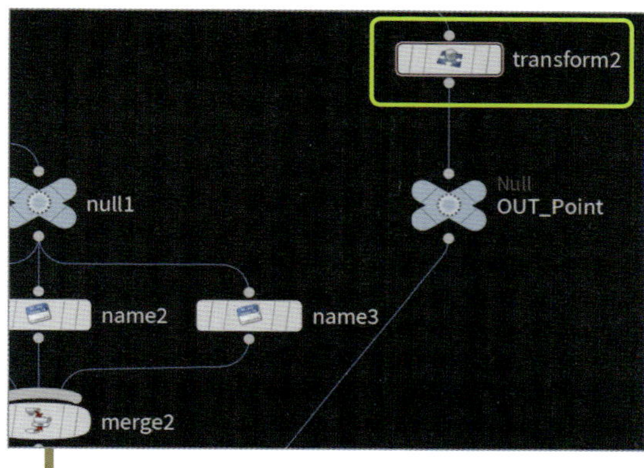

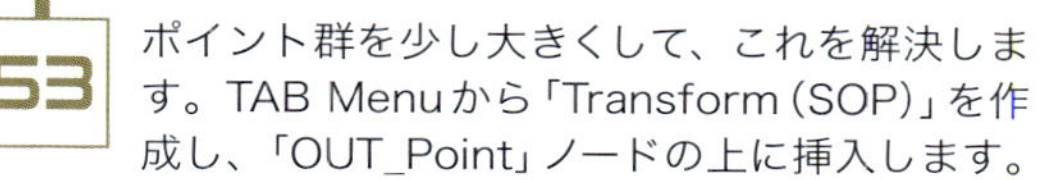

53 ポイント群を少し大きくして、これを解決します。TAB Menuから「Transform (SOP)」を作成し、「OUT_Point」ノードの上に挿入します。

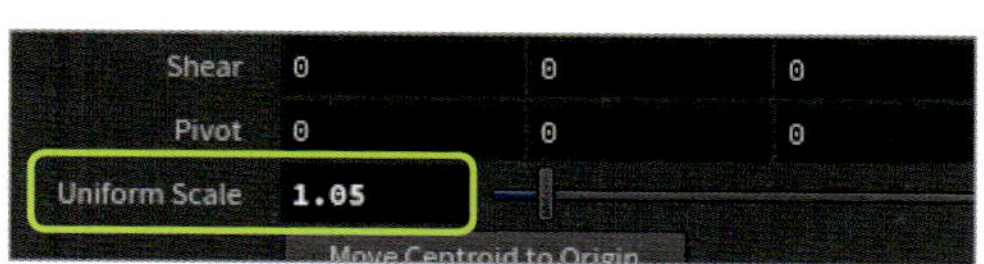

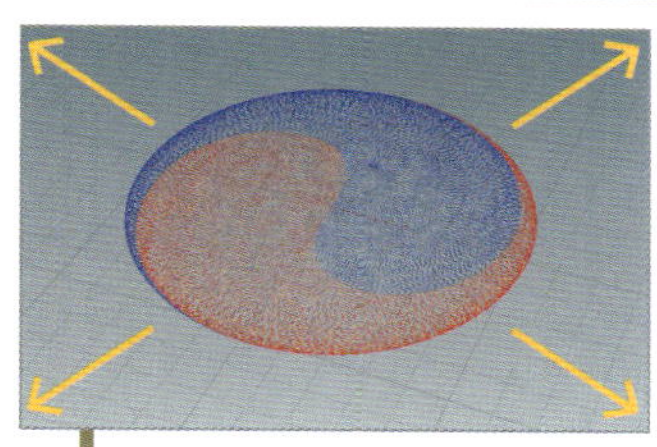

54 作成した「transform2」ノードのパラメータ「Uniform Scale」を「1.05」に変更します。ポイント全体が外側に広がるように大きくなります。

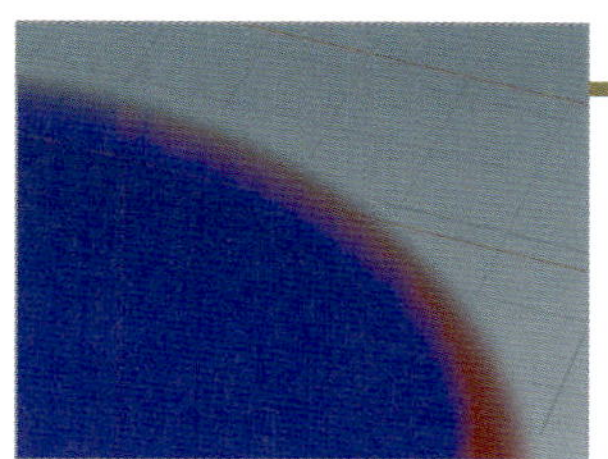

55 「volumevisualization1」ノードに表示フラグを立ててみると、ボリュームの輪郭部分にあった黒がなくなっているのが確認できます。

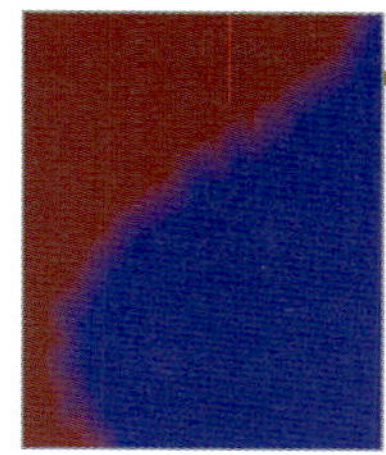

56 赤と青の境界部分があまりきれいではありません。もう少しなめらかにするため、ボリュームを修正します。

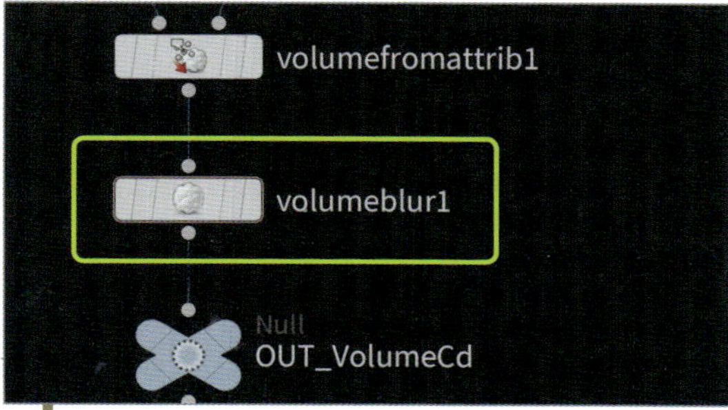

57 TAB Menuから「Volume Blur (SOP)」を作成し、「OUT_VolumeCd」と「volumefromattrib1」の間に挿入します。ここで作成した「Volume Blur (SOP)」ノードはボリュームの情報に対してぼかす機能を持っています。

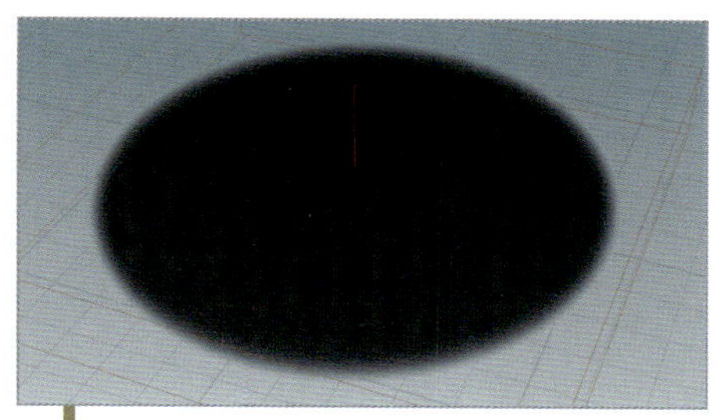

58 「volumevisualization1」ノードに表示フラグを立ててシーンビューを見ると、暗い色のボリュームが表示されています。ぼかし効果が強すぎるためです。

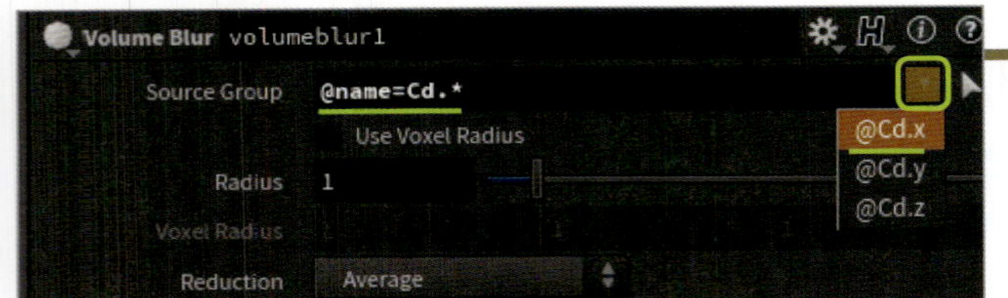

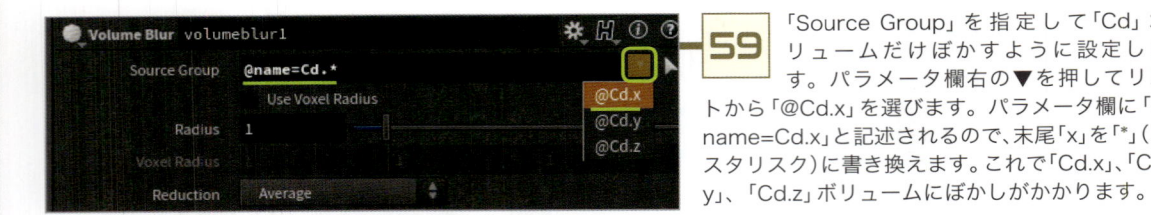

59 「Source Group」を指定して「Cd」ボリュームだけぼかすように設定します。パラメータ欄右の▼を押してリストから「@Cd.x」を選びます。パラメータ欄に「@name=Cd.x」と記述されるので、末尾「x」を「*」(アスタリスク)に書き換えます。これで「Cd.x」、「Cd.y」、「Cd.z」ボリュームにぼかしがかかります。

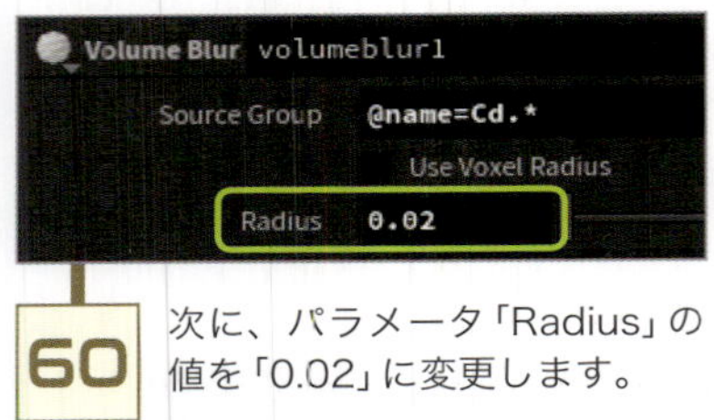

60 次に、パラメータ「Radius」の値を「0.02」に変更します。

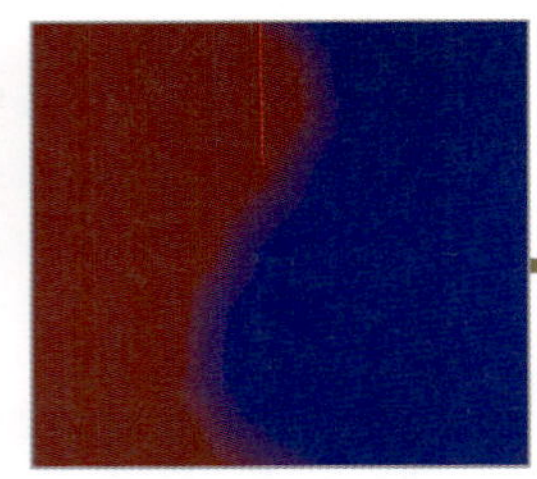

61 「volumevisualization1」ノードに表示フラグを立てて結果を確認すると、「Cd」ボリュームがぼかされて、色の境界が少しなじみました。これで色情報を持ったボリュームができました。

「DOP Network (SOP)」を構築する

62 ここからはこのボリュームを使ってシミュレーションします。TAB Menuから「DOP Network (SOP)」を作成し、ノードの中に入ります。

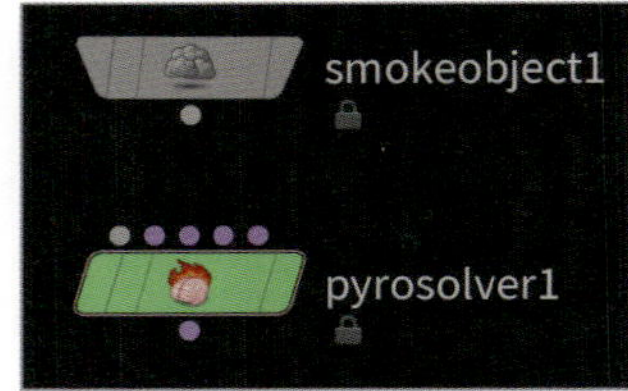

63 まず、必要なノードを作成します。TAB Mneuから「Smoke Object (DOP)」と「Pyro Solver (DOP)」を作成します。

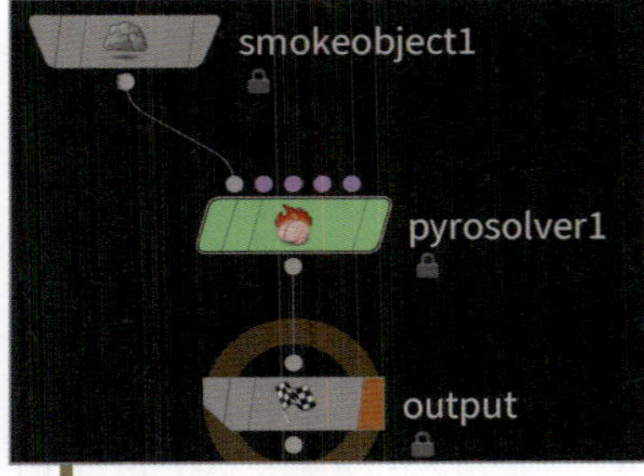

64 「smokeobject1」ノードを「pyrosolver1」ノードの一番左の入力にコネクトし、「pyrosolver1」ノードの出力を「output」ノードの入力にコネクトします。ここに、先ほど作成したボリューム情報を読み込みます。

Chapter 5-4(シェルフを使った煙のシミュレーション)では「Source Volume (DOP)」ノードを使って、DOPネットワークにボリューム情報を常に供給しました。それに対してここでは、「smokeobject1」ノードの初期状態としてボリュームを定義します。

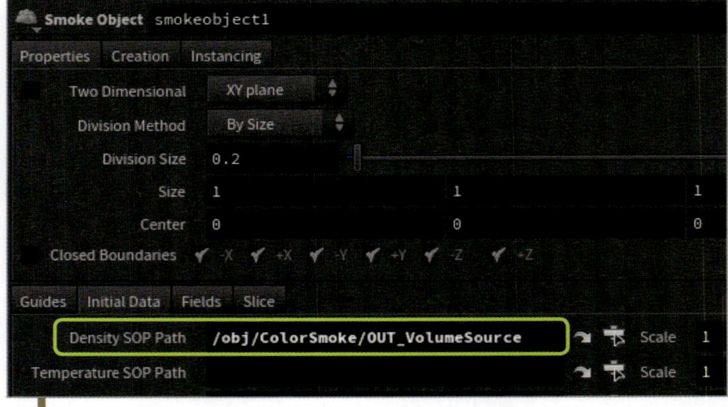

65 「smokeobject1」ノードを選択し、パラメータ下段の「Initial Data」タブ(初期状態の設定)→「Density SOP Path」に「OUT_VolumeSource」ノードを指定します。これで「OUT_VolumeSource」ノードにあるボリュームが「Density」フィールドとして読み込まれました。

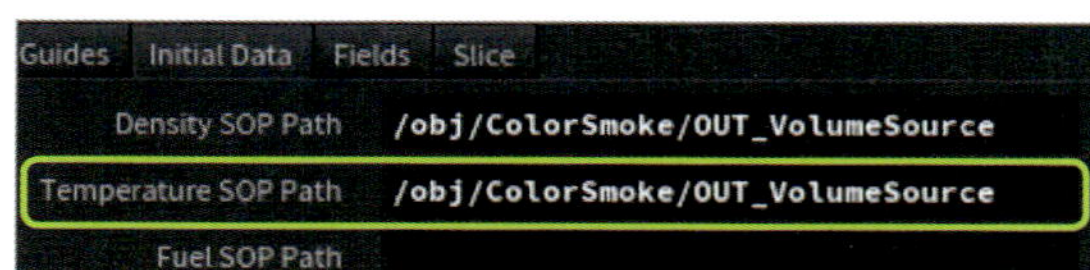

66 同様にその下の「Temperature SOP Path」にも「OUT_VolumeSource」ノードを指定します。これでボリュームが「density」フィールドとしてだけでなく、「temperature」フィールドとしても読み込まれました。

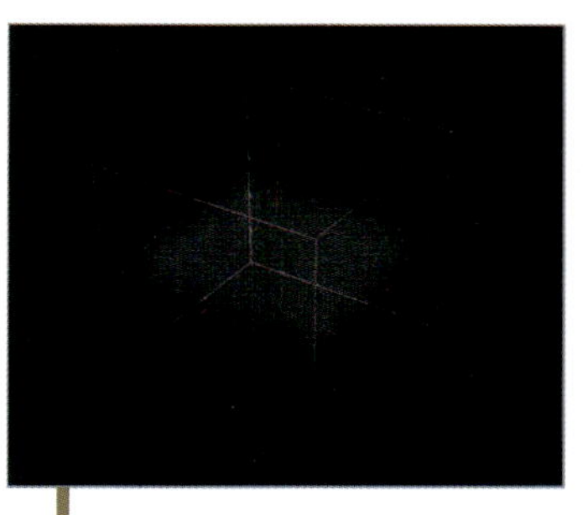

67 シーンビューを見ると、ボリュームが表示されていますが（見やすいように背景色を黒に変更）、四角いうえにボリュームの解像度も低いです。パラメータでシミュレーション領域を広げ、解像度も上げます。

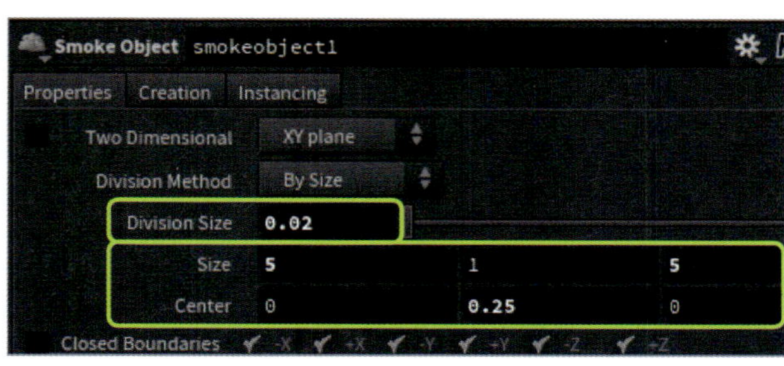

68 パラメータ「Division Size」を「0.02」、「Size」を「5　1　5」、「Center」を「0　0.25　0」に設定します。これで、シミュレーション領域が広がり、解像度も増えます。シーンビューには図のようなボリュームが表示されます。

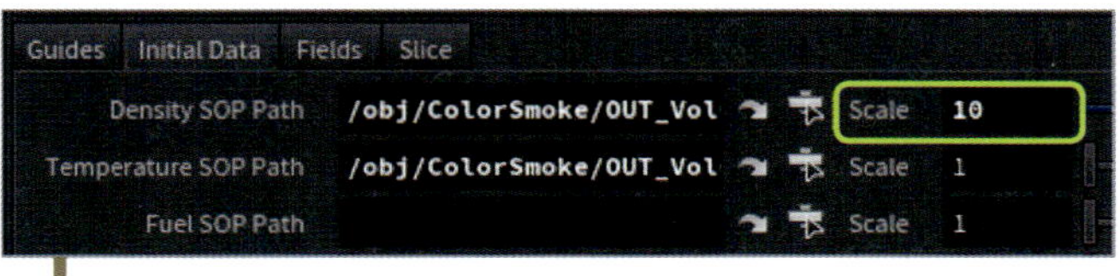

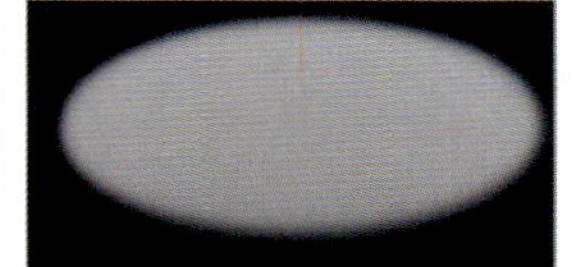

69 シーンビューのボリュームは薄く、このままシミュレーションしてもすぐに消えてしまいそうなので、濃くします。先ほど設定した「Initial Data」タブ→「Density SOP Path」のScale値を「10」に変更します。シーンビューを見ると、先ほどよりもボリュームが濃く表示されます。

「Cd」フィールド（色情報）の設定

「density」フィールドと「Temperature」フィールドはこれで指定できました。次は色情報を持った「Cd」フィールドを指定します。しかし色情報として「Cd」フィールドを指定できそうなパラメータが見つかりません。実はこの「smokeobject1」ノードには「Cd」というフィールドを指定するパラメータはありません。このノードに限った話ではなく、おそらく他のノードにもありません。そもそも「Cd」（色）の要素は煙のシミュレーション（挙動）において必要な要素ではないので、使うことを想定されていません。

そのため、「Cd」というフィールドを自分で定義し、それを他のフィールドを使って動かす（シミュレーションさせる）必要があります。

70 TAB Menuから「SOP Vector Field（DOP）」を作成します。このノードはSOPネットワークのボリュームをDOPネットワークに読み込んで、Vectorフィールドを作成します。作成した「sopvectorfield1」ノードは、図のように「smokeobject1」と「pyrosolver1」の間にコネクトします。

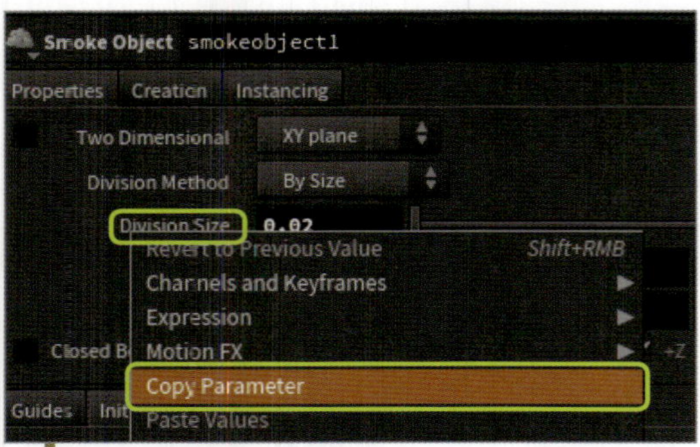

71 「sopvectorfield1」ノードでつくられるフィールドも、シミュレーション領域や解像度などのパラメータを持っています。まずはそれを「smokeobject1」ノードのフィールドと一致させます。「smokeobject1」ノードのパラメータ「Division Size」をコピーします（右クリックメニュー→「Copy Parameter」）。

72 コピーしたパラメータを「sopvectorfield1」ノードのパラメータ「Division Size」にペーストします（右クリックメニュー→Paste Relative References」）。これで「smokeobject1」ノードと「sop-vectorfield1」のフィールド解像度がリンクし、同じ値になりました。

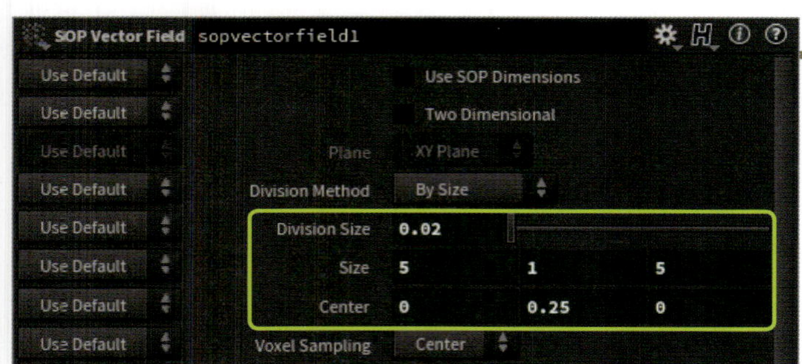

73 同様にして、「smokeobject1」ノードの「Size」「Center」値を「sopvectorfield1」ノードの「Size」「Center」に、それぞれペーストします。これで、「sopvectorfield1」ノードでつくられるフィールドは「smokeobject1」ノードでつくられるフィールドと同じサイズ・位置になります。

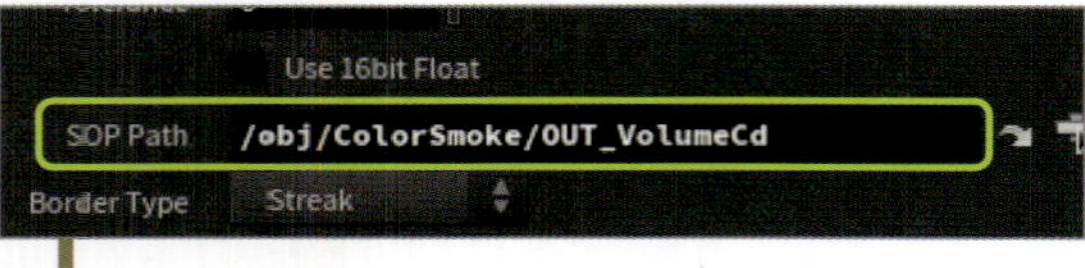

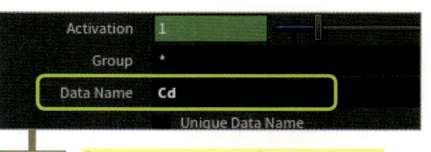

74 SOPネットワークからボリューム情報を読み込みます。「sopvectorfield1」ノードのパラメータ「SOP Path」に、SOPネットワークでつくった「OUT_VolumeCd」ノードを指定します。

75 「Data Name」に「Cd」と記述し、「sopvectorfield1」ノードでつくられるフィールド名を設定します。

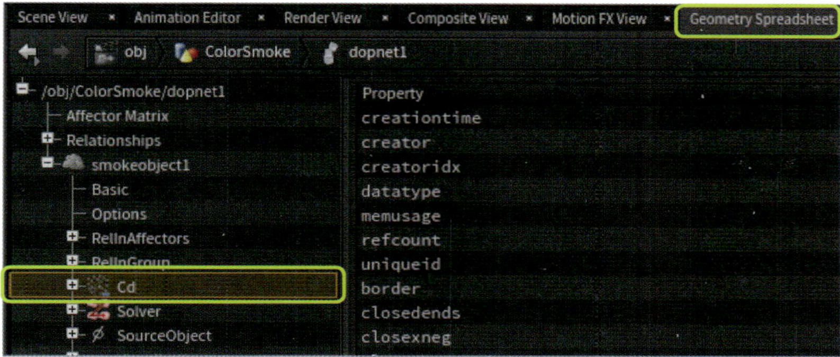

76 このDOPネットワークに「Cd」という名前の「Vector」フィールドが作成されました。シーンビューを「Geometry Spreadsheet」に切り替え、左のリストから「smokeobject1」の「+」を押して開くと、「smokeobject1」が持つデータが表示され、その中に「Cd」があります。これが作成したフィールドです。選択すると右側に詳細が表示されます。

77 データとしては「Cd」フィールドがつくられたことを確認しましたが、シーンビュー上でも視覚的に確認したいです。
そこで「smokeobject1」ノードを選択し、パラメータ下段の「Guides」タブ→「Visualize」タブを選択します。ここには、シーンビューに表示されるフィールドがまとめられています。現在、「Density」フィールドの表示がオンになっています。

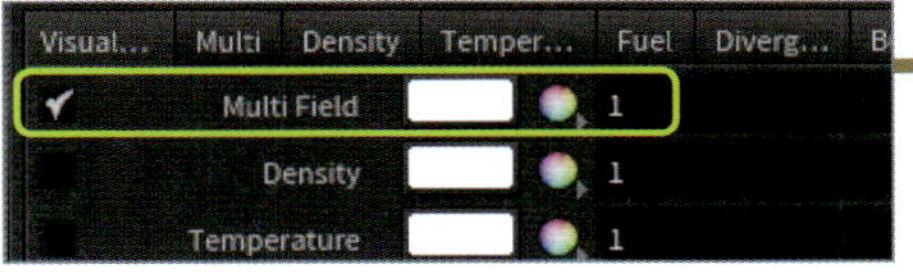

78 「Density」フィールドの表示をオフにして、「Multi Field」をオンにします。「Multi Field」は複数のフィールド情報を使って可視化するものです。例えば、**Chapter 5-5**でつくった炎は、この「Multi Field」で可視化されていました。今は、シーンビューに何も表示されていませんが、この「Multi Field」を使って、「Density」フィールドの濃度に「Cd」フィールドの色をつけます。

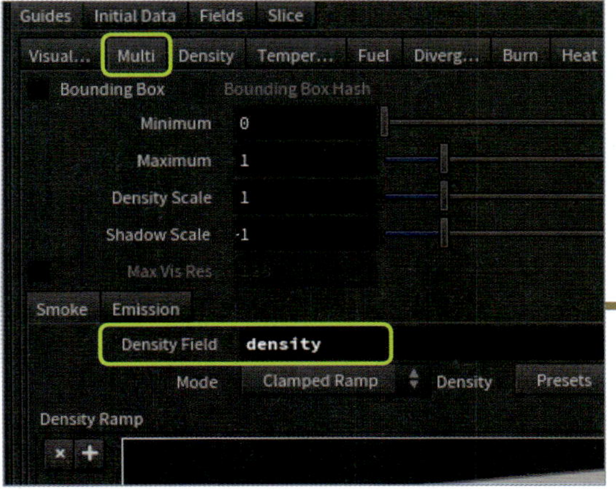

79 「Visualization」に始まる、右方向に並んでいる各タブは、各フィールドの表示についての詳細設定です。「Multi」タブでは、「Multi Field」が有効な場合に表示される色や濃度、使用するフィールドを設定します。パラメータ下段の「Smoke」タブ→「Density Field」に「density」と記述します。これで「Density」フィールドがシーンビューで煙の濃度として表示されます。

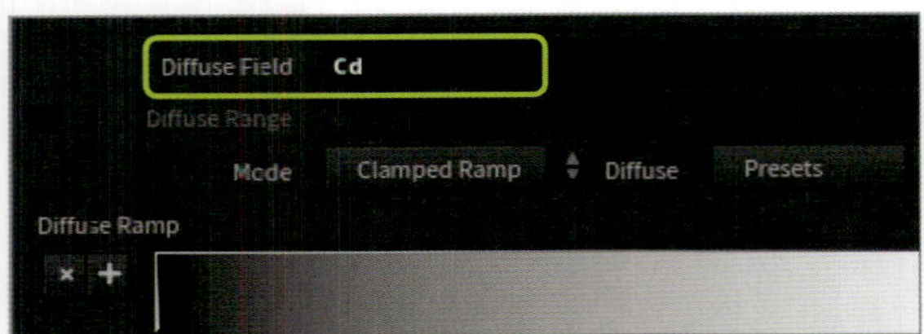

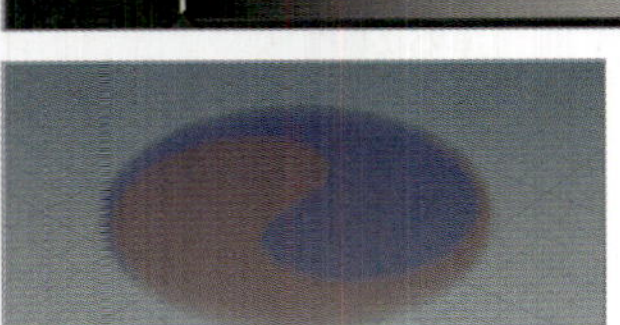

80 その下の「Diffuse Field」(煙の色を設定)に「Cd」と記述します。シーンビューを見ると、色のついた煙が表示されています。記述されたフィールドが「Scalar」フィールドの場合はモノクロとして扱われますが、「Vector」フィールドの場合はRGB値になります(ここでは背景色を明るくしました)。

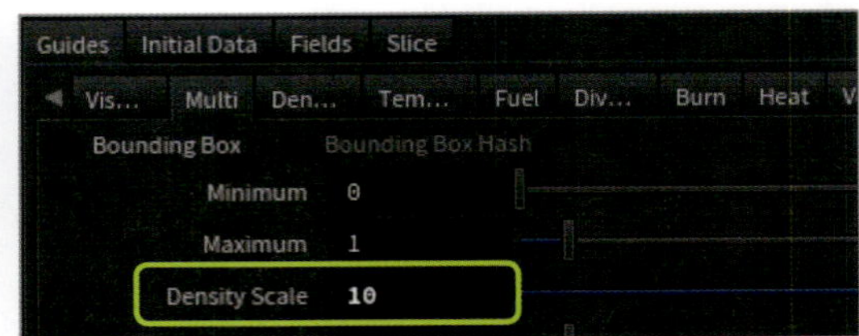

81 煙の色が薄く見づらいです。そこで「Density Scale」を「10」に変更し、見た目の濃さを10倍にします。これでSOPで作成したボリュームを、DOPネットワークにフィールドとして取り込めました。

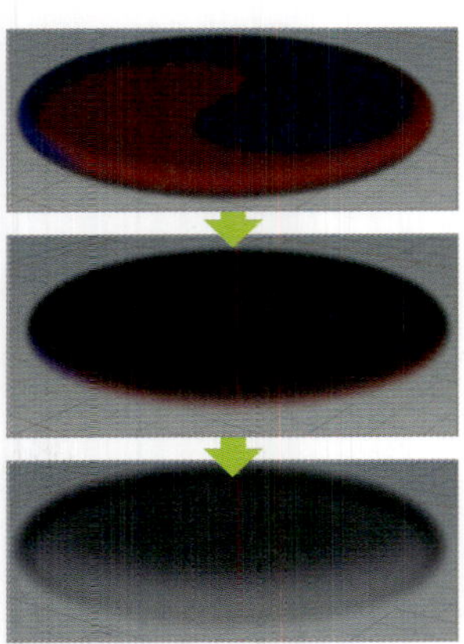

82 再生してシミュレーション結果を見てみると、煙がわずかに上昇しながら、黒くなって消えています。上昇しているのは「Temperature」によって「Buoyancy(浮力)」が生じているからです。
黒くなっていくのは、「Density」フィールドは移流しているのに、「Cd」フィールドはその場に留まったまま動いていないためです。「Cd」フィールドは円盤の赤と青以外の部分はすべて値「0」つまり黒です。「Density」フィールドは移動先の「Cd」フィールドの黒で着色されるため、このように煙が黒くなっています。

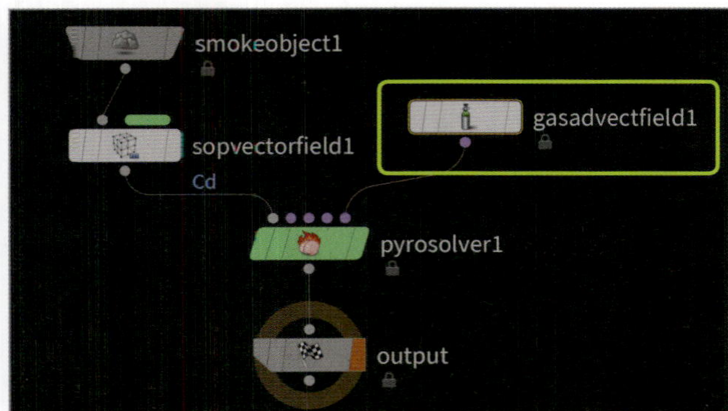

83 「Cd」フィールドも「density」フィールドと同様、シミュレーションで動かします。TAB Menuから「Gas Advect Field(DOP)」を作成し、図のように「pyrosolver1」ノードにコネクトします(ここでは一番右の入力)。
「Gas Advect Field(DOP)」は「Velocity」フィールドによって、任意のフィールドを動かすことのできるノードです。「Advect」とは「流体の運動、移動」といった意味です。

84 作成した「gasadvectfield1」ノードのパラメータ「Field」に「Cd」と記述します。その下にあるのが「Velocity Field」の指定です。これで「Cd」フィールドが「vel」フィールドによって動かされます。

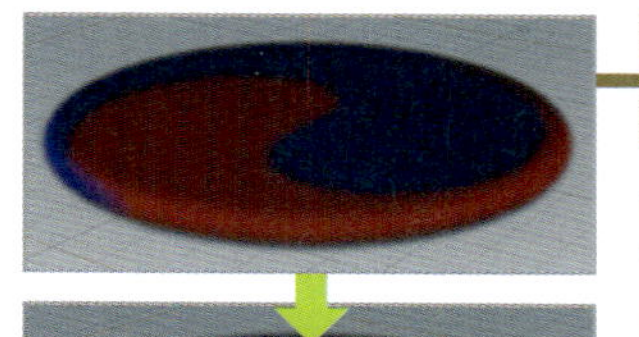
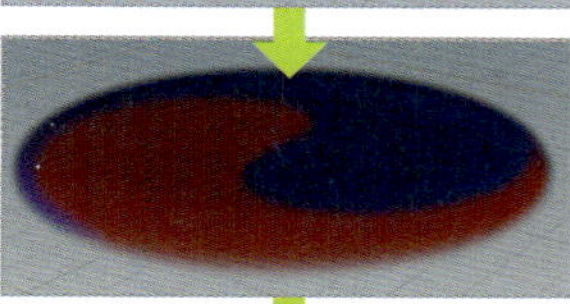
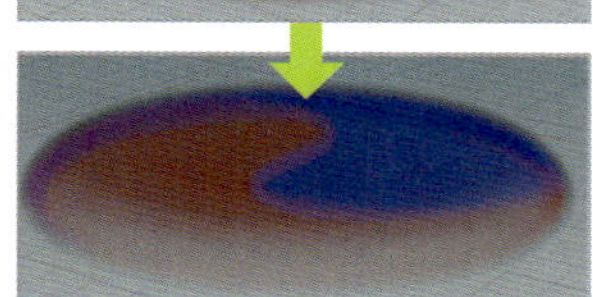

85 再生して結果を確認します。煙の動きと一緒に色もついて動いているのが確認できます。これで「Cd」フィールドを動かすことができました。再生に時間がかかりすぎる場合は「smoke-object1」ノードのパラメータ「Division Size」値を「0.05」に上げてみてください。

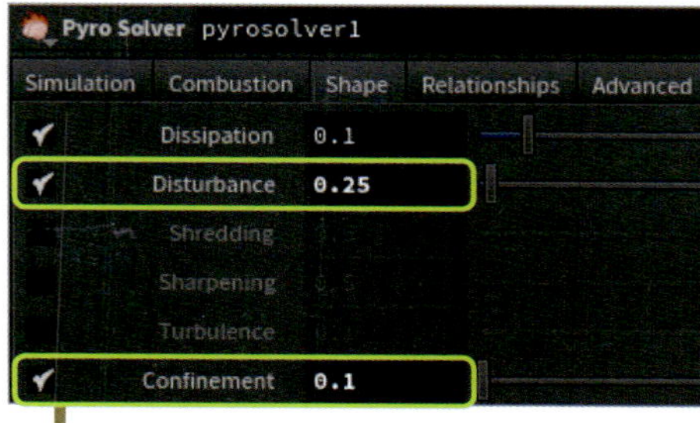

86 次に、「pyrosolver1」ノードのパラメータを調整して、煙にもう少し動きを足します。「pyrosolver1」ノードのパラメータ上部のタブを「Shape」に切り替えます。パラメータ「Disturbance」を有効にして値を0.25に設定します。また、「Confinement」を有効にして値を0.1に設定します。

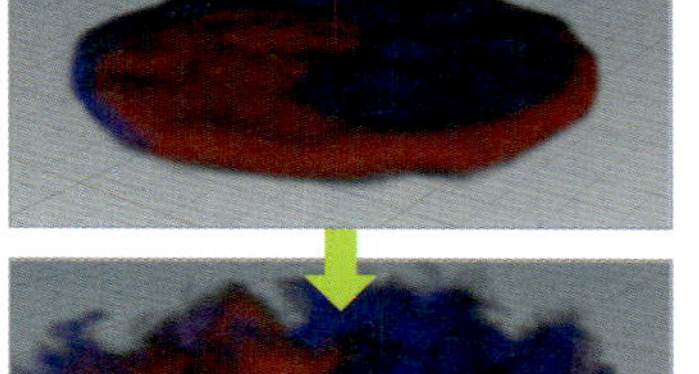
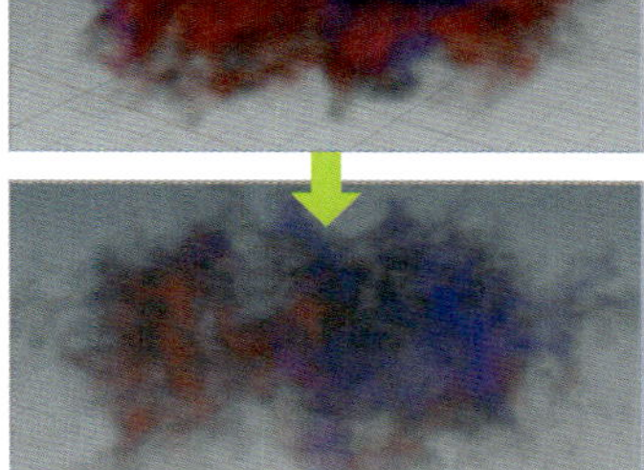

87 再生すると、先ほどまでの単純な動きと違い、煙らしさが追加されました。

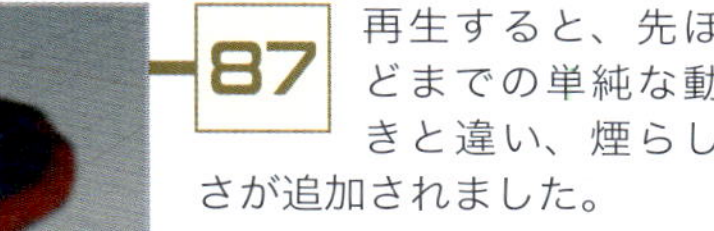
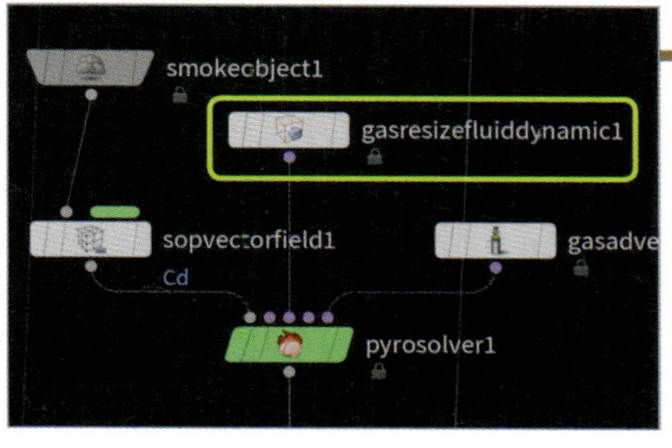

88 必要な部分だけシミュレーションするようにノードを追加します。TAB Menuから「Gas Resize Fluid Dynamics (DOP)」を作成し、「pyrosolver1」ノードに図のようにコネクトします。このノードはデフォルト設定でコネクトするだけで機能します。

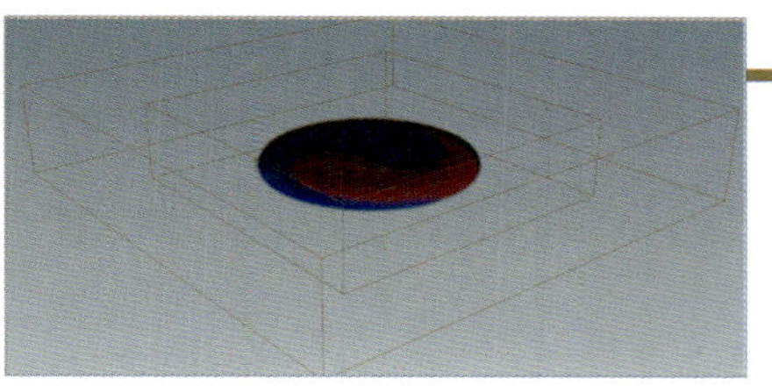

89 再生すると、煙の周囲にこれまでよりひと回り小さな枠がつくられています。この領域が計算されています。

煙の渦巻きを作成する

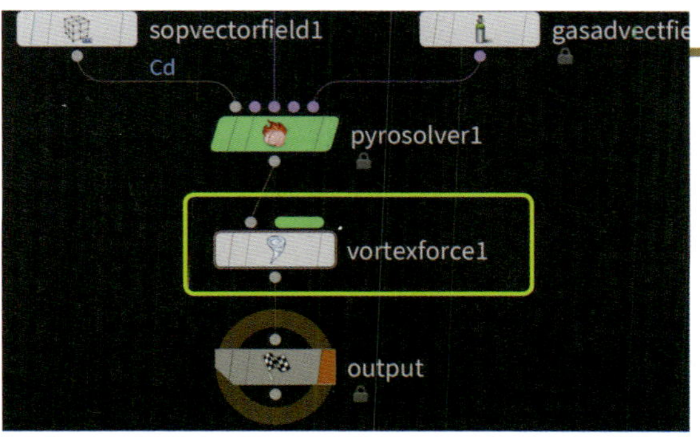

90 渦巻きの動きを追加します。TAB Menuから「Vortex Force (DOP)」を作成します。これは渦巻きの力をつくるフォースです。作成した「vortexforce1」ノードは図のように「pyrosolver1」と「output」の間にコネクトします。

91 「Vortex Force (DOP)」はこのままでは機能しません。渦を指定するジオメトリが必要です。それをSOPネットワークで作成します。Uキーで上の階層（「/obj/ColorSmoke」）に上がり、TAB Menuから「Line (SOP)」を作成します。このラインを「Vortex Force (DOP)」の渦の軸にします。

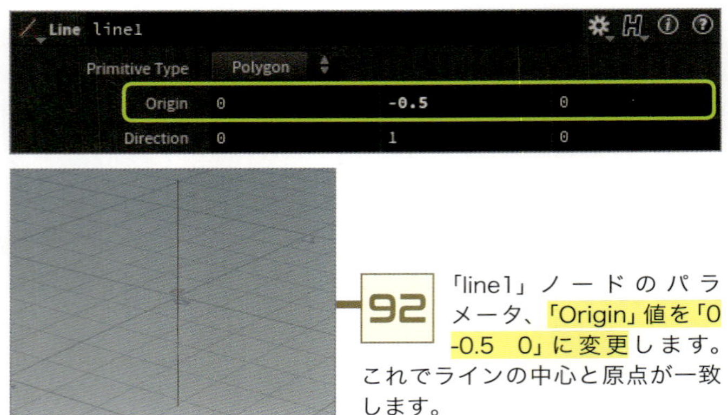

92 「line1」ノードのパラメータ、「Origin」値を「0 -0.5 0」に変更します。これでラインの中心と原点が一致します。

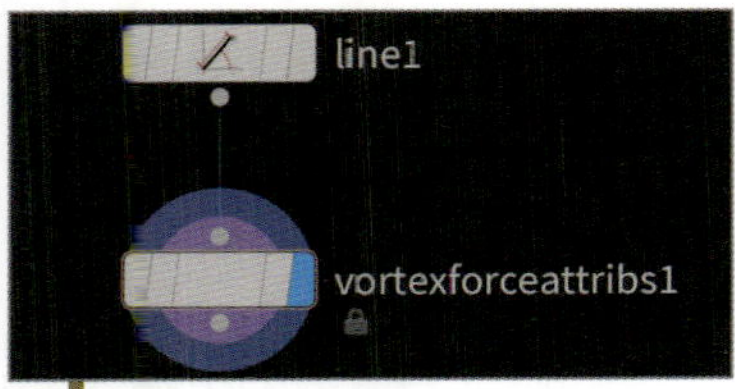

93 TAB Menuから「Vortex Force Attributes (SOP)」を作成します。これは「Vortex Force (DOP)」を使うのに必要なPointアトリビュートを作成するノードです。「Vortex Force (DOP)」を適切に利用するにはいくつもPointアトリビュートが必要ですが、それらをユーザーが毎度つくらなくていいように、このノードが用意されています。

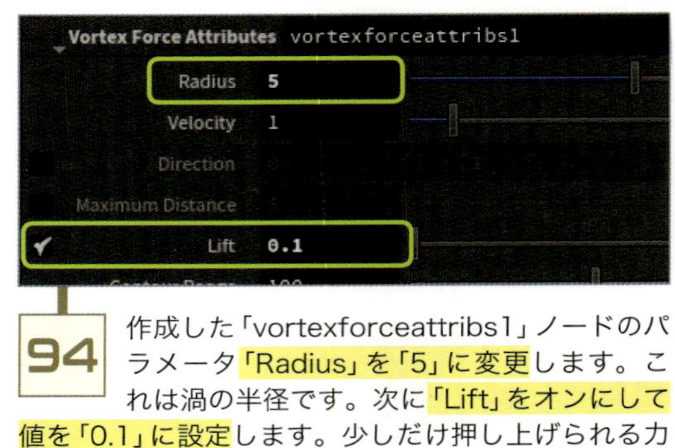

94 作成した「vortexforceattribs1」ノードのパラメータ「Radius」を「5」に変更します。これは渦の半径です。次に「Lift」をオンにして値を「0.1」に設定します。少しだけ押し上げられる力が加わります。

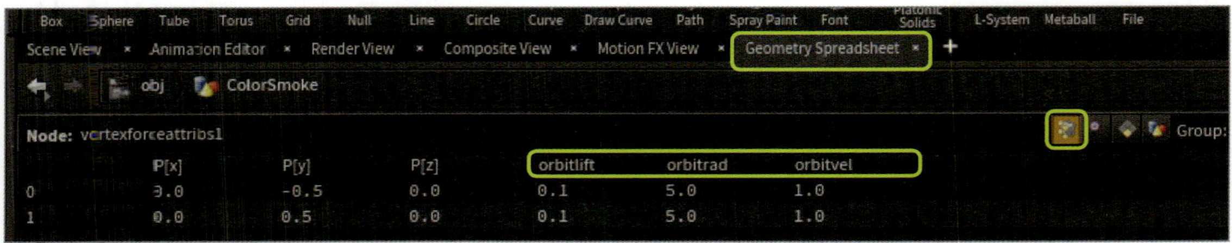

95 「vortexforceattribs1」ノードにより作成されたアトリビュートを確認します。「vortexforceattribs1」ノードを選択し、シーンビューを「Geometry Spreadsheet」に切り替えます。「Point」アトリビュートを表示すると、「orbitlift」、「orbitrad」、「orbitvel」という3つのアトリビュートが確認できます。これらが「vortexforceattribs1」ノードで作成されたアトリビュートです。
「orbitlift」は押し上げられる強さ、「orbitrad」は渦の半径、「orbitvel」は渦の回転速度を意味します。これを使ってシミュレーションで渦をつくります。

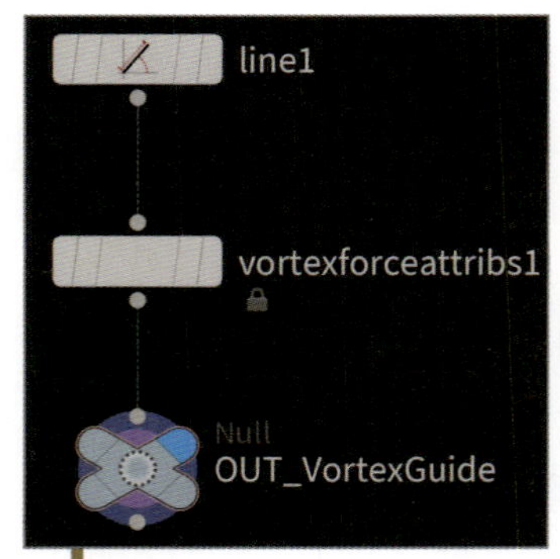

96 TAB Menuから「Null (SOP)」を作成、名前を「OUT_VortexGuide」と変更し、「vortexforceattribs1」ノードの下にコネクトします。これで渦の軸ができました。

シミュレーションを設定する

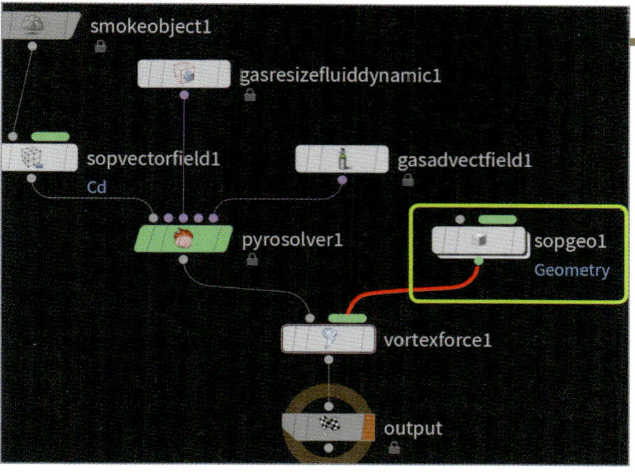

97 「dopnet1」ノードの中に再度入り、シミュレーションを設定します。96の渦の軸をこのDOPネットワークに読み込み、「vortexforce1」ノードの渦の軸として指定します。そのために、TAB Menuから「SOP Geometry (DOP)」を作成します。このノードはSOPからDOPへジオメトリを読み込みます。作成した「sopgeo1」ノードは「vortexforce1」ノードの右入力にコネクトします。

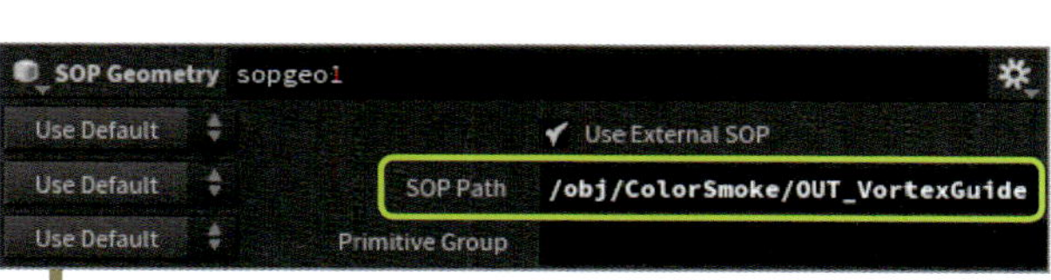

98 「sopgeo1」のパラメータ「SOP Path」に、SOPネットワークの「OUT_VortexGuide」ノードを指定します。

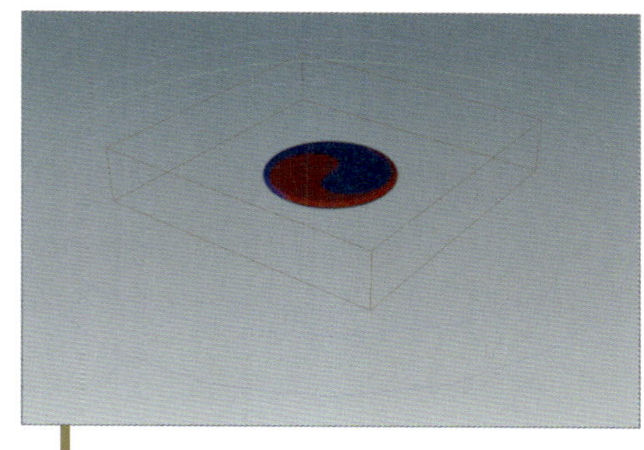

99 96の渦の軸が読み込まれ、それを元に渦のガイドラインが作成され、シーンビューに表示されます（黄緑のライン）。

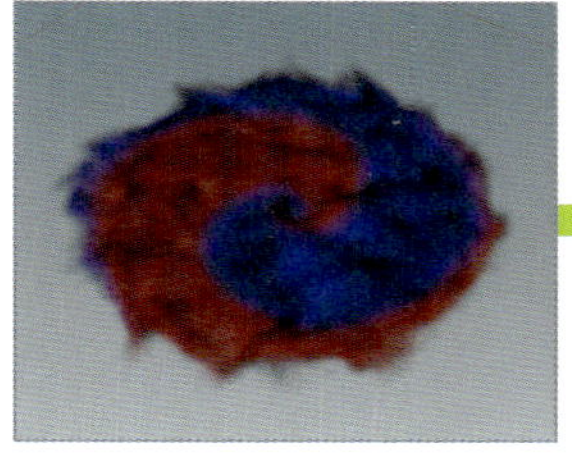

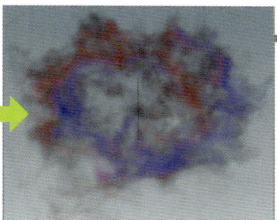

100 再生して結果を確認します。渦巻きの効果が追加されます。再生に時間がかかりすぎる場合は「smoke-object1」のパラメータ「Division Size」を「0.05」に上げてください。

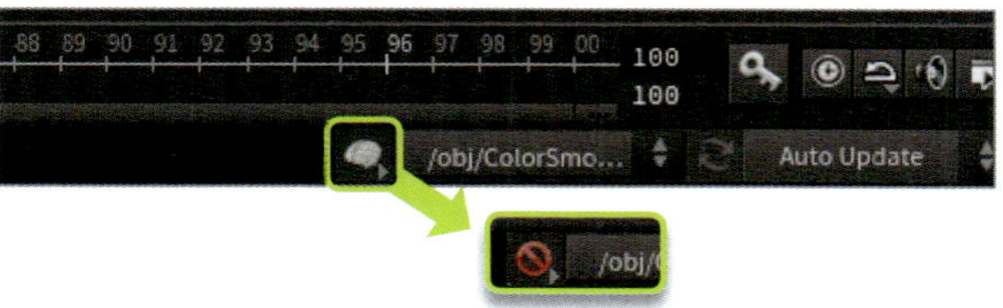

101 もう少し動きを調整します。はじめはノイズ要素の少ないシンプルな渦巻きで、その後だんだん複雑な動きになるように、各ノードのパラメータにキーフレームを設定します。ただしその前に、図のようにウィンドウ右下のアイコンをクリックして、シミュレーションの計算を一時的に無効にしておきます。

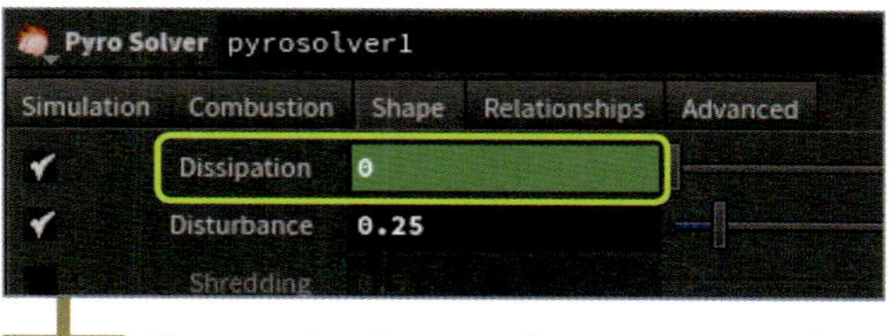

102 「pyrosolver1」ノードのパラメータからキーフレームを作成します。まず、「Dissipation」の90フレーム目に現在の値「0.1」でキーフレームを作成します（Altキー＋パラメータをクリック）。その後24フレーム目に戻り、値「0」でキーフレームを作成します。

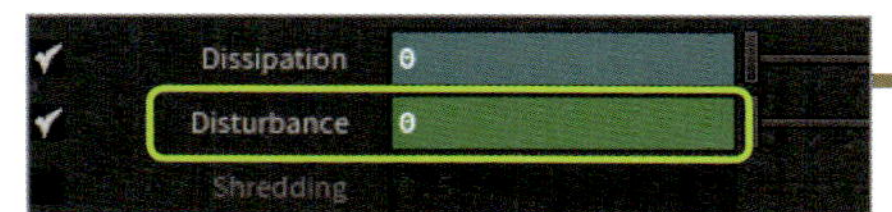

103 次に「Disturbance」の90フレーム目に現在の値「0.25」、1フレーム目に値「0」でキーフレームを作成します。

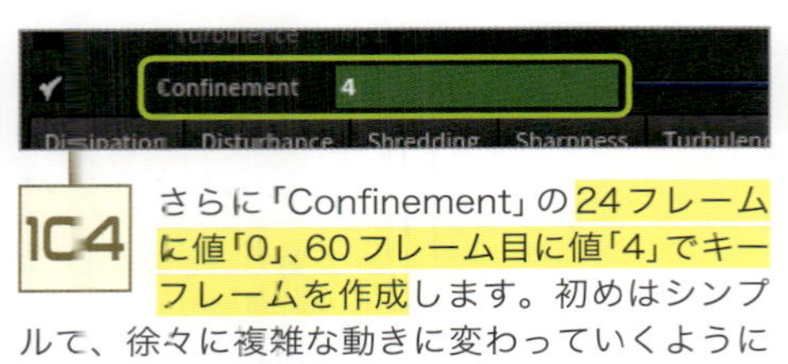

104 さらに「Confinement」の24フレームに値「0」、60フレーム目に値「4」でキーフレームを作成します。初めはシンプルで、徐々に複雑な動きに変わっていくようにキーフレームを設定しました。

105 渦の力にもキーフレームを作成して値を変化させます。まず、Uキーで上の階層（「/obj/ColorSmoke」）に移動します。渦の回転スピードを制御しているのはこの階層の「vortexforceattribs1」ノードでつくられたアトリビュート「orbitvel」です（95参照）。この値をアニメーションさせます。

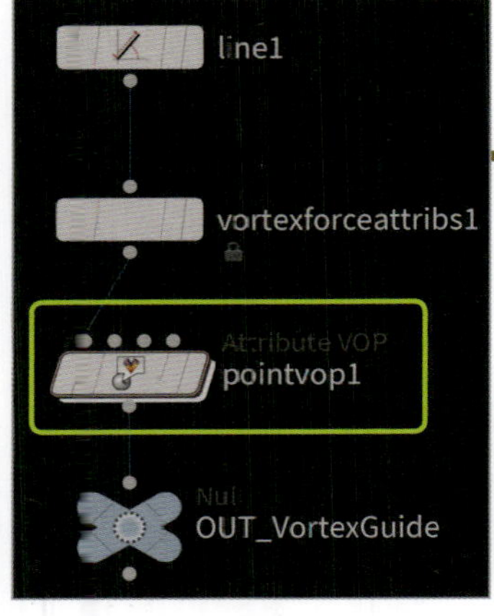

106 TAB Menuで「Point VOP」を検索して「Attribute VOP（SOP）」を作成し、「vortexforceattribs1」と「OUT_VortexGuide」の間にコネクトします。このノード内でアトリビュート「orbitvel」をコントロールできるようにします。

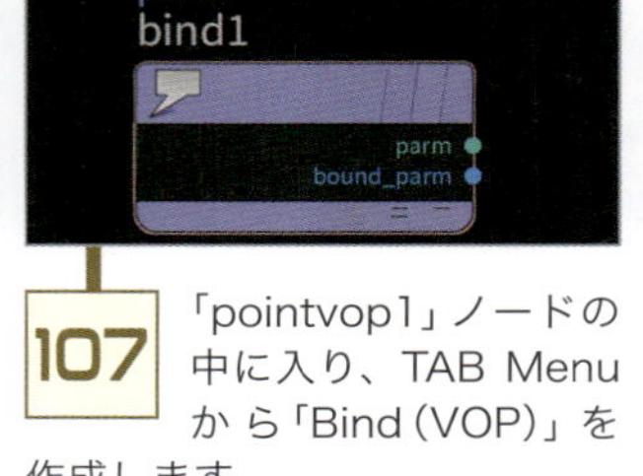

107 「pointvop1」ノードの中に入り、TAB Menuから「Bind（VOP）」を作成します。

108 作成した「bind1」ノードのパラメータ「Name」に「orbitvel」と記述します。これで、このノードはアトリビュート「orbitvel」をこのVOPネットワークに読み込みます。

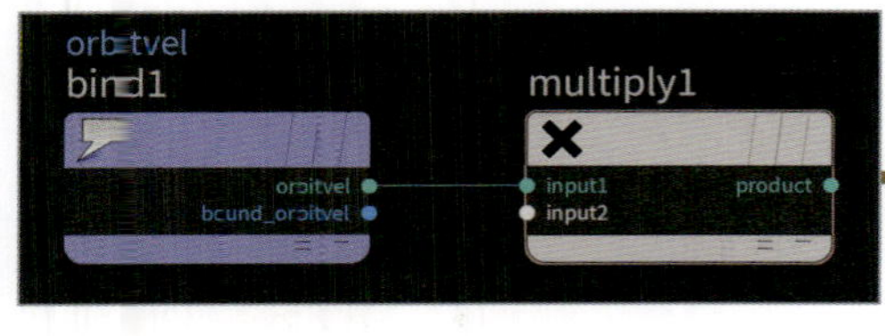

109 TAB Menuから「Multiply（SOP）」を作成し、「bind1」ノードの出力「orbitvel」を、「multiply1」ノードの入力「input1」にコネクトします。

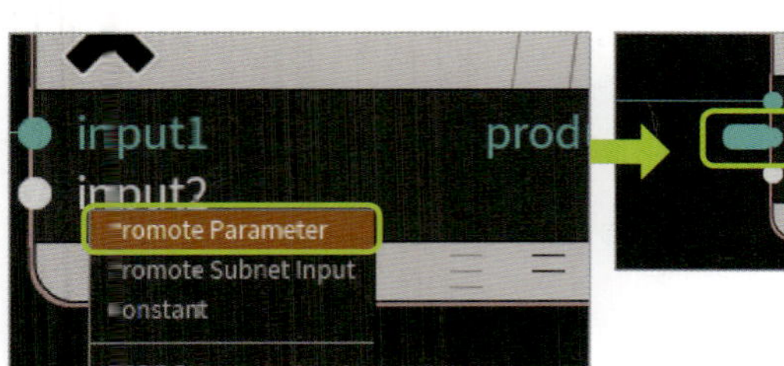

110 「multiply1」ノードの入力「input2」をプロモートします。「input2」でマウスの中クリックメニューを表示し、リストから「Promote Parameter」を選択し、パラメータをプロモートします。プロモートが完了すると、パラメータの入力にペグが表示されます。

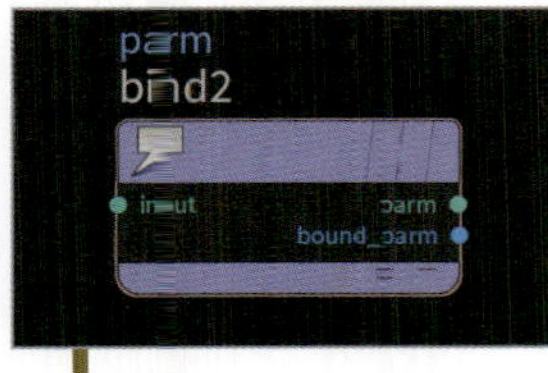

111 TAB Menuで「Bind Export」と検索し、Export設定の「Bind（VOP）」を作成します。

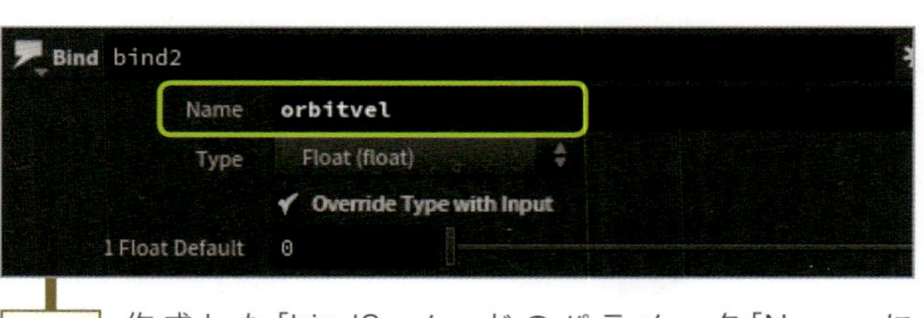

112 作成した「bind2」ノードのパラメータ「Name」に「orbitvel」と記述します。

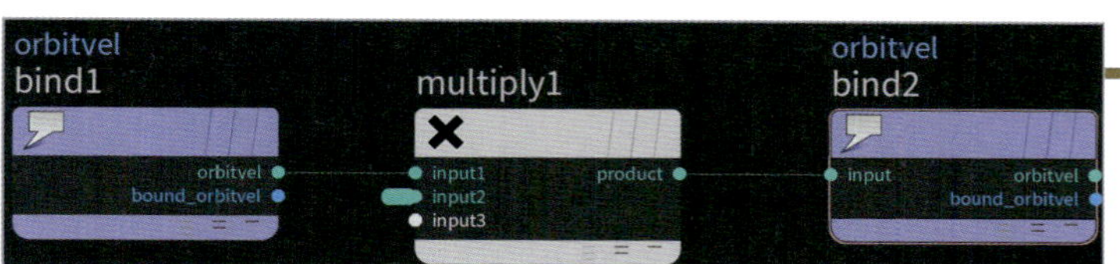

113 この「bind2」ノードの入力「input」と「multiply1」ノードの出力「product」をコネクトします。これでアトリビュート「orbitvel」を掛け算でコントロールするVOPネットワークができました。

114 プロモートした「multiply1」ノードのパラメータにキーフレームを作成します。Uキーで上の階層(「/obj/ColorSmoke」)に移動、「pointvop1」ノードを選択すると、下方にプロモートしたパラメータが表示されています。

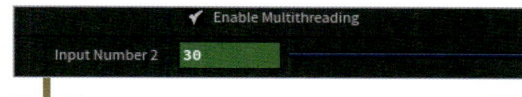

115 このパラメータ「Input Number 2」の36フレーム目に値「1」、90フレーム目に値「30」でキーフレームを作成します。

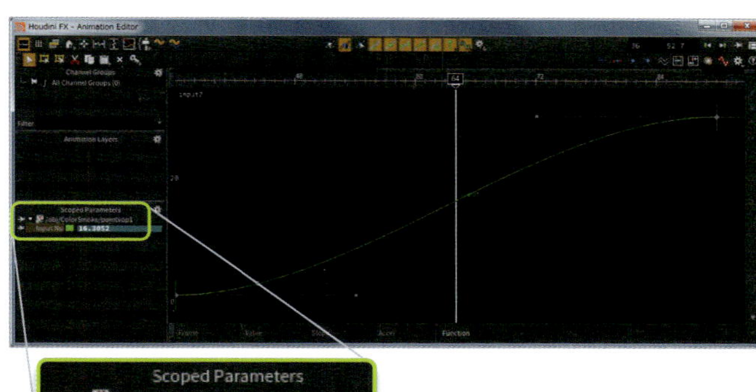

116 パラメータ「Input Number 2」をShiftキー+クリックして、「Animaion Editor」を表示します。ウィンドウの左下側のパラメータ名から「Input Number 2」を選び、その状態でグラフ上にマウスカーソルを移動、Hキーを押してキーフレームのグラフ全体を表示します。

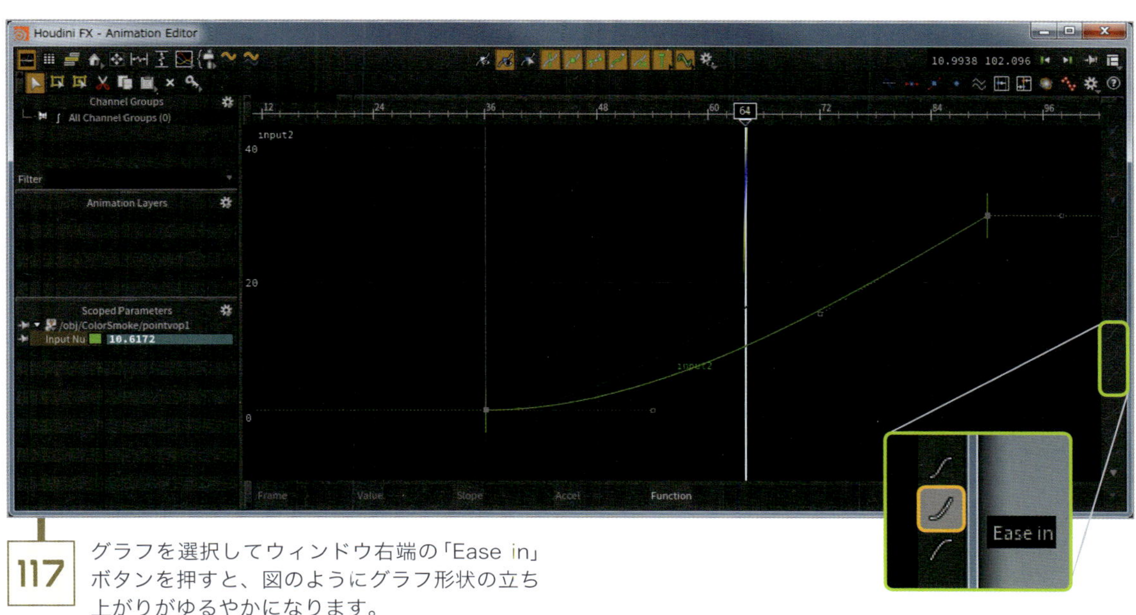

117 グラフを選択してウィンドウ右端の「Ease in」ボタンを押すと、図のようにグラフ形状の立ち上がりがゆるやかになります。

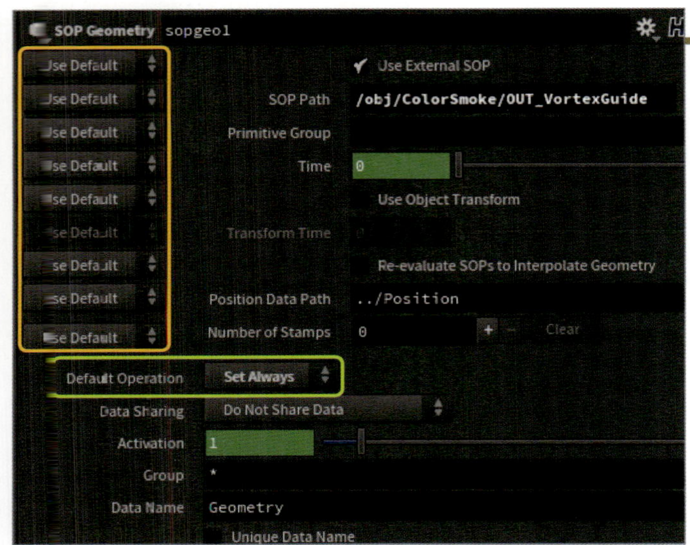

118 作成したキーフレームの内容は、そのままではシミュレーションに反映されません。パラメータを設定し、反映します。
再度「dopnet1」ノードの中に入り、「sopgeo1」ノードのパラメータ「Default Operation」を「Set Always」（毎処理更新）に変更します。これは、図のパラメータ（オレンジ枠）が「Use Default」の時に適用される内容です。「sopgeo1」ノードは先ほどキーフレームを作成したジオメトリの情報を読み込んでいるので、この設定によりキーフレーム情報が反映されるようになります。

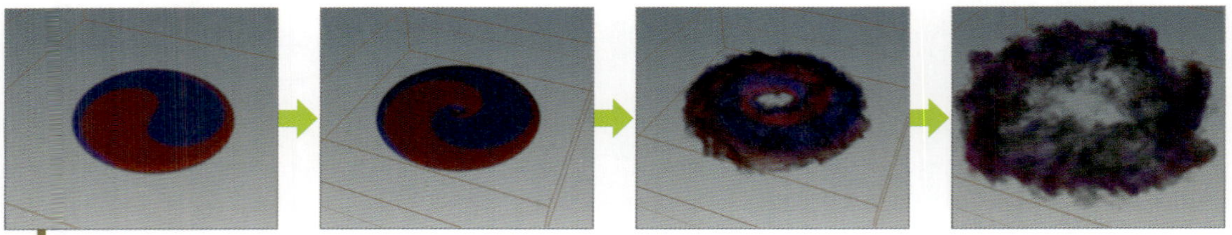

119 シミュレーションを「有効」に戻して再生すると、初めはゆっくり、徐々に回転のスピードが増しています（再生に時間がかかる場合は「smokeobject1」のパラメータ「Division Size」を「0.05」に上げてみてください）。これでシミュレーションはできあがりです。

キャッシュファイルを出力する

120 シミュレーション結果をキャッシュファイルとして出力します。まずはこの階層に必要なシミュレーション結果を読み込みます。Uキーで上の階層（「/obj/ColorSmoke」）に移動し、TAB Menuから「Dop I/O（SOP）」ノードを作成します。

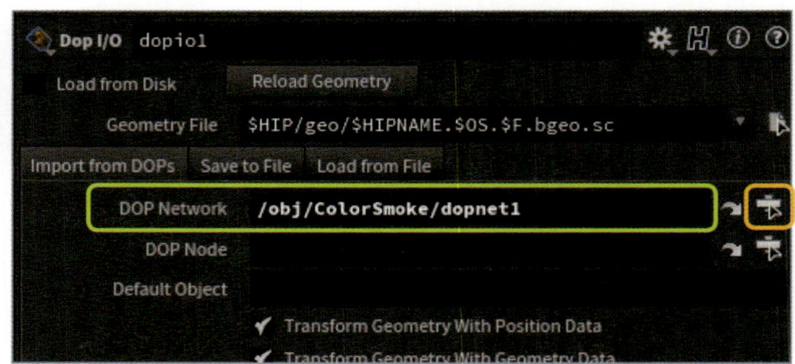

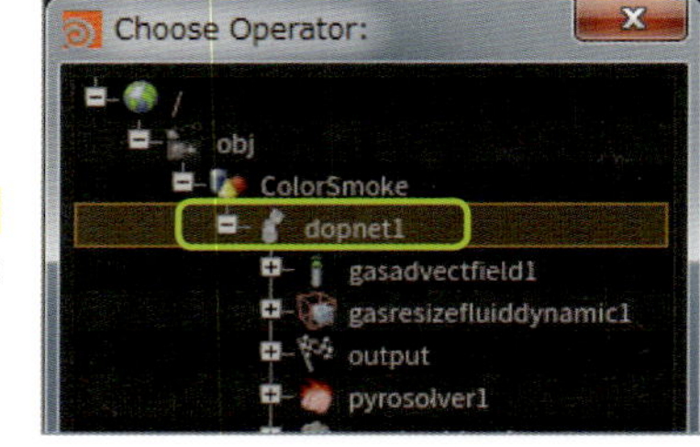

121 作成した「dopio1」ノードを選択します。「Import from DOPs」タブ→「DOP Network」パラメータ右のアイコン（緑枠）をクリックして、「Choose Operator」から「dopnet1」ノードを選択、「DOP Network」パラメータに指定します。

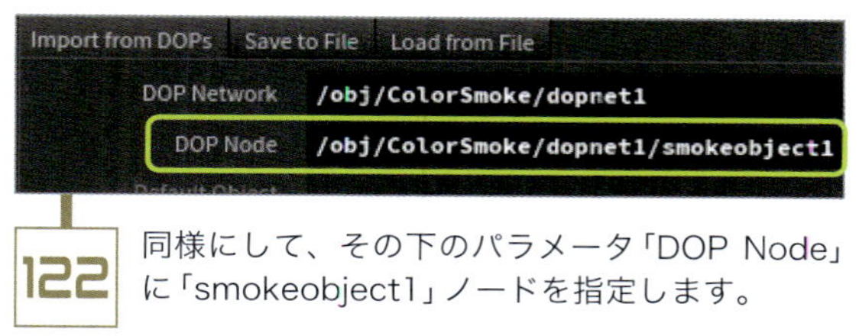

122 同様にして、その下のパラメータ「DOP Node」に「smokeobject1」ノードを指定します。

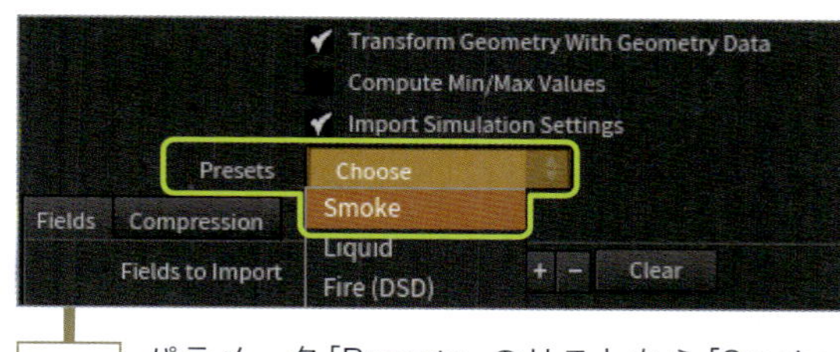

123 パラメータ「Presets」のリストから「Smoke」を選びます。これで、煙のシミュレーションを読み込むプリセットが適用されます。

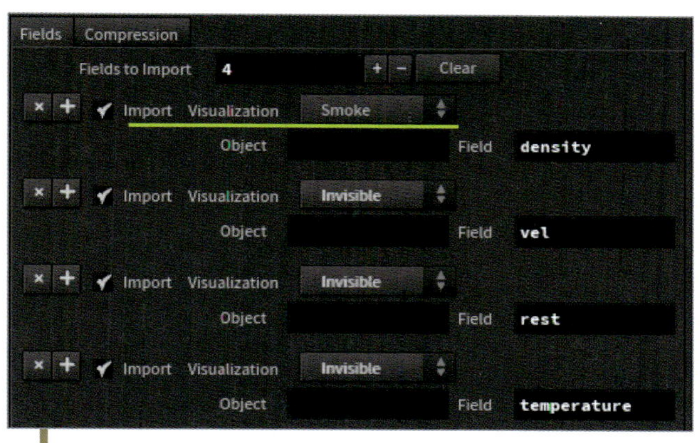

124 プリセットを読み込むと、その下に読み込むフィールド名が表示されます。現在4つのフィールドを読み込む設定になっています。各フィールドの「Visualization」のパラメータを見ると、「density」のみ「Smoke」で他は「Invisible」です。これは「density」フィールドのみ「Smoke」としてシーンビューに表示するという意味で、実際シーンビューには「density」が表示されているのが確認できます。

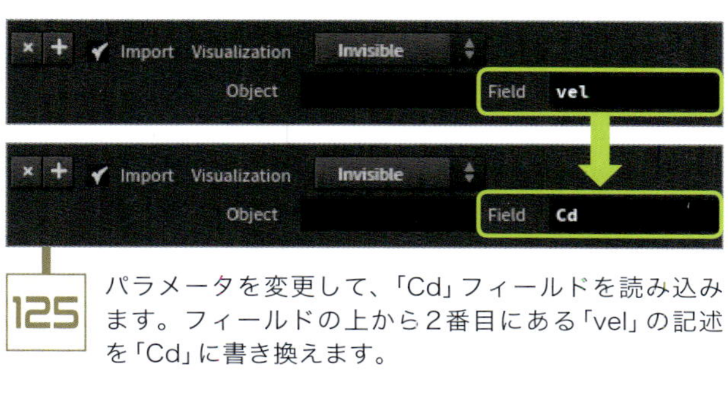

125 パラメータを変更して、「Cd」フィールドを読み込みます。フィールドの上から2番目にある「vel」の記述を「Cd」に書き換えます。

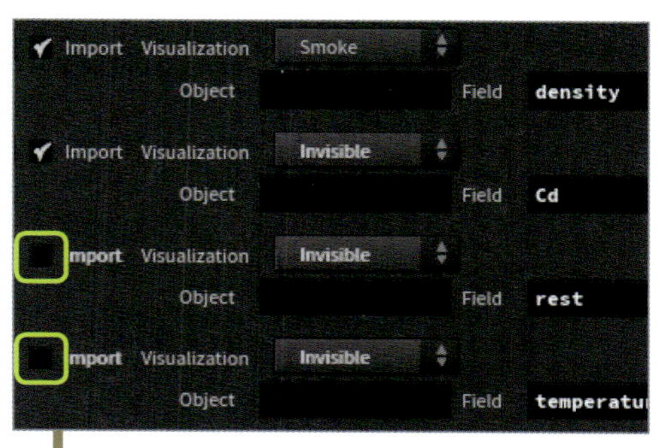

126 今回レンダリングに用いるフィールドは「density」と「Cd」のふたつなので、「rest」と「temperature」の左にある「Import」をオフにし、読み込まないようにします。

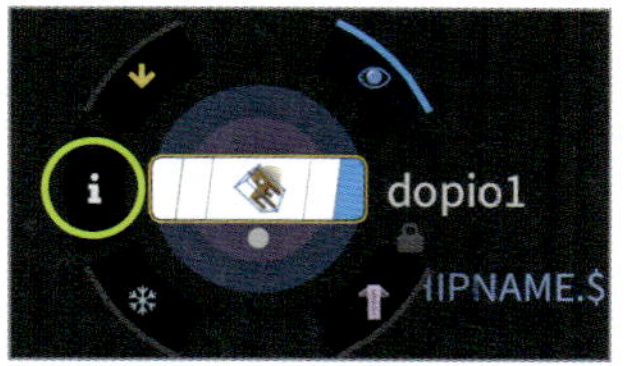

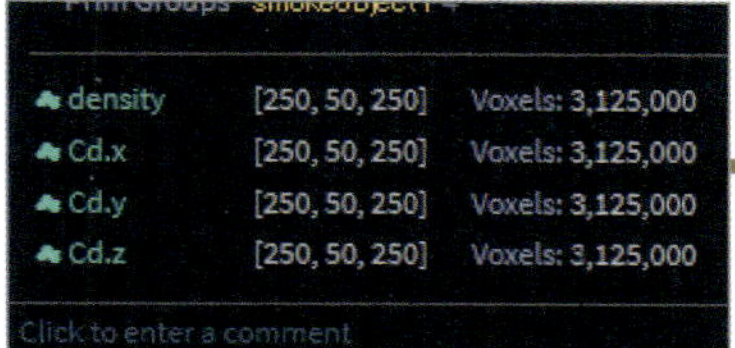

127 「dopio1」ノードの「Node Info」で読み込まれたフィールドを確認します。シーンビューに表示されているボリュームは相変わらず白一色ですが、これはあくまで表示上のもので、情報としてはしっかり読み込まれています。

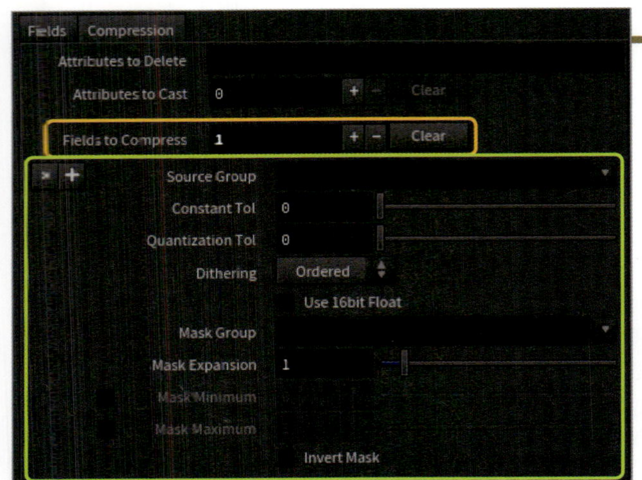

128 次に、読み込んだフィールド情報を圧縮します。煙のシミュレーションは、キャッシュファイルの容量が大きくなりがちなので、少しでも容量節約のため、情報を圧縮します。「Compression」タブに切り替えて、「Fields to Compress」の「＋」ボタンを押して数字を「1」にすると、その下に複数パラメータが表示されます（緑枠）。

129 「Use 16bit Float」をオンにします。これによって、キャッシュ保存時にデータの精度を16bit Floatに下げ、容量とメモリを節約できます。

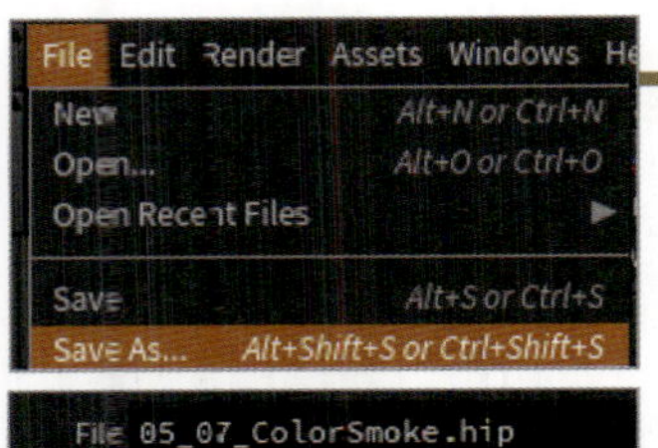

130 キャッシュファイルを作成する前に、ファイルを任意の場所に保存しておきます。キャッシュファイルは標準でシーンファイルのある階層の「geo」フォルダ内につくられます。この作例のキャッシュファイルは全部で約500MBほどです。

131 キャッシュファイルを保存します。設定はそのままで、「Save to Disk」ボタンを押します。

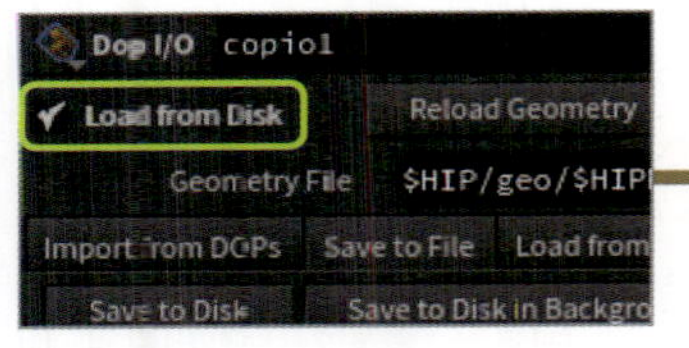

132 キャッシュファイルの出力後は「Load from Disk」をオンにして、キャッシュファイルを読み込みます。

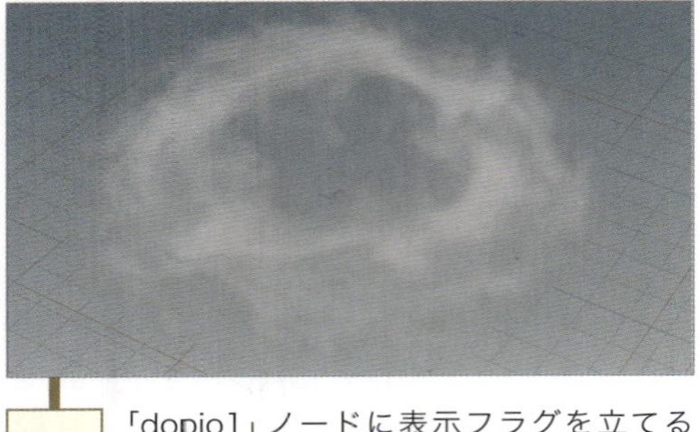

133 「dopio1」ノードに表示フラグを立てると、シーンビューに読み込まれたキャッシュファイルが表示されます。シミュレーション計算がないため、フレームを変更してもスムーズに動きます。

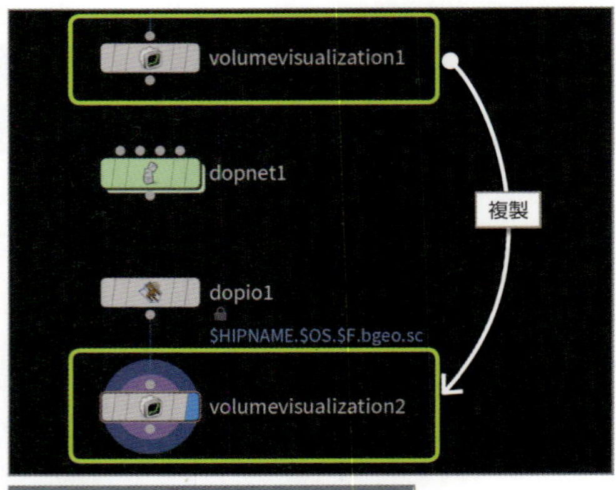

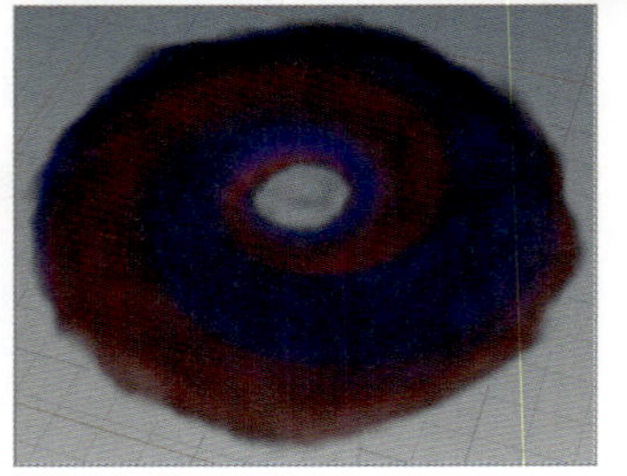

134 シーンビューの表示に「Cd」の色を反映します。同じ階層にある「volumevisualization1」（発生源の可視化で使用していたノード）を複製し、「dopio1」の下にコネクトします。このノードは「Cd」ボリュームを色として表示する設定なので、複製したノードに表示フラグを立てると、色つきでボリュームが表示されます。

マテリアルを割り当てる

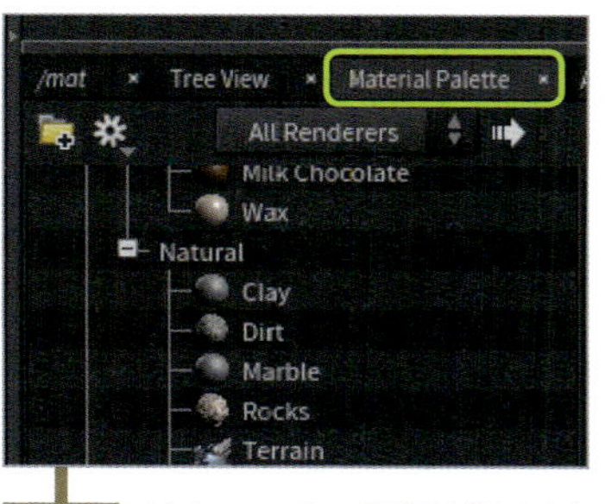

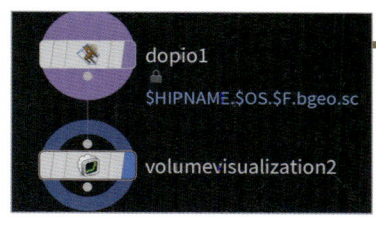

135 シーンビュー上では煙に色がつきましたが、実際にレンダリングに使いたいのは、「dopio1」ノードでの状態です。現状では表示フラグ、レンダーフラグともに「volumevisualization2」に立っていますが、表示フラグは「volumevisualization2」、レンダーフラグは「dopio1」に、フラグを分けます。Tキーを押しながら、「dopio1」ノードを選択すると、レンダーフラグのみ「dopio1」ノードに移動します。

136 Uキーで上の階層（「/obj」）に上がります。ネットワークエディタのタブを「Material Palette」タブに切り替え、質感の作成に移ります。

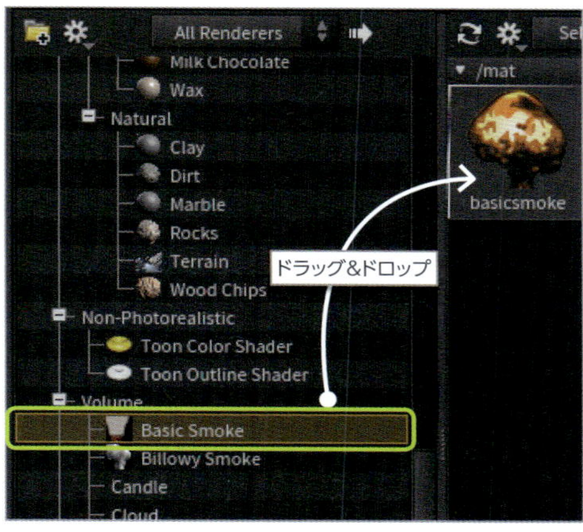

137 リストの中から「Basic Smoke」を右側の領域にドラッグ&ドロップします。

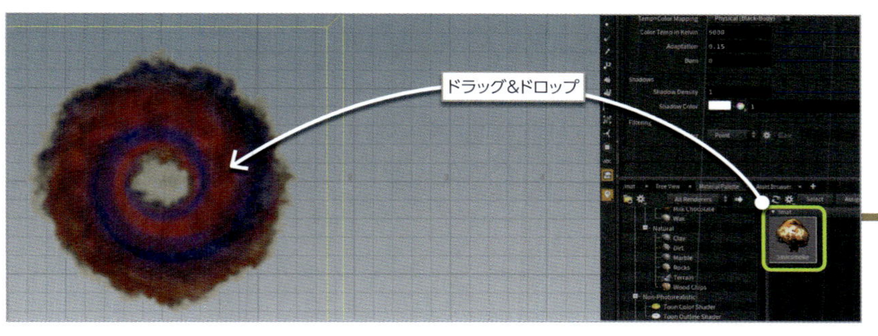

138 作成したマテリアル「basicsmoke」を選択し、シーンビュー上の煙にドラッグ&ドロップして割り当てます。

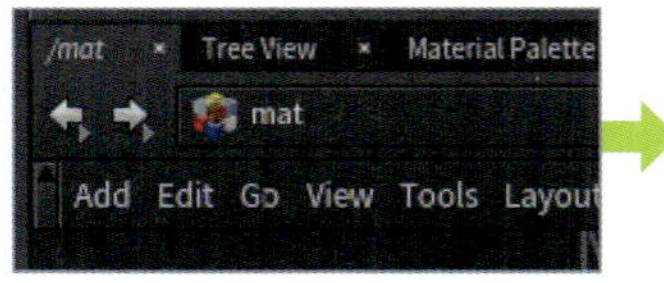

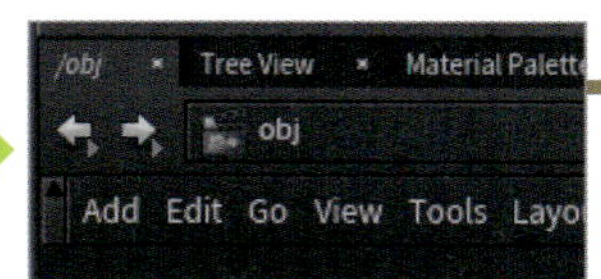

139 実際にマテリアルが割り当てられたことを確認します。「Material Palette」タブをネットワークエディタタブに切り替え、「/mat」階層から「/obj」階層に移動します。

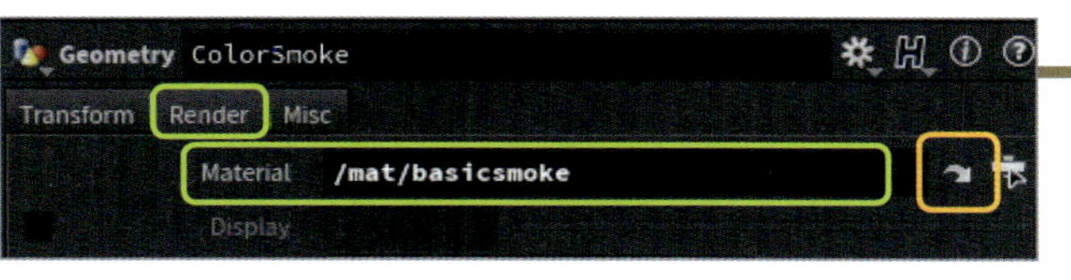

140 「/obj」階層の「ColorSmoke」ノードを選択し、「Render」タブを表示します。「Material」に「basicsmoke」ノードが割り当てられています。右側の矢印アイコン（オレンジ枠）を押して、「basicsmoke」ノードに移動します。

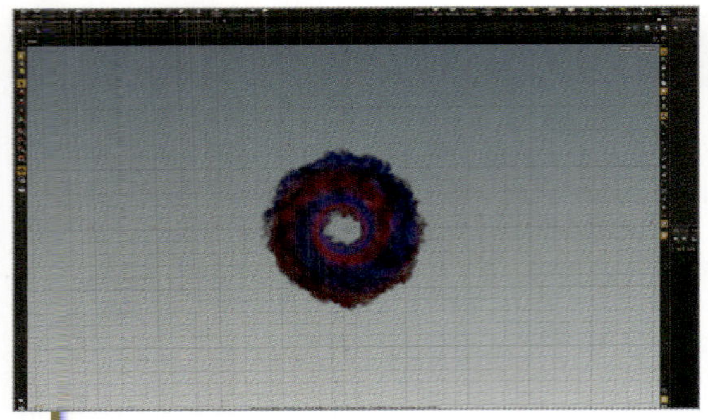

141 マテリアルの調整前に、レンダリングして現状の結果を確認します。シーンビューを操作して、真上から煙を見るようなレイアウトにします。

142 レンダリングすると(ここでは51フレーム目)、図のような色つきの煙になります。「basicsmoke」マテリアルは「density」ボリュームを煙の濃さ、「Cd」ボリュームを色情報として使用しています。

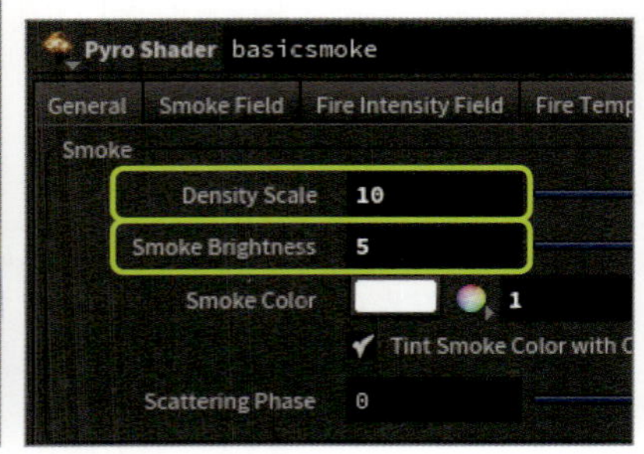

143 マテリアルを調整します。ネットワークエディタの「basicsmoke」ノードを選択し、「Density Scale：10」に、「Smoke Brightness：5」にします。

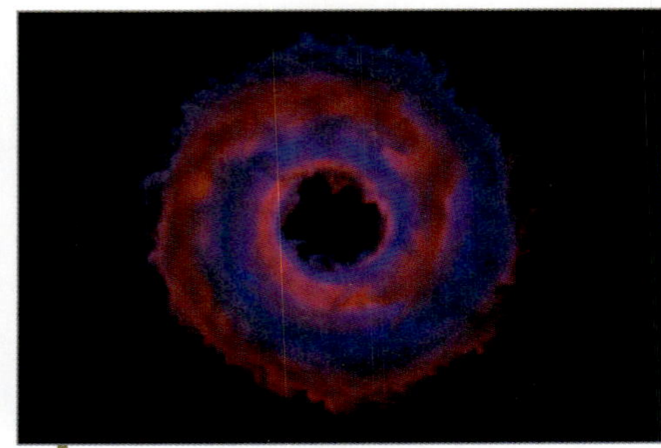

144 レンダリングして結果を確認します。煙が濃く、明るくなりました。これで質感調整は完了です。Render Viewをシーンビューに戻しておきます。

シーンにカメラとライトを配置する

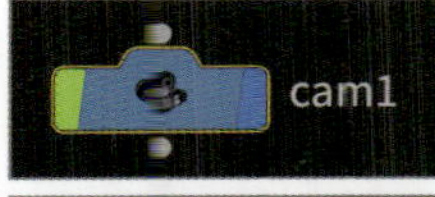

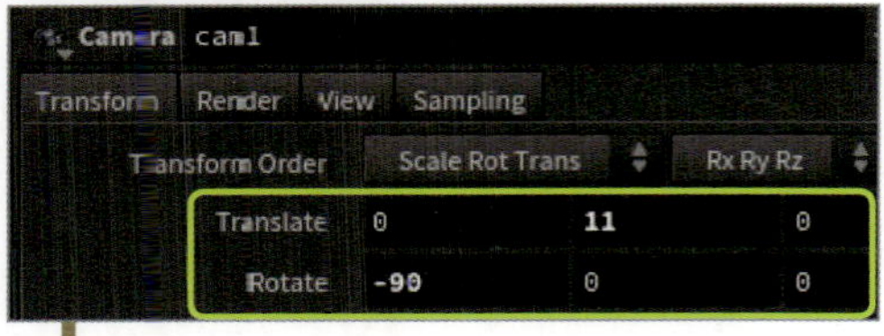

145 ここから、最終レンダリングの準備をします。「/obj」階層に移動し、TAB Menuから「Camera (OBJ)」を作成します。このノードのパラメータ「Translate」を「0 11 0」、「Rotate」を「−90 0 0」に設定します。

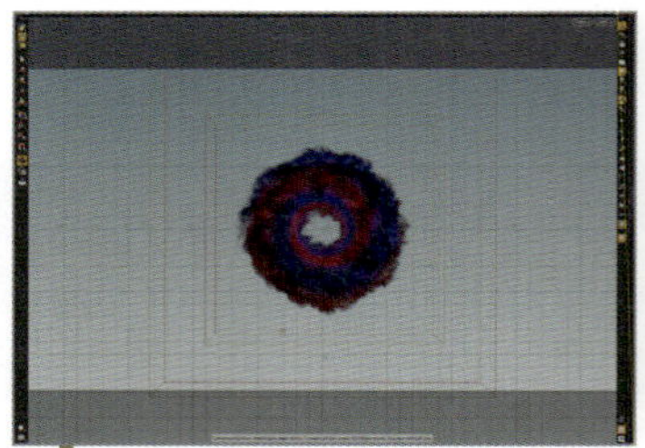

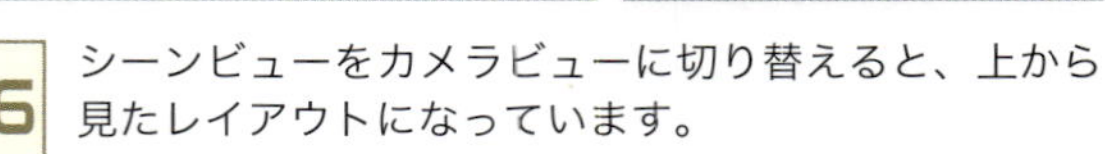

146 シーンビューをカメラビューに切り替えると、上から見たレイアウトになっています。

147 シェルフからライトを作成します。ウィンドウ左上のシェルフを「Lights and Cameras」に切り替え、「Spot Light」をクリックします。

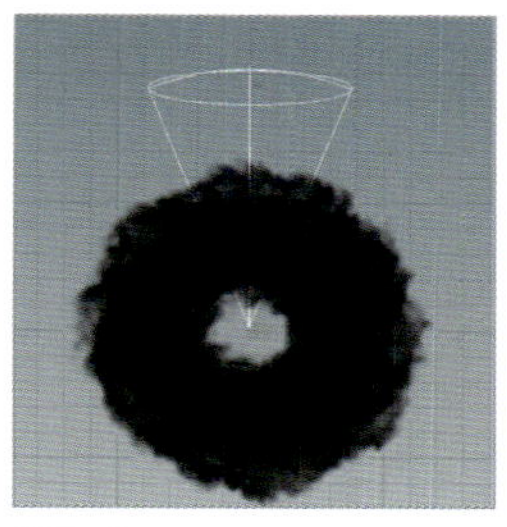

148 作成モードになるので、シーンビューの任意の場所をクリックします。その場所にSpot Lightがつくられます。

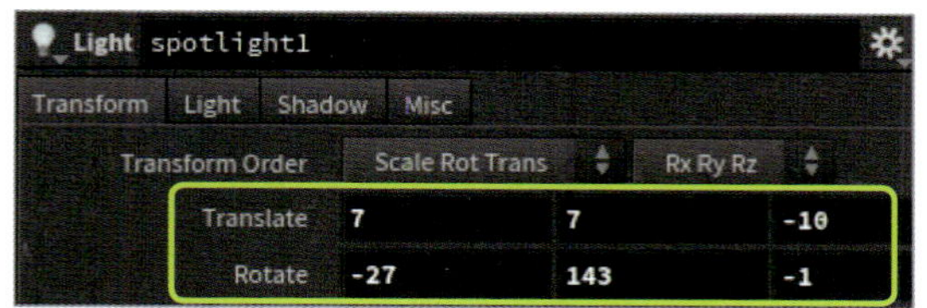

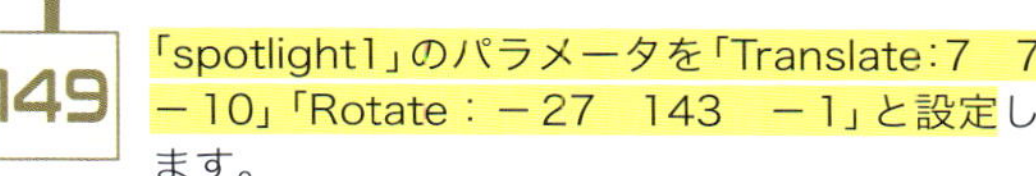

149 「spotlight1」のパラメータを「Translate：7　7　－10」「Rotate：－27　143　－1」と設定します。

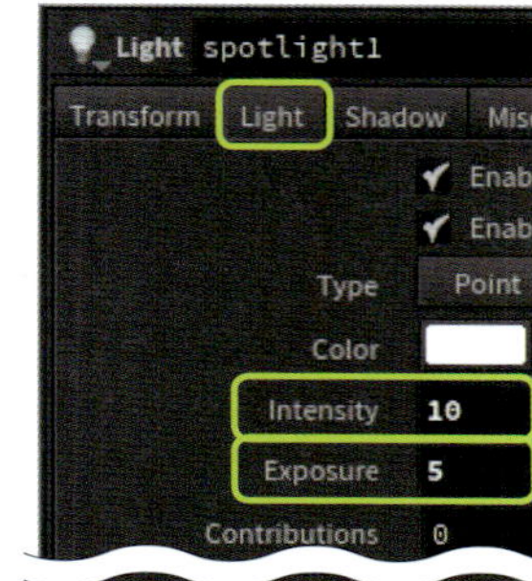

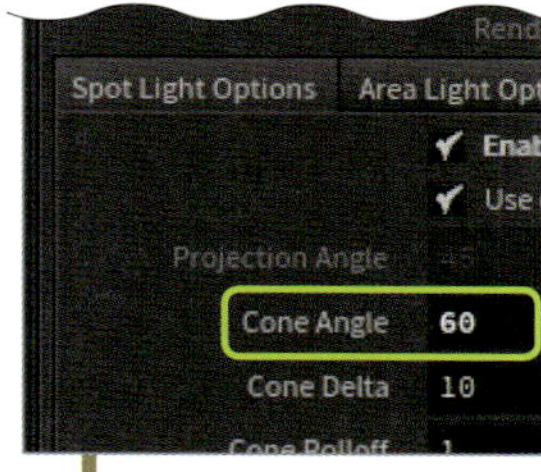

150 「Light」タブに切り替え、「Intensity：10」「Exposure：5」「Cone Angle：60」に変更します。

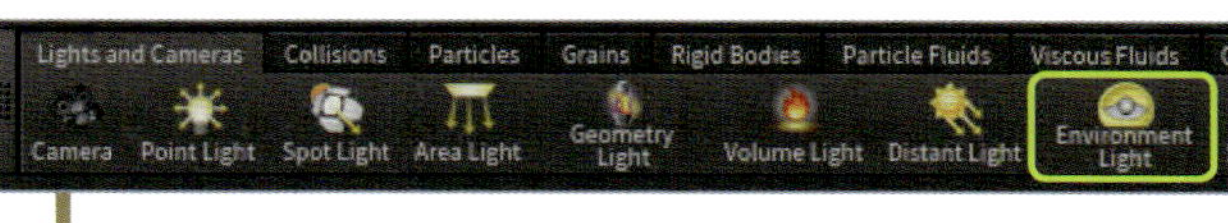

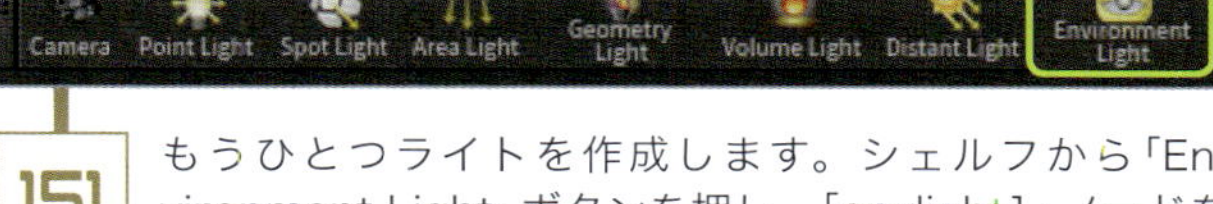

151 もうひとつライトを作成します。シェルフから「Environment Light」ボタンを押し、「envlight1」ノードを作成します。シーンに環境光が追加されます。

背景を作成する

152 背景を作成します。TAB Menuから「Geometry（OBJ）」を作成、ノード名を「BG」とします。

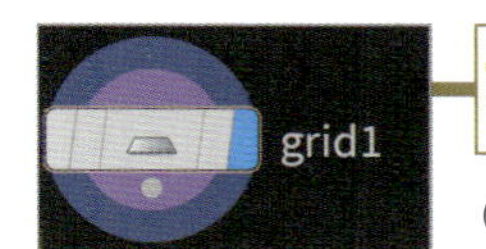

153 「BG」ノードの中に入り、既存の「file1」ノードを削除。TAB Menuから「Grid（SOP）」を作成します。

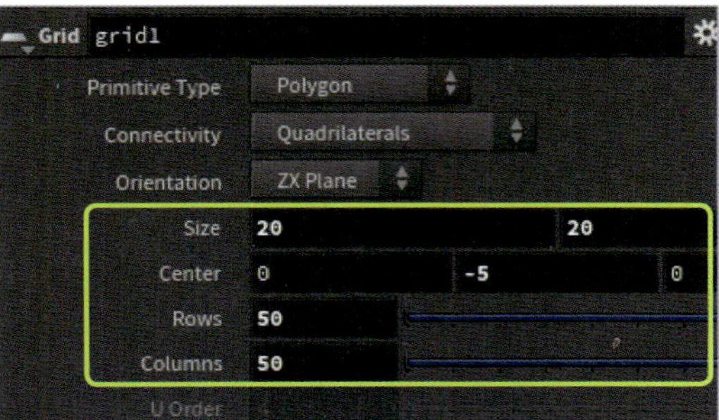

154 「grid1」ノードのパラメータを、「Size：20　20」「Center：0　－5　0」「Rows：50」「Columns：50」と設定します。

155 「BG」に質感を割り当てます。ネットワークエディタを「Material Palette」に切り替えて、リストから「Principled Shader」を選択し、右側の領域にドラッグ＆ドロップします。

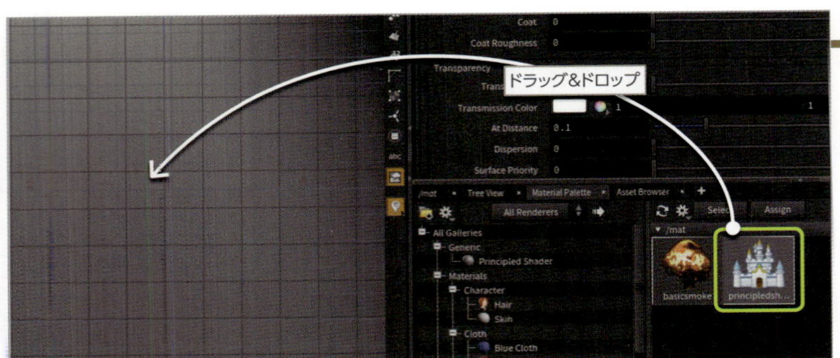

156 155で作成した「Principled Shader」を、「Material Palette」からシーンビューの「BG」にドラッグ&ドロップして割り当てます。

157 マテリアルの色を調整します。「principledshader」ノードのパラメータ「Base Color」を「0.1　0.1　0.15」に変更します。これで元の色より少し暗く青みがかった色になりました。

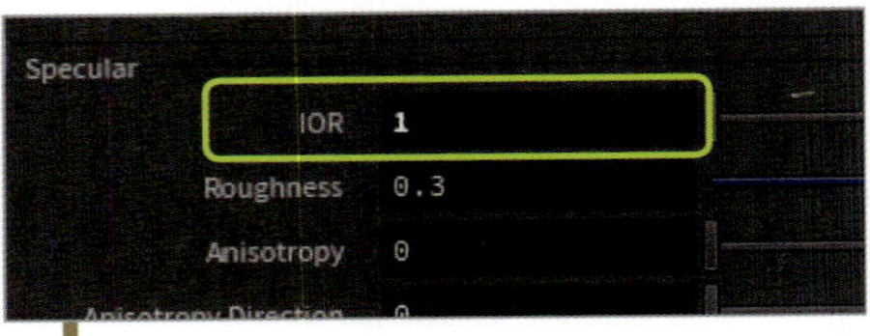

158 「Specular」→「IOR」を「1」に変更します。

レンダリングする

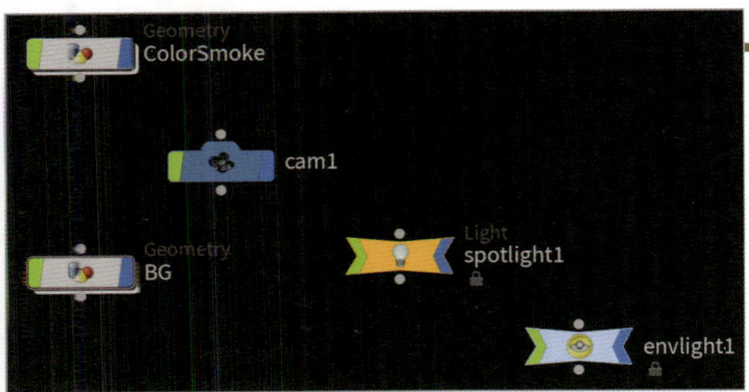

159 設定ができたら「Material Palette」をネットワークエディタに切り替えて、「/obj」階層に戻ります。これで煙、カメラ、ライト、背景が準備できました。

160 シーンビューを「Render View」に切り替えて、レンダリングしてみます。カメラには作成した「cam1」ノードを指定します。

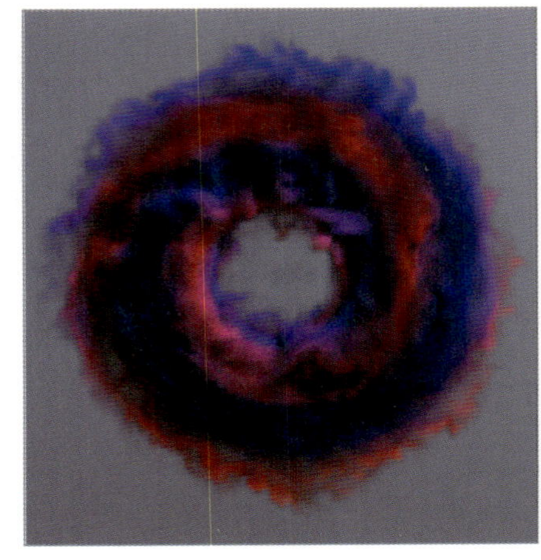

161 Renderボタンを押してレンダリングすると、図のような結果が確認できます。

162 これを連番ファイルとして出力します。「/out」階層に移動します。

163 「/out」階層には「mantra_ipr」ノードがひとつだけあります。これは「Render View」でレンダリングした時に作成されたノードです。これを使って最終出力します。まず、ノード名を「ColorSmoke」に変更します。

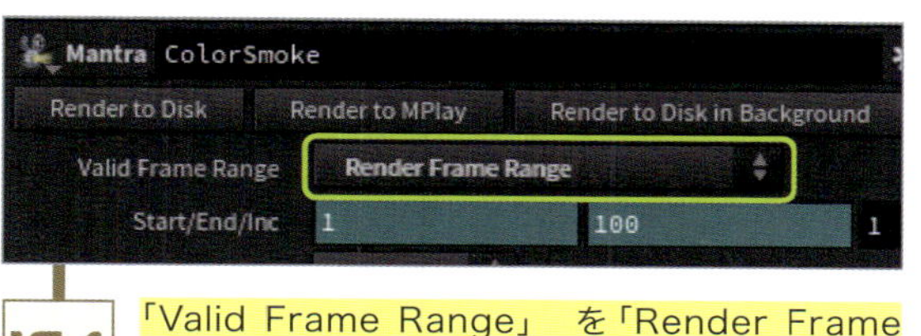

164 「Valid Frame Range」を「Render Frame Range」に変更します。これで連番で出力できます。

165 次に、パラメータ「Camera」に「cam1」ノードが設定されていることを確認します。

166 他の設定はそのままで「Render to Disk」ボタンを押し、レンダリングを実行します。シーンファイルのある階層に「render」というフォルダがつくられ、レンダリングされたファイルがそこに出力されます。なお、レンダリング完了まで数時間を要します。

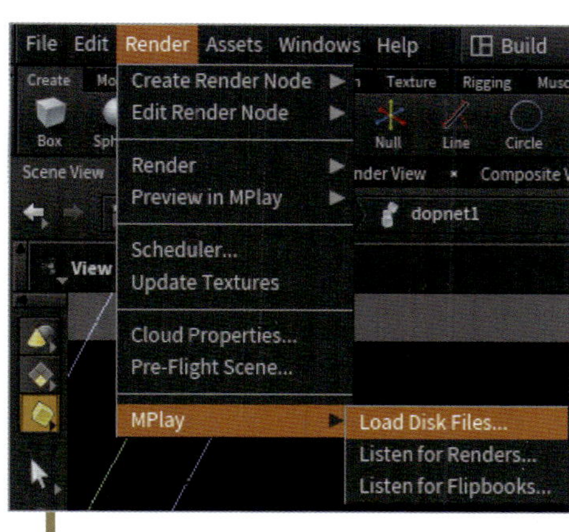

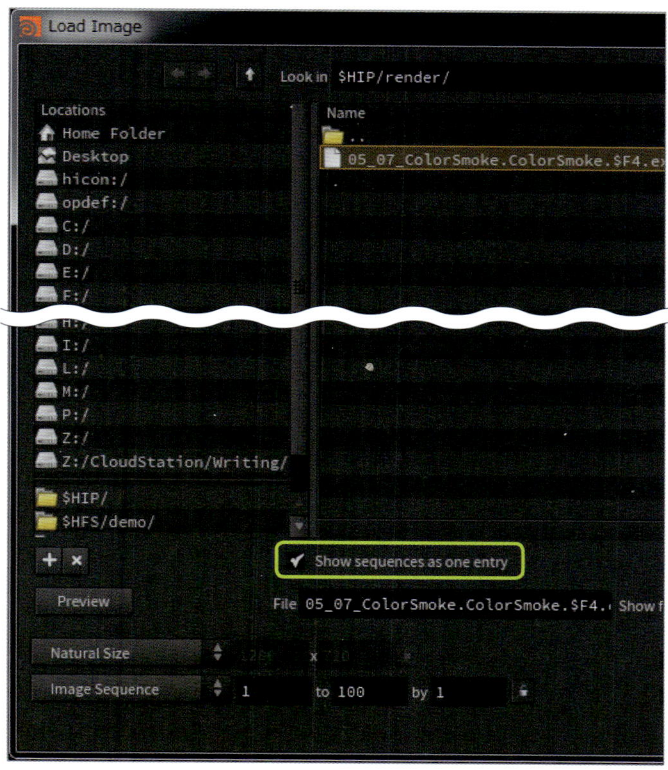

167 レンダリングが完了したら、結果を確認します。ウィンドウ上部のメニューから「Render」→「MPlay」→「Load Disk Files...」を選択します。「Load Image」ウィンドウからレンダリングした連番ファイルを読み込みます。この時、「Show sequences as one entry」を有効にしておきます。

これで「MPlay」にレンダリングした画像が連番で読み込まれます。再生すると、ボリュームが渦を巻き、弾けて消えるような動きになっています（完成画像は本節冒頭を参照）。

5-7 煙の軌跡

難易度 ★★★★★

Chapter 5の最後は、他の作例に比べ、やや難易度の高い作例に挑戦します。Pyroシミュレーションのクラスタ化という手法を用いて、煙の軌跡を作成してみます。

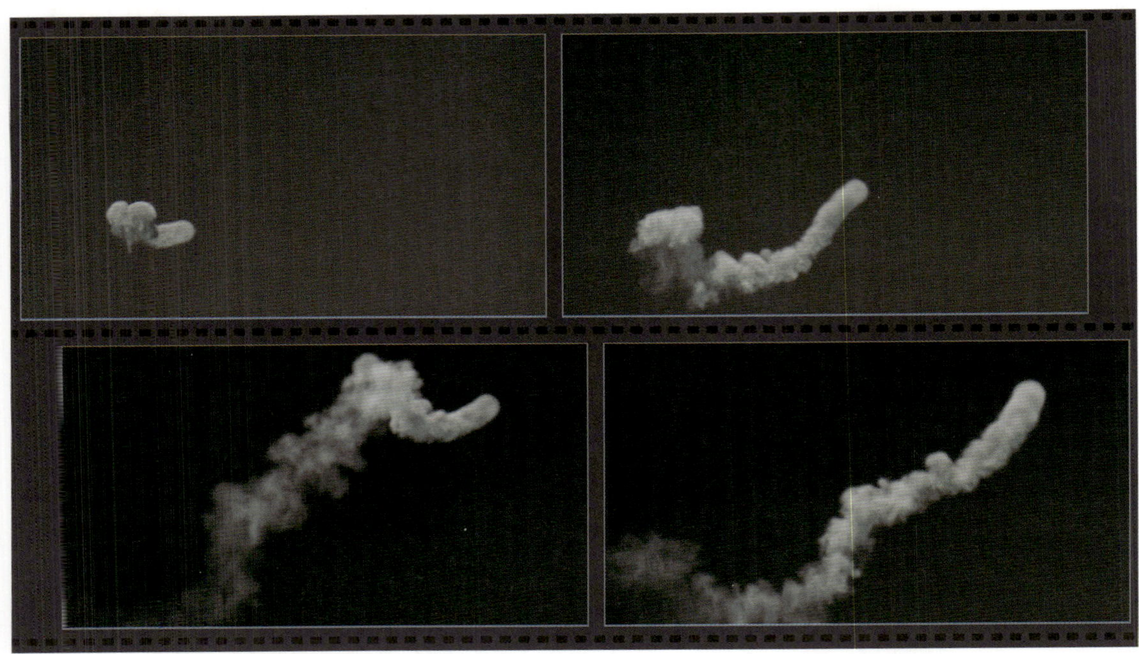

Pyroシミュレーションのクラスタ化とは、シミュレーションを大きなひとつの領域ではなく、いくつもの小さな領域で行うことを指します。例えば、下左図のような軌跡を描くシミュレーションの場合、コンテナ（シミュレーションの計算領域）内には煙のない領域が多くあります。このような何もない領域もシミュレーションでは計算しなければならず、計算時間の無駄な増加につながります。これを下右図のように細かな領域に分けてシミュレーションすれば、必要な個所に計算を集中できるので、無駄なくシミュレーションできます。

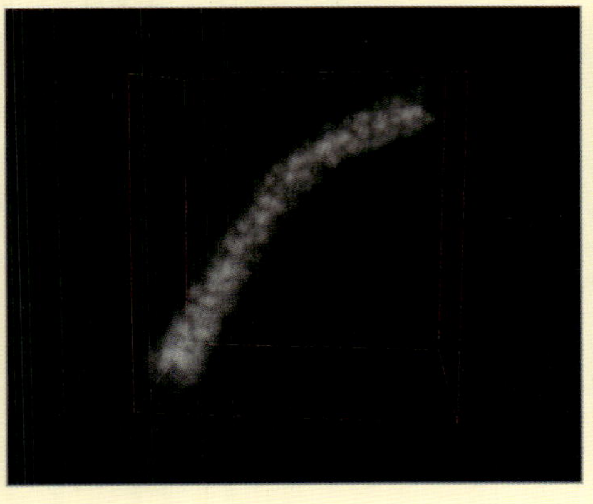

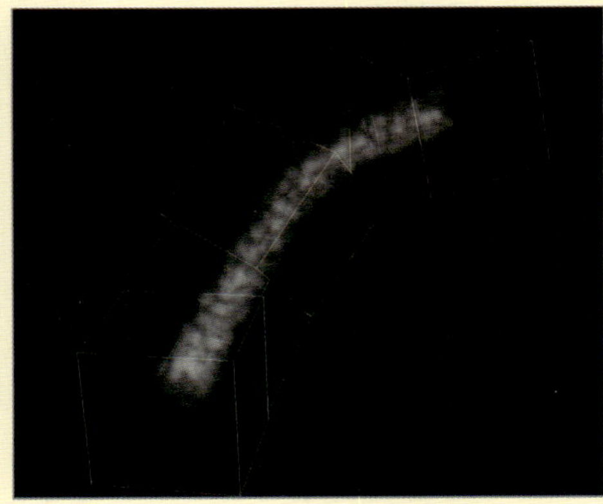

STEP 制作手順

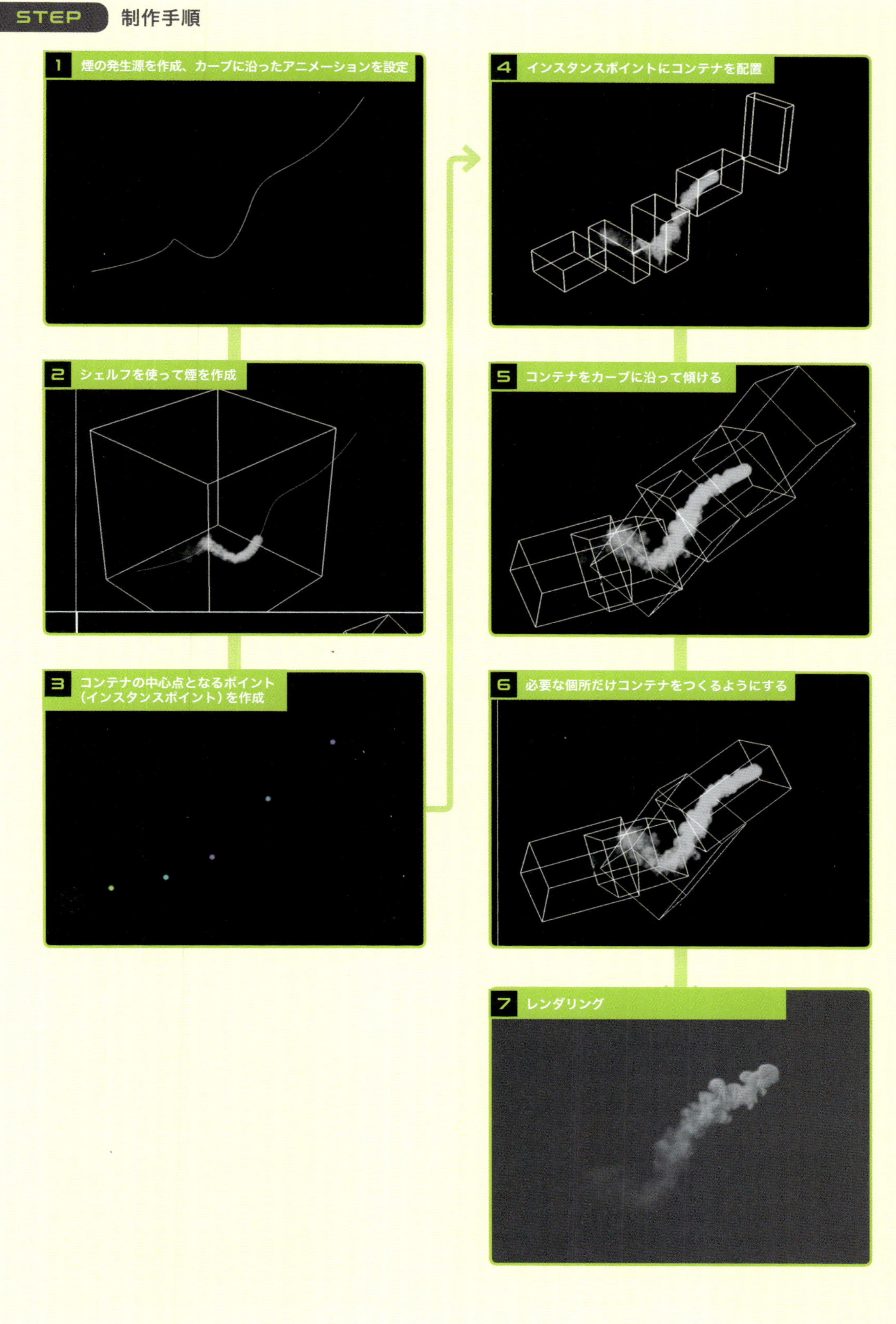
1 煙の発生源を作成、カーブに沿ったアニメーションを設定
2 シェルフを使って煙を作成
3 コンテナの中心点となるポイント（インスタンスポイント）を作成
4 インスタンスポイントにコンテナを配置
5 コンテナをカーブに沿って傾ける
6 必要な個所だけコンテナをつくるようにする
7 レンダリング

NETWORK 完成したネットワークの全体図

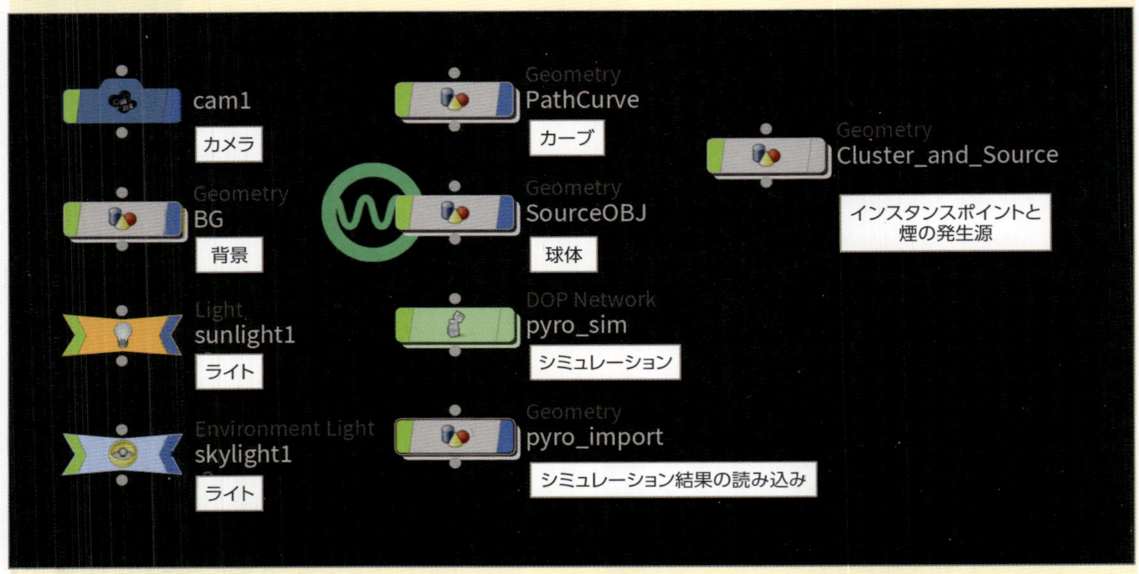

NODE 主要なノードの中身

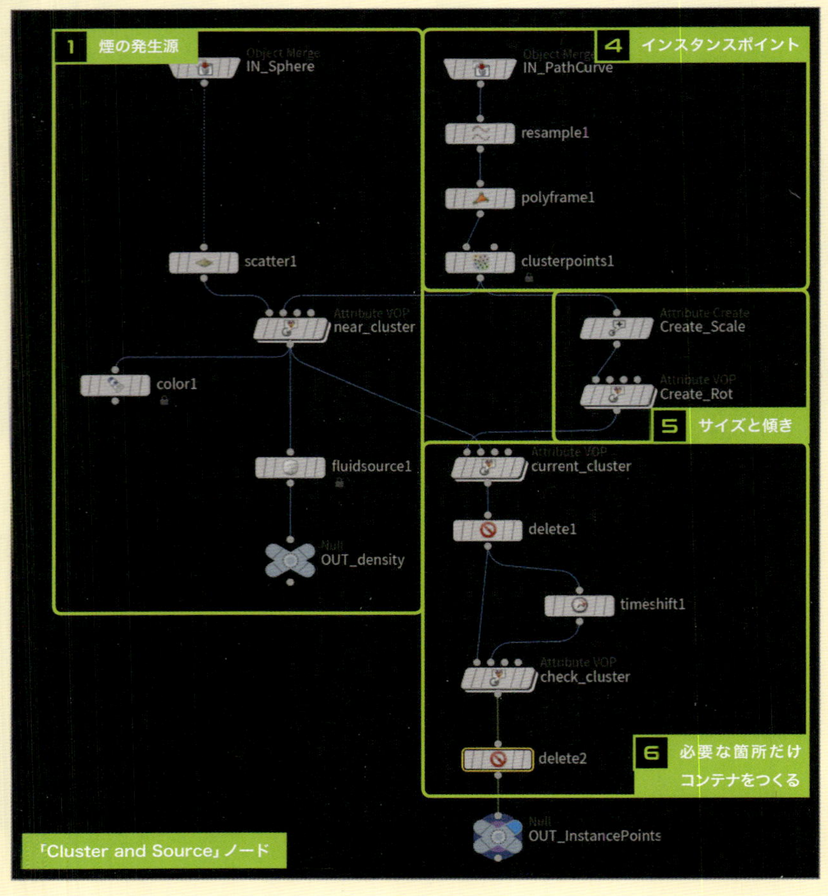

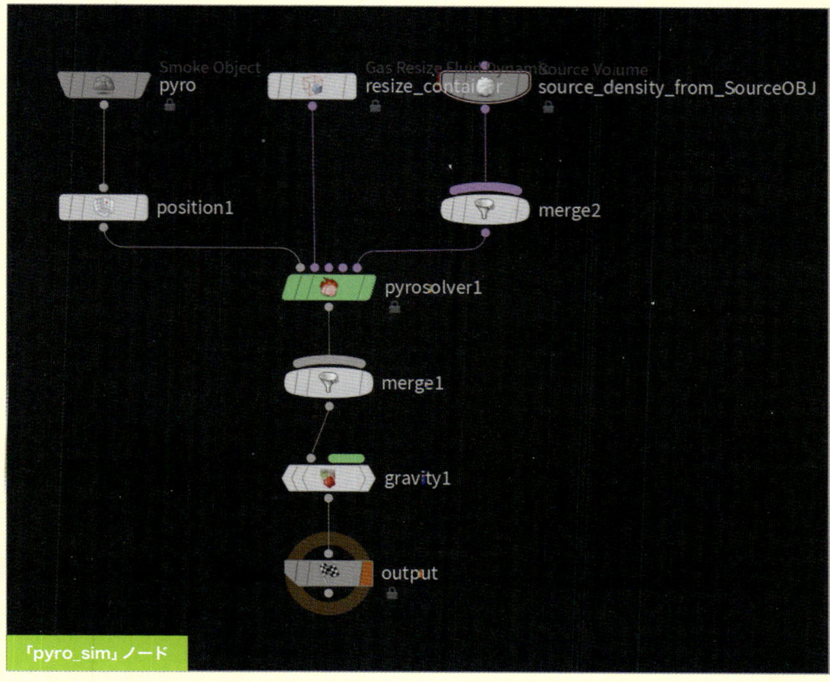

■主要ノード一覧（登場順）

Geometry (SOP)	P296
Curve (SOP)	P296
Sphere (SOP)	P297
CHOP Network (SOP)	P298
Gas Resize Fluid Dynamic (DOP)	P300
Object Merge (SOP)	P301
Resample (SOP)	P302
PolyFrame (SOP)	P302
Cluster Point (SOP)	P303
Scatter (SOP)	P306
Attribute VOP (SOP)	P306
Near Point (VOP)	P307
Import Point Attribute (VOP)	P308
Bind (VOP)	P308
Color (SOP)	P309
Fluid Source (SOP)	P309
Attribute Create (SOP)	P313
Position (DOP)	P314
Align (VOP)	P315
Extract Transform (VOP)	P316
Matrix3 to Matrix4 (VOP)	P316
Import Point Attribute (VOP)	P321
Compare (VOP)	P321
Delete (SOP)	P322
Time Shift (SOP)	P323
And (VOP)	P326

■主要エクスプレッション関数

point()	P317

動きのガイドとなるカーブを作成する

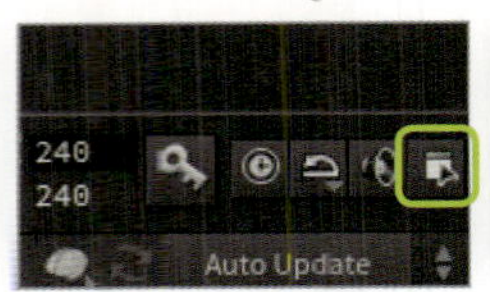
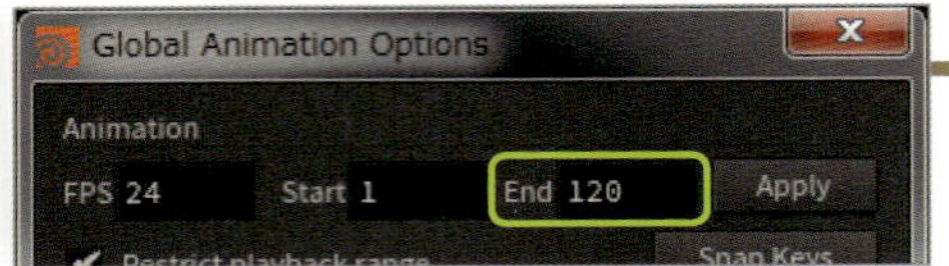

1 シーン尺を設定します。ウィンドウ右下のアイコンをクリックして、「Global Animation Options」を表示、「End：120」にします。

2 背景色を変更します。シーンビューでDキーを押して「Display Options」を表示し、「Backgroud」タブ→「Color Scheme：Dark」にします。

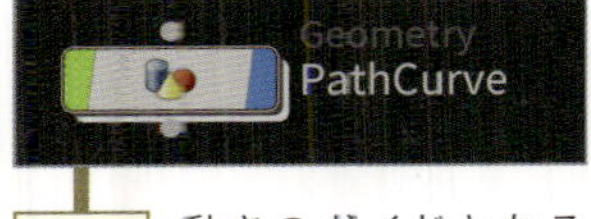

3 動きのガイドとなるカーブを作成します。「/obj」階層でTAB Menuから「Geometry（OBJ）」を作成、ノード名を「PathCurve」とします。

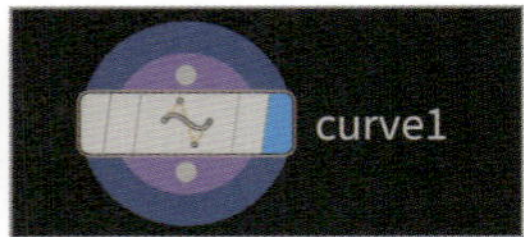

4 「PathCurve」の中に入り、既存の「file1」ノードを削除。ここにガイドとなるカーブを作成します。TAB Menuから「Curve（SOP）」を作成します。

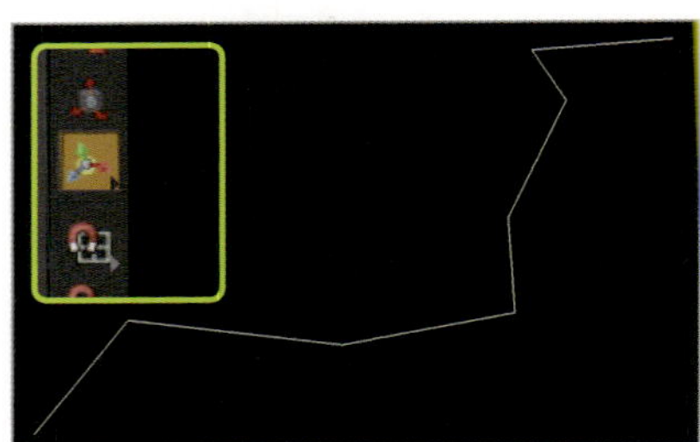

5 「curve1」を選択した状態でハンドルツールに切り替えてカーブ作成モードにします。その状態でシーンビューをクリックして複数のカーブの制御ポイントをつくります。これらのポイントからカーブが作成されます。

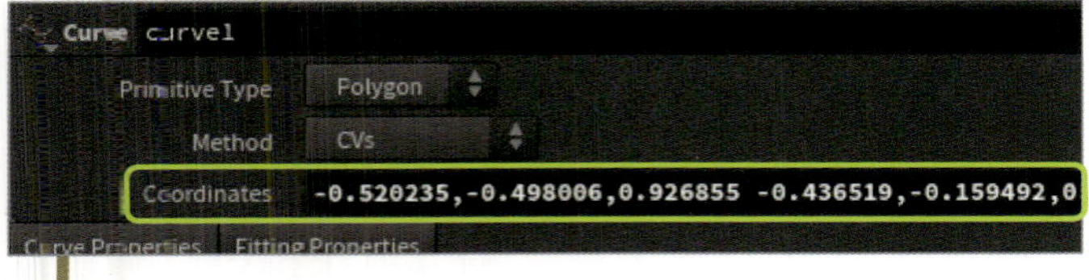

6 「curve1」ノードのパラメータ「Coordinates」には制御ポイントの座標が記録されています。

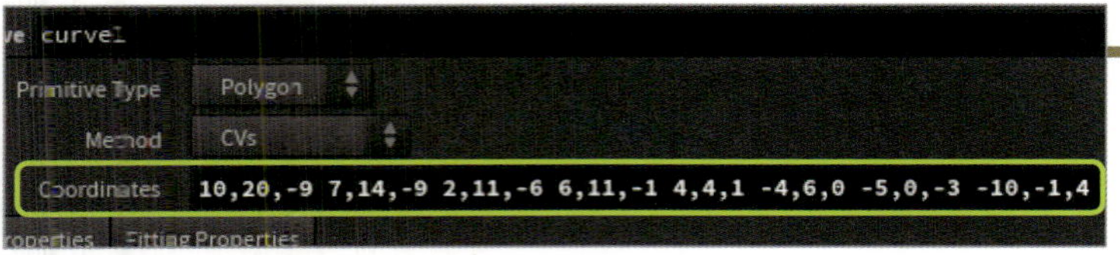

7 「Coordinates」値の記述を図のように編集してカーブの形状を変更します。「,」（カンマ）で区切られた3つの数字でひとつの座標を表し、座標と座標の間は半角スペースで区切ります。ここでは8つの制御ポイントを作成しています。

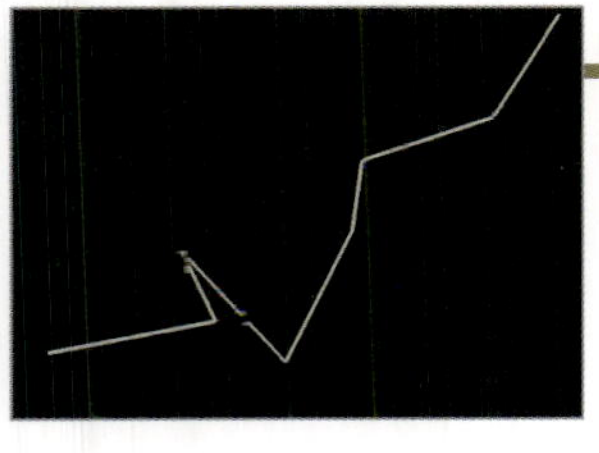

8 このようなカーブができます（シーンビューでHキーを押してHomeの位置からの見た目）。

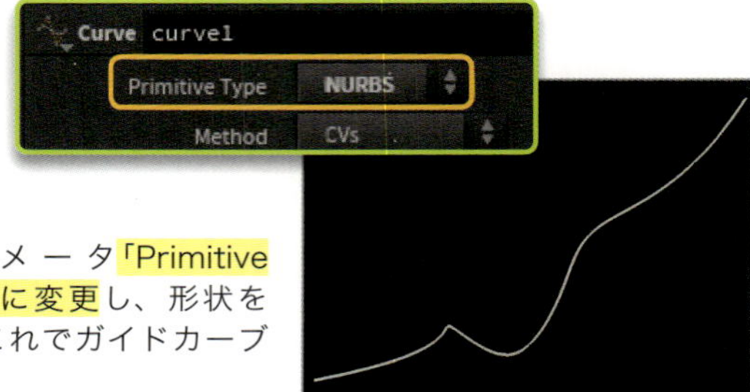

9 「curve1」のパラメータ「Primitive Type」を「NURBS」に変更し、形状を滑らかにします。これでガイドカーブは完成です。

煙の発生源となる球を作成する

10 煙の発生源を作成します。Uキーで上の階層(「/obj」)に移動し、TAB Menuから「Geometry(OBJ)」を作成、名前を「SourceOBJ」にします。

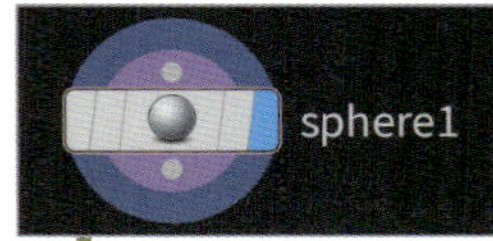

11 「SourceOBJ」の中に入り、既存の「file1」ノードを削除。代わりにTAB Menuから「Sphere(SOP)」を作成します。

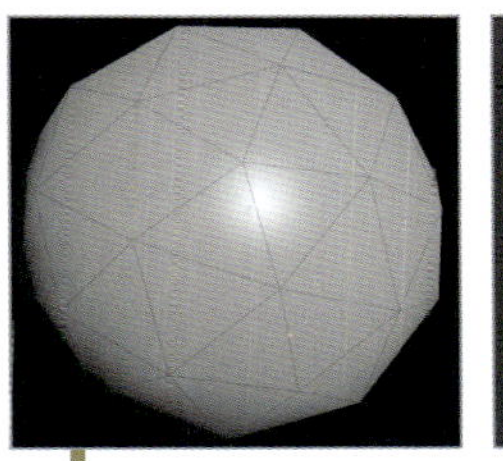

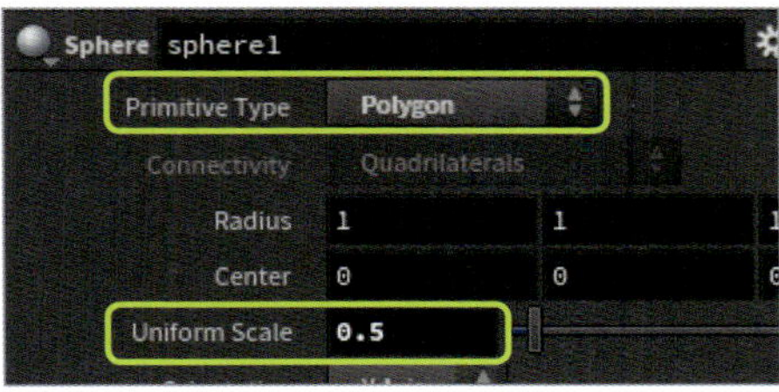

12 作成した「sphere1」ノードのパラメータ「Primitive Type」を「Polygon」に変更し、「Uniform Scale」を「0.5」にします。

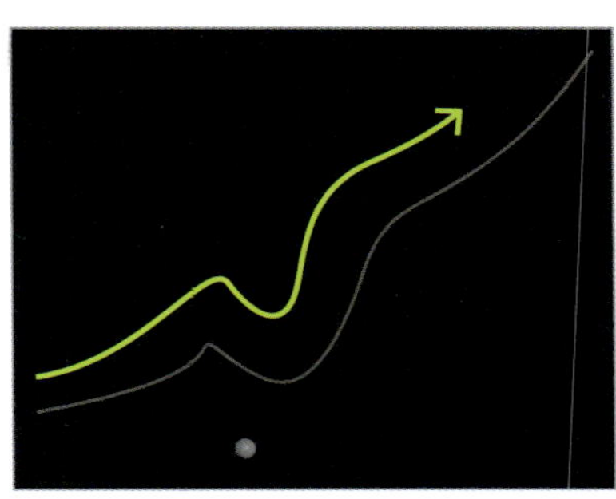

13 これでガイドとなるカーブと煙の発生源となる球ができました。

球をガイドカーブに沿って移動させる

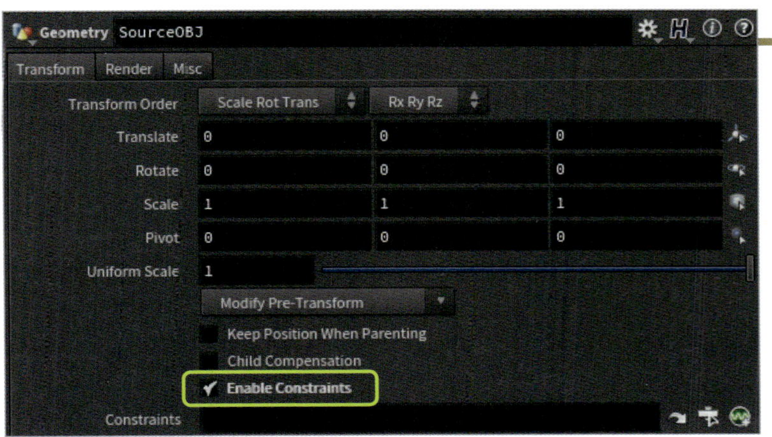

14 球をガイドカーブに沿って移動させます。Uキーで上の階層(「/obj」)に移動します。「SourceOBJ」ノードを選択し、パラメータ「Enable Constraints」をオンにします。すると、その下に新しく「Constraints」というパラメータが表示されます。

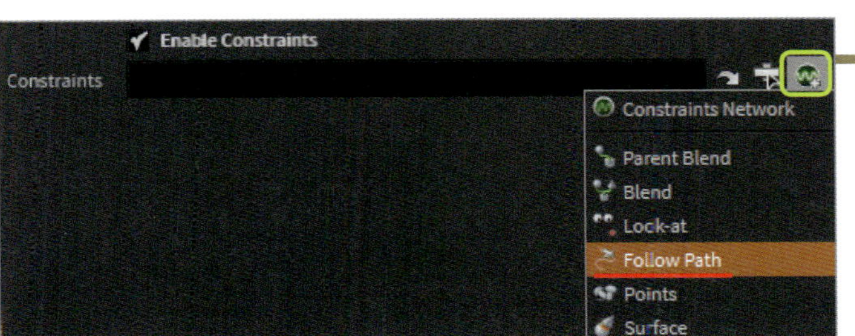

15 「Constraints」の一番右にある緑色のアイコンをクリックします。表示されるメニューから「Follow Path」を選択します。

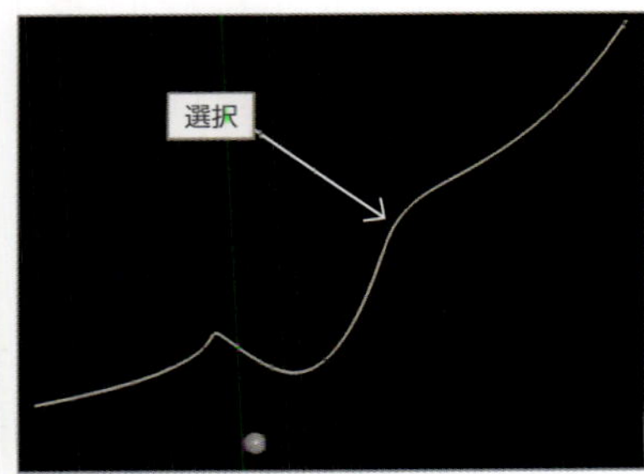

Now select path object. Press Enter to accept selection

16 オブジェクト選択モードになり、シーンビューの下側に「パスオブジェクトを選択して、Enterキーを押して確定せよ」という意味のメッセージが表示されます。メッセージに従い、シーンビューでカーブを選択し、Enterキーを押します。

Now select look-at object if any. Press Enter to accept selection

17 するとシーンビューの下側に「look-atオブジェクトがある場合は選択してEnterキーで確定せよ」という意味のメッセージが表示されます。look-atオブジェクトを指定すると、オブジェクトがカーブ上を移動中、常にそのオブジェクトを向くようになります。この場合、特に必要ないので何も選択せずにEnterキーを押します。

Now select look-up object if any. Press Enter to accept selection

18 今度は、「look-upオブジェクトがある場合は選択してEnterキーで確定せよ」と表示されます。先ほどはlook-atオブジェクトでしたが、今度はlook-upオブジェクトです。look-upオブジェクトを定義すると、そのオブジェクトがある方向がUp（上）方向として定義されます。ここでは特に必要ないので何も選択せずにEnterキーを押します。

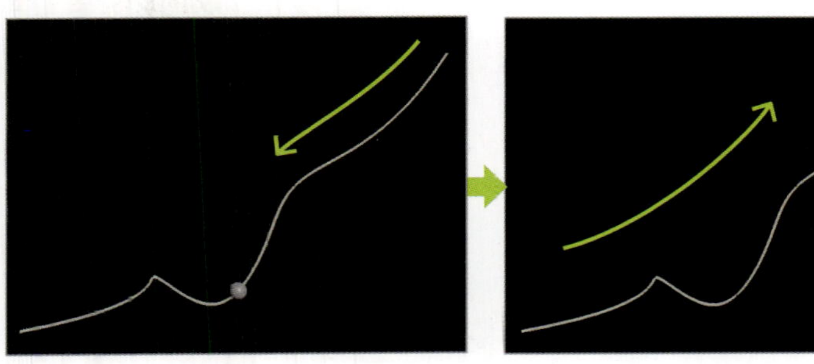

19 球がラインの先端に移動します。再生すると、球がライン上を移動しているのが確認できます。しかし、ラインの上から下に向かって球が移動しています。これをラインの下端から上端に向かって移動するように変更します。

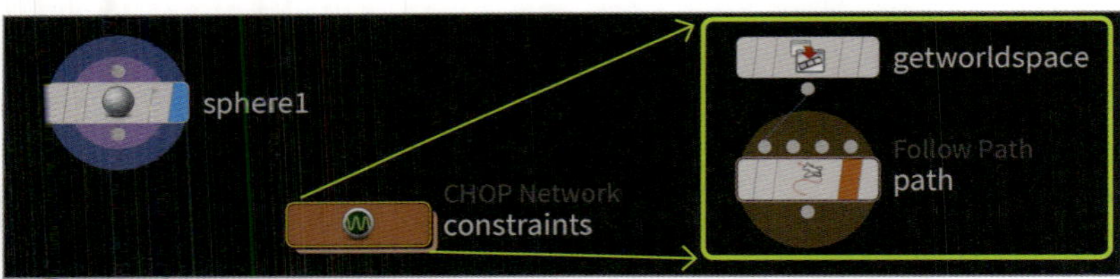

20 シェルフを実行したことでネットワーク階層が移動しています。シェルフによって「SourceOBJ」ノード内に「constraints」という名の「CHOP Network」ノードが作成され、現在その中にいます。「CHOP Network」とは、アニメーションカーブや音声などのチャンネルデータを扱えるネットワークです。これまで登場したSOPやDOPとはまた異なるルールでネットワークが構築されます。ここには現在、カーブ上を動くアニメーションのネットワークがつくられています。

Point 「constraints」のノード

ネットワーク最上部にある「getworldspace」ノードは「Get World Space (CHOP)」というタイプのノードで、CHOPネットワークの結果が適用される前の、オブジェクトのワールド位置を取得しています。パラメータ「Object」でどのノードのワールド位置を取得するかを指定します。ここでは「../..」と記述されています。「..」はひとつ上の階層を意味します。「../..」はふたつ上の階層、つまり「SourceOBJ」ノードのワールド位置を取得していることを意味します。

21 次に、Outputフラグ（オレンジ色のフラグ）が付いている「path」ノード。これは「Follow Path（CHOP）」というタイプのノードで、オブジェクトがカーブに沿うアニメーションを作成しています。このノードのパラメータを変更することで、パスに沿うアニメーションの速さやタイミングなどを変更できます。

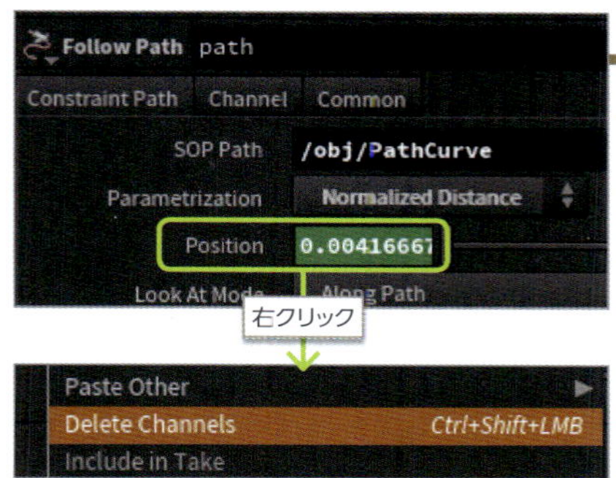

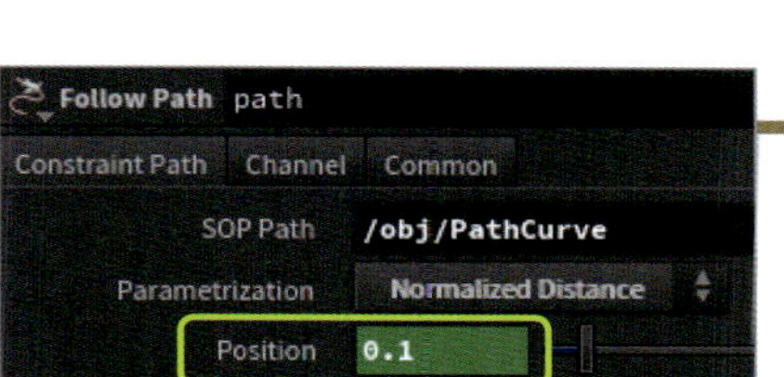

22 実際にパラメータを変更します。「path」ノードのパラメータ「Position」ではカーブ上の位置を指定しています。現在このパラメータはエクスプレッションで制御されていますが、制御を解除し、キーフレームを作成します。「Position」で右クリックしてメニューを表示し、「Delete Channels」を選んで、チャンネルに記述されているエクスプレッションを削除します。

23 このパラメータ「Position」の1フレーム目に値「1」でキーフレームを作成します（Altキーを押しながらパラメータをクリック）。次に、120フレームに移動し値「0.1」でキーフレームを作成します。

24 再生して結果を確認します。これで、球体がラインに沿って下から上に移動するようになりました。最後は上端の少し手前で止まるようになっています。アニメーションができたら、Uキーを2回押して「/obj」階層に上がります。

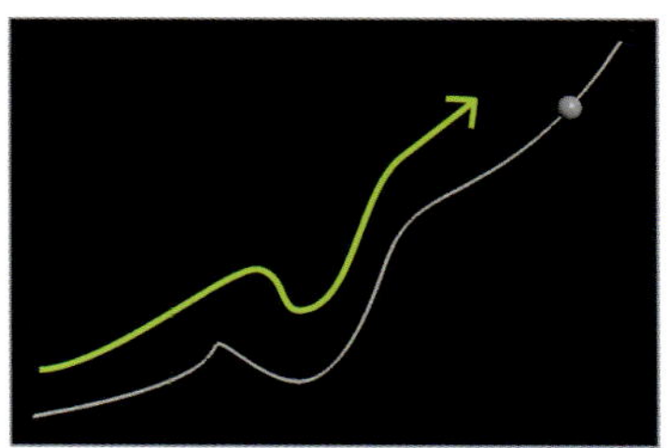

Point 「Follow Path」をシェルフからつくる

ここで行ったFollow Pathはシェルフを使っても作成できます。ウィンドウ左上のシェルフ「Constraints」タブ→「Follow Path」を実行すると、ウィンドウ下側にメッセージが表示されます。それに従って操作すれば、この作例と同じCHOPネットワークが構築できます。

Point コンストレインのバッヂ

Constraintsが設定されたノードには図のようなバッヂが表示されます。

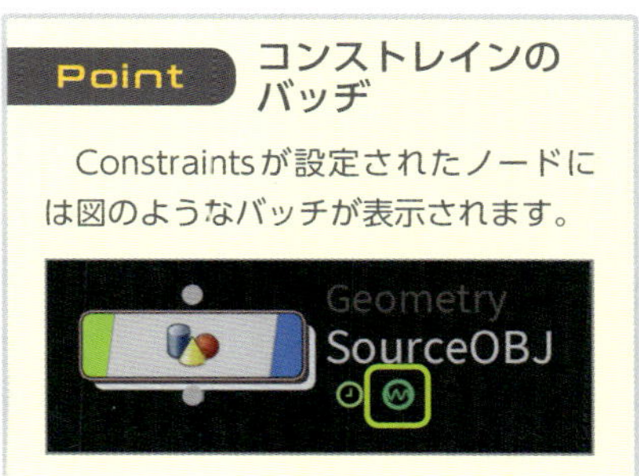

球から煙を発生させる

25 作成した球に対してシェルフで煙を発生させます。「SourceOBJ」ノードを選択した状態でシェルフの「PyroFX」→「Billowy Smoke」を選択します。

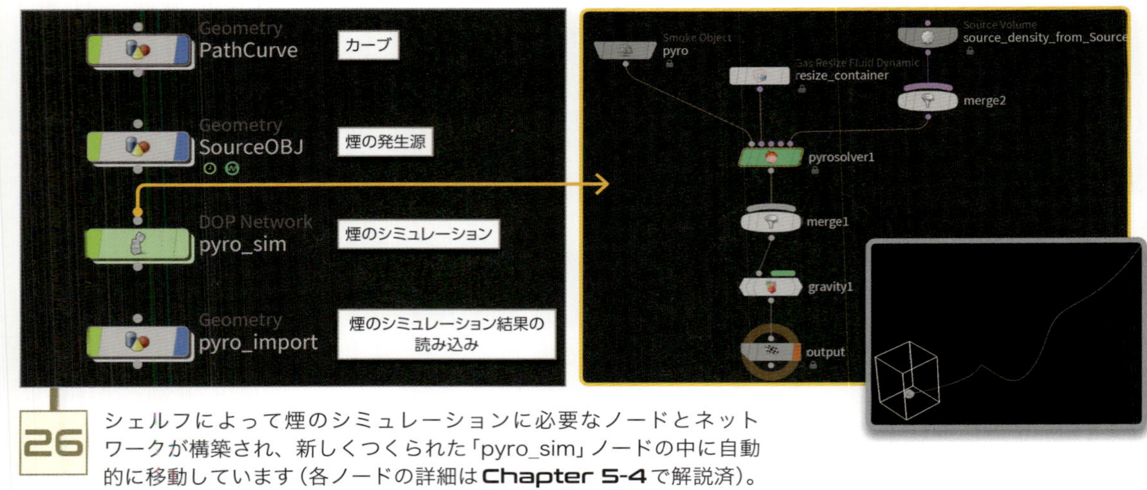

26 シェルフによって煙のシミュレーションに必要なノードとネットワークが構築され、新しくつくられた「pyro_sim」ノードの中に自動的に移動しています(各ノードの詳細は**Chapter 5-4**で解説済)。

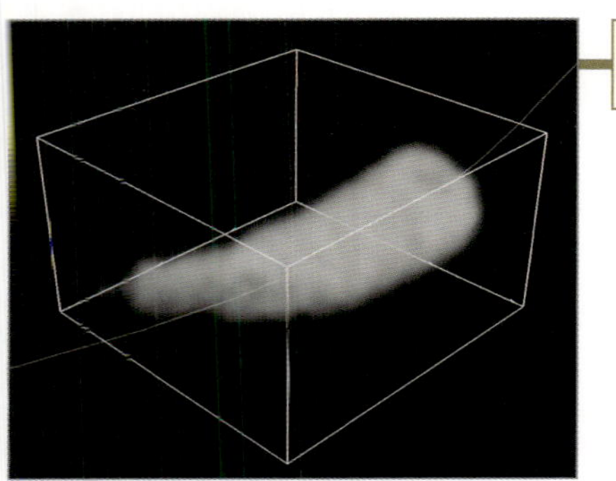

27 再生結果を確認すると、煙は発生していますが、それほど尾を引いていませんし、すぐに消えてしまいます。これを調整します。

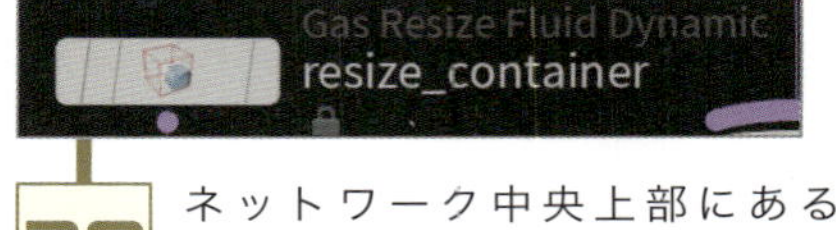

28 ネットワーク中央上部にある「resize_container」を選択します。これは「Gas Resize Fluid Dynamic (DOP)」というタイプのノードで、計算領域をシミュレーションに合わせて変更できます。

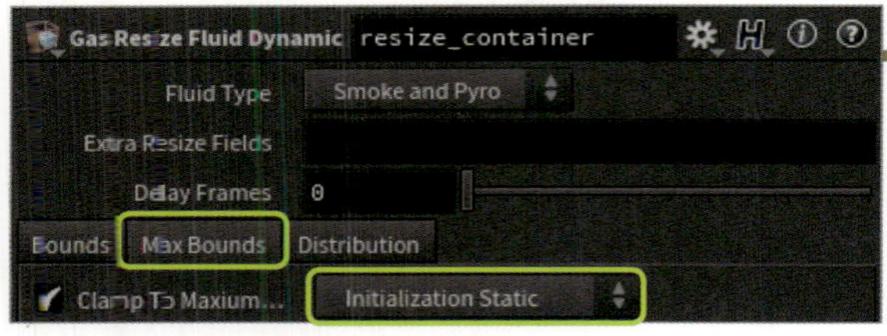

29 1フレーム目に移動してシミュレーションをリセットし、パラメータの「Max Bounds」タブ→「Clamp to Maxium...」を「Initialization Static」に変更します。ここでは計算領域が無限に広がらないように最大サイズを指定しています。これまでは発生源(「SourceOBJ」)を基準に最大サイズが決まっていたところ、コンテナの初期サイズに変更した、ということです。

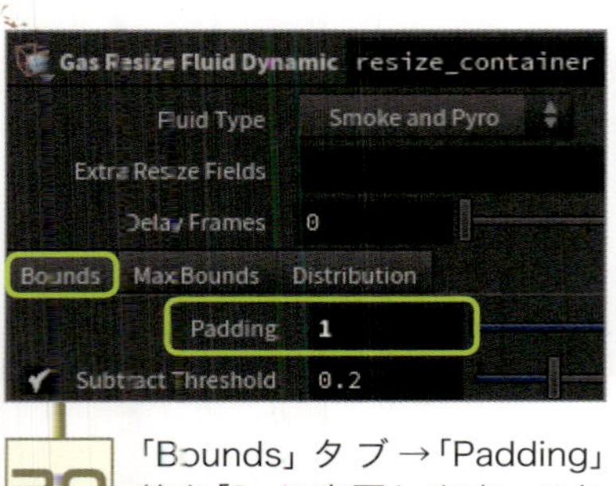

30 「Bounds」タブ→「Padding」値を「1」に変更します。これで計算領域がより拡大されます。

31 ネットワーク左上にある「pyro」ノードのパラメータ「Division Size」を「0.2」に設定し、シミュレーションの解像度を粗くして計算コストを下げます。この値は最終的に「0.1」以下に下げる予定です(PCスペックと時間に余裕があればこの段階で値を下げてもOKです)。次に「Size：24　22　16」「Center：0　9　－2」に変更します。初期コンテナのサイズが、ちょうどカーブを囲うサイズになります。

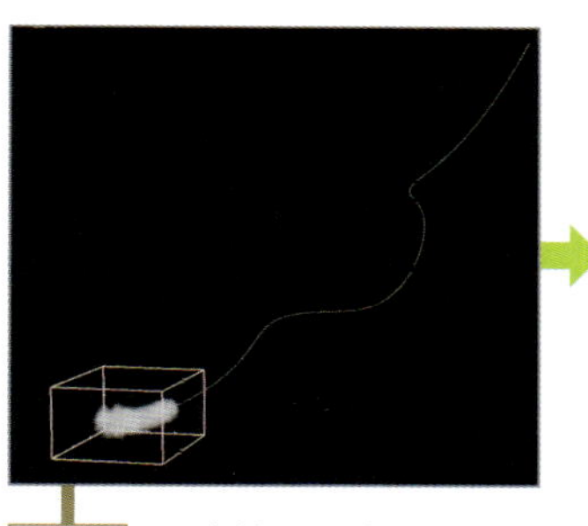
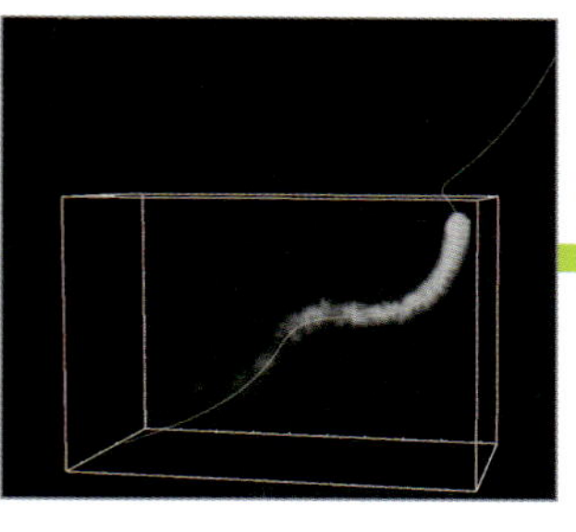
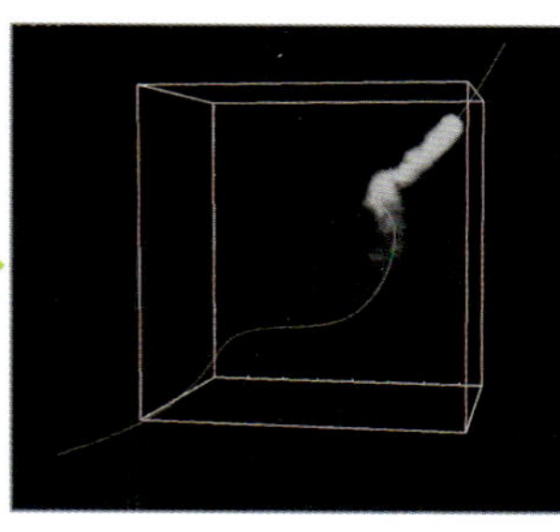

32 再生結果を確認すると、今度は尾を引く煙ができました。しかし、計算領域の無駄が多いので、先ほどよりもずいぶん計算に時間がかかっています。現在はひとつの大きなコンテナで煙の挙動が計算されていますが、これを複数の小さなコンテナで分割して計算するように変更します。

インスタンスポイントを作成する

ここからコンテナを分割するための下準備を行います。最終的には図のように、カーブに沿って小さなコンテナを複数つくってシミュレーションさせます。

コンテナの配置場所を決めるために、起点となるポイントが必要になります。このポイントを「インスタンスポイント」と呼ぶことにします。またコンテナごとに煙の発生源も必要になります。ここからは、インスタンスポイントと各コンテナ用の煙の発生源を新たに作成します。

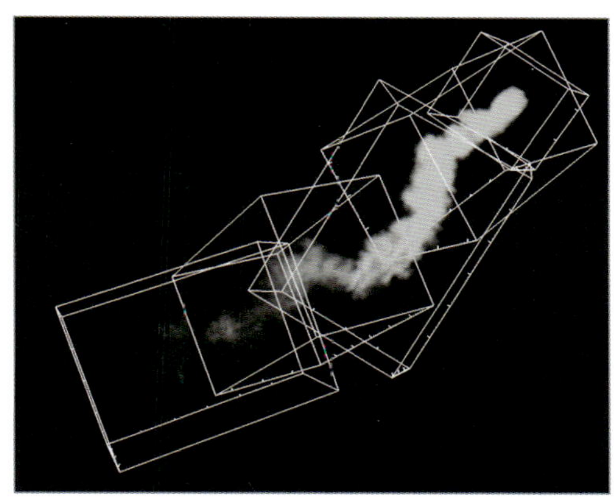

33 Uキーで上の階層（「/obj」）に移動します。TAB Menuから「Geometry (OBJ)」を作成し、名前を「Cluster_and_Source」とします。ノードの中に入り、既存の「file1」ノードを削除します。

34 シーンビュー右上、図のアイコンをクリックしてリストから「Hide Other Objects」を選択。シーンビューにはこのネットワークにあるものだけを表示するようにします。

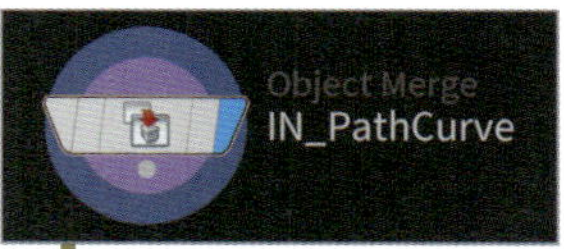

35 TAB Menuから「Object Merge (SOP)」を作成し、ノード名を「IN_PathCurve」とします。このノードで他の階層にあるジオメトリ（ここではカーブ）を読み込みます。

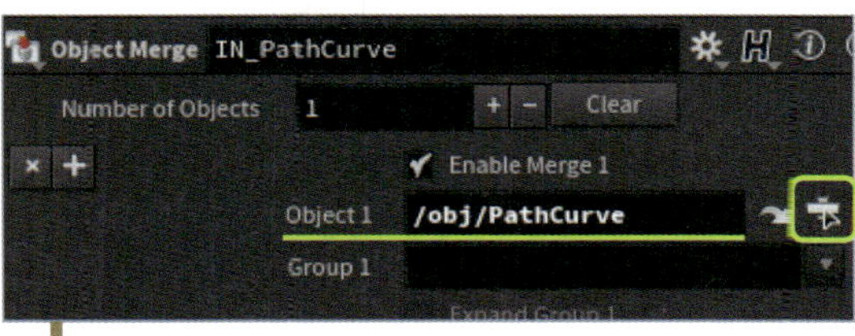

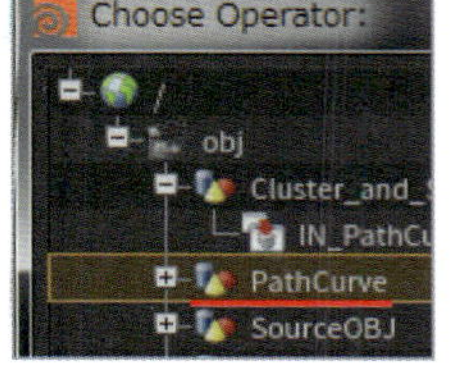

36 「IN_PathCurve」ノードのパラメータ「Object1」右側のアイコン（緑枠）をクリックし、リストから「PathCurve」ノードを選び、指定します。

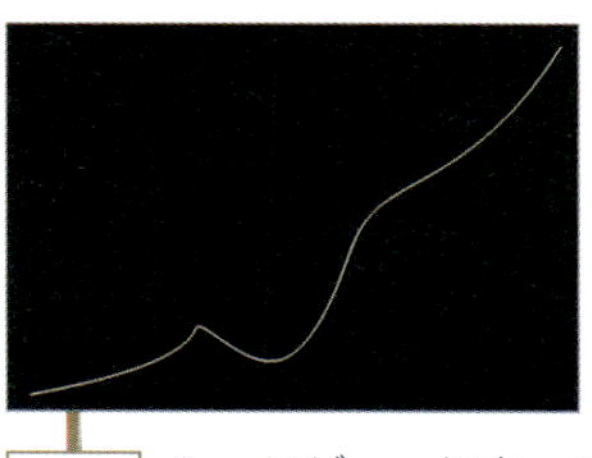

37 シーンビューにカーブが表示されます。

38 読み込んだカーブを編集し、コンテナを配置するためのインスタンスポイントを作成します。TAB Menuから「Resample (SOP)」を作成し、「IN_Path Curve」ノードの下にコネクトします。パラメータはデフォルトのままでかまいません。

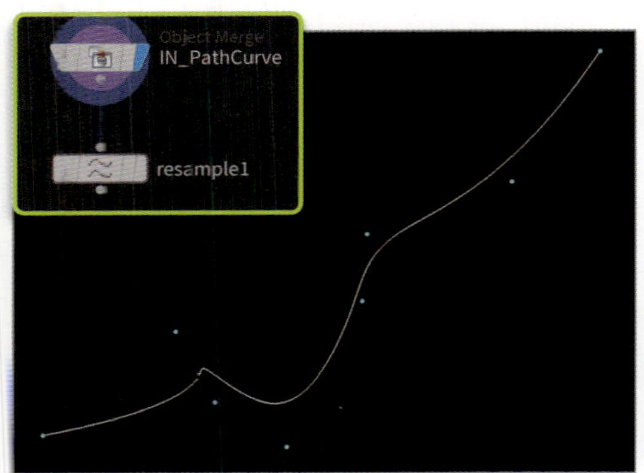

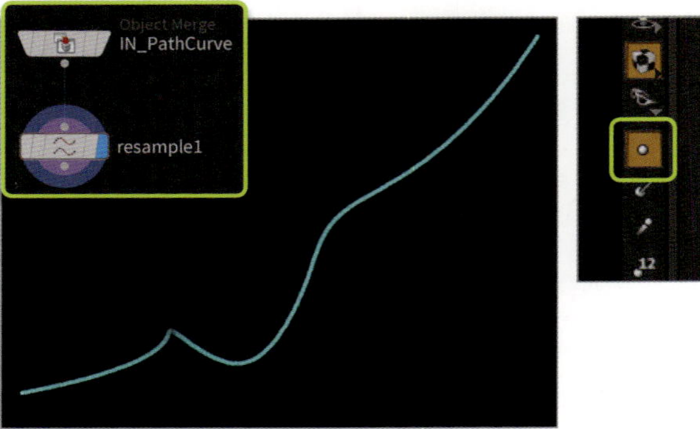

39 「Resample (SOP)」ノードを使うと、カーブを均一の長さのセグメントで分割したポリゴンラインにできます。見た目の形状に変化はありませんが、シーンビューの「Display points」をオンにすると、その効果が確認できます。確認後はオフにしておきます。

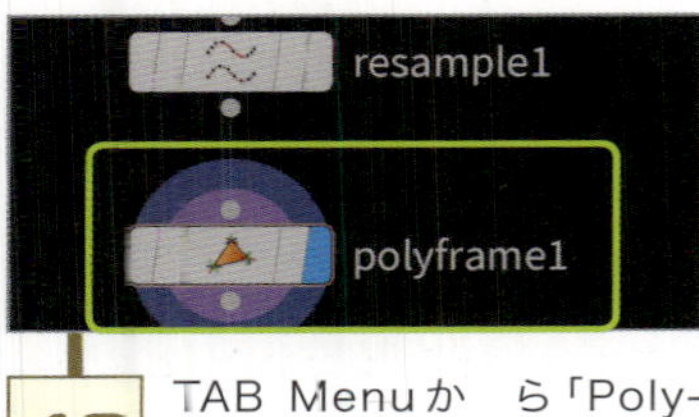

40 TAB Menuから「Poly-Frame (SOP)」を作成し、「resample1」の下にコネクトします。

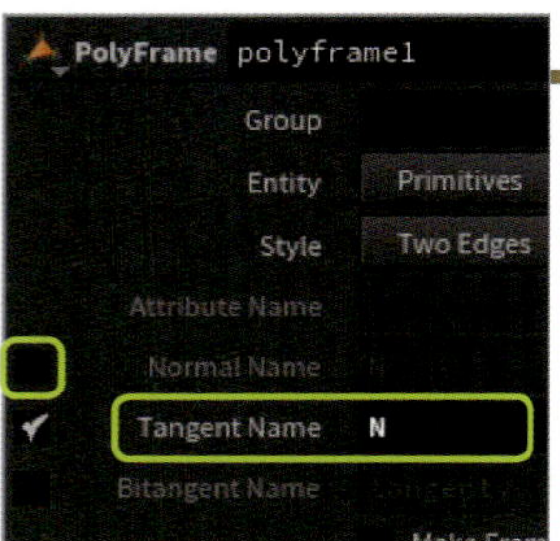

41 「PolyFrame (SOP)」には、カーブのNormal（法線）やTangent（接線）情報をアトリビュートとして持たせることができます。ここでは、カーブの向きを知るためにTangentアトリビュートを作成します。「polyframe1」ノードのパラメータ「Normal Name」をオフにし、「Tangent Name」の欄に「N」と記述します。これでTangent情報を持った「N」という名前のアトリビュートが作成できました。

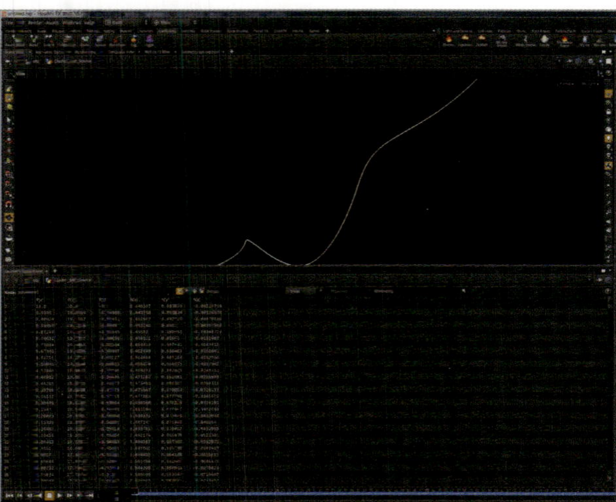

42 作成したアトリビュートを確認します。シーンビュー上でAlt＋]キーを押してウィンドウが上下に分割。続いて下のウィンドウにマウスカーソルを移動してAlt＋8キーを押し、下のウィンドウを「Geometry Spreadsheet」に切り替えます。

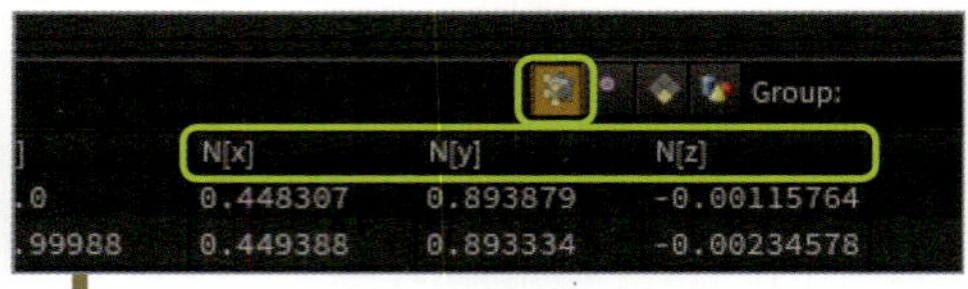

]	N[x]	N[y]	N[z]
.0	0.448307	0.893879	-0.00115764
.99988	0.449388	0.893334	-0.00234578

43 「polyframe1」を選択してポイントアトリビュートを表示すると、「N」というアトリビュートを確認できます。本来「N」は法線アトリビュートを意味しますが、作例では接線（tangent）値を設定しています。これは46の方法で法線（N）を簡単にビュー上で確認できるためです。

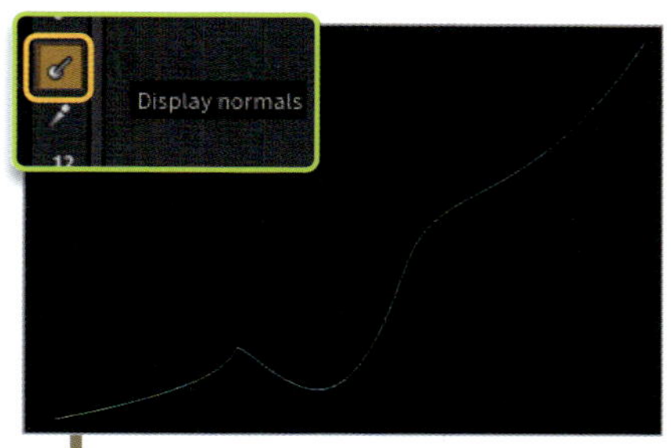

44 「N」アトリビュートをシーンビューで視覚的に確認してみます。シーンビュー右側の「display options」から「Display normals」をオンにして、法線情報を表示します。シーンビューに青い法線ベクトルが表示されますが、この状態では短くてよく見えません。

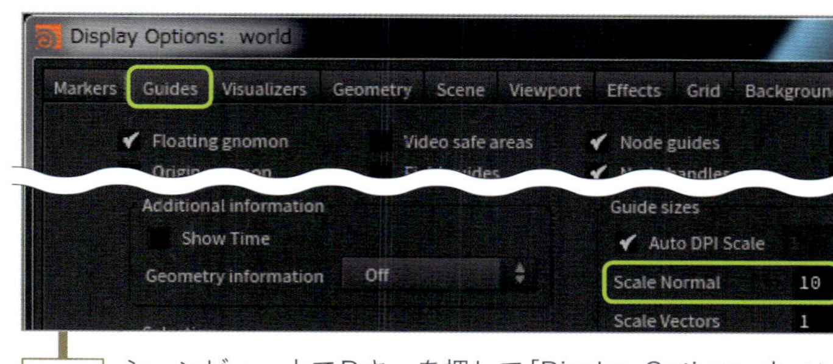

45 シーンビュー上でDキーを押して「Display Options」ウィンドウを表示し、「Guides」タブ→「Scale Normal：10」に変更します。これで法線ベクトルが長く表示されます。

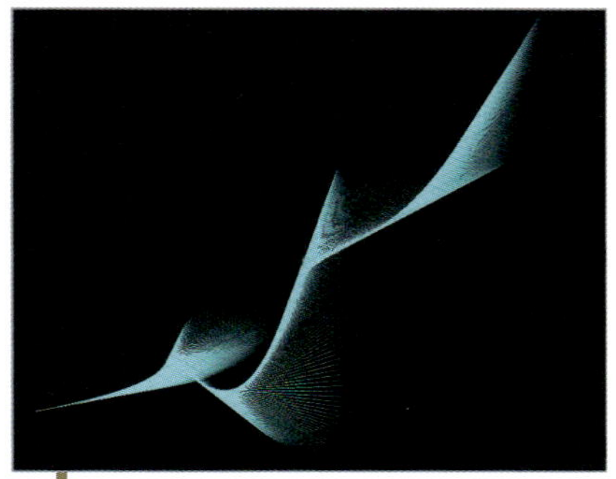

46 これが各ポイントが持つ「N」アトリビュートの向きです。このベクトル情報は後ほど、配置するコンテナの向きを決めるのに使います。確認後は「Display normals」をオフにします。

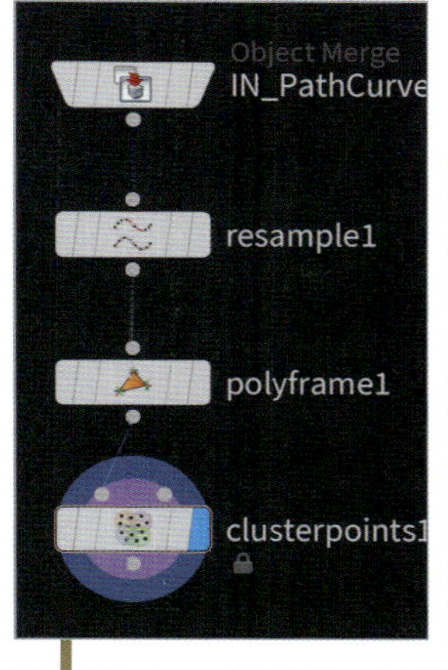

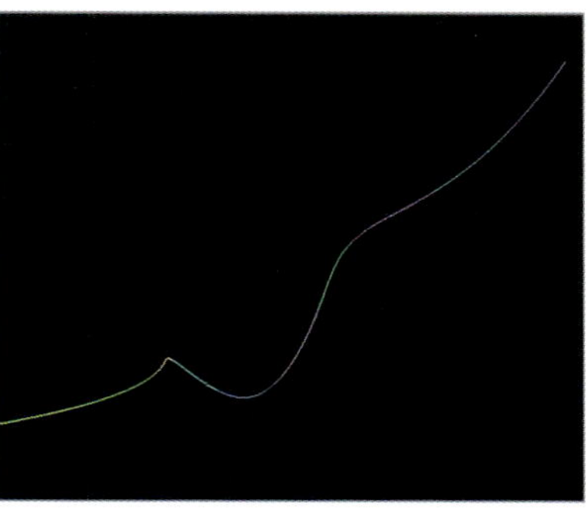

47 カーブを複数の領域に分割します。TAB Menuから「Cluster Points (SOP)」を作成し、「polyframe1」の下にコネクトします。このノードを使うと、ポイント群を「クラスタ」というまとまりに分けることができます。シーンビューを見ると、カーブがある一定のまとまりで色付けされているのが確認できます。同じ色の部分が同一のクラスタで、現在10個のクラスタに分割されています。

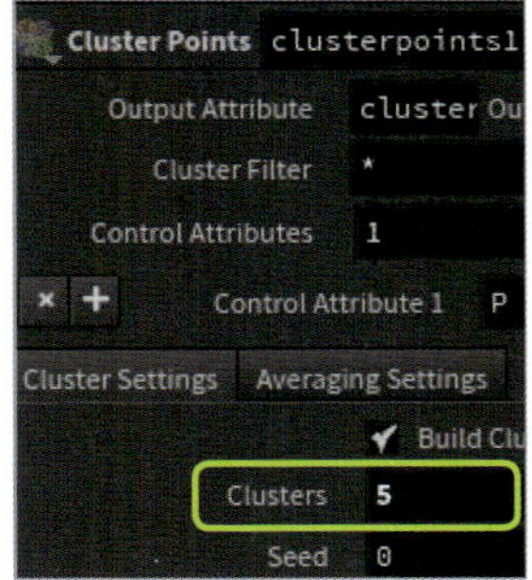

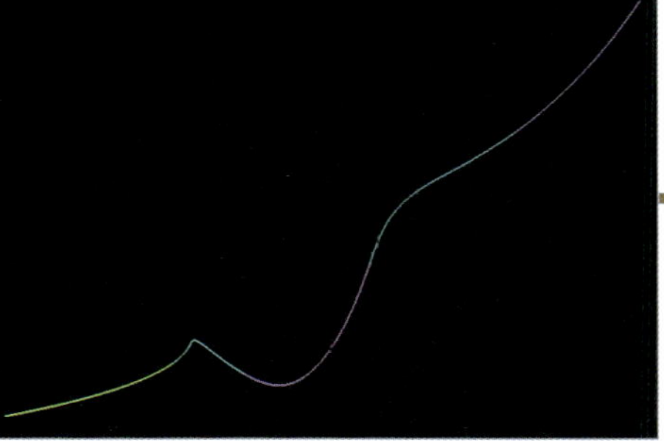

48 パラメータ「Clusters」を「5」に変更します。シーンビューを見ると、先ほどよりも色数が減り5つの領域に分割されているのが確認できます。この5つの領域を、それぞれ小さなコンテナがカバーする予定です。

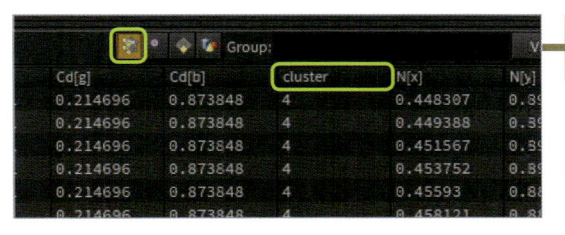

Cd[g]	Cd[b]	cluster	N[x]
0.214696	0.873848	4	0.448307
0.214696	0.873848	4	0.449388
0.214696	0.873848	4	0.451567
0.214696	0.873848	4	0.453752
0.214696	0.873848	4	0.45593
0.214696	0.873848	4	0.458121

49 「clusterpoints1」ノードによって、色以外にもポイントアトリビュートが追加されています。「clusterpoints1」ノードを選択して「Geometry Spreadsheet」を見ると、ポイントアトリビュートに「cluster」アトリビュートが追加されています。ここでは0～4のいずれかの整数が各ポイントに割り振られています。数値が同じポイントは同一のクラスタに属していることを意味します。

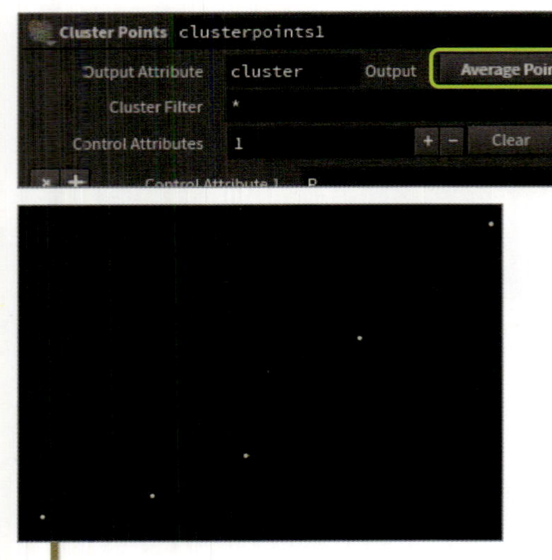

50 現在、カーブが5つの領域に分けられましたが、コンテナの配置に各領域にひとつずつ中心点が必要です。「clusterpoints1」ノードのパラメータ「Output」を「Average Points」に変更してシーンビューを見ると、各領域の中心点（インスタンスポイント）が作成できました。後々この点を基準に、シミュレーションコンテナが作成されます。

Point ポイントサイズを大きくする

ポイントが小さくて見づらい場合は、シーンビュー上でDキーを押して「Display Options」→「Geometry」タブ→「Point Size」値を変更します。

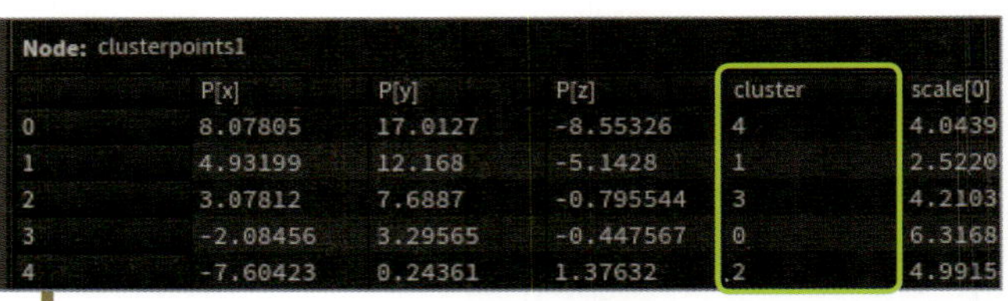

Node: clusterpoints1

	P[x]	P[y]	P[z]	cluster	scale[0]
0	8.07805	17.0127	-8.55326	4	4.0439
1	4.93199	12.168	-5.1428	1	2.5220
2	3.07812	7.6887	-0.795544	3	4.2103
3	-2.08456	3.29565	-0.447567	0	6.3168
4	-7.60423	0.24361	1.37632	2	4.9915

51 「Geometry Spreadsheet」で「cluster」アトリビュートを見ると、各点に0〜4の数字が割り振られているのが確認できます。

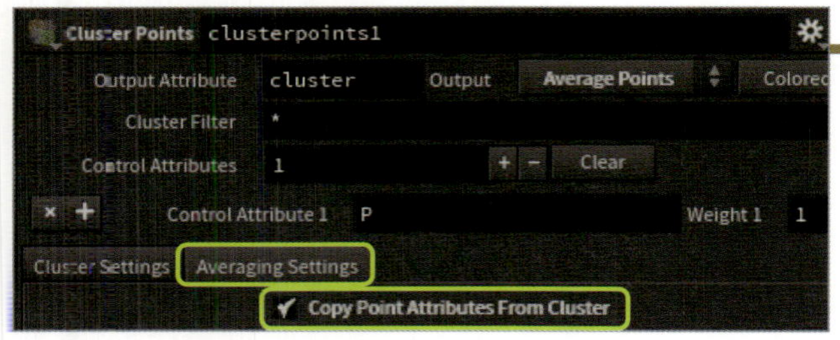

52 51のアトリビュートをよく見ると、先ほどまであった「Cd」と「N」アトリビュートがなくなっています。これは、中心点は新規作成したポイントなので、元のカーブを構成するポイントが持っていた「N」などを引き継いでいないためです。そこで、パラメータの「Averaging Settings」→「Copy Point Attributes From Cluster」をオンにし、「Cd」と「N」の情報を継承します。

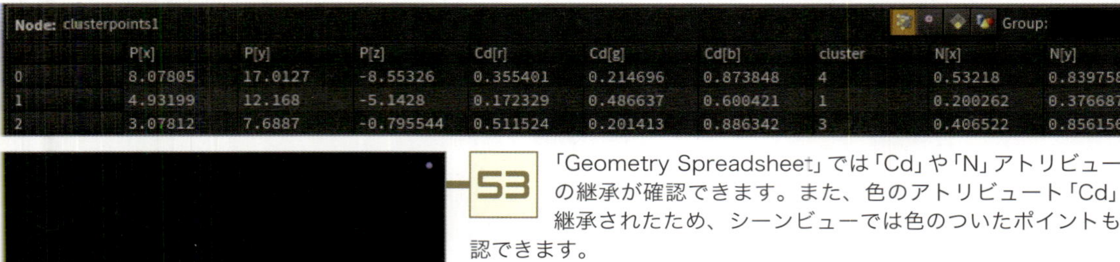

Node: clusterpoints1 Group:

	P[x]	P[y]	P[z]	Cd[r]	Cd[g]	Cd[b]	cluster	N[x]	N[y]
0	8.07805	17.0127	-8.55326	0.355401	0.214696	0.873848	4	0.53218	0.839758
1	4.93199	12.168	-5.1428	0.172329	0.486637	0.600421	1	0.200262	0.376687
2	3.07812	7.6887	-0.795544	0.511524	0.201413	0.886342	3	0.406522	0.856156

53 「Geometry Spreadsheet」では「Cd」や「N」アトリビュートの継承が確認できます。また、色のアトリビュート「Cd」が継承されたため、シーンビューでは色のついたポイントも確認できます。

54 TAB Menuから「Null (SOP)」を作成し、名前を「OUT_InstancePoints」とします。このノードを「clusterpoints1」の下にコネクトし、インスタンスポイントの作成は完了です。

各コンテナ用の煙の発生源を作成する

55 煙の発生源に使っている球体を読み込みます。TAB Menuから「Object Merge (SOP)」を作成、名前を「IN_Sphere」とします。

56 36と同様の手順で球体を読み込みます。「IN_Sphere」のパラメータ「Object1」に「SourceOBJ」ノードを指定します。

57 次に、パラメータ「Transform」を「Into This Object」に変更します。これで、カーブに沿う動きごと読み込まれます。

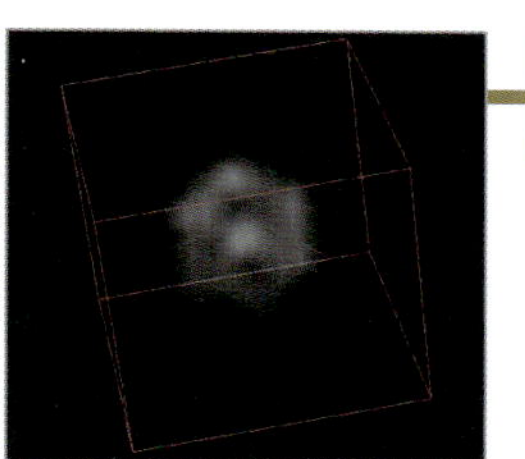

58 「IN_Sphere」に表示フラグを立てるとシーンビューに煙の発生源が表示されます。再生すると、カーブに沿うアニメーションの適用も確認できます。

59 実はここで必要なのはポリゴンの球体で、煙の発生源となるボリュームは新しくつくり直すので関連ノードを削除します。階層の移動前に、現在の階層にすぐ戻れるように「Quickmark 1」に登録（Ctrl＋1キー）しておきます。

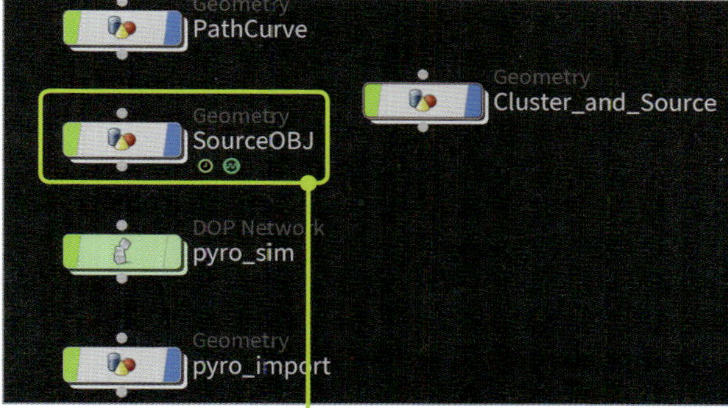

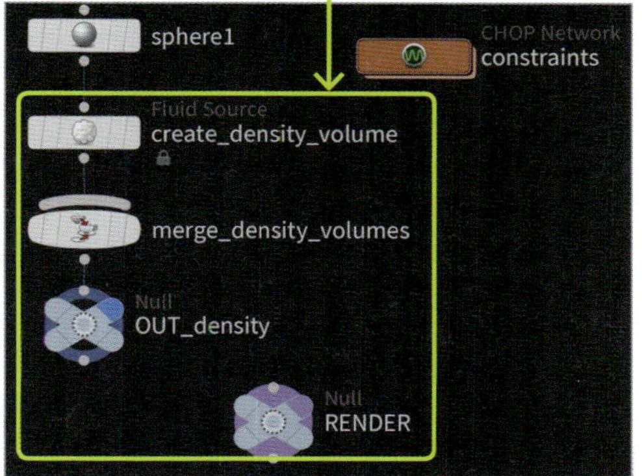

60 Uキーで「/obj」階層に移動し、「SourceOBJ」ノードの中に入ります。ここにある「create_density_volume」「merge_density_volume」「OUT_density」「RENDER」の4ノードを削除します。煙の発生源となるボリュームを作成していたノードを削除したためシミュレーションは機能しなくなりますが、これらはまた後ほど作成します。

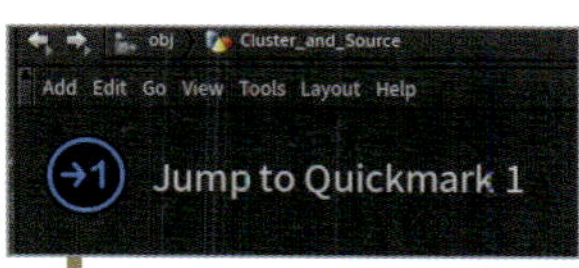

61 ネットワークエディタ上にマウスカーソルを移動し、1キーを押して先ほど登録した「/obj/Cluster_and_Source」に移動します。

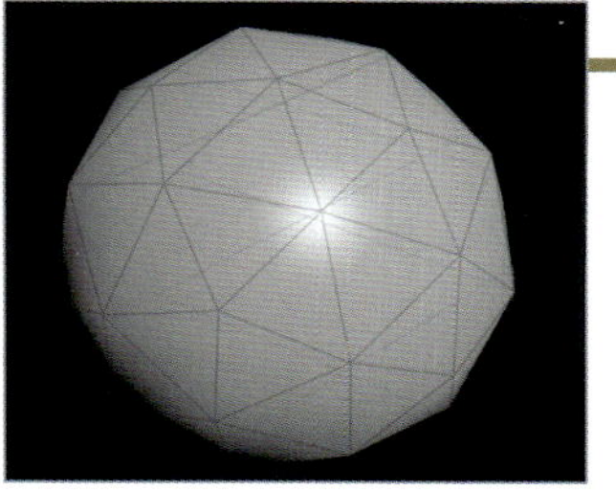

62 「IN_Sphere」ノードに表示フラグが立っているのを確認してシーンビューを見ると、ノードを削除した結果として、ただのポリゴンの球体が表示されています。

煙の発生源とコンテナを作成する

この球体を使って煙の発生源を作成します。その際、ここまでの工程で作成したインスタンスポイントを使って、発生源も領域ごとに分割されるようにします。

例えば、下図のようにふたつのシミュレーションコンテナとその中を移動する煙の発生源があったとします。はじめは緑のコンテナ内に発生源があり、煙を発生しています。発生源が移動して赤いコンテナに近づくにつれ、それまで緑のコンテナで使われていた発生源のうち、赤いコンテナに近い方から徐々に赤いコンテナで煙を発生するようになります。そして緑のコンテナを抜けるころには、完全に赤いコンテナで煙を発生している。このような挙動をする煙の発生源をつくります。こうすることで、コンテナの重なった部分で重複して煙が発生するのを防げます。

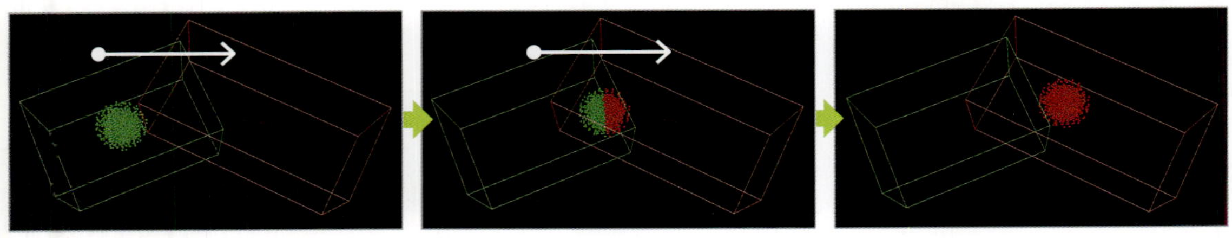

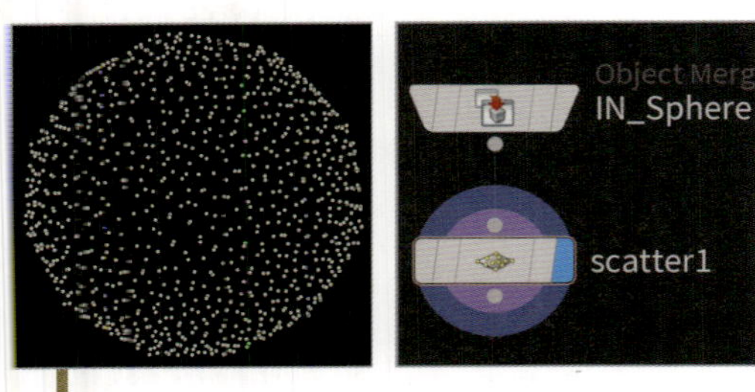

63 TAB Menuから「Scatter (SOP)」を作成し、「IN_Sphere」ノードの下にコネクトします。球体表面にポイントが作成されます。

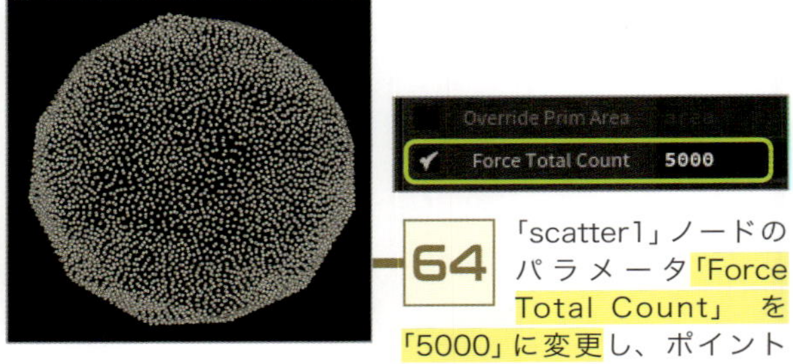

64 「scatter1」ノードのパラメータ「Force Total Count」を「5000」に変更し、ポイント数を増やします。このポイントを後々、煙の発生源ボリュームに変換します。

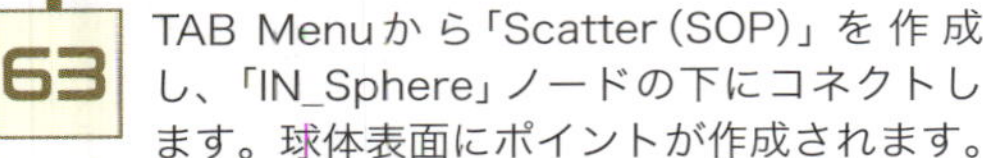

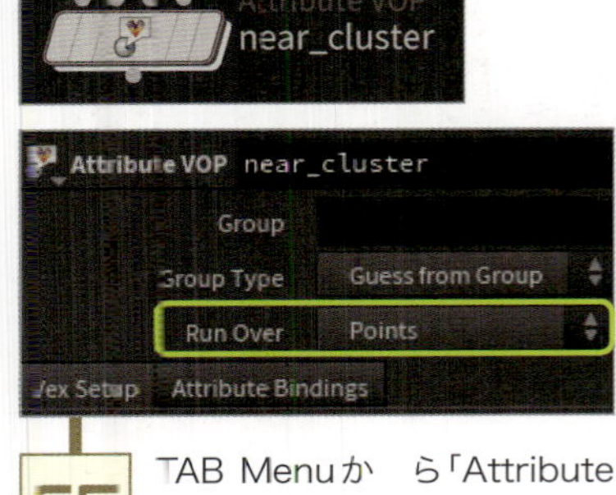

65 TAB Menuから「Attribute VOP (SOP)」を作成し、パラメータ「Run Over」が「Points」であることを確認します。これで、このノードはポイントに対して作用します。作成後ノード名を「near_cluster」とします。

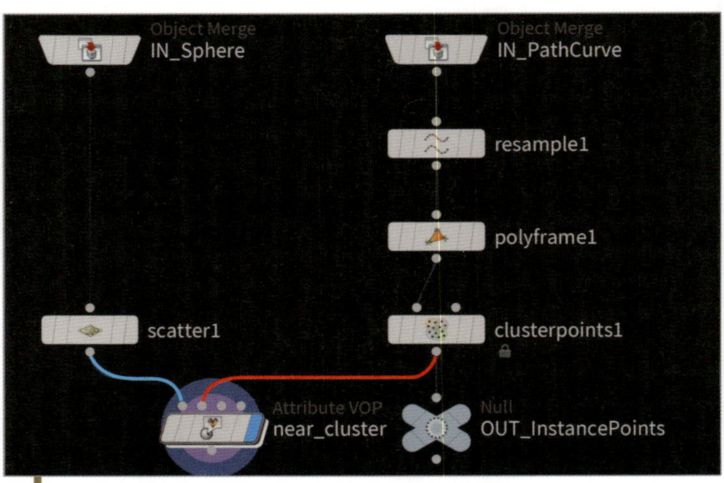

66 「near_cluster」の一番左の入力を「scatter1」に、左から2番目の入力を「clusterpoints1」とコネクトします。この「near_cluster」を使い、「scatter1」でつくった各ポイントに最も近いインスタンスポイントを調べます。

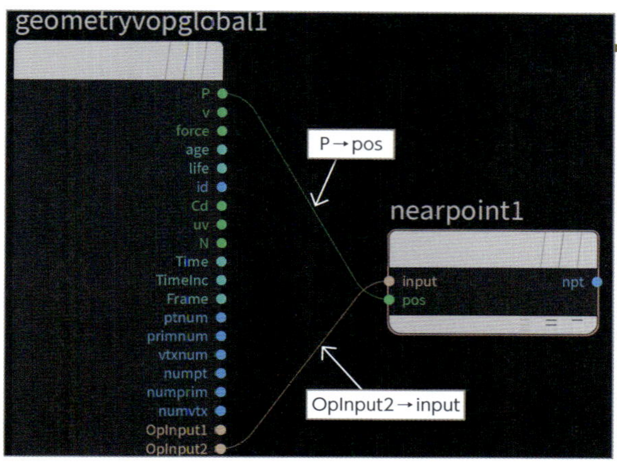

67 「near_cluster」ノードの中に入り、TAB Menuから「Near Point(VOP)」を作成します。これは最も近いポイントを検出するノードです。続いて、「geometryvopglobal1」ノードと「nearpoint1」ノードを図のようにコネクトします。

Point 「geometryvopglobal1」と「Near Point (VOP)」とのコネクションの意味について

上記コネクションについて解説します。「Near Point (VOP)」ノードをつくったのは、煙の発生源となるポイントそれぞれに対して、最も近いインスタンスポイントを見つけるためです。このノードは、指定された位置に対して、ジオメトリ内のポイントのうち最も近くにあるポイントの番号を取得できます。

ノードの入力「input」が検出対象のジオメトリです。現在、入力「input」には「OpInput2」、つまり2番目の入力がコネクトされています。これは50で「clusterpoints1」ノードでつくられたインスタンスポイントです。

そして入力「pos」がその検出位置です。これには「geometryvopglobal1」ノードの「P」をコネクトしましたが、「P」はこの場合、64の「scatter1」ノードで作成されたポイントごとの位置です。

これにより、「nearpoint1」ノードは「scatter1」ノードでつくられた各ポイントに対して、最も近いインスタンスポイントのポイント番号を返します。

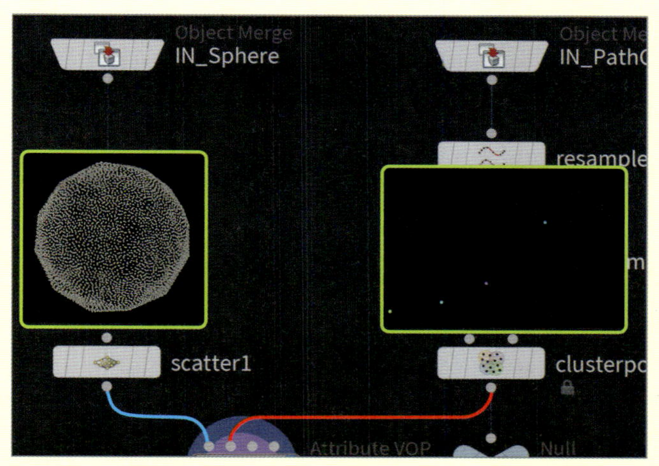

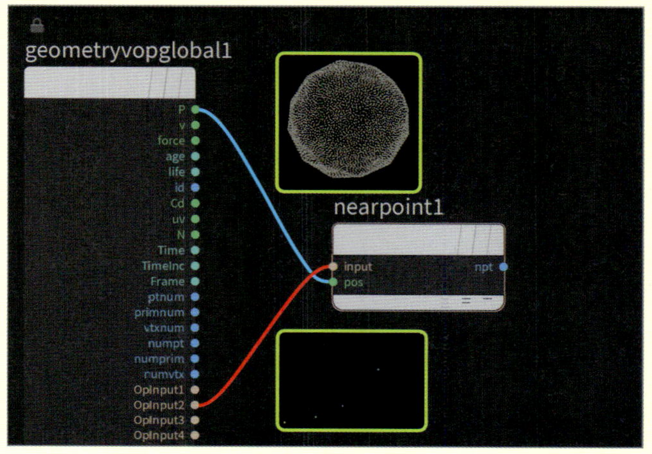

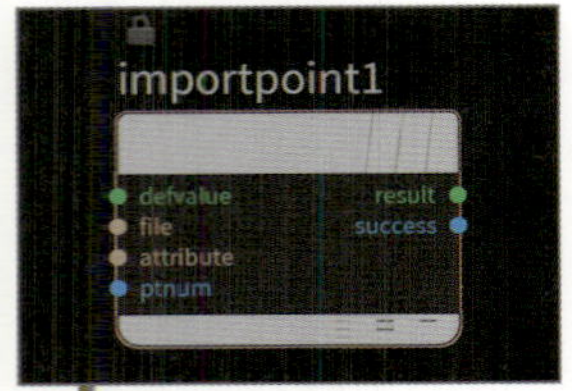

68 もうひとつ、TAB Menuから「Import Point Attribute (VOP)」（指定したポイントのアトリビュート値を取得するノード）を作成します。このノードを使って、最も近いインスタンスポイントの持つアトリビュート「cluster」値を取得します。

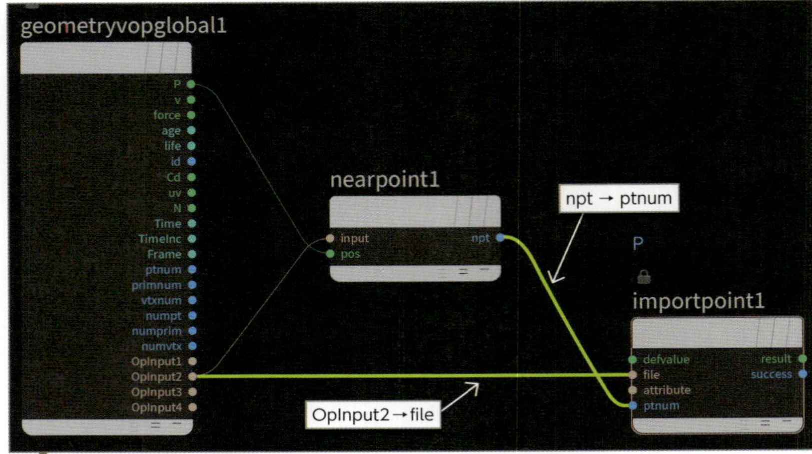

69 作成した「importpoint1」と「nearpoint1」、「geometryvopglobal1」を図のようにコネクトします。

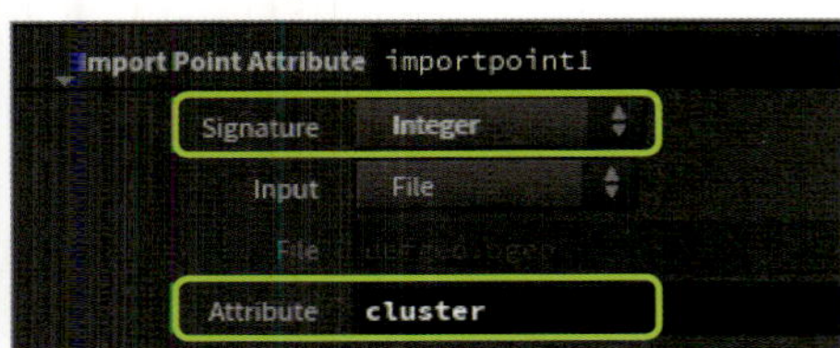

70 「importpoint1」ノードのパラメータ「Signature」を「Integer」に変更し、「Attribute」欄に「cluster」と記述します。これで「cluster」アトリビュートの値が取得できます。このネットワークにおける「importpoint1」ノードの機能を説明すると、「OpInput2のジオメトリにあるポイントの中で、n pt番目のポイントが持つアトリビュートclusterの値を取得する」となります。

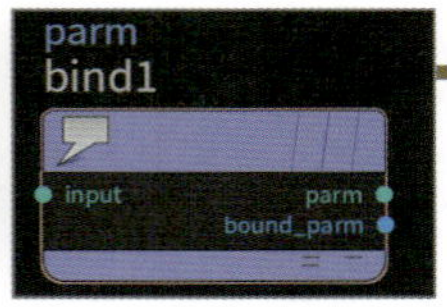

71 取得した「cluster」アトリビュートの値を、自身のアトリビュートとします。TAB Menuで「Bind Export」と検索して、出力設定の「Bind（VOP）」を作成します。

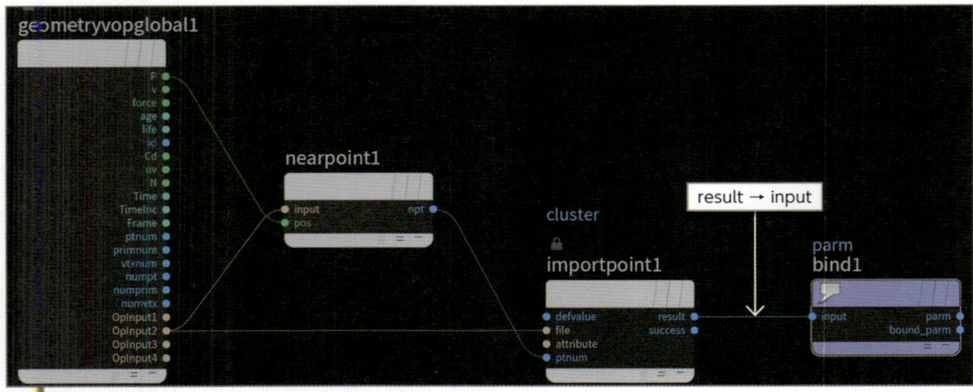

72 「importpoint1」ノードの出力「result」を、作成した「bind1」ノードの入力「input」にコネクトします。

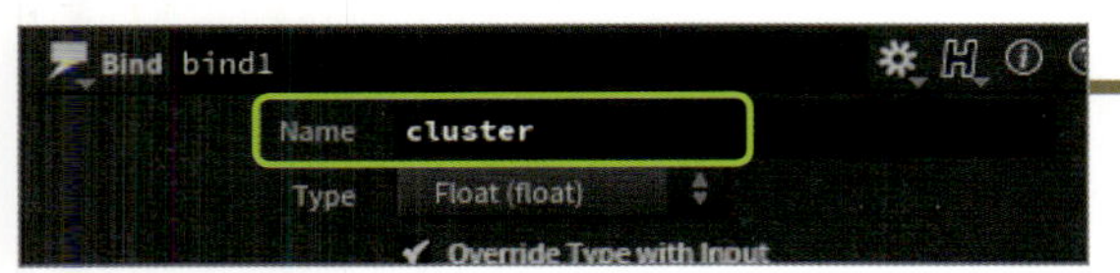

73 「bind1」ノードのパラメータ「Name」を「cluster」に変更します。これで「importpoint1」で取得したインスタンスポイントの「cluster」値が、発生源のポイントの「cluster」値に設定されます。

Node: near_cluster

	P[x]	P[y]	P[z]	cluster
0	-9.82025	-0.621903	4.21613	2
1	-10.1499	-0.582694	3.82279	2
2	-9.68691	-0.77202	4.28642	2
3	-10.1594	-1.42946	4.16626	2
4	-10.3005	-0.643951	3.96323	2
5	-10.2081	-1.42741	3.9538	2
6	-9.52998	-1.06086	3.93298	2

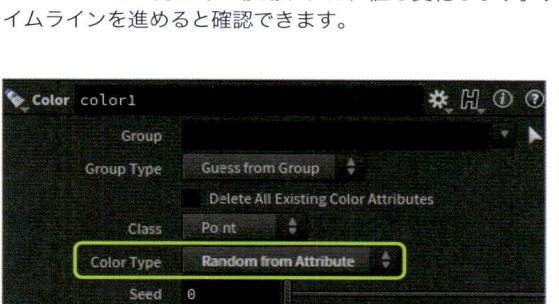

74 Uキーで上の階層（/obj/Cluster_and_Source）に移動し、「near_cluster」ノードを選択、「Geometry Spreadsheet」を見ると、ポイントアトリビュートに「cluster」が追加されています。この「cluster」アトリビュートは最も近いインスタンスポイントから転送したものなので、煙の発生源が移動すれば、値も変化します。タイムラインを進めると確認できます。

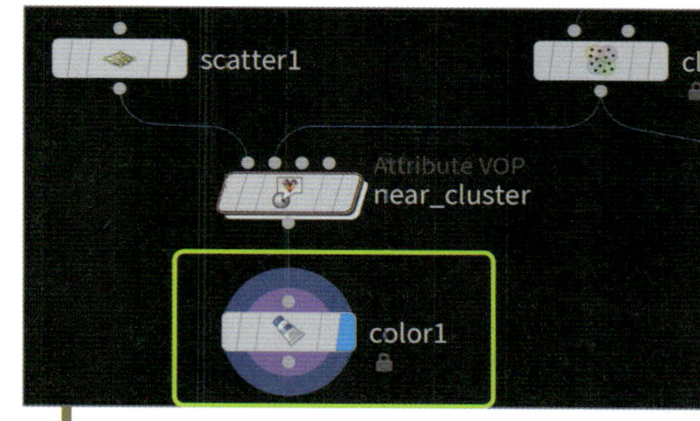

75 「cluster」アトリビュートの値の変化を視覚的に確認するため、TAB Menuから「Color (SOP)」を作成し、「near_cluster」ノードの下にコネクトします。

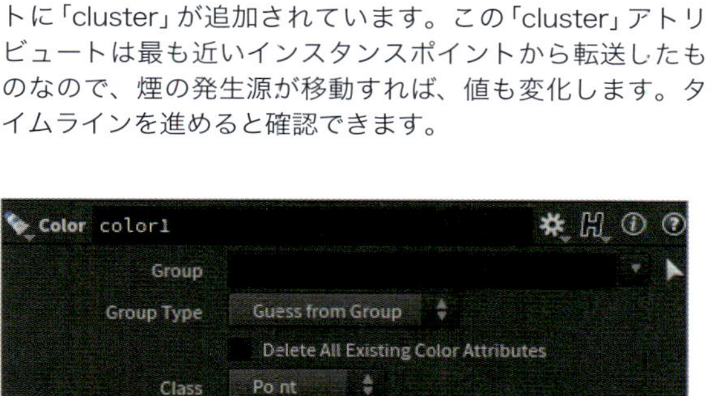

76 作成した「color1」ノードのパラメータ「Color Type」を「Random form Attribute」に変更し、その下に現れる「Attribute」に「cluster」と記述します。これで「cluster」値によってランダムな色が付けられます。

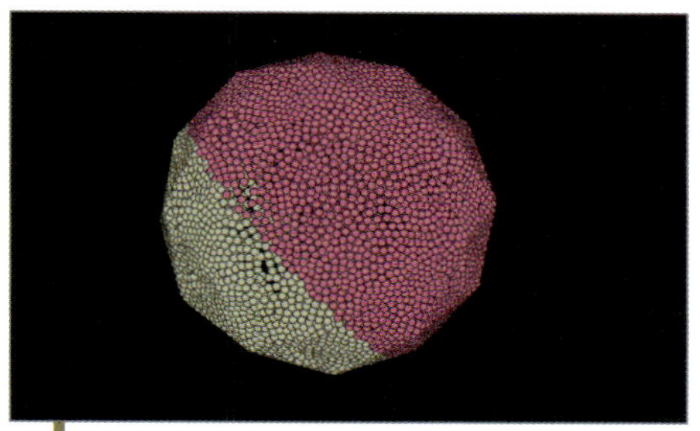

77 タイムラインを進めると、「cluster」値が変化するとポイントの色も変わるのが確認できます。ここに表示されているのは37フレーム目です。これで発生源のポイントに最近接のインスタンスポイントの「cluster」値を持たせることができました。

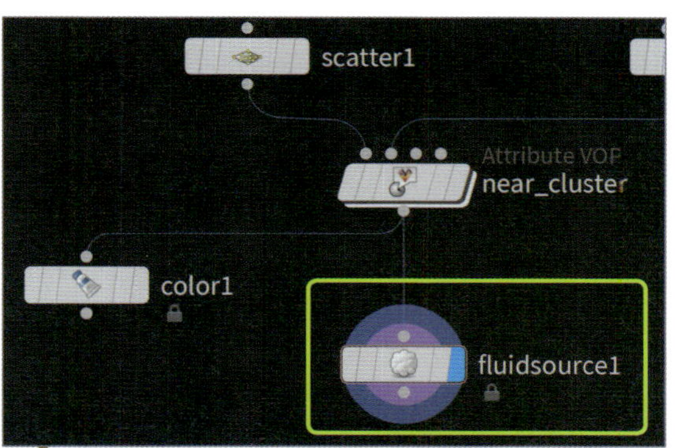

78 次は、このポイントを煙の発生源のボリュームに変換します。TAB Menuから「Fluid Source (DOP)」を作成し、「near_cluster」ノードの下にコネクトします。先ほど確認用に作成した「color1」ノードは脇によけておきます。

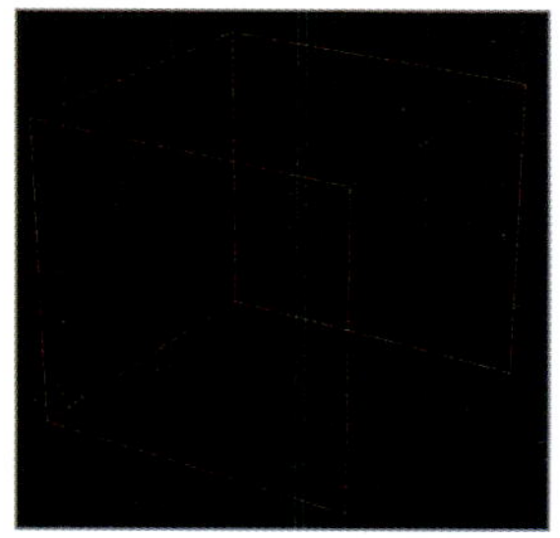

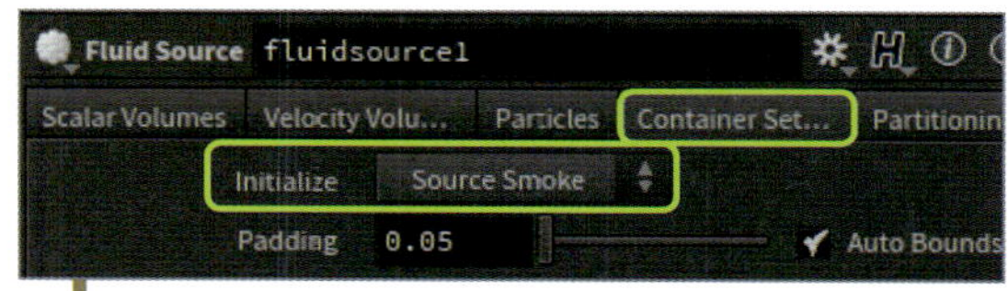

79 「fluidsource1」のパラメータ、「Container Settings」タブ→「Initialize」をいったん「Source Smoke」以外に変更し、再度「Source Smoke」に設定し直します。これで煙の発生源のプリセットが適用されます。ただし、シーンビューにはボリュームは表示されません。それは、このノードがサーフェイス（面）を持つジオメトリをボリュームに変換する設定なっているためです。

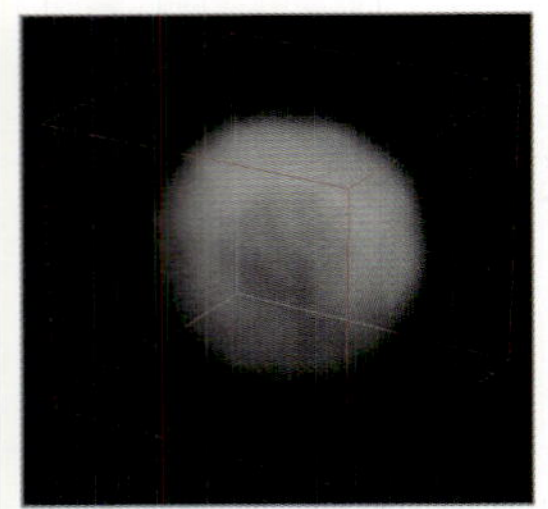

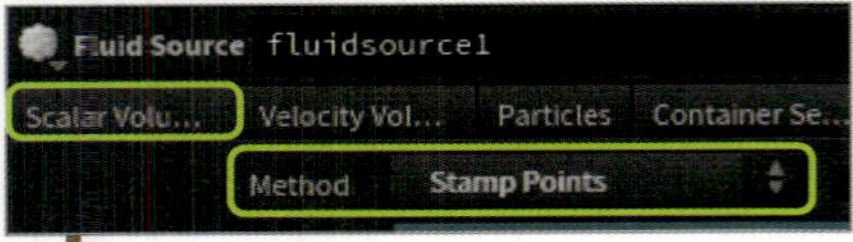

80 ポイントをボリュームに変換するように設定を変更します。「Scalar Volume」タブに切り替え、「Method」を「Stamp Points」に変更します。シーンビューを見ると、変換されたボリュームが表示されています。

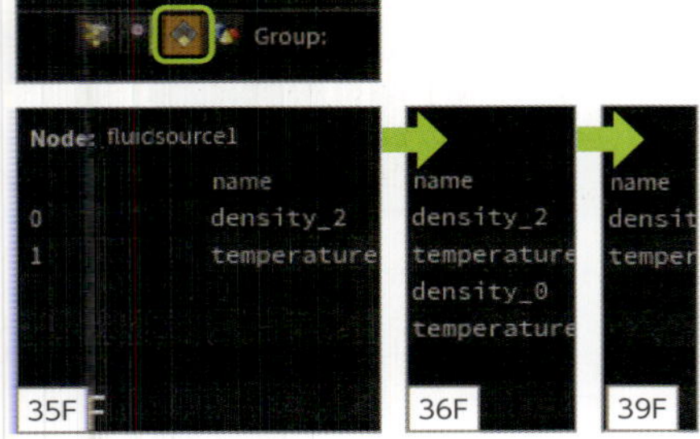

82 情報としてボリュームの分割を確認します。「Geometry Spreadsheet」の表示をプリミティブアトリビュートに切り替えます。「name」アトリビュートにボリューム名が表示され、36フレーム目で「density」と「temperature」が各2個できており、各ボリューム名の末尾には分割に使われたclusterアトリビュートの値が付記されています。タイムスライダを進めると、ボリューム名から分割の移り変わりを確認できます。

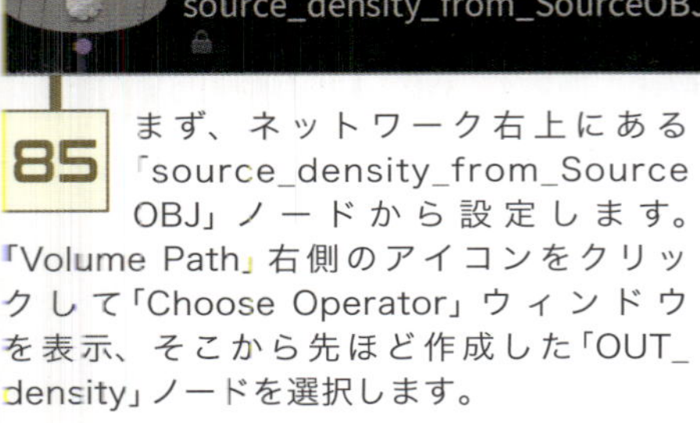

85 まず、ネットワーク右上にある「source_density_from_SourceOBJ」ノードから設定します。「Volume Path」右側のアイコンをクリックして「Choose Operator」ウィンドウを表示、そこから先ほど作成した「OUT_density」ノードを選択します。

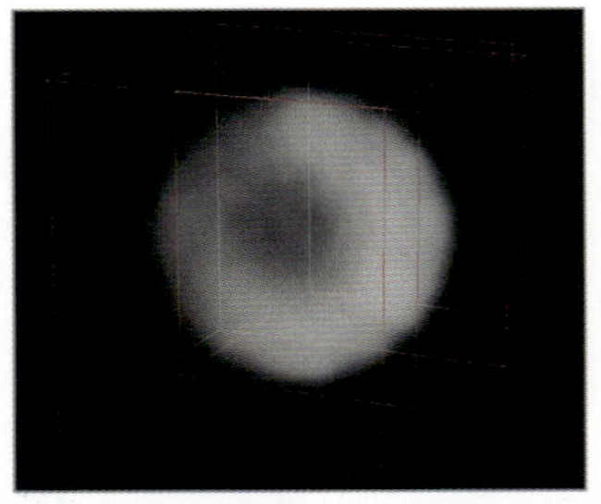

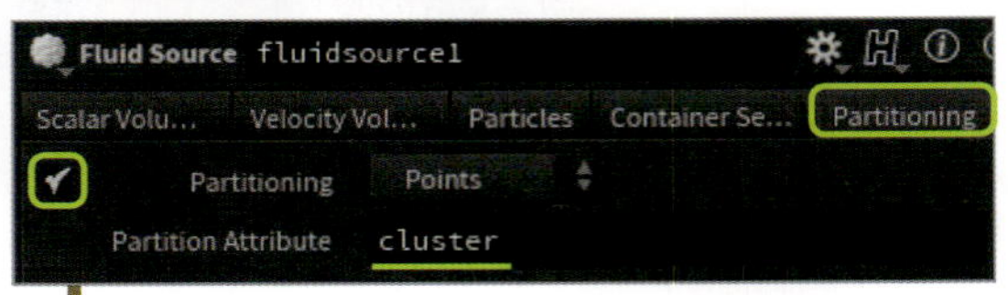

81 最後に「Partitioning」タブ→「Partitioning：オン」にして、ひとつだったボリュームを複数に分割します。分割は「Partition Attribute」で指定するアトリビュート（ここでは「cluster」）をもとに行われます。「Partitioning」が「Points」なので、「cluster」はポイントアトリビュートです。これまでの工程で煙の発生源のポイントに「cluster」アトリビュートを持たせているので、それを使ってボリュームが分割されます。
36フレーム目に移動すると、ちょうどここでボリュームがふたつに分割されています。シーンビュー上大きな違いは感じず、辛うじてボリューム周りのバウンディングボックスがふたつ重なっていることで、分割を確認できます。

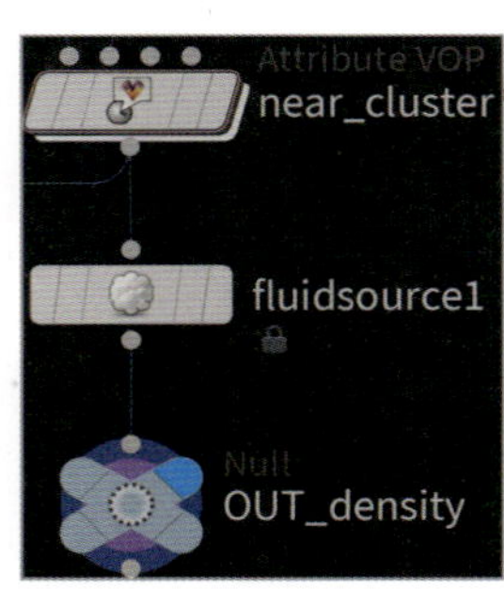

83 これで煙の発生源ができました。TAB Menuから「Null (SOP)」を作成して名前を「OUT_density」と変更、「fluidsource1」ノードの下にコネクトします。

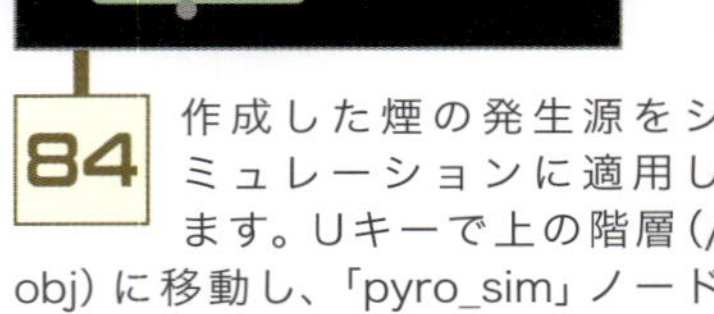

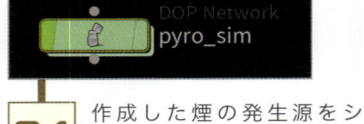

84 作成した煙の発生源をシミュレーションに適用します。Uキーで上の階層（/obj）に移動し、「pyro_sim」ノードの中に入ります。

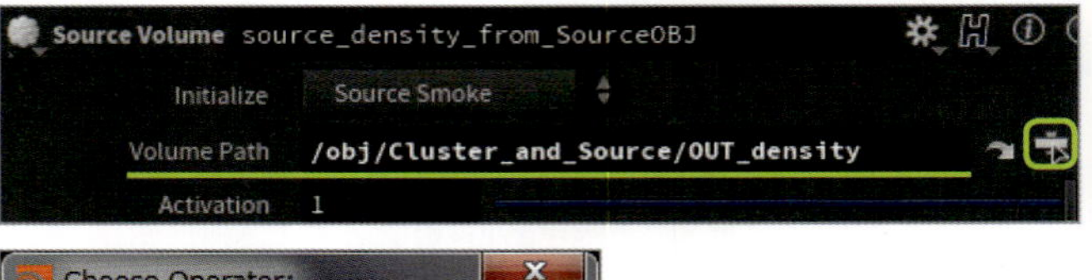

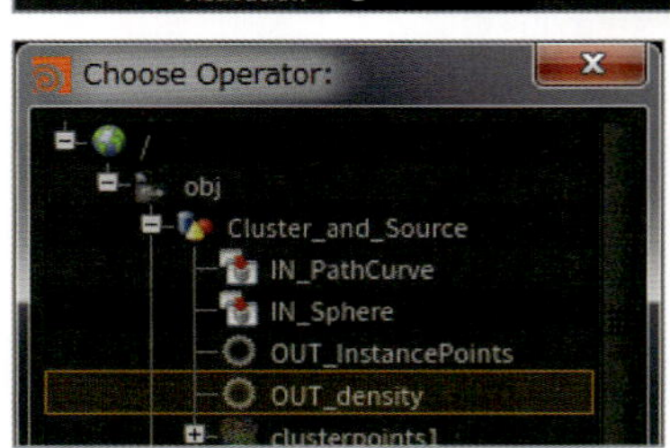

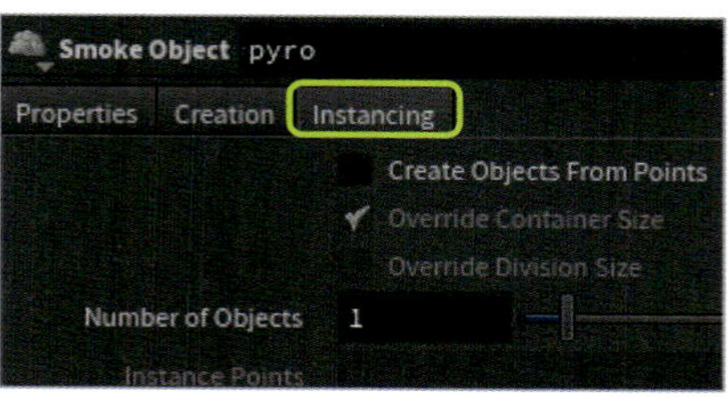

86 次に、ネットワーク左上にある「pyro」ノードのパラメータを設定します。「Instancing」タブに切り替えます。ここにはインスタンスポイントに対してシミュレーションコンテナを作成するためのパラメータがまとめられています。

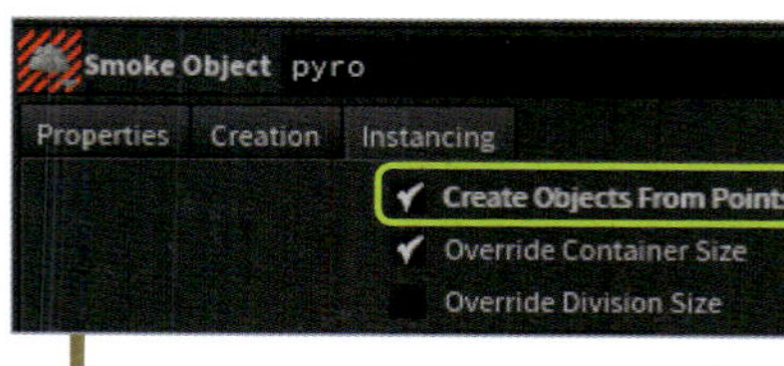

87 「Create Objects From Points」をオンにします。エラー表示が出ますが無視します。

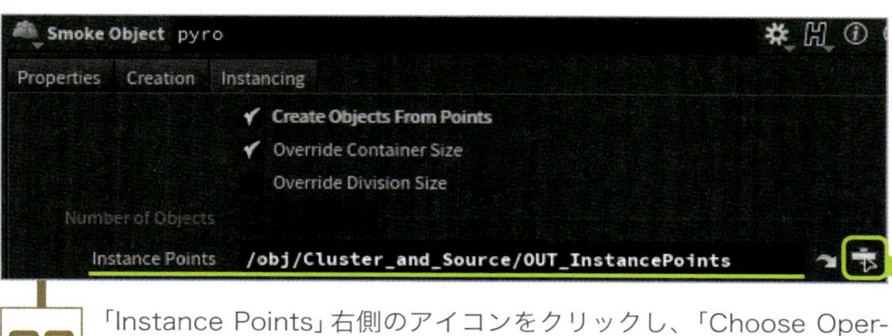

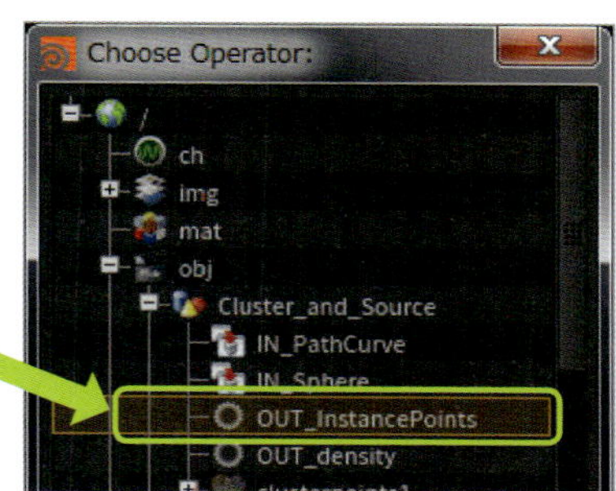

88 「Instance Points」右側のアイコンをクリックし、「Choose Operator」ウィンドウから「OUT_InstancePoints」ノードを指定します。

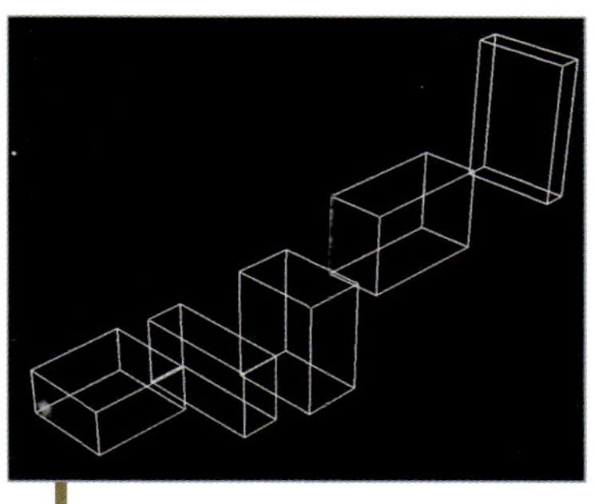

89 シーンビューには複数のコンテナが表示されています。これらは50のインスタンスポイントの位置に作成されています。

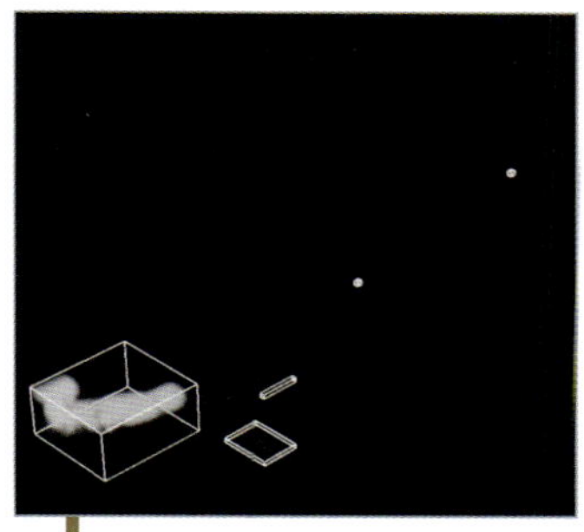

90 再生すると、はじめのコンテナでは煙が発生していますが、他のコンテナは煙の発生源が到達する前に小さくなってしまい、煙のシミュレーションが行われません（理由は下記Pointで解説）。

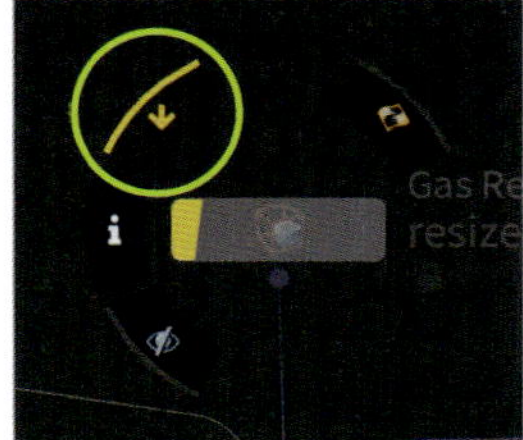

91 「resize_container」ノードの機能は、煙のシミュレーションを効率よく行うには必要ですが、ここはいったん、ノードのバイパスフラグを立てて、機能をオフにしておきます。

Point コンテナサイズが縮小してしまう理由

ここでコンテナサイズが小さくなってしまった原因は「resize_container」ノードにあります。

このノードは、シミュレーション中に必要な範囲にコンテナサイズを調整します。デフォルトの調整は「density」フィールドの値で判断されます。今回のように、煙の発生源が到達していない箇所は「density」フィールドの値が「0」（煙がない）となり、計算しない範囲としてコンテナサイズが縮小されます。

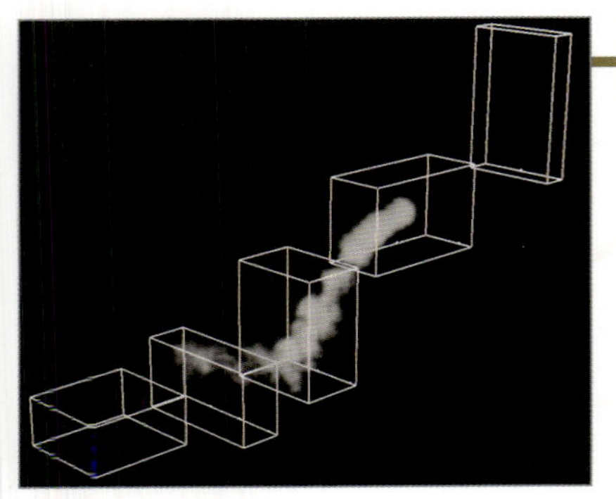

92 1フレーム目に戻ってもう一度再生して結果を確認します。求める結果としてはまだ不十分ですが、ひとまず複数のコンテナにまたがって煙のシミュレーションができています。

コンテナのサイズ／向きを調整する

この結果を受けて、以下の修正を加えます。

❶コンテナのサイズを大きくする

現在、コンテナのつなぎ目で煙が切れてしまっています。コンテナサイズを大きくして、コンテナ同士が少し重なり合うようにすることで、これを解決します。

❷コンテナの向きをカーブに沿って傾ける

各コンテナをカーブに沿って傾けることで、この小さなコンテナ内でも無駄な計算領域を少なくします。

作業はまず、各コンテナのサイズから調整します。コンテナのサイズは、インスタンスポイントにあるアトリビュートで制御しています。そこでインスタンスポイントを作成した階層に移動します。前工程で登録したQucik Markを使って階層間を移動すると便利です。

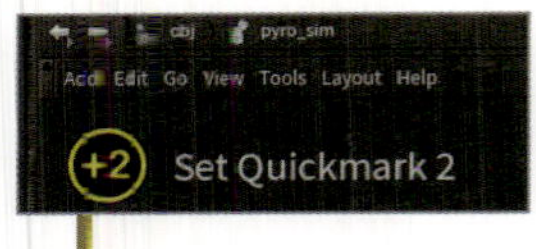

93 移動前に、このDOPネットワークにもCtrl＋2キーでQuick Markを作成しておきます。

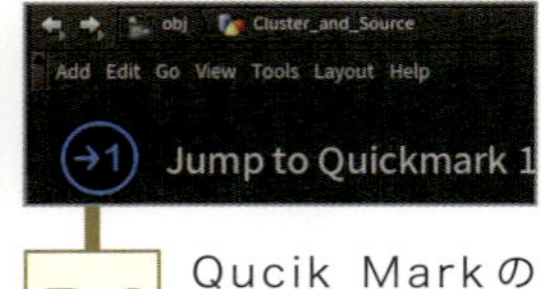

94 Qucik Markの作成後、1キーで「Cluster_and_Source」ノード内に移動します。

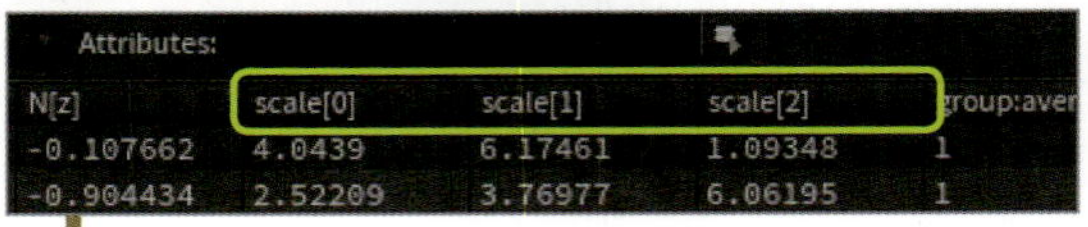

Attributes:

N[z]	scale[0]	scale[1]	scale[2]	group:aver
-0.107662	4.0439	6.17461	1.09348	1
-0.904434	2.52209	3.76977	6.06195	1

95 「コンテナのサイズはインスタンスポイントにあるアトリビュートで制御している」と前述しましたが、まずそれを確認します。「OUT_InstancePoints」ノードを選択して、「Geometry Spreadsheet」を見ると、ポイントアトリビュートの中に「scale」があり、これがコンテナサイズを定義しているアトリビュートです。これを変更するとコンテナのサイズも変わります。

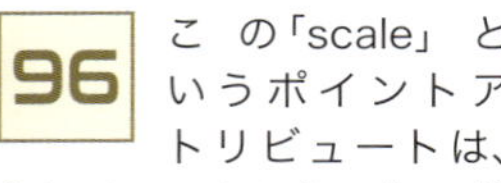

96 この「scale」というポイントアトリビュートは、「clusterpoints1」ノードでつくられたものです。

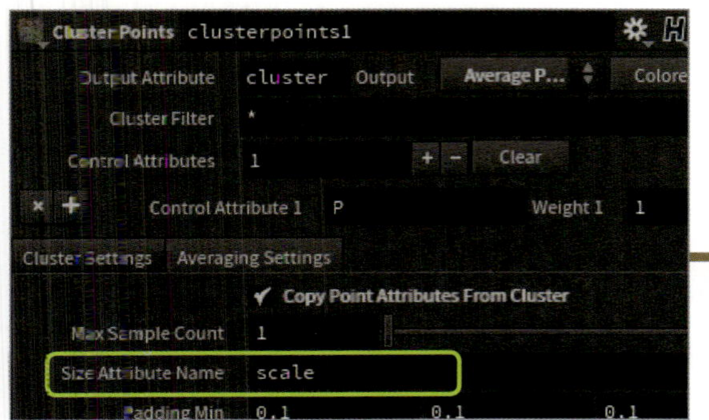

97 「clusterpoints1」ノードのパラメータ、「Averaging Settings」タブ→「Size Attribute Name」に「scale」という記述があります。これにより、各インスタンスポイントに「scale」というアトリビュートがつくられています。この「scale」アトリビュートの値は、クラスタ分けされる各領域により決められます。

Point 「scale」アトリビュートを視覚的に確認する

実はこの「clusterpoints1」ノードで、「scale」アトリビュートを視覚的に確認できます。

パラメータ上部にある「Output」を「Boxes」に変更すると、シーンビューでは、インスタンスポイントの代わりにボックスが表示されます。シミュレーション時に見たコンテナと同じような大きさに見えます。確認後は元の「Average Points」に戻しておきます。

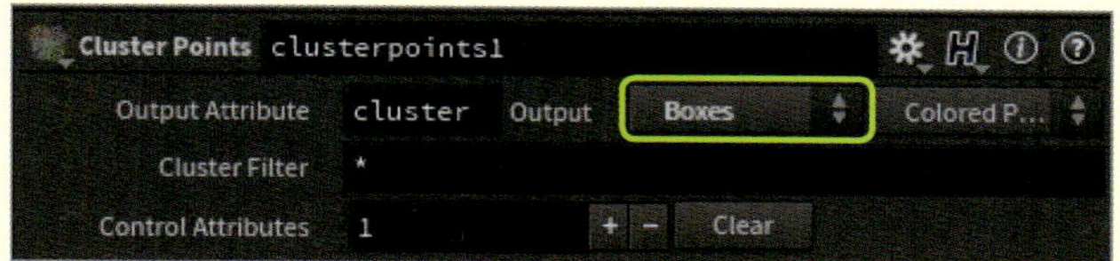

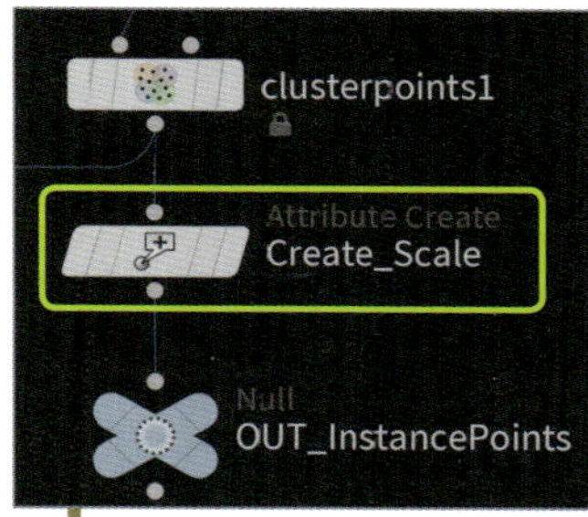

98 「scale」アトリビュートの値を上書きします。TAB Menuから「Attribute Create(SOP)」を作成、ノード名を「Create_Scale」にして、「clusterpoints1」と「OUT_InstancePoints」の間に挿入します。

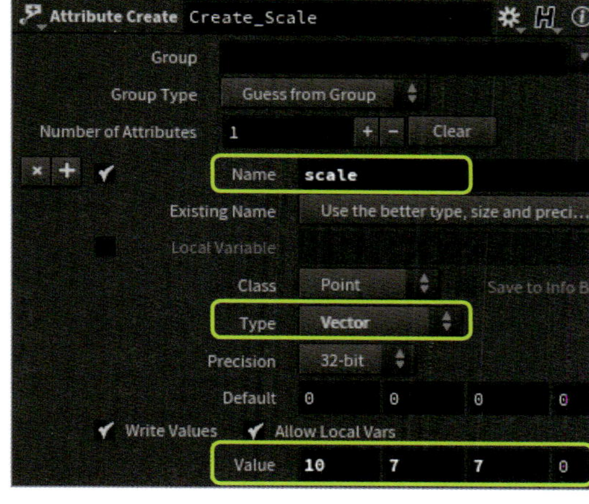

99 「Create_Scale」ノードのパラメータを「Name：scale」「Type：Vector」「Value：10 7 7 0」と設定します。これで、ポイントアトリビュート「scale」を新しく作成できました。

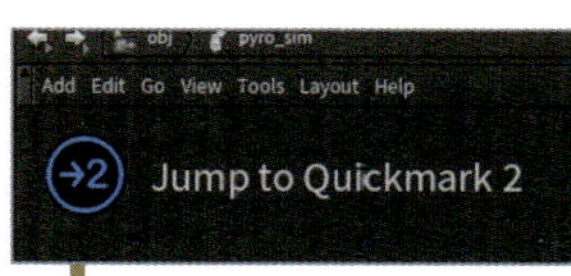

100 新しく作成したscaleアトリビュートが使われ、シミュレーションでのコンテナサイズも変更されていることを確かめます。ネットワークエディタ上で2キーを押して、Quick MarkでDOPネットワークに移動します。

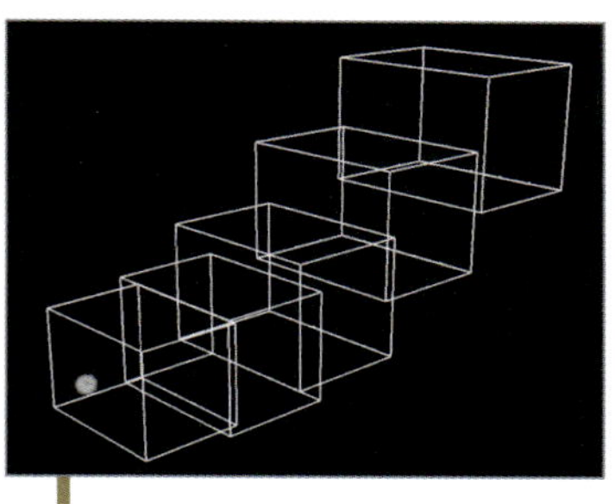

101 シーンビューを見ると、コンテナのサイズが大きくなっているのが確認できます。先ほどまではコンテナサイズがまちまちでしたが、今はすべて同じ大きさ（先ほど設定したscaleの値）に統一されています。

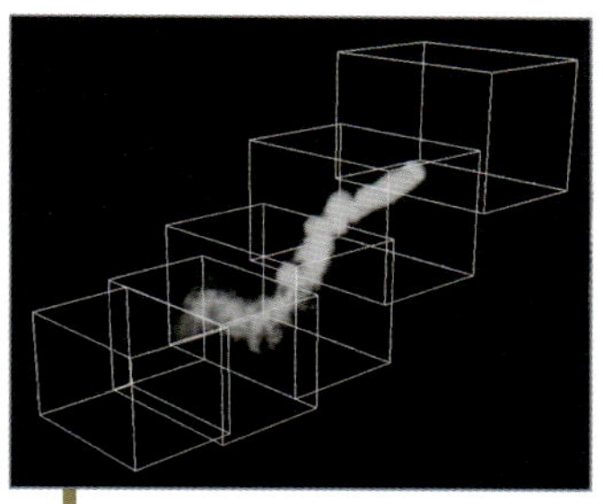

102 再生して結果を確認すると、コンテナサイズが大きくなったことで、煙が途切れずにシミュレーションされるようになりました。

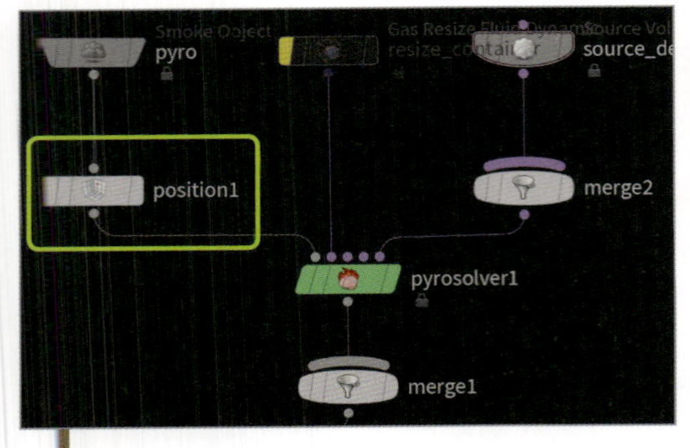

103 次はコンテナをカーブに沿って傾けます。コンテナを傾けるために、TAB Menuから「Position (DOP)」を作成し、「pyro」ノードの下に挿入します。

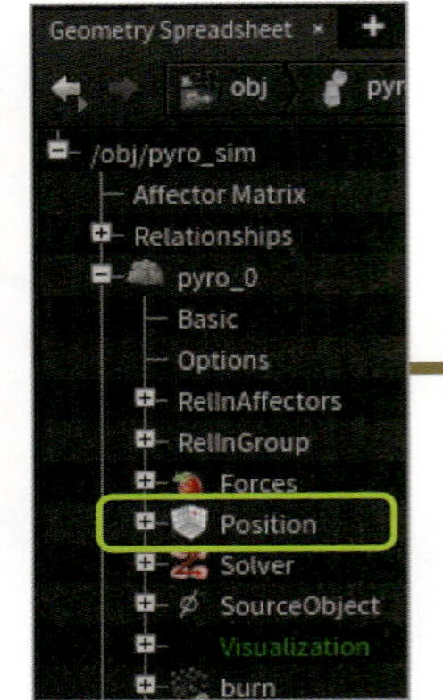

104 「Position (DOP)」はDOPオブジェクトに「Position」というデータを付与することで(「Geometry Spreadsheet」で確認できます)、オブジェクトの位置を変更できるようになります。ただし、コネクトしただけでは機能しないため、パラメータを設定します。

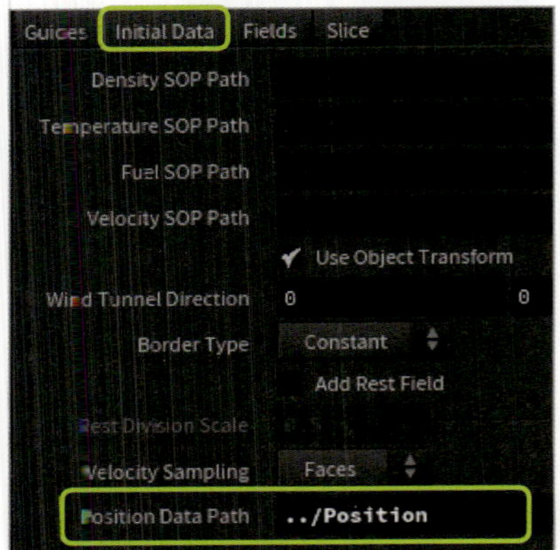

105 「pyro」ノードを選択し、パラメータの「Initial Data」タブ→「Position Data Path」に「../Position」と記述します。これで「position1」ノードでコンテナが動かせるようになります。

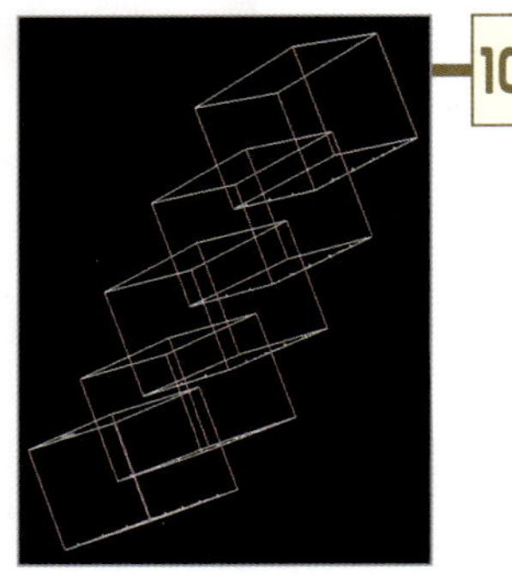

106 試しに「position1」のパラメータ「Rotation」を「0　0　30」に設定して、コンテナを動かしてみます。

107 シーンビューを見ると、すべてのコンテナが同じように傾きました。

コンテナを個別に傾ける

今度はこれらコンテナを個別に傾けます。そのために、インスタンスポイントごとに、どのくらいコンテナを傾けるかの値(角度)が必要になります。その値をカーブの傾きから求めます。

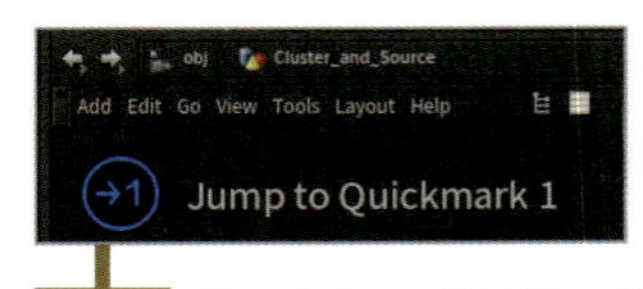

108 ネットワークエディタ上で1キーを押して、「Cluster_and_Source」ノードの中に移動します。

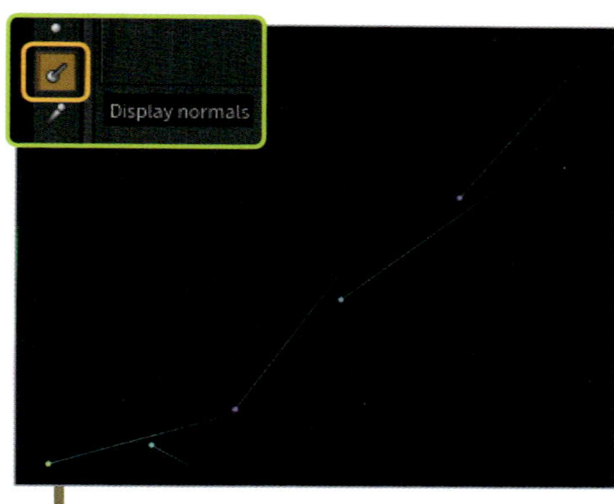

109 [41]で「N」アトリビュートを作成し、カーブの傾きを作成しましたが、これはインスタンスポイントにも継承されています。
「clusterpoints1」ノードに表示フラグを立てて、シーンビュー右側の「display option」の「Display normals」をオン（法線情報を表示）にすると、インスタンスポイントの持つ「N」アトリビュートがベクトルとして表示されます。この「N」アトリビュートを利用して、コンテナの傾きを求めます。確認後「Display normals」をオフに戻します。

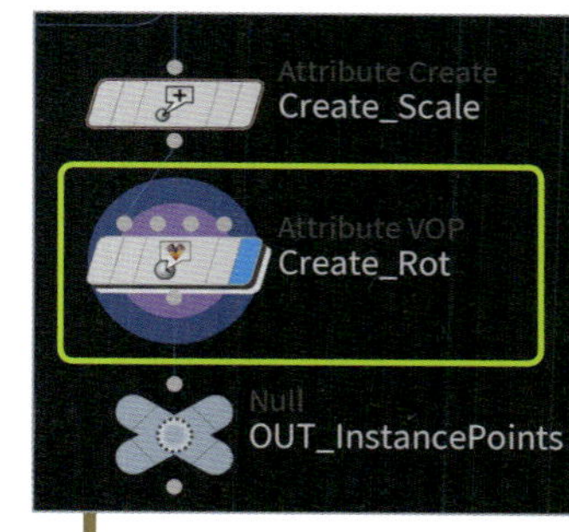

110 [106]でコンテナを回転させた「position1」ノードの「Rotation」はオイラー角（「X軸に30度回転」「Y軸に45度回転」という角度の指定方法）で制御しています。それに対して「N」アトリビュートは向きを表したベクトル情報です。「Position（DOP）」ノードで角度を調整するには、ベクトル情報の「N」アトリビュートをもとに、オイラー角を作成する必要があります。
TAB Menuで「Point VOP」を作成します。名前を「Create_Rot」として、「Create_Scale」と「OUT_InstancePoints」の間に挿入します。このノードを使って回転角を求めます。

111 作成した「Create_Rot」ノードの中に入り、TAB Menuから「Align（VOP）」を作成します。このノードを使うと、あるベクトルを別のベクトルの方向へ向けるには、どのくらい回転すればよいかという角度を求めることができます。その結果はマトリクス（行列）で得られます。

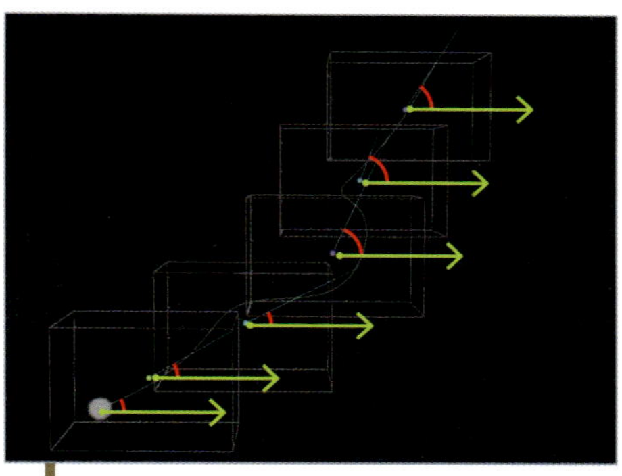

112 シミュレーションコンテナの配置は、図のようにすべて同じ向きに並んでいます。これを、すべて＋X方向を向いていると仮定します。そしてコンテナを「N」アトリビュートのベクトルの方向に傾けると考えます。「Align（VOP）」は、ふたつのベクトルを使って角度を求められるノードです。これを利用すれば、＋X方向を表すベクトルと「N」アトリビュートから角度を求められます。

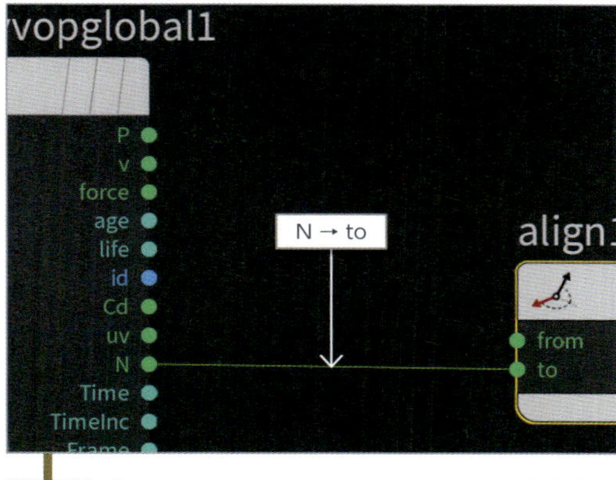

113 「geometryvopglobal1」ノードの出力「N」を、「align1」ノードの入力「to」にコネクトします。

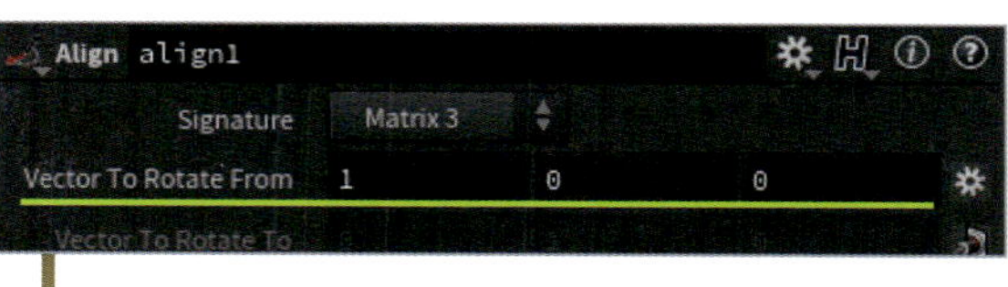

114 「align1」ノードのパラメータ「Vector To Rotate From」は「1　0　0」に設定されています。「align1」ノードは、ベクトル「1　0　0」がベクトルNの方向を向くためにどれだけ回転すればよいかを求めてくれます。「Signature」が「Matrix3」に設定されているので、ノードの出力は3×3のマトリクスになります。

Tips マトリクス（行列）とは

マトリクス（行列）とは、図のように複数の数字を行と列に並べたものです。

$$\begin{pmatrix} 0 & 1 & 2 & 3 \\ 4 & 5 & 6 & 7 \\ 8 & 9 & 10 & 11 \\ 12 & 13 & 14 & 15 \end{pmatrix} \quad \begin{pmatrix} 0 & 1 & 2 \\ 3 & 4 & 5 \\ 6 & 7 & 8 \end{pmatrix}$$

3DCGの世界では行と列に4個ずつ、もしくは行と列に3個ずつの数字で構成されたマトリクスが使われます。「align1」ノードで生成されるのは3×3のマトリクスです。

4×4のマトリクスには移動回転スケールの情報を全部詰め込むことができます。3×3のマトリクスは回転とスケールの情報を格納できます。ただし、マトリクスを見ただけではそれらの情報はわかりません（マトリクスの詳細はP334を参照）。

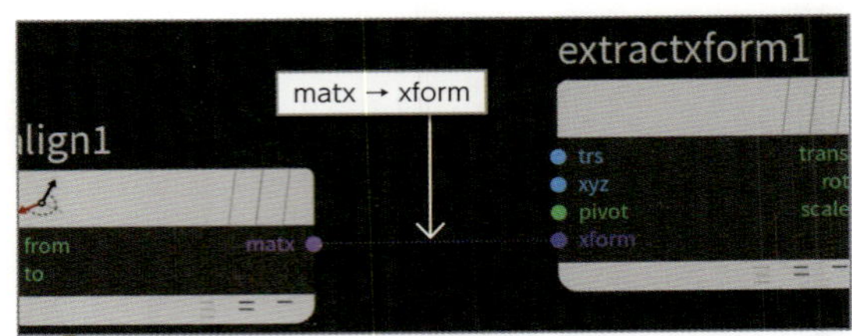

115 HoudiniのVOPノードには、マトリクスの情報を「移動」「回転」「スケール」の各要素に分解してくれる「Extract Transform (VOP)」があります。これを使って回転の要素を抽出します。TAB Menuから「Extract Transform (VOP)」を作成し、このノードの入力「xform」を「align1」の出力「matx」とコネクトします。

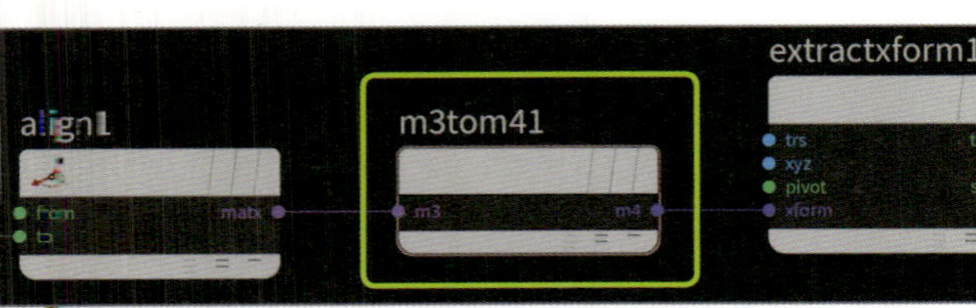

116 115のコネクトはデータの型が少し異なります。「align1」の出力「matx」は「matrix 3」(3×3)型、「extractform1」の入力「xform」は「matrix」(4×4)型です。この型を揃えるため、TAB Menuから「Matrix3 to Matrix4 (VOP)」を作成し、「align1」ノードと「extractform1」の間に挿入します。これにより、マトリクスは4×4で統一されます。

Point VOPの入出力の色

VOPノードの入出力の色は、そのデータの型を意味しています。

例えば「geometryvopglobal1」ノードでは「P」「v」「force」など緑がかった色はVecotor型のデータです。それよりほんの少し青よりの色、「age」「life」はfloat型です。さらに青い色、「id」「ptnum」はinteger型です。

データの型はほかにもいろいろあり、この作例で登場したmatrixもそのひとつです。基本的にノードとノードをつなぐ場合は、同じデータの型同士をコネクトするように心がけると、予期せぬ挙動やエラーを防げるでしょう。

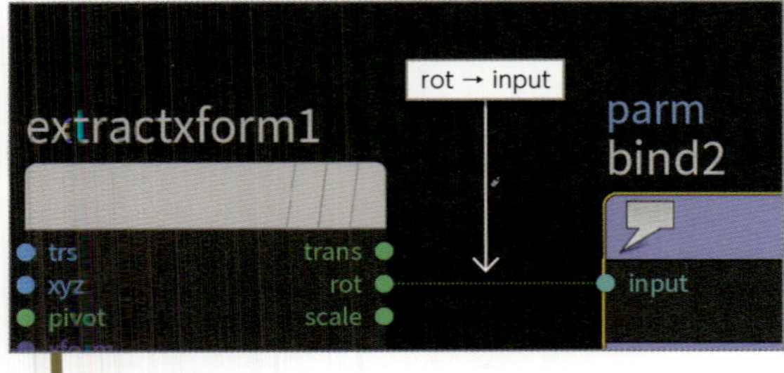

117 「extractform1」ノードには出力が3つあり、それぞれマトリクスから分解された「移動 (trans)」「回転 (rot)」「スケール (scale)」の各要素になっています。TAB Menuから「Bind Export」と検索して出力設定の「Bind (VOP)」を作成し、ノードの入力「input」と「extractxform1」ノードの出力「rot」（回転）をコネクトします。

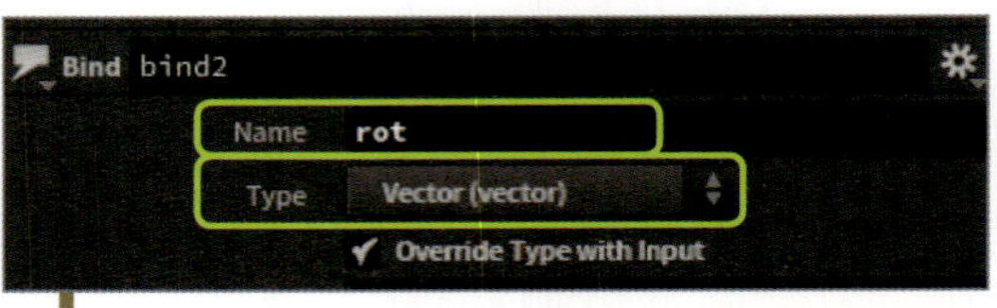

118 「bind2」ノードのパラメータ「Name」に「rot」と記述し、「Type」を「Vector (vector)」に変更します。これで、ふたつのベクトルの角度が「rot」という名前のアトリビュートとして作成できました。

N[z]	rot[0]	rot[1]	rot[2]	scale[x]
-0.107662	3.40265	6.18057	57.6363	10.0
-0.904434	41.709	64.7472	62.0031	10.0
-0.318964	11.821	18.6003	64.6006	10.0
0.4034	-6.65411	-23.7909	30.856	10.0
-0.736406	10.6733	47.4261	24.0121	10.0

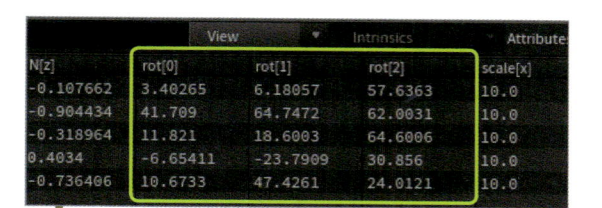

119 Uキーで上の階層（/obj/Cluster_and_Source）に移動します。「Create_Rot」ノードを選択して「Geometry Spreadsheet」を見ると、ポイントアトリビュートに「rot」ができています。これが、シミュレーションコンテナを回転する角度です。

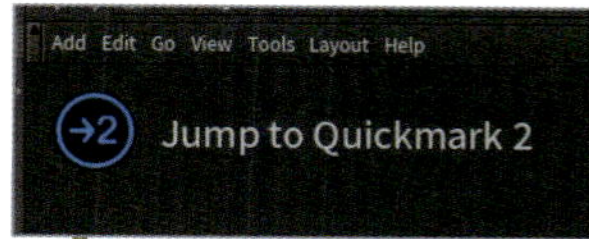

120 回転角度を表す「rot」アトリビュートを使ってシミュレーションコンテナを傾けます。2キーを押してDOPネットワークに移動します。

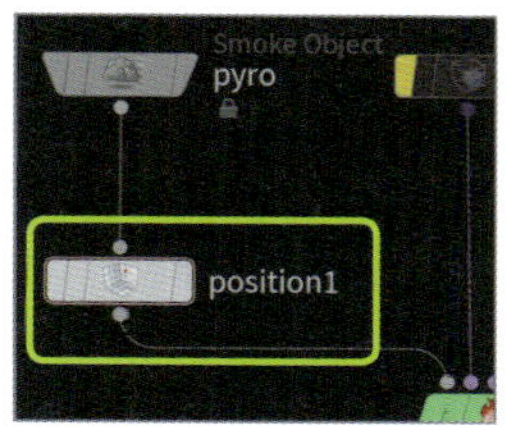

121 「position1」のパラメータ「Pivot」と「Rotation」にエクスプレッションを記述し、インスタンスポイントの「rot」アトリビュート値を反映します。まずは「Rotation」のX値に以下のエクスプレッションを記述します。

point ("/obj/Cluster_and_Source/OUT_InstancePoints", $OBJID, "rot", 0)

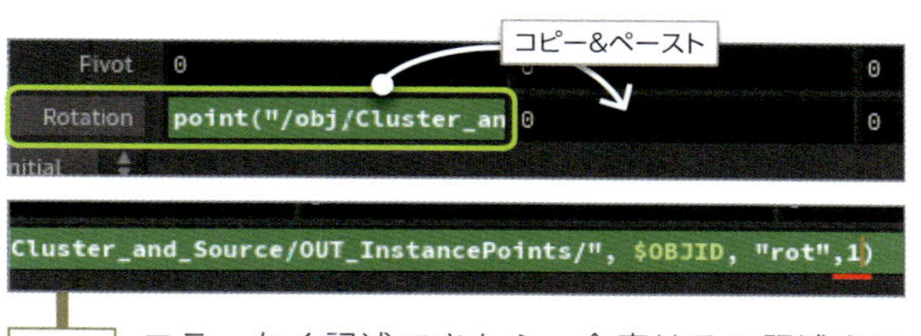

122 エラーなく記述できたら、今度はその記述をコピーして隣の「Rotation」Y値に貼り付けます。そして最後の数字を「1」に書き換えます。

123 同様にして、「Rotation」Z値にもエクスプレッションの記述をコピーします。そして最後の数字を「2」に書き換えます。

Point point () 関数の引数

他の作例でも登場しましたが、121～123のエクスプレッションで使われているのはpoint () 関数です。この関数は指定したポイントのアトリビュートを取得できます。point () には以下のように引数が複数あります。

point (ノードのパス、ポイント番号、
取得アトリビュート名、インデックス番号)

作例では、ポイント番号に「$OBJID」と記述しました。「$OBJID」はこの場合、DOPネットワーク内で各コンテナが持つ通し番号です。通し番号は同位置にあるインスタンスポイントのポイント番号と一致しています。したがって、「$OBJID」を指定することで、同じ位置にあるインスタンスポイントを指定できます。

最後のインデックス番号は、「rot」アトリビュートを構成する3つの数字のうち、どれを取得するかを指定します。

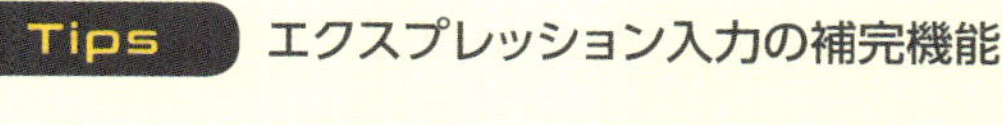

Tips エクスプレッション入力の補完機能

パラメータにエクスプレッションを記述していると、関数やパスの候補、関数の記述の仕方などが補助的に表示されます。長めのエクスプレッションを書く際には記述ミスなどが起こりうるため、これらの補完機能を使うことでミスを防げます。

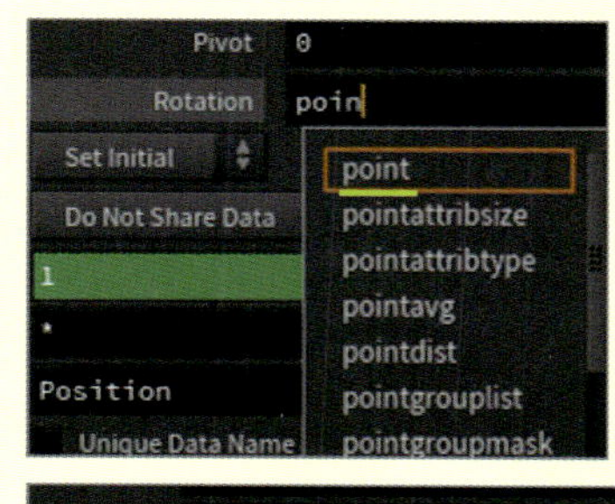

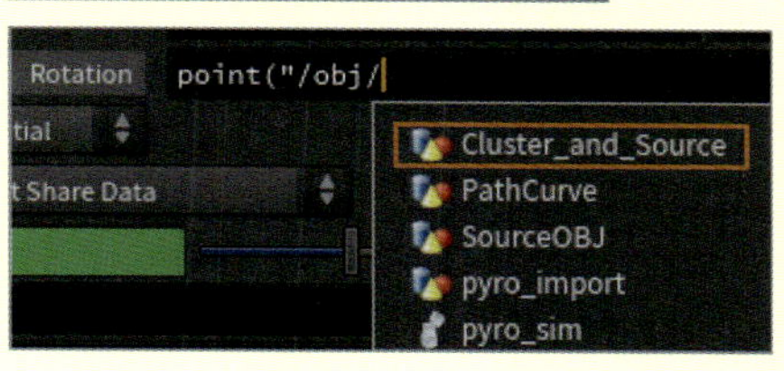

124 シーンビューを見ると、コンテナが個別に傾いているのが確認できます。しかし、カーブに沿って傾いているようにはみえません。これは回転の中心点Pivotが正しく設定されていないためです。

125 これを修正します。「Rotation」X値に設定したエクスプレッションの記述を再度コピーして、それを「Pivot」X値に貼り付けます。

```
t("/obj/Cluster_and_Source/OUT_InstancePoints/", $OBJID, "P",0)
```

126 貼り付けたエクスプレッションの「rot」の記述を「P」に書き換えます。これで各インスタンスポイントの位置情報を取得できるので、Pivotとして使います。

127 「Piviot」X値のエクスプレッションを「Pivot」Y値に貼り付けます。そして記述内の最後の数字を「1」に書き換えます。

```
luster_and_Source/OUT_InstancePoints/", $OBJID, "P",2)
```

128 同様に「Pivot」Z値にエクスプレッションを貼り付け、最後の数字を「2」に書き換えます。

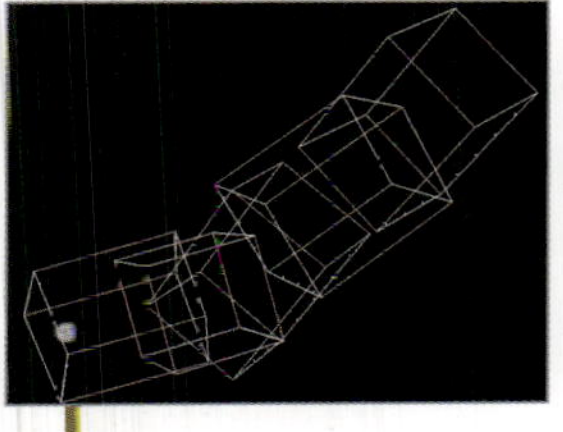

129 これで回転の軸が正しく設定できました。シーンビューで確認すると、各コンテナが傾いて、カーブの形状に沿った配置になっています。

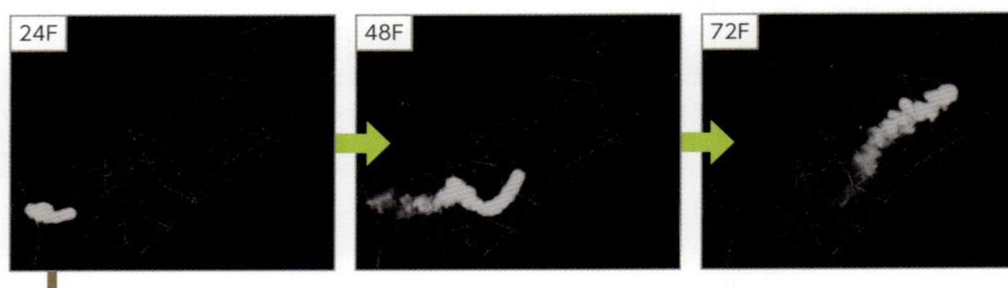

130 再生して確認します(時間がかかるのでここでは72フレームまで)。尾を引く煙ができており、最初よりも無駄な計算領域がかなり減っています。

コンテナの作成を動的にコントロールする

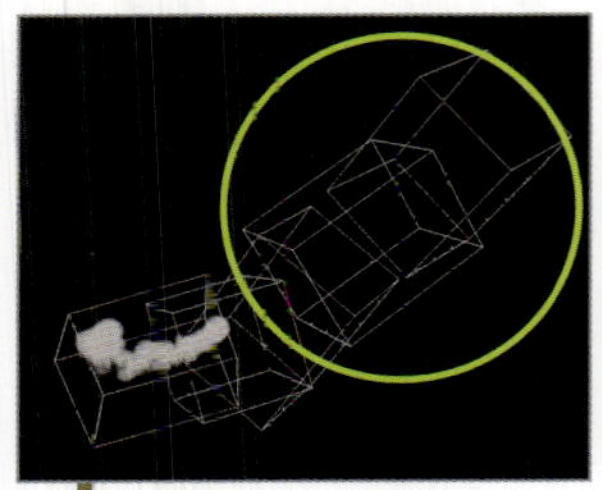

131 絵としては尾を引く煙ができましたが、データとしてはまだ改良の余地があります。シミュレーションの初期で、煙の発生源がまた到達していない部分について(緑枠内)、煙がない段階からシミュレーション処理が行われています。当然そのぶん計算時間もかかっています。

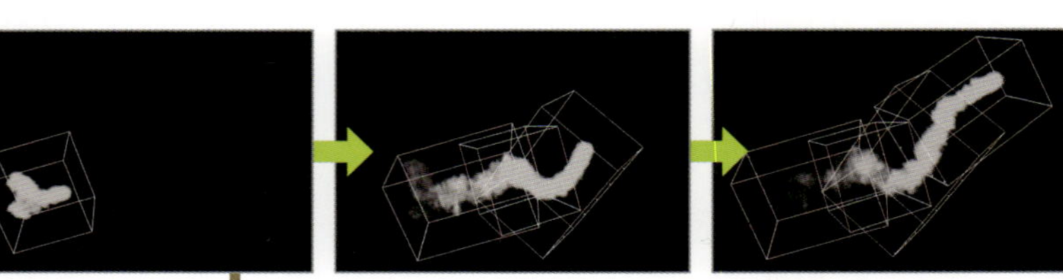

132 はじめはコンテナは存在せず、煙の発生源がその領域に入ったときに初めてコンテナがつくられる。そのようにコンテナの作成を動的にコントロールできれば、シミュレーションをさらに効率化できます。

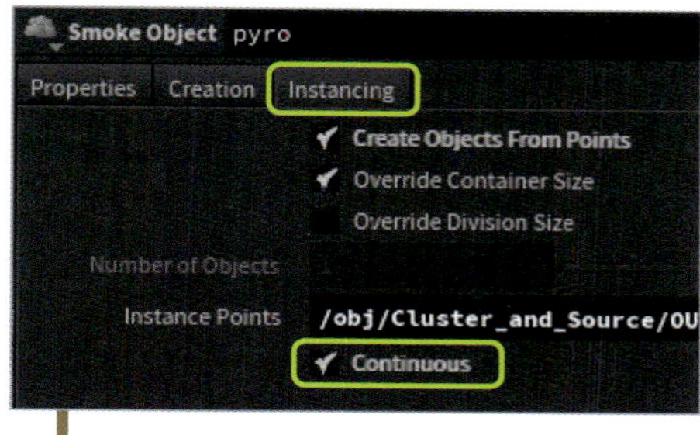

133 1フレーム目に戻り、「pyro」ノードを選択します。パラメータの「Instancing」タブ→「Continuous」をオンにします。これまではシミュレーションの開始時にインスタンスポイントの場所にコンテナが作成されました。一方、「Continuous」をオンにすると、毎フレーム（毎処理）ごとに、インスタンスポイントがあればその場にコンテナを作成するようになります。

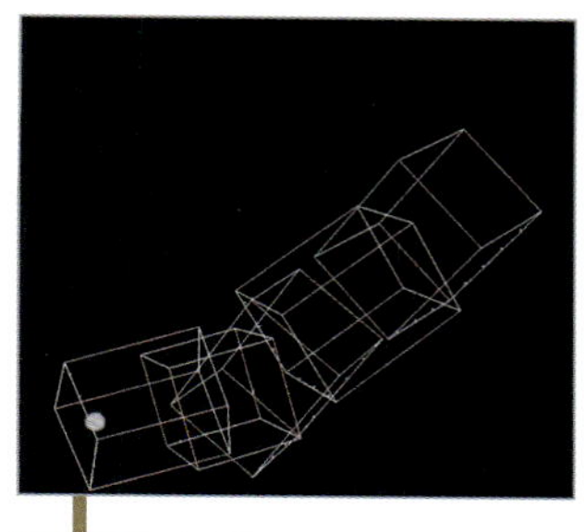

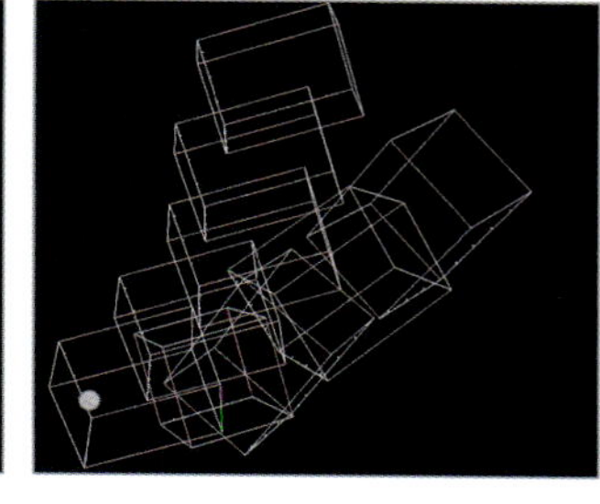

134 ただしこの設定をそのまま使ってもうまくいきません。試しに2フレーム目を確認すると、新しいコンテナがあります。ただしこれは2フレーム目にあるインスタンスポイントを元につくられたコンテナです。インスタンスポイントはどのフレームにもあるので、フレームを進めるほどコンテナが増えていきます。
また、新しいコンテナは「position1」による回転の際、「$OBJID」に対応するポイントがないため、代わりに最初のポイントが使われます。そのため、既存コンテナからずれた位置につくられます。

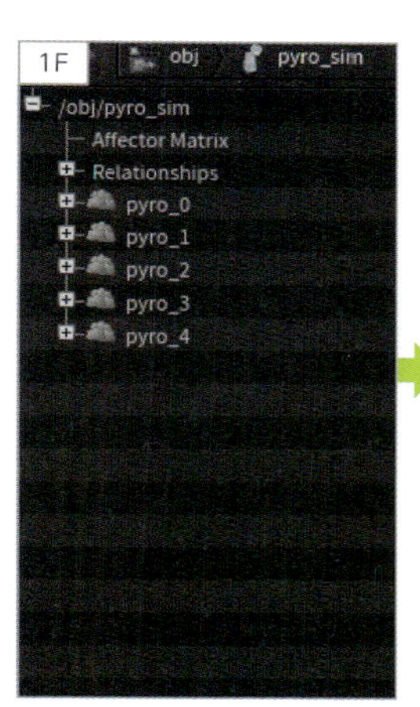

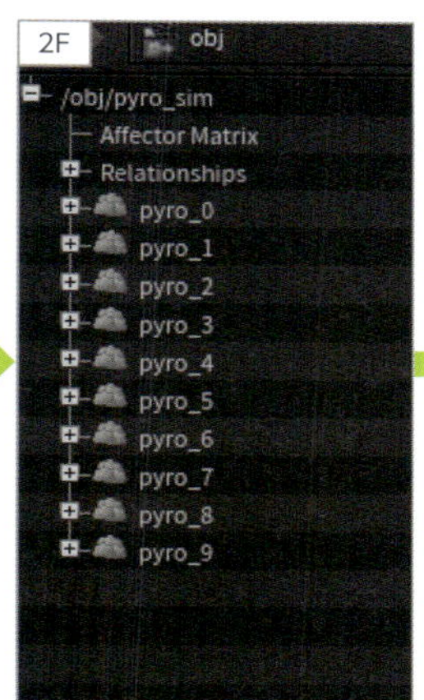

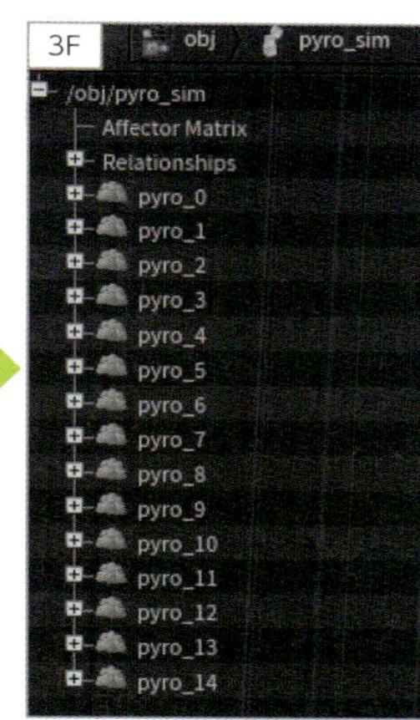

135 「Geometry Spreadsheet」を見ると、「pyro」オブジェクトが2フレーム目で新たに5つ作成されています。3フレーム目にはさらに5つの「pyro」オブジェクトが追加されています。このままフレームを進めると際限なく増え続けます。シミュレーションを効率化するつもりが、逆に無駄なコンテナをたくさんつくっています。

インスタンスポイントを修正する

現在コンテナは、インスタンスポイントが存在すればいつでも自動で作成される設定です。逆に言えば、インスタンスポイントがなければコンテナはつくられません。つまり、コンテナを作成したい瞬間にのみインスタンスポイントが存在するようにしておけば、任意のタイミングでコンテナをつくることができるので、そのようにインスタンスポイントを修正します。

136 ネットワークエディタ上で1キーを押して「Cluster_and_Source」ノードの階層へと移動します。

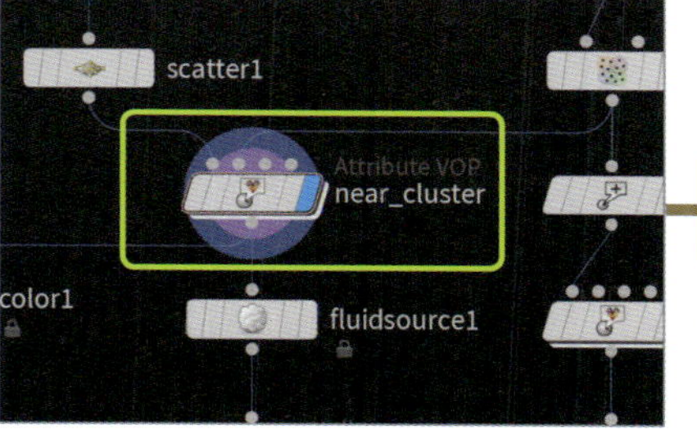

137 65では煙の発生源となるポイント群を「cluster」というアトリビュートで分割しました。このアトリビュートを確認するので、「near_cluster」ノードを選択します。

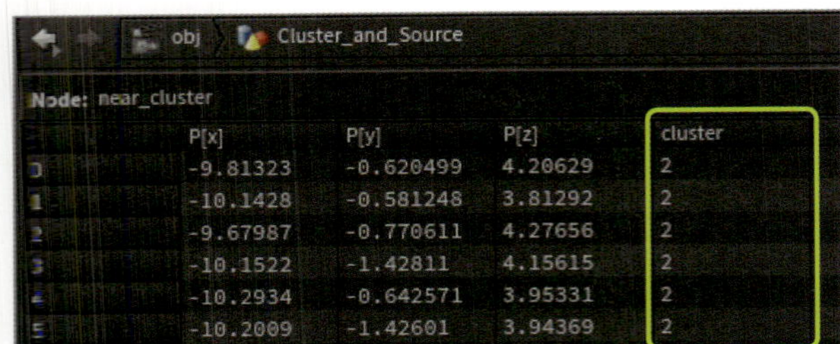

	P[x]	P[y]	P[z]	cluster
0	-9.81323	-0.620499	4.20629	2
1	-10.1428	-0.581248	3.81292	2
2	-9.67987	-0.770611	4.27656	2
3	-10.1522	-1.42811	4.15615	2
4	-10.2934	-0.642571	3.95331	2
5	-10.2009	-1.42601	3.94369	2

138 「Geometry Spreadsheet」を見ると、ポイントアトリビュートに「cluster」を確認できます。煙の発生源はこのアトリビュートを使ってボリュームを分割し、それらに対応したコンテナで煙を発生させています。つまりこの「cluster」アトリビュートを見れば、今どの領域のコンテナから煙が発生しているのかがわかります。煙が発生している場所がわかれば、それ以外の箇所のインスタンスポイントを消しておくこともできます。

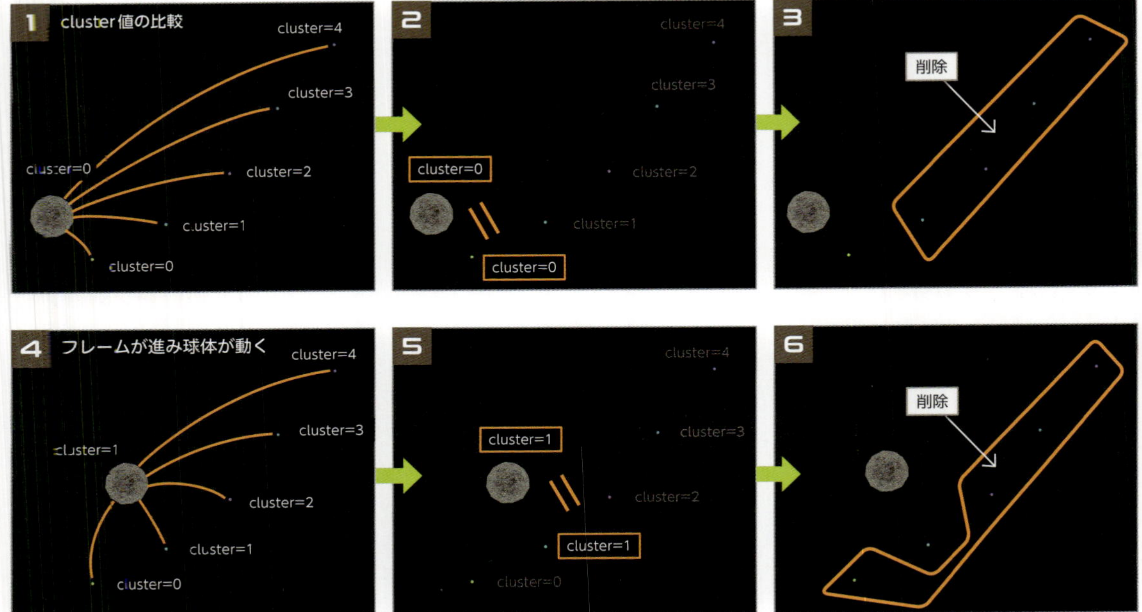

139 もう少し具体的に説明します。1～6は各インスタンスポイントのもつ「cluster」アトリビュートの値と、煙の発生源となるポイントが持つ「cluster」値を比較しています。値が同じであれば、そのインスタンスポイントのコンテナでは煙が発生しています。値が異なれば煙は発生しないので、そのとき、そのインスタンスポイントを削除しておけば、煙が発生している領域のインスタンスポイントだけが残ります。まずはその状態をつくります。

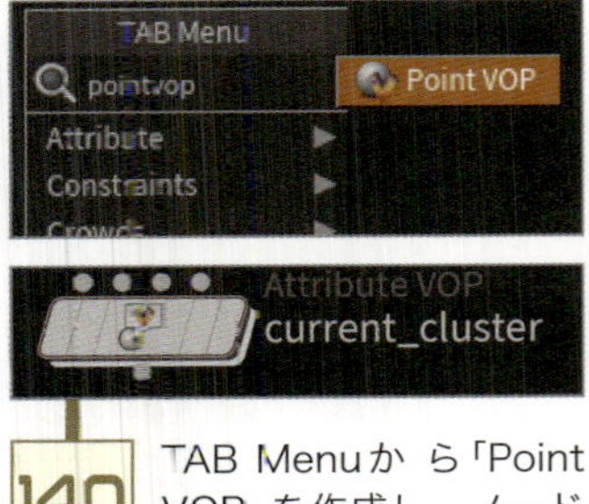

140 TAB Menuから「Point VOP」を作成し、ノード名を「current_cluster」とします。このノードを使って、煙の発生源があるインスタンスポイントを見つけます。

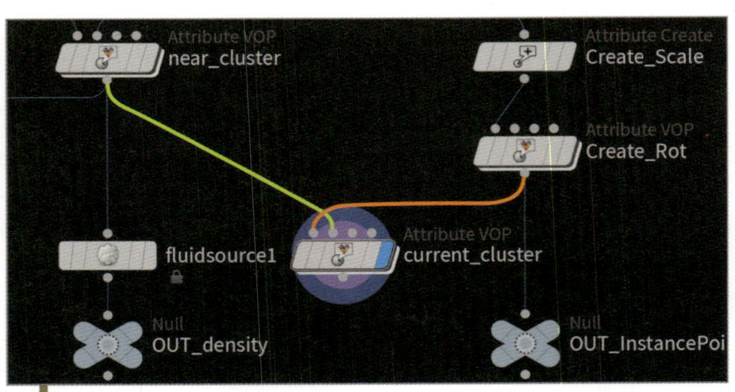

141 作成したノードをネットワークにコネクトします。ノードの一番左の入力を「Create_Rot」ノードに、その隣の入力を「near_cluster」ノードにコネクトします。コネクトされたワイヤは交差しています。

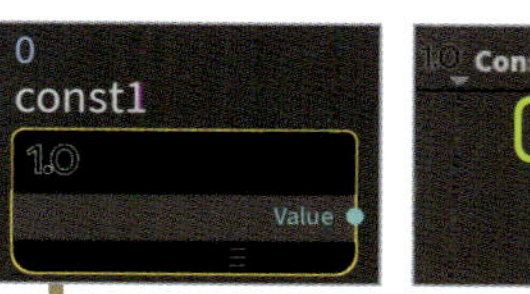

142 「current_cluster」ノードの中に入り、TAB Menuから「Import Point Attribute (VOP)」(指定したポイントのアトリビュートを取得するノード)を作成します。まずはこのノードで煙の発生源となるポイントから「cluster」アトリビュートの値を取得します。

143 「importpoint1」ノードのパラメータ「Signature」を「Integer」に変更し、「Attribute」に「cluster」と記述します。

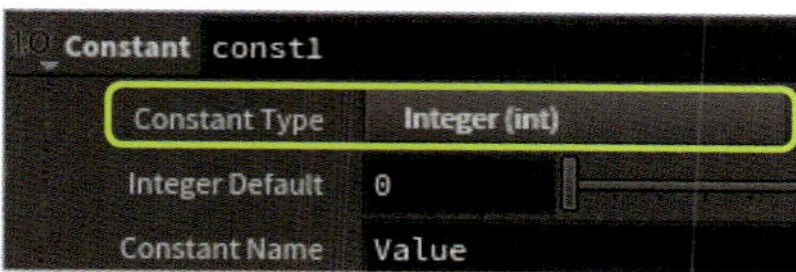

144 もうひとつ、TAB Menuから「Constant (VOP)」(定数を作成するノード)を作成します。パラメータ「Constant Type」を「Integer (int)」に変更します。

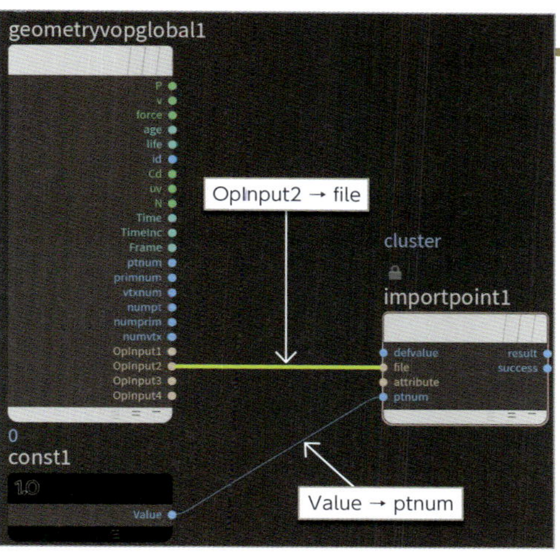

145 作成したノードを図のようにコネクトします。「OpInput2」はコネクションから煙の発生源となるポイント群になります。
これで「importpoint1」ノードは、「OpInput2」(煙の発生源となるポイント)の0番目のポイントの「cluster」アトリビュートの値を取得するようになります。

Point　0番目のポイントの値を取得する意味

煙の発生源となるポイントはたくさんあります。本当はそれらがふたつの領域にまたがるときもありますが、ここではそういった場合を無視して暫定的に0番目のポイントを代表としてアトリビュートを取得しています。

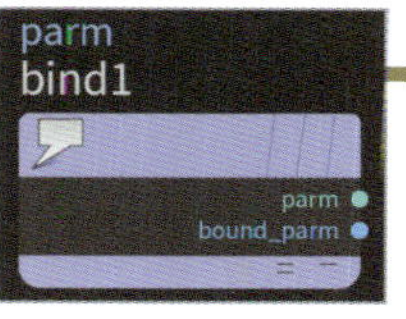

146 TAB Menuから「Bind (VOP)」を作成します。このノードを使ってインスタンスポイントの「cluster」アトリビュートの値を取得します。

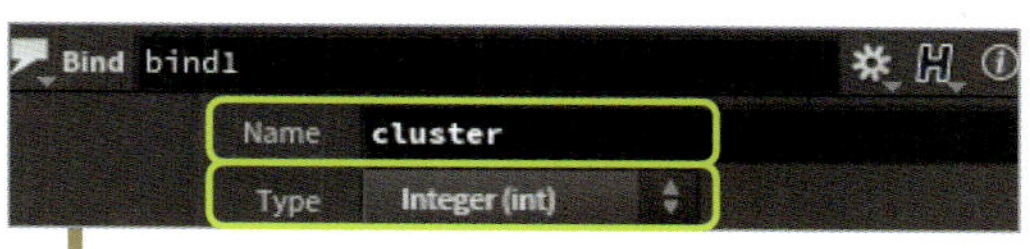

147 「bind1」のパラメータ「Name」に「cluster」と記述し、「Type」を「Integer (int)」に変更します。これで「bind1」ノードは、インスタンスポイントの「cluster」値を取得します。

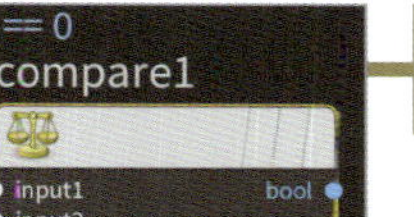

148 TAB Menuから「Compare (VOP)」を作成します。これは入力されたふたつの値を比較するノードです。

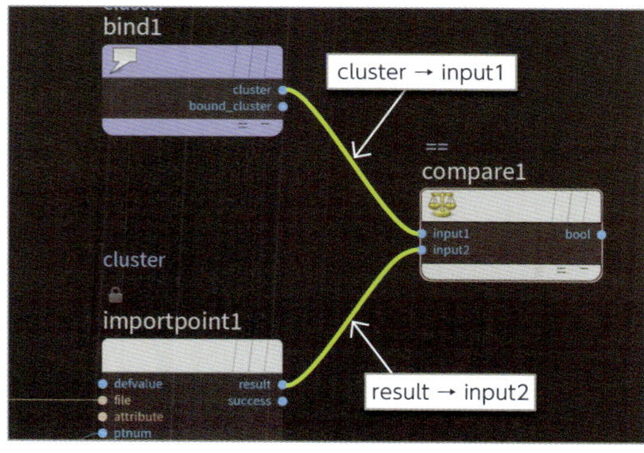

149 「compare1」の入力「input1」と「bind1」の出力「cluster」、「compare1」の入力「input2」と「importpoint1」の出力「result」を、それぞれコネクトします。

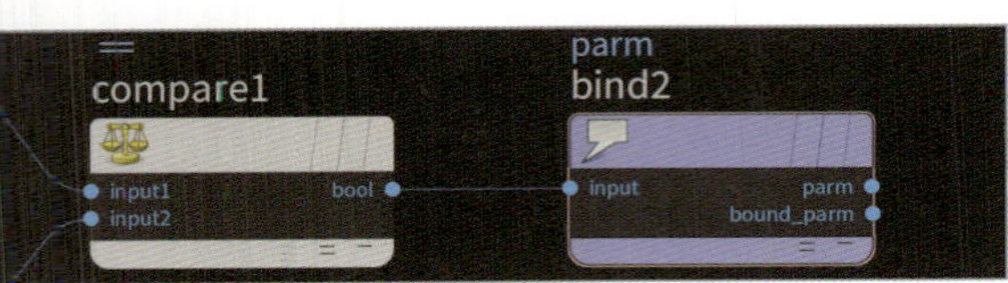

150 「compare1」ノードのパラメータ「Test」が「Equal」になっているのを確認します。これはふたつの入力値が同じかどうかを比較する設定です。その結果はbool値（同じなら「1」、異なれば「0」）で出力されます。

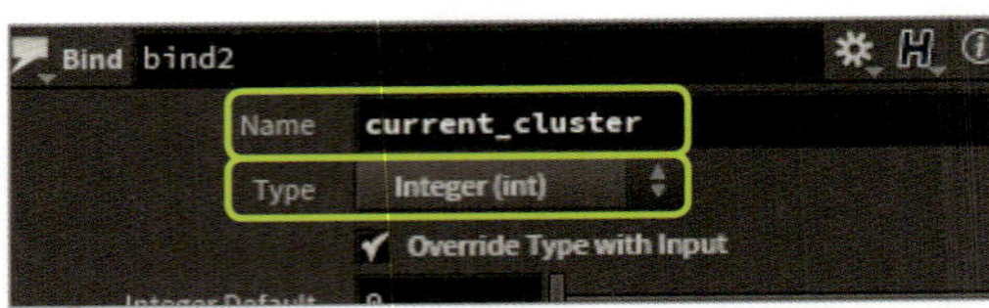

151 TAB Menuで「Bind Export」と検索し、出力設定の「Bind（VOP）」を作成。「bind2」の入力「input」と「compare1」の出力「bool」をコネクトします。

152 「bind2」ノードのパラメータ「Name」に「current_cluster」と記述し、「Type」を「Integer（int）」に設定します。

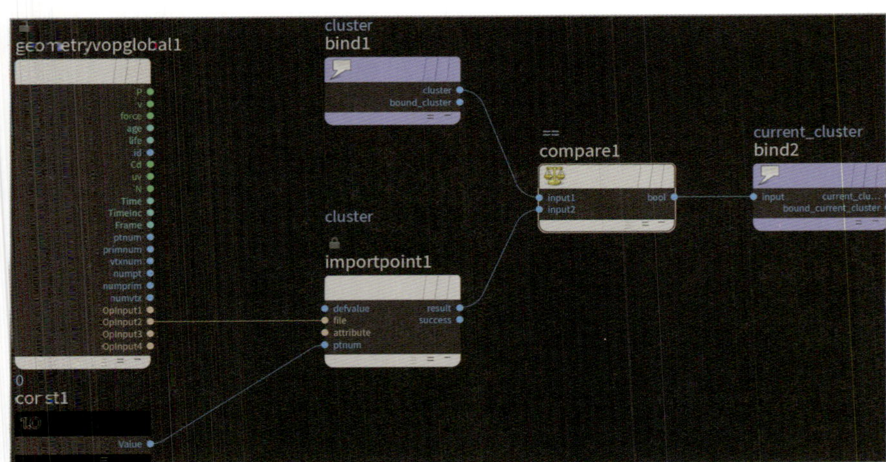

153 ネットワークは図のようになります。これで「current_cluster」というアトリビュートがつくられ、ふたつの「cluster」値を比較した結果が値として出力されます。

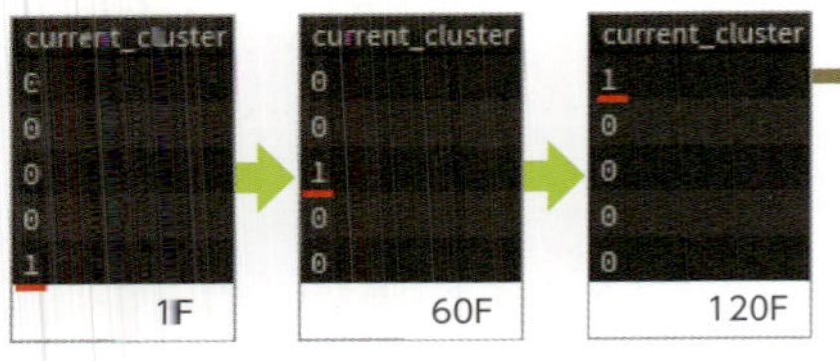

154 Uキーで上の階層（/obj/Cluster_and_Source）に移動して、「current_cluster」ノードを選択、「Geometry Spreadsheet」のポイントアトリビュートを見ると、「current_cluster」アトリビュートを確認できます。この値が「1」のインスタンスポイントは煙が発生中です。フレームを進めると、数値が変化します。

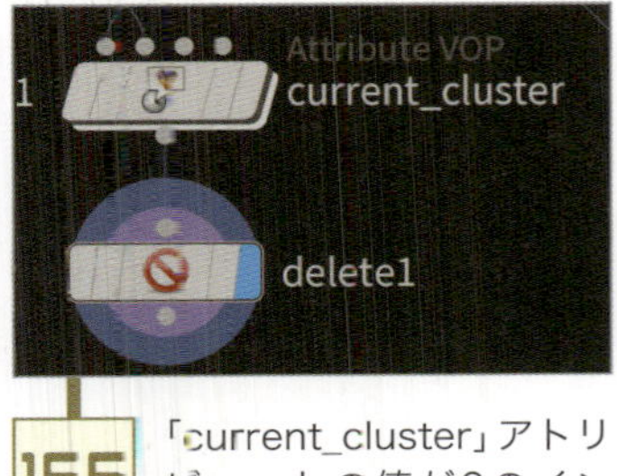

155 「current_cluster」アトリビュートの値が0のインスタンスポイントを削除します。TAB Menuから「Delete（SOP）」を作成し、「current_cluster」ノードの下にコネクトします。

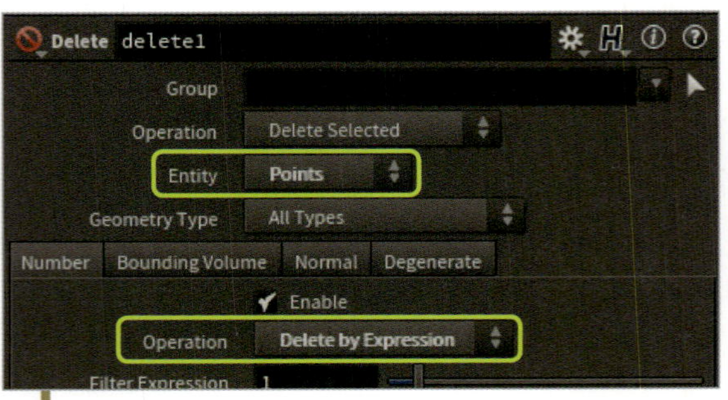

156 「delete1」ノードのパラメータ「Entity」を「Points」に、「Operation」を「Delete by Expression」に変更します。この設定で、エクスプレッション制御によるポイントの削除が可能になります。

Operation　Delete by Expression
Filter Expression　@current_cluster==0
Pattern

157 エクスプレッションを記述します。パラメータ「Filter Expression」に「@current_cluster==0」と記述します。@はアトリビュートを意味する接頭語です。これでアトリビュート「current_cluster」値が「0」のポイントがすべて削除されます。

158 シーンビューで確認します。ビュー上にはインスタンスポイントが1つだけあり、フレームを進めると表示されるインスタンスポイントが移り変わるのが確認できます。

コンテナを作成する瞬間だけインスタンスポイントを存在させる

煙が発生する領域のインスタンスポイントだけを残すことができましたが、これを用いたシミュレーションでのコンテナ作成を考えると、まだ完全ではありません。インスタンスポイントは、コンテナを作成するその瞬間だけに存在してほしいのですが、今の状態ではまだ長い時間存在しているためです。

コンテナを作成する瞬間とは、インスタンスポイントが移り変わる瞬間です。これは次のようにして検出できます。

❶ 現在より1フレーム前の状態を作成します。

❷ 1フレーム前と現在で「cluster」アトリビュートを比較。値が変化していればそのフレームで煙の発生領域(インスタンスポイント)が移り変わったことを意味します。

❸ 比較して、値が変化していない場合はそのポイントを削除する。こうすることで、「cluster」値が変化した場合だけポイントが存在することになります。

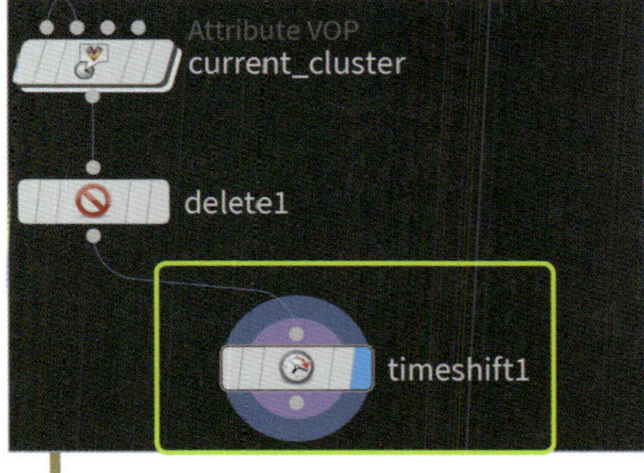

159 実際に実装します。TAB Menuから「Time Shift(SOP)」を作成、「delete1」ノードの下にコネクトします。

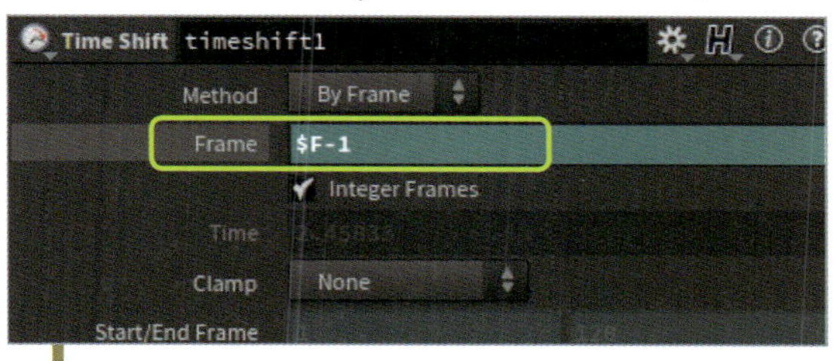

160 「timeshift1」ノードの「Frame」には「$F」(現在のフレーム番号)というエクスプレッションが記述されています。この記述の最後に「-1」を追記して、「$F-1」とします。現在から1フレーム前の状態になります。

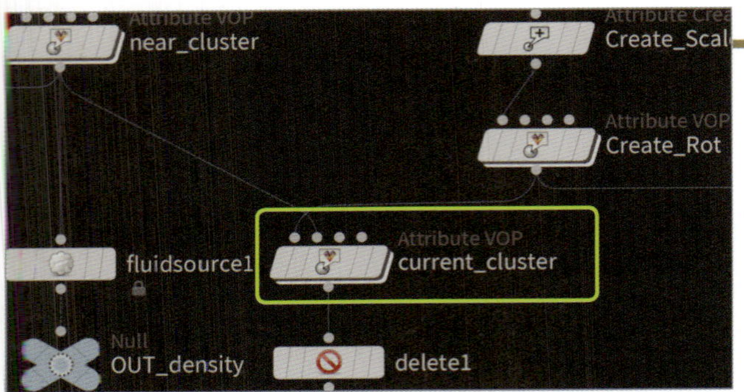

161 次に「cluster」アトリビュートの値の比較です。これは140で作成した「current_cluster」で行っていることと同じです。「current_cluster」では、インスタンスポイントの「cluster」アトリビュートと、煙の発生源の「cluster」アトリビュートを比較しましたが、ここでは現在の「cluster」と、1フレーム前の状態の「cluster」を比較します。
比較対象は異なりますが、「cluster」を比較するのは同じことなので、「current_cluster」ノードを再利用します。

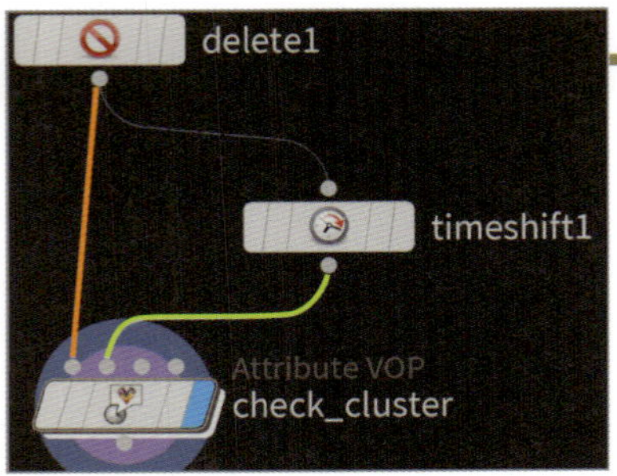

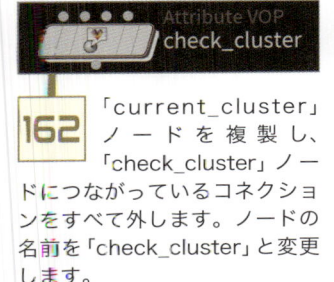

162 「current_cluster」ノードを複製し、「check_cluster」ノードにつながっているコネクションをすべて外します。ノードの名前を「check_cluster」と変更します。

163 「check_cluster」ノードの一番左の入力と「delete1」ノード、左から2番目の入力と「timeshift1」ノードをコネクトします。入力されている情報によって以前とは結果が違いますが、「check_cluster」ノードが行っているのは、機能としては同じ「cluster」アトリビュートの比較です。コネクトできたら「check_cluster」ノードの中に入ります。

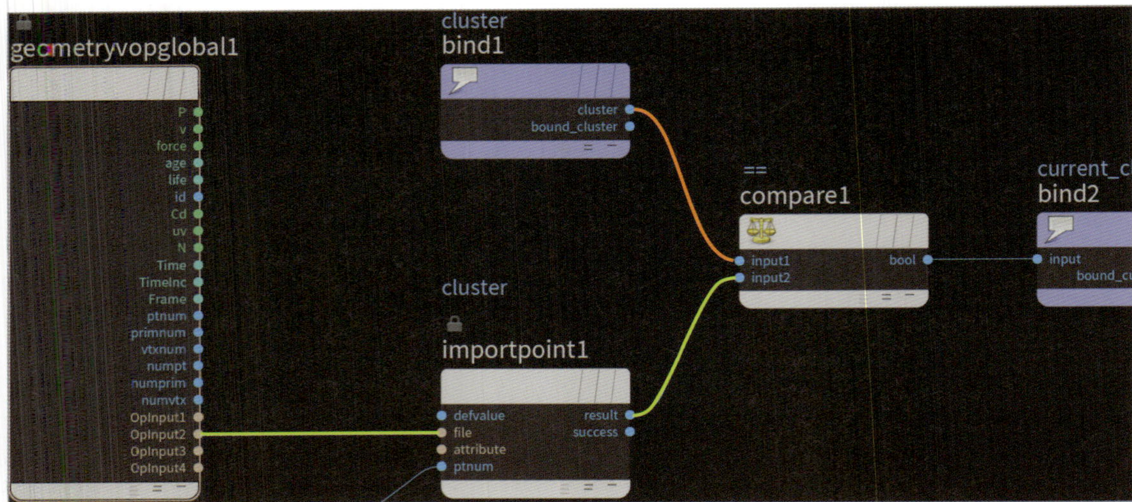

164 ノード内にはすでにネットワークが構築されています。ふたつの入力から「cluster」アトリビュートの値を比較しています。
構築されているネットワークについて簡単に解説します。「bind1」ノードは、現在のフレームでの「cluster」アトリビュートの値を取得しています。「importpoint1」ノードは1フレーム前の「cluster」アトリビュートの値を取得しています。そして、そのふたつの「cluster」アトリビュートを「compare1」ノードが比較し、その結果、値が同じであれば「1」を、異なれば「0」を出力しています。

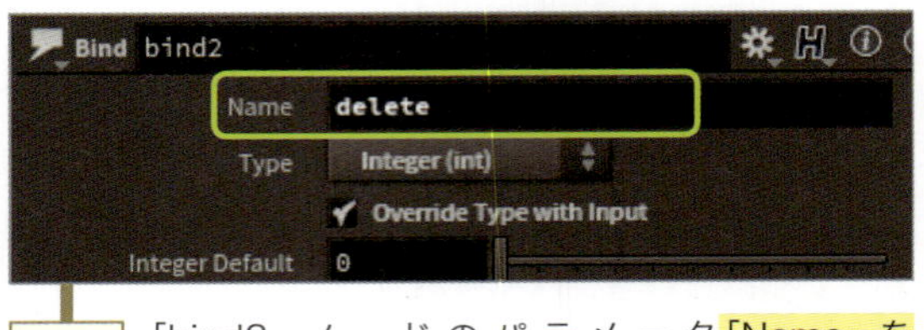

165 「bind2」ノードのパラメータ「Name」を「delete」に変更します。これで「cluster」アトリビュートを比較した結果が「delete」アトリビュートとして出力されます。

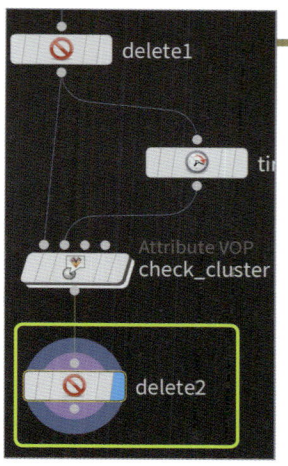

166 Uキーで上の階層(/obj/Cluster_and_Source)に移動します。「check_cluster」ノードによって、現在と1フレーム前の「cluster」アトリビュートが比較されます。値が同じなら「delete」アトリビュートが「1」、異なる場合は「0」になります。「delete」が「1」のポイントを削除すれば、インスタンスポイントが移り変わる瞬間のポイントだけが残ります。
TAB Menuから「Delete(SOP)」を作成し、「check_cluster」の下にコネクトします。

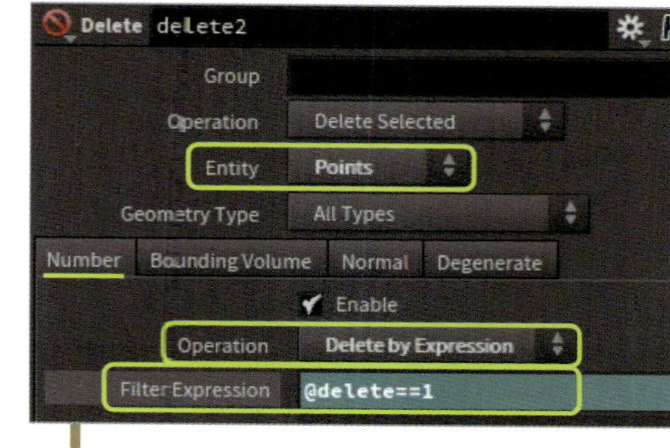

167 「delete2」のパラメータ「Entry」を「Points」に、「Number」タブ→「Operation」を「Delete by Expression」に設定。続いて「Filter Expression」に「@delete==1」と記述します。これで「delete」値が「1」のポイントが削除されます。

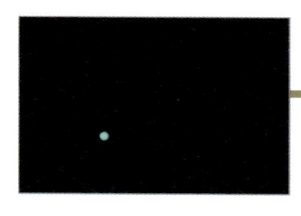

168 シーンビューで確認します。38フレーム目に移動すると、ポイントがひとつだけ表示されます。←→キーで前後のフレームを確認すると、このポイントが消えます。このポイントが存在するフレームが、シミュレーションでコンテナが作成されるタイミングです。他にも56・75・98フレームでポイントが表示されます。

例外処理で1フレーム目にインスタンスポイントを存在させる

シミュレーションでコンテナを作成するタイミングだけ、インスタンスポイントがある状態にできました。ただし、1フレーム目でインスタンスポイントが存在していないのは困ります。ここで行った判定方法では、どうしても1フレーム目ではインスタンスポイントが消えてしまいますが、本来1フレーム目(シミュレーションの最初)にインスタンスポイントが存在し、最初の煙が発生しないと不自然です。

そのため、例外処理として1フレーム目の「delete」アトリビュートを書き換えます。

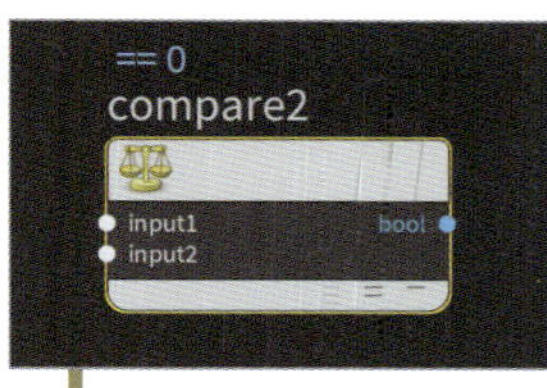

169 「check_cluster」の中に再度入り、ネットワークを拡張します。まず、現在のフレームが1フレーム目かどうかを判定します。TAB Menuから「Compare(VOP)」を作成します。

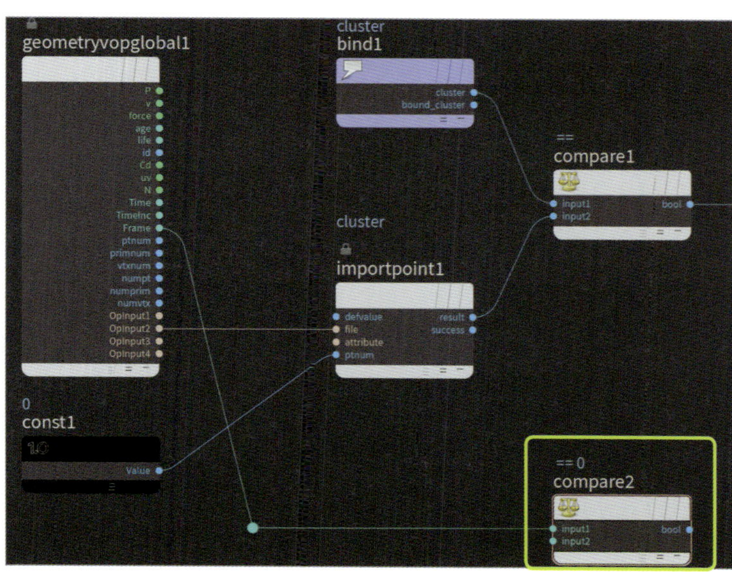

170 「compare2」の入力「input1」と「geometryvopglobal1」の出力「Frame」をコネクトします。「geometryvopglobal1」の出力「Frame」は現在のフレーム番号です。

Point ネットワークの途中にドットを作成する

170の図のようにネットワークの途中にドットを作成するには、Altキーを押しながらワイヤ上をクリックします。

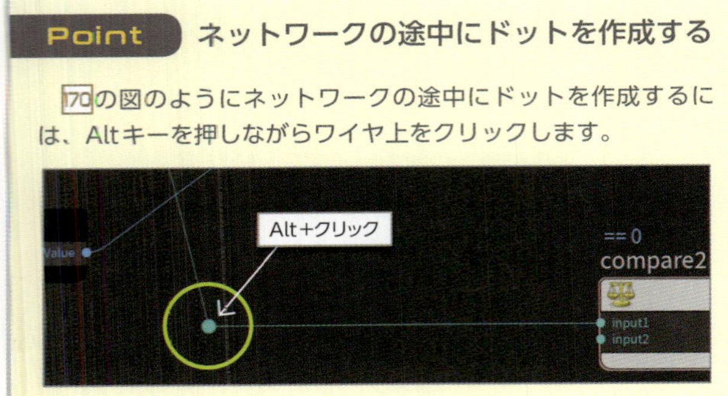

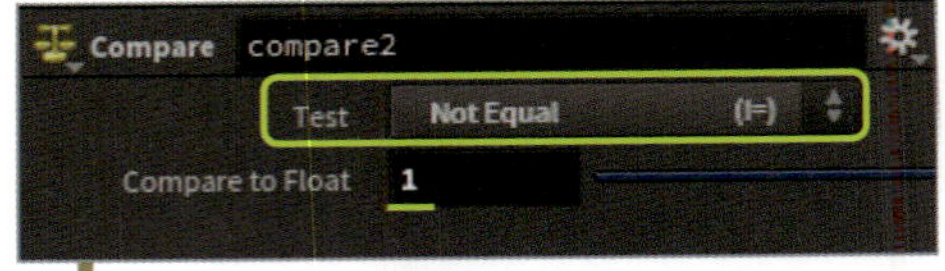

171 「compare2」ノードのパラメータ「Test」を「Not Equal (!=)」に変更し、「Compare to Float」を「1」に設定します。これによって現在のフレームが「1」であれば「0」が、「1」以外であれば「1」が出力されます。

フレーム / ノード	1	2～37	38	39～55	56	57～74	75	76～97	98	99～120
Compare1	1	1	0	1	0	1	0	1	0	1
Compare2	0	1	1	1	1	1	1	1	1	1

172 現在このネットワークにはふたつの「Compare (VOP)」がありどちらも比較結果を「0」と「1」で出力しています。各ノードの結果を表にしてみました。
さて、物事の状態が「0」と「1」で表されている場合に使える「論理式」という計算方法（右に代表的なものを掲載）があります。この論理式とふたつの「Compare (VOP)」の結果を使って、これまでの状態に対して1フレーム目をインスタンスポイントが存在する状態にします。

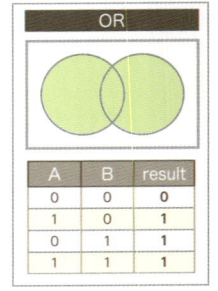

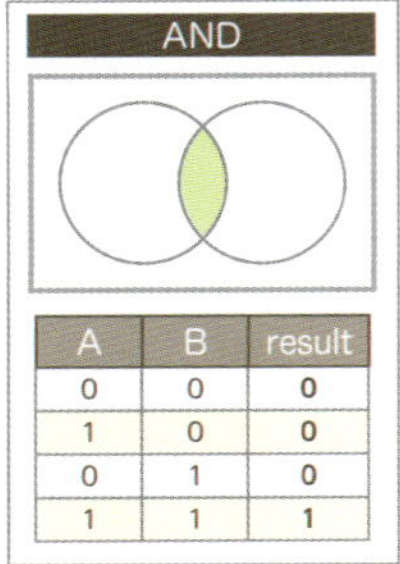

A	B	result
0	0	0
1	0	0
0	1	0
1	1	1

OR

A	B	result
0	0	0
1	0	1
0	1	1
1	1	1

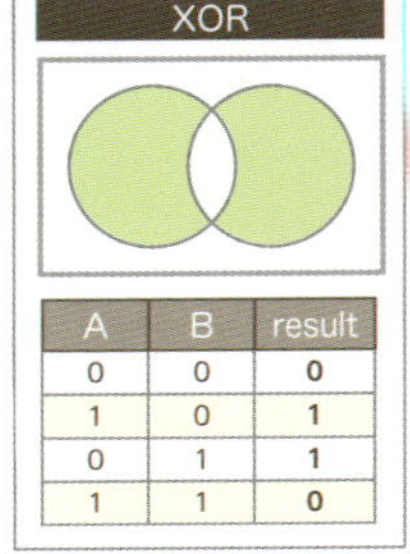

A	B	result
0	0	0
1	0	1
0	1	1
1	1	0

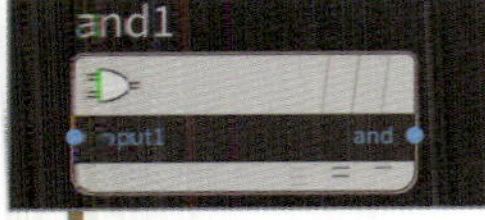

173 TAB Menuから「And (VOP)」を作成します。これは入力に対して論理積（172の左図）を計算するノードです。ふたつの入力AとBが一致する場合のみ「1」を返します。

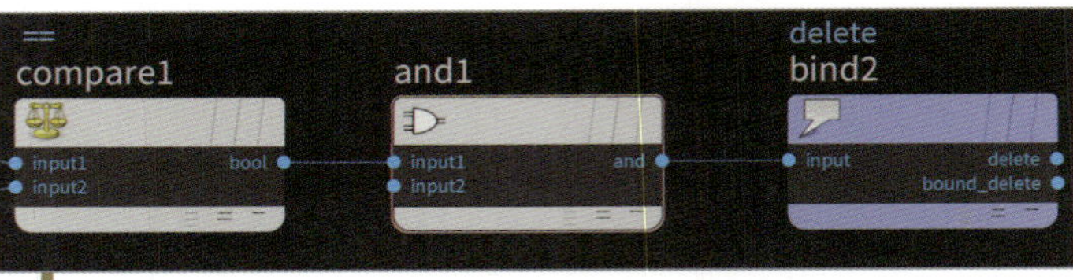

174 作成した「and1」を「compare1」と「bind2」の間に挿入します。

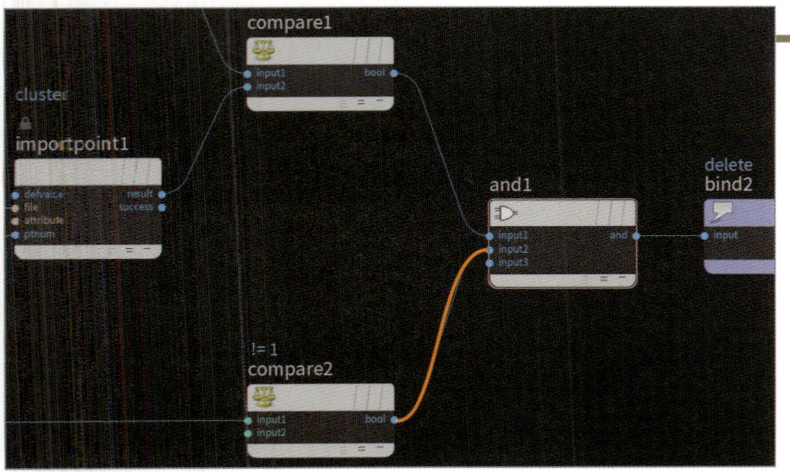

175 次に「and1」ノードの入力「input2」と「compare2」ノードの出力「bool」をコネクトします。

フレーム/ノード	1	2〜37	38	39〜55	56	57〜74	75	76〜97	98	99〜120
Compare1	1	1	0	1	0	1	0	1	0	1
Compare2	0	1	1	1	1	1	1	1	1	1
結果	0	1	0	1	0	1	0	1	0	1

176 図はふたつの「Compare (VOP)」の出力値に対して「add1」ノードで論理積が計算された結果です。これを見ると、元の結果である「input1」に対して、ちょうど1フレーム目のみ「0」と「1」が反転しているのがわかります。これまでの工程で、値が「1」ならばポイントが削除されるように設定してあるので、結論として1フレーム目はポイントが残ります。

177 Uキーで上の階層(/obj/Cluster_and_Source)に移動します。「delete2」ノードに表示フラグを立ててシーンビューを見ると、1フレーム目にポイントがあるのが確認できます。

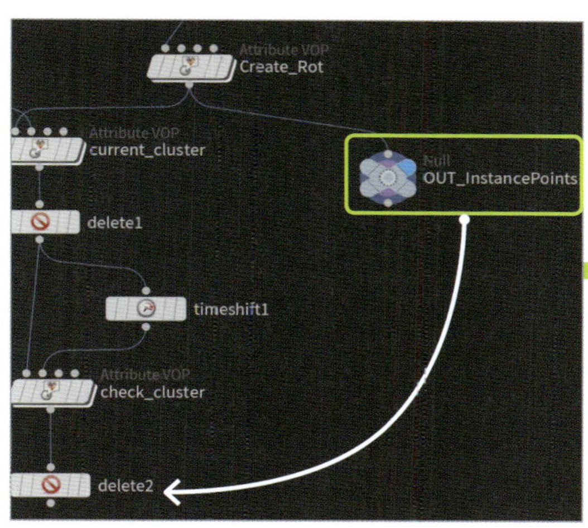

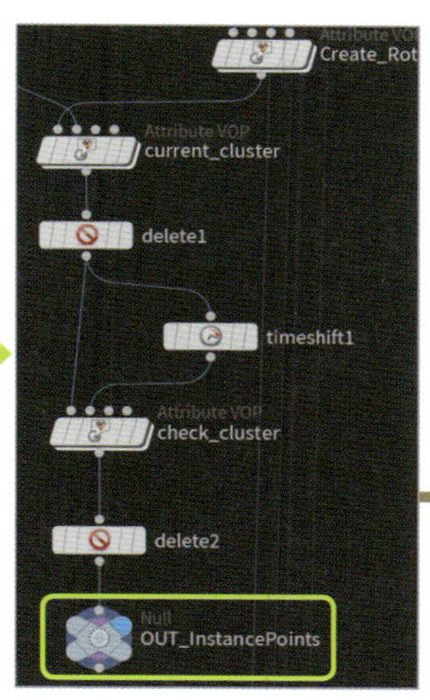

178 「OUT_Instance Points」ノードを「delete2」ノードの下につなぎ変えます。これでインスタンスポイントの修正は完了です。

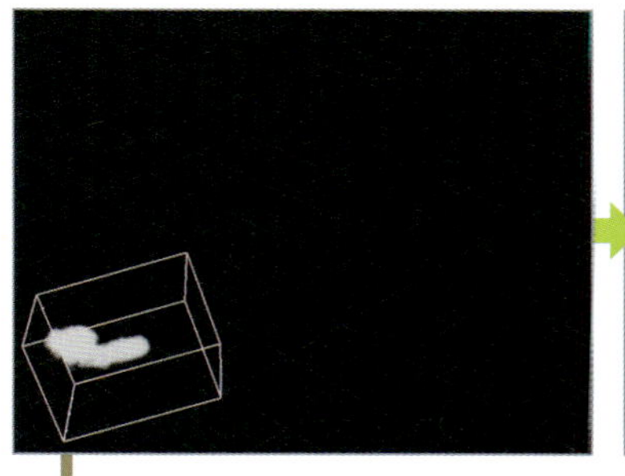

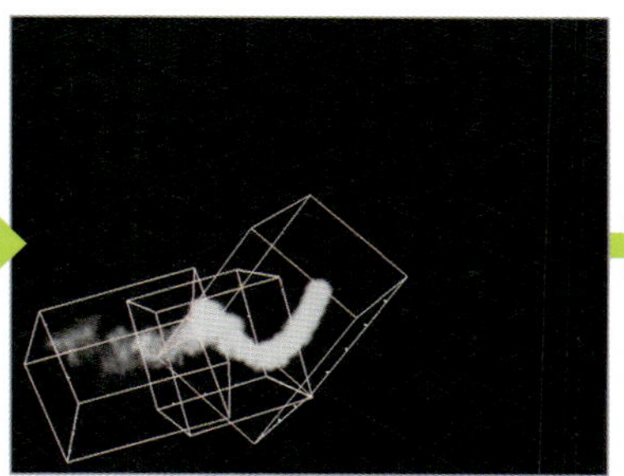

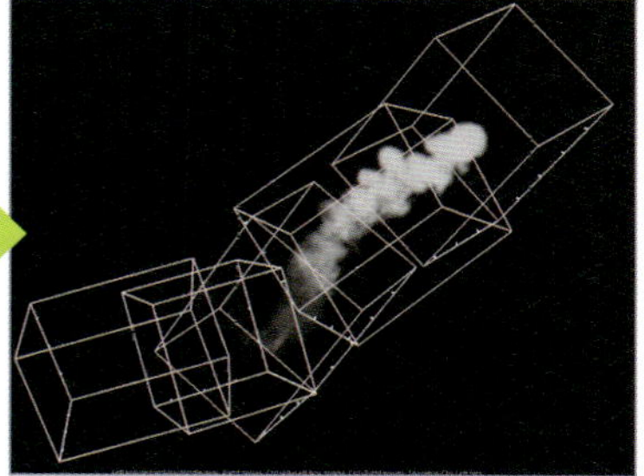

179 シミュレーション結果を確認します。1フレーム目に戻り、ネットワークエディタ上で2キーを押して「pyro_sim」ノードの階層に移動します。再生すると、煙の発生源が進むにつれてコンテナが作成されているのが確認できます。シミュレーションの速度もこれまでより速くなりました。

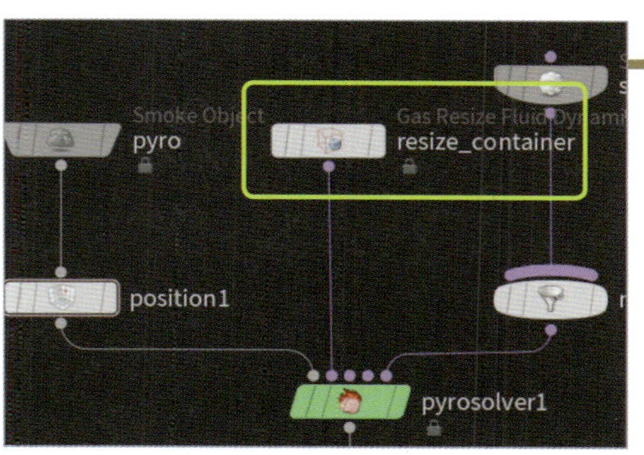

180 91 でBypassフラグをオンにした「resize_container」ノードも、今のシミュレーションの挙動ならうまく働きます。フラグをオフにして機能を復活させます。

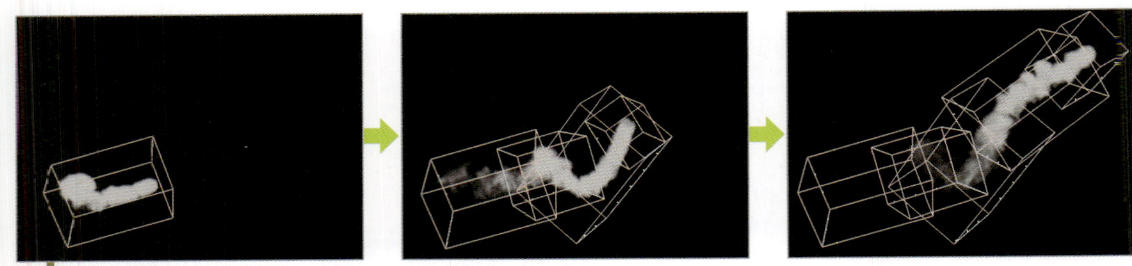

181 1フレーム目に戻り、シミュレーションをリセットしてから再生して結果を確認します。シミュレーション領域が可変になっており、シミュレーション時間も短縮しています。これでPyroシミュレーションのクラスタ化は完了です。

レンダリングのための準備をする

182 シミュレーションができたので、レンダリングします。最終出力用にシミュレーションの解像度を上げておきます。「pyro」ノードを選択し、パラメータ「Division Size」を「0.1」に設定します（PCスペックに余裕があればさらに下げてもいいでしょう）。

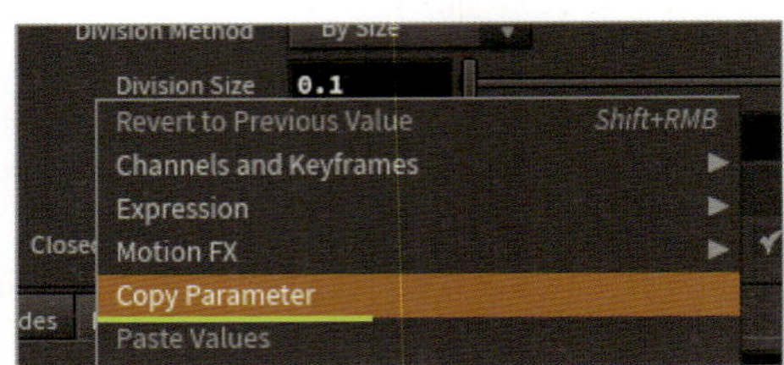

183 パラメータ「Division Size」の値を変更したら、今度はそれを煙の発生源にも反映します。パラメータを右クリックしてメニューから「Copy Parameter」を実行します。

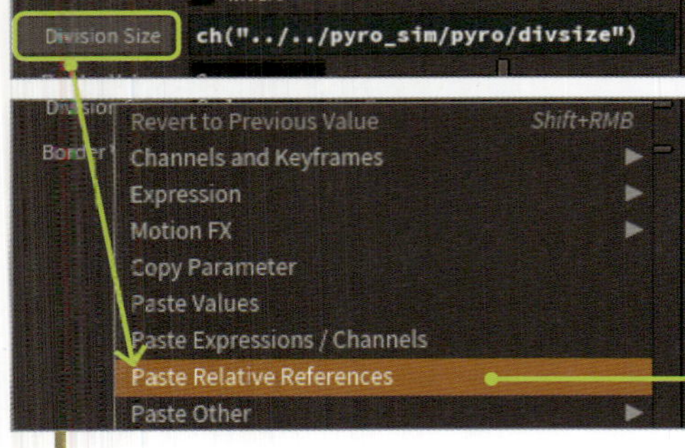

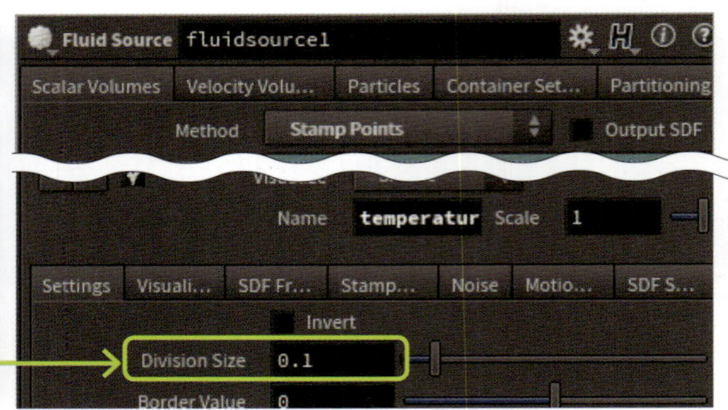

184 ネットワークエディタ上で1キーを押して、「Cluster_and_Source」ノードの中に移動します。「fluidsource1」ノードのパラメータ「Division Size」を右クリックし、メニューから「Paste Relative References」を実行して、コピーした値を貼り付けます。これで、煙の発生源のボリュームとシミュレーションの解像度が一致します。

185 キャッシュファイルを作成します。Uキーで上の階層（/obj）に移動し、「pyro_import」ノードの中に入ります。

186 「pyro_import」ノードには、表示用とレンダリング用のノードがあります。このうちレンダリング用の「import_pyrofields」ノードを選択します。これは「Dop I/O (SOP)」というタイプのノードで、DOPネットワークからフィールド情報を読み込む機能と、それをファイルに書き出す／読み込む機能があります。これを使ってキャッシュファイルを作成します。

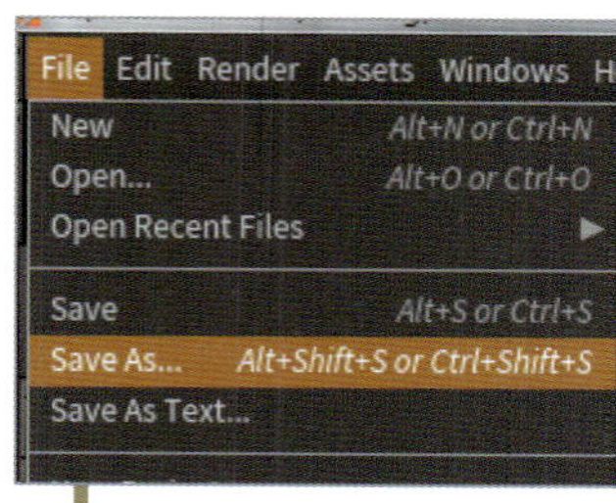

187 「Dop I/O (SOP)」ノードでは、キャッシュファイルの保存場所はシーンファイルの保存場所を基準に決定されるので、まず、シーンファイルを任意の場所に保存しておきます。

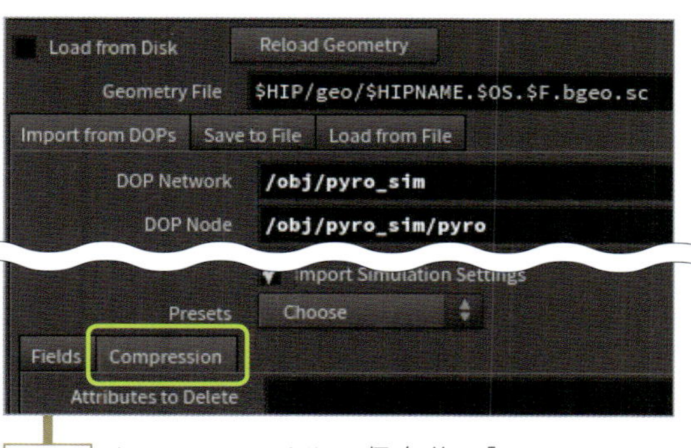

188 シーンファイルの保存後、「import_pyrofields」の設定を変更し、キャッシュファイルの圧縮設定をします。パラメータ中ほどのタブを「Compression」に切り替えます。

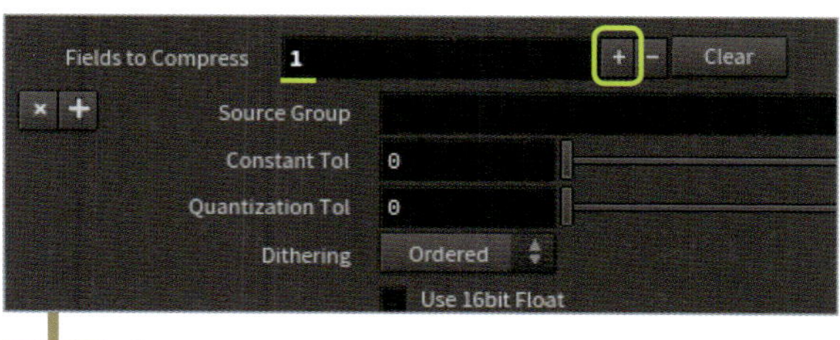

189 「Fields to Compress」右側の「＋」ボタンを押して値を「1」に上げます。下にパラメータが増えます。

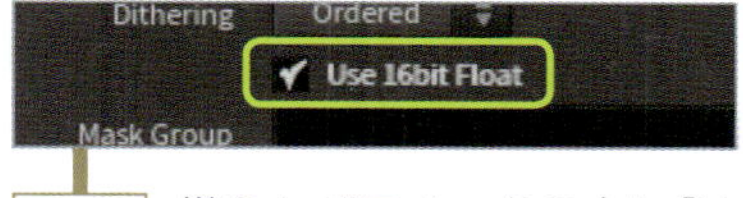

190 増えたパラメータの中に「Use 16bit Float」というパラメータがあるので、これをオンにしておきます。キャッシュファイルの精度が16bitになり、ファイル容量が軽くなります。

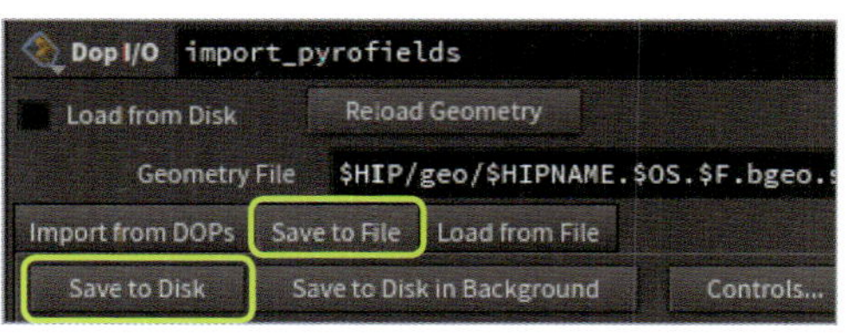

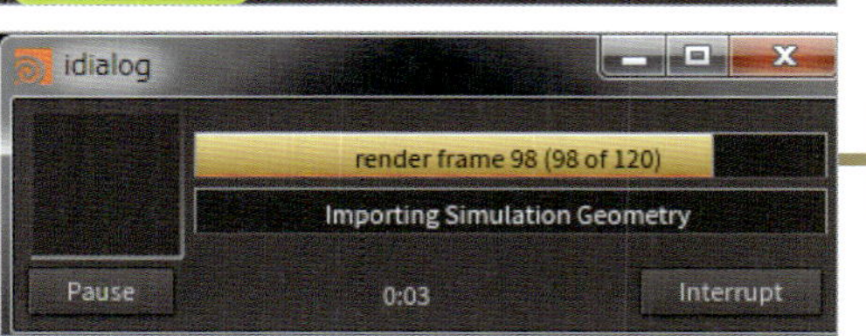

191 「Save to File」タブ→「Save to Disk」ボタンを押してキャッシュファイルを作成します。表示されるダイアログでプログレッシブバーがいっぱいになったら完了です。容量はおよそ580MBです。HDDの空き容量を確認してからキャッシュを作成してください。

192 キャッシュファイルができたら「Load from Disk」をオンにして、キャッシュファイルを読み込んでおきます。ノードの表示フラグもこのノードに移動しておきます。

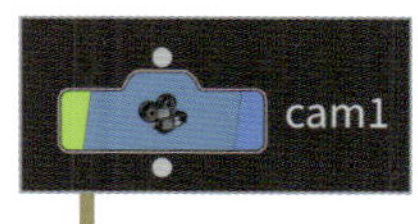

193 次にカメラを作成します。Uキーで上の階層（/obj）に移動し、TAB Menuから「Camera (OBJ)」を作成します。

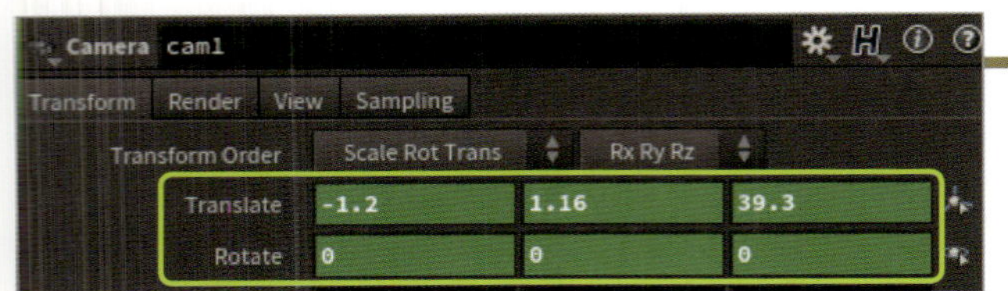

194 カメラの位置にキーフレームを作成して、動きをつけます。まず、1フレーム目に移動して「Traslate」を「－1.2　1.16　39.3」に設定、キーフレームを作成します（パラメータをAltキー＋クリック）。同じく「Rotate」も「0　0　0」と設定しキーフレームを作成します。

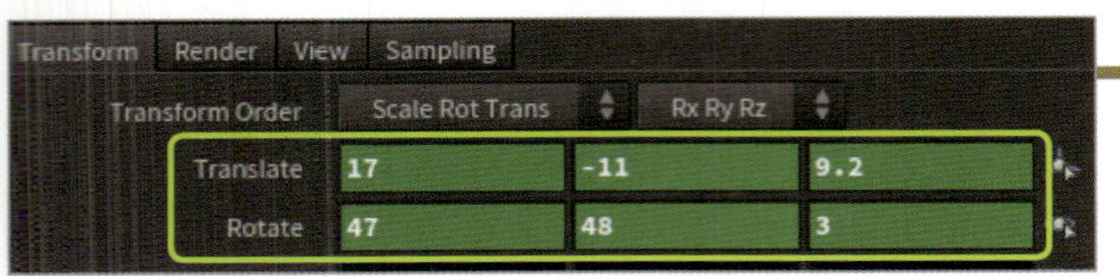

195 次に120フレームに移動して、同様にキーフレームを作成します。「Translate：「17　－11　9.2」「Rotate：47　48　3」です。

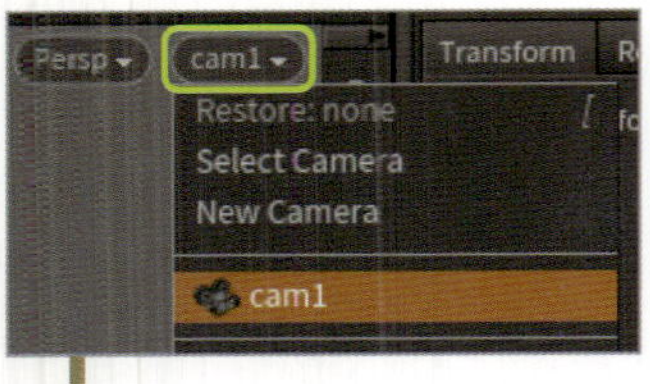

196 シーンビュー右上のメニューから「cam1」を選択して、シーンビューをカメラからの視点にします。

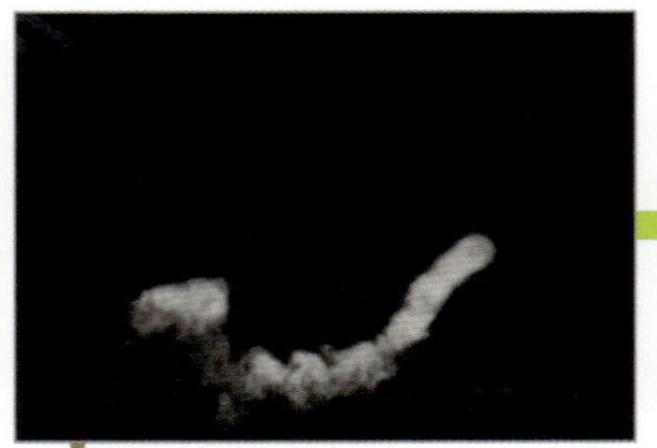

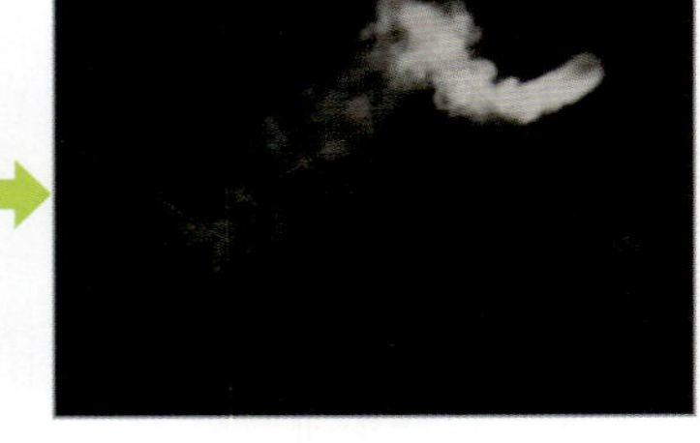

197 カメラの視点で、再生結果を確認します。煙が下から上に向かってうねるように昇っていきます。

背景・ライト・質感を作成する

198 簡易的な背景を作成します。TAB Menuから「Geometry（OBJ）」を作成、名前を「BG」とします。

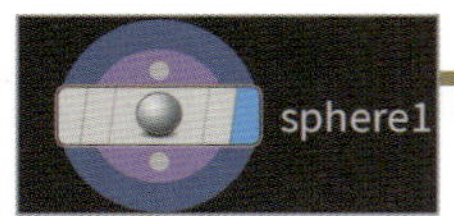

199 「BG」の中に入り、既存の「file1」を削除、TAB Menuから「Sphere（SOP）」を作成します。このノードでシーン全体を覆う球をつくり、背景とします。

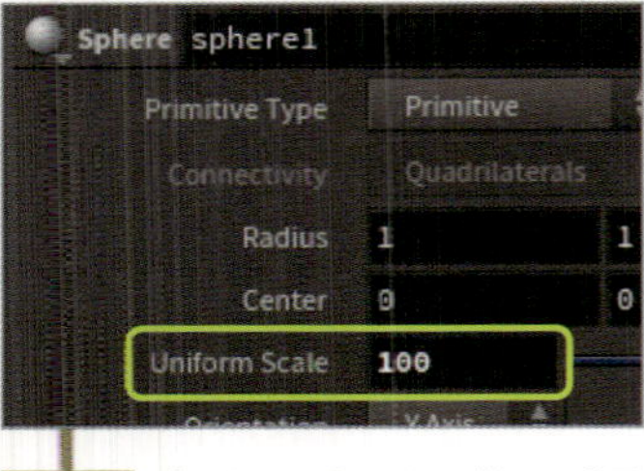

200 「sphere1」ノードのパラメータ「Uniform Scale」値を「100」に変更し、球体を大きくします。

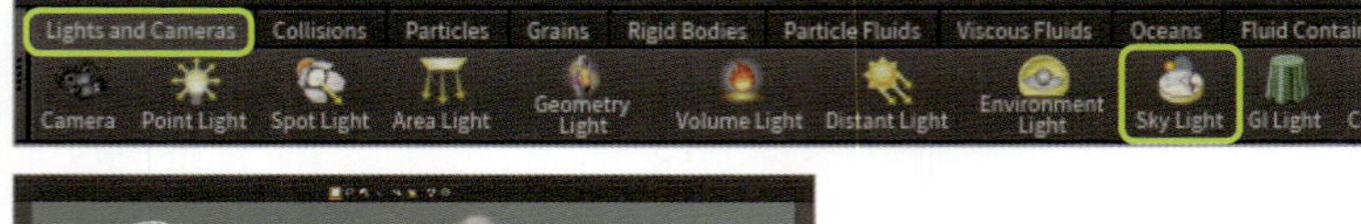

201 今度はライトを作成します。Uキーで上の階層（/obj）に移動して、ウィンドウ右上の「Lights and Cameras」シェルフ→「Sky Light」を選択します。「sunlight1」ノードと「skylight1」が追加されます。

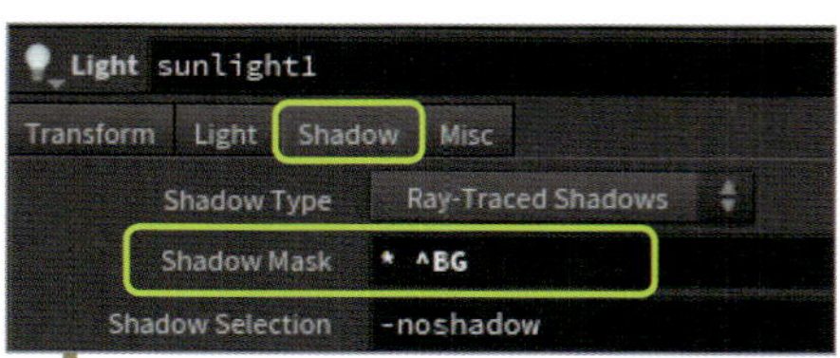

202 「sunlight1」ノードのパラメータ、「Shadow」タブ→「Shadow Mask」には「*」のみが記述されています。これはシーン内すべてのジオメトリに対して影を落とす設定です。これを「* ^BG」に変更します。「^」とは除外を意味します。つまり"シーン内のすべてのジオメトリに影を落とす。ただし「BG」ノードは除く"という設定になります。これで198で作成した「BG」ノードは影に関与しなくなります。
こう設定するには理由があります。「BG」ノードはシーン全体を覆うほど大きな球です。これが影に関与(ライトを遮蔽)すると、その内部にある煙に光が一切届かず真っ暗になってしまうためです。

203 同様に、「skylight1」ノードの「Shadow」タブにあるパラメータ「Shadow Mask」に「* ^BG」と記述します。これで、光が「BG」ノードの内側まで届くようになります。

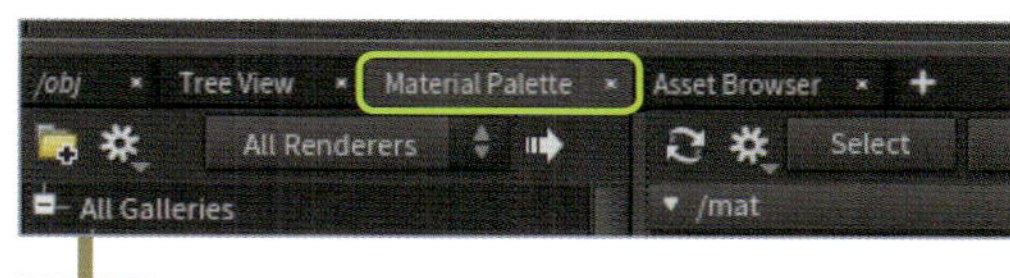

204 次は質感設定です。ネットワークエディタ上部のタブを「Material Palette」に切り替えます。

205 必要なマテリアルを作成します。左側のプリセットのリストから「Basic Smoke」を選択して、右側の領域にドラッグ&ドロップします。

206 続いてプリセットリストから「Principled Shader」を選択、右にドラッグ&ドロップします。

207 作成したマテリアルを編集します。「principledshader」のパラメータ「Base Color」を「0.05 0.05 0.05」に変更し、「Shade Both Side As Front」をオンにします。これで、ポリゴンの表裏両面を表面としてシェーディングされます。

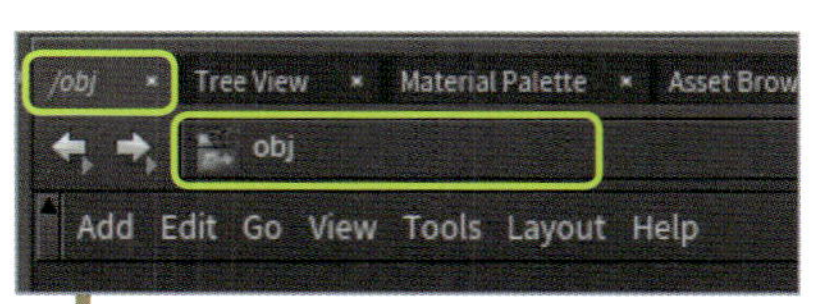

208 作成したマテリアルをジオメトリに割り当てます。「Material Palette」タブをネットワークエディタに切り替えます。階層が「/mat」になっている場合は「/obj」階層に移動します。

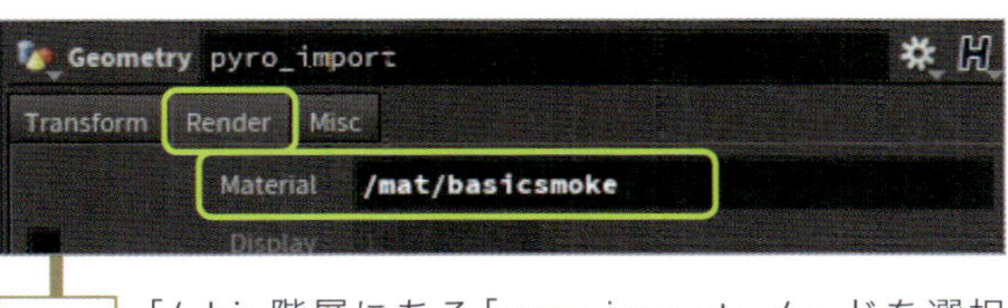

209 「/obj」階層にある「pyro_import」ノードを選択して、パラメータの「Render」タブ→「Material」に、先ほど作成した「basicsmoke」マテリアルを割り当てます。

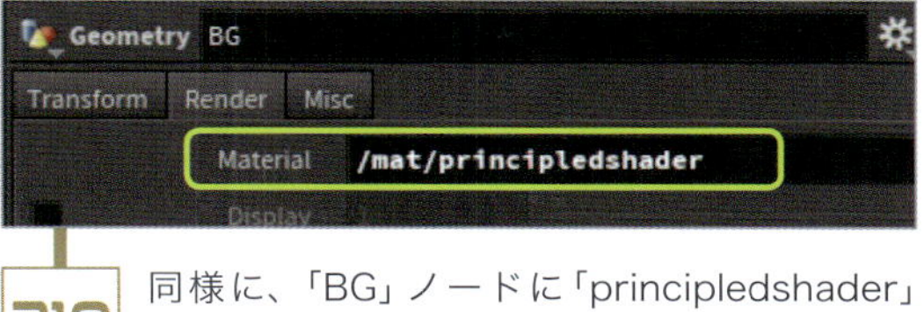

210 同様に、「BG」ノードに「principledshader」マテリアルを割り当てます。

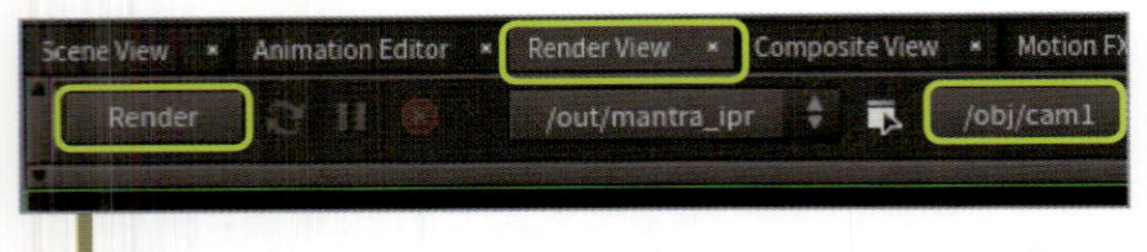

211 レンダリングして結果を確認します。シーンビュー上部を「Render View」タブに切り替え、「cam1」ノードをカメラに指定し、「Render」ボタンを押します。ここでは98フレーム目をレンダリングしました。

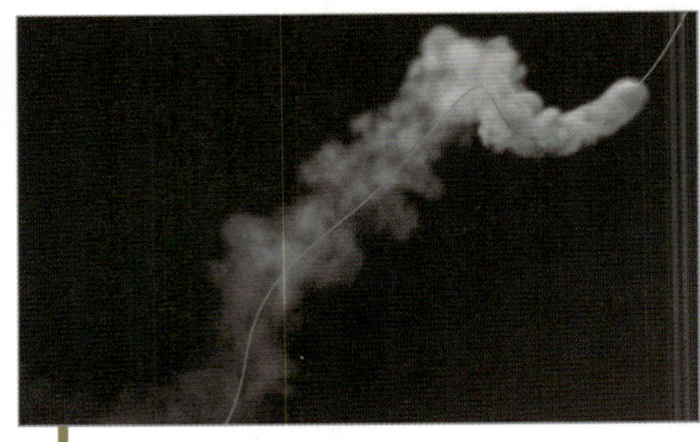

212 レンダリング結果です。煙の他にラインなども映っていますが、一応レンダリングできました。Mantraノードの設定を変更して、煙と背景のみレンダリングします。

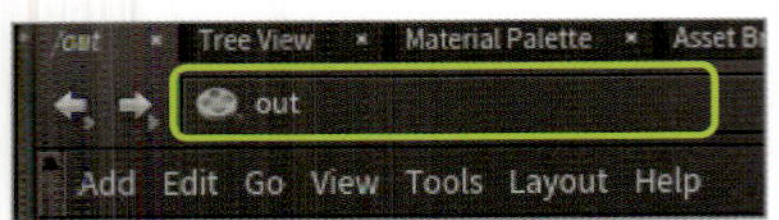

213 ネットワークエディタで「/out」階層に移動します。

214 「/obj」階層には、212の確認用のレンダリングの際につくられた「mantra_ipr」ノードがあります。このノードの名前を「fxSmokeTrail」に変更します。

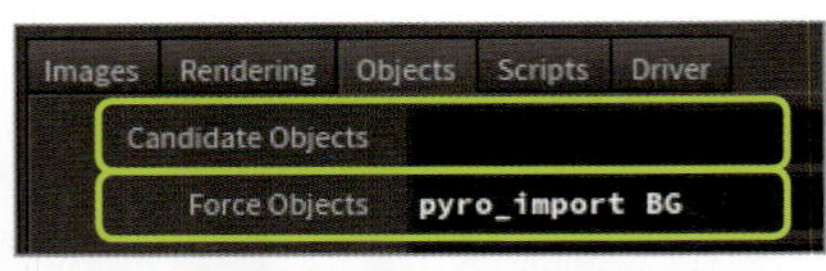

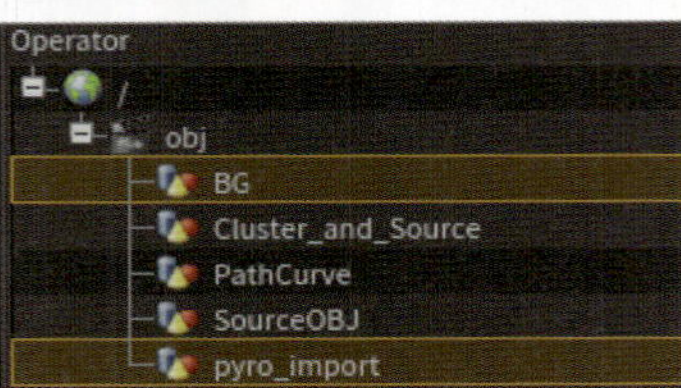

215 パラメータの「Objects」タブ→「Candidate Objects」の記述を削除し、「Force Objects」に「pyro_import」ノードと「BG」を設定します。これで煙と背景だけレンダリングされます。

216 レンダリングして結果を確認します。図のように煙と背景がレンダリングできたら確認用のレンダリングは完了です。

仕上げのレンダリング

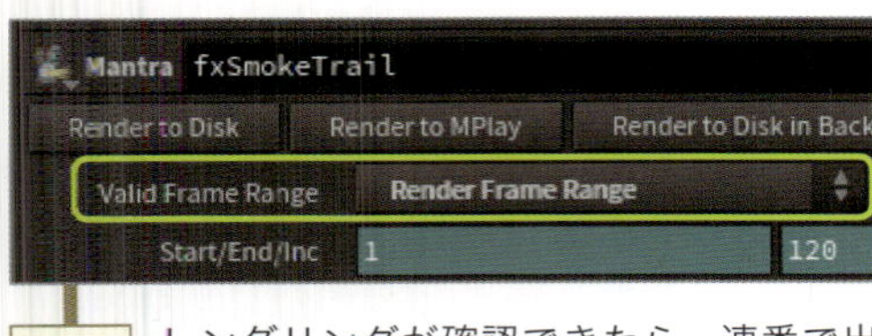

217 レンダリングが確認できたら、連番で出力します。「fxSmokeTrail」ノードのパラメータ「Valid Frame Range」を「Render Frame Range」に変更します。これで、1〜120フレームでレンダリング画像が作成されます。

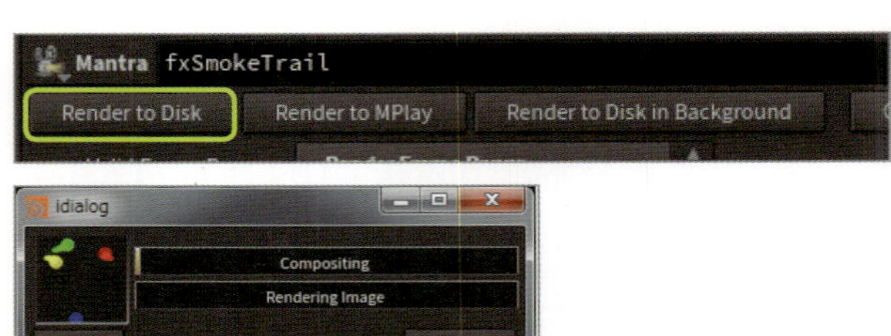

218 最後にパラメータ上部の「Render to Disk」ボタンを押します。表示されるウィンドウのプログレッシブバーがいっぱいになったらレンダリングは完了です。

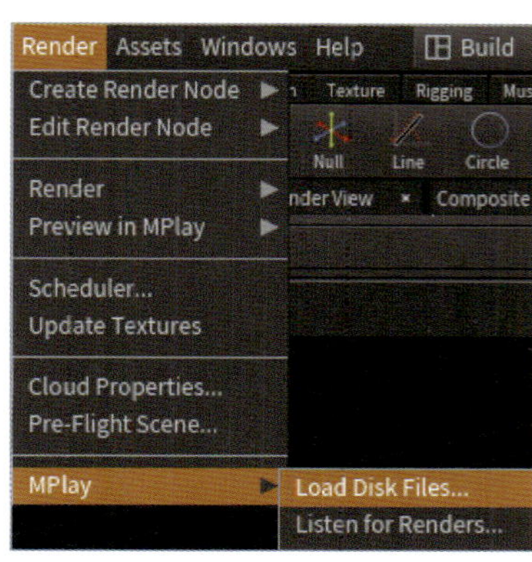

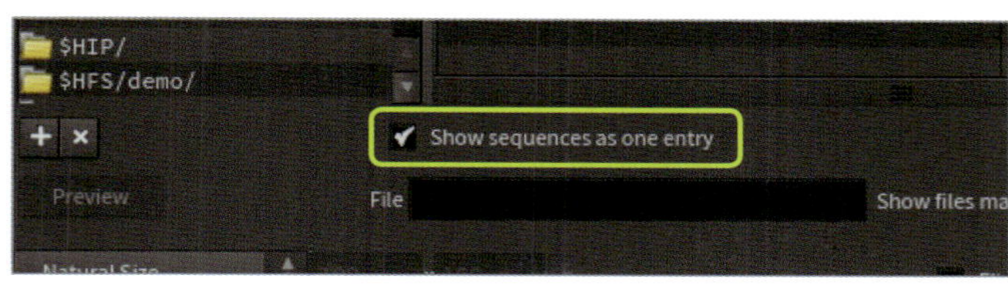

219 レンダリングが終わったら結果を読み込んでみます。Renderメニュー→「MPlay」→「Load Disk Files」を選択し、レンダリングしたファイルを読み込みます。読み込みの際、「Show sequences as one entry」をオンにしておきます。

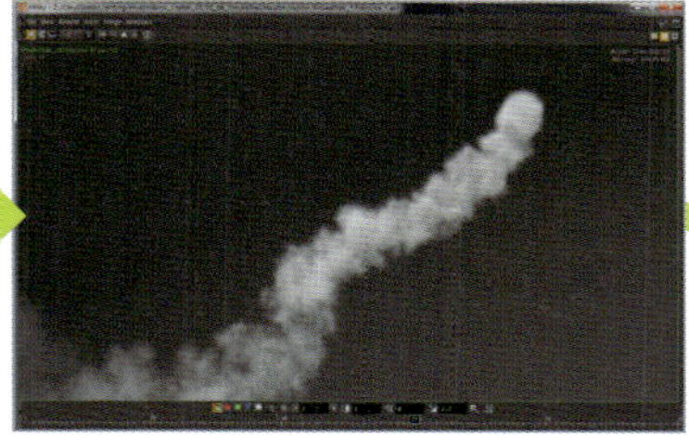

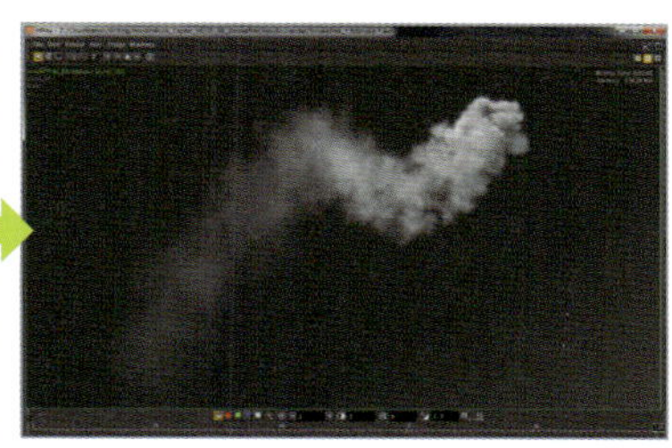

220 ファイルを読み込んだら、再生して結果を確認してみましょう。

Point 同様のシミュレーションはシェルフの「Smoke Trail」でも作成可能

ここでつくった煙のシミュレーションクラスタ化と同様のことは、シェルフの「Pyro FX」タブにある「Smoke Trail」から作成することもできます。

つくり方は、シェルフの「Smoke Trail」を押して、発生源にしたいオブジェクトを選択するだけです。この作例とはまた違ったネットワークになっているので、ノードをたどりながらどのようにつくっているのか考えるのも勉強になると思います。

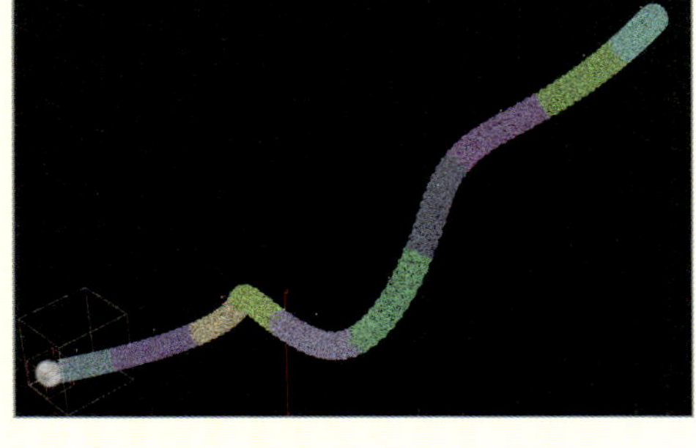

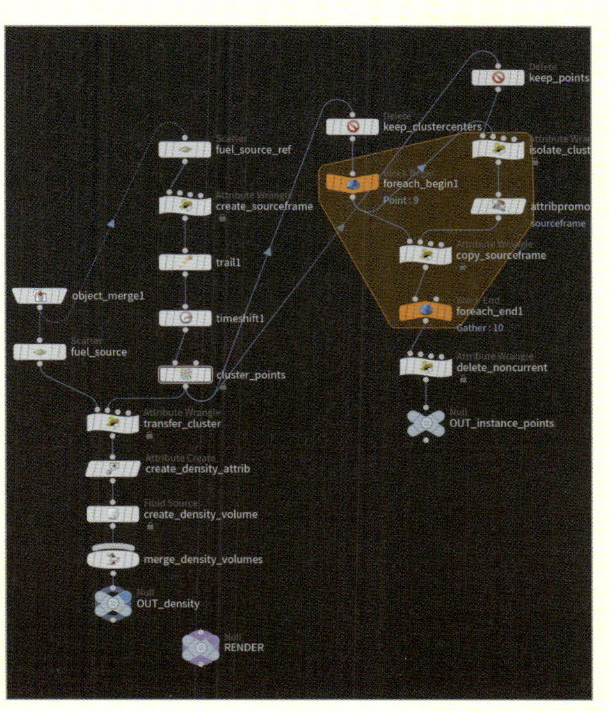

Tips

行列（マトリクス）について

Houdiniから少し脱線します。通常は、行列（マトリクス、**1**）について考えたり、扱ったりする機会はそれほど多くないと思います。しかし、Houdiniに限らずCGソフトの内部計算（例えばレンダリングや座標系の変換など）では、行列は頻繁に使われます。3DCGは行列でできているといっても過言ではないでしょう。

ここでは、そんな行列について少しページを割いて解説をしたいと思います。といっても、それほど深く掘り下げずに、なんとなく理解できたと思えるくらいを目指します。なお、ここでは三角関数の用語（sin θ、cos θなど）が頻出しますが、それらが理解できている前提で進めます。

本書は3DCG系の本なので、それに絡めて行列を説明します。**2**を見てください。x軸とy軸からなる直交座標です。この座標上に点P (x, y)があります。この点Pに対して、何らかの処理を施して点P'へ移動することを考えます。何らかの処理とは、移動、回転、スケールを指します。この3つの処理を駆使すれば、平面のどの点へでも移動できます（**3**）。

では実際にどのような計算を行うのか、いくつかの場合に分けて考えていきましょう。

まず、回転する場合を考えます。点P (x,y) を原点0の周りに角度θだけ回転して新しい座標P' (x', y') に移動する場合を考えます。結果だけを述べると、回転後の座標P' (x', y') は**4**ような式で表されます（P338「POINT 座標回転証明」参照）。

ここで、それぞれの式中にあるsin θとcos θを変数にしてX'、Y'の式を**5**のように書き換えてみます。a=cos θ、b=－sin θ、c=sin θ、d=cos θの場合、この式は回転を表していることになります。

この式はスケールも表すことができます。例えば、a=2、b=0、c＝0、d＝2の場合、上記の式は**6**のようになります。P' (x',y') は元の座標を2倍した座標になります。変数b、cの値が共に0の場合、a、bの値が何であれ、それで表される座標は元の座標をスケールした位置にあります（**7**）。

さて、上記の式で回転とスケールが表現できました。移動についてはひとまず棚上げにして、上記のふたつの式はこれでひとつの座標を表します。さらに、式自体もひとつにまとめられれば扱いやすくなります。そこで、次のような形でふたつの式をひとつにまとめます（**8**）。

この形式にまとめた式を「行列と定義」します。「定義」とは名前を付けることです。そこで、これ以降、この形の式を「行列」と呼びます。行列の数字の横の並びを「行」、縦の並びを「列」と呼ぶことにします。この式の右辺は、**9**のように行と列をそれぞれ掛け足すことを意味します。

縦と横の数字を掛けて足すなんて妙な計算の仕方だと思うかもしれませんが、計算の結果も今のところ問題ないですし、これで進めます。これで座標の回転とスケールの計算式を行列という形で表しました。

1

$$\begin{pmatrix} 0 & 1 & 2 & 3 \\ 4 & 5 & 6 & 7 \\ 8 & 9 & 10 & 11 \\ 12 & 13 & 14 & 15 \end{pmatrix}$$

2

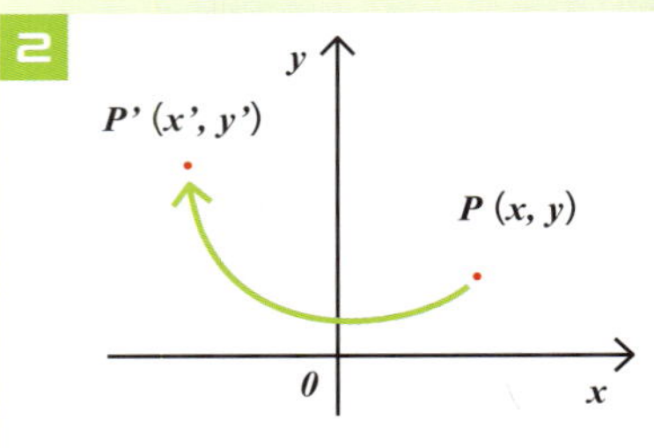

3

$P\ (x,y) \rightarrow$ [変換] $\rightarrow P'\ (x',y')$

4

$$X' = x\cos\theta - y\sin\theta$$
$$Y' = x\sin\theta + y\cos\theta$$

5

$$X' = ax + by$$
$$Y' = cx + dy$$

6

$$X' = 2x + 0y = 2x \quad \text{つまり} \quad X' = 2x$$
$$Y' = 0x + 2y = 2y \qquad\qquad\quad Y' = 2y$$

7

$$X' = ax + by$$
$$Y' = cx + dy$$

8

$$\begin{pmatrix} X' \\ Y' \end{pmatrix} = \begin{pmatrix} a & b \\ c & d \end{pmatrix} \begin{pmatrix} x \\ y \end{pmatrix}$$

9

$$\begin{pmatrix} X' \\ Y' \end{pmatrix} = \begin{pmatrix} a & b \\ c & d \end{pmatrix} \begin{pmatrix} x \\ y \end{pmatrix} = \begin{pmatrix} ax + by \\ cx + dy \end{pmatrix}$$

では、例えば「回転してスケール」を行うような場合はどう表せるでしょうか？

まずは回転です（10、ここでは回転の意味で行列内の変数を文字「r」で表しています）。

その結果に対してスケールを適用します（11、回転のときと同様の理由で行列内の変数を文字「s」で表しています）。

ちょっと見づらいので、12のように置き換えます。置き換えると、式は13のようになります。

ここで唐突ですが、行列では積に関する結合法則というものが成り立ちます。結合法則とは、14のようなものです。

行列においてこの結合法則が成り立つことは、これまで多くの先人によってすでに証明済みです。ですので、ここではあえて証明することはせず、その結果だけを使わせてもらいます。結合法則を用いると、先の式は15のように表せます。

（SR）とは行列Sと行列Rを掛けたものです。ここでは、SもRも2×2の行列です。2×2の行列同士の計算は、それぞれの行と列を足し合わせて16のように行います。

この計算結果は2×2の行列になります。SR=Mとすると、17と表せます。これが何を意味するかというと、回転してスケールという一連の処理をまとめて一個の行列で表すことができたということです。例えば、18の式のように回転とスケールを何度も繰り返したとしても、最終的にはそれらの結果は1個の行列で表すことができます。

この時点で行列Mを見ただけでは、それがどのくらいの回転とスケールを意味しているのかは容易にはわかりません。しかし、計算に用いるとそれぞれの回転とスケールを反映した座標を求めることができます。つまり、このxy座標で表される平面において、2×2の行列を用いれば、あらゆる回転とスケールが表現できるのです。

さて、ここで、ずいぶん棚上げしていた座標の移動に関して考えてみましょう。いきなり行列で考えるのは混乱しそうなので、初めに登場した方程式で考えます（19）。

実は、この式に少し手を加えると、移動を表すことができます。それぞれの式の最後に定数を追記することでそれが可能になります（20）。

例えば、a=1、b=0、c=0、d=1の場合上の式は21のようになります。

これは、元の座標P（x,y）に対して（s,t）だけ移動することを意味します。これで、移動、回転、スケールによる座標の変化を式の形で表すことができました。

10

$$\begin{pmatrix} X' \\ Y' \end{pmatrix} = \begin{pmatrix} r1 & r2 \\ r3 & r4 \end{pmatrix} \begin{pmatrix} x \\ y \end{pmatrix}$$

11

$$\begin{pmatrix} X'' \\ Y'' \end{pmatrix} = \begin{pmatrix} s1 & s2 \\ s3 & s4 \end{pmatrix} \begin{pmatrix} x' \\ y' \end{pmatrix} = \begin{pmatrix} s1 & s2 \\ s3 & s4 \end{pmatrix} \left(\begin{pmatrix} r1 & r2 \\ r3 & r4 \end{pmatrix} \begin{pmatrix} x \\ y \end{pmatrix} \right)$$

12

$$\begin{pmatrix} r1 & r2 \\ r3 & r4 \end{pmatrix} = R \qquad \begin{pmatrix} s1 & s2 \\ s3 & s4 \end{pmatrix} = S \qquad \begin{pmatrix} x \\ y \end{pmatrix} = P$$

13

$$P'' = SP' = S\,(RP)$$

14

$$(AB)\,C = A\,(BC)$$

15

$$P'' = SP' = S\,(RP) = (SR)\,P$$

16

$$SR = \begin{pmatrix} s1 & s2 \\ s3 & s4 \end{pmatrix} \begin{pmatrix} r1 & r2 \\ r3 & r4 \end{pmatrix} = \begin{pmatrix} s1\,r1 + s2\,r3 & s1\,r2 + s2\,r4 \\ s3\,r1 + s4\,r3 & s3\,r2 + s4\,r4 \end{pmatrix}$$

17

$$P' = MP$$

18

$$P'' = S\,(R\,(S(R)))\;P' = MP$$

19

$$X' = ax + by$$
$$Y' = dx + cy$$

20

$$X' = ax + by + s$$
$$Y' = cx + dy + t$$

21

$$X' = x + s$$
$$Y' = y + t$$

22

$$\begin{pmatrix} X' \\ Y' \end{pmatrix} = \left(\boxed{\begin{matrix} a & b \\ c & d \end{matrix}} \; \boxed{\begin{matrix} s \\ t \end{matrix}} \right) \begin{pmatrix} x \\ y \\ 1 \end{pmatrix}$$

この式を先ほどの行列の形にしてみます。22のように書くことができます。

この行列式において、赤枠の部分が回転とスケールを、青枠の部分が移動を表していることになります。

これをもう少し汎用性の高い行列式にします。先の解説で回転とスケールを適用したときのような、行列同士の掛け算を考えてみます。移動を考慮した行列の場合、23のような式になります。

行列の計算は行と列をそれぞれ掛けて足す、でしたが、行と列の数が合わないと、計算できない箇所がでてきます。

2×3の行列ではなく、3×3の行列であれば問題なく計算できます。そこで、計算結果に支障のない形で2×3の行列を3×3の形に変えてしまいます。

結果から述べると一番下の行に(0, 0, 1)を追加することで計算結果に支障なく、2×2の行列を3×3に変換することができます。ちなみに、行と列の数が同じ行列を「正方行列」と呼びます(24)。

このようにして、移動回転スケールをひとつの行列式で表すと、25のようになります。

この行列内の変数a、b、c、d、s、tが次のような値をとるとき、それらは移動回転スケールを意味します(26)。

ここで例として、座標P(x,y)に対して、移動の次に回転してそのあとスケールを掛けた座標P'(x',y)を考えてみます。移動回転スケールの行列を27のように定義するとします。

これを用いて、座標PからP'を求める式は28のようになります。

そしてこれは行列の結合法則により、29のように計算順を並べ替えることができます。

いま、S、R、Tはすべて3×3の行列です。ゆえにこれらを掛け合わせた結果もまた3×3の行列になります。その計算結果の行列をMとすると上の式は30のように置換できます。

これが意味するものは、移動回転スケールの全部を合わせた結果の行列Mというものがあれば、それを座標Pに適用することで新しい座標P'が求められるということです。そして、これら移動回転スケールの処理はたとえ何回重ねても、ひとつの行列Mにまとめることができます。つまりすべての移動回転スケールはひとつの行列Mで表すことができるということです。

さて、ここまで平面(二次元)の座標で考えてきましたが、それは三次元にも拡張可能です。

結論から述べると、三次元での移動回転スケールをひとつの行列式で表すと、31のようになります。

23

$$\begin{pmatrix} X' \\ Y' \end{pmatrix} = \begin{pmatrix} a' & b' & s' \\ c' & d' & t' \end{pmatrix} \begin{pmatrix} a & b & s \\ c & d & t \end{pmatrix} \begin{pmatrix} x \\ y \\ 1 \end{pmatrix}$$

24

$$\begin{pmatrix} a' & b' & s' \\ c' & d' & t' \end{pmatrix} \rightarrow \begin{pmatrix} a & b & s \\ c & d & t \\ 0 & 0 & 1 \end{pmatrix}$$

25

$$\begin{pmatrix} x' \\ y' \\ 1 \end{pmatrix} = \begin{pmatrix} a & b & s \\ c & d & t \\ 0 & 0 & 1 \end{pmatrix} \begin{pmatrix} x \\ y \\ 1 \end{pmatrix}$$

26

移動

$$\begin{pmatrix} x' \\ y' \\ 1 \end{pmatrix} = \begin{pmatrix} 1 & 0 & s \\ 0 & 1 & t \\ 0 & 0 & 1 \end{pmatrix} \begin{pmatrix} x \\ y \\ 1 \end{pmatrix}$$

回転

$$\begin{pmatrix} x' \\ y' \\ 1 \end{pmatrix} = \begin{pmatrix} \cos\theta & -\sin\theta & 0 \\ \sin\theta & \cos\theta & 0 \\ 0 & 0 & 1 \end{pmatrix} \begin{pmatrix} x \\ y \\ 1 \end{pmatrix}$$

スケール

$$\begin{pmatrix} x' \\ y' \\ 1 \end{pmatrix} = \begin{pmatrix} a & 0 & 0 \\ 0 & d & 0 \\ 0 & 0 & 1 \end{pmatrix} \begin{pmatrix} x \\ y \\ 1 \end{pmatrix}$$

27

$$\begin{pmatrix} 1 & 0 & s \\ 0 & 1 & t \\ 0 & 0 & 1 \end{pmatrix} = S \quad \begin{pmatrix} \cos\theta & -\sin\theta & 0 \\ \sin\theta & \cos\theta & 0 \\ 0 & 0 & 1 \end{pmatrix} = R \quad \begin{pmatrix} a & 0 & 0 \\ 0 & d & 0 \\ 0 & 0 & 1 \end{pmatrix} = S$$

28

$$P' = S(R(TP))$$

29

$$P' = S(R(T))P$$

30

$(S(R(T)) = M$ より

$$P' = MP$$

31

$$\begin{pmatrix} x' \\ y' \\ z' \\ 1 \end{pmatrix} = \begin{pmatrix} a & b & c & s \\ e & f & g & t \\ h & i & j & w \\ 0 & 0 & 0 & 1 \end{pmatrix} \begin{pmatrix} x \\ y \\ z \\ 1 \end{pmatrix}$$

この行列式において、赤枠の部分が回転とスケールを、緑枠の部分が移動を表していることになります。この行列内の変数が32のような値をとるとき、それらは移動回転スケールを意味します。

回転は三次元の場合、xyzの軸それぞれに対して行列式があります(33)。

そして平面座標で確認したように、これらの行列を必要に応じて掛け合わせることで、それらすべての内容を含んだ新しい行列Mが作成できます。そして、この行列Mを座標に適用することで、新しい座標を求めることができます。

作例で用いた行列(Matrix)とはこの4×4の形のもので、ノードを用いて行列の情報を移動回転スケールに分解し必要な情報を使う、ということを行っていました。

32

移動

$$\begin{pmatrix} x' \\ y' \\ z' \\ 1 \end{pmatrix} = \begin{pmatrix} 1 & 0 & 0 & s \\ 0 & 1 & 0 & t \\ 0 & 0 & 1 & w \\ 0 & 0 & 0 & 1 \end{pmatrix} \begin{pmatrix} x \\ y \\ z \\ 1 \end{pmatrix}$$

33

X軸回転

$$\begin{pmatrix} x' \\ y' \\ z' \\ 1 \end{pmatrix} = \begin{pmatrix} 1 & 0 & 0 & 0 \\ 0 & \cos\theta & \sin\theta & 0 \\ 0 & -\sin\theta & \cos\theta & 0 \\ 0 & 0 & 0 & 1 \end{pmatrix} \begin{pmatrix} x \\ y \\ z \\ 1 \end{pmatrix}$$

Y軸回転

$$\begin{pmatrix} x' \\ y' \\ z' \\ 1 \end{pmatrix} = \begin{pmatrix} \cos\theta & 0 & -\sin\theta & 0 \\ 0 & 1 & 0 & 0 \\ \sin\theta & 0 & \cos\theta & 0 \\ 0 & 0 & 0 & 1 \end{pmatrix} \begin{pmatrix} x \\ y \\ z \\ 1 \end{pmatrix}$$

Z軸回転

$$\begin{pmatrix} x' \\ y' \\ z' \\ 1 \end{pmatrix} = \begin{pmatrix} \cos\theta & \sin\theta & 0 & 0 \\ -\sin\theta & \cos\theta & 0 & 0 \\ 0 & 0 & 1 & 0 \\ 0 & 0 & 0 & 1 \end{pmatrix} \begin{pmatrix} x \\ y \\ z \\ 1 \end{pmatrix}$$

スケール

$$\begin{pmatrix} x' \\ y' \\ z' \\ 1 \end{pmatrix} = \begin{pmatrix} a & 0 & 0 & 0 \\ 0 & f & 0 & 0 \\ 0 & 0 & j & 0 \\ 0 & 0 & 0 & 1 \end{pmatrix} \begin{pmatrix} x \\ y \\ z \\ 1 \end{pmatrix}$$

Tips

座標回転証明

点P (x,y) を原点Oを中心に角度βだけ回転させたとき、新しい点P' (x', y') の座標が1の式で表されることは、以下のように証明できます。

△ADPにおいてADとPDは2の式で表せます。求める座標P' (x',y') は△AEP'の辺AEとEP'の長さと言い換えることができます。

△AEP'において、AEとEP'は3の式で表せます。ここで加法定理を用います。加法定理とは4のような定理です。

この加法定理を用いると上記のAEは5のような式に書き換えられます。

ここでAEは点P'の座標x'に、ADとPDはそれぞれ点Pの座標xとyに相当します。ゆえに上記式を置き換えて6のようになります。

同様にしてEP'は7のように表せます。

ここでEP'は点P'の座標y'に、ADとPDはそれぞれ点Pの座標xとyに相当します。ゆえに上記式を置き換えてyは8のように表せます。

以上のことから、点P (x,y) を角度βだけ回転させた点P' (x',y') の座標は9の式で表すことができます。

ここで角度βを別の変数θで置き換えて表記すると10となります。

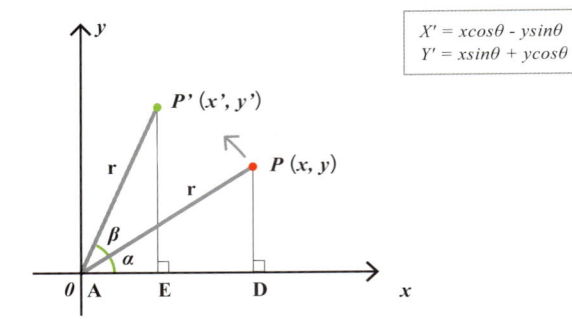

1

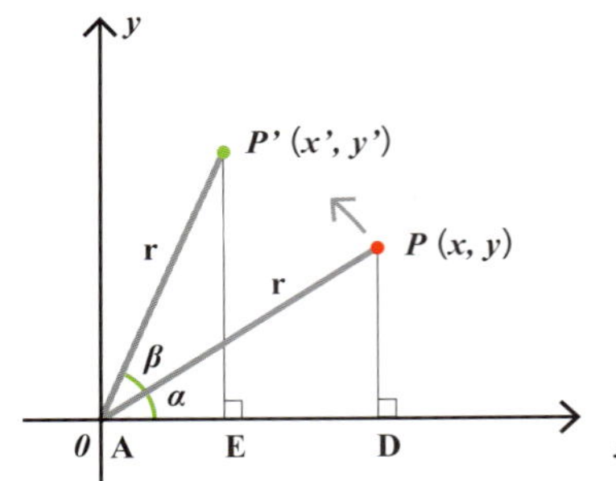

$$X' = x\cos\theta - y\sin\theta$$
$$Y' = x\sin\theta + y\cos\theta$$

2

$$AD = r*\cos\alpha$$
$$PD = r*\sin\alpha$$

3

$$AE = r*\cos(\alpha+\beta)$$
$$CE = r*\sin(\alpha+\beta)$$

4

$$\sin(x \pm y) = \sin x \ \cos y \pm \cos x \ \sin y$$
$$\cos(x \pm y) = \cos x \ \cos y \mp \sin x \ \sin y$$
$$\tan(x \pm y) = \frac{\tan x \pm \tan y}{1 \mp \tan x \tan y}$$

5

$$AE = r*\cos(\alpha+\beta)$$
$$= r(\mathrm{con}\ \alpha\ \cos\beta - \sin\alpha\ \sin\beta)$$
$$= r*\mathrm{con}\ \alpha\ \cos\beta - r*\sin\alpha\ \sin\beta$$

ここで $AD = r*\cos\alpha$ および $PD = r*\sin\alpha$ より

$$AE = AD*\cos\beta - PD*\sin\beta$$

6

$$x' = x\cos\beta - y\sin\beta$$

7

$$EP' = r*\sin(\alpha+\beta)$$
$$= r(\sin\alpha\cos\beta + \cos\alpha\ \sin\beta)$$
$$= r*\sin\alpha\ \cos\beta + r*\cos\alpha\ \sin\beta$$

ここで $AD = r*\cos\alpha$ および $PD = r*\sin\alpha$ より

$EP' = PD*\cos\beta + AD*\sin\beta$ この式を並べ替えて

$$= AD*\sin\beta + PD*\cos\beta$$

8

$$y' = x\sin\beta + y\cos\beta$$

9

$$x' = x\cos\beta - y\sin\beta$$
$$y' = x\sin\beta + y\cos\beta$$

10

$$x' = x\cos\theta - y\sin\theta$$
$$y' = x\sin\theta + y\cos\theta$$

Chapter 6

水

この章では、水のシミュレーションについて学習します。Houdiniでは主にFLIPという手法を用いて水を表現します。章の最初では、シェルフを用いて実際に簡単なFLIPシミュレーションを作成し、構築されたネットワークやノードを見ながら水のつくり方を習得します。その後、「水のスローモーション」や「粘性をもつ流体」などの作例を通して応用方法を学習します。
水のシミュレーションは、計算に時間がかかる、難しい表現のひとつですが、おもしろい結果が得られるという楽しさもあります。ぜひチャレンジしてみてください。

6-1 水のシミュレーション

難易度 ★★

Houdiniには水をシミュレーションするために、「FLIP」という機能が搭載されています。ここでは、シェルフを使ってFLIPのシミュレーションを作成し、それを元に水のシミュレーションを学びます。次のような、球体から水が発生して四角い領域に溜まるシミュレーションを作成します。

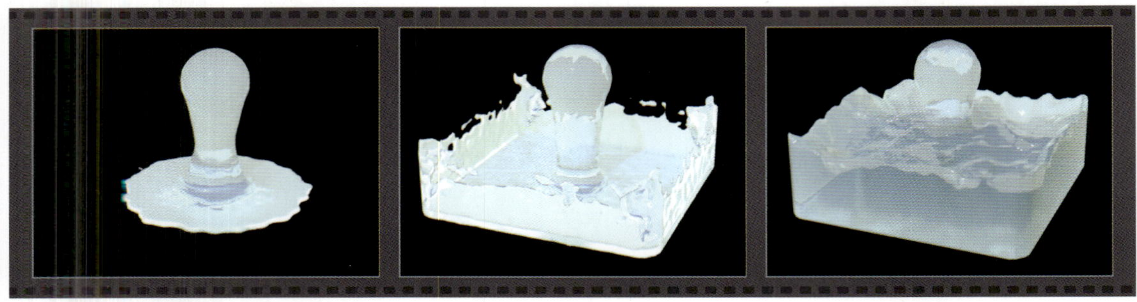

水の発生源となる球体をシェルフから作成する

1 まず、水の発生源となる球体をシェルフから作成します。ウィンドウ左上部のシェルフから「Create」タブに切り替え、Ctrlキーを押しながら「Sphere」を実行します(Ctrlキーを押しながら「Create」のシェルフを実行すると原点に作成できます)。

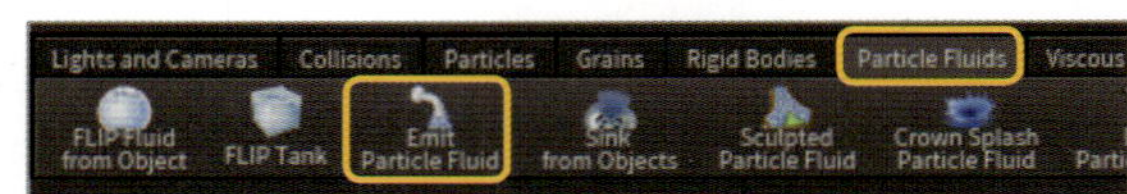

2 シェルフの「Particle Fluids」タブには「FLIP」を使って液体のシミュレーションを作成するためのシェルフボタンがまとめられています。この中から「Emit Particle Fluid」を選択します。

Select object to emit fluid from. Press Enter to continue.

3 シーンビュー下端に「流体の発生源にするオブジェクトを選択してください。Enterキーを押して先に進みます」という意味のメッセージが表示されます。

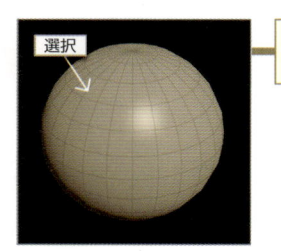

選択

4 メッセージに従って球体を選択し、Enterキーを押します。

Select a fluid object to emit into, if any. Press Enter to complete.

5 今度は「既存の水のシミュレーションにエミッタを追加という形で作成する場合は、追加したいfluidオブジェクトを選択します。Enterキーで完了します」とう意味のメッセージが表示されます。ここではまだ水のシミュレーションはないので、そのまま何も選択せずにEnterキーを押します。

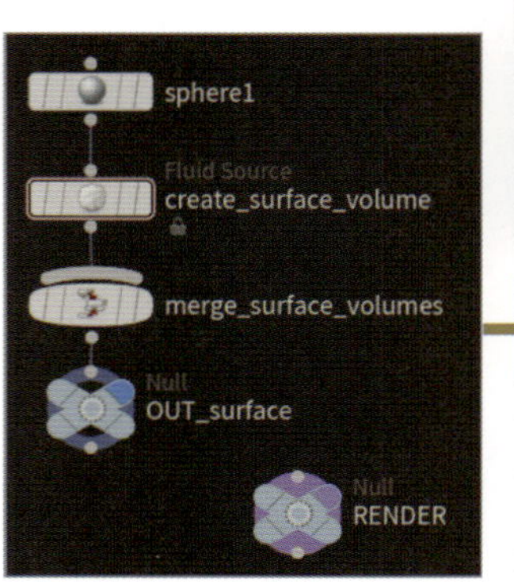

6 ノードが自動的に作成され、ネットワーク階層も移動します。移動先は球体「sphere_object1」ノードの中です。シーンビューには図のようなボリュームが表示されます。

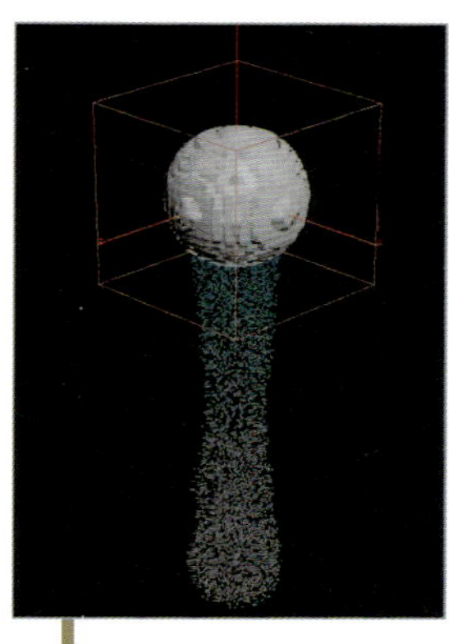

7 再生すると、球体から水のような青いパーティクルが発生しているのが確認できます。これがFLIPでつくられた水です。

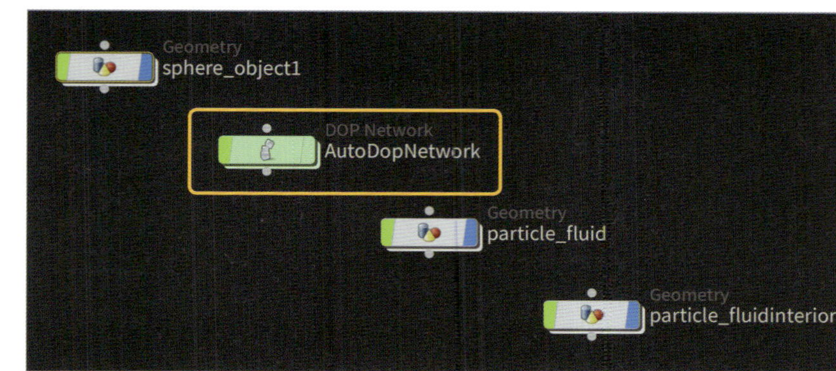

8 次に、水が溜まるようなシミュレーションに設定を変更します。Uキーで「/obj」階層に上がると、ここにも、シェルフによってつくられたノードがいくつかあります。ひとまず「AutcDopNetwork」ノードの中に入ります。この中で、水のシミュレーションが行われています。

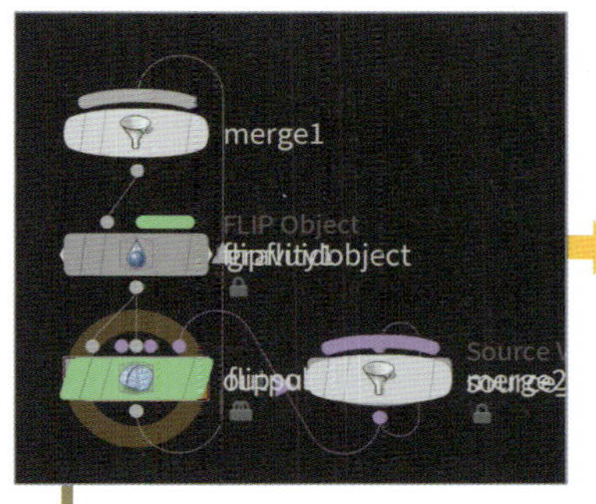

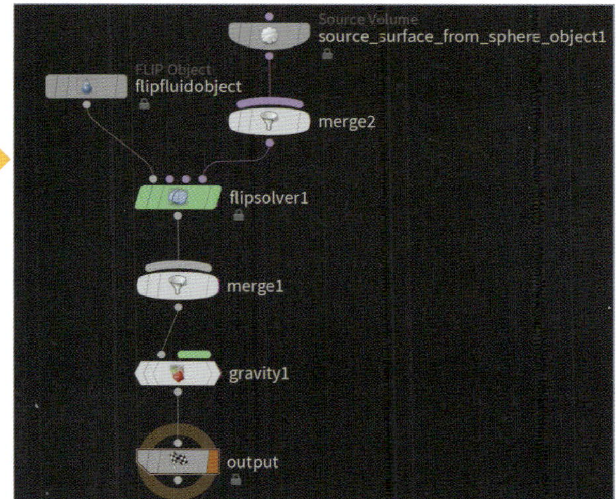

9 ノードが重なって見づらいので、Lキーでノードを自動整列します。

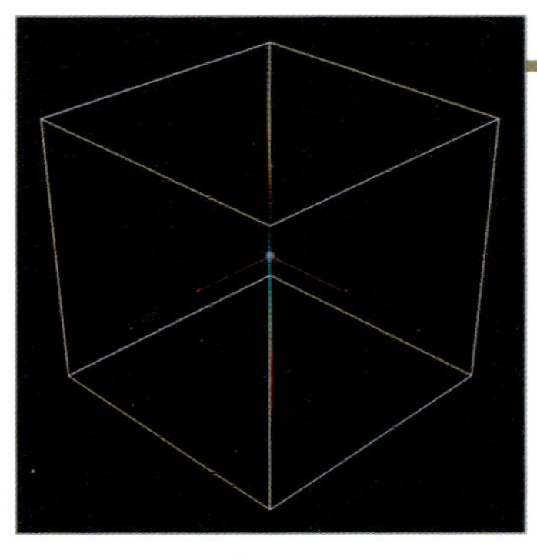

10 シーンビュー上でSpace＋Hキーを押し、カメラを「Home」と呼ばれる位置に戻します。ビュー上には四角い枠が表示され、これが水のシミュレーションが行われる範囲です。FLIPシミュレーションは、**Chapter 5**で扱った煙(Pyro)のように、決まった領域内で行われるシミュレーションです。

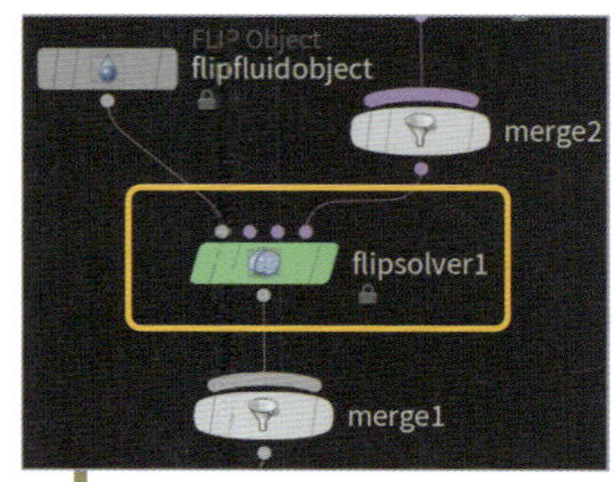

11 現在、このシミュレーション領域が広いので狭くします。「flipsolver1」ノードを選択します。

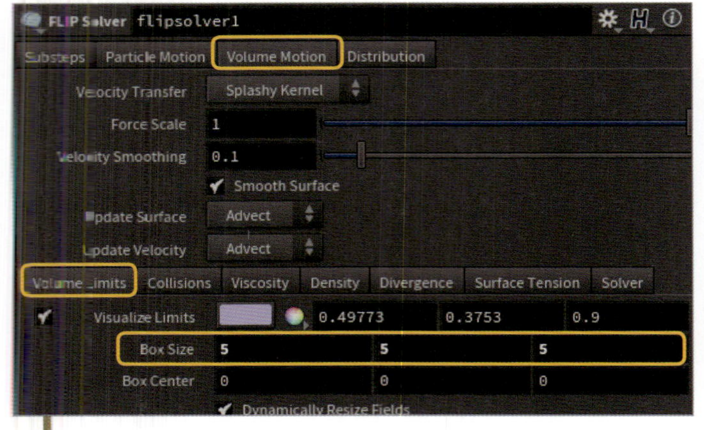

12 パラメータ「Volume Motion」タブ→「Volume Limits」タブ→「Box Size」が、先ほど見た領域のサイズです。これを「5　5　5」にします。

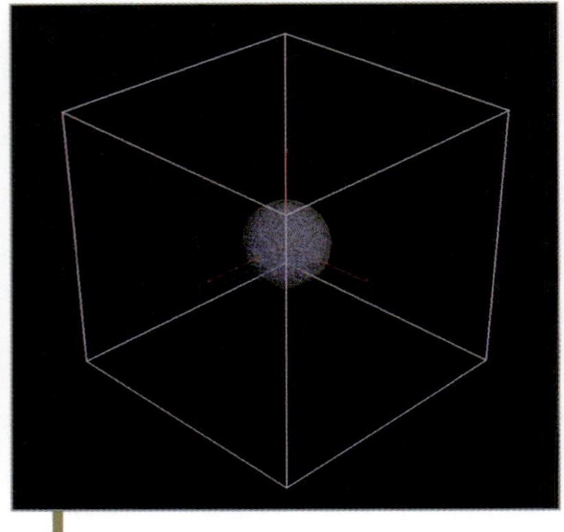

13 シーンビューを見ると、領域がずいぶん小さくなりました。Space＋Hキーを押して、全体が画面に表示されるようにします。

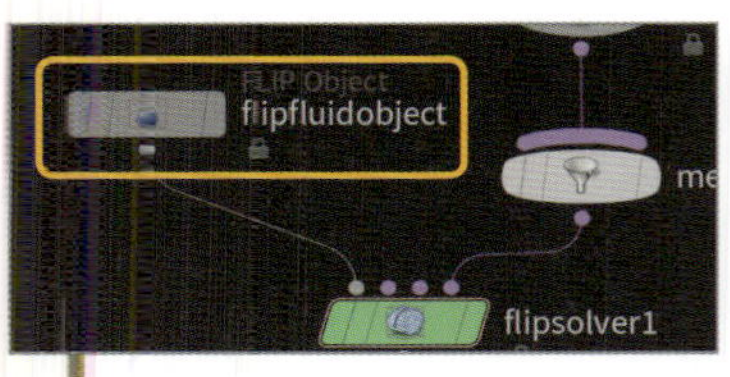

14 もうひとつ別のノードの設定を変更します。ネットワーク左上の「flipfluidobject」ノードを選択します。

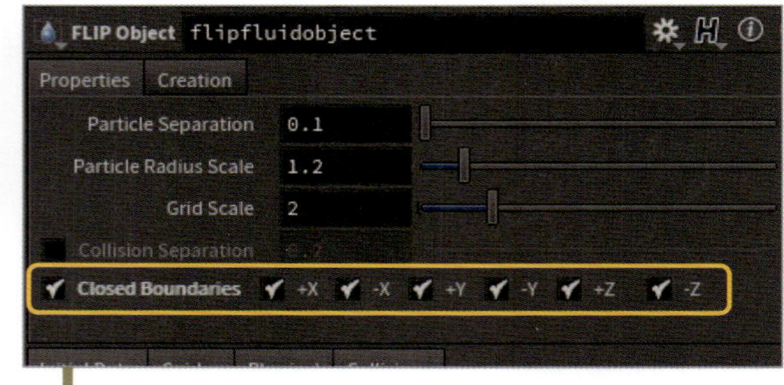

15 パラメータの「Closed Boundaries」を「オン」にします。デフォルトでその横にあるパラメータすべてにチェックが入っています。この設定で、水が先ほどの領域の境界で衝突して跳ね返るようになります。

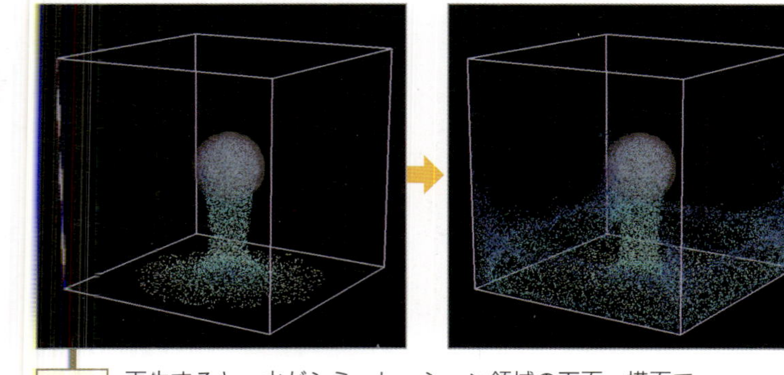

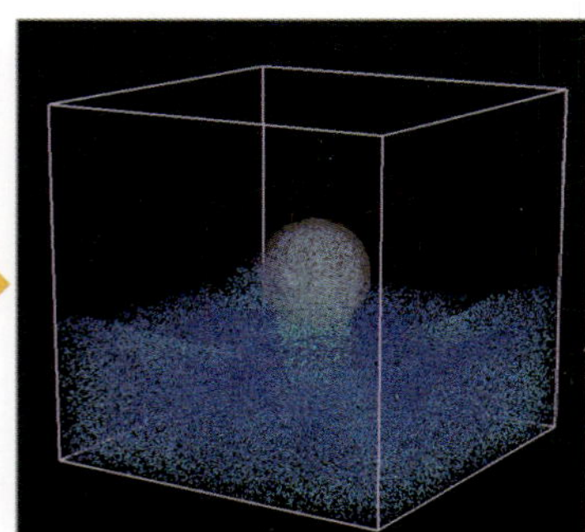

16 再生すると、水がシミュレーション領域の下面・横面で衝突し、どんどんと溜まっていきます。

ノードとネットワークの確認：「/obj」階層のノード

FLIPシミュレーションがどんな結果のものかなんとなく確認できたところで、各ノードやネットワークを詳しく確認します。

Uキーでいったん「/obj」階層に移動します。この階層から解説を始めます。「/obj」階層には全部で4つのノードがあり、それぞれ順番に連携して最終的に水を表現します。

「sphere_object1」は最初につくった球体のノードです。シェルフによって内部にいくつかノードが追加され、水の発生源となっています。

「AutoDopNetwork」は水のシミュレーションを実際に行っているノードです。

「partile_fluid」はシミュレーション結果を読み込んでいるノードです。また、最終的にレンダリングするためにシミュレーション結果をもとにポリゴンメッシュも作成します。

「particle_fluidinterior」ノードは水の内部を表現するのに使われています。

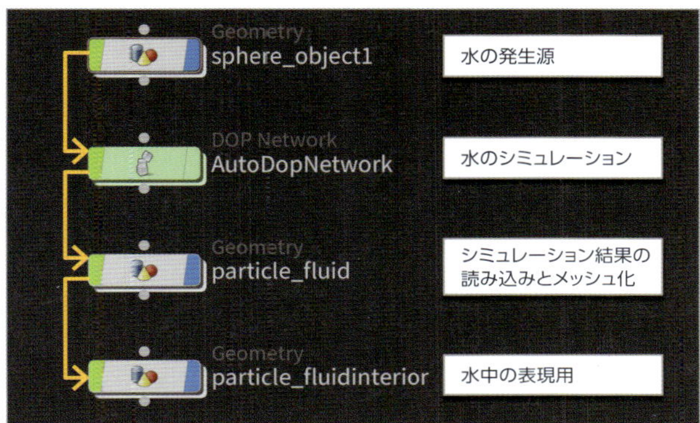

ノードとネットワークの確認：水の発生源

まず、「sphere_object1」ノードの中に入ります。ここでは冒頭につくった球体から、水のシミュレーションで使用するエミッタ（水の発生源）を作成しています。これはChapter 5で煙や炎の発生源を作成したときと、まったく同じノード、ネットワークであることがわかります。

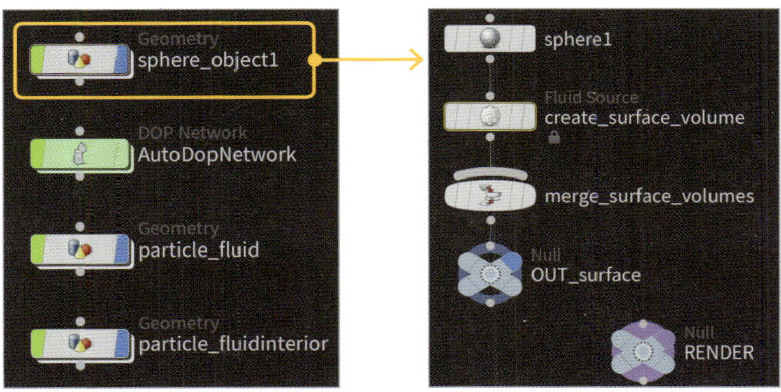

「create_surface_volume」ノード

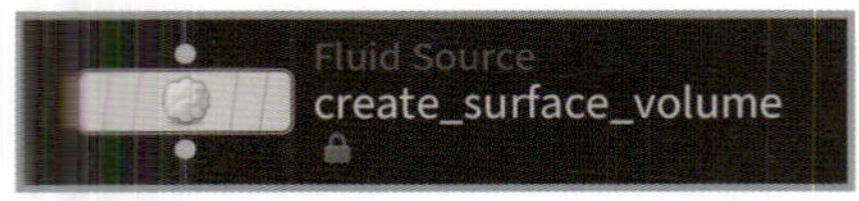

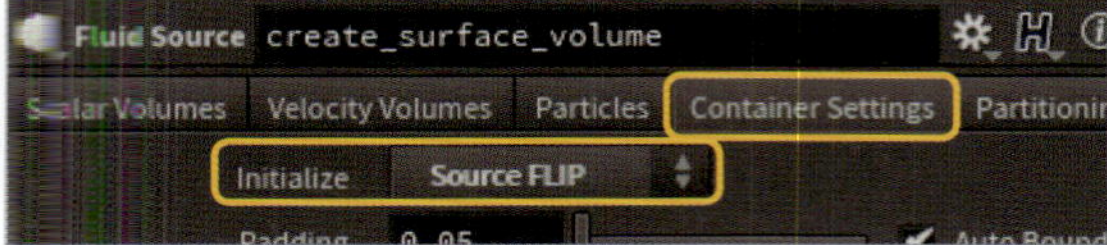

「create_surface_volume」は球体を水の発生源に変換しているノードです。これは「Fluid Source (SOP)」というタイプのノードで、**Chapter 5**でも煙や炎の発生源をつくる際にも用いられました。同じノードで水の発生源もつくれる万能のノードです。
パラメータ「Container Settings」タブ→「Initialize」が「Source FLIP」に設定されていることを確認してください。これはFLIPの発生源生成のプリセットが適用されていることを意味します。

煙や炎の発生源と水の発生源の違い

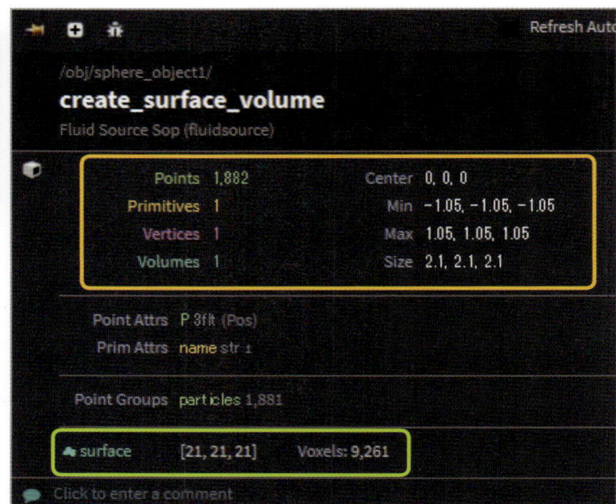

Chapter 5で扱った煙や炎の発生源と、ここでつくった水の発生源の違いをデータの面から確認します。「create_surface_volume」のノードリングを表示し、その中から「Node Info」を選びます。多数のポイントがあります(オレンジ枠)。煙や炎の発生源ではボリュームだけでしたが、ここではポイントもつくられています。また、ボリュームは「surface」という名前で作成されています(緑枠)。つまり、このノードでつくられたものは多数のポイントと1ボリュームです。

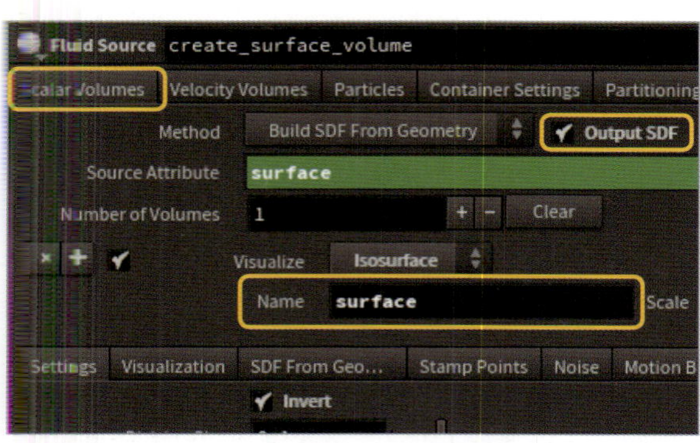

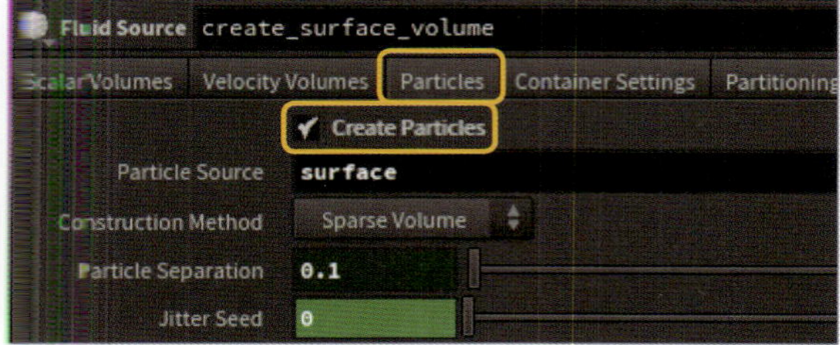

ボリュームはパラメータでも確認できます。「create_surface_volume」のパラメータタブを「Scalar Volumes」に切り替えます(各パラメータの意味などは**Chapter 5**参照)。パラメータ中ほどの「Name」に「surface」とあります。ここで「surface」ボリュームが作成されています。
また、一番上の「Output SDF」が「オン」になっていることに注目します。これは出力ボリュームを「SDF」にするという設定です。「SDF」ボリュームは境界面からの距離情報を持ったボリュームです。これにより、ボリュームの内側と外側を区別できます。水のシミュレーションでは、SDFボリュームを使うと水中・水面・水の外を区別できます(詳細は**Chapter 5**参照)。
「Paritcles」タブには、パーティクルの発生に関するパラメータがまとめられています。その一番上「Create Particles」が「オン」になっていると、ポイントがたくさんつくられます。ここにあるパラメータの多くはDOPネットワークにあるノードとリンクし、基本的にそこでの設定が適用されます。
さて、「create_surface_volume」ノードでは、SDFボリュームとパーティクル用のポイントがつくられていることを確認しました。これらが水の発生源です。つまり、FLIPのシミュレーションとはボリュームとパーティクルの両方を用いるシミュレーションなのです。

Point なんとなくわかるFLIPシミュレーション

シミュレーションの歴史を辿ると、水のシミュレーションには主に「格子法」と「粒子法」の2種類の計算方法がありました。「格子法」は、空間を格子状に分割して(Houdiniではボリュームに相当)、その内部で各格子の圧力や速度を計算して水の挙動を表現する方法です。「粒子法」は、その名の通り水を粒子の集合(パーティクル)として扱い、水の挙動を計算する方法です。

「格子法」は計算時間が短くて済みますが、複雑な境界面の変化(例えば波しぶきなど)には不向きです。対して「粒子法」は複雑な境界面にも対応できますが、規模が大きくなると計算時間がかなりかかってしまいます。どちらも一長一短といえるでしょう。

そこで登場したのが「FLIP」(FLuid-Implicit-Particle)という手法です。FLIPは、ひとことで言うと格子法と粒子法のいいとこ取りをしたハイブリッドな手法です。広い範囲の水もシミュレーションでき、境界面の変化にも対応可能、それでいて現実的な計算時間でしっかり水を表現できます。Houdiniではその計算にボリュームとパーティクルを使用して、互いに情報をやり取りしながら水の挙動を計算します。

格子法のイメージ

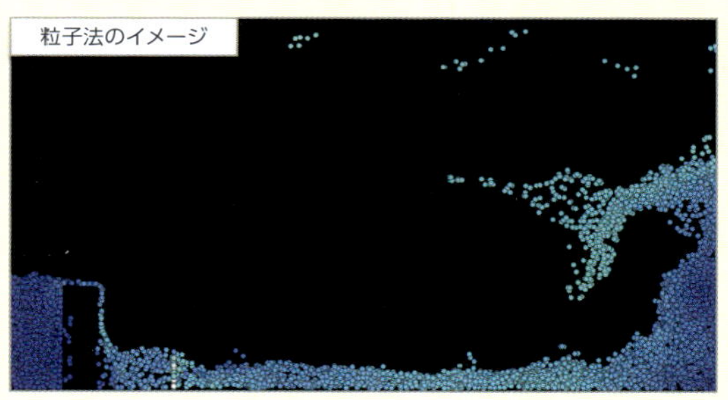
粒子法のイメージ

ノードとネットワークの確認：水のシミュレーション

次はシミュレーション周りを確認します。Uキーで「/obj」階層に移動し、「AutoDopNetwork」ノードの中に入ります。ネットワークを見ると、使用ノードの違いはありますが、Chapter 5-5のシミュレーションによく似ています。

基本的にDOPシミュレーションでは、シミュレーションのデータを格納する「オブジェクト」と、そのオブジェクトの持つデータを使い挙動を計算する「ソルバ」によりシミュレーションが行われます。この水のシミュレーションもそうで、ネットワーク左上の「flipfluidobject」が水のシミュレーション用のオブジェクトを作成しています。そして「flipsolver1」が、挙動を計算するソルバノードです。

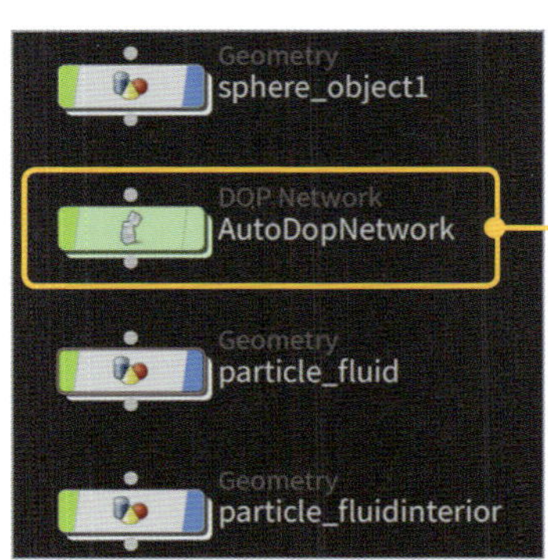

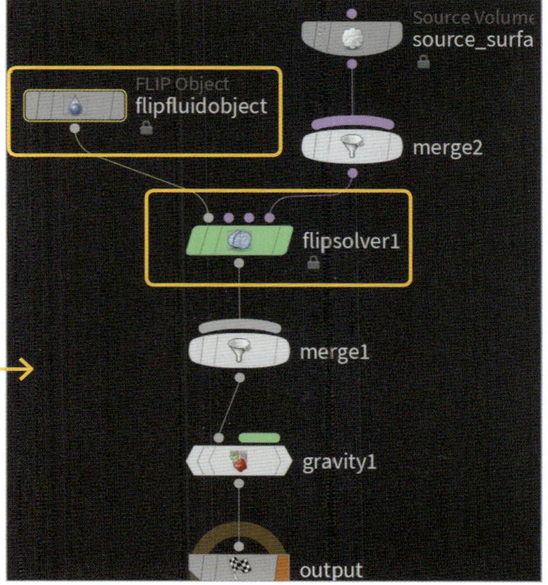

「flipfluidobject」ノード

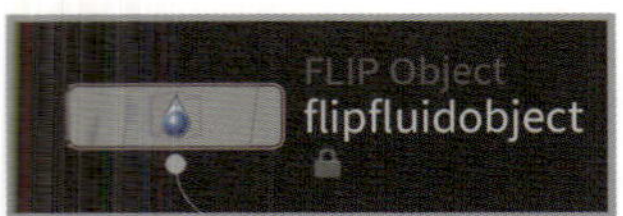

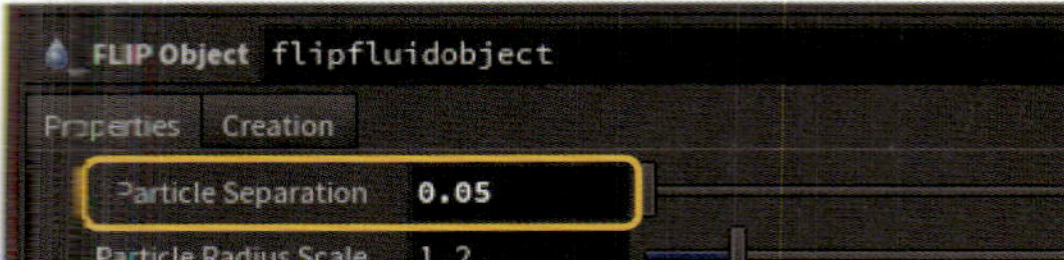

各ノードを見てみます。「flipfluidobject」ノードは水のシミュレーションに必要なオブジェクトを作成しています。このノードには、水のシミュレーションで最も重要なパラメータ「Partilce Separation」があります。この値を下げると、パーティクルの数が増えシミュレーションの解像度が上がり、(当然)計算時間が増えます。このパラメータは、DOPネットワーク外のいくつかのノードにもリンクされ、全体的な水の精度を最終的にコントロールしています。

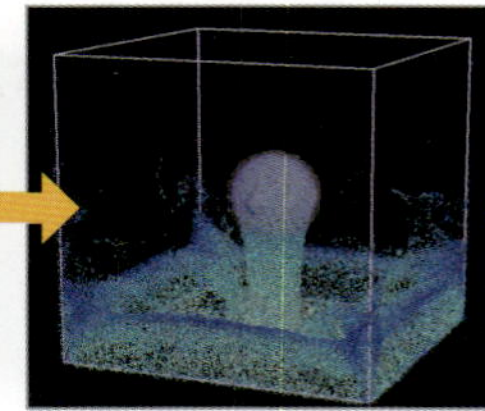
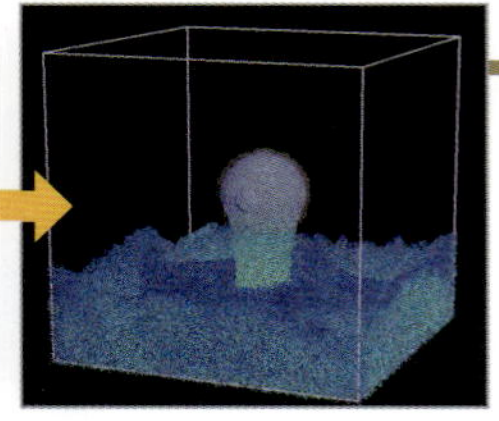

17 試しにパラメータ「Paritcle Separation」値を「0.05」に変更します。再生すると、ずいぶんパーティクルの数が増え、これまでよりも細かな挙動まで計算できているように見えます。

「flipsolver1」ノード

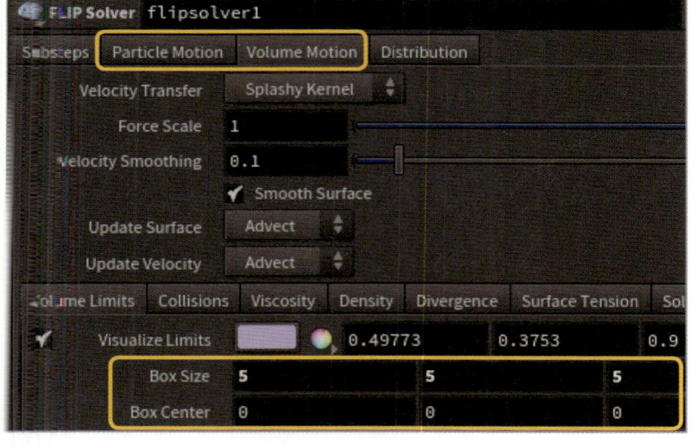

このノードには、水の挙動制御に関するパラメータがたくさんあります。FLIPはパーティクルとボリュームの両方を使うシミュレーションなので、それぞれを制御する項目が、「Particle Motion」タブと「Volume Motion」タブにあります。ここで重要なのは、「Volume Motion」タブ→「Box Size」「Box Center」で、これは12で変更したパラメータです。ここで定義される領域内で、水のシミュレーションが行われます。

「flipfluidobject」と「flipsolver」にはたくさんのパラメータがあります(すべてをここでは解説できないので、各パラメータについてはマニュアルを参照してください)。

「source_surface_from_sphere_object1」ノード

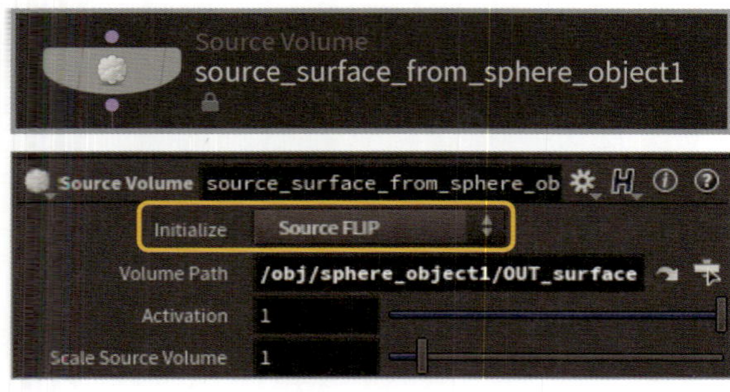

このノードもChapter 5-5で登場した「Source Volume (DOP)」というタイプのノードです。このノードがSOPでつくった水の発生源からボリュームとパーティクルを読み込んでいます。

パラメータ「Initialize」は「Source FLIP」に設定されています。読み込む側も、FLIPシミュレーションに適したプリセットが適用されているということです。

残りのノードは、重力をつくっている「Gravity Force (DOP)」や、他のノードをつなぐための「Merge (DOP)」で、これらの役割はこれまでの作例などで登場したものと変わりありません。

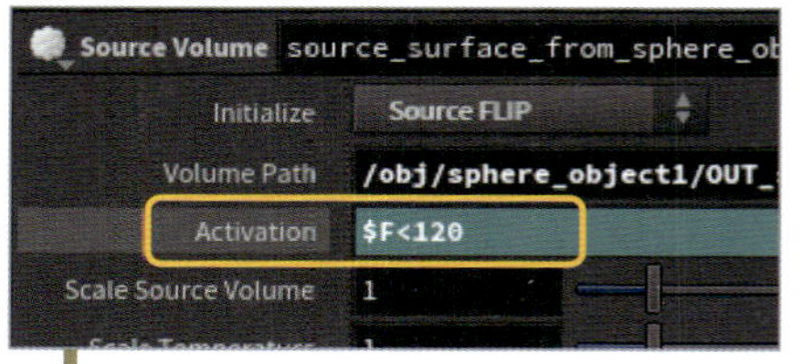

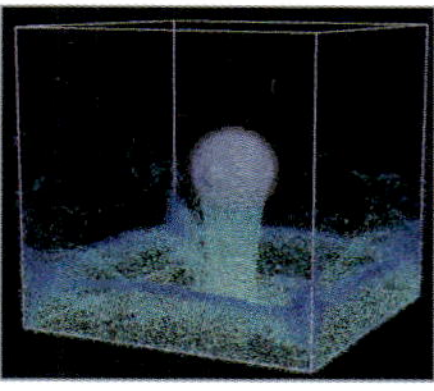
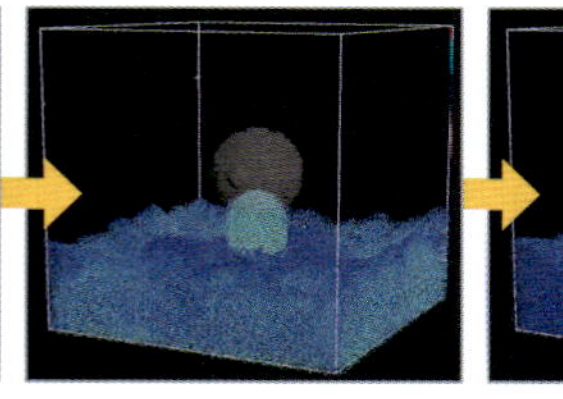
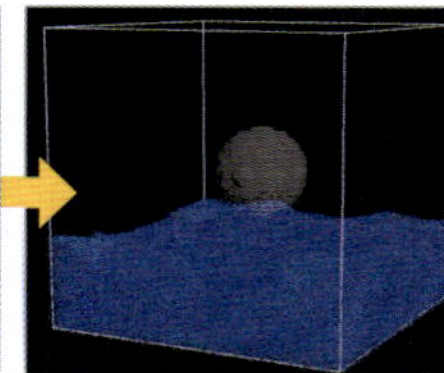

18 試しに、水の供給を途中で止めてみます。パラメータ「Activation」に
$F<120
とエクスプレッションを記述します。これで120フレームまでは発生源から水が供給されますが、それ以降では供給がストップします。

ノードとネットワークの確認：結果の読み込みとメッシュ化

Uキーで「/obj」階層に移動し、「particle_fluid」ノードの中に入ります。このノードの中ではシミュレーション結果の読み込みと、それをもとにしたメッシュ化が行われています。

ノードの中は図のようなネットワークが組まれています。Chapter 5-5と同様、表示用（1）とレンダリング用（2）に分かれています。

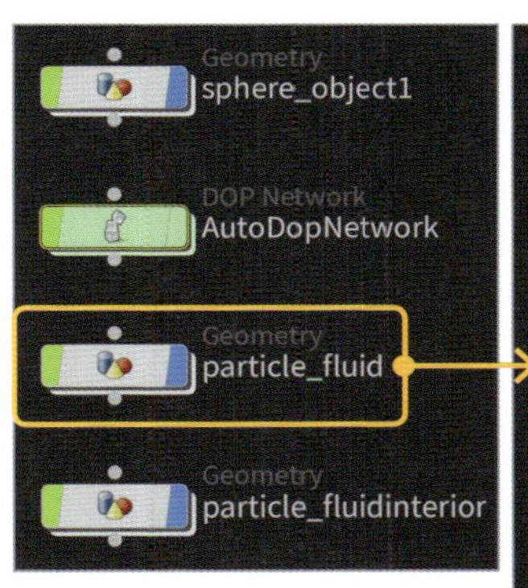

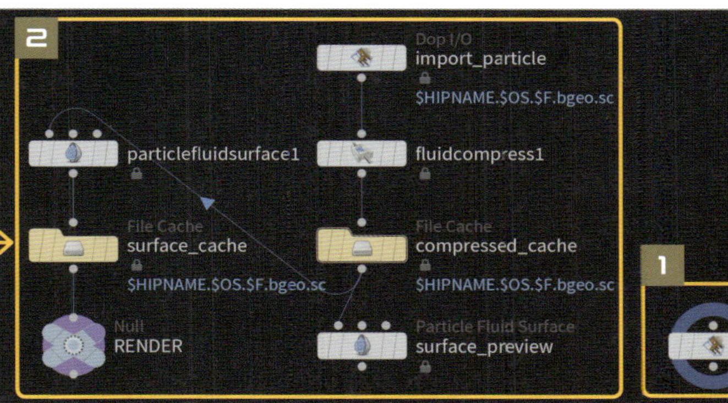

「dopimport1」ノード

表示用の「dopimport1」ノードでは、DOPネットワークで確認していた見た目と同じものを読み込んでいます。こちらはあくまでもシーンビューでの表示用。レンダリングには使われません。

「import_particle」ノード

レンダリング用のネットワークを確認します。まず一番上の「import_particle」。このノードが、DOPネットワークから、この後の工程に必要な情報を取得しています。
「import_particle」ノードに表示フラグを立て、ノードリングから「Node Info」を選択します。どのような情報を読み込んでいるか確認します。

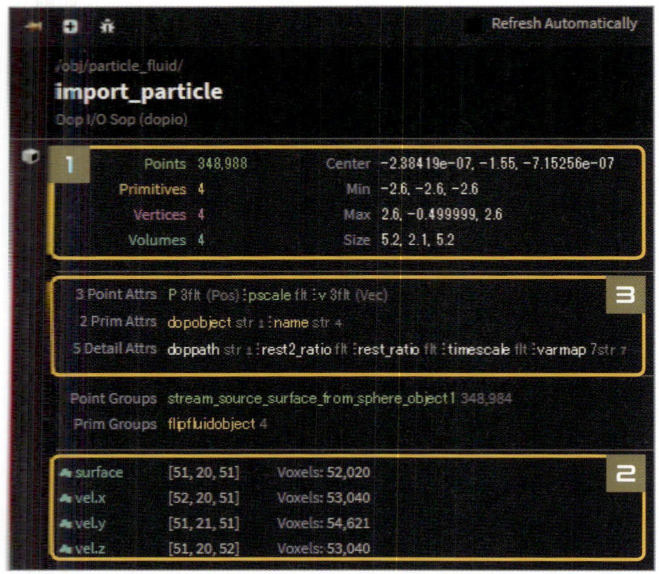

ここでは240フレーム目の情報を表示しています。
1を見ると、多数のポイントがあることがわかります。また、「Primitive」「Vertex」「Volume」が4つずつあり、ボリュームが4つあることを示しています。
ボリュームの詳細は**2**に表示があります。「surface」ボリュームと速度を表す「vel」ボリューム（xyz軸で計3つ）があります。
これらのポイントとボリューム、そしてジオメトリ全体が持つアトリビュートが**3**に表示されています。これが現在シミュレーションから読み込まれている情報です。これをもとに、水をメッシュ化します。

「fluid compress1」ノード

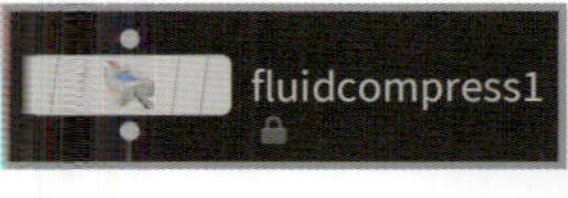

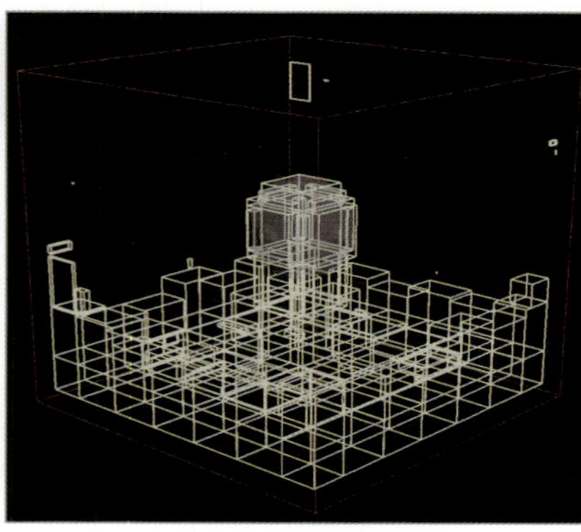

これは「Fluid Compress（SOP）」というタイプのノードで、流体シミュレーションの結果を圧縮できます。
流体シミュレーションは他のシミュレーションよりもデータ量が膨大になる傾向があります。データ量が大きいと、処理をしなくても、データの読み込みや書き込みに時間がかかり、何よりハードディスクを圧迫します。このノードでそれを軽減できます。ただし、このノードの圧縮は非可逆圧縮なので注意が必要です。
ノードに表示フラグを立てると、圧縮された様子が確認できます。

「compressed_cache」ノード

これは「File Cache（SOP）」で、ファイルの読み書きを行うノードです。このネットワークでは、ここでキャッシュファイルを生成する設計になっています。上の「fluidcompress1」ノードで圧縮されたデータを保存し、読み込みます。

シミュレーションのキャッシュファイルの作成

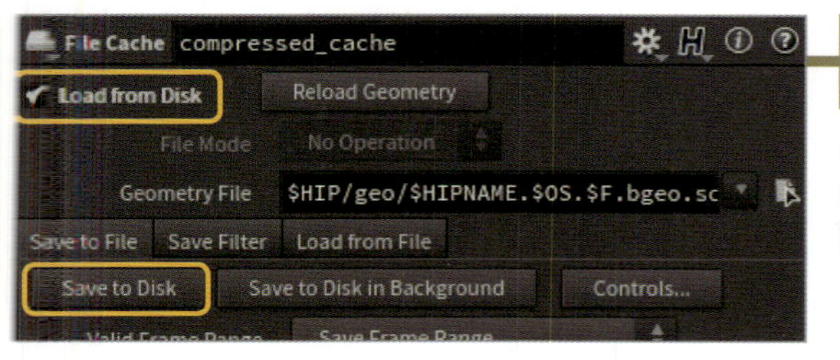

19 ここでシミュレーションのキャッシュファイルを作成します。「compressed_cache」ノードのパラメータ、「Save to Disk」ボタンを押して、キャッシュファイルを作成します。作成後、「Load from Disk」を「オン」にして、作成したキャッシュファイルを読み込んでおきます。

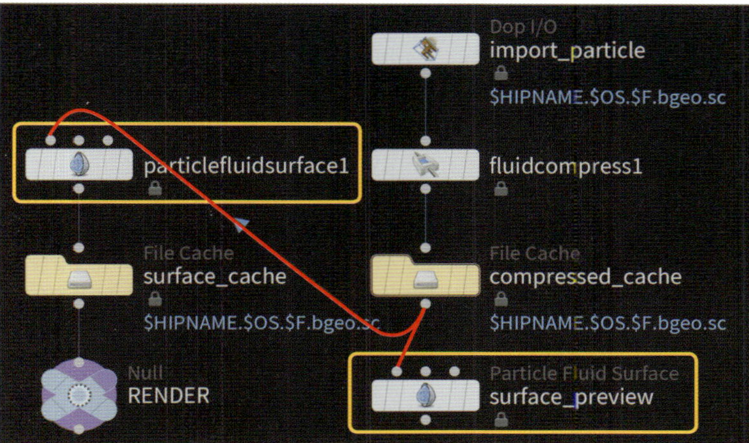

20 キャッシュファイルを作成した「compressed_cache」ノードからは、コネクトがふたつに分かれています。どちらも「Particle Fluid Surface (SOP)」というタイプのノードです。

「surface_preview」ノード

プレビュー確認用のノードです。表示フラグを立ててシーンビューを見ると、図のように確認用のメッシュとパーティクルが表示されます。

「particlefluidsurface1」ノード

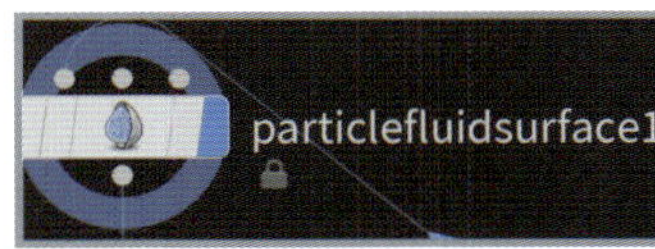

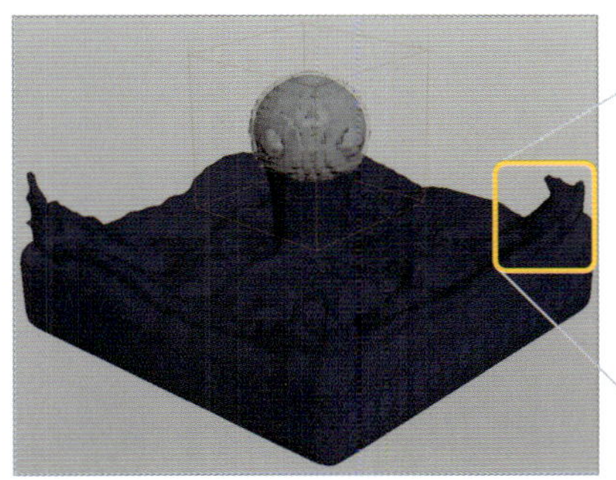

このノードは、最終的にレンダリングされるメッシュを作成します。ノードに表示フラグを立ててシーンビューを見ると、前述のプレビュー用「surface_preview」ノードとは違い、すべてメッシュで水が表現されます。
しかし、全体的に丸みを帯びたメッシュになっています。メッシュの精度をよいものにするには、シミュレーションの精度を上げる（パーティクルの量を増やす）必要がありますが、そのぶん計算時間がかかります。
ここではシミュレーションはやり直さずに、メッシュ化の際にできることで調整してみます。特に**1**の四角い領域の境界面、はみ出しているように見える部分を修正します。

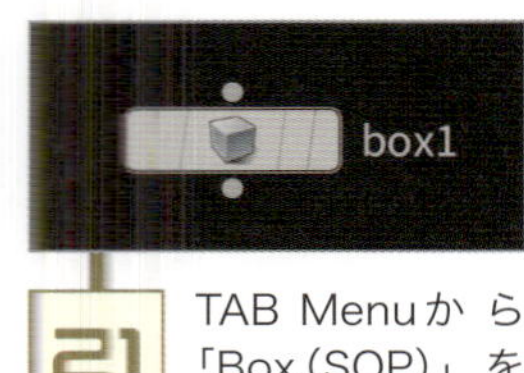

21 TAB Menuから「Box (SOP)」を作成します。これを使って、水のメッシュの外側にはみ出した部分を削り取ります。

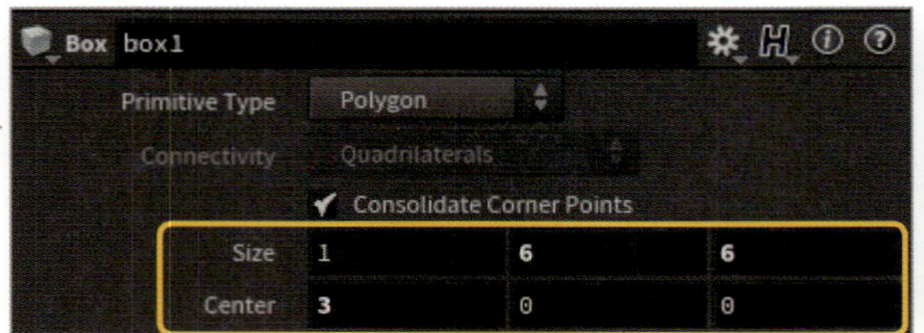

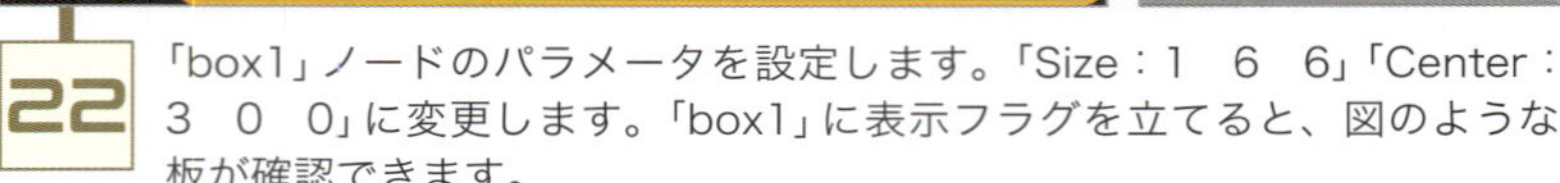

22 「box1」ノードのパラメータを設定します。「Size：1　6　6」「Center：3　0　0」に変更します。「box1」に表示フラグを立てると、図のような板が確認できます。

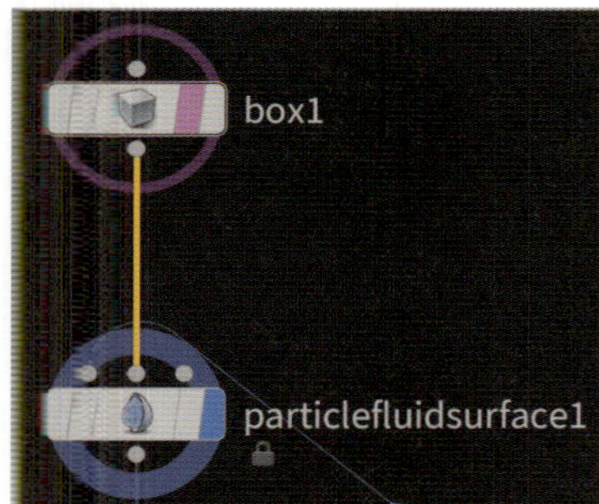

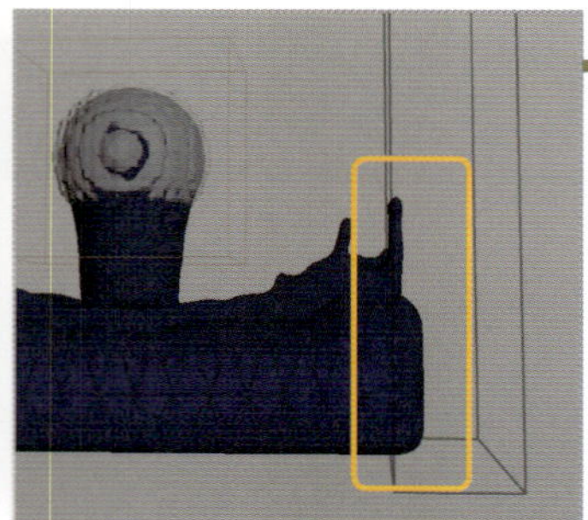

23 「box1」を「particlefluidsurface1」の中央入力にコネクトします。「box1」にはテンプレートフラグを、「particlefluidsurface1」には表示フラグを立てておきます。シーンビューを見ると、図のように、四角い領域からはみ出た水の部分と、先ほどつくったBoxとが重なるように存在しているのが確認できます。この重なった部分を削り取ります。

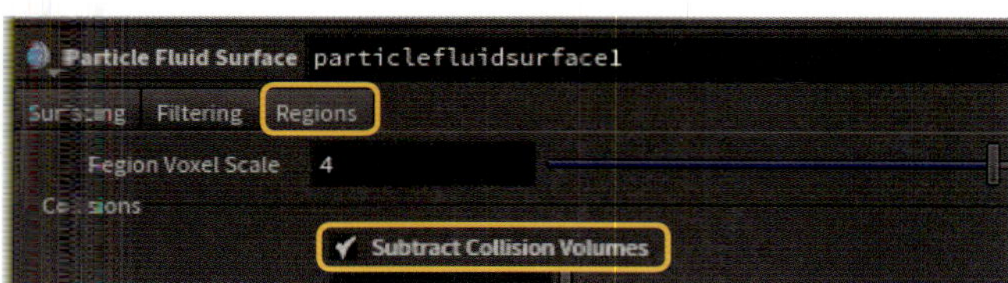

24 「particlefluidsuarface1」のパラメータ「Regions」タブ→「Collisions」カテゴリ→「Subtract Collision Volumes」を「オン」にします。これで、ノードの2番目（中央）の入力に接続したジオメトリの内側にはメッシュが生成されなくなります。

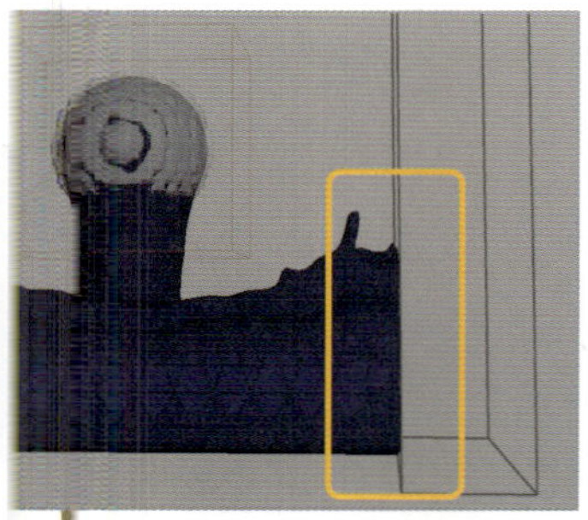

25 シーンビューを見ると、Boxと重なった部分の水が削り取られ、断面がフラットになっているのが確認できます。残りの側面も同様にして削り取ります。

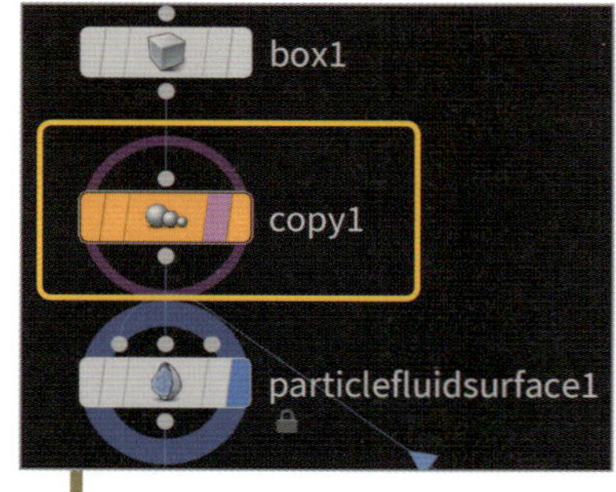

26 TAB Menuから「Copy and Transform (SOP)」を作成、「box1」と「particlefluidsurface1」の間に挿入します。テンプレートフラグも立てます。

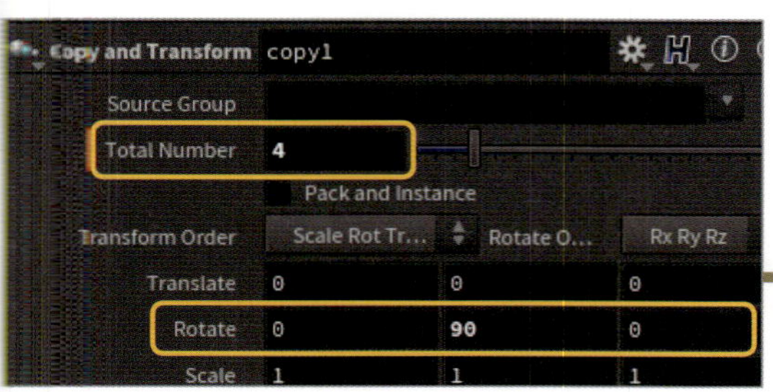

27 「copy1」のパラメータ「Total Number」を「4」に変更、Boxを4つに増やします。また、「Rotate」：0　90　0」にします。これでBoxがY軸周りに90度ずつ回転しながらコピーされます。

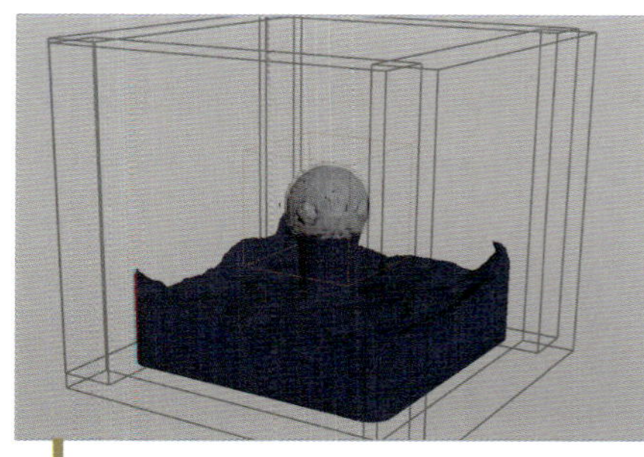

28 シーンビューを見ると、図のように水のメッシュの四方が削られてフラットになっています。このように、水のメッシュの精度を上げるにはシミュレーションの精度を上げる必要がありますが、メッシュ変換時に調整できることもいくつかあります。

「surface_cache」ノード

このノードはメッシュの状態をキャッシュファイルとして出力できます。先ほどの「particlefluidsurface1」ノードによるシミュレーション結果のメッシュ化は、場合によってはシミュレーションと同じくらい時間がかかります。その処理を何度も繰り返さなくてもいいように、このノードでキャッシュファイルを作成します。

メッシュの状態のキャッシュファイルの作成

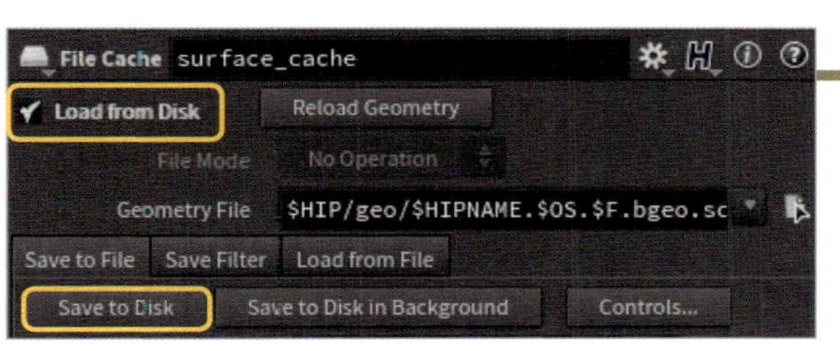

29 「surface_cache」ノードのパラメータの「Save to Disk」ボタンを押して、キャッシュファイルを作成します。作成後「Load from Disk」を「オン」にして、キャッシュファイルを読み込みます。

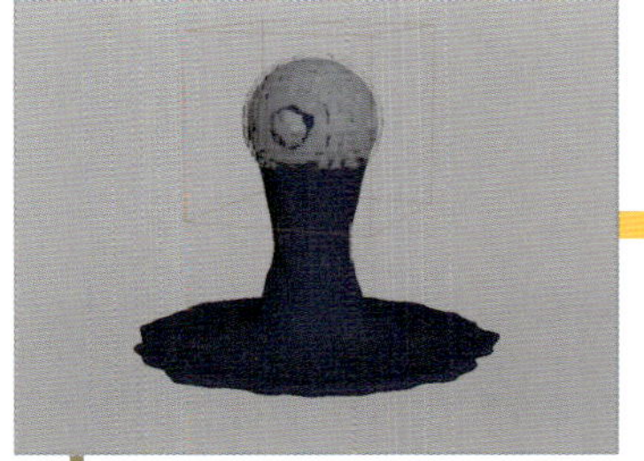
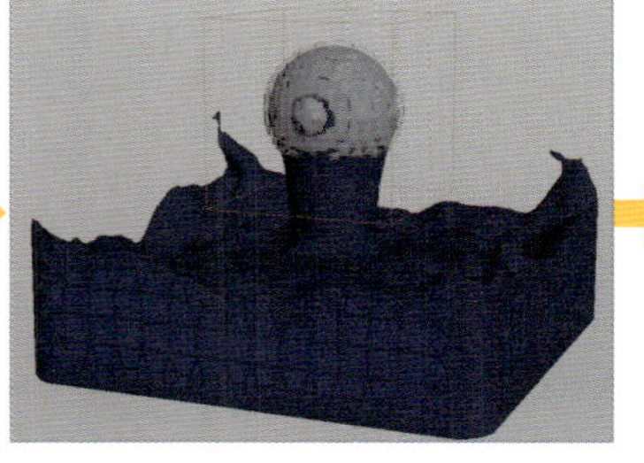
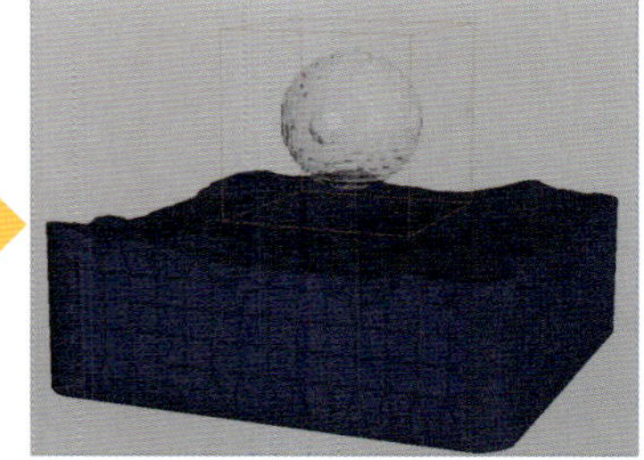

30 「surface_cache」ノードに表示フラグを立てて再生します。まだずいぶん丸みを帯びた水のメッシュになっていますが、ここではそのまま進めます。

「RENDER」ノード

これは単なる「Null (SOP)」ノードです。レンダリングするものを明示するためにネットワークの最後に置かれています。

ノードとネットワークの確認：水中の表現

「/obj」階層最後の「particle_fluidinterior」は水の中を表現するためのノードです。中にはノードがふたつしかありません。「object_merge1」は「Object Merge (SOP)」で、先ほど作成したメッシュにされた水のジオメトリを読み込んでいます。もうひとつの「null1」ノードは単に何も表示させないために存在します。もし「object_merge1」ノードに表示フラグが立っていれば、シーンビューには水のジオメトリが二重に表示されてしまいます。こちらの水のジオメトリはあくまで水中を表現するためのもので、レンダリング時だけ使います。

では、どのようにして水中を表現しているのかというと、答えはマテリアルにあります。Uキーで上の「/obj」階層に移動して「particle_fluidinterior」ノードのパラメータ「Render」タブを見ると、「Material」に「/mat/uniformvolume」と設定されています (1)。

「Material」右端の矢印アイコンをクリックして「/mat」階層へ移動すると、マテリアルがふたつあります (2)。どちらもシェルフによってつくられたノードです。

「basicliquid」は水面の質感を設定しているノードです。こちらは「/obj」階層の「particle_fluid」ノードの質感に適用されています。

もうひとつの「uniformvolume」はボリュームの質感を設定するノードで、これにより水中が表現されます。こちらは「/obj」階層の「particle_fluidinterior」ノードの質感に適用されています。

現状では、マテリアルがつくられていることを確認するだけに留めます。

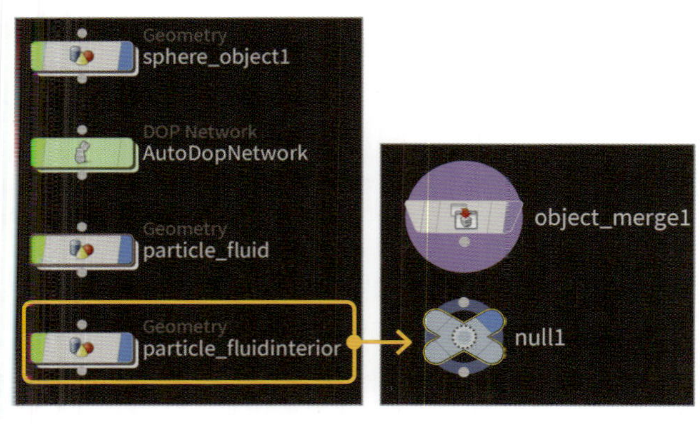

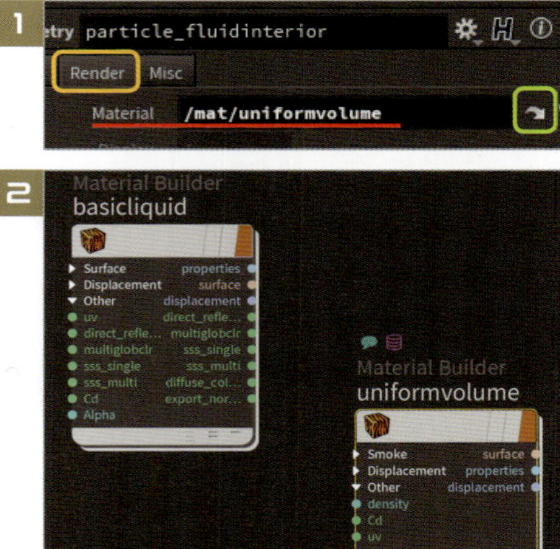

レンダリングする

31 レンダリングして結果を確認するためにまず、ライトを作成します。ウィンドウ右上のシェルフから「Lights and Cameras」タブ→「Sky Light」を実行します。

32 次はカメラです。TAB Menuから「Camera (OBJ)」を作成します。

33 階層が「/obj」に移動し、「sunlight1」ノードと「skylight1」ノードが作成されます。

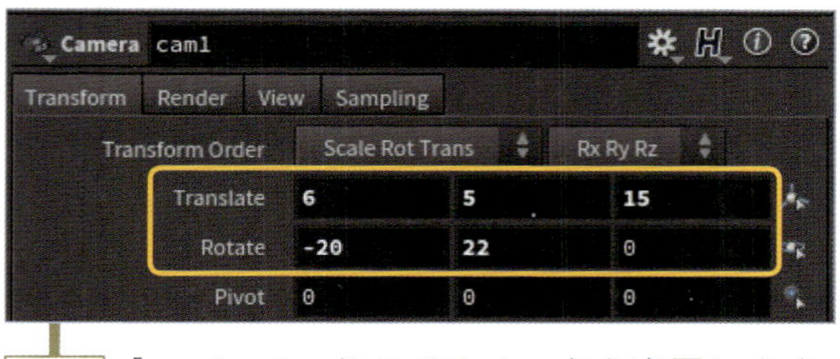

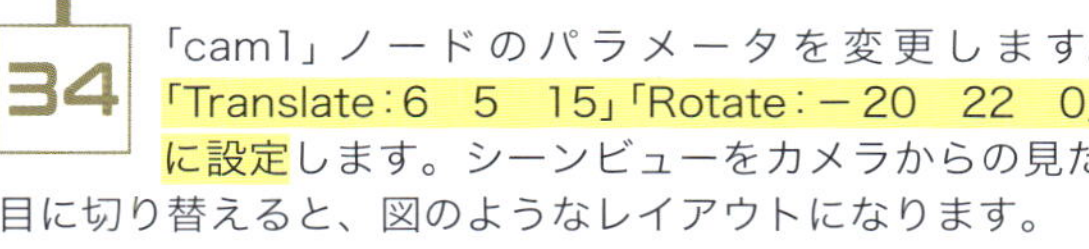

34 「cam1」ノードのパラメータを変更します。「Translate：6　5　15」「Rotate：－20　22　0」に設定します。シーンビューをカメラからの見た目に切り替えると、図のようなレイアウトになります。

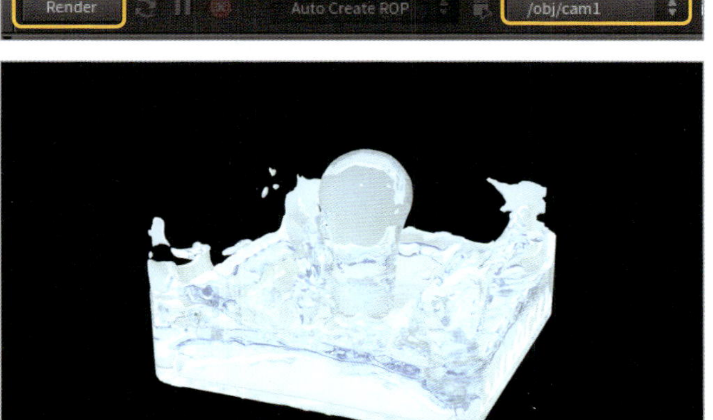

35 レンダリングします。シーンビューを「Render View」に切り替え、カメラの「cam1」ノードを指定、「Render」ボタンを押します。質感に屈折の表現が入っているため、ずいぶん時間がかかります。

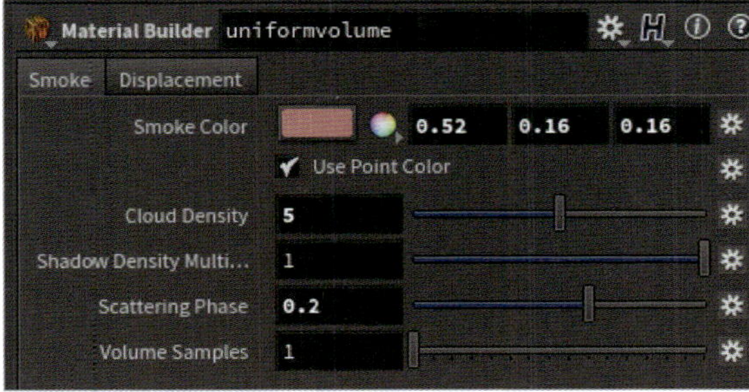

36 「/mat」階層に移動して、マテリアルの設定を変更してみましょう。質感によっていろいろな水が表現できます。図の例では、「uniformvolume」マテリアルの設定を変更して、水中のボリュームを濃く赤みがかった色にしています。
水のシミュレーションは、発生源の作成からシミュレーション、メッシュ化など工程も多く、またいくつかのパラメータはリンク制御されていたりと、複雑な構成です。ここではシェルフを使った水のシミュレーションの大まかな流れと、使用ノードを解説しました。未解説のパラメータなどはマニュアルを参照してください。

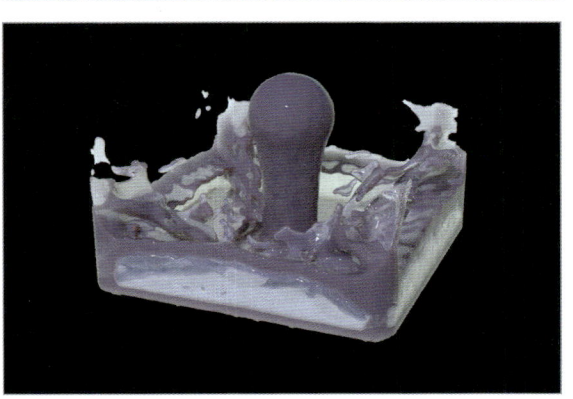

6-2 作例1 水のスローモーション

難易度 ★★★

ここでは下図のような水のスローモーションエフェクトを作成します。水に限らずHoudiniはシミュレーション結果を加工することで、さまざまな効果をつくり出すことができます。ここでは、通常のスピードのシミュレーションを任意のタイミングでスローにします。また、そのすべてをシェルフに頼らずに作成します。

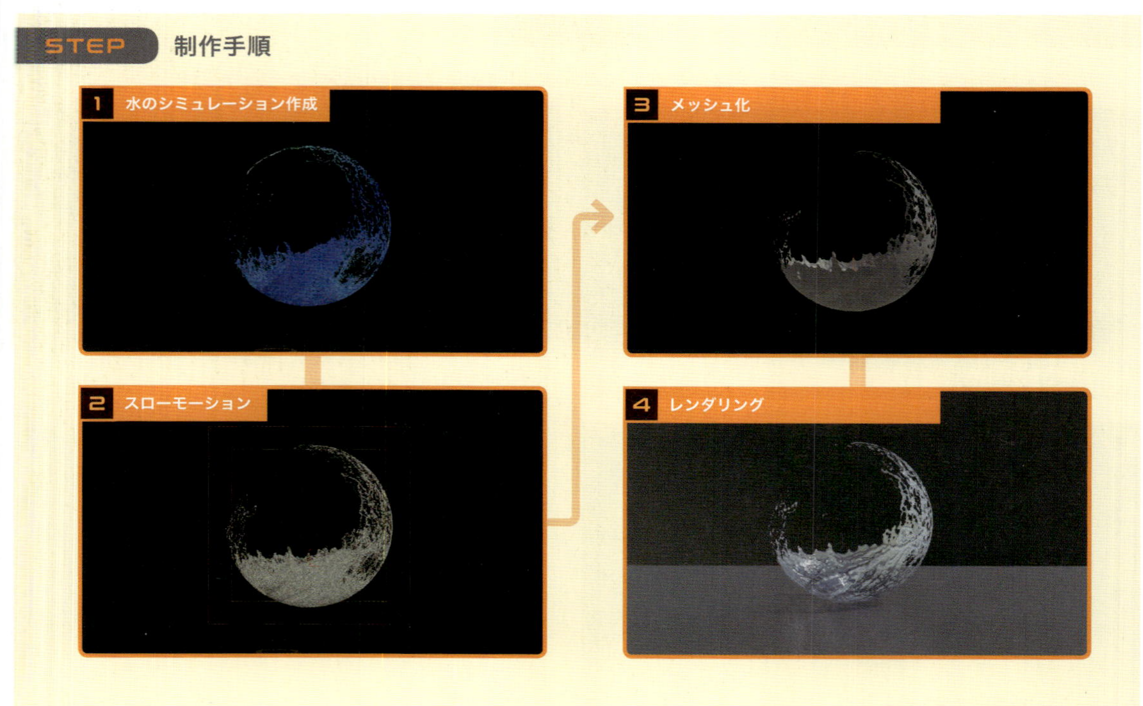
STEP
制作手順
1 水のシミュレーション作成
2 スローモーション
3 メッシュ化
4 レンダリング

NETWORK 主要ネットワーク図

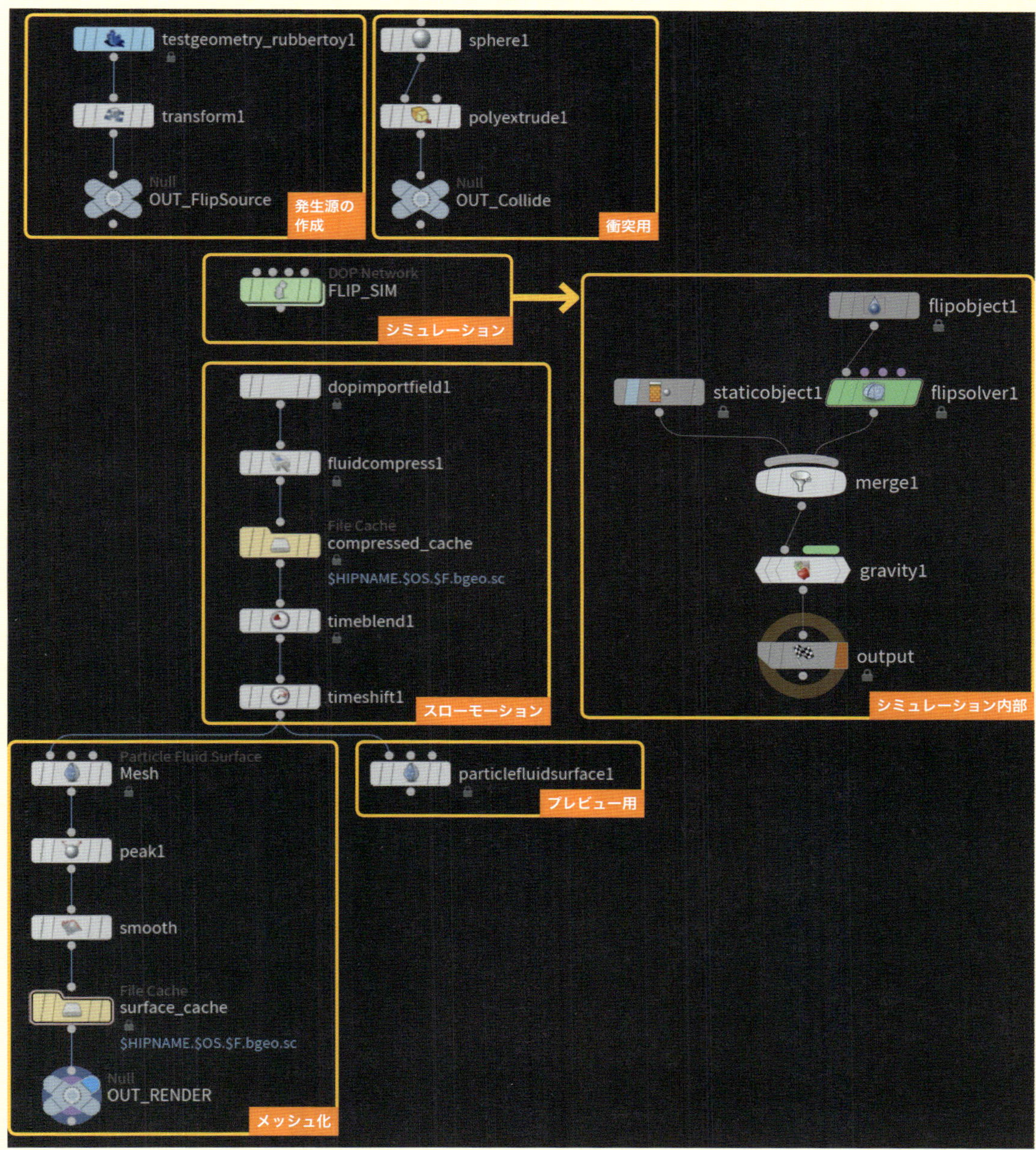

■主要ノード一覧（登場順）

Geometry (OBJ)	P356
Transform (SOP)	P356
Null (SOP)	P356
DOP Network (SOP)	P356
FLIP Object (DOP)	P356
FLIP Solver (DOP)	P356
Gravity Force (DOP)	P359

Sphere (SOP)	P360
PolyExtrude (SOP)	P360
Static Object (DOP)	P361
DOP Import Fiedls (SOP)	P362
Time Blend (SOP)	P363
Time Shift (SOP)	P363
Fluid Compress (SOP)	P365

Particle Fluid Surface (SOP)	P367
File Cache (SOP)	P368
Smooth (SOP)	P370
Camera (OBJ)	P371
Grid (SOP)	P372

水の元形状となるモデルを作成する

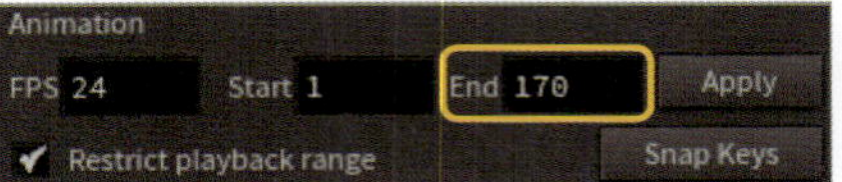

1 まずシーン尺を1〜170に設定します。ウィンドウ右下のアイコンをクリックして、「Global Animation Options」の「End」を「170」に設定します。「Apply」ボタンを押して確定します。

2 「/obj」階層でTAB Menuから「Geometry (OBJ)」を作成、名前を「Slow Splash」とします。

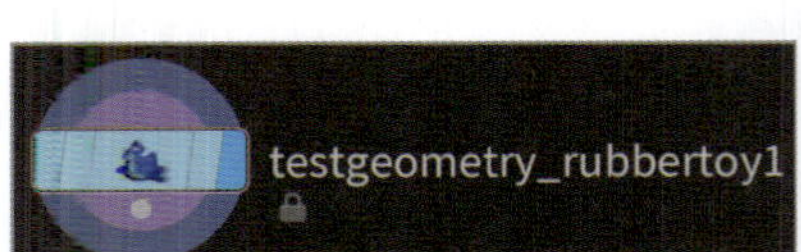

3 水の元形状となるモデルを作成します。「SlowSplash」ノードの中に入り、既存の「file1」ノードを削除。TAB Menuから「Test Geometry: Rubber Toy (SOP)」を作成します。このおもちゃのモデルを水に変えます。

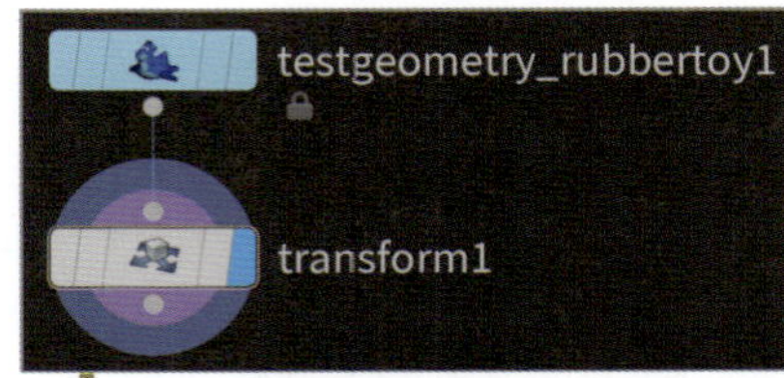

4 モデルの位置を少し上に移動します。TAB Menuから「Transform (SOP)」を作成、3で作成したノードの下にコネクトします。

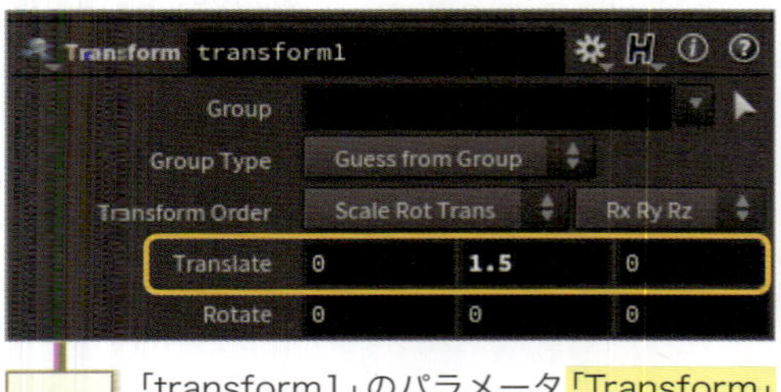

5 「transform1」のパラメータ「Transform」を「0　1.5　0」に設定、モデルがY方向に持ち上がります。

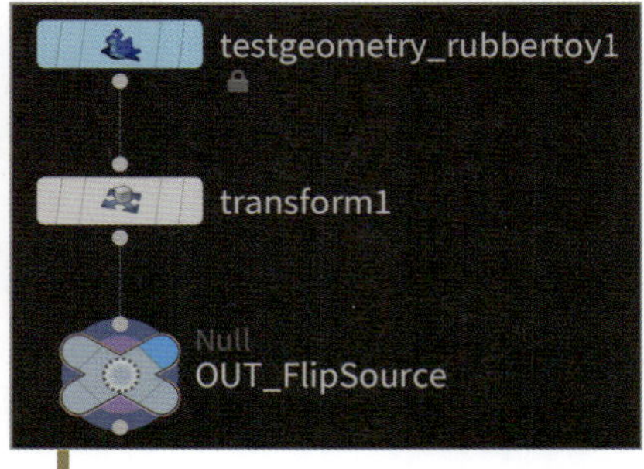

6 TAB Menuから「Null (SOP)」を作成、ノード名を「OUT_FlipSource」とします。これを「tranform1」の下にコネクトします。これで水の元になるモデルが用意できました。

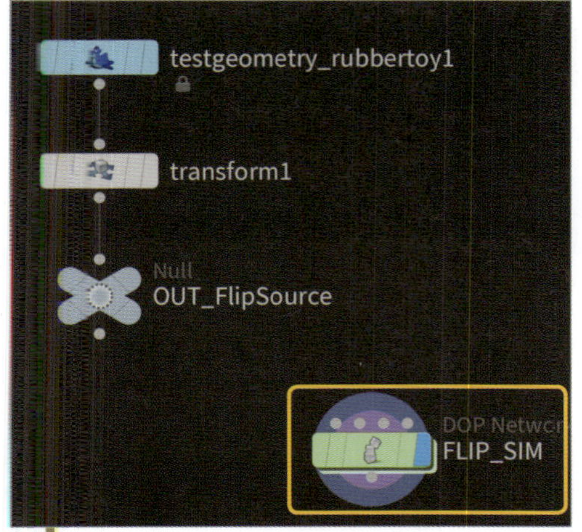

7 次にシミュレーション系のノードを作成します。TAB Menuから「DOP Network (SOP)」を作成、ノード名を「FLIP_SIM」とします。

8 「FLIP_SIM」ノードの中に入り、TAB Menuから「FLIP Object (DOP)」を作成します。このノードが水のシミュレーションに必要なオブジェクトを作成します。

9 次にTAB Menuから「FLIP Solver (DOP)」を作成します。これは水の挙動を計算するソルバノードです。

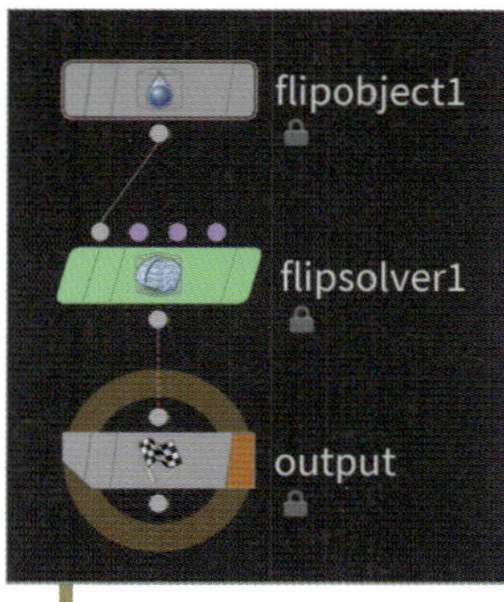

10 「flipobject1」の出力を「flipsolver1」の左端入力に、「flipsolver1」の出力を「output」にコネクトします。

11 シーンビューを見ると、原点付近に図のように水のパーティクルが四角く固まっているのが確認できます。これは「FLIP Object (DOP)」ノードの初期状態(何も設定されていないときに適用される形状)です。

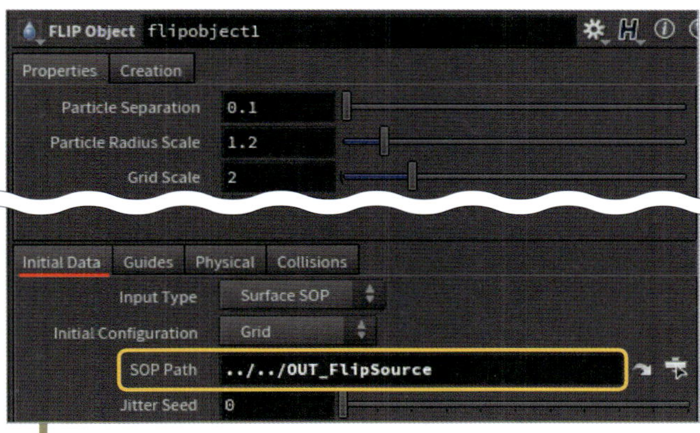

12 「flipobject1」のパラメータ、「Initial Data」タブ→「SOP Path」に6のモデルのパスを設定します。「flipobject1」を選択、「SOP Path」右端のアイコンを押して「Choose Operator」から「OUT_FlipSource」を選択します。パラメータ欄にパスが設定されます。

13 シーンビューを見ると、おもちゃのモデルを配置した位置にその形状のパーティクルの塊ができています。

Chapter 6-1では「Fluid Source (SOP)」を使って発生源を作成し、その読み込みには「Source Volume (DOP)」を使いました。そうではなく、ここで行ったように「FLIP Object (DOP)」のみでもモデル形状から水のパーティクルを作成できます。

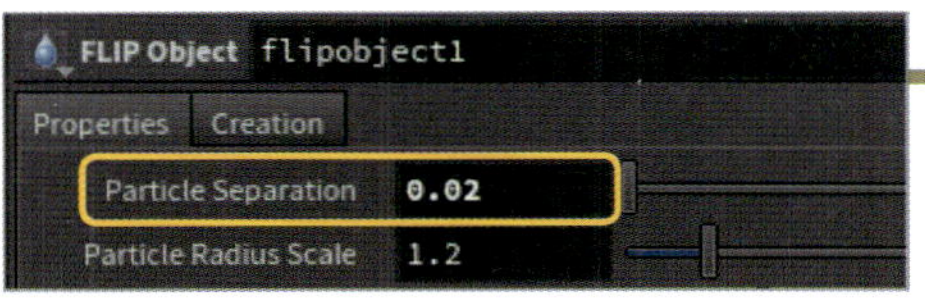

14 現状ではパーティクルがかなり大きく、全体的にモコモコした印象を受けますので、もう少し小さくします。パラメータ「Particle Separation」値を「0.02」にします。これはパーティクル間の距離を意味し、値を小さくするほど同じ空間に多くのパーティクルが密集するので、シミュレーションの精度が上がります。

15 シーンビューを見ると、パーティクルの粒が小さくなり数も増えています。元の形状もずいぶんはっきりとわかるようになりました。

16 ただ少々、シーンビューの挙動が遅くなっているので、シーンビューでWキーを押し、ワイヤーフレーム表示に切り替えます。

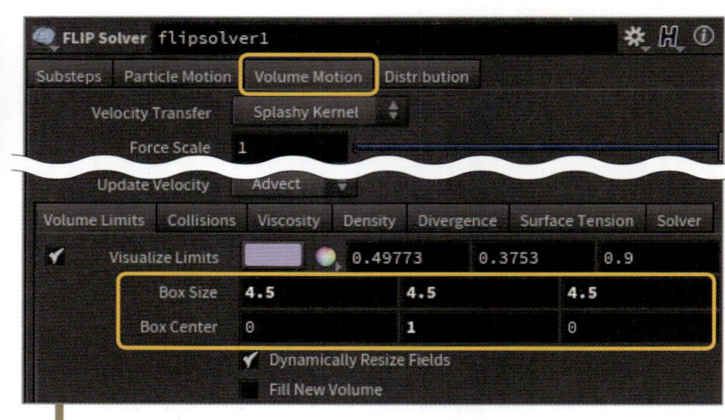

17 見やすいように背景色を変更します。シーンビュー上でDキーを押して「Display Options」を表示、「Background」タブ→「Color Scheme：Dark」にします。これでずいぶん見やすくなりました。

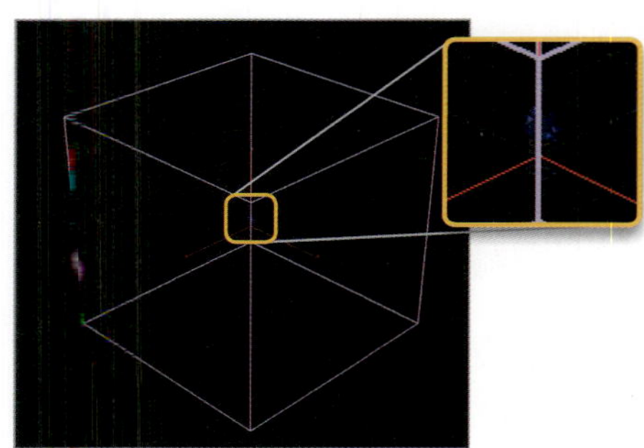

18 シーンビュー上でSpace＋Hキーを押して、シーンの全体を表示します。中心付近にポツンとあるのが、先ほどまで設定していた水の塊です。水の計算領域がかなり広く設定されているので、必要な範囲に狭めます。

19 「flipsolver1」ノードのパラメータを変更します。「Volume Motion」タブ→「Box Size：4.5　4.5　4.5」「Box Center：0　1　0」にします。

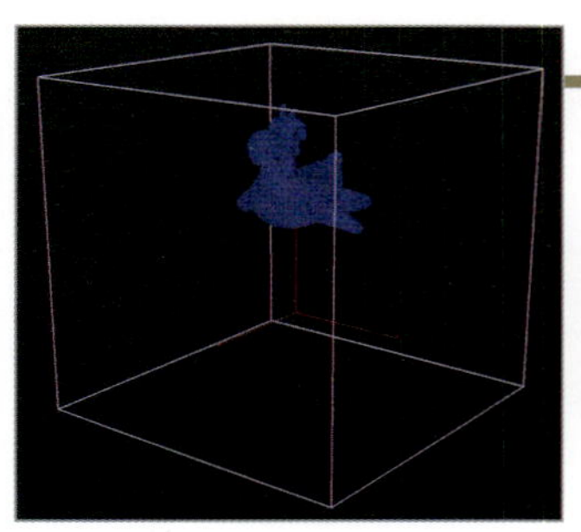

20 シーンビュー上で再度Space＋Hキーを押してシーン全体を表示。少し近づくと、計算領域が小さくなっています。

21 続いて「Volume Motion」タブ→「Velocity Transfer：Swirly Kernel」にします。標準設定の「Splashy Kernel」は海や川などの大きなFLIPシミュレーションに適していますが、ここで設定した「Swirly Kernel」は小規模なものに向いています。

表面張力・重力を設定する

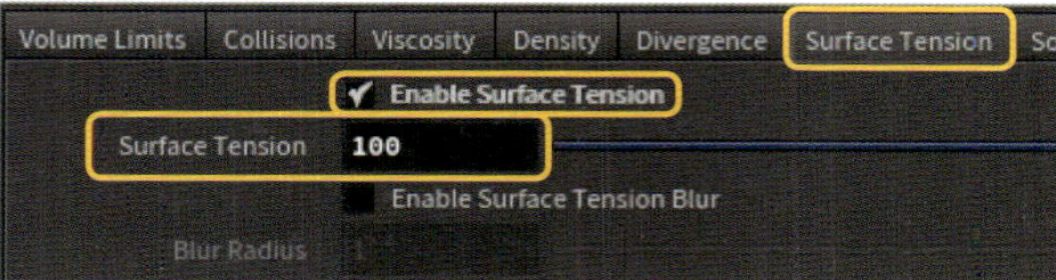

22 パラメータ中ほどの「Surface Tension」タブには表面張力に関するパラメータがまとめられています。「Enable Surface Tension」を「オン」にすると、その下のパラメータ「Surface Tension」が編集可能になるので「100」と設定します。

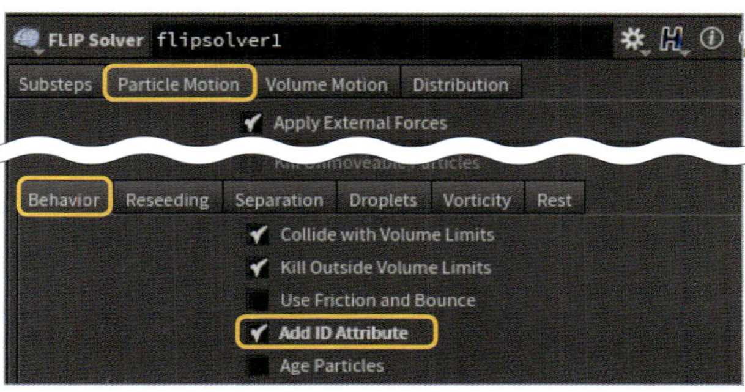

23 上部タブを「Particle Motion」に、下部タブを「Behavior」に切り替えて、「Add ID Attribute」を「オン」にします。これで水の各パーティクルポイントにidアトリビュート（パーティクル固有の識別番号）が付与されます。43以降でスローモーション効果をつくる際、この情報をもとにフレーム間の動きを補間します。

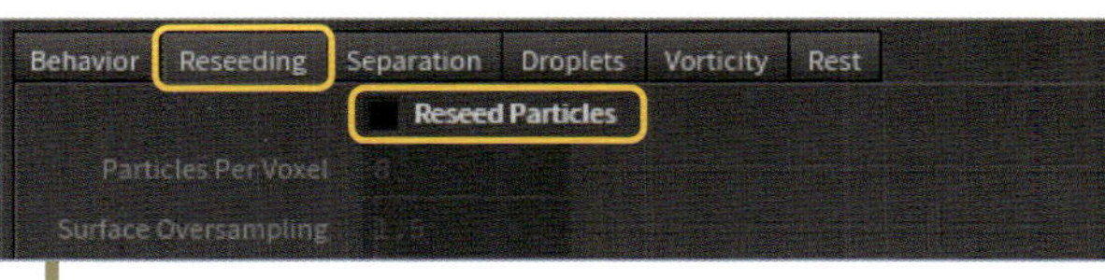

24 下部タブを「Reseeding」に切り替え、「Reseed Particles」を「オフ」にします。これは、パーティクルの密度が高すぎる箇所ではパーティクルを削除し、逆に低すぎる場所では生成します。作例では最終的にスローモーションのエフェクトを作成しますが、「Reseed Particles」が「オン」だと不具合が生じる可能性があるため「オフ」にします。

25 次に重力を追加します。TAB Menuから「Gravity Force（DOP）」を作成、「flipsolver1」と「output」の間に挿入します。

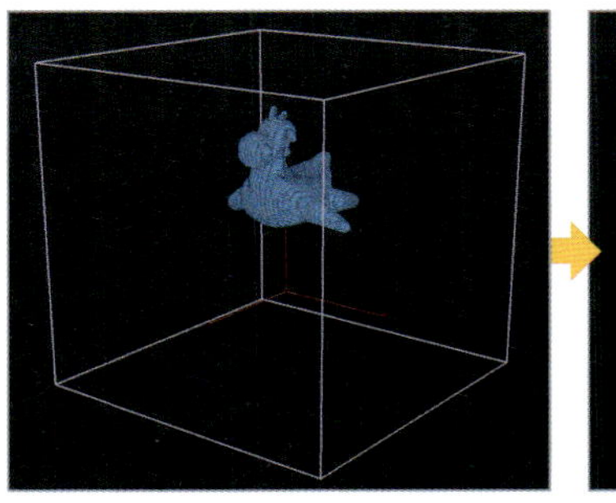

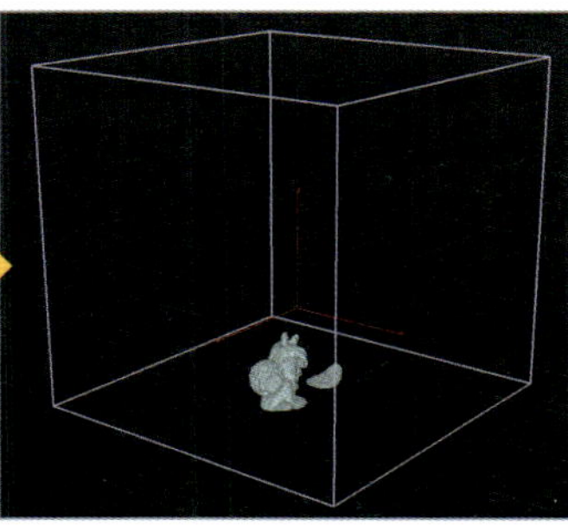

26 再生すると、単純に落下する水のシミュレーションができています。領域の外に出たパーティクルは消えています。

衝突の効果を作成する

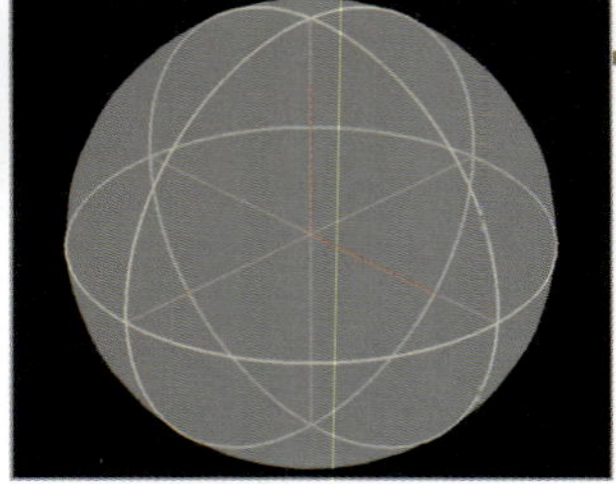

27 次は落下する水に対して衝突の効果を作成します。Uキーで上の階層（/obj/SlowSplash）に移動し、SOPネットワークで衝突用のオブジェクトをつくります。TAB Menuから「Sphere（SOP）」を作成します。

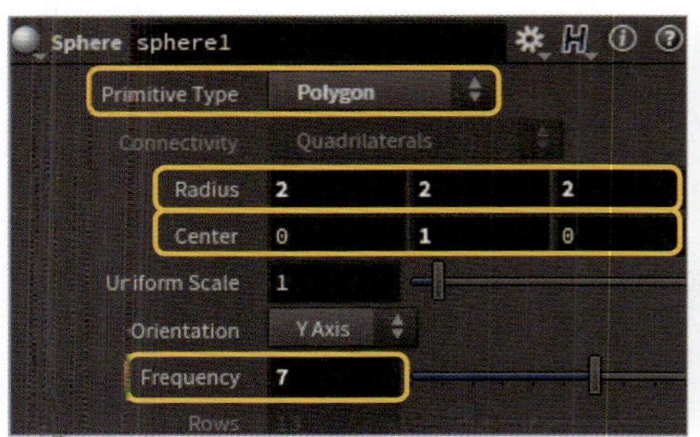

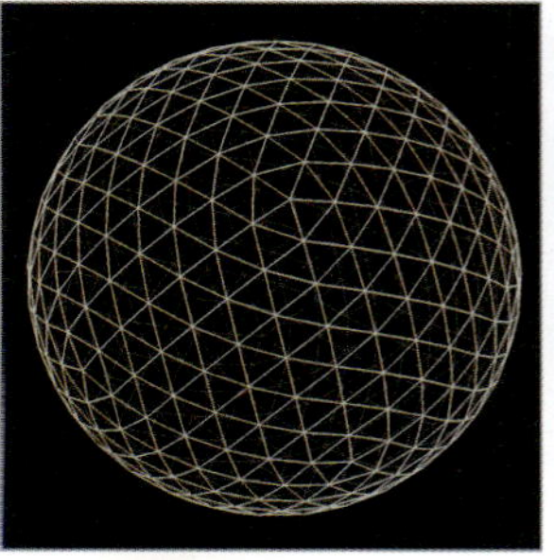

28 球体のパラメータを変更します。「Primitive Type：Polygon」「Radius：2　2　2」「Center：0　1　0」「Frequency：7」に設定します。図のようなポリゴンの球体になります。

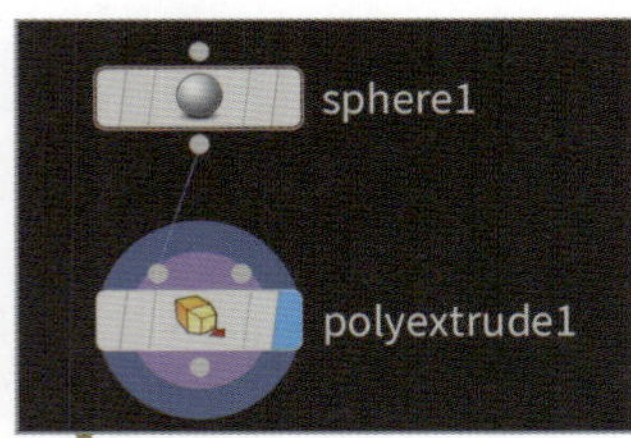

29 この球体に厚みを持たせます。TAB Menuから「PolyExtrude（SOP）」（ポリゴンを押し出して新しいポリゴンを作成するノード）を作成し、「sphere1」の下にコネクトします。

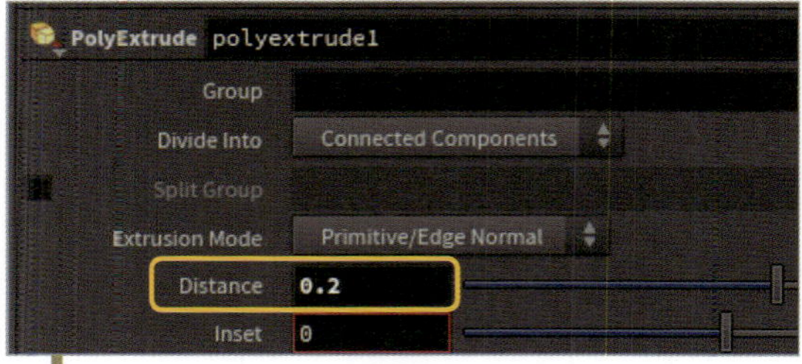

30 「polyextrude1」のパラメータ「Distance」を「0.2」に設定、少し球体が膨らみます。

31 次に「Output Back」を「オン」にします。これでポリゴンの押し出しの際、元ポリゴンが保持された状態になります。

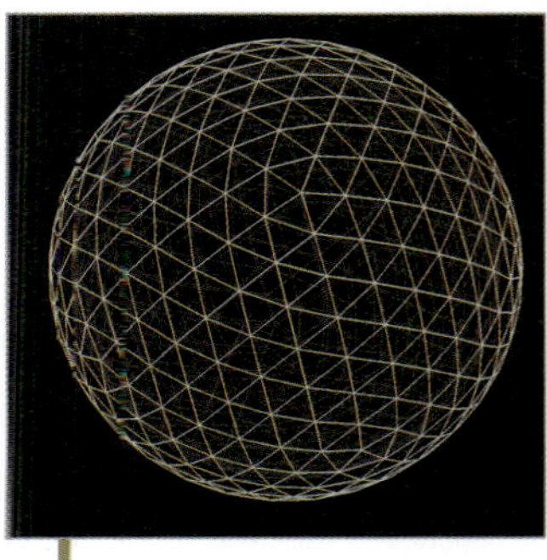

32 シーンビューを見ると、球体に厚みができています。

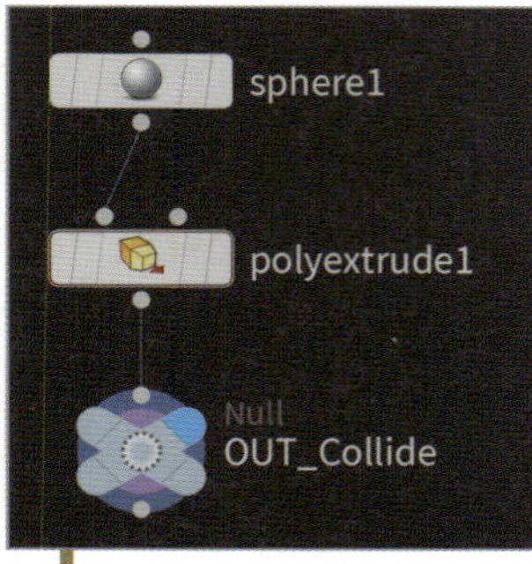

33 TAB Menuから「Null（SOP）」を作成し、名前を「OUT_Collide」とします。このノードを「polyextrude1」の下にコネクトします。

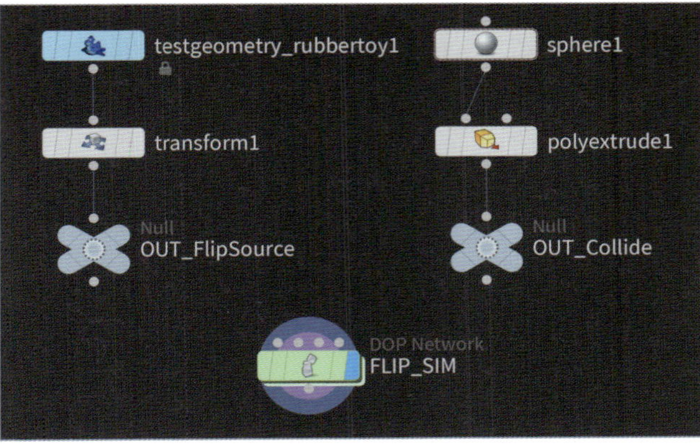

34 これで衝突用のモデルが用意できました。同じ階層に水のもとになるモデルもあり、ネットワーク全体は図のようになっています。

35 シミュレーションに衝突の要素を追加します。「FLIP_SIM」ノードの中に移動し、TAB Menuから「Static Object (DOP)」を作成します。このノードでシミュレーション内にStatic（静的）オブジェクトを作成します。

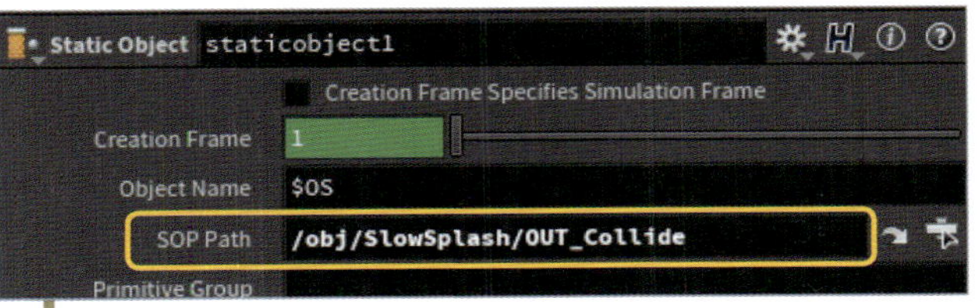

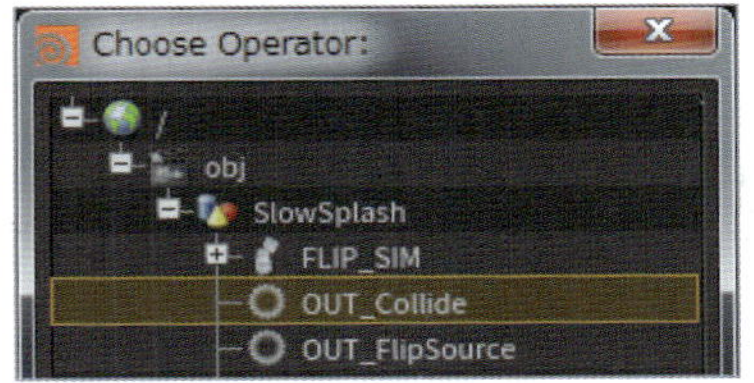

36 「staticobject1」のパラメータ「SOP Path」右端のアイコンをクリック、「Choose Operator」を表示して、33で作成した衝突用オブジェクト「OUT_Collide」を選択・指定します。

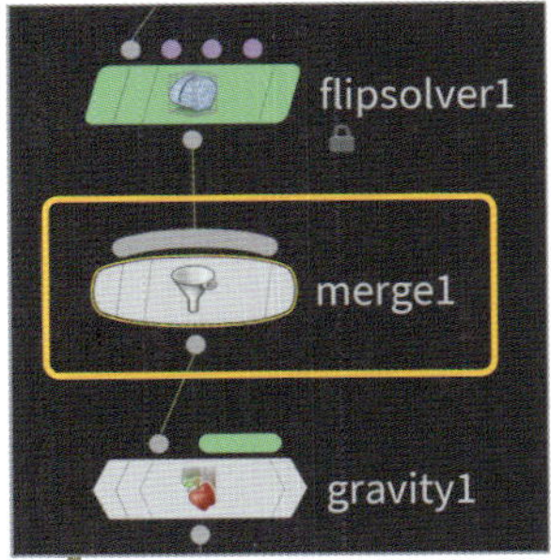

37 TAB Menuから「Merge (DOP)」を作成し、「flipsolver1」と「gravity1」の間に挿入します。

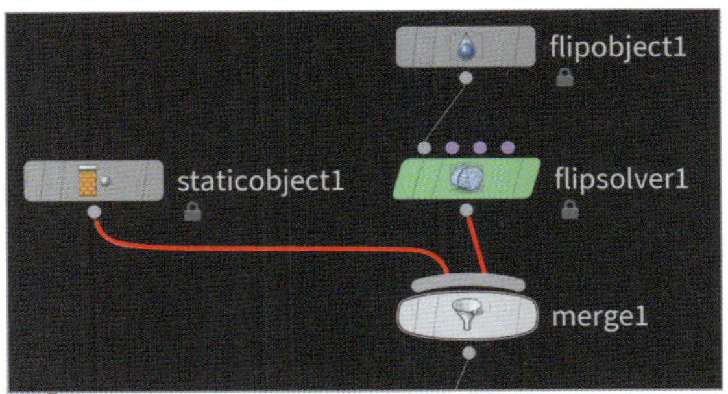

38 「staticobject1」ノードを「merge1」ノードにコネクト。次に「merge1」ノードを選択してShift＋Rキーを押し、コネクト順番を逆にします。

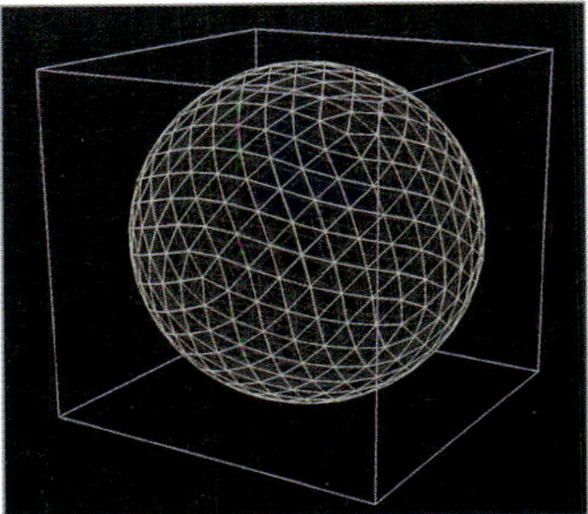

39 シーンビューを見ると、衝突用の球体が追加されています（更新されていない場合は1フレーム目に戻ってみてください）。

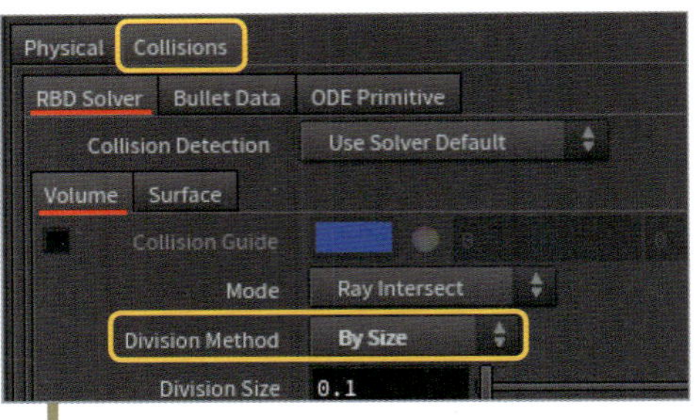

40 衝突用の「staticobject1」ノードのパラメータ、「Collisions」タブ→「Division Method」を「By Size」にします。これは衝突オブジェクトの分割方法ですが、初期値よりも衝突オブジェクトの精度が少し上がります。

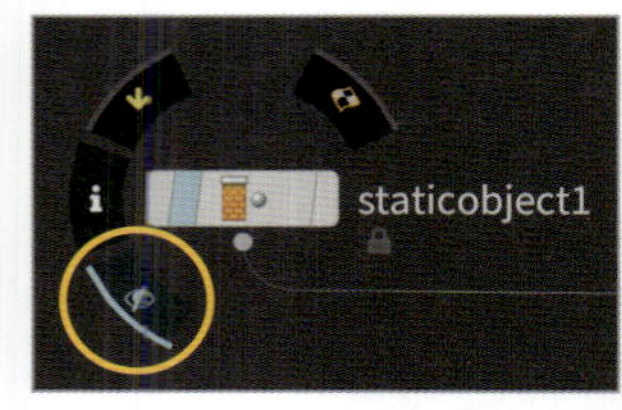

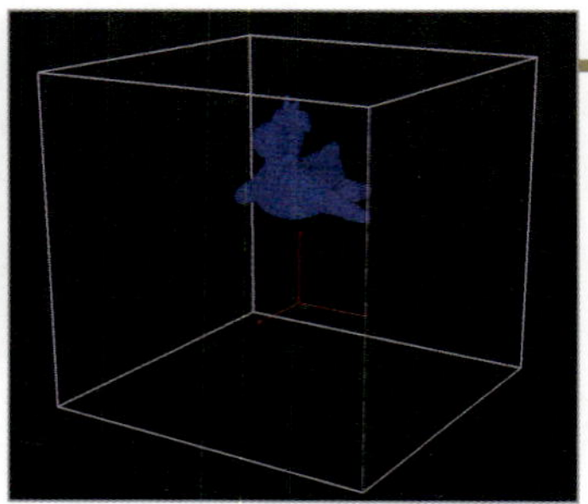

41 水の挙動を確認するためには球体が邪魔なので、「staticobject1」のノードリングから「Hidden」フラグを立て、非表示にします。シーンビューを見ると、球体が消えています。ただし、表示上見えないだけで、計算結果には反映されます。

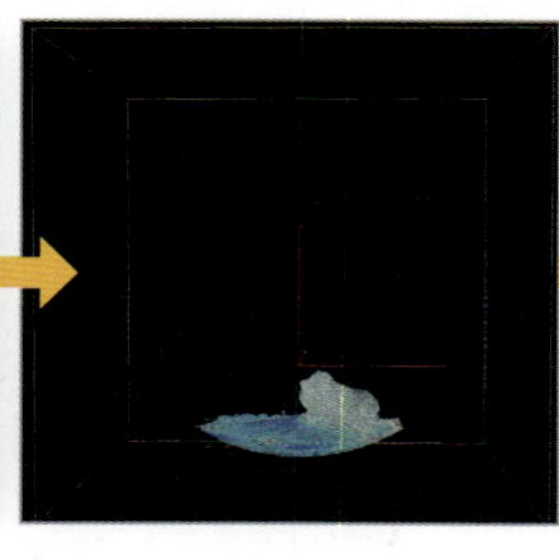

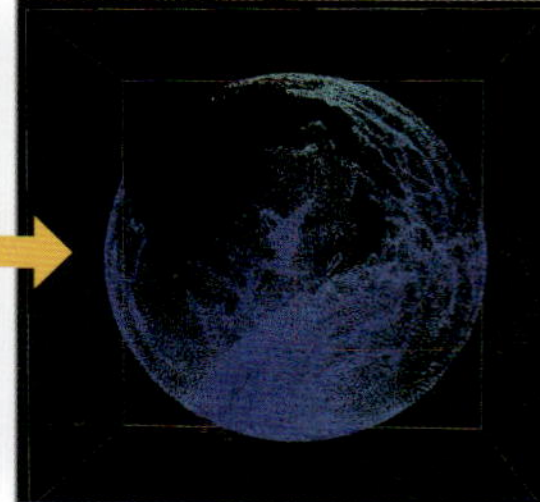

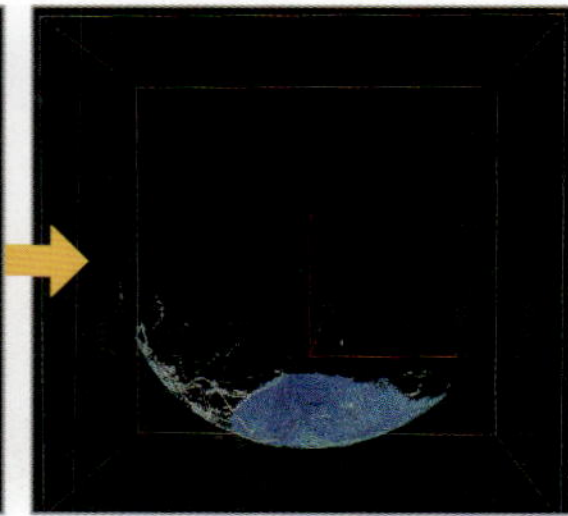

42 再生すると、落下した水が球体の内側に衝突する様子が確認できます。シミュレーションの設定はこれでひとまず完了です。

スローモーション効果を設定する

43 後工程でスローモーション効果を追加します。Uキーで上の階層（/obj/SlowSplash）に移動し、TAB Menuから「DOP Import Fiedls（SOP）」を作成。このノードで先ほどのシミュレーション結果を読み込みます。シェルフを使った場合は自動で設定されましたが、使わない場合は、どのDOPネットワークから読み込むか、何の情報を読み込むかを自分で設定します。

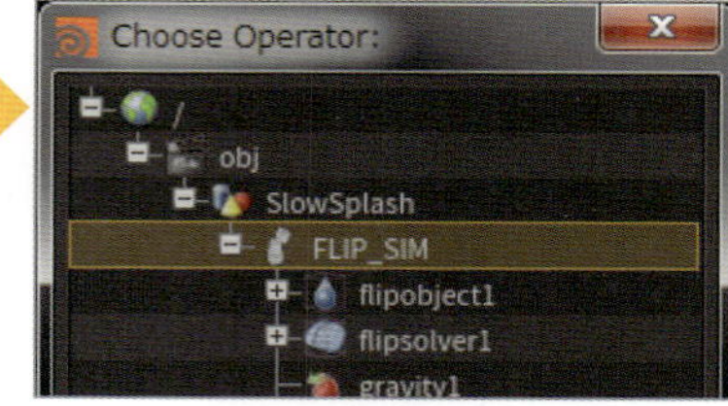

44 「dopimportfield1」のパラメータ「DOP Network」右端のアイコンをクリック、「Choose Operator」から「FLIP_SIM」ノード（水のシミュレーションを行っているDOPネットワーク）を選択します。

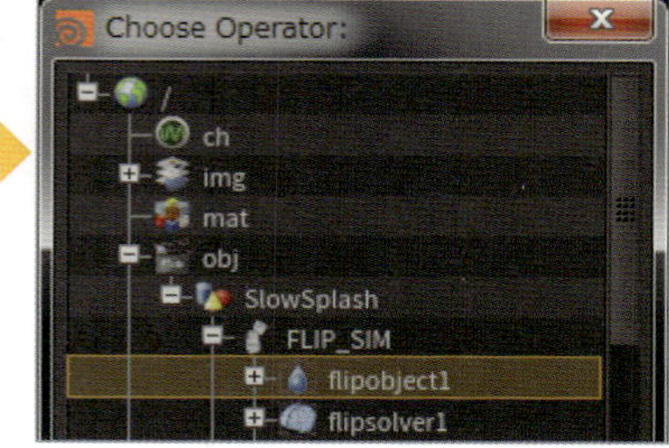

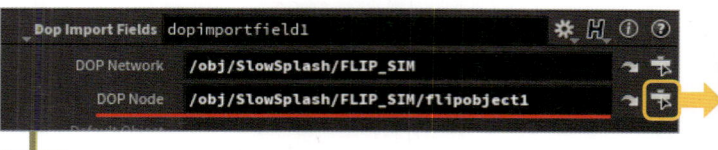

45 次にパラメータ「DOP Node」を設定します。右端にあるアイコンをクリック、「Choose Operator」から「flipobject1」を選択します。

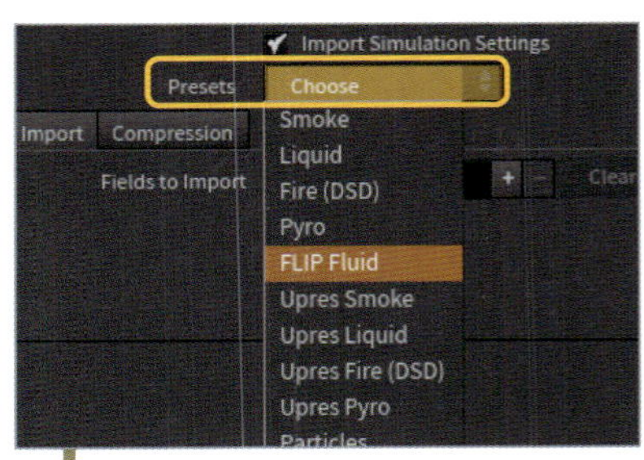

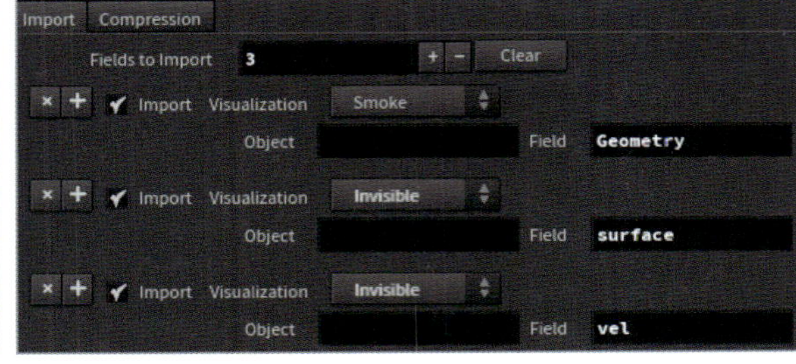

46 次に、パラメータ中ほどの「Presets」から「FLIP Fluid」を選択します。すると、その下の「Import」タブ内が自動で設定されます。

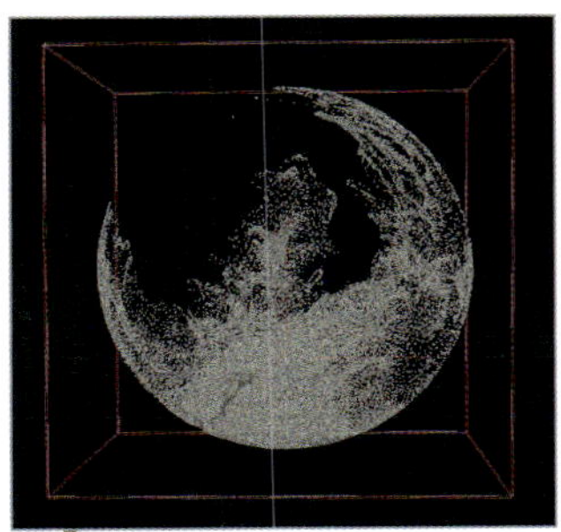

47 「dopimportfield1」ノードに表示フラグを立ててシーンビューを見ると、シミュレーション結果を取得できているのが確認できます。モノクロですが、これ以前は青い色がシミュレーション内の表示用の色だったためです。

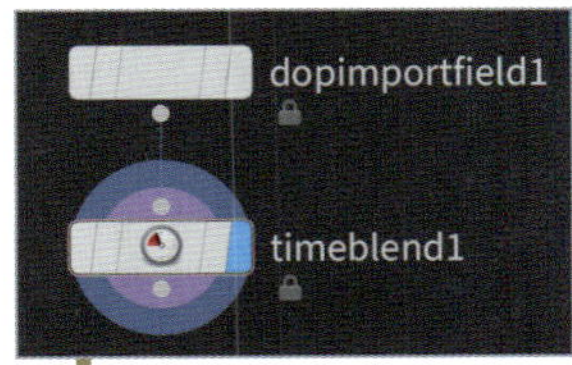

48 ここからは、読み込んだシミュレーション結果に対して特定フレームをスローモーションにします。

まず、必要なノードを作成します。TAB Menuから「Time Blend (SOP)」を作成、「dopimportfield1」ノードの下にコネクトします。これは前後の整数フレームから間の小数点フレームの結果を補間するノードです。

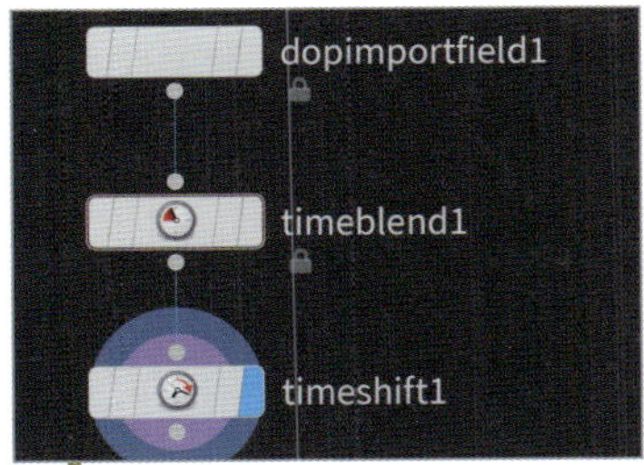

49 TAB Menuから「Time Shift (SOP)」(任意のフレームの結果を求めるノード)を作成、「timeblend1」の下にコネクトします。このノードでスローモーションの効果をつくります。

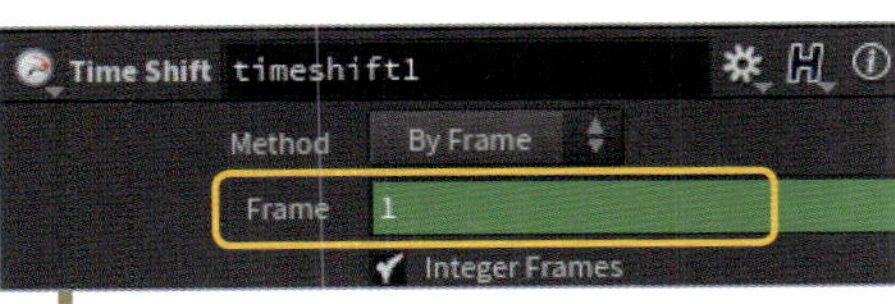

50 「timeshift1」のパラメータ「Frame」は出力結果のフレームです。初期設定で「$F」(図の表示は結果の1)というエクスプレッションが記述されていますが、パラメータをCtrl＋Shiftキー＋クリックして削除します。

Point Time Blend (SOP) のパラメータ

「timeblend1」ノードのパラメータ「Point Id Attribute」には「id」、「Primitive Id Attribute」には「name」とあります。ここで指定されたアトリビュートを頼りに補間が行われます。

例えばパーティクルの場合、異なるフレームで同じidアトリビュートを持つポイントを同一のものとして扱い、そのフレーム間を補間します。idアトリビュートは慣例としてパーティクル固有の番号を表すので、例えばパーティクルが寿命で消滅したとしても正しく補間されます。

同様の目的で「Primitive」にはnameアトリビュートが指定されています。このnameアトリビュートは、Chapter 4で破片を区別する際にも登場しました。nameというアトリビュートは、Primitiveを区別するためによく使われます。

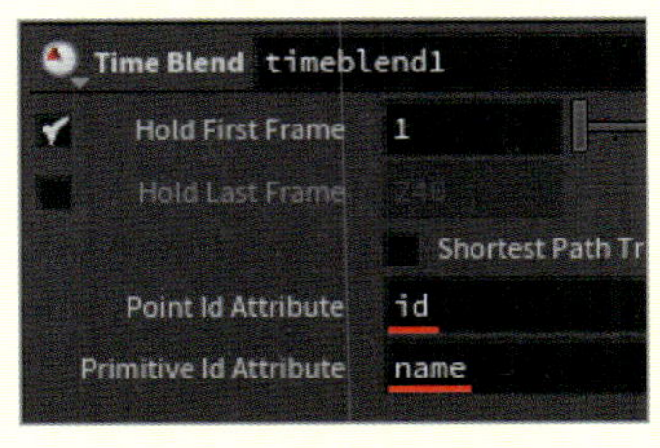

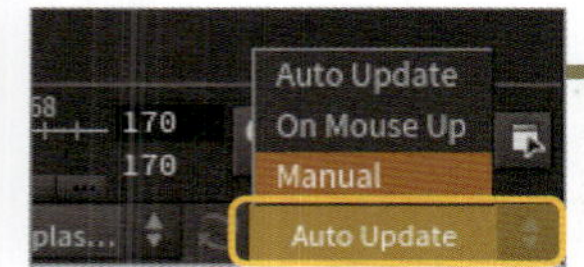

51 「Frame」にキーフレームを作成する前に、ウィンドウ右下「Auto Update」部分を「Manual」に変更します。これでパラメータなどを変更してもシーンが更新されないので、キーフレーム作成時にシミュレーションの計算をしなくて済みます。なお、シーンを更新するには、その隣の更新ボタンを押します。

フレーム	1	30	90	170
「Frame」値	1	30	40	120

52 この表を参考に、「timeshift1」ノードにキーフレームを作成します。キーフレームはAltキーを押しながらパラメータをクリックして作成できます。

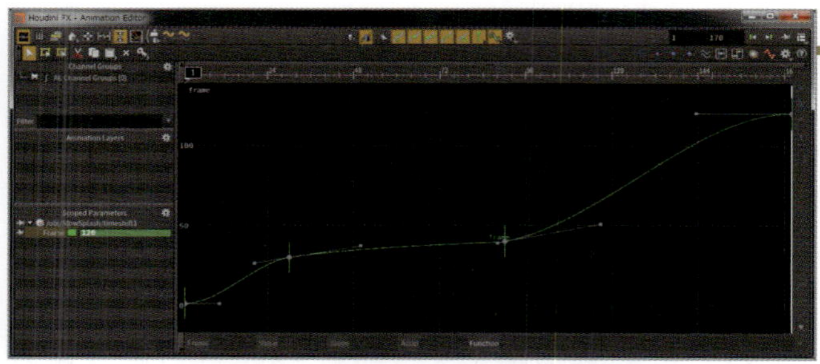

53 パラメータ「Frame」をShiftキーを押しながらクリックして、「Animation Editor」を表示します。エディタ上でSpace＋Hキーを押してグラフ全体を表示すると、キーフレームによるパラメータ値の変化を確認できます。

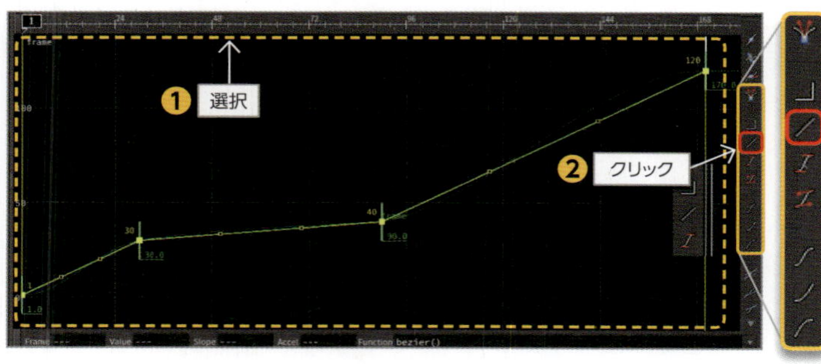

54 グラフ上のキーフレームのある領域をドラッグしてすべて選択します(❶)。その状態で右端の図のアイコン(❷)をクリックします。すると、カーブがすべて直線になります。

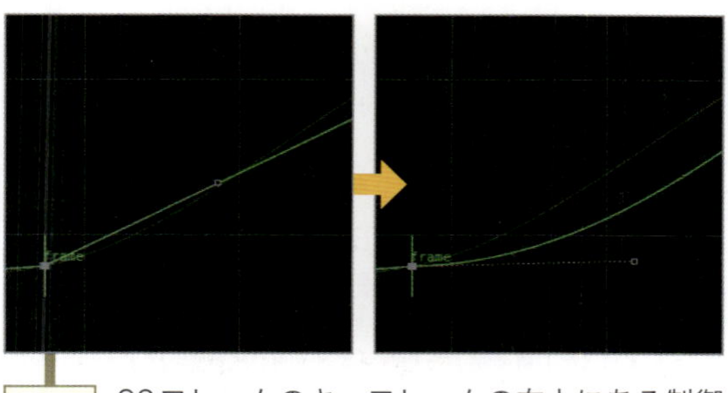

55 90フレームのキーフレームの右上にある制御ポイントを選択し、図のようにカーブが少し緩やかになるようにドラッグします。

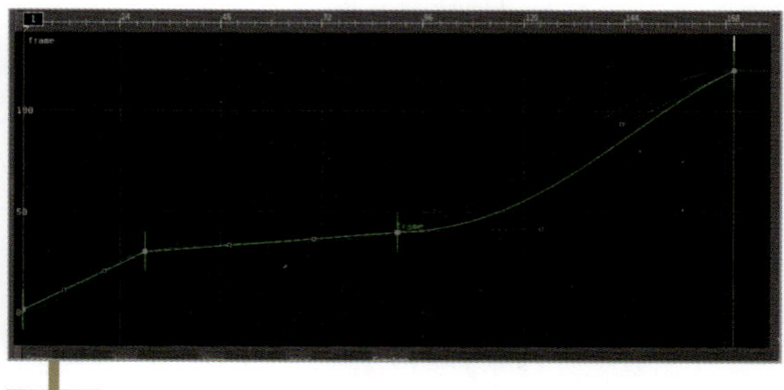

56 カーブは図のようになります。このカーブによって、1〜30フレームまでは通常のスピード、31〜90フレームはスローになります。そして91フレームから徐々に元のスピードに戻ります。

57 設定結果の確認前に、ウィンドウ右下の更新設定を「Manual」から「Auto Update」に戻します。これでシーンが更新されるようになります。

58 再生して確認すると、スローになったとたん動きがコマ送りのようになってしまいます。これは「timeshift1」ノードのパラメータ「Integer Frames」が「オン」になっているためです。これが「オン」だと、小数点フレームは一番近い整数フレームに変換されます。スローにした部分の小数点フレームが整数フレームになってしまうため、コマ落ちのような動きになってしまったのです。「Integer Frames」を「オフ」にします。

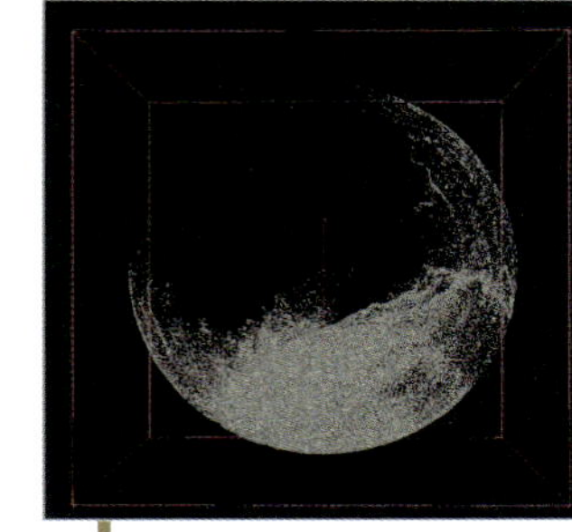

59 再生すると、今度はスロー部分がエラーなくゆっくり動いています。これでスローモーション効果は完成です。

キャッシュファイルの出力／読み込み

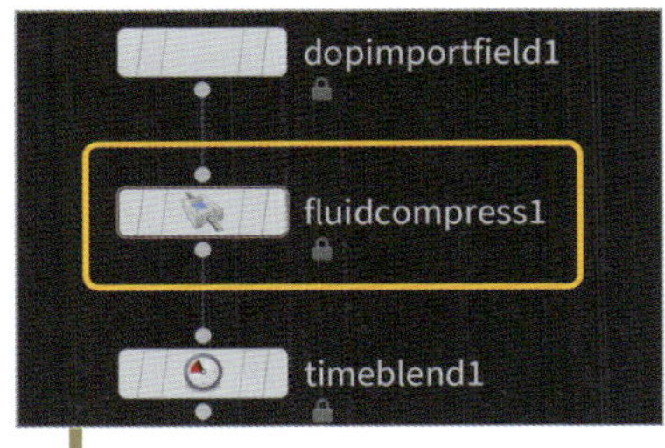

60 キャッシュファイルを作成しますが、その前にシミュレーション結果を圧縮します。水のシミュレーションはデータ量が多くなりがちなので圧縮して容量を減らします。TAB Menuから「Fluid Compress（SOP）」を作成、「dopimportfield1」と「timeblend1」の間にコネクトします。

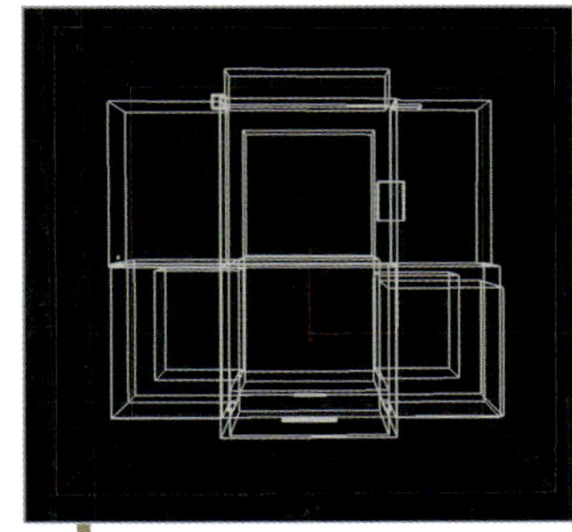

61 「fluidcompress1」ノードが間に入ったことでデータが圧縮され、シーンビューの表示が図のように変化します。かなり大雑把ですが、四角の領域の集合の動きで水のシミュレーションの様子もある程度わかります。

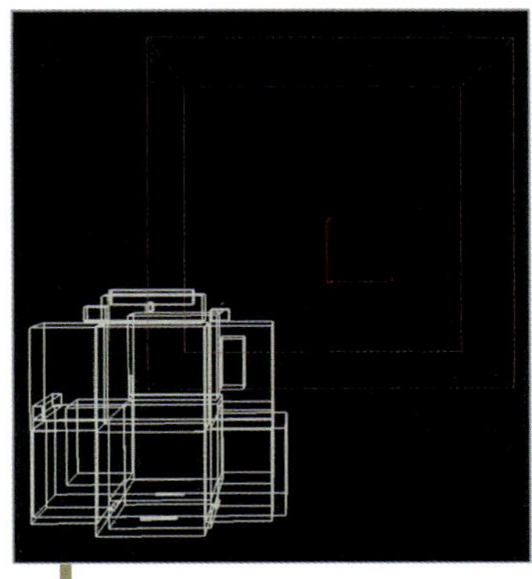

62 再生して結果を確認すると、スローモーションのあたりで、シミュレーション全体の位置が不安定になっています。これは「fluidcompress1」ノードによって情報を圧縮したために起こっている現象です。ノードの設定を変更して解決します。

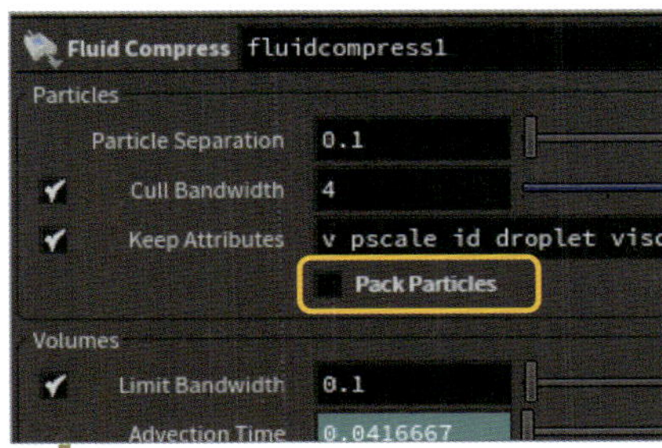

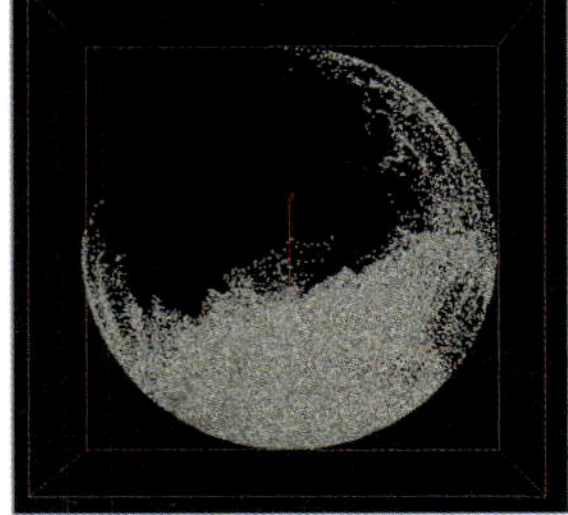

63 「fluidcompress1」のパラメータ「Pack Paricles」を「オフ」にします。「Pack Paricles」はパーティクルのポイントをパック化する機能です。パック化をオフにすると圧縮効率は下がりますが、スローモーション部分が意図した通りに機能するようになります。シーンビューを見ると、これまで通りパーティクルが表示されています。再生して結果を確認してみましょう。

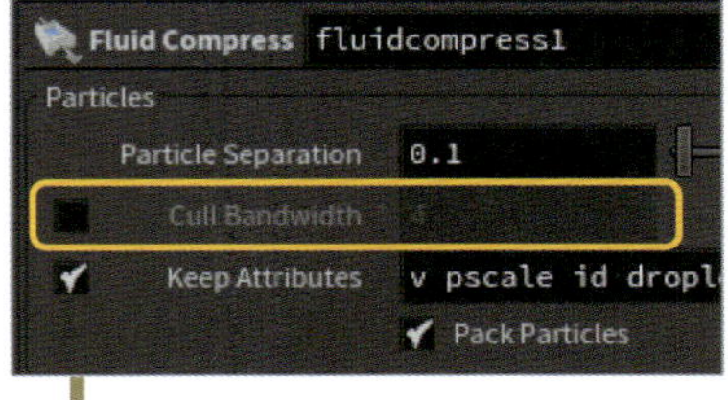

64 「Cull Bandwidth」も「オフ」にします。これが「オン」だと水の中にあるパーティクルが削除されますが、スローモーションエフェクトではパーティクルはすべて保持したいのでオフにしました。

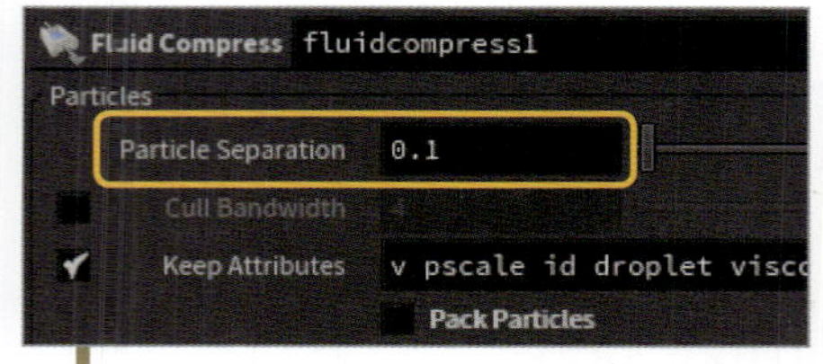

65 ここで「Particle Separation」値を、DOPシミュレーション内の「flipobject1」ノードの同名パラメータの値と一致させます（マニュアルにそうするよう記載があります）。

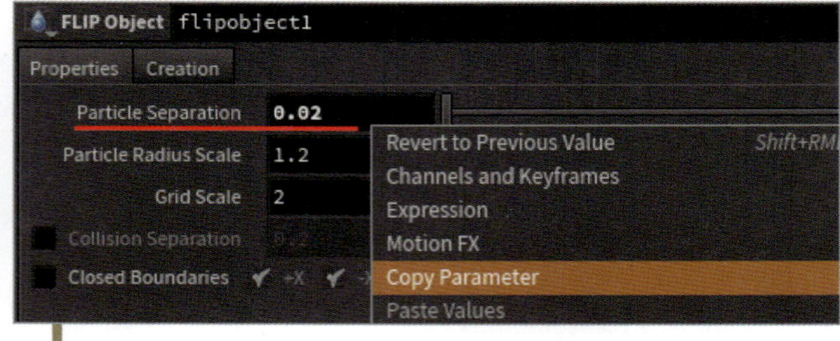

66 「FLIP_SIM」ノードの中に移動し、「flipobject1」ノードのパラメータ「Particle Separation」を右クリック、メニューから「Copy Parameter」を選択し、コピーします。

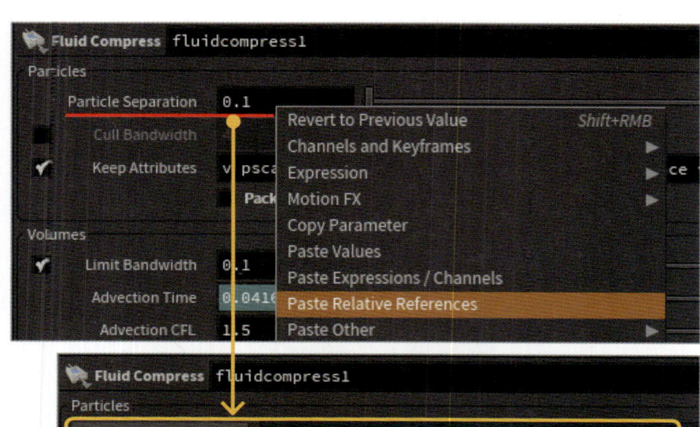

67 Uキーで上の階層に戻り、「fluidcompress1」ノードのパラメータ「Particle Separation」を右クリック、メニューから「Paste Relative References」を選択して、コピーした値を参照貼り付けします。これでパラメータの値が一致しました。以上で圧縮の設定は完了です。

68 どのくらいデータが圧縮されたか、48フレーム目で比較します。まず、圧縮前の情報を調べます。48フレームに移動し、「dopimportfield1」のノードリングから「Node Info」を選択。「Node Info」ウィンドウ左上のピンアイコンをクリックして、ウィンドウを固定します。

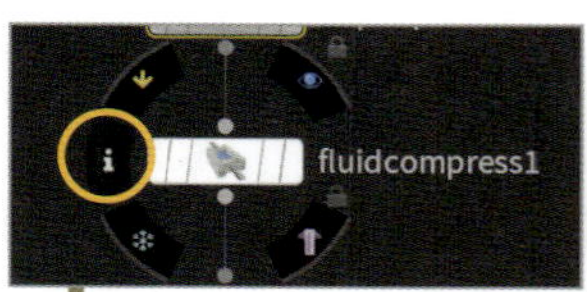

69 次に圧縮後の情報を表示します。「fluidcompress1」のノードリングから、同じく「Node Info」を選び、ピンで固定します。

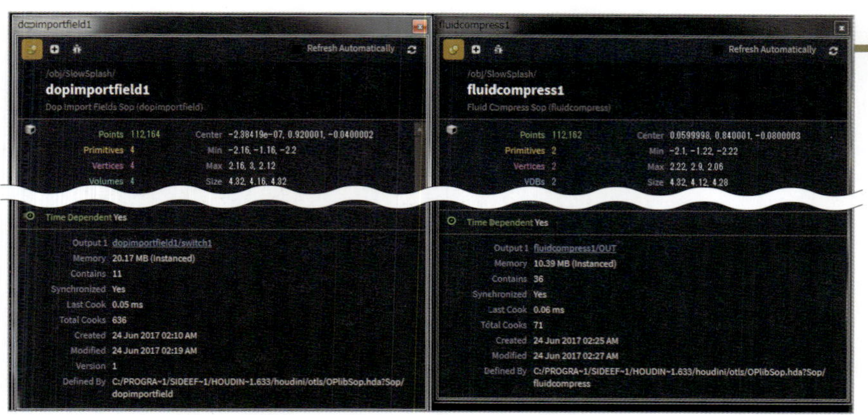

70 ふたつの「Node Info」ウィンドウを並べます。

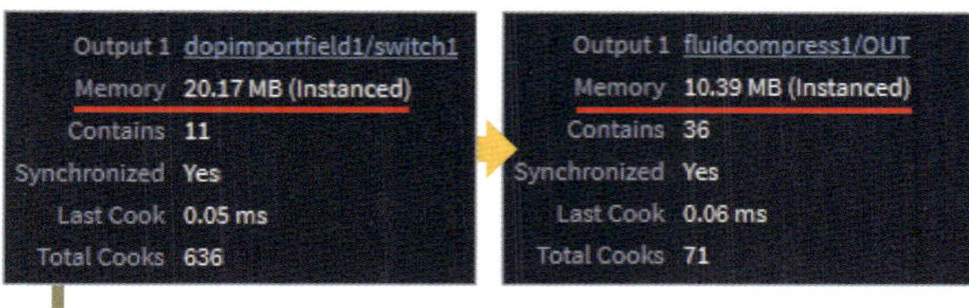

71 例えば「Memory」の値を比較すると、圧縮によって使用するメモリ量が減っています。確認後は「Node Info」ウィンドウを閉じます。

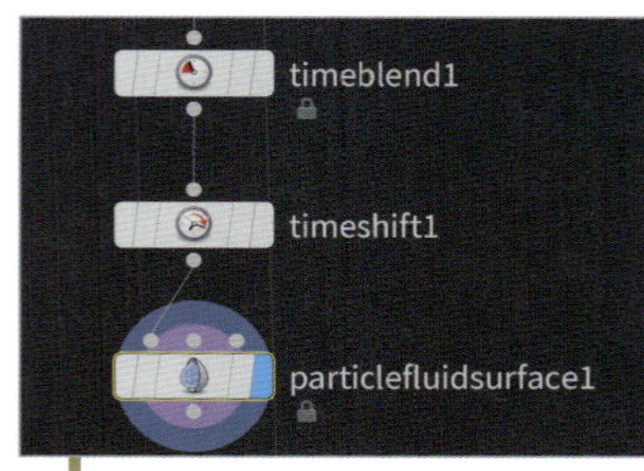

72 確認用にパーティクルに色を付けます。TAB Menuから「Particle Fluid Surface (SOP)」を作成し、「timeshift1」の下にコネクトします。このノードは**Chapter 6-1**(P349)でも登場し、シミュレーション結果のメッシュ化とプレビュー用のポイント作成に使いました。ここではプレビュー用のポイント作成のみに使います。

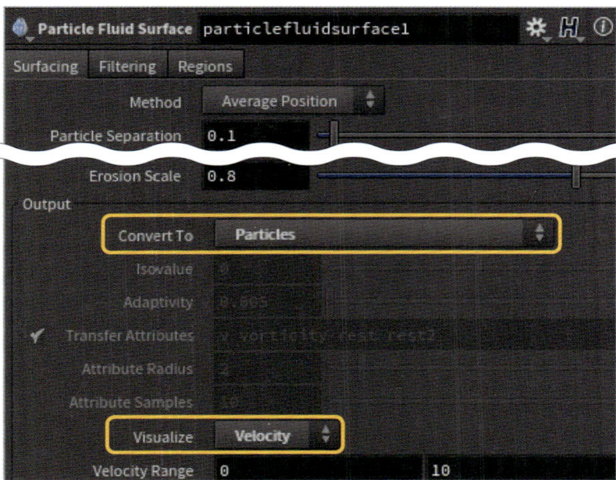

73 「particlefluidsurface1」のパラメータ「Convert To」を「Particles」にします。これは、圧縮されたシミュレーション結果を単なるパーティクルに変換します。次に「Visualize」を「Velocity」にし、速度に応じて青系に着色されるようにします。

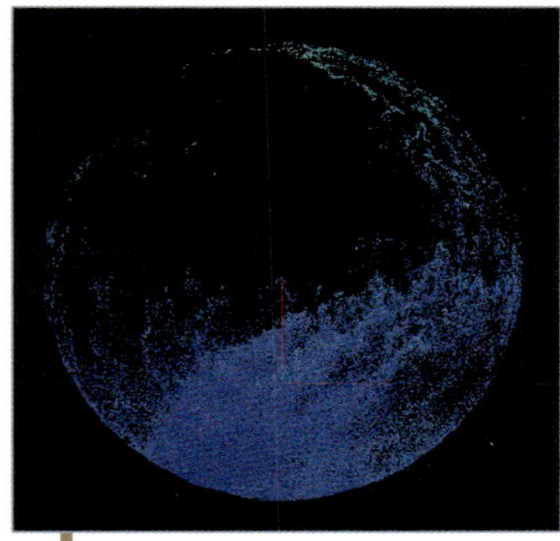

74 「particlefluidsurface1」に表示フラグを立ててシーンビューを見ると、青いパーティクルが表示されています。

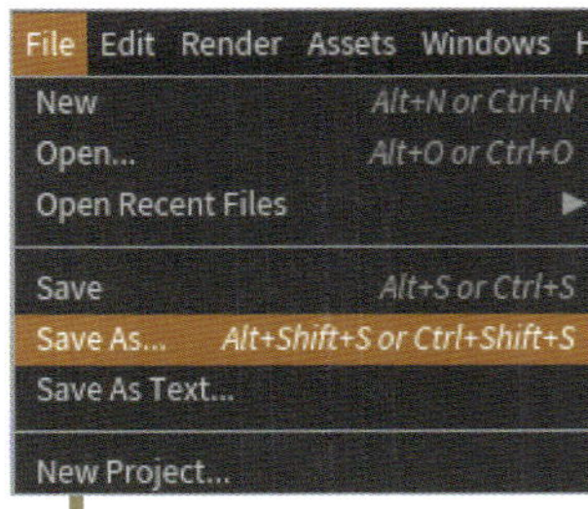

75 キャッシュファイルを作成しますが、その前に「File」メニューの「Save As」でシーンファイルを保存しておきます(ここでは「SlowSplash」という名前で保存)。

Point よりハイクオリティな水のシミュレーション

PCのスペックに余裕がある場合は、キャッシュ出力前にシミュレーションの精度を上げてもよいでしょう。

その場合は、シミュレーションを行っている「FLIP_SIM」ノードの中にある「flipobject1」のパラメータ「Particle Separation」を「0.01」に変更してみてください。これによりクオリティは上がりますが、そのぶん計算時間とメモリ使用量、キャッシュファイル容量はかなり増えます。この作例では以降、「Particle Separation」を「0.01」に変更したとして進めます。

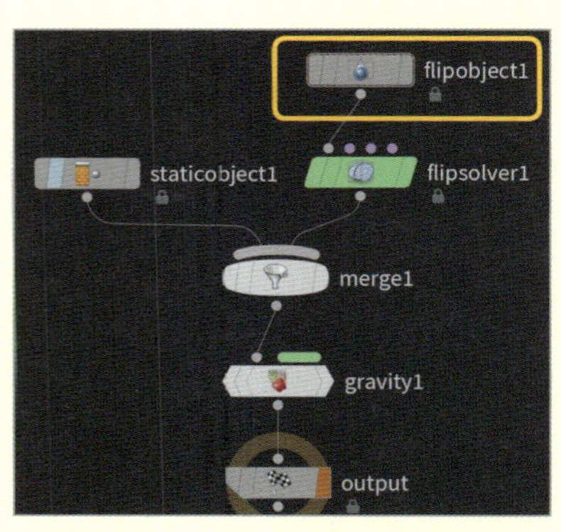

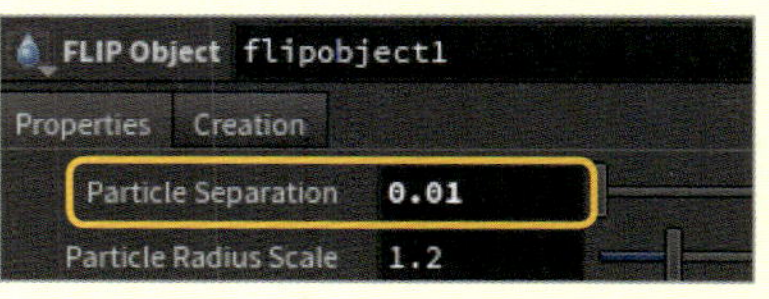

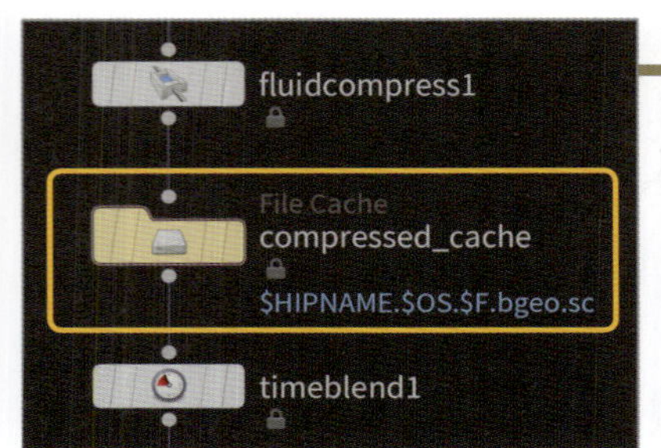

76 キャッシュファイル保存用のノードを作成します。TAB Menuから「File Cache (SOP)」を作成、ノード名を「compressed_cache」とします。ノードは、「fluidcompress1」と「timeblend1」の間にコネクトします。
この位置、つまりスローモーションの前段階でキャッシュファイルを作成すれば、全フレームのキャッシュファイルを作成しなくて済みます。また、後からスローモーションのタイミングを変更したい場合も、再シミュレーションの可能性が少なくて済みます。

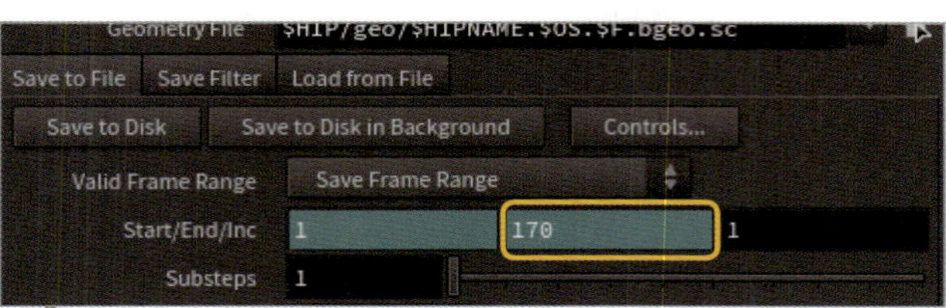

77 「filecache1」ノードのパラメータ、「Save to File」タブ→「Start/End/Inc」の設定を変更します。「End」に相当する箇所のエクスプレッション「$FEND」(図は反映後の値170が表示)について、パラメータをCtrl＋Shiftキー＋クリックしてエクスプレッションを削除します。

78 削除した部分に「120」と記述します。これは、先の工程で「timeshift1」ノードで指定したキーフレームの最後のフレームです。スローモーションの効果を踏まえて、キャッシュファイルの容量節約のため、使用するフレーム分のみキャッシュファイルを作成します。

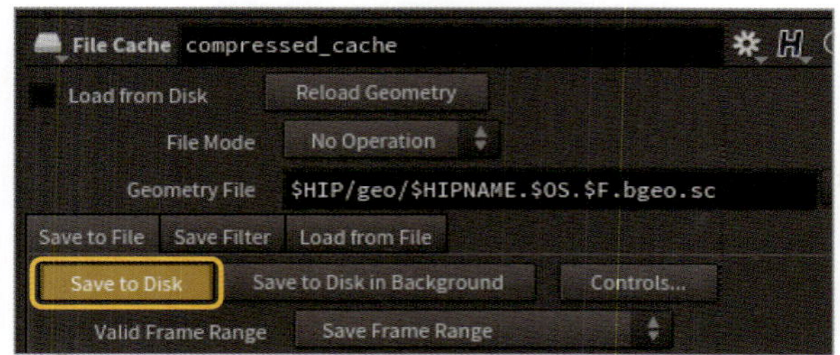

79 ハードディスクに十分な空き容量があることを確認してから、「compressed_cache」のパラメータ、「Save to File」タブ→「Save to Disk」ボタンを押し、キャッシュファイルを作成します。ファイルは1～2GBほどになります。

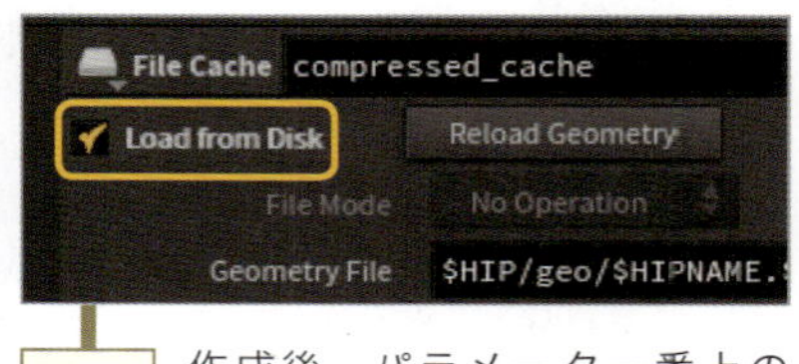

80 作成後、パラメーター番上の「Load from Disk」を「オン」にして、作成したキャッシュファイルを読み込みます。

メッシュ化する

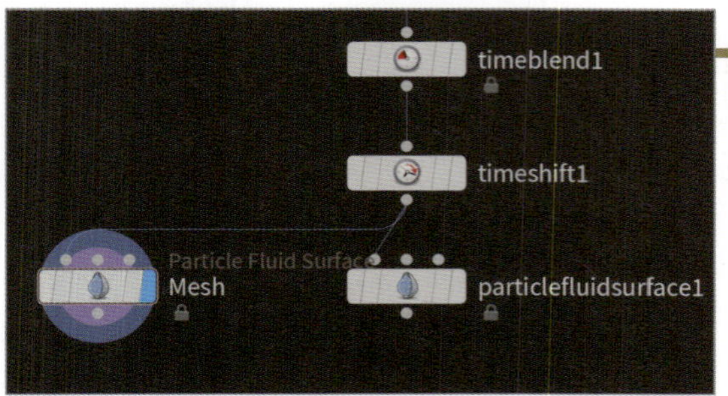

81 キャッシュファイルを用いてメッシュ化します。TAB Menuから「Particle Fluid Surface (SOP)」を作成、ノード名を「Mesh」にし、表示フラグを立てておきます。ノードは図のように「timeshift1」の下に分岐するようにコネクトします。このノードでメッシュ化を行います。

82 しかしシーンビューを見ると、うまくメッシュ化できているように見えません。パラメータを調整し、きれいなメッシュがつくられるようにします。

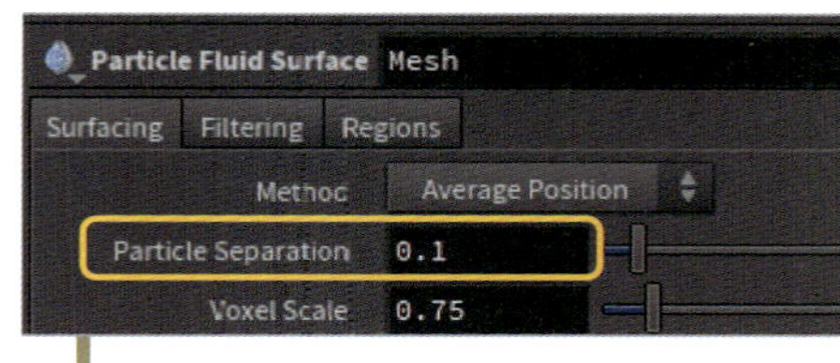

83 「Mesh」ノードの「Surfacing」タブ→「Particle Separation」も実は66の「flipobject1」ノードの「Particle Separation」と同じ値なのが望ましいです。そこで、パラメータをリンクして同じ値にします。

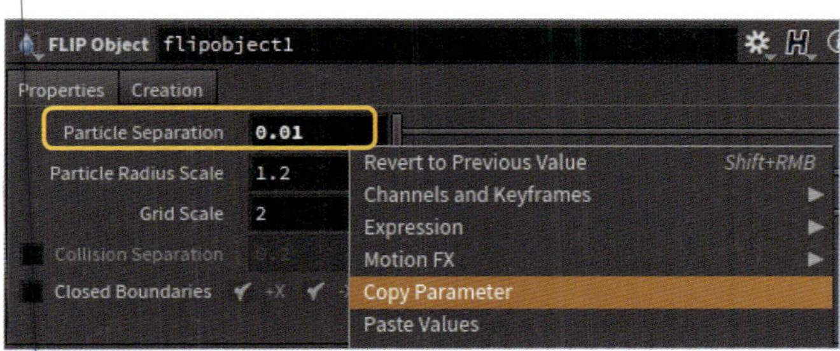

84 「FLIP_SIM」ノードの中に移動して「flipobject1」ノードを選択します。パラメータ「Particle Separation」を右クリックしてメニューから「Copy Parameter」を選択、パラメータをコピーします。

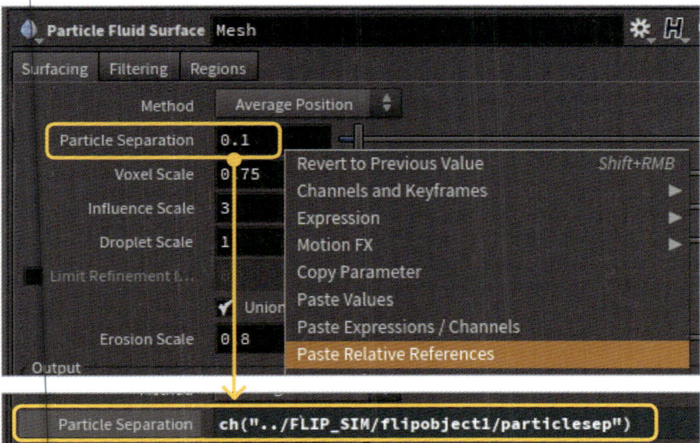

85 Uキーで上の階層に戻り、「Mesh」ノードを選択して、パラメータ「Particle Separation」を右クリック、メニューから「Paste Relative References」を選択して参照貼り付けします。これでふたつの「Particle Separation」が同じ値になります。

86 シーンビューを見ると先ほどよりも、水っぽいメッシュがつくられています。もう少し調整します。

87 パラメータ「Method」を「Spherical」にします。この作例のように薄い水をメッシュ化すると、多くの場合メッシュにチラツキが出てしまいます。それを軽減するための設定です。シーンビューを見ると、元のパーティクルの粒を感じる結果です。これに平滑化の効果を加えて、滑らかなメッシュに変更します。

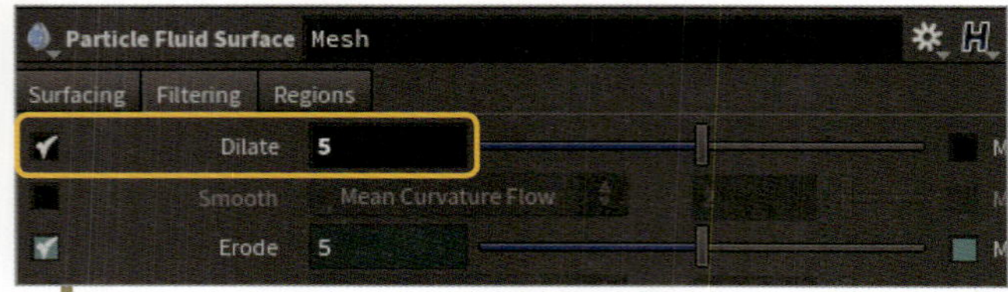

88 「Filtering」タブにはメッシュを滑らかにするフィルタ効果などのパラメータがまとめられています。「Dilate」はメッシュを外側に拡張するパラメータです。これを「オン」にして、値を「5」にします。下の「Erode」は「Dilate」と連動しており、内側へとメッシュを収縮させます。いったんメッシュを外側に拡張し、その後収縮することで、メッシュを滑らかにしたような効果が得られます。

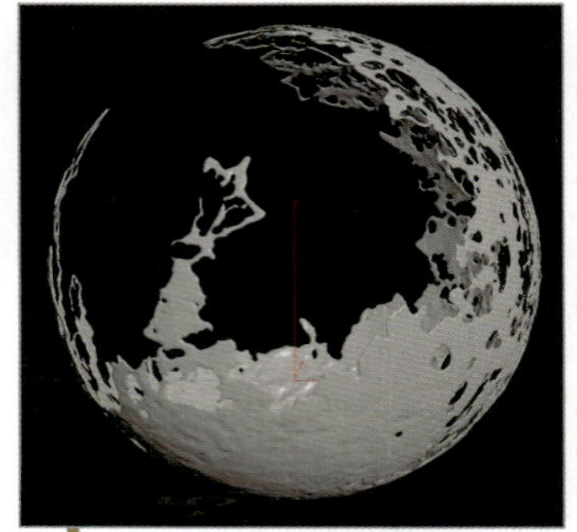

89 シーンビューを見ると先ほどの粒っぽさがかなり軽減されました。

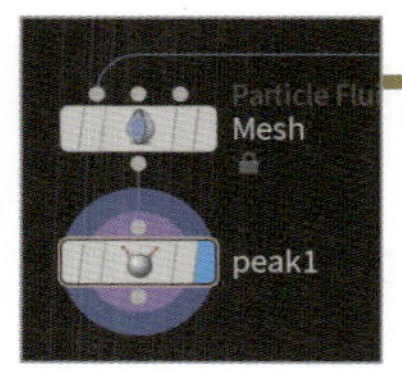

90 このメッシュにもう少し手を加えます。TAB Menuから「Peak (SOP)」を作成し、「Mesh」の下にコネクト。このノードは、ポイントやポリゴンを法線方向に動かせます。ここではメッシュを少し内側に収縮させるのに使います。

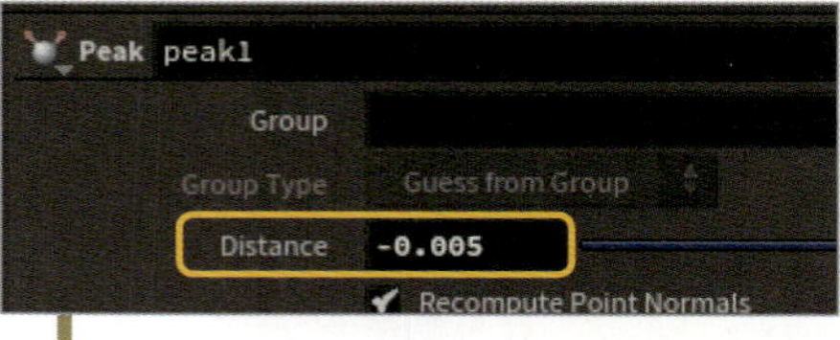

91 「peak1」のパラメータ「Distance」を「−0.005」にします。

92 シーンビューを見ると、ほんのわずかメッシュが内側に小さくなっています。「peak1」ノードのバイパスフラグを切り替えて確認すると、よりわかりやすいです。

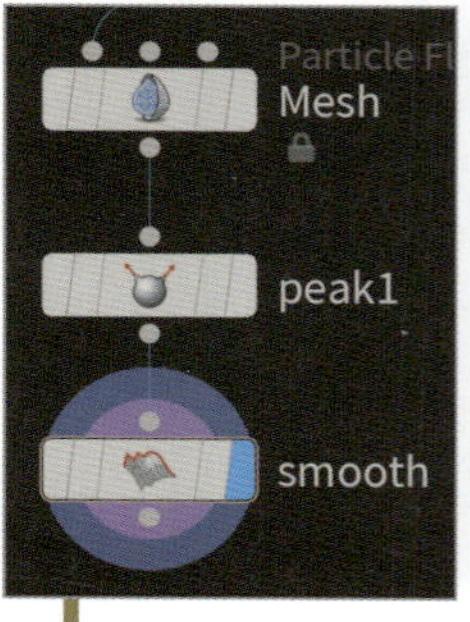

93 TAB Menuから「Smooth (SOP)」を作成、「peak1」の下にコネクトします。これは名前の通りメッシュを滑らかにするノードです。

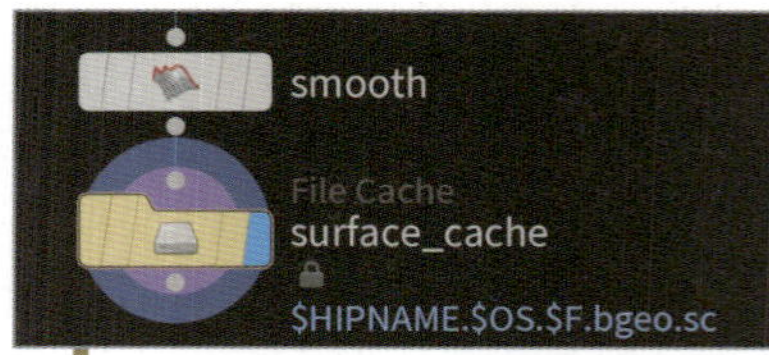

94 これでメッシュ化の設定は完了です。メッシュ化の処理もシミュレーション同様、もしくはそれ以上に時間がかかるので、結果をキャッシュファイルに出力しておきます。TAB Menuから「File Cache (SOP)」を作成、ノード名を「surface_cache」とします。これを「smooth」の下にコネクトします。

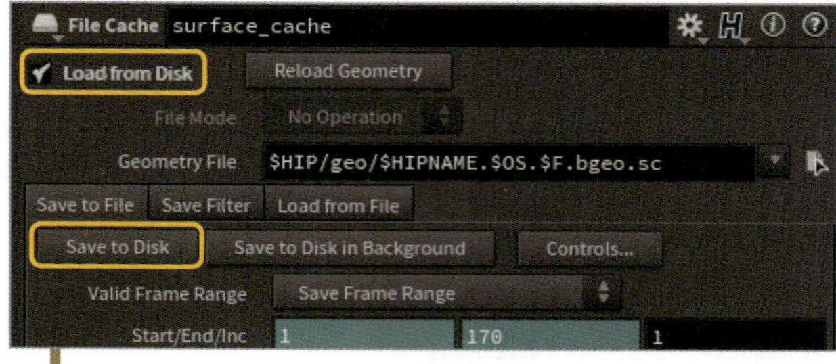

95 「surface_cache」ノードの「Save to Disk」ボタンを押してキャッシュファイルに出力します（メッシュ化には時間がかかります）。キャッシュファイルの容量は、全部でおよそ500MB程度です。出力後、「Load from Disk：オン」にして読み込んでおきます。

レンダリングする

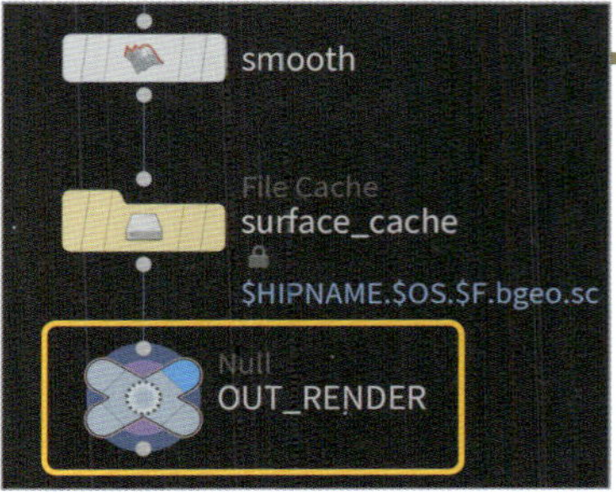

96 TAB Menuから「Null(SOP)」を作成、ノード名を「OUT_RENDER」にして、「surface_cache」の下にコネクト。表示フラグとレンダーフラグを立てます。これで水は完成です。

97 プレビューを作成してここまでの結果を確認します。Uキーで「/obj」階層に移動し、TAB Menuから「Camera(OBJ)」を作成します。

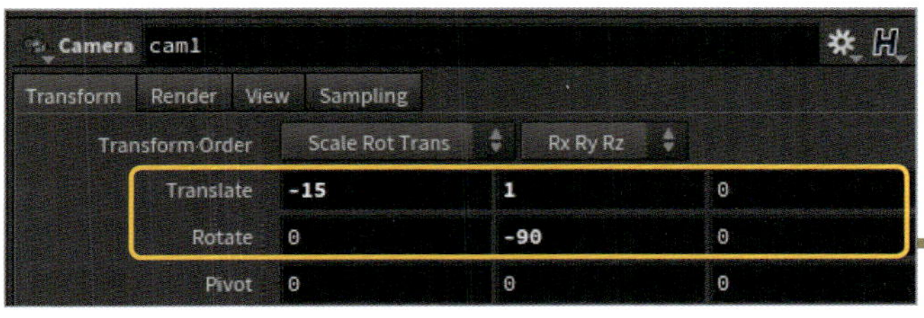

98 「cam1」ノードのパラメータ「Translate」を「−15　1　0」、「Rotate」を「0　−90　0」に設定します。

99 シーンビューでは、このようなレイアウトになっています。

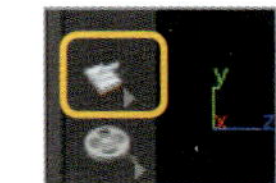

100 プレビューを作成します。ウィンドウ右下の「Render Flipbook」ボタンを押し、設定ウィンドウの「Accept」ボタンを押します。「Mplay」ウィンドウが起動し、シーンビューの画面キャプチャが始まります。

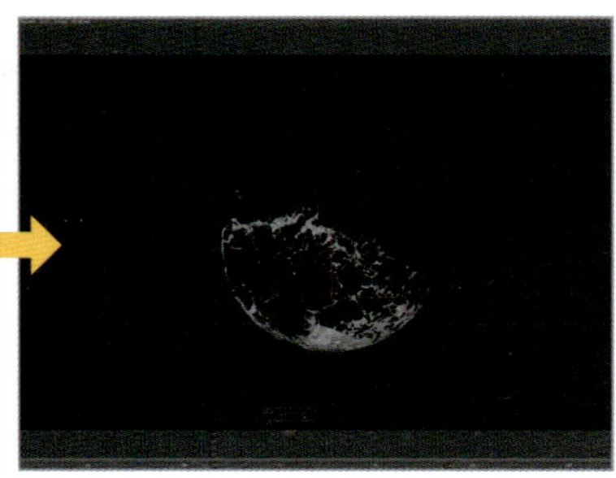

101 キャプチャ終了後、再生してみます。水の塊が落下し、途中スローモーションになり、また通常再生に戻る様子が確認できます。

102 レンダリングの準備として背景を作成します。TAB Menuから「Geometry（OBJ）」を作成、ノード名を「BG_Plane」とします。

103 作成したノードの中に入り、既存の「file1」ノードを削除、TAB Menuから「Grid（SOP）」を作成します。

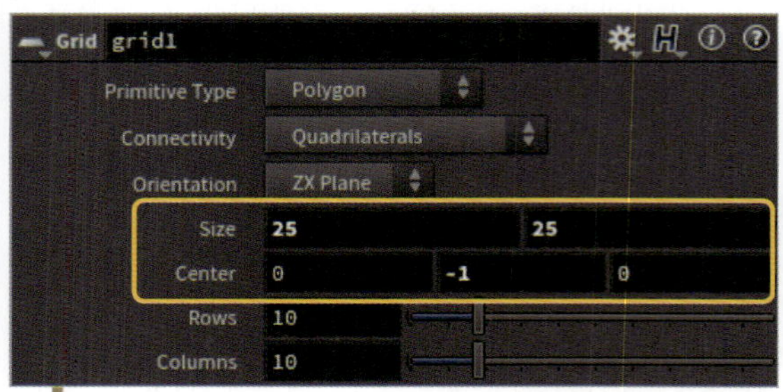

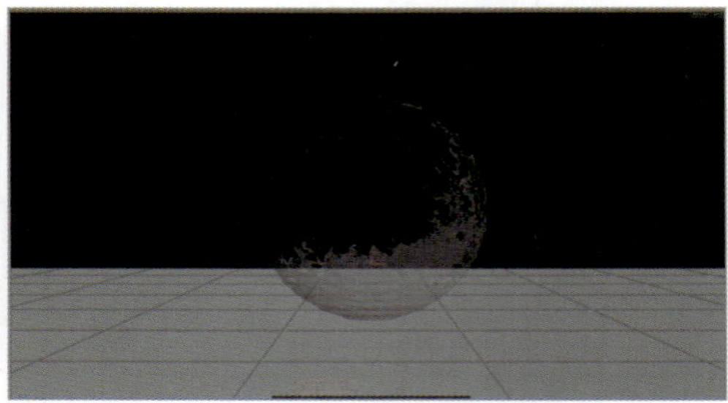

104 「grid1」ノードのパラメータ「Size」を「25　25」、「Center」を「0　－1　0」に設定します。これで水の下に板が配置されます。

105 Uキーで「/obj」階層に移動し、TAB Menuからもうひとつ「Geometry（OBJ）」を作成、ノード名を「BG_Sphere」とします。

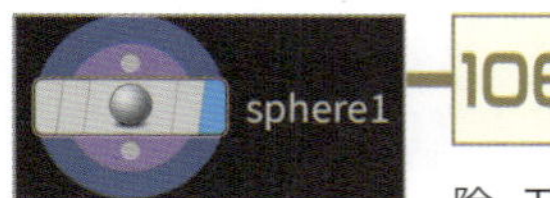

106 作成したノードの中に入り、既存の「file1」ノードを削除、TAB Menuから「Sphere（SOP）」を作成します。

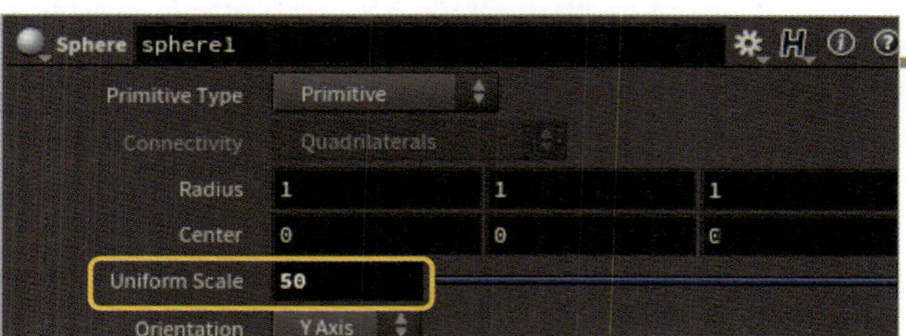

107 「sphere1」ノードのパラメータ「Uniform Scale」値を「50」に変更します。これでシーン全体を覆う、巨大な球体ができました。Uキーで「/obj」階層に移動します。

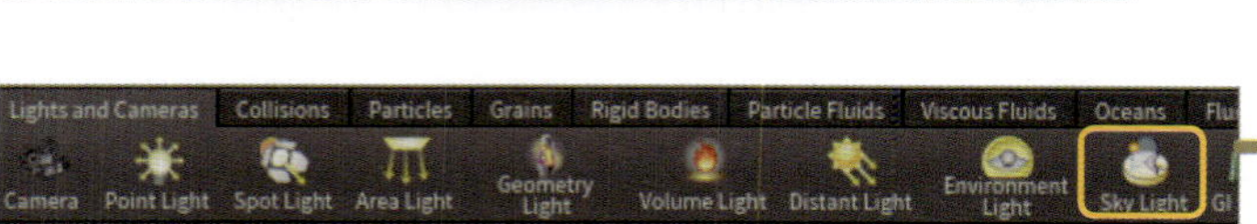

108 次に、シェルフからライトを作成します。ウィンドウ右上のシェルフから「Lights and Camera」タブ→「Sky Light」をクリックします。「/obj」階層にライトノードがふたつ追加されます。

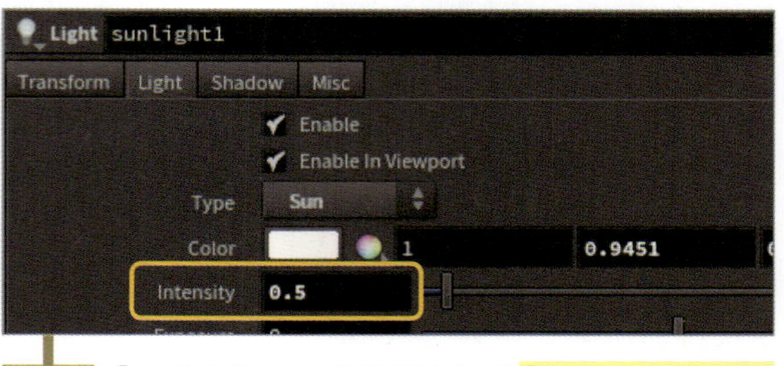

109 「sunlight1」ノードのパラメータ「Intensity」（ライトの強さ）を「0.5」に変更します。

110 「Shadow」タブに切り替え、「Shadow Mask」の記述を「* ^BG_Sphere」に変更します。「BG_Sphere」ノードは影を落とさなくなります。

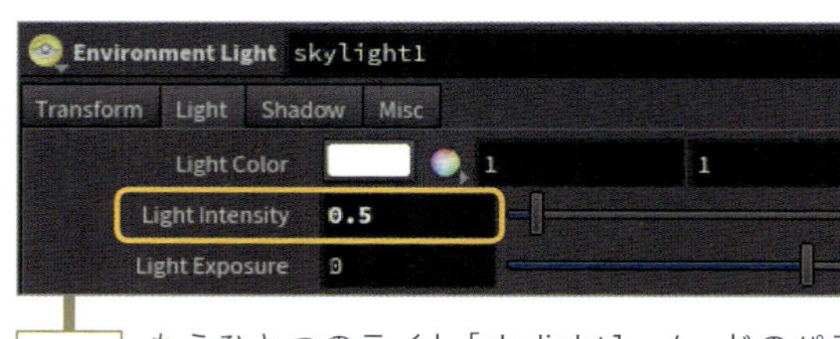

111 もうひとつのライト「skylight1」ノードのパラメータ「Light Intensity」を「0.5」に変更します。これもライトの明るさです。

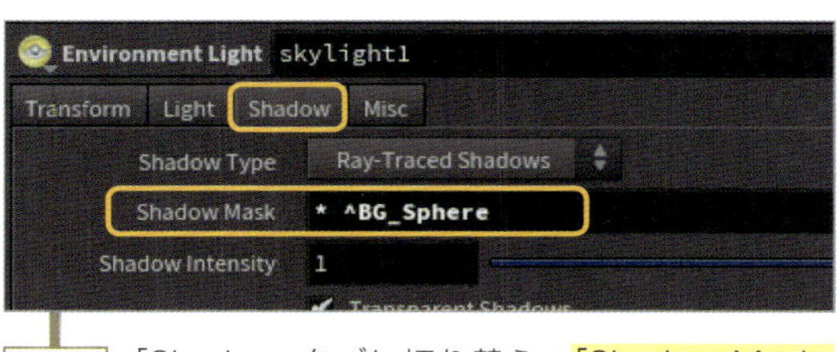

112 「Shadow」タブに切り替え、「Shadow Mask」の記述を「sunlight1」ノードと同様、「* ^BG_Sphere」に変更します。

113 次に質感を設定します。ネットワークエディタ上部のタブを「Material Palette」に切り替えます。

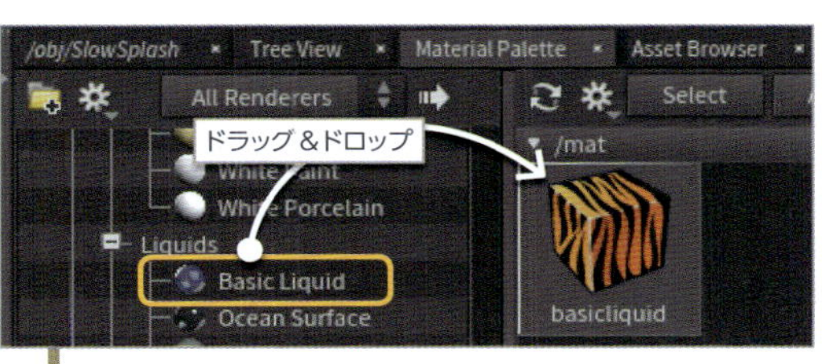

114 「Material Palette」左側のプリセットリストから「Basic Liquid」（標準的な水のマテリアル）を選択して、右領域にドラッグ＆ドロップします。パラメータはデフォルトで使用します。

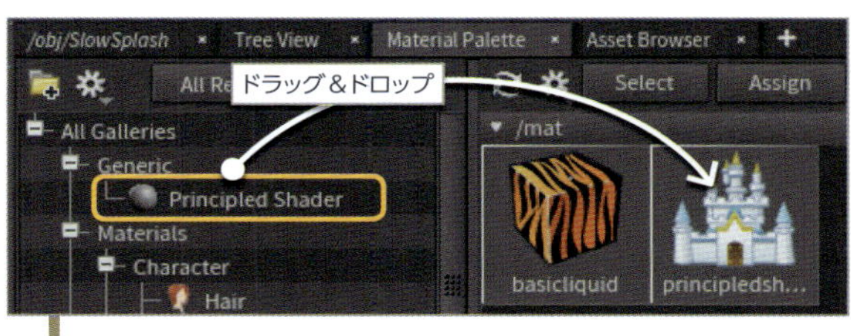

115 マテリアルをもうひとつ作成します。プリセットリストから「principled Shader」を選択、右領域にドラッグ＆ドロップします。これを背景のマテリアルとして適用します。

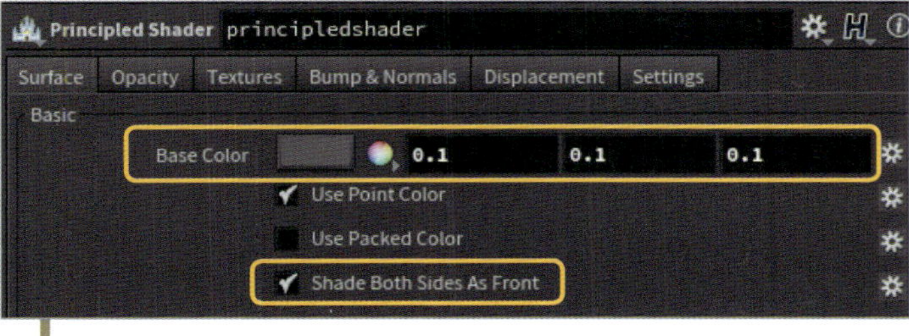

116 「principled Shader」のパラメータ「Base Color」を「0.1　0.1　0.1」に変更し、「Shade Both Sides As Front」を「オン」にします。

117 作成したマテリアルを割り当てます。「Material Palette」のタブをネットワークエディタに切り替えます。マテリアルを編集したことで階層が「/mat」に移動している場合は、「/obj」階層に移動し直します。

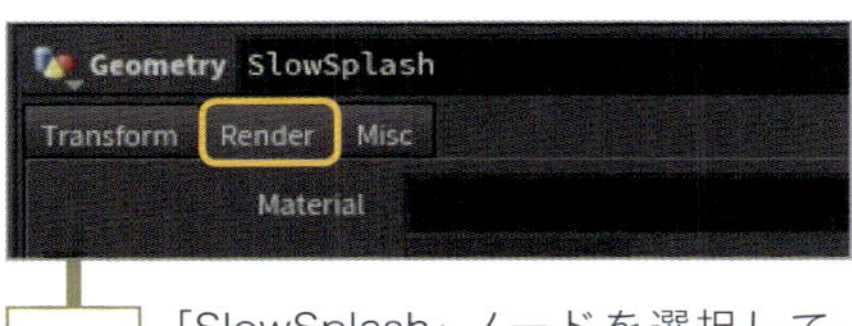

118 「SlowSplash」ノードを選択して、パラメータ内のタブを「Render」に切り替えます。

119 「Material」右端のアイコンをクリックし、表示される「Choose Operator」から先ほど作成した「basicliquid」マテリアルを割り当てます。

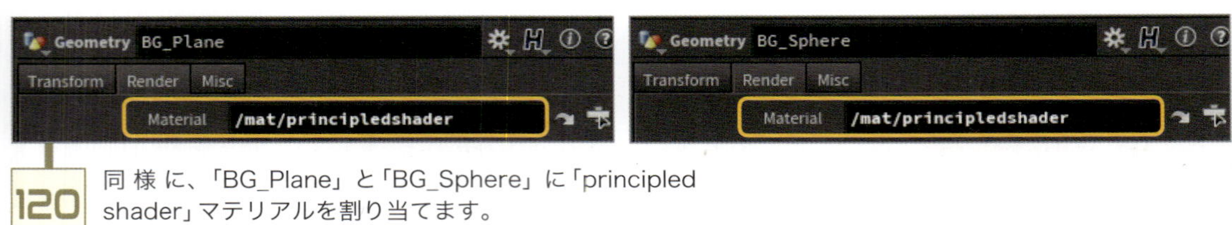

120 同様に、「BG_Plane」と「BG_Sphere」に「principled shader」マテリアルを割り当てます。

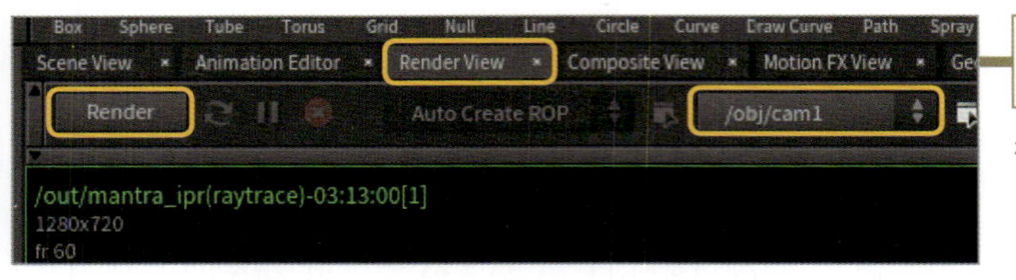

121 レンダリングして結果を確認します。シーンビューのタブを「Render View」に切り替え、カメラに「cam1」を指定して、「Render」ボタンを押します。

122 ここでは48フレーム目をレンダリングしました。

123 レンダリングを確認したら、「/obj」階層から「/out」階層に移動します。「/out」階層には、レンダリング時に作成された「mantra_ipr」ノードがあります。このノードの名前を「SlowSplash_RENDER」に変更します。

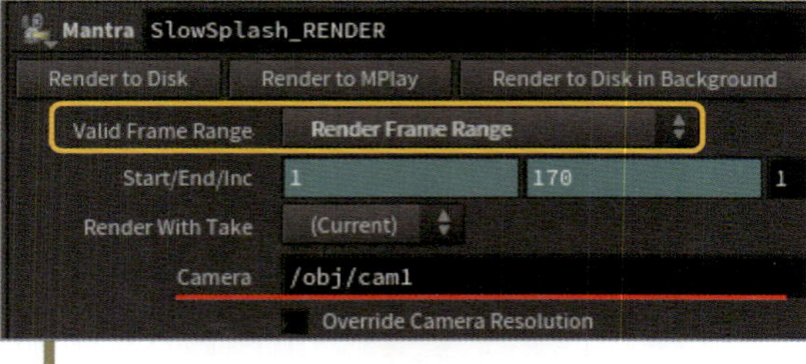

124 全フレームを出力します。「SlowSplash_RENDER」ノードのパラメータ「Valid Frame Range」を「Render Frame Range」に変更します。次に、パラメータ「Camera」に「cam1」が設定されていることを確認します。

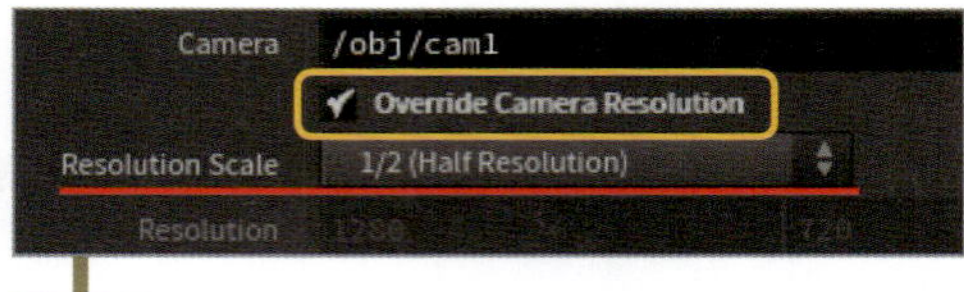

125 レンダリングを始めると、全フレームの出力が完了するまで数時間かかるかもしれません。使用PCのスペック事情などから結果を早く確認したい場合は、パラメータの「Override Camera Resolution」を「オン」にして出力解像度を変更します。標準では半分のサイズで出力する設定です。

126 出力先などの設定はそのままで、「Render to Disk」ボタンを押してレンダリングを実行します。

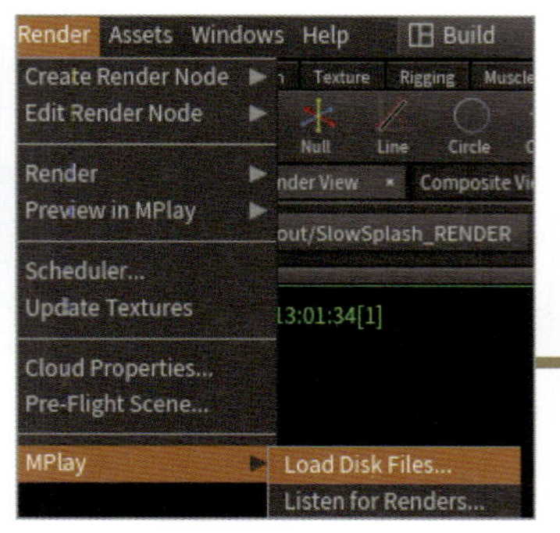

127 レンダリングが完了したら、結果を確認します。Renderメニュー→「MPlay」→「Load Disk Files」を選択します。

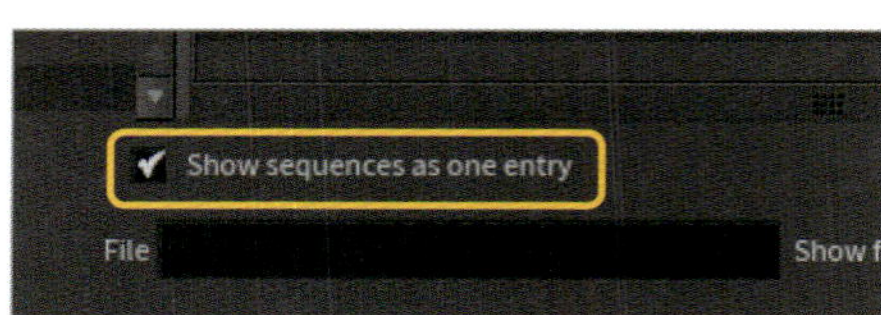

128 「Load Image」ウィンドウが表示されるので、レンダリング画像を選択します。その際、ウィンドウ下部の「Show sequences as one entry」を「オン」にして、画像を連番で読み込みます。

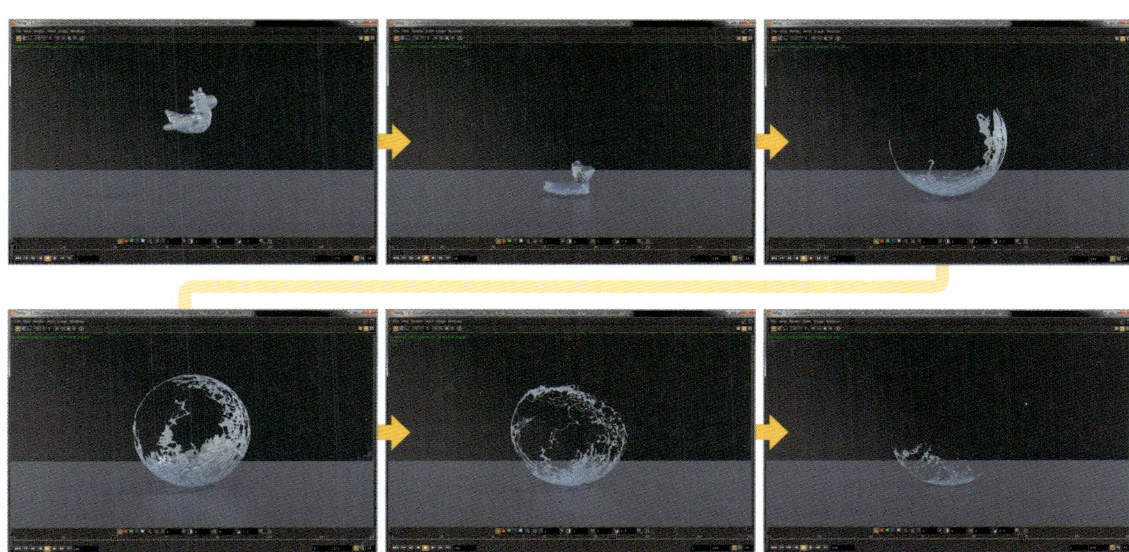

129 再生して結果を確認してみましょう。水のスローモーションエフェクトの完成です。

6-3 作例2 粘性をもつ流体

難易度 ★★

FLIPにはViscosityという粘性をコントロールする機能があります。この作例では、その機能を用いて、図のような形の崩れない程度の粘性を持った流体を作成してみます。

STEP 制作手順

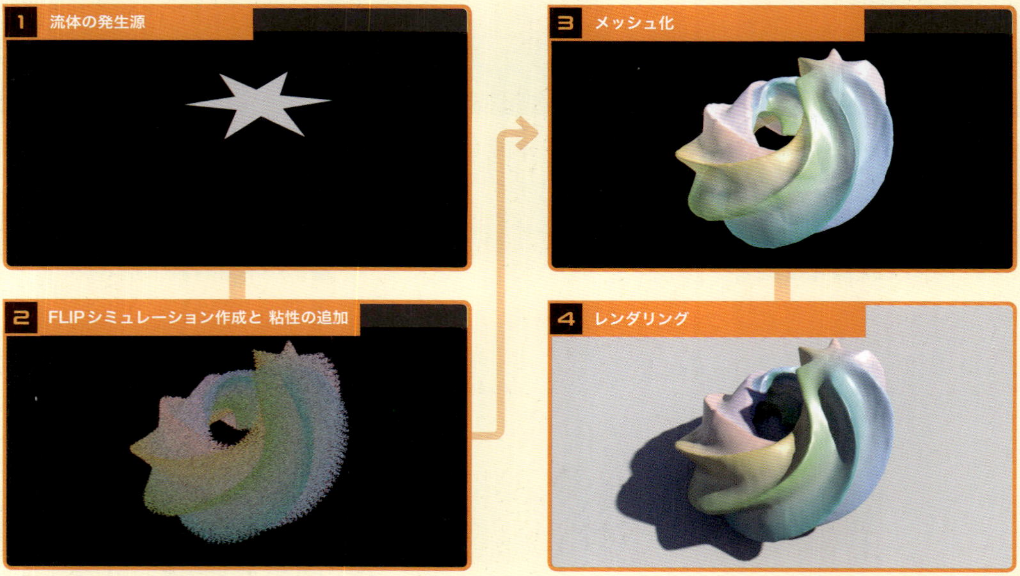

1 流体の発生源

2 FLIPシミュレーション作成と 粘性の追加

3 メッシュ化

4 レンダリング

■主要ノード一覧（登場順）

ノード	ページ
Geometry (OBJ)	P378
Circle (SOP)	P378
Group Expression (SOP)	P378
Transform (SOP)	P379
Color (SOP)	P387
Camera (OBJ)	P393

■主要エクスプレッション関数一覧（登場順）

関数	ページ
sin( )	P380
cos( )	P380

NETWORK 主要ネットワーク図

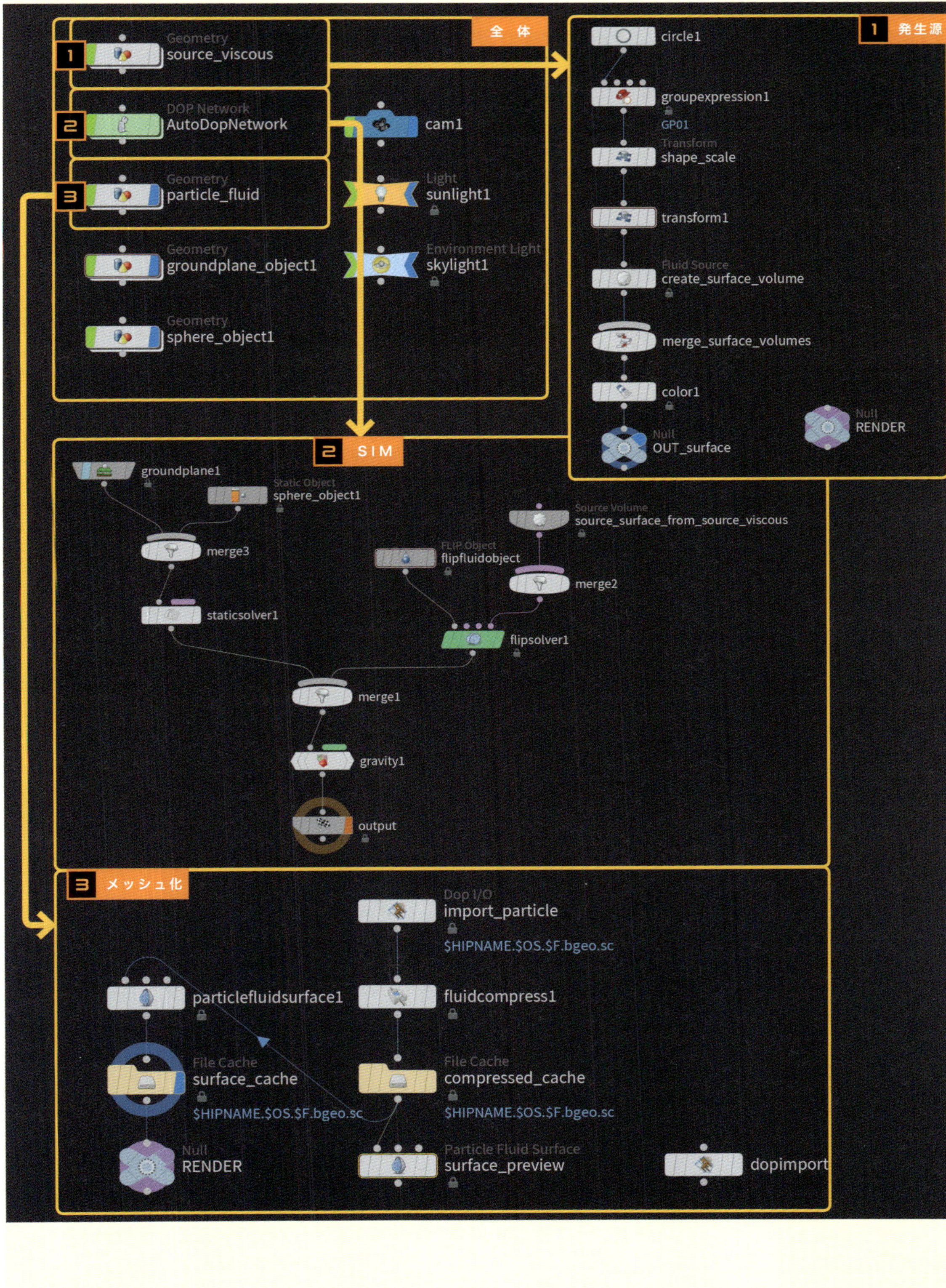

流体の発生源を作成する

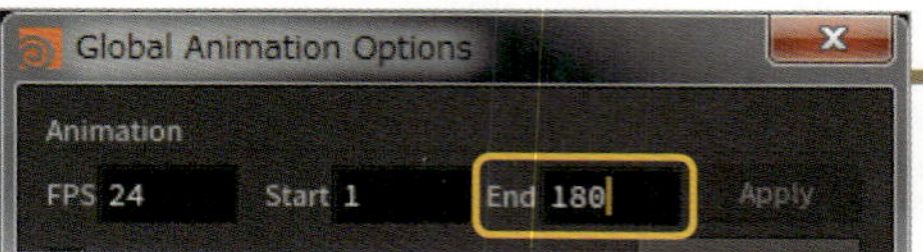

1 まずはシーンの設定からです。ウィンドウ右下のアイコンをクリックして「Global Animation Options」を表示し、「End」を「180」に設定します。この作例は総尺180フレームで進めます。

2 背景色を黒に変更します。シーンビュー上でDキーを押し、表示される「Display Options」を「Background」タブ→「Color Scheme：Dark」に設定します。

3 流体の発生源から作成します。「/obj」階層で、TAB Menuから「Geometry (SOP)」を作成、ノード名を「source_viscous」にします。「Viscous」とは「粘性」という意味です。

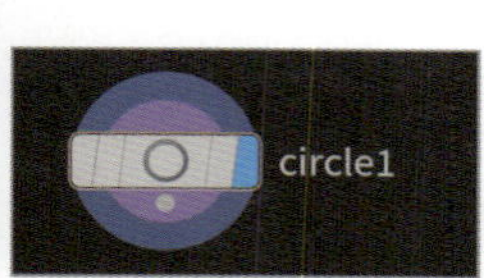

4 「source_viscous」ノードの中に入り、既存の「file1」ノードを削除。TAB Menuから「Circle (SOP)」(円を作成するノード)を作成します。

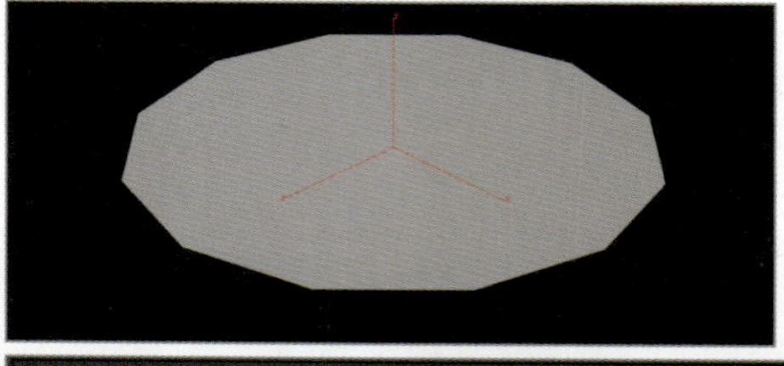

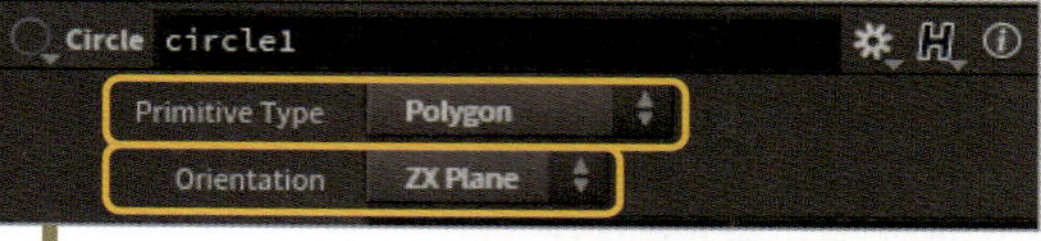

5 「circle1」ノードのパラメータ「Primitive Type」を「Polygon」、「Orientation」を「ZX Plane」にします。ポリゴンの円になり、向きが変わりました。これを加工して星型にします。

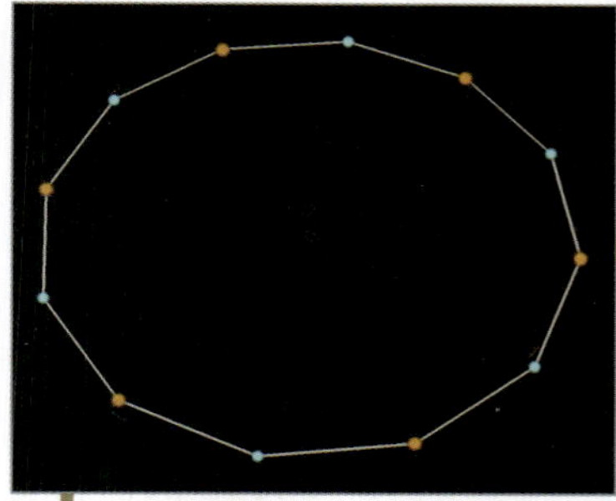

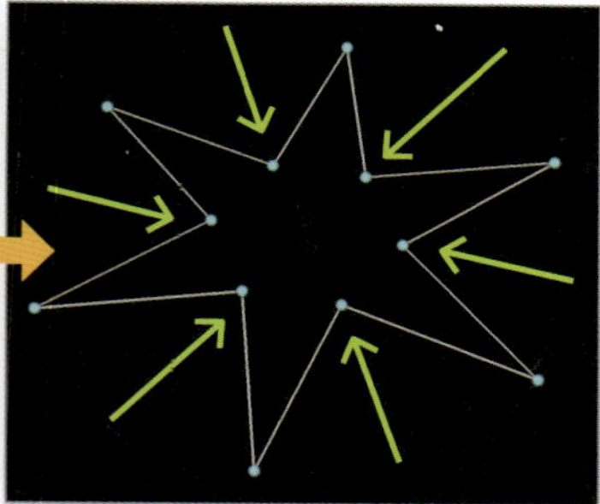

6 次のような考え方で円を星型に加工します。現在、このポリゴンの円は12個のポイントで構成されています。それをひとつ置きに選択し、それらを円の内側へと移動して星型にします。

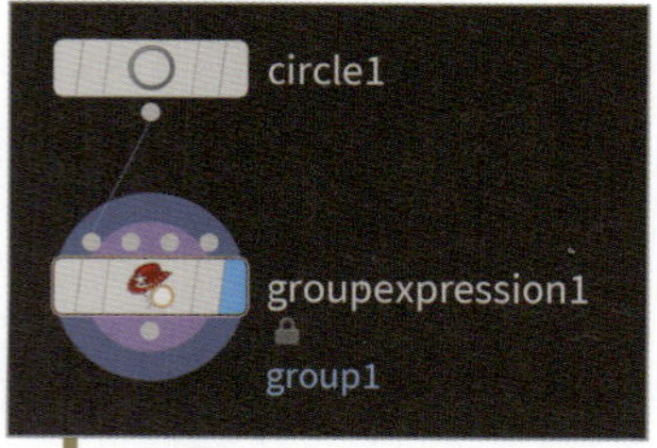

7 TAB Menuから「Group Expression (SOP)」を作成、「circle1」の下にコネクトします。これはエクスプレッションの記述によりグループを作成できるノードです。

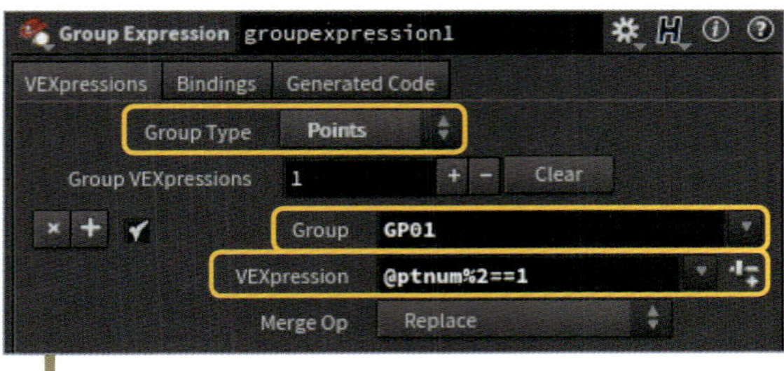

8 「groupexpression1」ノードのパラメータ「Group Type」を「Points」に設定して、ポイントのグループを作成します。次に、「Group」にグループ名として「GP01」、「VEXpression」に@ptnum%2==1（グループのルール）と記述します。これで条件を満たすポイントがグループ化されます。

> **Point** 「@ptnum%2==1」の意味
>
> 「@ptnum」とはポイント番号を意味します。「%」はモジュロ演算子で、割り算の余りを求めることができます。つまりここではポイント番号を2で割った余りを求めています。任意の自然数を2で割った余りは必ず0か1のどちらかになります。ここではそのうち、余りが1になるポイントをグループにしています。
>
> 作成した円は標準でポイント番号がきれいに順番に並んでおり、そのため、この方法でグループを作成すると、ポイントがひとつおきに条件を満たすグループに属します。

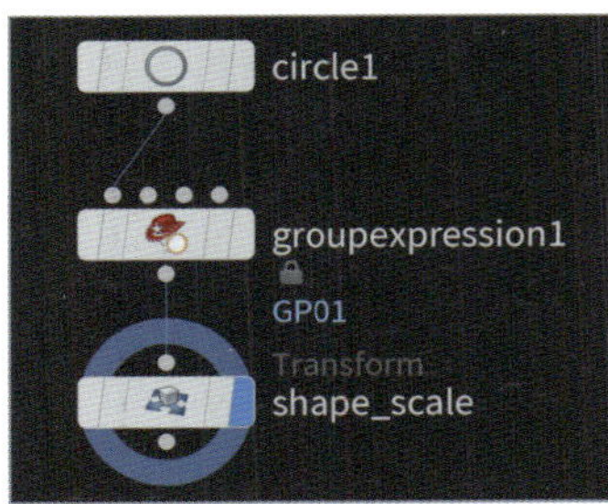

9 TAB Menuから「Transform(SOP)」を作成、「groupexpression1」の下にコネクト。ノード名を「shape_scale」とします。

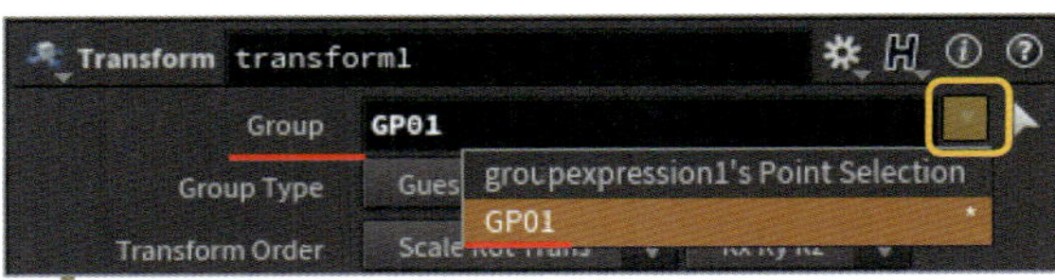

10 「shape_scale」ノードのパラメータ「Group」右の▼アイコンをクリックし、表示されるリストから7で作成したグループ「GP01」を選択します。これでこのノードはグループ「GP01」だけに機能します。

11 「Uniform Scale」値を「0.35」に変更して、全体のサイズを小さくします。ただし適用されるのはグループ「GP01」に属しているポイントだけです。

12 シーンビューを見ると、円が星型になっているのが確認できます。流体の発生源の形状はこれでいったん完了です。

発生源に動きを付ける

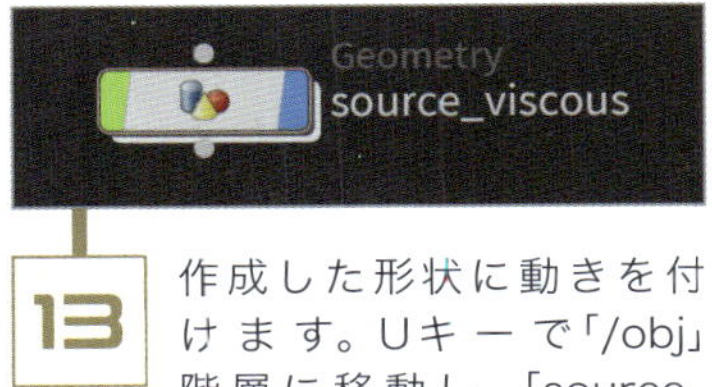

13 作成した形状に動きを付けます。Uキーで「/obj」階層に移動し、「source_viscous」ノードのパラメータを使ってアニメーションを作成します。

14 パラメータ「Translate」を「0 3 0」と設定し、Y軸方向へ3だけ移動します。

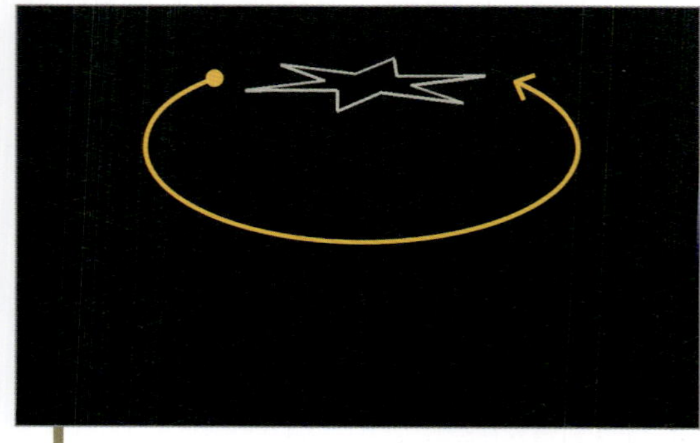

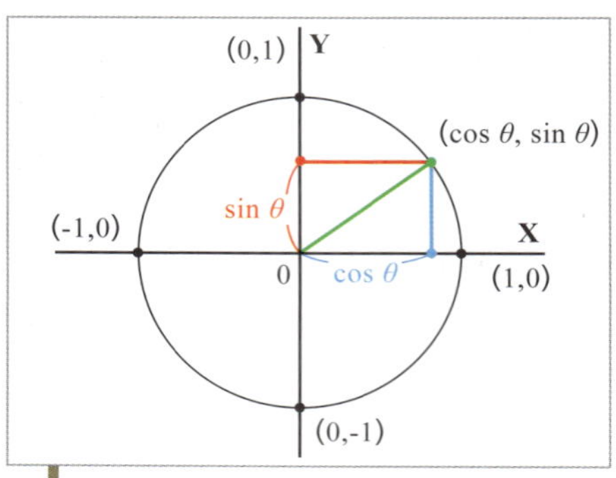

15 このオブジェクトを図のように回転移動します。その際、オブジェクトの向きは変えずに、位置だけで回転するようにします。

16 三角関数を使って回転を設定します。図のように平面において、円周上のポイントはsinとcosで表せます。

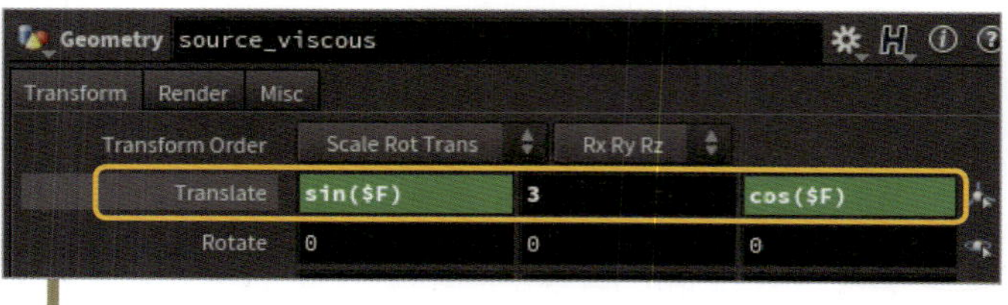

17 「source_viscous」のパラメータ「Translate」の「X」に「sin($F)」、「Z」に「cos($F)」と記述します。sin()、cos()はそれぞれサイン、コサインの関数です。各関数の引数として、角度の代わりにフレーム番号「$F」を入力します。結果、フレームが進むにつれてsin値・cos値が変化して座標が変わり、回転の動きになります。

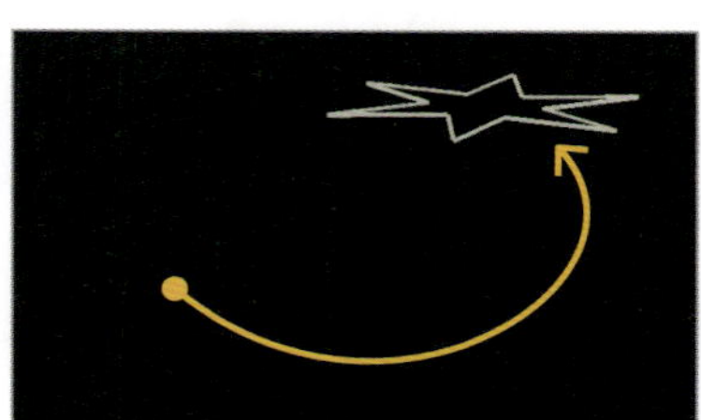

18 再生すると、回転しているように見えますが、回転のスピードが遅く、シーンの尺内では一周できていません。

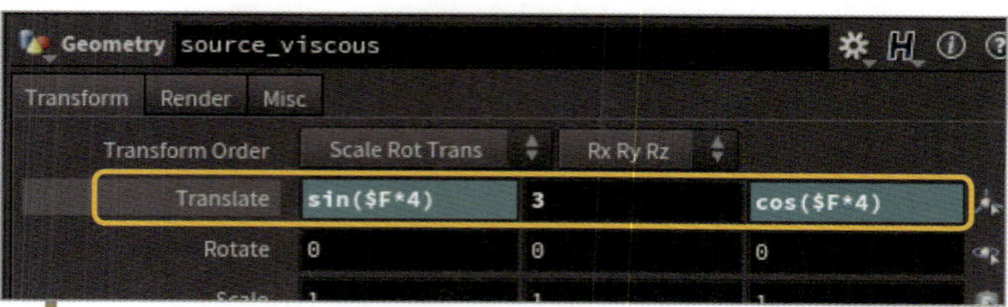

19 「Translate」の「X」を「sin($F*4)」、「Z」を「cos($F*4)」にします。各関数内の引数値を4倍にしました。時間経過を4倍にした、とも言えるかもしれません。

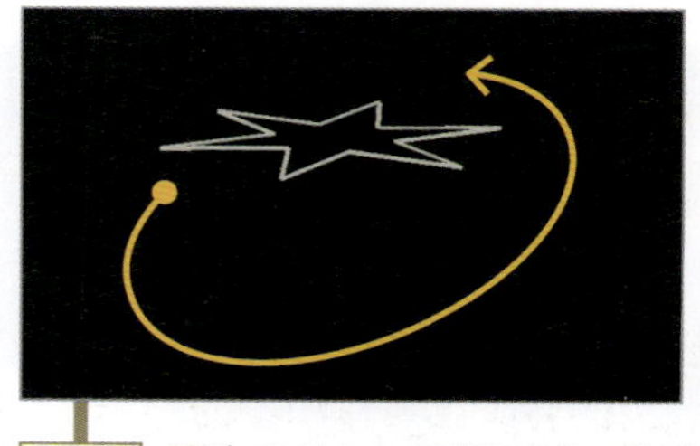

20 再生すると、回転スピードが上がり、これまでと同じ尺で2回転するようになりました。

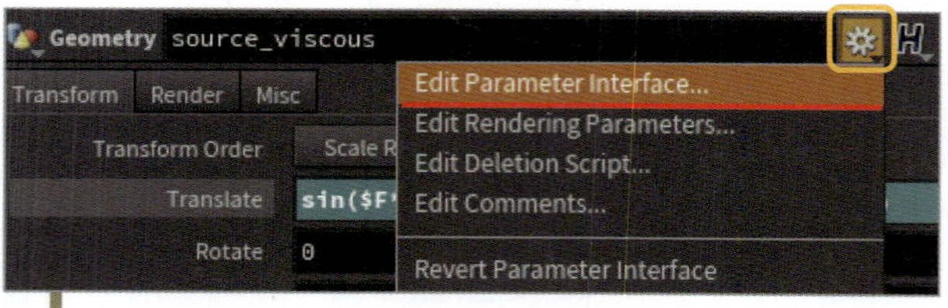

21 動きはすでにできていますが、操作性を少し上げてみます。まず、パラメータを増やします。パラメータ右上のギアアイコンをクリックして、メニューから「Edit Parameter Interface」を選びます。

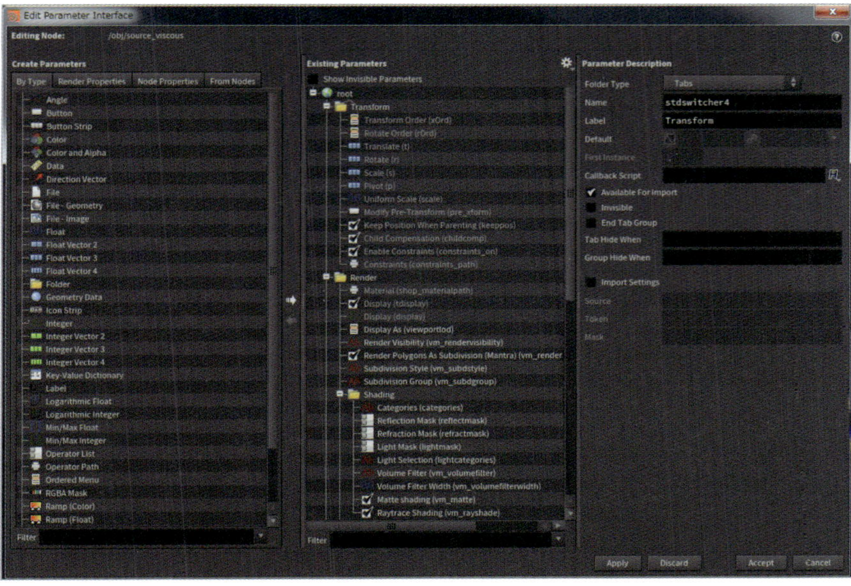

22 「Edit Parameter Interface」ウィンドウが表示されます。中は3つの領域に分かれています。

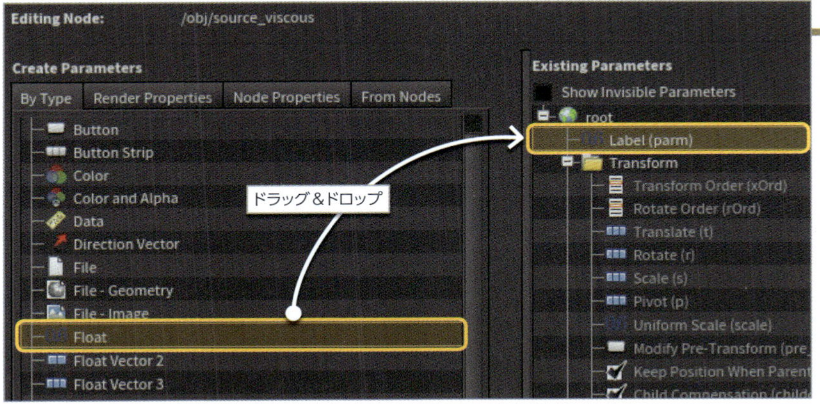

23 左領域のリストにある「Float」を、中央の領域「root」と「Transform」の間にドラッグ＆ドロップして追加します。これでFloat型のパラメータがノードに追加されます。

24 中央の領域で追加したパラメータ「Label (parm)」を選択すると、右領域にパラメータの詳細が表示されます。「Name」を「speed」に、「Label」を「Speed」に変更、ウィンドウ右下の「Accept」ボタンを押して確定します。

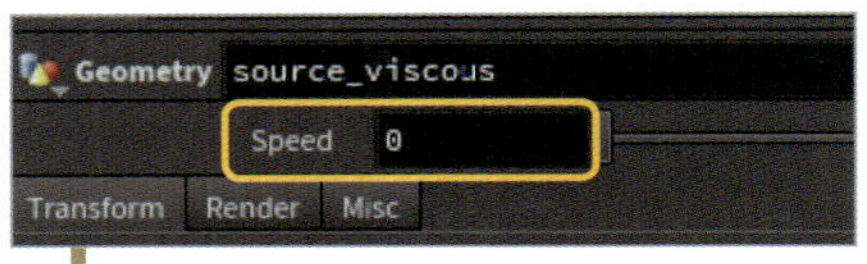

25 「source_viscous」ノードのパラメータを見ると、一番上に追加した「Speed」が追加されています。このパラメータを使い、回転のスピードを制御します。

26 パラメータ「Speed」を右クリックし、メニューから「Ccpy Parameter」を選んでコピーします。

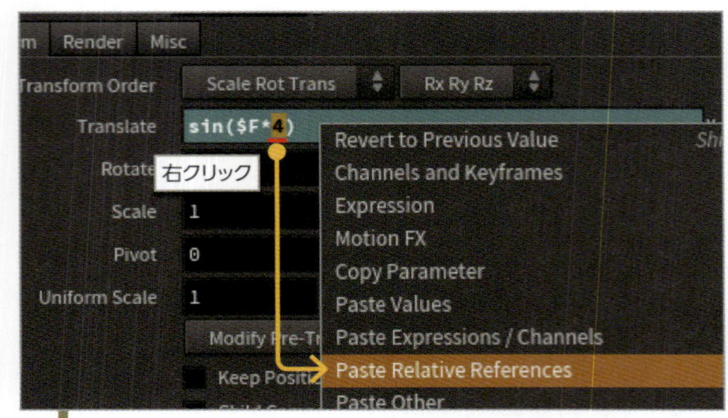

27 パラメータ「Translate」の「X」に記述されているエクスプレッション「sin($F*4)」の「4」部分だけを選択して右クリック、メニューから「Paste Relative References」を選択します。

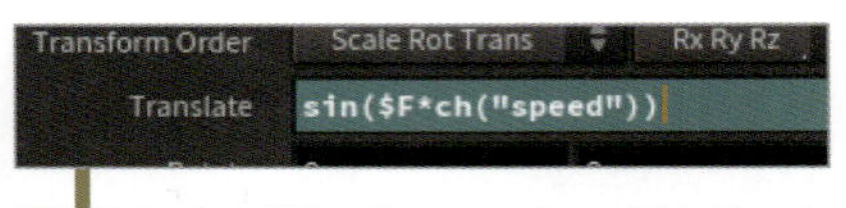

28 「4」が「ch("speed")」に置き換わり、「sin($F*ch("speed"))」となります。ch("speed")はパラメータの参照で、先ほどつくったパラメータ「Speed」の値を参照しているという意味です。

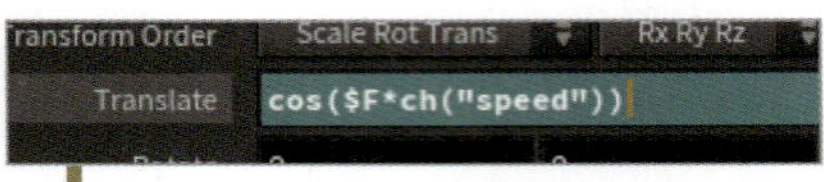

29 同様にして「Translate」の「Z」のエクスプレッションを「cos($F*ch("speed"))」に変更します。

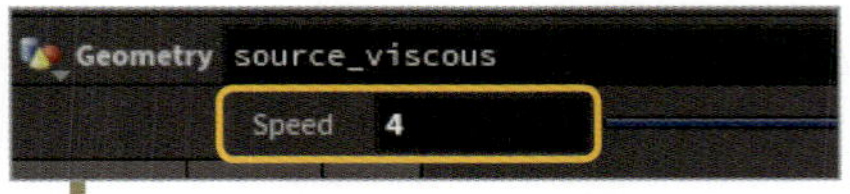

30 再生してもオブジェクトは動きません。パラメータ「Speed」の値を変更すると、その値に応じたスピードで回転し始めます。このようにしておくと、例えばキーフレームによってスピードに変化をつけたりができるようになります。確認後は値を「4」に設定します。以後、このスピードで進めます。

Point 回転の半径も変更できる？

ここで記述したエクスプレッションの式に少し手を加えると、回転の半径を変更できます。どのように書き換えればよいでしょうか？　ここではあえて答えは提示しません。いろいろ試してみましょう。

流体シミュレーションを作成する

31 流体シミュレーションを作成します。ここではシェルフを使って進めます。ウィンドウ右上のシェルフから、「Particle Fluids」タブ→「Emit Particle Fluid」を実行します。

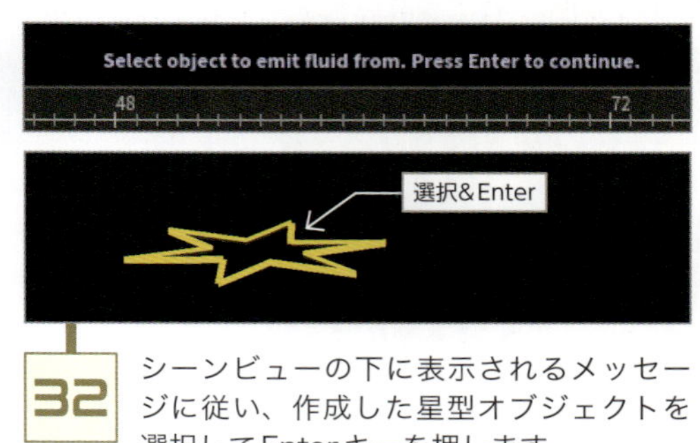

32 シーンビューの下に表示されるメッセージに従い、作成した星型オブジェクトを選択してEnterキーを押します。

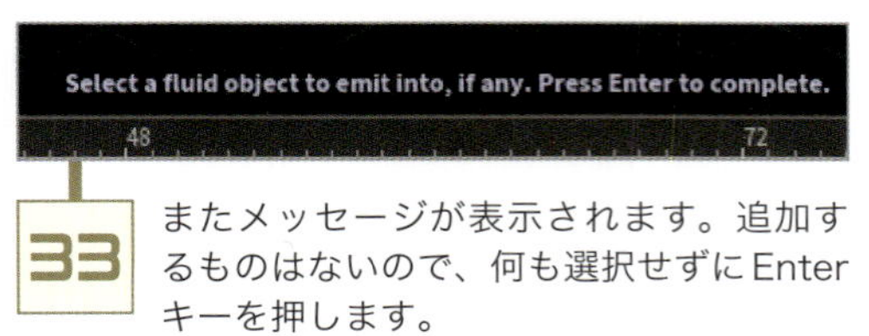

33 またメッセージが表示されます。追加するものはないので、何も選択せずにEnterキーを押します。

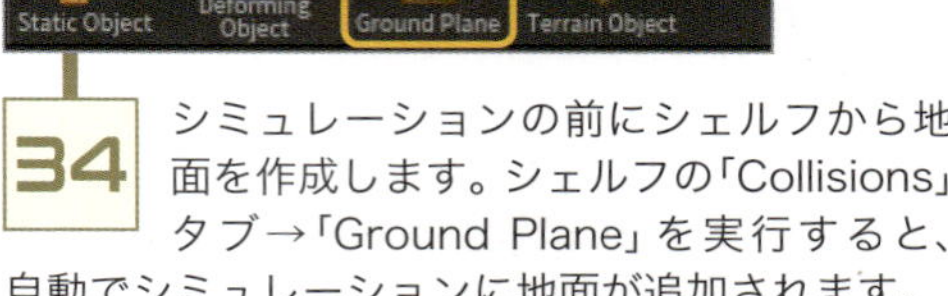

34 シミュレーションの前にシェルフから地面を作成します。シェルフの「Collisions」タブ→「Ground Plane」を実行すると、自動でシミュレーションに地面が追加されます。

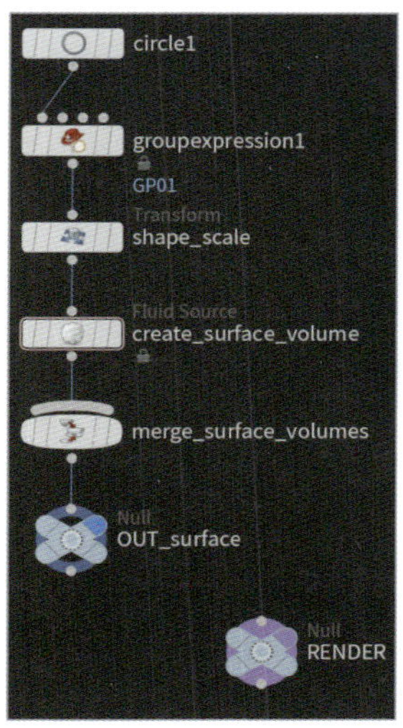

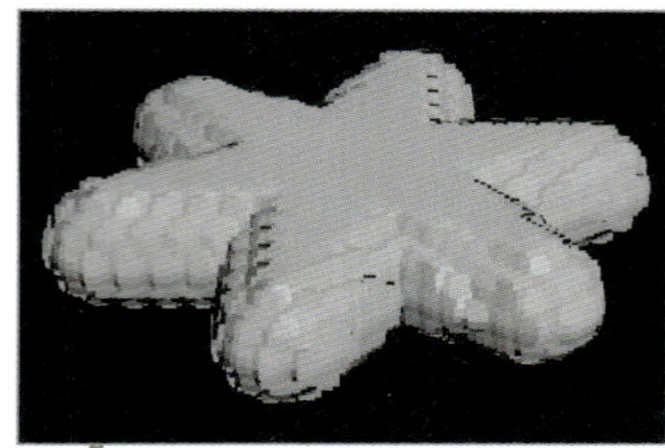

35 水のシミュレーションに必要なノードが自動でつくられ、水の発生源である「source_viscous」ノードの中に移動します。シーンビューを見ると、星型に水の発生源のボリュームがつくられています。

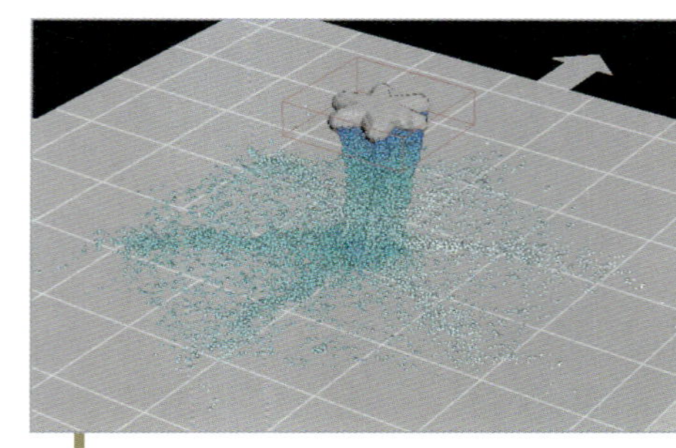

36 フレームを少し進めると、水が地面に落ちて広がるようなシミュレーションになっています。これに粘性などの調整を加えます。地面を作成したことで階層が移動しているので、まず「source_viscous」ノードの中に戻ります。

粘性を設定する

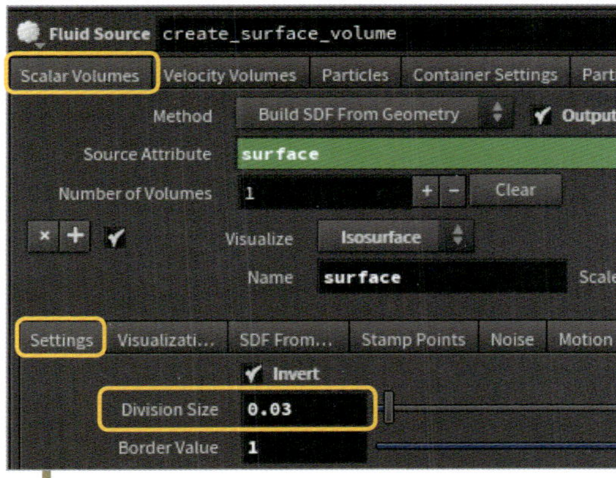

37 水の発生源の設定を調整します。「create_surface_volume」ノードのパラメータ、「Scalar Volumes」タブ→「Settings」タブ→「Division Size」を「0.03」にします。

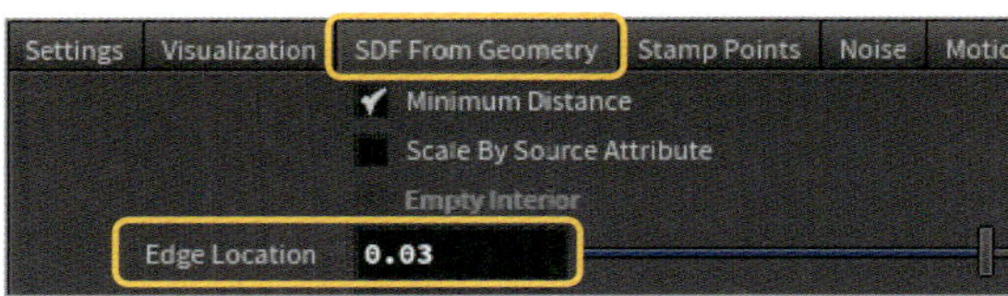

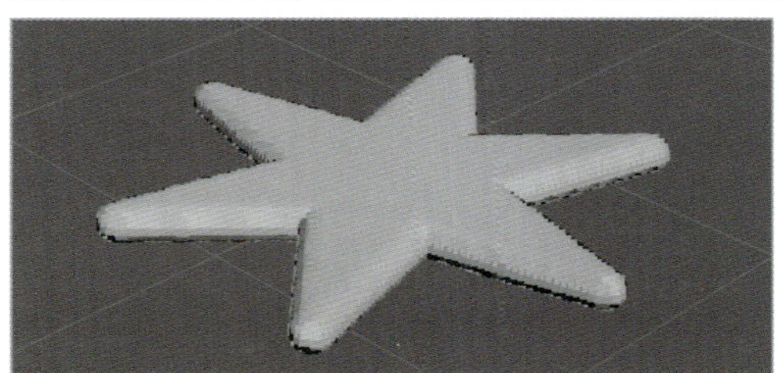

38 続いて、「Settings」タブを「SDF From Geometry」タブに切り替え、「Edge Location」の値を「0.03」にします。これらの変更で発生源のボリュームが小さくシャープになります。

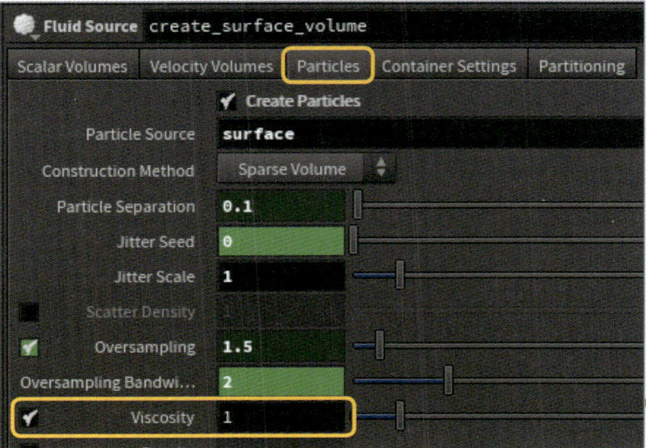

39 上部のタブを「Particles」に切り替え、「Viscosity」(粘度)を「オン」にします。

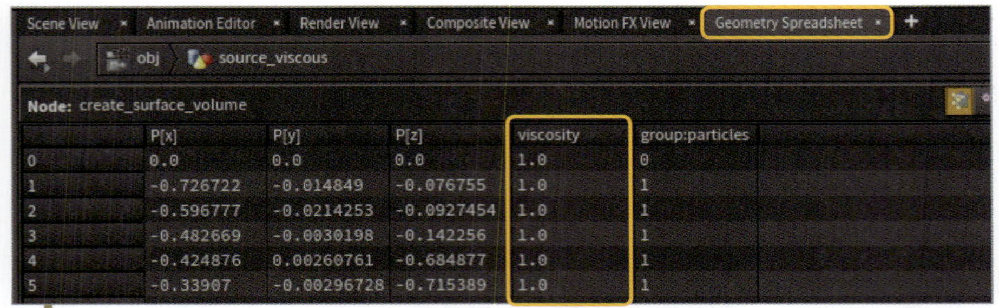

	P[x]	P[y]	P[z]	viscosity	group:particles
0	0.0	0.0	0.0	1.0	0
1	-0.726722	-0.014849	-0.076755	1.0	1
2	-0.596777	-0.0214253	-0.0927454	1.0	1
3	-0.482669	-0.0030198	-0.142256	1.0	1
4	-0.424876	0.00260761	-0.684877	1.0	1
5	-0.33907	-0.00296728	-0.715389	1.0	1

40 シーンビューを「Geometry Spreadsheet」に切り替えて、「create_surface_volume」ノードを選択してポイントアトリビュートを見ると、確かに「Viscosity」アトリビュートが追加されています。「Viscosity」のオン・オフを切り替えると、この設定により追加されることが確認できます。確認後はシーンビューに戻します。

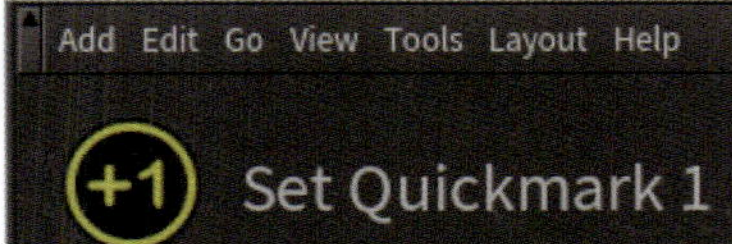

41 さて、発生源の側に「Viscosity」アトリビュートを持たせても、それがシミュレーションに反映されるわけではなく、シミュレーション側でも設定が必要です。
次はDOPネットワークで設定を変更しますが、その前にネットワークエディタ上でCtrl＋1キーを押してQuickmarkを設定します。以降1キーを押すと、この階層のこの位置に移動できます。

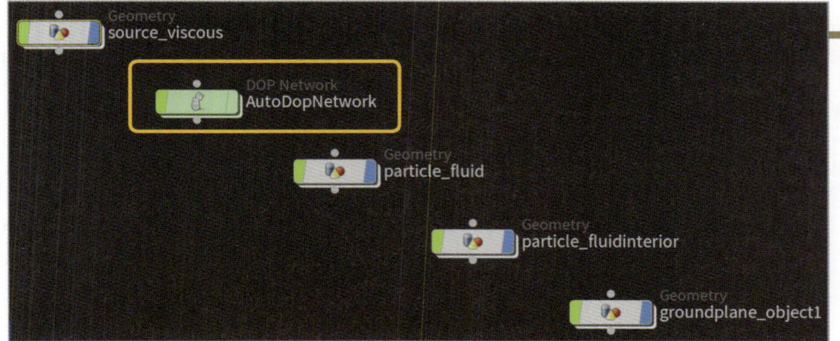

42 シミュレーション側で粘性を設定します。Uキーで上の「/obj」階層に移動します。シェルフによっていくつかノードがつくられています。その中の「AutoDop Network」ノードの中に入ります。

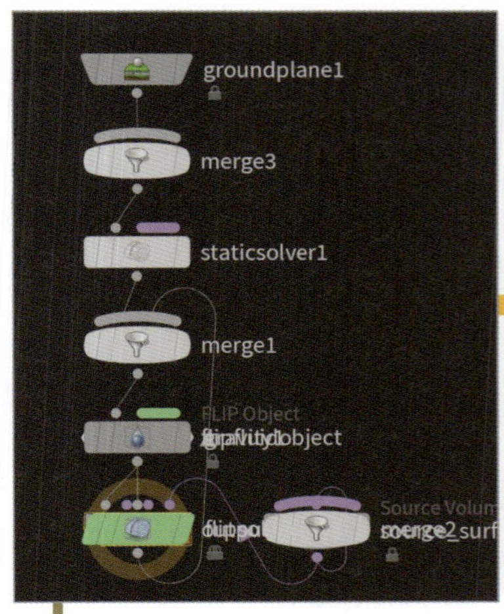

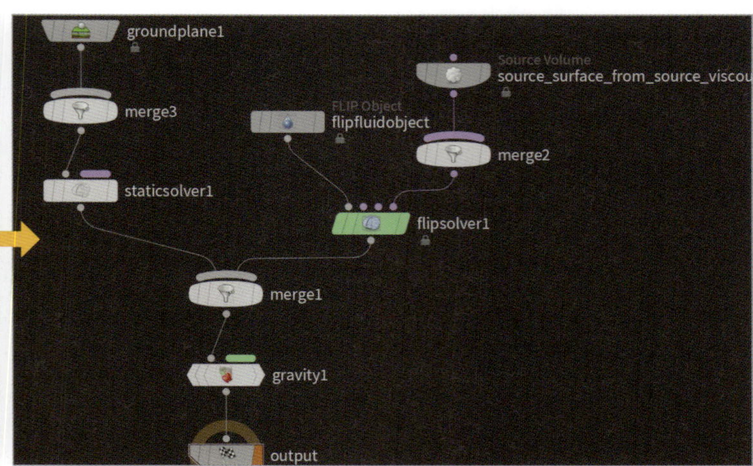

43 ノードが乱雑に配置されているので、Lキーを押してレイアウトを整えます。

44 「flipsolver1」ノードを選択、パラメータ上部のタブを「Volume Motion」に切り替えます。粘性関連の設定はこの中にあります。

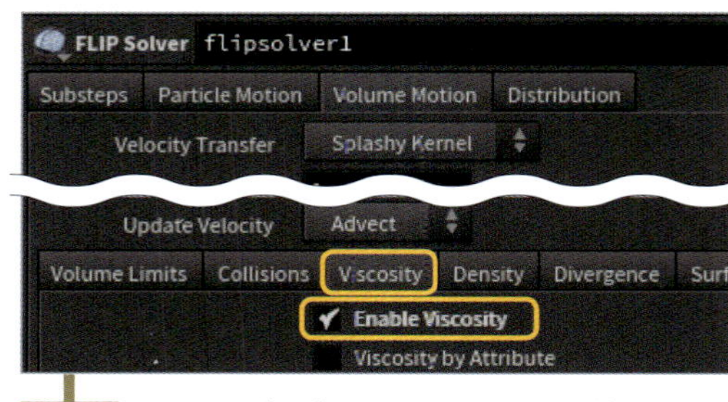

45 下のタブを「Viscosity」に切り替えます。ここに粘性に関するパラメータがまとめられています。「Enable Viscosity」を「オン」にすると、シミュレーションに粘性の効果が追加されます。

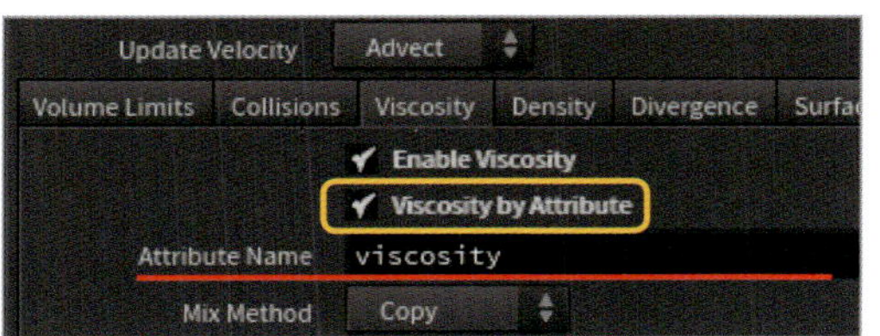

46 「Viscosity by Attribute」を「オン」にします。その下の「Attribute Name」で指定したパラメータで粘性をコントロールします。ここで指定しているのは39で水の発生源に追加した「viscosity」と同名、つまり、「viscosity」アトリビュートにより粘性がコントロールされます。

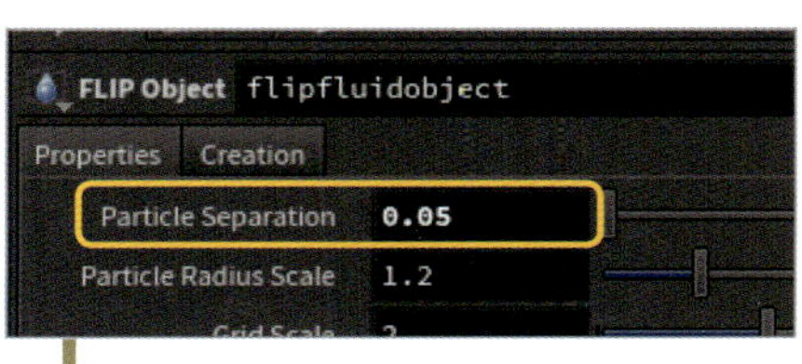

47 シミュレーションの精度も少し上げます。「flipfluidobject」ノードのパラメータ「Particle Separation」値を「0.05」に変更します。パーティクル間の距離が短くなり、密度が増します。

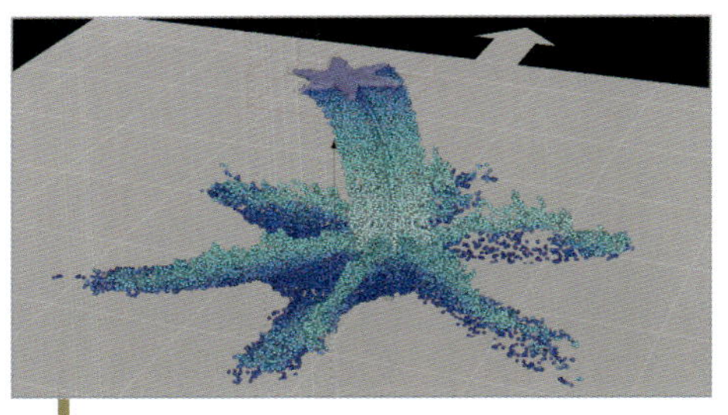

48 再生すると、水の動きに硬さが加わりました。もう少し硬くします。

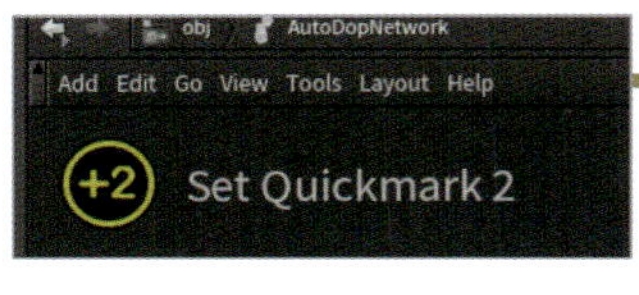

49 Ctrl＋2キーを押して、このDOPネットワークにもQuick Markを設定します。以後、2キーを押すとこの階層に移動できます。

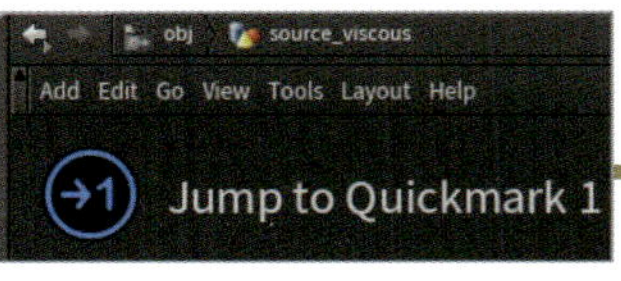

50 1キーを押して、発生源の階層に移動します。

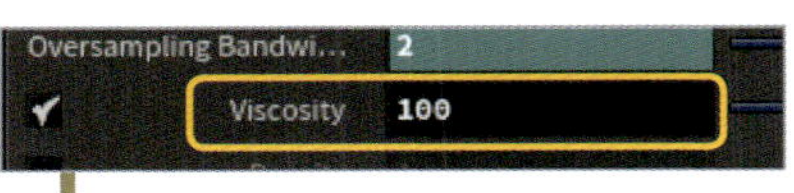

51 発生源で設定した「Viscosity」値を調整します。「create_surface_volume」ノードのパラメータ「Viscosity」を、「1」から「100」に変更してみます。

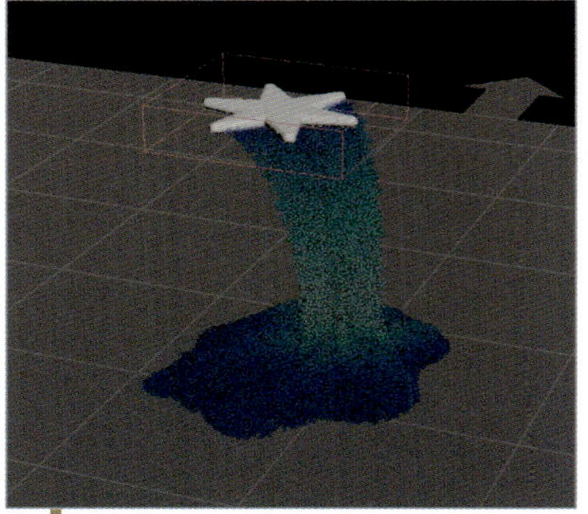

52 再生すると、先ほどよりさらに粘度が高くなりました。数値を高くするほど、粘性も高くなります。

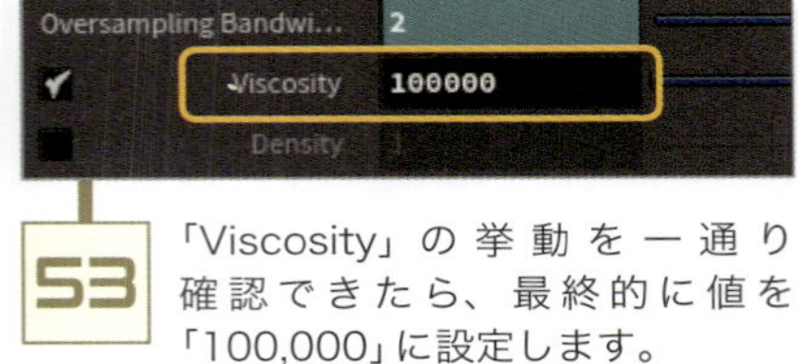

53 「Viscosity」の挙動を一通り確認できたら、最終的に値を「100,000」に設定します。

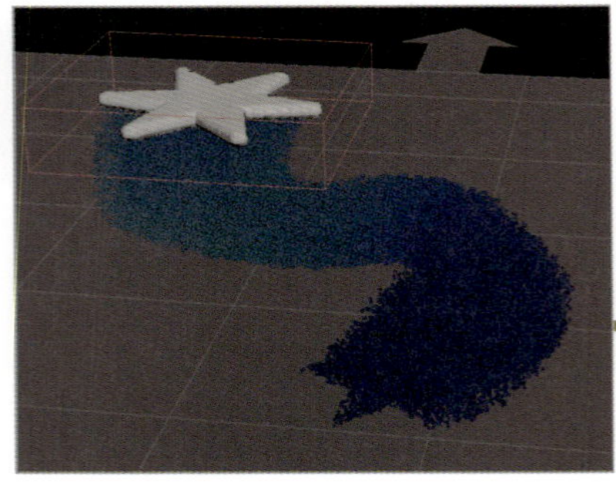

54 再生すると、粘性が高くなり、もはや水のようには見えません。この粘度で進めます。

流体の発生を徐々に止める

現在、発生源からは常に流体が湧き出ています。これを途中から徐々に少なくし、最終的には発生が止まるようにします。

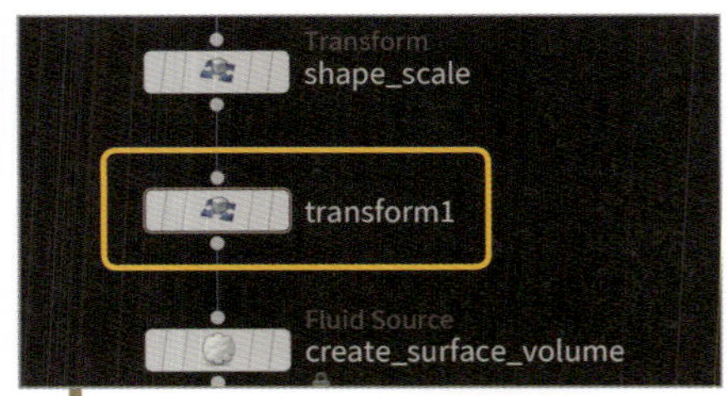

55 TAB Menuから「Transform (SOP)」を作成、「shape_scale」と「create_surface_volume」の間に挿入します。

56 パラメータの調整前に、他階層のオブジェクトを非表示にします。シーンビュー右上の図のアイコンをクリック、メニューから「Hide Other Objects」を選択します。

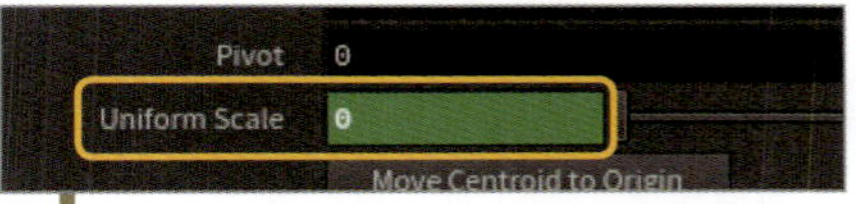

57 「transform1」ノードのパラメータ「Uniform Scale」にキーフレームを設定します。キーフレームはパラメータをAltキー＋クリックで作成できます。90フレームで値「1」、110フレームで値「0」、それぞれキーフレームを作成します。

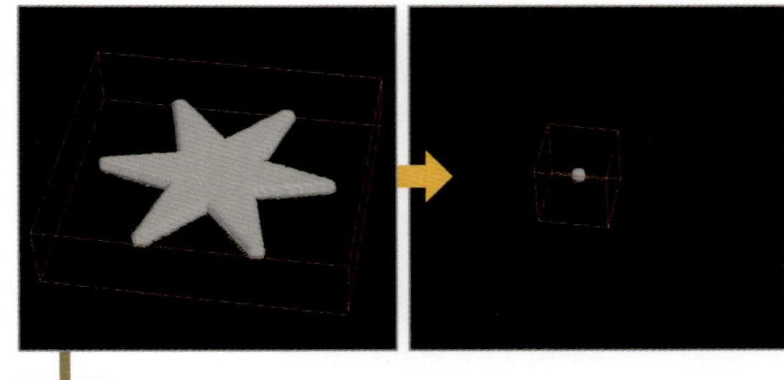

58 シーンビューを見ると、90フレーム以降、発生源が徐々に小さくなっているのが確認できます。

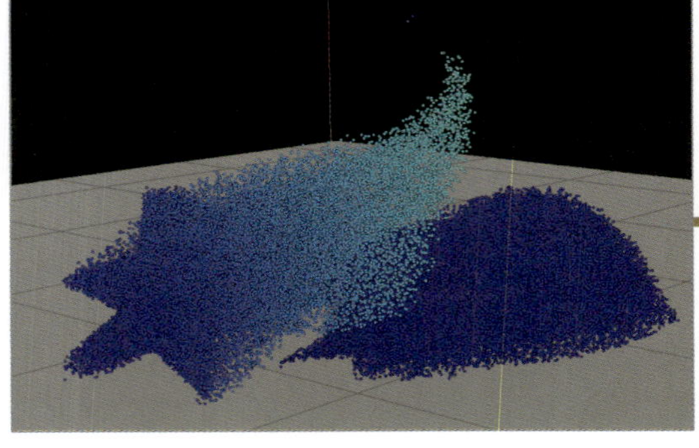

59 シミュレーションへの影響を確認します。2キーでDOPネットワークに移動し、再生します。90フレーム以降、発生源が小さくなるにつれてつくられる流体も小さくなり、ホイップクリームを絞ったような感じになりました。ただし、110フレーム以降も、小さな発生源が存在し、そこから少しだけ流体が流れ出ています。これを調整します。

60 「source_surface_from_source_viscous」ノードを選択し、パラメータ「Activation」に$F<110と記述します。これで110フレーム以降は、発生源からの供給がストップします。再生するとそれが確認できます。

流体に色をつける

発生源に着色し、それを継承するかたちで流体を着色します。まずは、発生源に着色します。

61 1キーを押して発生源のあるネットワーク階層に移動し、TAB Menuから「Color (SOP)」を作成。このノードを「merge_surface_volumes」と「OUT_surface」の間にコネクトします。

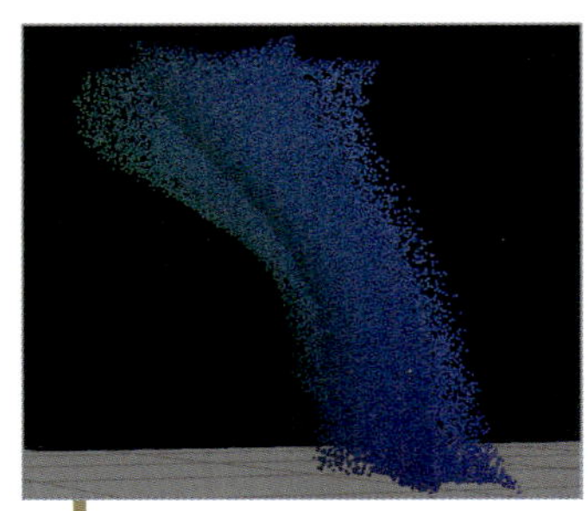

62 「color1」ノードのパラメータ「Color Type」を「Bounding Box」に変更します。これで位置によってグラデーションが付きます。

63 2キーを押してDOPネットワークへ移動し、再生します。グラデーションカラーが追加されているように見えますが、全体にかなり青が目立ちます。これは、FLIPシミュレーション内で、速度により青系の色がつくように設定されているためです。「color1」ノードで設定した色が正しく反映されるようにします。

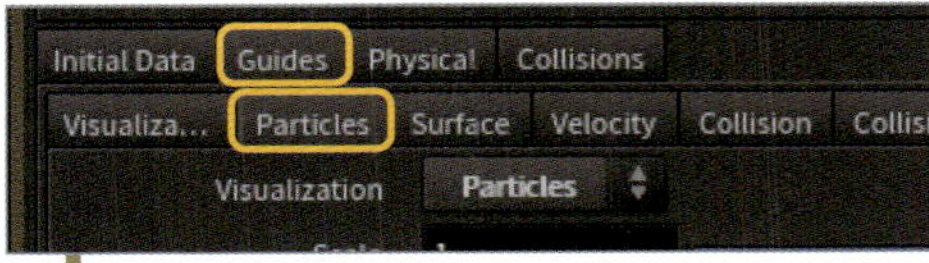

64 「flipfluidobject」ノードを選択し、パラメータ下部の「Guides」タブを選択します。ここにはシーンビューでの表示に関するパラメータがまとめられています。さらにその中の、パーティクルの表示に関する「Particles」タブを選択します。

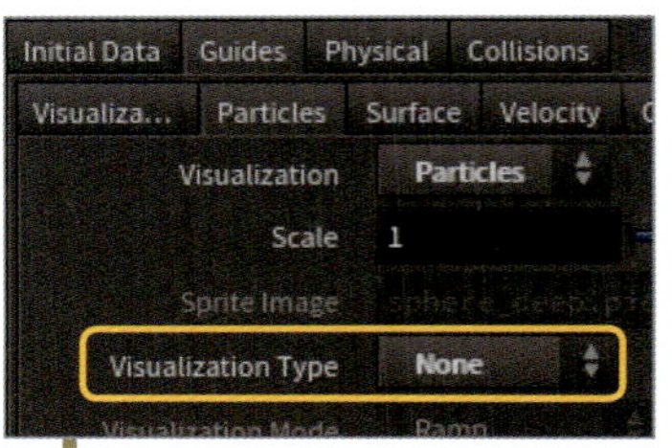

65 「Visualization Type：None」にします。これで、シミュレーションによる色の変更はなくなります。シーンビューを見ると、青系の色が抜け、カラフルなグラデーションが表示されています。この色を最後まで使います。

シミュレーションを最適化する

ノードの設定を変更してシミュレーションを最適化します。

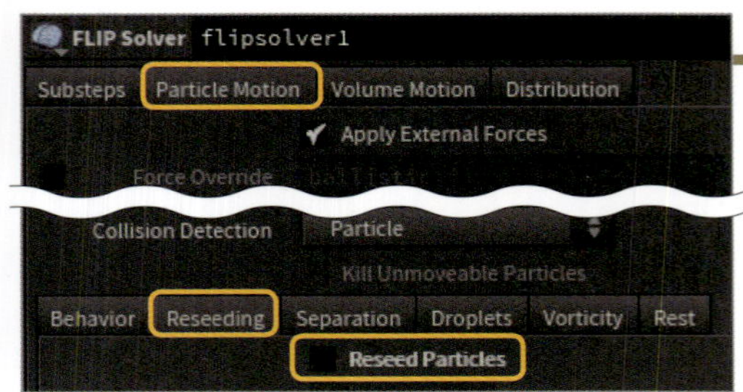

66 「flipsolver1」を選択し、パラメータ「Particle Motion」タブ→「Reseeding」タブ→「Reseed Particles」を「オフ」にします。作例のように動きがゆっくりで、かつ粘性の高い流体にはReseedの機能は必要ありません。むしろ、メッシュ化の際にチラつきの原因になる恐れがあるのでオフにします。

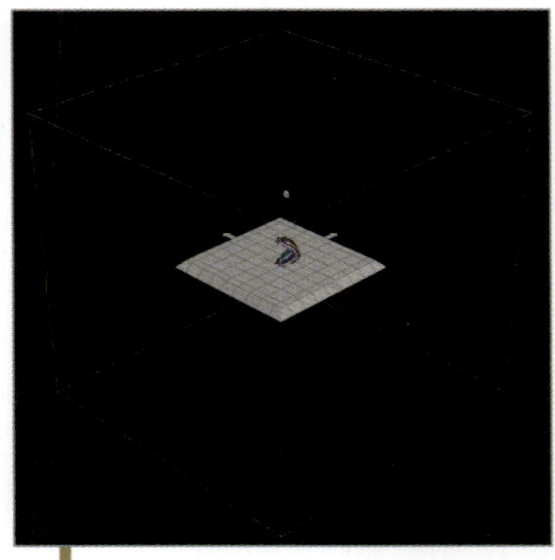

67 シーンビューでSpace＋Hキーを押して、シーン全体を表示します。FLIPの計算領域が広すぎるので、適切な範囲に変更します。

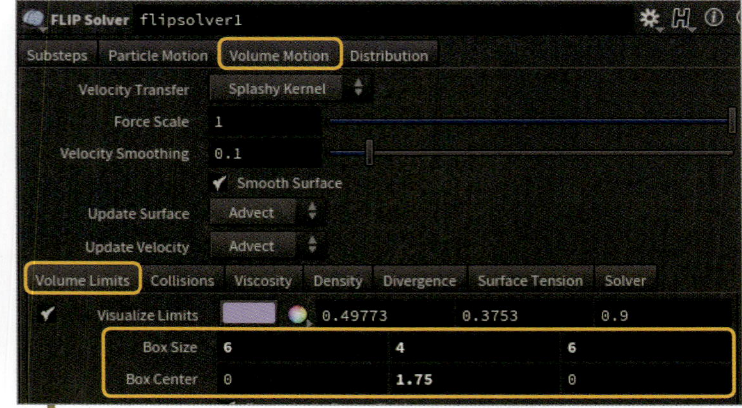

68 「flipsolver1」ノードを選択し、パラメータを「Volume Motion」→「Volume Limits」タブに切り替えます。「Box Size：6　4　6」「Box Center：0　1.75　0」に設定します。これでFLIPの計算領域が狭くなります。

69 「groundplane1」ノードにHideフラグを立てて非表示にします。

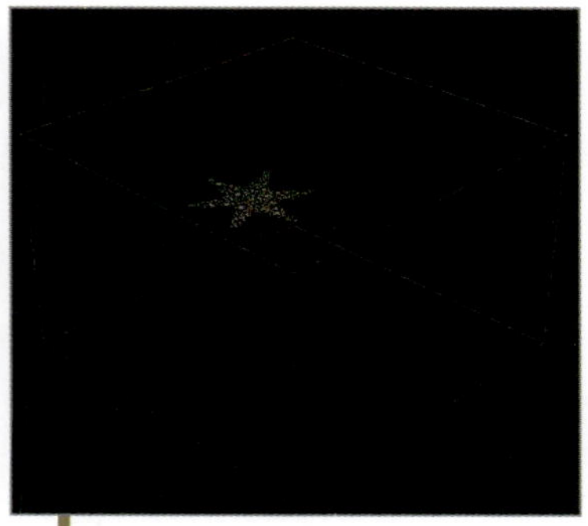

70 シーンビューでSpace＋Hキーを押して、シーン全体を表示します。領域がかなり狭くなりました。作例制作上、必要十分な範囲です。

71 再生して上から見ると、領域内に収まっているのが確認できます。しかし、流体はそれほどきれいな円を描いていません。シミュレーションに少し手を加え、もう少しきれいな円に見えるように流体を配置します。

衝突用の球体を作成する

このシーンの中心に衝突用の球体を作成します。球体にFLIPが衝突することで、球体がガイドとなり、きれいに流体が配置されます。

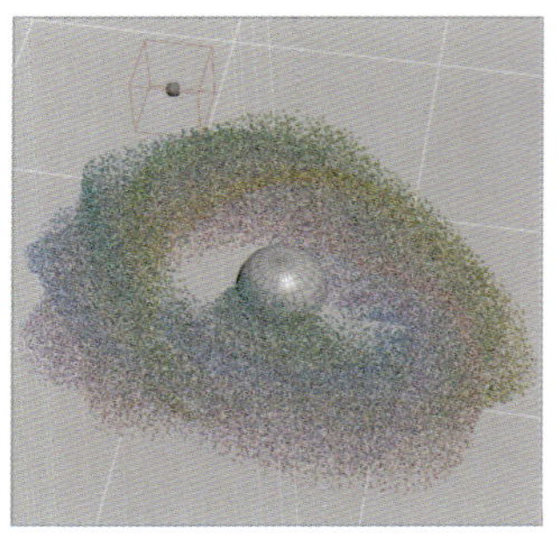

72 球体はシェルフから作成します。ウィンドウ左上のシェルフタブを「Create」に切り替え、Ctrlキーを押しながらSphereをクリック、シーンの原点に球体を作成します。

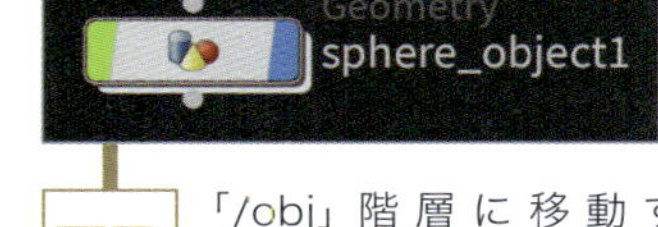

73 「/obj」階層に移動すると、シェルフから作成した球体の「sphere_object1」ノードがあるので、このパラメータを変更します。

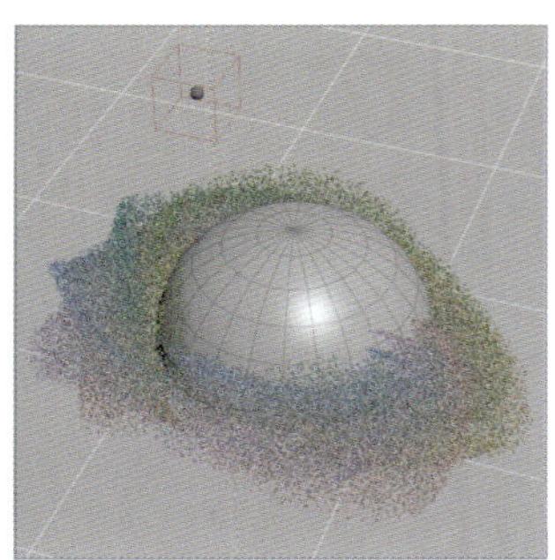

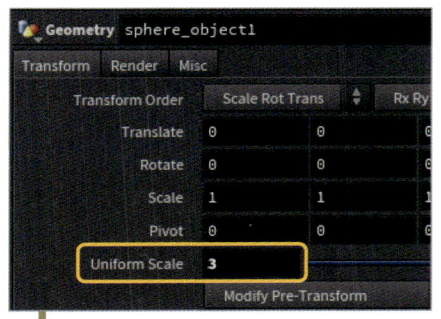

74 パラメータ「Uniform Scale」を「3」に変更、球体の大きさを3倍します。

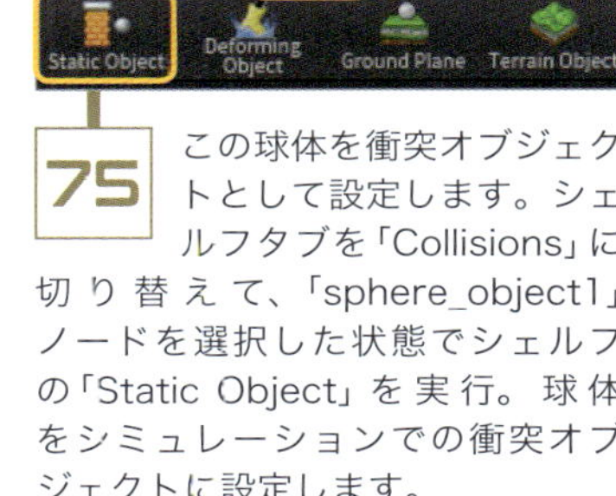

75 この球体を衝突オブジェクトとして設定します。シェルフタブを「Collisions」に切り替えて、「sphere_object1」ノードを選択した状態でシェルフの「Static Object」を実行。球体をシミュレーションでの衝突オブジェクトに設定します。

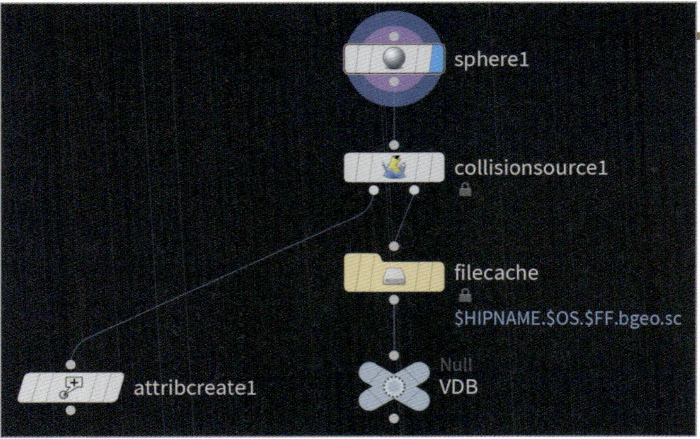

76 シェルフ「Static Object」で何が行われたか確認するため、「sphere_object1」ノードの中に移動します。中では、球体をもとにネットワークがつくられています。

77 このネットワークで最も重要なのは中央にある「collisionsource1」ノードです。これはジオメトリをシミュレーションで利用可能な衝突オブジェクトに変換します。

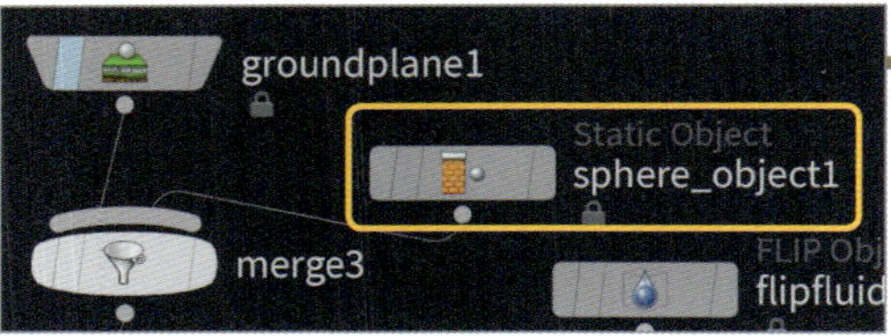

78 2キーでDOPネットワークに移動します。ネットワーク左上には「sphere_object1」ノードが追加されています。このノードが、先ほどの衝突用オブジェクトのデータを読み込んでいます。

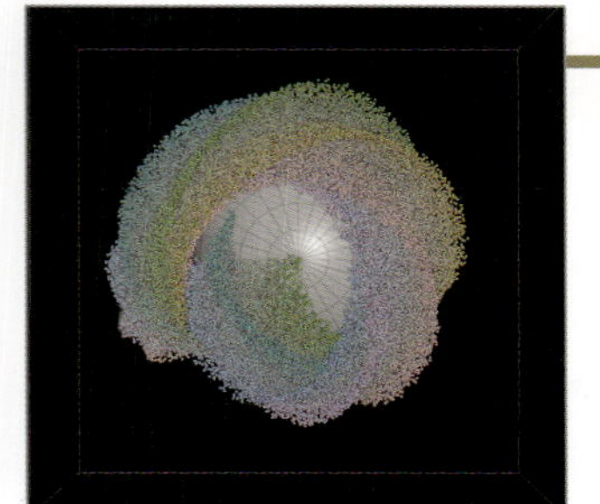

79 再生して上から見ると、衝突用の球体がガイドになり、きれいに円形に配置されるようになりました。ここまででシミュレーションの大枠は完成です。

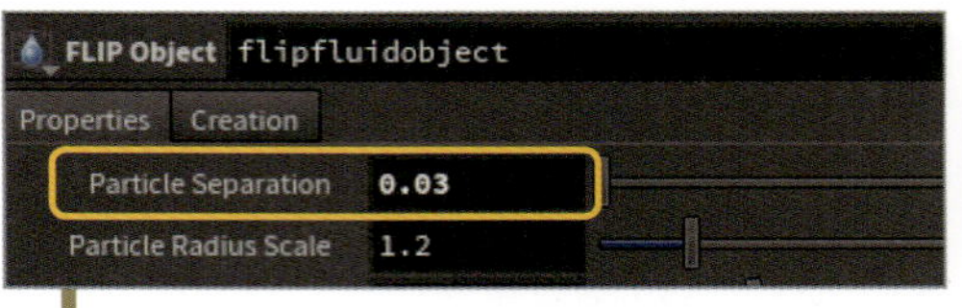

80 シミュレーションの精度を上げます。「flipfluidobject」ノードのパラメータ「Particle Separation」を「0.03」に変更します。パーティクル間の距離が縮まり、密度が増します（使用PCのスペックに不安があれば値を変えずに進めます）。

キャッシュファイルを出力する

81 Uキーで「/obj」階層に移動し、「particle_fluid」ノードの中に入ります。

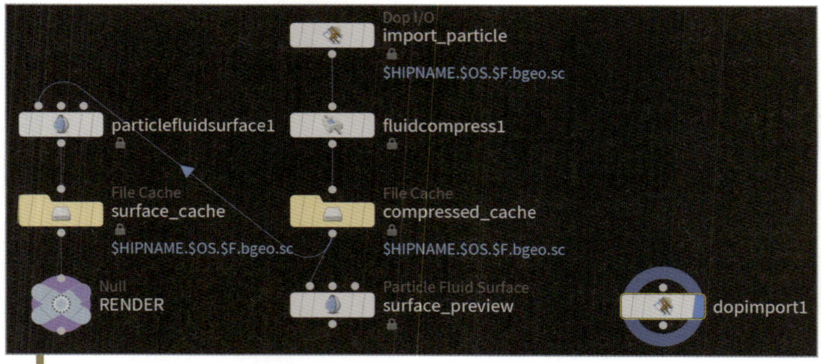

82 シェルフにより、すでにシミュレーション結果の読み込みからメッシュ化までのネットワークが組まれています。キャッシュファイル作成前に、シーンファイルを保存しておきます（「ViscousFLIP」という名前で保存）。

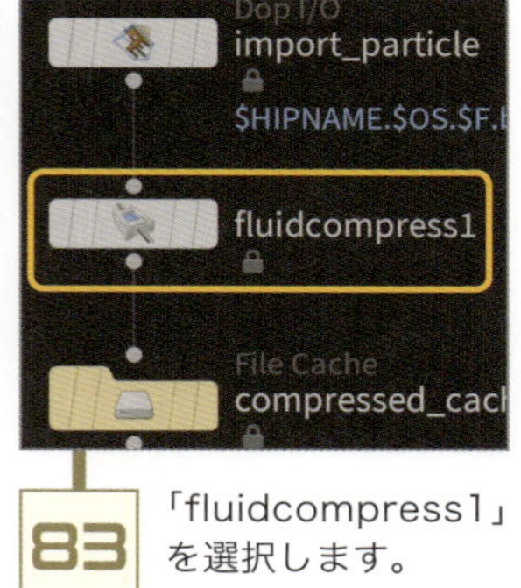

83 「fluidcompress1」を選択します。

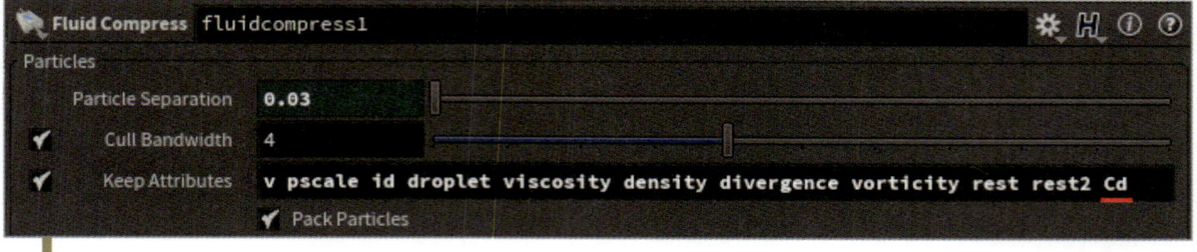

84 このノードのパラメータ「Keep Attributes」欄の末尾に色情報である「Cd」を追記します。これを追記しないと、圧縮時に色情報がなくなってしまいます。

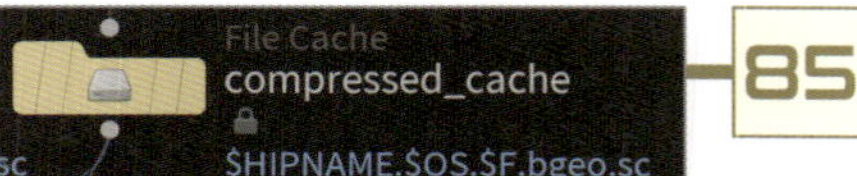

85 「compressed_cache」ノードを選択します。このノードでキャッシュファイルを作成します。

File Cache compressed_cache
Load from Disk / Reload Geometry
File Mode No Operation
Geometry File $HIP/geo/$HIPNAME.$OS.$F.bgeo.sc
Save to File / Save Filter / Load from File
Save to Disk / Save to Disk in Background / Controls...
Valid Frame Range Save Frame Range
Start/End/Inc 1 180 1

86 パラメータの設定はそのままで「Save to Disk」ボタンを押します。作成にはかなり時間がかかり、容量は1GBほど必要です。キャッシュファイルの作成後は、「Load from Disk」を「オン」にして、ファイルを読み込んでおきます。

メッシュ化する

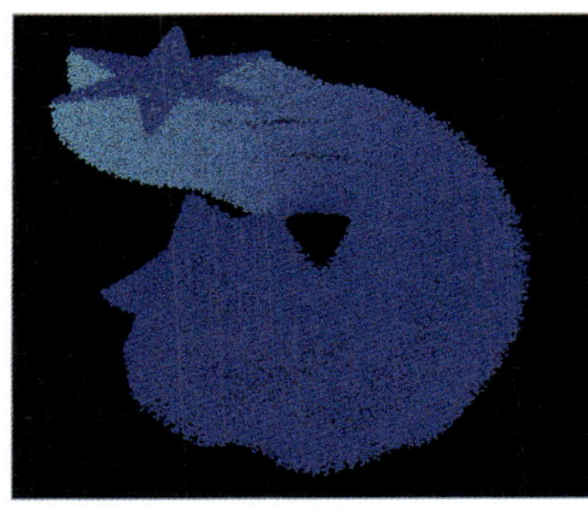

87 プレビュー確認用の「surface_preview」ノードに表示フラグを立ててシーンビューを見ると、非常に粘性の高い流体ですが、グラデーションがなくなり、青くなっています。修正が必要です。

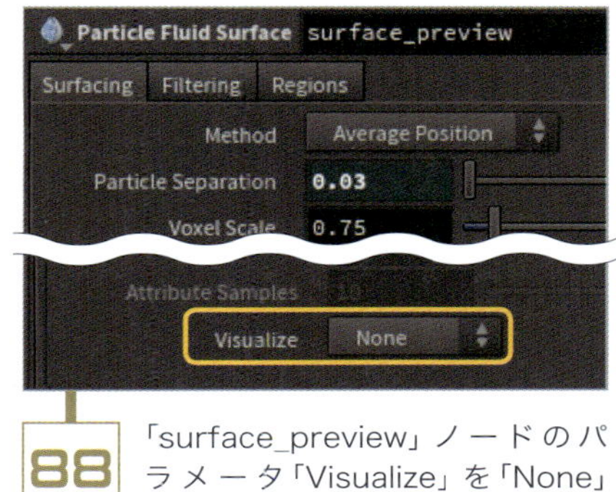

88 「surface_preview」ノードのパラメータ「Visualize」を「None」に変更します。

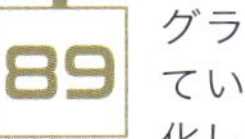

89 グラデーションがしっかり残っています。この結果をメッシュ化します。

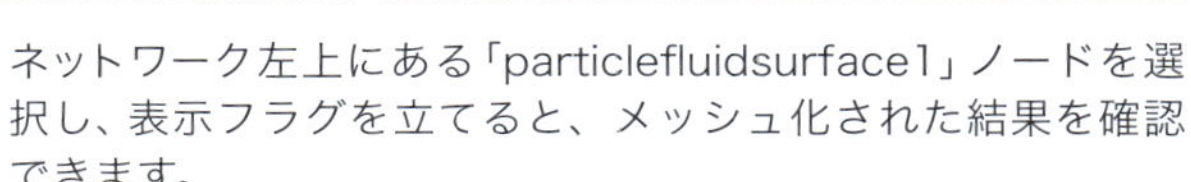

90 ネットワーク左上にある「particlefluidsurface1」ノードを選択し、表示フラグを立てると、メッシュ化された結果を確認できます。

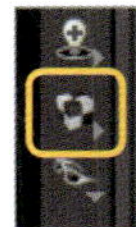

91 青く色づけされているのは、割り当てられているマテリアルによる効果です。いったんマテリアルの表示効果を無効にします。シーンビュー右側の「Display Options」→「Display materials on objects」（図のオレンジ枠）を無効にすると、表示上はマテリアルの効果を反映しなくなります。

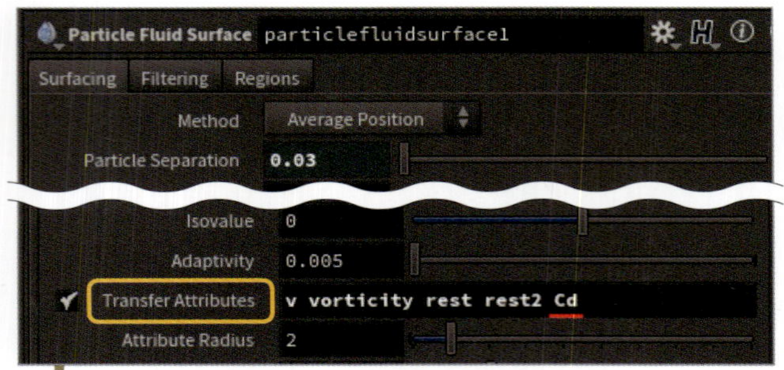

92 見た目が白一色になってしまったので、パーティクルの段階では表示されていた色をメッシュに反映します。「particlefluid-surface1」ノードのパラメータ「Transfer Attributes」欄末尾に「Cd」と追記します。このパラメータは、シミュレーションされたポイントからメッシュに継承されるアトリビュートです。ここでは色情報を継承したいので「Cd」と追記します。

93 シーンビューを見ると、メッシュにも色が付いています。

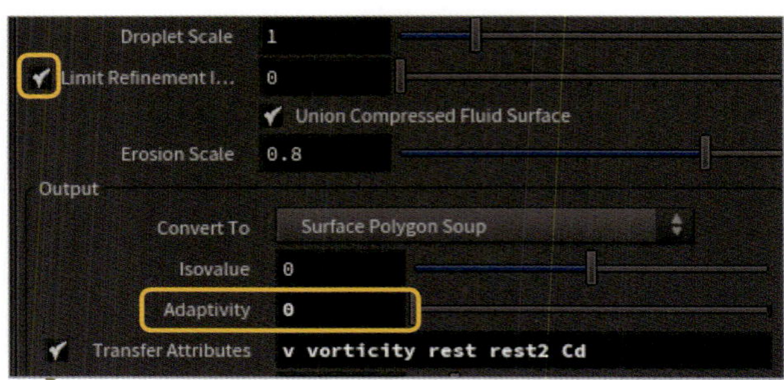

94 「Limit Refinement Iterations：オン」「Adaptivity：0」に設定します。動きの遅い、粘性のある流体をメッシュ化すると、チラツキが発生することがありますが、この設定はそれを軽減する方法としてマニュアルに記載されています（詳細はマニュアルの「Particle Fluid Surface（SOP）」項目参照）。

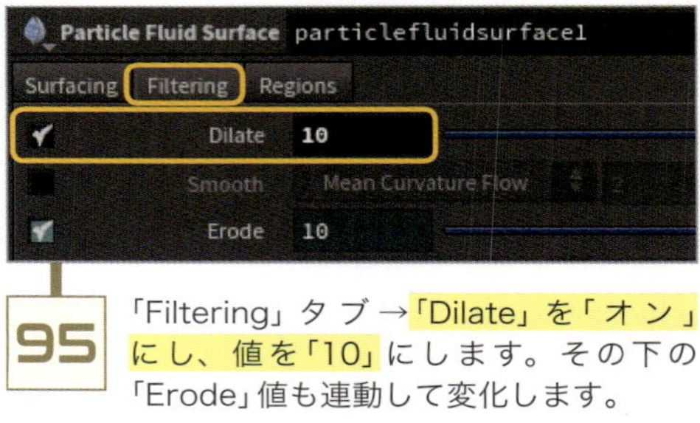

95 「Filtering」タブ→「Dilate」を「オン」にし、値を「10」にします。その下の「Erode」値も連動して変化します。

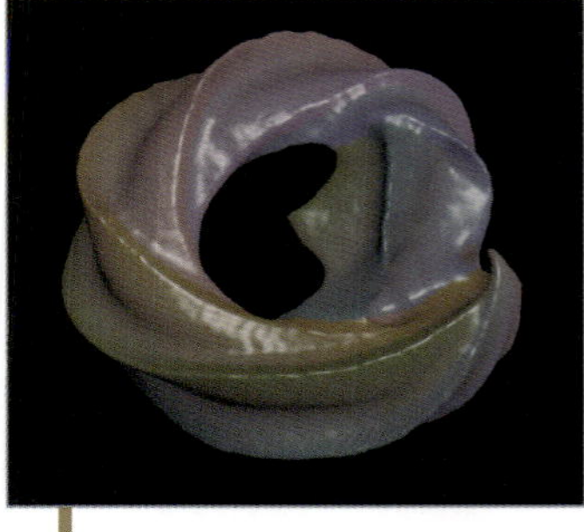

96 シーンビューを見ると、メッシュが滑らかになっています。メッシュ化の設定はこれで完了です。

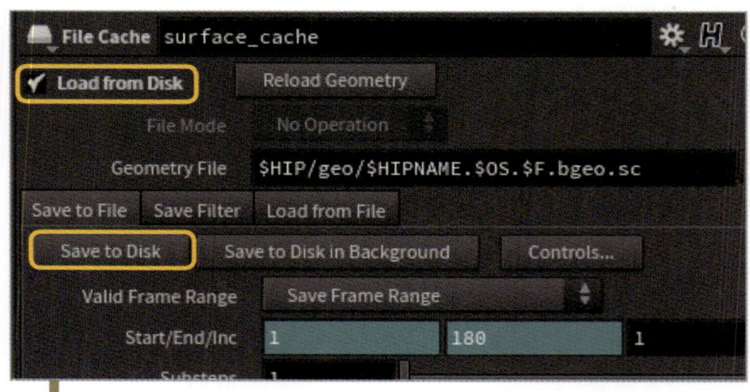

97 メッシュの状態をキャッシュファイルに出力します。「surface_cache」ノードを選択して、パラメータは初期設定のままで「Save to Disk」ボタンを押し、キャッシュファイルを作成します。作成には時間がかかり、容量は700MBほどになります。キャッシュファイルの作成後、パラメータ上部の「Load from Disk」を「オン」にしてファイルを読み込みます。これでメッシュ化は完了です。

カメラとライトを設定する

98 カメラを作成します。Uキーで「/obj」階層に移動し、TAB Menuから「Camera (OBJ)」を作成します。

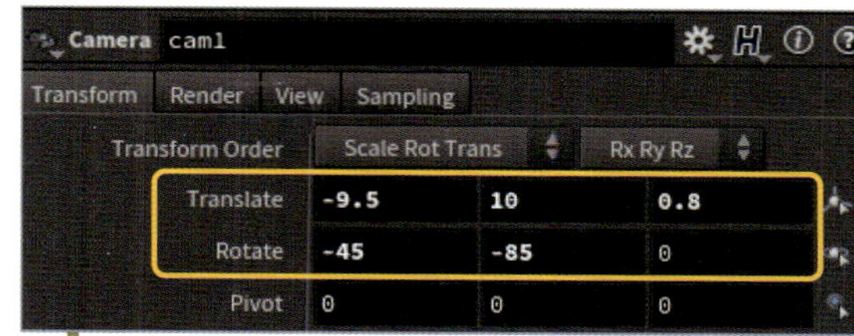

99 「cam1」ノードのパラメータを設定します。「Translate：－9.5　10　0.8」「Rotate：－45　－85　0」に設定します。

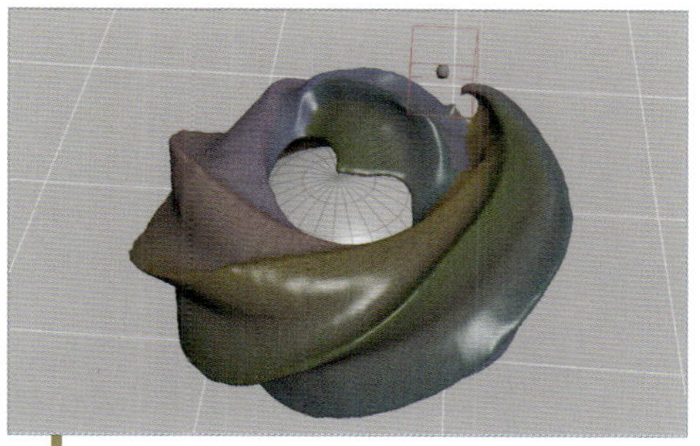

100 シーンビューをカメラの視点に変更すると、図のようなレイアウトになります。

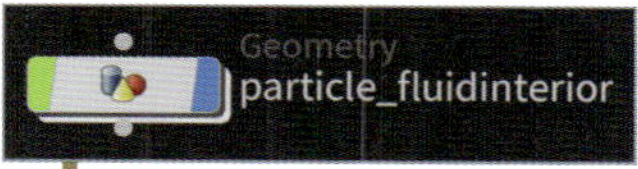

101 「/obj」階層のノードを整理します。「particle_fluidinterior」ノードを削除します。これは水中を表現するためのノードですが、作例では不透明な質感にする予定なので必要ありません。

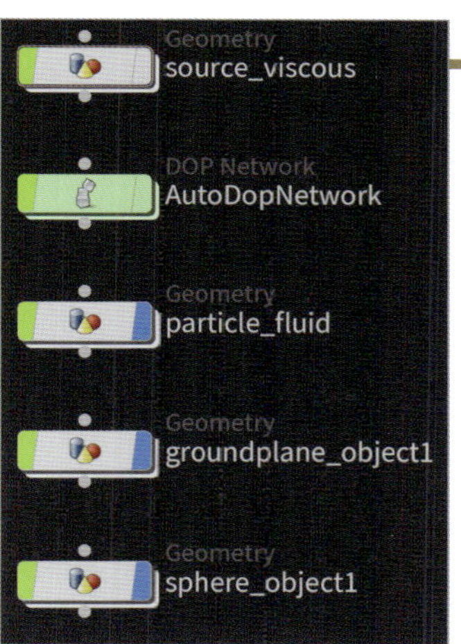

102 次にノードの表示フラグを整理します。「particle_fluid」「groundplane_object1」「sphere_object1」の各ノードに表示フラグを立て、それ以外の表示フラグをオフにします。

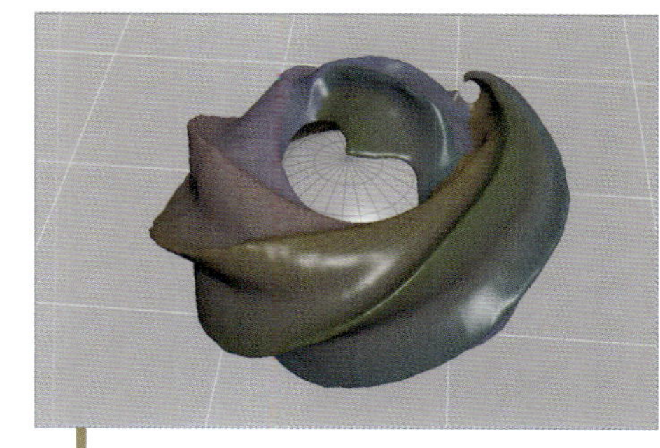

103 シーンビューには、メッシュ化された流体、衝突用の球体、地面が表示されます。

104 次はライトを追加します。ウィンドウ右上のシェルフから「Lights and Cameras」→「Sky Light」を実行。ライトノードがふたつできます。

105 シーンにライトが追加されました。

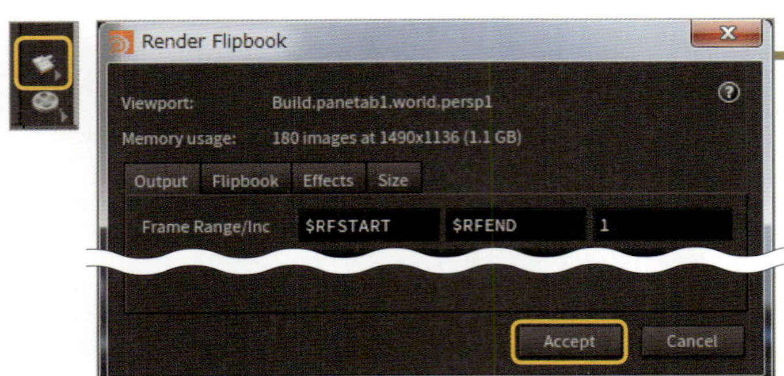

106 この状態で一度プレビューを作成します。シーンビュー左下の「Render Flipbook」ボタンを押します。設定ウィンドウでは設定を変えず「Accept」ボタンを押し、実行します。ウィンドウが立ち上がり、画面キャプチャが始まります。

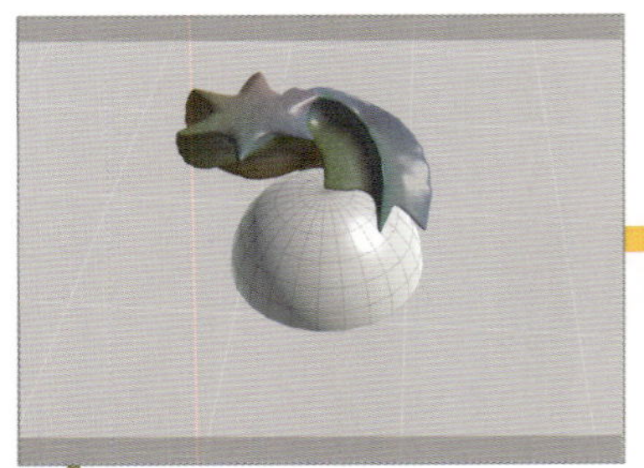

107 キャプチャが完了したら再生して結果を確認します。

108 次はレンダリングですが、その前に質感を調整します。91で「オフ」にした、シーンビュー側の「Display Options」の「Display materials on objects」を再度「オン」にします。シーンビューにマテリアルの効果が表示されます。
現在は、水の質感が設定されており、これはこれでいい感じですが、ここではもう少しベーシックな質感に変更します。

マテリアルを設定する

109 ネットワークエディタ上部のタブを「Material Palette」に変更します。すでにいくつかマテリアルがありますが、これらはシェルフで水のシミュレーションを作成した際につくられたものです。

110 「Material Palette」左のプリセットリストから「Milk Chocolate」を選択して、右領域へドラッグ＆ドロップします。これは名前の通り、ミルクチョコレートの質感です。

111 作成したマテリアルを調整します。右の領域でマテリアル「milkchocolate」を選択、パラメータ「Base Color」を「1　1　1」に設定します。

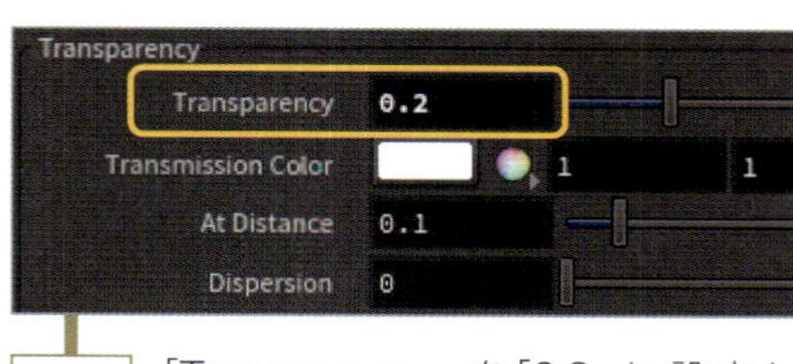

112 「Transparency」を「0.2」に設定して、光を少し透過させます。

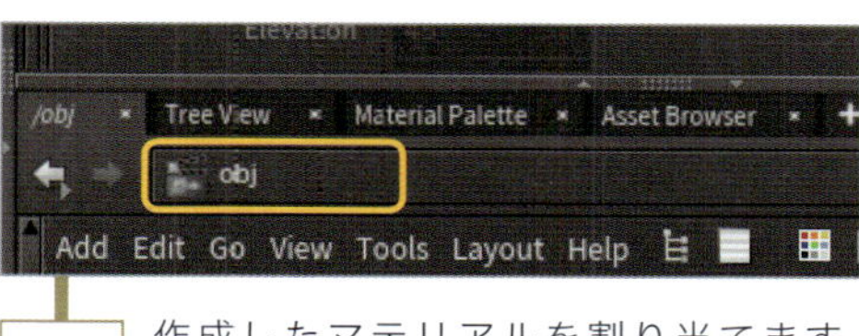

113 作成したマテリアルを割り当てます。ネットワークエディタに切り替えて、階層を「/mat」から「/obj」に変更します。

114 「particle_fluid」ノードを選択して、パラメータタブを「Render」に切り替えます。「Material」には現在「basicliquid」マテリアルが割り当てられていますが、「milkchocolate」に変更します。

レンダリングする

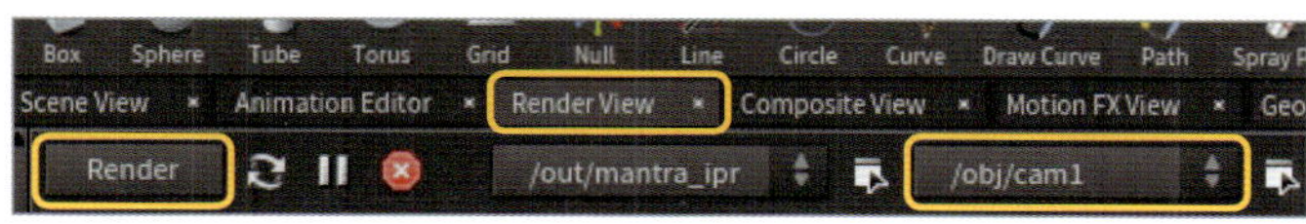

115 レンダリングします。シーンビュー上部のタブを「Render View」に切り替え、カメラを「cam1」に設定、「Render」ボタンを押してレンダリングを開始します。ここでは180フレーム目をレンダリングしました。

116 レンダリング結果はこのようになります。

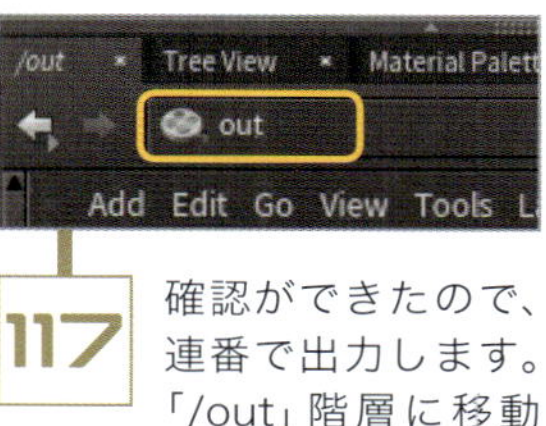
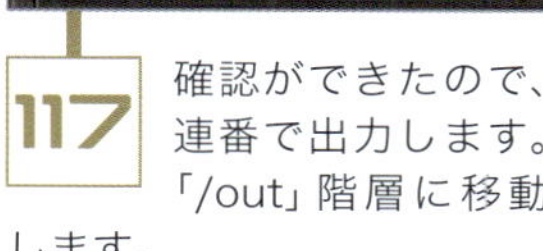

117 確認ができたので、連番で出力します。「/out」階層に移動します。

118 先ほどのテストレンダリング時につくられた「Mantra」ノードの名前を「Viscous」に変更します。

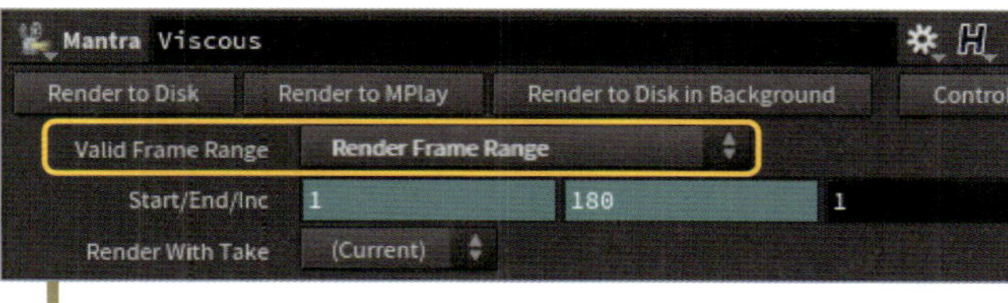

119 「Viscous」ノードのパラメータ「Valid Frame Range」を「Render Frame Range」に変更します。

120 他の設定はデフォルトのままで、「Render to Disk」ボタンを押してレンダリングを実行します。レンダリング完了まで、数時間かかるかもしれません。

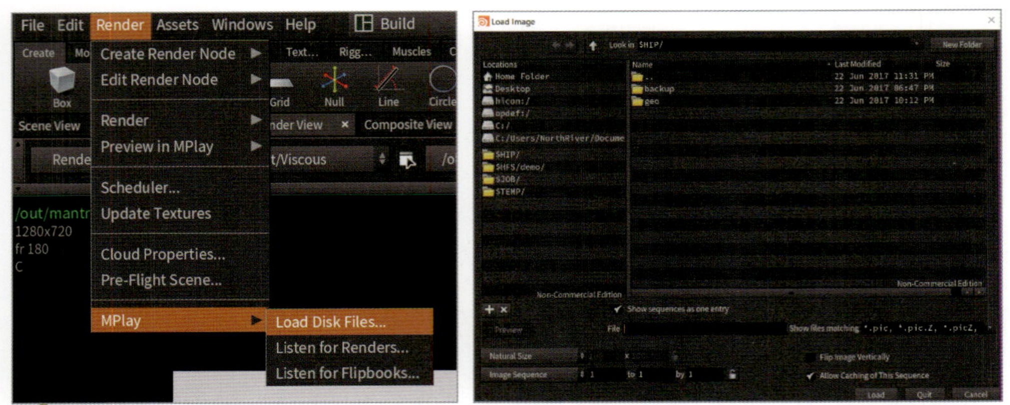

121 レンダリング完了後、結果を確認します。Renderメニュー→「MPlay」→「Load Disk Files」を実行し、レンダリングしたファイルをシーケンスで読み込みます。

122 ファイルを読み込んだら再生して結果を確認してみましょう。これでこの作例は完成です。

6-4 作例3 徐々に溶ける箱

難易度 ★★

箱が溶けるエフェクトを作成します。Chapter 6-3では水の粘性を使用しましたが、それを応用すると、物がだんだん溶けていくような効果をつくることができます。

STEP 制作手順

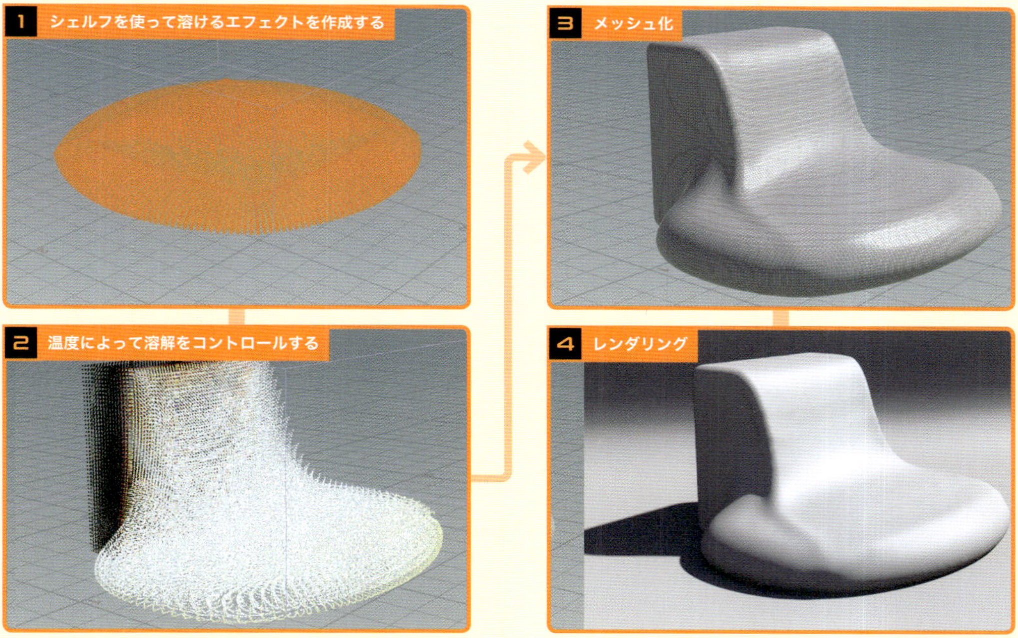

1 シェルフを使って溶けるエフェクトを作成する

2 温度によって溶解をコントロールする

3 メッシュ化

4 レンダリング

NETWORK 完成したネットワークの全体図

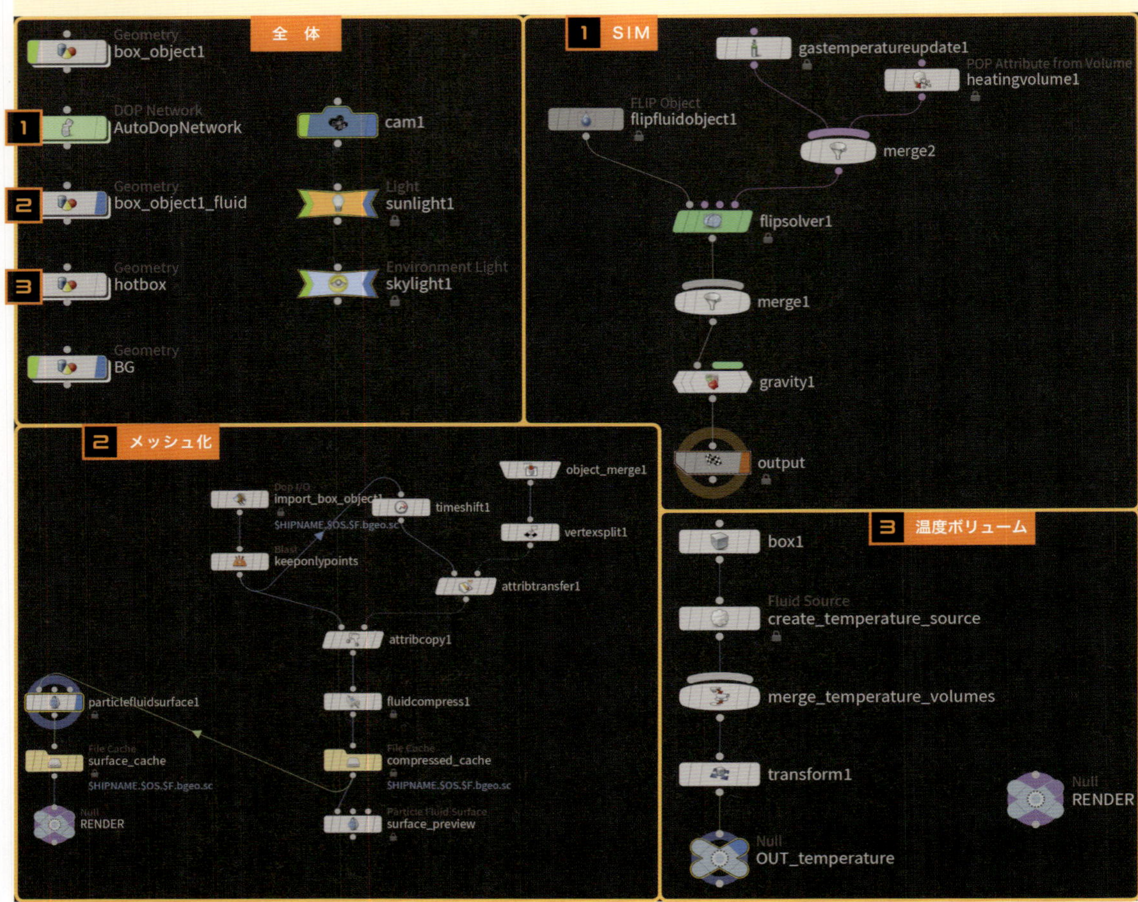

■主要ノード一覧（登場順）

Geometry (OBJ)	P404
Box (SOP)	P404
Transform (SOP)	P406
Camera (OBJ)	P409
Grid (SOP)	P410
Bend (SOP)	P410

箱をつくって「Melt Object」で溶かす

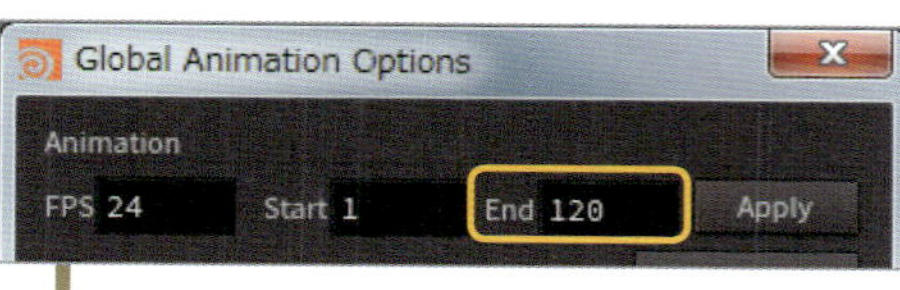

1 初めにシーンの尺を設定します。ウィンドウ右下のアイコンをクリックして「Global Animation Options」を表示し、「End」を「120」にします。

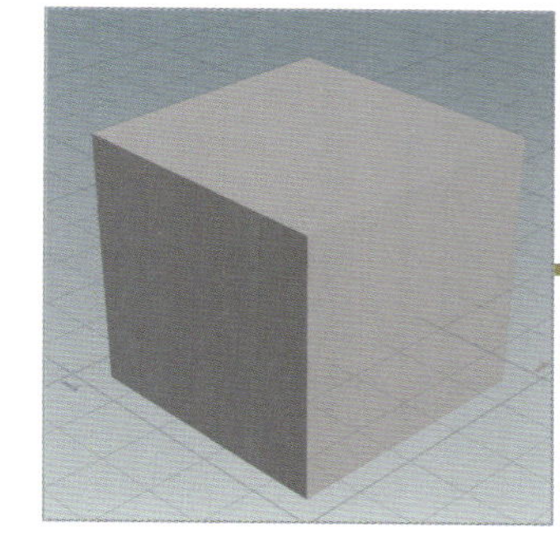

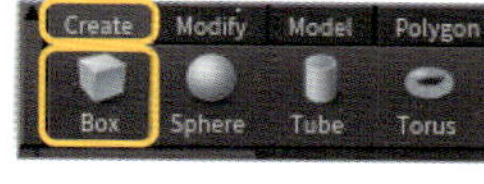

2 溶かす箱をシェルフで作成します。ウィンドウ左上のシェルフタブを「Create」に切り替え、Ctrlキーを押しながら「Box」を実行、原点付近に箱をつくります。

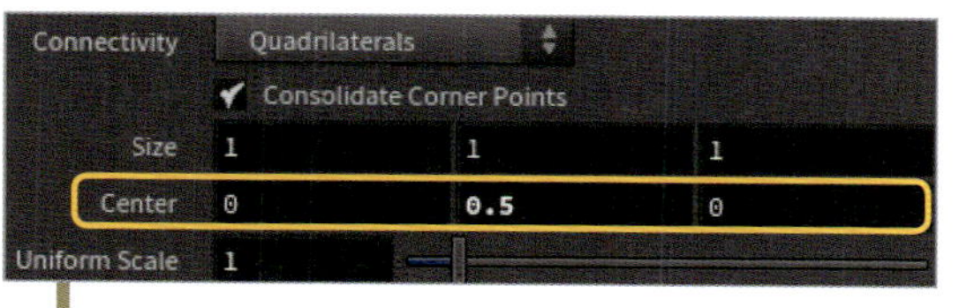

3 「box_object1」ノードの中に入り、「Box(SOP)」ノードのパラメータ「Center」を「0 0.5 0」にします。箱がY軸方向に移動し、ちょうど下面がグリッドの位置に来ます。

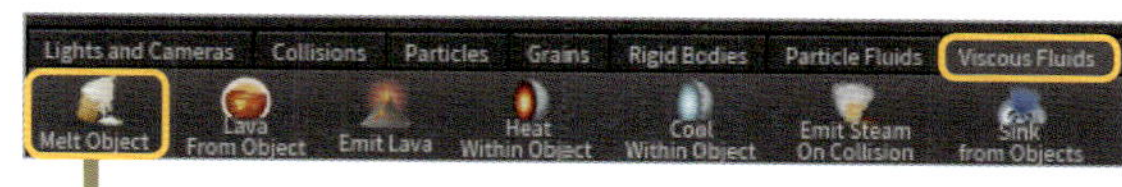

4 箱が用意できたので、早速溶かします。ウィンドウ右上のシェルフタブを「Viscous Fluids」に切り替えます。このシェルフにはFLIPの粘性に関する機能がまとめられています。ここで「Melt Object」を実行します。

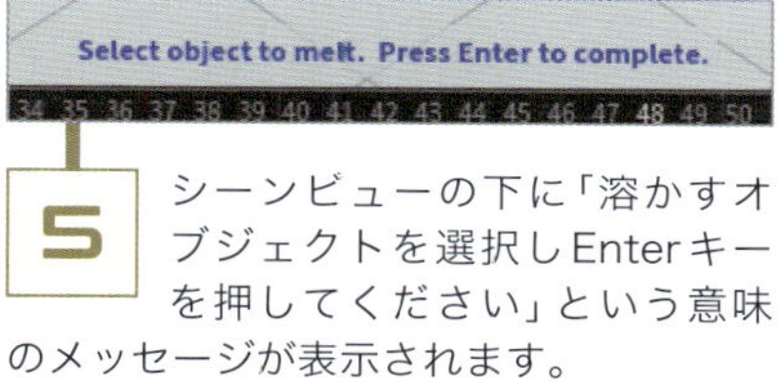

5 シーンビューの下に「溶かすオブジェクトを選択しEnterキーを押してください」という意味のメッセージが表示されます。

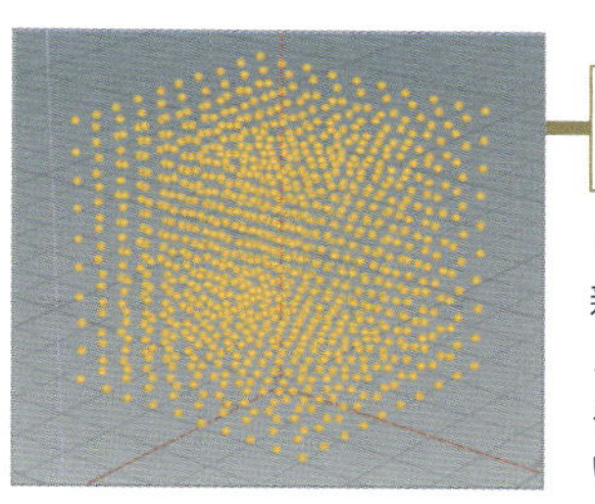

6 メッセージに従い、シーンビューで箱を選択し、Enterキーを押して確定すると、自動でいくつかノードがつくられます。階層も新しくつくられた「AutoDopNetwork」ノードに移動します。シーンビューを見ると、箱状にパーティクルが作成されています。

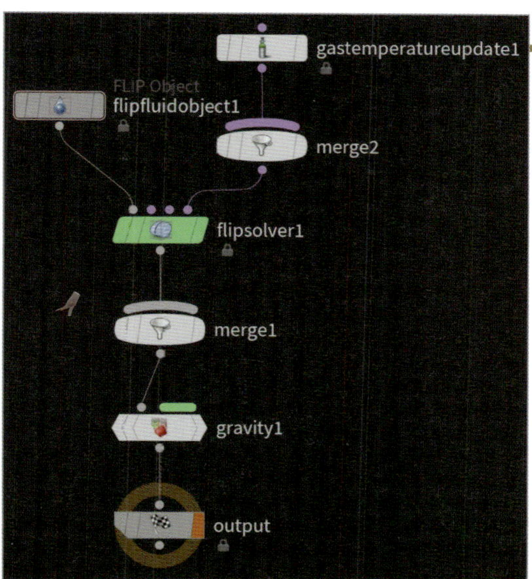

7 まず、Lキーを押してネットワークを整理します。基本的なネットワークはこれまで扱ってきたFLIPのそれと同じです。

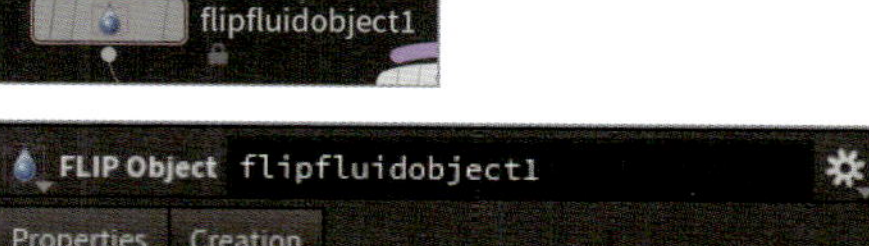

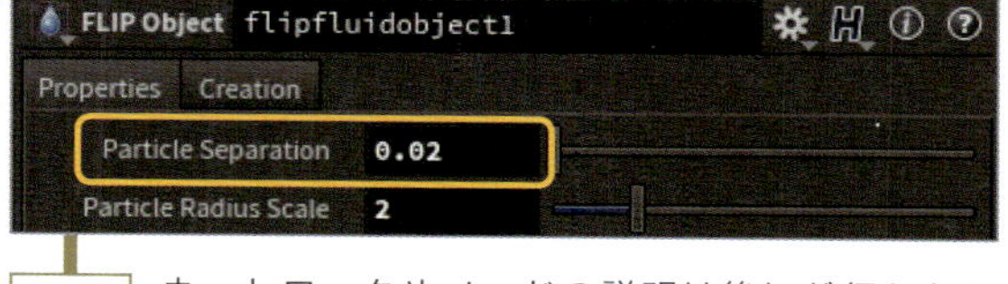

8 ネットワークやノードの説明は後ほど行うとして、各ノードのパラメータを設定します。まず「flipfluidobject1」ノードのパラメータ「Particle Separation」を「0.02」にします。

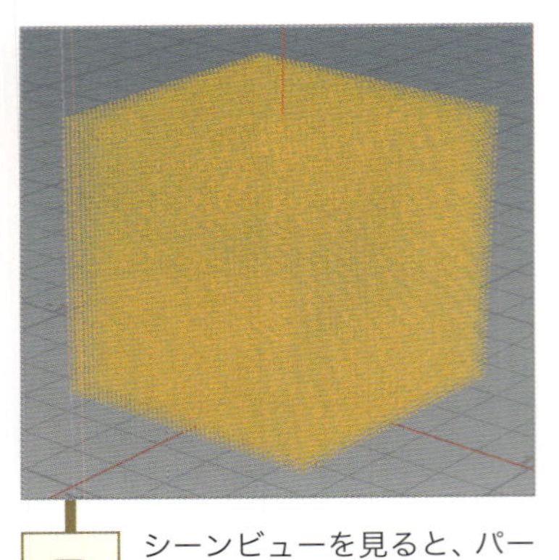

9 シーンビューを見ると、パーティクルの間隔が狭くなり密度が上がっています。

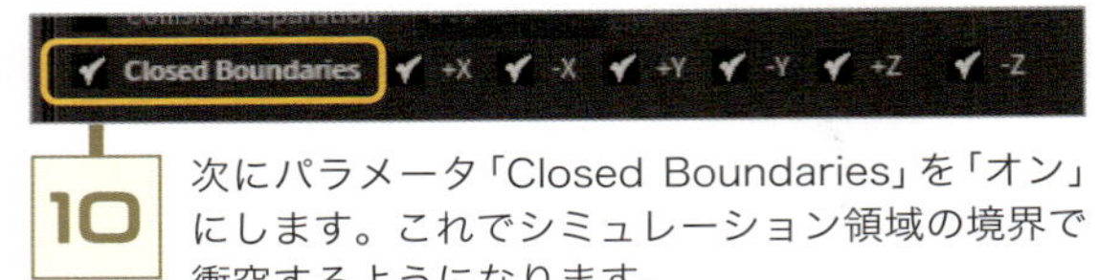

10 次にパラメータ「Closed Boundaries」を「オン」にします。これでシミュレーション領域の境界で衝突するようになります。

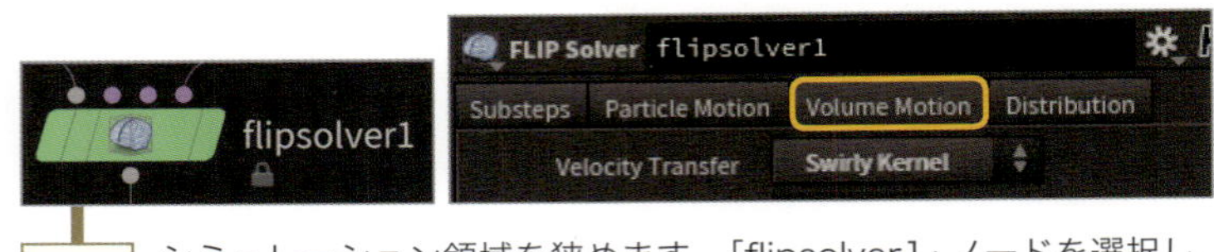

11 シミュレーション領域を狭めます。「flipsolver1」ノードを選択し、パラメータ上部のタブを「Volume Motion」に切り替えます。

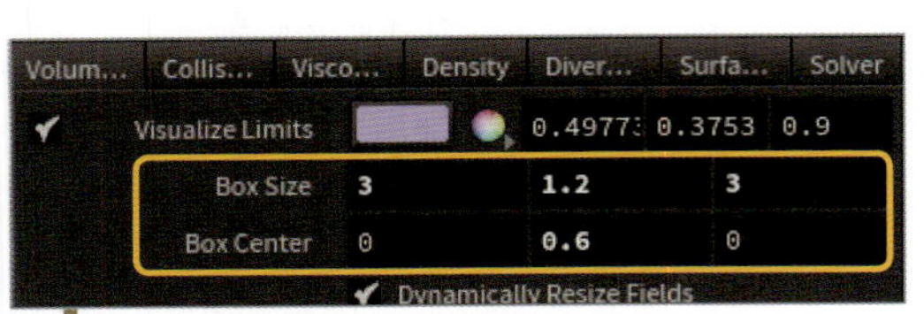

12 パラメータの中ほど、「Volume Limit」タブ→「Box Size：3　1.2　3」「Box Center：0　0.6　0」に設定します。

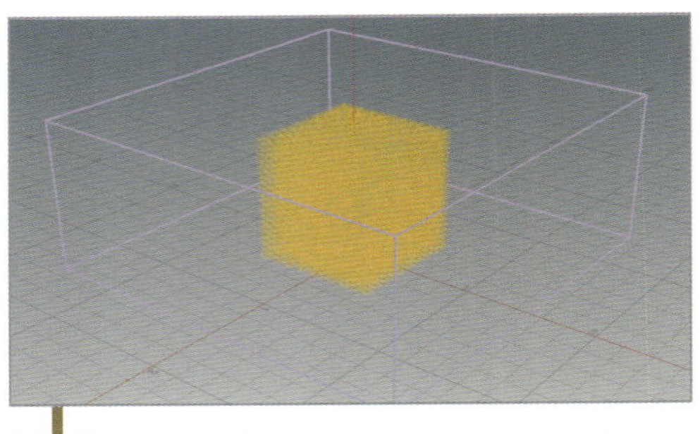

13 シーンビューを見るとシミュレーション領域が箱の周囲にまで狭くなっているのを確認できます。

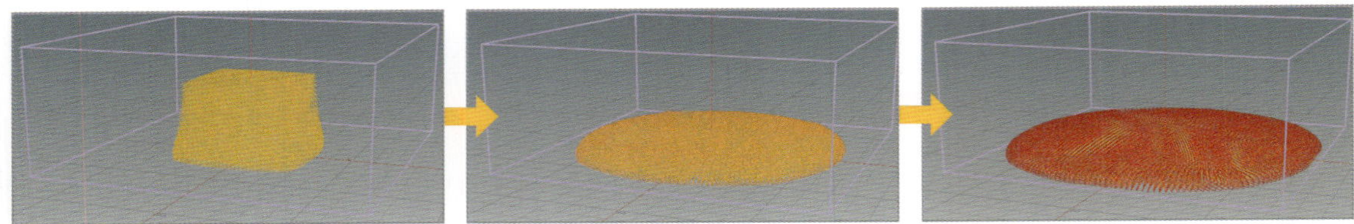

14 再生すると、黄色の箱状パーティクルが徐々に赤くなり溶けるように動きます。色は温度を表しています。黄色のほうが温度が高く（より粘性が低く）、溶けやすくなっています。つまり、初めは温度が高く一気に溶けますが、時間が経つにつれ温度が下がり（粘性が高くなり）固まり始める、というシミュレーションです。

シェルフ「Melt Object」でつくられたネットワークとノード

結果が確認できたので、ネットワークとノードの解説を行います。Uキーで「/obj」階層に移動します。この階層には現在3つのノードがあります。それぞれ最初につくった箱、それを使ったシミュレーションと、その結果の読み込みを行っています。基本的な構成はこれまで登場したシェルフを使ったFLIPシミュレーションと同じです。

「box_object1」ノードの中に入ると、「box1」ノードが元々あるだけで、特に変化はありません。Uキーで「/obj」階層に移動し、シミュレーションを行っている「AutoDopNetwork」ノードに入ります。7 同様、基本的な構成はこれまでのFLIPシミュレーションと大差ありません。

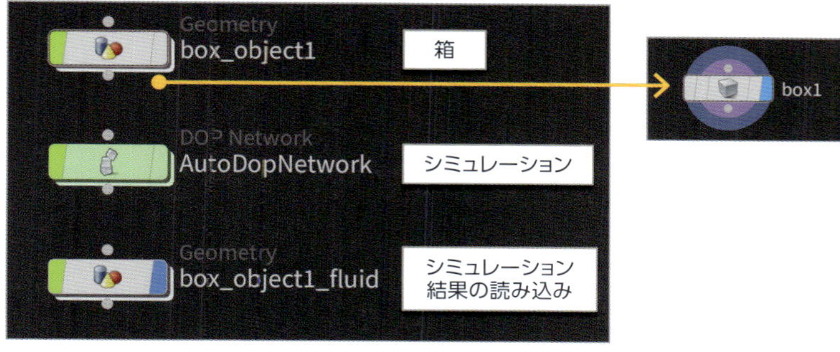

「flipfluidobject1」ノードの粘性の設定

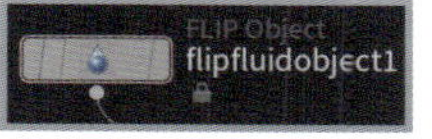

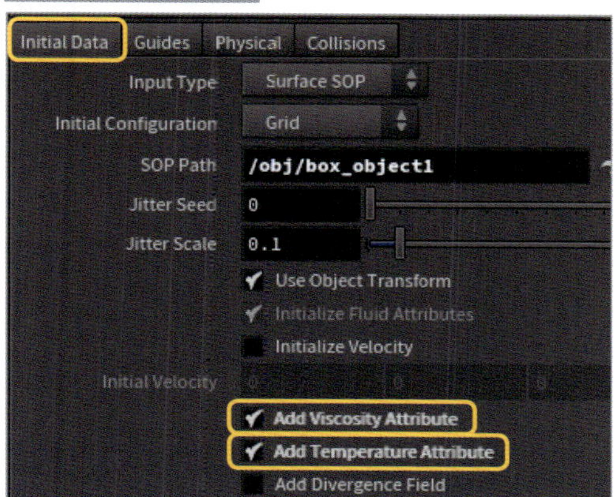

「flipfluidobject1」ノードのパラメータを確認します。「Initial Data」タブ→「Add Viscosity Attribute」と「Add Temperature Attribute」が「オン」であることを確認します。**Chapter 6-3**で粘性を扱った際は、発生源側でViscosity（粘度）アトリビュートを作成しましたが、この作例では、発生源を使わずに「flipfluidobject1」ノード自身がシミュレーションの初期状態を作成しているので、粘性を付与するために「Add Viscosity Attribute」を「オン」にする必要があります。
この粘性を扱う際の重要な要素がTemperature（温度）で、それを作成しているのが「Add Temperature Attribute」です。

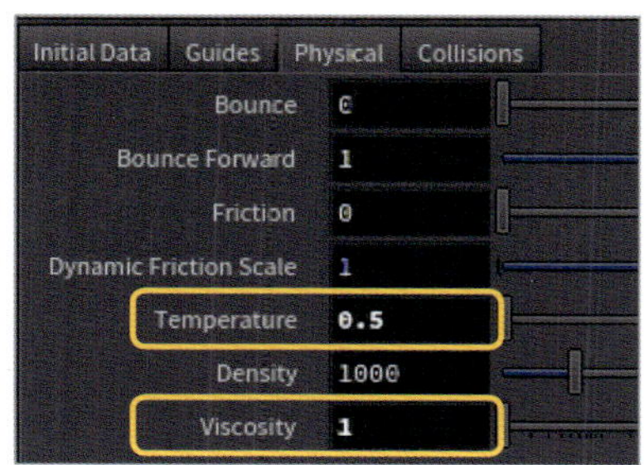

パラメータタブを「Initial Data」から「Physical」に切り替えます。ここにはさまざまな初期値があります。「Temperature」と「Viscosity」は、先の「Initial Data」の設定でつくられたアトリビュートの初期値です。

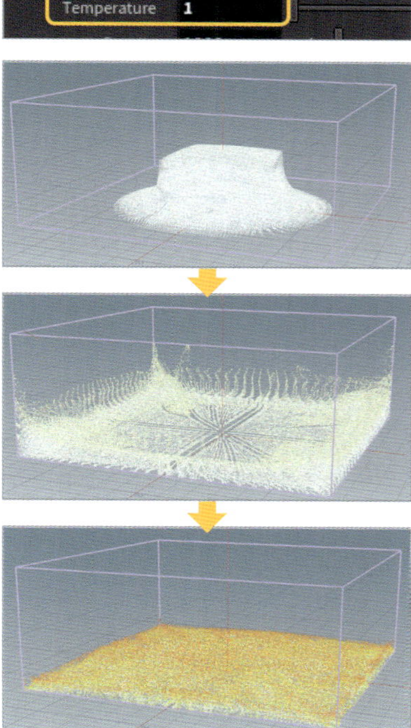

試しに値を変更してみます。「Temperature：1」に変更して再生すると、温度が上がったことで見た目が白くなりました。温度は「赤く黄色く白」の順に高くなります。温度が上がったことで、より粘性が下がり、水っぽさが増しています。そして最後は熱が冷め、動きが鈍くなっていきます。

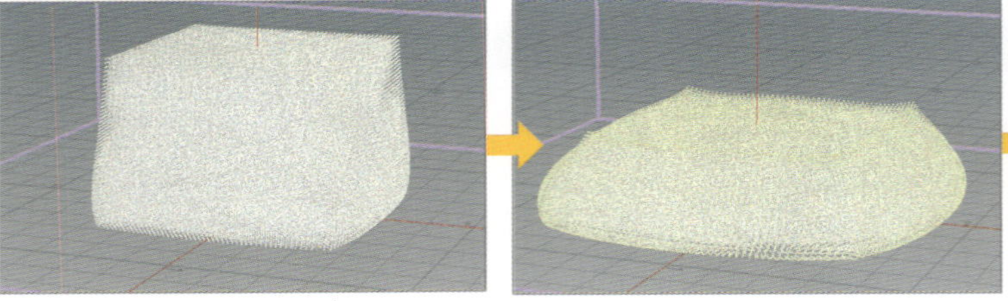

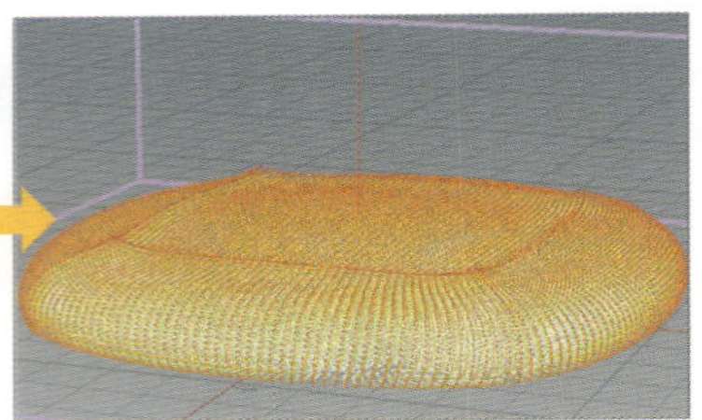

次に「Viscosity：2000」に設定してみます。再生すると、粘性が増したため、同じ温度でも先ほどのように水っぽくはありません。そして、粘性が非常に高いため、ある程度形が潰れたら、それ以上はあまり動かなくなります。確認後は元の値「Temperature：0.5」「Viscosity：1」に戻します。

「flipfluidobject1」ノードの色の設定

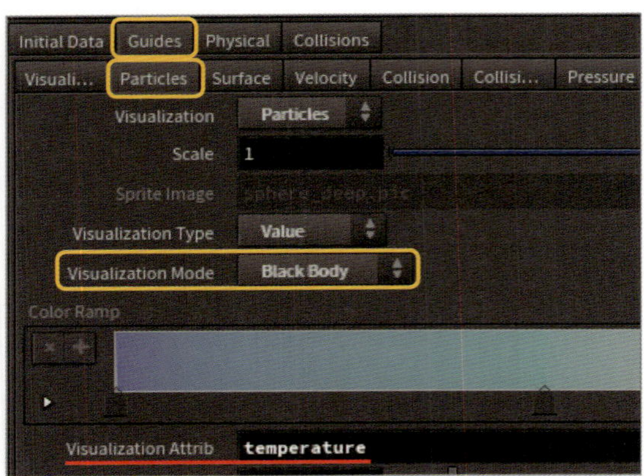

「Guides」タブ→「Particles」タブ→「Visualization Mode」に設定されている「Black Body」は、「黒体」と呼ばれる物体が温度によって放つ色の設定で、大雑把にいうと温度が高いほうから順に「白＞黄色＞赤＞黒」と変化します。

その下の「Visualization Attrib」で指定されたアトリビュートをもとにBlack Bodyに色がつきます。現在「temperature」が指定されているので、温度によってBlack Bodyの着色されます。パーティクル色が暖色系なのはこの設定のせいです。

なお、これまでの水のシミュレーションではこの設定が「Ramp」で、速度によって青系の色がつくようになっていました。

「flipsolver1」ノードの「Enable Viscosity」

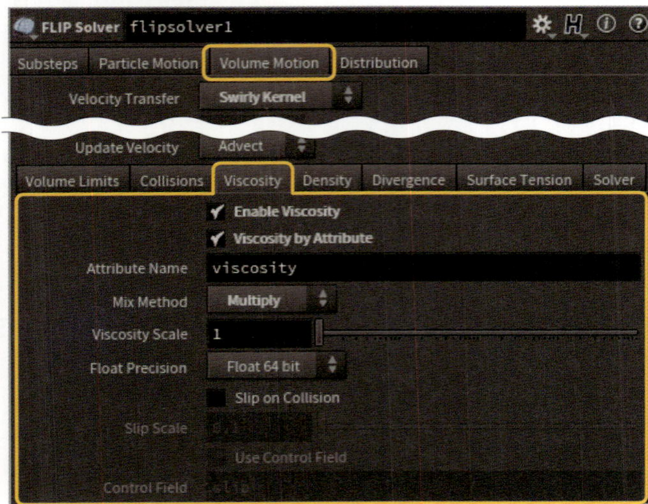

「flipsolver1」は、実際にFLIPの挙動を計算するノードです。「Volume Motion」タブ→「Viscosity」タブ→「Enable Viscosity：オン」になっており、その粘性に「viscosity」アトリビュートが使われる設定であることが確認できます。流体に粘性があったのは、このパラメータが「オン」だったためです。

「gastemperatureupdate1」ノードのパラメータ

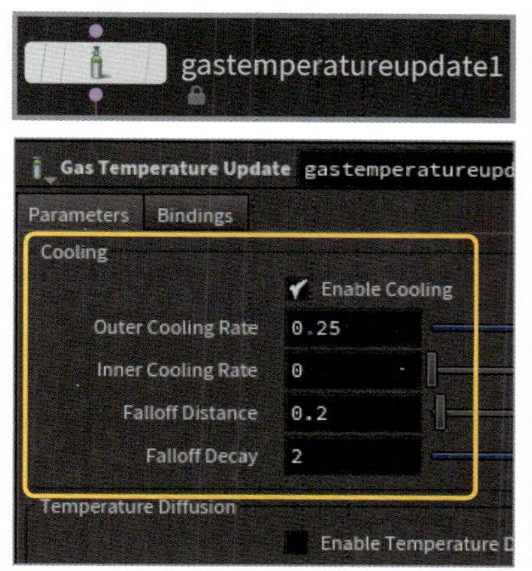

ネットワーク右上の「gastemperatureupdate1」は初登場のノードです。これは「Gas Temperature Update (DOP)」というタイプのノードで、FLIPでの温度と、温度を使った粘性の両方をコントロールできます。平たく言うと、「温度が高くなると溶けだして、冷めると固まる」という調整を可能にするノードです。

パラメータ上半分を占める「Cooling」カテゴリには、温度の冷却に関するパラメータがまとめられています。試しに「Outer Cooling Rate：1」に変更すると、先ほどよりも冷却されやすくなります。再生してパーティクルの色に注目すると、これまでよりも早いタイミングで黄色から赤へと変化しており、後半は、より黒っぽい赤になります。確認後は元の値「0.25」に戻します。

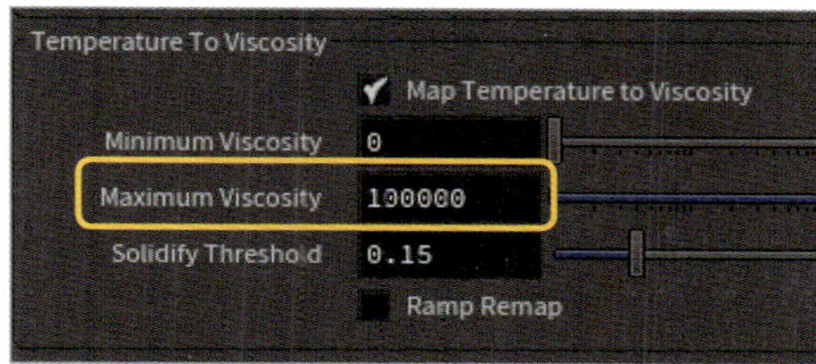

パラメータ下半分を占める「Temperature To Viscosity」カテゴリでは、温度と粘性が関連付けられています。試しに「Maximum Viscosity」を「1000」に変更してみます。再生すると、同じ温度でも粘性の最大値が下がったことで、より動きが流動的になります。他のパラメータもいろいろ変更して確認してみてください。確認後は元の値「100000」に戻します。

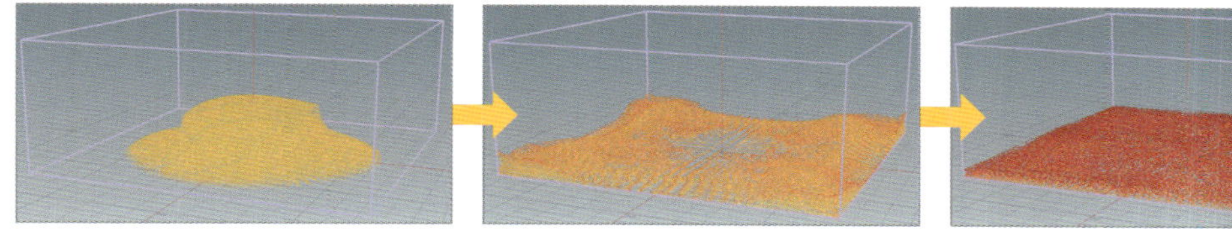

半分だけ溶けるエフェクトを作成する

作例の操作に戻ります。下図のように、この箱型の流体が半分だけ溶けるエフェクトを作成します。

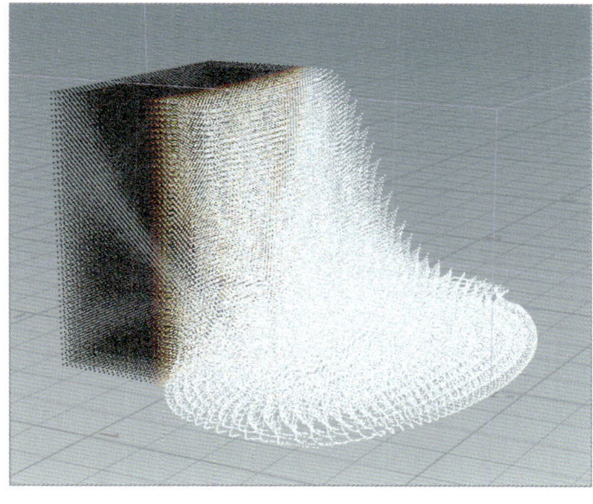

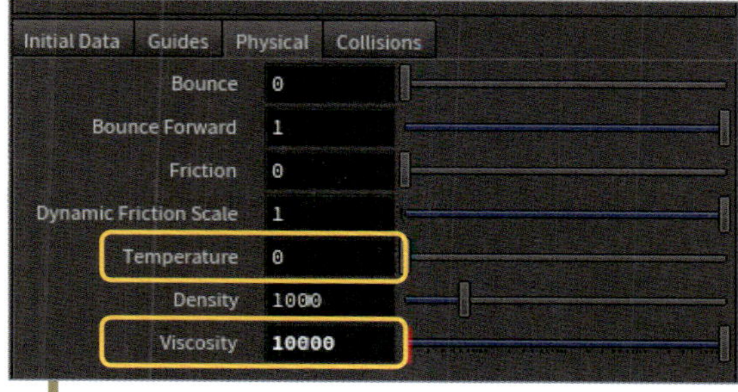

15 まず、初期状態を変更し、容易に溶けなくします。「flipfluidobject1」ノードのパラメータ、「Physical」タブ→「Temperature：0」「Viscosity：10000」に設定します。

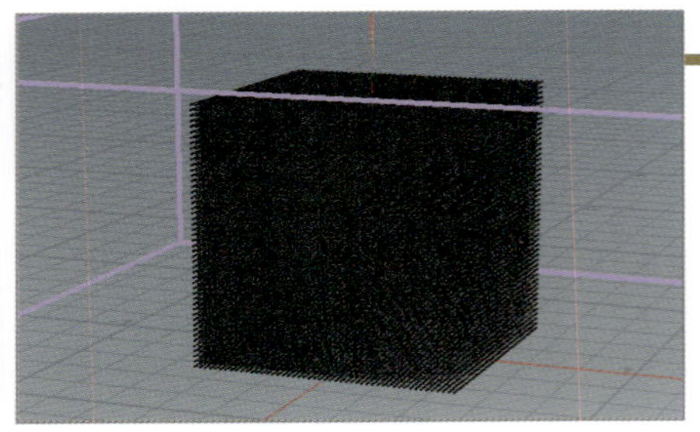

16 これで、温度0で粘性が非常に高い流体ができました。再生するとほとんど動きません。この物体を温めていけば粘性が下がり溶け始めます。＋Z側から徐々に温度が高くなるようにします。

17 まず、温度を上げたい領域をボックスで明示します。Uキーで「/obj」階層に移動、TAB Menuから「Geometry (OBJ)」を作成し、ノード名を「hotbox」とします。

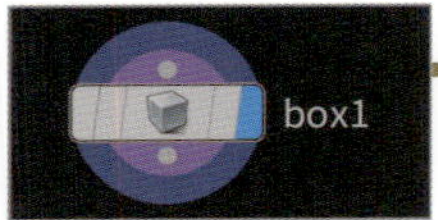

18 「hotbox」ノードの中に入り、既存の「file1」ノードを削除、TAB Menuから「Box (SOP)」を作成します。

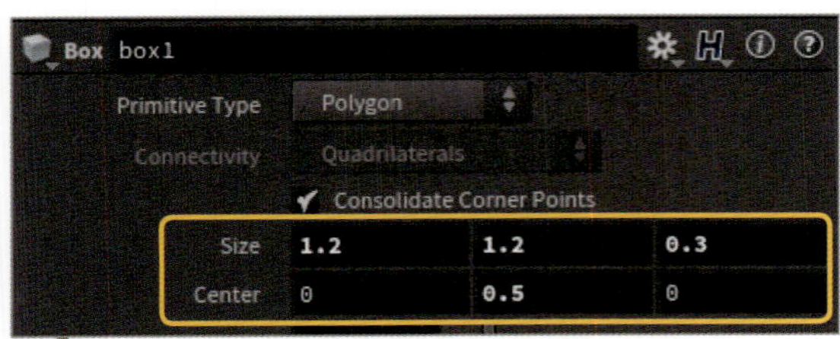

19 「box1」ノードのパラメータ、「Size：1.2　1.2　0.3」「Center：0　0.5　0」にします。

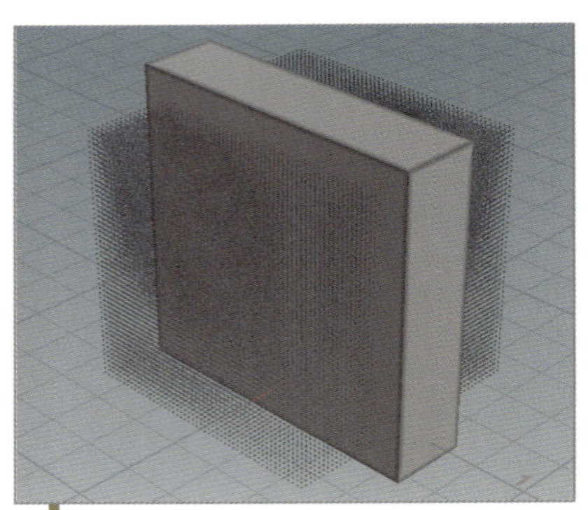

20 図のようにボックスが流体の中心に配置されます。シェルフを使って、このボックスの領域の温度を高くします。

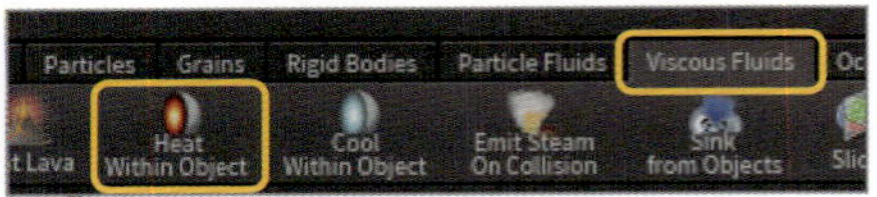

21 シェルフから「Viscous Fluids」タブ→「Heat Within Object」を選びます。

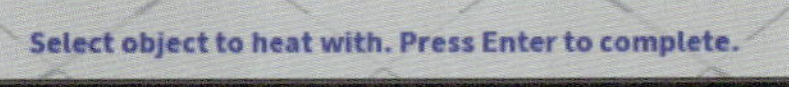

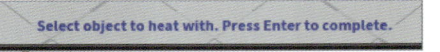

22 シーンビューの下側に、「加熱するオブジェクトを選択し、Enterキーを押してください」という意味のメッセージが表示されます。

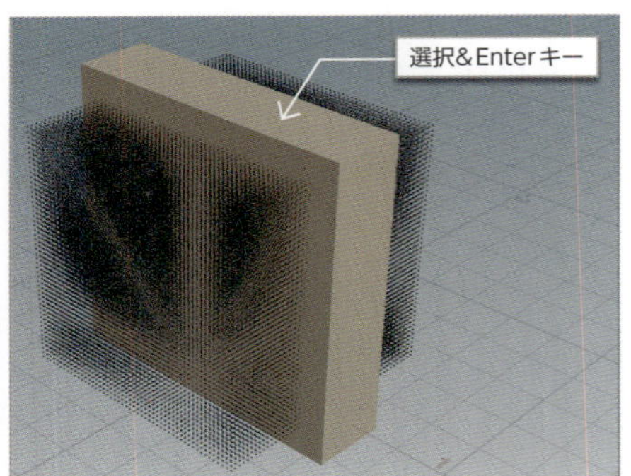

23 メッセージに従い、シーンビュー上でボックスを選択、Enterキーを押します。

Select fluid object to heat. Press Enter to complete.

24 続いて「加熱する流体オブジェクトを選択しEnterキーを押してください」という意味のメッセージが表示されます。

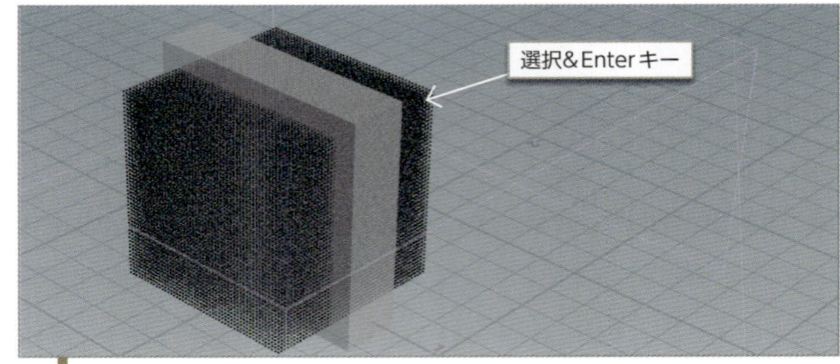

25 メッセージに従い流体オブジェクトを選択すると、「/obj/AutoDopNetwork」に飛ばされるので、そこで「flip fluidobject1」ノードを選択、再度シーンビューにマウスカーソルを移動してEnterキーを押すと、うまく実行できます。

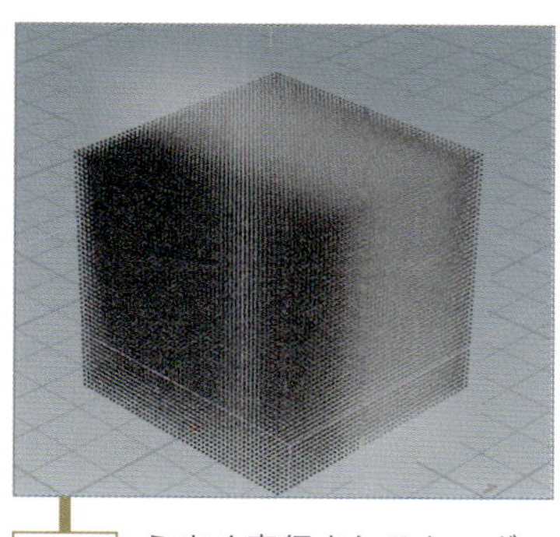

26 うまく実行されると、ボックスがあった場所がボリュームに変わります。

27 ひとまず再生してみます。ボリュームがあるあたりのパーティクルの温度が上昇し、それにより粘性が下がり、溶け出します。

28 つくられたノードを確認します。Lキーでノードを整理してください。ネットワークの右上に、新しく「heatingvolume1」というノードが追加されています。これは「POP Attribute from Volume (DOP)」とタイプのノードで、指定したボリューム情報をシミュレーション内のパーティクルに転送できます。

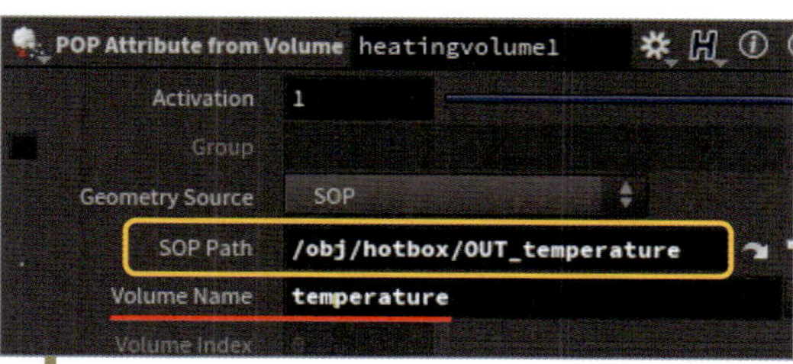

29 「heatingvolume1」のパラメータ「SOP Path」は、読み込むボリュームを指定しています。ここでは「/obj/hotbox/OUT_temperature」です（詳細は33）。
「Volume Name」アトリビュートでは、「temperature」というボリューム情報を読み込んでいます。

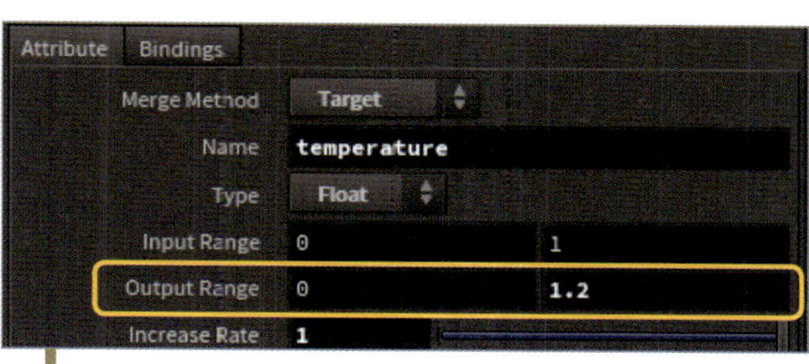

30 パラメータの下半分は、読み込んだボリューム情報をどう扱うかがまとめられています。ここで読み込む際の温度を高くし、より溶けやすくします。「Output Range」を「0　1.2」にします。これはその上の「Input Range」の範囲を新しい範囲に置き換えます。ここでは、「0～1」の範囲の値を「0～1.2」に変換しており、つまり入力された温度を1.2倍にしているといえます。

31 再生すると、より溶けやすくなりました。

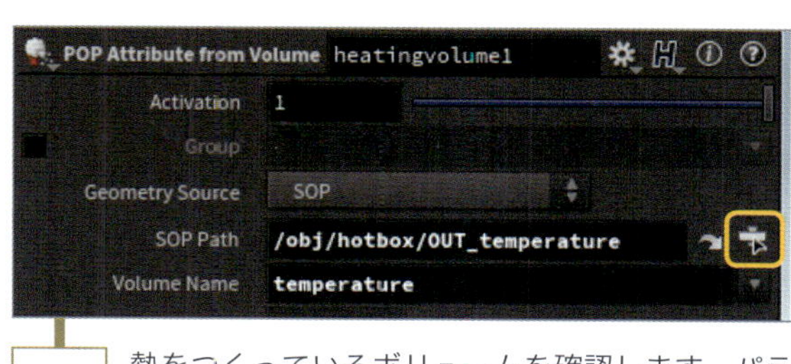

32 熱をつくっているボリュームを確認します。パラメータ「SOP Path」右端にあるアイコンをクリックして、「/obj/hotbox/」階層に移動します。

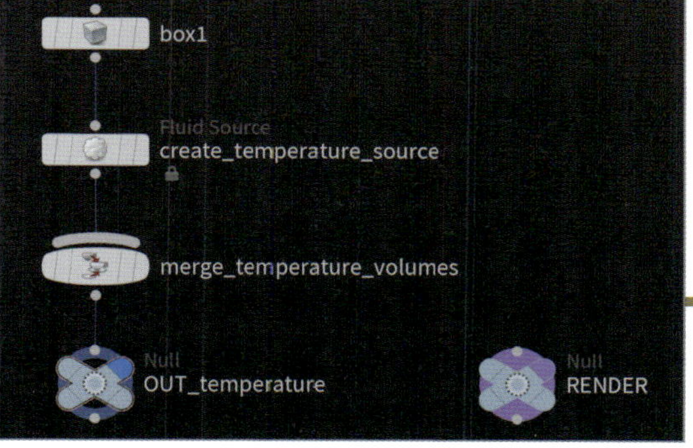

33 移動先は「hotbox」ノードの中です。はじめは「box1」しかなかったのに、シェルフによりノードが追加されています。「create_temperature_source」は、既出の「Fluid Source」ノードです。このノードがボックスをボリュームに変換しています。

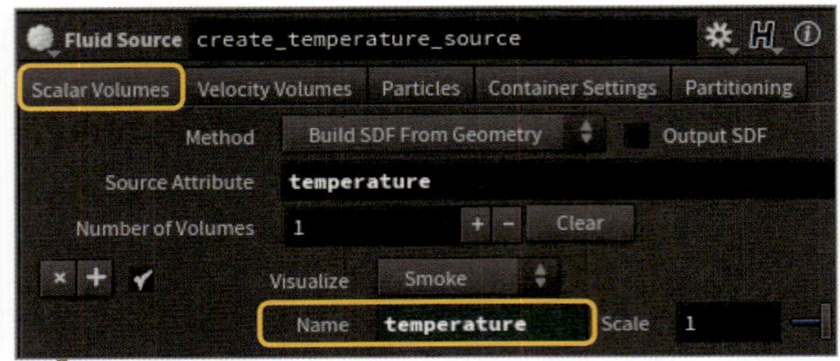

34 「create_temperature_source」ノードのパラメータ、「Scalar Volumes」タブ→「Name」は「temperature」となっています。ここはその上にあるパラメータ「Source Attriubte」の記述内容と同じになるように、エクスプレッションが記述されています。ここでは「temperature」ボリュームがつくられています。

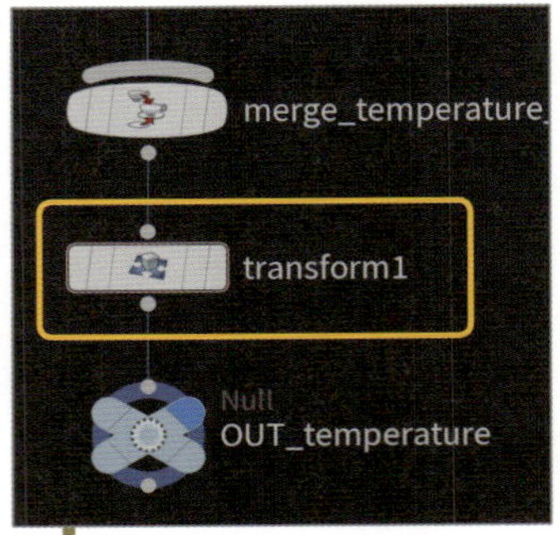

35 「temperature」ボリュームを動かします。TAB Menuから「Transform (SOP)」を作成、「merge_temperature_volumes」と「OUT_temperature」の間にコネクトします。

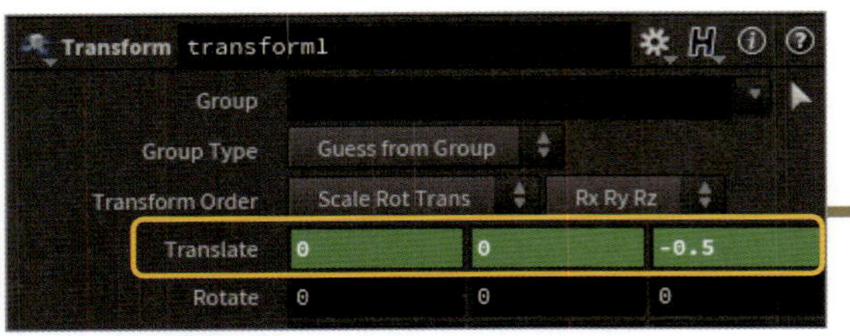

36 「transform1」のパラメータ「Translate」の「Z」に対して、1フレーム目に「Translate：0　0　−0.5」、72フレーム目に「Translate：0　0　0」でキーフレームを作成します。

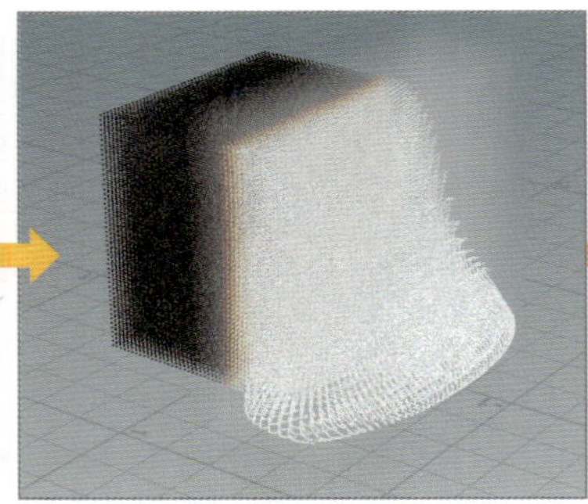
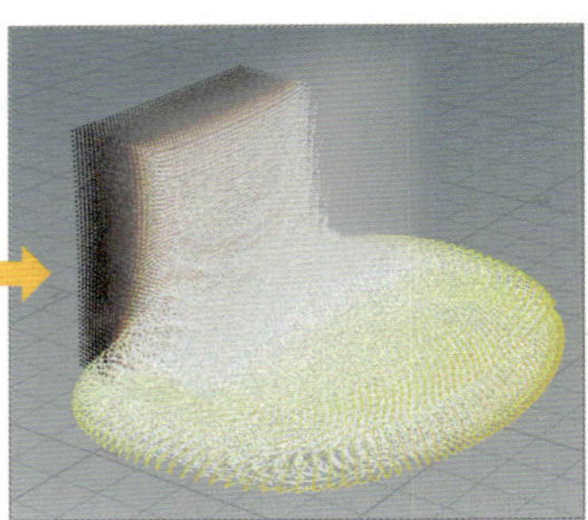

37 Uキーで「/obj」階層に移動し、再生します。−Z方向からボリュームが移動するにつれ、徐々に溶けていきます。これで、ボックスの半分が溶けるエフェクトができました。

「box_object1_fluid」ノードのネットワーク

次の工程は、シミュレーション結果のメッシュ化です。「/obj」階層の「box_object1_fluid」ノードの中に入ります。ネットワークはこれまでのFLIPシミュレーションとは少し違いがありますが、基本的な構造は同じです。構成ノードをざっと見ていきます。

事前に、シーンビュー右上のアイコンをクリックして、リストから「Hide Other Objects」を選択、他階層のオブジェクトを非表示にしておきます。

ネットワーク上部の「import_box_object1」ノード(❶)は既出の「Dop I/O(SOP)」ノードです。シミュレーション結果を読み込んでいます。

その下の「keeponlypoints」ノード(❷)では、ボリューム情報をすべて削除しています。

赤枠部分(❸)で、元のオブジェクトからシミュレーション結果にUV情報を転送しています。作例では、テクスチャなどは使っていませんが、UV情報があればテクスチャ情報を適用しつつオブジェクトを溶かすことができます。ここでは「シミュレーションの最初のフレームと、元のオブジェクト間でUV情報を転送を行う」→「UV情報を転送されたシミュレーションの1フレーム目から、現在のシミュレーション結果にUV情報をコピー」しています。

赤枠部分より下は、既出のメッシュ化のネットワークと同じです。中央付近にある「fluidcompress1」ノード(❹)はシミュレーション結果を圧縮。その下の「compressed_cache」ノード(❺)は、圧縮したシミュレーション結果をキャッシュファイルに出力しています。

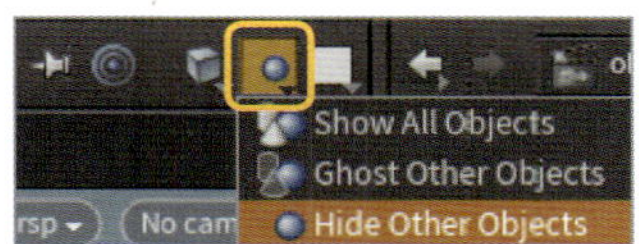

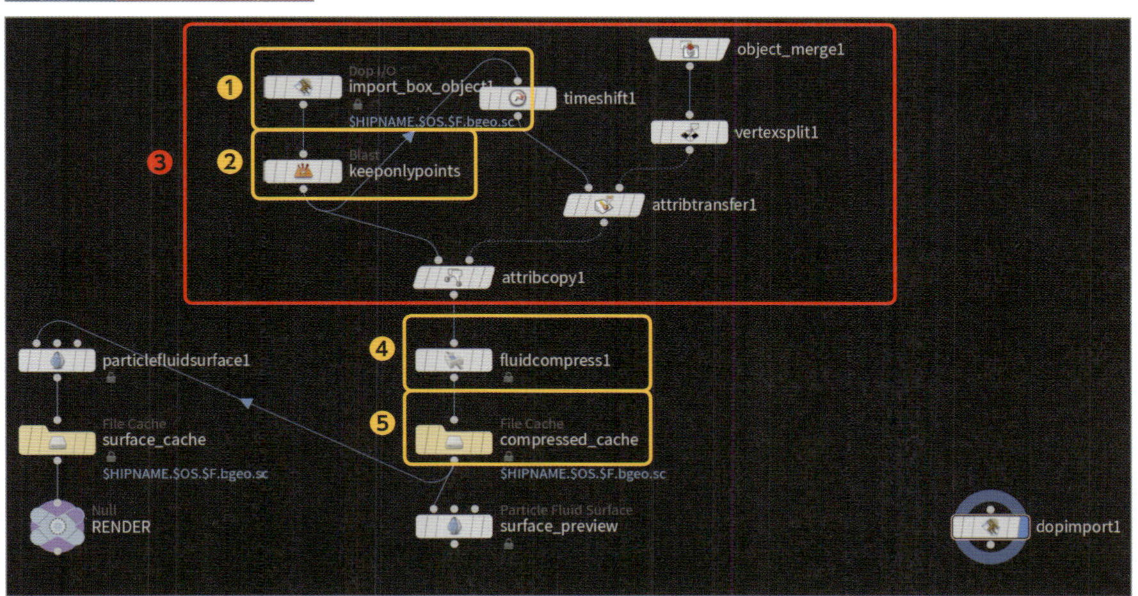

キャッシュファイルを作成する

キャッシュファイルの作成前に、シーンファイルを保存します（ここでは「Melt.hip」という名前で保存）。

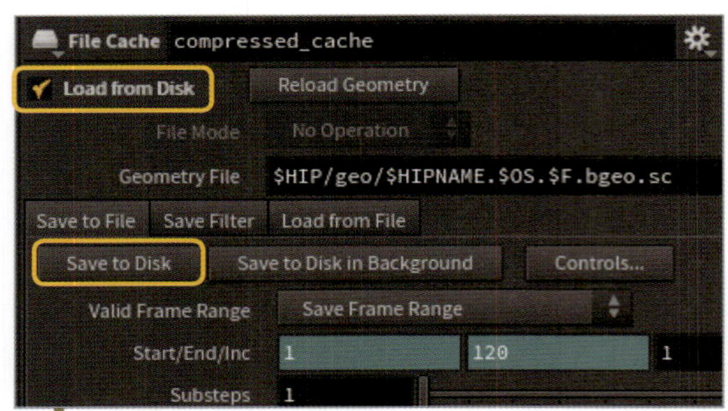

38 「compressed_cache」を選択し、パラメータ設定はそのままで、「Save to Disk」ボタンを押してキャッシュファイルを作成します。作成後は、パラメータ上部の「Load from Disk」を「オン」にして読み込みます。

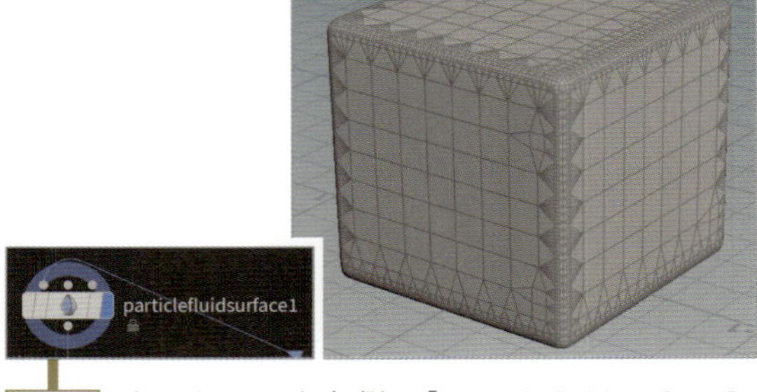

39 ネットワーク左側の「particlefluidsurface1」ノードでは、シミュレーション結果のメッシュ化を行います。「particlefluidsurface1」ノードに表示フラグを立ててシーンビューを見るとその状態が確認できます。元のボックスよりも少し膨らんでいるように見えますが、シミュレーションの精度を上げていけば、元形状に近づきます。

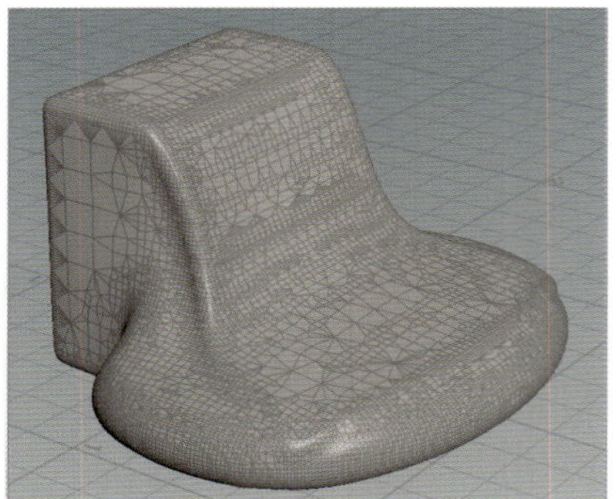

40 少しフレームを進めると、溶けた状態のメッシュも確認できます。

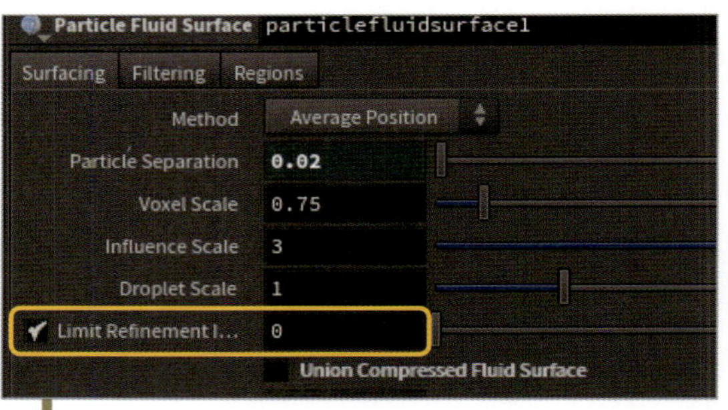

41 「particlefluidsurface1」のパラメータ「Limit Refinement I...」を「オン」にします。

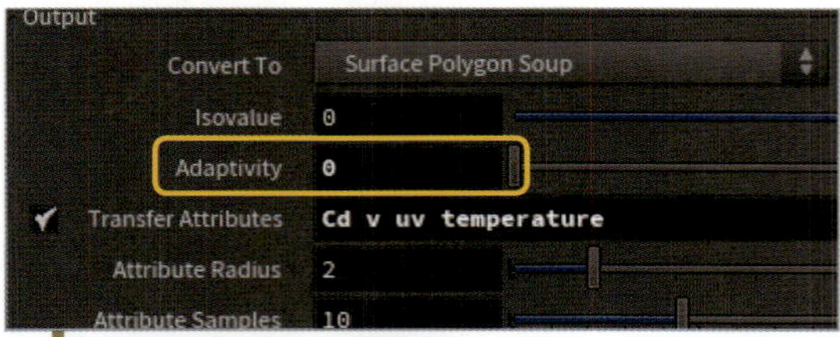

42 次に「Adaptivity：0」にします。これらの変更は、メッシュ化した際のちらつきを抑えるためのものです。

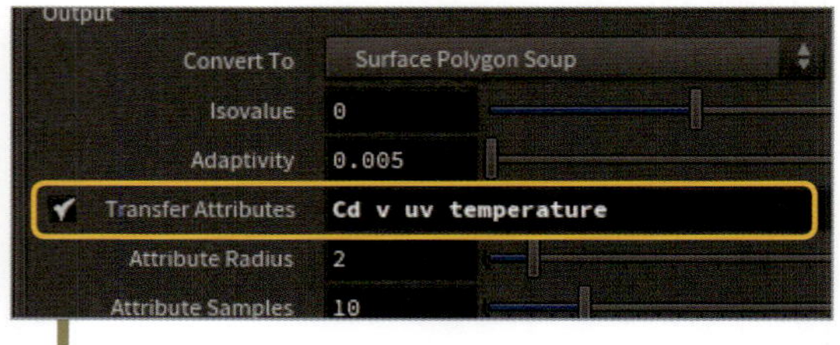

43 「Transfer Attriubutes」には
Cd v uv temperature
と記述されています。メッシュに「色」「速度」「UV情報」「温度情報」を転送する設定です。作例では行いませんが、この設定を使うと、例えば「温度の高いポリゴンを赤くする」なども可能です。

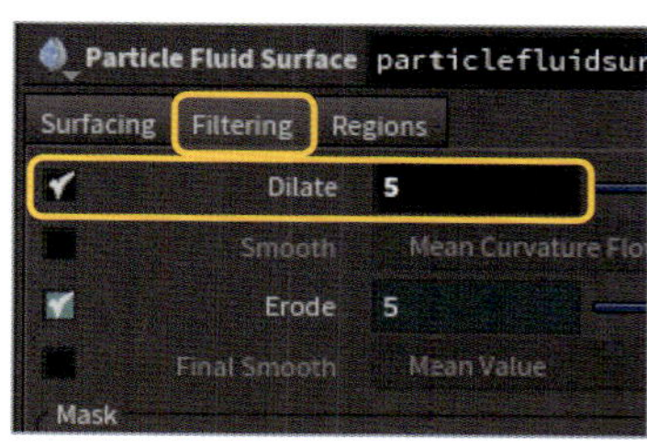

44 パラメータ上部のタブを「Filtering」に切り替え、「Dilate：オン」にします。すると、パラメータ欄が編集可能になるので、値を「5」に設定し、メッシュを滑らかにします。

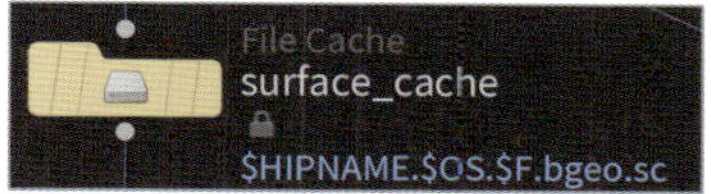

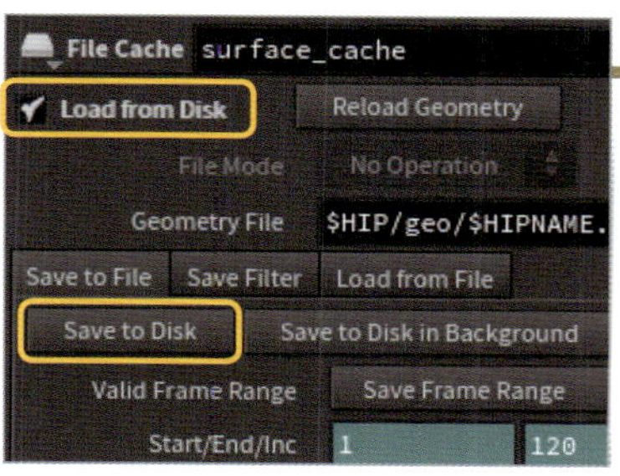

45 次はメッシュのキャッシュ作成です。「surface_cache」ノードを選択し、パラメータ設定はそのままで、「Save to Disk」ボタンでキャッシュファイルを作成します。作成後、「Load from Disk：オン」にして、ファイルを読み込みます。

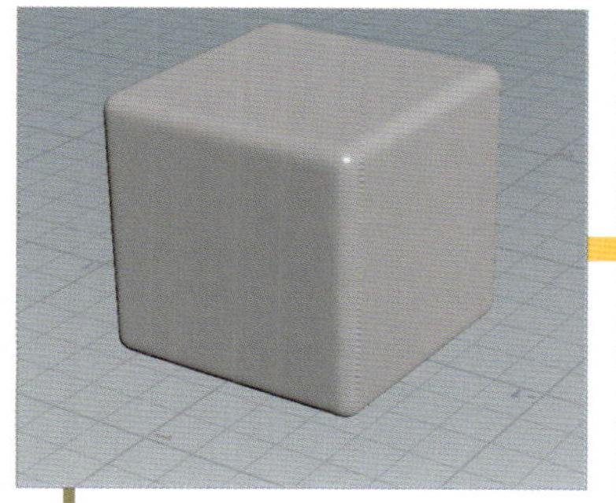

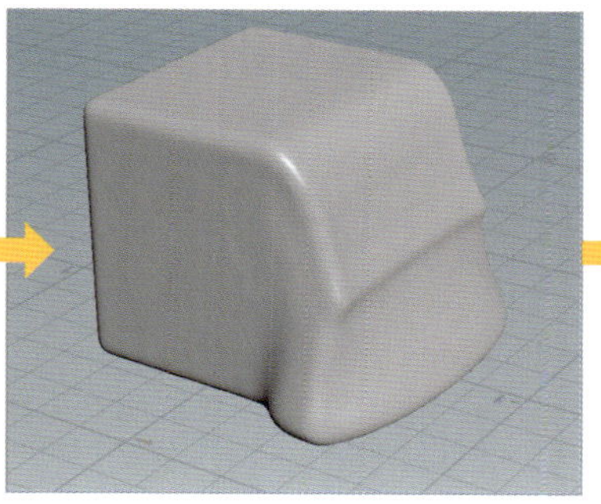

46 「surface_cache」ノードに表示フラグを立てて再生し、メッシュの溶ける様子を確認してみましょう。

レンダリングする

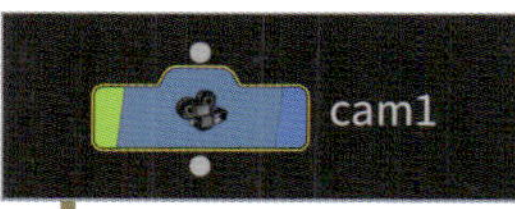

47 溶けるシミュレーションの作成はこれで完成ですが、レンダリングまで行います。Uキーで「/obj」階層に移動し、カメラを作成します。TAB Menuから「Camera (OBJ)」を作成します。

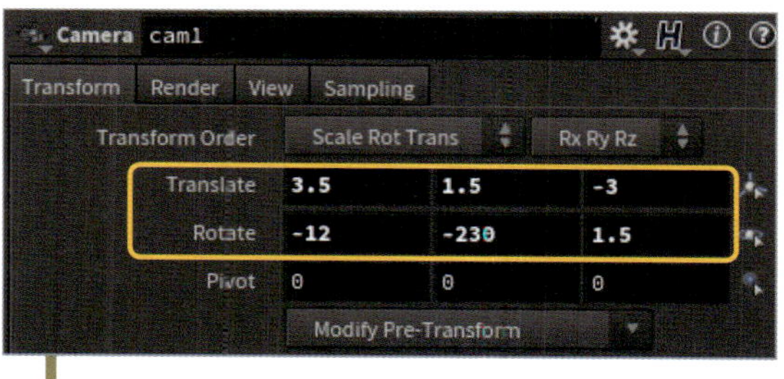

48 「cam1」ノードのパラメータ「Translate」を「3.5　1.5　－3」に、「Rotate」を「－12　－230　1.5」に変更します。

49 シーンビューをカメラの視点に変更すると、図のようになります。

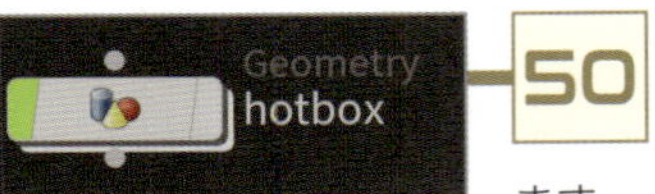

50 ビュー上のボリュームが少し邪魔です。「hotbox」ノードの表示フラグをオフにします。

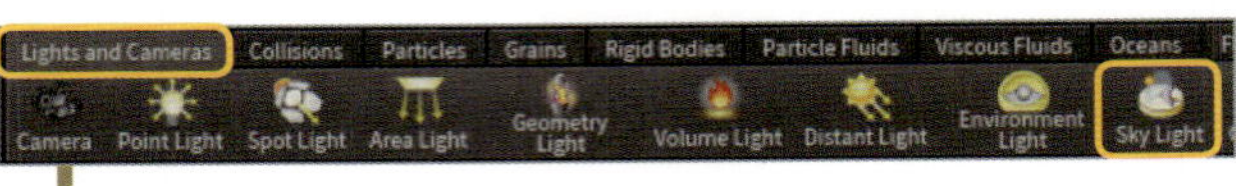

51 シェルフからライトを作成します。ウィンドウ右上のシェルフから「Lights and Cameras」タブ→「Sky Light」を実行します。

52 ライトノードがふたつでき、シーンにライトの効果が追加されます。

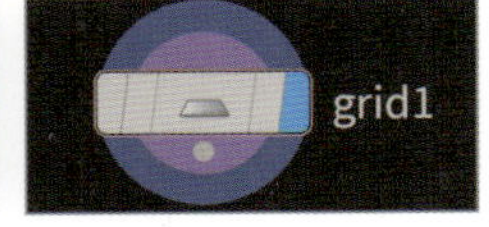

53 簡易的な背景を作成します。TAB Menuから「Geometry (OBJ)」を作成、ノード名を「BG」と変更します。「BG」ノードの中に入り、既存の「file1」ノードを削除、TAB Menuから「Grid (SOP)」を作成します。

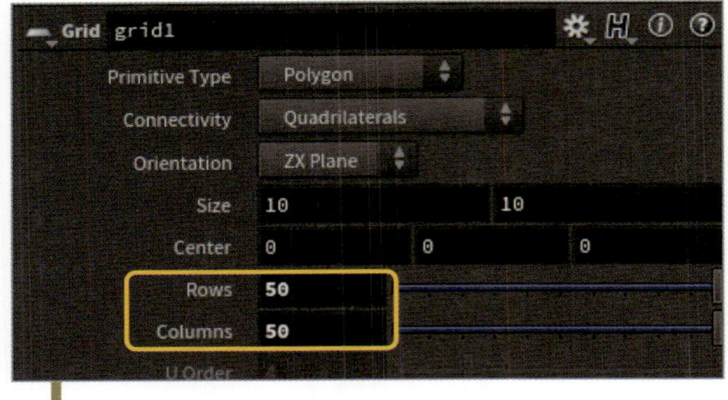

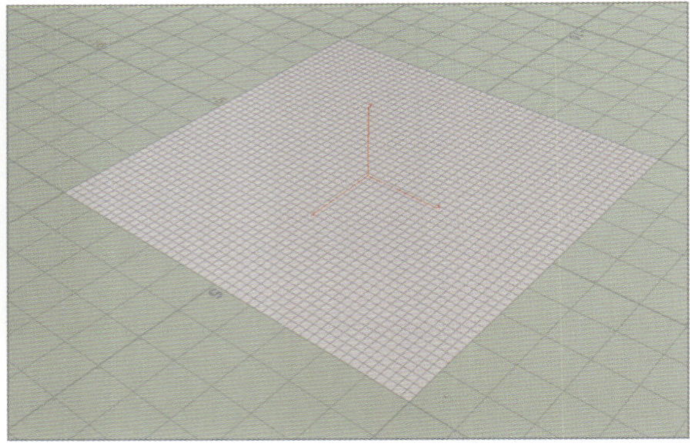

54 「grid1」のパラメータ「Rows」「Columns」を両方とも「50」に設定します。グリッドの分割数が増えます。

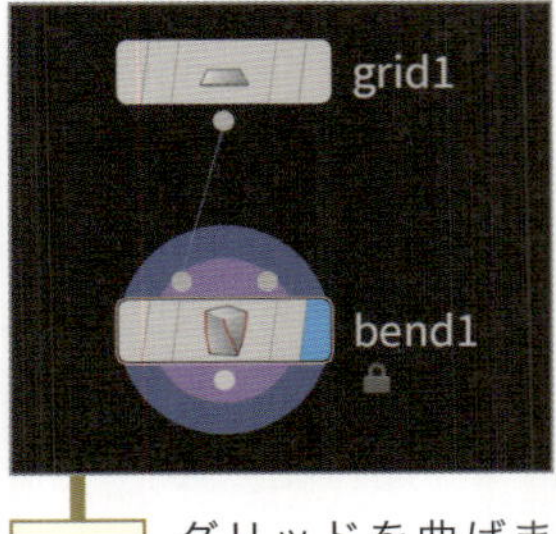

55 グリッドを曲げます。TAB Menuから「Bend (SOP)」を作成、「grid1」の下にコネクトしてください。

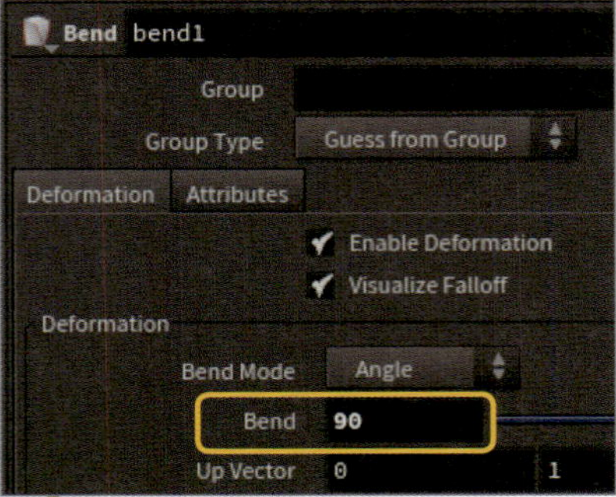

56 「bend1」のパラメータ「Bend」を「90」にします。これでグリッドが中央から90°曲がります。これで背景は完成です。

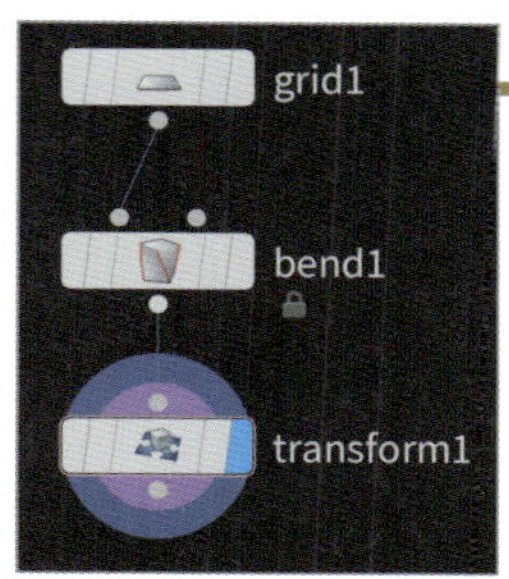

57 カメラから見て適切な位置に背景を移動します。TAB Menuから「Transform (SOP)」を作成、「bend1」の下にコネクトします。

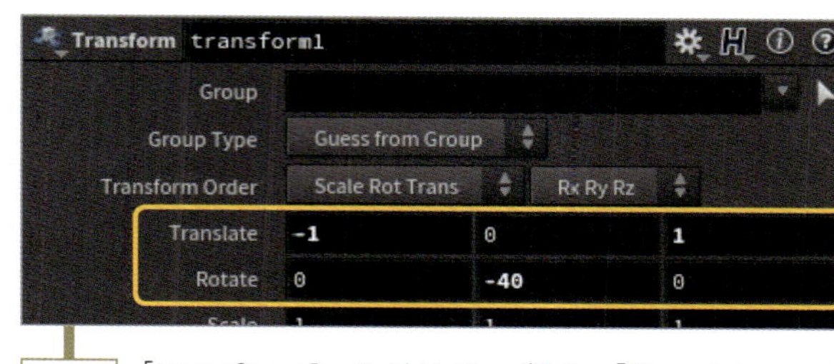

58 「transform1」のパラメータを、「Translate：－1　0　1」「Rctate：0　－40　0」に変更します。

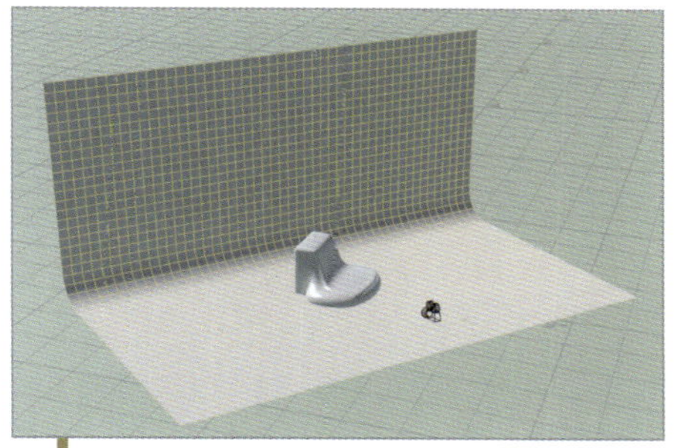

59 Uキーで「/obj」階層に移動し、結果を確認します。

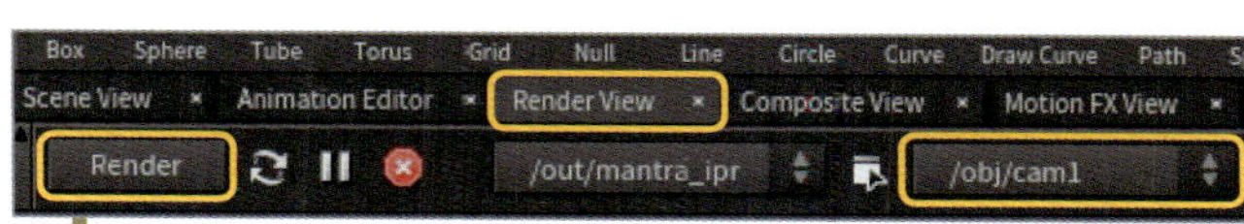

60 テストレンダリングを行います。今回は特に質感の調整を行わずに進めます。シーンビューを「Render View」に切り替え、カメラを「cam1」に設定して、「Render」ボタンでレンダリングを実行します。

61 ここでは72フレーム目をレンダリングしました。

62 ボックスが背景の影に入ってしまったため、ライトの向きを調整しました。

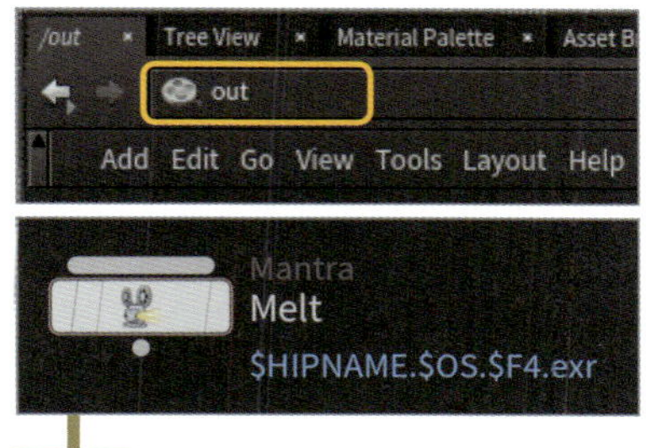

63 ライティングの調整ができたので、レンダリング出力を行います。「/out」階層に移動して、テストレンダリング時にできた「mantra_ipr」ノードの名前を「Melt」に変更します。

64 パラメータ「Valid Frame Range」を「Render Frame Range」にします。これで全フレームがレンダリングされます。

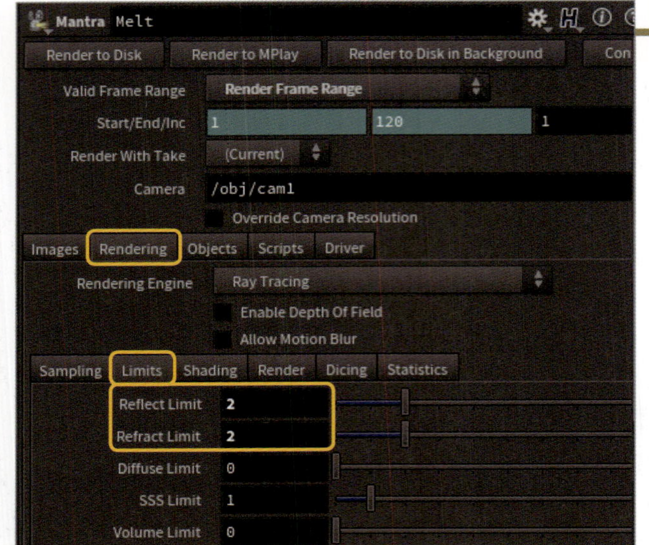

65 設定を下げて、レンダリングにかかる時間を短くします。「Rendering」タブ→「Limits」タブ→「Reflect Limit」(反射の上限)「Refract Limit」(屈折の上限)を共に「2」に変更します。この制限によりレンダリング時間が短くなります。

66 最後に「Render to Disk」ボタンでレンダリングを実行します。

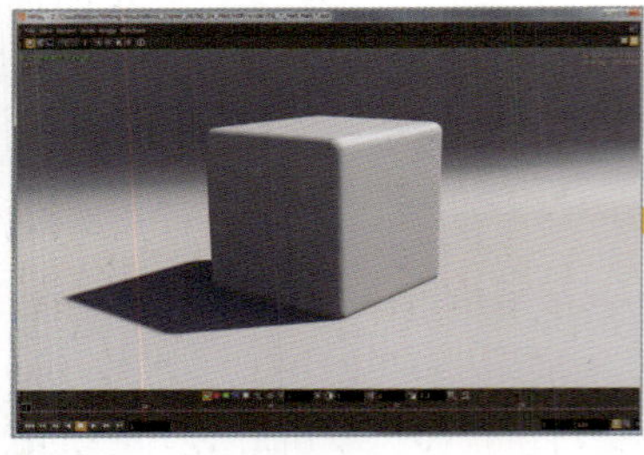

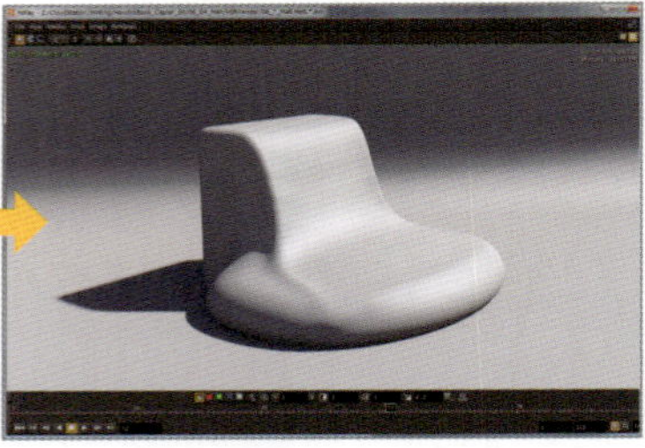

67 レンダリング完了後、結果を確認して、作例の制作は完了です。

Chapter 7

海

この章では、海のつくり方を紹介します。Houdiniで海を作成するには、大きく分けて2種類の方法があります。ひとつはSOPベースの方法で、シミュレーションは行わず海面を作成するので、広大な海をつくるのに向いています。もうひとつはChapter 6で紹介したFLIPを用いて海面をシミュレーションする方法です。これは海面の動きをシミュレートするので、海面と物体との衝突など、複雑な挙動を作成できます。ここでは、それぞれの手法で海のつくり方を学びます。

7-1 SOPベースでの海の作成

難易度 ★★

ここではまず、SOPベースでの海の作成方法を紹介します。シミュレーションを行わずに海面を作成するので、広大な海を作成する場合に向いています。

簡単な海面生成のネットワークをつくる

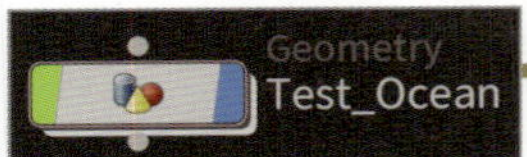

1 まずは簡単なネットワークで海をつくり、重要なパラメータを解説します。「/obj」階層であることを確認してTAB Menuから「Geometry (OBJ)」を作成し、ノード名を「Test_Ocean」とします。

2 「Test_Ocean」ノードの中に入り、既存の「file1」ノードを削除。代わりにTAB Menuから「Grid (SOP)」を作成します。

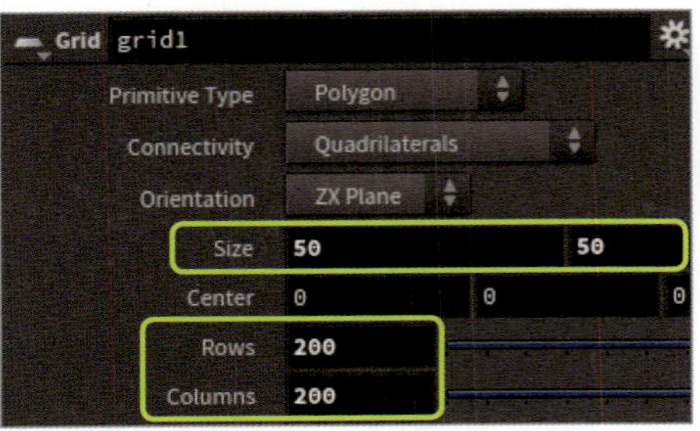

3 「grid1」のパラメータ「Size」を「50　50」に変更し、「Row」「Columns」を共に「200」に変更します。グリッドが大きくなり分割数が増えます。このグリッドを海面っぽく変形します。

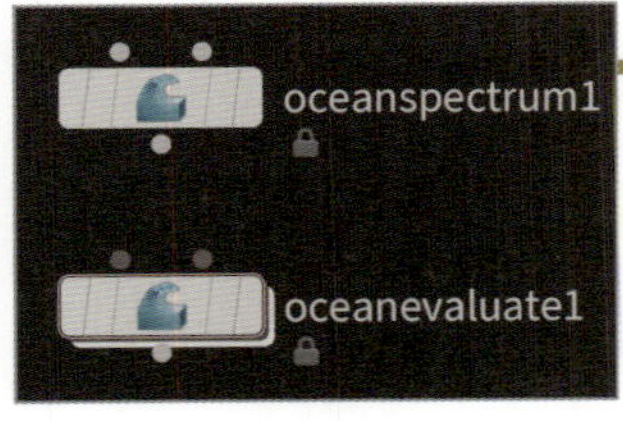

4 海面の作成に必要な「Ocean Spectrum (SOP)」と「Ocean Evaluate (SOP)」をTAB Menuから作成します。ふたつともノードのアイコンが同じなので、混同しないよう注意しましょう。

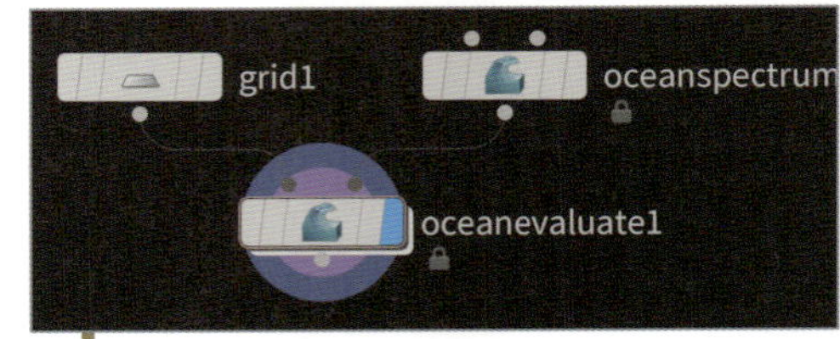

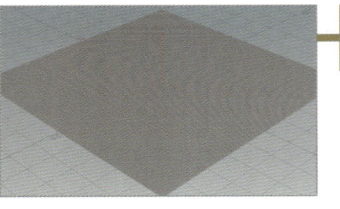

5 「oceanevaluate1」の左入力に「grid1」を、右入力に「oceanspectrum1」をコネクトします。

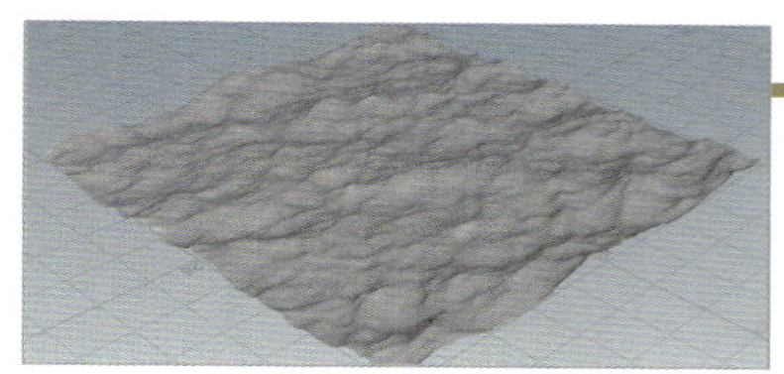

6 「oceanevaluate1」の表示フラグを立てて、シーンビューを見ると、図のようにグリッドが変形して、海面のようになっています。また、再生すると、海面のように動きます。

「Ocean Spectrum (SOP)」のパラメータ

5で右上に配置した「Ocean Spectrum (SOP)」は、海面をつくるうえで必要な情報を生成するノードです。波の位相、周波数、振幅といった情報を作成しています。このノードによって波の形状が定義されていると言ってよいかもしれません。この「Ocean Spectrum (SOP)」ノードがもつ重要なパラメータについて、実際に操作しながら働きを確認します。

Ocean Spectrum	oceanspectrum1	
Resolution Exponent	7	
Grid Size	50	
Grid Center	0	0
Depth	3000	
Gravity	9.8	
Seed	0	
Time Offset	0	
Time Scale	1	
	Loop Over Time	
Loop Period	10	

Wind | Amplitude | Wave Instancing | Mask | Visualization

Direction	0
Speed	5
Directional Bias	2
Directional Movement	0.6
Chop	0.7

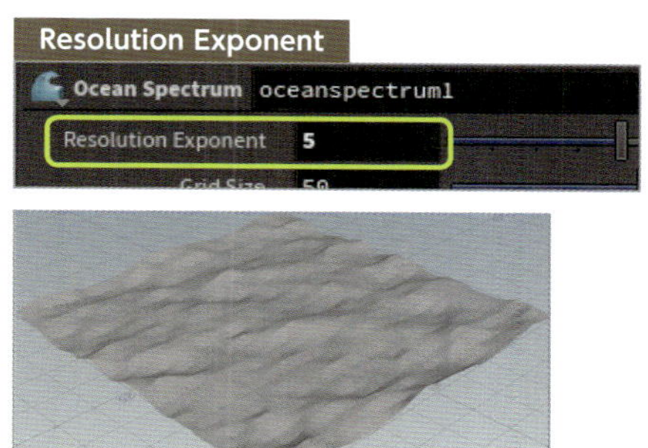

7 「Resolution Exponent」は、作成する海の解像度に関するパラメータです。試しに値を「7」から「5」に変更してみると、海面のディテールが減り、カクカクした結果になります。
このパラメータ値は2の「べき数」です。つまりこの場合は「2の5乗」、32×32の解像度があることを意味します（「7」なら128×128）。解像度が高いほど、より細かな波が表現可能になりますが、値の上げすぎには注意が必要です。確認後、値を「7」に戻します。

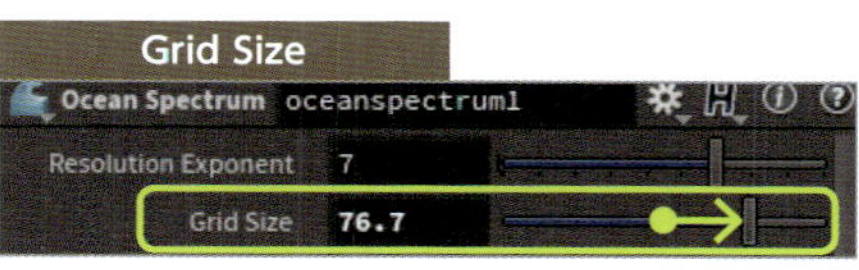

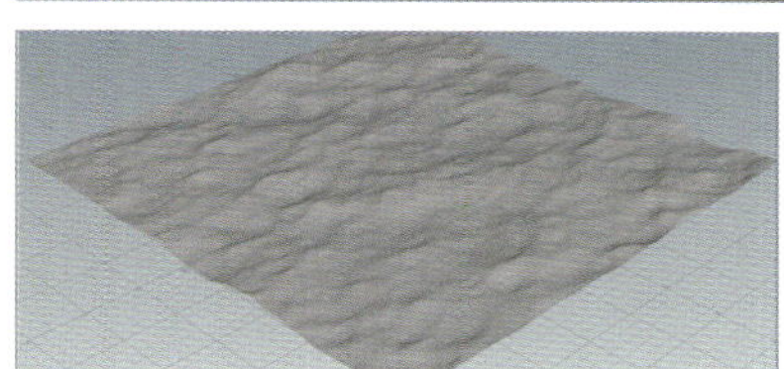

8 「Grid Size」は、生成される波パターンのサイズです。スライダを右に動かして値を大きくすると（ここでは「76.7」）、波のパターンが大きくなっているのが確認できます。サイズを大きくすれば、単位面積当たりの波の解像度は低くなるので、つくりたい絵に応じたサイズを設定する必要があります。

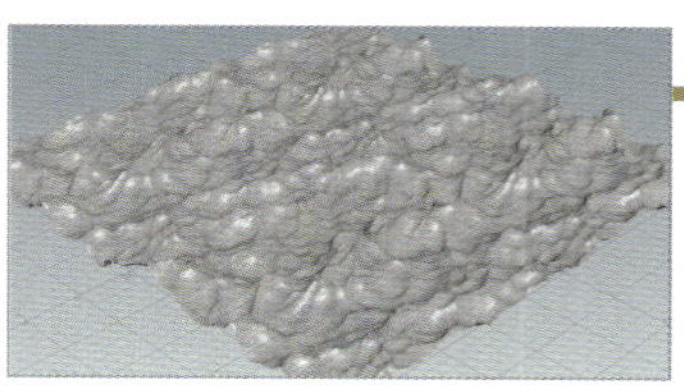

9 逆に値を小さくしてみます（ここでは「25」）。今度は波のパターンが小さくなります。グリッドのサイズが縦横共に50なので、波パターンはそれの半分ということです。グリッドよりも波のパターンの方が小さい場合、同じパターンがタイリングされます。確認後は値を「50」に戻します。

10 「Seed」は波のパターンのSeed値で、値によって生成される波のパターンが変わります。「Time Offset」は波の動きのオフセット値です。「Time Scale」は変更すると波の動きを早くしたり遅くしたりできます。それぞれ、値を変更して効果を確かめてください。

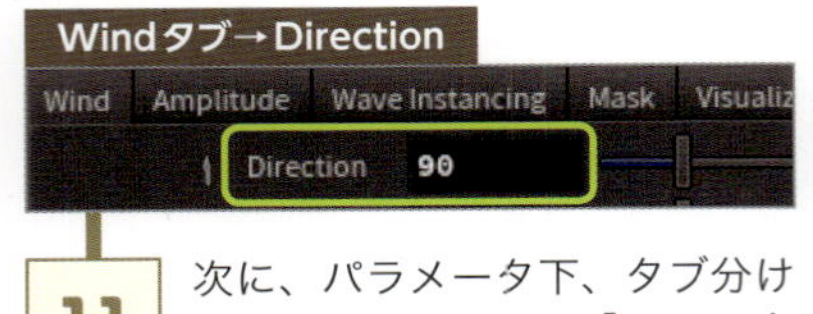

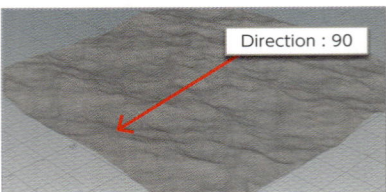

11 次に、パラメータ下、タブ分けされた部分のうち、「Wind」タブの中を見てみます。ここには、風による波の影響をコントロールするパラメータがまとめられています。
まずは「Direction」、これは風の向き、つまり波の進む方向になります。試しに値を「0」から「90」に変更して再生すると、波の進む向きが90°変わります。

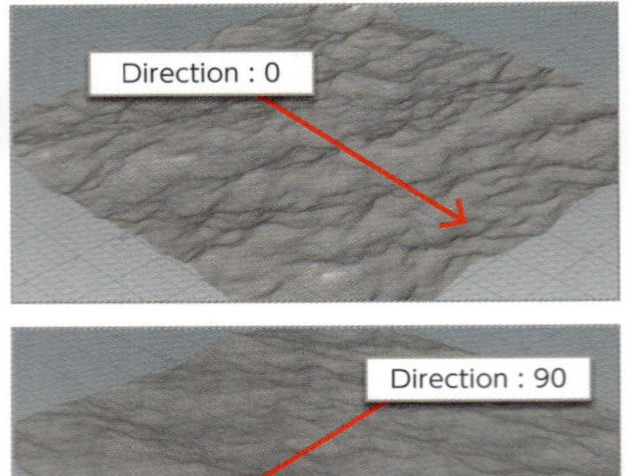

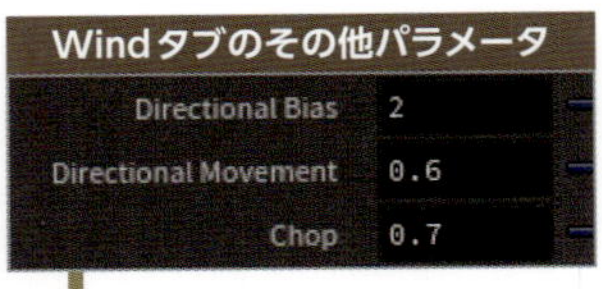

12 「Directional Bias」値を下げると、先ほど設定した風の向きとは異なる向きの波が多く発生するようになります。また、「Chop」値を上げると、より尖った形状の波ができます。

「Ocean Evaluate (SOP)」のパラメータ

5で「grid1」と「oceanspectrum1」の間に配置した「Ocean Evaluate (SOP)」ノードは、「Ocean Spectrum (SOP)」でつくられた情報をもとに、実際にグリッドを波状に変形しています。

「Ocean Evaluate (SOP)」と「Ocean Spectrum (SOP)」はセットで使用します。

パラメータにはたくさんの項目がありますが、基本的に「Ocean Spectrum (SOP)」から受け取った波の情報をどう扱うか、どう評価するか、という内容のものです。

13 全体の流れをおさらいします。右上の「oceanspectrum1」ノードで波の波形を作成、中央の「oceanevaluate1」ノードがその情報をもとにグリッドを海面の形状に変形する、という流れです。このネットワークは海をつくる際、さまざまな場面で登場するので、覚えておいてください。

シェルフから海をつくる

ここまでの情報をもとにして、シェルフから作成した海のネットワークを分析します。Ctrl + Nキーで新規シーンを作成します。現在作業しているシーンファイルを保存するかどうか聞かれますが、本書では以降使用しませんので、保存する必要はありません。

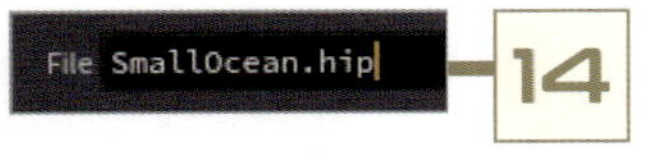

14 新規シーンをCtrl + Shift + Sキーで任意の場所に保存します。ここではファイル名を「SmallOcean」にしました。

15 シーンの尺を変更します。ウィンドウ右下のアイコンから「Global Animation Options」を表示し、「End: 120」と設定します。

16 ウィンドウ右上のシェルフタブを「Oceans」に変更し、「Small Ocean」を実行します。先ほどは形状変化で海面を作成しましたが、このシェルフを実行すると、さらに拡張して、レンダリングまでを考えたネットワークを自動で組んでくれます。

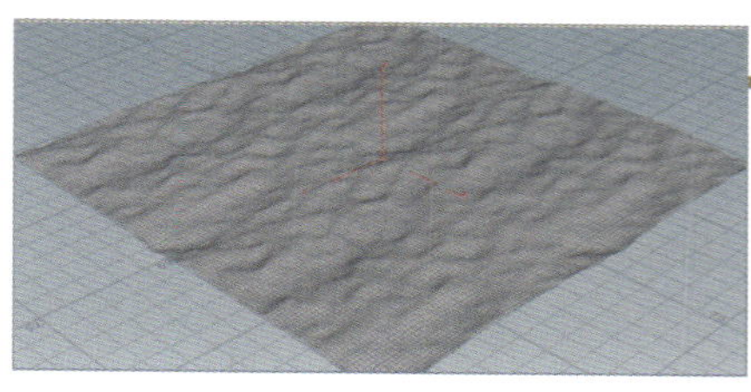

17 シェルフを実行すると、ノードが自動で作成されます。シーンビューでSpace＋Hキーを押して全体を表示します。先ほど手動で作成したのと似た海面がつくられています。

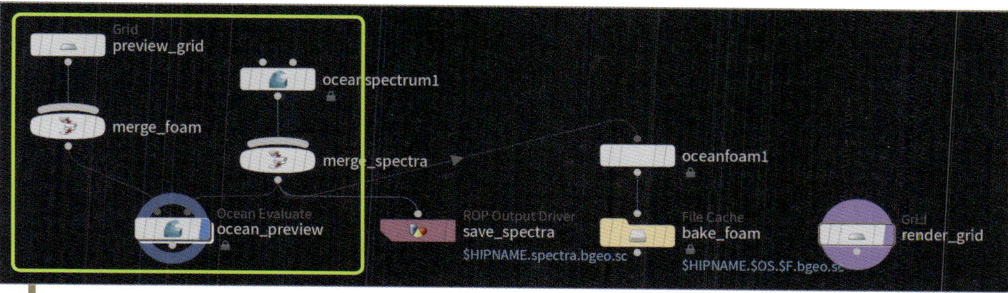

18 シェルフ実行直後のネットワークビューです。緑枠部分は、先ほどまで解説していた海のネットワークと基本的には同じです。

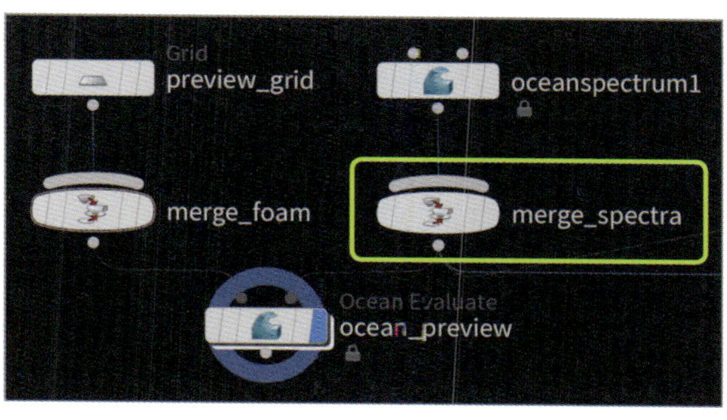

19 このネットワークには「Merge（SOP）」がふたつあります。左の「merge_foam」は変形させるジオメトリを追加するためのもので、右側の「merge_spectra」は波の波形を合成するためのものです。

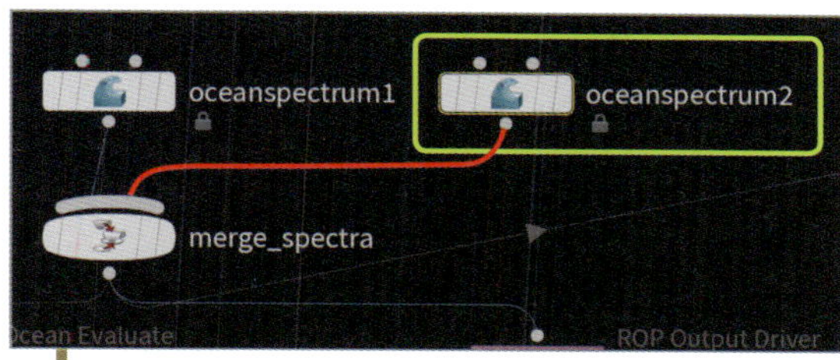

20 「merge_spectra」を使って実際に波形を合成してみます。TAB Menuから「Ocean Spectrum（SOP）」を作成し、「merge_spectra」ノードにコネクトします。

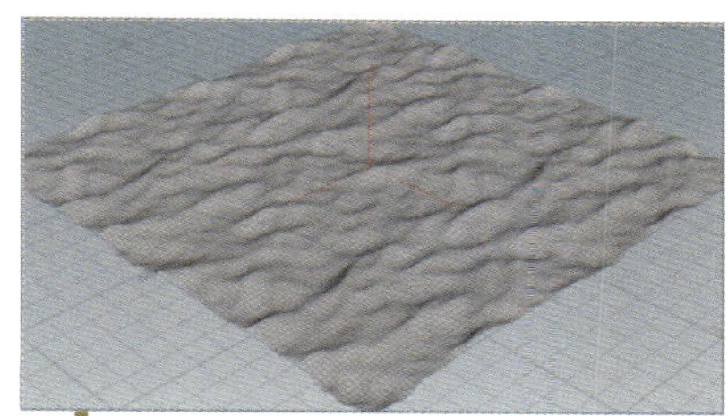

21 シーンビューを見ると、ふたつの「Ocean Spectrum（SOP）」の波形が合成された結果、先ほどまでと違う波の形になります。これから波形を調整して、大波と小波を合わせた波にします。

22 「oceanspectrum1」は「oceanspectrum_small」に、「oceanspectrum2」は「oceanspectrum_large」に名前を変更します。

23 現状の波は、ふたつの波の結果が合わさったもので、そのままでは調整の結果が確認しづらいです。そこで、任意の「Ocean Spectrum（SOP）」の結果だけ反映するよう調整します。「ocean_preview」ノードを選択し、パラメータ「Solo Layer：オン」にします。

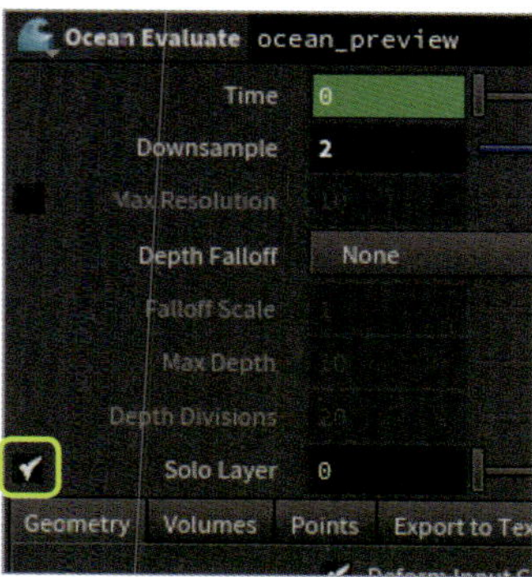

24 パラメータ「Solo Layer」値を「1」に設定します。この数字は「merge_spectra」ノードにつながれた順番を意味するので、ここでは「0」が「oceanspectrum_small」、「1」が「oceanspectrum_large」に相当します。

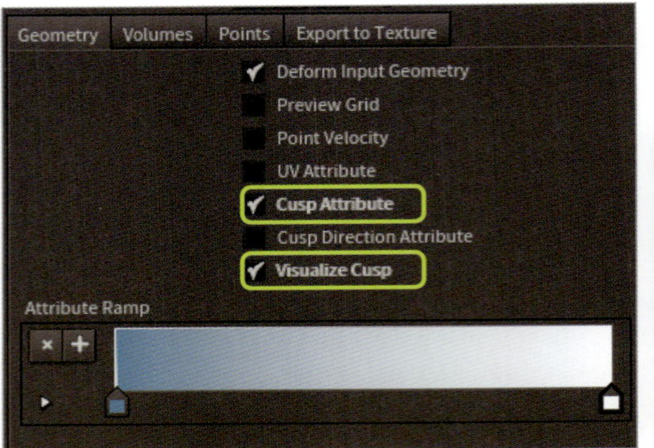

25 ついでに海に色をつけます。パラメータ「Cusp Attribute」を「オン」にすると、一番下の「Visualize Cusp」が設定可能になるので、これも「オン」にします。これで、海らしい色がつきます。

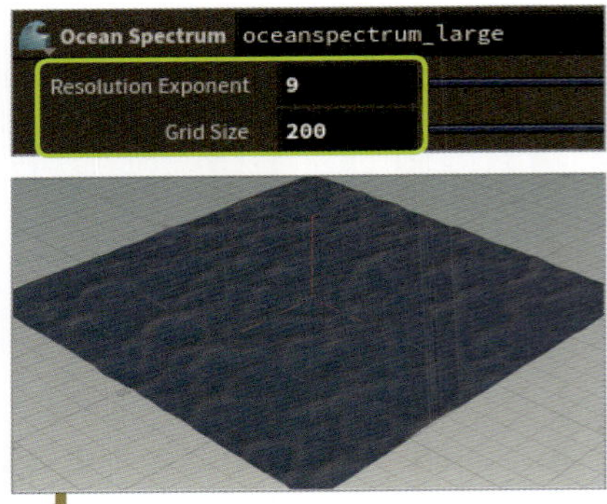

26 大きな波を作成します。「oceans-pectrum_large」を選択し、パラメータを設定します。「Resolution Exponent：9」「Grid Size：200」とします。つくる波のパターンを大きくし、そのぶん解像度を上げる、という意味です。

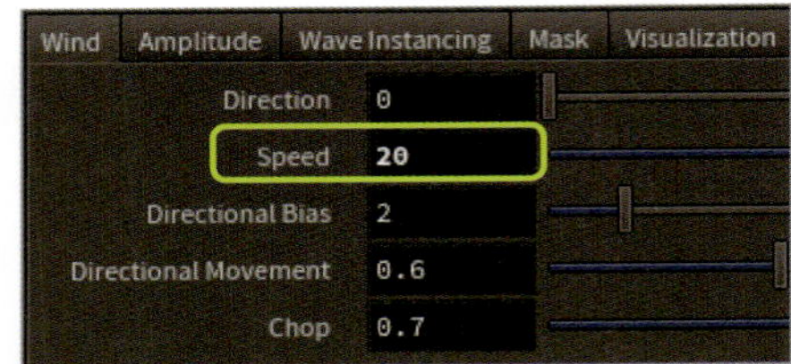

27 次にその下、「Wind」タブのパラメータ「Speed」値を「20」に変更します。風が増し、波のうねりが強くなりました。

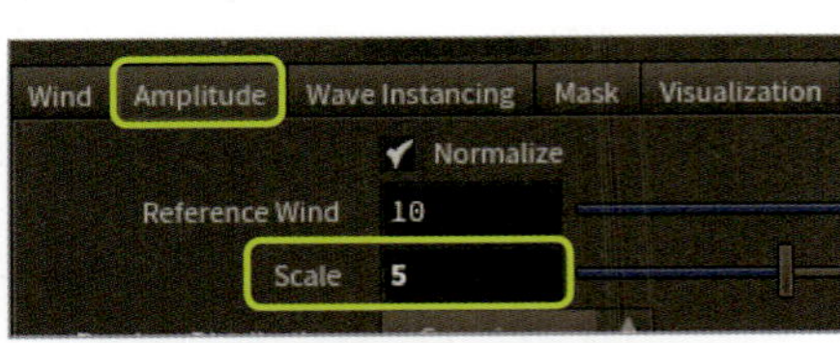

28 続いて「Amplitude」タブ→「Scale」値を「5」にします。「Amplitude」は振幅のことで、「Scale」は振幅のスケール。値を大きくすると波が強くなります。

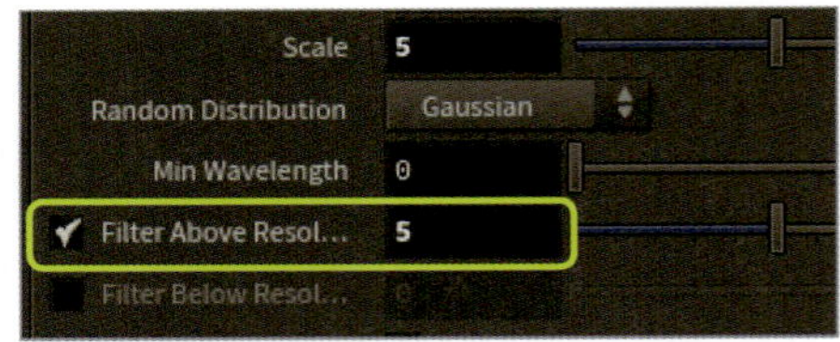

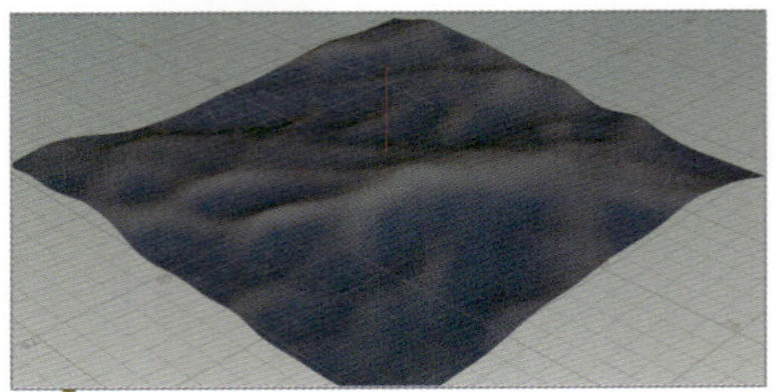

29 「Scale」のさらに下にある「Filter Above Resolu...」を「オン」にし、値を「5」に設定します。このパラメータを有効にすると、ここで設定した解像度より高い周波数の波（つまり細かな波だけ）を軽減できます。これで大きな波は完成です。

30 「ocean_preview」のパラメータ「Solo Layer」をオフにします。再生して結果を確認してみると、大きな波に、最初の細かな波が合成されています。このように、波の波形は合成可能です。

31 ここからは海のレンダリングについて解説します。ネットワーク全体を見てみると、表示フラグとレンダーフラグが別々のノードについています。これは、シーンビューに表示されているものとは別のものがレンダリングされることを意味します。

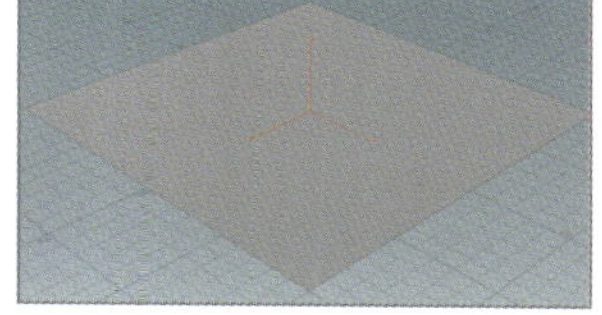

32 「せっかく波を調整したのに、別なものがレンダリングに使われるとはどういうこと？」となりますが、これには理由があります。
レンダーフラグが付いている「render_grid」ノードは、他のどのノードともつながっていない「Grid (SOP)」、つまりただのグリッドです。このグリッドに対して、先ほどまで調整していた海面の形状をディスプレイスメントマップとして適用し、レンダリングする、という仕組みです。

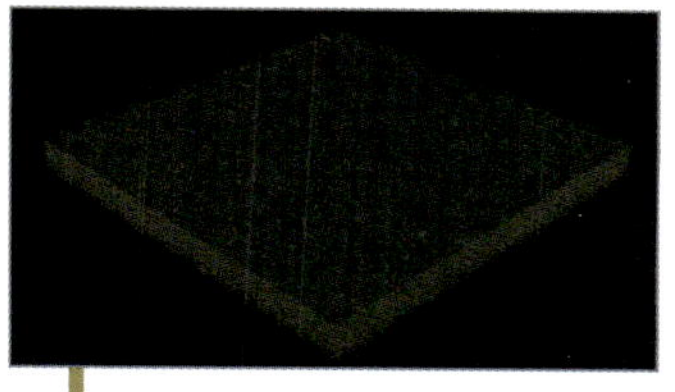

33 シーンビューを「Render View」に切り替えてレンダリングしてみると、四角い箱が表示されます。これは、ただのグリッドとその下に海中表現用のボリュームが付いたものです。ディスプレイスメントマップに必要な情報はまだつくられておらず、海面状の変形は見られません。

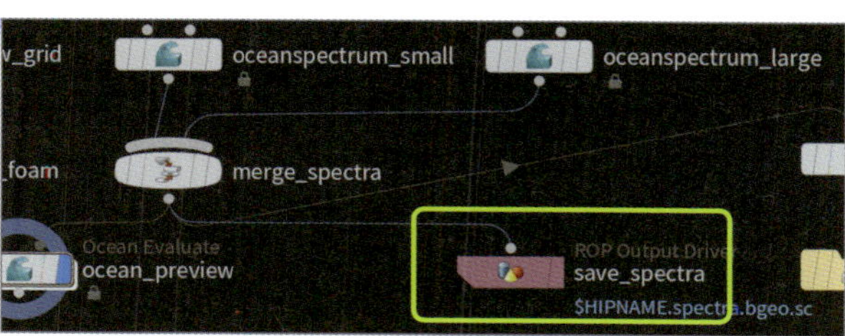

34 ディスプレイスメントマップを使用する場合、通常はそのためのテクスチャマップが必要になります。ですがここではテクスチャマップを使用せず、代わりに「Ocean Spectrum (SOP)」ノードの情報（波の位相、周波数、振幅など）を用います。それを出力しているのが「save_spectra」ノードです。これは「ROP Output Driver (SOP)」という、出力を担うノードです。

用語　ディスプレイスメントマップ

ディスプレイスメントマップとは、レンダリング時に既存のジオメトリを細分化し、テクスチャ情報をもとに形状変化させることで、ディテールを追加する手法のことです。

Point　なぜディスプレイスメントマップを使うのか

ポリゴンでつくった海面をレンダリングする場合、その形状をつくるためにある程度のポリゴン数が必要になってきます。広大な海面をつくろうとすれば、そのポリゴン数も膨大なものになります。それに対して、ディスプレイスメントマップを使ってレンダリング時にのみ海の形状をつくるようにすれば、必要なのはただのグリッドで済みます。作業上、メモリ効率も非常によいです。

35 実際に「Ocean Spectrum (SOP)」の情報を出力してみます。「save_spectra」ノードを選択してパラメータを見ると、シーケンス（連番）ではなく1ファイルだけ出力する設定です。通常、テクスチャで動きを表現する場合は、レンダリングするフレームの数だけテクスチャを生成する必要がありますが、ここで出力するのは動きまで含んだ波の情報（1ファイル）です。1ファイルだけですべてのフレームのディスプレイスメントマップが行えます。「Save to Disk」でファイルを出力します。

36 出力した波の情報は、出力時に自動でマテリアル側で読み込まれるように設定され、それを元にディスプレイスメントの効果がつくり出されます。試しに1フレーム目をレンダリングしてみると、今度は効果がしっかり適用され、海の形状になっています。

37 しかしレンダリング結果をよく見ると、中央付近に四角いノイズのようなものが出ています。これは、ふたつの波形を合成したことで、ディスプレイスメントマップの許容範囲を超えてしまったことに原因があります。

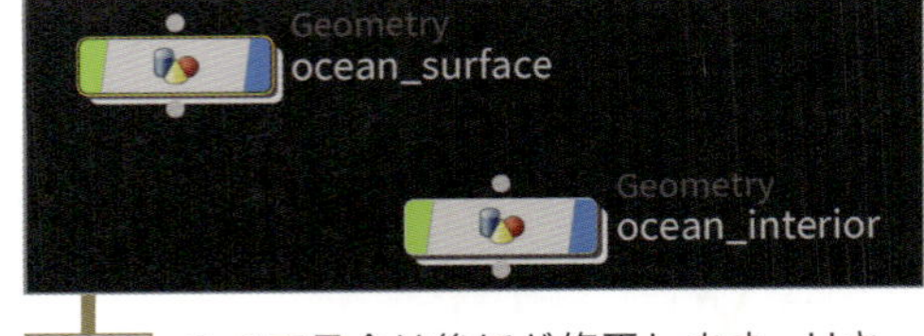

38 この不具合は後ほど修正します。Uキーで上の階層（/obj）に移動すると、ふたつのノードがあります。左上の「ocean_surface」は先ほどまで中で作業していたノード、右下の「ocean_interior」はその結果を用いて海中を表現しているノードです。レンダリング時に見えた海の厚みは、このノードによるものです。

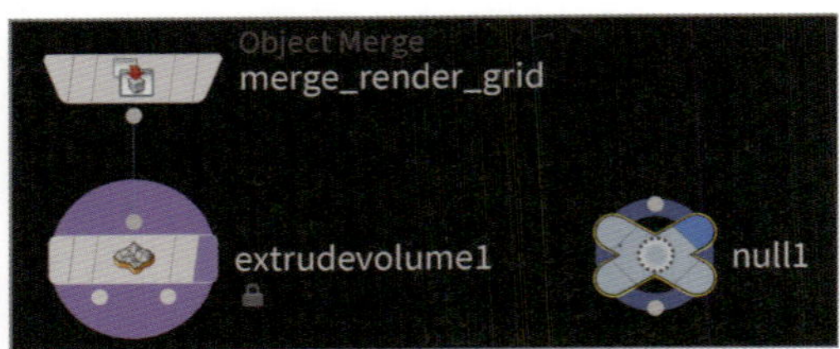

39 「ocean_interior」ノードの中に入って確認します。ここでも、表示フラグは「null1」ノード（つまり何も表示しない）に、レンダーフラグは「extrudevolume1」ノードにと、別々についています。
「extrudevolume1」は「Extrude Volume (SOP)」というタイプで、マニュアルによると「サーフェイスを押し出してボリュームを作成する」ノードです。ここでは、「merge_render_grid」ノードが読み込んだ海面のグリッドを押し出して海中をつくります。

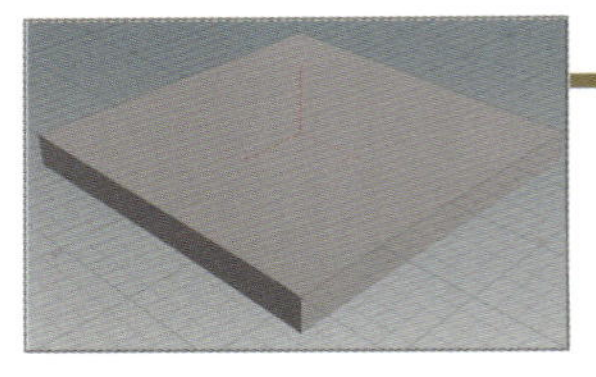

40 「extrudevolume1」ノードに表示フラグを立ててみると、シーンビューに箱が表示されます。レンダリング時には、この箱に対しても海面同様ディスプレイスメントマップが適用されます。

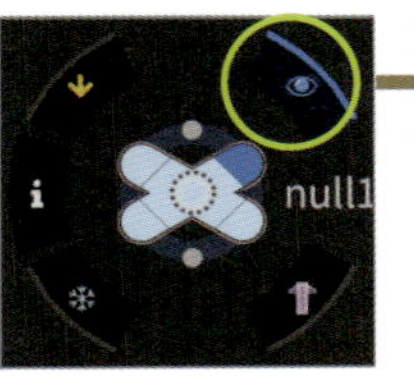

41 確認ができたら表示フラグを元の「null1」に戻します。「null1」のノードリングでAltキーを押しながら表示フラグを有効にすると、表示フラグのみを移動できます。続いて、Uキーで上階層（/obj）に移動します。

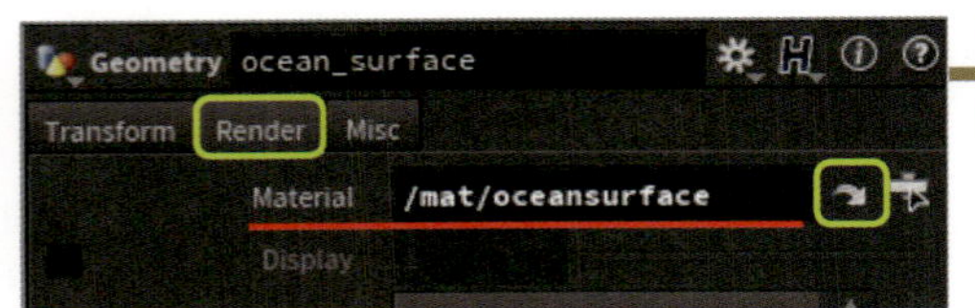

42 マテリアルを確認するため、「ocean_surface」ノードを選択。パラメータの「Render」タブ→「Material」で「ocean surface」マテリアルが割り当てられているのを確認して、パラメータ欄右の矢印アイコンをクリック、マテリアルのある階層に移動します。

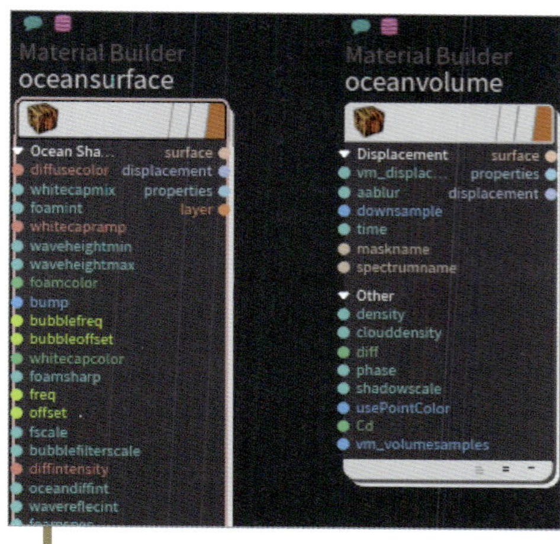

43 「/mat」階層に移動すると、海面用（左）と海中用（右）のふたつのマテリアルが確認できます。

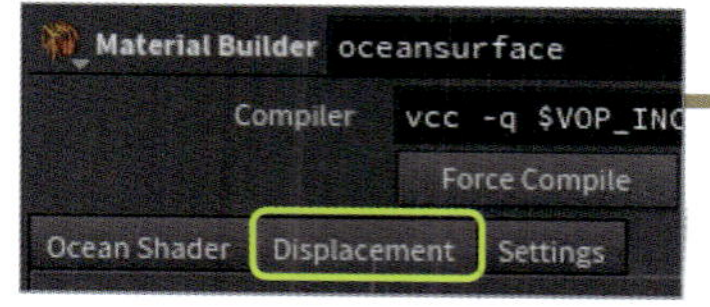

44 海面用の「ocean surface」を選択、パラメータで「Displacement」タブに切り替えます。

45 このタブの一番上にある「Spectrum Geometry」パラメータから読み込んだ波の情報をもとにディスプレイスメントマップが適用されます。現在、このパラメータにはエクスプレッションが記述されており、35で波の情報を出力した「save_spectra」ノードの出力先が指定されています。つまり、波の情報をキャッシュファイルとして出力すれば、自動でマテリアル側でも読み込まれるということです。

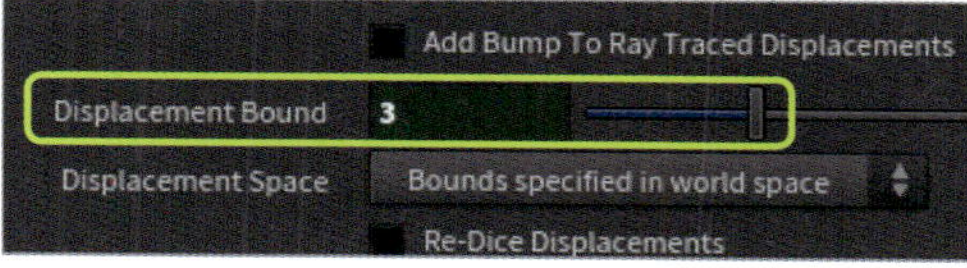

46 さらに下をたどると、ディスプレイスメントマップによって押し出される距離の最大値である「Displacement Bound」パラメータがあります。レンダリング時に出たブロック状のエラーは、この数値が足りていないのが原因です。
このパラメータは現在、「oceanspectrum_small」ノードの波形の強さを意味するパラメータを参照しています。通常、シェルフから海を作成した場合は、この設定で問題ありません。ですが、ここでは複数の波形を合成しているため、マテリアル側の想定よりも高い波がつくられ、その部分のディスプレイスメントマップで不具合が出ているのです。

47 そこで、「Displacement Bound」をクリックして、エクスプレッションの記述表記に切り替えます。エクスプレッションが表示されたら末尾に「*2」を追記、値を2倍します。

48 レンダリングしてみると、きれいな海面が確認できます。

49 ライトを追加します。ウィンドウ右上から「Light and Cameras」シェルフ→「Sky Light」を実行して、シーンにライトを追加します。

50 レンダリングすると、これまでよりも時間がかかるものの、より海っぽくなりました。

51 120フレーム目に移動して、別のフレームもレンダリングしてみます。

52 「Render View」ウィンドウ下にあるカメラアイコンをクリックして、レンダリング画像を一時保存しておきます。これは後ほどレンダリング画像を比較する際に用います。

53 次に白波を作成します。「/obj」階層に移動し、「ocean_surface」ノードの中に入ります。ここにある「oceanfoam1」ノードと「bake_foam」ノードについて解説します。

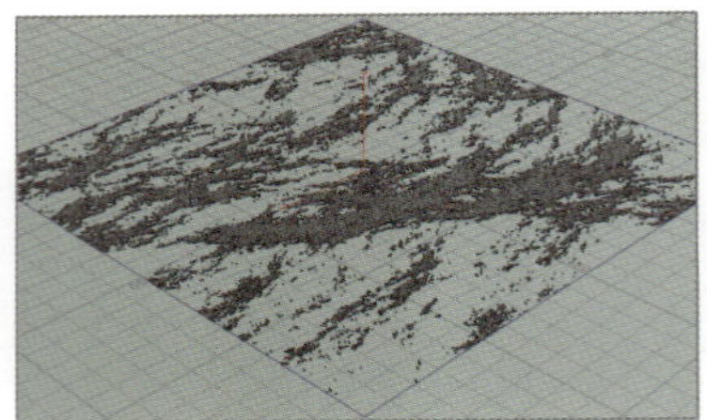

54 「oceanfoam1」は、海面を漂う泡(foam)を作成するノードです。「oceanfoam1」に表示フラグを立ててシーンビューで確認すると、図のように海面の形状に合わせてパーティクルがつくられます。少しフレームを進めてみると、パーティクルがつくられる様子が確認できます。

55 「bake_foam」は「oceanfoam1」の情報をキャッシュファイルとして保存するためノードです。パラメータの「Save to Disk」ボタンを押して、キャッシュファイルを出力します。なお、完了までには時間がかかり、ディスク容量も消費する点に注意してください。

56 泡のキャッシュファイルが作成できたら、再度レンダリングして結果を確認します。作成したfoam(泡)の情報はマテリアルに読み込まれ、海面を漂う泡としてレンダリングされます。ウィンドウ下側の「−」または「+」アイコンをクリックして、先ほど一時保存したレンダリング画像と比較してみましょう。

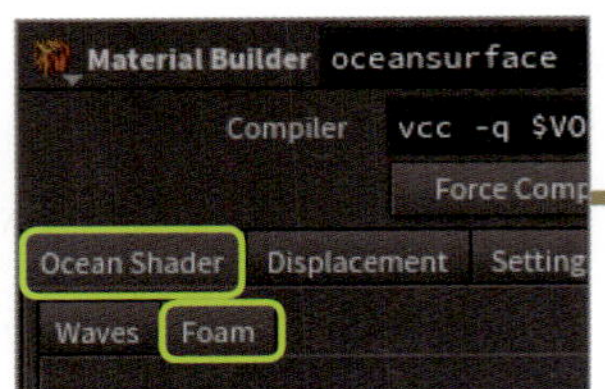

57 「/mat」階層に移動して、再度マテリアル「ocean surface」を選択します。パラメータの「Ocean Shader」タブ→「Foam」タブの中に、Foamのレンダリングに関するパラメータがまとまっています。

58 ここに「Foam Particles」パラメータがあり、先ほど出力したFoamのキャッシュファイルが自動で読み込まれるよう、エクスプレッションが設定済みです。パラメータ名をクリックすると、実際のパスとエクスプレッションを切り替えられます。

59 シェルフ「Small Ocean」で作成する海について確認してきました。この海の基本的な構成は、必要な情報を出力し、それをマテリアル側で読み込んでレンダリング時に反映する、です。
時間とマシンスペックに余裕があれば、全尺レンダリングして結果を確認してみることをお勧めします。

Point 広大な海は「Large Ocean」で

ここではシェルフの「Small Ocean」を見てきましたが、その隣にある「Large Ocean」は、広大な海をつくるシェルフツールです。

広大な海をつくる場合、単一の「Ocean Spectrum (SOP)」では波のパターンがタイリングして見えてしまうため、ここで行ったように波形を合成してタイリングを防ぎます。シェルフの「Large Ocean」では、そんな広大な海のつくり方の一例を見ることができます。

7-2 FLIPを使った海の作成

難易度 ★★★

シミュレーションで海をつくる場合、多数のノードで多数の工程を経る必要があり少し難しく感じるかもしれません。そこでここでは、学習効率面を考慮してシェルフから海のシミュレーションを作成し、それによってつくられたノードを解説する形で進めていきます。

シェルフツール「Wave Tank」でベースとなる海をつくる

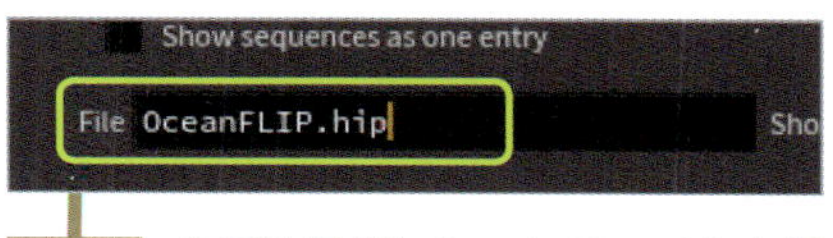

1 今回は最初にシーンファイルを保存しておきます（Ctrl＋Shift＋Sキー）。ここでは「OceanFLIP」という名前で保存しました。

2 ウィンドウ右上のシェルフから「Oceans」タブ→「Wave Tank」を実行します。これはシミュレーションで海をつくるシェルフツールです。

Select object to follow and press Enter to complete. Press Enter with no object selected to continue with a static tank.

3 シーンビューの下の方にメッセージが表示されます。意訳すると「追従させるオブジェクトを選択しEnterキーを押してください。何も選択しないでEnterキーを押すと追従しないタンクになります」でしょうか。ここでは何も選択しないまま、Enterキーを押してください。

Now select position for the wavetank and press Enter to complete. Hold Alt to move off the construction plane.

4 するとまたメッセージが表示されます。意訳すると「Wave Tankを作成したい場所を選択してEnterキーで確定してください。Altキーを押し続けると、一時的に作成モードから離れられます」でしょうか。ここでも特に何もせずEnterキーを押してください。

5 いくつものノードが自動で作成され、階層も移動します。シーンビュー上でSpace＋Hキーを押して全体を表示すると、このような海のパーティクルが確認できます。

6 ひとまず再生して確認すると、シミュレーションされた海の動きが確認できます。このような海をつくるのがシェルフの「Wave Tank」の機能です。

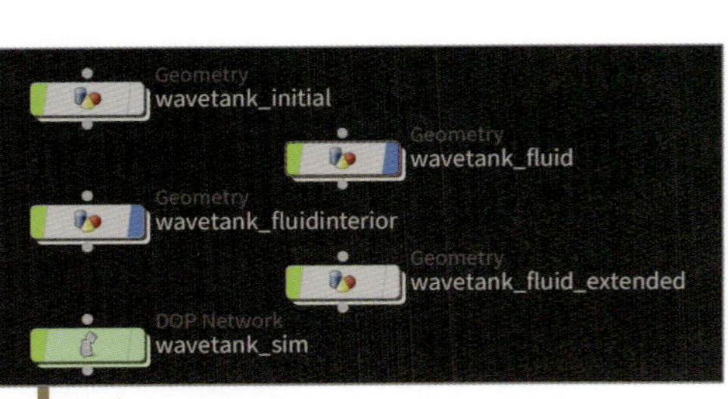

7 Uキーでいったん「/obj」階層に移動します。

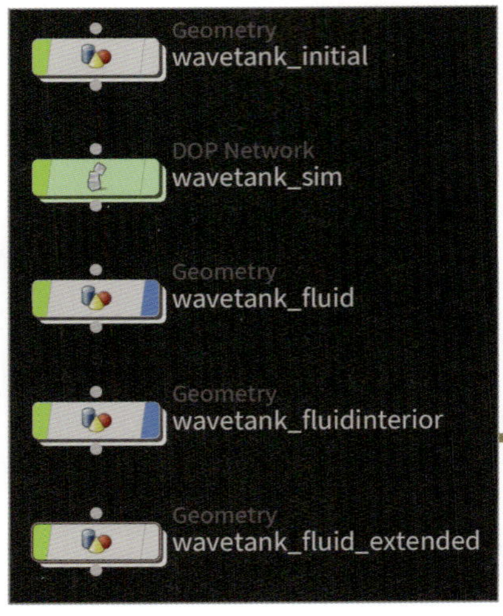

8 解説しやすいように「/obj」階層のノードを、図のように縦一列にまとめます。

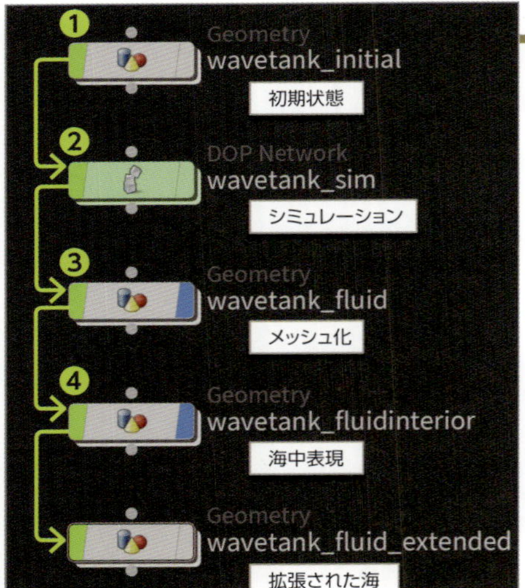

9 大まかな流れを説明します。ノードはデータが流れる順に上から配置してあります。まず、❶「wavetank_initial」は海の初期状態を作成。その初期状態を使って、❷「wavetank_sim」で実際のシミュレーションを実行。そしてシミュレーション結果を❸「wavetank_fluid」にて読み込みメッシュ化。メッシュ化されたジオメトリを❹「wavetank_fluidinterior」で読み込み、それにボリュームの質感を割り当てて海中表現を行う、という流れです。最後の「wavetank_fluid_extended」は海の拡張用です（別途解説）。

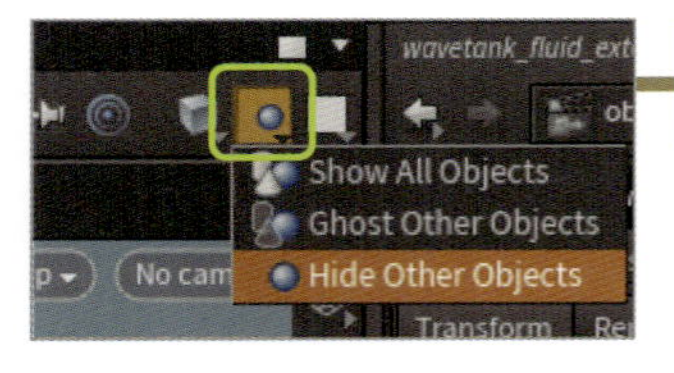

10 各ノードの中身を確認する前に、シーンビューの設定を変更します。他の階層の結果が表示されないように、シーンビュー右上の図のアイコンをクリックして、リストから「Hide Other Objects」を選択してください。

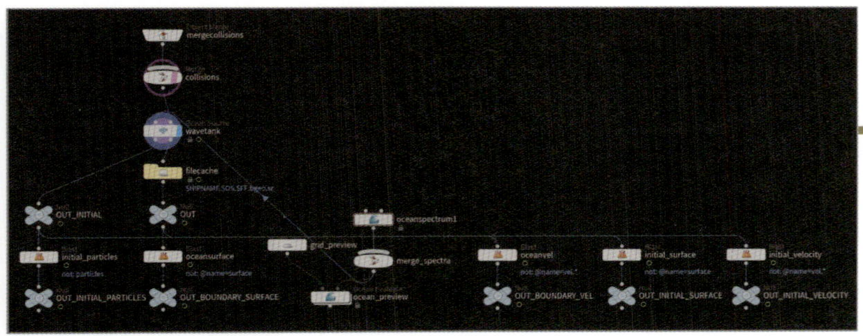

11 まず、「wavetank_initial」ノードの中に移動してください。ここでは海の初期状態や、シミュレーションのために必要な情報を作成しています。ここでつくった海の情報は最後まで影響を及ぼします。非常に大事な設定です。

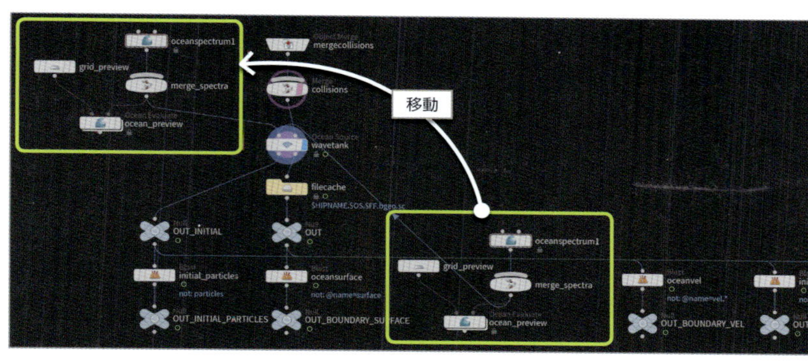

12 まずネットワークを並べ替えます。右下にある4つのノード「grid_preview」「oceanspectrum1」「merge_spectra」「ocean_preview」（図の緑枠）をネットワークの左上に移動してください。

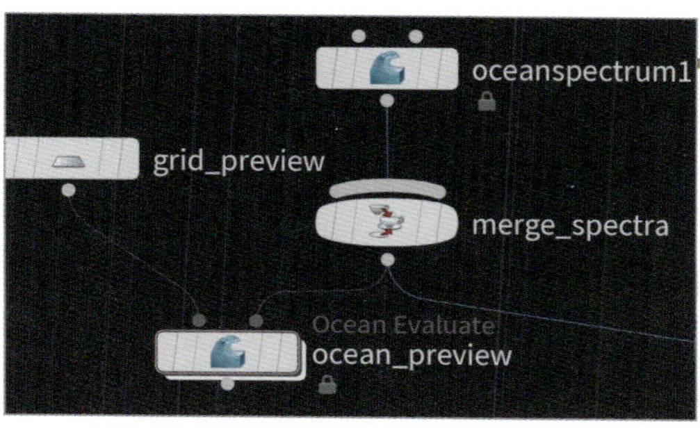

13 移動した4つのノードは、**Chapter 7-1**で学んだ海面をつくるネットワークです。この中で実際に必要なのは、波の情報をつくっている「oceanspectrum1」のみですが、波の形状を確認できるように他のノードがあります。

14 「ocean_preview」ノードのテンプレートフラグを立ててください。

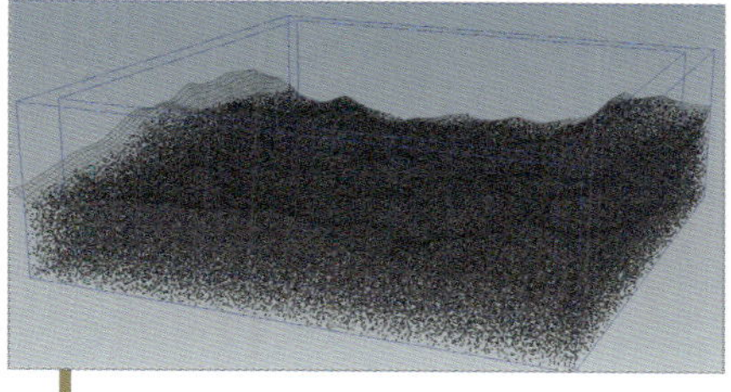

15 シーンビューでは海の初期状態のパーティクルと、その上面にテンプレート表示された海面が確認できます。フレームに進めてみると、必ず海面の形状の下にパーティクルがあることが確認できます。なお、ここに表示されているパーティクルはシミュレーションによるものではないので、好きなフレームに移動してもそれほど計算時間はかかりません。確認後テンプレートフラグはオフにします。

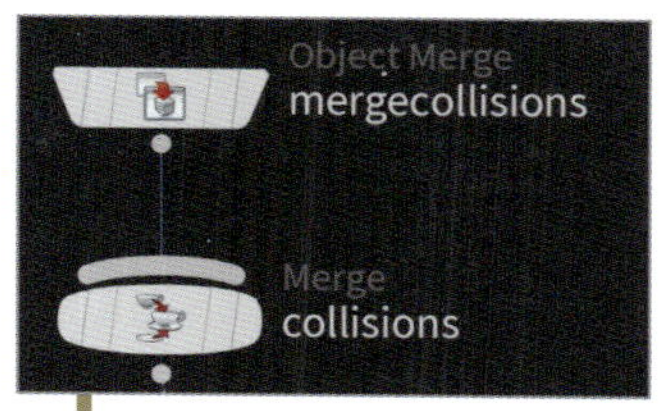

16 次に、ネットワーク上部の「mergecollisions」「collisions」ノードに注目します。このノード群は、衝突用ジオメトリをシミュレーションの初期状態に反映するためにあります。はじめから海中にオブジェクトがあるような場合は、その部分の水はあらかじめ取り除いておく必要があり、それを行うために衝突用オブジェクトを読み込んでいます（ここでは特に衝突用オブジェクトを設定していないため何も読み込まれていません）。

17 衝突オブジェクトについてのノードの動作を、上から順に追います。「mergecollisions」は「Object Merge（SOP）」というタイプのノードで、他のノードを読み込むことができます。現在は何も読み込まれていません。

18 「collisions」は、他に衝突用のオブジェクトを追加・コネクトできるように用意された「Merge（SOP）」です。ここまでが衝突用オブジェクトのネットワークです。

19 「wavetank」はこのネットワークで最も重要なノードです。これは「Ocean Source（SOP）」というタイプのノードで、海のシミュレーションで使用するパーティクルやボリュームを作成します。ノードの入力はふたつあり、左には波の情報を生成する「oceanspectrum1」ノードが、右には衝突用の「collisions」ノードがコネクトされています。

20 「wavetank」ノードに表示フラグが立っていることを確認します。シーンビューには、先に解説したノード「oceanspectrum1」の波の情報によってつくられた海のパーティクルが表示されます。さらに、ここでつくられた情報をもとにシミュレーションが行われます。

21 「wavetank」ノードにはふたつの出力があり、それぞれ別のノードにつながっています。つまり異なる情報が出力されているということです。それらを確認していきます。

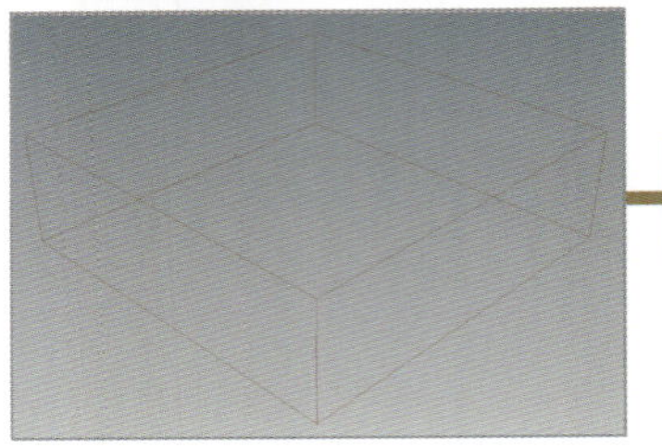

22 右側の出力は「file cache」ノードにコネクトされています。表示フラグを立てても、枠だけで何も表示されていないように見えます。

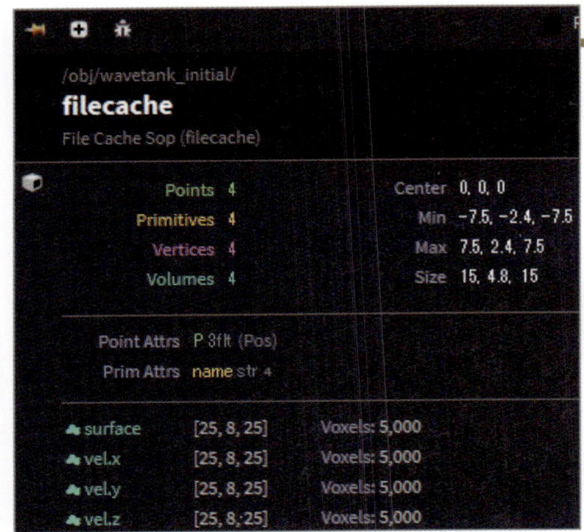

23 「filecache」の「Node Info」を見ると、4つのボリュームが確認できます。海面を表す「surface」ボリュームと、速度を表す「vel」ボリュームが3軸分です。「filecache」はこれらのボリューム情報をキャッシュファイルに保存するためにあるようですが、ここでは特にキャッシュファイルを作成せずに進めます。

24 次に、その下にある「OUT」ノード。これはただの「Null (SOP)」で、他のノードからの参照用です。

25 ネットワークは「OUT」ノードからふたつに分岐しています。真下の「oceansurface」は「Blast (SOP)」というタイプのノードで、ポイントやプリミティブを削除できます。

Blast oceansurface

Group	@name=surface
Group Type	Guess from Group
	Recompute Normals
	✓ Delete Non Selected
	Fill Simple Holes

26 「oceansurface」ノードのパラメータを見てください。「Group：@name=surface」と記述されており、「name」アトリビュートが「surface」のもの（つまり「surface」ボリューム）に対してのみ、このノードが機能します。言い換えると、「surface」ボリュームが削除されるということです。しかし、その下の「Delete Non Selected」がオンなので、削除されるものが逆転、つまり「surface」ボリューム以外がすべて削除、となります。

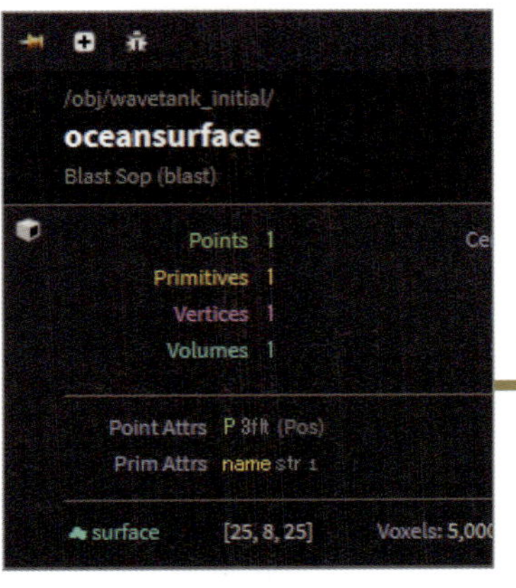

27 「oceansurface」に表示フラグを立てて「Node Info」を確認すると、実際に「surface」ボリューム以外が削除されています。

28 同様に「OUT」ノードから派生している「oceanvel」ノードでは、「vel」ボリュームだけを残して、他の情報が削除されています。

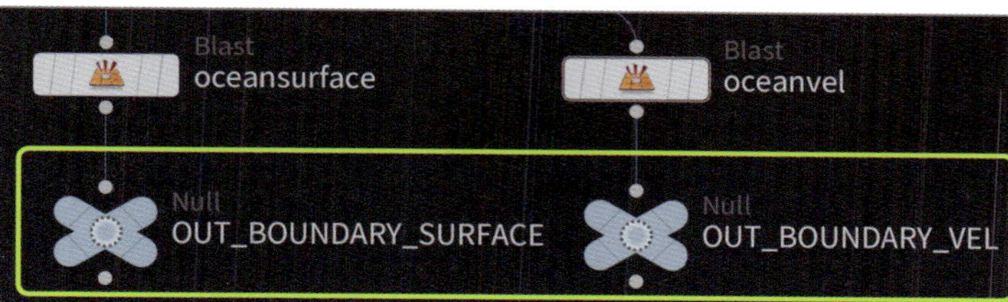

29 最下部の「OUT_BOUNDARY_SURFACE」と「OUT_BOUNDARY_VEL」ノードは、それぞれ、先ほど確認した「surface」ボリュームと「vel」ボリュームを他のネットワークから参照するために置かれた「Null (SOP)」です。

30 「wavetank」ノードの左側の出力は「OUT_INITIAL」ノードにコネクトされています。このノードに表示フラグを立てると、シーンビューに先ほどと同様のパーティクルが表示されます。

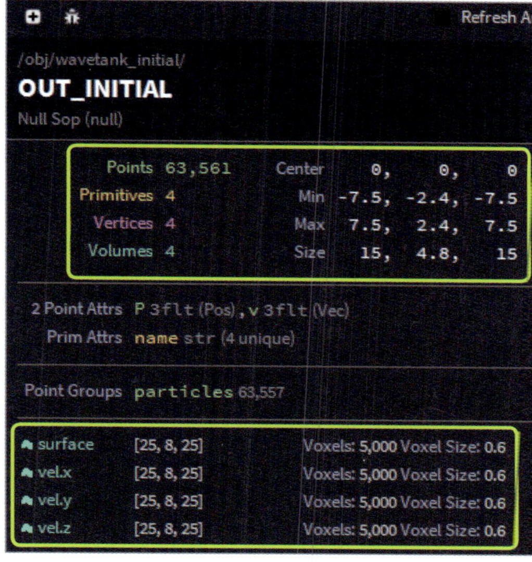

31 「OUT_INITIAL」の「Node Info」を表示して内容を確認すると、パーティクルとボリュームが4つあり、これらはこの下にコネクトされているノードで分離され、シミュレーションの初期情報として使用します。

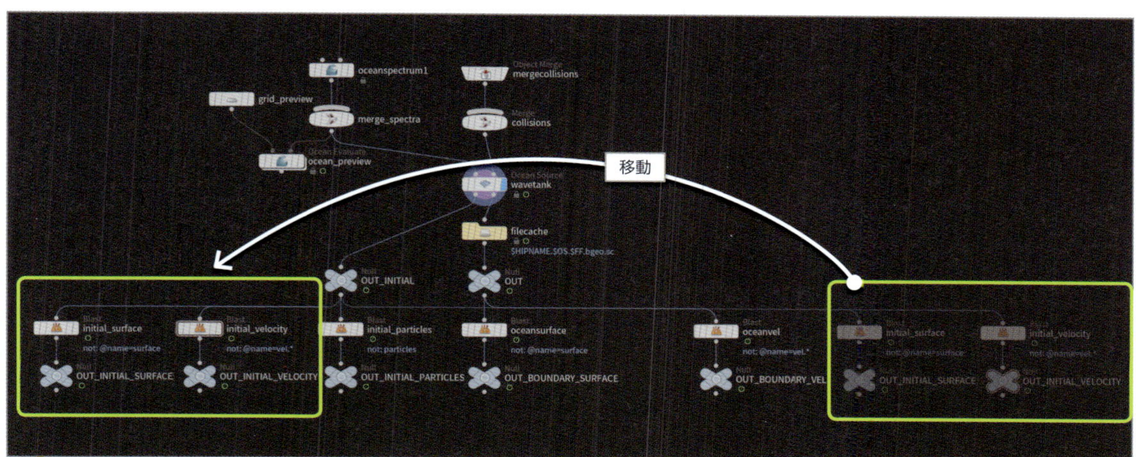

32 少しネットワークを整理します。ネットワークの右下にある4つのノード「initial_surface」「OUT_INITIAL_SURFACE」「initial_velocity」「OUT_INITIAL_VELOCITY」（図の緑枠部分）を、図のようにネットワークの左側に移動します。これでネットワークの左下に、似た機能を持つノードが集まりました。

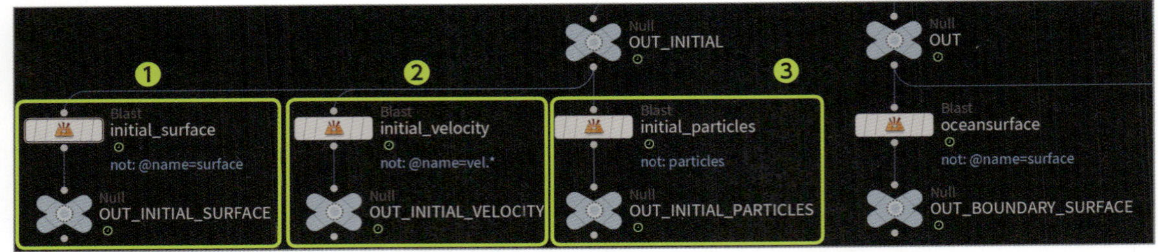

33 これら左下に集めたノードは、先ほど「OUT_INITIAL」ノードで確認した情報を、個別に分割しているものです。全部で3つに分けていることになります。使っているノードはどれも同じです。
左から解説します。❶「initial_surface」は「Blast (SOP)」というタイプのノードで、ジオメトリを削除する機能があります。ここではそれを用いて、「Surface」ボリューム情報以外を削除しています。その下にある「OUT_INITIAL_SURFACE」ノードは「Null (SOP)」で他からの参照用です。このノードを参照すれば、必ず残った「Surface」ボリューム情報を取得できます。
同様に❷真ん中のノード群は「Velocity」ボリューム情報のみ、❸右のノード群はパーティクル情報のみを分離します。
これらの情報はシミュレーションの初期値として使われます。

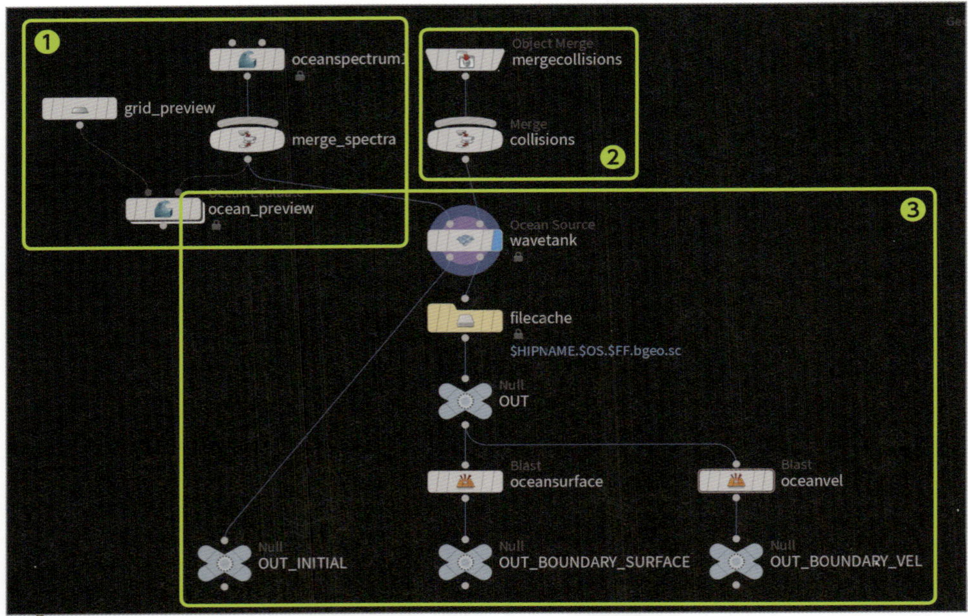

34 総括すると、このネットワークは大きく3つのノード群に分類できます。ひとつは波の情報を作成するノード群(❶)、ひとつは衝突用のデータを作成するノード群(❷)、ひとつはそれらの情報をもとにシミュレーションに必要なデータを生成するノード群(❸)です。ここで生成された情報をもとに、シミュレーションが行われます。

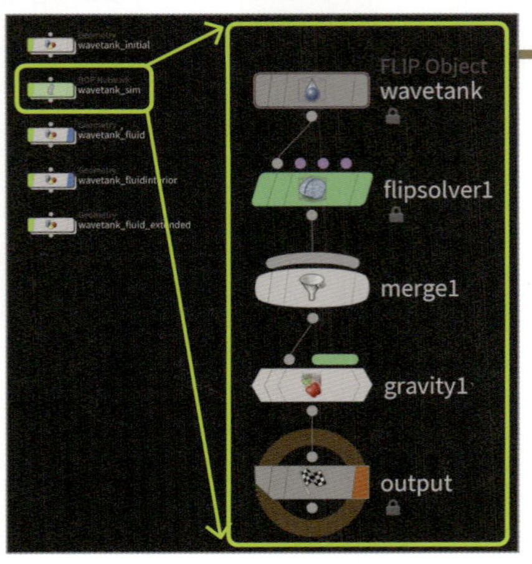

35 「/obj」階層に移動します。次は「wavetank_sim」ノードを解説します。ノードの中に入ってください。ネットワークはシンプルです。最初に述べたとおり、この海のシミュレーションはFLIPを用いたものです。そのネットワークは**Chapter 6**で扱ったFLIPシミュレーションと基本的に同じです。異なるのはシミュレーションの規模やパラメータの設定です。以降、パラメータ設定などに触れながら各ノードの役割を解説します。

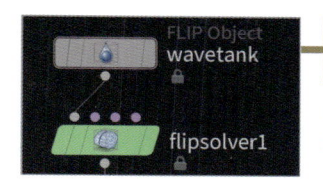

36 ネットワーク上部にあるふたつのノード「wavetank」「flipsolver1」。これらはそれぞれ「FLIP Object(DOP)」と「FLIP Solver (DOP)」です。シミュレーションに必要なデータの格納と、それを用いた挙動の計算を行っている、重要なノードです。

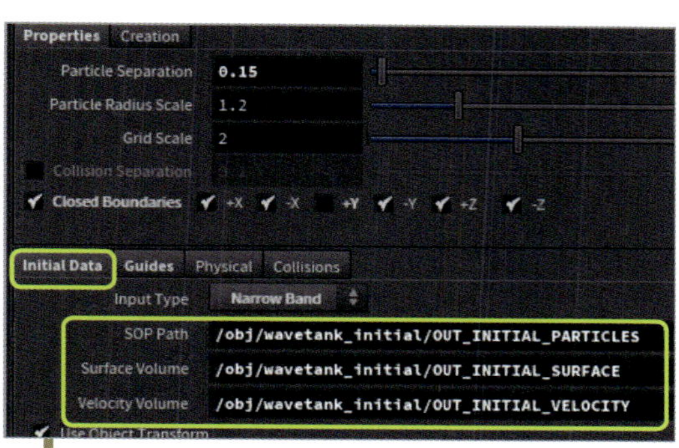

37 まずは「wavetank」。パラメータの「Initial Data」タブ→「SOP Path」で、初期状態を他のSOPネットワークから読み込んでいます。33で確認したパーティクルのみを持つノード「OUT_INITIAL_PARTICLES」、その下の項目には「OUT_INITIAL_SURFACE」「OUT_INITIAL_VELOCITY」がそれぞれに初期状態としてセットされています。

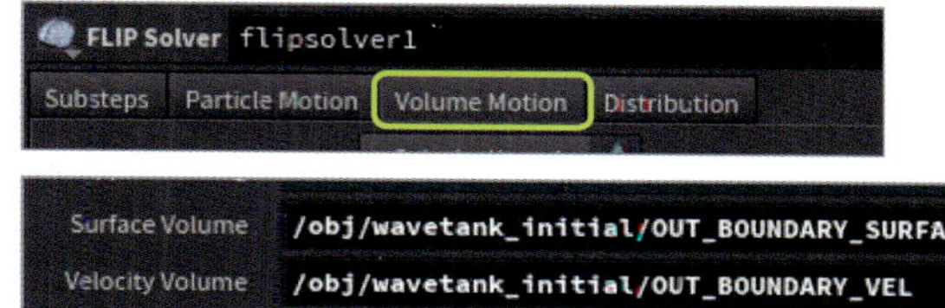

38 次に「flipsolver1」です。このノードで海の挙動を計算していますが、海を継続的に動かしている仕組みを確認します。「Volume Motion」タブ→「Volume Limits」タブ→「Surface Volume」「Velocity Volume」というふたつのパラメータを見てください。ここには、29で確認した「OUT_BOUNDARY_SURFACE」「OUT_BOUNDARY_VEL」が指定されています。読み込まれた情報は、シミュレーションでの海面の定義と、速度情報の割り当てに用いられます。この設定により、継続的に波の動きがつくられます。

39 試しにこの「Surface Volume」「Velocity Volume」の記述を削除してから再生すると、最初は初速度で動き、徐々に動きが収まるのが確認できます。確認後は元の設定に戻します。

Point パラメータのリンク

この海のネットワークでは、「wavetank」と「flipsolver1」のパラメータの多くが他階層のノードにリンクされています。例えば「wavetank」のパラメータ「Pscale Separation」は、「wavetank_initial」内のノードのパラメータとリンクされており、シミュレーション側での変更が即座に反映されます。

Point 「Narrow Band」タブ

シーンビューを見ると、現在海のシミュレーションは海面の近くにのみパーティクルがあるように見えます。これは、海のシミュレーション処理を軽くするために行われているもので、「flipsolver1」ノードのパラメータ上部「Narrow Band」タブにその設定があります。

ここにあるパラメータ「Enable Particle Narrow Band」がオンの場合、FLIPのパーティクルは流体の表面近くのみ維持され、それ以外の部分はボリューム情報によって表されます。これにより、流体の深い部分にあるパーティクルを消すことができ、メモリ使用量が減り、シミュレーションの効率がよくなります。

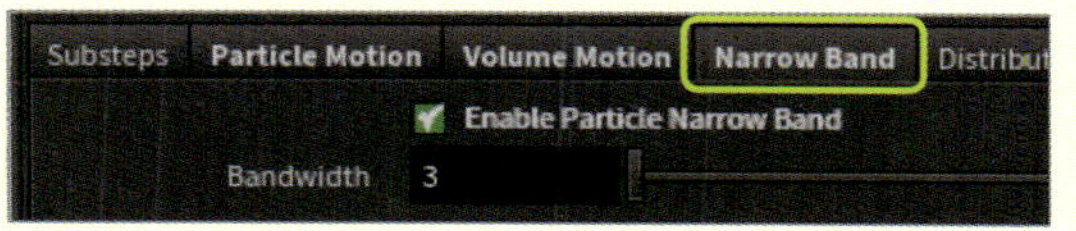

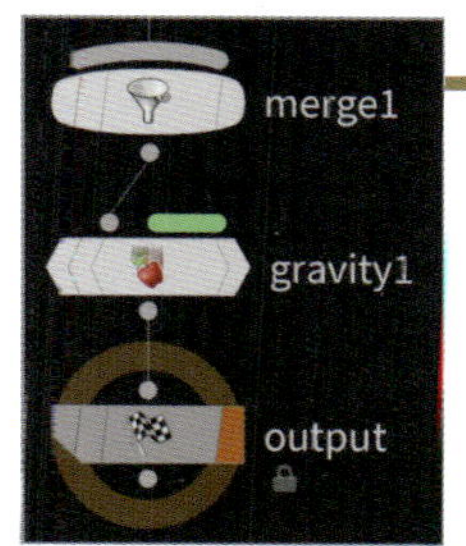

40 残りのノードについては、特に変わったものはありません。「merge1」は他のノードの接続用。「gravity1」はシーンに重力の効果を追加しており、「output」はネットワークの最後を意味しています。

41 後でこのネットワークに瞬時に戻って来られるように、Ctrl＋1キーを押して「Quick Mark」を設定しておきます。

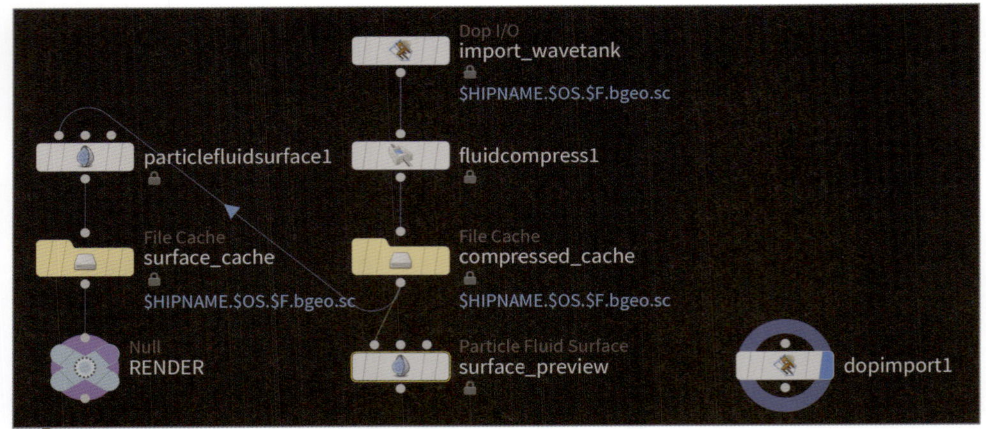

42 Uキーで「/obj」階層に移動します。次はシミュレーション結果を読み込みメッシュ化を行っている「wavetank_fluid」ノードです。ノードの中に移動します。このネットワークは、**Chapter 6**で登場した水のメッシュ化と同じものです（各ノードの解説は重複のため割愛）。

43 メッシュの様子だけ確認します。「particlefluidsurface1」ノードに表示フラグを立てると、メッシュ化された海面が確認できます。確認後は「dopimport1」ノードに表示フラグを戻します。

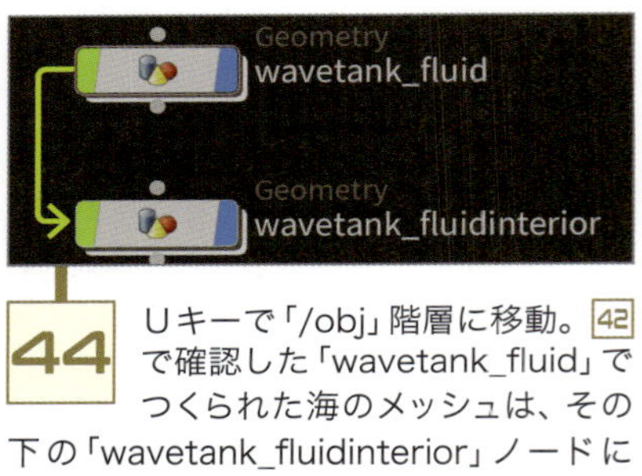

44 Uキーで「/obj」階層に移動。42で確認した「wavetank_fluid」でつくられた海のメッシュは、その下の「wavetank_fluidinterior」ノードに読み込まれ、海中表現用にボリュームのマテリアルが割り当てられます（これも**Chapter 6**で解説したものと同じ）。

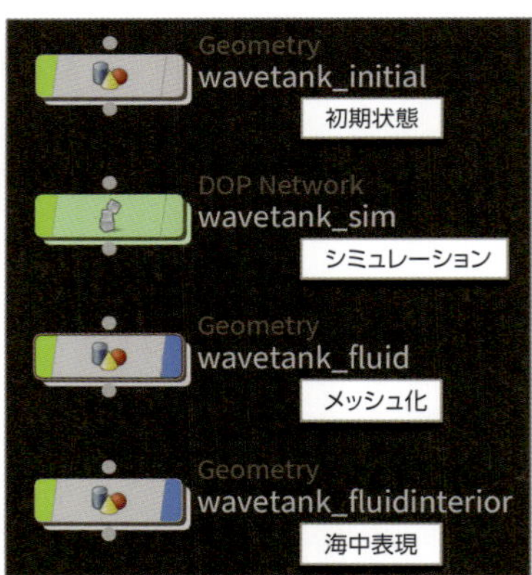

45 全体の流れをおさらいします。「wavetank_initial」ノードによって海の初期状態および必要な情報が作成され、それらの情報を用いて「wavetank_sim」ノードでシミュレーションが行われます。「wavetank_fluid」ノードでシミュレーションをもとにメッシュ化。「wavetank_fluidinterior」ノードでそのメッシュをもとに海中が表現される、という流れです。

海にオブジェクトを干渉させる

46 この海のシミュレーションに手を加え、オブジェクトを干渉させてみます。まず、干渉するオブジェクトを作成します。「/obj」階層でTAB Menuから「Geometry（OBJ）」を作成、ノード名を「TOY」にします。

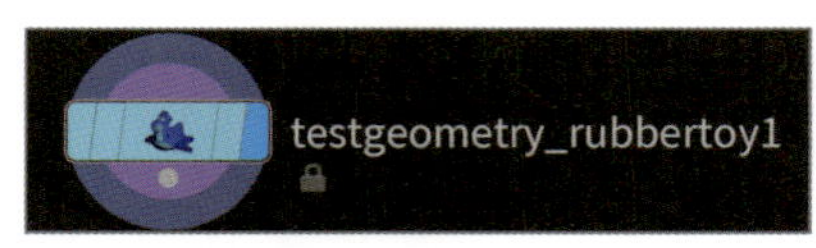

47 「TOY」ノードの中に入り、既存の「file1」ノードを削除します。代わりにTAB Menuから「Test Geometry: Rubber Toy」を作成します。

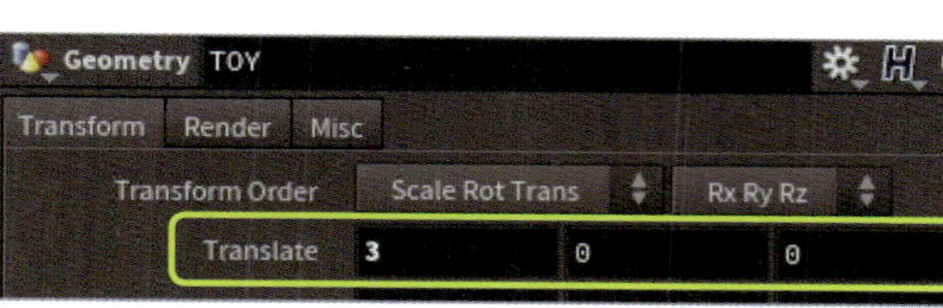

48 「Uniform Scale」値を「2」に変更（＝サイズ2倍）します。このおもちゃのオブジェクトを海と干渉させます。

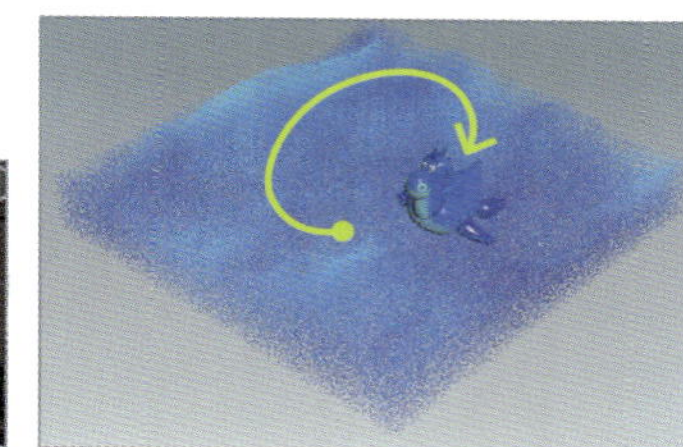

49 Uキー上の「/obj」階層に移動し、「TOY」ノードのパラメータ「Translate」を「3 0 0」に変更。おもちゃがX軸方向に3だけ移動します。このおもちゃを、図のように原点中心に回転移動させます。

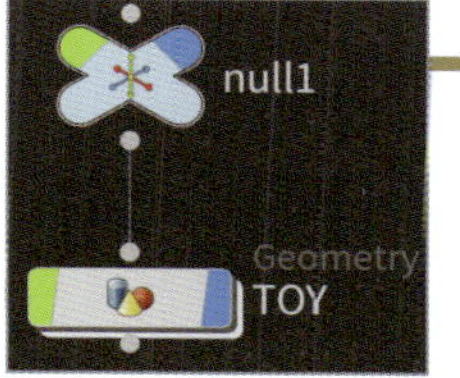

50 TAB Menuから「Null (OBJ)」を作成、「TOY」ノードの上にコネクトします。「/obj」階層でのコネクトは親子付けを意味するため、以降「TOY」は「null1」の動きの影響を受けるようになります。

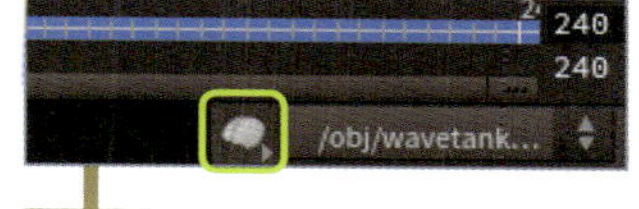

51 動きを付ける前に、ウィンドウ右下にある図のアイコンをクリックし、シミュレーションの計算をいったんオフにします。

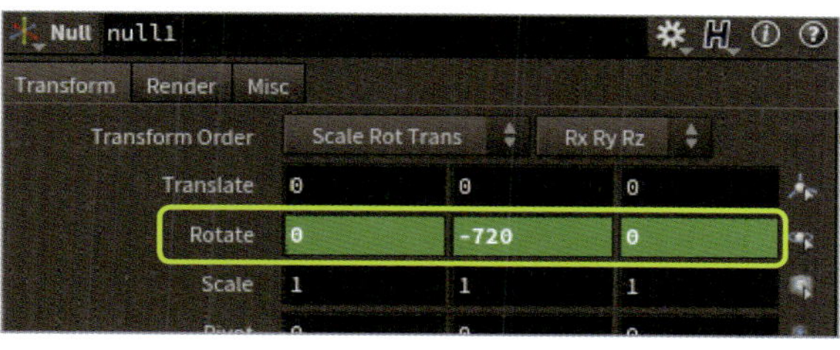

52 「null1」ノードのパラメータ「Roate」にキーフレームを作成します。まず、1フレーム目で「Rotate：0　0　0」でキーフレームを作成します。次に240フレームに移動して「0　－720　0」でキーフレームを作成します。再生してみると、おもちゃのモデルが原点を中心に反時計回りで2回転します。

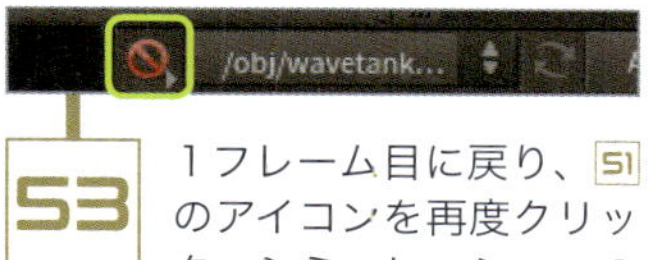

53 1フレーム目に戻り、51のアイコンを再度クリック、シミュレーションの計算をオンに戻します。

54 シェルフを使って、この回転するおもちゃを衝突オブジェクトに設定します。「TOY」ノードを選択した状態でウィンドウ右上のシェルフの「Collisions」タブ→「Static Object」を実行します。

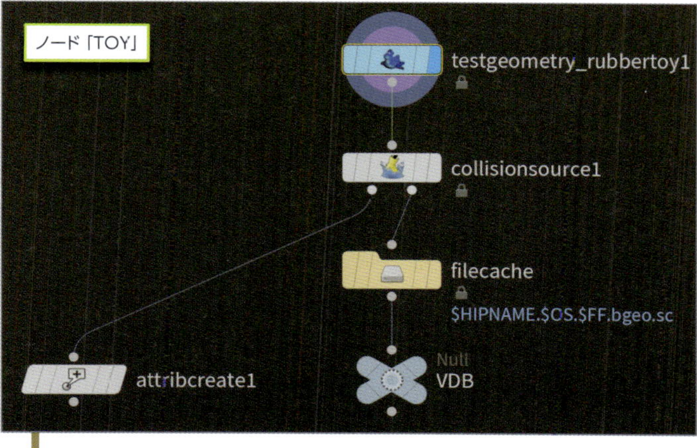

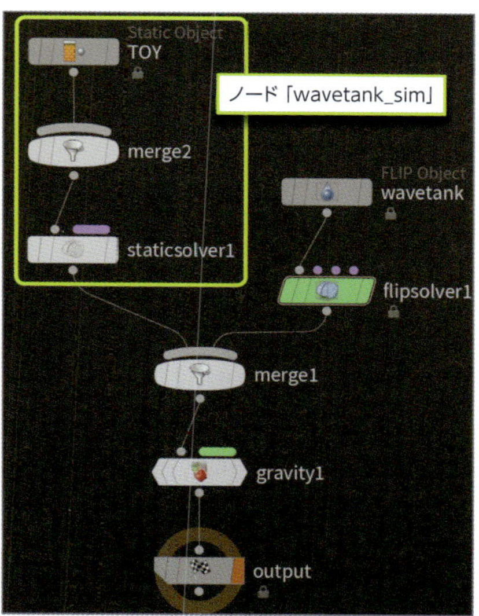

55 「Static Object」の実行により、「TOY」ノードと「wavetank_sim」ノードの中に衝突オブジェクト用のネットワークが構築されます。

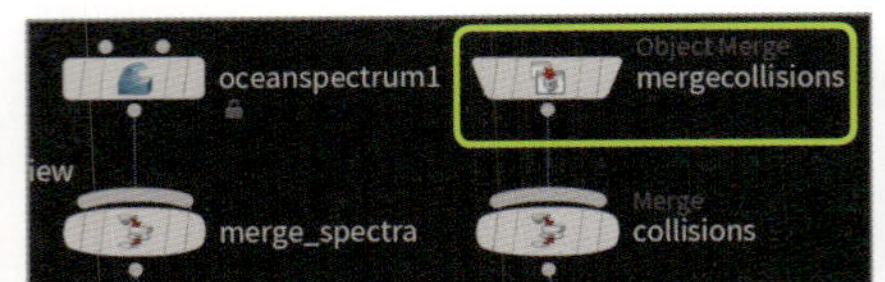

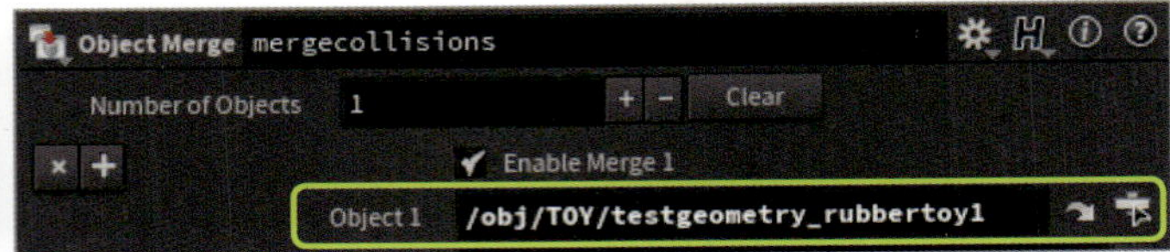

56 この衝突用オブジェクトを、海の初期状態にも反映します。「wavetank_initial」ノードの中に入り、その中の「mergecollisions」ノードパラメータ「Object 1」に、おもちゃのジオメトリノード「testgeometry_rubbertoy1」を指定します。これにより、海の初期パーティクルから、衝突ジオメトリのある個所はパーティクルが削除されます。

57 「wavetank」に表示フラグを立ててシーンビューを見てみます。アングルを変えながら該当の箇所を観察すると、パーティクルが削られているのが確認できます。

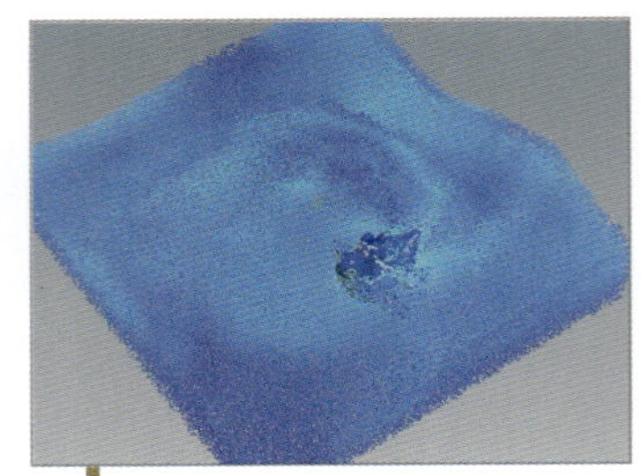

58 Uキーで「/obj」階層に移動し、再生して結果を確認します。波をかき分けて進むおもちゃと、それに押しのけられる波の挙動が確認できます。

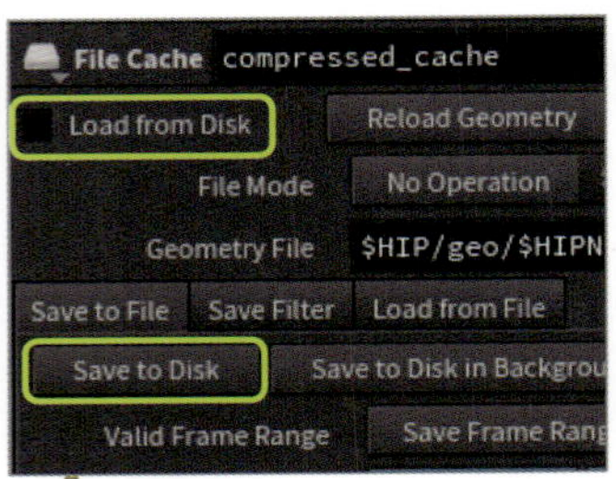

59 この結果をいったんキャッシュファイルに保存します。「wavetank_fluid」ノードの中に入り、その中の「compressed_cache」ノードを選択。パラメータ設定などはそのままで「Save to Disk」ボタンを押してキャッシュファイルを作成します。続いて「Load from Disk：オン」にして、キャッシュファイルを読み込んでおきます。

60 「surface_preview」ノードの表示フラグを立てておきます。

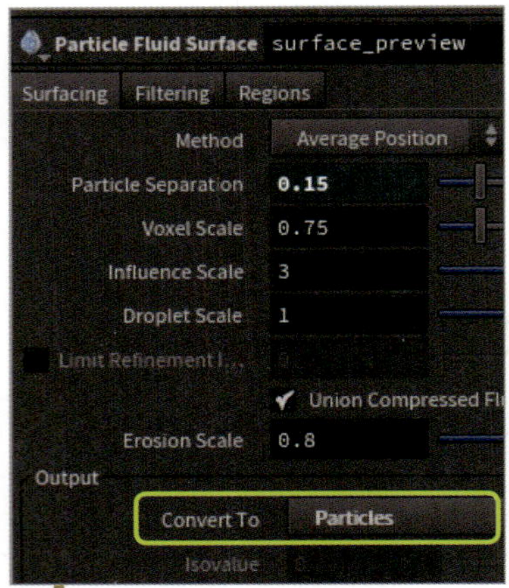

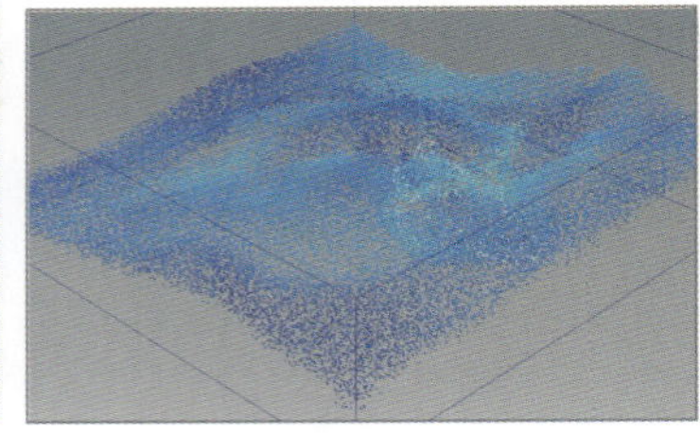

61 「surface_preview」ノードのパラメータ、「Surfacing」タブ→「Convert To」を「Particles」に変更。海面に近い部分のみがパーティクルとして表示されます。

62 メッシュ化された海もキャッシュファイルとして出力しておきます。「surface_cache」ノードを選択して、59と同様の手順でファイルを出力、ファイルの読み込みをオンにしておきます。

白波の効果を追加する

63 さらに白波の効果を追加します。白波をつくるために、新たにいくつかノードが必要です。手動でつくると大変なので、ここでもシェルフを利用します。いったん1フレーム目に戻り、ウィンドウ右上のシェルフから「Oceans」タブ→「WhiteWater」を実行します。

64 すると、シーンビューの下に図のメッセージが表示されます。日本語で意訳すると、「白波を生成する流体を選択し、Enterキーで確定せよ」でしょうか。

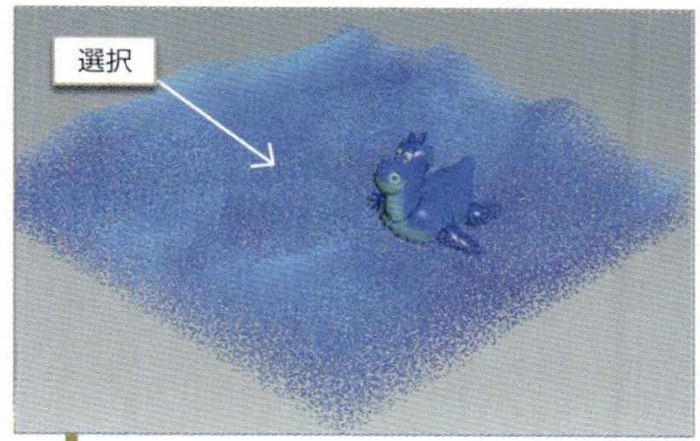

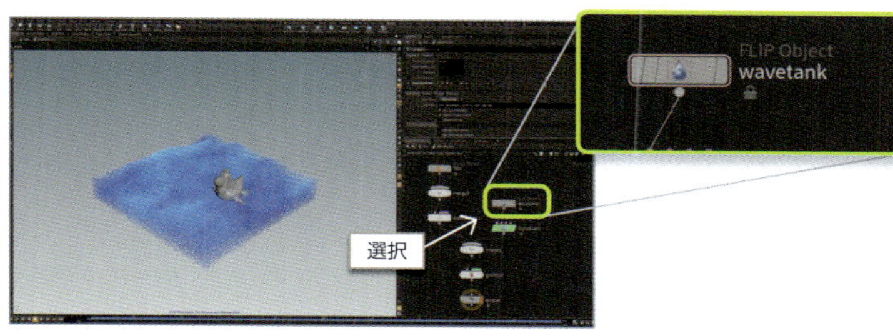

65 メッセージに従いシーンビューで海を選択します。まだEnterキーは押しません。ネットワークエディタが「wavetank_sim」ノードの階層に移動するので、そこにある「wavetank」ノードを選択し、その状態でマウスをシーンビュー上に移動してからEnterキーを押します。

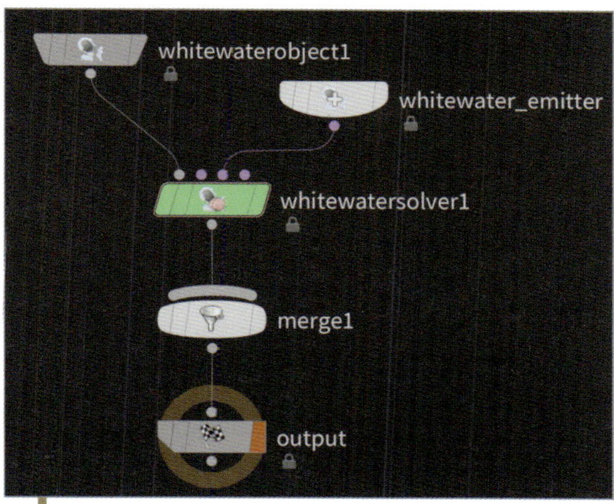

66 ノードがいくつか自動でつくられ、ネットワークエディタの階層が「/obj/whitewater_sim」に移動します。Uキーで「/obj」階層に移動します。

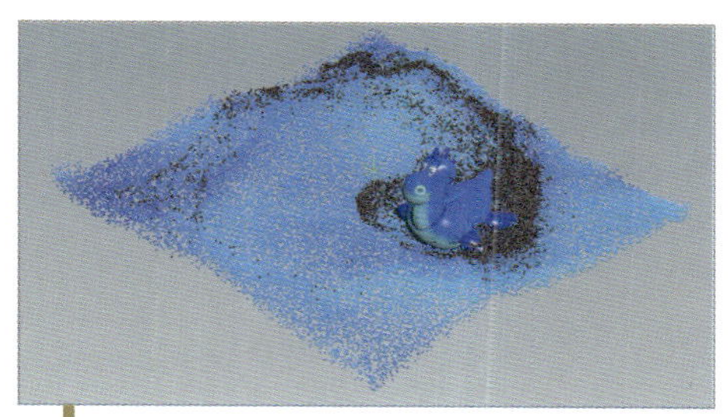

67 ひとまず、再生してみると、おもちゃの通った跡に発生している黒いパーティクルが確認できます。これが白波です。

68 シェルフによって新しく「whitewater_source」「whitewater_sim」「whitewater_import」という3つのノードがつくられています。これらをネットワークエディタ上で、図の順番に縦に並べます。
「whitewater_source」ノードは、海のシミュレーション結果をもとに、白波の発生源を作成します。「whitewater_sim」ノードは、その発生源から白波を発生させるシミュレーションを行います。「whitewater_import」ノードはシミュレーション結果を読み込んでいます。

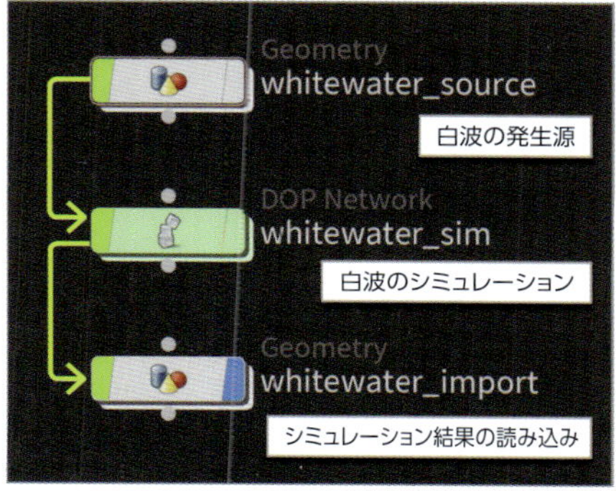

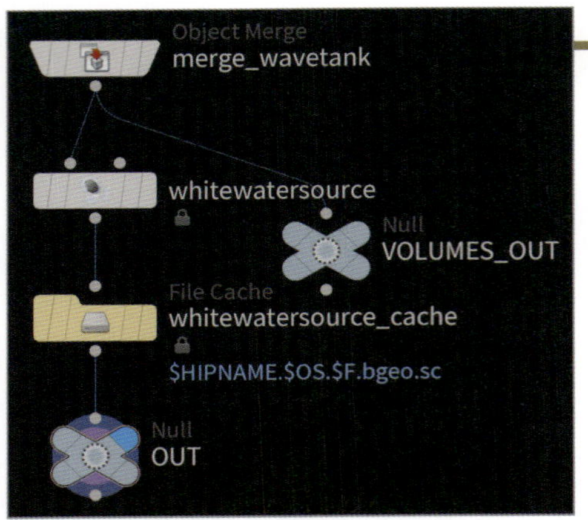

69 個別にノードの中身を確認します。まず白波の発生源を作成している「whitewater_source」ノードから。ノードの中に入ります。ネットワークは比較的シンプルです。

70 「merge_wavetank」は「Object Merge（SOP）」で、海のシミュレーション結果を（「compressed_cache」ノードから）読み込んでいます。

71 「whitewatersource」は、白波の発生源を作成しているノードです。

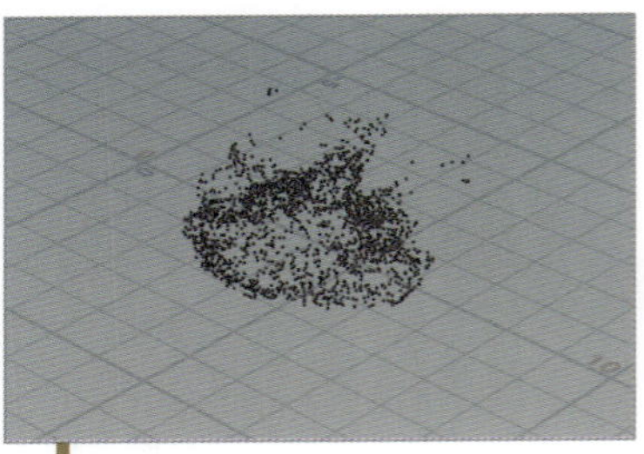

72 フレームを少し進めてシーンビューを見ると、白波の発生源が確認できます。波がおもちゃのオブジェクトに当たった箇所に多く発生源がつくられているのが確認できます。「whitewatersource」ノードでは、波のスピードや加速度、海面の曲率などによって、白波の発生源をつくる場所や量を調整できます。

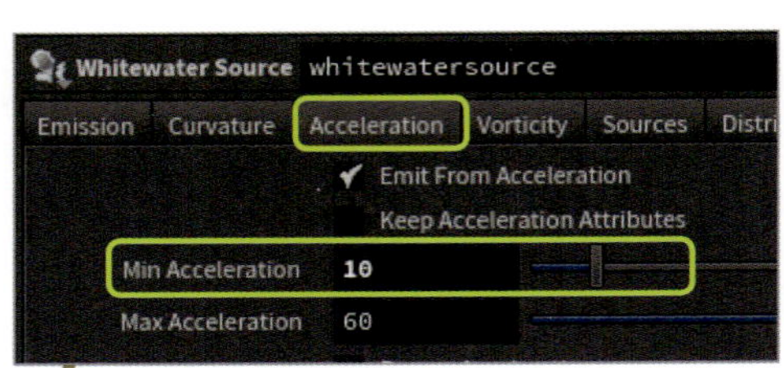

73 「whitewatersource」のパラメータを調整して、発生源を増やしてみます。「Acceleration」タブ→「Min Acceleration」値を「10」に下げます。これにより、波の加速度の小さい箇所からも白波が発生するようになります。

Before

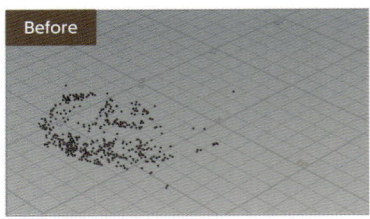

After

74 再生して結果を確認すると、多くの領域で白波の発生源ができています。この発生源が多い状態で進めていきます。

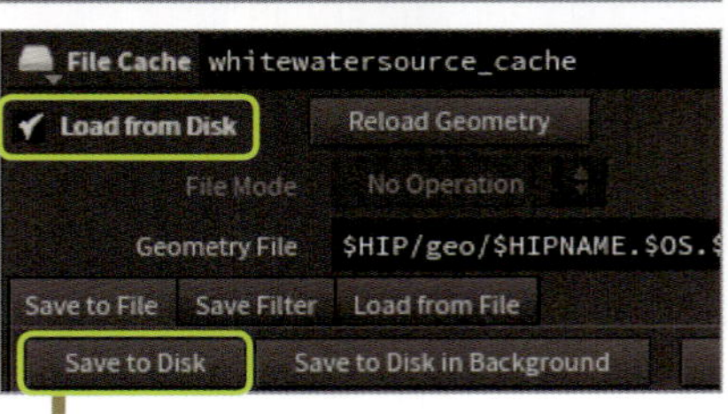

75 「whitewatersource」の下にある「whitewatersource_cache」は、現在表示されている白波の発生源をキャッシュファイルに保存するためにあります。この段階でキャッシュファイルに保存して、それを利用するようにしておけば、後の工程で白波のシミュレーションを調整し直すたびに発生源の計算をしなくて済みます。59や62と同じ手順でファイルを出力し、ファイルの読み込みをオンにしておきます。

76 残りふたつのノードはどちらも「Null（SOP）」で、他のノードからの参照用です。「OUT」は白波の発生源、「VOLUMES_OUT」は元の海のシミュレーション結果を用いる際に参照されます。白波の発生源については以上です。ここで作成した情報をもとに、白波のシミュレーションが行われます。

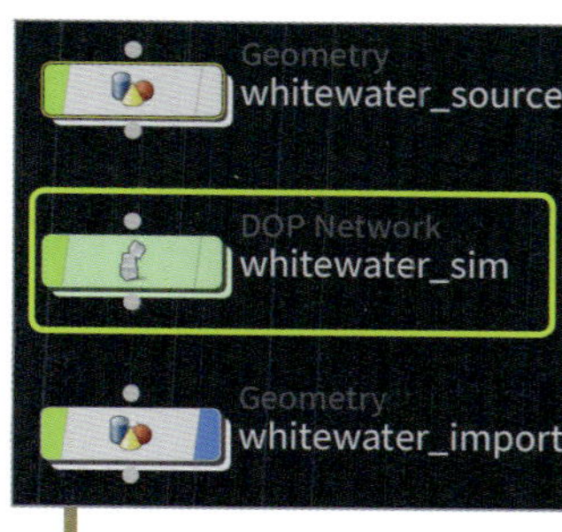

77 次は白波のシミュレーション内容を確認します。Uキーで上の「/obj」階層に移動し、「whitewater_sim」ノードの中に入ります。

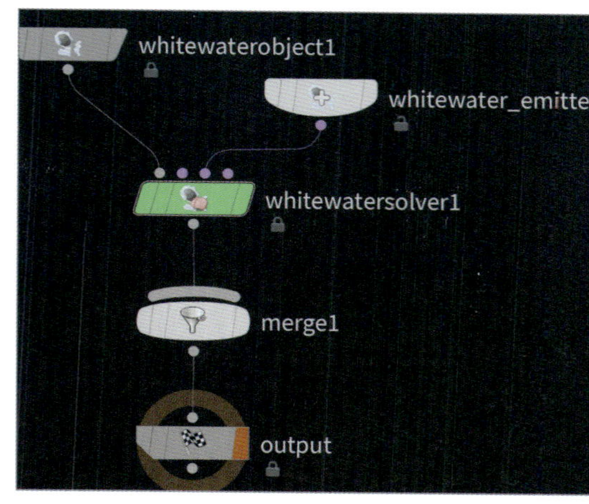

78 これが白波のシミュレーションしているネットワークで、中はいたってシンプルです。**Chapter 3**のパーティクルに構成がよく似ています。

79 少しフレームを進めてみると、白波のパーティクルが発生しているのが確認できます。このシミュレーションはパーティクルを海のシミュレーション結果で動かしたものといえます。

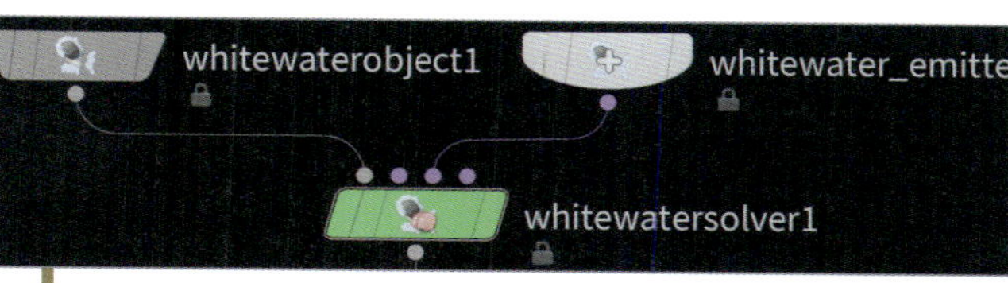

80 このネットワークは、基本的に上の3つのノードで成り立っています。左上の「whitewaterobject1」が白波のシミュレーションに必要なデータを持ったオブジェクトを作成。真ん中の「whitewatersolver1」は、オブジェクトが持つデータを使って白波の挙動を計算するソルバノード。右上の「whitewater_emitter」は発生源から白波のパーティクルを発生させるノードです。

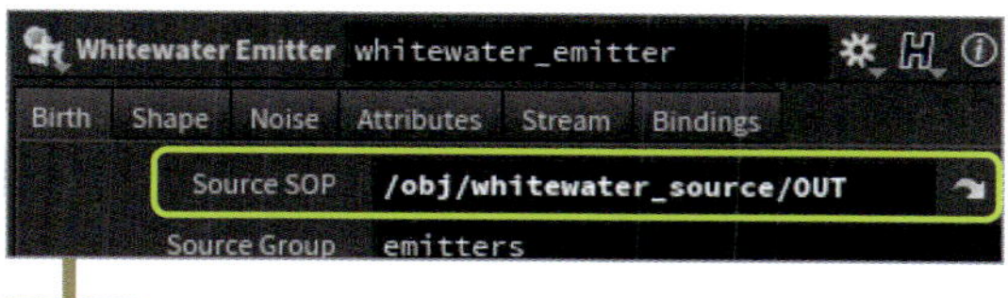

81 「whitewater_emitter」のパラメータ「Source SOP」に白波の発生源のノードが指定され、そこからパーティクルが供給されるようになっていることから、基本の設定が済んでいることがわかります。このノードは、**Chapter 3**(パーティクル)で扱った「POP Source (DOP)」と「POP Replicate (DOP)」を合わせたものなので、パラメータも似ています。ここのパラメータでパーティクルの数などもコントロールできますが、ひとまずそのままで進めます。

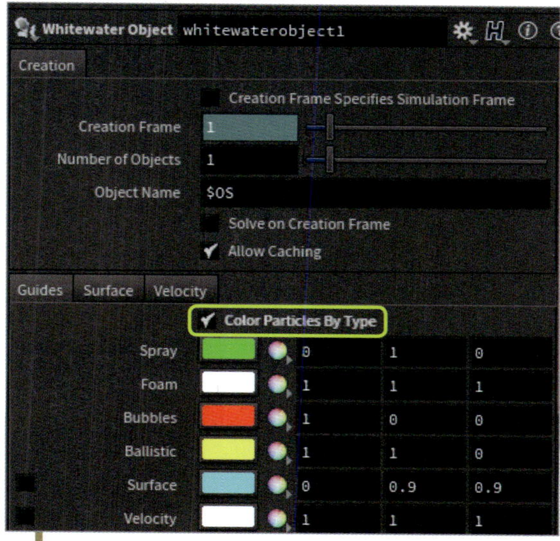

82 次に「whitewaterobject1」のパラメータです。「Color Particles By Type」を「オン」にします。これにより、白波が動きのタイプごとに色付けされるようになります。

83 シーンビューを見ると、白波がその挙動によって赤・白・緑の3色に色分けされているのが確認できます。白いパーティクルは「Foam（泡沫）」と呼び、海面を漂い波の影響を受けます。赤いパーティクルは「Bubble（泡）」と呼び、海面下に存在して海流や浮力の影響を受けます。緑のパーティクルは「Spray（飛沫）」と呼び、海面より上にあって重力の影響を受けます。この3種類のパーティクルを総称して「WhiteWater（白波）」と呼びます。

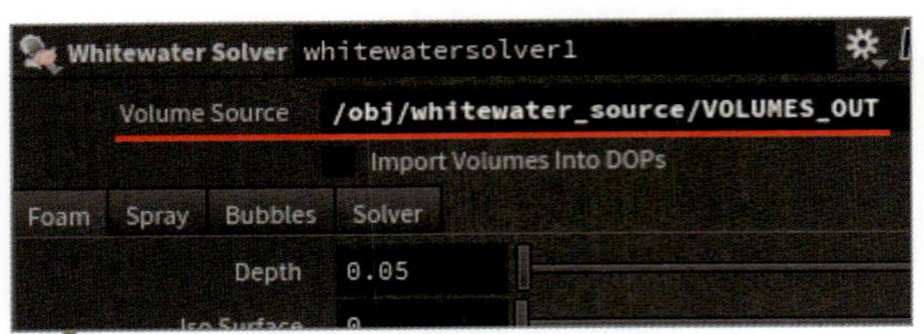

84 次に「whitewatersolver1」のパラメータです。「Volume Source」で、海のシミュレーションの情報を持つノードが指定されており、これによって白波が継続的に動いています。またここには、「Foam」「Bubble」「Spray」のそれぞれに対して、コントロールするパラメータが用意されています。説明は割愛しますが、これまでに登場した知識が生かせるものが多いです。いろいろ値を変更して挙動の違いを確認してみましょう。

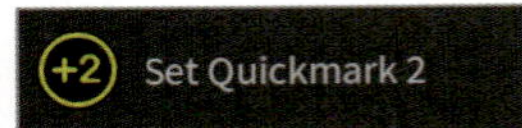

85 現在このネットワークでは、おもちゃオブジェクトの衝突が考慮されていません。そのため、先の海のシミュレーションネットワークから衝突用のノードを転用し、衝突の効果を追加します。階層を移動する前に、この階層に瞬時に戻ってくるための「Quickmark」を作成します（Ctrl＋2キーで設定）。

86 41で作成したQuickmarkを使って階層を移動します。ネットワークエディタ上で、1キーを押し、「wavetank_sim」の中に入ります。

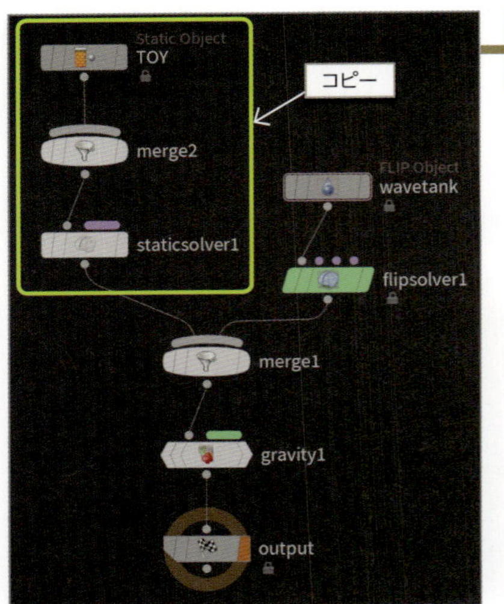

87 衝突用の3つのノード「TOY」「merge2」「staticsolver1」をコピー（Ctrl＋Cキー）します。

88 ネットワークエディタ上で、2キーを押し、白波のシミュレーションのネットワークに移動します。

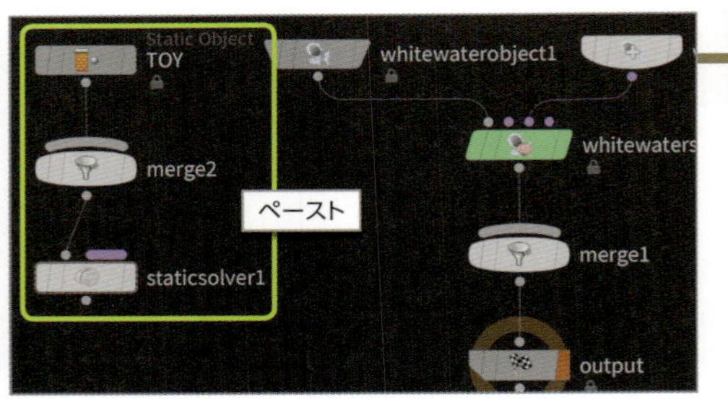

89 コピーしたノードを貼り付けます（Ctrl＋Vキー）。

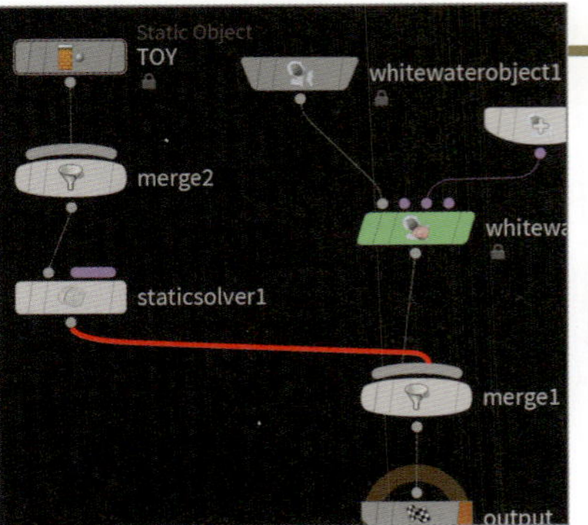

90 コピーしたノード群の一番下の「staticsolver1」を「merge1」にコネクトします。

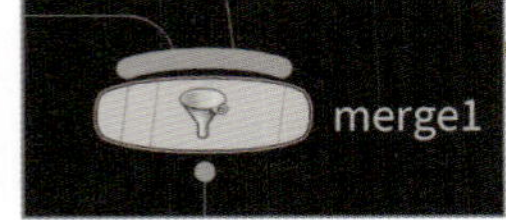

91 衝突用のノードは「Merge（DOP）」で最初にコネクトしたいので、「merge1」ノードを選択して、Shift＋Rキーでコネクト順を逆にします。これで白波のシミュレーションに衝突オブジェクトが追加されました。シーンビューにおもちゃのオブジェクトも表示されます。

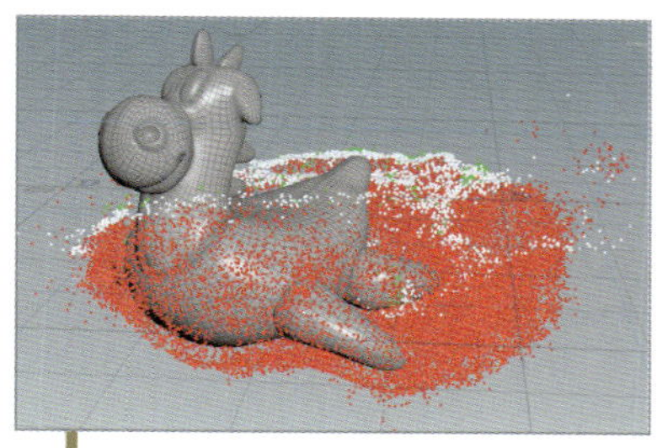

92 再生して確認してみましょう。白波のシミュレーションに衝突の効果が追加されました。これで白波のシミュレーションについては以上です。

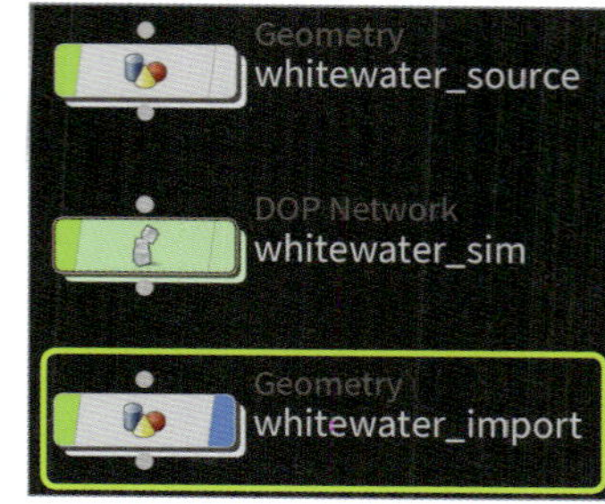

93 最後にシミュレーション結果を読み込む「whitewater_import」ノードを解説します。Uキーで「/obj」階層に移動します。現在シーンビューには、このノードの中に読み込まれたシミュレーションの結果が表示されていますが、白波なのに表示が黒いので、白波の表示を白くします。

94 「whitewater_import」のパラメータ「Misc」タブ→「Set Wireframe Color」を「オン」にします。すると、その下にある「Wireframe Color」の色が白波のパーティクルに適用されます。ただしこれは、シーンビューでの表示上の色です。

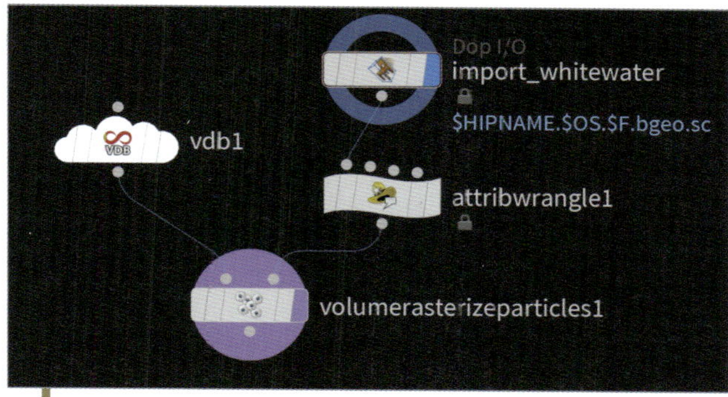

95 「whitewater_import」ノードの中に移動します。中はいくつかのノードでネットワークが構築されています。どうやら、ただシミュレーション結果を読み込んでいるだけではないようです。

96 ネットワークの一番上の「import_whitewater」は、たびたび登場した「Dop I/O(SOP)」というタイプのノードで、シミュレーション結果を読み込んでいます。ここでは白波のシミュレーション結果が読み込まれており、また、キャッシュファイルとしての出力・読み込みの機能もあります。

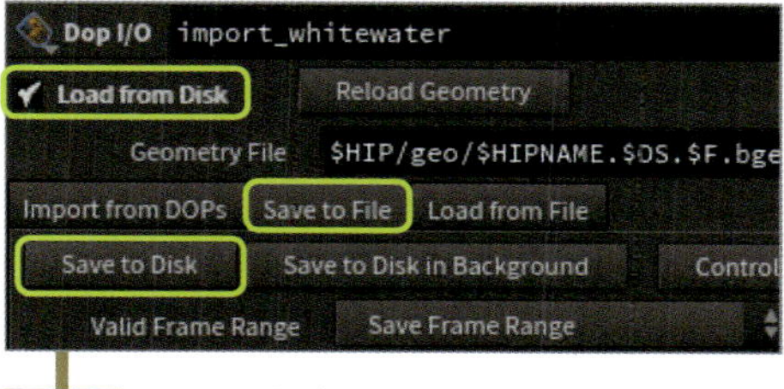

97 ここで白波のシミュレーション結果をキャッシュファイルに保存しておきます。「import_whitewater」のパラメータ内で、75などと同じ手順でファイルを出力し、ファイルの読み込みをオンにしておきます。

98 「attribwrangle1」は「Attribute Wrangle(SOP)」というタイプのノードです。このノードではHoudiniで使える「VEX」というプログラム言語を用いて、アトリビュートを操作できます。プログラムと聞くと、難しそうと思うかもしれませんが、これまで扱ってきたエクスプレッションをまとめて数行書けると考えれば理解しやすいかもしれません。ここで書かれているのは数行の簡単なものです。

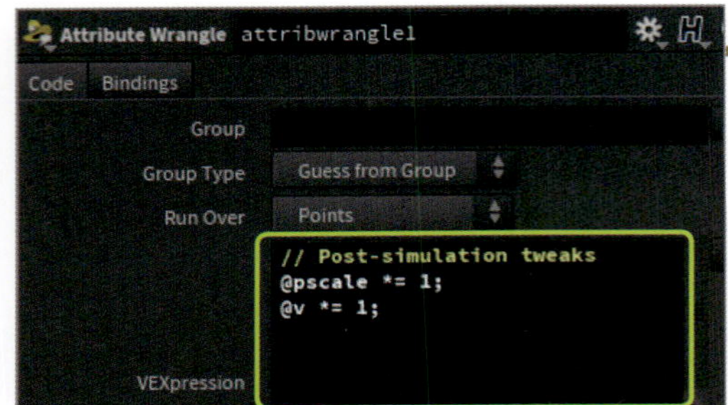

99 「attribwrangle1」のパラメータ「VEXpression」には図のような3行のVEXコマンドが書かれています。1行目には「シミュレーション後の調整」という意味のコメントが書かれています(コメントなので何も処理しません)。2行目の「@pscale」はポイントの半径を意味するアトリビュートで、「@pscale *= 1;」の式は、「@pscale =@pscale*1;」を意味します。数値を変更するとアトリビュート「pscale」の値を係数倍できます。3行目の「@v」は速度アトリビュートを意味します。ここでは、「pscale」も「v」も1倍と変化なしですが、調整できるようにこのノードが用意されています。

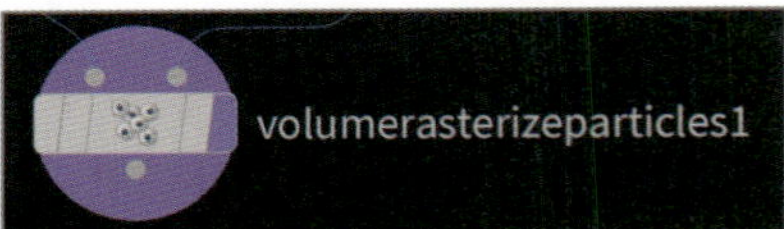

100 ネットワークの一番下にある「volumerasterizeparticles1」は「Volume Rasterize Particles (SOP)」というタイプのノードで、ポイントをボリュームへと変換します。つまり、このノードにより白波のパーティクルがボリュームに変換されています。シーンビューに表示されている白波はパーティクルですが、このノードにレンダーフラグが立っているので、レンダリングされるのはボリュームです。

101 「volumerasterizeparticles1」に表示フラグを立てて、シーンビューでボリュームの様子を確認します。このノードによるポイント→ボリュームの変換にはポイントのアトリビュートが考慮されます。例えば、ポイントの大きさ「pscale」が小さければ、変換されたボリュームにもそのサイズが反映されます。つまり、99の「attribwrangle1」の記述を変えれば、このボリュームに影響を与えられるというわけです。

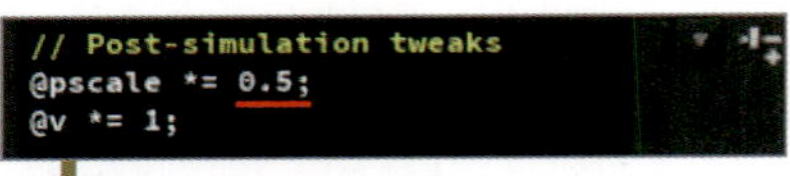

102 実際にやってみます。「attribwrangle1」のパラメータ「VEXpression」の2行目、最後の数値を「0.5」に書き換えます。

103 シーンビューを見ると、先ほどよりも繊細なボリュームになりました。「attribwrangle1」の記述や「volumerasterizeparticles1」のパラメータを変更して挙動を確かめてみましょう。

104 ネットワーク左側の「vdb1」は、VDBボリューム(**Chapter 5**「煙」で少し解説)を作成するノードです。「volumerasterizeparticles1」の左側の入力にコネクトされており、ポイントをボリュームに変換する際のボリュームの設定として用いられます。言い換えると、「vdb1」で定義されたボリューム名と解像度の設定で、「volumerasterizeparticles1」がポイントをボリュームに変換するということです。

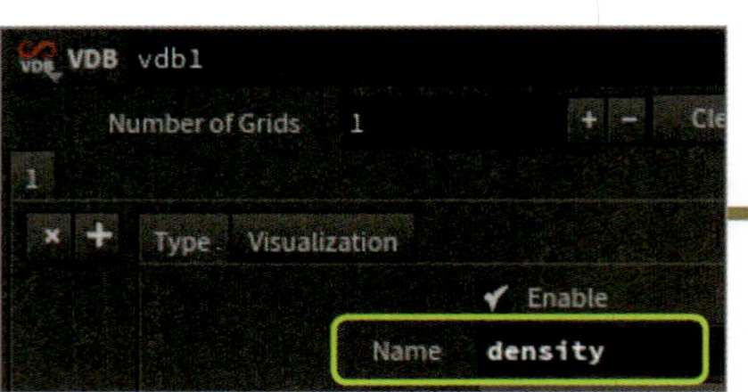

105 「vdb1」のパラメータには「Name : density」とあります。つまりdensityという名前のボリューム情報がつくられるということです。

Voxel Size　Frustum　From Camera
Voxel Size ch("../../wavetank_sim/wavetank/particlesep")

106 その下の方にある「Voxel Size」にはエクスプレッションが設定されています。パラメータ名をクリックして表示を切り替え、内容を確認すると、「海をシミュレーションしている“wavetank_sim”ノードの中にある“wavetank”ノードのパラメータ”particlesep”の値を参照する」となっています。「particlesep」はシミュレーションの精度を意味する「Particle Separation」パラメータを指しています。つまり、海のシミュレーションの精度と同じ解像度になるようにボリュームの解像度を設定しているということです。

キャッシュ出力を一元管理する

107 ここでいったん、後の解説用の意味もあり、海のシミュレーションを調整します。まず海のシミュレーション領域を広げるために、Uキーで「/obj」階層に移動後、海の初期状態を決めている「wavetank_initial」ノードの中に移動します。

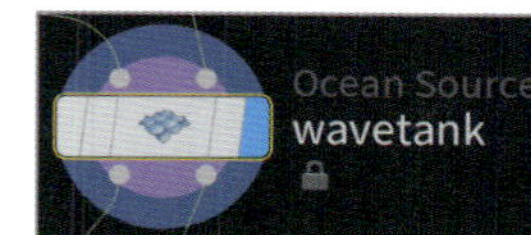

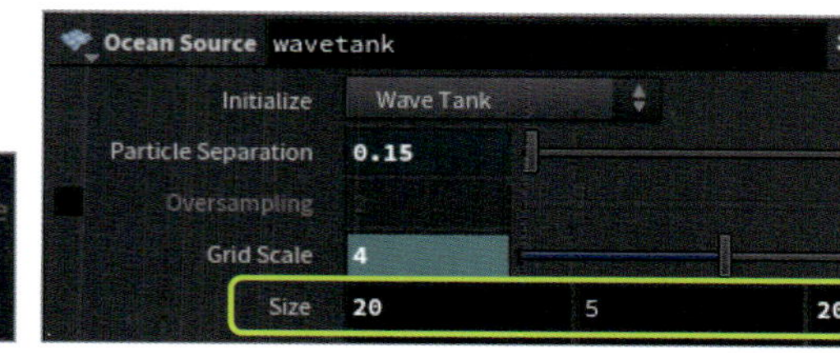

108 中にある「wavetank」ノードのパラメータ「Size」値を「20 5 20」に変更します。これで海のシミュレーション領域が広がりました。ここまで確認してきたように、海のシミュレーションは最初の工程の結果が次の工程へと受け渡され、と順々に進みます。ここで変更した海の初期状態は、最後の白波の結果まで、すべてに影響します。

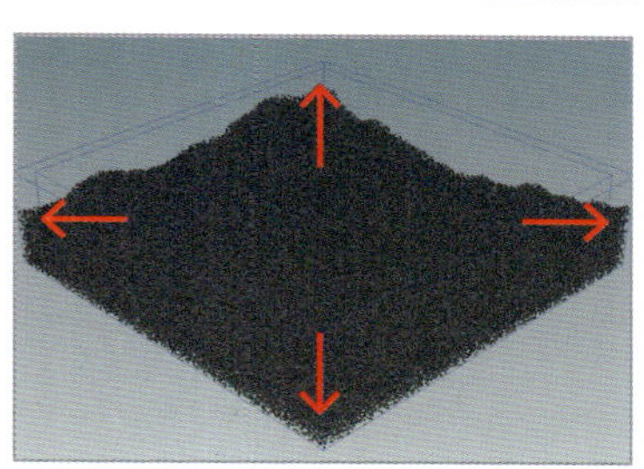

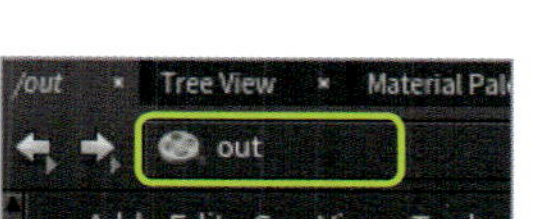

109 これまで、要所々々で結果をキャッシュファイルに出力してきました。海の初期状態を変更したことに伴いそれらキャッシュファイルも再度出力し直す必要があります。キャッシュを作成したノードは個々のネットワーク階層にあり、それらを探して個別に出力する必要がありますが、それは手間ですしミスも起こりそうです。そこで、キャッシュ出力を一元管理できるようにします。まずはネットワーク階層を、出力に関するネットワークを組める「/out」に移動します。これまではレンダリング時に訪れることが多かった階層ですが、キャッシュファイルの管理にも使えます。

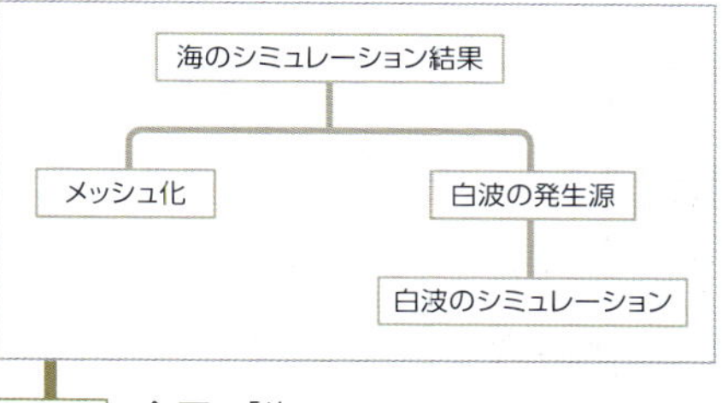

110 今回、「海のシミュレーション結果(圧縮)」、「メッシュ化」、「白波の発生源」、「白波のシミュレーション結果」の4カ所でキャッシュファイルを出力しています。これらを、ボタンを一度押すだけで、図の流れで上から順にキャッシュファイルを出力するようにします。

111 TAB Menuから「Fetch(ROP)」を作成します。同名のノードが他のネットワークタイプにもありますが、この「Fetch(ROP)」を使うと別階層にあるROPノードを、あたかもこの「/out」階層にあるかのように扱えます。

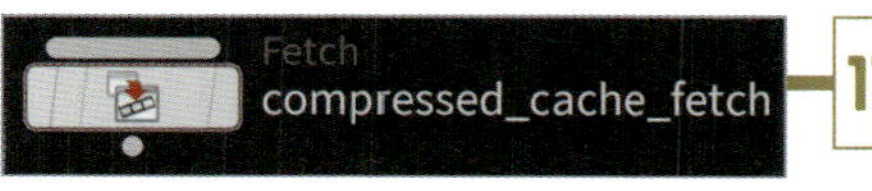

112 作成した「fetch1」ノードの名前を「compressed_cache_fetch」に変更してください。このノードで「海のシミュレーション結果(圧縮)」を出力できるようにします。

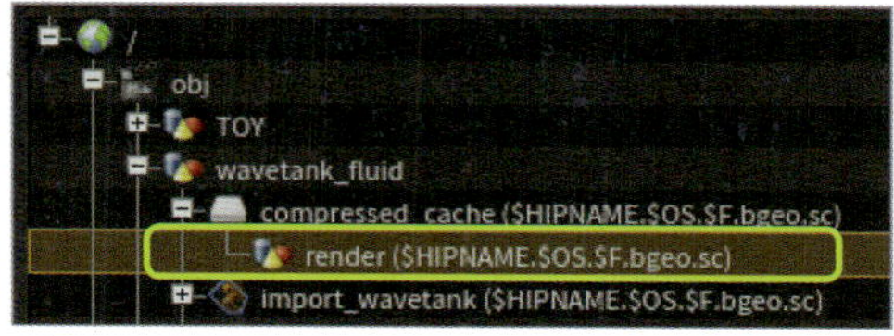

113 「compressed_cache_fetch」ノードのパラメータ「Source」を設定します。右端にあるアイコン(緑枠)をクリックして「Choose Operator」を表示、リストの中から「/obj/wavetank_fluid/compressed_cache」の中にある「render」ノードを選択します。

Point 「render」ノードについて

ここで指定した「render」ノードは、「compressec_cache」ノード内で実際にキャッシュファイル出力を行います。「compressed_cache」はこの「render」ノードを内部に持つことで、ファイル出力の機能を持っているともいえます。

114 同様にして、他のキャッシュファイルの出力用Fetchノードを作成します。再度「Fetch（ROP）」を作成し、ノード名を「surface_cache_fetch」に変更、「compressed_cache_fetch」の下にコネクトします。このノードは、メッシュ化のキャッシュファイルを作成します。

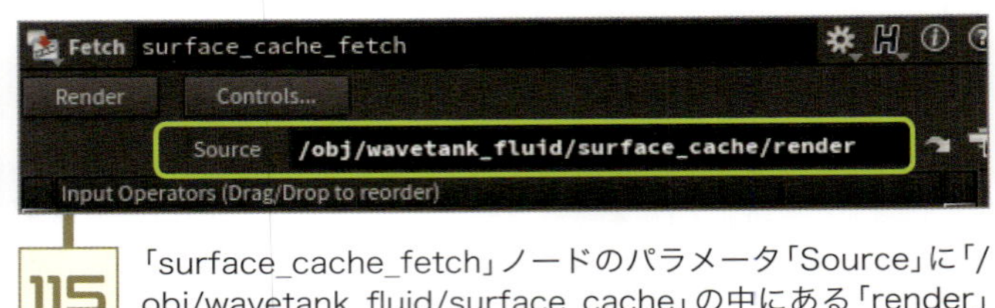

115 「surface_cache_fetch」ノードのパラメータ「Source」に「/obj/wavetank_fluid/surface_cache」の中にある「render」ノードを指定します。

116 「whitewatersource_cache_fetch」ノードのパラメータ「Source」に「/obj/whitewater_source/whitewatersource_cache」の中の「render」ノードを指定します。

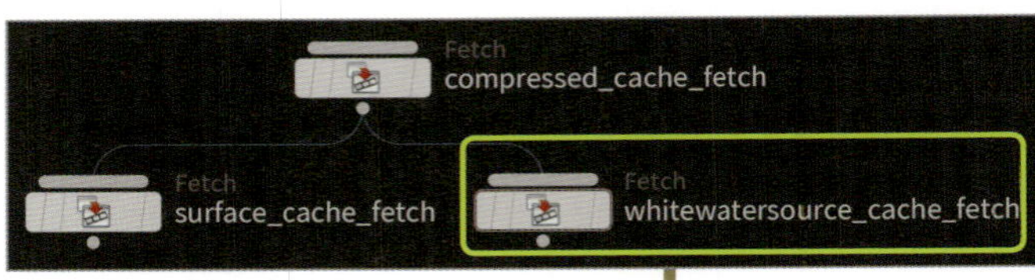

117 次に白波の発生源用。再度「Fetch（ROP）」を作成して、ノード名を「whitewater source_cache_fetch」に変更、「compressed_cache_fetch」から分岐するようにコネクトします。

118 次に白波のシミュレーション結果用。再度「Fetch（ROP）」を作成して、ノード名を「import_whitewater_fetch」に変更、「whitewatersource_cache_fetch」の下にコネクトします。

119 「import_whitewater_fetch」のパラメータ「Source」に「/obj/whitewater_import/import_whitewater」の中にある「render」を指定します。これで4つの「Fetch（ROP）」ができました。

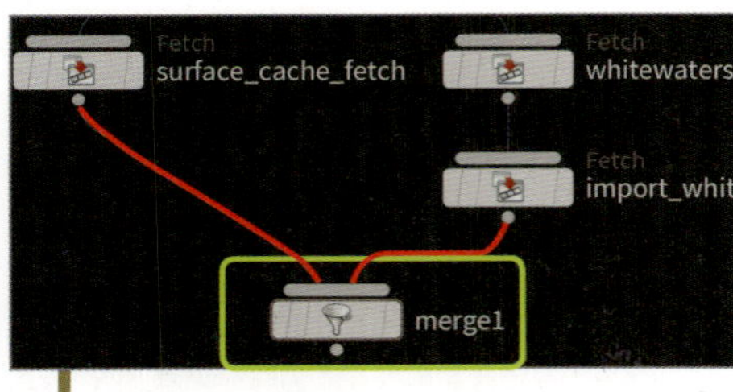

120 TAB Menuから「Merge（ROP）」を作成し、図のように「surface_cache_fetch」と「import_whitewater_fetch」をコネクトします。

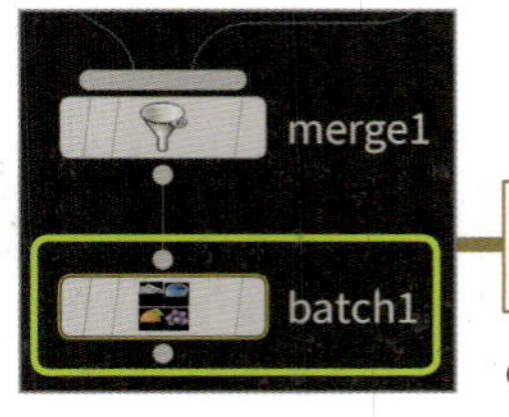

121 もうひとつノードを加えます。TAB Menuから「Batch（ROP）」を作成して、「merge1」ノードの下にコネクトします。

122 「batch1」ノードを実行することで、上流にあるノードが図の順番で実行されます。実際に処理はそれぞれが参照しているノードに対して行われますが、処理の順番はこのネットワークのコネクトに依存します。

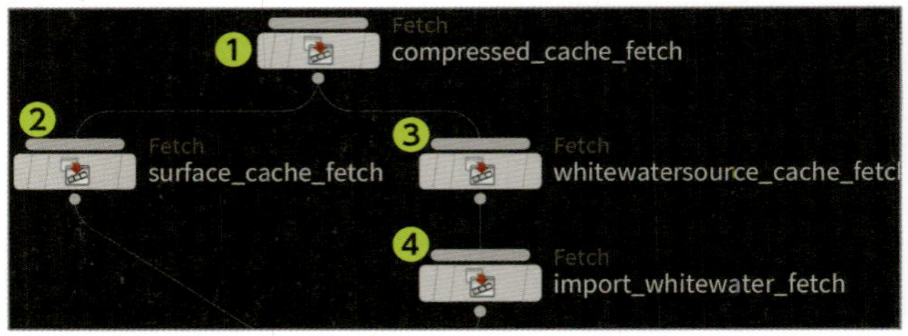

123 実際に実行してみます。「batch1」ノードを選択して「Render」ボタンを押すと、キャッシュファイルの出力が始まります。

Point ネットワークで管理

このようなネットワークを組んでおくと、作業の上流で何か変更を加えた場合、下流の処理までのキャッシュファイルを一括で、容易に更新できます。

また、ここではキャッシュファイル出力のみのネットワークを組みましたが、下流にレンダリング用のMantraノードをつなげば、キャッシュ出力後、それを使ったレンダリングまで行えます。

124 キャッシュファイルの出力完了後、シーンビューを見ると、以前より少し広い範囲の海がシミュレーションされているのが確認できます。これまでの設定により、出力したキャッシュファイルは読み込みまで行われるため、出力完了後はすぐにシーンビューに反映されます。

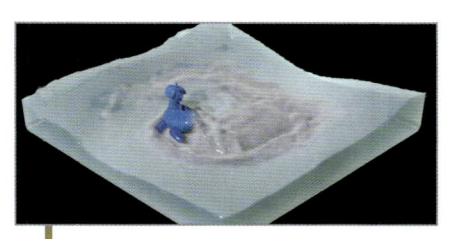

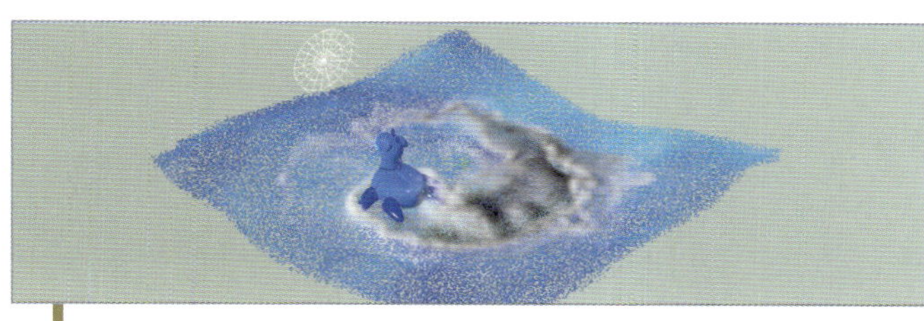

125 ではレンダリングしてみます。「/obj」階層に戻り、カメラとライトを作成します。これまでの作例を参考に自由に作成してください。ここでは図のようなカメラのレイアウトで、ライトはシェルフの「Sky Light」を使用します。

126 「Render View」に切り替えてレンダリングしてみます。シェルフから海を作成した時点で、各ノードにはそれぞれマテリアルが割り当てられています。マテリアルは基本的に**Chapter 6**で紹介した水の質感と同様です。

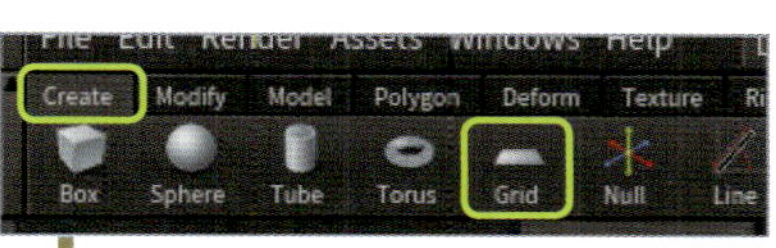

127 レンダリング結果はずいぶんと光が透過して見えますが、これは海の下からも光が透過しているためです。そこで、即席ですが下面に地面を敷いて光を遮断します。シーンビューに切り替え、ウィンドウ左上のシェルフから「Create」タブを選び、Ctrlキーを押しながらその中の「Grid」を実行します。原点に平面が作成されます。

128 追加された「grid_object1」のパラメータを変更します。「Translate：0　－2　0」「Uniform Scale：10」とします。

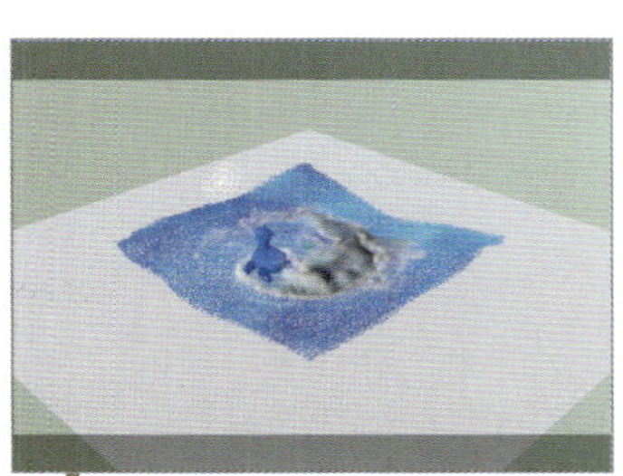

129 これにより、海の下面あたりにグリッドが配置されます。

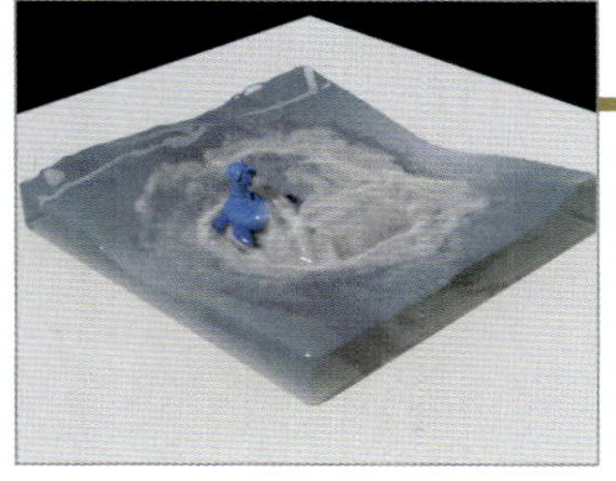

130 再度レンダリングすると、下からの光が遮断され、少し海っぽくなりました。これまでの作例を参考に、シーケンスでレンダリングしてみましょう（時間短縮には解像度・出力フレーム数を調整します）。また、ここでは比較的シミュレーションの精度を低くしてありますが、精度を上げてみると、よりきれいな海がつくれます。

海のシミュレーション領域を広げて仕上げる

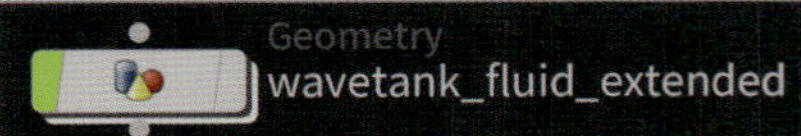

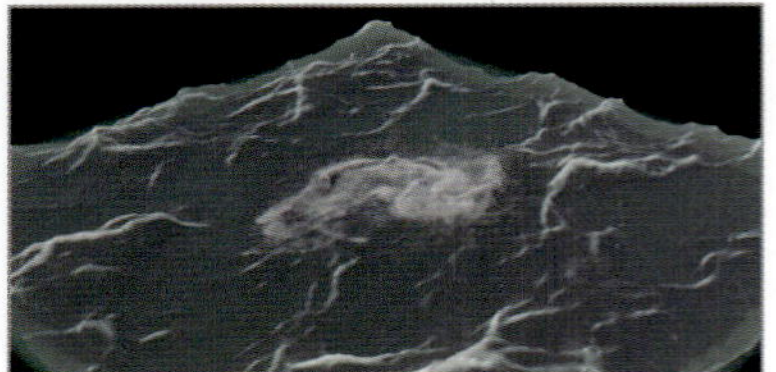

131 ここまでで、「/obj」階層にある「wavetank_fluid_extended」ノードのみ未解説です。現在このノードは非表示のため、レンダリングされません。しかしこのノードを使えば、図のように、先に解説したディスプレイスメントマップの海をシミュレーション領域の外側へ広げることができます。

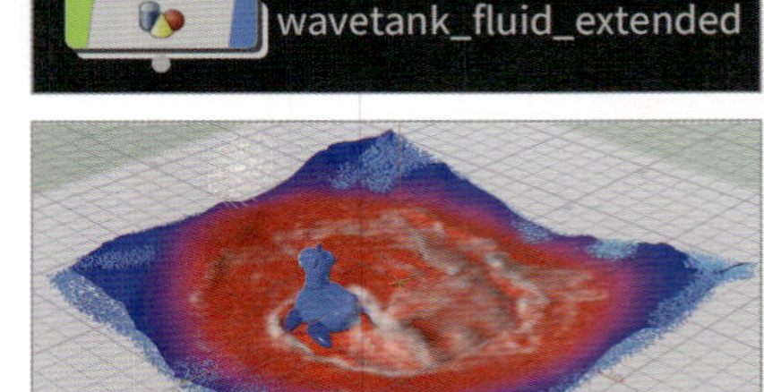

132 解説の前に、まずこれがレンダリングされるように設定を変更します。「wavetank_fluid_extended」に表示フラグを立てると、シーンビューに赤と青で色分けされた海面のメッシュが表示されます。

133 次に、既存の海面がレンダリングされないように、「wavetank_fluid」の表示フラグをオフにします。

134 続いて、海中表現用の「wavetank_fluidinterior」ノードの中に入り、そこにある「object_merge1」ノードのパラメータ「Object1」を変更します。現在「wavetank_fluid」の中にある「RENDER」ノードを読み込む設定になっていますが、これを「wavetank_fluid_extended」にある「RENDER」に指定し直します。これで「wavetank_fluid_extended」でつくられたメッシュをもとに海中がつくられます。

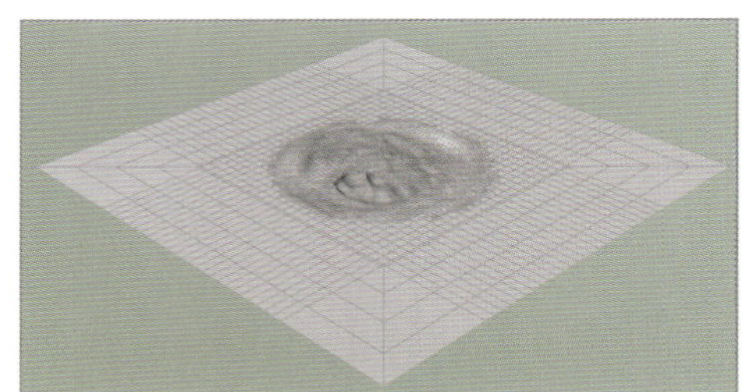

135 設定変更後、「object_merge1」に表示フラグを立てます。シーンビューには先ほどより広い領域の海が表示されます（その理由などは後述）。

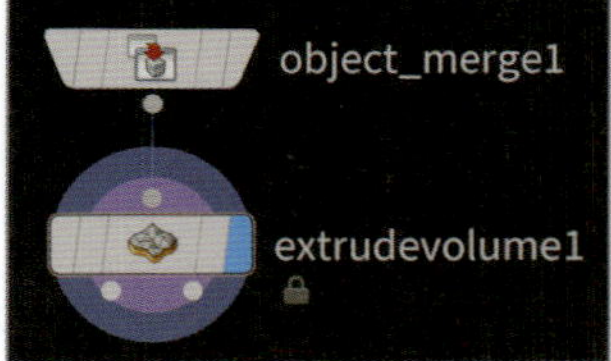

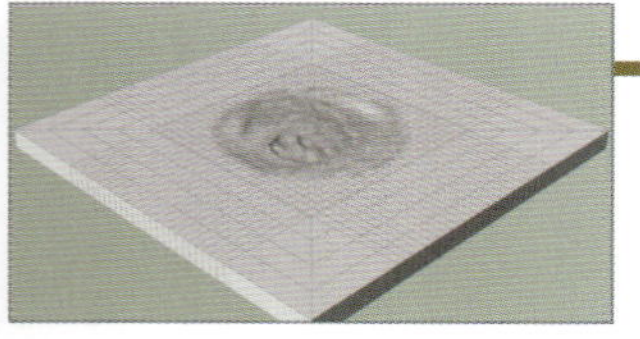

136 ここで表示されている海は平面なので、海中を表現するために厚みを持たせます。TAB Menuから「Extrude Volume (SOP)」を作成、「object_merge1」の下にコネクトします。シーンビューで確認すると厚みができており、これで海中が表現できます。

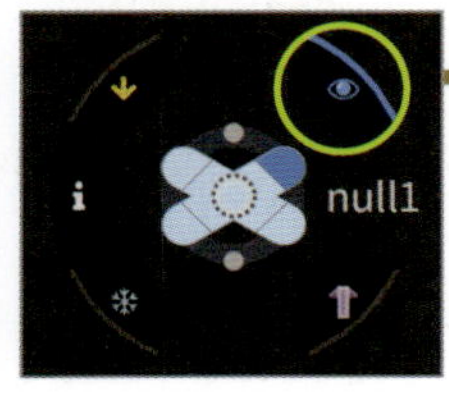

137 次に、「null1」のノードリングの表示フラグをAltキー＋クリックします。レンダーフラグはそのままで、表示フラグだけが「null1」に移動します。シーンビューには表示されませんが、レンダリングすると先ほどの海中用ジオメトリが現れます。

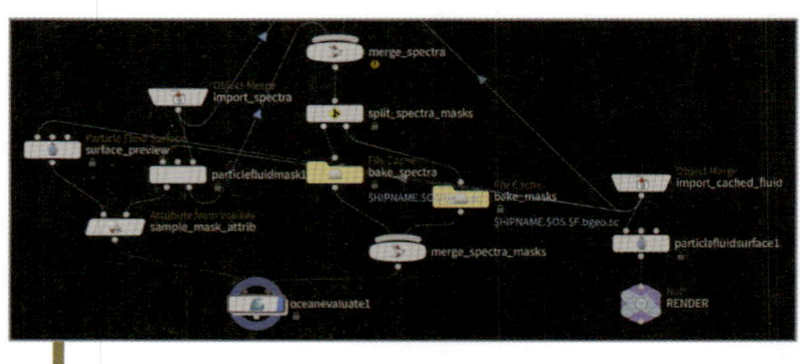

138 Uキーで「/obj」階層に移動して、「wavetank_fluid_extended」ノードの中に入ります。ネットワークが複雑に組まれています。

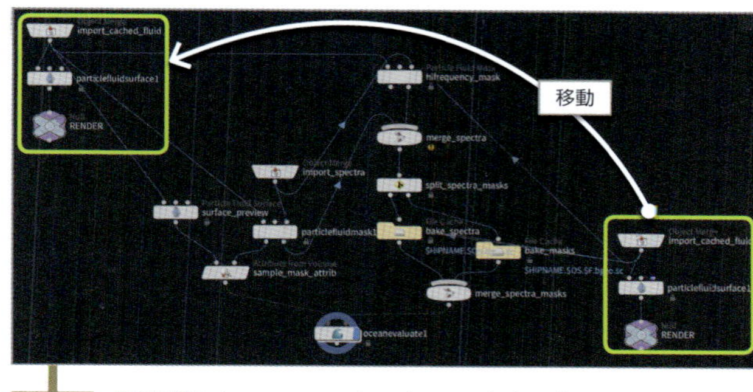

139 下準備として、このネットワークを理解しやすい形に並べ替えます。まずは右下3つのノード「import_cached_fluid」「particlefluidsurface1」「RENDER」を左上に移動します。

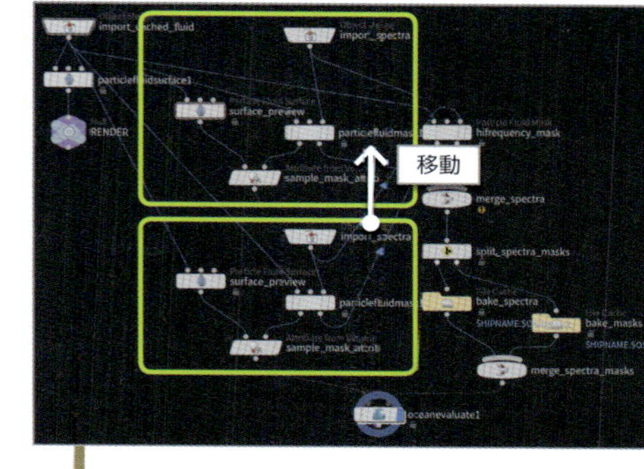

140 次に、緑枠で囲んだ4つのノード「import_spectra」「surface_preview」「particlefluidmask1」「sample_mask_attrib」を少し上に移動します。

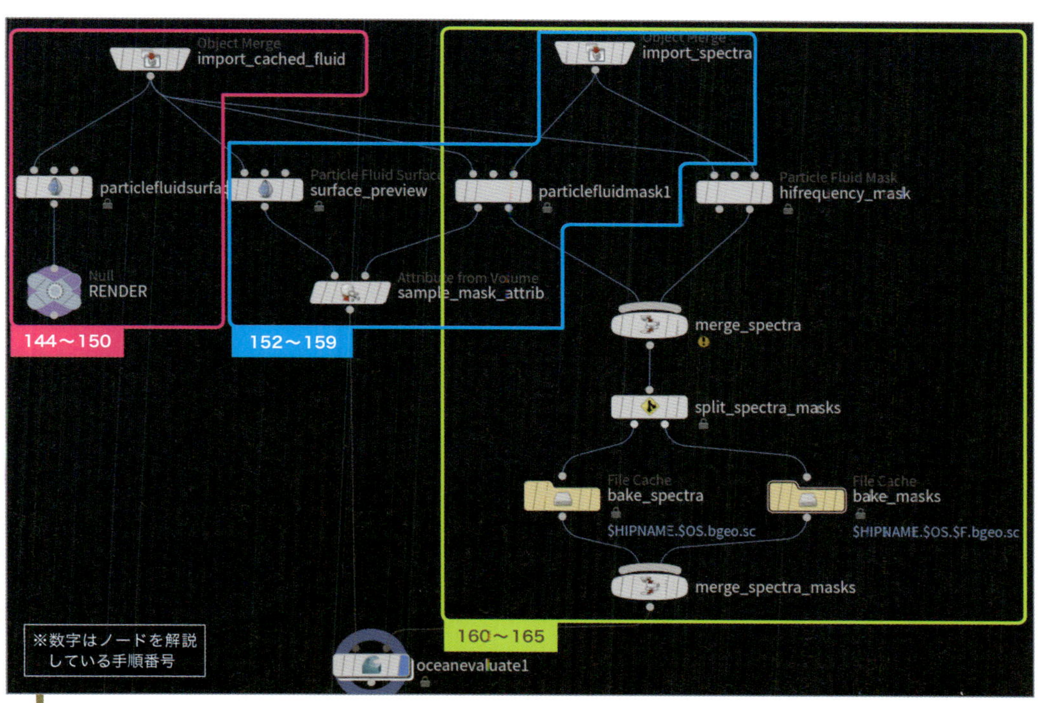

141 ノードの大まかな位置関係はそのままで、各ノードの位置を少しずつずらし、図のように整理します。

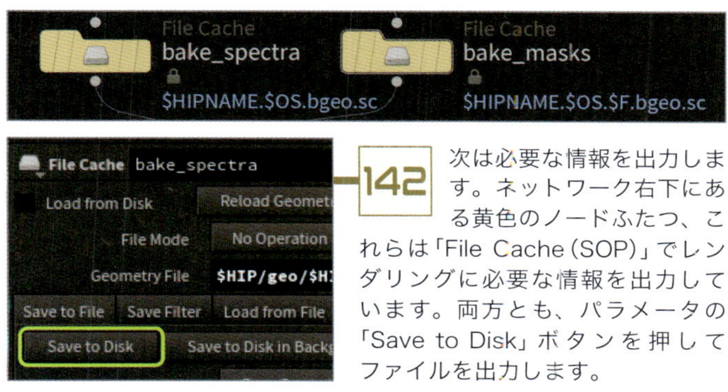

142 次は必要な情報を出力します。ネットワーク右下にある黄色のノードふたつ、これらは「File Cache (SOP)」でレンダリングに必要な情報を出力しています。両方とも、パラメータの「Save to Disk」ボタンを押してファイルを出力します。

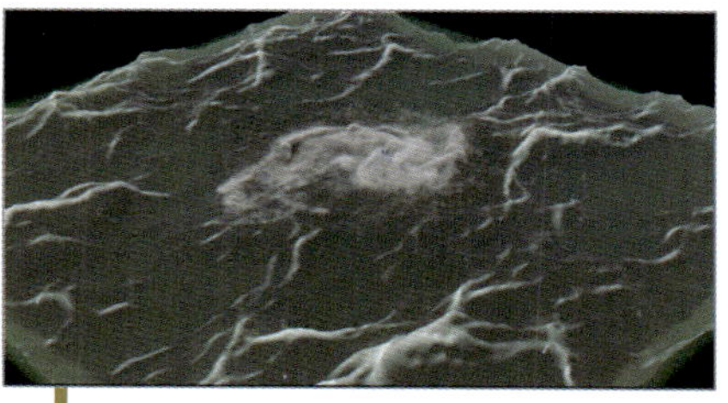

143 これで準備が整ったので、「Render View」に切り替えて（ここでは120フレーム目を）レンダリング。これまでに作成したシミュレーションの海の外側に、ディスプレイスメントマップでつくられた海がつなぎ目なく広がっています。

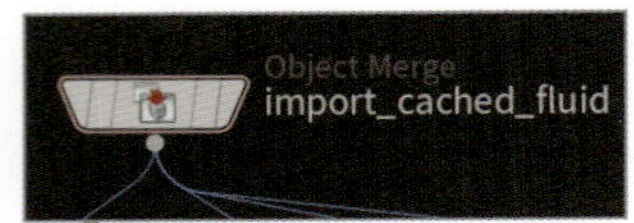

144 では実際、どのような処理をして海の拡張を行っているのかを確認します。139で左上に移動した3つのノード、ここが実際にレンダリングされるメッシュを作成しているネットワークです。まずは一番上の「import_cached_fluid」、これは「Object Merge(SOP)」で、海のシミュレーションのキャッシュファイルを読み込んでいます。パラメータを見ると、メッシュ化を行っている「wavetank_fluid」内にある、「compressed_cache」ノードを参照していることが確認できます。

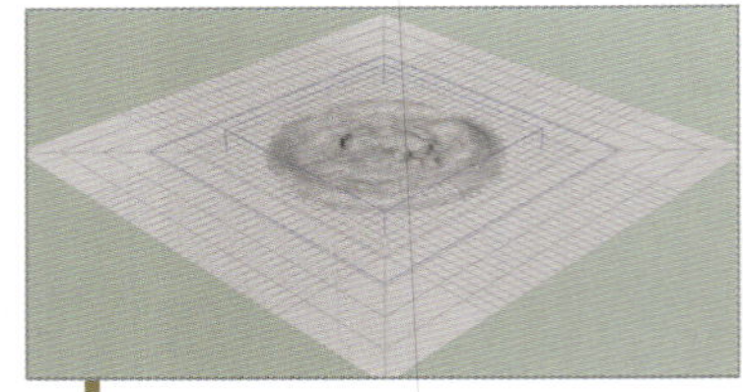

145 その下の「particlefluidsurface1」は「Particle Fluid Surface(SOP)」で、シミュレーション結果をメッシュ化しているノードです。ですが、これまで登場した同タイプのノードでつくられるメッシュとは少し設定が違います。ノードに表示フラグを立ててシーンビューを見ると、シミュレーション領域の外に広がるように、平面が延びています。

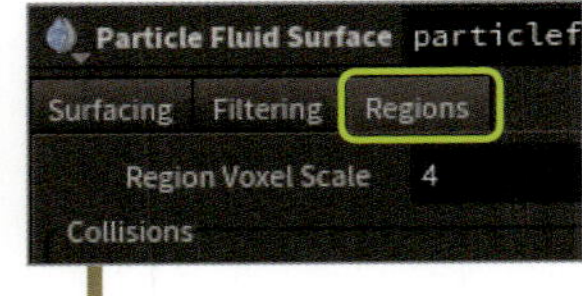

146 どのような設定になっているか確認します。「particlefluidsurface1」を選択、パラメータ上部のタブを「Regions」に切り替えます。ここには、サーフェス化の領域を制限したり拡張したりするパラメータがまとまっています。

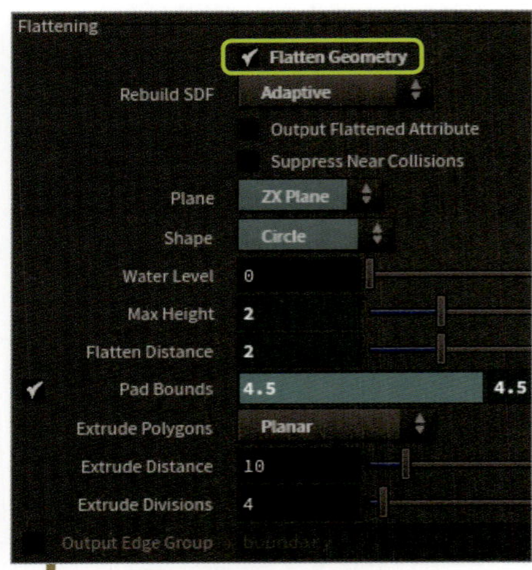

147 パラメータの中ほど、「Flattening」カテゴリの中、「Flatten Geometry」がオンの場合、メッシュの端を平坦にしてくれます。その下には平坦化に関する詳細なパラメータがあります。その多くは、他のノードのパラメータを参照しています。

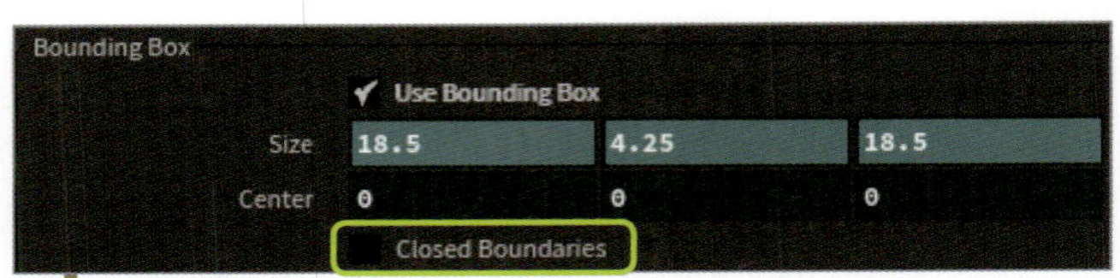

148 「Flattening」の上にある「Bounding Box」カテゴリの中、「Closed Boundaries」がオフであることを確認します。そもそもこの項目内のパラメータは、作成したメッシュを指定したBounding Box(四角い領域)でクリッピングするためのものです。「Closed Boundaries」がオンの場合、Bounding Boxの境界面でメッシュを閉じ、オフならクリッピングしたままです。この海面が厚みのない開いた形状なのはこの設定によります。

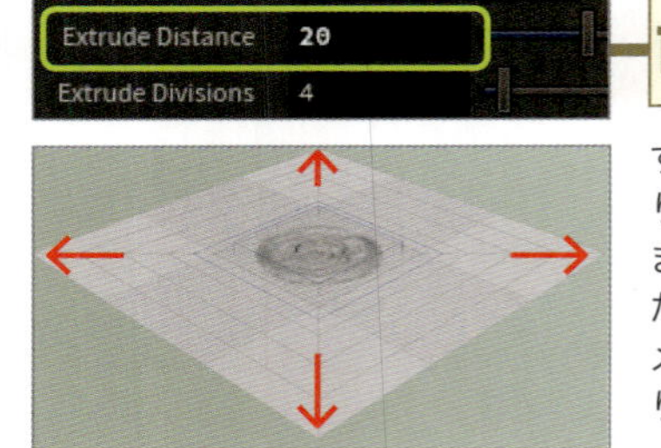

149 次に、下の方にある「Extrude Distance」です。この値を変更すると、拡張する範囲が変わります。ここでは値を20にしました。主に、この拡張された部分に海のディスプレイスメントが適用されることになります。

150 その下にある「RENDER」ノードは、他のノードからの参照用です。134で参照したのがこのノードです。表示フラグは「oceanevaluate1」ノードに戻しておきます。

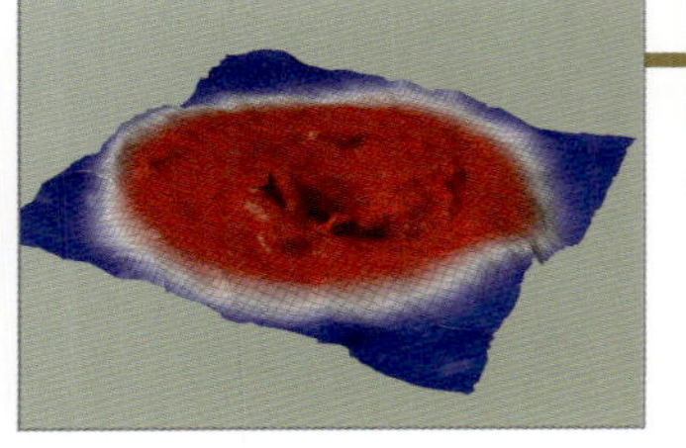

151 続いて、141の青と緑で囲った部分の解説です。緑の部分はディスプレイスメントマップに必要な情報の作成および出力、青はそのプレビューを作成します。
各ノードの解説に入る前に、ネットワークの概要を押さえます。シミュレーション領域の外側に広げたメッシュは、そのままではただの平面なので、海のディスプレイスメントマップを適用する必要があります。しかし、せっかくのシミュレーション部分をあまり歪ませたくないため、ディスプレイスメントの適用の有無をコントロールするマスク情報(図の赤～白～青)を作成します。このような情報を作成しているのが、これから解説するネットワークです。

152 141の青色で囲んだ部分のノードを解説します。まず、一番上の「import_spectra」ノードは、波の周波数を読み込んでいます。海の初期状態をつくっているノードの中にある「Ocean Spectrum (SOP)」が参照されています。

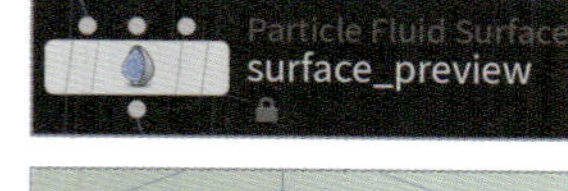

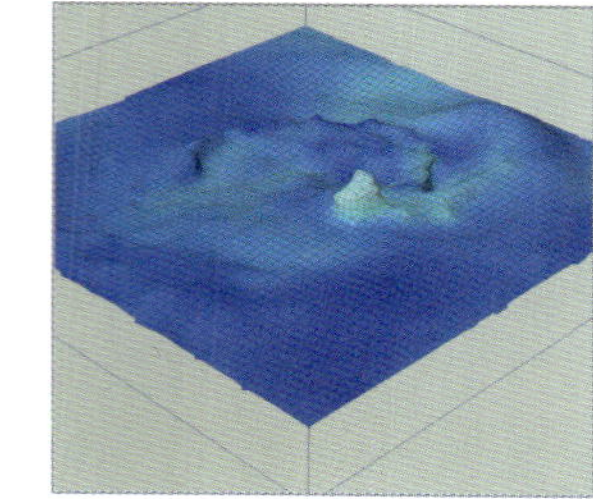

153 「import_spectra」から下にコネクトされている「particlefluidmask1」を含め、「surface_preview」と「sample_mask_attrib」、この3ノードがシーンビューのプレビュー用メッシュの大部分を作成しています。「surface_preview」ノードは、今まで何度も登場した「Particle Fluid Surface (SOP)」で、シミュレーション結果からメッシュを作成します。ここでつくられたメッシュが最後までプレビュー用メッシュとして加工されていきます。図はノードに表示フラグを立てた状態です。

154 次に右の「particlefluidmask1」。これは「Particle Fluid Mask (SOP)」というタイプのノードで、FLIPのシミュレーション結果からマスク情報を作成します。このノードには入力が3つあります。左にはFLIPシミュレーションの結果、中央には衝突オブジェクトの情報、右には「Ocean Spectrum (SOP)」で作られた周波情報をそれぞれコネクトします。ここでは、左と右にノードがコネクトされています。
ノードの出力はふたつ。左はマスク情報、右はOcean Spectrumの情報にマスクを適用したものです。

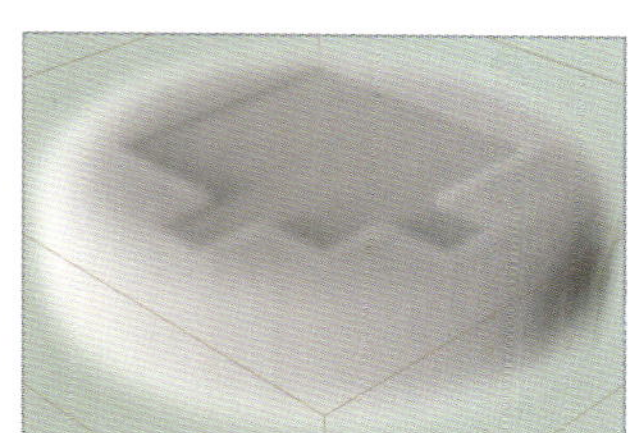

155 「particlefluidmask1」に表示フラグを立ててシーンビューを見ると、マスクのボリュームが確認できます。円柱状のマスクボリュームです。

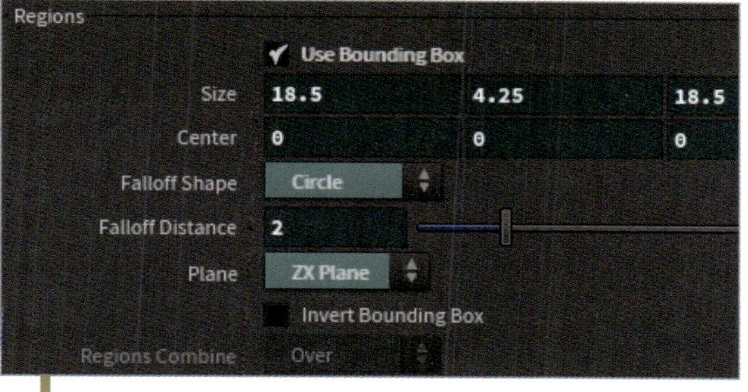

156 「particlefluidmask1」のパラメータ、中ほどの「Regions」カテゴリでは、マスクの領域を定義します。ここの設定で155の円柱状のボリュームの形が定義されています。ちなみにここのパラメータが参照しているのは、プレビュー用メッシュを作成している153の「surface_preview」のパラメータです。

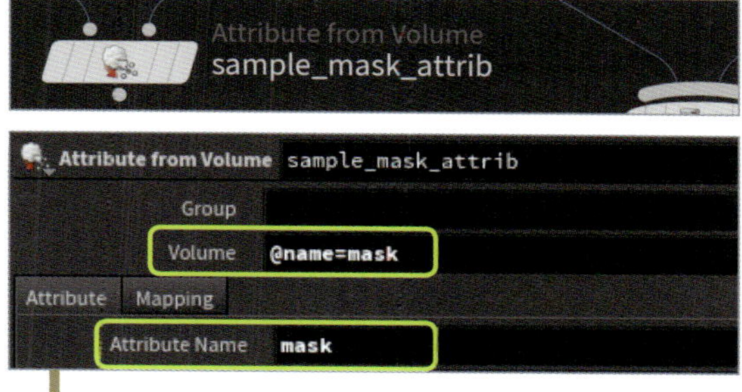

157 次に、その下の「sample_mask_attrib」ノードです。これは「Attribute from Volume (SOP)」というタイプのノードで、ボリュームの持つアトリビュートをポリゴンなどのジオメトリに転送する際に用います。パラメータを見ると、「mask」アトリビュートを転送しているのがわかります。

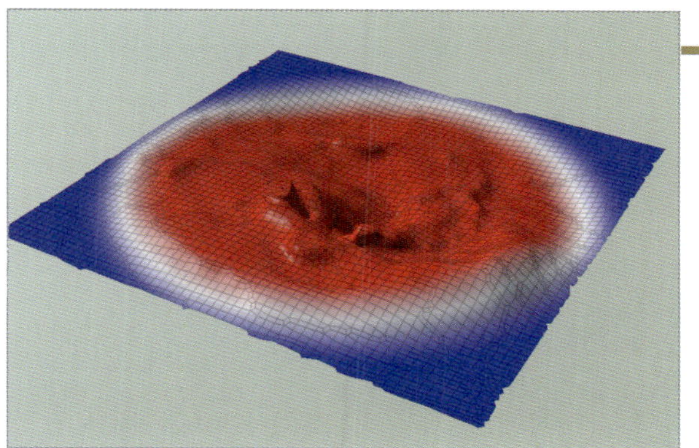

158 「sample_mask_attrib」に表示フラグを立ててシーンビューを見ると、先ほど確認したマスクの形状でメッシュが色分けされています。この赤の部分がディスプレイスメントマップを適用しない部分です。
ここでひとつ不思議な点があります。この色分けはいったいどのノードの機能によるものでしょうか？「sample_mask_attrib」はアトリビュートを転送する機能のみで色付けはできません。上流のノードにも「mask」アトリビュートに応じて色付けする機能を持ったものはありません。また、下流のノードはそもそも結果に影響していません。

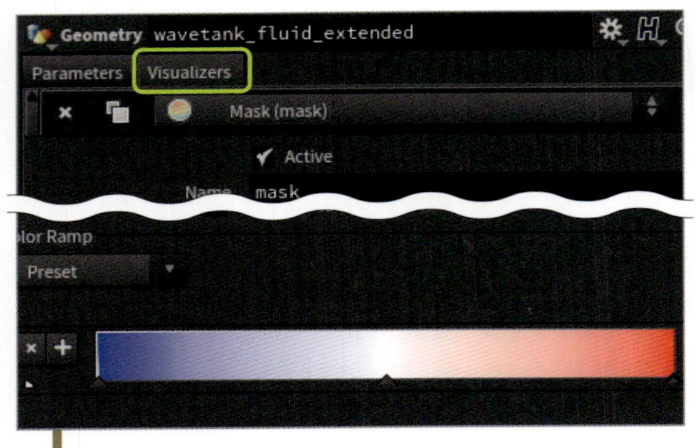

159 色付けの秘密は、このネットワークを格納している「wavetank_fluid_extended」ノードにあります。Uキーで上の「/obj」階層に移動し、「wavetank_fluid_extended」のパラメータを見てみます。一番上にある「Visualizers」タブを選ぶと、「mask」アトリビュートを赤から青のグラデーションで色付けする設定になっているのが確認できます。このタブ内ではアトリビュートの可視化に関する設定が行えます。

Point 通常「Visualizer」は手動で追加

「Geometry (OBJ)」ノードは通常、この「Visualizer」の項目を持ちません。パラメータエディタの、ギアアイコンから「Add Visualizer」で追加する必要があります。今回はシェルフで海を作成したため、これが自動で追加されています。

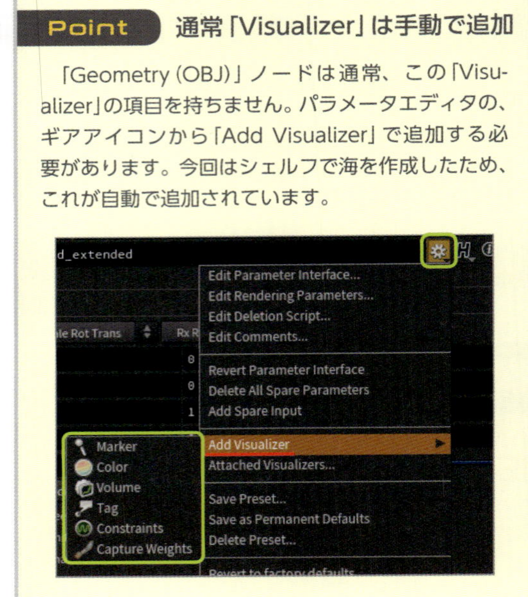

160 再度「wavetank_fluid_extended」ノードの中に入ります。次は141の緑で囲んだ部分です。「hifrequency_mask」は、これもマスクを作成しているノードで「Particle Fluid Mask (SOP)」です。このノードの目的は、海のシミュレーションしている部分にも少しはディスプレイスメントマップを適用することです。

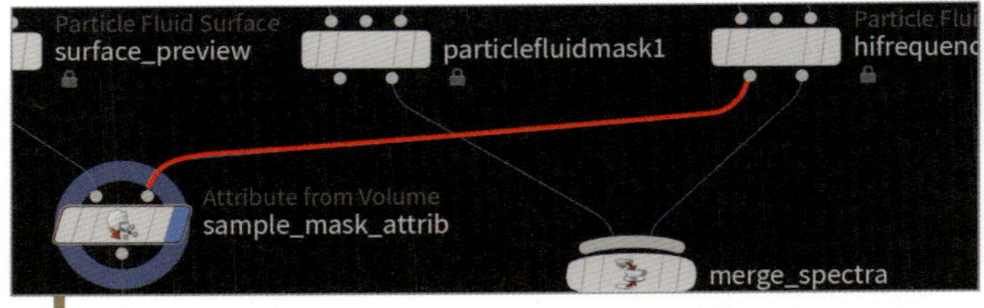

161 どのようなマスクかを確認するために、「sample_mask_attrib」の右の入力、現在「particlefluidmask1」がコネクトされているところを、「hifrequency_mask」につなぎ変えます。

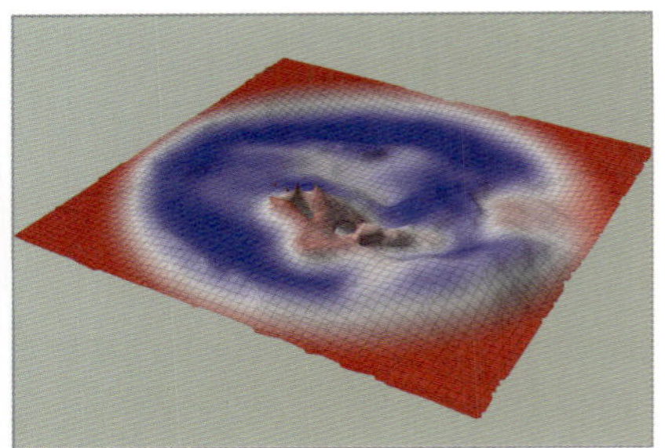

162 「sample_mask_attrib」に表示フラグを立ててシーンビューを見てみます。青い部分にディスプレイスメントマップが適用されます。部分的に、あまり波風が立っていない、比較的平坦なところが存在しますが、そういう場所にもディスプレイスメントマップを適用するために、このマスクが用いられます。確認後はつなぎ変えたコネクトを元に戻しておきます。

163 次に「merge_spectra」ノードですが、これは普通の「Merge (SOP)」です。マスクが適用された波の周波数などの情報である「particlefluidmask1」と「hifrequency_mask」をマージして、ひとつの波の情報にしています。**Chapter 7-1**で解説した「Ocean Spectrum (SOP)」を使った複数の波情報の合成と同じです。

164 その下の「split_spectra_masks」は「Split (SOP)」というタイプのノードです。このノードに入力された情報を、条件やグループによってふたつの出力に分けられます。パラメータに「Group : spectra」とあるように、波の周波数などの情報とそれ以外の情報を別々に出力できます。

165 その下にふたつあるノード「bake_spectra」「bake_masks」。これは「File Cache（SOP）」で、「波の情報」と「マスク情報」を出力するためのものです。ここで出力した情報は、マテリアルで読み込まれ、ディスプレイスメントマップに使われます。パラメータを見るとわかりますが、「bake_spectra」は波の情報なので1ファイルを、「bake_masks」のマスク情報はフレームごとに変化するので尺分出力しています。

166 ネットワーク最下部にある「ocean-evaluate1」は「Ocean Evaluate（SOP）」で、プレビュー用メッシュに対して、先ほどの波の情報とマスク情報を使った変形が行われます。これにより、シミュレーション結果と、波情報による変形とのブレンド具合を確認できます。表示フラグだけ立てておきましょう。これで、このネットワークのノードは一通り解説しました。

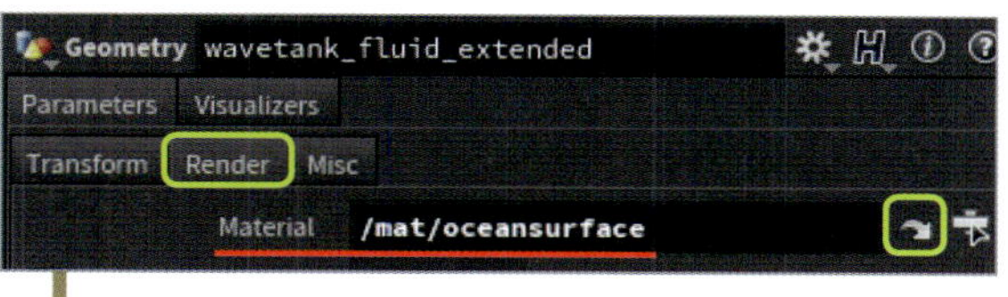

167 次にマテリアルを確認します。Uキーで「/obj」階層に移動、「wavetank_fluid_extended」ノードを選択します。パラメータの「Render」タブ→「Material」の右端にある矢印アイコンをクリックして、マテリアルのある階層（「/mat」）に移動します。

168 「/mat」階層に移動後は、「oceansurface」ノードを選択している状態になります。このノードが、割り当てられているマテリアルです。これは**Chapter 7-1**のマテリアルと同じものです。

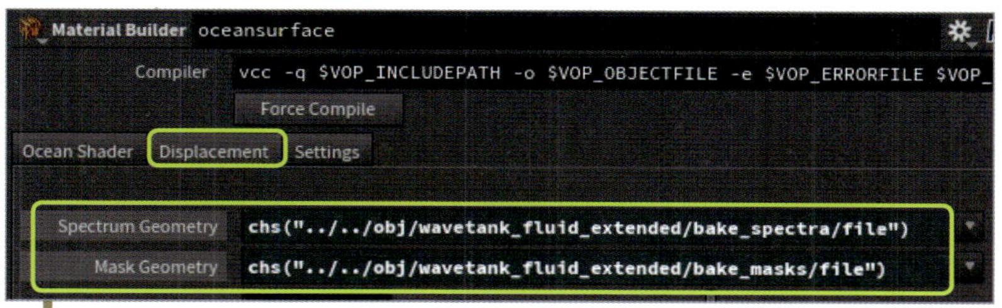

169 パラメータで「Displacement」タブに切り替えてください。そこにある「Spectrum Geometry」と「Mask Geometry」パラメータを確認します。これらにはエクスプレッションが設定されており、先ほど出力した波の情報とマスク情報が読み込まれるようになっています。この設定によりディスプレイスメントマップが適用されます。

海中の質感を調整する

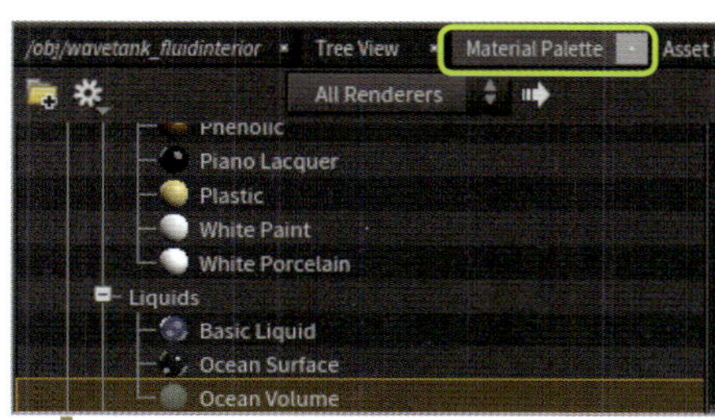

170 次に海中の質感を調整します。ネットワークエディタを「Material Palette」に切り替えてください。

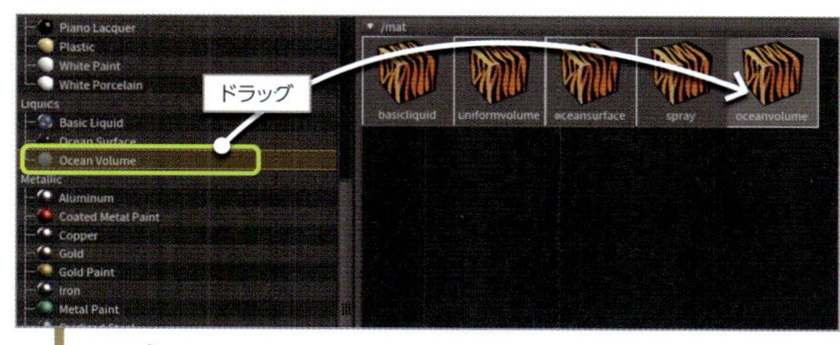

171 「Material Palette」左側のプリセットから「Ocean Volume」を選択、右領域にドラッグして作成します。続いてマテリアル「oceanvolume」をダブルクリックして、「/mat」階層へ移動します。

172 「/mat」階層に、先ほど167で確認した「oceansurface」マテリアルがあるので、選択します。

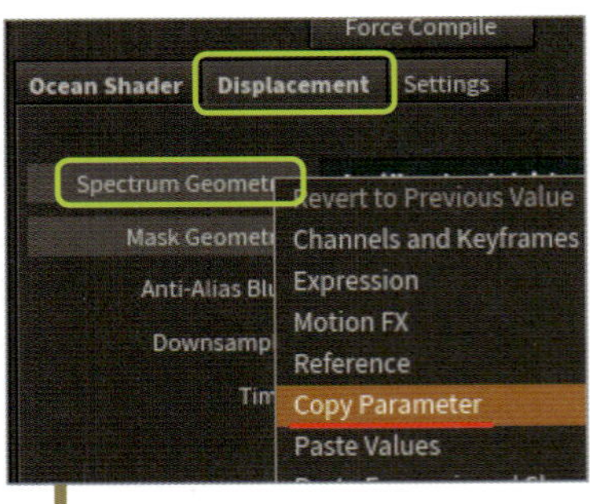

173 パラメータの「Displacement」タブ→「Spectrum Geometry」を右クリック、メニューから「Copy Parameter」でコピーします。

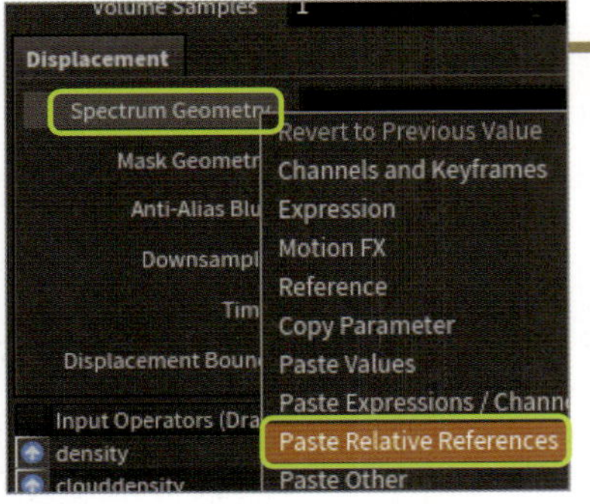

174 次に、先ほど「Material Palette」で作成したマテリアル「oceanvolume」を選択します。パラメータを見ると、こちらにも「Spectrum Geometry」というパラメータがあるので、右クリックしてメニューから「Paste Relative References」を選び、貼り付けます。

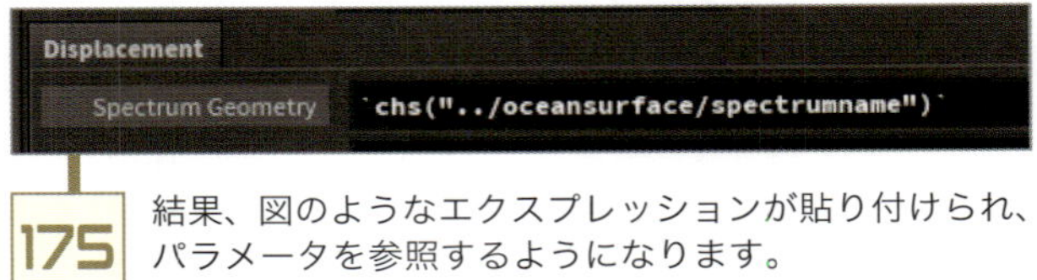

175 結果、図のようなエクスプレッションが貼り付けられ、パラメータを参照するようになります。

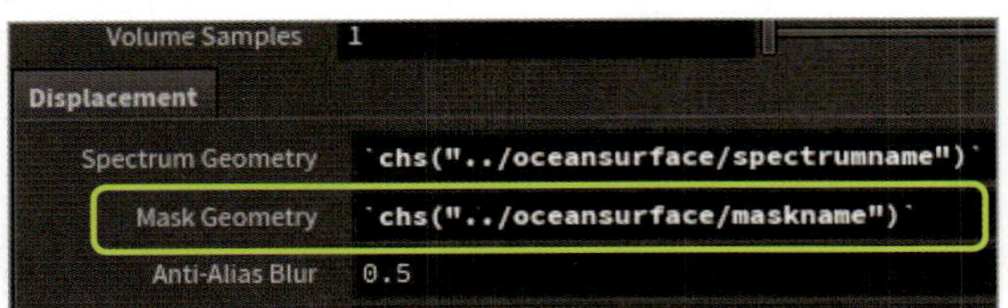

176 同様にして、マテリアル「oceansurface」のパラメータ「Mask Geometry」をコピーして、マテリアル「oceanvolume」のパラメータ「Mask Geometry」に貼り付けます。

177 「/obj」階層に移動して、「wavetank_fluidinterior」ノードのパラメータ、「Render」タブ→「Material」にマテリアル「oceanvolume」を適用します。これで、レンダリング時に海中のボリュームにもディスプレイスメントの効果が適用されます。

178 レンダリングすると、拡張した海が確認できます。

179 このままでもよいですが、拡張した部分の波をもう少しきれいにすることもできます。「/obj/wavetank_initial」階層にある「oceanspectrum1」ノードのパラメータ「Resolution Exponent」を「9」に上げ、142のキャッシュ作成を再度行えば、よりきれいな波になります。

以上で、海のシミュレーションについての解説は終わりです。

Chapter 8

この章では、砂のシミュレーション方法を取り上げます。Houdiniには「Grain」という機能があり、それを用いることで普通のパーティクルに砂のような特性を追加することができます。章の前半では、実際に砂のシミュレーションを作成しながらGrainについて学習します。後半はその応用例として、雪のシミュレーションを作成してみます。

8-1 砂

難易度 ★

HoudiniにはGrainという砂のような小さな粒をシミュレーションする機能があります。ここではシェルフを用いて実際に砂の塊を作成し、それに衝突オブジェクトなどを追加して、挙動を確認します。

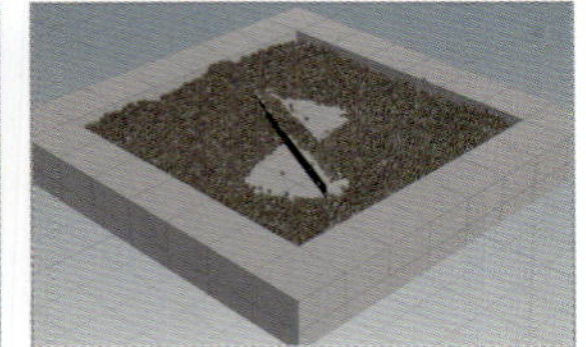

テストジオメトリをシェルフで砂にする

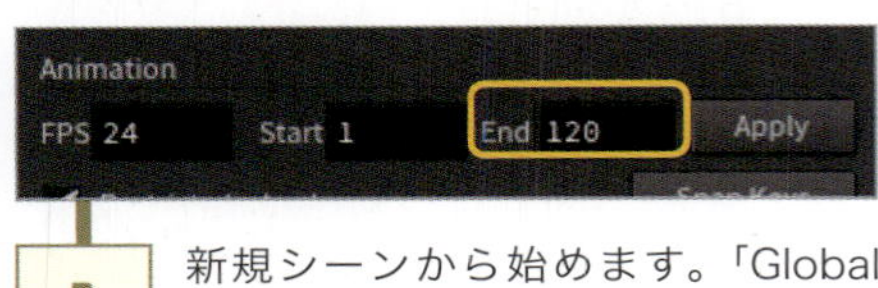

1 新規シーンから始めます。「Global Animation Options」でシーン尺の「End」を「120」に設定します。

2 「/obj」階層でTAB Memuから「Geometry (OBJ)」を作成、ノード名を「Sand_Source」とします。

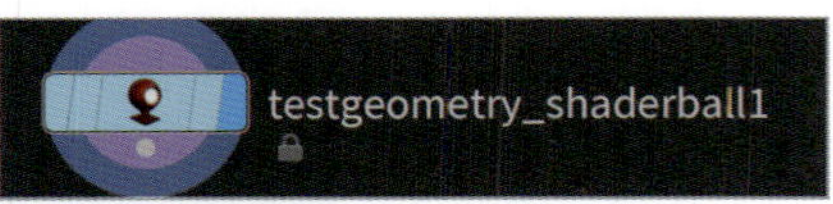

3 「Sand_Source」の中に入り、既存のノード「file1」を削除。TAB Menuから「Test Geometry: Shader Ball」を作成します。

4 このテストジオメトリを、シェルフを使って砂に変えます。ウィンドウ右上のシェルフからから「Grains」タブ→「Dry Sand」を実行します。これは乾いた砂をつくるシェルフです。

Select objects for Dry Sand. Press Enter to accept selection.

5 すると、シーンビューの下側に「乾いた砂にするオブジェクトを選択し、選択を完了するためにEnterキーを押してください」という意味のメッセージが表示されます。

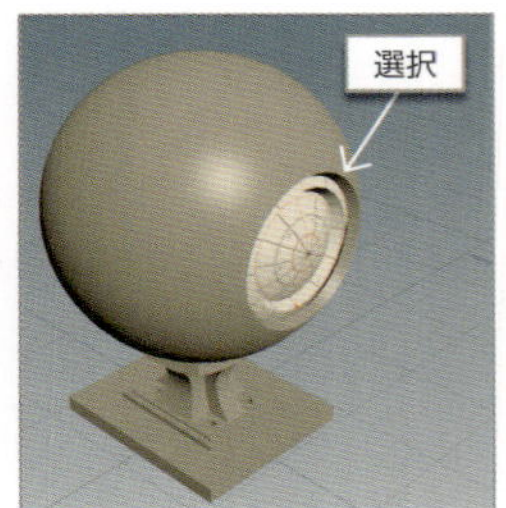

6 メッセージに従いシーンビューでテストジオメトリを選択し、Enterキーを押します。

7 自動でいくつかのノードがつくられ、シーンビューでは先ほどのテストジオメトリの形状を埋め尽くすように多数の粒が表示されます。ネットワーク階層も自動で移動します。

8 現状、再生してもただ下に落ちるだけです。砂の挙動を確認しやすいように、箱型の衝突用オブジェクトを作成します。Uキーで「/obj」階層に戻り、TAB Menuから「Box」を作成、ノード名を「box_ground」とします。これは「Box (SOP)」を内包した「Geometry (OBJ)」です。

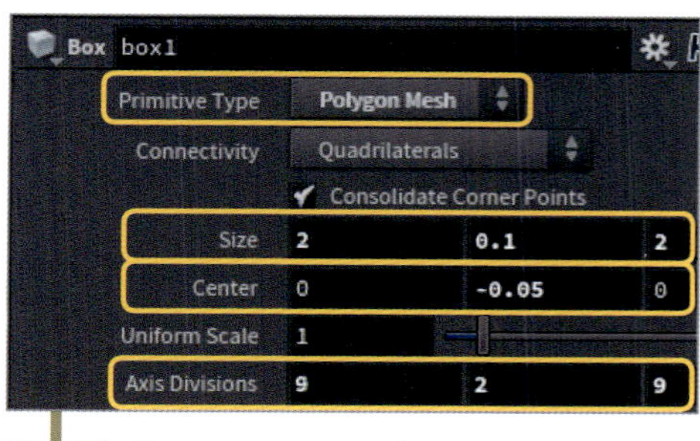

9 「box_ground」の中に入り、そこにある「box1」ノードのパラメータを変更します。「Primirive Type：Polygon Mesh」「Size：2　0.1　2」「Center：0　－0.05　0」「Axis Divisions：9　2　9」にします。

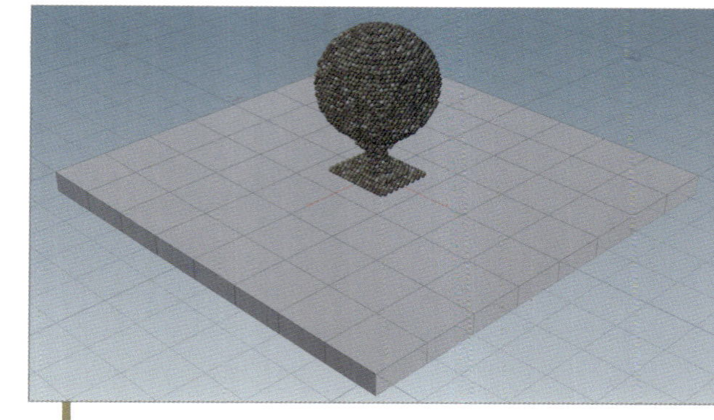

10 シーンビューを見ると、先ほどの砂の集合オブジェクトの下にボックスができています。

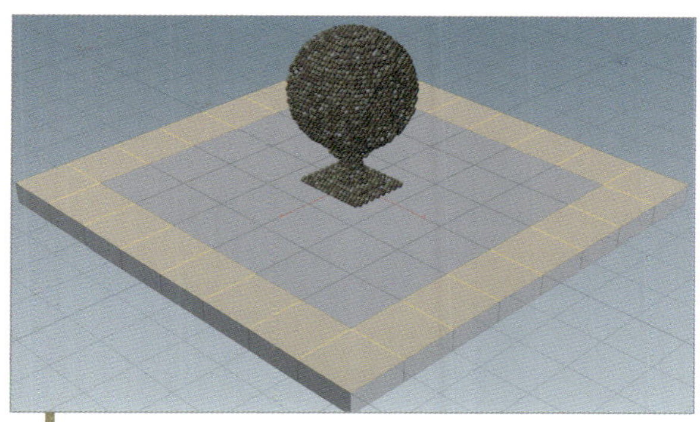

11 シーンビュー上で4キーを押して、Primitive選択モードにします。この状態で今作成したボックス上面の外側のポリゴンを図のようにすべて選択します（Shiftキーを押しながら選択で追加選択可能）。

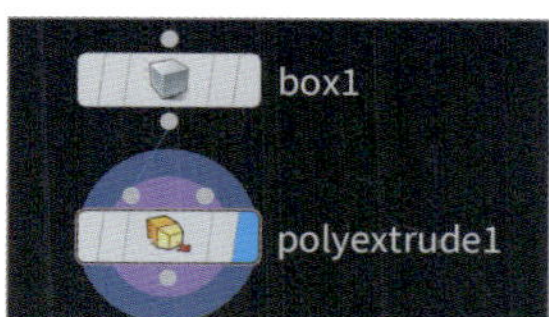

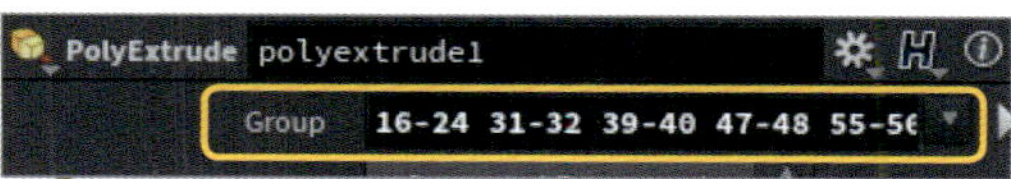

12 選択面を押し出して枠をつくります。ノードの作成はネットワークエディタだけでなくシーンビュー上でも行えます。シーンビューでTAB Menuから「Poly Extrude（SOP）」を作成。すると、パラメータ「Group」に先ほど選択したポリゴンが指定された状態で「polyextrude1」ノードができます。

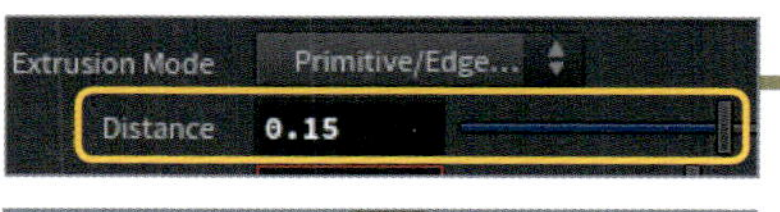

13 「polyextrude1」のパラメータ「Distance」を「0.15」にします。先ほど選択した部分が図のように押し出されます。これで地面となる枠は完成です。

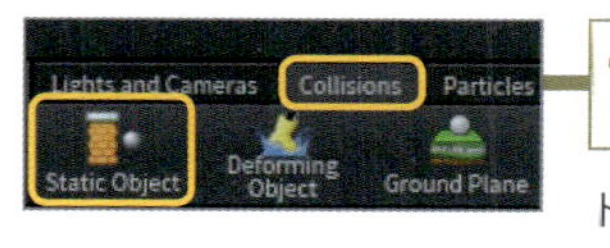

14 この枠を衝突オブジェクトとして、シミュレーションに追加します。これもシェルフから行います。ウィンドウ右上のシェルフから「Collisions」タブ→「Static Object」を実行します。

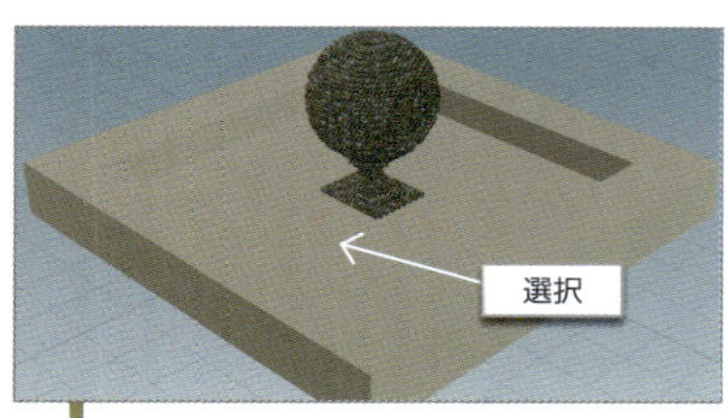

15 「/obj」階層に移動し、オブジェクト選択モードになるので、シーンビュー上で地面の枠オブジェクトを選択してEnterキーを押します。

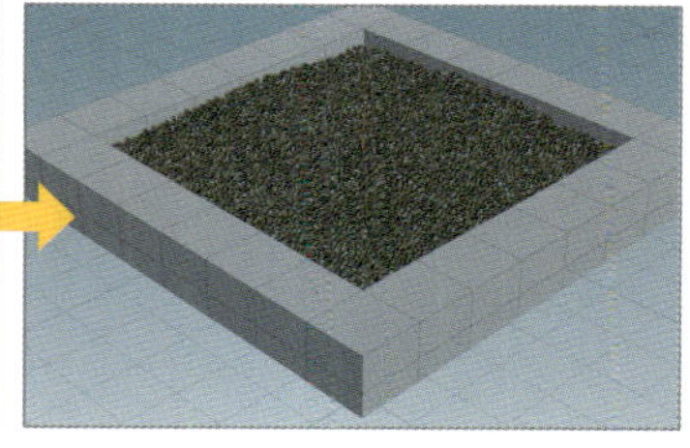

16 再生して結果を確認すると、砂が崩れて、枠いっぱいに広がります。

17 これでも十分砂の様子は確認できますが、もっと挙動を確認できるように、棒でかき混ぜてみます。「/obj」階層でTAB Menuから「Box」を作成、ノード名を「box_rotate」とします。

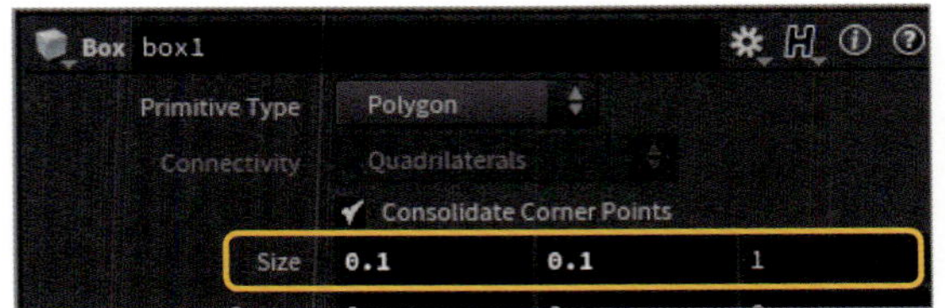

18 「box_rotate」の中に入ると、中には「Box(SOP)」ノードだけがあります。パラメータ「Size」を「0.1　0.1　1」として、細長い棒状にします。設定後、Uキーで「/obj」階層に戻ります。

19 次に「box_rotate」ノードに動きを付けますが、その前にウィンドウ右下の図のアイコンをクリック、シミュレーションを一時的に無効にします。

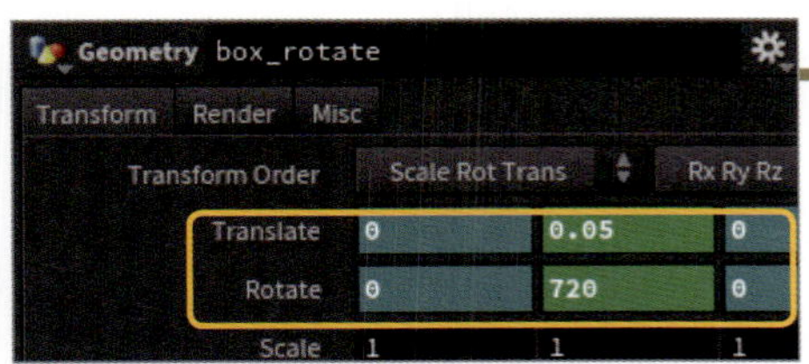

20 「box_rotate」のパラメータにキーフレームを作成します。まず0フレーム目に、「Translate：0　－0.1　0」「Rotate：0　0　0」でキーフレームを作成します。次に96フレームに移動し、「Translate：0　0.05　0」「Rotate：0　720　0」でキーフレームを作成します。再生すると、回転しながら下から上昇する動きが確認できます。

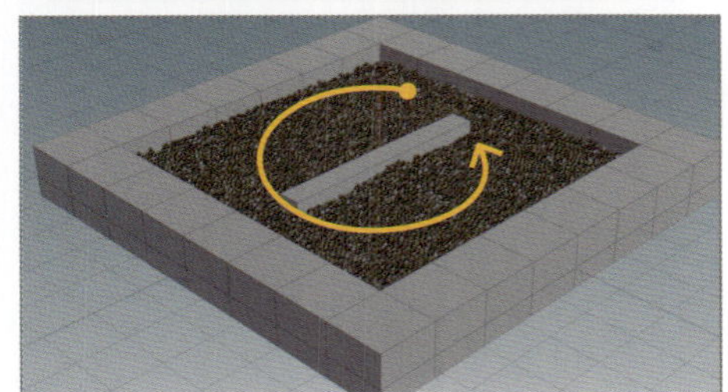

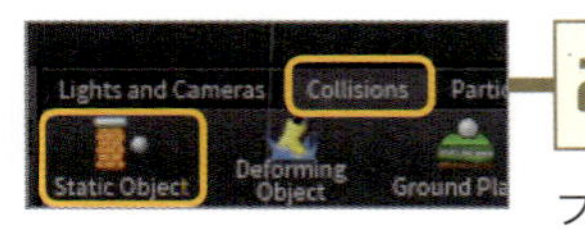

21 動きを付けた「box_roate」ノードも衝突オブジェクトにします。14と同様に、シェルフの「Static Object」を実行します。

22 19シミュレーションの無効を解除しておきます。

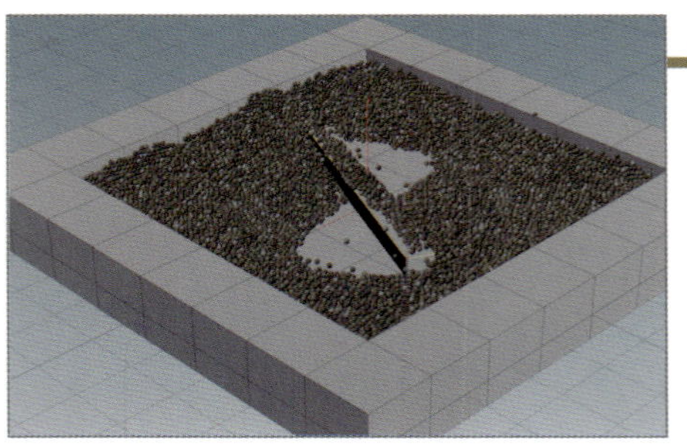

23 再生すると、落下した砂が今度は回転する棒でかき混ぜられている様子が確認できます。単純な落下よりも動きが複雑になったぶん、より砂の挙動が観察しやすくなりました。

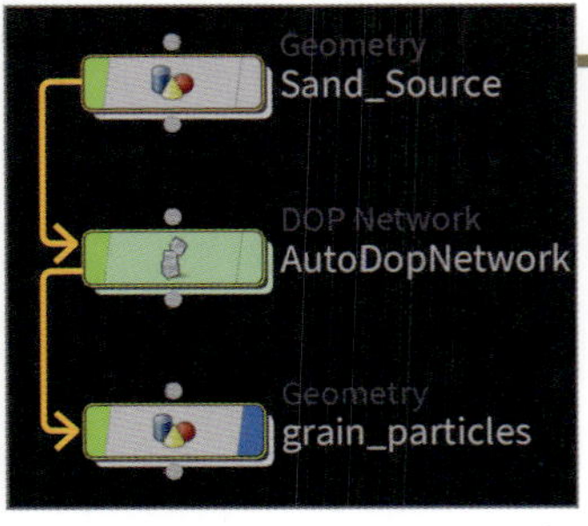

24 このような粒の挙動をシミュレートするのがGrain（砂）の機能です。では、どのようなノードとネットワークで実現されているのか確認します。まず「/obj」階層の「Sand_Source」「AutoDopNetwork」「grain_particles」です。「Sand_Source」はテストジオメトリを砂粒に変換しています。それを使って「AutoDopNetwork」でシミュレーションを行い、「grain_particles」がその結果を読み込んでいます。

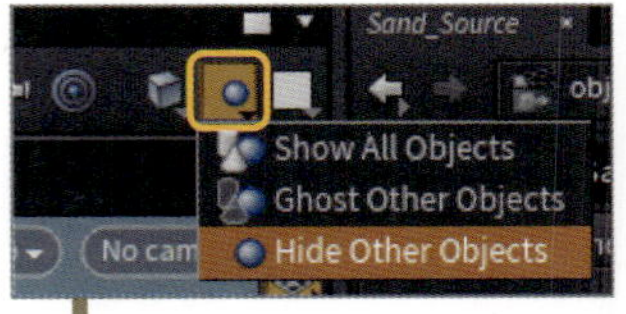

25 ノードの中身を確認する前に、シーンビューに他階層の結果が表示されないようにします。ビュー右上にある図のアイコンをクリック、リストから「Hide Other Objects」を選択します。

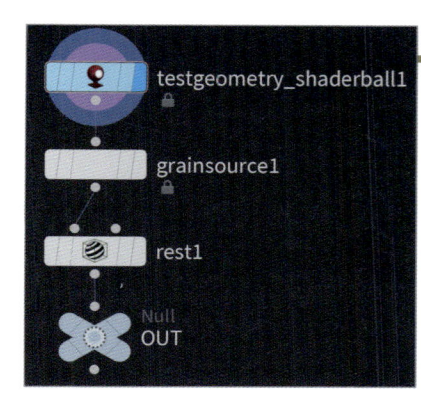

26

各ノードの中身を確認します。まずテストジオメトリを砂粒に変換している「Sand_Source」の中に入ります。まず「testgeometry_shaderball1」、これは最初につくったテストジオメトリです。

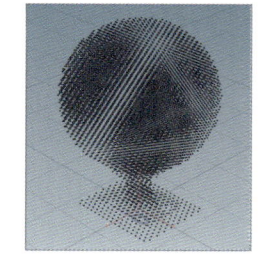

27

その下の「grainsource1」。これは「Grain Source (SOP)」というタイプのノードで、これがジオメトリをポイントに変換しています。ノードに表示フラグを立ててシーンビューを見ると、テストジオメトリの形にポイント群が表示されます。つくられているのはあくまでもポイントです。この「grainsource1」のパラメータのいくつかは、シミュレーション内のノードのパラメータを参照しており、シミュレーションの設定を変更すれば、こちらも変わります。

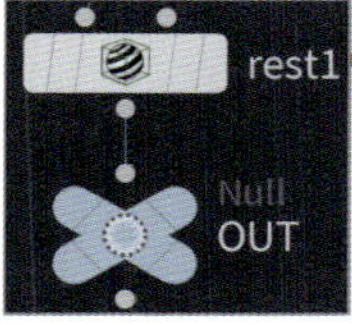

28

その下の「rest1」は「Rest Position (SOP)」というノードで、入力ジオメトリの初期位置を「rest」アトリビュートで保存します。
最後の「OUT」は「Null (SOP)」で、他のノードからの参照用です。ここまでが、テストジオメトリを砂のシミュレーション用にポイントに変換しているネットワークです。

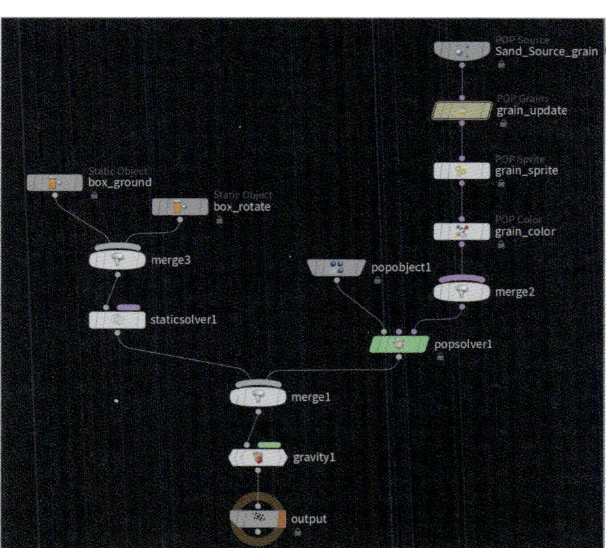

29

Uキーで「/obj」階層に移動します。次にシミュレーション用の「AutoDopNetwork」の中に入り、Lキーで整列します。左右にネットワークがつくられ、それが中央で合流する形になっています。

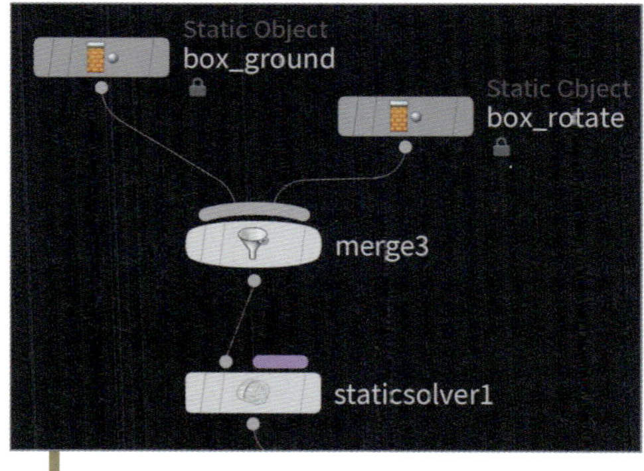

30

左側は衝突用のネットワークです。地面の枠と回転する棒を衝突用のオブジェクトに設定しています。ネットワークもノードも既出のものです。

31 次に右側。これがこの砂のシミュレーションの挙動を決めているネットワークです。よく見ると、**Chapter 3**で出てきたパーティクルのDOPネットワークに似ています。また、使われているノードも基本的に同じものです。例えば、このネットワークで基幹となる「popobject1」「popsolver1」「Sand_Source_grain」はパーティクルシミュレーションで使用しました。実はGrainのシミュレーションは、パーティクルシミュレーションの機能を拡張したものなのです。

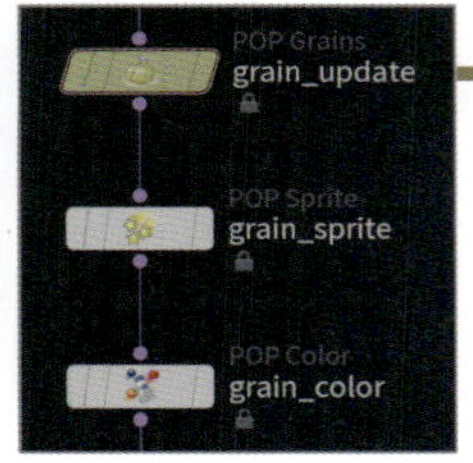

32 では、その拡張している部分のノードを確認します。ネットワーク中ほどにある「grain_update」「grain_sprite」「grain_color」。これらがただのパーティクルのシミュレーションに砂粒としての性質を付与しているノードです。個別に見ていきます。

33 まず「grain_update」は「POP Grains (DOP)」というタイプのノードで、砂のシミュレーションにおいて最も重要なものです。このノードによって、パーティクルが砂粒の挙動をとるようになります。パーティクルと砂粒の最も大きな違いは、パーティクルは容易に貫通するのに対して、砂粒は互いに干渉(および拘束)しあうという点です。

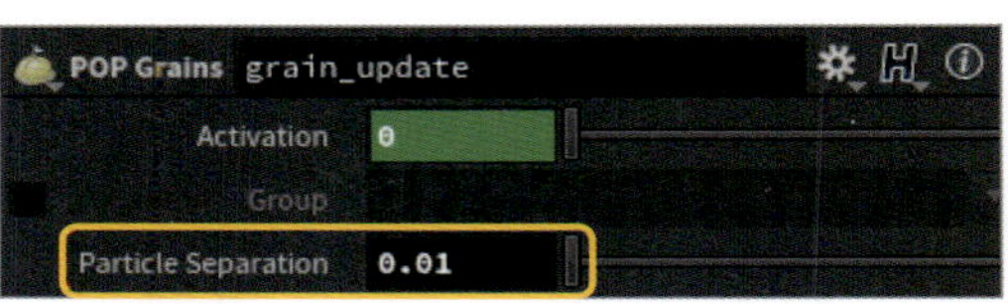

34 「grain_update」にはたくさんのパラメータがありますが、中から重要なものをいくつか解説します。上の方にある「Particle Separation」。同名のパラメータは水(FLIP)のシミュレーションでもありましたが、意味は同じです。値を下げると、パーティクルが小さくなり密度が増します。試しに値を「0.01」にすると細かい砂粒になります。より砂らしさを出すためには、ある程度粒を小さくする必要がありますが、そのぶん計算時間がかかります。

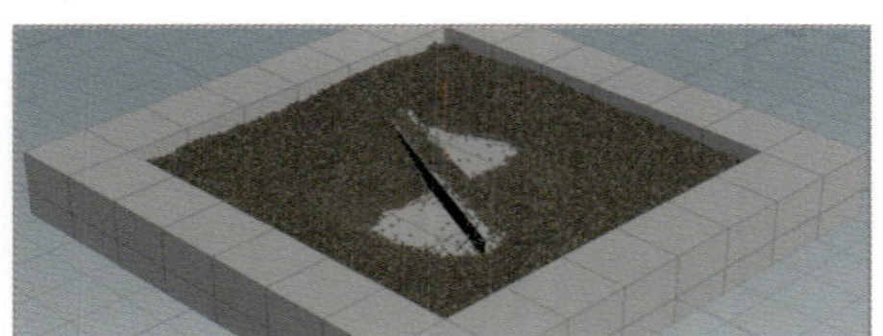

35 再生して結果を確認すると、計算時間はずいぶんと増しましたが、そのぶんこれまでよりも細かな砂の挙動が実現できています。このように「Particle Separation」はシミュレーションの精度に大きく影響を与える重要な項目です。

36 その下の「Constraint Iterations」は、計算の反復回数で砂粒同士が何度も干渉しあうような場合、値を増やす必要があります。値が少なすぎると正確なシミュレーション結果が得られません。かといって値を上げすぎると計算時間が増大します。ここではデフォルト値のまま進めます。

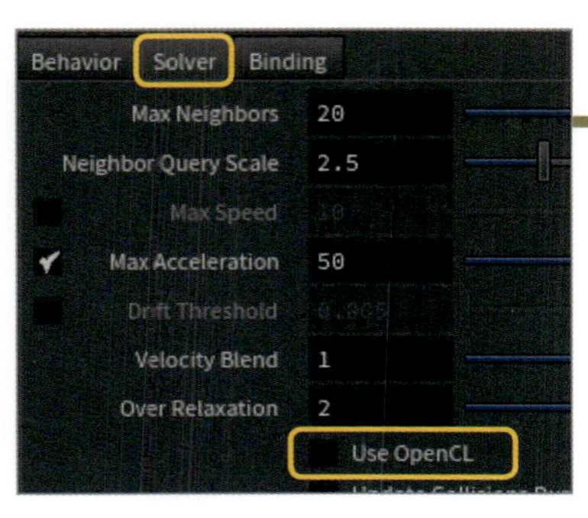

37 その下にいくつかタブがあります。「Behavior」タブには、摩擦などの砂の性質をコントロールする項目がまとめられています。その隣「Solver」タブには、砂の挙動計算に関する制限などのパラメータがまとめられています。その中に「Use OpenCL」というものがあります。標準ではオフですが、オンにするとOpenCLを用いて挙動計算が行われます。GPU性能のよいマシンであれば計算時間を短縮できます。
この「POP Grains (DOP)」ノードにはパラメータが多数あります。マニュアルを参考に値を変えて、その挙動を確認してみましょう。このノードの設定が砂の挙動のすべてと言ってもよいです。

38 2番目のノードの解説に移ります。「grain_sprite」は「POP Sprite(DOP)」というタイプのノードで、パーティクルをスプライト表示するためのものです。砂の挙動には関与していません。スプライト表示とは、ここではパーティクルの粒に絵を貼り付けることを指します。シーンビューで砂粒を見ると、陰影が付いた球が表示されているように見えますが、これは、パーティクルに貼り付けられた絵です。試しに、ノード「grain_sprite」のバイパスフラグを立てて一時的に無効にすると、その様子が確認できます。確認後はバイパスを解除します。

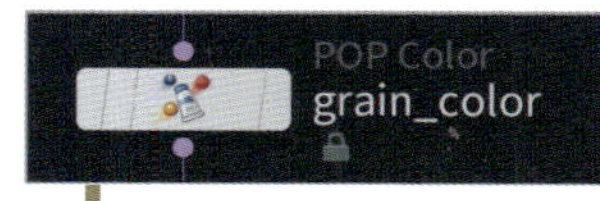

39 3番目の「grain_color」は「POP Color(DOP)」でパーティクルに色を付けるノードです(これまで何度か登場しました)。現在、シーンビュー上で砂粒についている色はこのノードによるものです。ノードのバイパスフラグをオンオフして効果を確かめてください。

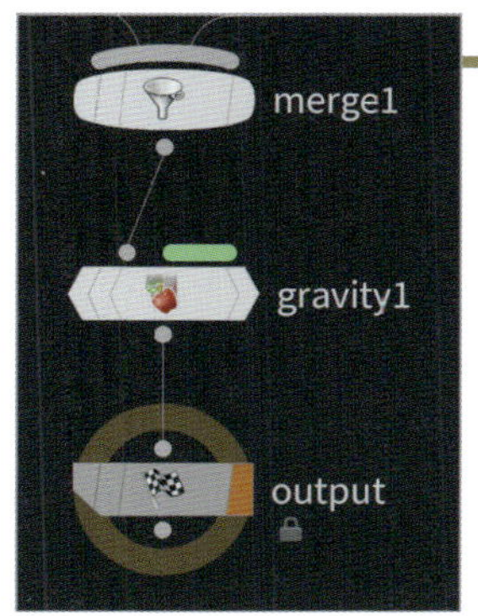

40 他のノードは既出のものばかりです。衝突用のネットワークと砂のシミュレーションを関連付けたり、重力の効果を追加したりしています。このDOPネットワークにあるノードの確認は済みました。

41 Uキーで「/obj」階層に戻り、「grain_particles」ノードを確認します。

42 ノードの中に入ると、中には「import_grain」ノードだけがあります。これも既出の「Dop I/O(SOP)」ノードで、シミュレーション結果の読み込みと、キャッシュファイルの作成・読み込みを行います。このノードだけなので、特にシミュレーション結果に対しての加工はしていないようです。
以上で、砂のシミュレーションをつくるシェルフ「Dry Sand」の解説は終わりです。同シェルフにはほかにもGrainの機能を使ったものがいくつかあるので、いろいろと試してみるといいでしょう。

8-2 作例 雪

難易度 ★★

ここではGrainの応用例として、雪を作成します。シェルフから作成した湿った砂をボリュームに変換し、質感を設定することで雪がつくれます。また、衝突オブジェクトを用意して、雪をかくように動かし、より雪らしい挙動を作成します。

STEP 制作手順

1 Grainを作成

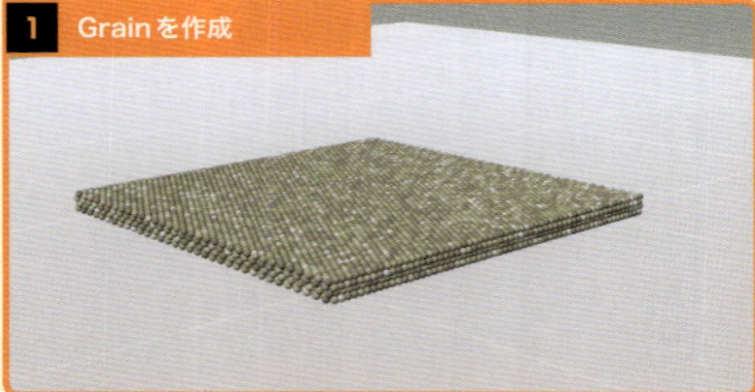

2 雪をかき分ける衝突オブジェクトの作成とシミュレーションの調整

3 シミュレーション結果をボリュームに変換

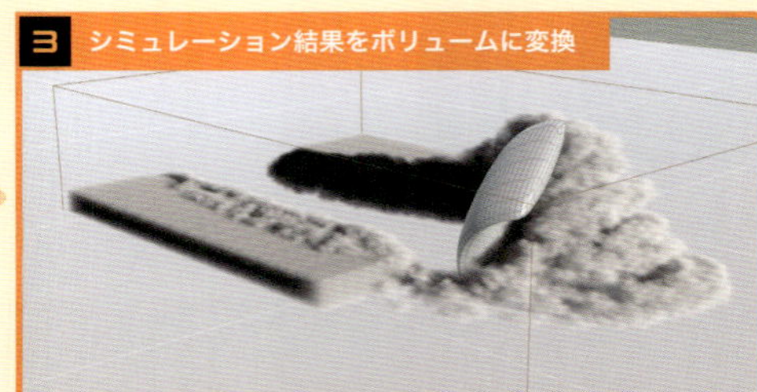

4 レンダリング

■主要ノード一覧（登場順）

POP Grains (DOP)	P458
Attribute Wrange (SOP)	P459
Tube (SOP)	P460
Delete (SOP)	P460
Poly Extrude (SOP)	P461

Subdivide (SOP)	P461
POP Awaken (DOP)	P463
POP Solver (DOP)	P463
Volume Rasterize Particles (SOP)	P464
VDB (SOP)	P464

NETWORK 完成したネットワークの全体図

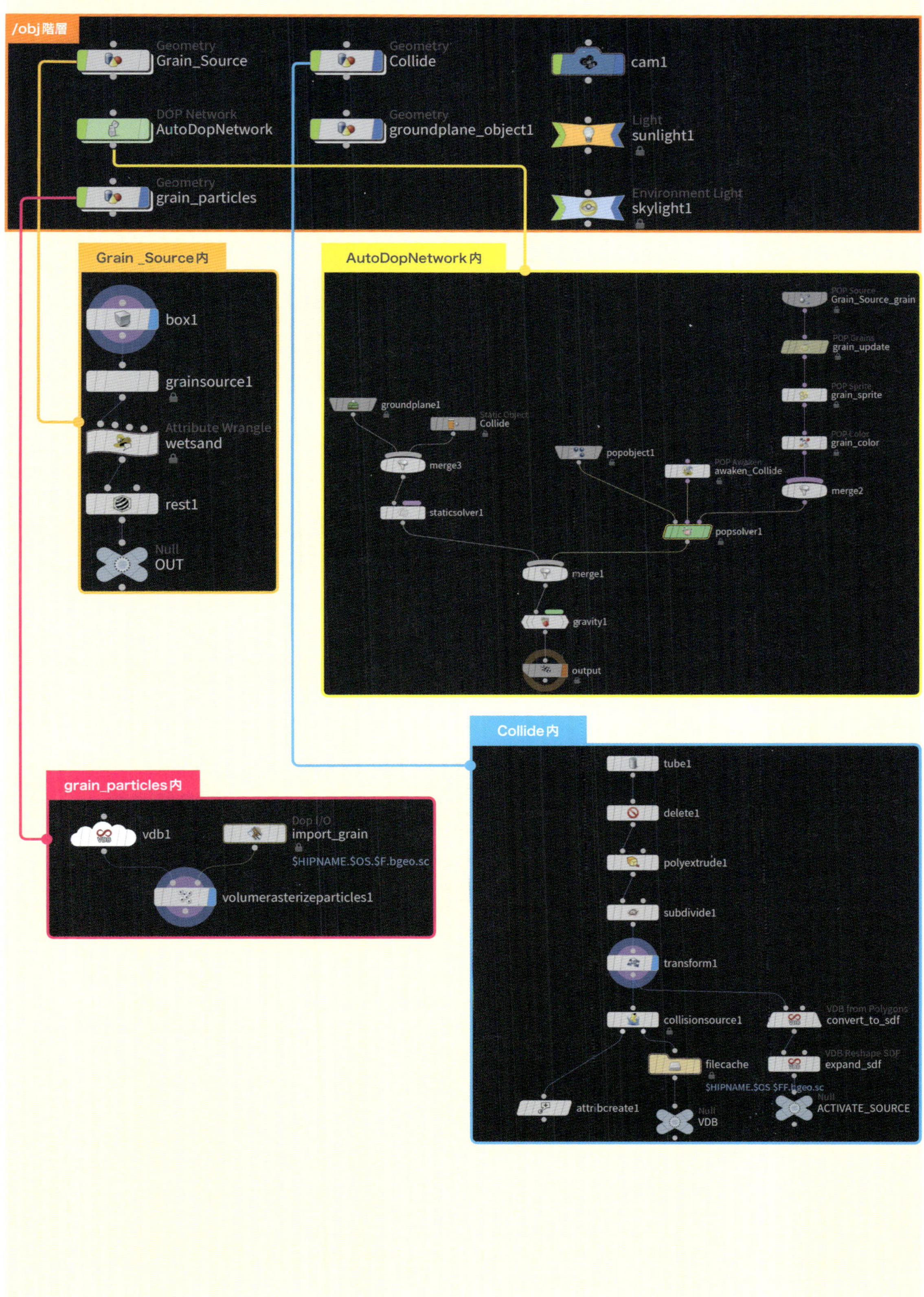

シェルフから湿った砂「Wet Sand」を作成する

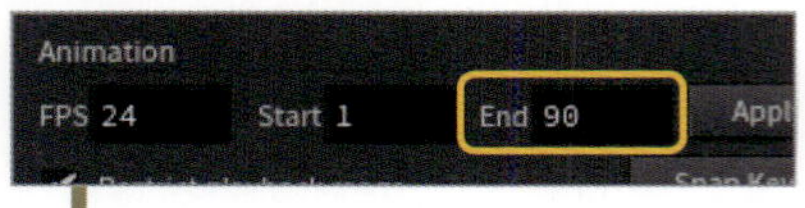

1 シーンの尺を設定します。「Global Animation Options」で「End：90」に設定します。

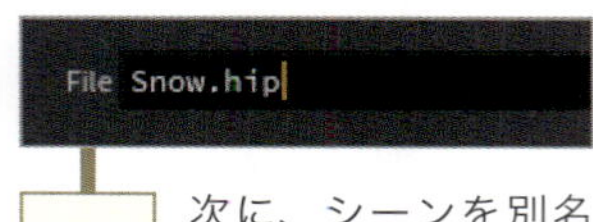

2 次に、シーンを別名で保存します（ここでは「Snow.hip」）。

3 「/obj」階層でTAB Menuから「Geometry（OBJ）」を作成、ノード名を「Grain_Source」とします。

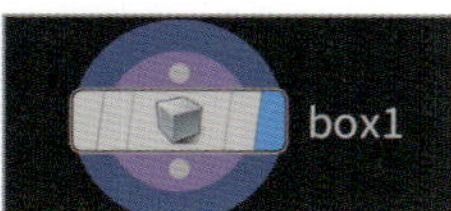

4 「Grain_Source」の中に入り、既存の「file1」を削除、TAB Menuから「Box（SOP）」を作成します。

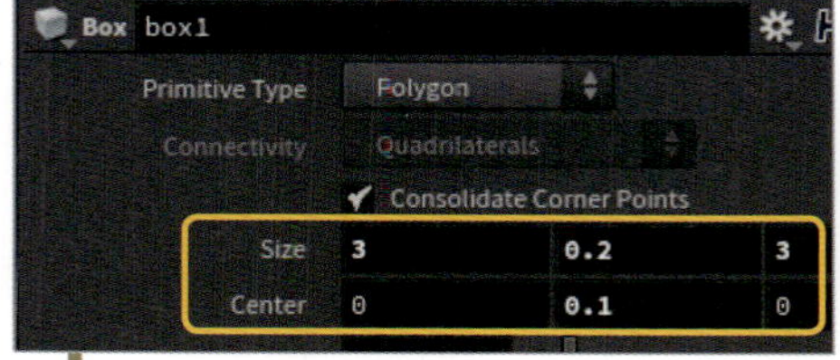

5 「box1」のパラメータを設定します。「Size：3　0.2　3」「Center：0　0.1　0」で平たい箱にします。

6 これを砂粒に変換します。ウィンドウ右上のシェルフから「Grains」タブ→「Wet Sand」を実行します。これは湿った砂のシミュレーションを作成するシェルフです。

7 すると、シーンビュー下部に「濡れた砂に変えたいオブジェクトを選択し、Enterキーで確定してください」という意味のメッセージが現れます。シーンビューで箱を選択してEnterキーを押します。

8 箱から砂粒がつくられ、ネットワーク階層が「/obj/AutoDopNetwork」に移動します。

9 砂粒をもう少し小さくします。「grain_update」のパラメータ「Particle Separation」値を「0.05」に変更します（最終的にはもっと値を小さくしますが、サクサク進めたいので、少し大きめの粒にしてあります。マシンスペックに余裕があれば、もっと小さくしても問題ありません）。

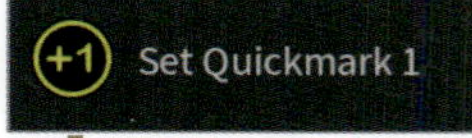

10 この段階で、Ctrl＋1キーを押して、Quick Markをセットします。以降、1キーを押すとこの階層に移動できます。

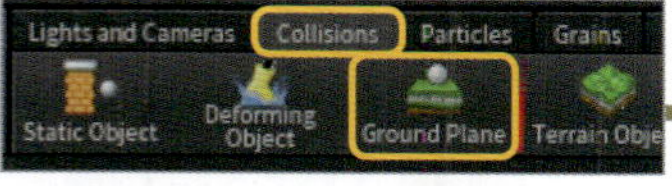

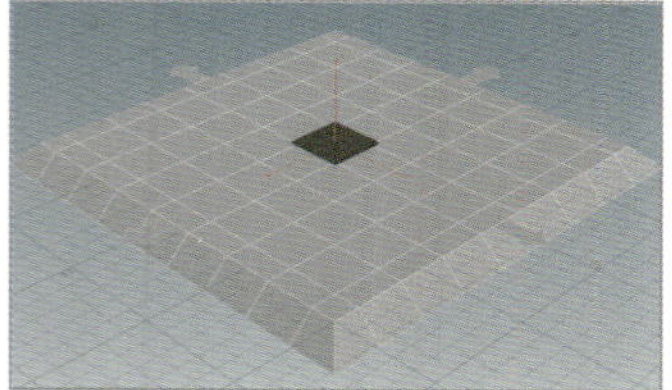

11 次に地面を作成します。ウィンドウ右上のシェルフから「Collisions」タブ→「Ground Plane」を実行します。これで基本となるGrainのシミュレーションネットワークができました。試しに数フレーム再生すると、砂はまったくと言ってよいほど動いていません。これは砂の状態が比較的安定しているためです。また、**Chapter 8-1**の「Dry Sand」に比べて、この「Wet Sand」は粒間での拘束が存在することも動いていない理由のひとつです。

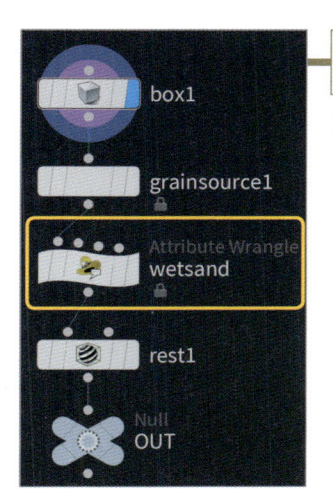

12

ひとまずシミュレーション結果はそのままにして、シェルフ「Wet Sand」によってつくられたネットワークのうち、**Chapter 8-1**の「Dry Sand」との違いを解説します。ジオメトリを砂粒に変換している「Grain_Source」の中に入ります。

13

ネットワークの中ほどに「wetsand」ノードがあり、「Dry Sand」にはなかったものです。このノードのパラメータを操作することで、砂粒の拘束を、ひいては砂の湿り具合をコントロールできます。

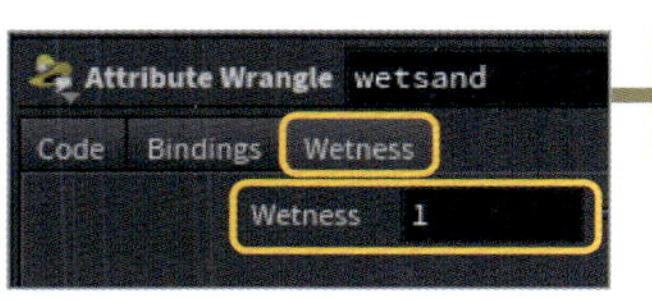

14

湿り具合を調整するのは「Wetness」パラメータです。値が0に近づくに従い、砂が乾いた状態になっていきます。

15

試しに「Wetness：0」にして再生します。函の表示が邪魔なので、Uキーで「/obj」階層に移動してから確認すると見やすいです。砂と砂の間の拘束がなくなり、先ほどまでは動かなかった砂がサラサラと崩れ出します。確認後は値を「1」に戻します。

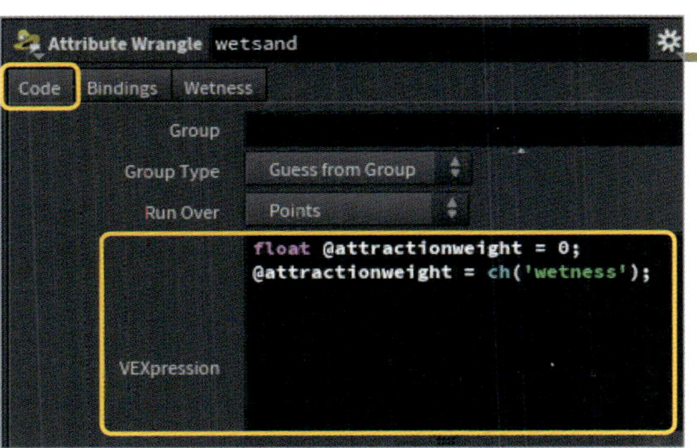

16

もう少し詳しく見てみます。「wetsand」ノードは「Attribute Wrangle (SOP)」というタイプのノードで、ここで設定したパラメータをもとに少しだけVEXでの処理がなされています。パラメータ「Code」タブ→「VEXpression」に、2行のコードが書いてあります。

```
float @attractionweight = 0;
@attractionweight = ch('wetness');
```

1行目は「attractionweight」アトリビュートを作成、初期値「0」を設定しています。2行目は、その「attractionweight」値にパラメータ「Wetness」値を代入しています。つまり、「Wetness」で操作していたのは実は「attractionweight」アトリビュートの値だったわけです。

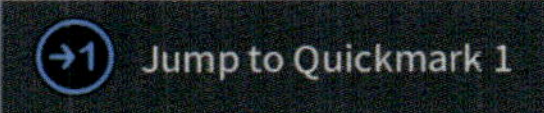

17

ここで作成されたポイント群はDOPシミュレーションに読み込まれ、砂粒としての挙動が計算されます。その際、ポイントが「attractionweight」アトリビュートを持つ場合、「POP Grains (DOP)」の処理に影響を与えます。DOPネットワークでそれを確認するため、1キーでQuickMarkを設定したDOPネットワークへ移動します。

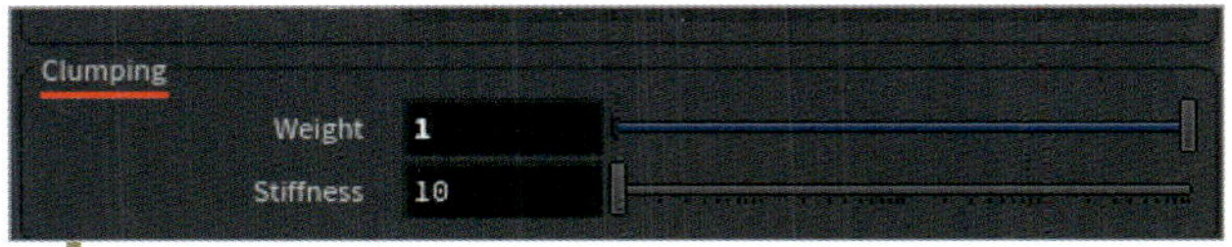

18

「grain_update」ノードのパラメータ中ほどに「Clumping」というカテゴリ項目があります。これは近くの粒にどれくらいの強さでくっつくかをコントロールしている項目です。パラメータ「Weight」が強さ、「Stiffness」が硬さです。

この「Weight」値と「attractionweight」値を掛けたものが、最終的な拘束の強さになります。「Weight」値はすべてのポイントに対して一律に働きますが、「attractionweight」をポイント個別に設定することで、粒ごとにくっつきやすさをコントロールできるという仕様です。

ちなみに、シェルフの「Dry Sand」で作成した場合は、この「Weight」値が「0」、つまり砂粒は一切くっつかない設定です。

砂を動かすための衝突オブジェクトを作成する

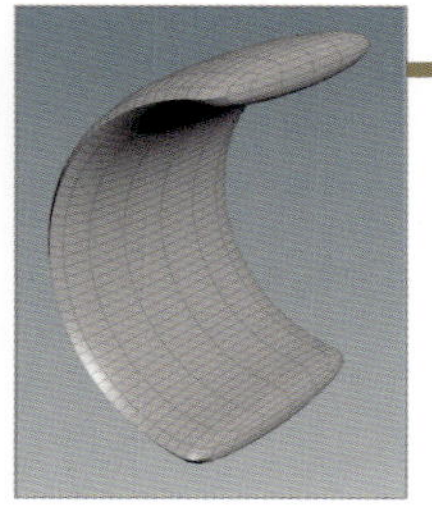

19 次は衝突オブジェクトをつくり、この湿った砂を動かします。このようなオブジェクトにして、ブルドーザーで砂を削り取るような感じにします。

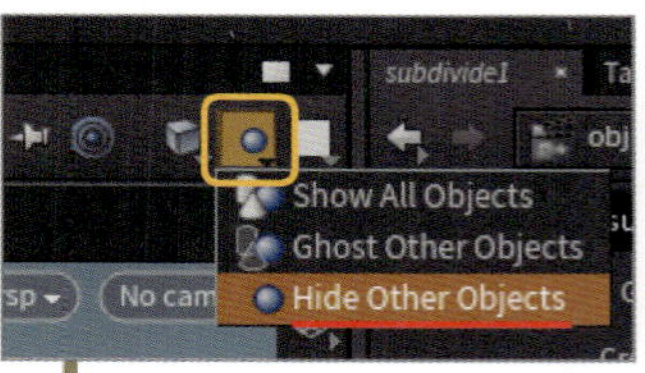

20 シーンビュー右上、図のアイコンをクリックして、リストから「Hide Other Objects」を選択、他の階層の結果が表示されないようにしておきます。

21 Uキーで「/obj」階層に移動し、衝突用オブジェクトを作成します。TAB Menuから「Geometry (OBJ)」を作成、ノード名を「Collide」に変更します。

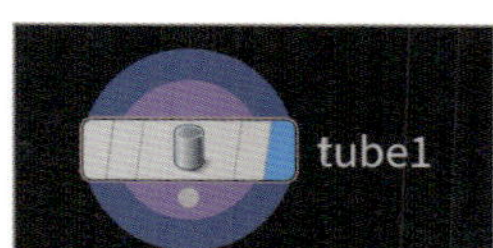

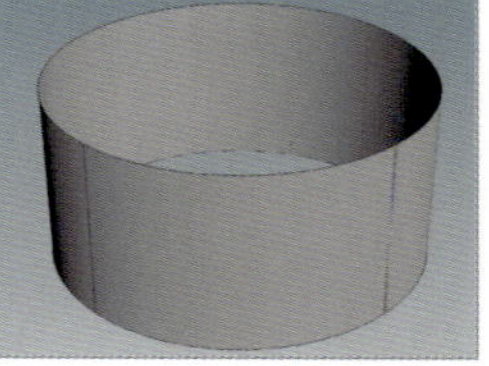

22 「Collide」の中に入り、既存のノード「file1」を削除、TAB Menuから「Tube (SOP)」(円柱を作成するノード)を作成します。これを加工します。

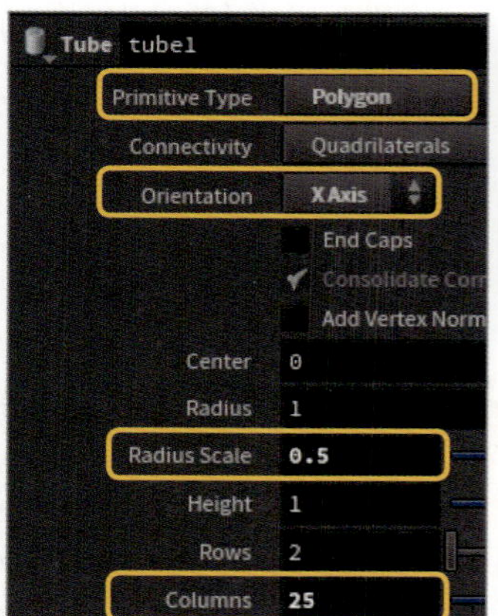

23 「tube1」のパラメータを変更します。「Primitive Type：Polygon」「Orientation：X Axis」「Radius Scale：0.5」「Colums：25」に設定します。図のように横向きの円柱ポリゴンができます。

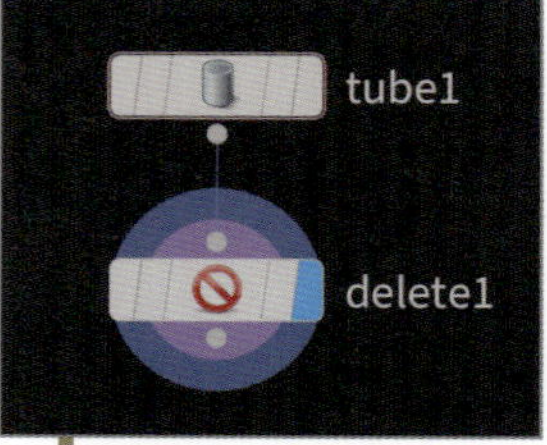

24 円柱の半分を削除します。TAB Menuから「Delete (SOP)」を作成、「tube1」の下にコネクトします。

Delete delete1

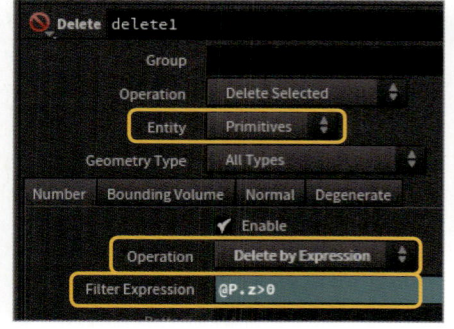

Group	
Operation	Delete Selected
Entity	Primitives
Geometry Type	All Types

Number / Bounding Volume / Normal / Degenerate

	Enable
Operation	Delete by Expression
Filter Expression	@P.z>0

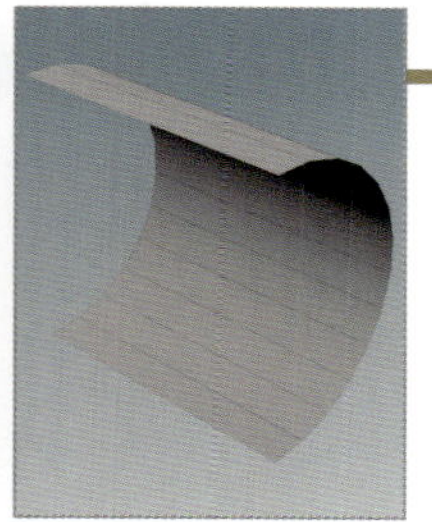

25 「delete1」のパラメータを設定します。まず、「Entity：Primitives」であることを確認して、「Number」タブ→「Operation：Delete by Expression」に切り替えます。すると、その下の「Filter Expression」が記述可能になるので、

@P.z>0

と記述します。すると、+Z側にあるポリゴンが削除され、半円の板ができます。

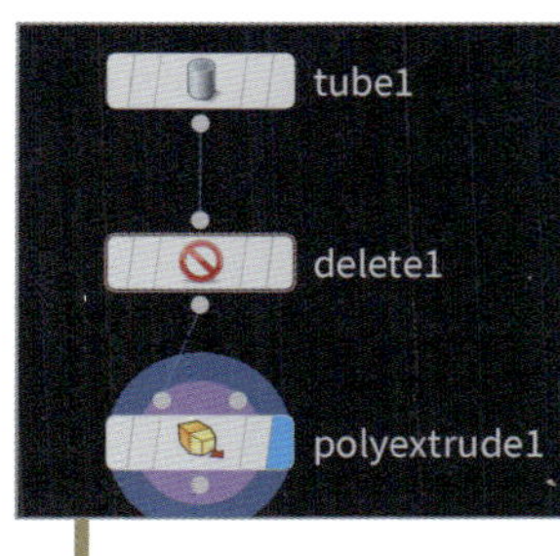

26 この半円の板を押し出して厚みを付けます。TAB Menuから「Poly Extrude (SOP)」を作成、「delete1」の下にコネクトします。

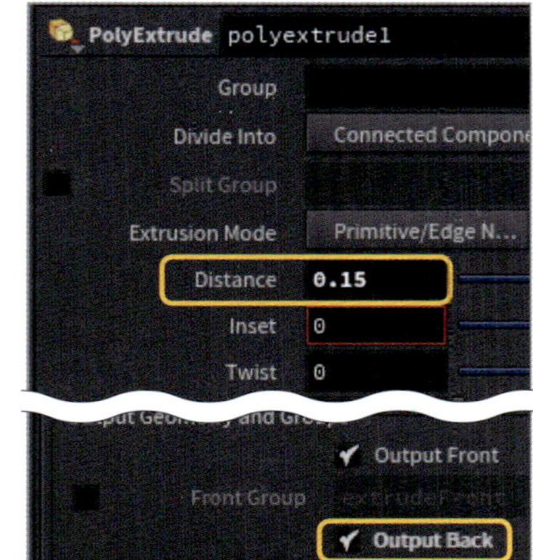

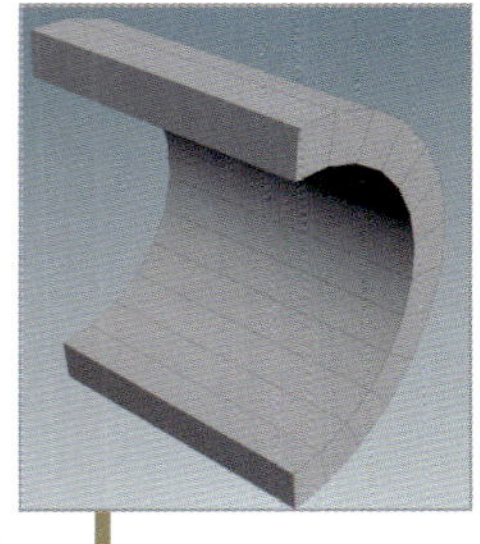

27 「polyextrude1」のパラメータを設定します。「Distance：0.15」「Output Back：オン」にします。後者が有効な場合、押し出し元もポリゴンが保持されます。

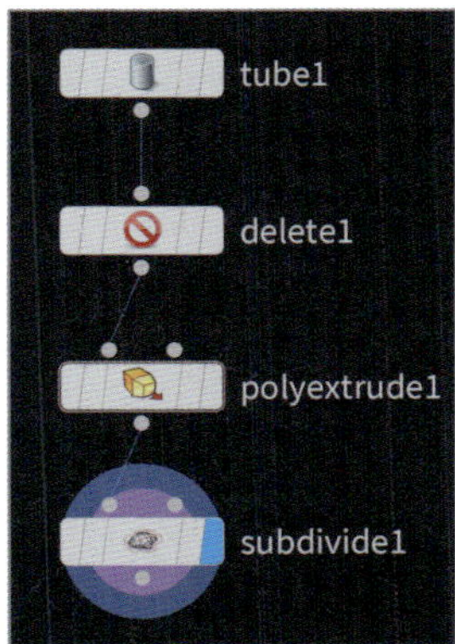

28 この形状に対してポリゴンの分割数を増やし、角を滑らかにします。TAB Menuから「Subdivide (SOP)」を作成、「polyextrude1」の下にコネクトします。「subdivide1」に表示フラグを立てると、細分化されたポリゴンの様子が確認できます。

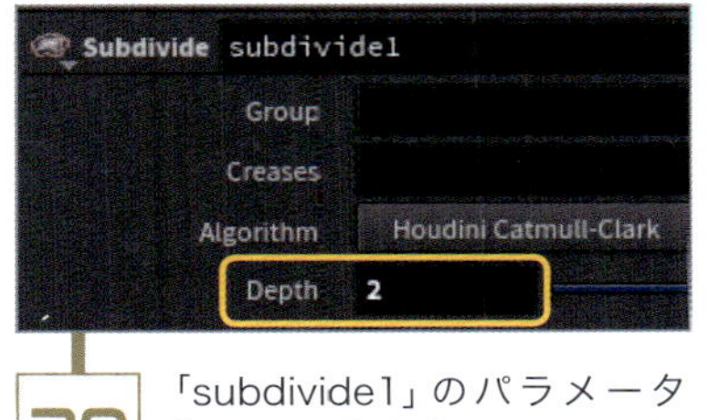

29 「subdivide1」のパラメータ「Depth」値を「2」にします。これでより細分化されます。これで形状は完成です。

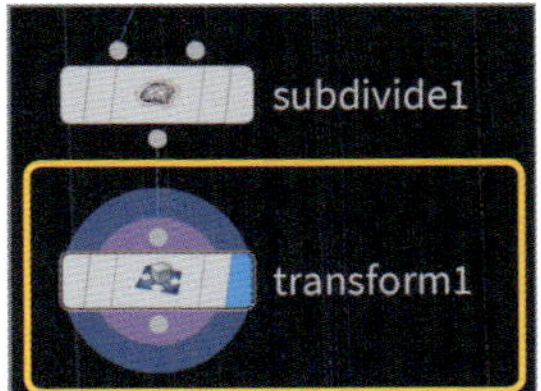

30 形状を少し傾けます。TAB Menuから「Transform (SOP)」を作成、「subdivide1」の下にコネクトします。

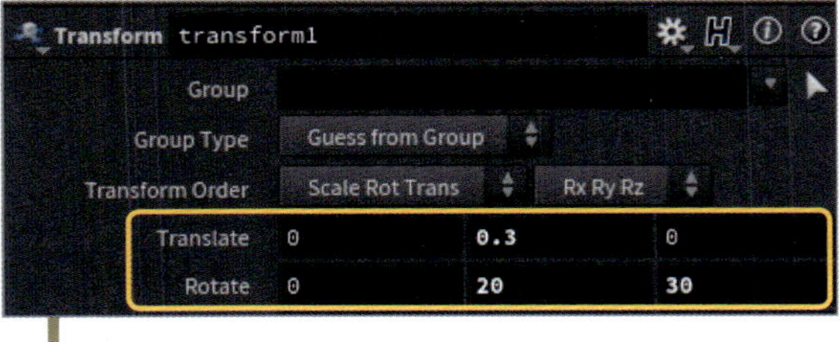

31 「transform1」のパラメータを変更します。「Translate：0　0.3　0」「Rotate：0　20　30」とし、少し上に移動して傾けました。

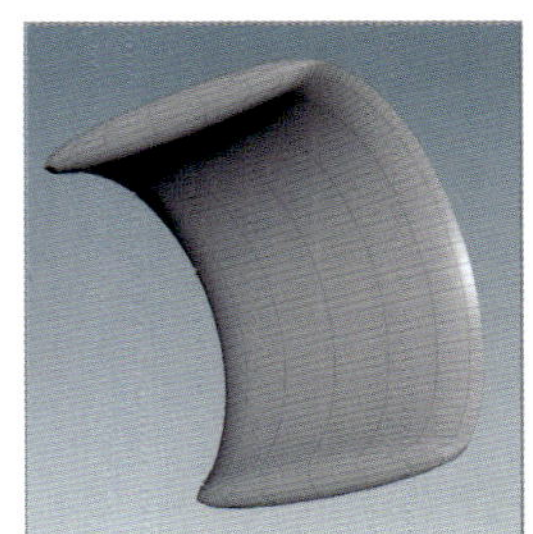

衝突オブジェクトに動きをつける

32 次に、このジオメトリに動きをつけます。Uキーで「/obj」階層に上がります。キーフレーム作成の前に、ウィンドウ右下のアイコンをクリック、シミュレーションを無効にしておきます。

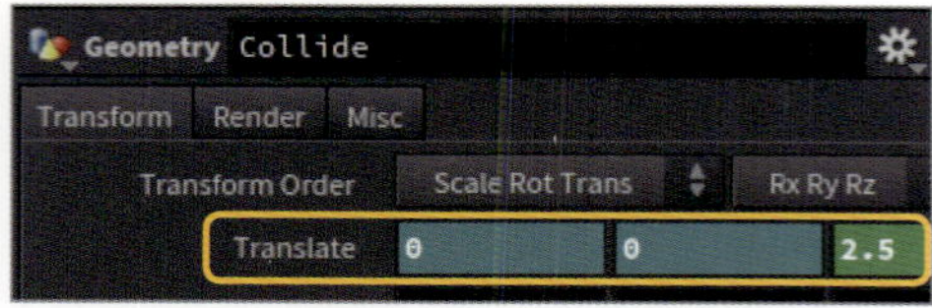

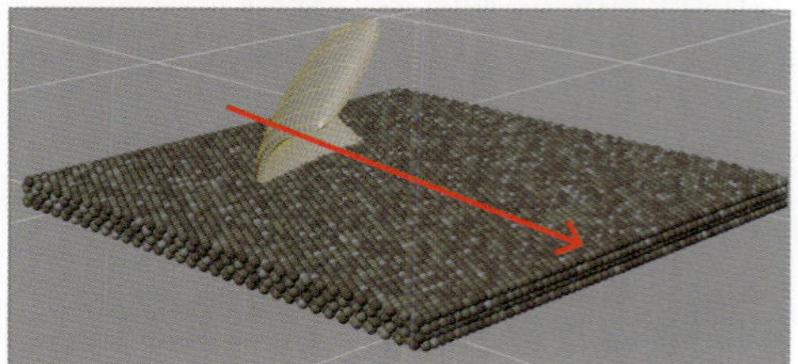

33 キーフレームを作成します。1フレーム目、「Collide」のパラメータ「Translate」値「0　0　−1.5」でキーフレームを作成。次に60フレーム、「Translate：0　0　2.5」でキーフレームを作成します。これで、衝突用オブジェクトが砂の真ん中を突っ切るように移動する動きが付きます。

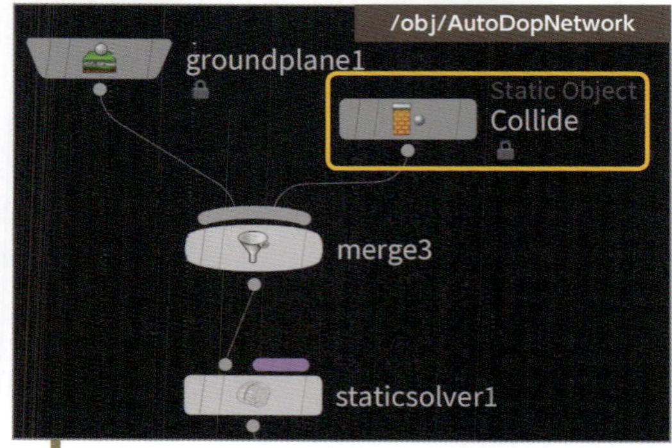

34 衝突用オブジェクトをシミュレーションに反映します。「Collide」ノードを選択した状態でウィンドウ右上のシェルフから「Collisions」タブ→「Static Object」を実行、「Collide」を衝突用オブジェクトとしてシミュレーションに追加します。DOPネットワーク内でそれが確認できます。

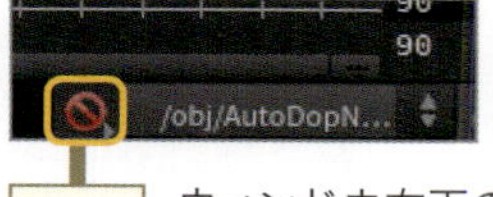

35 ウィンドウ右下の図のアイコンをクリック、シミュレーションの一時無効を解除します。

36 再生すると、砂が衝突用オブジェクトによって動かされる様子が確認できます。悪くないですが、砂が地面の上を滑っているのが気になるので調整します。

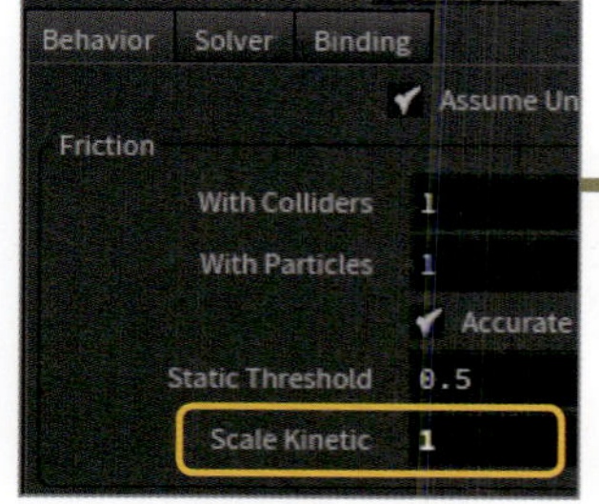

37 「AutoDopNetwork」の中に移動して、そこにある「grain_update」ノードのパラメータ「Behavior」タブ→「Friction」カテゴリ→「Scale Kinetic」値を「1」に変更します。この値が大きいほど、砂は摩擦で止まりやすくなります。

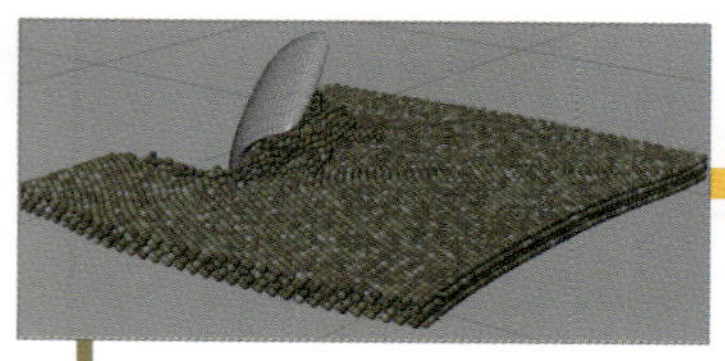

38 再生すると、地面との摩擦が強まりました。ただし、砂全体が動いているので、衝突オブジェクトが通る周辺以外の砂はまったく動かないように調整します。

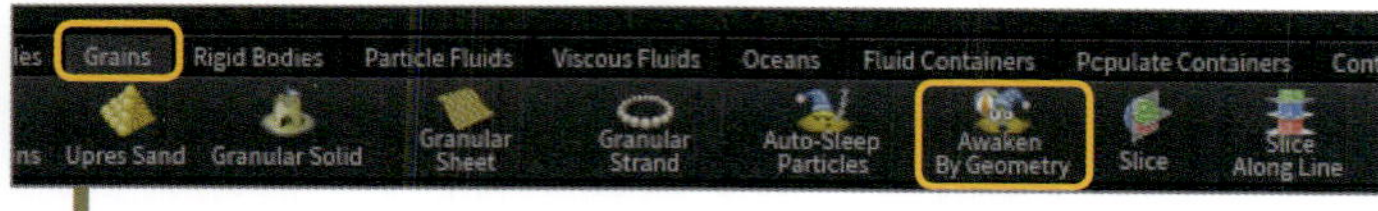

39 「Sleep」という機能を使います。「/obj」階層に移動し、「Collide」ノードを選択、ウィンドウ右上のシェルフから「Grains」タブ→「Awaken By Geometry」を実行します。

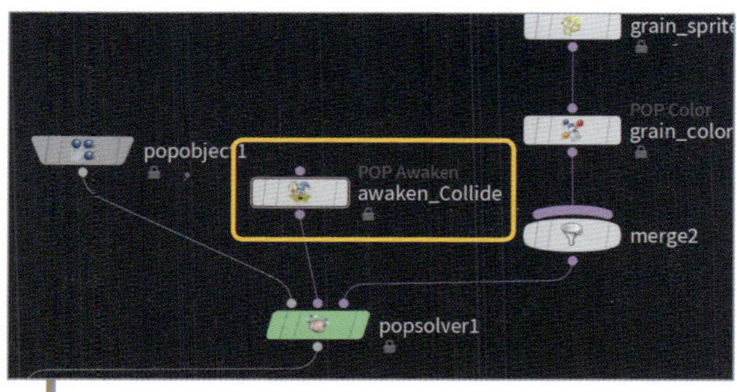

40 すると、ネットワーク階層が再度「AutoDop Network」の中に移動するので、Lキーでノードを整列します。シェルフにより、「awaken_Collide」ノードが追加されています。これは「POP Awaken(DOP)」というタイプのノードで、眠っているパーティクルを、起こして動くようにできるものです。ここでは衝突用オブジェクトの近くにある砂粒だけが起きる設定になっています。ただし現在、シミュレーション内のパーティクル(砂粒)は眠っていない(すべて動いている)ので、寝てもらいます。

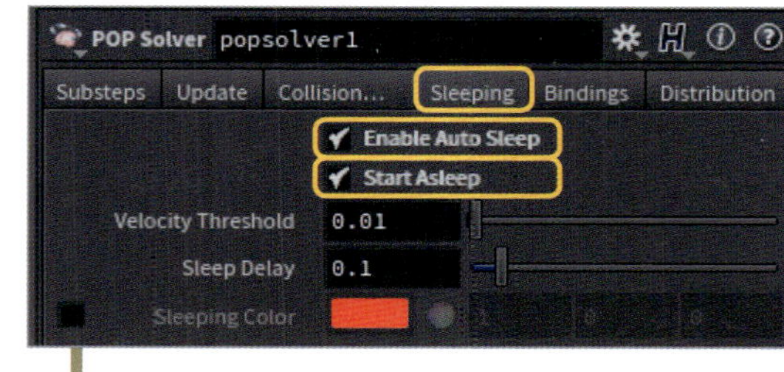

41 「popsolver1」ノードにパーティクルを眠らせる設定があります。パラメータ「Sleeping」タブ→「Enable Auto Sleep」を「オン」にします。これで動いていないパーティクルを自動で眠らせることができます。
さらに「Start Asleep」も「オン」にします。これが有効だと、最初のフレームからすべてのパーティクルが眠った状態でシミュレーションが始まります。

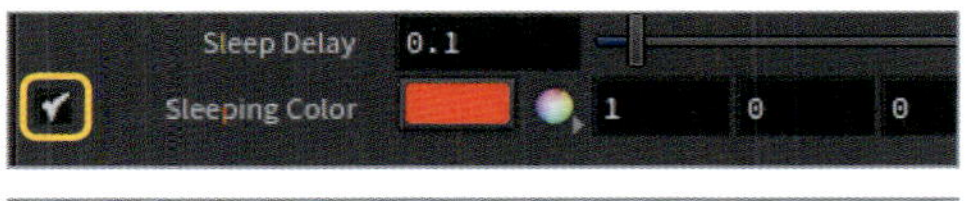

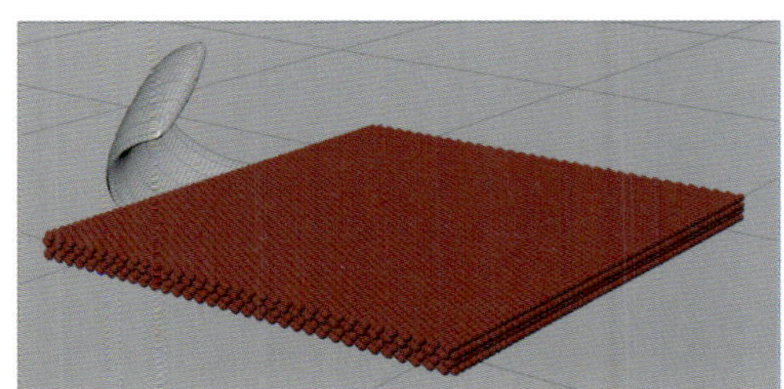

42 最後に一番下にあるパラメータ「Sleeping Color」を「オン」にします。これで、休眠状態のパーティクルが赤で表示されます。シミュレーションの初期状態で全パーティクルが眠っている設定にしたので、すべて赤で表示されています。

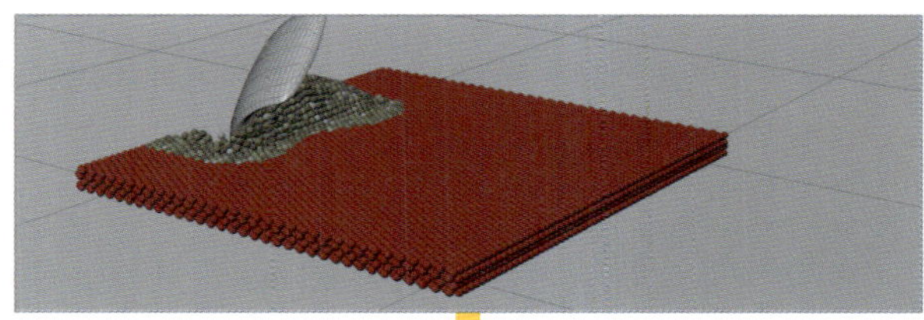

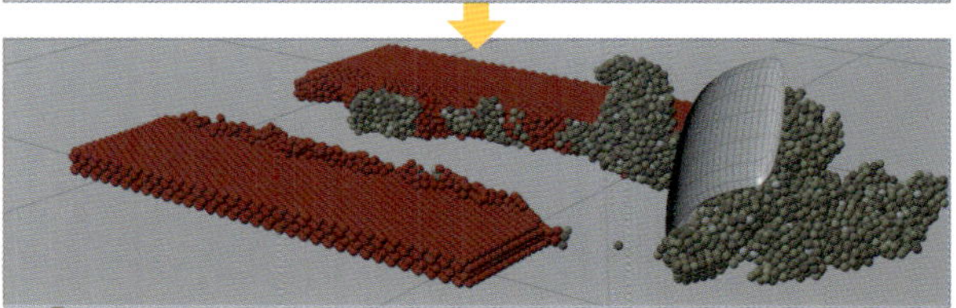

43 再生すると、衝突用オブジェクトが近づくにつれ、パーティクルの色が変わり、休眠状態から目覚めたのが確認できます。起きたパーティクルは衝突オブジェクトに押し出され動きますが、それ以外の眠ったパーティクルはその場で動きません。
また、休眠状態のパーティクルは計算から除外されるため、これまでよりもシミュレーション時間が短くなりました。

Point Sleepの設定

ここで行ったSleepの設定ですが、アトリビュートの視点から見るとこれは「stopped」アトリビュートを操作していることになります。41で「Enable Auto Sleep」「Start Asleep」を有効にした時点で、ポイントアトリビュート「stopped」がつくられ、値が「1」(動きを止める)に設定されます。

そして、シェルフからつくった「awaken_Collide」ノードにより、衝突用オブジェクトが近くにあるパーティクルだけは「stopped」が「0」(動く)に書き換えられます。「Geometry Spreadsheet」を見ると、このアトリビュートの値の移り変わりが確認できます。

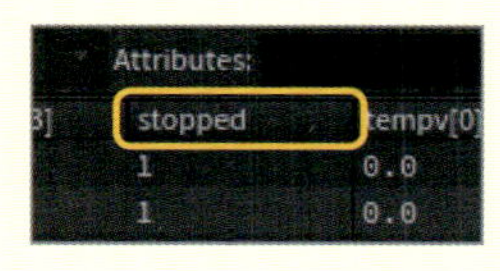

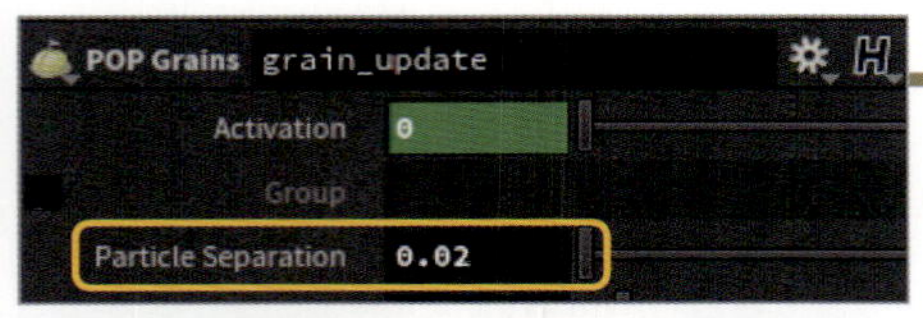

44 ひとまず動きはできました。現状の設定で砂の粒を小さくし、解像度を高めます。まず1フレーム目に戻して「grain_update」ノードを選択、パラメータ「Particle Separation」値を「0.02」にします（マシンスペックに余裕があればさらに値を下げても可）。粒が小さくなり密度が増します。これまでのように、再生して結果を確認するのは難しいので、シミュレーションキャッシュにいったん書き出してから、それを読み込んで確認します。

45 Uキーで「/obj」階層に移動し、そこにある「grain_particles」ノードの中に入ります。中には「import_grain」ノードだけがあります。これは、シミュレーション結果の読み込みと、キャッシュファイルの書き出し／読み込みを行うノードです。

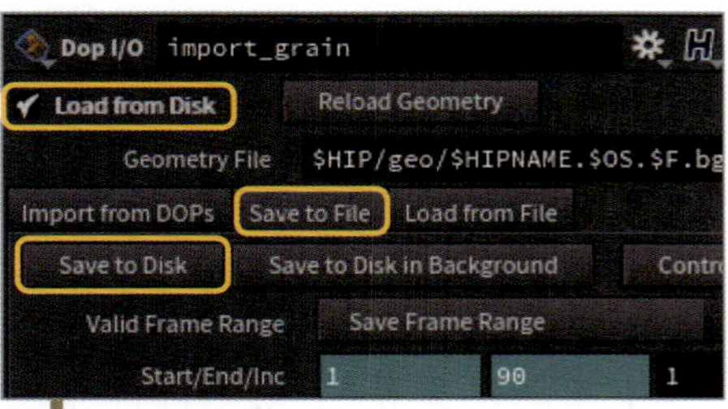

46 「import_grain」のパラメータ「Save to File」タブ→「Save to Disk」ボタンを押して、キャッシュファイルを出力します。完了後「Load from Disk」を「オン」にして、読み込みまで行っておきます。

47 再生すると、砂粒はずいぶん細かくなりました。おおよその動きは、これまでとそれほど違いはありません。この結果を元に、砂粒を雪に変えます。

砂粒をボリュームに変換して雪に見せる

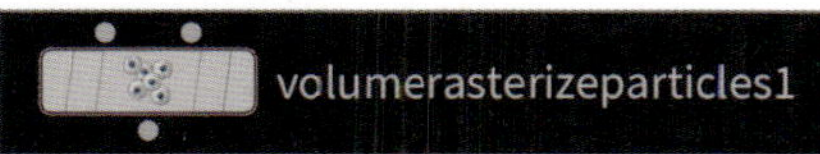

48 この砂粒をボリュームに変換することで、雪を表現します。まず、TAB Menuから「Volume Rasterize Particles（SOP）」を作成します。これはポイントをボリュームに変換するノードです。

49 「Volume Rasterize Particles（SOP）」ノードを使うには、もうひとつノードが必要です。TAB Menuから「VDB（SOP）」を作成します。これはVDBボリュームを作成するノードですが、ここでは「Volume Rasterize Particles（SOP）」で作成するボリュームを定義するのに使います。

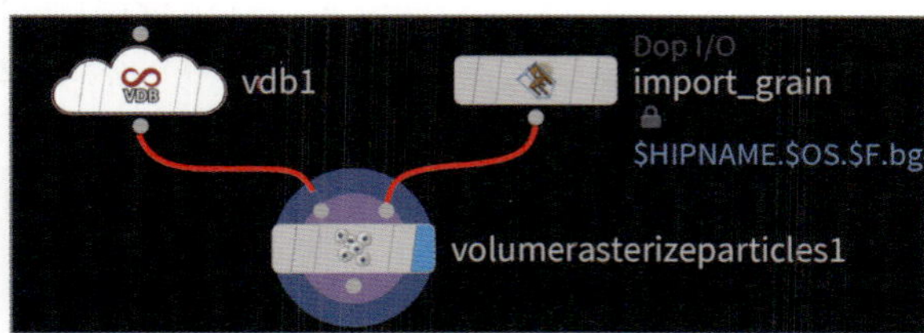

50 「volumerasterizeparticles1」の右入力に「import_grain」をコネクト、左入力に「vdb1」をコネクトします。

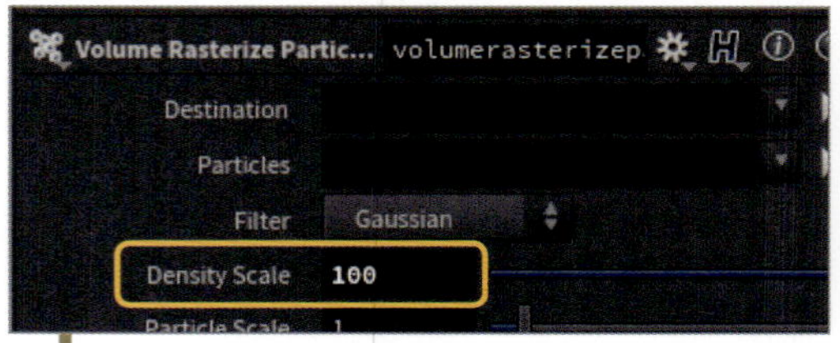

51 パラメータを変更します。「volumerasterizeparticles1」のパラメータ「Density Scale」値を「100」に変更します。ボリュームの濃さを100倍にしました。ボリュームを濃くすることで雪のように見せます。

52 「volumerasterizeparticles1」に表示フラグを立ててシーンビューを見ると、ボリュームの表示が確認できます。

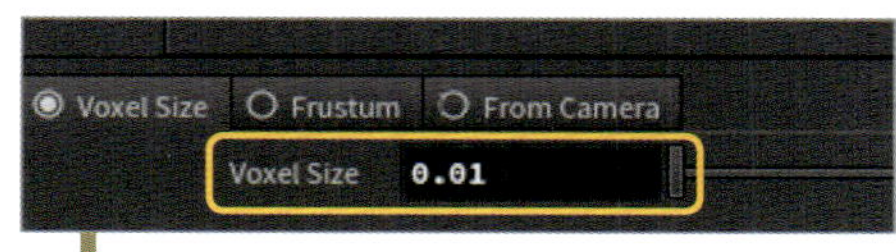

53 「vdb1」ノードのパラメータ「Voxel Size」値を「0.01」に設定します。ここの数値は、シミュレーション内の「grain_update」ノードのパラメータ「Particle Separation」に近い値にします。ここではその半分の値を設定しています。

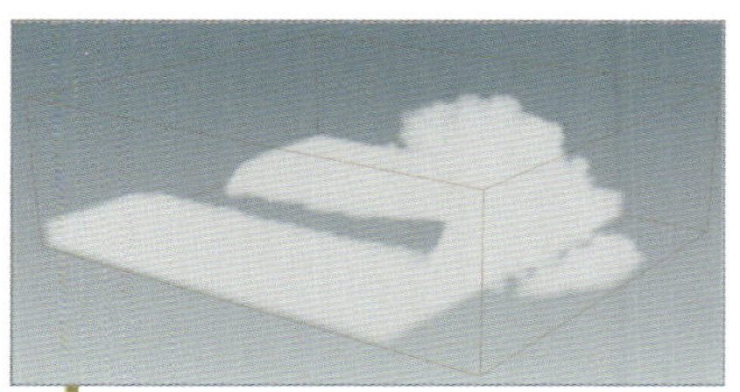

54 シーンビューを見ると、ボリュームの解像度が上がり、きれいになりました。

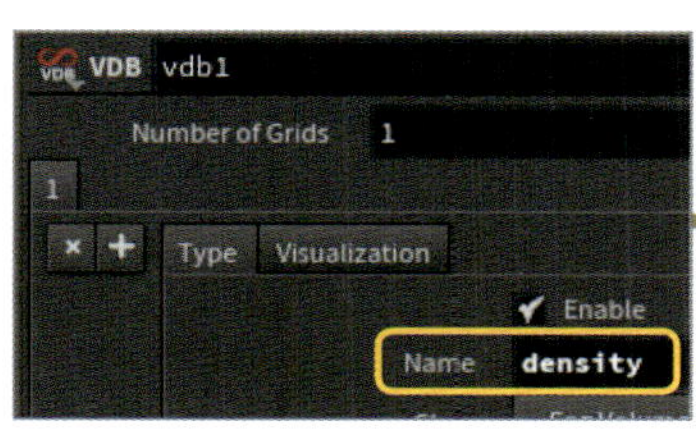

55 「vdb1」のパラメータ「Name」に「density」と記述します。これでボリュームの名前が「density」となります。

Point この手法は白波の作例でも使用

ここで作成した、ポイントをボリュームに変換するネットワークは、実はChapter 7の白波でも登場しました。白波の場合はボリュームの濃さは通常でしたが、ここでは通常よりも濃いボリュームを生成しています。

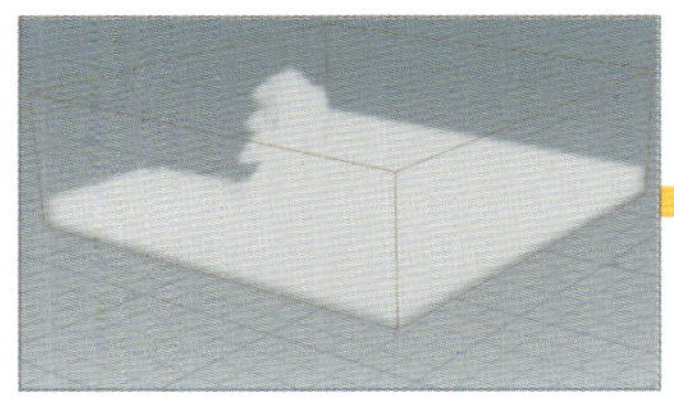
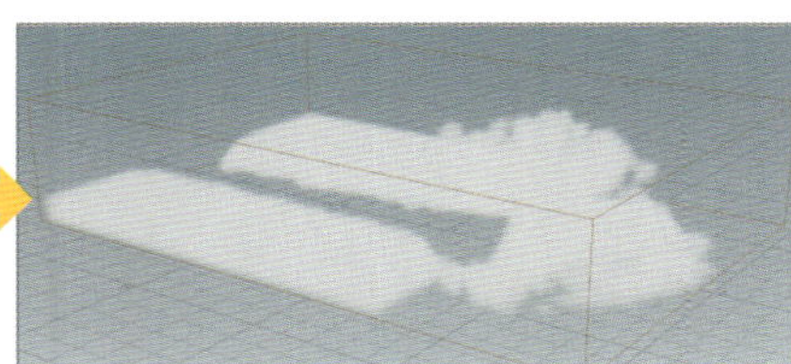

56 これでシミュレーションされた砂粒のポイント群が、ボリュームに変換できました。再生すると、砂粒がボリュームになったことで、雪のように見えます。

質感設定～レンダリング

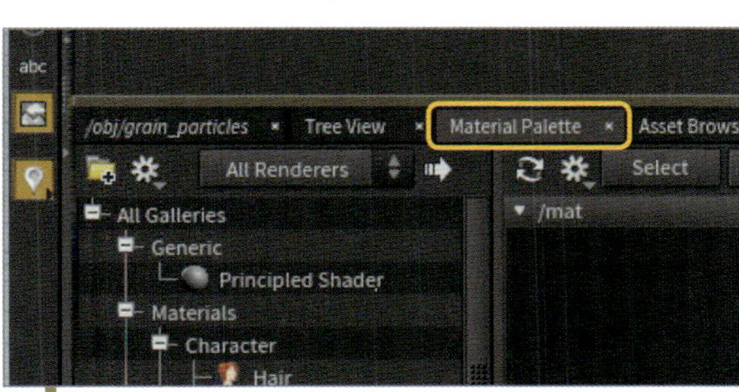

57 質感を作成します。ネットワークエディタを「Material Palette」に切り替えます。

58 左側のプリセットから「Billowy Smoke」を選び、右側の領域にドラッグ＆ドロップしてマテリアルを作成します。これはデフォルトの設定で使用します。

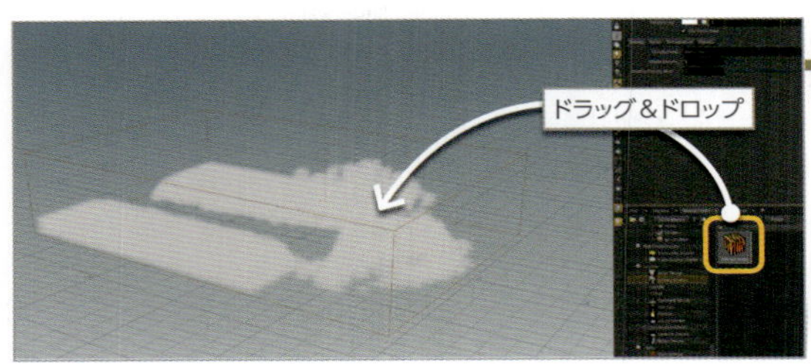

59 作成した「billowysmoke」マテリアルノードを選択し、シーンビューの雪のボリュームにドラッグ＆ドロップで適用します。

60 次はカメラを用意します。「/obj」階層に戻り、TAB Menuから「Camera（OBJ）」を作成します。

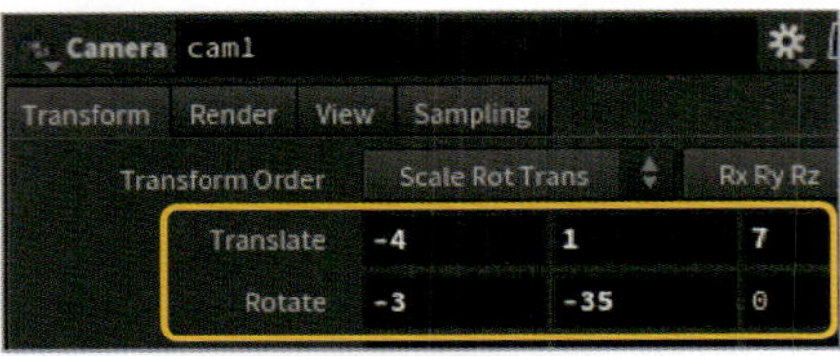

61 カメラのパラメータを設定して、レンダリングの構図を決めます。ここで は「Translate：　－4　1　7」「Rotate：－3　－35　0」に設定します。

62 次にライトを作成します。ここではシェルフの「Sky Light」を使用しました。ライトが入ると、雪の立体感が出てきます。

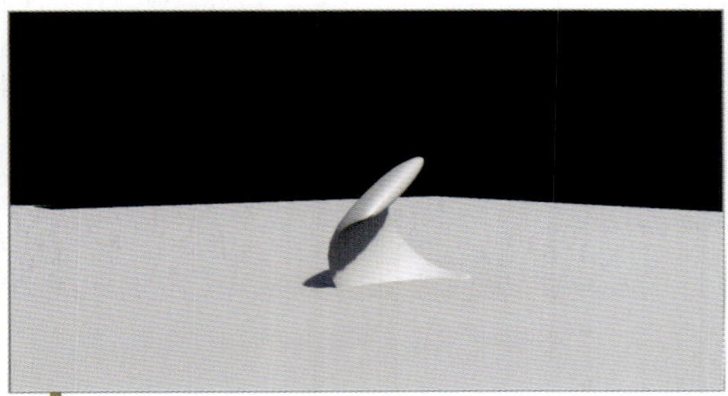

63 試しにレンダリングしてみると、なぜか雪がレンダリングされません。これは「grain_particles」ノードの設定に原因があります。

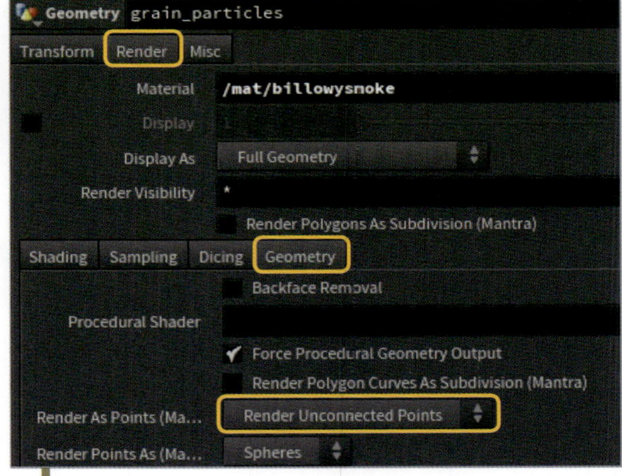

64 「grain_particles」の設定を変更します。まず「Render」タブ→「Geometry」タブ→「Render As Points（Mantra）」パラメータを設定します。現在「Render Only Points」、ポイントしかレンダリングしないという設定です。シェルフから砂を作成した場合は、自動でこのような設定になります。ここでレンダリングしたいのはボリュームなのですが、この設定のためレンダリングされていないのです。そのため、ここを「Render Unconnected Points」に変更します。

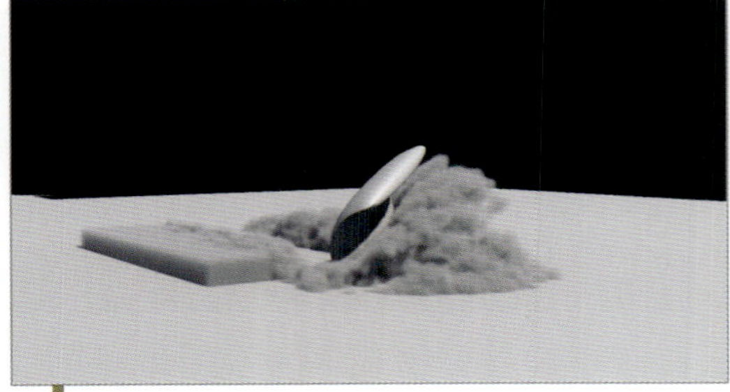

65 レンダリングすると、今度はボリュームがレンダリングされます。単純に砂をボリュームに変換するだけでも雪っぽくなります。テストレンダリングが問題なければ、全フレームをレンダリングします。これでこの雪の作例は完了です。

Chapter 9

その他の機能

最終章では、Houdiniで作成したデジタルアセットを他のアプリケーションで使用するために使う「Houdini Engine」と、ページの都合上、本書で取り上げることができなかったいくつかの機能をピックアップして紹介します。

※「Houdini Apprentice」(無料版)で作成したデジタルアセットは、商用版Houdini Engineで読み込むことはできません。ただし初回インストール時に限り、30日間Houdini Engineの試用が可能です。また「Houdini Indie」(限定商用版)でつくられたデジタルアセットを他のアプリケーションで読み込むためには、「Houdini Engine Indie」を使います。

9-1 Houdini Engine

「Houidni Engine」を使うと、Houdiniで作成したデジタルアセットを他のアプリケーションで使用できるようになります。ここでは、「Autodesk Maya」、「Unity」、「Unreal Engine 4」の3つのアプリケーションでのHoudini Engineの使用について解説します。

Houdini Engineのインストール

Houdini Engineを使用するために、まずインストールを行いますが、これは通常のHoudiniのインストーラーを用います(インストーラーはSideFXのホームページから)。

Houdiniのインストーラーを実行し、画面を進めていくと、図のようなHouidni Engineのインストールオプション画面になります。デフォルトではすべてオフになっていますので、インストールしたいアプリケーションにチェックを入れてインストールを実行します。

なおこの時、使用するUnityやUnreal Engineのバージョンとこの画面に記されているバージョンが一致または互換性があるかどうか必ず確認しておきます。

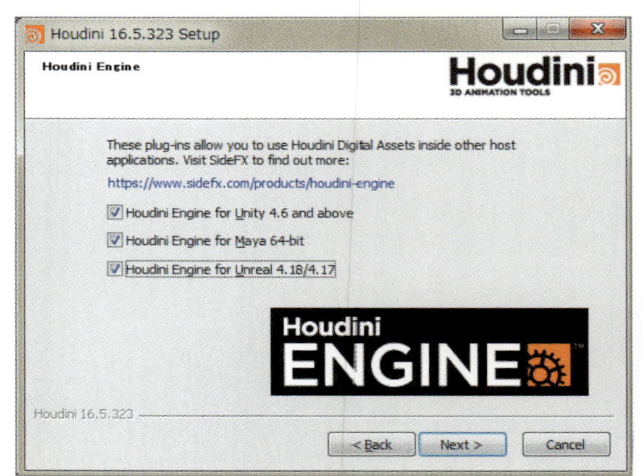

Autodesk Maya

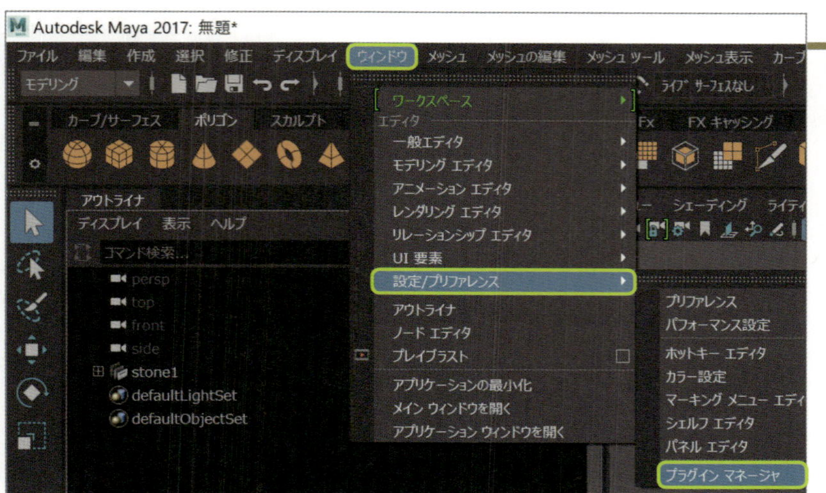

1 MayaでHoudini Engineを使用する場合は、まずプラグインを有効にしておきます。Mayaを起動後、「ウインドウ」メニュー→「設定/プリファレンス」→「プラグイン マネージャ」を選択します。

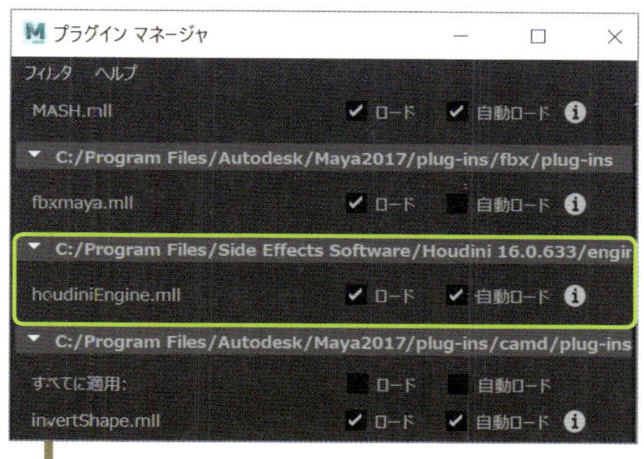

2 「プラグイン マネージャ」の中にHoudini Engineのロード項目があるので、それを有効にしてプラグインをロードします。

3 ロードが完了すると、メニューに「Houdini Engine」が追加されます。ここにはHoudini Engineを使ってアセットを読み込むための機能がまとめられています。この中の「Load Asset」を実行してアセットを読み込みます。

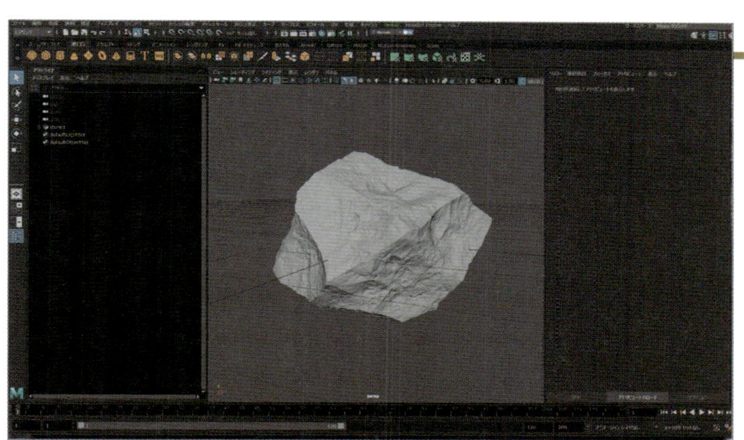

4 ここでは、**Chapter2-6**でつくった岩のアセットを読み込んでみました。

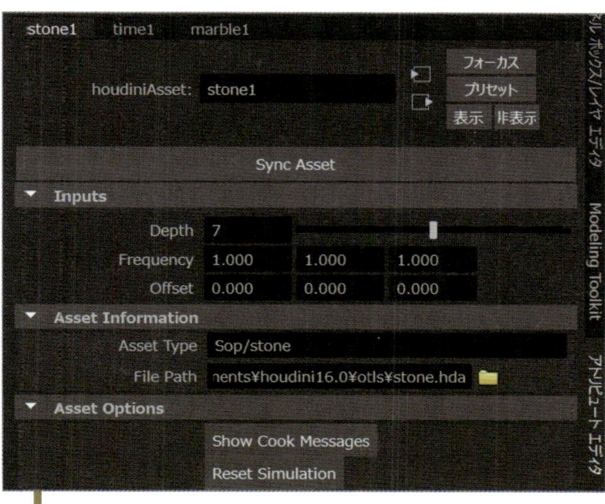

5 アトリビュートエディタには、アセットで用意したパラメータが表示されており、操作可能です。

Point　Mayaのユニットサイズ

HoudiniとMayaではユニットサイズが異なります。デフォルトではHoudiniは「1ユニット」=「1メートル」、Mayaは「1ユニット」=「1センチメートル」で設定されています。そのため、現実世界のスケールで考えると、HoudiniからMayaにデータを移動した場合、1/100に縮小されます。つまりMayaで100倍にすれば、Houdiniで意図したサイズになります。

そもそもユニットとは、3Dアプリケーションの大きさや長さの基本となる単位です。例えば普段使う移動のパラメータで5と設定すると、5ユニット移動ということを意味します。これはHoudiniに限らずどの3Dアプリケーションでも同じです。そしてこのユニットを現実の単位に換算する際の基準が、アプリケーションごとの違うのです。そのためユニットサイズの単位が異なるアプリケーション間でデータをやり取りする場合は、サイズが大きくなったり小さくなったりします。

Unity

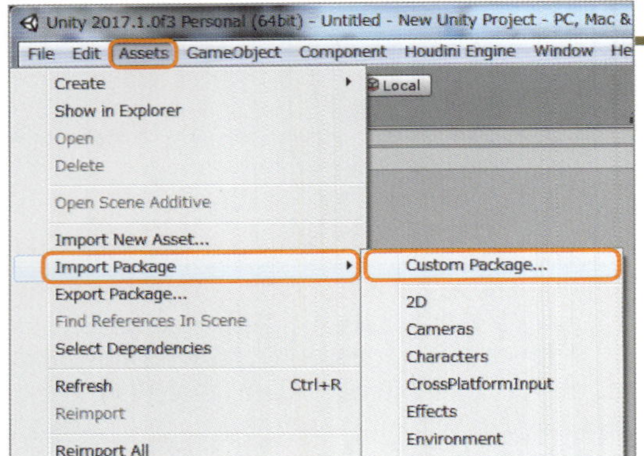

6 UnityでHoudini Engineを使用する場合は、まず既存のプロジェクトにHoudini Engineを追加する必要があります。「Assets」メニュー→「Import Package」→「Custom Package」を実行します。

houdini-engine.scripts.unitypackage

7 読み込むHoudini Engineのパッケージを選択します。デフォルトでは次の場所にあります。
C:\Users\Public\Documents\Unity Projects\Houdini_Engine_Project_[バージョン]
そこにある「houdini-engine.scripts.unitypackage」というファイルを指定します。

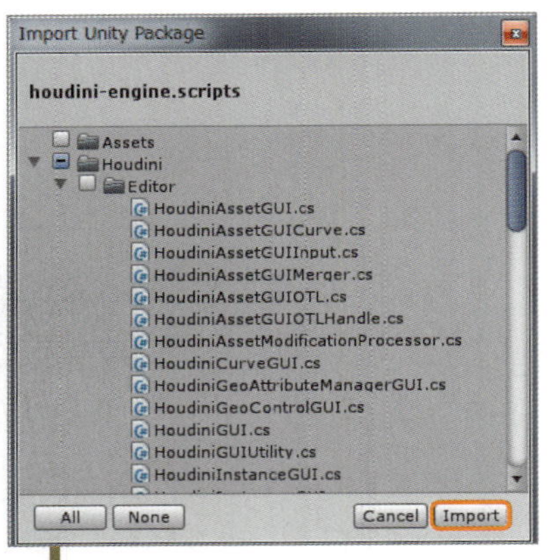

8 別ウィンドウが表示されるので、Importボタンを押して読み込みます。

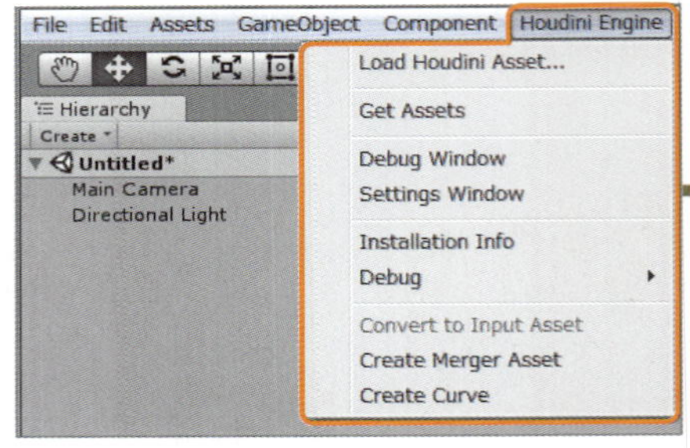

9 すると「Houdini Engine」メニューが追加されます。この中の「Load Houdini Asset」を実行すると、Houdiniで作成したアセットを読み込めます。

CurveDecorator
EverGreen
MeshDecorator
Starship Doors

10 UnityのHoudini Engineには、サンプルアセットがいくつか用意されています。「houdini-engine.scripts.unitypackage」ファイルのある階層から、「Assets」→「OTLs」→「Samples」とフォルダ階層を潜ると、サンプルファイルのあるフォルダがあります。

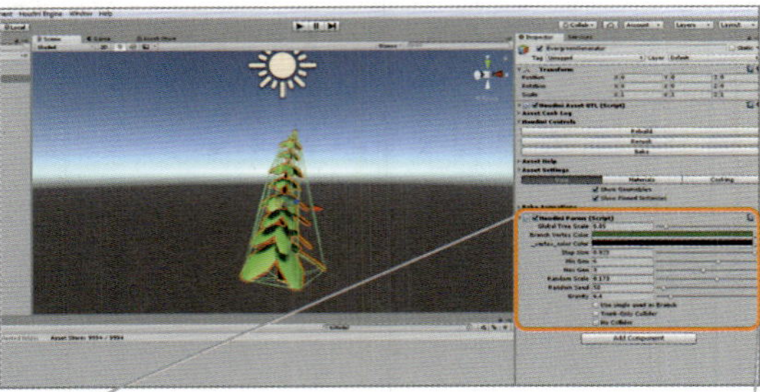

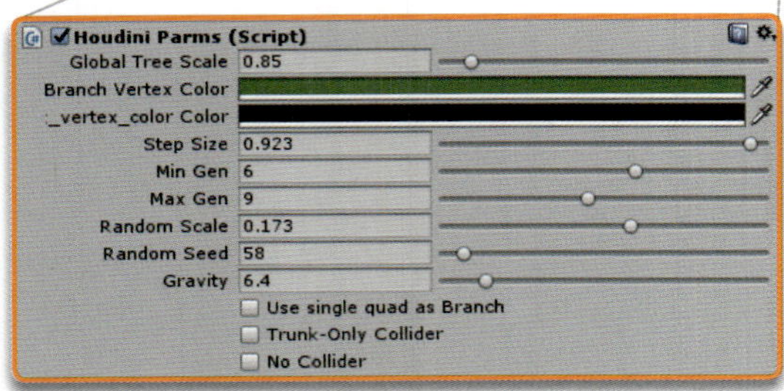

11 ここでは、サンプルファイルの中から「EverGreen」を読み込んでみました。木のサンプルが読み込まれます。パラメータを操作すると、木の大きさや葉の数などを変えられるようになっています。

Point Unityのユニットサイズ

Unityのユニットサイズはデフォルトで「1ユニット」＝「1メートル」です。Houdiniも同じなので、そのままのサイズでデータのやり取りが行えます。

Unreal Engine 4.18.3

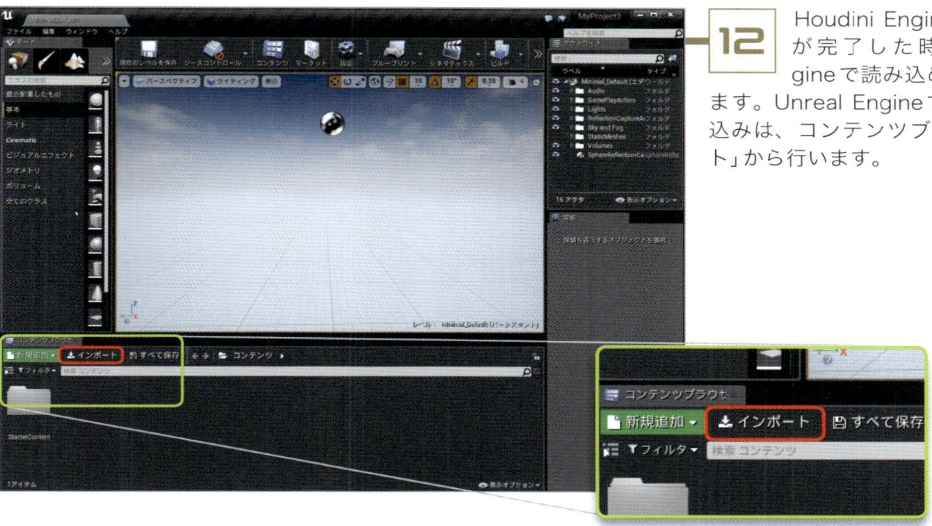

12 Houdini Engineのインストールが完了した時点で、Unreal Engineで読み込めるようになっています。Unreal EngineでのHoudiniの読み込みは、コンテンツブラウザの「インポート」から行います。

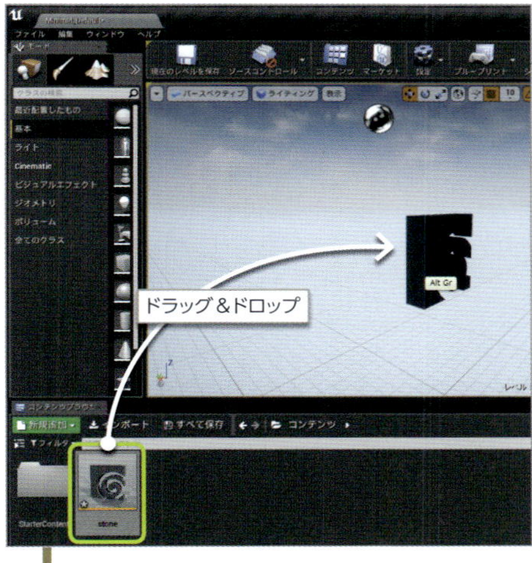

13 ここでは**Chapter 2-6**でつくった岩のアセットを読み込みました。読み込まれたアセットはコンテンツブラウザに表示されるので、それをビュー上にドラッグ＆ドロップしてシーンに追加します。

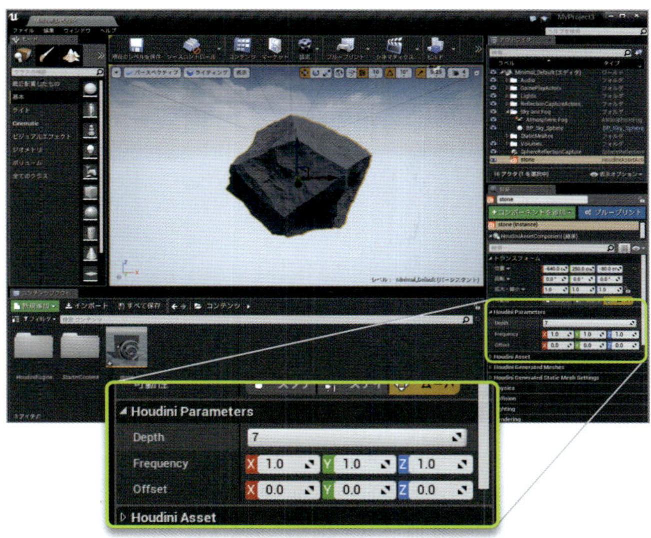

14 シーンに岩のアセットが追加されました。アセットのパラメータは「Houdini Parameters」の中にあります。

Point Unreal Engineのユニットサイズ

Unreal EngineのユニットサイズはMayaと同じく「1ユニット」=「1センチメートル」です。Mayaと同様、100倍に拡大すると、同じ実サイズになります。

9-2 その他の未紹介機能

ページの都合上、本書で取り上げることができなかった機能がいくつもあります。ここでは、そうした未紹介の機能の中でも、筆者が重要と考えている「群衆」「地形生成」「雲生成」「布・やわらかい物体・ひものシミュレーション」について、ピックアップして紹介します。

群衆

Houdiniでは群集シミュレーションも作成できます。例えばスタジアムの観衆などを作成する場合、観客ひとりひとりのアニメーションを設定していくのはとても大変です。群集シミュレーションを用いると、いくつかのアニメーションパターンとそれらを適用するルールを決めることで、大勢のキャラクターの動きを同時に制御できるようになります。

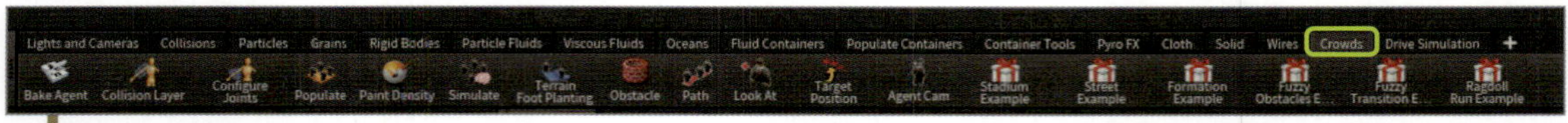

1 群集シミュレーションの作成をサポートするためのツールが、シェルフの「Crowds」タブにまとめられています。

2 シェルフ右側に、プレゼント箱のアイコンがいくつかあります。これは群集シミュレーションのサンプルファイルです。試しに「Street Example」を実行してみます。

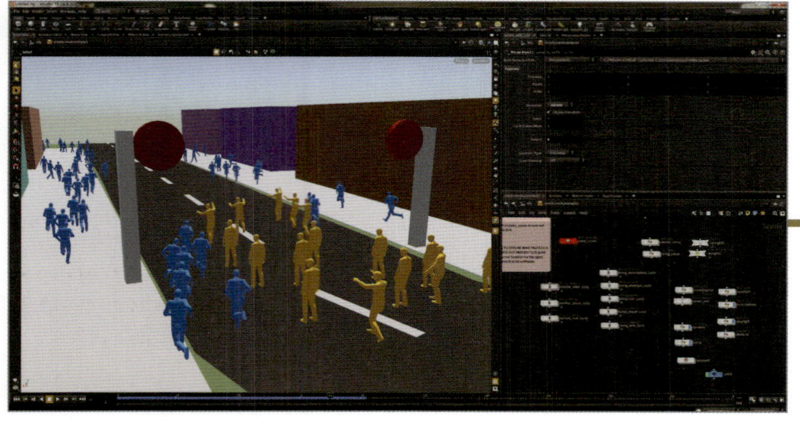

3 図のようなシーンがつくられます。これは街中を人（青）がゾンビ（黄色）から逃げ惑う、そんなサンプルファイルです。街中には信号機も設置されており、信号が赤になると、ゾンビがその手前で立ち止まるなどの仕込みもあります。

他のサンプルシーンにもおもしろいものがあるので、Houdiniの群集シミュレーションでどんなことができるのか、確認がてら見てみるのもいいのではないでしょうか。
群集シミュレーションの作成方法については本書で詳しく取り上げませんが、興味があればマニュアル（http://www.sidefx.com/ja/docs/houdini/crowds/index.html）を参照してください。マニュアルには、群集シミュレーションの基本やセットアップについての動画もいくつか掲載されています。

地形生成

4 Houdiniには地形作成専用の機能があります。これは、Houdini 16から搭載された比較的新しい機能です。この機能を駆使することで、そびえ立つ山脈や、山間の深い渓谷などを作成できます。シェルフの「TerrainFX」タブに、いくつか作例が登録されています。

5 試しにシェルフ内の左端にある「Terrain: Hills」を実行すると、図のような丘が作成されます。

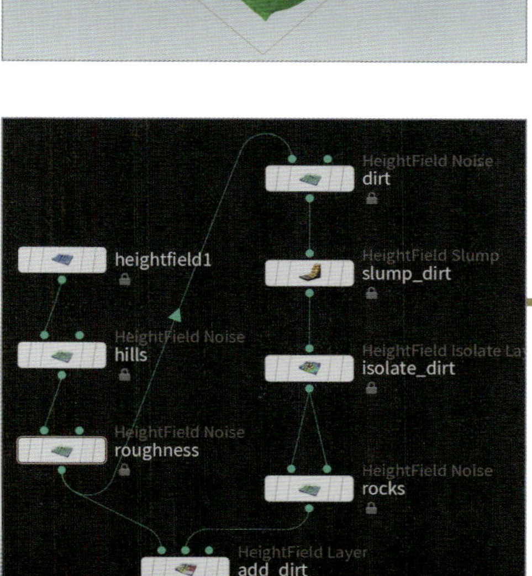

6 他のシェルフもおもしろいので、確認がてら実行してみてください。地形生成では、「Height Field」という二次元ボリューム情報を用いています。ネットワークには、それを扱うための専用のノードが使われています。シェルフによってつくられたネットワークを見ると、ノード名に「Height Field」と付いた、見慣れないノードがたくさんあります。これらが地形生成に用いられる専用ノードです。これらのノードを駆使することで、地形が浸食される様子をシミュレーションしたりもできるようになります。

本書では地形生成の機能について詳しく取り上げていません。詳細はマニュアル(http://www.sidefx.com/ja/docs/houdini/model/heightfields.html)を参照してください。

雲生成

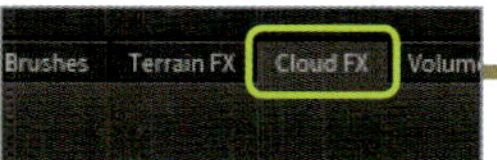

7 Houdiniには雲生成の機能も用意されています。シェルフの「Cloud FX」タブに、雲の作成に関するツールがいくつかまとめられています。

8 例としてシェルフ左端の「Cloud Rig」を使うと、任意のジオメトリを雲に変えることができます。

9 例えば、図のようなテストジオメトリに「Cloud Rig」を適用すると、その形をした雲に変えてくれます。

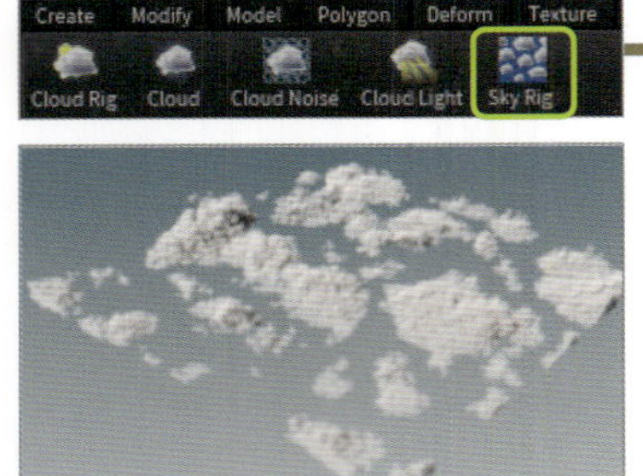

10 他にはシェルフの右端にある「Sky Rig」を実行すると、図のような一面に広がる雲ができます。

これらツールを用いることで、ある程度コントロールしやすいネットワークとパラメータが自動で作成されるので、とても便利です。このままでも十分クオリティの高い雲が作成できますが、Houdiniではこれらネットワークに対して、ユーザーが独自のカスタマイズを加えることも可能です。ネットワークを解析して独自の雲生成ワークフローを開発するのもおもしろいかもしれません。

布のシミュレーション

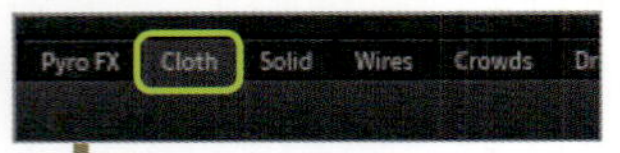

11 Houdiniには布のシミュレーションを行うための機能があります。シェルフ「Cloth」タブにはそのためのサポートツールがまとめられています。

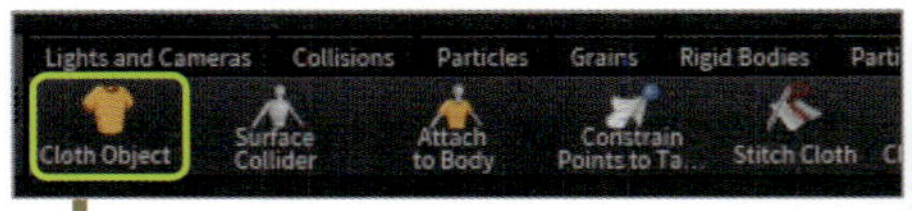

12 例えば、シェルフ左端の「Cloth Object」を図のようなただのグリッドに適用すると、布としてシミュレーションするためのネットワークが自動で作成されます。ここでは効果をわかりやすくするために、衝突用オブジェクトを作成しました。これをシミュレーションすると、グリッドが布のようにふるまいます。

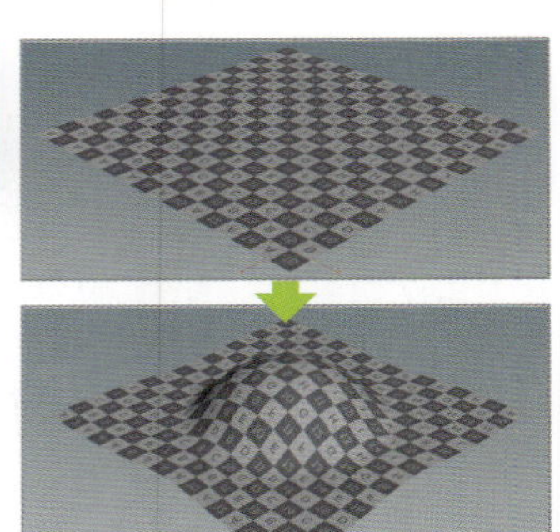

パラメータを変更することで、レザーやシルクなど、さまざまなタイプの布の挙動をシミュレーションすることが可能です。この機能を駆使すると、キャラクターに着せた服をシミュレーションで動かす、 布を切り裂く、などができるようになります。気になる方は、マニュアル（http://www.sidefx.com/ja/docs/houdini/cloth/index.html）を参考につくってみてください。

やわらかい物体のシミュレーション

Houdiniではやわらかい物体のシミュレーション方法はいくつかありますが、その中のひとつに「Finite Elements」（有限要素法）というものがあります。「FEM」と略されることが多いです。これは大雑把に言うと、中身の詰まった物体のシミュレーションです。

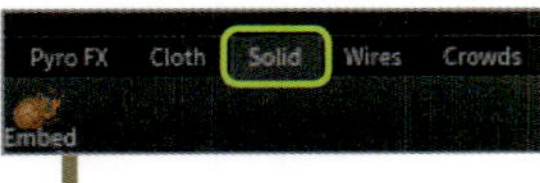

13 シェルフの「Solid」タブには、この「FEM」を使ったシミュレーション作成をサポートするツールがまとめられています。

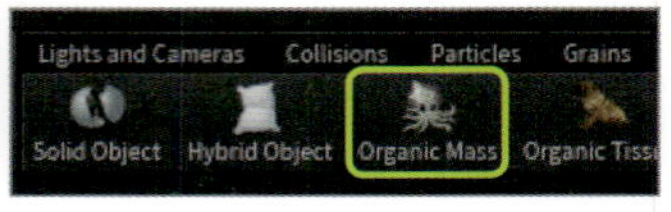

14 例えば、図のようなテストジオメトリに、シェルフ「Solid」タブ→「Organic Mass」を適用すると、このテストジオメトリをやわらかくシミュレーションするためのネットワークが自動で作成されます。

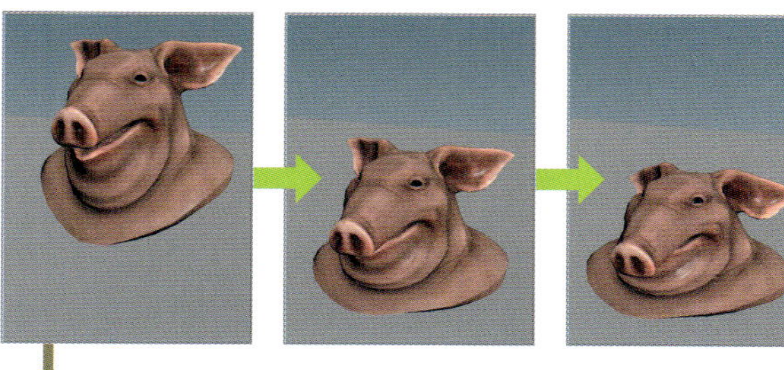

15 わかりやすくするために衝突用の地面を置いてシミュレーションしてみると、そのやわらかさを確認できます。

「Solid Object」など、シェルフの別のツールを使うと、また違ったやわらかさのシミュレーションをつくることができます。
また、「FEM」は中身が詰まった物体をシミュレーションするので、物体がちぎれたりする様子をシミュレーションすることも可能です。
深く知りたい場合は、マニュアル(http://www.sidefx.com/ja/docs/houdini/finiteelements/index.html)を読んでみてください。

ひものシミュレーション

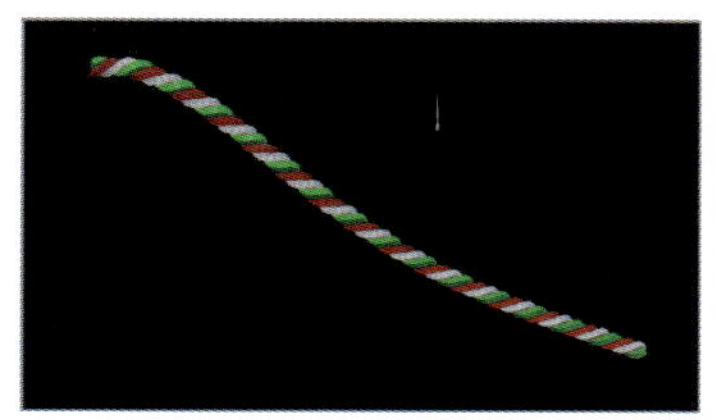

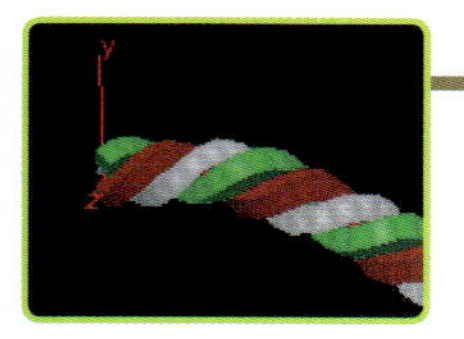

16 Houdiniにはひもやロープのような細長いものをシミュレーションする機能が存在します。

17 シェルフ「Wires」タブには、そのためのツール群がまとめられています。

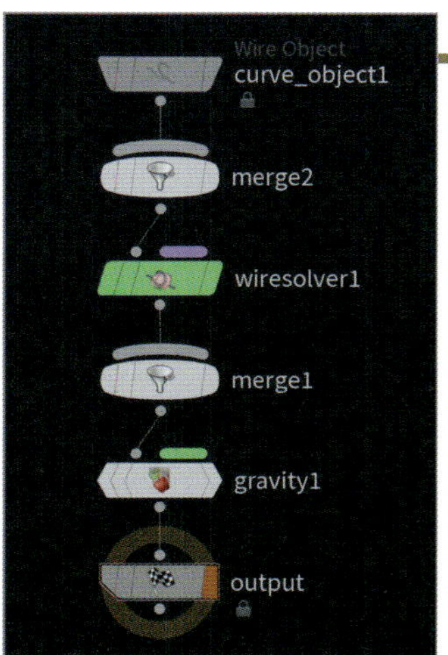

18 例えば普通のラインに対して、シェルフの「Wire Object」を実行すると、ひも状シミュレーションに必要なネットワークが自動で作成されます。
ひも状のものをシミュレーションするためには専用のノードを使用します。「Wire Object (DOP)」「Wire Solver (DOP)」がそれです。

「Wires」シェルフには、ひものシミュレーションをサポートするためのツールがいろいろあり、これらをうまく使うと、伸び縮みするひもなど、さまざまなシミュレーションを作成できます。
気になる方は、他のシェルフの機能を確かめてみてください。

索引　Index

[ノード]

VOP

COP

ROP

DOP

CHOP

[シェルフ]

[ウィンドウ名、機能名、用語]

A～M

O～Z

ア行〜ナ行

ハ行〜ラ行

■制作スタッフ
[カバーアートワーク] 北川茂臣
[装丁・本文デザイン・DTP] 齋藤いづみ
[編集協力] 芹川 宏(ピーチプレス)、大河原浩一(ビットプランクス)

[協　力] Side Effects Software Inc.

[編 集 長] 後藤憲司
[編　集] 加賀谷裕峰

Houdini [フーディーニ] ビジュアルエフェクトの教科書

2018年5月21日 初版第1刷発行

[著　者] 北川茂臣

[発行人] 藤岡 功

[発　行] 株式会社エムディエヌコーポレーション
〒101-0051 東京都千代田区神田神保町一丁目105番地
https://www.MdN.co.jp/

[発　売] 株式会社インプレス
〒101-0051 東京都千代田区神田神保町一丁目105番地

[印刷・製本] シナノ書籍印刷株式会社

Printed in Japan

[カスタマーセンター]
造本には万全を期しておりますが、万一、落丁・乱丁などがございましたら、送料小社負担にてお取り替えいたします。お手数ですが、カスタマーセンターまでご返送ください。

■ 落丁・乱丁本などのご返送先
〒101-0051 東京都千代田区神田神保町一丁目105番地
株式会社エムディエヌコーポレーション カスタマーセンター TEL：03-4334-2915

■ 書店・販売店のご注文受付
株式会社インプレス 受注センター TEL：048-449-8040／FAX：048-449-8041

[内容に関するお問い合わせ先]
株式会社エムディエヌコーポレーション
カスタマーセンター メール窓口
info@MdN.co.jp

本書の内容に関するご質問は、Eメールのみの受付となります。メールの件名は「Houdiniビジュアルエフェクトの教科書 質問係」、本文にはお使いのマシン環境(OS、ソフトウェアのバージョン、搭載メモリなど)とお書き添えください。電話やFAX、郵便でのご質問にはお答えできません。ご質問の内容によりましては、しばらくお時間をいただく場合がございます。また、本書の範囲を超えるご質問に関しましてはお答えいたしかねますので、あらかじめご了承ください。

ISBN978-4-8443-6760-4 C3055